国家出版基金资助项目
现代数学中的著名定理纵横谈丛书
丛书主编　王梓坤

LAGRANGE THEOREM IN THE DIFFERENCE EQUATION

刘培杰数学工作室　编译

内容简介

本书共分四编.首先介绍差分方程概论及一些基本定理;其次介绍用变换的眼光看差分方程;再次介绍差分方程解的稳定性;最后介绍差分方程的实际应用.

本书适合于优秀的初高中学生尤其是数学竞赛选手、初高中数学教师和中学数学奥林匹克教练员使用,也可作为高等院校教师和学生的学习用书及数学爱好者的兴趣读物.

图书在版编目(CIP)数据

差分方程中的 Lagrange 定理/刘培杰数学工作室编译.—哈尔滨:哈尔滨工业大学出版社,2018.1
(现代数学中的著名定理纵横谈丛书)
ISBN 978-7-5603-6497-1

Ⅰ.①差… Ⅱ.①刘… Ⅲ.①拉格朗日多项式-中值定理 Ⅳ.①O174.21

中国版本图书馆 CIP 数据核字(2017)第 042311 号

策划编辑 刘培杰 张永芹
责任编辑 张永芹 李宏艳
封面设计 孙茵艾
出版发行 哈尔滨工业大学出版社
社 址 哈尔滨市南岗区复华四道街 10 号 邮编 150006
传 真 0451-86414749
网 址 http://hitpress.hit.edu.cn
印 刷 哈尔滨工大节能印刷厂
开 本 787mm×960mm 1/16 印张 59.5 字数 616 千字
版 次 2018 年 1 月第 1 版 2018 年 1 月第 1 次印刷
书 号 ISBN 978-7-5603-6497-1
定 价 168.00 元

⊙代序

读书的乐趣

你最喜爱什么——书籍.

你经常去哪里——书店.

你最大的乐趣是什么——读书.

这是友人提出的问题和我的回答.真的,我这一辈子算是和书籍,特别是好书结下了不解之缘.有人说,读书要费那么大的劲,又发不了财,读它做什么?我却至今不悔,不仅不悔,反而情趣越来越浓.想当年,我也曾爱打球,也曾爱下棋,对操琴也有兴趣,还登台伴奏过.但后来却都一一断交,“终身不复鼓琴”.那原因便是怕花费时间,玩物丧志,误了我的大事——求学.这当然过激了一些.剩下来唯有读书一事,自幼至今,无日少废,谓之书痴也可,谓之书橱也可,管它呢,人各有志,不可相强.我的一生大志,便是教书,而当教师,不多读书是不行的.

读好书是一种乐趣,一种情操;一种向全世界古往今来的伟人和名人求教的方法,一种和他们展开讨论的方式;一封出席各种活动、体验各种生活、结识各种人物的邀请信;一张迈进科学宫殿和未知世界的入场券;一股改造自己、丰富自己的强大力量.书籍是全人类有史以来共同创造的财富,是永不枯竭的智慧的源泉.失意时读书,可以使人重整旗鼓;得意时读书,可以使人头脑清醒;疑难时读书,可以得到解答或启示;年轻人读书,可明奋进之道;年老人读书,能知健神之理.浩浩乎!洋洋乎!如临大海,或波涛汹涌,或清风微拂,取之不尽,用之不竭.吾于读书,无疑义矣,三日不读,则头脑麻木,心摇摇无主.

潜能需要激发

我和书籍结缘,开始于一次非常偶然的机会.大概是八九岁吧,家里穷得揭不开锅,我每天从早到晚都要去田园里帮工.一天,偶然从旧木柜阴湿的角落里,找到一本蜡光纸的小书,自然很破了.屋内光线暗淡,又是黄昏时分,只好拿到大门外去看.封面已经脱落,扉页上写的是《薛仁贵征东》.管它呢,且往下看.第一回的标题已忘记,只是那首开卷诗不知为什么至今仍记忆犹新:

日出遥遥一点红,飘飘四海影无踪.

三岁孩童千两价,保主跨海去征东.

第一句指山东,二、三两句分别点出薛仁贵(雪、人贵).那时识字很少,半看半猜,居然引起了我极大的兴趣,同时也教我认识了许多生字.这是我有生以来独立看的第一本书.尝到甜头以后,我便千方百计去找书,向小朋友借,到亲友家找,居然断断续续看了《薛丁山征西》《彭公案》《二度梅》等,樊梨花便成了我心中的女英雄.我真入迷了.从此,放牛也罢,车水也罢,我总要带一本书,还练出了边走田间小路边读书的本领,读得津津有味,不知人间别有他事.

当我们安静下来回想往事时,往往会发现一些偶然的小事却影响了自己的一生.如果不是找到那本《薛仁贵征东》,我的好学心也许激发不起来.我这一生,也许会走另一条路.人的潜能,好比一座汽油库,星星之火,可以使它雷声隆隆、光照天地;但若少了这粒火星,它便会成为一潭死水,永归沉寂.

抄,总抄得起

好不容易上了中学,做完功课还有点时间,便常光顾图书馆.好书借了实在舍不得还,但买不到也买不起,便下决心动手抄书.抄,总抄得起.我抄过林语堂写的《高级英文法》,抄过英文的《英文典大全》,还抄过《孙子兵法》,这本书实在爱得狠了,竟一口气抄了两份.人们虽知抄书之苦,未知抄书之益,抄完毫末俱见,一览无余,胜读十遍.

始于精于一,返于精于博

关于康有为的教学法,他的弟子梁启超说:"康先生之教,专标专精、涉猎二条,无专精则不能成,无涉猎则不能通也."可见康有为强烈要求学生把专精和广博(即"涉猎")相结合.

在先后次序上,我认为要从精于一开始.首先应集中精力学好专业,并在专业的科研中做出成绩,然后逐步扩大领域,力求多方面的精.年轻时,我曾精读杜布(J. L. Doob)的《随机过程论》,哈尔莫斯(P. R. Halmos)的《测度论》等世界数学名著,使我终身受益.简言之,即"始于精于一,返于精于博".正如中国革命一样，必须先有一块根据地，站稳后再开创几块，最后连成一片.

丰富我文采，澡雪我精神

辛苦了一周，人相当疲劳了，每到星期六，我便到旧书店走走，这已成为生活中的一部分，多年如此. 一次，偶然看到一套《纲鉴易知录》，编者之一便是选编《古文观止》的吴楚材. 这部书提纲挈领地讲中国历史，上自盘古氏，直到明末，记事简明，文字古雅，又富于故事性，便把这部书从头到尾读了一遍. 从此启发了我读史书的兴趣.

我爱读中国的古典小说，例如《三国演义》和《东周列国志》. 我常对人说，这两部书简直是世界上政治阴谋诡计大全. 即以近年来极时髦的人质问题（伊朗人质、劫机人质等），这些书中早就有了，秦始皇的父亲便是受害者，堪称"人质之父".

《庄子》超尘绝俗，不屑于名利. 其中"秋水""解牛"诸篇，诚绝唱也.《论语》束身严谨，勇于面世，"己所不欲，勿施于人"，有长者之风. 司马迁的《报任少卿书》，读之我心两伤，既伤少卿，又伤司马；我不知道少卿是否收到这封信，希望有人做点研究. 我也爱读鲁迅的杂文，果戈理、梅里美的小说. 我非常敬重文天祥、秋瑾的人品，常记他们的诗句："人生自古谁无死，留取丹心照汗青""休言女子非英物，夜夜龙泉壁上鸣". 唐诗、宋词、《西厢记》《牡丹亭》，丰富我文采，澡雪我精神，其中精粹，实是人间神品.

读了邓拓的《燕山夜话》，既叹服其广博，也使我动了写《科学发现纵横谈》的心. 不料这本小册子竟给我招来了上千封鼓励信. 以后人们便写出了许许多多的“纵横谈”.

从学生时代起,我就喜读方法论方面的论著.我想,做什么事情都要讲究方法,追求效率、效果和效益,方法好能事半而功倍.我很留心一些著名科学家、文学家写的心得体会和经验.我曾惊讶为什么巴尔扎克在51年短短的一生中能写出上百本书,并从他的传记中去寻找答案.文史哲和科学的海洋无边无际,先哲们的明智之光沐浴着人们的心灵,我衷心感谢他们的恩惠.

读书的另一面

以上我谈了读书的好处,现在要回过头来说说事情的另一面.

读书要选择.世上有各种各样的书:有的不值一看,有的只值看20分钟,有的可看5年,有的可保存一辈子,有的将永远不朽.即使是不朽的超级名著,由于我们的精力与时间有限,也必须加以选择.决不要看坏书,对一般书,要学会速读.

读书要多思考.应该想想,作者说得对吗?完全吗?适合今天的情况吗?从书本中迅速获得效果的好办法是有的放矢地读书,带着问题去读,或偏重某一方面去读.这时我们的思维处于主动寻找的地位,就像猎人追找猎物一样主动,很快就能找到答案,或者发现书中的问题.

有的书浏览即止,有的要读出声来,有的要心头记住,有的要笔头记录.对重要的专业书或名著,要勤做笔记,“不动笔墨不读书”.动脑加动手,手脑并用,既可加深理解,又可避忘备查,特别是自己的灵感,更要及时抓住.清代章学诚在《文史通义》中说:“札记之功必不可少,如不札记,则无穷妙绪如雨珠落大海矣.”

许多大事业、大作品，都是长期积累和短期突击相结合的产物. 涓涓不息，将成江河；无此涓涓，何来江河？

爱好读书是许多伟人的共同特性，不仅学者专家如此，一些大政治家、大军事家也如此. 曹操、康熙、拿破仑、毛泽东都是手不释卷，嗜书如命的人. 他们的巨大成就与毕生刻苦自学密切相关.

王梓坤

目录

第一编 差分方程概论

第二编　用变换的眼光看差分方程

第三编 差分方程解的稳定性

第四编 差分方程的应用

附录　递推数列若干初等问题

第一编

差分方程概论

第1章 引言

"旧时王谢堂前燕，飞入寻常百姓家."

近年来，在高考试题中多次出现由线性递推公式求解数列通项的问题，我们知道用差分方法求解数列问题有很多优点，例如，利用差分方法求数列的通项更简便，并且对不同的数列，差分方法有更大的适用范围且不需要掌握一些特殊的技巧或进行复杂的计算，但高中教材中并没有讲解差分方程，因而先介绍几道应用差分方法结合高考题研究求解数列通项的问题.

例1 （2011全国理科卷20题）设数列$\{a_n\}$满足$a_1=0$，且$\dfrac{1}{1-a_{n+1}}-\dfrac{1}{1-a_n}=1$.

（1）求$\{a_n\}$的通项公式；

（2）设$b_n=\dfrac{1-\sqrt{a_{n+1}}}{\sqrt{n}}$，记$S_n=\sum\limits_{k=1}^{n}b_k$. 证明：$S_n<1$.

解 (1) 令 $b_{n+1}=\frac{1}{1-a_{n+1}}$,由 $a_1=0$,得 $b_1=1$,则 $\frac{1}{1-a_{n+1}}-\frac{1}{1-a_n}=1$ 可化简为 $b_{n+1}-b_n=1$.

显然,$b_{n+1}-b_n=1$ 是一阶非齐次线性差分方程,其通解为特解与相应齐次差分方程 $b_{n+1}-b_n=0$ 的通解之和.

$b_{n+1}-b_n=0$ 对应的特征方程为 $\lambda-1=0$,故其特征值为 $\lambda=1$,易知齐次差分方程 $b_{n+1}-b_n=0$ 的通解为 $b_n=c\cdot 1^n=c$.

设其特解形如 $b_n^*=An$,代入方程得 $A=1$.

故原方程的通解为 $b_n=c+n$,由初始条件 $b_1=1$ 可得 $c=0$,所以得 $b_n=n$,即

$$\frac{1}{1-a_n}=n$$

从而

$$a_n=1-\frac{1}{n}$$

(2) 因为 $a_n=1-\frac{1}{n}$,所以

$$b_n=\frac{1-\sqrt{a_{n+1}}}{\sqrt{n}}=\sqrt{\frac{1}{n}}-\sqrt{\frac{1}{n+1}}$$

故 $S_n=\sum_{k=1}^{n}b_k=1-\sqrt{\frac{1}{n+1}}<1$.

例 2 (2008 广东卷 21 题) 设 p,q 为实数,α,β 是方程 $x^2-px+q=0$ 的两个实根,数列 $\{x_n\}$ 满足 $x_1=p,x_2=p^2-q,x_n=px_{n-1}-qx_{n-2}(n=3,4,\cdots)$.

(1) 证明:$\alpha+\beta=p,\alpha\beta=q$;

(2) 求数列 $\{x_n\}$ 的通项公式;

(3) 若 $p=1, q=\frac{1}{4}$，求 $\{x_n\}$ 的前 n 项和 S_n.

证明　(1) 由求根公式，不妨设

$$\alpha=\frac{p-\sqrt{p^2-4q}}{2}, \beta=\frac{p+\sqrt{p^2-4q}}{2}$$

所以

$$\alpha+\beta=\frac{p-\sqrt{p^2-4q}}{2}+\frac{p+\sqrt{p^2-4q}}{2}=p$$

$$\alpha\beta=\frac{p-\sqrt{p^2-4q}}{2}\cdot\frac{p+\sqrt{p^2-4q}}{2}=q$$

(2) 由 $x_n=px_{n-1}-qx_{n-2}$，得

$$x_n-px_{n-1}+qx_{n-2}=0$$

所以它是二阶线性齐次差分方程，其对应的特征方程为 $x^2-px+q=0$.

由条件知它有两个实特征根是 α 和 β.

1) 当 $\alpha\neq\beta$ 时，可设差分方程的通解为 $x_n=c_1\alpha^n+c_2\beta^n$，其中 c_1, c_2 为任意常数.

因为 $x_2=p^2-q, x_1=p$，所以

$$x_2=\alpha^2+\beta^2+\alpha\beta, x_1=\alpha+\beta$$

代入通解表达式得

$$\begin{cases} c_1\alpha+c_2\beta=\alpha+\beta \\ c_1\alpha^2+c_2\beta^2=\alpha^2+\beta^2+\alpha\beta \end{cases}$$

解得

$$\begin{cases} c_1=\dfrac{\alpha}{\alpha-\beta} \\ c_2=\dfrac{\beta}{\beta-\alpha} \end{cases}$$

所以

$$x_n=\frac{\beta^{n+1}-\alpha^{n+1}}{\beta-\alpha}$$

2）当$\alpha=\beta$时，即特征方程$x^2-px+q=0$有重根，则差分方程的通解为

$$x_n=(c_1+c_2n)\alpha^n$$

初始条件为$x_1=2\alpha,x_2=3\alpha^2$. 代入

$$\begin{cases}(c_1+c_2)\alpha=2\alpha\\(c_1+2c_2)\alpha^2=3\alpha^2\end{cases}$$

解得

$$c_1=1,c_2=1$$

所以$x_n=n\alpha^n+\alpha^n$.

综上所述

$$x_n=\begin{cases}\dfrac{\beta^{n+1}-\alpha^{n+1}}{\beta-\alpha} & (\alpha\neq\beta)\\ n\alpha^n+\alpha^n & (\alpha=\beta)\end{cases}$$

（3）把$p=1,q=\dfrac{1}{4}$代入

$$x^2-px+q=0$$

得

$$x^2-x+\frac{1}{4}=0$$

解得$\alpha=\beta=\dfrac{1}{2}$，所以

$$x_n=n\times(\frac{1}{2})^n+(\frac{1}{2})^n$$

$$\begin{aligned}s_n=&[(\frac{1}{2})+(\frac{1}{2})^2+\cdots+(\frac{1}{2})^n]+\\&[(\frac{1}{2})+2\times(\frac{1}{2})^2+3\times(\frac{1}{2})^3+\cdots+\\&n\times(\frac{1}{2})^n]=\\&1-(\frac{1}{2})^n+[(\frac{1}{2})+2\times(\frac{1}{2})^2+3\times\end{aligned}$$

$$(\frac{1}{2})^3+\cdots+n\times(\frac{1}{2})^n]=$$

$$1-(\frac{1}{2})^n+2-(\frac{1}{2})^{n-1}-n(\frac{1}{2})^n=$$

$$3-(n+3)(\frac{1}{2})^n$$

通过计算,明显用差分方程求解通项公式简单清晰,并且通过差分方程的方法可以对初等解法加深理解.

由于IMO是中学生所能参加的顶级赛事,所以作为引子我们也举一例.

例3 (第二十一届国际数学奥林匹克竞赛试题,1979年)A,E为正八边形的相对顶点,一只青蛙从点A开始跳跃,如果青蛙在任一个不是E的顶点,那么它可以跳向两个相邻顶点中的任一点,当它跳到点E时就停在那里.设$e(n)$为经过n步到达E的不同的路的条数.

试证明

$$e(2n-1)=0$$

$$e(2n)=\frac{1}{\sqrt{2}}(x^{n-1}-y^{n-1})\quad(n=1,2,\cdots)$$

其中$x=2+\sqrt{2}$,$y=2-\sqrt{2}$.

原注:一个n步的路是指顶点的一个序列$(p_0,p_1,\cdots,p_n)$满足:

(i)$p_0=A$,$p_n=E$;

(ii)对每一个i,$0\leqslant i\leqslant n-1$,$p_i$与$E$不同;

(iii)对每一个i,$0\leqslant i\leqslant n-1$,$p_i$与$p_{i+1}$是相邻的顶点.

证明 如图1,设正八边形为$ABCDEFGH$,从A

出发经过 n 步到达 A,B,C,D,E 的路(意义见原注,只需把 E 分别改为 A,B,C,D)的个数分别记为 $a(n),b(n),c(n),d(n),e(n)$. 由于对称性,由 A 出发经过 n 步到达 H,G,F 的路的个数也分别为 $b(n),c(n),d(n)$. 因此有

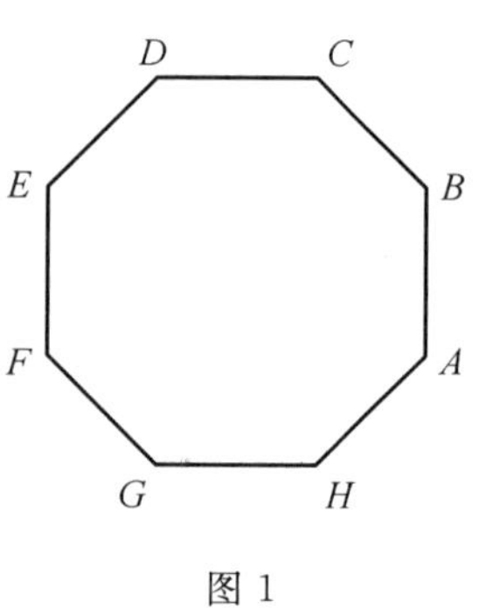

图 1

$$e(n)=2d(n-1)$$
$$c(n)=b(n-1)+d(n-1)$$
$$b(n)=a(n-1)+c(n-1)$$
$$a(n)=2b(n-1)$$

由于青蛙跳到点 E 后就停止不动了,所以

$$d(n)=c(n-1)$$

依据上述五个关系式得

$$\begin{aligned}e(n)=&2d(n-1)=2c(n-2)=\\&2(b(n-3)+d(n-3))=\\&2[c(n-4)+a(n-4)+d(n-3)]=\\&2[d(n-3)+2b(n-5)+d(n-3)]=\\&2[d(n-3)+2(d(n-3)-\\&d(n-5))+d(n-3)]=\\&8d(n-3)-4d(n-5)=\\&4e(n-2)-2e(n-4)\end{aligned}$$

由原注,青蛙从某个顶点一步只能到达相邻的顶点,所以从点 A 出发到达点 E 至少要跳 4 次. 所以 $e(1)=0,e(2)=0,e(3)=0$. 而跳 4 次到达点 E 有 $ABCDE$ 与 $AHGFE$ 2 条路,所以 $e(4)=2$.

由上所述,$e(n)$ 是满足如下初始条件和方程的特解

$$x(n+4)=4x(n+2)-2x(n)$$
$$x(1)=0,x(2)=0,x(3)=0,x(4)=2$$

其特征方程为

$$x^4=4x^2-2$$

其特征根为

$$x_1=\sqrt{2+\sqrt{2}},x_2=-\sqrt{2+\sqrt{2}}$$
$$x_3=\sqrt{2-\sqrt{2}},x_4=-\sqrt{2-\sqrt{2}}$$

所以方程的通解为

$$x(n)=c_1(\sqrt{2+\sqrt{2}})^{n-1}+c_2(-\sqrt{2+\sqrt{2}})^{n-1}+$$
$$c_3(\sqrt{2-\sqrt{2}})^{n-1}+c_4(-\sqrt{2-\sqrt{2}})^{n-1}$$

代入初始条件得

$$c_1=\frac{1}{2\sqrt{2}\sqrt{2+\sqrt{2}}},c_2=\frac{-1}{2\sqrt{2}\sqrt{2+\sqrt{2}}}$$
$$c_3=\frac{-1}{2\sqrt{2}\sqrt{2-\sqrt{2}}},c_4=\frac{1}{2\sqrt{2}\sqrt{2-\sqrt{2}}}$$

所以

$$e(n)=\frac{1}{2\sqrt{2}}[(\sqrt{2+\sqrt{2}})^{n-2}+(-\sqrt{2+\sqrt{2}})^{n-2}]-$$
$$\frac{1}{2\sqrt{2}}[(\sqrt{2-\sqrt{2}})^{n-2}+(-\sqrt{2-\sqrt{2}})^{n-2}]$$

由 $e(n)$ 的表达式，当 n 为奇数时，$e(n)=0$. 当 n 为偶数时，因 -1 的偶次方为正，中括号内两项相同. 所以有

$$e(n)=\begin{cases}\frac{1}{\sqrt{2}}[(2+\sqrt{2})^{k-1}-(2-\sqrt{2})^{k-1}] & (n=2k)\\ 0 & (n=2k-1)\end{cases}$$

命题成立. 证毕.

此题若用母函数法求解更简单.

例 4　用母函数法证明例 3.

证明　由例 3,数列$\{e(n)\}$满足如下条件

$$\begin{cases} e(n+4)-4e(n+2)+2e(n)=0 \\ e(1)=0,e(2)=0,e(3)=0,e(4)=2 \end{cases} \tag{1}$$

设数列$\{e(n)\}$的母函数为

$$f(x)=\sum_{n=1}^{\infty}e(n)x^{n-1}$$

则

$$\begin{aligned}&(1-4x^2+2x^4)f(x)=\\&e(1)+e(2)x+(e(3)-4e(1))x^2+\\&(e(4)-4e(2))x^3+\\&\sum_{n=1}^{\infty}(e(n+4)-4e(n+2)+2e(n))x^{n+3}\end{aligned}$$

由 $e(n)$ 满足的条件(1) 得

$$\begin{aligned}f(x)=&\frac{2x^3}{1-4x^2+2x^4}=\\&\frac{2x^3}{[1-(2+\sqrt{2})x^2]\cdot[1-(2-\sqrt{2})x^2]}=\\&\frac{1}{\sqrt{2}}\left(\frac{x}{1-(2+\sqrt{2})x^2}-\frac{x}{1-(2-\sqrt{2})x^2}\right)=\\&\frac{x}{\sqrt{2}}\sum_{n=1}^{\infty}\{[(2+\sqrt{2})x^2]^{n-1}-[(2-\sqrt{2})x^2]^{n-1}\}=\\&\sum_{n=1}^{\infty}\frac{1}{\sqrt{2}}[(2+\sqrt{2})^{n-1}-(2-\sqrt{2})^{n-1}]x^{2n-1}\end{aligned}$$

由母函数的定义,形式幂级数中 x^{n-1} 前面的系数为 $e(n)$. 所以得

$$e(2n-1)=0,e(2n)=\frac{1}{\sqrt{2}}[(2+\sqrt{2})^{n-1}-(2-\sqrt{2})^{n-1}]$$

其中 $n=1,2,\cdots$. 证毕.

线性差分方程概论

第2章

§1 差分方程

一方程,除含有 x 的函数 y_x 与 x 外,还含有 y_x 的差分 $\Delta y_x,\Delta^2 y_x,\cdots$,亦即形如

$$\Phi(x,y_x,\Delta y_x,\Delta^2 y_x,\cdots,\Delta^n y_x)=0 \tag{1}$$

的方程称为差分方程.对于任意的 x,满足此差分方程的函数 $y_x=f(x)$ 叫作差分方程的解.求解的过程叫作解差分方程.

若取 x 的差分 $\Delta x=1$,并将 Δy_x,$\Delta^2 y_x,\cdots$ 用 $\Delta^n y_x=\Delta^{n-1}y_{x+1}-\Delta^{n-1}y_x$ 表示为 $y_x,y_{x+1},\cdots$ 的多项式,然后代入式(1),则得

$$F(x,y_x,y_{x+1},y_{x+2},\cdots,y_{x+n})=0 \tag{2}$$

这是与式(1)完全等价的方程,也可以反过来从式(2)导出式(1).

例如 Φ 的形式为

$$\Delta^2 y_x - 2\Delta y_x + y_x - c = 0$$

将 $\Delta y_x = y_{x+1} - y_x$ 与 $\Delta^2 y_x = \Delta y_{x+1} - \Delta y_x = y_{x+2} - 2y_{x+1} + y_x$ 代入，即得

$$y_{x+2} - 4y_{x+1} + 4y_x - c = 0$$

在实用上，应用问题表示成差分方程时，大部分是(2)的形式，而且由于这种形式容易处理，所以在本章中把式(2)取作差分方程的基本形式.

像微分方程中有常微分方程与偏微分方程的区别一样，差分方程也有同样的区别. 即含有两个以上自变数的函数的偏差分的方程称为偏差分方程. 与此相应，把仅含有一个自变数的函数的差分的方程(1)或(2)称为常差分方程. 但对常差分方程，没有特殊必要时，"常"字一般略去，而简称为差分方程.

当式(1)左边的 Φ 是 y_x 与其差分的一次式时，则式(2)左边的 F 是 $y_x, y_{x+1}, \cdots, y_{x+n}$ 的一次式. 反之，若 F 是 $y_x, y_{x+1}, \cdots, y_{x+n}$ 的一次式，则 Φ 是 y_x 与其差分的一次式. 这样的差分方程称为线性差分方程. 一般写作

$$\sum_{i=0}^{n} p_{xi} y_{x+i} = K_x \tag{3}$$

或更详细地写作

$$p_{x0} y_x + p_{x1} y_{x+1} + p_{x2} y_{x+2} + \cdots + p_{xn} y_{x+n} = K_x \tag{4}$$

其中 p_{xi} 与 K_x 是常数，或是只含有 x 的函数. 以后我们所要讨论的全部限于线性差分方程. 这是因为在差分方程中，线性差分方程在实际应用上占有重要的地位，同时只有对线性差分方程能够做一般理论的研究.

与微分方程一样，差分方程也有阶数. 式(4)是 n 阶差分方程. 但差分方程的阶数不能用所含差分的最

高阶数，或只用式(4)中所含的 n 值来确定，而要用差分方程中 y 的附标中的最大者如 $x+n$，与最小者如 $x+k$ 之差 $n-k$ 来规定.

例1　$ay_{x+2}+by_x+cy_{x-1}=K_x$.

因为 $2-(-1)=3$，所以是三阶差分方程.

例2　$\Delta^3 y_x+y_x+c=0$.

由于 $\Delta^3 y_x=y_{x+3}-3y_{x+2}+3y_{x+1}-y_x$，故上式可化为

$$y_{x+3}-3y_{x+2}+3y_{x+1}=-c$$

因此是二阶差分方程.

§2　关于线性差分方程的解

与微分方程的情形一样，§1的式(3)或式(4)当 $K_x=0$ 时称为齐次差分方程；当 $K_x\neq 0$ 时，称为非齐次差分方程.

一、齐次线性差分方程

首先我们来考虑 n 阶齐次线性差分方程

$$\sum_{i=0}^{n} p_{xi}y_{x+i}=0 \tag{1}$$

如果我们规定 $x=k,k+1,\cdots,k+r$(k 与 r 为任意整数)，则得下列 $r+1$ 个方程

$$\begin{cases} p_{k0}y_k+p_{k1}y_{k+1}+\cdots+p_{kn}y_{k+n}=0 \\ p_{k+1,0}y_{k+1}+p_{k+1,1}y_{k+2}+\cdots+p_{k+1,n}y_{k+1+n}=0 \\ p_{k+2,0}y_{k+2}+p_{k+2,1}y_{k+3}+\cdots+p_{k+2,n}y_{k+2+n}=0 \\ \vdots \\ p_{k+r,0}y_{k+r}+p_{k+r,1}y_{k+r+1}+\cdots+p_{k+r,n}y_{k+r+n}=0 \end{cases} \tag{2}$$

此与式(1) 当 x 自 $x=k$ 改变到 $x=k+r$ 是等价的.若将它作为联立方程来求 $y_k, y_{k+1}, \cdots, y_{k+r+n}$,则由于方程有 $r+1$ 个,未知数 y_x 有 $n+r+1$ 个,所以有 n 个 y_x 可以任意选择.而且当此 n 个 y_x 一旦选定以后,其余的 $r+1$ 个 y_x 可由式(2) 解联立方程求得,并且它们应该是前面任意选定的 n 个 y_x 的一次函数.从而形如式(1) 的 n 阶线性差分方程的解中,很明显地要含有 n 个任意常数.这样的解叫作一般解.也就是线性差分方程一般有无穷个解(严格地说有 ∞^n 个解).

这无穷个一般解中的任一个,都是满足方程(1) 的一个 x 的函数,称它为差分方程的特殊解(简称特解).现设 $\eta(x)$ 为方程(1) 的一个特解,以任意常数 C 乘之,则 $C\eta(x)$ 仍满足式(1).也就是 $C\eta(x)$ 也是式(1) 的特解.因此若 $\eta_1(x), \eta_2(x), \eta_3(x), \cdots, \eta_n(x)$ 为其 n 个特解,$C_1, C_2, C_3, \cdots, C_n$ 为 n 个任意常数,则式(1) 的一般解可以表示成下列形式

$$y_x = C_1\eta_1(x) + C_2\eta_2(x) + \cdots + C_n\eta_n(x) \quad (3)$$

为了使(3) 的 y_x 成为(1) 的一般解,其中的 n 个特解必须是“线性无关”的.

这可解释如下.例如,若某两个特解 η_i 与 η_k 间存在着线性关系

$$a\eta_i + b\eta_k = 0$$

则一般解中的 $C_i\eta_i + C_k\eta_k$ 化为

$$C_i\eta_i + C_k\eta_k = (C_i - \frac{a}{b}C_k)\eta_i$$

其中括号内的 $C_i - \frac{a}{b}C_k$ 可以看作一个任意常数,从而在一般解中所含有的任意常数是 $n-1$ 个而不是 n 个.

若 $\eta_1, \eta_2, \eta_3, \cdots, \eta_n$ 是线性相关的,则它们之间存

在着关系式

$$a_1\eta_1(x)+a_2\eta_2(x)+\cdots+a_n\eta_n(x)=0 \qquad (4)$$

其中,$a_1,a_2,\cdots,a_n$ 是任意常数,可以是零但不能全部都是零.

由此若取 $x=x,x+1,\cdots,x+n-1$,则得 n 个一次齐次方程

$$a_1\eta_1(x)+a_2\eta_2(x)+\cdots+a_n\eta_n(x)=0$$

$$a_1\eta_1(x+1)+a_2\eta_2(x+1)+\cdots+a_n\eta_n(x+1)=0$$

$$\vdots$$

$$a_1\eta_1(x+n-1)+a_2\eta_2(x+n-1)+\cdots+$$

$$a_n\eta_n(x+n-1)=0$$

将它作为关于 $a_1,a_2,\cdots,a_n$ 的联立方程,则当

$$D(x)=\begin{vmatrix} \eta_1(x) & \eta_2(x) & \cdots & \eta_n(x) \\ \eta_1(x+1) & \eta_2(x+1) & \cdots & \eta_n(x+1) \\ \vdots & \vdots & & \vdots \\ \eta_1(x+n-1) & \eta_2(x+n-1) & \cdots & \eta_n(x+n-1) \end{vmatrix} \neq 0$$

(5)

时,$a_1,a_2,a_3,\cdots,a_n$ 全部为零.也就是式(4)不成立.若 $D(x)=0$,则 $a_1,a_2,\cdots,a_n$ 一般可取不全为零的有限值,从而线性关系(4)成立.所以要使 n 个特解彼此线性无关,必须对于任何 x 式(5)成立.这 n 个彼此互相独立的特解组叫作基本解.

一般地,n 阶线性差分方程不能有多于 n 个线性无关的特解.

原因是除上述 n 个基本解之外,若还有另外一个特解 $\eta'(x)$,将 $\eta_1,\eta_2,\cdots,\eta_n$ 与 η' 代入式(1)中,则有下列 $n+1$ 个方程

$$p_{x0}\eta_1(x)+p_{x1}\eta_1(x+1)+\cdots+p_{xn}\eta_1(x+n)=0$$
$$p_{x0}\eta_2(x)+p_{x1}\eta_2(x+1)+\cdots+p_{xn}\eta_2(x+n)=0$$
$$\vdots$$
$$p_{x0}\eta_n(x)+p_{x1}\eta_n(x+1)+\cdots+p_{xn}\eta_n(x+n)=0$$
$$p_{x0}\eta'(x)+p_{x1}\eta'(x+1)+\cdots+p_{xn}\eta'(x+n)=0$$

由于系数 p 不能全部为零，所以只有

$$\begin{vmatrix} \eta_1(x) & \eta_1(x+1) & \cdots & \eta_1(x+n) \\ \eta_2(x) & \eta_2(x+1) & \cdots & \eta_2(x+n) \\ \vdots & \vdots & & \vdots \\ \eta_n(x) & \eta_n(x+1) & \cdots & \eta_n(x+n) \\ \eta'(x) & \eta'(x+1) & \cdots & \eta'(x+n) \end{vmatrix}=0$$

而这意味着 $\eta_1,\eta_2,\cdots,\eta_n$ 与 η' 间存在着如前面所说的线性关系，从而 η' 不能是与 $\eta_1,\eta_2,\cdots,\eta_n$ 线性无关的特解. 所以不存在多于 n 个线性无关的特解.

由此可见，形成 n 阶线性差分方程基本解的彼此线性无关的特解的个数等于 n，既不多于 n 也不少于 n.

二、非齐次线性差分方程

其次考虑非齐次差分方程

$$\sum_{i=0}^{n} p_{xi}y_{x+i}=K_x \tag{6}$$

设 $\eta_0(x)$ 为方程的已知特解，z_x 为 x 的函数，又设式(6)的一般解为

$$y_x=\eta_0(x)+z_x \tag{7}$$

代入式(6)，得到

$$\sum_{i=0}^{n} p_{xi}\eta_0(x+i)+\sum_{i=0}^{n} p_{xi}z_{x+i}=K_x$$

由于 $\eta_0(x)$ 是满足式(6)的特解，所以此式左边第一项等

于 K_x,因此要使式(7) 的 y_x 成为式(6) 的一般解,必须

$$\sum_{i=0}^{n} p_{xi} z_{x+i} = 0$$

而这是(1) 的齐次方程,其一般解由式(3) 给出.这样,一方面用证明齐次方程相同的方法,可以证明 n 阶非齐次方程的一般解中含有 n 个任意常数.另一方面也证明了非齐次方程(6) 的一般解,等于它的一个特解与使给定的非齐次方程的自由项为零所得到的齐次方程的一般解之和.也就是非齐次方程的一般解可由下式表示

$$y_x = \eta_0(x) + C_1\eta_1(x) + C_2\eta_2(x) + \cdots + C_n\eta_n(x) \tag{8}$$

§3　拉格朗日变易常数法

下面将介绍使用线性非齐次方程所对应的齐次方程的基本解来寻求线性非齐次方程的特解的方法.此方法叫作拉格朗日变易常数法.

将 §2 中 n 阶非齐次线性方程式(6) 中 y_{x+n} 的系数改写为 1,即得

$$p_{x0}y_x + p_{x1}y_{x+1} + \cdots + p_{x,n-1}y_{x+n-1} + y_{x+n} = K_x \tag{1}$$

设对应的齐次方程

$$p_{x0}y_x + p_{x1}y_{x+1} + \cdots + p_{x,n-1}y_{x+n-1} + y_{x+n} = 0$$

的一般解为

$$y_x = C_1\eta_1(x) + C_2\eta_2(x) + \cdots + C_n\eta_n(x) \tag{2}$$

其中 $\eta_1, \eta_2, \cdots, \eta_n$ 为上述齐次方程的基本解.

将所给定的非齐次方程式(1) 的特解表示成与式(2) 相同的形式,即

$$y_x = c_1(x)\eta_1(x) + c_2(x)\eta_2(x) + \cdots + c_n(x)\eta_n(x) \tag{3}$$

它与式(2) 的差别是 $c_1(x), c_2(x), \cdots, c_n(x)$ 不是常数,而是 x 的函数.

我们若将式(3) 代入式(1),则仅仅得到一个式子,而不能规定 n 个 $c_1(x), c_2(x), \cdots$. 为了得到其余的 $n-1$ 个条件,我们规定 y 自 y_{x+1} 到 y_{x+n-1} 有下列 $n-1$ 个关系成立,即

$$\begin{cases} y_{x+1} = c_1(x)\eta_1(x+1) + c_2(x)\eta_2(x+1) + \cdots + c_n(x)\eta_n(x+1) \\ y_{x+2} = c_1(x)\eta_1(x+2) + c_2(x)\eta_2(x+2) + \cdots + c_n(x)\eta_n(x+2) \\ \vdots \\ y_{x+n-1} = c_1(x)\eta_1(x+n-1) + c_2(x)\eta_2(x+n-1) + \cdots + c_n(x)\eta_n(x+n-1) \end{cases} \tag{4}$$

这意味着 $c_1(x), c_2(x), \cdots$ 保持不变,而式(3) 对于 y 自 y_x 到 y_{x+n-1} 都成立. 然而 $c_1(x), c_2(x), \cdots$ 是 x 的函数. 设式(3) 对 y_{x+1} 适用,则

$$y_{x+1} = c_1(x+1)\eta_1(x+1) + c_2(x+1)\eta_2(x+1) + \cdots + c_n(x+1)\eta_n(x+1)$$

从而为了使式(4) 中第一式成立,由

$$c_i(x+1) - c_i(x) = \Delta c_i(x)$$

必须

$$\Delta c_1(x)\eta_1(x+1) + \Delta c_2(x)\eta_2(x+1) + \cdots + \Delta c_n(x)\eta_n(x+1) = 0 \tag{5_1}$$

而且当此式成立时,(4) 中第一式成立. 现设(4) 中第

一式适用于 y_{x+2}，则

$$y_{x+2}=c_1(x+1)\eta_1(x+2)+c_2(x+1)\eta_2(x+2)+\cdots+c_n(x+1)\eta_n(x+2)$$

为了使(4) 的第二式成立，必须

$$\Delta c_1(x)\eta_1(x+2)+\Delta c_2(x)\eta_2(x+2)+\Delta c_n(x)\eta_n(x+2)=0 \tag{5_2}$$

这样，为了使(4) 成立，显然必须依次有

$$\Delta c_1(x)\eta_1(x+n-1)+\Delta c_2(x)\eta_2(x+n-1)+\cdots+\Delta c_n(x)\eta_n(x+n-1)=0 \tag{5_{n-1}}$$

最后，设(4) 的最后一式适用于 y_{x+n}，由 $c_i(x+1)=c_i(x)+\Delta c_i(x)$ 得到

$$y_{x+n}=[c_1(x)+\Delta c_1(x)]\eta_1(x+n)+[c_2(x)+\Delta c_2(x)]\eta_2(x+n)+\cdots+[c_n(x)+\Delta c_n(x)]\eta_n(x+n) \tag{6}$$

将(3)(4)(6) 的 $y_x,y_{x+1},\cdots,y_{x+n}$ 代入方程(1) 进行整理，则得

$$c_1(x)[p_{x0}\eta_1(x)+\cdots+p_{x,n-1}\eta_1(x+n-1)+\eta_1(x+n)]+c_2(x)[p_{x0}\eta_2(x)+\cdots+p_{x,n-1}\eta_2(x+n-1)+\eta_2(x+n)]+\cdots+\Delta c_1(x)\eta_1(x+n)+\Delta c_2(x)\eta_2(x+n)+\cdots+\Delta c_n(x)\eta_n(x+n)=K_x$$

然而 $\eta_1,\eta_2,\eta_3,\cdots$ 是齐次方程的特解，所以上式中 $c_1(x),c_2(x),\cdots$ 的系数全部等于零. 从而可得

$$\Delta c_1(x)\eta_1(x+n)+\Delta c_2(x)\eta_2(x+n)+\cdots+\Delta c_n(x)\eta_n(x+n)=K_x \tag{7}$$

这样，可由(5) 得到 $n-1$ 个 $\Delta c_i(x)$ 的一次方程；由(7) 得到一个 $\Delta c_i(x)$ 的一次方程，合计为 n 个一次方程. 解此联立方程，即可定出 $\Delta c_1(x),\Delta c_2(x),\cdots$.

为了使定出 $\Delta c_1(x),\Delta c_2(x),\cdots$ 成为可能，有必要证明行列式

$$D(x+1)\equiv\begin{vmatrix}\eta_1(x+1) & \eta_2(x+1) & \cdots & \eta_n(x+1)\\ \eta_1(x+2) & \eta_2(x+2) & \cdots & \eta_n(x+2)\\ \vdots & \vdots & & \vdots\\ \eta_1(x+n) & \eta_2(x+n) & \cdots & \eta_n(x+n)\end{vmatrix}\neq 0$$

但是，由于 $\eta_1,\eta_2,\cdots$ 是彼此线性无关的特解，所以由 § 2 式(5) 显然有 $D(x+1)\neq 0$.

由式(5) 和(7) 的 n 个方程解 $\Delta c_i(x)$，则 $\Delta c_i(x)$ 可表示为

$$\Delta c_i(x)=K_x\,\mu_i(x) \tag{8}$$

其中 $\mu_i(x)$ 是行列式 $D(x+1)$ 关于它的最下行 $\eta_i(x+n)$ 的代数余子式. 所以

$$c_i(x)=\mathbf{S}^{①}\,K_x\,\mu_i(x)\Delta x \tag{9}$$

代入式(3)，则所给的非齐次方程的特解可以表示成

$$y_x=\sum_{i=1}^{n}\eta_i(x)\,\mathbf{S}\,K_x\,\mu_i(x)\Delta x \tag{10}$$

其一般解是此式与式(2) 的和.

以上的变易常数法，当 K_x 所给的形式不是 x 的函数，而是一个个的数值时，也可以使用. 只不过此时的和分是求单纯的和.

§ 4　常系数齐次线性差分方程的解的显式表示

湛江师范学院数学系的乐茂华教授 1985 年指出：

---

① 表示和分符号.

根据经典方法,m 阶常系数齐次线性差分方程

$$y_{n+m}=\sum_{i=1}^{m}a_i y_{n+m-i}\quad(a_m\neq 0,n\geqslant 0)\tag{1}$$

满足初始条件 $y_j(j=0,\cdots,m-1)$ 的解可表示成 $y_{n+m}=y_{n+m}(n,\lambda_1,\cdots,\lambda_m,c_1,\cdots,c_m)$ 之形,这里 $\lambda_i(i=1,\cdots,m)$ 是代数方程

$$x^m-a_1x^{m-1}-\cdots-a_m=0\tag{2}$$

的诸根,$c_i(i=1,\cdots,m)$ 是与 $\lambda_i(i=1,\cdots,m)$ 以及 $y_j(j=0,\cdots,m-1)$ 有关的待定常数[1].由于在一般情况下方程(2)的根以及常数 $c_i(i=1,\cdots,m)$ 的确定是很困难的,所以有人提出:差分方程(1)的解是否可以直接表示成其系数及初始条件的显函数呢?对此,§5 解决了当方程(1)的 $m-1$ 个系数 $a_R(R=1,\cdots,m-1)$ 中至少有 $m-2$ 个等于零时的情况.在这里我们将用初等方法证明.

定理　对于整数 r,若

$$F(r)=\begin{cases}0 & (\text{当 } r<0 \text{ 时})\\ 1 & (\text{当 } r=0 \text{ 时})\\ \displaystyle\sum_{\substack{r_1+2r_2+\cdots+mr_m=r\\ r_i\geqslant 0,i=1,\cdots,m}}\left(\sum_{i=1}^{m}r_i\right)!\prod_{i=1}^{m}\frac{a_i^{r_i}}{r_i!} & (\text{当 } r>0 \text{ 时})\end{cases}\tag{3}$$

则差分方程(1)满足初始条件 $y_j(j=0,\cdots,m-1)$ 的解可表示成

$$y_{n+m}=\sum_{i=1}^{m}c_iF(n+m-i+1)\quad(n\geqslant 0)\tag{4}$$

其中

$$c_1=y_0,c_l=y_{l-1}-\sum_{i=1}^{l-1}c_iF(l-i)\quad(l=2,\cdots,m)\tag{5}$$

上述定理的证明主要依靠下列引理：

引理 1　对于正整数 s，适合式(3) 的 $F(s)$ 满足

$$F(s)=\sum_{i=1}^{m}a_iF(s-i)$$

证明　设

$$E(s)=F(s)-\sum_{i=1}^{m}a_iF(s-i)\tag{6}$$

从式(3) 可知当 $s>0$ 时 $E(s)$ 是关于 $a_1,\cdots,a_m$ 的多项式，而且其中每一单项式 $a_1^{r_1}\cdots a_m^{r_m}$ 的次数 $r_i(i=1,\cdots,m)$ 都满足 $\sum_{i=1}^{m}ir_i=s$ 以及 $r_i\geqslant 0(i=1,\cdots,m)$. 所以合并同类项后，若以 $\varepsilon(r_1,\cdots,r_m)$ 表示 $E(s)$ 中单项式 $a_1^{r_1}\cdots a_m^{r_m}$ 的系数，则从式(3)(6) 可得

$$\varepsilon(r_1,\cdots,r_m)=\frac{\left(\sum_{i=1}^{m}r_i\right)!}{\prod_{i=1}^{m}r_i!}-\sum_{l}\frac{\left(\left(\sum_{i=1}^{m}r_i\right)-1\right)!}{\frac{(r_l-1)!}{r_l!}\prod_{i=1}^{m}r_i!}=$$

$$\frac{\left(\left(\sum_{i=1}^{m}r_i\right)-1\right)!}{\prod_{i=1}^{m}r_i!}\left(\sum_{i=1}^{m}r_i-\sum_{l}r_l\right)$$

其中“$\sum_{l}$”表示“对全体不大于 m 且使 $r_l\neq 0$ 的正整数 l 求和”. 由于 $r_i\geqslant 0(i=1,\cdots,m)$ 时 $\sum_{i=1}^{m}r_i=\sum_{l}r_l$，故从上式即得本引理.

引理 2　对于非负整数 n，$F(n+i)(i=1,\cdots,m)$

是线性无关的.

证明　对于整数 s,设 $A(s)=|a_{sij}|_1^m$,其中 $a_{sij}=F(s+i+j-2)(1\leqslant i,j\leqslant m)$. 根据线性代数的基本理论可知:如果 $F(n+i)(i=1,\cdots,m)$ 线性相关,则必有

$$A(n)=0^{[2]} \tag{7}$$

从行列式的基本性质可知,若将 $A(s)$ 中第 m 列的诸元素 $a_{sim}(i=1,\cdots,m)$ 换成

$$a_{sim}-\sum_{j=1}^{m-1}a_j a_{si(m-j)}\quad (i=1,\cdots,m)$$

则其值不变. 由于当 $s>-m+1$ 时从引理 1 可知

$$\begin{aligned}&a_{sim}-\sum_{j=1}^{m-1}a_j a_{si(m-j)}=\\&F(s+i+m-2)-\\&\sum_{j=1}^{m-1}a_jF(s+i+m-j-2)=\\&a_mF(s+i-2)=a_{(s-1)i1}a_m\quad (i=1,\cdots,m)\end{aligned} \tag{8}$$

所以将换元后的行列式的诸列按置换 $\begin{pmatrix}1 & \cdots & m-1 & m\\ 2 & \cdots & m & 1\end{pmatrix}$ 调整后,从式(8) 以及 $A(s)$ 的定义可知:当 $s>-m+1$ 时,有

$$A(s)=(-1)^{m-1}a_mA(s-1) \tag{9}$$

同时,从式(3) 可知行列式 $A(-m+1)$ 中次对角线左边的元素都等于 0,而次对角线上的元素都等于 1. 故有 $A(-m+1)=(-1)^{\binom{m}{2}}$. 于是从式(9) 可得

$$\begin{aligned}A(n)&=(-1)^{(m-1)(n+m-1)}a_m^{n+m-1}A(-m+1)=\\&(-1)^{(m-1)(n+m-1)+\frac{m(m-1)}{2}}a_m^{n+m-1}\end{aligned}$$

由于 $a_m \neq 0$，故从上式可知当 $n \geqslant 0$ 时式(7) 不可能成立. 引理得证.

定理的证明　按照文献[1] 所采用的术语，从引理 1 可知当 $s>0$ 时适合式(3) 的 $F(s)$ 都是差分方程(1) 的特解. 又从引理 2 可知当 $n \geqslant 0$ 时，m 个特解 $F(n+i)(i=1,\cdots,m)$ 构成方程(1) 的一组基本解，所以方程(1) 的一般解可表示成(4) 之形式，其中 $c_i(i=1,\cdots,m)$ 是待定常数. 在引入初始条件 $y_j(j=0,\cdots,m-1)$ 之后，从式(3)(4) 不难得出 $c_i(i=1,\cdots,m)$ 满足式(5)，定理证毕.

参 考 文 献

[1] 福田武雄. 差分方程[M]. 穆鸿基，译. 上海：上海科学技术出版社，1962.

[2] 周伯壎. 高等代数[M]. 北京：人民教育出版社，1978.

§5　三项齐次递推式的一般解公式

中国科学院计算中心的屠规彰研究员指出：众所周知，递推式的一般解法通常求助于解相应的特征方程，在三项齐次递推式 $a_{n+p}=\alpha a_{n+q}+\beta a_n$ 的情形(α,β 为常数)，即为求解 $\lambda^p-\alpha\lambda^q-\beta=0$. 若其 p 个根 $\lambda_i(i=1,2,\cdots,p)$ 互异，则一般解 $a_n=c_1\lambda_1^n+\cdots+c_p\lambda_p^n$. 为了确定常数 $c_1,\cdots,c_p$，还须求解 p 阶线性方程 $a_i=\sum_{j=1}^{p}c_j\lambda_j^i$

$(i=0,1,\cdots,p-1)$. 当 p 个根中有重根时，情形就更为繁杂. 当 $p\geqslant 5$ 时，由于特征方程没有一般的求根公式，显然就不能由这条途径求得一般解的表示式. 本节从分析与特征方程相联系的 Frobenius 矩阵的方向图入手，利用二元一次不定方程的非负解理论，得到了这一类三项齐次递推式的一般解公式，从而避免了求解高次代数方程的所有根，且因初始常数 $a_0,\cdots,a_{p-1}$ 显含于所得求解公式之中，从而省去了 p 阶线性代数方程组的求解.

下面我们着手推导递推式

$$\begin{cases}a_{n+p}=\alpha a_{n+q}+\beta a_n\\ a_0=c_0,\cdots,a_{p-1}=c_{p-1}\end{cases}\tag{1}$$

的一般解，其中 $p>q>0$，α,β 为任意复常数. 递推式 (1) 的特征方程为

$$\lambda^p-\alpha\lambda^q-\beta=0\tag{2}$$

与此方程相联系的 Frobenius 矩阵为

$$\boldsymbol{F}\equiv(f_{ij})=\begin{pmatrix}0&1&0&\cdots&0&\cdots&0\\ 0&0&1&\cdots&0&\cdots&0\\ &&&\ddots&&&\\ &&&&1&&\\ &&&&&\ddots&\\ 0&0&0&\cdots&0&\cdots&1\\ \beta&0&0&\cdots&\alpha&\cdots&0\end{pmatrix}\tag{3}$$

其中 $\beta=f_{p1}$，$\alpha=f_{p,q+1}$. 矩阵 $\boldsymbol{F}$ 必满足特征方程(2)，故 $\boldsymbol{F}^p=\alpha\boldsymbol{F}^q+\beta\boldsymbol{I}$. 由此任取 $\boldsymbol{x}=(x_1,\cdots,x_p)^{\mathrm{T}}$，必有

$$\boldsymbol{F}^{n+p}\boldsymbol{x}=\alpha\boldsymbol{F}^{n+q}\boldsymbol{x}+\beta\boldsymbol{F}^n\boldsymbol{x}\tag{4}$$

特别取 $\boldsymbol{x}=(c_0,c_1,\cdots,c_{p-1})^{\mathrm{T}}$，并记

$$\boldsymbol{F}^m\boldsymbol{x}=(a^{(m)},\cdots)\tag{5}$$

则由式(4) 可见 $a^{(n+p)}=\alpha a^{(n+q)}+\beta a^{(n)}$，而且

$$\boldsymbol{F}^{i}(c_0,\cdots,c_{p-1})^{\mathrm{T}}=(c_i,\cdots)^{\mathrm{T}}\quad(0\leqslant i\leqslant p-1)$$

因此 $a^{(i)}=c_i$ 对 $i=0,1,\cdots,p-1$ 成立，换言之 $a^{(m)}\equiv a_m$ 为所给递推式及初始条件(1) 的解.

为了求出 $a^{(m)}$，由(5) 可见只需求出 $\boldsymbol{F}^m$ 阵元的一般表达式. 即若 $\boldsymbol{F}^{(m)}=(f_{ij}^{(m)})$，则

$$a^{(m)}=c_0f_{11}^{(m)}+c_1f_{12}^{(m)}+\cdots+c_{p-1}f_{1p}^{(m)}\qquad(6)$$

为此我们转而考察 $\boldsymbol{F}$ 的方向图 $G(\boldsymbol{F})$(图 1)[1]. 因对任一矩阵 $\mathbf{A}=(a_{ij})$，$\mathbf{A}^m$ 的元 $a_{ij}^{(m)}$ 为 $G(\mathbf{A})$ 中所有从点 i 到点 j 的长度为 m 的诸路径之积的和，故我们只需分析 $G(\mathbf{A})$ 中从 P_i 到 P_j 的长为 m 的路径. 今指出，只需分析从 P_i 回到 P_i 自身的长为 m 的闭路即可，因为我们有

$$f_{ij}^{(m)}=f_{jj}^{(m+i-j)}\qquad(7)$$

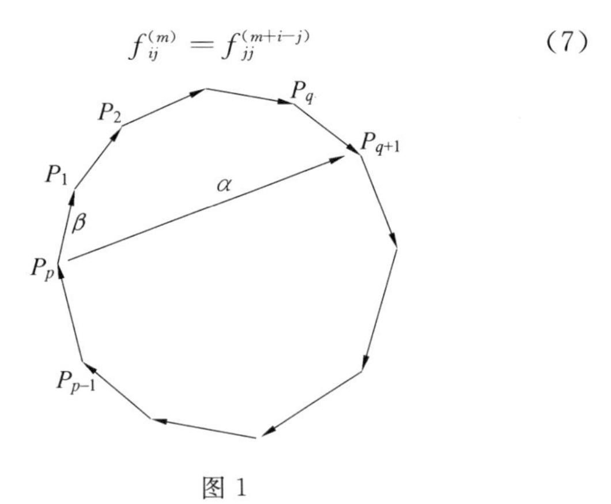

图 1

这是因为对 $0\leqslant k\leqslant p-1$，及矩阵 (a_{ij}) 有

$$\boldsymbol{F}^{k}(a_{ij})=\begin{pmatrix}a_{k+1,1}&\cdots&a_{k+1,p}\\ \vdots&&\vdots\\ a_{p1}&\cdots&a_{pp}\\ \vdots&&\vdots\end{pmatrix}$$

因此，若 $p \geqslant i \geqslant j \geqslant 1$，便有

$$\boldsymbol{F}^{m+i-j}=\boldsymbol{F}^{i-j}\boldsymbol{F}^{m}=\boldsymbol{F}^{i-j}\begin{pmatrix} f_{11}^{(m)} & \cdots & f_{1p}^{(m)} \\ \vdots & & \vdots \\ f_{p1}^{(m)} & \cdots & f_{pp}^{(m)} \end{pmatrix}=$$

$$\begin{pmatrix} f_{i-j+1,1}^{(m)} & \cdots & f_{i-j+1,j}^{(m)} & \cdots & f_{i-j+1,p}^{(m)} \\ \vdots & & \vdots & & \vdots \\ f_{i,1}^{(m)} & \cdots & f_{i,j}^{(m)} & \cdots & f_{i,p}^{(m)} \\ \vdots & & \vdots & & \vdots \end{pmatrix}$$

故 $f_{jj}^{(m+i-j)}=f_{ij}^{(m)}$. 当 $i<j$ 时，从 $\boldsymbol{F}^{m}=\boldsymbol{F}^{j-i}\boldsymbol{F}^{m+i-j}$ 出发，类似地可证 $f_{ij}^{(m)}=f_{jj}^{(m+i-j)}$.

由式(7) 可见，只要求出 $f_{jj}^{(m)}$ 的一般表示式，即可得到 $f_{ij}^{(m)}$ 之表示式. 下面我们进而证明

$$\begin{cases} f_{11}^{(m)}=f_{22}^{(m)}=\cdots=f_{qq}^{(m)} \\ f_{q+1,q+1}^{(m)}=f_{q+2,q+2}^{(m)}=\cdots=f_{pp}^{(m)}=f_{11}^{(m+p)}/\beta \end{cases} \tag{8}$$

故实际上只需求出 $f_{11}^{(m)}$ 的一般表示式即可.

下面分析从 P_1 回到 P_1 的闭路.

方向图 $G(\boldsymbol{F})$ 有两个有向圈，即“大圈”$P_pP_1P_2\cdots P_p$，长度为 p；与“小圈”$P_pP_{q+1}\cdots P_p$，长度为 $p-q$. 任一从 P_1 出发回到 P_1 的闭路，必由若干个大圈和若干个小圈组成. 若其由 x 个大圈及 y 个小圈组成，则因大圈之积为 β，小圈之积为 α，故这条闭路的积为 $\beta^x\alpha^y$，而且 $px+(p-q)y=m$. 但这样的闭路因为出发点 P_1 位于大圈上，因此它首先必须绕大圈而行，剩下 $x-1$ 个大圈与 y 个小圈的行走次序则无限制，因此共有 $\binom{x+y-1}{y}$ 种走法. 由此

$$f_{11}^{(m)}=\sum_{\substack{x\geqslant 1,y\geqslant 0\\ px+(p-q)y=m}}\binom{x+y-1}{y}\beta^{x}\alpha^{y}=\sum_{\substack{x,y\geqslant 0\\ px+(p-q)y=m-p}}\binom{x+y}{y}\beta^{x+1}\alpha^{y} \tag{9}$$

显然,在点 $P_2,\cdots,P_q$ 上,情形相仿,故 $f_{ii}^{(m)}=f_{11}^{(m)}(i=2,\cdots,q)$. 其中分析 $f_{pp}^{(m)}$. 因为点 P_p 同时位于大圈和小圈上,故从 P_p 回到 P_p 的闭路中,沿大圈和小圈行走的次序没有限制,从而

$$f_{pp}^{(m)}=\sum_{\substack{x\geqslant 0,y\geqslant 0\\ px+(p-q)y=m}}\binom{x+y}{x}\beta^{x}\alpha^{y} \tag{10}$$

在点 $P_{q+1},\cdots,P_{p-1}$ 处情形相仿. 比较(10) 与(9) 可见 $f_{jj}^{(m)}=f_{pp}^{(m)}=f_{11}^{(m+p)}/\beta,j=q+1,\cdots,p-1$.

为了最后写出解的表示式,分两种情形讨论:

(A)p 与 q 互素.

此时 p 与 $p-q$ 亦互素,$G(\boldsymbol{F})$ 为本原图[1]. 将 $p/(p-q)$ 展开成连分式

$$p/(p-q)=k_1+\frac{1}{k_2}+\frac{1}{k_3}+\cdots+\frac{1}{k_n}\equiv(k_1,\cdots,k_n) \tag{11}$$

引用二元一次不定方程解的理论[2],次之不定方程

$$px+(p-q)y=m \tag{12}$$

的所有整数解可以写成

$$\begin{cases}x=(-1)^{n}\langle k_2,\cdots,k_{n-1}\rangle m-(p-q)t\\ y=(-1)^{n-1}\langle k_1,\cdots,k_{n-1}\rangle m+pt\end{cases} \tag{13}$$

$(t=0,\pm 1,\pm 2,\cdots)$

式中$\langle q_1,\cdots,q_n\rangle$表示 Euler 括号[2],可以用表格法很简便地算出. 先设 $n=2r$ 为偶数,则从要求 $x,y\geqslant 0$ 可得

t 的取值范围为

$$m\langle k_1,\cdots,k_{n-1}\rangle/p\leqslant t\leqslant m\langle k_2,\cdots,k_{n-1}\rangle/(p-q)\tag{14}$$

亦即

$$t=[m\langle k_1,\cdots,k_{n-1}\rangle/p]+\mathrm{sign}\{m\langle k_1,\cdots,k_{n-1}\rangle/p\},\ [m\langle k_1,\cdots,k_{n-1}\rangle/p]+1,\cdots,[m\langle k_2,\cdots,k_{n-1}\rangle/(p-q)]\tag{15}$$

其中$[x]$,$\{x\}$ 分别表示 x 的整数与分数部分,而sign x 为常见的符号函数. 由定义 $\mathrm{sign}\{x/p\}=0$,若 p 为 x 之因数;否则 $\mathrm{sign}\{x/p\}=1$. 记与 $t=1+[m\langle k_1,\cdots,k_{n-1}\rangle/p]$ 相应的 x 与 y 为 u 和 v,即

$$\begin{cases}u=\langle k_2,\cdots,k_{n-1}\rangle m-(p-q)([m\langle k_1,\cdots,k_{n-1}\rangle/p]+1)\\ v=-\langle k_1,\cdots,k_{n-1}\rangle m+p([m\langle k_1,\cdots,k_{n-1}\rangle/p]+1)\end{cases}\tag{16}$$

则与 $t=[m\langle k_1,\cdots,k_{n-1}\rangle/p]+1+l$ 相应的 x,y 为

$$x=u-(p-q)l,y=v+pl\tag{17}$$

而 $x+y=u+v+ql$.

当 p 为 $m\langle k_1,\cdots,k_{n-1}\rangle$ 的因数时,满足(14) 的最小 $t=m\langle k_1,\cdots,k_{n-1}\rangle/p$,与之相应的 x,y 为

$$x=\langle k_2,\cdots,k_{n-1}\rangle m-(p-q)(\langle k_1,\cdots,k_{n-1}\rangle m/p)=u+(p-q)$$

$$y=-\langle k_1,\cdots,k_{n-1}\rangle m+p(\langle k_1,\cdots,k_{n-1}\rangle m/p)=0$$

而当 p 非 $m\langle k_1,\cdots,k_{n-1}\rangle$ 的因数时,则 x,y 从 u,v 开始取值, 因此和式 $\sum\limits_{px+(p-q)y=m}\binom{x+y}{x}\beta^x\alpha^y$ 中与 $t=[m\langle k_1,\cdots,k_{n-1}\rangle/p]+\mathrm{sign}\{m\langle k_1,\cdots,k_{n-1}\rangle/p\}$ 相应的一项为

$$(1-\mathrm{sign}\{\langle k_1,\cdots,k_{n-1}\rangle m/p\})\beta^{u+(p-q)}\tag{18}$$

其次，与满足(14)的最大 $t=[m\langle k_2,\cdots,k_{n-1}\rangle/(p-q)]$ 相应的 x 为

$$x'=\langle k_2,\cdots,k_{n-1}\rangle m-(p-q)[m\langle k_2,\cdots,k_{n-1}\rangle/(p-q)]$$

今证

$$x'=u-(p-q)[u/(p-q)] \tag{19}$$

实际上

$$\begin{aligned}[u/(p-q)]=&[\langle k_2,\cdots,k_{n-1}\rangle m/(p-q)-\\&([m\langle k_1,\cdots,k_{n-1}\rangle/p]+1)]=\\&[\langle k_2,\cdots,k_{n-1}\rangle m/(p-q)]-\\&([m\langle k_1,\cdots,k_{n-1}\rangle/p]+1)\end{aligned}$$

故

$$\begin{aligned}&u-(p-q)[u/(p-q)]=\\&(\langle k_2,\cdots,k_{n-1}\rangle m-\\&(p-q)([m\langle k_2,\cdots,k_{n-1}\rangle/p]+1))-\\&((p-q)[\langle k_2,\cdots,k_{n-1}\rangle m/(p-q)]-\\&(p-q)([m\langle k_1,\cdots,k_{n-1}\rangle/p]+1))=\\&\langle k_2,\cdots,k_{n-1}\rangle m-\\&(p-q)[\langle k_2,\cdots,k_{n-1}\rangle m/(p-q)]=x'\end{aligned}$$

综合上述式(15)～(19)可得

$$\begin{aligned}&\sum_{px+(p-q)y=m}\binom{x+y}{y}\beta^x\alpha^y=\\&(1-\operatorname{sign}\{m\langle k_1,\cdots,k_{n-1}\rangle/p\})\beta^{u+(p-q)}+\\&\sum_{k=0}^{[u/(p-q)]}\binom{u+v+kq}{u-k(p-q)}\beta^{u-k(p-q)}\alpha^{v+kp}\end{aligned} \tag{20}$$

式中的和式部分也可写成 $\sum\limits_{\substack{k=0,1,2,\cdots\\u-k(p-q)\geqslant 0}}$，即和式一直展布到差 $u-k(p-q)$ 出现负数为止.

当 $n=2r+1$ 为奇数时，令 $s=-t$，可将(6)的通解

写成

$$x = -\langle k_2, \cdots, k_{n-1}\rangle m + (p-q)s$$
$$y = \langle k_1, \cdots, k_{n-1}\rangle m - ps$$

从 $x, y \geqslant 0$ 的要求可得 s 的取值范围为

$$\langle k_2, \cdots, k_{n-1}\rangle m/(p-q) \leqslant s \leqslant m\langle k_1, \cdots, k_{n-1}\rangle/p \tag{21}$$

经过类似的推演可以得到

$$\sum_{px+(p-q)y=m} \binom{x+y}{x} \beta^x \alpha^y = (1 - \mathrm{sign}\{\langle k_2, \cdots, k_{n-1}\rangle m/(p-q)\})\alpha^{v+p} + \sum_{k=0}^{[v/p]} \binom{u+v-qk}{v-pk} \beta^{u+k(p-q)} \alpha^{v-pk} \tag{22}$$

其中

$$u = -\langle k_2, \cdots, k_{n-1}\rangle m + (p-q)([\langle k_2, \cdots, k_{n-1}\rangle m/(p-q)] + 1)$$
$$v = \langle k_1, \cdots, k_{n-1}\rangle m - p([\langle k_2, \cdots, k_{n-1}\rangle m/(p-q)] + 1)$$

(B) 当 p 与 q 有最大公因子 $d > 1$ 时，可令 $p = dp'$，$q = dq'$，此时 $G(\boldsymbol{F})$ 为指标 d 的循环图[1]. F 的任一乘幂必含有零元素. 此时式(9) 依然成立. 从二元一次不定方程理论可知 $px + (p-q)y = m - p$ 有整数解的充分条件为：d 是 m 的因数. 故若 $m = m'd + r$，$0 \leqslant r < d$，则当 $r \neq 0$ 时 $f_{ii}^{(m)} = 0$. 既然 $f_{ij}^{(m)} = f_{jj}^{(m+i-j)} = f_{jj}^{(m'd+r+i-j)}$，故当 $r + i - j \not\equiv 0 \pmod d$ 时 $f_{ij}^{(m)} = 0$. 在 $r = 0$ 的情形 $px + (p-q)y = m$ 的解与 $p'x + (p'-q')y = m'$ 一致，故

$$f_{11}^{(m)} = f_{11}^{(m'd)} = \sum_{p'x+(p'-q')y=m'-p'} \binom{x+y}{x} \beta^{x+1} \alpha^y$$

从而引用情形(A)中所得公式即可求解.

我们将上述结果汇总成以下定理:

定理 三项齐次递推式(1)的解可以化归为 p 与 q 互素的情形,此时按 $p/(p-q)$ 之连分式项数的奇偶性不同,分为两种情形:

情形 a. $p/(p-q)=(k_1,\cdots,k_{2r})$. 此时

$$a_m=\beta(f^{(m-p)}c_0+f^{(m-p-1)}c_1+\cdots+f^{(m-p-q+1)}c_{q-1})+ f^{(m-q)}c_q+f^{(m-q-1)}c_{q+1}+\cdots+f^{(m-p+1)}c_{p-1}$$

其中

$$f^{(m)}=(1-\operatorname{sign}\{\langle k_1,\cdots,k_{2r-1}\rangle m/p\})\beta^{u+(p-q)}+ \sum_{k=0}^{[u/(p-q)]}\binom{u+v+kq}{u-k(p-q)}\beta^{u-k(p-q)}\alpha^{v+kp}$$

$$u=\langle k_2,\cdots,k_{2r-1}\rangle m- (p-q)([m\langle k_1,\cdots,k_{2r-1}\rangle/p]+1)$$

$$v=-\langle k_1,\cdots,k_{2r-1}\rangle m+ p([m\langle k_1,\cdots,k_{2r-1}\rangle/p]+1)$$

情形 b. $p/(p-q)=(k_1,\cdots,k_{2r+1})$. 此时

$$a_m=\beta(f^{(m-p)}c_0+f^{(m-p-1)}c_1+\cdots+f^{(m-p-q+1)}c_{q-1})+ f^{(m-q)}c_q+f^{(m-q-1)}c_{q+1}+\cdots+f^{(m-p+1)}c_{p-1}$$

其中

$$f^{(m)}=(1-\operatorname{sign}\{\langle k_2,\cdots,k_{2r}\rangle m/(p-q)\})\alpha^{v+p}+ \sum_{k=0}^{[v/p]}\binom{u+v-qk}{v-pk}\beta^{u+k(p-q)}\alpha^{v-pk}$$

$$u=-\langle k_2,\cdots,k_{2r}\rangle m+ (p-q)([\langle k_2,\cdots,k_{2r+1}\rangle m/(p-q)]+1)$$

$$v=\langle k_1,\cdots,k_{2r}\rangle m- p([\langle k_2,\cdots,k_{2r}\rangle m/(p-q)]+1)$$

下面考察几个特例.

(ⅰ)$q=1$. 此时 $p-q=p-1$, $p/(p-1)=(1, p-1)$，故

$$u=m-(p-1)([m/p]+1)$$
$$v=-m+p([m/p]+1)$$

(ⅱ)$q=p-1$. 此时 $p/(p-q)=p=(p-1,1)$，故

$$u=m-([m(p-1)/p]+1)$$
$$v=-(p-1)m+p([m(p-1)/p]+1)$$

(ⅲ)$q=1, p=2$. 此时由前述即得一般的二阶齐次递推式 $a_{n+2}=\alpha a_{n+1}+\beta a_n$ 的通解为

$$a_{2k}=c_0\left(\beta^k+\sum_{l=0}^{k-2}\binom{k+l}{2l+2}\beta^{k-1-l}\alpha^{2l+2}\right)+c_1\left(\sum_{l=0}^{k-1}\binom{k+l}{2l+1}\beta^{k-1-l}\alpha^{2l+1}\right)$$

$$a_{2k+1}=c_0\left(\sum_{l=0}^{k-1}\binom{k+l}{2l+1}\beta^{k-1-l}\alpha^{2l+1}\right)+c_1\left(\beta^k+\sum_{l=0}^{k-1}\binom{k+l+1}{2l+2}\beta^{k-1-l}\alpha^{2l+2}\right)$$

特别取 $c_0=c_1=1$，即得著名的 Fibonacci 数列[3] $a_0=a_1=1, a_{n+2}=a_{n+1}=a_n$ 的通项公式为

$$a_{2k}=\sum_{l=0}^{k}\binom{k+l}{2l}, a_{2k+1}=\sum_{l=0}^{k}\binom{k+l+1}{2l+1}$$

本节所得的通解公式还可以用来分析有限域上三项式的可约性，这是现代代数编码理论中的一个重要问题，因篇幅所限，于此不再详述.

参考文献

[1] 瓦格. 矩阵迭代分析[M]. 上海:上海科学技术出版社,1966.

[2] 苏什凯维奇. 数论初等教程[M]. 北京:高等教育出版社,1956.

[3] COMTET L. Advanced Combinatorics[M]. Dordrecht:Reidel,1974.

常系数线性差分方程

第3章

§1 齐次方程

能简单求得一般解的线性差分方程是不多的，但在实际问题中有广泛应用的常系数方程确是可简单地求得一般解的. 在我们考虑非齐次方程之前，先就齐次方程的一般解加以说明.

在第2章§2线性齐次差分方程式(1)中，将全部系数 p_{xi} 取为与 x 无关的常数，并以 a_i 表之，则

$$\sum_{i=0}^{n} a_i y_{x+i} \equiv a_0 y_x + a_1 y_{x+1} + \cdots + a_n y_{x+n} = 0 \tag{1}$$

为了求它的解，我们引入参数 λ. 令

$$y_x = \lambda^x \tag{2}$$

将它代入式(1)，则得

$$a_0\lambda^x + a_1\lambda^{x+1} + \cdots + a_n\lambda^{x+n} = 0$$

消去公共因子 λ^x，得出

$$\varphi(\lambda) \equiv a_0 + a_1\lambda + a_2\lambda^2 + \cdots + a_n\lambda^n = 0 \qquad (3)$$

这说明要使式(2) 成为(1) 的解,λ 必须满足式(3). 式(3) 叫作给定的差分方程式(1) 的特征方程,λ 为它的根.

今设 $a_n \neq 0$,则式(3) 一般有 n 个不为零的根,设为 $\lambda_1,\lambda_2,\cdots,\lambda_n$,则所求的特解是

$$y_x = \lambda_i^x \quad (i=1,2,\cdots,n) \qquad (4)$$

若用此 n 个特解作出第 2 章 §2 行列式(5),则

$$\begin{vmatrix} \lambda_1^x & \lambda_2^x & \cdots & \lambda_n^x \\ \lambda_1^{x+1} & \lambda_2^{x+1} & \cdots & \lambda_n^{x+1} \\ \vdots & \vdots & & \vdots \\ \lambda_1^{x+n-1} & \lambda_2^{x+n-1} & \cdots & \lambda_n^{x+n-1} \end{vmatrix} =$$

$$(\lambda_1\lambda_2\cdots\lambda_n)^x \begin{vmatrix} 1 & 1 & \cdots & 1 \\ \lambda_1 & \lambda_2 & \cdots & \lambda_n \\ \vdots & \vdots & & \vdots \\ \lambda_1^{n-1} & \lambda_2^{n-1} & \cdots & \lambda_n^{n-1} \end{vmatrix} =$$

$$(-1)^{\frac{n(n-1)}{2}}(\lambda_1\lambda_2\cdots\lambda_n)^x \prod_{i,k}(\lambda_i - \lambda_k)$$

$$(i=1,2,\cdots,n-1;k=2,3,\cdots,n;i<k)$$

当式(3) 的 n 个根彼此不相等,即 $\lambda_i - \lambda_k \neq 0$ 时,上面的行列式不为零. 于是式(4) 的 n 个特解成为给定方程的基本解. 故一般解由下式给出

$$y_x = C_1\lambda_1^x + C_2\lambda_2^x + \cdots + C_n\lambda_n^x \qquad (5)$$

特征方程的 n 个根中,若有重根,则上述行列式为零,从而式(4) 的 n 个特解不为基本解. 对于这种情形,例如 λ_k 是重根,将它乘以新的 x 的函数 u_x,并将 $y_x = \lambda_k^x u_x$ 代入给定方程进行整理,即得

$$(a_0+a_1\lambda_k+a_2\lambda_k^2+\cdots+a_n\lambda_k^n)\lambda_k^x u_x+$$
$$(a_1+2a_2\lambda_k+3a_3\lambda_k^2+\cdots+na_n\lambda_k^{n-1})\lambda_k^{x+1}\Delta u_x+$$
$$(2a_2+3\cdot 2a_3\lambda_k+\cdots+$$
$$n(n-1)a_n\lambda_k^{n-2})\lambda_k^{x+2}\frac{\Delta^2 u_x}{2!}+\cdots+$$
$$n(n-1)\cdot\cdots\cdot 2\cdot 1\cdot a_n\lambda_k^{x+n}\frac{\Delta^n u_x}{n!}=0$$

然而上式第一项的括号中的多项式是特征方程$\varphi(\lambda_k)$，第二项以后的括号中的多项式是$\varphi'(\lambda_k)$，$\varphi''(\lambda_k)$，$\cdots$. 所以从上式中消去公共因子λ_k^x后得到

$$\varphi(\lambda_k)u_x+\frac{1}{1!}\varphi'(\lambda_k)\lambda_k\Delta u_x+\frac{1}{2!}\varphi''(\lambda_k)\cdot$$
$$\lambda_k^2\Delta^2 u_x+\cdots+\frac{1}{n!}\varphi^{(n)}(\lambda_k)\lambda_k^n\Delta^n u_x=0$$

设λ_k是$\varphi(\lambda)=0$的m重根，则

$$\varphi(\lambda_k)=0,\varphi'(\lambda_k)=\varphi''(\lambda_k)=\cdots=\varphi^{(m-1)}(\lambda_k)=0$$

此时上式化为

$$\frac{1}{m!}\varphi^{(m)}(\lambda_k)\lambda_k^m\Delta^m u_x+\cdots+\frac{1}{n!}\varphi^{(n)}(\lambda_k)\lambda_k^n\Delta^n u_x=0$$

显然，若u_x是一个最高次项为x^{m-1}的x的有理整函数，则u_x满足此方程. 所以，若

$$u_x=C_1+C_2x+C_3x^2+\cdots+C_mx^{m-1}$$

则λ_k^x乘以u_x是一特解，从而所给定的差分方程的一般解可以表示成

$$y_x=(C_1+C_2x+C_3x^2+\cdots+C_mx^{m-1})\lambda_k^x+$$
$$C_{m+1}\lambda_{m+1}^x+\cdots+C_n\lambda_n^x \tag{6}$$

若特征方程具有复根（方程的系数为实数），则根据复根必成对出现，所以通过结合可以作成实函数. 例如$\lambda_1=a+bi$，$\lambda_2=a-bi$是一对共轭复根，则取

$$\rho=\left|\sqrt{a^2+b^2}\right|,\tan\varphi=\frac{b}{a}$$

从而

$$\lambda_1=\rho(\cos\varphi+\mathrm{i}\sin\varphi),\lambda_2=\rho(\cos\varphi-\mathrm{i}\sin\varphi)$$

因而一般解 y_x 中的 $C_1\lambda_1^x+C_2\lambda_2^x$ 可写成

$$C_1\lambda_1^x+C_2\lambda_2^x=$$
$$\rho^x[(C_1+C_2)\cos\varphi x+\mathrm{i}(C_1-C_2)\sin\varphi x]$$

由于 C_1,C_2 是任意常数，所以 C_1+C_2 与 $(C_1-C_2)\mathrm{i}$ 仍是任意常数，以 C'_1,C'_2 表之，所以

$$C_1\lambda_1^x+C_2\lambda_2^x=C'_1\rho^x\cos\varphi x+C'_2\rho^x\sin\varphi x \tag{7}$$

这样我们就得到含有两个实函数的特解.

最后，若特征方程的根中有 m 重复根，则显然一般解 y_x 可以表示成

$$y_x=(C_1+C_2x+\cdots+C_mx^{m-1})\rho^x\cos\varphi x+(C_{m+1}+C_{m+2}x+\cdots+C_{2m}x^{m-1})\rho^x\sin\varphi x+\cdots \tag{8}$$

二阶的情形. 在实际问题中常出现二阶方程. 现在我们来考虑常系数二阶齐次方程

$$ay_{x-1}+2by_x+cy_{x+1}=0 \tag{9}$$

其特征方程 $a+2b\lambda+c\lambda^2=0$ 的根为

$$\lambda_1,\lambda_2=\frac{-b\pm\sqrt{b^2-ac}}{c}$$

故一般解为

$$y_x=C_1\lambda_1^x+C_2\lambda_2^x \tag{10}$$

若 $b^2-ac>0$，则 λ_1,λ_2 是实根. 此时一般解可以表示成指数函数或双曲函数. 若取

$$\rho=\sqrt{\frac{a}{c}},\cosh\varphi=-\frac{b}{c\rho}$$

(其中 $\sqrt{\frac{a}{c}}$ 的符号的选取要使 $\cosh\varphi$ 为正值)，则

$$\lambda_1=\rho e^{\varphi},\lambda_2=\rho e^{-\varphi}$$

代入第 2 章 § 3 中的式(10),得到

$$y_x=\rho^x(C_1 e^{\varphi x}+C_2 e^{-\varphi x}) \tag{11}$$

若取 A,B 为任意常数,则上式也可以写成

$$y_x=\rho^x(A\sinh\varphi x+B\cosh\varphi x) \tag{12}$$

若 $b^2-ac=0$,则 $\lambda_1=\lambda_2$ 为二重根. 由式(6),一般解为

$$y_x=(A+Bx)\lambda_1^x=(A+Bx)(-\frac{b}{a})^x \tag{13}$$

若 $b^2-ac<0$,则 λ_1,λ_2 是共轭复根. 由前面所说的,令

$$\tan\varphi=\frac{\sqrt{ac-b^2}}{-b}\ \text{即}\ \cos\varphi=-\frac{b}{ac}$$

$$\rho=\left|\sqrt{\frac{ac-b^2}{c^2}+\frac{b^2}{c^2}}\right|=\left|\sqrt{\frac{a}{c}}\right|$$

于是从式(7),得到

$$y_x=\rho^x(A\sin\varphi x+B\cos\varphi x) \tag{14}$$

例 1　对于首项为 0,次项为 1,第 3 项及以后各项等于前两项的和的级数:0,1,1,2,3,5,8,…,将首项取作第 0 项,试求第 x 项.

解　设将第 x 项取作 y_x,则由题意 $y_x=y_{x-1}+y_{x-2}$,也就是 y_x 满足二阶齐次差分方程

$$y_x-y_{x-1}-y_{x-2}=0$$

它的特征方程是

$$\lambda^2-\lambda-1=0$$

其两个根为

$$\lambda_1,\lambda_2=\frac{1\pm\sqrt{5}}{2}$$

从而

$$y_x = C_1\left[\frac{(1+\sqrt{5})}{2}\right]^x + C_2\left[\frac{(1-\sqrt{5})}{2}\right]^x$$

由初始条件

$$x=0, y_0=0; x=1, y_1=1$$

可以定出

$$C_1=\frac{1}{\sqrt{5}}, C_2=\frac{-1}{\sqrt{5}}$$

于是

$$y_x=\frac{1}{\sqrt{5}}\left[\left(\frac{1+\sqrt{5}}{2}\right)^x-\left(\frac{1-\sqrt{5}}{2}\right)^x\right]$$

由于 x 是正整数，所以上式右边的两项可按二项式定理展开，加以整理后得到：当 x 为偶数时

$$y_x=\frac{1}{2^{x-1}}\left[\binom{x}{1}+5\binom{x}{3}+5^2\binom{x}{5}+\cdots+5^{\frac{x-2}{2}}\binom{x}{x-1}\right]$$

当 x 为奇数时

$$y_x=\frac{1}{2^{x-1}}\left[\binom{x}{1}+5\binom{x}{3}+5^2\binom{x}{5}+\cdots+5^{\frac{x-1}{2}}\binom{x}{x}\right]$$

故不论 x 为奇或为偶，y_x 恒为正整数. 例如当 $x=10$ 时，$y_x=55$.

例 2 求三阶方程：$y_{x+3}+y_x=0$ 的一般解.

解 由于特征方程 $\lambda^3+1=0$ 的根是

$$\lambda_1=-1, \lambda_2, \lambda_3=\frac{1}{2}(1\pm \mathrm{i}\sqrt{3})$$

所以由式(7)，令 $a=\frac{1}{2}, b=\frac{\sqrt{3}}{2}$，则 $\rho=\left|\sqrt{a^2+b^2}\right|=1$，

$\tan\varphi=\frac{b}{a}=\sqrt{3}, \varphi=\frac{\pi}{3}$，一般解是

$$y_x=C_1(-1)^x+C_2\cos\frac{\pi x}{3}+C_3\sin\frac{\pi x}{3}$$

§2　对称型齐次方程

当§1中二阶齐次方程式(9)的 y_{x-1} 与 y_{x+1} 的系数相等时，则称为对称型的方程，一般可以表示成

$$y_{x+1}+2by_x+y_{x-1}=0 \tag{1}$$

它的特征方程的根是

$$\lambda_1=-b+\sqrt{b^2-1},\lambda_2=-b-\sqrt{b^2-1}$$

由于 $\lambda_1\cdot\lambda_2=1$，为了简单起见，可以取 $\lambda_1=\lambda,\lambda_2=\lambda^{-1}$，则一般解为

$$y_x=A\lambda^x+B\lambda^{-x} \tag{2}$$

其中 A,B 为任意常数.

特别当 $b=\pm1$ 时，$\lambda_1=\lambda_2=\mp1$ 为重根，由§1式(13)，y_x 取下列形式

$$\begin{cases}y_x=(A+Bx)(-1)^x & (\text{当 } b=1 \text{ 时})\\ y_x=A+Bx & (\text{当 } b=-1 \text{ 时})\end{cases} \tag{3}$$

前面已经说过，式(2)的解可以用指数函数、双曲函数或三角函数来表示. 今设

$$y_x=Ae^{\varphi x}+Be^{-\varphi x} \tag{4}$$

或

$$y_x=A\sinh\varphi x+B\cosh\varphi x \tag{5}$$

直接代入式(1)，则得关于 φ 的特征方程

$$2(\cosh\varphi+b)=0 \tag{6}$$

一般，有两个 φ 值满足这个方程，设为 φ_1 与 φ_2，则因 $\varphi_2=-\varphi_1$，所以取 φ 为 φ_1 与 φ_2 中任何一个，例如取其中的正值，就得到方程的解.

当 $|b|<1$ 时，式(6)的根是虚数. 此时若取

$$y_x = A\sin\varphi x + B\cos\varphi x \tag{7}$$

则 φ 是实数.将式(7)直接代入式(1),则得确定 φ 的特征方程

$$2(\cos\varphi + b) = 0 \tag{8}$$

此方程有两个根 φ_1,φ_2,且 $\varphi_2 = -\varphi_1$,可以取 φ 为其中任何一个,例如取 φ 为其中的正值,即得方程的解.

最后介绍关于差分方程的运算.将

$$y_{x+1} + 2b_1 y_x + y_{x-1}$$

用记号 $(\Delta + 2b_1)y_x$ 表示,再对它做关于 $(\Delta + 2b_2)$ 的运算,则

$$\begin{aligned}&(\Delta + 2b_2)(\Delta + 2b_1)y_x = \\ &(y_{x+2} + 2b_1 y_{x+1} + y_x) + 2b_2(y_{x+1} + 2b_1 y_x + y_{x-1}) + \\ &(y_x + 2b_1 y_{x-1} + y_{x-2}) = \\ &y_{x+2} + 2(b_1 + b_2)y_{x+1} + 2(2b_1 b_2 + 1)y_x + \\ &2(b_1 + b_2)y_{x-1} + y_{x-2}\end{aligned}$$

这是四阶对称型差分方程.它与运算顺序无关,亦即对 $(\Delta + 2b_2)y_x$ 进行 $(\Delta + 2b_1)$ 的运算可得相同的结果.

反复进行以上的运算,一般

$$(\Delta + 2b_1)(\Delta + 2b_2)\cdots(\Delta + 2b_m)y_x = 0 \tag{9}$$

表示 $2m$ 阶对称型差分方程.反之,$2m$ 阶对称型差分方程

$$\sum_{i=0}^{m} a_i(y_{x+i} + y_{x-i}) = 0 \tag{10}$$

也可以表示成(9)的形式.

在这里我们首先考虑四阶方程

$$(\Delta + 2b_2)(\Delta + 2b_1)y_x = 0$$

对于这一方程,很明显,满足 $(\Delta + 2b_1)y_x = 0$ 的解也同样满足此四阶方程.同理,m 个二阶差分方程

$(\Delta+2b_1)y_x=0,(\Delta+2b_2)y_x=0,\cdots,(\Delta+2b_m)y_x=0$ 的解都满足 $2m$ 阶差分方程(9),设这些二阶方程的特征方程的根为

$$\lambda_1,\lambda_1^{-1};\lambda_2,\lambda_2^{-1};\lambda_3,\lambda_3^{-1};\cdots;\lambda_m,\lambda_m^{-1}$$

则式(9)的一般解是

$$y_x=\sum_{i=1}^{m}(A_i\lambda_i^x+B_i\lambda_i^{-x}) \tag{11}$$

由于二阶差分方程的解也可写成 §1 的式(11)或式(12),所以方程(9)的一般解也可以是

$$y_x=\sum_{i=1}^{m}[A_i\exp(\varphi_i x)+B_i\exp(-\varphi_i x)] \tag{12}$$

或

$$y_x=\sum_{i=1}^{m}(A_i\sinh\varphi_i x+B_i\cosh\varphi_i x) \tag{13}$$

我们很容易证明:这些 φ_i 的特征方程,就式(9)来说是

$$2^m(\cosh\varphi_1+b_1)(\cosh\varphi_2+b_2)\cdots(\cosh\varphi_m+b_m)=0 \tag{14}$$

而就式(10)来说是

$$2\left(\sum_{i=1}^{m}a_i\cosh\varphi_i\right)=0 \tag{15}$$

又若取

$$y_x=\sum_{i=1}^{m}(A_i\sin\varphi_i x+B_i\cos\varphi_i x) \tag{16}$$

则对这种 φ_i 的特征方程,是将式(14)或(15)中的"cosh"全部换成"cos"所得的方程.

§3　常系数线性齐次递归式的一般解公式

华南师范大学的曹汝成、柳柏濂两位教授给出了常系数线性递归式 $a_n=\alpha_1 a_{n-1}+\alpha_2 a_{n-2}+\cdots+\alpha_p a_{n-p}$，$a_0=c_0,a_1=c_1,\cdots,a_{p-1}=c_{p-1}$ 的一般解公式 $a_n=\sum\limits_{k=0}^{p-1}\left(\sum\limits_{i=k}^{p-1}c_i\alpha_{p-i+k}\right)F_{n-p-k}(n\geqslant p)$，其中

$$F_m=\begin{cases}\sum\limits_{j_1+2j_2+\cdots+pj_p=m}\dfrac{(j_1+j_2+\cdots+j_p)!}{j_1!\ j_2!\ \cdots j_p!}\alpha_1^{j_1}\alpha_2^{j_2}\cdots\alpha_p^{j_p} & (m\geqslant 0)\\ 0 & (m<0)\end{cases}$$

1985 年，乐茂华[1] 用线性代数方法研究常系数线性齐次递归式

$$\begin{cases}a_n=\alpha_1 a_{n-1}+\alpha_2 a_{n-2}+\cdots+\alpha_p a_{n-p}\\ a_0=c_0,a_1=c_1,\cdots,a_{p-1}=c_{p-1}\end{cases}\tag{1}$$

得出了其一般解的一个显式. 但方法较繁，且显式中的诸项系数要通过递归式去逐个求出，因而不够理想. 本节采用组合分析方法，通过考察赋权图的路径的权和，较为简便地得出(1) 的一般解的直接表达式.

设 $A_i(i=0,1,2,\cdots)$ 是数轴上坐标为 i 的点，G_1 是以诸 A_i 为顶点的赋权有向图：对任意的 $A_i(i=0,1,2,\cdots)$，A_i 与 $A_j(j=i+1,i+2,\cdots,i+p)$ 有边 $\overrightarrow{A_iA_j}$ 相连，$\overrightarrow{A_iA_j}$ 的权为 α_{j-i}，其方向由 A_i 指向 A_j.

设 n 是任一正整数，l 是 G_1 中由 A_0 到 A_n 的任一条有向路径. l 中各有向边的权之积定义为 l 的权. 以 F_n 表示 G_1 中由 A_0 到 A_n 的所有路径的权之和，并令 $F_0=1$，则有：

引理

$$F_n=\sum_{j_1+2j_2+\cdots+pj_p=n}\frac{(j_1+j_2+\cdots+j_p)!}{j_1!\ j_2!\ \cdots j_p!}\cdot\qquad(2)$$

$$\alpha_1^{j_1}\alpha_2^{j_2}\cdots\alpha_p^{j_p}\quad(n\geqslant 0)$$

其中，$j_1,j_2,\cdots,j_p$ 是非负整数，若 $\alpha_t=j_t=0$，则 $\alpha_t^{j_t}=1(1\leqslant t\leqslant p)$.

证明　设 l 是 G_1 中由 A_0 到 A_n 的任一条有向路径，且在 l 中有 $j_t(t=1,2,\cdots,p)$ 条权为 α_t 的有向边，则 l 的权为 $\alpha_1^{j_1}\alpha_2^{j_2}\cdots\alpha_p^{j_p}$，且

$$j_1+2j_2+\cdots+pj_p=n\qquad(3)$$

又因对不定方程(3) 的任一组非负整数解 $j_1,j_2,\cdots,j_p$，G_1 中有 $\frac{(j_1+j_2+\cdots+j_p)!}{j_1!\ j_2!\ \cdots j_p!}$ 条不同的由 A_0 到 A_n 的有向路径，故式(2) 成立. 证毕.

定理　递归式(1) 的一般解为

$$a_n=\sum_{k=0}^{p-1}\Big(\sum_{i=k}^{p-1}c_i\alpha_{p-i+k}\Big)F_{n-p-k}\quad(n\geqslant p)\qquad(4)$$

其中，当 $n-p-k<0$ 时，$F_{n-p-k}=0$.

证明　以 A_i 表示数轴上坐标为 $i(i=0,1,2,\cdots)$ 的点. G_2 是以诸 A_i 为顶点的这样一个赋权有向图：A_0 与 $A_i(i=1,2,\cdots,p)$ 之间有边 $\overrightarrow{A_0A_i}$，其方向由 A_0 指向 A_i. $\overrightarrow{A_0A_i}(i=1,2,\cdots,p-1)$ 的权为 c_i，$\overrightarrow{A_0A_p}$ 的权为 $c_0\alpha_p$. 对任一自然数 j，当 $j\leqslant p-1$ 时，A_j 与 $A_s(s=p,p+1,\cdots,p+j)$ 之间有边 $\overrightarrow{A_jA_s}$；当 $j>p-1$ 时，A_j 与 $A_s(s=j+1,j+2,\cdots,j+p)$ 之间有边 $\overrightarrow{A_jA_s}$. 每一有向边 $\overrightarrow{A_jA_s}$ 的权为 α_{s-j}，其方向由 A_j 指向 A_s.

设 l 是 G_2 中由 A_0 到 A_n 的任一条有向路径，l 中各条有向边的权之积定义为 l 的权. 以 b_n 表示 G_2 中由 A_0

到 A_n 的所有不同路径的权之和，并令 $b_0=c_0$. 由 G_2 的构造，易见 $b_i=c_i(i=1,2,\cdots,p-1)$，$b_p=\sum_{i=1}^{p}\alpha_i c_{p-i}=\sum_{i=1}^{p}\alpha_i b_{p-i}$. 当 $n>p$ 时，在由 A_0 到 A_n 的一条有向路径中，最后一条边必带权 $\alpha_j(1\leqslant j\leqslant p)$，于是

$$b_n=\sum_{j=1}^{p}\alpha_j b_{n-j}$$

从而有

$$\begin{cases}b_n=\alpha_1 b_{n-1}+\alpha_2 b_{n-2}+\cdots+\alpha_p b_{n-p} \quad (n\geqslant p)\\ b_0=c_0,b_1=c_1,\cdots,b_{p-1}=c_{p-1}\end{cases} \tag{5}$$

比较(1) 和(5)，得 $a_n=b_n(n=0,1,2,\cdots)$.

现在求 b_n. 在 A_0 到 A_n 的任一条有向路径中，其第一边只能是 $\overrightarrow{A_0A_i}(1\leqslant i\leqslant p)$. 我们把第一边是 $\overrightarrow{A_0A_p}$ 的路径称为第 0 类路径，把第一边是 $\overrightarrow{A_0A_i}(1\leqslant i\leqslant p-1)$ 的路径称为第 i 类路径. 易知，第 $i(0\leqslant i\leqslant p-1)$ 类路径的权之和为 $c_i\sum_{k=0}^{i}\alpha_{p-i+k}F_{n-p-k}$，于是

$$b_n=\sum_{i=0}^{p-1}c_i\sum_{k=0}^{i}\alpha_{p-i+k}F_{n-p-k}=\sum_{k=0}^{p-1}\left(\sum_{i=k}^{p-1}c_i\alpha_{p-i+k}\right)F_{n-p-k}$$

由 $a_n=b_n$，即得(4). 证毕.

参 考 文 献

[1] 乐茂华. 常系数齐次线性差分方程的解的显式表示[J]. 数学学报，1985，28(1)：109-111.

§4　一类递推关系式的解的计算公式

武汉大学数学与统计学院的余长安教授 2002 年研究了一类带双指标的变系数非齐次递推关系的解的结构. 其结果，对双指标的相应递推关系式的解的求出，亦或在其有关理论的研究方面，皆有其作用.

本节研究一类变系数双指标的递推关系式的一般解的计算问题.

为了叙述简明，记

$$F(i,j,x,y)=$$
$$\sum_{m=0}^{\left[\frac{x}{p}\right]}\{\sum_{N_m\leqslant y}\{\{\prod_{k=1}^{m}\{\prod_{\lambda_k=1}^{n_k}g(i-(\lambda_k-1)-p(k-1)-N_{k-1},$$
$$j-(\lambda_k-1)-p(r-1)-N_{k-1})\}\}\cdot$$
$$\{\prod_{\lambda_{m+1}=1}^{(y)-N_m}g(i-(\lambda_{m+1}-1)-pm-N_m,$$
$$j-(\lambda_{m+1}-1)-pm-N_m)\}\cdot$$
$$\{\prod_{t=1}^{m}f(i-p(t-1)-N_t,j-p(t-1)-N_t)\}\}\}\tag{1}$$

其中 i,j,x,y 为非负整数，p 取正整数，而 $N_m=n_1+n_2+\cdots+n_m$（$n_i(1\leqslant i\leqslant m)$ 为非负整数）；求和式

$$\sum_{N_m\leqslant y}1=\sum_{n_1=0}^{y}\sum_{n_2=0}^{y-n_1}\cdots\sum_{n_m=0}^{y-n_1-n_2-\cdots-n_{m-1}}1\quad(m\geqslant 1)$$

当 $m<1$ 时，约定 $n_m=N_m=0$，且 $\sum\limits_{N_m\leqslant y}f(n_k)=1(y\geqslant$

0),而当 $y<0$ 时,规定 $\sum\limits_{N_m\leqslant y} f(n_k)=0$;连乘式

$$\prod_{k=1}^{m} f(n_k)=f(n_1)f(n_2)\cdots f(n_m)\quad(m\geqslant 1)$$

若 $m=0$,则设定 $\prod\limits_{k=1}^{m} f(n_k)=1$,又若 $m<0$,则约定 $\prod\limits_{k=1}^{m} f(n_k)=0$;记号 $[x]$ 表示不大于 x 的最大整数,x 为任意实数.

下面给出本节的主要结论:

定理 带双指标变系数线性递推关系式

$$(\mathrm{A})\begin{cases}u_{i,j}=f(i,j)u_{i-p,j-p}+ \\ \qquad g(i,j)u_{i-1,j-1}+h(i,j) & (2_1)\\ u_{i,0}=c_{i,0},u_{i,1}=c_{i,1}\quad(i=0,1,\cdots) & \\ u_{i,j}=0\quad(i<0 \text{ 或 } j<0) & (3_1)\end{cases}$$

(其中 $i\geqslant 0,j\geqslant 2,p\geqslant 2$;$f(i,j)$,$g(i,j)$ 及 $h(i,j)$ 皆为与指标 i,j 相关的数;$c_{i,0}$ 及 $c_{i,1}$ $(i=0,1,\cdots)$ 为任意常数)的一般解公式为

$$\begin{aligned}u_{i,j}=&\{F(i,j;j-1,j-pm-1)\}c_{i-j+1,1}+\\&f(i-j+p,p)\cdot\\&\{F(i,j;j-p,j-pm-p)\}c_{i-j,0}+\\&\sum_{n=0}^{j}\{F(i,j;j-n,j-n-pm)\}\cdot\\&h(i-j+n,n)\quad(i\geqslant 0,j\geqslant 2)\end{aligned}\tag{4}$$

这里约定:当 $i<0$ 时,$c_{i,n}=0(n=0,1)$ 及 $h(i,n)=0$ $(n=0,1,\cdots)$.

为证上述定理,先证两个引理:

引理 1 带双指标变系数齐次递推关系式

$$
(\mathrm{B})\begin{cases}u_{i,j}=f(i,j)u_{i-p,j-p}+\\ \qquad g(i,j)u_{i-1,j-1} & (2_2)\\ u_{i,0}=c_{i,0},u_{i,1}=c_{i,1}\quad (i=0,1,\cdots) & (3_1)\\ u_{i,j}=0\quad (i<0\ \text{或}\ j<0)\end{cases}
$$

之解可表为

$$
\begin{aligned}u_{i,j}=&\{F(i,j;j-1,j-pm-1)\}c_{i-j+1,1}+\\ &f(i-j+p,p)\cdot\\ &\{F(i,j;j-p,j-pm-p)\}c_{i-j,0}\\ &(i\geqslant 0,j\geqslant 2)\end{aligned}\tag{5}
$$

其中，当 $i<0$ 时，$c_{i,n}=0(n=0,1)$.

证明　用双重数学归纳法证之($p\geqslant 2$).

易于验证：当 $j=2$ 时，对于 $i\geqslant 0$，式(5) 成立；于是，可假设：对于 $j\leqslant J-1$，特别是 $j=J-p,J-1$ 时，对 $i\geqslant 0$，式(5) 成立；下面推证：当 $j=J$ 时，对 $i\geqslant 0$，式(5) 仍成立，即有

$$
\begin{aligned}u_{i,J}=&\{F(i,J;J-1,J-pm-1)\}c_{i-J+1,1}+\\ &f(i-J+p,p)\cdot\\ &\{F(i,J;J-p,J-pm-p)\}c_{i-J,0}\quad (i\geqslant 0)\end{aligned}\tag{6}
$$

事实上，由上述归纳假设及递推式(2_2)，有

$$
\begin{aligned}u_{i,J}=&f(i,J)u_{i-p,J-p}+g(i,J)u_{i-1,J-1}=\\ &f(i,J)\{\{F(i-p,J-p;J-p-1,\\ &J-p-pm-1)\}c_{i-p-(J-p)+1,1}+\\ &f(i-p-(J-p)+p,p)\{F(i-p,J-p;\\ &J-p-p,J-p-pm-p)\}\cdot\\ &c_{i-p-(J-p),0}\}+g(i,J)\{\{F(i-1,J-1;\\ &J-1-1,J-1-pm-1)\}\cdot\\ &c_{i-1-(J-1)+1,1}+f(i-1-(J-1)+p,p)\{F(i-\end{aligned}
$$

$$1, J-1; J-1-p,$$
$$J-1-pm-p)\}c_{i-1-(J-1),0}\} =$$
$$\{f(i,J)\{F(i-p, J-p; J-p-1,$$
$$J-pm-p-1)\} + g(i,J)\{F(i-1, J-1;$$
$$J-2, J-pm-2)\}\}c_{i-J+1,1} +$$
$$f(i-J+p, p)\{f(i,J)\{F(i-p, J-p;$$
$$J-2p, J-pm-2p)\} +$$
$$g(i,J)\{F(i-1, J-1; J-p-1,$$
$$J-pm-p-1)\}\}c_{i-J,0} \quad (i \geqslant 0) \tag{7}$$

将式(7)与式(6)比较,即知欲证式(6)成立,只需证明下述两式分别成立

$$\begin{aligned}&f(i,J)\{F(i-p, J-p; J-p-1,\\&J-pm-p-1)\} + g(i,J)\cdot\\&\{F(i-1, J-1; J-2, J-pm-2)\} =\\&F(i, J; J-1, J-pm-1)\end{aligned} \tag{8_1}$$

$$\begin{aligned}&f(i,J)\{F(i-p, J-p, J-2p,\\&J-pm-2p)\} + g(i,J)\cdot\\&\{F(i-1, J-1; J-p-1, J-pm-p-1)\} =\\&F(i, J; J-p, J-pm-p)\end{aligned} \tag{8_2}$$

现仅证式(8_1)成立(式(8_2)的证明相仿). 根据展开式(1),式(8_1)等号左边的表达式(暂记为 I)可化为

$$I = f(i,J)\sum_{m=0}^{\left[\frac{J-p-1}{p}\right]}\{\sum_{N_m \leqslant J-pm-p-1}\{\prod_{k=1}^{m}\{\prod_{\lambda_k=1}^{n_k} g(i-p-$$
$$(\lambda_k-1)-p(k-1)-N_{k-1}, J-p-(\lambda_k-1)-$$
$$p(k-1)-N_{k-1})\}\}\{\prod_{\lambda_{m+1}=1}^{J-pm-p-1} g(i-p-$$
$$(\lambda_{m+1}-1)-pm-N_m, J-p-(\lambda_{m+1}-1)-$$

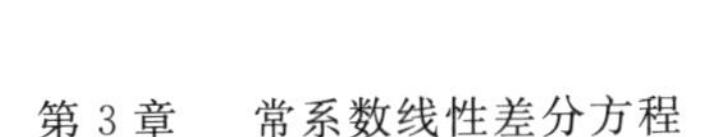

$$pm - N_m)\}\{\prod_{t=1}^{m} f(i-p-p(t-1)-N_t,$$
$$J-p-p(t-1)-N_t)\}\} + g(i,J)$$
$$\sum_{m=0}^{\left[\frac{J-1}{p}\right]}\{\sum_{N_m \leqslant J-pm-2}\{\prod_{k=1}^{m}\{\prod_{\lambda_k=1}^{n_k} g(i-1-(\lambda_k-1)-$$
$$p(k-1)-N_{k-1}, J-1-(\lambda_k-1)-$$
$$p(k-1)-N_{k-1})\}\}\{\prod_{\lambda_{m+1}=1}^{J-pm-2-N_m} g(i-1-$$
$$(\lambda_{m+1}-1)-pm-N_m, J-1-(\lambda_{m+1}-1)-$$
$$pm-N_m)\}\{\prod_{t=1}^{m} f(i-1-p(t-1)-$$
$$N_t, J-1-p(t-1)-N_t)\}\} \tag{9}$$

在式(9)的第一个和式(暂记为 I_1)中,将 $f(i,J)$ 乘入相应因式内,经变换可得

$$I_1 = \sum_{m=1}^{\left[\frac{J-1}{p}\right]}\{\sum_{N_{m-1} \leqslant J-pm-1}\{\prod_{k=1}^{m-1}\{\prod_{\lambda_k=1}^{n_k} g(i-(\lambda_k-1)-$$
$$pk-N_{k-1}, J-(\lambda_k-1)-pk-$$
$$N_{k-1})\}\}\{\prod_{\lambda_m=1}^{J-pm-1-N_{m-1}} g(i-(\lambda_m-1)-$$
$$pm-N_{m-1}, J-(\lambda_m-1)-pm-$$
$$N_{m-1})\}\{\prod_{t=0}^{m-1} f(i-pt-N_t, J-pt-N_t)\}\} \tag{10}$$

将上式中第二个求和号展开,注意到前面的相应约定,则式(10)又可变为

$$I_1 = \sum_{m=0}^{\left[\frac{J-1}{p}\right]}\{\sum_{n_1=0}^{0}\sum_{n_2=0}^{J-pm-1-n_1}\cdots\sum_{n_m=0}^{J-pm-1-N_{m-1}}\{\prod_{k=1}^{m}\{\prod_{\lambda_k=1}^{n_k} g(i-$$

$$(\lambda_k-1)-p(k-1)-N_{k-1},J-(\lambda_k-1)-p(k-1)-N_{k-1})\}\cdot$$
$$\{\prod_{\lambda_{m+1}=1}^{J-pm-1-N_m} g(i-(\lambda_{m+1}-1)-pm-N_m,J-(\lambda_{m+1}-1)-pm-N_m)\}\cdot$$
$$\{\prod_{t=1}^{m} f(i-p(t-1)-N_t,J-p(t-1)-N_t)\}\} \quad (11)$$

再在式(9)的第二个和式(暂记为 I_2)中,将 $g(i,J)$ 乘入其第一个连乘式内,由前述约定,知 $\left[\frac{J-2}{p}\right]=\left[\frac{J-1}{p}\right]$,从而有

$$I_2=\sum_{m=0}^{\left[\frac{J-1}{p}\right]}\{\sum_{n_1=0}^{J-pm-2}\sum_{n_2=0}^{J-pm-2-n_1}\cdots\sum_{n_m=0}^{J-pm-2-N_{m-1}}\{\{\prod_{\lambda_1=0}^{n_1}g(i-\lambda_1,J-\lambda_1)\}\{\prod_{k=2}^{m}\{\prod_{\lambda_k=1}^{n_k}g(i-\lambda_k-p(k-1)-N_{k-1},J-\lambda_k-p(k-1)-N_{k-1})\}\}\}\cdot$$
$$\{\prod_{\lambda_{m+1}=1}^{J-pm-2-N_m} g(i-\lambda_{m+1}-pm-N_m,J-\lambda_{m+1}-pm-N_m)\}\{\prod_{t=1}^{m}f(i-1-p(t-1)-N_t,J-1-p(t-1)-N_t)\}\} \quad (12)$$

对上式利用恒等关系式 $\sum_{\lambda=0}^{M-1}f(\lambda)=\sum_{t=1}^{M}f(t)$ 进行变换,可得

$$I_2=\sum_{m=0}^{\left[\frac{J-1}{p}\right]}\{\sum_{n_1=1}^{J-pm-1}\sum_{n_2=0}^{J-pm-2-(n_1-1)}\cdots\sum_{n_m=0}^{J-pm-2-(N_{m-1}-1)}\cdot$$

$$\{\{\prod_{\lambda_1=0}^{n_1-1} g(i-\lambda_1, J-\lambda_1)\}\{\prod_{k=2}^{m}\{\prod_{\lambda_k=1}^{n_k} g(i-\lambda_k - p(k-1)-(N_{k-1}-1), J-\lambda_k - p(k-1)-(N_{k-1}-1))\}\}\} \cdot \{\prod_{\lambda_{m+1}=1}^{J-pm-2-(N_m-1)} g(i-\lambda_{m+1}-pm-(N_m-1), J-\lambda_{m+1}-pm-(N_m-1))\} \cdot \{\prod_{t=1}^{m} f(i-1-p(t-1)-(N_t-1), J-1-p(t-1)-(N_t-1))\}\} \tag{13}$$

注意到关系式 $\prod_{\lambda_1=0}^{n_1-1} g(i-\lambda_1, J-\lambda_1) = \prod_{\lambda_1=1}^{n_1} g(i-(\lambda_1-1), J-(\lambda_1-1))$，式(13)经整理、合并，便可化为

$$I_2 = \sum_{m=0}^{\left[\frac{J-1}{p}\right]} \{\sum_{n_1=1}^{J-pm-1} \sum_{n_2=0}^{J-pm-1-n_1} \cdots \sum_{n_m=0}^{J-pm-1-N_{m-1}} \cdot \{\prod_{k=1}^{m}\{\prod_{\lambda_k=1}^{n_k} g(i-(\lambda_k-1)-p(k-1)-N_{k-1}, J-(\lambda_k-1)-p(k-1)-N_{k-1})\}\}\{\prod_{\lambda_{m+1}=1}^{J-pm-1-N_m} g(i-(\lambda_{m+1}-1)-pm-N_m, J-(\lambda_{m+1}-1)-pm-N_m)\} \cdot \{\prod_{t=1}^{m} f(i-p(t-1)-N_t, J-p(t-1)-N_t)\}\} \tag{14}$$

最后，将式(11)与(14)合并，注意到展开式(1)，

立知其和(I_1+I_2)为$F(i,J;J-1,J-pm-1)$，根据数学归纳法原理，引理 1 得证.

引理 2 带双指标变系数非齐次递推关系

$$(\mathrm{C})\quad\begin{cases}u_{i,j}=f(i,j)u_{i-p,j-p}+\\ \qquad g(i,j)u_{i-1,j-1}+h(i,j) & (2_1)\\ u_{i,j}=0\quad(i<0\text{ 或 }j<0) & (3_2)\end{cases}$$

的一般解可表为

$$u_{i,j}=\sum_{n=0}^{j}\{F(i,j;j-n,j-n-pm)\}h(i-j+n,n)\tag{15}$$

这里$i,j=0,1,\cdots$；而当$i<0$时，约定$h(i,n)=0(n=0,1,\cdots)$.

证明 亦用数学归纳法证明. 当$j=0$时，对于$i\geqslant 0$，式(15) 为

$$u_{i,0}=\sum_{n=0}^{0}\{F(i,0;0-n,0-pm-n)\}h(i+n,n)=\{F(i,0;0,-pm)\}h(i,0)\tag{16}$$

由前面的约定，可知$F(i,0;0,-pm)=1$，故式(16) 为$u_{i,0}=h(i,0)$. 它显然满足递推关系式(C).

于是，可假设当$j\leqslant J-1$，特别是$j=J-p,J-1$时，对$i\geqslant 0$，式(15) 成立；余下当需推证$j=J$时，对$i\geqslant 0$，式(15) 仍成立，即有

$$u_{i,J}=\sum_{n=0}^{J}\{F(i,J;J-n,J-pm-n)\}h(i-J+n,n)\tag{17}$$

实际上，利用前述归纳假设，由递推式(2_1)，可得

$$u_{i,J}=f(i,J)u_{i-p,J-p}+g(i,J)u_{i-1,J-1}+h(i,J)=$$
$$f(i,J)\sum_{n=0}^{J-p}\{F(i-p,J-p;J-p-n,$$

$$J-p-pm-n)\}h(i-p-(J-p)+$$
$$n,n)+g(i,J)\sum_{n=0}^{J-1}\{F(i-1,J-1;J-1-p,$$
$$J-1-pm-n)\}h(i-1-(J-1)+$$
$$n,n)+h(i,J)=$$
$$\{f(i,J)\sum_{n=0}^{J-p}\{F(i-p,J-p;J-p-n,$$
$$J-p-pm-n)\}+g(i,J)\sum_{n=0}^{J-1}\{F(i-1,$$
$$J-1;J-1-p,J-1-pm-n)\}\}\cdot$$
$$h(i-J+n,n)+h(i,J) \tag{18}$$

因为当 $n>J-p$ 时，$J-p-n<0$，从而由前面的约定，知此时 $F(i-p,J-p;J-p-n,J-p-pm-n)=0$. 所以，式(18) 可以变为

$$u_{i,J}=\sum_{n=0}^{J-1}\{f(i,J)F(i-p,J-p;J-p-n,$$
$$J-p-pm-n)+g(i,J)F(i-1,J-1;$$
$$J-1-n,J-1-pm-n)\}h(i-J+$$
$$n,n)+h(i,J) \tag{19}$$

而由引理 1 中的相应证明，可知式(19) 花括号内两项之和为 $F(i,J;J-n,J-pm-n)$，于是，上式可化为

$$u_{i,J}=\sum_{n=0}^{J-1}\{F(i,J;J-n,J-pm-n)\}\cdot$$
$$h(i-J+n,n)+h(i,J)$$

因为 $n=J$ 时，有 $F(i,J;0,-pm)=1$ 及 $h(i-J+n,n)=h(i,J)$，故上式可变为

$$u_{i,J}=\sum_{n=0}^{J}\{F(i,J;J-n,J-pm-n)\}h(i-J+n,n) \tag{20}$$

此即式(17),由数学归纳法的原理,知引理 2 为真.

定理的证明 根据叠加原理,将引理 1 中的公式(5) 与引理 2 的公式(15) 结合,即为定理的结论(公式(4)),定理证毕.

参 考 文 献

[1] 屠规彰. 三项齐次递推式的一般解公式[J]. 数学年刊,1981,2(4):431-436.

[2] 余长安. p 阶循环(递推) 方程式的解公式[J]. 数学学报,1986,29(3):313-316.

[3] 柯名,魏万迪. 组合论(上册)[M]. 北京:科学出版社,1981,63-73.

[4] RIORDAN J. An introduction to combinatorial analysis[M]. New York:John Wiley&Sons, inc. ,1958.

[5] MICHELLE W,DENNIS W. p,q-Stirling numbers and set partition statistics[J]. J. combin. Theory Ser,1991,Al:27-47.

§5 p 阶递推式的解公式之注

武汉大学数学与统计学院的余长安、袁媛教授

2004年得到p阶循环方程式之解的一个简明公式,这不论是在理论上,还是实践方面,皆有一定的意义.

在文献[1]中,我们得到了p阶递推式

$$(A)\quad\begin{cases}u_i=a_1u_{i-1}+a_2u_{i-2}+\cdots+ \\ \qquad a_pu_{i-p}\quad(i\geqslant p) & (1)\\ u_\lambda=c_\lambda\quad(\lambda=0,1,\cdots,p-1) & (2)\end{cases}$$

的一般解公式

$$u_i=\sum_{k=0}^{p-1}\left\{\sum_{r=0}^{k}\{F(i-p-r)\}a_{p-(k-r)}\right\}c_k\quad(i\geqslant p) \tag{3_1}$$

其中

$$F(n)=\sum_{l_1+2l_2+\cdots+pl_p=n}\frac{(l_1+l_2+\cdots+l_p)!}{l_1!\ l_2!\ \cdots l_p!}a_1^{l_1}a_2^{l_2}\cdots a_p^{l_p} \tag{3_2}$$

显然,按公式(3_1)求解需计算$\frac{p(p+1)}{2}$个和式$F(n)$,亦需解$\frac{p(p+1)}{2}$个不定方程$l_1+2l_2+\cdots+pl_p=n$(非负整数).本节改进了上述结果(公式(3_1)),得到了如下简化公式(4),下面以定理的形式给出:

定理　p阶齐次递推式(A)的解公式可为

$$u_i=\sum_{k=0}^{p-1}\Big\{\sum_{l_1+2l_2+\cdots+pl_p=i-k}\frac{(l_1+l_2+\cdots+l_p-1)!}{l_1!\ l_2!\ \cdots l_p!}\cdot(l_{p-k}+l_{p-k+1}+\cdots+l_p)\cdot a_1^{l_1}a_2^{l_2}\cdots a_p^{l_p}\Big\}c_k\quad(i\geqslant p) \tag{4}$$

这样,按公式(4)计算递推式的一般项就只需求p个和式,亦只需解p个不定方程了.

特别地,当问题(A)中的初始条件为

$$u_\lambda=0\quad(\lambda=0,1,\cdots,p-2),u_{p-1}=c_{p-1} \tag{5}$$

时,其递推式(1) 的解公式更为简捷:

系　p 阶齐次递推式(1) 在初始值(5) 的条件下解的结构为

$$u_i^{(p-1)} = \left\{\sum_{l_1+2l_2+\cdots+pl_p=i-p+1} \frac{(l_1+l_2+\cdots+l_p)!}{l_1!\ l_2!\ \cdots l_p!} a_1^{l_1} a_2^{l_2} \cdots a_p^{l_p}\right\} c_{p-1}$$

$$(i=p, p+1, \cdots) \tag{6}$$

(此处 $u_i^{(p-1)}$ 的上标 $p-1$ 与式(5) 中不为零的初始值 c_{p-1} 的下标 $p-1$ 相同).

现给出定理及系的推导过程:

定理的证明　根据求解代数方程的基本原理,知问题(A) 之解可表为

$$u_i = \sum_{k=0}^{p-1} u_i^{(k)} \cdot c_k \quad (i \geqslant p)$$

于是,由公式(3_1),知应有

$$u_i^{(k)} = \sum_{r=0}^{k} \{[F(i-p-r)]a_{p-(k-r)}\} \tag{7}$$

$$(i \geqslant p; k=0,1,\cdots,p-1)$$

故为证定理的结论(公式(4)) 成立,只要能由式(7) 推得:对任意 $k(0 \leqslant k \leqslant p-1)$,皆有

$$u_i^{(k)} = \{\sum_{l_1+2l_2+\cdots+pl_p=i-k} \frac{(l_1+l_2+\cdots+l_p-1)}{l_1!\ l_2!\ \cdots l_p!} \cdot (l_{p-k}+l_{p-k+1}+\cdots+l_p) a_1^{l_1} a_2^{l_2} \cdots a_p^{l_p}\} \quad (i \geqslant p) \tag{8}$$

成立就可以了.

事实上,利用展开式(3_2),式(7) 即可变为

$$u_i^{(k)} = \sum_{r=0}^{k} \{[F(i-p-r)]a_{p-(k-r)}\} = \{F(i-p)\}a_{p-k} + \{F(i-p-1)\} \cdot$$

$$a_{p-(k-1)}+\cdots+\{F(i-p-k)\}a_p=$$

$$\{\sum_{l_1+2l_2+\cdots+pl_p=i-p}\frac{(l_1+l_2+\cdots+l_p)!}{l_1!\ l_2!\ \cdots l_p!}\cdot$$

$$a_1^{l_1}a_2^{l_2}\cdots a_p^{l_p}\}a_{p-k}+$$

$$\{\sum_{l_1+2l_2+\cdots+pl_p=i-p-1}\frac{(l_1+l_2+\cdots+l_p)!}{l_1!\ l_2!\ \cdots l_p!}\cdot$$

$$a_1^{l_1}a_2^{l_2}\cdots a_p^{l_p}\}a_{p-(k-1)}+\cdots+$$

$$\{\sum_{l_1+2l_2+\cdots+pl_p=i-p-k}\frac{(l_1+l_2+\cdots+l_p)!}{l_1!\ l_2!\ \cdots l_p!}\cdot$$

$$a_1^{l_1}a_2^{l_2}\cdots a_p^{l_p}\}a_p\quad(i\geqslant p;0\leqslant k\leqslant p-1)\tag{9}$$

在式(9)的 k 个和式中，依次令

$$l_{p-j}+1=l'_{p-j}\text{，即 }l_{p-j}=l'_{p-j}-1$$

($j=k,k-1,\cdots,1,0$；为书写简便，仍记 l'_{p-j} 为 l_{p-j})，则可变为

$$u_i^{(k)}=$$

$$\{\sum_{l_1+2l_2+\cdots+(p-k-1)l_{p-k-1}+(p-k)(l_{p-k}-1)+(p-r+1)l_{p-k+1}+\cdots+pl_p=i-p}\cdot$$

$$\frac{(l_1+l_2+\cdots+l_{p-k-1}+l_{p-k}+(l_{p-k}-1)+l_{p-k+1}+\cdots+l_p)!}{l_1!\ l_2!\ \cdots l_{p-k-1}!\ (l_{p-k}-1)!\ l_{p-k+1}!\ \cdots l_p!}\cdot$$

$$a_1^{l_1}a_2^{l_2}\cdots a_p^{l_p}\}+$$

$$\{\sum_{l_1+2l_2+\cdots+(p-k)l_{p-k}+(p-k+1)(l_{p-k+1}-1)+(p-r+2)l_{p-k+2}+\cdots+pl_p=i-p-1}\cdot$$

$$\frac{(l_1+l_2+\cdots+l_{p-k}+(l_{p-k+1}-1)+l_{p-k+2}+\cdots+l_p)!}{l_1!\ l_2!\ \cdots l_{p-k}!\ (l_{p-k+1}-1)!\ l_{p-k+2}!\ \cdots l_p!}\cdot$$

$$a_1^{l_1}a_2^{l_2}\cdots a_p^{l_p}\}+\cdots+$$

$$\{\sum_{l_1+2l_2+\cdots+(p-1)l_{p-1}+p(l_p-1)=i-p-1}\cdot$$

$$\frac{(l_1+l_2+\cdots+l_{p-1}+(l_p-1))!}{l_1!\ l_2!\ \cdots l_{p-1}!\ (l_p-1)!}\cdot$$

$$a_1^{l_1}a_2^{l_2}\cdots a_p^{l_p}\}\quad(i\geqslant p,0\leqslant k\leqslant p-1)\tag{10}$$

对式(10) 进行整理、合并，可得

$$u_i^{(k)} = \{\sum_{l_1+2l_2+\cdots+pl_p=i-k} \cdot \{\frac{1}{l_1!\ l_2!\ \cdots l_{p-k-1}!\ (l_{p-k}-1)!\ l_{p-k+1}!\ \cdots l_p!} + \frac{1}{l_1!\ l_2!\ \cdots l_{p-k}!\ (l_{p-k+1}-1)!\ l_{p-k+2}!\ \cdots l_p!} + \cdots + \frac{1}{l_1!\ l_2!\ \cdots l_{p-1}!\ (l_p-1)!}\} \cdot \{(l_1+l_2+\cdots+l_{p-1}+l_p-1)! \cdot a_1^{l_1}a_2^{l_2}\cdots a_p^{l_p}\}\} \quad (i \geqslant p, 0 \leqslant k \leqslant p-1) \tag{11}$$

在式(11) 的 k 个分式内，其分子、分母依次分别同时乘以 $l_{p-j}(j=k,k-1,\cdots,1,0)$，然后再进行整理、合并，即是式(8). 定理证毕.

系的证明 由前述说明，知 $u_i^{(k)}(i \geqslant p)$ 分别为递推式(1) 在初始条件

$$u_k = c_k \quad (k=0,1,\cdots,p-1)$$

$$u_\lambda = 0 \quad (\lambda=0,1,\cdots,p-1;\lambda \neq k)$$

下的解，于是，在式(11) 中取 $k=p-1$，立得

$$u_i^{(p-1)} = \{\sum_{l_1+2l_2+\cdots+pl_p=i-p+1} \cdot \{\frac{(l_1+l_2+\cdots+l_p-1)!}{l_1!\ l_2!\ +\cdots+l_p!} \cdot (l_{p-(p-1)}+l_{p-(p-1)+1}+\cdots+l_p)\}a_1^{l_1}a_2^{l_2}\cdots a_p^{l_p}\}c_{p-1} =$$

$$\{\sum_{l_1+2l_2+\cdots+pl_p=i-p+1} \cdot \{\frac{(l_1+l_2+\cdots+l_p-1)!}{l_1!\ l_2!\ +\cdots+l_p!} \cdot$$

$(l_1+l_2+\cdots+l_p)\}a_1^{l_1}a_2^{l_2}\cdots a_p^{l_p}\}c_{p-1}=$

$$\{\sum_{l_1+2l_2+\cdots+pl_p=i-p+1}\cdot$$

$$\frac{(l_1+l_2+\cdots+l_p)!}{l_1!\ l_2!\ +\cdots+l_p!}a_1^{l_1}a_2^{l_2}\cdots a_p^{l_p}\}c_{p-1}$$

$$(i=p;p=1,\cdots) \tag{12}$$

系得证.

参考文献

[1] 余长安. p 阶循环(递推)方程式的解公式[J]. 数学学报,1986,29(3):313-316.

[2] 屠规彰. 三项齐次递推式的一般解公式[J]. 数学年刊,1981,2(4):431-436.

[3] LIU C L. 组合数学导论[M]. 魏万迪,译. 成都:四川大学出版社,1987.

[4] RIORDAN J. An introduction to combinatorial analysis[M]. New York:John Wiley&Sons, Inc. ,1958.

§6　非齐次方程

由于非齐次方程的一般解是它的一个特解再加上齐次方程的一般解,所以在解非齐次方程的过程中,求出它的特解是很必要的.

今给定 n 阶非齐次方程

$$a_0y_x+a_1y_{x+1}+a_2y_{x+2}+\cdots+a_ny_{x+n}=K_x \tag{1}$$

在§7中将说明当自由项 K_x 是某些特殊的函数时，我们能够简单地求得它的特解. 在其他的情况下，一般可以用第2章§3所说的拉格朗日变易常数法求它的特解.

也就是：我们若设式(1)所对应的§1中齐次方程(1)的基本解为 $\eta_1(x),\eta_2(x),\cdots,\eta_n(x)$，又若特征方程

$$\varphi(\lambda)\equiv a_0+a_1\lambda+a_2\lambda^2+\cdots+a_n\lambda^n=0 \tag{2}$$

的 n 个根是 $\lambda_1,\lambda_2,\cdots,\lambda_n$，那么由前面所说的

$$\eta_i(x)=\lambda_i^x \quad (i=1,2,3,\cdots,n) \tag{3}$$

今设(1)的特解如第2章§3中式(3)

$$\eta_0(x)=c_1(x)\eta_1(x)+c_2(x)\eta_2(x)+\cdots+c_n(x)\eta_n(x) \tag{4}$$

为了确定此 n 个函数 $c_i(x)$，由第2章§3中式(5)和(7)得到下列 n 个式子

$$\begin{cases}\lambda_1^{x+r}\Delta c_1(x)+\lambda_2^{x+r}\Delta c_2(x)+\cdots+\lambda_n^{x+r}\Delta c_n(x)=0\\(r=1,2,\cdots,n-1)\\\lambda_1^{x+n}\Delta c_1(x)+\lambda_2^{x+n}\Delta c_2(x)+\cdots+\lambda_n^{x+n}\Delta c_n(x)=K_x\end{cases} \tag{5}$$

由这 n 个方程解出 n 个 $\Delta c_i(x)$，从而由

$$c_i(x)=\mathop{S}\Delta c_i(x)\Delta x \quad (i=1,2,\cdots,n) \tag{6}$$

决定 $c_i(x)$，然后再由式(4)即可确定特解 $\eta_0(x)$.

但是，若特征方程(2)的根中没有重根，则可应用下列方法直接求得 $c_i(x)$，而不必解联立方程(5).

将式(2)的左边除以 $\lambda-\lambda_i$，则得 $n-1$ 次多项式

$$\varphi_i(\lambda)\equiv\frac{\varphi(\lambda)}{\lambda-\lambda_i}=A_0+A_1\lambda+A_2\lambda^2+\cdots+A_{n-1}\lambda^{n-1}$$

其中 $A_{n-1}=a_n$. 将 $A_0,A_1,A_2,\cdots,A_{n-1}$ 依次乘(5)各式，然后全部相加，则得

$$\Delta c_1(x)\lambda_1^{x+1}\varphi_i(\lambda_1)+\Delta c_2(x)\lambda_2^{x+1}\varphi_i(\lambda_2)+\cdots+$$
$$\Delta c_i(x)\lambda_i^{x+1}\varphi_i(\lambda_i)+\cdots+\Delta c_n(x)\lambda_n^{x+1}\varphi_i(\lambda_n)=a_nK_x$$

由于

$$\varphi_i(\lambda)=a_n(\lambda-\lambda_1)(\lambda-\lambda_2)\cdots(\lambda-\lambda_{i-1})\cdot(\lambda-\lambda_{i+1})\cdots(\lambda-\lambda_n)$$

所以对于除 λ_i 以外的根 λ，$\varphi_i(\lambda)$ 全部等于零. 又若设 $\varphi(\lambda)$ 关于 λ 的导数为 $\varphi'(\lambda)$，则由于 $\varphi_i(\lambda_i)=\varphi'(\lambda_i)$，所以上式变成

$$\Delta c_i(x)\lambda_i^{x+1}\varphi'(\lambda_i)=a_nK_x$$

故

$$\Delta c_i(x)=\frac{a_nK_x}{\lambda_i^{x+1}\varphi'(\lambda_i)} \tag{7}$$

$$c_i(x)=\frac{a_n}{\lambda_i\varphi'(\lambda_i)}\mathfrak{S}\frac{K_x}{\lambda_i^x}\Delta x \tag{8}$$

于是所求的特解是

$$\eta_0(x)=a_n\sum_{i=1}^{n}\frac{\lambda_i^{x-1}}{\varphi'(\lambda_i)}\mathfrak{S}\frac{K_x}{\lambda_i^x}\Delta x \tag{9}$$

将此特解与齐次方程的一般解相加，则得一般解.

例 1　试求常系数一阶差分方程

$$y_{x+1}-ay_x=K_x \tag{10}$$

的解.

解　由于特征方程 $\lambda-a=0$ 只有一个根 $\lambda=a$，从而由所对应的齐次方程给出方程的一般解的形状为

$$y_x=Ca^x+c(x)a^x$$

为了确定 $c(x)$，我们在式(5) 中取 $n=1$，则

$$a^{x+1}\Delta c(x)=K_x \text{ 或 } \Delta c(x)=\frac{K_x}{a^{x+1}}$$

故

$$c(x)=\mathfrak{S}\frac{K_x}{a^{x+1}}\Delta x$$

而

$$y_x = Ca^x + a^{x-1} \mathop{\mathbf{S}} \frac{K_x}{a^x} \Delta x \tag{11}$$

式(11)中的和分在解析上是否可能，要由 K_x 来决定. 例如当

$$K_x = b^x$$

时，由于

$$\Delta a^x = a^{x+1} - a^x = (a-1)a^x$$

所以

$$\mathop{\mathbf{S}} a^x \Delta x = \frac{a^x}{a-1}$$

故

$$\mathop{\mathbf{S}} \frac{b^x}{a^x} \Delta x = \mathop{\mathbf{S}} \left(\frac{b}{a}\right)^x \Delta x = \frac{\left(\frac{b}{a}\right)^x}{\left(\frac{b}{a} - 1\right)}$$

于是

$$y_x = Ca^x + \frac{b^x}{b-a} \tag{12}$$

然而此结果当 $b=a$ 时不成立. 但是，在这种情况下，由

$$\mathop{\mathbf{S}} \frac{b^x}{a^x} \Delta x = \mathop{\mathbf{S}} \Delta x = x$$

即得

$$y_x = Ca^x + xa^{x-1} = (Ca + x)a \tag{13}$$

例 2 试求二阶方程

$$y_{x+2} + 4y_{x+1} + y_x = b^x \tag{14}$$

的一般解.

解 由于

$$\varphi(\lambda) = \lambda^2 + 4\lambda + 1$$

$$\varphi'(\lambda) = 2\lambda + 4 = 2(\lambda + 2)$$

$\varphi(\lambda)=0$ 的根是

$$\lambda_1,\lambda_2=-2\pm\sqrt{3}$$

所以由式(8)

$$c_1(x)=\frac{1}{2\lambda_1(\lambda_1+2)}\mathbf{S}\frac{b^x}{\lambda_1^x}\Delta x$$

$$c_2(x)=\frac{1}{2\lambda_2(\lambda_2+2)}\mathbf{S}\frac{b^x}{\lambda_2^x}\Delta x$$

与上例一样地求这两个和分,即得

$$c_1(x)=\frac{1}{2\sqrt{3}(b-\lambda_1)}\left(\frac{b}{\lambda_1}\right)^x$$

$$c_2(x)=-\frac{1}{2\sqrt{3}(b-\lambda_2)}\left(\frac{b}{\lambda_2}\right)^x$$

从而所给定的方程的特解是

$$\eta_0(x)=c_1(x)\lambda_1^x+c_2(x)\lambda_2^x=$$

$$\frac{b^x}{2\sqrt{3}(b-\lambda_1)}-\frac{b^x}{2\sqrt{3}(b-\lambda_2)}=$$

$$\frac{b^x}{b^2+4b+1}$$

故一般解是

$$y_x=C_1\lambda_1^x+C_2\lambda_1^{-x}+\frac{b^x}{b^2+4b+1}\qquad(15)$$

§7　特殊的非齐次方程的特解

当§6中非齐次方程(1)的自由项 K_x 是某些特殊的函数时,我们可以不使用§6中的常数变易法而能比较简单地求出特解.

一、当 $K_x=b^x f(x)$ 时

这里的 b 是常数，$f(x)$ 是 x 的 m 次有理整函数. 在这种情形下，特解一般取下面的形式

$$\eta_0(x)=b^x u(x) \tag{1}$$

其中 $u(x)$ 是与 $f(x)$ 同次的有理整函数. 现若将它代入 §6 中式(1)，则得

$$a_0 u(x)+a_1 b u(x+1)+\cdots+a_n b^n u(x+n)=f(x) \tag{2}$$

由于此式的左边与 $f(x)$ 是同次(m 次)的有理整函数，所以左边若按 x 的幂整理，则由各项的系数等于 $f(x)$ 的对应项的系数，从而可以全部决定出 $u(x)$ 的系数.

但是若 b 是特征方程

$$\varphi(\lambda)\equiv a_0+a_1\lambda+a_2\lambda^2+\cdots+a_n\lambda^n=0$$

的根时，上述方法不能使用.

理由：将 $b^x u(x)$ 代入 §6 方程(1)，并将 $u(x+1)$，$u(x+2)$，… 用 $u(x)$，$\Delta u(x)$，$\Delta^2 u(x)$，… 表示，整理 $u(x)$，$\Delta u(x)$，$\Delta^2 u(x)$，… 各项，则与 §1 一样将出现

$$\varphi(b)u(x)+b\varphi'(b)\Delta u(x)+b^2\varphi''(b)\cdot\frac{\Delta^2 u(x)}{2!}+\cdots+b^n\varphi^{(n)}(b)\cdot\frac{\Delta^n u(x)}{n!}=f(x) \tag{3}$$

若 b 是 $\varphi(\lambda)=0$ 的根，则 $\varphi(b)=0$，因此为了使式(3)成立，$u(x)$ 的次数必须是 $m+1$，因为，这样 $\Delta u(x)$ 才与 $f(x)$ 同次(m 次).

一般地，若 b 是 $\varphi(\lambda)=0$ 的 r 重根，则由

$$\varphi(b)=\varphi'(b)=\varphi''(b)=\cdots=\varphi^{(r-1)}(b)=0$$

故

$$\frac{b^r}{r!}\varphi^{(r)}(b)\Delta^r u(x)+\cdots+\frac{b^n}{n!}\varphi^{(n)}(b)\Delta^n u(x)=f(x) \tag{4}$$

为了使此式成立,则 $u(x)$ 必须是 $m+r$ 次函数. 也就是说,在这种情况下,一般应有

$$u(x)=C_0+C_1x+C_2x^2+\cdots+C_{r-1}x^{r-1}+\gamma_r x^r+\gamma_{r+1}x^{r+1}+\cdots+\gamma_{m+r}x^{m+r} \tag{5}$$

式中的 $m+1$ 个系数 $\gamma_r,\cdots,\gamma_{m+r}$ 是由比较式(4)两边系数来决定的,$C_0,C_1,\cdots,C_{r-1}$ 是任意常数. 含有 $C_0,\cdots,C_{r-1}$ 的项,如 §1 中式(6)所说的,是在齐次方程的一般解$(C_0+C_1x+C_2x^2+\cdots+C_{r-1}x^{r-1})b^x$ 中所含有的.

二、当 $K_x=K$(常数)时

此时 $b=1,f(x)=K$,故可取 $u(x)=c$(常数). 将它代入(2),则

$$c(a_0+a_1+\cdots+a_n)=K,u(x)=c=\frac{K}{a_0+a_1+\cdots+a_n}$$

故特解

$$\eta_0(x)=u(x)=\frac{K}{a_0+a_1+\cdots+a_n} \tag{6}$$

但是当 $a_0+a_1+\cdots+a_n=0$ 时,上式不成立. 此时 $b=1$ 是特征方程的根. 一般地,当 $b=1$ 是 $\varphi(\lambda)=0$ 的 r 重根时,由于 $m=0$,所以由式(5),$\eta_0=u(x)=\gamma x^r$. 但由

$$\Delta^r u(x)=\gamma\Delta^r x^r=\gamma r!$$

而 $\gamma+1$ 阶以上的差分全部为零,所以若将它代入式(4),则得

$$\frac{1}{r!}\varphi^{(r)}(1)\gamma r!\ =K \text{ 或 } \gamma-\frac{K}{\varphi^{(r)}(1)}$$

故特解是

$$\eta_0(x)=\frac{K}{\varphi^{(r)}(1)}x^r \tag{7}$$

三、当 $K_x=b^x$ 时

对这种情形，由于 $f(x)=1$，因而 $u(x)$ 是常数，设为 γ，则由式(3)

$$\gamma\varphi(b)=1,\quad \gamma=\frac{1}{\varphi(b)}$$

$$\eta_0(x)=\frac{b^x}{\varphi(b)} \tag{8}$$

利用这些，§6 的例题的特解可以立即求出.

若 b 是 $\varphi(\lambda)=0$ 的 r 重根，则 $u(x)=\gamma x^r$，与 $K_x=K$ 的情形一样，可以得到它的特解

$$\eta_0(x)=\frac{b^{x-r}x^r}{\varphi^{(r)}(b)} \tag{9}$$

四、当 K_x 是三角函数或双曲函数与有理整函数的乘积时

当 K_x 是 $b_1^x f_1(x), b_2^x f_2(x), \cdots$ 之和时，由迭加原理，其特解应等于 K_x 是 $b_1^x f_1(x), b_2^x f_2(x), \cdots$ 的特解之和. 然而由于三角函数及双曲函数可以改写成指数函数的形式，所以当 K_x 等于这些函数与 $f(x)$ 的乘积时，其特解显然用前面所说的方法可以求得. 但是对于 $K_x=f(x)\sin\alpha x$ 或 $f(x)\cos\alpha x$ 时，我们令

$$\eta_0(x)=u(x)\sin\alpha x+v(x)\cos\alpha x \tag{10}$$

对于 $K_x=f(x)\sinh\alpha x$ 或 $f(x)\cosh\alpha x$ 时，我们令

$$\eta_0(x)=u(x)\sinh\alpha x+v(x)\cosh\alpha x \tag{11}$$

可以直接求出特解. 其中 $u(x)$ 与 $v(x)$ 是与 $f(x)$ 同次的(m 次) 有理整函数.

例如，$K_x = f(x)\sin \alpha x$，则将式(10) 代入 §6 中 (1) 得

$$a_0 u(x)\sin \alpha x + a_1 u(x+1)\sin \alpha(x+1) + \cdots +$$
$$a_0 v(x)\cos \alpha x + a_1 v(x+1)\cos \alpha(x+1) + \cdots =$$
$$f(x)\sin \alpha x$$

引用三角公式，上式可改写成

$$F(x)\sin \alpha x + G(x)\cos \alpha x = f(x)\sin \alpha x \quad (12)$$

其中 $F(x)$，$G(x)$ 是与 $f(x)$ 同次的有理整函数，由式(12)，得到

$$F(x) \equiv f(x), G(x) \equiv 0$$

从而可命 $F(x)$ 与 $f(x)$ 的各项系数相等，$G(x)$ 的各项系数为零，由此得到 $2(m+1)$ 个条件，可以确定出 $u(x)$ 与 $v(x)$ 所含的 $2(m+1)$ 个未知系数.

例 1　求解 $y_{x+3} - 13y_{x+1} + 12y_x = 3$.

解　此时特征方程是

$$\varphi(\lambda) = \lambda^3 - 13\lambda + 12 = 0$$

它的根为 1，3，－4. 由于 $K=3$ 与其中一根相等. 故取 $r=1$，用式(7) 求特解. 从

$$\varphi'(\lambda) = 3\lambda^2 - 13, \varphi'(1) = -10$$

得到特解

$$\eta_0(x) = -\frac{3}{10}x$$

因此一般解是

$$y_x = C_1 + C_2 3^x + C_3(-4)^x - \frac{3}{10}x$$

例 2　求解 $y_{x+2} + 4y_{x+1} + y_x = x(x+1)$.

解　此时 $b=1$，$f(x) = x(x+1)$. 从 §6 例 2 特征方程的根为

$$\lambda_1, \lambda_2 = -2 \pm \sqrt{3}$$

而 $b=1$ 不与它们相等. 从而可设

$$\eta_0(x) = u(x) = ax^2 + bx + c$$

代入所给的方程并加以整理,则得

$$6ax^2 + 6(2a+b)x + 2(4a+3b+3c) = x^2 + x + 0$$

比较等号两边同类项的系数,得到

$$a = \frac{1}{6}, b = -\frac{1}{6}, c = -\frac{1}{18}$$

故所给方程的一般解为

$$y_x = C_1\lambda^x + C_2\lambda^{-x} + \frac{1}{18}(3x^2 - 3x - 1)$$

其中 λ 是 λ_1, λ_2 中的任何一个.

例 3 求解 $y_{x+1} + by_x + y_{x-1} = k\sin \alpha x$. 为了求它的特解,根据(10),可设

$$\eta_0(x) = A\sin \alpha x + B\cos \alpha x$$

将它代入所给的方程并进行整理,则得

$$(b + 2\cos \alpha x)(A\sin \alpha x + B\cos \alpha x) = k\sin \alpha x$$

比较两边同类项的系数,得出

$$(b + 2\cos \alpha)A = k, B = 0$$

故特解是

$$\eta_0(x) = A\sin \alpha x = \frac{k\sin \alpha x}{b + 2\cos \alpha}$$

加上使所给方程右边为零而得到的齐次方程的一般解,即得所给非齐次方程的一般解.

但是,当 $b = -2\cos \alpha$ 时,上式不再成立. 这是因为在这种情形下特征方程

$$\varphi(\lambda) \equiv \lambda^2 - 2\cos \alpha\lambda + 1 = 0$$

的根 $\lambda_1, \lambda_2 = \cos \alpha \pm \mathrm{i}\sin \alpha$,也就是 $\lambda_1 = \mathrm{e}^{\mathrm{i}\alpha}, \lambda_2 = \mathrm{e}^{-\mathrm{i}\alpha}$,所对应的齐次方程的一般解是

$$C_1 e^{i\alpha x} + C_2 e^{-i\alpha x} \text{ 或 } C_1 \sin \alpha x + C_2 \cos \alpha x$$

从而可知前面所写的特解等于上列齐次方程的特解之一.

此时,若取

$$\eta_0(x) = Ax \sin \alpha x + Bx \cos \alpha x$$

就可求得方程的特解.现将上述 $\eta_0(x)$ 代入所给方程,同时考虑到 $b = -2\cos \alpha$,进行整理,含有 x 的项相消,则得

$$2A\sin \alpha \cos \alpha x - 2B\sin \alpha \sin \alpha x = k\sin \alpha x$$

从而

$$A = 0, B = -\frac{k}{(2\sin \alpha)}$$

于是

$$\eta_0(x) = -\frac{kx\cos \alpha x}{2\sin \alpha}$$

一般解是

$$y_x = C_1 \sin \alpha x + \left(C_2 - \frac{kx}{2\sin \alpha}\right) \cos \alpha x$$

§8　差分方程在结构力学上的应用

一、连续梁

将断面一定、全部跨度(span)相等的连续梁(图 1)的支点 x 上的弯曲力矩取代 M_x,则有三弯矩定理

$$M_{x-1} + 4M_x + M_{x+1} = -K_x \tag{1}$$

图 1

其中 K_x 是荷载项,其值由在支点 x 的左右的跨上所负荷载而确定.

式(1) 所对应的齐次方程的一般解,按照 §6 或 §7 的例题的做法,是

$$M_x = C_1\lambda^x + C_2\lambda^{-x}, \lambda = -2 + \sqrt{3} \qquad (2)$$

若将其加上式(1) 的特解,就得到一般解.

1. 当各跨负担相等荷载时. 此时 K_x 是与 x 无关的常数 K,由 §7 中式(6)$\eta_0(x) = -\frac{K}{6}$,从而一般解

$$M_x = C_1\lambda^x + C_2\lambda^{-x} - \frac{K}{6} \qquad (3)$$

其中 C_1, C_2 为任意常数,由边界条件来确定. 当两端为铰支时,$M_0 = 0, M_n = 0$,所以

$$C_1 + C_2 - \frac{K}{6} = 0, C_1\lambda^n + C_2\lambda^{-n} - \frac{K}{6} = 0$$

故

$$C_1 = \frac{K}{6(1+\lambda^n)}, C_2 = \frac{\lambda^n K}{6(1+\lambda^n)}$$

代入式(3) 并加以整理,则

$$M_x = \frac{K}{6}\left(1 - \frac{\lambda^x + \lambda^{n-x}}{1+\lambda^n}\right) \qquad (4)$$

由于 $\lambda = -0.267\ 9$,所以当跨数 n 增大时,对于 1 来说,分母的 λ^n 可以省略. 也就是

$$M_x = -\frac{K(1 - \lambda^x - \lambda^{n-x})}{6} \qquad (5)$$

又当 n 增大时,在中央支点上 λ^x 与 λ^{n-x} 都趋近于零,所以 M_x 可以近似地写作

$$M_x \approx -\frac{K}{6}$$

例如，均布荷载 p 作用于梁的全长时，由于 $K=\frac{pl^2}{2}$，所以一般

$$M_c=-\frac{pl^2}{12}\left(1-\frac{\lambda^x+\lambda^{n-x}}{1+\lambda^n}\right) \tag{6}$$

在多跨的连续梁的中央部分

$$M_x\approx-\frac{pl^2}{12}$$

2. 当仅有一跨有荷载作用时. 例如，仅在支点 $i-1$ 与 i 之间有荷载时，K_x 除 K_{i-1} 与 K_i 之外全部为零. 也就是

$$\begin{cases}0<x<i-1: M_{x-1}+4M_x+M_{x+1}=0\\ x=i-1: M_{i-2}+4M_{i-1}+M_i=-K_{i-1}\\ x=i: M_{i-1}+4M_i+M_{i+1}=-K_i\\ i<x<n: M_{x-1}+4M_x+M_{x+1}=0\end{cases} \tag{7}$$

若将第一式与第四式分别考虑作不同的齐次方程，则其一般解由式(2) 可以写作

$$\begin{cases}0\leqslant x\leqslant i-1: M_x=A\lambda^x+B\lambda^{-x}\\ i\leqslant x\leqslant n: M_x=C\lambda^x+D\lambda^{-x}\end{cases} \tag{8}$$

其中的四个常数可确定如下，也就是由条件 $M_0=0$ 与 $M_n=0$，得到

$$A+B=0, C\lambda^n+D\lambda^{-n}=0$$

又由 $x=i-1$ 与 $x=i$ 的边界条件，也就是将式(8) 代入(7) 的第二与第三式，得到

$$A\lambda^{i-2}+B\lambda^{-(i-2)}+4(A\lambda^{i-1}+B\lambda^{-(i-1)})+C\lambda^i+D\lambda^{-i}=-K_{i-1}$$

$$A\lambda^{i-1}+B\lambda^{-(i-1)}+4(C\lambda^i+D\lambda^{-i})+C\lambda^{i+1}+D\lambda^{-(i+1)}=-K_i$$

由这四个式子就可解出 A,B,C,D. 由 $A=-B$，$C=-\lambda^{-2n}D$，所以

$$0 \leqslant x \leqslant i-1: M_x = A(\lambda^x - \lambda^{-x})$$

$$i \leqslant x \leqslant n: M_x = C(\lambda^x - \lambda^{2n-x})$$

其中 A 与 C，当 K_x 给定后，可由后二式定出.

二、中间点支承的直杆的稳定问题

如图 2 所示，在长为 nl，中间的支点为 $1,2,\cdots,n-1$ 的杆上有偶力 N 作用时，则使此杆发生挠曲时的 N 的值，也就是所求的挠曲荷载.

图 2

设杆的材料的 Young 模量为 E，断面惯矩为 I.

当杆发生了挠曲，则弯矩发生作用，若设在支点 x 的弯矩为 M_x，则从结构力学教科书中知道：关系式

$$M_{x-1} + 2\mu M_x + M_{x+1} = 0 \tag{9}$$

成立，其中

$$\mu = \frac{\sin\alpha - \alpha\cos\alpha}{\alpha - \sin\alpha}, \alpha = l\sqrt{\frac{N}{EI}} \tag{10}$$

式(9) 是二阶对称形齐次方程，M_x 的一般解可以用三角函数表示. 即

$$M_x = A\sin\varphi x + B\cos\varphi x, \varphi = \cos^{-1}(-\mu) \tag{11}$$

1. 两端可转动的情形. 此时边界条件是 $M_0 = 0$，$M_n = 0$，因而

$$M_0 = 0: A \times 0 + B \times 1 = 0$$

$$M_n = 0: A\sin n\varphi + B\cos n\varphi = 0$$

由第一式得 $B = 0$，再由第二式得 $A\sin n\varphi = 0$. 这一条件也为 $A = 0$ 所满足，但此时 M_x 恒为零而与 N 无关. 这与挠曲的条件不合. 所以必须

$$\sin n\varphi = 0 \tag{12}$$

由是

$$\varphi = \frac{r\pi}{n} \quad (r = 0, 1, 2, \cdots)$$

当 φ 取这些值时，由式(11) 得到 μ，从而 α 的值可由

$$\mu = \frac{\sin\alpha - \alpha\cos\alpha}{\alpha - \sin\alpha} = -\cos\frac{r\pi}{n} = \cos\frac{n-r}{n}\pi \tag{13_1}$$

确定，确定了 α 以后，则挠曲荷载为

$$N = \frac{\alpha^2 EI}{l^2} \tag{14}$$

因为 r 可以是零或是任意的整数，而 φ 若取正值，则 $\cos\varphi$ 除

$$\cos\frac{r\pi}{n} \quad (r = 0, 1, 2, \cdots, n)$$

等 $n+1$ 个值以外，没有其他不同的值. 因此若令 $n-r=i$，则(13_1) 化作

$$\mu = \frac{\sin\alpha - \alpha\cos\alpha}{\alpha - \sin\alpha} = \cos\frac{i\pi}{n} \quad (i = 0, 1, 2, \cdots, n) \tag{13_2}$$

由此得到 $n+1$ 个不同的 μ 值.

为了由上式确定 α，给出 α 与 μ 的关系如图 3. 由于 $-1 \leqslant \cos\varphi \leqslant 1$，由图可知，对于 $n+1$ 个不同的 $\cos\varphi$ 的每个值，满足(13_2) 的 α 有无数个.

然而将荷载 N 自 0 逐渐增大时，由于 α 也从 0 逐渐增大，所以可以取满足式(13_2) 的 α 值中的最小者为挠曲开始产生的情形. 也就是取对应于 $i=0(\varphi=\pi)$，或 $\mu=\cos 0=1$ 的 α 值，亦即 $\alpha=\pi$. 故最小的挠曲荷载是

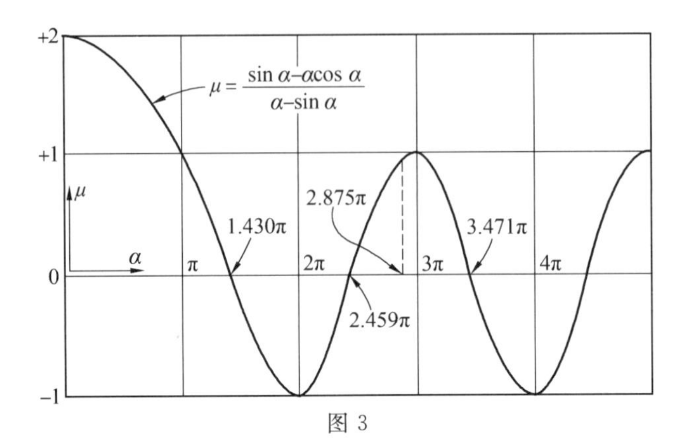

图 3

$$N=\frac{\pi^2 EI}{l^2} \tag{15}$$

此式与跨数无关，它与从 Euler 公式所得出的两端可转动、长为 l 的杆的挠曲是一致的.

在这种情形下，支点的弯矩是 $M_x = A\sin \pi x$，它对所有的 x 为 0. 故挠曲产生与否有必要仔细推究. 为此，将挠曲的杆的变形由结构力学的定理求之，由图 4 得到

$$N \cdot y\sin \alpha = M_x(\sin \alpha\xi' - \xi'\sin \alpha) + M_{x+1}(\sin \alpha\xi - \xi\sin \alpha) \tag{16}$$

图 4

在支点 x 处($\xi=0,\xi'=1$)，求 $y'=\frac{\mathrm{d}y}{\mathrm{d}\xi}$ 则

$$N \cdot (y')_x \sin \alpha = (\alpha - \sin \alpha)(\mu M_x + M_{x+1}) \tag{17}$$

将 $M_x = A\sin\varphi x$ 代入,并考虑到 $\mu = -\cos\varphi$ 及 $\alpha = \varphi = \pi$,进行整理后得到

$$N\cdot(y')_x = A\pi\cos\pi x \tag{18}$$

由此,既然 $A\neq 0$,因此,即使当 $\varphi=\pi$ 也有 $M_x=0$,但 $(y')_x$ 不等于零. 从而可知会发生挠曲,这种情形的挠曲如图 5 所示.

图 5

其次,研究 $\alpha>\pi$ 时的挠曲形状,以 $n=2$ 的情形为例. 此时由式(13_2),对 φ 的 3 个值:$0,\frac{\pi}{2},\pi$,得到 $\mu=-1,0,1$,而:

当 $\mu=-1$ 时

$$\alpha = 2\pi,4\pi,6\pi,\cdots$$

当 $\mu=0$ 时

$$\alpha = 1.430\pi,2.459\pi,3.471\pi,\cdots$$

当 $\mu=1$ 时

$$\alpha = \pi,2.875\pi,3\pi,4.920\pi,5\pi,\cdots$$

其中 $\alpha=\pi$ 的情形是与前面一样的,对于其次的值 $\alpha=1.430\pi$,有

$$N = 2.046\,\frac{\pi^2 EI}{l^2} \tag{19}$$

此时 $\varphi=\frac{\pi}{2}$,弯矩

$$M_0=0,M_1=A\sin\frac{\pi}{2}=A,M_2=0$$

从而由式(16)求从支点 0 到支点 1 之间的形变

$$N\cdot y = -A\left(\frac{\sin 1.430\pi\xi}{0.976}+\xi\right)$$

而挠曲的形状如图 6 所示.

又对于更大的 α 值,有

$$\alpha=2\pi(\varphi=0):N=4\frac{\pi^2EI}{l^2},M_1=0$$

$$\alpha=2.459\pi\left(\varphi=\frac{\pi}{2}\right):N=6.047\frac{\pi^2EI}{l^2},M_1=A$$

这些挠曲的形状如图 6 所示.

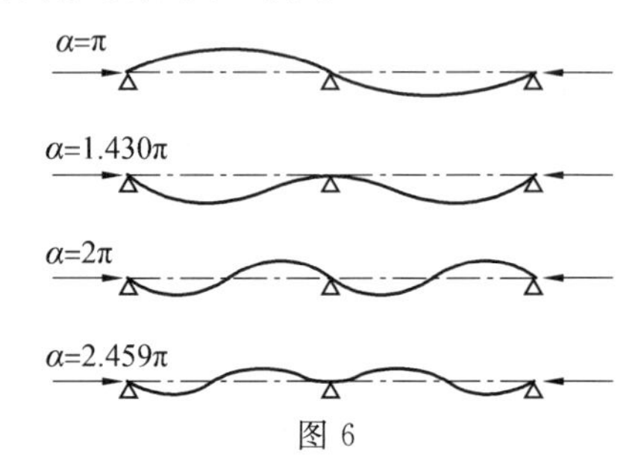

图 6

2.两端固定的情形.此时边界条件是

$$\mu M_0+M_1=0 \text{ 及 } M_{n-1}+\mu M_n=0$$

将其代入 M_x 的一般解(11),考虑到 $\mu=-\cos\varphi$,进行整理,则得下列两式

$$A\sin\varphi+B\times 0=0$$

$$A[\sin(n-1)\varphi-\cos\varphi\sin n\varphi]+$$
$$B[\cos(n-1)\varphi-\cos\varphi\cos n\varphi]=0$$

为了不使 A,B 同时为零,必须

$$\begin{vmatrix}\sin\varphi & 0\\ \sin(n-1)\varphi-\cos\varphi\sin n\varphi & \cos(n-1)\varphi-\cos\varphi\cos n\varphi\end{vmatrix}=0$$

加以整理后,得出

$$\sin^2\varphi\sin n\varphi=0 \tag{20}$$

从而

$$\varphi=\frac{r\pi}{n}\quad(r=0,1,2,\cdots,n)$$

其结果与两端为可转动时完全相同,因而最小挠曲荷载是 $\varphi=\pi$,亦即 $\mu=-\cos\varphi=1$,$\alpha=\pi$ 的情形. 但此时

$$M_x=B\cos\pi x=(-1)^x B$$

代入式(17),得到

$$N\cdot(y')_x=(-1)^x B\left(2-\alpha\frac{1+\cos\alpha}{\sin\alpha}\right)$$

取 $\alpha=\pi$,则由

$$\lim_{\alpha=\pi}\frac{1+\cos\alpha}{\sin\alpha}=0$$

得 $N\cdot(y')_x=(-1)^x 2B$,因之只要 $B\neq 0$,则$(y')_x$ 不为零. 然而在两端固定的情形下,必须有$(y')_0=0$,$(y')_n=0$,所以 B 一定为零. 故 M_x 恒为零,从而不能产生挠曲.

在这种情形下求挠曲最小荷载时,可以从满足(13_2)的 α 中取 $\alpha=\pi$ 以后的值. 也就是使

$$\mu=-\cos\frac{n-1}{n}\pi=\cos\frac{\pi}{n}$$

的 α 值中的最小值,亦即

$$\text{当 } n=1 \text{ 时},\alpha=2\pi$$
$$\text{当 } n=2 \text{ 时},\alpha=1.430\pi$$
$$\text{当 } n=3 \text{ 时},\alpha=1.228\pi$$
$$\text{当 } n=4 \text{ 时},\alpha=1.138\pi$$
$$\vdots$$

这样在 n 跨情形的挠曲荷载是

$$N_n=k_n\frac{\pi^2 EI}{l^2}$$

此处

$$k_1=4.0,k_2=2.046,k_3=1.507,k_4=1.295,\cdots$$

当跨数增多时，α 和 π 逐渐地趋于 $\alpha=\pi, k=1$，也就是逐渐趋向于两端为可转动时的情形.

对于这些 N 值，挠曲的形状如图 7. 特别对 $n=2$ 的情形，由上列各个 α 的值，得到挠曲荷载与挠曲的形状如图 8.

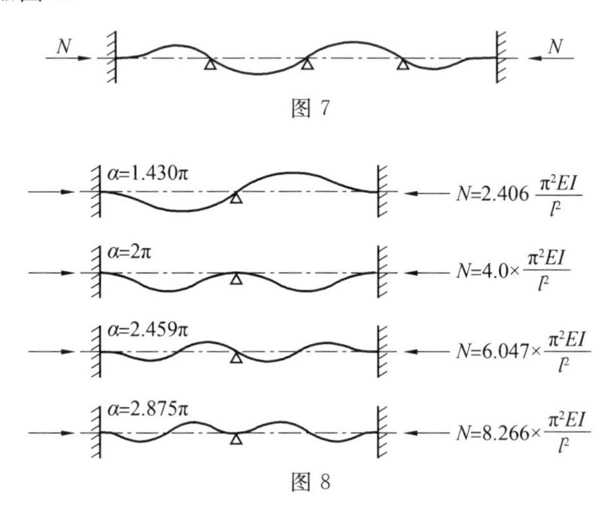

图 7

图 8

三、以弹性支承铰接联结的杆的稳定问题

如图 9 所示，设有 n 条直杆为铰接联结，铰点在横向被弹性支承. 即某铰点 x 在横的方向位移了 y_x 时，与该点的反作用力 R_x 之间有关系

$$R_x = k y_x \tag{21}$$

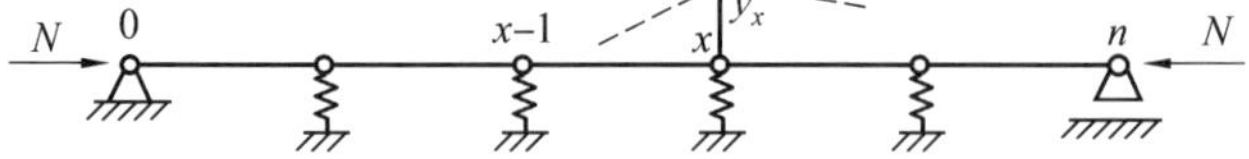

图 9

今在这样联结的杆的两端加偶力 N，并使 N 逐渐增大

而达到某值时,杆所联结成的直线形的平衡被破坏,各个支点作横向位移而不稳定.但由于杆本身很坚实,所以在上述不稳定状态中杆本身不发生挠曲.

在这种情况下,支点作横向位移,由结构力学上的定理,有

$$y_{x-1}-\left(2-\frac{kl}{N}\right)y_x+y_{x+1}=0 \tag{22}$$

这是二阶齐次差分方程.其一般解为

$$y_x=A\sin\varphi x+B\cos\varphi x,\cos\varphi=1-\frac{kl}{2N}$$

若将边界条件 $y_0=0,y_n=0$ 代入,则与前例一样得到

$$B=0,A\sin n\varphi=0$$

若 A 与 B 同时为零,则 y_x 恒为零而与 φ(亦即与 N)无关,这是平衡状态.因而不稳定情形就不能不是

$$\sin n\varphi=0 \tag{23}$$

由此,与上面一样得到

$$\varphi=\frac{r\pi}{n}\quad(r=0,1,2,\cdots,n)$$

对于各个 φ 的值,可以由

$$N=\frac{kl}{2(1-\cos\varphi)} \tag{24}$$

求 N,这些 N 的最小值就是临界荷载.

然而在此 $n+1$ 个 φ 值中,当 $r=0,r=n$ 时

$$y_x=A\sin 0\cdot x \text{ 或 } y_x=A\sin\pi x$$

因此 y_x 恒为零,从而这两个值必须除外.于是当 $\cos\varphi$ 取最小值时,亦即 $\varphi=\frac{(n-1)\pi}{n}$ 时,N 为最小,因而临界荷载

$$N=\frac{kl}{2\left(1-\cos\frac{n-1}{n}\pi\right)}=\frac{kl}{2\left(1+\cos\frac{\pi}{n}\right)} \tag{25}$$

当 $n=2,3,4,5,\cdots$ 时，上式分母为 2.0,3.0,3.414,3.618,…，当 $n\to\infty$ 时,它趋于4.

又各个支点的位移是

$$y_x = A\sin\frac{n-1}{n}\pi x = (-1)^x A\sin\frac{\pi}{n}x \qquad (26)$$

其图形如图10所示.

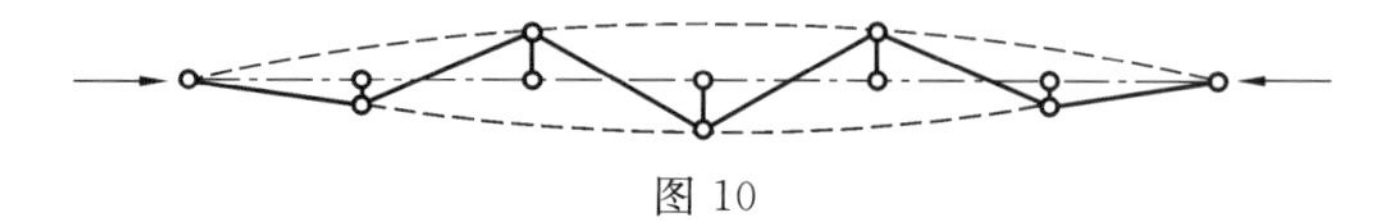

图 10

§9 临界群与二阶差分方程解的多重性

太原理工大学数学学院的李小艳、刘进生两位教授2012年研究了一类二阶非线性差分方程两点边值问题解的多重性.当该问题的非线性项在无穷远点具有特殊的渐近线性性质时,利用变分方法,结合临界群与Morse理论,同时考虑正、负能量泛函的临界点,不论该问题是否发生共振,均证明了它至少存在两个非零解.

一、引言及主要结果

随着计算机科学与技术的快速发展,科学与工程领域中各种模型的数值求解成为可能,因而系统的离散化——差分方程的应用领域变得更加广泛.自从2003年文[1]开创性地提出研究差分方程解的存在性的变分方法以来,有许多作者利用变分方法与临界点理论研究差分方程各种边值问题解的存在性与多重

性，得到了一些以往不使用变分方法难以获得的好结果，例如文[2-12]等.

本节研究二阶非线性差分方程两点边值问题

$$\begin{cases} -\Delta^2 u(k-1)=f(k,u(k)) \quad (k\in Z[1,N]) \\ u(0)=u(N+1)=0 \end{cases} \tag{1}$$

解的多重性. 其中 $T\geqslant 3$ 是一个固定的整数，$Z[1,N]=\{1,2,\cdots,N\}$，Δ 是向前差分算子，即

$$\Delta u(k)=u(k+1)-u(k)$$

而 $\Delta^2 u(k)=\Delta(\Delta u(k))$，$f(k,\cdot)\in C^1(R^1,R^1)$ 且 $f(k,0)=0$.

显然 $u(k)\equiv 0$ 是问题(1) 的解，本节主要研究当问题(1) 的非线性项 f 满足条件

$$\lim_{|t|\to\infty}\frac{f(k,t)}{t}=2 \quad (k\in Z[1,N]) \tag{2}$$

时，其非零解的多重性.

容易知道与问题(1) 对应的线性特征值问题

$$\begin{cases} -\Delta^2 u(k-1)=\lambda u(k) \quad (k\in Z[1,N]) \\ u(0)=0,u(N+1)=0 \end{cases} \tag{3}$$

的特征值

$$\lambda_i=4\sin^2\frac{i\pi}{2(N+1)} \quad (i=1,2,\cdots,N) \tag{4}$$

并且 $\lambda_N>\cdots>\lambda_2>\lambda_1>0$. 而 λ_i 对应的特征向量为

$$\varphi_i=(\varphi_i(1),\varphi_i(2),\cdots,\varphi_i(N)) \quad (i=1,2,\cdots,N)$$

其中

$$\varphi_i(j)=\sin\frac{ij\pi}{N+1} \quad (j=1,2,\cdots,N) \tag{5}$$

众所周知，当 $\lim\limits_{|t|\to\infty}\dfrac{f(k,t)}{t}=\alpha(k)$ 存在时，称问题(1) 在无穷远处具有渐近线性性质. 特别地，如果 $\alpha(k)$

与 k 无关并且等于某个特征值时，称问题(1) 在无穷远处是共振的，例如文献[8-12] 等就是研究的共振差分问题解的存在性与多重性；而当 $\alpha(k)$ 与 k 无关并且不等于任何特征值时，称问题(1) 在无穷远处是非共振的. 我们在研究问题(1) 解的存在性与多重性时，注意到一个有趣的现象，即当(2) 成立时，问题(1) 在无穷远处是否发生共振，是由 N 的奇偶性决定的(详见本节定理 1). 本节主要在这种背景下，利用变分方法，结合临界点理论，特别是临界群与 Morse 理论，研究了问题(1) 解的多重性. 我们同时考虑系统正、负能量泛函的临界点，通过临界群的计算，不论问题(1) 是否在无穷远处发生共振，均证明了该问题至少存在两个非零解.

对于 $k \in Z[1,N]$，$t \in R^1$，分别记

$$F(k,t)=\int_0^t f(k,s)\mathrm{d}s \tag{6}$$

$$F_\infty(k,t)=F(k,t)-\frac{1}{2}t^2 \tag{7}$$

假设条件为：

(f_0) 存在 $T>0$，当 $|t|\leqslant T$ 时，对任意的 $k \in Z[1,N]$ 有 $\frac{1}{2}\lambda_m t^2 \leqslant F(k,t) \leqslant \frac{1}{2}\lambda_{m+1} t^2$；

$(f_\infty^\pm)$ $\lim\limits_{|c|\to\infty}\sum\limits_{k=1}^N F_\infty\left(k,c\sin\frac{k}{2}\pi\right)=\pm\infty$，并且 $\frac{\partial}{\partial t}F_\infty(k,t)$ 为有界函数.

则本节的主要结论为：

定理 1 当 N 为奇数时，$\lambda=2$ 是问题(3) 的第 $\frac{N+1}{2}$ 个特征值，即 $\lambda_{\frac{N+1}{2}}=2$. 而当 N 为偶数时，$\lambda=2$ 不

是问题(3) 的特征值，并且 $\lambda_1 < \cdots < \lambda_{\frac{N}{2}} < 2 < \lambda_{\frac{N}{2}+1} < \cdots < \lambda_N$.

定理 2　当 N 为偶数时，如果条件(f_0) 满足，并且 $m \neq \dfrac{N}{2}$，则问题(1) 至少存在两个非零解.

定理 3　当 N 为奇数时，如果条件(f_0) 满足，则当下列条件之一成立时，问题(1) 至少存在两个非零解.

ⅰ)(f_∞^+) 及 $m \neq \dfrac{N+1}{2}$；

ⅱ)(f_∞^-) 及 $m \neq \dfrac{N-1}{2}$.

二、变分结构与能量泛函

在 Hilbert 空间 $H = R^N$ 中，内积定义为 $\langle u, v\rangle = u^{\mathrm{T}} v$，范数为 $\| u \| = \sqrt{\langle u, u\rangle}$. 记

$$\boldsymbol{A} = \begin{pmatrix} 2 & -1 & 0 & \cdots & 0 & 0 \\ -1 & 2 & -1 & \cdots & 0 & 0 \\ 0 & -1 & 2 & \cdots & 0 & 0 \\ \vdots & \vdots & \vdots & & \vdots & \vdots \\ 0 & 0 & 0 & \cdots & 2 & -1 \\ 0 & 0 & 0 & \cdots & -1 & 2 \end{pmatrix} \tag{8}$$

$$\boldsymbol{u} = (u(1), u(2), \cdots, u(N))^{\mathrm{T}}$$

$$\boldsymbol{f}(\boldsymbol{u}) = (f(1, u(1)), f(2, u(2)), \cdots, f(N, u(N)))^{\mathrm{T}} \tag{9}$$

则容易证明边值问题(1) 可表示为矩阵形式

$$\boldsymbol{A}\boldsymbol{u} = \boldsymbol{f}(\boldsymbol{u}) \tag{10}$$

于是，在 H 上定义泛函

$$J(u)=\frac{1}{2}\boldsymbol{u}^{\mathrm{T}}\boldsymbol{A}\boldsymbol{u}-\sum_{k=1}^{N}F(k,\boldsymbol{u}(k))\quad(u\in H)\tag{11}$$

那么

$$J'(\boldsymbol{u})=\boldsymbol{A}\boldsymbol{u}-\boldsymbol{f}(\boldsymbol{u})\quad(\boldsymbol{u}\in H)\tag{12}$$

所以问题(1)的解等价于由(11)定义的泛函 J 或者 $-J$ 在 H 中的临界点.下文中 J 或者 $-J$ 的临界点全体记为 κ. 同时,注意到

$$J''(\boldsymbol{u})=\boldsymbol{A}-\boldsymbol{f}'(\boldsymbol{u})\quad(\boldsymbol{u}\in H)\tag{13}$$

其中

$$\boldsymbol{f}'(\boldsymbol{u})=\mathrm{diag}(f'_t(1,u(1)),f'_t(2,u(2)),\cdots,f'_t(N,u(N)))\tag{14}$$

所以 $\pm J\in C^2(H,R^1)$.

三、主要结论的证明

利用式(4),容易证明定理 1.下面给定定理 2 ~ 3 的证明.证明过程中主要用到临界群 $C_q(J,u)$,$C_q(J,\infty)$ 及 Morse 理论的相关知识,具体内容可见文[13-17]等.我们首先给出关于临界群计算的一些引理.

引理 1 如果存在非负整数 p 使得 $C_p(\pm J,u)\neq 0$,则 $C_q(\pm J,u)=\delta_{q,p}F$.

证明 由于当 $q\notin[\mu(u),\mu(u)+\nu(u)]$ 时,$C_q(J,u)=0$,其中 $\mu(u)$ 是 J 在点 u 的 Morse 指数,$\nu(u)=\dim\ker J''(u)$,而现在 $C_p(J,u)\neq 0$,所以 $p\in[\mu(u),\mu(u)+\nu(u)]$,而由(13)及(14)知 $J''(u)$ 的秩 $R(J''(u))\geqslant N-1$,所以 $\nu(u)\leqslant 1$,因此 $p=\mu(u)$ 或者 $p=\mu(u)+\nu(u)$,所以 $C_q(J,u)=\delta_{q,p}F$. 同理可知当 $C_p(-J,u)\neq 0$ 时,也有 $C_q(-J,u)=\delta_{q,p}F$.证毕.

引理 2　如果条件(f_0)满足,则 $C_q(J,0)=\delta_{q,m}F$;$C_q(-J,0)=\delta_{q,N-m}F$.

证明　由于 $\varphi_1,\varphi_2,\cdots,\varphi_N$ 构成 H 的一个正交基,分别记

$$H_0^- = \text{span}\{\varphi_1,\varphi_2,\cdots,\varphi_m\}$$

$$H_0^+ = \text{span}\{\varphi_{m+1},\varphi_{m+2},\cdots,\varphi_N\}$$

则 $H=H^-\oplus H^+$. 当 $u\in H_0^-$, $\|u\|\leqslant T$ 时,有

$$J(u)\leqslant \frac{1}{2}\lambda_m \|u\|^2-\sum_{k=1}^{N}\frac{1}{2}\lambda_m u^2(k)=0$$

而当 $u\in H_0^+$, $\|u\|\leqslant T$ 时,有

$$J(u)\geqslant \frac{1}{2}\lambda_{m+1}\|u\|^2-\sum_{k=1}^{N}\frac{1}{2}\lambda_{m+1}u^2(k)=0$$

因此 J 在 0 点存在局部环绕,并且 $\dim H_0^-=m$,所以 $C_m(J,0)\neq 0$(文[16-17]);进而由引理 1 知 $C_q(J,0)=\delta_{q,m}F$. 显然 $-J$ 也在 0 点存在局部环绕,并且 $\dim H_0^+=N-m$,所以 $C_{N-m}(J,0)\neq 0$,进而由引理 1 知 $C_q(-J,0)=\delta_{q,N-m}F$. 证毕.

对于 $u\in H$,记

$$Tu=(\boldsymbol{A}-2\boldsymbol{I})u \tag{15}$$

$$Q(u)=-\sum_{k=1}^{N}(F(k,u(k))-u^2(k)) \tag{16}$$

其中 $\boldsymbol{I}$ 为 N 阶单位矩阵,则容易知道由(11)定义的泛函

$$J(u)=\frac{1}{2}\langle Tu,u\rangle+Q(u) \tag{17}$$

引理 3　当 N 为偶数时,$C_q(J,\infty)=C_q(-J,\infty)=\delta_{q,\frac{N}{2}}F$.

证明　由于 $\varphi_1,\varphi_2,\cdots,\varphi_N$ 构成 H 的一个正交基,分别记

$$H_{\infty}^{-}=\operatorname{span}\{\varphi_1,\cdots,\varphi_{\frac{N}{2}}\},H_{\infty}^{+}=\operatorname{span}\{\varphi_{\frac{N}{2}+1},\cdots,\varphi_N\}$$

则 $H=H_{\infty}^{-}\oplus H_{\infty}^{+}$. 因为 N 为偶数,由定理 1 知 $\lambda=2$ 不是 $\boldsymbol{A}$ 的特征值,所以 T 在 H_{∞}^{-} 及 H_{∞}^{+} 上都是可逆的. 因为

$$\dim(H_{\infty}^{-})=\frac{N}{2}<\infty$$

由 $\lim\limits_{|t|\to\infty}\dfrac{f(k,t)}{t}=2$ 知

$$\|Q'(u)\|=o(\|u\|),\ \|u\|\to\infty$$

所以由文[13]第二章的引理5.1及注5.2知 J 满足 PS 条件,并且 $C_q(J,\infty)=\delta_{q,\frac{N}{2}}F$. 同理,注意到 $\dim(H_{\infty}^{+})=\dfrac{N}{2}$,可知 $C_q(-J,\infty)=\delta_{q,\frac{N}{2}}F$. 证毕.

引理 4 当 N 为奇数时,下列命题正确:

i) 当条件(f_{∞}^{+}) 成立时,$C_q(J,\infty)=\delta_{q,\frac{N+1}{2}}F$;

ii) 当条件(f_{∞}^{-}) 成立时,$C_q(-J,\infty)=\delta_{q,\frac{N+1}{2}}F$.

证明 i) 由于 $\varphi_1,\varphi_2,\cdots,\varphi_N$ 构成 H 的一个标准正交基,分别记

$$H_{\infty}^{-}=\operatorname{span}\{\varphi_1,\cdots,\varphi_{\frac{N-1}{2}}\}$$

$$H_{\infty}^{0}=\operatorname{span}\{\varphi_{\frac{N+1}{2}}\}$$

$$H_{\infty}^{+}=\operatorname{span}\{\varphi_{\frac{N+3}{2}},\cdots,\varphi_N\}$$

则

$$H=H_{\infty}^{-}\oplus H_{\infty}^{0}\oplus H_{\infty}^{+}$$

因为 N 为奇数,根据定理 1,$\lambda=2$ 是 $\boldsymbol{A}$ 的第 $\dfrac{N+1}{2}$ 个特征值,$\boldsymbol{A}$ 的其他特征值都不等于 2,所以 T 在 H_{∞}^{-} 及 H_{∞}^{+} 上都是可逆的. 并且

$$\dim(H_{\infty}^{-}\oplus H_{\infty}^{0})=\frac{N+1}{2}<\infty$$

注意到

$$Q'(u)=-(f(1,u(1))-2u(1),f(1,u(2))-2u(2),\cdots,f(N,u(N))-2u(N))^{\mathrm{T}}$$

而 $f(k,t)-2t=\frac{\partial}{\partial t}F_{\infty}(k,t)$ 有界,所以 $\|Q'(u)\|$ 有界. 显然 $Q'(u)$ 是紧的. 当 $u\in H_{\infty}^{0}$ 时,$u(k)=c\sin\frac{k}{2}\pi$,其中 c 为非零常数,而

$$\sum_{k=1}^{N}\sin^{2}\frac{k}{2}\pi=\frac{N+1}{2}$$

则由假设条件知当 $u\in H_{\infty}^{0}$,$\|u\|\to\infty$ 时

$$Q(u)=-\sum_{k=1}^{N}(F(k,u(k))-u^{2}(k))=-\sum_{k=1}^{N}F_{\infty}(k,c\sin^{2}\frac{k}{2}\pi)\to-\infty$$

所以由文[13]第二章的引理 5.1 知 J 满足 PS 条件,并且 $C_q(J,\infty)=\delta_{q,\frac{N+1}{2}}F$. ⅱ) 与 ⅰ) 同理可证. 证毕.

现在利用引理 1 ~ 4,给出定理 2 ~ 3 的证明:

定理 2 的证明　由引理 3 知 $C_q(J,\infty)=\delta_{q,\frac{N}{2}}F$,所以存在 $u_1\in\kappa$,使得 $C_{\frac{N}{2}}(J,u_1)\neq 0$,从而由引理 1 知 $C_q(J,u_1)=\delta_{q,\frac{N}{2}}F$. 而由条件($f_0$) 及引理 2 知 $C_q(J,0)=\delta_{q,m}F$,又因为 $m\neq\frac{N}{2}$,因此 $u_1\neq 0$,即 u_1 是 J 的一个非零临界点. 如果 $\kappa=\{0,u_1\}$,那么 Morse 等式为

$$(-1)^{m}+(-1)^{\frac{N}{2}}=(-1)^{\frac{N}{2}}$$

矛盾! 所以 J 至少还有一个非零的临界点. 因此问题 (1) 至少存在两个非零解. 证毕.

定理 3 的证明　ⅰ) 由条件(f_{∞}^{+}) 及引理 4 的 ⅰ) 知

$$C_q(J,\infty)=\delta_{q,\frac{N+1}{2}}F$$

所以存在 $u_1 \in \kappa$,使得

$$C_{\frac{N+1}{2}}(J, u_1) \neq 0$$

从而由引理 1 知 $C_q(J, u_1) = \delta_{q,\frac{N+1}{2}} F$. 而由条件($f_0$)及引理 2 知 $C_q(J, 0) = \delta_{q,m} F$,又因为 $m \neq \dfrac{N+1}{2}$,因此 $u_1 \neq 0$,即 u_1 是 J 的一个非零临界点. 如果 $\kappa = \{0, u_1\}$,那么 Morse 等式为

$$(-1)^m + (-1)^{\frac{N+1}{2}} = (-1)^{\frac{N+1}{2}}$$

矛盾! 所以 J 至少还有一个非零临界点,因此问题(1)至少存在两个非零解. ⅱ)与 ⅰ)同理可证. 证毕.

参考文献

[1] 郭志明,庾建设. 二阶超线性差分方程周期解与次调和解的存在性[J]. 中国科学,2003,33(3):226-235.

[2] CAI X C,YU J S. Existence theorems for second-order discrete boundary value problems[J]. J Math Anal Appl,2006(320):649-661.

[3] JIANG L Q,ZHOU Z. Existence of nontrivial solutions for discrete nonlinear two point boundary value problems[J]. Applied Mathematics and Computation,2006(180):318-329.

[4] LIANG H H,WENG P X. Existence and multiple solutions for a second-order discrete boundary value problems via critical point theory[J]. J Math Anal Appl,2007(326):511-520.

[5] BAI D Y,XU Y T. Nontrivial solutions of boundary value problems of second-order difference equations[J]. J Math Anal Appl,2007(326):297-302.

[6] HE X M,WU X. Existence and multiplicity of solutions for nonlinear second order difference boundary value problems[J]. Computer and Mathematics with Applications,2009(57):1-8.

[7] YANG Y,ZHANG J H. Existence of solutions for some discrete boundary value problems with a parameter[J]. Applied Mathematics and Computation,2009(211):293-302.

[8] BIN H H,YU J S,GUO Z M. Nontrivial periodic solutions for asymptotically linear resonant difference problem[J]. J Math Anal Appl,2006(322):477-488.

[9] ZHU B S,YU J S. Multiple positive solutions for resonant difference equations[J]. Mathematical and Computer Modelling,2009(49):1928-1936.

[10] ZHANG X S,WANG D. Multiple periodic solutions for difference equations with double resonance at infinity[J]. Advances in Difference Equations, 2011(2011):1-15.

[11] LIU J S,WANG S L,ZHANG J M. Multiple solutions for boundary value problems of second-order difference equations with resonance[J]. J Math Anal Appl,2011(374):187-196.

[12] LIU J S,WANG S L,ZHANG J M. Nontrivial solutions for resonant difference systems via computations of the critical groups[J]. J Math Anal

Appl,2012(385):60-71.

[13] CHANG K C. Infinite Dimensional Morse Theory and Multiple Solution Problems[M]. Boston: Birkhäuser,1993.

[14] BARTSCH T,LI S J. Critical point theory for asymptotically quadratic functional and applications to problems with resonance[J]. Nonlinear Anal, 1997(28):419-441.

[15] MAWHIN J,WILLEM M. Critical point theory and Hamiltonian systems[M]. Berlin,Springer:1989.

[16] LIU J Q. A Morse index for a saddle point[J]. Syst Sci Math Sci,1989(2):32-39.

[17] SU J B. Semilinear elliptic boundary value problems with double resonance between two consecutive eigenvalues[J]. Nonlinear Anal,2002(48):881-895.

§10 联立方程

设 $y_x, z_x, w_x, \cdots$ 为自变数 x 的函数,则差分方程组

$$\begin{cases} \sum_{i=0}^{k} a_i y_{x+i} + \sum_{i=0}^{m} b_i z_{x+i} + \sum_{i=0}^{n} c_i w_{x+i} + \cdots = K_x \\ \sum_{i=0}^{k'} a'_i y_{x+i} + \sum_{i=0}^{m'} b'_i z_{x+i} + \sum_{i=0}^{n'} c'_i w_{x+i} + \cdots = K'_x \\ \sum_{i=0}^{k''} a''_i y_{x+i} + \sum_{i=0}^{m''} b''_i z_{x+i} + \sum_{i=0}^{n''} c''_i w_{x+i} + \cdots = K''_x \\ \vdots \end{cases} \tag{1}$$

叫作联立差分方程.式中的 $a,b,c,\cdots$ 是与 x 无关的常数.一般地,构成联立方程的差分方程的个数必须与未知函数的个数相一致.$k,m,n,\cdots;k',m',n',\cdots;k'',m'',n'',\cdots$ 分别是各个差分方程关系 $y_x,z_x,w_x,\cdots$ 的阶数.

一、消去法

从式(1)的第二式,第三式,…… 解出 $z_x,w_x,\cdots$ 亦即将它们表为 y_x 的函数,然后代入第一式,得到仅含 y_x 的差分方程.记 $k,k',\cdots;m,m',\cdots;n,n',\cdots$ 中的最大者分别为 $\bar{k},\bar{m},\bar{n}$,则消去 $z_x,w_x,\cdots$ 后所得 y_x 的差分方程的阶数

$$s\leqslant\bar{k}+\bar{m}+\bar{n}+\cdots$$

因之它的一般解含有 s 个任意常数.而且由于 z_x,$w_x,\cdots$ 的一般解由 y_x 的一般解来决定,所以 $z_x,w_x,\cdots$ 的一般解也含有同样的 s 个任意常数.

简例

$$\begin{cases}y_{x+1}+4y_x+y_{x-1}+z_{x+1}-z_x=K_x\\y_{x+1}-2y_x-z_{x+1}-z_x=0\end{cases}$$

其中 $\bar{k}=2,\bar{m}=1$,故 $s\leqslant 3$.事实上我们若将两式相加,消去 z_{x+1},就得到

$$z_x=y_{x+1}+y_x+0.5y_{x-1}-0.5K_x$$

由此作出 z_{x+1},再代入联立方程中任一式,即得下列三阶差分方程

$$2y_{x+2}+2y_{x+1}+7y_x+y_{x-1}=K_{x+1}+K_x$$

一般也可以按下列顺序进行.设对于 $y_x,z_x,\cdots$ 的差分运算符号为 $D_1(y),D_2(z),\cdots$,则对于 y_x 与 z_x 的联立差分方程

$$D_1(y)+D_2(z)=K_x,D'_1(y)+D'_2(z)=K'_x\quad(2)$$

可以如下地来进行.将式(2)中的第一式作关于 D'_2 的运算,将第二式作关于 D_2 的运算,则得

$$D'_2[D_1(y)]+D'_2[D_2(z)]=D'_2(Kx)$$

$$D_2[D'_1(y)]+D_2[D'_2(z)]=D_2(K'x)$$

由于 $D'_2[D_2(z)]=D_2[D'_2(z)]$,所以将上述两式相减,即得仅含有 y 的差分方程

$$D'_2[D_1(y)]-D_2[D'_1(y)]=D'_2(K_x)-D_2(K'_x) \tag{3}$$

二、直接解法

联立差分方程(1)的一般解,也可以直接寻求.但是各差分方程必须是齐次方程,或是特解容易求得的非齐次方程.

现在我们考虑式(1)的左边的非齐次项全部等于零的联立齐次差分方程.

在这种情形下,我们直接取

$$y_x=A\lambda^x,z_x=B\lambda^x,w_x=C\lambda^x,\cdots \tag{4}$$

其中 $A,B,C,\cdots$ 与 x 无关.将式(4)代入给定的联立方程,并消去公共因子 λ^x,即得

$$\begin{cases}A\sum_{i=0}^{k}a_i\lambda^i+B\sum_{i=0}^{m}b_i\lambda^i+C\sum_{i=0}^{n}c_i\lambda^i+\cdots=0\\A\sum_{i=0}^{k'}a'_i\lambda^i+B\sum_{i=0}^{m'}b'_i\lambda^i+C\sum_{i=0}^{n'}c'_i\lambda^i+\cdots=0\\\qquad\vdots\end{cases} \tag{5}$$

将此式看成关于 $A,B,C,\cdots$ 的联立方程,那么为了求得不同时为零的 $A,B,C,\cdots$,必须

$$\varphi(\lambda)=\begin{vmatrix}\sum a_i\lambda^i & \sum b_i\lambda^i & \sum c_i\lambda^i & \cdots \\ \sum a'_i\lambda^i & \sum b'_i\lambda^i & \sum c'_i\lambda^i & \cdots \\ \vdots & \vdots & \vdots & \end{vmatrix}=0 \quad (6)$$

而这也就是关于式(1)的特征方程,由于此式的 λ 是 s 次,所以一般得到 s 个根.

由于 $\varphi(\lambda)=0$ 意味着 $A,B,C,\cdots$ 不是线性独立的.也就是若任意指定 $A,B,C,\cdots$ 中的某一个,则其他的每一个都可以由此而表示出来.例如若指定 $A=1$,则

$$A=1,B=\alpha'\cdot 1,C=\alpha''\cdot 1,\cdots$$

其中 $\alpha',\alpha'',\cdots$ 由式(5)决定.也就是若将上式的 $A,B,C,\cdots$ 代入式(5),即得

$$\begin{cases}\alpha'\sum b_i\lambda^i+\alpha''\sum c_i\lambda^i+\cdots=-\sum a_i\lambda^i \\ \alpha'\sum b'_i\lambda^i+\alpha''\sum c_i\lambda^i+\cdots=-\sum a'_i\lambda^i \\ \qquad\qquad\vdots\end{cases} \quad (7)$$

从而可以确定出 $\alpha',\alpha'',\cdots$.但是,若设 $y_x,z_x,w_x,\cdots$ 的个数为 n,则由式(7)得 n 个式子,而决定 $\alpha',\alpha'',\cdots$ 所必需的只是其中 $n-1$ 个,剩余的1个与此 $n-1$ 个不是线性独立的,可以用它来验算我们算出的结果.

确定了 $\lambda,\alpha',\alpha'',\cdots$ 以后

$$y_x=\lambda^x,z_x=\alpha'\lambda^x,w_x=\alpha''\lambda^x,\cdots$$

即为联立齐次方程的一个特解.然而 λ 一般有 s 个不同的根 $\lambda_1,\lambda_2,\lambda_3,\cdots$,而对于其中每一个都可决定出一组 $\alpha',\alpha'',\cdots$,因此得到 $\alpha'_1,\alpha'_2,\cdots;\alpha''_1,\alpha''_2,\cdots$ 于是联立齐次方程的一般解可以表示成下列形式

$$\begin{cases} y_x = C_1\lambda_1^x + C_2\lambda_2^x + \cdots + C_s\lambda_s^x \\ z_x = C_1\alpha'_1\lambda_1^x + C_2\alpha'_2\lambda_2^x + \cdots + C_s\alpha'_s\lambda_s^x \\ w_x = C_1\alpha''_1\lambda_1^x + C_2\alpha''_2\lambda_2^x + \cdots + C_s\alpha''_s\lambda_s^x \end{cases} \tag{8}$$

当特征方程(6)的根中有重根时，式(8)不成立. 例如 λ 有 r 重根，则除 λ^x 以外；$x\lambda^x$，$x^2\lambda^x$，$\cdots$，$x^{r-1}\lambda^x$ 都是 y_x 的独立的特解. 这是联立差分方程由消去法可以导出仅仅关于 y_x 的唯一的方程，如在 §1 所述这是很明显的. 而且对应上述 y_x 的特解，z_x，w_x，$\cdots$ 的特解是 y_x 的特解的线性函数.

例如，λ 是(6)的二重根时，除了

$$y_x = \lambda^x, z_x = \alpha'\lambda^x, w_x = \alpha''\lambda^x, \cdots$$

此外

$$y_x = x\lambda^x, z_x = \alpha'(x+\beta')\lambda^x, w_x = \alpha''(x+\beta'')\lambda^x, \cdots \tag{9}$$

也是特解. 此处 β'，β''，$\cdots$ 必须选择如下. 也就是将式(9)代入所给定的联立差分方程，则得

$$\sum a_i(x+i)\lambda^{x+i} + \alpha'\sum b_i(x+\beta'+i)\lambda^{x+i} + \alpha''\sum c_i(x+\beta''+i)\lambda^{x+i} + \cdots = 0$$

$$\sum a'_i(x+i)\lambda^{x+i} + \alpha'\sum b'_i(x+\beta'+i)\lambda^{x+i} + \alpha''\sum c'_i(x+\beta''+i)\lambda^{x+i} + \cdots = 0$$

$$\vdots$$

消去 λ^x 后，上式可改写为

$$x\left(\sum a_i\lambda^i + \alpha'\sum b_i\lambda^i + \alpha''\sum c_i\lambda^i + \cdots\right) + \left(\sum a_i i\lambda^i + \alpha'\sum b_i(\beta'+i)\lambda^i + \alpha''\sum c_i(\beta''+i)\lambda^i + \cdots\right) = 0$$

$$x\left(\sum a'_i\lambda^i+\alpha'\sum b'_i\lambda^i+\alpha''\sum c'_i\lambda^i+\cdots\right)+$$
$$\left(\sum a'_i i\lambda^i+\alpha'\sum b'_i(\beta'+i)\lambda^i+\right.$$
$$\left.\alpha''\sum c'_i(\beta''+i)\lambda^i+\cdots\right)=0$$
$$\vdots$$

要这个式子对任意的 x 都成立,也就是要这个式子与 x 没有关系.那么 x 的系数必须全部为零.然而这样得出的方程与式(7) 完全相同,故若 $\alpha',\alpha'',\cdots$ 是由式(7) 所确定的,则上式中与 x 无关的项必然是零,从而可以决定 $\beta',\beta'',\cdots$. 若设 $y_x,z_x,w_x,\cdots$ 的个数为 n,则由上述的条件所得的式子的个数虽然也是 n,但其中有一个与其余的 $n-1$ 个又是线性独立的,所以由此 $n-1$ 个式子只能确定 $n-1$ 个 $\beta',\beta'',\cdots$.

以上的方法可以推广到特征方程(6) 有 3 重以上的多重根时的情形.

三、联立非齐次方程的特解

联立非齐次方程的特解,可由迭加原理得出.亦即将只有第一式是非齐次方程时的特解,只有第二式是非齐次方程时的特解,…… 相加而得出.因此在这里我们只考虑例如 K_x 不为零的情形就够了.此时将 K_x 表示成 $K_x=b^xf(x)$ 的形式(参阅 §7),则

$$y_x=b^xu_1(x),z_x=b^xu_2(x),w_x=b^xu_3(x),\cdots$$

即为所求的特解.其中 $u_1(x),u_2(x),\cdots$,当 b 不为特征方程(6) 的根时,是与 $f(x)$ 同次的有理整函数,当 b 是(6) 的 r 重根时,是比 $f(x)$ 高 r 次的有理整函数.

§11 常系数线性差分方程组的一种解法

新疆大学数学系的黄永年教授，新疆大学计算机系的昔秀峰教授，1995 年给出了常系数线性差分方程组求通解的一种方法：循环特征向量列法.

设常系数线性差分方程组

$$\boldsymbol{EY}(k)=\boldsymbol{AY}(k) \tag{1}$$

此处，$\boldsymbol{E}$ 为位移算子，$\boldsymbol{Y}(k)=(y_1(k),\cdots,y_n(k))^{\mathrm{T}}$，$\boldsymbol{A}=(a_{ij})_{n\times n}$ 为非奇异常数矩阵.

众所周知，当矩阵 $\boldsymbol{A}=(a_{ij})_{n\times n}$ 的特征矩阵 $\boldsymbol{A}-\lambda\boldsymbol{I}$（此处 $\boldsymbol{I}$ 为单位矩阵）有高于一阶的初等因子 $(\lambda-\lambda_i)^{r_i}$（$r_i>1$）时，我们往往无法求出与特征根 λ_i 相联系的并与此特征根的初等因子阶数相同个数的特征向量，从而给求解方程组(1) 带来极大困难. 我们将引入循环特征向量列的概念，对 $\boldsymbol{A}$ 之特征矩阵 $\boldsymbol{A}-\lambda\boldsymbol{I}$ 的每一特征根 λ_i 之每一阶数为 r_{ij} 之初等因子，构造出(1) 之 r_{ij} 个线性无关解，从而得到方程组(1) 之通解.

定义 设 n 阶常数矩阵 $\boldsymbol{A}=(a_{ij})_{n\times n}$ 有特征根 λ. 定义 n 维向量 $h_1,\cdots,h_r$，使其满足

$$\begin{aligned}&h_1\neq 0,\boldsymbol{A}h=\lambda h_1,\boldsymbol{A}h_2=\lambda(h_1+h_2)\\&\boldsymbol{A}h_3=\lambda(h_2+h_3),\cdots,\boldsymbol{A}h_r=\lambda(h_{r-1}+h_r)\end{aligned} \tag{2}$$

这组向量 $h_1,\cdots,h_r$ 称为与特征根 λ 有关的长度为 r 的首向量为 h_1 的特征向量循环列.

引理 1 循环向量列(2) 的全体向量线性无关.

证明 设向量组(2)$h_1,\cdots,h_r$ 线性相关，存在不全为零的常数 $c_1,\cdots,c_r$，使

$$c_1h_1+c_2h_2+\cdots+c_rh_r=0$$

令 c_i 中下标最大的不为零者 c_{r_0}，因 $h_1\neq 0, r_0>1$，从而上式可写成

$$h_{r_0}=d_1h_1+d_2h_2+\cdots+d_{r_0-1}h_{r_0-1} \tag{3}$$

易证，对于 $1\leqslant s\leqslant r_0$，有

$$(\mathbf{A}-\lambda\boldsymbol{I})^sh_s=0,(\mathbf{A}-\lambda\boldsymbol{I})^{s-1}h_s\neq 0$$

于是用 $(\mathbf{A}-\lambda\boldsymbol{I})^{r_0-1}$ 作用于(3)两端，则右端为零，而左端不为零，矛盾.

类似可证.

引理2　设特征根 λ 有两个循环列

$$h_1,h_2,\cdots,h_s \text{ 与 } g_1,g_2,\cdots,g_r \tag{4}$$

只要 h_1 与 g_1 线性无关，则整个组(4)线性无关，这里 s,r 可以不相等.

系1　如(4)中多于两个循环向量列，引理1结论仍成立.

引理3　如果 $\mathbf{A}$ 的两组特征根 $\{\lambda_1,\lambda_2,\cdots,\lambda_r\}$，$\{\mu_1,\mu_2,\cdots,\mu_s\}$ 满足 $\lambda_i\neq\mu_j(i=1,\cdots,r,j=1,\cdots,s)$（两组内之特征根可以相等）. 向量组 ∇_1,∇_2 分别由与这两个组的特征值相关的循环列组成. 若 ∇_1 和 ∇_2 各自所含的向量线性无关，则 ∇_1 与 ∇_2 合起来所成的向量组中全部向量也线性无关.

证明　设 ∇_1 中分别与 $\lambda_1,\lambda_2,\cdots,\lambda_r$ 相关之循环列长度为 $k_1,k_2,\cdots,k_r$，∇_2 中分别与 $\mu_1,\mu_2,\cdots,\mu_s$ 相关之循环长度 $l_1,l_2,\cdots,l_s$. 作多项式

$$P_1(\lambda)=(\lambda-\lambda_1)^{k_1}\cdots(\lambda-\lambda_r)^{k_r}$$

$$P_2(\lambda)=(\lambda-\mu_1)^{l_1}\cdots(\lambda-\mu_r)^{l_s}$$

因 $\lambda_i\neq\mu_j$，故 $P_1(\lambda)$ 与 $P_2(\lambda)$ 无公因子，即它们互质，从而，存在多项式 $Q_1(\lambda)$ 与 $Q_2(\lambda)$ 使

$$Q_1(\lambda)P_1(\lambda)+Q_2(\lambda)P_2(\lambda)\equiv 1$$

从而对于矩阵 $\mathbf{A}$,恒有

$$Q_1(\mathbf{A})P_1(\mathbf{A})+Q_2(\mathbf{A})P_2(\mathbf{A})\equiv \boldsymbol{I}$$

对∇_1中任一向量 v_1,它显然属于某 λ_i 之循环列,从而必有$(\mathbf{A}-\lambda_i\boldsymbol{I})^{k_i}v_1=0$,由此推出,如果 v_1 是∇_1中任何向量之线性组合,必有 $P_1(\mathbf{A})v_1=0$. 同理对∇_2中任何向量之线性组合 v_2,必有 $P_2(\mathbf{A})v_2=0$.

现设∇_1由 $h_1,h_2,\cdots,h_s$ 构成,∇_2由 $g_1,g_2,\cdots,g_r$ 构成,则有不全为零的常数$a_1,a_2,\cdots,a_s$及不全为零的常数 $b_1,b_2,\cdots,b_s$ 的常数,使

$$a_1h_1+a_2h_2+\cdots+a_sh_s+$$
$$b_1g_1+b_2g_2+\cdots+b_rg_r=0$$

即有

$$v_1=a_1h_1+a_2h_2+\cdots+a_sh_s$$
$$v_2=-(b_1g_1+b_2g_2+\cdots+b_rg_r)$$

使 $v_1\neq 0,v_2\neq 0$ 且 $v_1=v_2$. 由恒等式(5),得

$$v_1=\boldsymbol{I}v_2=[Q_1(\mathbf{A})P_1(\mathbf{A})+Q_2(\mathbf{A})P_2(\mathbf{A})]v_1=$$
$$Q_1(\mathbf{A})P_1(\mathbf{A})v_1+Q_2(\mathbf{A})P_2(\mathbf{A})v_2=0$$

与 $v_1\neq 0$ 矛盾.

系 2 若特征根$\lambda\neq\mu$,∇_2,∇_1分别为与λ和μ相联系的循环列组成,如∇_1,∇_2中各自的线性无关,则∇_1与∇_2中向量合在一起仍线性无关.

引理 4 设n阶矩阵$\mathbf{A}$的相异特征根为$\lambda_1,\lambda_2,\cdots,\lambda_r$,其重数分别为 $n_1,n_2,\cdots,n_r$,相应的初等因子分别为

$$
\begin{cases}
(\lambda-\lambda_1)^{k_{11}},(\lambda-\lambda_1)^{k_{12}},\cdots,(\lambda-\lambda_1)^{k_{1m_1}} \\
k_{11}+k_{12}+\cdots+k_{1m_1}=n_1 \\
(\lambda-\lambda_2)^{k_{21}},(\lambda-\lambda_2)^{k_{22}},\cdots,(\lambda-\lambda_2)^{k_{2m_2}} \\
k_{21}+k_{22}+\cdots+k_{2m_2}=n_2 \\
\vdots \\
(\lambda-\lambda_r)^{k_{r1}},(\lambda-\lambda_r)^{k_{r2}},\cdots,(\lambda-\lambda_r)^{k_{rm_r}} \\
k_{r1}+k_{r2}+\cdots+k_{rm_r}=n_r
\end{cases}
$$

于是，对应于特征根 λ_i，存在 m_i 个与 λ_i 相关的线性无关特征向量 $h_i^{(1)},h_i^{(2)},\cdots,h_i^{(m_i)}$，以及分别以这些向量为首的长度为 $k_{i1},k_{i2},\cdots,k_{im_i}$ 的特征向量循环列，于是，这总共 n 个向量线性无关，构成 n 维欧氏空间的一组基底.

证明　按循环向量列的定义，并用引理 1 ～ 3，可知这 n 个向量线性无关.

考虑下列矩阵

$$
\boldsymbol{J}=\begin{pmatrix} J_1 & 0 & \cdots & 0 \\ 0 & J_2 & \cdots & 0 \\ \vdots & \vdots & & \vdots \\ 0 & 0 & \cdots & J_r \end{pmatrix}
$$

此处 $\boldsymbol{J}_i(i=1,\cdots,r)$ 是 n_i 阶子块，且

$$
\boldsymbol{J}_i=\begin{pmatrix} J_{i1} & 0 & \cdots & 0 \\ 0 & J_{i2} & \cdots & 0 \\ \vdots & \vdots & & \vdots \\ 0 & 0 & \cdots & J_{im_i} \end{pmatrix}
$$

此处 $\boldsymbol{J}_{ij}$ 是 k_{ij} 阶子块，且

$$
\boldsymbol{J}_{ij}=\begin{pmatrix}
\lambda_i & \lambda_i & 0 & \cdots & 0 & 0\\
0 & \lambda_i & \lambda_i & \cdots & 0 & 0\\
\vdots & \vdots & \vdots & & \vdots & \vdots\\
0 & 0 & 0 & \cdots & \lambda_i & \lambda_i\\
0 & 0 & 0 & \cdots & 0 & \lambda_i
\end{pmatrix}
$$

易知,矩阵 $\boldsymbol{J}$ 与矩阵 $\boldsymbol{A}$ 有相同的初等因子和秩,从而 $\boldsymbol{A}$ 与 $\boldsymbol{J}$ 相似,存在非奇异矩阵 $\boldsymbol{T}$,使

$$\boldsymbol{T}^{-1}\boldsymbol{A}\boldsymbol{T}=\boldsymbol{J}$$

即

$$\boldsymbol{A}\boldsymbol{T}=\boldsymbol{T}\boldsymbol{J}$$

现记 $\boldsymbol{T}$ 的各列向量依次为 $h_{11}^{(1)},h_{12}^{(1)},\cdots,h_{1k_{11}}^{(1)},\cdots,h_{11}^{(m_1)},h_{12}^{(m_1)},\cdots,h_{1k_1m_1}^{(m_1)},\cdots,h_{r_1}^{(1)},h_{r_2}^{(1)},\cdots,h_{rk_{r_1}}^{(1)},\cdots,h_{r_1}^{(m_r)},h_{r_2}^{(m_r)},\cdots,h_{rk_rm_r}^{(m_r)}$,显然,这些向量满足循环向量列的定义的要求,这便证明了存在性.

定理 1　设 λ 为(1) 之系数矩阵为 $\boldsymbol{A}$ 的特征值,而 $h_1,h_2,\cdots,h_r$ 是与 λ 相关的循环向量列,则下列函数是方程组(1) 的一组线性无关解

$$
\begin{aligned}
y_1&=h_1\lambda^k\\
y_2&=(h_1k+h_2)\lambda^k\\
y_3&=\left(\frac{k^{(2)}}{2!}h_1+kh_2+h_3\right)\lambda^k\\
&\ \ \vdots\\
y_r&=\left(\frac{k^{(r-1)}}{(r-1)!}h_1+\frac{k^{(r-2)}}{(r-2)!}h_2+\cdots+kh_{r-1}+h_r\right)\lambda^k
\end{aligned}
$$

此处,$k^{(i)}$ 是阶乘幂函数,$k^{(i)}=k(k-1)\cdots(k-r+1)$.

证明　因 h_1 是特征根 λ 所相应的特征向量,即

$$(\boldsymbol{A}-\lambda\boldsymbol{I})h_1=0$$

故

$$\boldsymbol{E}y_1-\boldsymbol{A}y_1=\boldsymbol{I}h_1\lambda^{k+1}-\boldsymbol{A}h_1\lambda^k=(\lambda\boldsymbol{I}-\boldsymbol{A})h_1\lambda^k=0$$

又

$$\boldsymbol{E}y_2=\boldsymbol{E}(kh_1+h_2)\lambda^k=((k+1)h_1+h_2)\lambda^{k+1}$$

$$\begin{aligned}\boldsymbol{A}y_2=\boldsymbol{A}(kh_1+h_2)\lambda^k&=(k\boldsymbol{A}h_1+\boldsymbol{A}h_2)\lambda^k=\\&(k\lambda h_1+\lambda(h_1+h_2))\lambda^k=\\&((k+1)h_1+h_2)\lambda^{k+1}\end{aligned}$$

故 y_2 为解.一般

$$\begin{aligned}\boldsymbol{E}y_r=\boldsymbol{E}\Big(&\frac{k^{(r-1)}}{(r-1)!}h_1+\frac{k^{(r-2)}}{(r-2)!}h_2+\cdots+\\&kh_{r-1}+h_r\Big)\lambda^k=\\&\Big(\frac{(k+1)^{(r-1)}}{(r-1)!}h_1+\frac{(k+1)^{(r-2)}}{(r-2)!}h_2+\cdots+\\&(k+1)h_{r-1}+h_r\Big)\lambda^{k+1}\end{aligned}$$

$$\begin{aligned}\boldsymbol{A}y_r=\boldsymbol{A}\Big(&\frac{k^{(r-1)}}{(r-1)!}h_1+\frac{k^{(r-2)}}{(r-2)!}h_2+\cdots+\\&kh_{r-1}+h_r\Big)\lambda^k=\\&\Big(\frac{k^{(r-1)}}{(r-1)!}\boldsymbol{A}h_1+\frac{k^{(r-2)}}{(r-2)!}\boldsymbol{A}h_2+\cdots+\\&k\boldsymbol{A}h_{r-1}+\boldsymbol{A}h_r\Big)\lambda^k=\\&\Big(\frac{k^{(r-1)}}{(r-1)!}\lambda h_1+\frac{k^{(r-2)}}{(r-2)!}\lambda(h_1+h_2)+\cdots+\\&k\lambda(h_{r-2}+h_{r-1})+\lambda(h_{r-1}+h_r)\Big)\lambda^k=\\&\lambda^{k+1}\Big(\Big(\frac{k^{(r-1)}}{(r-1)!}+\frac{k^{(r-2)}}{(r-2)!}\Big)h_1+\\&\Big(\frac{k^{(r-2)}}{(r-2)!}+\frac{k^{(r-3)}}{(r-3)!}\Big)h_2+\cdots+\end{aligned}$$

$$(k+1)h_{r-1}+h_r\Big)=$$

$$\lambda^{k+1}\Big(\frac{(k+1)^{(r-1)}}{(r-1)!}h_1+$$

$$\frac{(k+1)^{(r-2)}}{(r-2)!}h_2+\cdots+(k+1)h_{r-1}+h_r\Big)$$

故 y_r 为(1) 之解. 又当 $k=0$ 时,$y_1=h_1$,$y_2=h_2$,$\cdots$,$y_r=h_r$,由引理 1 它们线性无关,故 y_1,y_2,$\cdots$,y_r 线性无关.

定理 2 如引理 4 所设,下列函数构成(1) 的基本解组

$$y_{11}^{(1)}=h_{11}^{(1)}\lambda_1^k$$

$$y_{12}^{(1)}=(kh_{11}^{(1)}+h_{12}^{(1)})\lambda_1^k$$

$$\vdots$$

$$y_{1k_{11}}^{(1)}=\Big(\frac{k^{(k_{11}-1)}}{(k_{11}-1)!}h_{11}^{(1)}+\frac{k^{(k_{11}-2)}}{(k_{11}-2)!}h_{12}^{(1)}+\cdots+kh_{1k_{11}-1}^{(1)}+h_{1k_{11}}^{(1)}\Big)\lambda_1^k$$

$$y_{11}^{(2)}=h_{11}^{(2)}\lambda_1^k$$

$$y_{12}^{(2)}=(h_{11}^{(2)}k+h_{12}^{(2)})\lambda_1^k$$

$$\vdots$$

$$y_{1k_{12}}^{(2)}=\Big(\frac{k^{(k_{12}-1)}}{(k_{12}-1)!}h_{11}^{(2)}+\frac{k^{(k_{12}-2)}}{(k_{12}-2)!}\cdot h_{12}^{(2)}+\cdots+kh_{1k_{12}-1}^{(2)}+h_{1k_{12}}^{(2)}\Big)\lambda_1^k$$

$$\vdots$$

$$y_{11}^{(m_1)}=h_{11}^{(m_1)}\lambda_1^k$$

$$y_{12}^{(m_1)}=(kh_{11}^{(m_1)}+h_{12}^{(m_1)})\lambda_1^k$$

$$\vdots$$

$$y_{1k_{1m_1}}^{(m_1)}=\left(\frac{k^{(k_{1m_1}-1)}}{(k_{1m_1}-1)!}h_{11}^{(m_1)}+\frac{k^{(k_{1m_1}-2)}}{(k_{1m_1}-2)!}\cdot\right.$$

$$\left.h_{12}^{(m_1)}+\cdots+kh_{1k_{1m_1}-1}^{(m_1)}+h_{1k_{1m_1}}^{(m_1)}\right)\lambda_1^k$$

$$\vdots$$

$$y_{r1}^{(m_r)}=h_{r_1}^{(2)}\lambda_r^k$$

$$y_{r2}^{(m_r)}=(h_{r1}^{(m_r)}k+h_{r2}^{(m_r)})\lambda_r^k$$

$$\vdots$$

$$y_{rk_{1m_r}}^{(m_r)}=\left(\frac{k^{(k_{rm_r}-1)}}{(k_{rm_r}-1)!}h_{r1}^{(m_r)}+\frac{k^{(k_{rm_r}-2)}}{(k_{rm_r}-2)!}\cdot\right.$$

$$\left.h_{12}^{(m_r)}+\cdots+kh_{rk_{rm_r}-1}^{(m_r)}+h_{rk_{rm_r}}^{(m_r)}\right)\lambda_1^k$$

证明　由定理 1,可知上面的函数均为解,当 $k=0$,由引理 4 知,这是一组线性无关向量,从而,上面这组函数构成(1) 之基本解组.

例 1　$\boldsymbol{E}\boldsymbol{y}=\boldsymbol{A}\boldsymbol{y}$, $\boldsymbol{y}=(\boldsymbol{y}_1,\boldsymbol{y}_2,\boldsymbol{y}_3)^{\mathrm{T}}$

$$\boldsymbol{A}=\begin{pmatrix}1 & -3 & 4\\ 4 & -7 & 8\\ 6 & -7 & 7\end{pmatrix}$$

其特征方程

$$\begin{vmatrix}1-\lambda & -3 & 4\\ 4 & -7-\lambda & 8\\ 6 & -7 & 7-\lambda\end{vmatrix}=-(\lambda+1)^2(\lambda-3)=0$$

且

$$\begin{pmatrix}1-\lambda & -3 & 4\\ 4 & -7-\lambda & 8\\ 6 & -7 & 7-\lambda\end{pmatrix}\cong\begin{pmatrix}1 & 0 & 0\\ 0 & \lambda-3 & 0\\ 0 & 0 & (\lambda+1)^2\end{pmatrix}$$

即 $\lambda=3$ 为单根,$\lambda=-1$ 为二重根且对应二阶初等因子.

对 $\lambda_1=3$，由

$$(\boldsymbol{A}-\lambda_1\boldsymbol{I})\boldsymbol{h}_{11}=0$$

可解出

$$\boldsymbol{h}_{11}=(1,2,2)^{\mathrm{T}}$$

对 $\lambda_2=-1$，从方程

$$(\boldsymbol{A}-\lambda_2\boldsymbol{I})\boldsymbol{h}_{21}=0$$

解出 $\boldsymbol{h}_{21}=(1,2,1)^{\mathrm{T}}$. 再由方程

$$\boldsymbol{A}\boldsymbol{h}_{22}=\lambda_2(\boldsymbol{h}_{21}+\boldsymbol{h}_{22})$$

解出 $\boldsymbol{h}_{22}=(1,1,0)^{\mathrm{T}}$，从而得出解

$$y_1=\begin{pmatrix}1\\2\\2\end{pmatrix}3^k$$

$$y_2=\begin{pmatrix}1\\2\\1\end{pmatrix}(-1)^k$$

$$y_3=\left(\begin{pmatrix}1\\2\\1\end{pmatrix}k+\begin{pmatrix}1\\1\\0\end{pmatrix}\right)(-1)^k$$

它们构成基本解组.

例 2 $\boldsymbol{E}\boldsymbol{y}=\boldsymbol{A}\boldsymbol{y}, \boldsymbol{y}=(\boldsymbol{y}_1,\boldsymbol{y}_2,\boldsymbol{y}_3)^{\mathrm{T}}$

$$\boldsymbol{A}=\begin{pmatrix}2&0&0\\1&2&1\\1&0&2\end{pmatrix}$$

特征方程

$$|\boldsymbol{A}-\lambda\boldsymbol{I}|=(2-\lambda)^3=0$$

由于

$$\begin{vmatrix}2-\lambda&0&0\\1&2-\lambda&1\\1&0&2-\lambda\end{vmatrix}\cong\begin{pmatrix}1&0&0\\0&1&0\\0&0&(2-\lambda)^3\end{pmatrix}$$

即 $\lambda_1=2$ 为三阶初等因子.

由 $(\boldsymbol{A}-\lambda_1\boldsymbol{I})\boldsymbol{h}_1=0$ 解出 $\boldsymbol{h}_1=(0,1,0)^{\mathrm{T}}$. 再由 $(\boldsymbol{A}-\lambda_1\boldsymbol{I})\boldsymbol{h}_2=\lambda_1\boldsymbol{h}_1$ 可解出 $\boldsymbol{h}_2=(0,0,2)^{\mathrm{T}}$. 再由 $(\boldsymbol{A}-\lambda_1\boldsymbol{I})\boldsymbol{h}_3=\lambda_1\boldsymbol{h}_2$ 解出 $\boldsymbol{h}_3=(4,0,-4)^{\mathrm{T}}$. 从而有解

$$\boldsymbol{y}_1=\begin{pmatrix}0\\1\\0\end{pmatrix}2^k$$

$$\boldsymbol{y}_2=\left(\begin{pmatrix}0\\1\\0\end{pmatrix}k+\begin{pmatrix}0\\0\\2\end{pmatrix}\right)2^k=\begin{pmatrix}0\\k\\2\end{pmatrix}2^k$$

$$\boldsymbol{y}_3=\left(\begin{pmatrix}0\\1\\0\end{pmatrix}\frac{k(k-1)}{2!}+\begin{pmatrix}0\\0\\2\end{pmatrix}k+\begin{pmatrix}4\\0\\-4\end{pmatrix}\right)2^k=$$

$$\begin{pmatrix}4\\k(k-1)/2\\2k-4\end{pmatrix}2^k$$

它们构成一个基本解组.

参考文献

[1] 王联,王慕秋.常差分方程[M].乌鲁木齐:新疆大学出版社,1991.

[2] LAKSHMIKANTHAN V,TRIGIANTE D. Theory of Difference Equations[M]. New York: Academic Press,1988.

[3] SPIEGL M R. Finite Difference and Difference Equation[M]. New York:Schaum Series,1971.

第 4 章 变系数线性差分方程

§1 能化成常系数方程的情形

系数为 x 的函数的线性差分方程的一般解的性质，已经在第 2 章中加以说明了，可是一般能将此解求出的情形不多. 但如果我们能将它化为常系数方程，则能求得一般解.

1. $$y_{x+n}+a_1p(x)y_{x+n-1}+a_2p(x)\cdot p(x-1)y_{x+n-2}+\cdots+a_np(x)\cdot p(x-1)\cdot\cdots\cdot p(x-n+1)y_x=K_x \tag{1}$$

对于这一方程，我们取新函数 z_x，并令

$$y_x=p(x-n)\cdot p(x-n-1)\cdot\cdots\cdot p(2)\cdot p(1)z_x \tag{2}$$

由此算出 y_{x+n}，y_{x+n-1}，…，并代入所给的式(1) 中，则得 n 阶常系数线性差分方程

$$z_{x+n}+a_1z_{x+n-1}+a_2z_{x+n-2}+\cdots+a_nz_x=\frac{K_x}{p(x)p(x-1)\cdots p(1)}\tag{3}$$

2. 在结构力学的三连矩定理及其他问题中常出现

$$p(x)y_{x-1}+2[p(x)+p(x+1)]y_x+p(x+1)y_{x+1}=K_x\tag{4}$$

对于这一方程，我们取 z_x 与 w_x 为 x 的函数，并令

$$y_x=\frac{z_x}{w_x}\tag{5}$$

代入上式两边，以 w_x 除之，则得

$$\frac{p(x)}{w_{x-1}w_x}z_{x-1}+2\,\frac{p(x)+p(x+1)}{w_x^2}z_x+\frac{p(x+1)}{w_xw_{x+1}}z_{x+1}=\frac{K_x}{w_x}\tag{6}$$

若取 b 为常数，并且适当的选择 w_x 使

$$\frac{p(x)}{w_{x-1}w_x}=\frac{p(x+1)}{w_xw_{x+1}}=1,\frac{p(x)+p(x+1)}{w_x^2}=b\tag{7}$$

则式(6)化作关于 z_x 的常系数差分方程

$$z_{x-1}+2bz_x+z_{x+1}=\frac{K_x}{w_x}\tag{8}$$

要确定 w_x，由(7)的第一式得到

$$p(x)=w_{x-1}w_x,p(x+1)=w_xw_{x+1}$$

代入第二式并进行整理，则得关于 w_x 的差分方程

$$w_{x-1}-bw_x+w_{x+1}=0\tag{9}$$

设其特征方程

$$\alpha^2-b\alpha+1=0\tag{10}$$

的两个根为 α 与 α^{-1}，则 w_x 的一般解为

$$w_x=A\alpha^x+B\alpha^{-x}\tag{11_1}$$

其中由于 b 是任意的，所以 α 也是任意的. 若取

$b=\pm 2$，则 α 是 $+1$ 或 -1 的 2 重根，此时

$$w_x=(\pm 1)^x(A+Bx) \tag{11_2}$$

这是由式(7)的第二式得到的 w_x 的解，它也一定满足第一式，即满足 $w_{x-1}w_x=p(x)$. 我们若将(11_1)代入 $w_{x-1}w_x=p(x)$，则得

$$(A\alpha^{x-1}+B\alpha^{-x+1})(A\alpha^x+B\alpha^{-x})=p(x) \tag{12_1}$$

特别当 $b=\pm 2$ 时，得到

$$\pm[A+B(x-1)](A+Bx)=p(x) \tag{12_2}$$

所以，在将差分方程(4)化为常系数差分方程(8)的过程中，必须选择 w_x 的一般解中的常数 A,B,α 使它满足(12_1)或(12_2). 反之，若 $p(x)$ 是等于(12_1)或(12_2)的左边的函数时，则上述的变换也是可能的.

由于 z_x 是由式(8)求出的. 而 $b=\alpha+\alpha^{-1}$，故

$$z_{x-1}+2(\alpha+\alpha^{-1})z_x+z_{x+1}=\frac{K_x}{w_x} \tag{13}$$

设其特解为 $z_0(x)$，特征方程

$$\beta^2+2(\alpha+\alpha^{-1})\beta+1=0$$

的两个根为 β 与 β^{-1}，则 z_x 的一般解是

$$z_x=z_0(x)+C_1\beta^x+C_2\beta^{-x} \tag{14}$$

这样，若 w_x 与 z_x 已知，则由式(5)可以求得 y_x 的一般解.

§2 一阶齐次线性差分方程

下面介绍齐次线性差分方程

$$y_{x+1}-p(x)y_x=0 \tag{1}$$

的一般解的求法.

我们将此式改写为 $y_{x+1}=p(x)y_x$，两边取对数，则

$$\log y_{x+1}=\log p(x)+\log y_x$$

$$\log y_{x+1}-\log y_x=\log p(x),\Delta\log y_x=\log p(x)$$

将其取和分,则得

$$\log y_x=\mathop{\S}\log p(x)\Delta x+C \tag{2}$$

其中 C 为任意常数. 也可以将 C 换成周期为 $\Delta x=1$ 的任意的周期函数.

由式(2) 求得 y_x 的一般解

$$y_x=Ce^{S(x)} \tag{3}$$

其中 $S(x)=\mathop{\S}\log p(x)\Delta x$,此解的另一表达形式是

$$y_x=C\prod_{x=a}^{x-1}p(x) \tag{4}$$

因为当 a 为任意一数时,都有

$$S(x)=\mathop{\S}_a^x\log p(x)\Delta x=\sum_{x=a}^{x-1}\log p(x)=\log\prod_{x=a}^{x-1}p(x)$$

故

$$y_x=C\prod_{x=a}^{x-1}p(x)$$

例 1　求

$$y_{x+1}-e^{\alpha x}y_x=0 \tag{5}$$

的一般解.

解　由式(3)

$$S(x)=\mathop{\S}\log e^{\alpha x}\Delta x=\mathop{\S}\alpha x\Delta x=$$

$$\alpha\mathop{\S}x\Delta x=\frac{\alpha}{2}x(x-1)$$

故

$$y_x=Ce^{S(x)}=Ce^{\frac{\alpha x(x-1)}{2}} \tag{6}$$

例 2　设 $p(x)=a$(常数),解

$$y_{x+1}-ay_x=0 \tag{7}$$

解 由

$$S(x)=\mathfrak{S}\log a\Delta x=\log a\mathfrak{S}\Delta x=\log a\cdot x$$

故

$$y_x=C\cdot a^x \tag{8}$$

例 3 求

$$y_{x+1}-\frac{x+r}{x+r+1}y_x=0 \tag{9}$$

的一般解,其中 r 为常数.

解 由式(4)

$$\prod_{x=a}^{x-1}\frac{x+r}{x+r+1}=\frac{a+r}{a+r+1}\frac{a+r+1}{a+r+2}\cdots$$

$$\frac{x+r-2}{x+r-1}\frac{x+r-1}{x+r}=\frac{a+r}{x+r}$$

同时由于 a 是任意常数,所以可将 $a+r$ 取作 C,则

$$y_x=\frac{C}{x+r} \tag{10}$$

例 4 设 $p_1(x),p_2(x),\cdots,p_n(x)$ 是 x 的函数,求

$$y_{x+1}-p_1(x)p_2(x)\cdots p_n(x)y_x=0 \tag{11}$$

的一般解.

解 设

$$y_{x+1}-p_i(x)y_x=0\quad(i=1,2,3,\cdots,n)$$

的解为

$$\eta_i(x)=\mathrm{e}^{S_i(x)}$$

此处 $S_i(x)=\mathfrak{S}\log p_i(x)\Delta x$,则

$$\mathfrak{S}\log\prod_{i=1}^{n}p_i(x)\Delta x=\mathfrak{S}\left\{\sum_{i=1}^{n}\log p_i(x)\right\}\Delta x=$$

$$\sum_{i=1}^{n}\mathfrak{S}\log p_i(x)\Delta x=$$

$$\sum_{i=1}^{n} S_i(x)$$

从而(11) 的一般解是

$$y_x = C\prod_{i=1}^{n} \eta_i(x) \tag{12}$$

§3　Gamma－函数

在求

$$y_{x+1} - xy_x = 0 \tag{1}$$

的一般解中,若限制 x 为正整数,则由 §2 中式(4),取 $a=1$,由于

$$\prod_{x=1}^{x-1} x = 1 \cdot 2 \cdot 3 \cdot \cdots \cdot (x-1) = (x-1)!$$

所以

$$y_x = C(x-1)! \tag{2}$$

此处 C 为任意常数.但是当 x 不为正整数时,此式不成立.为了对任意的 x 求方程的一般解,我们设 n 为正整数,x 为任意实数,来考虑方程

$$y_{x+1} - \frac{nx}{x+n} y_x = 0 \tag{3}$$

此式当 $n \to \infty$ 时,与(1) 相一致.

但由于

$$\frac{nx}{x+n} = n\frac{x+0}{x+1}\frac{x+1}{x+2}\frac{x+2}{x+3}\cdots\frac{x+n-1}{x+n} =$$

$$n\prod_{r=0}^{n-1}\frac{x+r}{x+r+1}$$

所以式(3) 化为

$$y_{x+1}-n\prod_{r=0}^{n-1}\frac{x+r}{x+r+1}y_x=0$$

根据 §2 中(8)(10)(12),这个方程的解是

$$y_x=Cn^x\prod_{r=0}^{n-1}\frac{1}{x+r}=C\frac{n^x}{x(x+1)\cdots(x+n-1)} \tag{4}$$

再以与 x 无关的常数 $(n-1)!$ 乘之,则得

$$y_x=C\frac{(n-1)!\ n^x}{x(x+1)\cdots(x+n-1)} \tag{5}$$

令 $n\to\infty$,因为(3) 化为(1),所以(5) 化为

$$y_x=C\Gamma(x) \tag{6}$$

其中

$$\Gamma(x)=\lim_{n=\infty}\frac{(n-1)!\ n^x}{x(x+1)\cdots(x+n-1)} \tag{7}$$

是 Gamma－函数. 它除 $x=0,-1,-2,\cdots$ 时为无限大以外,对于任意的 x 都具有有限值,由此即得(1) 的一般解.

Gamma－函数的特征之一

$$\Gamma(x+1)=x\Gamma(x) \tag{8}$$

由式(7) 可以直接得出.

多重 Gamma－函数　求一阶非齐次方程

$$y_{x+1}-y_x=\frac{1}{x} \tag{9}$$

的解. 这是求

$$\Delta y_x=\frac{1}{x},y_x=\mathbf{S}\frac{1}{x}\Delta x \tag{10}$$

的和分问题.

今设

$$\psi(x)=\lim_{n=\infty}\left(\log n-\frac{1}{x}-\frac{1}{x+1}-\frac{1}{x+2}-\cdots-\frac{1}{x+n-1}\right)\tag{11}$$

则由于 $\Delta\psi(x)=\frac{1}{x}$，所以 $\frac{1}{x}$ 的和分是 $\psi(x)$，因此(9) 的一般解是

$$y_x=\mathbb{S}\frac{1}{x}\Delta x=\psi(x)+C\tag{12}$$

$\psi(x)$ 叫作 Psi-Gamma－函数或叫作二重 Gamma-函数. 它除 x 为零及负整数时为无限大以外，对于任意的 x，都具有有限值.

式(12) 也可以从 Gamma－函数求得. 为此我们将(8) 的两边取对数，并对 x 微分，然后移项，则得

$$\frac{\mathrm{d}}{\mathrm{d}x}\log\Gamma(x+1)-\frac{\mathrm{d}}{\mathrm{d}x}\log\Gamma(x)=\frac{1}{x}$$

故

$$y_x=\frac{\mathrm{d}}{\mathrm{d}x}\log\Gamma(x)=\frac{\Gamma'(x)}{\Gamma(x)}\tag{13}$$

由于

$$\frac{\mathrm{d}}{\mathrm{d}x}\log\Gamma(x)=\frac{\Gamma'(x)}{\Gamma(x)}=\lim_{n=\infty}\left(\log n-\frac{1}{x}-\frac{1}{x+1}-\cdots-\frac{1}{x+n-1}\right)=\psi(x)$$

所以式(13) 等于式(12).

又若将式(11) 的 $\psi(x)$ 对 x 进行微分，则

$$\psi'(x)=1\cdot\sum_{r=0}^{\infty}\frac{1}{(x+r)^2}$$

$$\psi''_{(x)}=(-1)^3\cdot 1\cdot 2\cdot\sum_{r=0}^{\infty}\frac{1}{(x+r)^3}$$

$$\vdots$$

$$\psi^{(k-1)}(x)=(-1)^k(k-1)!\sum_{r=0}^{\infty}\frac{1}{(x+r)^k}$$

从而得下列关系

$$\begin{cases}\mathfrak{S}\dfrac{\Delta x}{x^2}=\dfrac{1}{1!}\psi'(x)+C\\ \mathfrak{S}\dfrac{\Delta x}{x^3}=-\dfrac{1}{2!}\psi''(x)+C\\ \qquad\vdots\\ \mathfrak{S}\dfrac{\Delta x}{x^k}=\dfrac{(-1)^k}{(k-1)!}\psi^{(k-1)}(x)+C\end{cases}\tag{14}$$

$\psi'_{(x)}$，$\psi''_{(x)}$，$\psi'''_{(x)}$，… 分别叫作三重、四重、五重……Gamma－函数，它们总称为多重 Gamma－函数.

§4 系数为线性函数的差分方程的定积分解法

设给定 n 阶齐次线性差分方程

$$\sum_{i=0}^{n}(a_ix+b_i)y_{x+i}=0\tag{1}$$

求这个方程形如

$$y_x=\eta(x)=\int_C z^{x-1}\varphi(z)\mathrm{d}z\tag{2}$$

的解，其中 z 是复数，$\varphi(z)$ 是 z 的适当的函数，C 是积分路径.

将式(2) 代入式(1)，则得

$$\sum_{i=0}^{n}(a_i x+b_i)\int_C z^{x+i-1}\varphi(z)\mathrm{d}z=0$$

将左边含有 x 的项与不含 x 的项分开,则

$$\int_C x z^{x-1}a(z)\varphi(z)\mathrm{d}z+\int_C z^{x-1}b(z)\varphi(z)\mathrm{d}z=0$$

其中

$$a(z)=\sum_{i=0}^{n}a_i z^i,b(z)=\sum_{i=0}^{n}b_i z^i$$

上两式中的第一式由分部积分法可以写为

$$[z^x a(z)\varphi(z)]_C-\int_C z^x\mathrm{d}[a(z)\varphi(z)]$$

所以前一式可以化成

$$\int_C z^{x-1}\left\{b(z)\varphi(z)-z\frac{\mathrm{d}}{\mathrm{d}z}[a(z)\varphi(z)]\right\}\mathrm{d}z+$$
$$[z^x a(z)\varphi(z)]_C=0$$

为了使此式成立,只要下列二式成立就行了.也就是

$$b(z)\varphi(z)-z\frac{\mathrm{d}}{\mathrm{d}z}[a(z)\varphi(z)]=0 \qquad (3)$$

$$[z^x a(z)\varphi(z)]_C=0 \qquad (4)$$

于是由式(3)求出未知函数 $\varphi(z)$,由式(4)确定出积分路径 C.也就是在 C 的两端使括号内的值相等(例如都等于零),或者,当 C 是闭曲线时,则沿 C 积分一周即可.这样求 y_x 的解的方法,与微分方程的解法一样,称为 Laplace 变换.

为了确定 $\varphi(z)$,我们将式(3)改写为

$$b(z)\varphi(z)-z[\varphi'(z)a(z)+\varphi(z)a'(z)]=0$$

亦即

$$\frac{\varphi'(z)}{\varphi(z)}=\frac{b(z)-za'(z)}{za(z)}$$

从而得到

$$\begin{cases}\log \varphi(z)=\int \dfrac{b(z)-za'(z)}{za(z)}\mathrm{d}z= \\ \qquad\qquad \int \dfrac{b(z)}{za(z)}\mathrm{d}z-\log a(z) \\ 或 \\ \varphi(z)=\dfrac{1}{a(z)}\exp\left(\int \dfrac{b(z)}{za(z)}\mathrm{d}z\right)\end{cases} \tag{5}$$

要确定 $\varphi(z)$,我们将式(5) 的被积函数用部分分式写开是有其方便之处的. 这是由于 $a(z)$ 一般是 n 次有理整函数，若设方程 $a(z)=0$ 的 n 个根为 α_1, $\alpha_2,\cdots,\alpha_n$,则一般可将$\dfrac{b(z)}{za(z)}$ 写为

$$\frac{b(z)}{za(z)}=\frac{b_0+b_1z+\cdots+b_nz^n}{z(z-\alpha_1)(z-\alpha_2)\cdots(z-\alpha_n)}= \frac{\beta_0}{z}+\frac{\beta_1}{z-\alpha_1}+\frac{\beta_2}{z-\alpha_2}+\cdots+\frac{\beta_n}{z-\alpha_n} \tag{6}$$

从而

$$\exp\left(\int \frac{b(z)}{za(z)}\mathrm{d}z\right)=\exp[\beta_0\log z+\beta_1\log(z-\alpha_1)+\cdots]= z^{\beta_0}(z-\alpha_1)^{\beta_1}(z-\alpha_2)^{\beta_2}\cdots(z-\alpha_n)^{\beta_n}$$

因此我们得到

$$\varphi(z)=z^{\beta_0}(z-\alpha_1)^{\beta_1-1}(z-\alpha_2)^{\beta_2-1}\cdots(z-\alpha_n)^{\beta_n-1} \tag{7}$$

若 $a(z)=0$ 有重根时，例如 α_k 是其 r 重根，则式(6) 的右边含有以下各项，亦即

$$\frac{\beta_k}{z-\alpha_k}+\frac{\beta'_k}{(z-\alpha_k)^2}+\frac{\beta''_k}{(z-\alpha_k)^3}+\cdots+\frac{\beta_k^{(r-1)}}{(z-\alpha_k)^r}$$

从而在式(7) 的 $\varphi(z)$ 中出现的因数

$$(z-\alpha_k)^{\beta_k-r}\exp\Big(-\frac{\beta'_k}{z-\alpha_k}-$$
$$\frac{\beta''_k}{2(z-\alpha_k)^2}-\cdots-\frac{\beta_k^{(r-1)}}{(r-1)(z-\alpha_k)^{r-1}}\Big)$$

又若 $b(z)$ 的次数不低于 $za(z)$ 的次数，则将其展成部分分式时，除真分式以外，还产生一整函数 $g(z)$，故 $\varphi(z)$ 中还应加上一项

$$\frac{1}{a(z)}\exp\Big(\int g(z)\mathrm{d}z\Big)$$

当由式(4) 确定积分路径 C 时，由于 $\varphi(z)$ 的形状而会产生种种情形. 今就下列情形加以说明. 设 α_1，α_2，…，α_n 是互不相同的值，则 $\varphi(z)$ 是(7) 的形式. 我们将式(7) 代入式(4)，即得

$$[z^{x+\beta_0}(z-\alpha_1)^{\beta_1}(z-\alpha_2)^{\beta_2}\cdots(z-\alpha_n)^{\beta_n}]_C=0 \quad (8)$$

为了简单起见，以下将方括号中的函数以 $K(z)$ 表示之，则上式可写为

$$[K(z)]_C=0 \quad (8')$$

现在又根据 α，β 的值，区别成下列两种情形.

(1)β_1，β_2，…，β_n 的实部全部为正的情形.

此时 $K(z)$ 除含有 α_1，α_2，…，α_n 等 n 个零点以外，还含有一个零点 α_0，而且

当$\mathfrak{R}(x+\beta_0)>0$ 时，$\alpha_0=0$

当$\mathfrak{R}(x+\beta_0+\beta_1+\cdots+\beta_n)<0$ 时，$\alpha_0=\infty$

所以积分路径 C 的下限取 α_0，而其上限取 α_1，α_2，… 或 α_n，由于在这种点处 $K(z)=0$，所以满足条件(8′). 在这种情况下，积分路径 C 是任意的. 于是将积分路径上限依次取为 α_1，α_2，…，α_n，由此得到式(1) 的 n 个特解

$$\eta_i(x)=\int_{\alpha_0}^{\alpha_i} z^{x+\beta_0-1}(z-\alpha_1)^{\beta_1-1}(z-\alpha_2)^{\beta_2-1}\cdot$$
$$(z-\alpha_n)^{\beta_n-1}\mathrm{d}z\quad(i=1,2,\cdots,n)\tag{9}$$

(2)β_k 的实部为负的情形.

此时 α_k 是 $K(z)$ 的极点(无限大点). 但除 α_k 以外,对于其他的 α_i,式(9) 仍然成立,因而可得到 y_x 的 $n-1$ 个特解. 然而,由于不管全部 β 的实部是正是负,α_0 永为零点,所以积分路径 C 若取自 α_0 出发环绕极点 α_k 而回到 α_0 的任意闭曲线,则能满足(8′),因而沿此闭曲线作(2) 的积分就可得到关于 a_k 的特解. 在此情况下的 $[K(z)]_C$ 当然是零,可是(2) 的积分由于积分路径 C 的内部含有奇点 α_k,故一般不为零. 当 α_0 为 0 或 ∞ 时,积分路径 C 如图 1 所示.

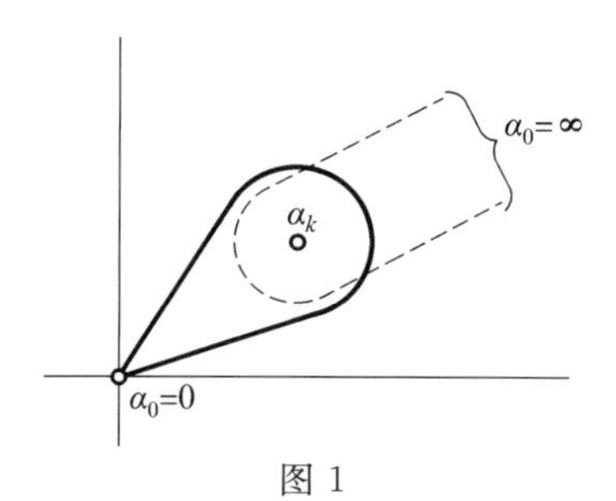

图 1

根据以上所述,当 $\beta_k,\beta_{k+1},\cdots$ 的实部为负时,就可以求得关于极点 $\alpha_k,\alpha_{k+1},\cdots$ 的 y_x 的特解.

其次我们考虑式(1) 所对应的非齐次方程

$$\sum_{i=0}^{n}(a_ix+b_i)y_{x+i}=c^xf(x)\tag{10}$$

其中 c 为常数(也可以是复数),$f(x)$ 是 x 的 m 次的有理整函数. 今试将 y_x 取作

$$y_x=(c_0+c_1x+\cdots+c_{m-1}x^{m-1})c^x+u(x)\tag{11}$$

其中 $u(x)$ 是 x 的新函数，$c_0,c_1,\cdots,c_{m-1}$ 是如下确定的系数.

我们将式(11)代入式(10)，则左边成为下列形式

$$\sum_{i=0}^{n}(a_ix+b_i)u(x+i)+c^xg(x)=c^xf(x)$$

其中 $g(x)$ 与 $f(x)$ 很明显的是同次(m 次)的有理整函数，若令 $f(x)$ 与 $g(x)$ 的 $x,x^2,\cdots,x^m$ 的各项系数相等，则由此得到 m 个条件，从而可以确定出 m 个系数 $c_0,c_1,\cdots,c_{m-1}$. 此时，所给定的差分方程化为

$$\sum_{i=0}^{n}(a_ix+b_i)u(x+i)=\mu c^x \tag{12}$$

其中 $\mu=f(x)-g(x)$ 是一常数.

要求这个方程的解 $u(x)$，与式(2)一样，我们取 λ 为某一常数，令

$$u(x)=\lambda\int_C z^{x-1}\varphi(z)\mathrm{d}z \tag{13}$$

而将其代入式(12)，并设 $a(z)$ 与 $b(z)$ 为与齐次方程的情形相同的函数，则得

$$\lambda\int_C z^{x-1}\left\{b(z)\varphi(z)-z\frac{\mathrm{d}}{\mathrm{d}z}[a(z)\varphi(z)]\right\}\mathrm{d}z+$$

$$\lambda[z^xa(z)\varphi(z)]_C=\mu c^x$$

若选取 $\varphi(z)$ 使第一项为零，则(5)和前面对 $\varphi(z)$ 的讨论仍旧适用.

这样的 $\varphi(z)$ 一经选定以后，就必定得到

$$\lambda[z^xa(z)\varphi(z)]_C=\mu c^x \tag{14}$$

若 c 不等于 $a(z)=0$ 的任何根，则取积分路径 C 的下限为永远使得 $a(z)=0$ 的零点 α_0，其上限为 c，则

$$\lambda[z^xa(z)\varphi(z)]_{\alpha_0}^{0}=\lambda[c^xa(c)\varphi(c)]=\mu c^x$$

故

$$\lambda=\frac{\mu}{a(c)\varphi(c)} \tag{15}$$

这样就满足(14)的条件，从而 $u(x)$ 的特解可由

$$u(x)=\frac{\mu}{a(c)\varphi(c)}\int_{\alpha_0}^{c} z^{x-1}\varphi(z)\mathrm{d}z \tag{16}$$

求出，y_x 由式(11)来确定.

若 c 与 $a(z)=0$ 的某一根相同时，则 $u(x)$ 的特解可以用

$$u(x)=\lambda c^x \tag{17}$$

的形式来求得. 为了确定 λ，将它代入式(12). 于是

$$\lambda x\cdot c^x a(c)+\lambda c^x b(c)=\mu c^x$$

由于 $a(c)=0$，所以

$$\lambda=\frac{\mu}{b(c)} \tag{18}$$

但若 $b(c)=0$，则此式不成立. 而这就需要考虑当 c 是 $a(c)=0$ 的 r 重根同时又是 $b(c)=0$ 的 s 重根的情形.

1) 若 $r>s$，则 $u(x)$ 的特解是

$$u(x)=\lambda c^x x^s \tag{19}$$

其中的 λ 是将(19)代入(12)而求出的.

2) 若 $r=s$，则令

$$u(x)=c^x v(x) \tag{20}$$

并将它代入式(12)，消去因子 c^x，即得形如

$$\sum_{i=0}^{n}(a_i c^i x+b_i c^i)v(x+i)=\mu \tag{21}$$

的差分方程. 此时若将 $v(x+i)$ 用 $\Delta v,\Delta^2 v,\cdots,\Delta^n v$ 来表示，则因含有 $v,\Delta v,\cdots,\Delta^{r-1}v$ 的项消失，故令

$$w(x)=\Delta^r v(x) \tag{22}$$

即得关于 $w(x)$ 的 $n-r$ 阶的差分方程，解此方程即可求出 $w(x)$，从而 $v(x)$，$u(x)$ 依次可以求出.

3) 若 $r<s$，则在(12)中将 x 用 $x+1$ 代替. 于是在所得的式子中，相当于 $b(z)$ 的项为原来 $a(z)$ 和 $b(z)$ 的和，而 c 为 $a(z)+b(z)=0$ 的 r 重根，从而这又归并成 $r=s$ 的情形.

例 1　将在 §3 中处理过的方程

$$y_{x+1}-xy_x=0 \tag{23}$$

用本节的方法求解. 将此方程与式(1)比较，即有

$$n=1,a_0=-1,b_0=0,a_1=0,b_1=1$$

所以 $a(z)=-1,b(z)=z$，从而

$$\int \frac{b(z)}{za(z)}\mathrm{d}z=\int(-1)\mathrm{d}z=-z$$

故

$$\varphi(z)=-\mathrm{e}^{-z}$$

积分路径 C，由式(4)必须满足 $[z^x\mathrm{e}^{-z}]_C=0$. 但是方括号中的 $z^x\mathrm{e}^{-z}$，当 $x>0$ 而且 $z=0$ 时为零，又一般当 $z=\infty$ 时也为零. 因此当 $x>0$ 时，可以沿任意积分路径自 0 到 ∞ 积分. 于是根据式(2)，y_x 的特解是下列形式，即

$$\eta(x)=\int_0^\infty z^{x-1}\mathrm{e}^{-z}\mathrm{d}z \tag{24_1}$$

又设 $z=\log\left(\dfrac{1}{w}\right)$，也就是设 $w=\mathrm{e}^{-z}$，则上式化为

$$\eta(x)=\int_0^1\left(\log\frac{1}{w}\right)^{x-1}\mathrm{d}w \tag{24_2}$$

式(24_1)，式(24_2)的右边是 Euler 的第二型积分，它们只不过是 Gamma－函数的另一种表示而已. 这些结果与 §3 式(6)的结果是一致的. 但若没有 $x>0$ 的条件则这两个式子不成立.

例 2　在对称型二阶线性差分方程

$$y_{x-1}-2(ax+b)y_x+y_{x+1}=0 \tag{25_1}$$

中，将 x 改写为 $x+1$，则得

$$y_x - 2(ax + a + b)y_{x+1} + y_{x+2} = 0 \qquad (25_2)$$

与式(1) 相比较,由于

$$a_0 = 0, b_0 = 1, a_1 = -2a, b_1 = -2(a+b), a_2 = 0, b_2 = 1$$

故得下列结果

$$a(z) = -2ax, b(z) = 1 - 2(a+b)z + z^2$$

$$\frac{b(z)}{za(z)} = -\frac{1}{2a}\left(\frac{1}{z^2} + 1\right) + \frac{a+b}{az}$$

$$\int \frac{b(z)}{za(z)} dz = \frac{1}{2a}\left(\frac{1}{z} - z\right) + \frac{a+b}{a}\log z$$

$$\varphi(z) = -\frac{1}{2az}\exp\left\{\frac{1}{2a}\left(\frac{1}{z} - z\right) + \frac{a+b}{a}\log z\right\} = -\frac{1}{2a}z^{\frac{b}{a}}\exp\left\{\frac{1}{2a}\left(\frac{1}{z} - z\right)\right\}$$

为了以后计算方便起见,我们令

$$\lambda = x + \frac{b}{a}, \alpha = \frac{1}{a}$$

则 y_x 的特解 $\eta(x)$ 一般是下列形式,即

$$\eta(x) = -\frac{1}{2a}\int_C z^{x+\frac{b}{a}-1}\exp\left\{\frac{1}{2a}\left(\frac{1}{z} - z\right)\right\} dz = -\frac{\alpha}{2}\int_C z^{\lambda-1}\exp\left\{\frac{\alpha}{2}\left(\frac{1}{z} - z\right)\right\} dz \qquad (26)$$

其积分路径 C 由

$$K(z) \equiv z^{\lambda+1}\exp\left\{\frac{\alpha}{2}\left(\frac{1}{z} - z\right)\right\}, [K(z)]_C = 0 \qquad (27)$$

来确定.

首先设 $a > 0(\alpha > 0)$. 则在 $z=0$ 处由于

$$\lim_{z\to -0} K(z) = 0, \lim_{z\to +0} K(z) = \infty$$

故 $z=0$ 是本性奇点,所以若积分路径取作自 $z=-0$ 出发绕本性奇点 $z=0$ 一周仍回到 $z=-0$ 的曲线(如图 2 所示),则在其两端 $K(z)$ 取值相等(0),就可以满足

(27) 的条件. 记这样的积分路径为 C_1,则将式(26) 中的 C 取作 C_1 就得到 y_x 的一个特解. 记此特解为 $\eta_1(x)$,则 y_x 的其他特解 $\eta_2(x)$ 可由下列方法求出:

由于

$$\lim_{z \to +\infty} K(z) = 0$$

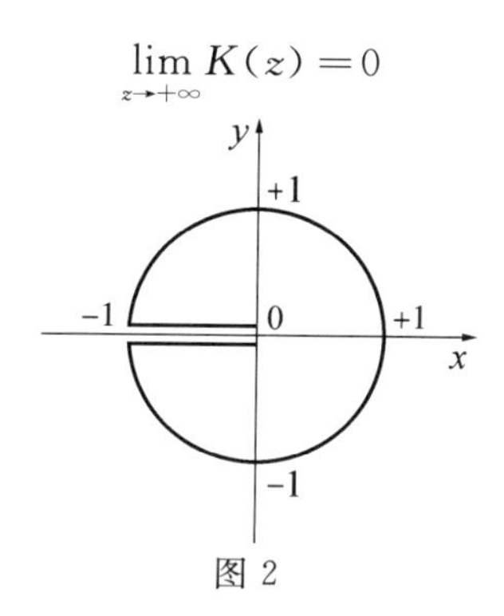

图 2

所以如图 3 所示,可取自 $z = +\infty$ 出发绕 $z=0$ 一周仍回到 $z = +\infty$ 的曲线为积分路径,记这个积分路径为 C_2 就可求出 $\eta_2(x)$.

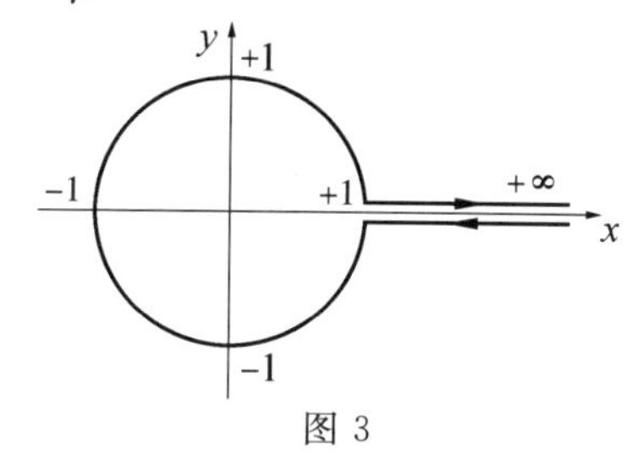

图 3

以上的解可以表示成 Bessel 函数. 为此,我们对 $\eta_1(x)$ 作变换 $z = \frac{1}{\zeta}$,而对 $\eta_2(x)$ 作变换 $z = -\zeta$,则 z－平 面上的积分路径 C_1,C_2 变换为 ζ－平面上如图 4 所示的曲线,将此积分路径取作 L,则 $\eta_1(x)$,$\eta_2(x)$ 成为下列形式,即

$$\begin{cases}\eta_1(x)=\dfrac{\alpha}{2}\displaystyle\int_L\zeta^{-(\lambda+1)}\exp\left\{\dfrac{\alpha}{2}\left(\zeta-\dfrac{1}{\zeta}\right)\right\}\mathrm{d}\zeta\\ \eta_2(x)=-\dfrac{(-1)^{\lambda}\alpha}{2}\displaystyle\int_L\zeta^{-(-\lambda+1)}\exp\left\{\dfrac{\alpha}{2}\left(\zeta-\dfrac{1}{\zeta}\right)\right\}\mathrm{d}\zeta\end{cases}\tag{28}$$

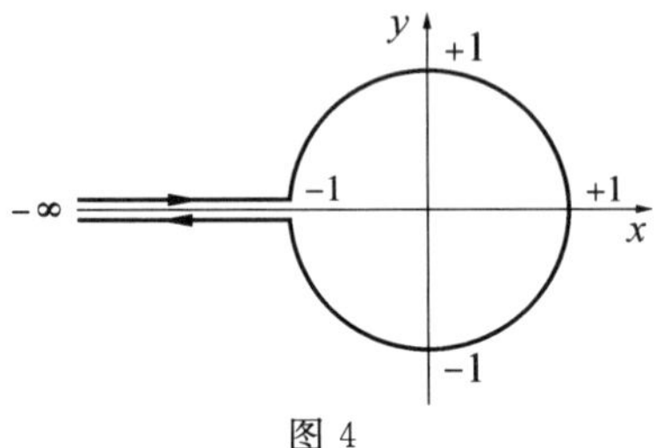

图 4

现由于 Bessel 函数 $J_\lambda(\alpha)$ 可表示为

$$J_\lambda(\alpha)=\frac{1}{2\pi i}\int_L\zeta^{-(\lambda+1)}\exp\left\{\frac{\alpha}{2}\left(\zeta-\frac{1}{\zeta}\right)\right\}\mathrm{d}\zeta$$

所以(28) 的两式化为

$$\begin{cases}\eta_1(x)=\alpha\pi iJ_\lambda(\alpha)\\ \eta_2(x)=-(-1)^{\lambda}\alpha\pi iJ_{-\lambda}(\alpha)=-\alpha\pi iJ_{-\lambda}(\alpha)\end{cases}\tag{29}$$

以上的结果是在 $\alpha>0(a>0)$ 的情形下导出的，可是当 $\alpha<0(a<0)$ 时，也同样得到式(29) 的结果，因此上式的成立与否与 $\alpha(a)$ 的正负无关.

一般若取 n 为整数，则由 Bessel 函数的定理，当 $\lambda\neq n$ 时，$\eta_1(x)$ 与 $\eta_2(x)$ 相互独立，成为两个基本解. 而当 $\lambda=n$ 时，因为

$$J_n(\alpha)=(-1)^nJ_{-n}(\alpha)$$

所以

$$\eta_2(x)=-\eta_1(x)$$

当 $\lambda=n$ 时的第二个独立解可如下求之. 即取

$$\eta'_2(x)=\alpha\pi i\left[J_\lambda(\alpha)\cot\pi\lambda-J_{-\lambda}(-\alpha)\frac{(-1)^{\lambda}}{\sin\pi\lambda}\right]=$$

$$\alpha\pi\mathrm{i}\,\frac{\mathrm{J}_\lambda(\alpha)\cos\pi\lambda-(-1)^\lambda\mathrm{J}_{-\lambda}(-\alpha)}{\sin\pi\lambda}$$

则由于 $\cot\pi\lambda$ 与 $\frac{(-1)^\lambda}{\sin\pi\lambda}$ 都是以 1 为周期的周期函数，所以 $\eta'_2(x)$ 是 y_x 的解. 我们知道等号右边的因式

$$\frac{\mathrm{J}_\lambda(\alpha)\cos\pi\lambda-(-1)^\lambda\mathrm{J}_{-\lambda}(-\alpha)}{\sin\pi\lambda}$$

即是 Neumann 函数 $\mathrm{N}_\lambda(\alpha)$. 于是

$$\eta'_2(x)=\alpha\pi\mathrm{i}\mathrm{N}_\lambda(\alpha) \tag{30}$$

但当 $\lambda=n$ 时，$\mathrm{N}_n(\alpha)=\frac{0}{0}$ 是不定型，此时必须按分子分母对 λ 微分的方法去求 $\mathrm{N}_n(\alpha)$，亦即

$$\mathrm{N}_n(\alpha)=\frac{1}{\pi}\left[\frac{\partial\mathrm{J}_\lambda(\alpha)}{\partial_\lambda}-(-1)^n\frac{\partial\mathrm{J}_{-\lambda}(\alpha)}{\partial_\lambda}\right]_{\lambda=n} \tag{31}$$

线性偏差分方程

第5章

§1 线性偏差分方程的类型

设 $w(x,y)$ 是两个自变数 x,y 的函数，则含有 w 关于 x 或 y 的偏差分的方程，即

$$\Phi(x,y,\Delta_x w,\Delta_y w,\Delta_x^2 w,\Delta_{xy}^2 w,\Delta_y^2 w,\cdots)=0 \tag{1}$$

叫作偏差分方程. 若将其中的偏差分根据

$$\Delta_x z_{x,y}=z_{x+1,y}-z_{x,y}$$

$$\Delta_x^2 z_{x,y}=z_{x+2,y}-2z_{x+1,y}+z_{x,y}$$

$$\Delta_y^2 z_{x,y}=z_{x,y+2}-2z_{x,y+1}+z_{x,y}$$

$$\Delta_{xy}^2 z_{x,y}=z_{x+1,y+1}-z_{x+1,y}-z_{x,y+1}+z_{x,y}$$

用 w 表示，并进行整理，则式(1)化为

$$F[x,y,w(x,y),w(x+1,y),w(x,y+1),w(x+1,y+1),\cdots]=0 \tag{2}$$

通常我们以式(2)作为偏差分方程的一般形式.

w 是三个以上自变数的函数的情形与两个自变数的情形是一样的，为了不使问题复杂化，以后我们限制 w 是 x,y 的函数. 这样，w 是在给定了坐标系的 x,y 的平面上的点 (x,y)，$(x+1,y)$，$(x,y+1)$，… 处有确定函数值的函数，或者看成在坐标面的这些点竖立了纵坐标. 在这种情形下，坐标面也可以不是平面. 而 $x=$ 常数，$y=$ 常数所表示的曲线也不一定是直线.

当式(1) 的左边 w 的偏差分是一次时，也就是(2) 是 w 的一次式时，我们称这个偏差分方程为“线性”的，又当它不含有与 w 无关的项时称它为“齐次”的，这与常差分方程的情形是一致的.

线性偏差分方程中最简单的是

$$p_0 w(x,y)+p_1 w(x+1,y)+p_2 w(x,y+1)=K(x,y) \tag{3_1}$$

其中 $p_0,p_1,p_2,K(x,y)$ 是 x 与 y 的函数或是常数，当 $K=0$ 时是齐次方程.

此方程是由图 1 所示的三点上 w 之间的关系

$$q_0 w+q_1\Delta_x w+q_2\Delta_y w=K(x,y) \tag{3_2}$$

而导出的.

其次简单的是图 2 所示的四点上 w 之间的关系

$$p_0 w(x,y)+p_1 w(x+1,y)+p_2 w(x,y+1)+ p_3 w(x+1,y+1)=K(x,y) \tag{4_1}$$

而它是由下式所导出的，即

$$q_0 w+q_1\Delta_x w+q_2\Delta_y w+q_3\Delta_{xy}^2 w=K(x,y) \tag{4_2}$$

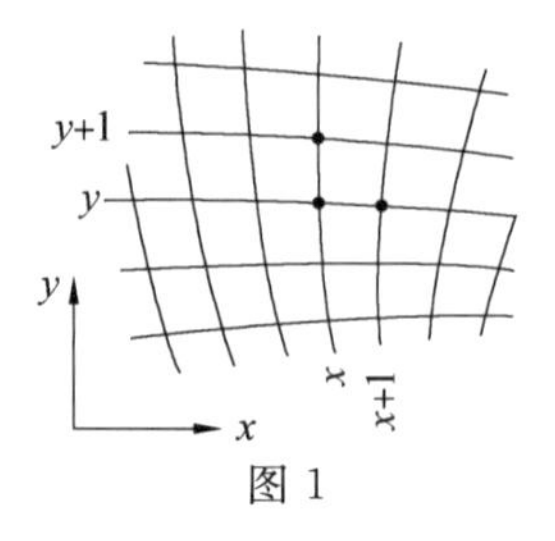

图 1

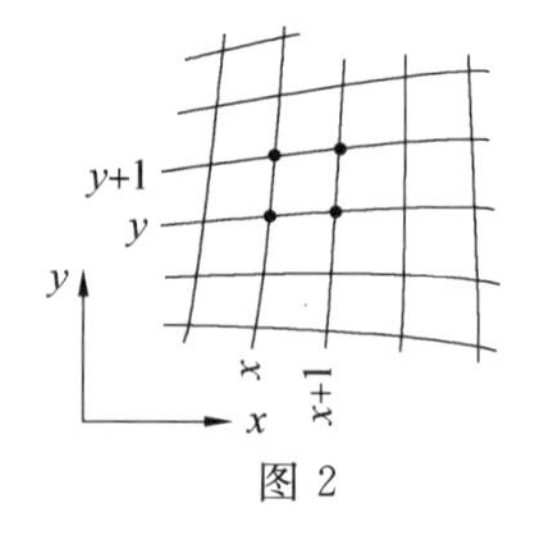

图 2

偏差分方程的阶数，是用沿 x 或 y 的方向的差分阶数中的最大者作为阶数的. 例如式(3) 与式(4) 二者都是一阶的，图 3 ～ 5 所示各点处 w 之间的关系是二阶的，而图 6 所对应的方程是 4 阶的. 图 5 中接十字形排列的四点所对应的方程

$$D_x(pw)+D_y(qw)=K(x,y) \tag{5}$$

其中

$$D_x(pw)=p_1(x,y)w(x-1,y)+p_0(x,y)w(x,y)+p_1(x+1,y)w(x+1,y)$$

$$D_y(qw)=q_1(x,y)w(x,y-1)+q_0(x,y)w(x,y)+q_1(x,y+1)w(x,y+1)$$

是在应用问题中常出现的方程，我们称它为十字型偏差分方程.

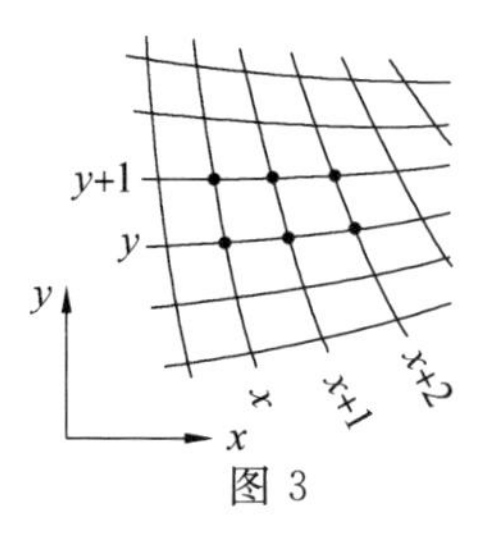

图 3

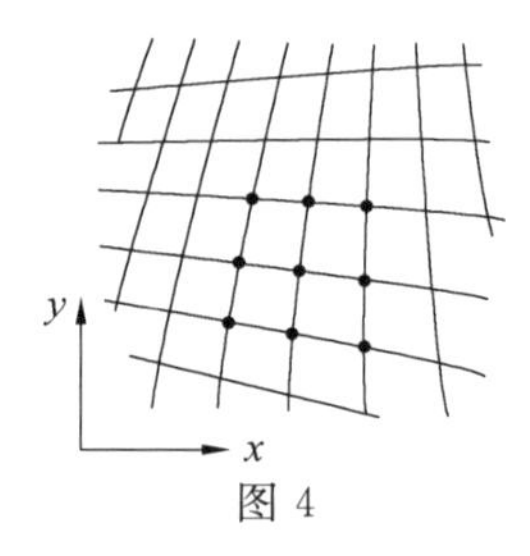

图 4

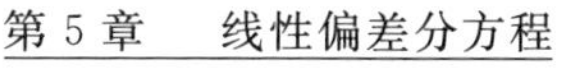

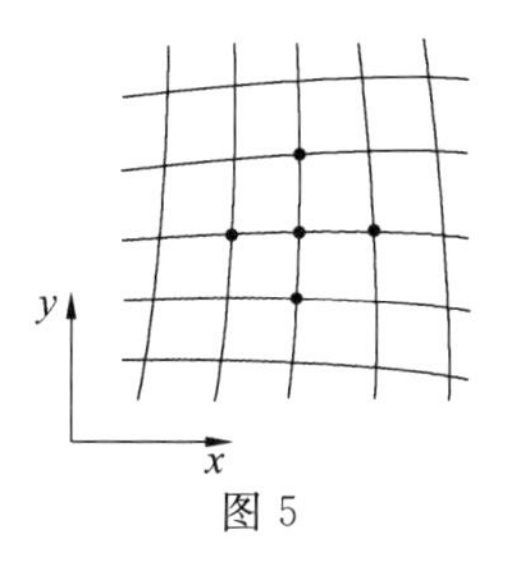

图 5

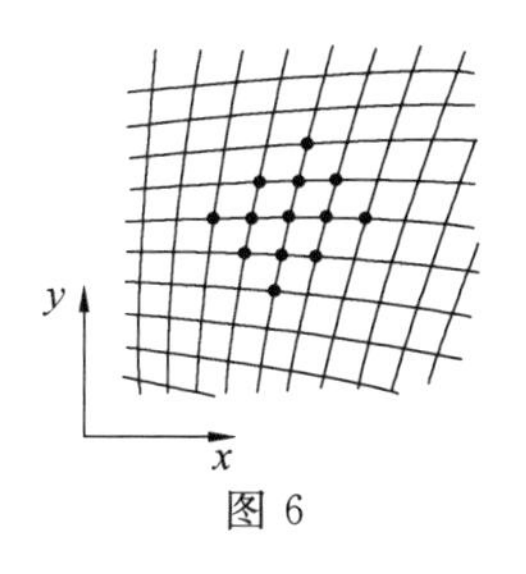

图 6

§2　线性偏差分方程的一般解与边界条件

设 x 与 y 的变化域为任意一个区域，在此区域内所含有的全部的点 (x,y) 的个数为 r，对于这些点我们一个一个地建立线性偏差分方程，则可得到 r 个关于 w 为一次的方程. 将这 r 个方程中出现的 w 分别看作未知数，则所给定的偏差分方程，在所考虑的变化域内成为上述的 r 个一次方程的联立方程. 然而此 r 个方程中所出现的 w 的个数一般比 r 多，设为 $r+n$ 个，那么由代数学的定理，所给定的方程的一般解中含有 n 个任意常数，又满足给定方程的互相独立的特解也只有 n 个. 这与常差分方程的情形没有什么不同. 所不同的是，这里的 n，对常差分方程来说，等于方程的阶数，而对偏差分方程来说，它不仅随阶数而变，而且也随变化域的变化而变化.

为了决定上述 n 个未知常数得到固定的解，必须总共有 n 个边界条件或初始条件. 为了说明这一点，我们以 $x=0$，$x=m$，$y=0$，$y=n$ 四条线所围成的区域（图 7）为例，来考虑两三个简单的情况. 含在此区域内的点(x,y)，即未知数 w 的个数，连同边界上的点共有$(m+1)(n+1)$个.而在$x=0,1,2,\cdots,m-1$；$y=0,1,2,\cdots,n-1$所建立起来的一阶差分方程 §1 中(4) 合计有 mn 个，比未知数 w 要少$m+n+1$个.所以为了确定方程的解，必须有这么多的边界条件.为此，例如若已知变化域的相交的任何两条边界上各点 w 的值就足够了.

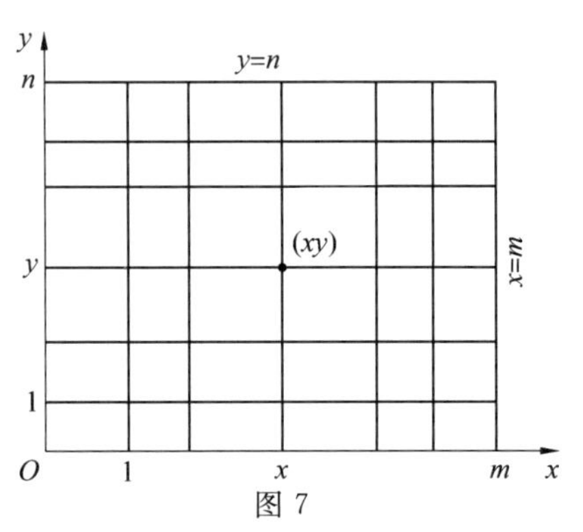

图 7

又对于 §1 中式(5) 的十字型方程，将边界线上的点除外，而只就变化域内部的各点建立方程，则方程的个数是$(m-1)(n-1)$，而且由于在四角的点 w 不出现，所以未知数 w 的个数是$(m+1)(n+1)-4$，即未知数多$2(m+n-2)$个.因而在这种情形下，例如若在除去变域四角以外的边界线上各点上给定了 w 的值，则可得到固定的解.自然，在这种情形下，w 在四角的值，由于与解没有什么关系，所以 w 的四角的值也可以看作给定的.

第二编

用变换的眼光看差分方程

离散信号系统与差分方程

数学作为一个创造性的学科，按三个基本步骤运行：(ⅰ)体验一个问题，并从中发现一个模式；(ⅱ)定义一个符号系统来表达这个模式；(ⅲ)把这个符号系统组织为一个系统的语言.

——G. C. M. Report

第

6

章

§1　离散信号系统中的差分方程

如同微分方程有用来表明模拟信号的系统那样，差分方程则用来表明离散信号的系统. 由于差分方程容易在数字计算机上处理，并且比较容易解出，所以差分方程可用来逼近微分方程.

作为数字逼近的一个例子，我们可用一个向前差来逼近一个函数在一个已知点的导数，即

$$\left.\frac{\mathrm{d}y(t)}{\mathrm{d}t}\right|_{t=kT} \approx \frac{y(kT+T)-y(kT)}{T} \tag{1}$$

其中 $T(T>0)$ 选为某一个很小的值使(1) 是一个足够近似的等式. 用(1),我们可将一阶微分方程

$$\frac{\mathrm{d}y(t)}{\mathrm{d}t}+ay(t)=f(t) \tag{2}$$

在 $t=kT$ 时用

$$\frac{y(kT+T)-y(kT)}{T}+ay(kT)=f(kT) \tag{3}$$

来逼近. 方程(3) 可写成

$$\frac{1}{T}y(kT+T)+(a-\frac{1}{T})y(kT)=f(kT) \tag{4}$$

此为一阶差分方程,其中 $k=0,1,2,3,\cdots$. 一般,一个 n 阶常系数线性差分方程为

$$\begin{aligned}&a_0y(kT+nT)+a_1y(kT+nT-T)+\cdots+\\&a_{n-1}y(kT+T)+a_ny(kT)=f(kT)\end{aligned} \tag{5}$$

其中 $a_0,a_1,\cdots,a_{n-1},a_n$ 均为常数,$k=0,1,2,3,\cdots$,而 n 为固定的自然数,$n\geqslant 1$. 又 $y(iT)$ 表 y 在时刻 iT 的值,i 为自然数或 0. i 为负时,$y(iT)=0$.

方程(5) 是 n 阶差分方程. 其所以称为 n 阶是因为在方程中出现的最高差为 nT. 我们可用下述方法把(5) 化成一组包含 n 个未知数列的 n 个一阶差分方程. 为了给 n 个未知数列编号,我们改写 $x_1(kT)=y(kT)$,并令

$$\begin{gathered}x_2(kT)=x_1(kT+T)[=y(kT+T)]\\x_3(kT)=x_2(kT+T)[=y(kT+2T)]\\\vdots\\x_n(kT)=x_{n-1}(kT+T)[=y(kT+nT-T)]\end{gathered}$$

把末式中 kT 换为 $kT+T$,可有

$$x_n(kT+T)=x_{n-1}(kT+2T)[=y(kT+nT)]$$

于是(5) 可写成

$$x_n(kT+T) = -\frac{a_n}{a_0}x_1(kT) - \frac{a_{n-1}}{a_0}x_2(kT) - \cdots - \frac{a_1}{a_0}x_n(kT) + \frac{1}{a_0}f(kT)$$

从而改写 $x_1(kT)=y(kT)$，可见(5)等价于一组 n 个一阶差分方程

$$\begin{cases} x_2(kT) = x_1(kT+T) \\ x_3(kT) = x_2(kT+T) \\ \quad\vdots \\ x_n(kT) = x_{n-1}(kT+T) \\ x_n(kT+T) = -\frac{a_n}{a_0}x_1(kT) - \frac{a_{n-1}}{a_0}x_2(kT) - \cdots - \frac{a_1}{a_0}x_n(kT) + \frac{1}{a_0}f(kT) \end{cases} \tag{6}$$

我们把(6)写成向量 — 矩阵型. 令

$$\boldsymbol{x}(kT) = \begin{pmatrix} x_1(kT) \\ x_2(kT) \\ x_3(KT) \\ \vdots \\ x_n(kT) \end{pmatrix} \tag{7}$$

这是 $n\times 1$ 状态向量. 又令

$$
\boldsymbol{A}=\begin{pmatrix}
0 & 1 & 0 & 0 & \cdots & 0 \\
0 & 0 & 1 & 0 & \cdots & 0 \\
0 & 0 & 0 & 1 & \cdots & 0 \\
\vdots & \vdots & \vdots & \vdots & & \vdots \\
0 & 0 & 0 & 0 & \cdots & 1 \\
-\frac{a_n}{a_0} & -\frac{a_{n-1}}{a_0} & -\frac{a_{n-2}}{a_0} & -\frac{a_{n-3}}{a_0} & \cdots & -\frac{a_1}{a_0}
\end{pmatrix} \tag{8}
$$

$$
\boldsymbol{R}=\begin{pmatrix}
0 \\ 0 \\ 0 \\ \vdots \\ \frac{1}{a_0}
\end{pmatrix} \tag{9}
$$

它们分别是 $n\times n$ 矩阵和 $n\times 1$ 矩阵. 于是(6) 可写成

$$
\boldsymbol{x}(kT+T)=\boldsymbol{A}\boldsymbol{x}(kT)+\boldsymbol{B}f(kT)
$$

欲证此,注意

$$
\boldsymbol{x}(kT+T)=\begin{pmatrix}
x_1(kT+T) \\ x_2(kT+T) \\ x_3(kT+T) \\ \vdots \\ x_{n-1}(kT+T) \\ x_n(kT+T)
\end{pmatrix} \tag{10}
$$

并且由矩阵乘法有

$$\boldsymbol{A}\boldsymbol{x}(kT)=\begin{pmatrix} x_2(kT) \\ x_3(kT) \\ x_4(kT) \\ \vdots \\ x_n(kT) \\ -\dfrac{a_n}{a_0}x_1(kT)-\dfrac{a_{n-1}}{a_0}x_2(kT)-\cdots- \\ \dfrac{a_1}{a_0}x_n(kT) \end{pmatrix}$$

$$\boldsymbol{B}f(kT)=\begin{pmatrix} 0 \\ 0 \\ 0 \\ \vdots \\ 0 \\ \dfrac{1}{a_0}f(kT) \end{pmatrix}$$

它们是三个 $n\times 1$ 矩阵. 由矩阵加法和矩阵相等的定义,可见(6) 等价于(10).

§2　差分方程解法举例

我们考察一个简单的例子. 设有一阶差分方程

$$x(kT+T)+2x(kT)=0 \tag{1}$$

试求 $x(kT)$.

我们可用递推法求出 $x(kT)$:于(1) 令 $k=0$,可有

$$x(T)+2x(0)=0$$

故

$$x(T)=-2x(0)$$

于(1) 令 $k=1$,可有

$$x(2T)+2x(T)=0$$

故

$$x(2T)=-2x(T)=(-2)^2x(0)$$

再于(1) 令 $k=2$ 得

$$x(3T)+2x(2T)=0$$

故

$$x(3T)=-2x(2T)=(-2)^3x(0)$$

于是我们可归纳出

$$x(kT)=(-2)^kx(0) \tag{2}$$

而由(1) 可有

$$x(kT+T)=-2x(kT)$$

以(2) 代入之可得

$$x[(k+1)T]=(-2)^{k+1}x(0)$$

这与(2) 有相同的形式(以 $k+1$ 代(2) 的 k),故(2) 即为所求之解.由 $x(0)$ 的任意性,这解可写成

$$x(kT)=C(-2)^k$$

C 为常数,即 C 与 k 无关.

称此解为(1) 的通解.

这种方法虽然可普遍应用,但对于二阶或更高阶的差分方程,要归纳出通解就繁杂得多.

类似于用拉氏变换解常系数线性微分方程一样,可用 z 变换解常系数线性差分方程.还是拿(1) 作例子.我们以 z^{-k} 遍乘(1),然后取和 $\sum\limits_{k=0}^{\infty}$,可有

$$\sum_{k=0}^{\infty}x(kT+T)z^{-k}+2\sum_{k=0}^{\infty}x(kT)z^{-k}=0 \tag{3}$$

假定收敛.每一个和显然是 z 的函数.如果设

$$\sum_{k=0}^{\infty} x(kT) z^{-k} = X(z) \tag{4}$$

则令 $k+1=k'$，可有

$$\sum_{k=0}^{\infty} x(kT+T) z^{-k} =$$

$$\sum_{k'=1}^{\infty} x(k'T) z^{-k'+1} =$$

$$z\sum_{k'=1}^{\infty} x(k'T) z^{-k'} =$$

$$z\left[\sum_{k'=0}^{\infty} x(k'T) z^{-k'} - x(0)\right] =$$

$$z[X(z) - x(0)] \tag{5}$$

以(4) 及(5) 代入(3) 可有

$$z[X(z) - x(0)] + 2X(z) = 0$$

由此解得

$$X(z) = \frac{zx(0)}{z+2} \tag{6}$$

我们再把(6) 展开为 Z^{-1} 的幂级数. 为此，把(6) 写成

$$X(z) = \frac{1}{1+2z^{-1}} x(0)$$

如果 $|2Z^{-1}| < 1$，即 $|Z| > 2$，则可有展开式

$$X(z) = x(0)\sum_{k=0}^{\infty}(-2)^k z^{-k} \tag{7}$$

将(7) 与(4) 比较，可立刻得到

$$x(kT) = x(0)(-2)^k$$

由此可见，用上面的方法得到的结果和用递推方法得到的结果(2) 相同.

这里的主要作法是采用变换(4)，其中 $X(Z)$ 就称为 $x(kT)$ 的 z 变换，它类似拉氏变换

$$X(s)=\int_0^{\infty}x(t)\mathrm{e}^{-st}\,\mathrm{d}t$$

注意对于一阶差分方程，我们以后将要用到性质(5)，即

$$\sum_{k=0}^{\infty}x(kT+T)z^{-k}=z[X(z)-x(0)]$$

而对二阶差分方程，以后还将用到

$$\sum_{k=0}^{\infty}x(kT+2T)z^{-k}=\sum_{k'=2}^{\infty}x(k'T)z^{-k'+2}(k'=k+2)=$$

$$z^2\left[\sum_{k'=0}^{\infty}x(k'T)z^{-k'}-x(0)-x(T)z^{-1}\right]=$$

$$z^2[X(z)-x(0)-x(T)z^{-1}] \tag{8}$$

一般，以后还将用到

$$\sum_{k=0}^{\infty}x(kT+nT)z^{-k}=\sum_{k'=n}^{\infty}x(k'T)z^{-k'+n}(k'=k+n)=$$

$$z^n\sum_{k'=n}^{\infty}x(k'T)z^{-k'}=$$

$$z^n[X(z)-x(0)-x(T)z^{-1}-\cdots-x(nT-T)z^{-n+1}] \tag{9}$$

公式(5)(8)(9)称为时间平移公式.

Z 变换及其性质

第 7 章

§1 引　言

先介绍一下本章的背景：

由于近年美国在 IMO 上表现优异．取代中国成了世界第一强队．所以有关美国数学竞赛的相关资料开始受到重视．下面是一道美国数学奥林匹克试题（USAMO）本质上是一道差分方程题．尽管是以初等数论面貌出现的．在下面我们给出的三种证法中，第一种是纯数论方法，第二种是特征方程法，第三种方法就是本章要介绍的级数法了．本章的素材是取自我校早期用于训练工科大学生的教材．

例　设 $\{x_n\}$，$\{y_n\}$ 为如下定义的两个整数数列

$$x_0=1, x_1=1, x_{n+1}=x_n+2x_{n-1} \quad (n=1,2,3,\cdots)$$
$$y_0=1, y_1=7, y_{n+1}=2y_n+3y_{n-1} \quad (n=1,2,3,\cdots)$$

于是,这两个数列的前几项为

$$x: 1,1,3,5,11,21,\cdots$$
$$y: 1,7,17,55,161,487,\cdots$$

证明:除了"1"这项外,不存在那样的项,它同时出现在两个数列中. (第2届美国数学奥林匹克)

证法1 将这两个数列的前几项分别模8,我们得到

$$x: 1,1,3,5,3,5,\cdots$$
$$y: 1,7,1,7,1,7,\cdots$$

下面用数学归纳法证明,对一切自然数 n:

(1) $x_{2n+1}\equiv 3 \pmod 8$, $x_{2n+2}\equiv 5 \pmod 8$;

(2) $y_{2n-1}\equiv 1 \pmod 8$, $y_{2n}\equiv 7 \pmod 8$.

因 $x_3=3$, $x_4=5$,故 $n=1$ 时结论成立.

设 $x_{2k+1}\equiv 3 \pmod 8$, $x_{2k+2}\equiv 5 \pmod 8$,那么

$$x_{2k+3}=x_{2k+2}+2x_{2k+1}\equiv 5+6\equiv 3 \pmod 8$$
$$x_{2k+4}=x_{2k+3}+2x_{2k+2}\equiv 3+10\equiv 5 \pmod 8$$

所以当 $n=k+1$ 时结论也成立.同样可证(2)成立.

故除了"1"这项外,不存在那样的项,它同时出现在两个数列中.

证法2 递推式

$$x_{n+1}=x_n+2x_{n-1}$$

的特征方程是

$$q^2-q-2=0$$
$$q_1=2, q_2=-1$$

所以

$$x_n=C_1\cdot 2^n+C_2\cdot(-1)^n$$

令 $n=1,2$,代入,得

$$\begin{cases}2C_1-C_2=1\\4C_1+C_2=3\end{cases}$$

解得 $C_1=\frac{2}{3}$,$C_2=\frac{1}{3}$,故

$$x_n=\frac{1}{3}[2^{n+1}+(-1)^n]$$

同样地

$$y_n=2\cdot 3^n-(-1)^n$$

如果 $x_n=y_m$,那么

$$3^{m+1}-2^n=\frac{1}{2}[3(-1)^m+(-1)^n] \qquad (1)$$

如果 $n=0$ 或 1,那么 $m=0$ 是唯一的解.

当 $n\geqslant 2$ 时,如果 m,n 同奇偶,那么式(1)的右边是偶数,而左边是奇数,式(1)不成立.

如果 n 是奇数,m 是偶数,式(1)两边模 4 得

$$(-1)^{m+1}-4\cdot 2^{n-2}\equiv 1(\bmod 4)$$

即

$$-1\equiv 1(\bmod 4)$$

如果 n 是偶数,m 是奇数,式(1)两边模 4 得

$$1\equiv -1(\bmod 4)$$

故当 $n\geqslant 2$ 时,不存在 m,使得 $x_n=y_m$.从而除了"1"这项外,不存在同时出现在两个数列中的项.

证法 3　设 $S(t)=x_0+x_1t+x_2t^2+\cdots+x_nt^n+\cdots$,在这级数的收敛区间内,有

$$2t\cdot S(t)=2x_0t+2x_1t^2+\cdots+2x_{n-1}t^n+\cdots$$

$$-t^{-1}S(t)=-\frac{x_0}{t}-x_1-x_2t-\cdots-x_{n+1}t^n-\cdots$$

以上三式的两边分别相加,注意 $x_{n+1}=x_n+2x_{n-1}(n=1,2,\cdots)$,得

$$(1+2t-t^{-1})S(t)=x_0-\frac{x_0}{t}-x_1$$

$$S(t)=\frac{x_0-x_0t^{-1}-x_1}{1+2t-t^{-1}}=\frac{1}{1-t-2t^2}=$$
$$\frac{2}{3(1-2t)}+\frac{1}{3(1+t)}=$$
$$\frac{2}{3}(1+2t+2^2t^2+\cdots)+$$
$$\frac{1}{3}(1-t+t^2-\cdots)$$

x_n 是 $S(t)$ 展式中 t^n 的系数

$$x_n=\frac{2}{3}\cdot 2^n+(-1)^n\frac{1}{3}=\frac{1}{3}[2^{n+1}+(-1)^n]$$

设

$$R(t)=y_0+y_1t+y_2t^2+\cdots+y_{n+1}t^{n+1}+\cdots$$
$$-2t\cdot R(t)=-2y_0t-2y_1t^2-\cdots-2y_nt^{n+1}-\cdots$$
$$-3t^2\cdot R(t)=-3y_0t^2-\cdots-3y_{n-1}t^{n+1}-\cdots$$

相加得

$$(1-2t-3t^2)R(t)=y_0+(y_1-2y_0)t=1+5t$$

$$R(t)=\frac{1+5t}{1-2t-3t^2}=\frac{2}{1-3t}-\frac{1}{1+t}=$$
$$2(1+3t+3^2t^2+\cdots)-(1-t+t^2-\cdots)$$
$$y_n=2\cdot 3^n-(-1)^n$$

为了使 x_m 等于 y_n，且 $m>0,n>0$，必须有

$$2\cdot 3^n-(-1)^n=\frac{1}{3}[2^{m+1}+(-1)^m]$$

即

$$2(3^{n+1}-2^m)=(-1)^m+3(-1)^n$$

m,n 必须奇偶性不同(否则上式右端能被 4 整除，而左端不能).

若 m 是偶数而 n 是奇数，令 $m=2\bar{m}$，且 $n=2\bar{n}-1$，则

$$2(3^{2\bar{n}}-2^{2\bar{m}})=1-3=-2 \text{ 或 } 3^{2\bar{n}}+1=2^{2\bar{m}}$$

但 $\bar{m}>0$，$2^{2\bar{m}}$ 能被 4 整除，然而 $3^{2\bar{n}}+1=(4-1)^{2\bar{n}}+1=4k+2$ 不能被 4 整除，矛盾.

若 m 是奇数而 n 是偶数，令 $m=2\bar{m}+1$，且 $n=2\bar{n}$，则

$$2(3^{2\bar{n}+1}-2^{2\bar{m}+1})=-1+3=2 \text{ 或 } 3^{2\bar{n}+1}-1=2^{2\bar{m}+1}$$

但 $\bar{m}>0$，$2^{2\bar{m}+1}$ 可被 4 整除，然而 $3^{2\bar{n}+1}-1=(4-1)^{2\bar{n}+1}-1=4k-2$ 不能被 4 整除，矛盾.

§2　Z 变换的定义及简单例子

设

$$0,T,2T,3T,\cdots,kT,\cdots \tag{1}$$

表示等时差的时间序列，T 表示两相邻时间的间隔（T 一般比较小）. 再设

$$x(0),x(T),x(2T),x(3T),\cdots,x(kT),\cdots \tag{2}$$

表某信号 x 在(1) 中各时刻的离散值.

定义

$$X(z)=\sum_{k=0}^{\infty}x(kT)z^{-k} \tag{3}$$

为 $x(kT)$ 的 z 变换. 我们并采用运算记号 Z

$$Z[x(kT)]=\sum_{k=0}^{\infty}x(kT)z^{-k}=X(z) \tag{4}$$

这里 z 表复数. 假定级数(3) 在某圆 $|z|>R$ 内收敛（参阅 §6）. (3) 是 $z^{-1}=\dfrac{1}{z}$ 的幂级数，即 z 的负幂级

数.

我们看几个简单例子.

例 1 $x(kT)=1$

按(4),在 $|z|>1$ 时,得 1 的 z 变换为

$$Z[1]=\sum_{k=0}^{\infty}1\cdot z^{-k}=\frac{1}{1-\left(\frac{1}{z}\right)}=\frac{z}{z-1} \tag{5}$$

例 2 $x(kT)=\mu^k$,μ 为常数,可为复数.

按(4),可见在 $|z|>|\mu|$ 时,得 μ^k 的 z 变换为

$$Z[\mu^k]=\sum_{k=0}^{\infty}\mu^k z^{-k}=\sum_{k=0}^{\infty}\left(\frac{\mu}{z}\right)^k=\frac{1}{1-\left(\frac{\mu}{z}\right)}=\frac{z}{z-\mu} \tag{6}$$

特别,$\mu=1$,给出例 1.

$\mu=-1$ 给出 -1 的 z 变换为 $Z[(-1)^k]=\frac{z}{z+1}$

$\mu=\mathrm{e}^{-aT}$ 给出 e^{-aT} 的 z 变换为 $Z[\mathrm{e}^{-akT}]=\frac{z}{z-\mathrm{e}^{-aT}}$

$\mu=0$,认为 $\mu^k=\begin{cases}1,\text{在 } k=0\\0,\text{在 } k=1,2,3,\cdots\end{cases}$

则(6)仍成立.

例 3 $x(kT)=kT$

按(4),可有:在 $|z|>1$ 时给出 kT 的 z 变换为

$$Z[kT]=\sum_{k=0}^{\infty}kTz^{-k}=Tz\sum_{k=0}^{\infty}kz^{-k-1}=$$

$$-TZ\sum_{k=0}^{\infty}\frac{\mathrm{d}}{\mathrm{d}z}(z^{-k})=-Tz\frac{\mathrm{d}}{\mathrm{d}z}\sum_{k=0}^{\infty}z^{-k}=$$

$$-Tz\frac{\mathrm{d}}{\mathrm{d}z}\left[\frac{1}{1-\left(\frac{1}{z}\right)}\right]=-Tz\frac{\mathrm{d}}{\mathrm{d}z}\left(\frac{z}{z-1}\right)=$$

$$-Tz\frac{-1}{(z-1)^2}=\frac{Tz}{(z-1)^2} \tag{7}$$

例 4　(6) 中换 μ 为 $\mu e^{i\omega T}$(此后,μ 及 ω 均为实数 $i=\sqrt{-1}$),可有

$$Z[\mu^k e^{i\omega kT}]=\frac{z}{z-\mu e^{i\omega T}}=\frac{z(z-\mu e^{-i\omega T})}{(z-\mu e^{i\omega T})(z-\mu e^{-i\omega T})}=$$
$$\frac{z\{(z-\mu\cos\omega T)+i\mu\sin\omega T\}}{z^2-2z\mu\cos\omega T+\mu^2}$$

分开实部及虚部(z 看作是实数),可得 $\mu^k\cos(\omega kT)$,$\mu\sin(\omega kT)$ 的 z 变换分别为

$$Z[\mu^k\cos(\omega kT)]=\frac{z(z-\mu\cos\omega T)}{z^2-2z\mu\cos\omega T+\mu^2}$$

$$Z[\mu^k\sin(\omega kT)]=\frac{z\mu\sin\omega T}{z^2-2z\mu\cos\omega T+\mu^2}$$

特别,$\mu=1$,可有 $\cos(\omega kT)$,$\sin(\omega kT)$ 的 z 变换分别为

$$Z[\cos(\omega kT)]=\frac{z(z-\cos\omega T)}{z^2-2z\cos\omega T+1}$$

$$Z[\sin(\omega kT)]=\frac{z\sin\omega T}{z^2-2z\cos\omega T+1}$$

$\mu=-1$,可有$(-1)^k\cos(k\omega T)$,及$(-1)^k\sin(\omega kT)$的 z 变换分别为

$$Z[(-1)^k\cos(\omega kT)]=\frac{z(z+\cos\omega T)}{z^2+2z\cos\omega T+1}$$

$$Z[(-1)^k\sin(\omega kT)]=\frac{-z\sin\omega T}{z^2+2z\cos\omega T+1}$$

§3　Z 变换与拉氏变换的关系

在第 6 章 §2 中,我们已经指出:z 变换

$$Z[x(kT)]=\sum_{k=0}^{\infty}x(kT)z^{-k} \tag{1}$$

类似拉氏变换

$$L[x(t)]=\int_0^{\infty}x(t)e^{-st}dt \tag{2}$$

连续自变量的函数 $x(t)$ 相应于离散变量 $x(kT)$.

积分 $\int_0^{\infty}x(t)e^{-st}dt$ 相应求和 $\sum_{k=0}^{\infty}x(kT)z^{-k}$.

因子 e^{-st} 相应因子 z^{-k}.

要得到两变换的本质联系，须借助于单位脉冲函数.

定义　单位脉冲函数

$$\delta(t)=\begin{cases}\dfrac{1}{dt} & (dt>0,\text{在 } t=0)\\ 0 & (\text{在别处})\end{cases}$$

从而

$$\delta(t-kT)=\begin{cases}\dfrac{1}{dt} & (dt>0,\text{在 } t=kT)\\ 0 & (\text{在别处})\end{cases}$$

据此，它们的拉氏变换分别为

$$L[\delta(t)]=\int_0^{\infty}\delta(t)e^{-st}dt=\frac{1}{dt}\cdot 1\cdot dt=1 \tag{3}$$

及

$$\begin{aligned}L[\delta(t-kT)]&=\int_0^{\infty}\delta(t-kT)e^{-st}dt=\\&\frac{1}{dt}e^{-skT}dt=e^{-skT}\end{aligned} \tag{4}$$

从数列

$$x(0),x(T),x(2T),\cdots,x(kT),\cdots$$

作脉冲函数表示

$$x^*(t)=\sum_{k=0}^{\infty}x(kT)\delta(t-kT) \qquad (5)$$

按(4)可得出 $x^*(t)$ 的拉氏变换

$$L[x^*(t)]=\sum_{k=0}^{\infty}x(kT)e^{-skT} \qquad (6)$$

在(6)中令

$$z=e^{sT} \qquad (7)$$

亦即

$$s=\frac{1}{T}\ln z \qquad (8)$$

即得 $x(kT)$ 的 z 变换

$$Z[x(kT)]=\sum_{k=0}^{\infty}x(kT)z^{-k} \qquad (9)$$

因此

$$Z[x(kT)]=[\text{脉冲函数 } x^*(t) \text{ 的拉氏变换}]_{e^{st}=z}=$$

$$\left[\sum_{k=0}^{\infty}x(kT)e^{-ksT}\right]_{e^{sT}=z} \qquad (10)$$

应用指出:(10)与(9)即(1),并没有本质区别.如果对(10)的和式各项作出代换 $e^{sT}=z$,那么(10)就成为(9).但把无限和化为封闭式时,(10)方括号中的和可能比(9)中的和稍方便些.我们讨论§2中的四个例子.对于例1,例2,例4,两种和化为封闭式,大致相同.对于例3,(10)中的和化为封闭式稍简.对此例,$x(kT)=kT$,(10)中的和为

$$\sum_{k=0}^{\infty}kTe^{-skT}=\sum_{k=0}^{\infty}\frac{d}{ds}(-e^{-skT})=-\frac{d}{ds}\sum_{k=0}^{\infty}(e^{-sT})^k=$$

$$-\frac{d}{ds}\left(\frac{1}{1-e^{-sT}}\right)=$$

$$\frac{Te^{-sT}}{(1-e^{-sT})^2}=\frac{Te^{sT}}{(e^{sT}-1)^2}$$

换 e^{sT} 为 z 得

$$Z[kT]=\frac{Tz}{(z-1)^2}$$

同 §1 公式(7).这里稍简.

再增加三个例子.

例 1 $x(kT)=(kT)^2$(10) 中的和为

$$\sum_{k=0}^{\infty}(kT)^2e^{-skT}=\sum_{k=0}^{\infty}\frac{d^2}{ds^2}e^{-skT}=\frac{d^2}{ds^2}\sum_{k=0}^{\infty}e^{-skT}=$$

$$\frac{d^2}{ds^2}\frac{1}{1-e^{-sT}}=\frac{d}{ds}\frac{-Te^{-sT}}{(1-e^{-sT})^2}=$$

$$-T\frac{d}{ds}\frac{e^{sT}}{(e^{sT}-1)^2}=$$

$$-T\frac{(e^{sT}-1)e^{sT}T-e^{sT}2e^{sT}T}{(e^{sT}-1)^3}=$$

$$T^2\frac{e^{sT}(e^{sT}+1)}{(e^{sT}-1)^3}$$

换 $e^{sT}=z$,得

$$Z=[(kT)^2]=\frac{T^2z(z+1)}{(z-1)^3} \tag{11}$$

例 2 $x(kT)=(kT)^3$(10) 中的和为

$$\sum_{k=0}^{\infty}x(kT)e^{-skT}=$$

$$\sum_{k=0}^{\infty}(kT)^3e^{-skT}=$$

$$-\sum_{k=0}^{\infty}\frac{d^3}{ds^3}e^{-skT}=$$

$$-\frac{d^3}{ds^3}\sum_{k=0}^{\infty}e^{-skT}=-\frac{d^3}{ds^3}\frac{1}{1-e^{-sT}}=$$

$$-\frac{d^3}{ds^3}\frac{e^sT}{e^{sT}-1}=$$

$$\frac{d^2}{ds^2}\frac{Te^{sT}}{(e^{sT}-1)^2}=$$

$$T\frac{d}{ds}\frac{(e^{sT}-1)e^{sT}T-e^{sT}2e^{sT}T}{(e^{sT}-1)^3}=$$

$$-T^2\frac{d}{ds}\frac{e^{2sT}+e^{sT}}{(e^{sT}-1)^3}=$$

$$-T^2\frac{(e^{sT}-1)(2e^{2sT}+e^{sT})T-(e^{2sT}+e^{sT})3e^{sT}T}{(e^{sT}-1)^4}=$$

$$T^3\frac{e^{3sT}+4e^{2sT}+e^{sT}}{(e^{sT}-1)^4}$$

换 $e^{sT}=z$，得

$$Z[(kT)^3]=T^3\frac{z^3+4z^2+z}{(z-1)^4}\qquad(12)$$

例 3　$x(kT)=(kT)^n$，n 为自然数.

(10) 中的和为

$$\sum_{k=0}^{\infty}(kT)^n e^{-skT}=$$

$$(-1)^n\sum_{k=0}^{\infty}\frac{d^n}{ds^n}e^{-skT}=$$

$$(-1)^n\frac{d^n}{ds^n}\sum_{k=0}^{\infty}e^{-skT}=$$

$$(-1)^n\frac{d^n}{ds^n}\frac{1}{1-e^{-sT}}=$$

$$(-1)^n\left[\frac{\partial^n}{\partial s^n}\frac{1}{1-e^{-(s+\lambda)T}}\right]_{\lambda=0}=$$

$$(-1)^n\left[\frac{\partial^n}{\partial\lambda^n}\frac{1}{1-e^{-(s+\lambda)T}}\right]_{\lambda=0}=$$

$$(-1)^n\left[\frac{\partial^n}{\partial\lambda^n}\frac{e^{sT}}{e^{(sT)}-e^{-\lambda T}}\right]_{\lambda=0}$$

换 $e^{sT}=z$ 得

$$Z[(kT)^n]=(-1)^n\left[\frac{\partial^n}{\partial\lambda^n}\frac{z}{z-\mathrm{e}^{-\lambda T}}\right]_{\lambda=0} \qquad (13)$$

§4 Z 变换的性质

(一) 可加性

$$Z[x(kT)+y(kT)]=Z[x(kT)]+Z[y(kT)]$$

即两数列和的 z 变换等于两数列的 z 变换之和.

证明

$$Z[x(kT)+y(kT)]=\sum_{k=0}^{\infty}[x(kT)+y(kT)]z^{-k}=$$

$$\sum_{k=0}^{\infty}x(kT)z^{-k}+\sum_{k=0}^{\infty}y(kT)z^{-k}=$$

$Z[x(kT)]+Z[y(kT)]$ （假定两级数收敛）

(二) 齐次性

设 a 为常数,则

$$Z[ax(kT)]=aZ[x(kT)]$$

即一数列乘以常数 a 的 z 变换等于此数列的 z 变换乘以 a.

证明

$$Z[ax(kT)]=\sum_{k=0}^{\infty}ax(kT)z^{-k}=a\sum_{k=0}^{\infty}x(kT)z^{-k}=aZ[x(kT)]$$

推论

$c_1,c_2,\cdots,c_p$ 为 p 个常数,$x_1(kT),x_2(kT),\cdots,x_p(kT)$ 为 p 个数列,则

$$Z\left[\sum_{i=1}^{p} c_i x_i(kT)\right] = \sum_{i=1}^{p} c_i Z[x_i(kT)]$$

称为线性性质. 特别

$$Z[x(kT) - y(kT)] = Z[x(kT)] - Z[y(kT)]$$

例 1　$Z[1 - \mathrm{e}^{-akT}] = Z[1] - Z[\mathrm{e}^{-akT}] =$

$$\frac{z}{z-1} - \frac{z}{z-\mathrm{e}^{-aT}} =$$

$$\frac{z(1-\mathrm{e}^{-aT})}{(z-1)(z-\mathrm{e}^{-aT})}$$

(三) 时间的平移

设 n 为固定的自然数,则

$$Z[x(kT - nT)] = z^{-n} Z[x(kT)] \tag{1}$$

$$Z[x(kT + nT)] = z^{n}\left\{Z[x(kT)] - \sum_{k=0}^{n-1} x(kT) z^{-k}\right\} \tag{2}$$

证明

$Z[x(kT - nT)] =$

$\sum_{k=0}^{\infty} x(kT - nT) z^{-k} =$

$\sum_{k=n}^{\infty} x(kT - nT) z^{-k}$(设 $x(-T) = x(-2T) = \cdots = 0$) $=$

$\sum_{k=0}^{\infty} x(k'T) z^{-k'-n}$ $(k' = k - n) =$

$z^{-n} \sum_{k'=0}^{\infty} x(k'T) z^{-k'} =$

$z^{-n} \sum_{k=0}^{\infty} x(kT) z^{-k} =$

$z^{-n} Z[x(kT)]$

这就证明了(1).注意在证明过程中我们用到

$$x(-T)=0,x(-2T)=0,\cdots,x=(-nT)=0$$

故(1)应更确切地写成

$$Z[x_1(kT)]=z^{-n}Z[x(kT)]$$

其中

$$x_1(kT)=\begin{cases}x(kT-nT) & (在\ k\geqslant n)\\ 0 & (在\ k=0,1,2,\cdots,n-1)\end{cases}$$

再证(2)

$$Z[x(kT+nT)]=\sum_{k=0}^{\infty}x(kT+nT)z^{-k}=$$

$$\sum_{k'=n}^{\infty}x(k'T)z^{n-k'}(k'=k+n)=$$

$$z^n\sum_{k'=n}^{\infty}x(k'T)z^{-k'}=$$

$$z^n\left\{\sum_{k=0}^{\infty}x(kT)z^{-k}-\sum_{k=0}^{n-1}x(kT)z^{-k}\right\}=$$

$$z^n\left\{Z[x(kT)]-\sum_{k=0}^{n-1}x(kT)z^{-k}\right\}$$

即(2)得证.

(四)复扩张

若 $Z[x(kT)]=X(z)$,则对于任何常数 $\mu\neq 0$(μ 可为复数),可有

$$Z[\mu^k x(kT)]=X\left(\frac{z}{\mu}\right)$$

证明

$$Z[\mu^k x(kT)]=\sum_{k=0}^{\infty}\mu^k x(kT)z^{-k}=$$

$$\sum_{k=0}^{\infty}x(kT)\left(\frac{z}{\mu}\right)^{-k}=X\left(\frac{z}{\mu}\right)$$

例如，由 $Z[1]=\frac{z}{z-1}$，可得出

$$Z[\mu^k]=\frac{\frac{z}{\mu}}{\left(\frac{z}{\mu}\right)-1}=\frac{z}{z-\mu}$$

$$Z[(-\mu)^k]=\frac{z}{z+\mu}$$

又如，由 $Z[kT]=\frac{Tz}{(z-1)^2}$，可得

$$Z[\mu^k kT]=\frac{T\left(\frac{z}{\mu}\right)}{\left[\left(\frac{z}{\mu}\right)-1\right]^2}=\frac{T\mu z}{(z-\mu)^2}$$

$$Z[(-\mu)^k kT]=-\frac{T\mu z}{(z+\mu)^2}$$

又由 $Z[(kT)^2]=T^2\ \frac{z(z+1)}{(z-1)^3}$，可有

$$Z[\mu^k (kT)^2]=T^2\ \frac{\left(\frac{z}{\mu}\right)\left[\left(\frac{z}{\mu}\right)+1\right]}{\left[\left(\frac{z}{\mu}\right)-1\right]^3}=T^2\ \frac{\mu z(z+\mu)}{(z-\mu)^3}$$

$$Z[(-\mu)^k (kT)^2]=-T^2\ \frac{\mu z(z-\mu)}{(z+\mu)^3}$$

由 $Z[(kT)^3]=T^3\ \frac{z(z^2+4z+1)}{(z-1)^4}$，可有

$$Z[\mu^k (kT)^3]=T^3\ \frac{\mu z(z^2+4\mu z+\mu^2)}{(z-\mu)^4}$$

$$Z[(-\mu)^k (kT)^3]=T^3\ \frac{-\mu z(z^2-4\mu z+\mu^2)}{(z+\mu)^4}$$

由 $Z[(kT)^n]=(-1)^n\left[\frac{\partial^n}{\partial\lambda^n}\ \frac{z}{z-\mathrm{e}^{\lambda T}}\right]_{\lambda=0}$，可有

$$Z[\mu^k(kT)^n]=(-1)^n\left[\frac{\partial^n}{\partial\lambda^n}\frac{z}{z-\mu e^{-\lambda T}}\right]_{\lambda=0}$$

$$Z[(-\mu^k)(kT)^n]=(-1)^n\left[\frac{\partial^n}{\partial\lambda^n}\frac{z}{z+\mu e^{-\lambda T}}\right]_{\lambda=0}$$

特别，$Z[(-1)^k(kT)^n]=(-1)^n\left[\dfrac{\partial^n}{\partial\lambda^n}\dfrac{z}{z+e^{-\lambda T}}\right]_{\lambda=0}$

最后，由

$$Z[\mu^k\cos(\omega kT)]=\frac{z(z-\mu\cos\omega T)}{z^2-2z\mu\cos\omega T+\mu^2}$$

$$Z[\mu^k\sin(\omega kT)]=\frac{\mu z\sin\omega T}{z^2-2z\mu\cos\omega T+\mu^2}$$

换 μ 为 μe^{-aT}，可得

$$Z[\mu^k e^{-akT}\cos(\omega kT)]=\frac{z(z-\mu e^{-aT}\cos\omega T)}{z^2-2z\mu e^{-aT}\cos\omega T+\mu^2e^{-2aT}}$$

$$Z[\mu^k e^{-akT}\sin(\omega kT)]=\frac{z\mu e^{-aT}\sin\omega T}{z^2-2z\mu e^{-aT}\cos\omega T+\mu^2e^{-2aT}}$$

(五) 卷积

设有两数列 $x(kT)$ 及 $y(kT)$

定义

$$(x*y)(kT)=\sum_{i=0}^{k}x(iT)y(kT-iT)$$

为 $x(kT)$ 及 $y(kT)$ 的卷积. 左端 $(x*y)(kT)$ 是卷积的记号.

显然

$(x*y)(kT)=$

$\sum\limits_{i=0}^{k}x(iT)y(kT-iT)=$

$x(0)y(kT)+x(T)y(kT-T)+\cdots+x(Tk)y(0)=$

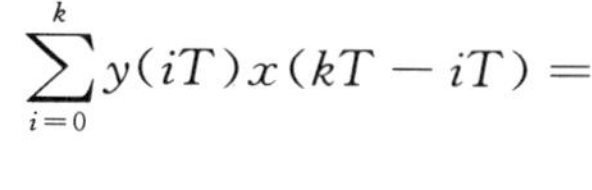

$\sum\limits_{i=0}^{k}y(iT)x(kT-iT)=$

$(y*x)(kT)$

即卷积满足互换律.

与拉氏变换类似,我们有下列定理.

卷积定理

$$Z[(x*y)(kT)]=Z[x(kT)]Z[y(kT)] \tag{3}$$

即两数列的卷积的 z 变换等于两数列的各自 z 变换的乘积.

证明

$$\begin{aligned}&Z[(x*y)(kT)]=\\&Z\left[\sum_{i=0}^{k}x(iT)y(kT-iT)\right]=\\&\sum_{k=0}^{\infty}\left\{\sum_{i=0}^{k}x(iT)y(kT-iT)\right\}z^{-k}\end{aligned} \tag{4}$$

按交换求和次序公式(类似于交换积分次序公式)可见(4)中的双和可以交换次序成

$$\begin{aligned}&\sum_{i=0}^{\infty}\sum_{k=i}^{\infty}x(iT)y(kT-iT)z^{-k}=\\&\sum_{i=0}^{\infty}x(iT)\sum_{k=i}^{\infty}y(kT-iT)z^{-k}(\text{以下令 } k-i=l)=\\&\sum_{i=0}^{\infty}x(iT)\sum_{l=0}^{\infty}y(lT)z^{-i-l}=\\&\sum_{i=0}^{\infty}x(iT)z^{-i}\sum_{j=0}^{\infty}y(jT)z^{-l}=\\&\sum_{k=0}^{\infty}x(kT)z^{-k}\sum_{k=0}^{\infty}y(kT)z^{-k}=\\&Z[x(kT)]Z[y(kT)]\end{aligned}$$

(六) 初值定理

设 $Z[x(kT)]=X(z)$ 如果 $X(\infty)$ 存在为有穷,

则 $$x(0)=X(\infty)$$

证明 按定义

$$\sum_{k=0}^{\infty}x(kT)z^{-k}=X(z) \tag{5}$$

并且在 $|z|>R_1$ 时，级数绝对收敛，并且一致收敛. 今 (5) 可写成

$$\left|X(z)-x(0)-\frac{x(T)}{z}-\cdots-\frac{x(NT)}{z^N}\right|=$$

$$\left|\sum_{k=N+1}^{\infty}\frac{x(kT)}{z^k}\right|$$

由级数在 $|z|>R_1$ 的一致收敛性，对于任给 $\varepsilon>0$，存在 N，当 $|z|>R_1$ 有

$$\left|\sum_{k=N+1}^{\infty}\frac{x(kT)}{z^k}\right|<\varepsilon$$

从而对于这个 N，当 $|z|>R_1$ 有

$$\left|X(z)-x(0)-\frac{x(T)}{z}-\frac{x(2T)}{z^2}-\cdots-\frac{x(NT)}{z^N}\right|<\varepsilon$$

令 $z=\infty$ 取极限，即得

$$|X(\infty)-x(0)-0^*|<\varepsilon \quad (0^* \text{ 表无限小})$$

由 ε 的任意性，即得

$$X(\infty)-x(0)=0^*$$

舍去 0^* 即得证.

(七) 终值定理

设 $$Z[x(kT)]=X(z)$$

并且 $(1-\frac{1}{z})X(z)$ 在 $|z|\geqslant 1$ 时是解析的，则

$$\lim_{k\to\infty}x(kT)=\lim_{\substack{z\to 1\\ |z|\geqslant 1}}(1-\frac{1}{z})X(z)$$

证现有

$$\lim_{n\to\infty}\sum_{k=0}^{n}x(kT)z^{-k}=X(z)\quad(|z|>R)\qquad(6)$$

$$\lim_{n\to\infty}\sum_{k=0}^{n-1}x(kT)z^{-k}=X(z)\quad(|z|>R)$$

将此等式乘以 z^{-1}，可有

$$\lim_{n\to\infty}\sum_{k=0}^{n-1}x(kT)z^{-k-1}=\frac{1}{z}X(z)\quad(|z|>R)$$

换 k 为 $k-1$，可有

$$\lim_{n\to\infty}\sum_{k=1}^{n}x(kT-T)z^{-k}=\frac{1}{z}X(z)\quad(|z|>R)\ (7)$$

从(6) 减去(7)，可有

$$\lim_{n\to\infty}\left\{x(0)+\sum_{k=1}^{n}[x(kT)-x(kT-T)]z^{-k}\right\}=\left(1-\frac{1}{z}\right)X(z)\qquad(8)$$

并且(8) 的收敛域一般可为 $|z|>R'$，而 $R'\leqslant R$.

注意 $\left(1-\frac{1}{z}\right)X(z)$ 在 $z=1$ 可能呈 $0\cdot\infty$. 如果此函数在 $|z|\geqslant 1$ 是解析的，那么(8) 左端级数在 $|z|\geqslant 1$ 时是收敛的. 按著名的阿贝尔(Abel) 定理，于(8) 在 $|z|\geqslant 1$ 令 $z\to 1$ 取极限，即得

$$\lim_{n\to\infty}\left\{x(0)+\sum_{k=1}^{n}[x(kT)-x(kT-T)]\right\}=\lim_{\substack{z\to 1\\ |z|\geqslant 1}}\left(1-\frac{1}{z}\right)X(z)$$

即

$$\lim_{n\to\infty}x(nT)=\lim_{\substack{z\to 1\\ |z|\geqslant 1}}\left(1-\frac{1}{z}\right)X(z)$$

§5　性质汇总，Z 变换表

$$Z[x(kT)]=\sum_{k=0}^{\infty}x(kT)z^{-k}=X(z)$$

一、性质汇总

（一）可加性

$$Z[x(kT)+y(kT)]=Z[x(kT)]+Z[y(kT)]$$

（二）齐次性

$$Z[ax(kT)]=aZ[x(kT)]\quad (a\text{ 与 }k\text{ 无关})$$

（三）时间的平移

n 为自然数，则

$$Z[x(kT-nT)]=z^{-n}Z[x(kT)]$$

$$Z[x(kT+nT)]=z^{n}\left\{Z[x(kT)]-\sum_{k=0}^{n-1}x(kT)z^{-k}\right\}$$

其中第一式可更确切地写成

$$Z[x_1(kT)]=z^{-n}Z[x(kT)]$$

而

$$x_1(kT)=\begin{cases}x(kT-nT) & (在\ k\geqslant n)\\ 0 & (在\ k=0,1,2,\cdots,n-1)\end{cases}$$

（四）复扩张

若 $Z[x(kT)]=X(z)$，则 $Z[\mu^k x(kT)]=X\left(\dfrac{z}{\mu}\right)$，$\mu\neq 0$ 与 k 无关，μ 可为复数.

(五) 卷积

$$(x * y)(kT)=\sum_{i=0}^{k}x(iT)y(kT-iT)=$$

$$\sum_{i=0}^{k}y(iT)x(kT-T)$$

则 $Z[(x*y)(kT)]=Z[x(kT)]Z[y(kT)]$

(六) 初值定理

若 $X(\infty)$ 存在为有穷数,则

$$x(0)=X(\infty)$$

(七) 终值定理

若 $\left(1-\frac{1}{z}\right)X(z)$ 在 $|z|\geqslant 1$ 是解析的,则

$$\lim_{k\to\infty}x(kT)=\lim_{\substack{z\to 1\\|z|\geqslant 1}}\left(1-\frac{1}{z}\right)X(z)$$

二、Z 变换表

1°$Z[1]=\frac{z}{z-1}$

2° $Z[\mu^k]=\frac{z}{z-\mu}$　(μ 可为复数)

$Z[\mathrm{e}^{-akT}]=\frac{z}{z-\mathrm{e}^{-aT}}$

3°$Z[kT]=\frac{Tz}{(z-1)^2}$

4°$Z[\mu^k kT]=\frac{T\mu z}{(z-\mu)^2}$

5°$Z[(kT)^2]=\frac{T^2z(z+1)}{(z-1)^3}$

6°$Z[\mu^k(kT)^2]=\frac{T^2\mu z(z+\mu)}{(z-\mu)^3}$

$7^\circ Z[(kT)^3]=\frac{T^3z(z^2+4z+1)}{(z-1)^4}$

$8^\circ Z[\mu^k(kT)^3]=\frac{T^3\mu z(z^2+4\mu z+\mu^2)}{(z-\mu)^4}$

$9^\circ Z[(kT)^n]=(-1)^n\left[\frac{\partial^n}{\partial\lambda^n}\frac{z}{z-\mathrm{e}^{-\lambda T}}\right]_{\lambda=0}$

$10^\circ Z[\mu^k(kT)^n]=(-1)^n\left[\frac{\partial^n}{\partial\lambda^n}\frac{z}{z-\mu\mathrm{e}^{-\lambda T}}\right]_{\lambda=0}$

$11^\circ Z[(-\mu)^k(kT)^n]=(-1)^n\left[\frac{\partial^n}{\partial\lambda^n}\frac{z}{z+\mu\mathrm{e}^{-\lambda T}}\right]_{\lambda=0}$

$12^\circ Z[\cos(\omega kT)]=\frac{z(z-\cos\omega T)}{z^2-2z\cos\omega T+1}$

$13^\circ Z[\sin(\omega kT)]=\frac{z\sin\omega T}{z^2-2z\cos\omega T+1}$

$14^\circ Z[\mu^k\cos(\omega kT)]=\frac{z(z-\mu\cos\omega T)}{z^2-2z\mu\cos\omega T+\mu^2}$

$15^\circ Z[\mu^k\sin(\omega kT)]=\frac{z\mu\sin\omega T}{z^2-2z\mu\cos\omega T+\mu^2}$

$16^\circ\ Z[\mu^k\mathrm{e}^{-akT}\cos(\omega kT)]=$

$$\frac{z(z-\mu\mathrm{e}^{-aT}\cos\omega T)}{z^2-2z\mu\mathrm{e}^{-aT}\cos\omega T+\mu^2\mathrm{e}^{-2aT}}$$

$17^\circ\ Z[\mu^k\mathrm{e}^{-akT}\sin(\omega kT)]=$

$$\frac{z\mu\mathrm{e}^{-aT}\sin\omega T}{z^2-2z\mu\mathrm{e}^{-aT}\cos\omega T+\mu^2\mathrm{e}^{-2aT}}$$

$18^\circ Z[\mathrm{ch}(\omega kT)]=\frac{z(z-\mathrm{ch}\,\omega T)}{z^2-2z\,\mathrm{ch}\,\omega T+1}$

$19^\circ Z[\mathrm{sh}(\omega kT)]=\frac{z\,\mathrm{sh}\,\omega T}{z^2-2z\,\mathrm{ch}\,\omega T+1}$

$20^\circ Z[\mu^k\mathrm{ch}(\omega kT)]=\frac{z(z-\mu\,\mathrm{ch}\,\omega T)}{z^2-2z\mu\,\mathrm{ch}\,\omega T+\mu^2}$

$21^\circ Z[\mu^k\mathrm{sh}(\omega kT)]=\frac{z\mu\,\mathrm{sh}\,\omega T}{z^2-2z\mu\,\mathrm{ch}\,\omega T+\mu^2}$

22° $Z[kT\cos(\omega kT)] = T\dfrac{z(z^2+1)\cos\omega T - 2z^2}{(z^2-2z\cos\omega T+1)^2}$

23° $Z[kT\sin(\omega kT)] = T\dfrac{z(z^2-1)\sin\omega T}{(z^2-2z\cos\omega T+1)^2}$

24° $Z[\mu^k kT\cos(\omega kT)] =$

$$T\frac{\mu z(z^2+\mu^2)\cos\omega T - 2\mu^2 z^2}{(z^2-2z\mu\cos\omega T+\mu^2)^2}$$

25° $Z[\mu^k kT\sin(\omega kT)] =$

$$T\frac{\mu z(z^2-\mu^2)\sin\omega T}{(z^2-2z\mu\cos\omega T+\mu^2)^2}$$

26° $Z[\mu^k kT\mathrm{e}^{-akT}\cos(\omega kT)] =$

$$T\frac{\mu\mathrm{e}^{-aT}z(z^2+\mu^2\mathrm{e}^{-2aT}) - 2\mu^2\mathrm{e}^{-2aT}z^2}{(z^2-2z\mu\mathrm{e}^{-aT}\cos\omega T+\mu^2\mathrm{e}^{-2aT})^2}$$

27° $Z[\mu^k kT\mathrm{e}^{-akT}\sin(\omega kT)] =$

$$T\frac{\mu\mathrm{e}^{-aT}z(z^2-\mu^2\mathrm{e}^{-2aT})\sin\omega T}{(z^2-2z\mu\mathrm{e}^{-aT}\cos\omega T+\mu^2\mathrm{e}^{-2aT})^2}$$

28° $Z[kT\mathrm{ch}(\omega kT)] = T\dfrac{z(z^2+1)\mathrm{ch}\,\omega T - 2z^2}{(z^2-2z\mathrm{ch}\,\omega T+1)^2}$

29° $Z[kT\mathrm{sh}(\omega kT)] = T\dfrac{z(z^2-1)\mathrm{sh}\,\omega T}{(z^2-2z\mathrm{ch}\,\omega T+1)^2}$

30° $Z[\mu^k kT\mathrm{ch}(\omega kT)] =$

$$T\frac{\mu z(z^2+\mu^2)\mathrm{ch}\,\omega T - 2\mu^2 z^2}{(z^2-2\mu z\mathrm{ch}\,\omega T+\mu^2)^2}$$

31° $Z[\mu^k kT\mathrm{sh}(\omega kT)] =$

$$T\frac{\mu z(z^2-\mu^2)\mathrm{sh}\,\omega T}{(z^2-2\mu z\mathrm{ch}\,\omega T+\mu^2)^2}$$

32° $Z[(kT)^2\cos(\omega kT)] =$

$$T^2\frac{z(z^4-1)\cos\omega T - 2z^2(z^2-1)(1+\sin^2\omega T)}{(z^2-2z\cos\omega T+1)^3}$$

33° $Z[(kT)^2\sin(\omega kT)] = T^2\cdot$

$$\frac{z(z^4-6z^2+1)\sin\omega T+2z^2(z^2+1)\sin\omega T\cos\omega T}{(z^2-2z\cos\omega T+1)^3}$$

34° $Z[\mu^k(kT)^2\cos(\omega kT)]=T^2\cdot$

$$\frac{\mu z(z^4-\mu^4)\cos\omega T-2\mu^2z^2(z^2-\mu^2)(1+\sin^2\omega T)}{(z^2-2\mu z\cos\omega T+\mu^2)^3}$$

35° $Z[\mu^k(kT)^2\sin(\omega kT)]=$

$$\frac{T^2}{(z^2-2\mu z\cos\omega T+\mu^2)^2}[\mu z(z^4-6\mu^2z^2+\mu^4)\sin\omega T+2\mu^2z^2(z^2+\mu^2)\sin\omega T\cos\omega T]$$

表中1°～15°不带因子 μ^k 的各公式已在以前各节中得出.带 μ^k 因子的各式可由相应不带此因子的各式利用性质(四)得出,而16°及17°则可在14°及15°中换 μ 为 μe^{-aT} 得出

由 2°,可有

$$Z[e^{\omega kT}]=\frac{z}{z-e^{\omega T}}$$

及

$$Z[e^{-\omega kT}]=\frac{z}{z-e^{-\omega T}}$$

两式和差之半分别给出18°,19°.应用性质(四)在18°及19°即分别到20°及21°.

在4°中取 $\mu=e^{i\omega T}$,得

$$z[kTe^{i\omega kT}]=\frac{Tze^{i\omega T}}{(z-e^{i\omega T})^2}=\frac{Tze^{i\omega T}(z-e^{-i\omega T})^2}{(z-e^{i\omega T})^2(z-e^{-i\omega T})^2}=$$

$$\frac{Tz(z^2e^{i\omega T}-2z+e^{-i\omega T})}{(z^2-2z\cos\omega T+1)^2}=$$

$$\frac{Tz[(z^2+1)\cos\omega T-2z+i(z^2-1)\sin\omega T]}{(z^2-2z\cos\omega T+1)^2}$$

分开不含 i 的项及含 i 的项,即得22°及23°.应用性质(四),从22°及23°即得24°及25°.在24°及25°中换 μ

为 $\mu \mathrm{e}^{-aT}$ 即得 26° 及 27°.

欲证 28° 及 29°，可在 4° 中分别取 μ 为 $\mathrm{e}^{\omega T}$ 及 $\mathrm{e}^{-\omega T}$，给出

$$Z[kT\mathrm{e}^{\omega kT}]=\frac{Tz\mathrm{e}^{\omega T}}{(z-\mathrm{e}^{\omega T})^2}$$

$$Z[kT\mathrm{e}^{-\omega kT}]=\frac{Tz\mathrm{e}^{-\omega T}}{(z-\mathrm{e}^{-\omega T})^2}$$

两式和差之半分别给出

$$Z[kT\mathrm{ch}(\omega kT)]=$$

$$\frac{1}{2}Tz\left\{\frac{\mathrm{e}^{\omega T}}{(z-\mathrm{e}^{\omega T})^2}+\frac{\mathrm{e}^{-\omega T}}{(z-\mathrm{e}^{-\omega T})^2}\right\}=$$

$$\frac{1}{2}Tz\,\frac{\mathrm{e}^{\omega T}(z-\mathrm{e}^{-\omega T})^2+\mathrm{e}^{-\omega T}(z-\mathrm{e}^{\omega T})^2}{(z^2-2z\mathrm{ch}\,\omega T+1)^2}=$$

$$Tz\,\frac{(z^2+1)\mathrm{ch}\,\omega T-2z}{(z^2-2z\mathrm{ch}\,\omega T+1)^2}$$

$$Z[kT\mathrm{sh}(\omega kT)]=$$

$$\frac{1}{2}Tz\,\frac{\mathrm{e}^{\omega T}(z-\mathrm{e}^{-\omega T})^2-\mathrm{e}^{-\omega T}(z-\mathrm{e}^{\omega T})^2}{(z^2-2z\mathrm{ch}\,\omega T+1)^2}=$$

$$Tz\,\frac{(z^2-1)\mathrm{sh}\,\omega T}{(z^2-2z\mathrm{ch}\,\omega T+1)^2}$$

它们分别是 28° 及 29°. 应用性质(四)，从 28° 及 29° 即得 30° 及 31°.

欲证 32° 及 33°，可在 6° 中取 $\mu=\mathrm{e}^{\mathrm{i}\omega T}$，给出

$$Z[(kT)^2\mathrm{e}^{\mathrm{i}\omega kT}]=T^2z\,\frac{\mathrm{e}^{\mathrm{i}\omega T}(z+\mathrm{e}^{\mathrm{i}\omega T})}{(z-\mathrm{e}^{\mathrm{i}\omega T})^3}=$$

$$T^2z\,\frac{(z+\mathrm{e}^{\mathrm{i}\omega T})\mathrm{e}^{\mathrm{i}\omega T}(z-\mathrm{e}^{-\mathrm{i}\omega T})^3}{(z-\mathrm{e}^{\mathrm{i}\omega T})^3(z-\mathrm{e}^{-\mathrm{i}\omega T})^3}=$$

$$T^2z\,\frac{(z+\mathrm{e}^{\mathrm{i}\omega T})(z-\mathrm{e}^{-\mathrm{i}\omega T})\mathrm{e}^{\mathrm{i}\omega T}(z-\mathrm{e}^{-\mathrm{i}\omega T})^2}{(z^2-2z\cos\,\omega T+1)^3}=$$

$$T^2z\,\frac{(z^2-1+2\mathrm{i}z\sin\,\omega T)(z^2\mathrm{e}^{\mathrm{i}\omega T}-2z+\mathrm{e}^{-\mathrm{i}\omega T})}{(z^2-2z\cos\,\omega T+1)^3}=$$

$$T^2 z\frac{[(z^2-1)+2\mathrm{i}z\sin\omega T]}{(z^2-2z\cos\omega T+1)^2}\times$$
$$\frac{(z^2-1)\cos\omega T-2z+\mathrm{i}(z^2-1)\sin\omega T}{(z^2-2z\cos\omega T+1)}$$

分开实部及虚部即得 32° 及 33°. 应用性质(四),从 32° 及 33° 即得 34° 及 35°.

§6 反 Z 变换

在 §2 中,我们定义了 $x(kT)$ 的 z 变换

$$Z[x(kT)]=\sum_{k=0}^{\infty}x(kT)z^{-k}=X(z) \qquad (1)$$

末端 $X(z)$ 是中间 z 的负幂级数之和,首端是 z 变换的记号. 在 §2 中,我们曾假定此负幂级数在某圆外 $|z|>R$ 收敛. 现在我们来阐明作这种假定的理由.

我们用著名的柯西(Cauchy)根号法来判别(1)中级数的收敛或发散. 设 $x(kT)(k=0,1,2,\cdots)$ 为给定的数列. 考察(1)中级数第 n 项(不计第一项)的绝对值的 n 次方根

$$\sqrt[n]{|x(nT)z^{-n}|}=\frac{\sqrt[n]{|x(nT)|}}{|z|}$$

它的上极限(即最大极限)为

$$\rho\overline{\lim_{n\to\infty}}\frac{\sqrt[n]{|x(nT)|}}{|z|}$$

可写

$$R=\overline{\lim_{n\to\infty}}\sqrt[n]{|x(nT)|}$$

我们知道,对于任何 $x(kT)$,R 必存在:$0\leqslant R\leqslant\infty$,于

是 $\rho=\frac{R}{|z|}$. 柯西根号法告诉我们：

设 $R>\infty(R\neq\infty)$.

如果 $\rho<1$,即 $|z|>R$,则(1) 绝对收敛；

如果 $\rho>1$,即 $|z|<R$,则(1) 发散；

如果 $\rho=1$,即 $|z|=R$,则级数(1) 的收敛性不能定.

我们还知道：$|z|=R$ 为中心在原点、半径为 R 的圆周，$|z|>R$ 为圆外所成之域，$|z|<R$ 为圆内所成之域. 按上面的结果，我们称圆外 $|z|>R$ 为(1) 的收敛域. 这就是我们在 §2 中定义 z 变换时，假定级数 $\sum_{k=0}^{\infty}x(kT)z^{-k}$ 在 $|z|>R$ 内收敛的理由. $X(z)$ 为这级数的和，它确定在域 $|z|>R$. 按幂级数理论，(1) 中右端等式可以逐项求导而不改变其收敛域. 因此，和函数 $X(z)$ 在 $|z|>R$ 域是解析的.

现在研究相反的问题. 设 $X(z)$ 是一个给定的复变函数，它在某圆外 $|z|>R$ 是解析的，并且存在有穷数 $X(\infty)$，我们讨论 $X(z)$ 是否能展成如下的负幂级数

$$X(z)=\sum_{k=0}^{\infty}x(kT)z^{-k} \tag{2}$$

其中 $x(kT)$ 是待定系数. 假定(2) 成立，那么如在 §4(六) 中，我们有 $x(0)=X(\infty)$. 至于其他的 $x(kT)(k=1,2,\cdots)$，我们可用下法求得. 取 $n\geqslant 1$ 为某一固定的自然数，并取 $R_1\geqslant R$，以 Γ 表圆周 $|z|=R_1$，以 z^{n-1} 遍乘(2)，可有

$$\sum_{k=0}^{\infty}x(kT)z^{n-1-k}=z^{n-1}X(z) \tag{3}$$

题设 $X(z)$ 在 $|z|>R$ 是解析的，而 $R_1>R$，故 $X(z)$

在 $|z| \geqslant R_1$ 是解析的，因而 $z^{n-1}X(z)$ 在 $|z| \geqslant R_1$ 是解析的. 现在就(3) 沿圆周 Γ: $|z| = R_1$ 的正向(顺时针) 逐项取围道积分，可有

$$\sum_{k=0}^{\infty} x(kT)\oint_{\Gamma} z^{n-1-k}\,\mathrm{d}z = \oint_{\Gamma} z^{n-1}X(z)\,\mathrm{d}z \tag{4}$$

根据被积函数 $z^{n-1}X(z)$ 在 Γ 上的解析性，(4) 右端积分为有穷数. 至于左端逐项积分的合理性，我们暂时不考虑它. 对左端所有 $k \neq n$ 的项

$$\oint_{\Gamma} z^{n-1-k}\,\mathrm{d}z = \oint_{\Gamma} \mathrm{d}\left(\frac{z^{n-k}}{n-k}\right) = \Delta_{\Gamma}\left(\frac{z^{n-k}}{n-k}\right) = 0$$

其中 $\Delta_{\Gamma}\left(\frac{z^{n-k}}{n-k}\right)$ 表示 $\frac{z^{n-k}}{n-k}$ 沿 Γ 正向一周的增量. 而当 $k=n$ 时，左端所留下的积分为 $\oint_{\Gamma} z^{-1}\,\mathrm{d}z$. 对此积分，我们可用变换 $z = R_1\mathrm{e}^{\mathrm{i}\theta}$，$\mathrm{d}z = R_1\mathrm{i}\mathrm{e}^{\mathrm{i}\theta}\mathrm{d}\theta$，又 Γ 沿正向一周相当于 θ 由 2π 到 0，于是

$$\oint_{\Gamma} \frac{\mathrm{d}z}{z} = -\int_0^{2\pi} \frac{R_1\mathrm{i}\mathrm{e}^{\mathrm{i}\theta}\mathrm{d}\theta}{R_1\mathrm{e}^{\mathrm{i}\theta}} = -\int_0^{2\pi} \mathrm{i}\,\mathrm{d}\theta = -2\pi\mathrm{i}$$

则(4) 成为

$$-x(nT)2\pi\mathrm{i} = \oint_{\Gamma} z^{n-1}X(z)\,\mathrm{d}z$$

从而在 $n \geqslant 1$ 时

$$x = (nT) = \frac{-1}{2\pi\mathrm{i}}\oint_{\Gamma} z^{n-1}X(z)\,\mathrm{d}z$$

其中积分是沿圆周 Γ: $|z| = R_1$ 的正向取的，而 R_1 是大于 R 的任何数.

总之，如果 $X(z)$ 为已知，$X(z)$ 在 $|z| > R$ 是解析的，且 $X(\infty)$ 存在为有穷，并且假定(2) 成立，则

$$x(kT) = \begin{cases} \dfrac{-1}{2\pi\mathrm{i}}\oint_{\Gamma} z^{k-1}X(z)\,\mathrm{d}z & (\text{在 } k \geqslant 1) \\ X(\infty) & (\text{在 } k = 0) \end{cases} \tag{5}$$

其中 Γ 表示圆周 $|z|=R_1(>R)$ 的正向一周.

由于我们是假定(2)成立,并且没有考虑逐项积分的合理性,所以上述方法是不严密的.但如果我们能证(5)中的 $x(kT)$ 确能满足(2),即能证(5)中 $x(kT)$ 的 z 变换确为已知的函数 $X(z)$,那么这问题才算圆满解决.现在来讨论(5)中的 $x(kT)$ 是否满足(2).为此,我们在(5)中作代换 $z=\dfrac{1}{\zeta}$,则

$$X(z)=X\left(\frac{1}{\zeta}\right)\equiv X_1(\zeta),X_1(\zeta)\text{ 在 }|\zeta|<\frac{1}{R}$$

解析 $x(0)=X(\infty)=X_1(0)$.

圆周 Γ 变成 $(-\Gamma_1)$,而 Γ_1 表示圆周 $|\zeta|=\dfrac{1}{R_1}\left(<\dfrac{1}{R}\right)$ 的正向一周,$(-\Gamma_1)$ 表示此圆周负向一周,并且 $X_1(\zeta)$ 在 $|\zeta|\leqslant\dfrac{1}{R_1}$ 解析;

另外在 $k=1,2,3,\cdots$ 时

$$x(kT)=\frac{1}{2\pi i}\oint_{(-\Gamma_1)}\zeta^{-k+1}X_1(\zeta)\left(-\frac{1}{\zeta^2}d\zeta\right)=$$

$$\frac{1}{2\pi i}\oint_{\Gamma_1}\zeta^{-k-1}X_1(\zeta)d\zeta$$

把这些代入(2)的右端,可有

$$\sum_{k=0}^{\infty}x(kT)z^{-k}=$$

$$x(0)+\sum_{k=1}^{\infty}\frac{1}{2\pi i}\left(\oint_{\Gamma_1}\zeta^{-k-1}X_1(\zeta)d\zeta\right)z^{-k}=$$

$$X_1(0)+\frac{1}{2\pi i}\sum_{k=1}^{\infty}\oint_{\Gamma_1}\frac{1}{\zeta}\left(\frac{1}{z\zeta}\right)^kX_1(\zeta)d\zeta$$

取 $\dfrac{1}{z}$ 为 Γ_1 内任一点,ζ 为 Γ_1 上一点,则

$$\left|\frac{1}{z}\right|<|\zeta|=\frac{1}{R_1}$$

从而

$$\left|\frac{1}{z\zeta}\right|<1$$

故级数 $\sum\limits_{k=1}^{\infty}\left(\frac{1}{z\zeta}\right)^k$ 绝对收敛，并且对 Γ_1 上的 ζ 说，是一致收敛，又 $\frac{1}{\zeta}X_1(\zeta)$ 在 Γ_1 上是解析的，因而其模是有界的，故可交换 $\sum$ 及 $\oint$ 的次序，从而上式化成

$$\sum_{k=0}^{\infty}x(kT)z^{-k}=$$

$$X_1(0)+\frac{1}{2\pi \mathrm{i}}\oint_{\Gamma_1}\sum_{k=1}^{\infty}\frac{1}{\zeta}\left(\frac{1}{z\zeta}\right)^k X_1(\zeta)\mathrm{d}\zeta=$$

$$X_1(0)+\frac{1}{2\pi \mathrm{i}}\oint_{\Gamma_1}\frac{1}{\zeta}\frac{\frac{1}{(z\zeta)}}{1-\left[\frac{1}{(z\zeta)}\right]}X_1(\zeta)\mathrm{d}\zeta=$$

$$X_1(0)+\frac{1}{2\pi \mathrm{i}}\oint_{\Gamma_1}\frac{1}{\zeta}\frac{\frac{1}{z}}{\zeta-\left(\frac{1}{z}\right)}X_1(\zeta)\mathrm{d}\zeta=$$

$$X_1(0)+\frac{1}{2\pi \mathrm{i}}\oint_{\Gamma_1}\left(-\frac{1}{\zeta}+\frac{1}{\zeta-(\frac{1}{z})}\right)X_1(\zeta)\mathrm{d}\zeta=$$

$$X_1(0)-\frac{1}{2\pi \mathrm{i}}\oint_{\Gamma_1}\frac{X_1(\zeta)}{\zeta-0}\mathrm{d}\zeta+$$

$$\frac{1}{2\pi \mathrm{i}}\oint_{\Gamma_1}\frac{X_1(\zeta)}{\zeta-\left(\frac{1}{z}\right)}\mathrm{d}\zeta=$$

$$X_1(0)-X_1(0)+X_1\left(\frac{1}{z}\right)=X(z)$$

（Cauchy 积分）这就证明了(5) 中的 $x(kT)$ 的确满足(2). 即我们证明了下面的命题

$$\text{如果} \sum_{k=0}^{\infty} x(kT) z^{-k} = X(z)$$

则

$$x(kT) = \begin{cases} \dfrac{-1}{2\pi i}\oint_{\Gamma} z^{k-1} X(z) \mathrm{d}z & (\text{在 } k \geqslant 1) \\ X(\infty) & (\text{在 } k = 0) \end{cases}$$

反之也成立. 两者构成 z 变换对,并且可分别记如

$$Z[x(kT)] = X(z)$$

$$x(kT) = Z^{-1}[X(z)]$$

对于前一式,我们说 $x(kT)$ 的 z 变换为 $X(z)$,对于后一式,我们说 $X(z)$ 的反 z 变换为 $x(kT)$.

例如　$Z[1] = \dfrac{z}{z-1}, 1 = Z^{-1}\left[\dfrac{z}{z-1}\right]$

$$Z[\mu^k] = \frac{z}{z-\mu}, \mu^k = Z^{-1}\left[\frac{z}{z-\mu}\right]$$

等.

如果 $X(z)$ 为已知,则可用留数法求(5) 中的围道积分. 题设 $z^{k-1}X(z)(k \geqslant 1)$ 在 Γ 上及 Γ 外解析,即在 $|z| \geqslant R_1$ 时解析. 我们可先求出 $z^{k-1}X(z)$ 在 Γ 内的不同的极点 $z_i (i = 1, 2, \cdots)$. 由于 R_1 是大于 R 的数,所以这些 z_i 就是 $z^{k-1}X(z)$ 的所有极点,并且假定不再有 $z^{k-1}X(z)$ 的其他异点. 以 $\operatorname*{Res}_{z_i}[z^{k-1}X(z)]$ 表 $z^{k-1}X(z)$ 在 z_i 的留数,则按留数定理,有

$$\oint_{\Gamma} z^{k-1} X(z) \mathrm{d}z = -2\pi i \sum_i \operatorname*{Res}_{z_i}[z^{k-1} X(z)] \quad (k \geqslant 1)$$

代入(5),可得

$$x(kT)=\begin{cases}\sum\limits_{i}\operatorname*{Res}\limits_{z_i}[z^{k-1}X(z)] & (k\geqslant 1)\\ X(\infty) & (k=0)\end{cases}\tag{6}$$

§7　反 Z 变换的求法

给了某函数 $X(z)$，它在 $|z|>R$ 解析，并且存在 $X(\infty)$ 为有穷. 一般有三种方法求 $X(z)$ 的反 z 变换 $Z^{-1}[X(z)]$：(ⅰ) 查表法；(ⅱ) 负幂级数法；(ⅲ) 留数法. 对前两法有时须配合部分分式展开. 现在举一些例子阐明如何运用这些方法.

例 1　$X(z)=\dfrac{z(1-e^{-at})}{(z-1)(z-e^{-at})}$，求反 z 变换.

解　$X(\infty)=0$，故 $x(0)=0$.

(ⅰ) 查表法. 我们把 $\dfrac{X(z)}{z}$ 展成部分分式之和

$$\frac{X(z)}{z}=\frac{1-e^{-aT}}{(z-1)(z-e^{-aT})}=\frac{1}{z-1}-\frac{1}{z-e^{-aT}}$$

从而

$$X(z)=\frac{z}{z-1}-\frac{z}{z-e^{-aT}}\tag{1}$$

我们所以把 $\dfrac{X(z)}{z}$ 展开成部分分式之和是由于表中多数 z 变换的分子含有因子 z 这一事实所启发.

查表 1° 及 2° 立刻得

$$Z^{-1}[X(z)]=1-e^{-akT}=x(kT)$$

注意这结果对 $k=0$ 也成立：$x(0)=0$.

(ⅱ) 负幂级数法. 由(1)，可有

$$X(z)=\frac{1}{1-z^{-1}}-\frac{1}{1-\mathrm{e}^{-aT}z^{-1}}=$$

$$\sum_{k=0}^{\infty}z^{-k}-\sum_{k=0}^{\infty}\mathrm{e}^{-akT}z^{-k}\quad[|z|>\max(1,\mathrm{e}^{-aT})]=$$

$$\sum_{k=0}^{\infty}(1-\mathrm{e}^{-akT})z^{-k}$$

故　　$x(kT)=1-\mathrm{e}^{-akT}\quad(k=0,1,2\cdots)$

(ⅲ) 留数法. 用 §6 的(6) 这里

$$z^{k-1}X(z)=\frac{z^{k}(1-\mathrm{e}^{-aT})}{(z-1)(z-\mathrm{e}^{-aT})}$$

它有两个一阶极点:$1,\mathrm{e}^{-aT}$.

$$x(kT)=\operatorname*{Res}_{1}[z^{k-1}X(z)]+\operatorname*{Res}_{\mathrm{e}^{-aT}}[z^{k-1}X(z)]=$$

$$\left[(z-1)\frac{z^{k}(1-\mathrm{e}^{-aT})}{(z-1)(z-\mathrm{e}^{-aT})}\right]_{z=1}+$$

$$\left[(z-\mathrm{e}^{-aT})\frac{z^{k}(1-\mathrm{e}^{-aT})}{(z-1)(z-\mathrm{e}^{-aT})}\right]_{z=\mathrm{e}^{-aT}}=$$

$$\left.\frac{z^{k}(1-\mathrm{e}^{-aT})}{z-\mathrm{e}^{-aT}}\right|_{z=1}+\left.\frac{z^{k}(1-\mathrm{e}^{-aT})}{z-1}\right|_{z=\mathrm{e}^{-aT}}=$$

$$1-\mathrm{e}^{-akT}\quad(k=0,1,2\cdots)$$

例 2　$X(z)=\dfrac{T^{2}z(z+1)}{(z-1)^{3}}$,求 $x(kT)$.

解　这是 §5 表中的 5°. 由该公式,可见 $x(kT)=(kT)^{2}$. 我们用负幂级数法及留数法验证这结果.

负幂级数法. $X(z)$ 分子及分母除以 z^{3} 可见,在 $|z|>1$ 时,有

$$X(z)=T^{2}\left(\frac{1}{z}+\frac{1}{z^{2}}\right)\left(1-\frac{1}{z}\right)^{-3}=$$

$$T^{2}\left(\frac{1}{z}+\frac{1}{z^{2}}\right)\left(1+3\left(\frac{1}{z}\right)+\cdots+\right.$$

$$\frac{(k+1)(k+2)}{2}\frac{1}{z^k}+\cdots\Big)$$

将上式乘开后可见,其$\frac{1}{z^k}$的系数为

$$x(kT)=T^2\left[\frac{1}{2}k(k+1)+\frac{1}{2}(k-1)k\right]=$$

$$(kT)^2 \quad (k=0,1,2,\cdots)$$

留数法. $z^{k-1}X(z)=T^2\frac{z^k(z+1)}{(z-1)^3}$,$z=1$ 为仅有的一个三阶极点.

$$x(kT)=\operatorname*{Res}_{1}[z^{k-1}X(z)]=\operatorname*{Res}_{1}\left[T^2\frac{z^k(z+1)}{(z-1)^3}\right]=$$

$$\frac{T^2}{2!}\left[\frac{d^2}{dz^2}\left\{(z-1)^3\frac{z^k(z+1)}{(z-1)^3}\right\}\right]_{z=1}=$$

$$\frac{T^2}{2}\left[\frac{d^2}{dz^2}(z^{k+1}+z^k)\right]_{z=1}=$$

$$\frac{1}{2}T^2[(k+1)kz^{k-1}+k(k-1)z^{k-2}]_{z=0}=$$

$$\frac{1}{2}T^2[(k+1)k+k(k-1)]=(kT)^2$$

注意这结果对 $k=0$ 也成立:$x(0)=X(\infty)=0$.

例 3 $X(z)=\frac{az}{z-\alpha}$,求 $x(kT)$.

解 负幂级数法. 在 $|z|>|\alpha|$ 时

$$X(z)=\frac{a}{1-\left(\frac{\alpha}{z}\right)}=a\left(1+\frac{\alpha}{z}+\cdots+\frac{\alpha^k}{z^k}+\cdots\right)$$

$x(kT)=\left(\frac{1}{z^k}\right)$的系数$=a\alpha^k \quad (k=0,1,2,\cdots)$①

留数法.

$$Z^{-1}\left[\frac{az}{z-\alpha}\right]=$$
$$\operatorname*{Res}_{\alpha}[z^{k-1}X(z)]=$$
$$\operatorname*{Res}_{\alpha}\left[\frac{az^k}{z-\alpha}\right]=$$
$$(z-\alpha)\frac{az^k}{z-\alpha}\bigg|_{z=\alpha}=a\alpha^k=x(kT)$$

这结果对 $k=0$ 也成立. $x(0)=a=X(\infty)$.

例 4　$X(z)=\frac{az^2+bz}{(z-\alpha)^2}$,求 $x(kT)$.

解　$x(0)=X(\infty)=a$

负幂级数法. 在 $|z|>|\alpha|$ 时

$$X(z)=\left(a+\frac{b}{z}\right)\left(1-\frac{\alpha}{z}\right)^{-2}=$$
$$\left(a+\frac{b}{z}\right)\left(1+\frac{2\alpha}{z}+\cdots+(k+1)\frac{\alpha^k}{z^k}+\cdots\right)$$

故 $x(kT)=$乘积中$\frac{1}{z^k}$的系数$=a(k+1)\alpha^k+bk\alpha^{k-1}$②

这结果在 $k=0$ 也成立:$x(0)=a$.

留数法.

$$x(kT)=\operatorname*{Res}_{\alpha}[z^{k-1}X(z)]=\operatorname*{Res}_{\alpha}\frac{az^{k+1}+bz^k}{(z-a)^2}=$$

---

① 这结果在 $\alpha=0$ 成立,只需注意,在 $\alpha=0$ 时,有

$$\alpha^k=\begin{cases}1 & (在\ k=0)\\ 0 & (在\ k=1,2,3\cdots)\end{cases}$$

② $\alpha=0$ 时,$\alpha^k=\begin{cases}1 & (在\ k=0)\\ 0 & (在\ k=1,2,\cdots)\end{cases}$,此结果对 $\alpha=0$ 也成立.

$$\left[\frac{\mathrm{d}}{\mathrm{d}z}\left\{(z-a)^2\ \frac{az^{k+1}+bz^k}{(z-a)^2}\right\}\right]_{z=\alpha}=$$

$$\left[\frac{\mathrm{d}}{\mathrm{d}z}(az^{k+1}+bz^k)\right]_{z=\alpha}=$$

$$[a(k+1)z^k+bkz^{k-1}]_{z=\alpha}=$$

$$a(k+1)\alpha^k+bk\alpha^{k-1}$$

例 5 $X(z)=\dfrac{az^2+bz}{(z-\alpha)(z-\beta)}$,$\alpha\neq\beta$,求 $x(kT)$.

显然:无论用负幂级数法或留数法,可有

$$x(kT)=Z^{-1}\left[\frac{az^2+bz}{(z-\alpha)(z-\beta)}\right]=$$

$$\frac{a(\alpha^{k+1}-\beta^{k+1})+b(\alpha^k-\beta^k)}{\alpha-\beta}\quad(k=0,1,2,3\cdots)$$

注意在 $k=0$,此式给出 $x(0)=a=X(\infty)$.

又如果于此结果中令 $\beta=\alpha$,取实在值,可得

$$Z^{-1}\left[\frac{az^2+bz}{(z-\alpha)^2}\right]=a(k+1)\alpha^k+bk\alpha^k$$

同例 4.

例 6 $X(z)=\dfrac{az^2+bz}{(z-\alpha)^2+\beta^2}(\beta>0)$,求 $x(kT)$.

解 设 $\alpha=\rho\cos\varphi$,$\beta=\rho\sin\varphi$,则

$$\rho=\sqrt{\alpha^2+\beta^2},\cos\varphi=\frac{\alpha}{\rho},\sin\varphi=\frac{\beta}{\rho}$$

分母的两个零点为 $\rho(\cos\varphi\pm\mathrm{i}\sin\varphi)=\rho\mathrm{e}^{\pm\mathrm{i}\varphi}$. 利用例 5 的结果,可有

$$x(kT)=\frac{1}{2\mathrm{i}\rho\sin\varphi}\{a\rho^{k+1}[\mathrm{e}^{\mathrm{i}(k+1)\varphi}-\mathrm{e}^{-\mathrm{i}(k+1)\varphi}]+$$

$$b\rho^k[\mathrm{e}^{\mathrm{i}k\varphi-\mathrm{e}^{-\mathrm{i}k\varphi}}]\}=$$

$$a\rho^k\ \frac{\sin(k+1)\varphi}{\sin\varphi}+b\rho^{k-1}\ \frac{\sin k\varphi}{\sin\varphi}\quad(k=0,1,2,3,\cdots)$$

即

$$Z^{-1}\left[\frac{az^2+bz}{(z-\alpha)^2+\beta^2}\right]=$$

$$Z^{-1}\left[\frac{az^2+bz}{z^2-2\rho z\cos\varphi+\rho^2}\right]=$$

$$a\rho^k\frac{\sin(k+1)\varphi}{\sin\varphi}+b\rho^{k-1}\frac{\sin k\varphi}{\sin\varphi}\quad(k=0,1,2,\cdots)$$

注意 $\varphi=0$ 取实在值亦得例 4 的结果.

例 7　$X(z)=\dfrac{az^3+bz^2+cz}{(z-\alpha)^3}$,求 $x(kT)$.

解　$x(0)=X(\infty)=a$

$$x(kT)=$$

$$\operatorname*{Res}_{\alpha}[z^{k-1}X(z)]=$$

$$\operatorname*{Res}_{\alpha}\left[\frac{az^{k+2}+bz^{k+1}+cz^k}{(z-\alpha)^3}\right]=$$

$$\frac{1}{2}\left[\frac{\mathrm{d}^2}{\mathrm{d}z^2}(az^{k+2}+bz^{k+1}+cz^k)\right]_{z=\alpha}=$$

$$\frac{1}{2}a(k+2)(k+1)\alpha^k+\frac{1}{2}b(k+1)k\alpha^{k-1}+$$

$$\frac{1}{2}ck(k-1)\alpha^{k-2}$$

这结果对 $k=0$ 也成立

$$x(0)=\frac{1}{2}a\cdot 2\cdot 1\alpha^0=a=X(\infty)$$

特别,$a=0,b=\mu,c=\mu^2,\alpha=\mu$,给出表中的 6°.

例 8　$X(z)=\dfrac{az^3+bz^2+cz}{(z-\alpha)^2(z-\beta)}$,$\alpha\neq\beta$,求 $x(kT)$.

解

$$x(kT)=$$

$$\operatorname*{Res}_{\alpha}[z^{k-1}X(z)]+\operatorname*{Res}_{\beta}[z^{k-1}X(z)]=$$

$$\operatorname*{Res}_{\alpha}\left[\frac{az^{k+2}+bz^{k+1}+cz^{k}}{(z-\alpha)^{2}(z-\beta)}\right]+$$
$$\operatorname*{Res}_{\beta}\left[\frac{az^{k+2}+bz^{k+1}+cz^{k}}{(z-\alpha)^{2}(z-\beta)}\right]=$$
$$\left[\frac{\mathrm{d}}{\mathrm{d}z}\frac{az^{k+2}+bz^{k+1}+cz^{k}}{z-\beta}\right]_{z=\alpha}+$$
$$\left.\frac{az^{k+2}+bz^{k+1}+cz^{k}}{(z-\alpha)^{2}}\right|_{z=\beta}=$$
$$\frac{a(k+2)\alpha^{k+1}+b(k+1)\alpha^{k}+ck\alpha^{k-1}}{(\alpha-\beta)^{2}}-$$
$$\frac{a(\alpha^{k+2}-\beta^{k+2})+b(\alpha^{k+1}-\beta^{k+1})+c(\alpha^{k}-\beta^{k})}{(\alpha-\beta)^{2}}$$

这结果对 $k=0$ 也成立

$$x(0)=$$
$$\frac{2a\alpha+b}{\alpha-\beta}-\frac{a(\alpha^{2}-\beta^{2})+b(\alpha-\beta)}{(\alpha-\beta)^{2}}=$$
$$\frac{2a\alpha+b}{\alpha-\beta}-\frac{a(\alpha+\beta)+b}{\alpha-\beta}=a$$

而 $X(\infty)=a$.

例 9 $X(z)=\dfrac{az^{3}+bz^{2}+cz}{(z-\alpha)(z-\beta)(z-\gamma)}$ $\alpha\neq\beta\neq\gamma\neq\alpha$,求 $x(kT)$.

用留数法,易求得

$$x(kT)=$$
$$\frac{a\alpha^{k+2}+b\alpha^{k+1}+c\alpha^{k}}{(\alpha-\beta)(\alpha-\gamma)}+$$
$$\frac{a\beta^{k+2}+b\beta^{k+1}+c\beta^{k}}{(\beta-\alpha)(\beta-\gamma)}+\frac{a\gamma^{k+2}+b\gamma^{k+1}+c\gamma^{k}}{(\gamma-\alpha)(\gamma-\beta)}$$

这结果对 $k=0$ 也成立. $k=0$,可有

$$x(0)=$$

$$\frac{a\alpha^2+b\alpha+c}{(\alpha-\beta)(\alpha-\gamma)}+\frac{a\beta^2+b\beta+c}{(\beta-\alpha)(\beta-\gamma)}+$$

$$\frac{a\gamma^2+b\gamma+c}{(\gamma-\alpha)(\gamma-\beta)}=$$

$$\frac{(a\alpha^2+b\alpha+c)(\beta-\gamma)+(a\beta^2+b\beta+c)}{(\alpha-\beta)(\alpha-\gamma)}\cdot$$

$$\frac{(\gamma-\alpha)+(a\gamma^2+b\gamma+c)(\alpha-\beta)}{(\beta-\gamma)}$$

显然在 $\alpha=\beta,\alpha=\gamma,\beta=\gamma$ 时，分子均为 0，故分子可化成 $a(\alpha-\beta)(\alpha-\gamma)(\beta-\gamma)$，从而 $x(0)=a=X(\infty)$.

例 10　$X(z)=\dfrac{az^3+bz^2+cz}{[(z-\alpha)^2+\beta^2](z-\gamma)}$，求 $x(kT)$.

解　设 $\alpha=\rho\cos\varphi,\beta=\rho\sin\varphi$，则

$$\rho=\sqrt{\alpha^2+\beta^2},\cos\varphi=\frac{\alpha}{\rho},\sin\varphi=\frac{\beta}{\rho}$$

分母的三零点为 $\alpha\pm \mathrm{i}\beta=\rho\mathrm{e}^{\pm\mathrm{i}\varphi}$ 及 γ.

$$x(kT)=$$

$$2R\left\{\operatorname*{Res}_{\rho\mathrm{e}^{\mathrm{i}\varphi}}\left[\frac{az^{k+2}+bz^{k+1}+cz^k}{[(z-\alpha)^2+\beta^2](z-\gamma)}\right]\right\}^{①}+$$

$$\operatorname*{Res}_{\gamma}\left[\frac{az^{k+2}+bz^{k+1}+cz^k}{[(z-\alpha)^2+\beta^2](z-\gamma)}\right]=$$

$$2R\left\{\left[\frac{az^{k+2}+bz^{k+1}+cz^k}{(z-\rho\mathrm{e}^{-\mathrm{i}\varphi})(z-\gamma)}\right]_{z=\rho\mathrm{e}^{\mathrm{i}\varphi}}\right\}+$$

$$\frac{a\gamma^{k+2}+b\gamma^{k+1}+c\gamma^k}{(\gamma-\alpha)^2+\beta^2}=$$

$$2R\left\{\frac{\rho^k[a\rho^2\mathrm{e}^{\mathrm{i}(k+2)\varphi}+b\rho\mathrm{e}^{\mathrm{i}(k+1)\varphi}+c\mathrm{e}^{\mathrm{i}k\varphi}]}{\rho(\mathrm{e}^{\mathrm{i}\varphi}-\mathrm{e}^{-\mathrm{i}\varphi})(\rho\mathrm{e}^{\mathrm{i}\varphi}-\gamma)}\right\}+$$

---

①　R 表实部

$$\frac{a\gamma^{k+2}+b\gamma^{k+1}+c\gamma^{k}}{(\gamma-\alpha)^{2}+\beta^{2}}=$$

$$R\left\{\frac{\rho^{k}[a\rho^{2}e^{i(k+2)\varphi}+b\rho e^{i(k+1)\varphi}+ce^{ik\varphi}]}{\rho i\sin\varphi(\rho e^{i\varphi}-\gamma)}\cdot\frac{(\rho e^{-i\varphi}-\gamma)}{\rho e^{-i\varphi}-\gamma}\right\}+$$

$$\frac{ar^{k+2}+br^{k+1}+cr^{k}}{(\gamma-\alpha)^{2}+\beta^{2}}=$$

$$R\left\{\frac{\rho^{k}[a\rho^{2}e^{i(k+1)\varphi}+b\rho e^{ik\varphi}+ce^{i(k-1)\varphi}]}{i\sin\varphi[(\gamma-\alpha)^{2}+\beta^{2}]}-\right.$$

$$\left.\frac{\rho^{R}\gamma[a\rho^{2}e^{i(R+2)\varphi}+b\rho e^{i(k+1)\varphi}+ce^{ik\varphi}]}{\rho i\sin\varphi[(\gamma-\alpha)^{2}+\beta^{2}]}\right\}+$$

$$\frac{ar^{k+2}+br^{k+1}+cr^{k}}{(\gamma-\alpha)^{2}+\beta^{2}}=$$

$$\frac{\rho^{k}[a\rho^{2}\sin(k+1)\varphi+b\rho\sin k\varphi+c\sin(k-1)\varphi]}{\sin\varphi[(\gamma-\alpha)^{2}+\beta^{2}]}-$$

$$\frac{\rho^{k-1}\gamma[a\rho^{2}\sin(k+2)\varphi+b\rho\sin(k+1)\varphi+c\sin k\varphi]}{\sin\varphi[(\gamma-\alpha)^{2}+\beta^{2}]}+$$

$$\frac{\gamma^{k}(a\gamma^{2}+b\gamma+c)}{(\gamma-\alpha)^{2}+\beta^{2}}$$①

这结果对 $k=0$ 也成立. 在 $k=0$ 时,可有

$$x(0)=$$

$$\frac{a\rho^{2}\sin\varphi-c\sin\varphi-\rho^{-1}\gamma(a\rho^{2}\sin 2\varphi+b\rho\sin\varphi)}{\sin\varphi[(\gamma-\alpha)^{2}+\beta^{2}]}+$$

$$\frac{a\gamma^{2}+b\gamma+c}{(\gamma-\alpha)^{2}+\beta^{2}}=$$

$$\frac{a\rho^{2}-c-\gamma(2a\rho\cos\varphi+b)+a\gamma^{2}+b\gamma+c}{(\gamma-\alpha)^{2}+\beta^{2}}=$$

$$\frac{a(\alpha^{2}+\beta^{2})-2a\gamma\alpha+a\gamma^{2}}{(\gamma-\alpha)^{2}+\beta^{2}}=a=X(\infty)$$

---

① 由读者验证:$\varphi=0$(即 $\beta=0$),取极限即给出例 8.

例 11　$X(z)=\dfrac{az^4+bz^3+cz^2+dz}{(z-\alpha)^4}$,求 $x(kT)$.

解

$$x(kT)=\operatorname*{Res}_{\alpha}\frac{az^{k+3}+bz^{k+2}+cz^{k+1}+dz^k}{(z-\alpha)^4}=$$

$$\frac{1}{3!}\ \frac{\mathrm{d}^3}{\mathrm{d}z^3}(az^{k+3}+bz^{k+2}+cz^{k+1}+d\cdot z^k)\Big|_{z=\alpha}=$$

$$\frac{1}{6}[a(k+3)(k+2)(k+1)\alpha^k+$$

$$b(k+2)(k+1)k\alpha^{k-1}+c(k+1)k(k-1)\alpha^{k-2}+$$

$$d\cdot k(k-1)(k-2)\alpha^{k-3}]$$

注意这结果对 $k=0$ 也成立.在 $k=0$ 时,可有

$$x(0)=\frac{1}{6}a\cdot 3\cdot 2\cdot 1=a=X(\infty)$$

特别,$a=0,b=\mu,c=4\mu^2,d=\mu^3,\alpha=\mu$

$$X(z)=\frac{\mu z^3+4\mu^2z^2+\mu^3z}{(z-\mu)^4}=\frac{\mu z(z^2+4\mu z+\mu^2)}{(z-\mu)^4}$$

$$x(kT)=\frac{1}{6}[\mu(k+2)(k+1)k\mu^{k-1}+$$

$$4\mu^2(k+1)k(k-1)\mu^{k-2}+$$

$$\mu^3k(k-1)(k-2)\mu^{k-3}]=$$

$$\frac{1}{6}\mu^kk[(k^2+3k+2)+$$

$$4(k^2-1)+(k^2-3k+2)]=$$

$$\frac{1}{6}\mu^kk6k^2=\mu^kk^3$$

这给出表中公式 8°.

例 12　$X(z)=\dfrac{az^4+bz^3+cz^2+d\cdot z}{(z-\alpha)^3(z-\beta)}$,求 $x(kT)$.

解

$x(kT)=$

$\operatorname*{Res}_{\alpha}\left[\dfrac{az^{k+3}+bz^{k+2}+cz^{k+1}+d\cdot z^{k}}{(z-\alpha)^{3}(z-\beta)}\right]+$

$\operatorname*{Res}_{\beta}\left[\dfrac{az^{k+3}+bz^{k+2}+cz^{k+1}+dz^{k}}{(z-\alpha)^{3}(z-\beta)}\right]=$

$\dfrac{1}{2}\left[\dfrac{\mathrm{d}^{2}}{\mathrm{d}z^{2}}\dfrac{az^{k+3}+bz^{k+2}+cz^{k+1}+dz^{k}}{z-\beta}\right]_{z=\alpha}+$

$\dfrac{a\beta^{k+3}+b\beta^{k+2}+c\beta^{k+1}+d\cdot\beta^{k}}{(\beta-\alpha)^{3}}=$

$\dfrac{1}{2}\left[\dfrac{a(k+3)(k+2)\alpha^{k+1}+b(k+2)(k+1)\alpha^{k}}{\alpha-\beta}+\right.$

$\dfrac{c(k+1)k\alpha^{k-1}+d\cdot k(k-1)\alpha^{k-2}}{\alpha-\beta}-$

$2\dfrac{a(k+3)\alpha^{k+2}+b(k+2)\alpha^{k+1}+c(k+1)\alpha^{k}+dk\alpha^{k-1}}{(\alpha-\beta)^{2}}+$

$\left.2\cdot\dfrac{a\alpha^{k+3}+b\alpha^{k+2}+c\alpha^{k+1}+d\alpha^{k}}{(\alpha-\beta)^{3}}\right]-$

$\dfrac{a\beta^{k+3}+b\beta^{k+2}+c\beta^{k+1}+d\cdot\beta^{k}}{(\alpha-\beta)^{3}}=$

$\dfrac{1}{2(\alpha-\beta)}[a(k+3)(k+2)a^{k+1}+$

$b(k+2)(k+1)a^{k}+c(k+1)ka^{k-1}+d\cdot k(k-1)a^{k-2}]-$

$\dfrac{1}{(\alpha-\beta)^{2}}[a(k+3)a^{k+2}+b(k+2)a^{k+1}+c(k+1)a^{k}+$

$dka^{k-1}]+\dfrac{1}{(\alpha-\beta)^{3}}[a(a^{k+3}-\beta^{k+3})+$

$b(\alpha^{k+2}-\beta^{k+2})+c(\alpha^{k+1}-\beta^{k+1})+d(\alpha^{k}-\beta^{k})]$

此结果对 $k=0$ 也成立. 在 $k=0$ 时,可有

$x(0)=$

$\dfrac{6a\alpha+2b}{2(\alpha-\beta)}-\dfrac{3a\alpha^{2}+2b\alpha+c}{(\alpha-\beta)^{2}}+$

$$\frac{a(\alpha^3-\beta^3)+b(\alpha^2-\beta^2)+c(\alpha-\beta)}{(\alpha-\beta)^3}=$$

$$\frac{3a\alpha+b}{\alpha-\beta}-\frac{3a\alpha^2+2b\alpha+c}{(\alpha-\beta)^2}+$$

$$\frac{a(\alpha^2+\alpha\beta+\beta^2)+b(\alpha+\beta)+c}{(\alpha-\beta)^2}=$$

$$\frac{3a\alpha+b}{\alpha-\beta}+\frac{a(-2\alpha^2+\alpha\beta+\beta^2)+b(\beta-\alpha)}{(\alpha-\beta)^2}=$$

$$\frac{3a\alpha+b}{\alpha-\beta}-\frac{a(\beta+2\alpha)+b}{\alpha-\beta}=\frac{a\alpha+a\beta}{\alpha-\beta}=$$

$$a=X(\infty)$$

例 13　$X(z)=\dfrac{az^4+bz^3+cz^2+d\cdot z}{(z-\alpha)^2(z-\beta)^2}$,求 $x(kT)$.

解

$$x(kT)=$$

$$\operatorname*{Res}_{\alpha}\left[\frac{az^{k+3}+bz^{k+2}+cz^{k+1}+dz^k}{(z-\alpha)^2(z-\beta)^2}\right]+$$

$$\operatorname*{Res}_{\beta}\left[\frac{az^{k+3}}{(z-\alpha)^2(z-\beta)^2}\right]=$$

$$\left[\frac{\mathrm{d}}{\mathrm{d}z}\frac{az^{k+3}+bz^{k+2}+cz^{k+1}+d\cdot z^k}{(z-\beta)^2}\right]_{z=\alpha}+$$

$$\left[\frac{\mathrm{d}}{\mathrm{d}z}\frac{az^{k+3}bz^{k+2}+cz^{k+1}+d\cdot z^k}{(z-\alpha)^2}\right]_{z=\beta}=$$

$$\frac{a(k+3)(\alpha^{k+2}+\beta^{k+2})+b(k+2)(\alpha^{k+1}+\beta^{k+1})}{(\alpha-\beta)^2}+$$

$$\frac{c(k+1)(\alpha^k+\beta^k)+dk(\alpha^{k-1}+\beta^{k-1})}{(\alpha-\beta)^2}-$$

$$2\,\frac{a(\alpha^{k+3}-\beta^{k+3})+b(\alpha^{k+2}-\beta^{k+2})}{(\alpha-\beta)^3}+$$

$$c\,\frac{(\alpha^{k+1}-\beta^{k+1})+d(\alpha^k-\beta^k)}{(\alpha-\beta)^3}$$

这公式对 $k=0$ 也成立. 在 $k=0$ 时,可有

$$x(0)=$$

$$\frac{3a(\alpha^2+\beta^2)+2b(\alpha+\beta)+2c}{(\alpha-\beta)^2}-$$

$$2\frac{a(\alpha^3-\beta^3)+b(\alpha^2-\beta^2)+c(\alpha-\beta)}{(\alpha-\beta)^3}=$$

$$\frac{3a(\alpha^2+\beta^2)+2b(\alpha+\beta)+2c}{(\alpha-\beta)^2}-$$

$$2\frac{a(\alpha^2+\alpha\beta+\beta^2)+b(\alpha+\beta)+c}{(\alpha-\beta)^2}=$$

$$\frac{a(\alpha^2-2\alpha\beta+\beta^2)}{(\alpha-\beta)^2}=a=X(\infty)$$

例 14 $X(z)=\dfrac{az^4+bz^3+cz^2+dz}{(z-\alpha)^2(z-\beta)(z-\gamma)}$,求 $x(kT)$.

解

$$x(kT)=\operatorname*{Res}_{\alpha}\left[\frac{az^{k+3}+bz^{k+2}+cz^{k+1}+d\cdot z^k}{(z-\alpha)^2(z-\beta)(z-\gamma)}\right]+$$

$$\operatorname*{Res}_{\beta}\left[\frac{az^{k+3}+bz^{k+2}+cz^{k+1}+dz^k}{(z-\alpha)^2(z-\beta)(z-\gamma)}\right]+$$

$$\operatorname*{Res}_{\gamma}\left[\frac{az^{k+3}+bz^{k+2}+cz^{k+1}+dz^k}{(z-\alpha)^2(z-\beta)(z-\gamma)}\right]=$$

$$\left[\frac{\mathrm{d}}{\mathrm{d}z}\frac{az^{k+3}+bz^{k+2}+cz^{k+1}+d\cdot z^k}{(z-\beta)(z-\gamma)}\right]_{z=\alpha}+$$

$$\frac{a\beta^{k+3}+b\beta^{k+2}+c\beta^{k+1}+d\cdot\beta^k}{(\beta-\alpha)^2(\beta-\gamma)}+$$

$$\frac{a\gamma^{k+3}+b\gamma^{k+2}+c\gamma^{k+1}+d\cdot\gamma^k}{(\gamma-\alpha)^2(\gamma-\beta)}=$$

$$\frac{a(k+3)\alpha^{k+2}+b(k+2)\alpha^{k+1}}{(\alpha-\beta)(\alpha-\gamma)}+$$

$$\frac{c(k+1)\alpha^k+d\cdot k\alpha^{k-1}}{(\alpha-\beta)(\alpha-\gamma)}-$$

$$\frac{(a\alpha^{k+3}+b\alpha^{k+2}+c\alpha^{k+1}+d\cdot\alpha^{k})}{(\alpha-\beta)^2}\cdot$$

$$\frac{(2\alpha-\beta-\gamma)}{(\alpha-\gamma)^2}+$$

$$\frac{a\beta^{k+3}+b\beta^{k+2}+c\beta^{k+1}+d\cdot\beta^{k}}{(\beta-\alpha)^2(\beta-\gamma)}+$$

$$\frac{a\gamma^{k+3}+b\gamma^{k+2}+c\gamma^{k+1}+d\cdot\gamma^{k}}{(\gamma-\alpha)^2(\gamma-\beta)}$$

这结果对 $k=0$ 也成立. 在 $k=0$ 时,有

$$x(0)=$$

$$\frac{3a\alpha^2+2b\alpha+c}{(\alpha-\beta)(\alpha-\gamma)}-$$

$$\frac{(a\alpha^3+b\alpha^2+c\alpha+d)(2\alpha-\beta-\gamma)}{(\alpha-\beta)^2(\alpha-\gamma)^2}+$$

$$\frac{a\beta^3+b\beta^2+c\beta+d}{(\beta-\alpha)^2(\beta-\gamma)}+\frac{a\gamma^3+b\gamma^2+c\gamma+d}{(\gamma-\alpha)^2(\gamma-\beta)}$$

把右端第二项分子的因子 $2\alpha-\beta-\gamma$ 写成 $(\alpha-\beta)+(\alpha-\gamma)$,然后将这项分为两项,各与第三项及第四项结合,可有

$$x(0)=$$

$$\frac{3a\alpha^2+2b\alpha+c}{(\alpha-\beta)(\alpha-\gamma)}+$$

$$\left\{\frac{a\beta^3+b\beta^2+c\beta+d}{(\beta-\alpha)^2(\beta-\gamma)}-\frac{a\alpha^3+b\alpha^2+c\alpha+d}{(\alpha-\beta)^2(\alpha-\gamma)}\right\}+$$

$$\left\{\frac{a\gamma^3+b\gamma^2+c\gamma+d}{(\gamma-\alpha)^2(\gamma-\beta)}-\frac{a\alpha^3+b\alpha^2+c\alpha+d}{(\alpha-\gamma)^2(\alpha-\beta)}\right\}=$$

$$\frac{3a\alpha^2+2b\alpha+c}{(\alpha-\beta)(\alpha-\gamma)}+$$

$$\frac{1}{(\alpha-\beta)^2}\ \frac{(a\beta^3+b\beta^2+c\beta+d)(\alpha-\gamma)}{(\beta-\gamma)(\alpha-\gamma)}-$$

$$\frac{(a\alpha^3+b\alpha^2+c\alpha+d)(\beta-\gamma)}{(\beta-\gamma)(\alpha-\gamma)}+$$

$$\frac{1}{(\alpha-\gamma)^2}\left\{\frac{(a\gamma^3+b\gamma^2+c\gamma+d)(\alpha-\beta)}{(\gamma-\beta)(\alpha-\beta)}-\right.$$

$$\left.\frac{(a\alpha^3+b\alpha^2+c\alpha+d)(\gamma-\beta)}{(\gamma-\beta)(\alpha-\beta)}\right\}=$$

$$\frac{3a\alpha^2+2b\alpha+c}{(\alpha-\beta)(\alpha-\gamma)}+$$

$$\frac{-[a\alpha\beta(\beta+\alpha)+b\alpha\beta-d]}{(\alpha-\beta)(\alpha-\gamma)(\beta-\gamma)}+$$

$$\frac{r[a(\beta^2+\beta\alpha+\alpha^2)+b(\beta+\alpha)+c]}{(\alpha-\beta)(\alpha-\gamma)(\beta-\gamma)}+$$

$$\frac{-[a\alpha\gamma(\gamma+\alpha)+b\alpha\gamma+d]}{(\alpha-\gamma)(\alpha-\beta)(\gamma-\beta)}+$$

$$\frac{\beta[a(\gamma^2+\gamma\alpha+\alpha^2)+b(\gamma+\alpha)+c]}{(\alpha-\gamma)(\alpha-\beta)(\gamma-\beta)}=$$

$$\frac{3a\alpha^2+2b\alpha+c}{(\alpha-\beta)(\alpha-\gamma)}-$$

$$\frac{2a\alpha^2+2b\alpha+a\alpha\beta+a\alpha\gamma-a\beta\gamma+c}{(\alpha-\beta)(\alpha-\gamma)}=$$

$$\frac{a\alpha^2-a\alpha\beta-a\alpha\gamma+a\beta\gamma}{(\alpha-\beta)(\alpha-\gamma)}=a=X(\infty)$$

例 15 $X(z)=\dfrac{az^4+bz^3+cz^2+d\cdot z}{[(z-\alpha)^2+\beta^2]^2}$，求 $x(kT)$.

解 $\alpha=\rho\cos\varphi,\beta=\rho\sin\varphi$，分母四零点为

$$\rho e^{\pm i\varphi},\rho e^{\pm i\varphi}$$

$x(kT)=$

$$2R\left\{\operatorname*{Res}_{\rho e^{i\varphi}}\frac{az^{k+3}+bz^{k+2}+cz^{k+1}+d\cdot z^k}{(z-\rho e^{i\varphi})^2(z-\rho e^{-i\varphi})^2}\right\}=$$

$$2R\left\{\left[\frac{d}{dz}\frac{az^{k+3}+bz^{k+2}+cz^{k+1}+d\cdot z^k}{(z-\rho e^{-i\varphi})^2}\right]_{z=\rho e^{i\varphi}}\right\}=$$

$$2R\left\{\rho^{k-1}\left[\frac{a(k+3)\rho^3e^{i(k+2)\varphi}+b(k+2)\rho^2e^{i(k+1)\varphi}}{\rho^2(e^{i\varphi}-e^{-i\varphi})^2}+\right.\right.$$

$$\left.\left.\frac{c(k+1)\rho e^{ik\varphi}+d\cdot k e^{i(k-1)\varphi}}{\rho^2(e^{i\varphi}-e^{-i\varphi})^2}\right]-\right.$$

$$2\rho^k\left[\frac{a\rho^3 e^{i(k+3)}+b\rho^2 e^{i(k+2)\varphi}}{\rho^3(e^{i\varphi}-e^{-i\varphi})^3}+\right.$$

$$\left.\left.\frac{c\rho e^{i(k+1)\varphi}+d\cdot e^{ik\varphi}}{\rho^3(e^{i\varphi}-e^{-i\varphi})^3}\right]\right\}=$$

$$-\frac{1}{2\beta^2}\rho^{k-1}[a(k+3)\rho^3\cos(k+2)\varphi+$$

$$b(k+2)\rho^2\cos(k+1)\varphi+c(k+1)\rho\cos k\varphi+$$

$$d\cdot k\cos(k-1)\varphi]+$$

$$\frac{1}{2\beta^3}\rho^k[a\rho^3\sin(k+3)\varphi+b\rho^2\sin(k+2)\varphi+$$

$$c\rho\sin(k+1)\varphi+d\cdot\sin k\varphi]$$

这结果对 $k=0$ 也成立，在 $k=0$，有

$$x(0)=$$

$$-\frac{1}{2\beta^2}\rho^{-1}(3a\rho^3\cos 2\varphi+2b\rho^2\cos\varphi+c\rho)+$$

$$\frac{1}{2\beta^3}(a\rho^3\sin 3\varphi+b\rho^2\sin 2\varphi+c\rho\sin\varphi)=$$

$$-\frac{1}{2\beta^2}[3a(\alpha^2-\beta^2)+2b\alpha+c]+$$

$$\frac{1}{2\beta^3}[a\beta(3\alpha^2-\beta^2)+2b\alpha\beta+c\beta]=$$

$$\frac{1}{2\beta^2}\cdot a\cdot 2\beta^2=a=X(\infty)$$

§8　Z 变换(表续)

现将 §7 例 3 及以后各例结果(z 变换(表续))汇总如下.

$36°\ Z^{-1}\left[\dfrac{az}{z-\alpha}\right]=a\alpha^{k}$ （$\alpha=0$ 也成立，阅 §7，例 3 底注 ①）

$37°\ Z^{-1}\left[\dfrac{az^{2}+bz}{(z-\alpha)^{2}}\right]=a(k+1)\alpha^{k}+bk\alpha^{k-1}$

$$38°\ Z^{-1}\left[\frac{az^{2}+bz}{(z-\alpha)(z-\beta)}\right]=\frac{a(\alpha^{k+1}-\beta^{k+1})+b(\alpha^{k}-\beta^{k})}{\alpha-\beta}$$

$39°\ Z^{-1}\left[\dfrac{az^{2}+bz}{(z-\alpha)^{2}+\beta^{2}}\right]=\dfrac{1}{\beta}\rho^{k}[a\rho\sin(k+1)\varphi+b\sin k\varphi]$ （$\alpha=\rho\cos\varphi,\beta=\rho\sin\varphi$）

$40°\ Z^{-1}\left[\dfrac{az^{3}+bz^{2}+cz}{(z-\alpha)^{3}}\right]=\dfrac{a}{2}(k+2)(k+1)\alpha^{k}+\dfrac{b}{2}(k+1)k\alpha^{k-1}+\dfrac{c}{2}k(k-1)\alpha^{k-2}$

$$41°\ Z^{-1}\left[\frac{az^{3}+bz^{2}+cz}{(z-\alpha)^{2}(z-\beta)}\right]=\frac{a(k+2)\alpha^{k+1}+b(k+1)\alpha^{k}+ck\alpha^{k-1}}{\alpha-\beta}-\frac{a(\alpha^{k+2}-\beta^{k+2})+b(\alpha^{k+1}-\beta^{k+1})+c(\alpha^{k}-\beta^{k})}{(\alpha-\beta)^{2}}$$

$$42°\ Z^{-1}\left[\frac{az^{3}+bz^{2}+cz}{(z-\alpha)(z-\beta)(z-\gamma)}\right]=\frac{a\alpha^{k+2}+b\alpha^{k+1}+c\alpha^{k}}{(\alpha-\beta)(\alpha-\gamma)}+\frac{a\beta^{k+2}+b\beta^{k+1}+c\beta^{k}}{(\beta-\alpha)(\beta-\gamma)}+\frac{a\gamma^{k+2}+b\gamma^{k+1}+c\gamma^{k}}{(\gamma-\alpha)(\gamma-\beta)}$$

$$43°\ Z^{-1}\left[\frac{az^{3}+bz^{2}+cz}{[(z-\alpha)^{2}+\beta^{2}](z-\gamma)}\right]=$$

$$\frac{\rho^k[a\rho^2\sin(k+1)\varphi+b\rho\sin k\varphi+c\sin(k-1)\varphi]}{\sin\varphi[(\gamma-\alpha)^2+\beta^2]}-$$

$$\frac{\rho^{k-1}\gamma[a\rho^2\sin(k+2)\varphi+b\rho\sin(k+1)\varphi+c\sin k\varphi]}{\sin\varphi[(\gamma-\alpha)^2+\beta^2]}+$$

$$\frac{\gamma^k(a\gamma^2+b\gamma+c)}{(\gamma-\alpha)^2+\beta^2}\quad(\alpha=\rho\cos\varphi,\beta=\rho\sin\varphi)$$

44° $Z^{-1}\left[\dfrac{az^4+bz^3+cz^2+d\cdot z}{(z-\alpha)^4}\right]=$

$$\frac{1}{6}[a(k+3)(k+2)(k+1)\alpha^k+$$

$$b(k+2)(k+1)k\alpha^{k-1}+c(k+1)k(k-1)\alpha^{k-2}+$$

$$d\cdot k(k-1)(k-2)\alpha^{k-3}]$$

45° $Z^{-1}\left[\dfrac{az^4+bz^3+cz^2+d\cdot z}{(z-\alpha)^3(z-\beta)}\right]=$

$$\frac{a(k+3)(k+2)\alpha^{k+1}+b(k+2)(k+1)\alpha^k}{2(\alpha-\beta)}+$$

$$\frac{c(k+1)k\alpha^{k-1}+d\cdot k(k-1)\alpha^{k-2}}{2(\alpha-\beta)}-$$

$$\frac{a(k+3)\alpha^{k+2}+b(k+2)\alpha^{k+1}}{(\alpha-\beta)^2}+$$

$$\frac{c(k+1)\alpha^k+d\cdot k\alpha^{k-1}}{(\alpha-\beta)^2}+$$

$$\frac{a(\alpha^{k+3}-\beta^{k+3})+b(\alpha^{k+2}-\beta^{k+2})}{(\alpha-\beta)^3}+$$

$$\frac{c(\alpha^{k+1}-\beta^{k+1})+d\cdot(\alpha^k-\beta^k)}{(\alpha-\beta)^3}$$

46° $Z^{-1}\left[\dfrac{az^4+bz^3+cz^2+d\cdot z}{(z-\alpha)^2(z-\beta)^2}\right]=$

$$\frac{a(k+3)(\alpha^{k+2}+\beta^{k+2})+b(k+2)(\alpha^{k+1}+\beta^{k+1})}{(\alpha-\beta)^2}+$$

$$\frac{c(k+1)(\alpha^k+\beta^k)+d\cdot k(\alpha^{k-1}+\beta^{k-1})}{(\alpha-\beta)^2}-$$

$$2\frac{a(\alpha^{k+3}-\beta^{k+3})+b(\alpha^{k+2}-\beta^{k+2})}{(\alpha-\beta)^3}+$$

$$\frac{c(\alpha^{k+1}-\beta^{k+1})+d(\alpha_k-\beta_k)}{(\alpha-\beta)^3}$$

47° $Z^{-1}\left[\frac{az^4+bz^3+cz^2+d\cdot z}{(z-\alpha)^2(z-\beta)(z-\gamma)}\right]=$

$$\frac{a(k+3)\alpha^{k+2}+b(k+2)\alpha^{k+1}}{(\alpha-\beta)(\alpha-\gamma)}+$$

$$\frac{c(k+1)\alpha^k+d\cdot k\alpha^{k-1}}{(\alpha-\beta)(\alpha-\gamma)}-$$

$$\frac{\alpha^k(a\alpha^3+b\alpha^2+c\alpha+d)(2\alpha-\beta-\gamma)}{(\alpha-\beta)^2(\alpha-\gamma)^2}+$$

$$\frac{\beta^k(a\beta^3+b\beta^2+c\beta+d)}{(\beta-\alpha)^2(\beta-\gamma)}+$$

$$\frac{\gamma^k(a\gamma^3+b\gamma^2+c\gamma+d)}{(\gamma-\alpha)^2(\gamma-\beta)}$$

48° $Z^{-1}\left[\frac{az^4+bz^3+cz^2+d\cdot z}{(z-\alpha)(z-\beta)(z-\gamma)(z-\delta)}\right]=$

$$\frac{\alpha^k(a\alpha^3+b\alpha^2+c\alpha+d)}{(\alpha-\beta)(\alpha-\gamma)(\alpha-\delta)}+$$

$$\frac{\beta^k(a\beta^3+b\beta^2+c\beta+d)}{(\beta-\alpha)(\beta-\gamma)(\beta-\delta)}+$$

$$\frac{\gamma^k(a\gamma^3+b\gamma^2+c\gamma+d)}{(\gamma-\alpha)(\gamma-\beta)(\gamma-\delta)}+$$

$$\frac{\delta^k(a\delta^3+b\delta^2+c\delta+d)}{(\delta-\alpha)(\delta-\beta)(\delta-\gamma)}$$

49° $Z^{-1}\left[\frac{az^4+bz^3+cz^2+d\cdot z}{[(z-\alpha)^2+\beta^2]^2}\right]=$

$$-\frac{1}{2\beta^2}\rho^{k-1}[a\rho^3(k+3)\cos(k+2)\varphi+$$

$$b\rho^2(k+2)\cos(k+1)\varphi+c\rho(k+1)\cos k\varphi+$$

$$d\cdot k\cos(k-1)\varphi]+$$

$$\frac{1}{2\beta^3}\rho^k[a\rho^3\sin(k+3)\varphi+b\rho^2\sin(k+2)\varphi+$$
$$c\rho\sin(k+1)\varphi+d\sin k\varphi]\quad(\alpha=\rho\cos\varphi,$$
$$\beta=\rho\sin\varphi)$$

50° $Z^{-1}\left[\dfrac{az^4+bz^3+cz^2+d\cdot z}{[(z-\alpha)^2+\beta^2](z-\gamma)^2}\right]=$

$$\frac{\rho^{k+1}[a\rho^3\sin(k+1)\varphi+b\rho^2\sin k\varphi]}{\sin\varphi[(\gamma-\alpha)^2+\beta^2]^2}+$$
$$\frac{\rho^{k+1}[c\rho\sin(k-1)\varphi+d\cdot\sin(k-2)\varphi]}{\sin\varphi[(\gamma-\alpha)^2+\beta^2]^2}-$$
$$\frac{2\rho^k\gamma[a\rho^3\sin(k+2)\varphi+b\rho^2\sin(k+1)\varphi]}{\sin\varphi[(\gamma-\alpha)^2+\beta^2]^2}-$$
$$\frac{2\rho^k\gamma[c\rho\sin k\varphi+d\cdot\sin(k-1)\varphi]}{\sin\varphi[(\gamma-\alpha)^2+\beta^2]^2}+$$
$$\frac{\rho^{k-1}\gamma^2[a\rho^3\sin(k+3)\varphi+b\rho^2\sin(k+2)\varphi]}{\sin\varphi[(\gamma-\alpha)^2+\beta^2]^2}+$$
$$\frac{\rho^{k-1}\gamma^2[c\rho\sin(k+1)\varphi+d\cdot\sin k\varphi]}{\sin\varphi[(\gamma-\alpha)^2+\beta^2]^2}+$$
$$\frac{\gamma^{k-1}[a(k+3)\gamma^3+b(k+2)\gamma^2+c(k+1)\gamma+d\cdot k]}{(\gamma-\alpha)^2+\beta^2}-$$
$$2(\gamma-\alpha)\frac{\gamma^k(a\gamma^3+b\gamma^2+c\gamma+d)}{[(\gamma-\alpha)^2+\beta^2]^2}\quad\begin{pmatrix}\alpha=\rho\cos\varphi\\ \beta=\rho\sin\varphi\end{pmatrix}$$

公式 36°～50°，除 48° 及 50° 外，均已见 §7 各例. 至于 48° 证明较易，读者自己作. 对于 50°，设

$$X(z)=\frac{az^4+bz^3+cz^2+d\cdot z}{[(z-\alpha)^2+\beta^2](z-\gamma)^2}$$

令 $\alpha=\rho\cos\varphi$，$\beta=\rho\sin\varphi$，则 $X(z)$ 的分母的零点为

$$\rho e^{i\varphi},\rho e^{-i\varphi},\gamma,\gamma$$

故

$Z^{-1}[X(z)]=$

$$2R\left\{\operatorname*{Res}_{\rho e^{i\varphi}}[z^{k-1}X(z)]\right\}+$$

$$\operatorname*{Res}_{\gamma}[z^{k-1}X(z)]=$$

$$2R\left\{\operatorname*{Res}_{\rho e^{i\varphi}}\frac{az^{k+3}+bz^{k+2}+cz^{k+1}+d\cdot z^k}{(z-\rho e^{i\varphi})(z-\rho e^{-i\varphi})(z-\gamma)^2}\right\}+$$

$$\operatorname*{Res}_{\gamma}\frac{az^{k+3}+bz^{k+2}+cz^{k+1}+d\cdot z^k}{[(z-\alpha)^2+\beta^2](z-\gamma)^2}=$$

$$2R\rho^k\left[\frac{a\rho^3e^{i(k+3)\varphi}+b\rho^2e^{i(k+2)\varphi}}{(\rho e^{i\varphi}-\rho e^{-i\varphi})(\rho e^{i\varphi}-\gamma)^2}+\right.$$

$$\left.\frac{c\rho e^{i(k+1)\varphi}+d\cdot e^{ik\varphi}}{(\rho e^{i\varphi}-\rho e^{-i\varphi})(\rho e^{i\varphi}-\gamma)^2}\right]+$$

$$\left[\frac{d}{dz}\frac{az^{k+3}+bz^{k+2}+cz^{k+1}+d\cdot z^k}{(z-\alpha)^2+\beta^2}\right]_{z=\gamma}=$$

$$R=\left\{\rho^k\left[\frac{a\rho^3e^{i(k+3)\varphi}+b\rho^2e^{i(k+2)\varphi}}{\rho i\sin\varphi(\rho e^{i\varphi}-\gamma)^2}+\right.\right.$$

$$\left.\left.\frac{c\rho e^{i(k+1)\varphi}d\cdot e^{ik\varphi}}{\rho i\sin\varphi(\rho e^{i\varphi}-\gamma)^2}\right]\cdot\frac{(\rho e^{-i\varphi}-\gamma)^2}{(\rho e^{-i\varphi}-\gamma)^2}\right\}+$$

$$\frac{a(k+3)\gamma^{k+2}+b(k+2)\gamma^{k+1}+c(k+1)\gamma^k}{(\gamma-\alpha)^2+\beta^2}+$$

$$\frac{d\cdot k\gamma^{k-1}}{(\gamma-\alpha)^2+\beta^2}-$$

$$2(\gamma-\alpha)\frac{a\gamma^{k+3}+b\gamma^{k+2}+c\gamma^{k+1}+d\cdot\gamma^k}{[(\gamma-\alpha)^2+\beta^2]^2}$$

注意$(\rho e^{i\varphi}-\gamma)^2(\rho^{-i\varphi}-\gamma)^2=[(\gamma-\alpha)^2+\beta^2]^2$,并分出上式的实部即得 50°,前表 1°～35°便于查 z 变换,续表 36°～50°便于查反 z 变换.

§9　反 Z 变换的数字例子

例 1　$X(z)=\dfrac{z^2-z}{(z-2)^2}$,求 $Z^{-1}[X(z)]$.

解　用 37°,可立刻得到

$$Z^{-1}[X(z)]=(k+1)2^{k}-k\cdot 2^{k-1}=2^{k-1}(k+2)$$

验证　$Z[2^{k-1}(k+2)]=\frac{1}{2}Z[2^{k}k]+Z[2^{k}]=$

$$\frac{z}{(z-2)^2}+\frac{z}{z-2}=\frac{z^2-z}{(z-2)^2}\quad（由 4° 及 2°）$$

例 2　$X(z)=\dfrac{z^2-z}{z^2-z-2}$,求 $Z^{-1}[X(z)]$.

解　$X(z)=\dfrac{z^2-z}{(z+1)(z-2)}$,由 38°,可有

$$Z^{-1}[X(z)]=\frac{(-1)^{k+1}-2^{k+1}-[(-1)^k-2^k]}{-3}=$$

$$\frac{2}{3}(-1)^k+\frac{1}{3}\cdot 2^k$$

验证

$$Z\left[\frac{2}{3}(-1)^k+\frac{1}{3}\cdot 2^k\right]=$$

$$\frac{2}{3}Z[(-1)^k]+\frac{1}{3}Z[2^k]=$$

$$\frac{2}{3}\cdot\frac{z}{z+1}+\frac{1}{3}\cdot\frac{z}{z-2}=$$

$$\frac{z^2-z}{z^2-z-2}\quad（由 2°）$$

例 3　$X(z)=\dfrac{z^2-z}{z^2+2z+2}$,求 $Z^{-1}[X(z)]$.

解　$X(z)=\dfrac{z^2+z}{(z+1)^2+1}$,按 39°,有

$$Z^{-1}[X(z)]=(\sqrt{2})^k\left\{\sqrt{2}\sin\left[(k+1)\frac{3\pi}{4}\right]+\sin\frac{3k\pi}{4}\right\}=$$

$$(\sqrt{2})^k\cos\frac{3k\pi}{4}$$

验证　按 14°,可有

$$Z\left[(\sqrt{2})^k\cos\frac{3k\pi}{4}\right]=\frac{z[z-\sqrt{2}\cos(\frac{3\pi}{4})]}{z^2-2\sqrt{2}z\cos(\frac{3\pi}{4})+2}=$$

$$\frac{z(z+1)}{z^2+2z+2}$$

例 4　$X(z)=\dfrac{z^3-z^2}{(z+1)^2(z-2)}$,求 $Z^{-1}[X(z)]$.

解　按 41°,可有

$$Z^{-1}[X(z)]=$$

$$-\frac{1}{3}[(k+2)(-1)^{k+1}-$$

$$(k+1)(-1)^k]-$$

$$\frac{1}{9}[(-1)^{k+2}-2^{k+2}-\{(-1)^{k+1}-2^{k+1}\}]=$$

$$\frac{1}{3}(-1)^k(2k+3)-\frac{1}{9}[2(-1)^k-2^{k+1}]=$$

$$\frac{1}{9}(6k+7)(-1)^k+\frac{2}{9}\cdot 2^k$$

验证　按 2° 及 4°,可有

$$Z\left[\frac{1}{9}(6k+7)(-1)^k+\frac{2}{9}\cdot 2^k\right]=$$

$$\frac{6}{9}Z[k(-1)^k]+\frac{7}{9}Z[(-1)^k]+\frac{2}{9}Z[2^k]=$$

$$\frac{1}{9}\left\{-\frac{6z}{(z+1)^2}+\frac{7z}{z+1}+\frac{2z}{z-2}\right\}=$$

$$\frac{z^2-z}{(z+1)^2(z-2)}$$

例 5　$X(z)=\dfrac{z^3+2z}{(z-1)(z+1)(z-2)}$,求 $Z^{-1}[X(z)]$.

解　按 42°,可有

$$Z^{-1}[X(z)]=$$

$$\frac{3}{-2}+\frac{(-1)^{k+2}+2(-1)^{k+1}}{6}+$$

$$\frac{2^{k+2}+2\cdot 2^{k+1}}{3}=$$

$$-\frac{3}{2}-\frac{1}{6}(-1)^{k}+\frac{8}{3}\cdot 2^{k}$$

读者试用 2° 验证这结果.

例 6　$X(z)=\dfrac{z^{3}+2z^{2}}{(z^{2}+2z+2)(z-1)}$,求 $Z^{-1}[X(z)]$.

解　按 43°,可有

$$Z^{-1}[X(z)]=$$

$$\frac{1}{5}(\sqrt{2})^{k+1}\left\{2\sin\left[(k+1)\frac{3\pi}{4}\right]+\right.$$

$$\left.2\sqrt{2}\sin\frac{3k\pi}{4}\right\}-$$

$$-\frac{1}{5}(\sqrt{2})^{k}\left\{2\sin\left[(k+2)\frac{3\pi}{4}\right]+\right.$$

$$\left.2\sqrt{2}\sin\left[(k+1)\frac{3\pi}{4}\right]\right\}+\frac{3}{5}=$$

$$\frac{1}{5}(\sqrt{2})^{k+1}\left\{-\sqrt{2}\sin\frac{3k\pi}{4}+\sqrt{2}\cos\frac{3k\pi}{4}+\right.$$

$$\left.2\sqrt{2}\sin\frac{3k\pi}{4}\right\}-$$

$$\frac{1}{5}(\sqrt{2})^{k}\left\{-2\cos\frac{3k\pi}{4}-2\sin\frac{3k\pi}{4}+2\cos\frac{3k\pi}{4}\right\}+\frac{3}{5}=$$

$$\frac{2}{5}(\sqrt{2})^{k}\left(\cos\frac{3k\pi}{4}+2\sin\frac{3k\pi}{4}\right)+\frac{3}{5}$$

由读者用 14° 及 15° 验证这结果.

例 7　$X(z)=\dfrac{z^{3}+2z^{2}}{(z+1)^{3}}$,求 $Z^{-1}[X(z)]$.

解 按 40°,可有

$$Z^{-1}[X(z)]=\frac{1}{2}(k+2)(k+1)(-1)^k+(k+1)k(-1)^{k-1}=\frac{1}{2}(-1)^k(-k^2+k+2)$$

读者可用 6°,4°,2° 验此结果.

例 8 $X(z)=\frac{z^4+2z^3}{(z+1)^4}$,求 $Z^{-1}[X(z)]$.

解 按 44°,可有

$$Z^{-1}[X(z)]=\frac{1}{6}\{(k+3)(k+2)(k+1)(-1)^k+2(k+2)(k+1)k(-1)^{k-1}\}=\frac{1}{6}(-1)^k(-k^3+7k+6)$$

读者试用 8°,4°,2° 验证此结果.

例 9 $X(z)=\frac{z^3+2z}{(z-1)^3(z+1)}$,求 $Z^{-1}[X(z)]$.

解 按 45°,可有

$$Z^{-1}[X(z)]=\frac{1}{4}[(k+2)(k+1)+2k(k-1)]-\frac{1}{4}[(k+2)+2k]+\frac{1}{8}\{[1-(-1)^{k+2}]+2[1-(-1)^k]\}=\frac{1}{8}(6k^2-4k+3)-\frac{3}{8}(-1)^k$$

读者试用 5°,3°,1°,2° 验证此结果.

例 10 $X(z)=\frac{z^3+2z}{(z^2-1)^2}$,求 $Z^{-1}[X(z)]$.

解 $X(z)=\frac{z^3+2z}{(z-1)^2(z+1)^2}$,按 46°,可有

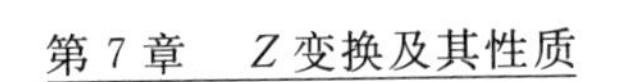

$$Z^{-1}[X(z)]=\frac{1}{4}\{(k+1)[1+(-1)^{k+1}]+$$
$$2k[1+(-1)^{k-1}]\}-$$
$$2\,\frac{1}{8}\{[1-(-1)^{k+2}]+$$
$$2[1-(-1)^{k}]\}=$$
$$\frac{1}{4}(3k-1)-\frac{3}{4}k(-1)^{k}+\frac{1}{4}(-1)^{k}$$

由读者用 1°,2°,3°,4° 验证此结果.

例 11　$X(z)=\dfrac{z^3+2z}{(z-1)^2(z+1)(z-2)}$，求 $Z^{-1}[X(z)]$.

解　按 47°,可有

$$Z^{-1}[X(z)]=$$
$$\frac{(k+2)+2k}{-2}-\frac{3}{4}+$$
$$\frac{(-1)^{k+2}+2(-1)^{k}}{-12}+\frac{2^{k+2}+2\cdot 2^{k}}{3}=$$
$$-\frac{3}{2}k-\frac{7}{4}-\frac{1}{4}(-1)^{k}+2\cdot 2^{k}$$

例 12　$X(z)=\dfrac{z^3+2z}{(z^2+2z+2)^2}$,求 $Z^{-1}[X(z)]$.

解　按 49°,$a=0,b=1,c=0,d=2,\alpha=-1,\beta=1,\rho=\sqrt{2},\varphi=\dfrac{3\pi}{4}$,有

$$Z^{-1}[X(z)]=$$
$$-\frac{1}{2}(\sqrt{2})^{k-1}\left\{2(k+2)\cos\left[(k+1)\,\frac{3\pi}{4}\right]+\right.$$
$$\left.2k\cos\left[(k-1)\,\frac{3\pi}{4}\right]\right\}+$$

$$\frac{1}{2}(\sqrt{2})^k\left\{2\sin\left[(k+2)\frac{3\pi}{4}\right]+2\sin\frac{3k\pi}{4}\right\}=$$

$$-\frac{1}{2}(\sqrt{2})^{k-1}\left\{-2\sqrt{2}k\cos\frac{3k\pi}{4}-\right.$$

$$\left.2\sqrt{2}\left(\cos\frac{3k\pi}{4}+\sin\frac{3k\pi}{4}\right)\right\}+$$

$$\frac{1}{2}(\sqrt{2})^k\left\{-2\cos\frac{3k\pi}{4}+2\sin\frac{3k\pi}{4}\right\}=$$

$$(\sqrt{2})^k\left(k\cos\frac{3k\pi}{4}+2\sin\frac{3k\pi}{4}\right)$$

验证　由 24°,15°,可有

$$Z\left[(\sqrt{2})^k\left(k\cos\frac{3k\pi}{4}+2\sin\frac{3k\pi}{4}\right)\right]=$$

$$\frac{-z(z^2+2)-4z^2}{(z^2+2z+2)^2}+\frac{2z}{z^2+2z+2}=$$

$$\frac{z^3+2z}{(z^2+2z+2)^2}$$

例 13　$X(z)=\dfrac{z^3+2z}{(z^2+2z+2)(z-1)^2}$，求 $Z^{-1}[X(z)]$.

解　按 50°,$a=0,b=1,c=0,d=2,\alpha=-1,\beta=1,\gamma=1,\rho=\sqrt{2},\varphi=\dfrac{3\pi}{4}$,有

$$Z^{-1}[X(z)]=$$

$$\frac{1}{25}(\sqrt{2})^{k+2}\left\{2\sin\frac{3k\pi}{4}+\right.$$

$$\left.2\sin\left[(k-2)\frac{3\pi}{4}\right]\right\}-$$

$$\frac{2}{25}(\sqrt{2})^{k+1}\left\{2\sin\left[(k+1)\frac{3\pi}{4}\right]+2\sin\left[(k-1)\frac{3\pi}{4}\right]\right\}+$$

$$\frac{1}{25}(\sqrt{2})^{k}\left\{2\sin\left[(k+2)\frac{3\pi}{4}\right]+\right.$$

$$2\sin\frac{3k\pi}{4}\Big\}+\frac{1}{5}(k+2+2k)-4\times\frac{3}{25}=$$

$$\frac{1}{25}(\sqrt{2})^k\left(4\sin\frac{3k\pi}{4}+4\cos\frac{3k\pi}{4}\right)+$$

$$\frac{2}{25}(\sqrt{2})^k\left(4\sin\frac{3k\pi}{4}\right)+$$

$$\frac{1}{25}(\sqrt{2})^k\left(-2\cos\frac{3k\pi}{4}+2\sin\frac{3k\pi}{4}\right)+$$

$$\frac{1}{25}(15k-2)=$$

$$\frac{2}{25}(\sqrt{2})^k\left(7\sin\frac{3k\pi}{4}+\cos\frac{3k\pi}{4}\right)+\frac{1}{25}(15k-2)$$

验证　按 14°,15°,3°,1°,可有

$$Z\left[\frac{2}{25}(\sqrt{2})^k\left(7\sin\frac{3k\pi}{4}+\cos\frac{3k\pi}{4}\right)+\frac{1}{15}(15k-2)\right]=$$

$$\frac{2}{25}\left\{\frac{7z}{z^2+2z+2}+\frac{z(z+1)}{z^2+2z+2}\right\}+$$

$$\frac{15}{25}\,\frac{z}{(z-1)^2}-\frac{2}{25}\,\frac{z}{z-1}=$$

$$\frac{z}{25}\left\{\frac{16+2z}{z^2+2z+2}+\frac{-2z+17}{(z-1)^2}\right\}=$$

$$\frac{z(z^2+2)}{(z^2+2z+2)(z-1)^2}$$

Z 变换的应用

第 8 章

§1 用 Z 变换解不带右端项的常系数线性差分方程

先考察一阶差分方程

$$x(kT+T)+ax(kT)=0 \quad (1)$$

其中 a 为常数(与 k 无关). 两端取 z 变换,有

$$Z[x(kT+T)]+aZ[x(kT)]=0 \quad (2)$$

写 $Z[x(kT)]=X(z)$,则由第 7 章 §4 性质(三) 的第二条,有

$$Z[x(kT+T)]=z[X(z)-x(0)]$$

代入(2),可得

$$z[X(z)-x(0)]+aX(z)=0$$

由此解得

$$X(z)=x(0)\frac{z}{z+a}$$

按表36°,即得 $x(kT)=x(0)(-a)^k$

$$\left(a=0\text{ 应有}(-a)^k=\begin{cases}1,\text{在 }k=0\\0,\text{在 }k=1,2,3\cdots\end{cases}\right)$$

由于 $x(0)$ 可为任意值,改写 $C=x(0)$ 可得解

$$x(kT)=C(-a)^k$$

由 C 的任意性,这包括原给方程的全部解.称此为所考察的一阶差分方程(1)的通解.

再看不带右端项的二阶常系数线性差分方程

$$x(kT+2T)+ax(kT+T)+bx(kT)=0 \quad (3_1)$$

其中 a 及 b 为常数(与 k 无关).取 z 变换,并用第7章§4性质(三)的第二式,可有

$$z^2[X(z)-x(0)-x(T)z^{-1}]+az[X(z)-x(0)]+bX(z)=0$$

$$(z^2+az+b)X(z)=x(0)z^2+[x(T)+ax(0)]z$$

$$X(z)=\frac{x(0)z^2+[x(T)+ax(0)]z}{z^2+az+b} \quad (3_2)$$

(ⅰ)设 $z^2+az+b=0$ 有两个不等根 α,β,则可有

$$X(z)=\frac{x(0)z^2+[x(T)+ax(0)]z}{(z-\alpha)(z-\beta)}$$

查续表38°,可得(3_1)的解

$$x(kT)=\frac{x(0)(\alpha^{k+1}-\beta^{k+1})+[x(T)+ax(0)](\alpha^k-\beta^k)}{\alpha-\beta} \quad (4)$$

此为带初始条件 $x(0)$ 及 $x(T)$ 的解.(4)可写成

$$x(kT)=\frac{x(T)+x(0)(\alpha+a)}{\alpha-\beta}\alpha^k-\frac{x(T)+x(0)(\beta+a)}{\alpha-\beta}\beta^k$$

由于 $x(0)$ 及 $x(T)$ 可为任意值，且 $\alpha\neq\beta$，我们可改写

$$C_1=\frac{x(T)+x(0)(\alpha+a)}{\alpha-\beta}$$

$$C_2=-\frac{x(T)+x(0)(\beta+a)}{\alpha-\beta}$$

从而得(3)的解，即 $x(kT+2T)-(\alpha+\beta)x(kT+T)+\alpha\beta x(kT)=0$ 之解为

$$x(kT)=C_1\alpha^k+C_2\beta^k \tag{5}$$

其中 C_1 及 C_2 为任意常数. 由于此包括(3)的全部解，称(5)为(3)的通解.

$$\left(\text{如果 } \beta=0\text{，须取 } \beta^k=\begin{cases}1 & (\text{在 } k=0)\\ 0 & (\text{在 } k=1,2,3,\cdots)\end{cases}\right)$$

(ii) 设 $z^2+az+b=0$ 的两个根为共轭复根①

$$\alpha\pm i\beta=\rho(\cos\varphi\pm i\sin\varphi)$$

则
$$X(z)=\frac{x(0)z^2+[x(T)+ax(0)]z}{(z-\alpha)^2+\beta^2}$$

查续表 39° 可得(3)的解，即

$$x(kT+2T)-2\alpha x(kT+T)+(\alpha^2+\beta^2)x(kT)=0$$

的解

$$x(kT)=\frac{1}{\beta}\rho^k\{x(0)\rho\sin(k+1)\varphi+[x(T)+ax(0)]\sin k\varphi\} \tag{6}$$

其中 $\rho=\sqrt{\alpha^2+\beta^2}$，$\cos\varphi=\frac{\alpha}{\rho}$，$\sin\varphi=\frac{\beta}{\rho}$ 此为带初始值 $x(0)$ 及 $x(T)$ 的解. 显然，(6)可写成

$$x(kT)=\rho^k(C_1\cos k\varphi+C_2\sin k\varphi) \tag{7}$$

其中 C_1 及 C_2 为任意常数，此为通解.

① 不要把(ii)中的 α,β 和(i)中的 α,β 相混.

（ⅲ）设 $z^2+az+b=0$ 有两等根 α,α，则

$$X(z)=\frac{x(0)z^2+[x(T)+ax(0)]z}{(z-\alpha)^2}$$

查续表 37° 得(3) 的解，即

$$x(kT+2T)-2\alpha x(kT+T)+\alpha^2 x(kT)=0$$

的解

$$x(kT)=x(0)(k+1)\alpha^k+[x(T)+ax(0)]k\alpha^{k-1} \tag{8}$$

其中在 $\alpha=0$ 时，须取

$$\alpha^k=\begin{cases}1 & (在\ k=0)\\ 0 & (在\ k=1,2,3,\cdots)\end{cases}$$

又 $a=-2\alpha$ 解(8) 是带初始值 $x(0)$ 及 $x(T)$ 的解. 显然 (8) 可写成

$$x(kT)=\alpha^k(C_1+C_2k) \tag{9}$$

而 C_1 及 C_2 与 K 无关；此为通解.

带有初始值 $x(0),x(T)$ 的解：(4)(6)(8) 形式较繁，不必作为公式强记，可用 z 变换解得. 至于通解 (5)(7)(9) 形式较简捷，可按方程

$$r^2+ar+b=0$$

的根：（ⅰ）α,β；（ⅱ）$\rho(\cos\varphi\pm \mathrm{i}\sin\varphi)$；（ⅲ）$\alpha,\alpha$ 直接写出. 这些通解的结构类似于微分方程

$$\frac{\mathrm{d}^2x}{\mathrm{d}t^2}+a\frac{\mathrm{d}x}{\mathrm{d}t}+bx=0$$

的通解的结构.

如果不用 z 变换，则可用试验法先求(3) 的通解，然后再求具有初始值 $x(0),x(T)$ 的解. 用试验法求通解要用到解的线性性质，即：如果 $x(kT)$ 为(3) 的解，则 $Cx(kT)$ 也是(3) 的解(c 为常数)；又如果 $x_1(kT)$ 及 $x_2(kT)$ 均为(3) 的解，则 $(x_1+x_2)(kT)\equiv$

$x_1(kT)+x_2(kT)$ 也是(3)的解.这两条性质证明较易,留给读者自己去完成.所谓试验法乃是设(3)有如 r^k 形式的解,r 为待定常数.以 r^k 代(3)的 $x(kT)$,可有 $r^{k+2}+ar^{k+1}+br^k=0$,即

$$r^k(r^2+ar+b)=0$$

称

$$r^2+ar+b=0 \tag{10}$$

为辅助方程.

若(10)有两不等根,$\alpha\neq\beta$,则 α^k 及 β^k 均为(3)的解,由解的线性性质,可见

$$x(kT)=C_1\alpha^k+C_2\beta^k$$

为(3)的解.此与(5)相同,即为通解.注意,如果两根中有一根为 0,例如 $\beta=0$(当然 $\alpha\neq 0$),那么应取

$$\beta^k=\begin{cases}1 & (\text{在 } k=0)\\ 0 & (\text{在 } k=1,2,3,\cdots)\end{cases}$$

若(10)有两共轭复根 $\rho e^{\pm i\varphi}$,则 $\rho^k e^{\pm ik\varphi}$ 均为(3)的解,故由解的线性性质,可见

$$\frac{1}{2}\rho^k(e^{ik\varphi}+e^{-ik\varphi})=\rho^k\cos k\varphi$$

及

$$\frac{1}{2i}\rho^k(e^{ik\varphi}-e^{-ik\varphi})=\rho^k\sin k\varphi$$

均为(3)的解,从而

$$x(kT)=\rho^k(C_1\cos k\varphi+C_2\sin k\varphi)$$

为(3)的解,此与(7)同,故为通解.

如果(10)有两等根 α,α,则 α^k 及 $(\alpha+h)^k\big|_{h=0}$ 为(3)的解,由线性性质,可见

$$\alpha\left.\frac{(\alpha+h)^k-\alpha^k}{h}\right|_{h=0}=k\alpha^k$$

为(3)的解,故按线性性质,可见

$$x(kT)=C_1\alpha^k+C_2k\alpha^k=\alpha^k(C_1+C_2k)$$

为(3)的解.此与(9)相同,故为通解.但应注意在 $\alpha=0$ 时,须取

$$\alpha^k=\begin{cases}1 & (在\ k=0)\\0 & (在\ k=1,2,3,\cdots)\end{cases}$$

有了通解,具有初始值 $x(0)=x_0$ 及 $x(T)=x_1$ 的解可由下法得出.即以 $k=0,x(kT)=x_0$;$k=1$,$x(kT)=x_1$ 两条件分别代入通解,得两个以 C_1,C_2 为未知数的一次方程,解出 C_1,C_2 再代回通解,即得所要求的解.

最后讨论不带右端项的 n 阶常系数线性差分方程

$$a_0x(kT+nT)+a_1x(kT+nT-T)+\cdots+\\a_{n-1}x(kT+T)+a_nx(kT)=0 \tag{11}$$

我们兼用 z 变换及试验法解此方程.

施用 z 变换于(11)的各项,可有

$$\begin{aligned}&a_0z^n\{X(z)-x(0)-x(T)z^{-1}-\cdots-\\&x(nT-T)z^{-n+1}\}+\\&a_1z^{n-1}\{X(z)-x(0)-x(T)z^{-1}-\cdots-\\&x(nT-2T)z^{-n+2}\}+\cdots+\\&a_{n-2}z^2\{X(z)-x(0)-x(T)z^{-1}\}+\\&a_{n-1}z\{X(z)-x(0)\}+a_nX(z)=0\end{aligned}$$

即

$$\begin{aligned}&(a_0z^n+a_1z^{n-1}+\cdots+a_{n-1}z+a_n)X(z)=\\&b_1z^n+b_2z^{n-1}+\cdots+bn^z\end{aligned}$$

$$X(z)=\frac{b_1z^n+b_2z^{n-1}+\cdots+b_nz}{a_0z^n+a_1z^{n-1}+\cdots+a_{n-1}z+a_n} \tag{12}$$

其中

$$b_1 = a_0 x(0)$$
$$b_2 = a_0 x(T) + a_1 x(0)$$
$$b_3 = a_0 x(2T) + a_1 x(T) + a_2 x(0)$$
$$\vdots$$
$$b_{n-1} = a_0 x(nT-2T) + a_1 x(nT-3T) + \cdots + a_{n-2} x(0)$$
$$b_n = a_0 x(nT-T) + a_1 x(nT-2T) + \cdots + a_{n-1} x(0)$$

用留数法，或把$\dfrac{X(z)}{z}$分为部分分式然后查表，或把 $X(z)$ 展为 z^{-1} 的幂级数，求出(12) 的反 z 变换，即得具初始值 $x(0), x(T), \cdots, x(nT-T)$ 的解. 注意 b_1, $b_2, \cdots, b_n$ 是 $x(0), x(T), \cdots, x(nT-T)$ 的线性合并.

我们考虑一个特殊情形，即(12) 分母的 n 个零点全不相等，设为 $\alpha_1, \alpha_2, \cdots, \alpha_n$. 为简单起见，取 $a_0=1$，则

$$X(z) = \frac{b_1 z^n + b_2 z^{n-1} + \cdots + b_n z}{(z-\alpha_1)(z-\alpha_2)\cdots(z-\alpha_n)}$$

($\alpha_1, \alpha_2, \cdots, \alpha_n$ 彼此不等)

分为部分分式，可有

$$X(z) = \frac{C_1 z}{z-\alpha_1} + \frac{C_2 z}{z-\alpha_2} + \cdots + \frac{C_n z}{z-\alpha}$$

其中

$$C_1 = \frac{b_1 \alpha_1^{n-1} + b_2 \alpha_1^{n-2} + \cdots + b_n}{(\alpha_1-\alpha_2)(\alpha_1-\alpha_3)\cdots(\alpha_1-\alpha_n)}$$
$$C_2 = \frac{b_1 \alpha_2^{n-1} + b_2 \alpha_2^{n-2} + \cdots + b_n}{(\alpha_2-\alpha_1)(\alpha_2-\alpha_3)\cdots(\alpha_2-\alpha_n)}$$
$$\vdots$$
$$C_n = \frac{b_1 \alpha_n^{n-1} + b_2 \alpha_n^{n-2} + \cdots + b_n}{(\alpha_n-\alpha_1)(\alpha_n-\alpha_2)\cdots(\alpha_n-\alpha_{n-1})}$$

取 $X(z)$ 的反 z 变换，可有解

$$x(kT) = C_1 \alpha_1^k + C_2 \alpha_2^k + \cdots + C_n \alpha_n^k \qquad (13)$$

注意:如果 $\alpha_1,\alpha_2,\cdots,\alpha_n$ 中有一个为 0,例如 $\alpha_1=0$(其他当然均不为 0),我们应取

$$\alpha_1^k=\begin{cases}1 & (在\ k=0)\\ 0 & (在\ k=1,2,3,\cdots)\end{cases}$$

我们再考虑另一个特殊情形,即(12) 分母的 n 个根全相等为 α. 仍取 $a_0=1$,则

$$X(z)=\frac{b_1z^n+b_2z^{n-1}+\cdots+b_nz}{(z-a)^n}$$

所求之解为

$$x(kT)=\operatorname*{Res}_{\alpha}\{z^{k-1}X(z)\}=$$

$$\operatorname*{Res}_{\alpha}\frac{b_1z^{k+n-1}+b_2z^{k+n-2}+\cdots+b_nz^k}{(z-\alpha)^n}=$$

$$\frac{1}{(n-1)!}\left[\frac{\mathrm{d}^{n-1}}{\mathrm{d}z^{n-1}}(b_1z^{k+n-1}+b_2z^{k+n-2}+\cdots+b_nz^k)\right]_{z=\alpha}=$$

$$\frac{1}{(n-1)!}\{b_1(k+n-1)(k+n-2)\cdots(k+1)\alpha^k+$$

$$b_2(k+n-2)(k+n-3)\cdots k\alpha^{k-1}+\cdots+$$

$$b_nk(k-1)\cdots(k-n+2)\alpha^{k-n+1}\}$$

花括号中每项均有$(n-1)$ 个 k 的一次式因子,作出这些乘积,并按 k 的升幂排列,并假定 $\alpha\neq0$,可见上式能化成下列形式

$$x(kT)=\alpha^k(C_1+C_2k+\cdots+C_nk^{n-1})\qquad(14)$$

其中 $C_1,C_2,\cdots,C_n$ 与 k 无关,它们是 $b_1,b_2,\cdots,b_n$ 的线性合并,因而是 $x(0),x(T),\cdots,x(nT-T)$ 的线性合并.(14) 即为所求之解.不要把(14) 中的 $C_1,\cdots,C_n$ 和(13) 中的 $C_1,\cdots,C_n$ 相混淆.注意(13) 及(14) 既是具有初始值 $x(0),x(T),\cdots,x(nT-T)$ 的解,也是通解.

如果 $\alpha=0$,则原差分方程成为 $x(kT+nT)=0$,并

且

$$X(z)=\frac{b_1z^n+b_2z^{n-1}+\cdots+b_nz}{z^n}=$$

$$b_1+\frac{b_2}{z}+\frac{b_3}{z^2}+\cdots+\frac{b}{z^{n-1}}$$

故

$$x(kT)=Z^{-1}[X(z)]=$$

$X(z)$ 的负幂级数展开式中 z^{-k} 的系数 =

$$\begin{cases} b_1 & (\text{在 } k=0) \\ b_2 & (\text{在 } k=1) \\ b_3 & (\text{在 } k=2) \\ \quad\vdots \\ b_n & (\text{在 } k=n-1) \\ 0 & (\text{在 } k\geqslant n) \end{cases}$$

此 $x(kT)$ 即为 $x(kT+nT)=0$ 的解. 注意在此特殊情形下,$b_1,b_2,\cdots,b_n$ 分别化为 $x(0),x(T),\cdots,x(nT-T)$.

为了得出(11) 的通解,用试验法更方便. 设(11) 有如 r^k 形式之解,r 为常数. 以 r^k 代(11) 中的 $x(kT)$,从而以 $r^{k+1},\cdots,r^{k+n}$ 分别代(11) 中的 $x(kT+T),\cdots,x(kT+nT)$,消去 r^k,可得

$$a_0r^n+a_1r^{n-1}+\cdots+a_{n-1}r+a_n=0 \qquad (15)$$

称此为辅助方程. 对于(15) 的一个单根 α,可有(11) 的解 C_α^k. 若 $\alpha=0$,则应有

$$\alpha^k=\begin{cases} 1 & (\text{在 } k=0) \\ 0 & (\text{在 } k\geqslant 1) \end{cases}$$

对于(15) 的一对不重复的共轭复根 $\rho e^{\pm i\varphi}$,可有(11) 的解:$\rho^k(C_1\cos k\varphi+C_2\sin k\varphi)$.

对于(15) 的二重根 α,α,除 $C_1\alpha^k$ 为(11) 的解外,$\{\frac{\alpha[(\alpha+h)^k-\alpha^k]}{h}\}\big|_{h=0}=k\alpha^k$ 亦应为(11) 的解,从而(11) 必有解 $\alpha^k(C_1+C_2k)$.

对于(15) 的三重根 α,α,α,除 $\alpha^k,k\alpha^k$ 为(11) 的解外,我们还能证 $k^2\alpha^k$ 也是(11) 的解. 事实上,把第一、第二两 α 当作二重根,我们有解 $k\alpha^k$,而把第一、第三两 α 作为二重根,我们应有解 $k(\alpha+h)^k$(其中 $h=0$),故在 α 为三重根的情况下,我们应有(11) 的解

$$\alpha\frac{k(\alpha+h)^k-k\alpha^k}{h}\bigg|_{h=0}=k^2\alpha^k$$

所以在 α 为三重根时,(11) 有解 $\alpha^k(C_1+C_2k+C^3k^2)$. 依此下推,…,结果与(14) 一致.

若(15) 有一对二重共轭复根 $\rho e^{\pm i\varphi},\rho e^{\pm i\varphi}$,则

$$\rho^k[(C_1+C_2k)\cos k\varphi+(C_3+C_4k)\sin k\varphi]$$

为(11) 的解.

把相应于(15) 的各不同根的解加起来,即得通解(共有 n 个任意常数).

有了通解,满足初始条件

$$x(0)=x_0$$
$$x(T)=x_1$$
$$x(2T)=x_2$$
$$\vdots$$
$$x(nT-T)=x_{n-1}$$

的特解可由下法得出. 即把此条件代入通解中,我们可有一组 n 个以 n 个任意常数为未知数的一次方程,解出这些常数,再代回通解,即得所要求的特解.

下面我们举几个数字例子.

例 1　$x(kT+2T)+3x(kT+T)+2x(kT)=0$

$$x(0)=1, x(T)=2$$

求特解.

解法 1 运用 z 变换于原给方程的每一项,可有

$$Z[x(kT+2T)]+3Z[x(kT+T)]+2Z[x(kT)]=0$$

即

$$z^2[X(z)-1-2z^{-1}]+3z[X(z)-1]+2X(z)=0$$

由此得

$$X(z)=\frac{z^2+5z}{z^2+3z+2}=\frac{z^2+5z}{(z+1)(z+2)}$$

查续表 38° 得反 z 变换

$$x(kT)=(-1)^{k+1}-(-2)^{k+1}+5(-1)^k-5(-2)^k=$$
$$4(-1)^k-3(-2)^k$$

即为所要求的解.

解法 2 辅助方程为 $r^2+3r+2=0$,两根为 -1,-2,故通解为

$$x(kT)=C_1(-1)^k+C_2(-2)^k$$
$$x(0)=1 \text{ 则 } 1=C_1+C_2$$
$$x(T)=2 \text{ 则 } 2=-C_1-2C_2$$

由此解得 $C_1=4, C_2=-3$,所求特解为

$$x(kT)=4(-1)^k-3(-2)^k$$

例 2 $x(kT+2T)+4x(kT+T)+4x(kT)=0$

$$x(0)=1, x(T)=2$$

求特解.

解法 1 取 z 变换,可有

$$z^2[X(x)-1-2z^{-1}]+4z[X(z)-1]+4X(z)=0$$

即 $$(z^2+4z+4)X(z)=z^2+6z$$

于是

$$X(z)=\frac{z^2+6z}{(z+2)^2}$$

查续表37°

$$x(kT)=(k+1)(-2)^k+6k(-2)^{k-1}$$

即 $x(kT)=(-2)^k(-2k+1)$ 即为所求.

解法2　辅助方程为 $r^2+4r+4=0$,两根相等为 $-2,-2$,故通解为 $x(kT)=(-2)^k(C_1+C_2k)$. 以 $x(0)=1,x(T)=2$ 代入之,可有 $1=C_1,2=-2(C_1+C_2)$,由此解出 $C_1=1,C_2=-2$,特解为 $x(kT)=(-2)^k(1-2k)$.

例3　$x(kT+2T)+4x(kT+T)+5x(kT)=0$

$x(0)=1,x(T)=2$,求特解.

解法1　取 z 变换,可有

$$z^2[X(z)-1-2z^{-1}]+4z[X(z)-1]+5X(z)=0$$

$$X(z)=\frac{z^2+6z}{z^2+4z+5}=\frac{z^2+6z}{(z+2)^2+1}$$

查续表39°

$$x(kT)=(\sqrt{5})^k[\sqrt{5}\sin(k+1)\varphi+6\sin k\varphi]$$

其中 $\cos\varphi=-\frac{2}{\sqrt{5}},\sin\varphi=\frac{1}{\sqrt{5}},\varphi=\pi-\arctan\left(\frac{1}{2}\right)$

上式易化成

$$x(kT)=(\sqrt{5})^k\left\{\sqrt{5}\left[\sin k\varphi\left(-\frac{2}{\sqrt{5}}\right)+\cos k\varphi\left(\frac{1}{\sqrt{5}}\right)\right]+6\sin k\varphi\right\}=(\sqrt{5})^k(\cos k\varphi+4\sin k\varphi)$$

即为所求.

解法2　辅助方程为 $r^2+4r+5=0$,两根为

$$-2\pm\mathrm{i}=\sqrt{5}(\cos\varphi\pm\mathrm{i}\sin\varphi)$$

其中

$$\cos\varphi=-\frac{2}{\sqrt{5}},\sin\varphi=\frac{1}{\sqrt{5}},\varphi=\pi-\arctan\left(\frac{1}{2}\right)$$

通解为

$$x(kT)=(\sqrt{5})^k(C_1\cos k\varphi+C_2\sin k\varphi)$$

$$x(0)=1,\text{则 }1=C_1$$

$$x(T)=2,\text{则 }2=\sqrt{5}\left(-\frac{2}{\sqrt{5}}C_1+\frac{1}{\sqrt{5}}C_2\right)$$

于是 $C_1=1,C_2=4$,特解为

$$x(kT)=(\sqrt{5})^k(\cos k\varphi+4\sin k\varphi)$$

例 4 $x(kT+4T)+4x(kT+3T)+6x(kT+2T)+4x(kT+T)+x(kT)=0$,求通解.

解 辅助方程为

$$r^2+4r^3+6r^2+4r+1=0$$

即

$$(r+1)^4=0$$

四根相等为 $-1,-1,-1,-1$ 通解为

$$x(kT)=(-1)^k(C_1+C_2k+C_3k^2+C_4k^3)$$

用 z 变换,须查续表 44°.

例 5 $x(kT+3T)+x(kT+2T)+x(kT+T)+x(kT)=0,x(0)=1,x(T)=2,x(2T)=3$ 求特解.

解法 1 取 z 变换,可有

$$z^3[X(z)-1-2z^{-1}-3z^{-2}]+$$

$$z^2[X(z)-1-2z^{-1}]+$$

$$z[X(z)-1]+X(z)=0$$

$$(z^3+z^2+z+1)X(z)=z^3+3z^2+6z$$

$$X(z)=\frac{z^3+3z^2+6z}{(z^2+1)(z+1)}$$

查续表 43°

$$x(kT)=$$

$$\frac{1}{2}\left\{\sin\left(\frac{k\pi}{2}+\frac{\pi}{2}\right)+3\sin\frac{k\pi}{2}+\right.$$

$$\left.6\sin\left(\frac{k\pi}{2}-\frac{\pi}{2}\right)\right\}+\frac{1}{2}\left\{\sin\left(\frac{k\pi}{2}+\frac{2\pi}{2}\right)+\right.$$

$$\left.3\sin\left(\frac{k\pi}{2}+\frac{\pi}{2}\right)+6\sin\frac{k\pi}{2}\right\}+$$

$$\frac{1}{2}(-1)^k(1-3+6)=$$

$$\frac{1}{2}\left\{\cos\frac{k\pi}{2}+3\sin\frac{k\pi}{2}-6\cos\frac{k\pi}{2}\right\}+$$

$$\frac{1}{2}\left\{-\sin\frac{k\pi}{2}+3\cos\frac{k\pi}{2}+6\sin\frac{k\pi}{2}\right\}+$$

$$2(-1)^k=2(-1)^k+4\sin\frac{k\pi}{2}-\cos\frac{k\pi}{2}$$

即为所求.

解法 2　辅助方程为

$$r^3+r^2+r+1=0$$

即$(r+1)(r^2+1)=0$,三根为$-1,\pm \mathrm{i}=\cos\frac{\pi}{2}\pm \mathrm{i}\sin\frac{\pi}{2}$通解为

$$x(kT)=C_1(-1)^k+C_2\cos\frac{k\pi}{2}+C_3\sin\frac{k\pi}{2}$$

求特解

$$x(0)=1,\text{则 } 1=C_1+C_2$$
$$x(T)=2,\text{则 } 2=-C_1+C_3$$
$$x(2T)=3,\text{则 } 3=C_1-C_2$$

由此解得 $C_1=2,C_2=-1,C_3=4$,特解为

$$x(kT)=2(-1)^k-\cos\frac{k\pi}{2}+4\sin\frac{k\pi}{2}$$

例 6 $x(kT+3T)+x(kT)=0, x(0)=1, x(T)=2, x(2T)=3$,求特解.

解法 1 取 z 变换,可有

$$z^3[X(z)-1-2z^{-1}-3z^{-2}]+X(z)=0$$

$$X(z)=\frac{z^3+2z^2+3z}{z^3+1}=\frac{z^3+2z^2+3z}{(z+1)(z^2-z+1)}$$

查续表 43°,可有

$$x(kT)=\frac{2}{\sqrt{3}}\cdot\frac{1}{3}\left[\sin\left(\frac{k\pi}{3}+\frac{\pi}{3}\right)+2\sin\frac{k\pi}{3}+3\sin\left(\frac{k\pi}{3}-\frac{\pi}{3}\right)\right]+\frac{2}{\sqrt{3}}\cdot\frac{1}{3}\left[\sin\left(\frac{k\pi}{3}+\frac{2\pi}{3}\right)+2\sin\left(\frac{k\pi}{3}+\frac{\pi}{3}\right)+3\sin\frac{k\pi}{3}\right]+\frac{1}{3}(-1)^k(1-2+3)=$$

$$\frac{2}{3\sqrt{3}}\left[\frac{1}{2}\sin\frac{k\pi}{3}+\frac{\sqrt{3}}{2}\cos\frac{k\pi}{3}+2\sin\frac{k\pi}{3}+3\left(\frac{1}{2}\sin\frac{k\pi}{3}-\frac{\sqrt{3}}{2}\cos\frac{k\pi}{3}\right)-\frac{1}{2}\sin\frac{k\pi}{3}+\frac{\sqrt{3}}{2}\cos\frac{k\pi}{3}+2\left(\frac{1}{2}\sin\frac{k\pi}{3}+\frac{\sqrt{3}}{2}\cos\frac{k\pi}{3}\right)+3\sin\frac{k\pi}{3}\right]+\frac{2}{3}(-1)^k=$$

$$\frac{2}{3\sqrt{3}}\left(\frac{15}{2}\sin\frac{k\pi}{3}+\frac{\sqrt{3}}{2}\cos\frac{k\pi}{3}\right)+\frac{2}{3}(-1)^k=$$

$$\frac{5}{\sqrt{3}}\sin\frac{k\pi}{3}+\frac{1}{3}\cos\frac{k\pi}{3}+\frac{2}{3}(-1)^k$$

解法 2　辅助方程为 $r^3+1=0$，即

$$(r+1)(r^2-r+1)=0$$

三根为

$$\frac{1}{2}\pm \mathrm{i}\frac{\sqrt{3}}{2}=\cos\frac{\pi}{3}\pm \mathrm{i}\sin\frac{\pi}{3},-1$$

通解为

$$x(kT)=C_1(-1)^k+C_2\cos\frac{k\pi}{3}+C_3\sin\frac{k\pi}{3}$$

$$x(0)=1,\text{则 } 1=C_1+C_2$$

$$x(T)=2,\text{则 } 2=-C_1+\frac{1}{2}C_2+\frac{\sqrt{3}}{2}C_3$$

$$x(2T)=3,\text{则 } 3=C_1-\frac{1}{2}C_2+\frac{\sqrt{3}}{2}C_3$$

由此解出

$$C_1=\frac{2}{3},C_2=\frac{1}{3},C_3=\frac{5}{\sqrt{3}}$$

特解为

$$x(kT)=\frac{2}{3}(-1)^k+\frac{1}{3}\cos\frac{k\pi}{3}+\frac{5}{\sqrt{3}}\sin\frac{k\pi}{3}$$

例 7　$x(kT+3T)-2x(kT+2T)-4x(kT+T)+8x(kT)=0$，$x(0)=1$，$x(T)=-1$，$x(2T)=2$，求特解.

解法 1　取 z 变换，有

$$z^3[X(z)-1+z^{-1}-2z^{-2}]-2z^2[X(z)-1+z^{-1}]-4z[X(z)-1]+8X(z)=0$$

即

$$(z^3-2z^2-4z+8)X(z)=z^3-3z^2$$

$$X(z)=\frac{z^3-3z^2}{z^3-2z^2-4z+8}=\frac{z^3-3z^2}{(z-2)^2(z+2)}$$

查续表 41°,可得

$$x(kT)=\frac{1}{4}[(k+2)2^{k+1}-3(k+1)2^k]-$$

$$\frac{1}{16}\{[2^{k+2}-(-2)^{k+2}]-3[2^{k+1}-(-2)^{k+1}]\}=$$

$$\frac{1}{4}(-k\cdot 2^k+2^k)-\frac{1}{16}\{-2\cdot 2^k-10(-2)^k\}=$$

$$-\frac{1}{4}k\cdot 2^k+\frac{3}{8}\cdot 2^k+\frac{5}{8}(-2)^k$$

解法 2 辅助方程为

$$r^3-2r^2-4r+8=0$$

即

$$(r-2)^2(r+2)=0$$

三根为 2,2,-2,通解为

$$x(kT)=C_1(-2)^k+2^k(C_2+C_3k)$$

$$x(0)=1,则\ 1=C_1+C_2$$

$$x(T)=-1,则\ -1=-2C_1+2C_2+2C_3$$

$$x(2T)=2,则\ 2=4C_1+4C_2+8C_3$$

由此解出

$$C_1=\frac{5}{8},C_2=\frac{3}{8},C_3=-\frac{1}{4}$$

特解为

$$x(kT)=\frac{5}{8}(-2)^k+\frac{3}{8}2^k-\frac{1}{4}k\cdot 2^k$$

例 8 $x(kT+4T)+x(kT+3T)+x(kT+T)+x(kT)=0,x(0)=1,x(T)=2,x(2T)=-1,x(3T)=3$,求特解.

解法 1 取 z 变换,可有

$$Z^4[X(z)-1-2z^{-1}+z^{-2}-3z^{-3}]+$$
$$z^3[X(z)-1-2z^{-1}+z^{-2}]+$$
$$z[X(z)-1]+X(z)=0$$

即　$(z^4+z^3+z+1)X(z)=z^4+3z^3+z^2+3z$

由此得

$$X(z)=\frac{z^4+3z^3+z^2+3z}{z^4+z^3+z+1}=\frac{z^4+3z^3+z^2+3z}{(z^2-z+1)(z+1)^2}$$

查续表 50°，$a=1,b=3,c=1,d=3,\alpha=\frac{1}{2},\beta=\frac{\sqrt{3}}{2}$，

$\gamma=-1,\rho=1,\varphi=\frac{\pi}{3},(\gamma-\alpha)^2+\beta^2=3$，则

$$x(kT)=$$
$$\frac{2}{9\sqrt{3}}\left[\sin\left(\frac{k\pi}{3}+\frac{\pi}{3}\right)+3\sin\frac{k\pi}{3}+\right.$$
$$\left.\sin\left(\frac{k\pi}{3}-\frac{\pi}{3}\right)+3\sin\left(\frac{k\pi}{3}-\frac{2\pi}{3}\right)\right]+$$
$$\frac{4}{9\sqrt{3}}\left[\sin\left(\frac{k\pi}{3}+\frac{2\pi}{3}\right)+3\sin\left(\frac{k\pi}{3}+\frac{\pi}{3}\right)+\right.$$
$$\left.\sin\frac{k\pi}{3}+3\sin\left(\frac{k\pi}{3}-\frac{\pi}{3}\right)\right]+$$
$$\frac{2}{9\sqrt{3}}\left[\sin\left(\frac{k\pi}{3}+\pi\right)+3\sin\left(\frac{k\pi}{3}+\frac{2\pi}{3}\right)+\right.$$
$$\left.\sin\left(\frac{k\pi}{3}+\frac{\pi}{3}\right)+3\sin\frac{k\pi}{3}\right]+$$
$$\frac{1}{3}(-1)^k[(k+3)-3(k+2)+(k+1)-3k]+$$
$$2\times\frac{3}{2}\times\frac{1}{9}(-1)^k[-1+3-1+3]=$$
$$\frac{7}{3\sqrt{3}}\sin\frac{k\pi}{3}+\frac{1}{3}\cos\frac{k\pi}{3}+\frac{1}{3}(-1)^k(2-4k)$$

即为所求.化简时用到两角和差的正弦公式.

解法 2 辅助方程为

$$r^4+r^3+r+1=0$$

即$(r^3+1)(r+1)=0$,亦即

$$(r^2-r+1)(r+1)^2=0$$

四根为

$$\frac{1}{2}\pm \mathrm{i}\frac{\sqrt{3}}{2}=\cos\frac{\pi}{3}\pm \mathrm{i}\sin\frac{\pi}{3}, -1, -1$$

故通解为

$$x(kT)=(-1)^k(C_1+C_2k)+C_3\cos\frac{k\pi}{3}+C_4\sin\frac{k\pi}{3}$$

$x(0)=1$,则 $1=C_1+C_3$

$x(T)=2$,则 $2=-C_1-C_2+\frac{1}{2}C_3+\frac{\sqrt{3}}{2}C_4$

$x(2T)=-1$,则 $-1=C_1+2C_2-\frac{1}{2}C_3+\frac{\sqrt{3}}{2}C_4$

$x(3T)=3$,则 $3=-C_1-3C_2-C_3$

由此解得

$$C_1=\frac{2}{3}, C_2=-\frac{4}{3}, C_3=\frac{1}{3}, C_4=\frac{7}{3\sqrt{3}}$$

特解为

$$x(kT)=(-1)^k\left(\frac{2}{3}-\frac{4}{3}k\right)+\frac{1}{3}\cos\frac{k\pi}{3}+\frac{7}{3\sqrt{3}}\sin\frac{k\pi}{3}$$

§2 带右端项的一阶常系数线性差分方程的解

我们先解一阶方程

$$x(kT+T)+ax(kT)=f(kT) \tag{1}$$

其中 a 为常数(对 k 来说)，$f(kT)$ 为已知数列.

取 z 变换并利用第 7 章 §4 性质(三)的第二式，有

$$z[X(z)-x(0)]+aX(z)=F(z) \tag{2}$$

其中 $X(z)=Z[x(kT)]$，$F(z)=Z[f(kT)]$.

现(2)可化成

$$(z+a)X(z)=zx(0)+F(z)$$

由此得

$$X(z)=x(0)\frac{z}{z+a}+\frac{1}{z+a}F(z) \tag{3}$$

由表 2°，$\frac{z}{z+a}=Z[(-a)^k]$，又

$$\frac{1}{z+a}=$$

$$\frac{1}{z}\cdot\frac{1}{1+az^{-1}}=$$

$$\frac{1}{z}(1-az^{-1}+a^2z^{-2}-\cdots+(-a)^{k-1}z^{-k+1}+\cdots)=$$

$$z^{-1}-az^{-2}+a^2z^{-3}-\cdots+(-a)^{k-1}z^{-k}+\cdots$$

故

$$Z^{-1}\left[\frac{1}{z+a}\right]=\begin{cases}(-a)^{k-1} & (k\geqslant 1)\\ 0 & (k=0)\end{cases}$$

于是写

$$\varphi(kT)=\begin{cases}(-a)^{k-1} & (k\geqslant 1)\\ 0 & (k=0)\end{cases} \tag{4}$$

则
$$\frac{1}{z+a}=Z[\varphi(kT)]$$

注意：这结果也可直接从$\frac{z}{z+a}=Z[(-a)^k]$并应用第 7 章 §4 性质(三)的第一式得出($n=1$).

于是(3)可写成

$$X(z)=x(0)Z[(-a)^k]+Z[\varphi(kT)]Z[f(kT)] \tag{5}$$

根据第 7 章 §4 性质(五)有

$$\begin{aligned}&Z[\varphi(kT)]Z[f(kT)]=Z[(\varphi*f)(kT)]=\\&Z[\varphi(0)f(kT)+\varphi(T)f(kT-T)+\\&\varphi(2T)f(kT-2T)+\cdots+\varphi(kT)f(0)]=\\&Z[f(kT-T)-af(kT-2T)+\cdots+(-a)^{k-1}f(0)]\end{aligned}$$

代入(5)然后取反 z 变换,可得

$$\begin{aligned}x(kT)=x(0)(-a)^k+\{&f(0)(-a)^{k-1}+\\&f(T)(-a)^{k-2}+\cdots-\\&af(kT-2T)+f(kT-T)\}\end{aligned} \tag{6}$$

这就是所要求的解.根据 $x(0)$ 的任意性,(6)就是(1)的通解.(6)右端第一项 $x(0)(-a)^k$ 是不带右端项的方程

$$x(kT+T)+ax(kT)=0 \tag{7}$$

的通解,也称方程(1)的补函数.(6)右端括号中之式是(1)的一个特解,即

通解 = 补函数 + 特解

这对带右端项的高阶差分方程也成立.

方程(1)的解(6)也可由递推法得出如下

用递推法求补函数即求不带右端项的方程(7)的通解在第 6 章 §2 中已有例示,这里不再重复.我们来用递推法求(1)的特解.于(1)中令 $k=0$,可有

$$x(T)+ax(0)=f(0)$$

即是所求特解.为简单起见,取 $x(0)=0$,从而 $x(T)=f(0)$.

于(1)中取 $k=1$,有

$$x(2T) + ax(T) = f(T)$$

从而

$$x(2T) = (-a)f(0) + f(T)$$

再于(1) 中令 $k=2$,有

$$x(3T) + ax(2T) = f(2T)$$

从而

$$x(3T) = (-a)^2 f(0) + (-a)f(T) + f(2T)$$

依此下推,我们可归纳得

$$x(kT) = (-a)^{k-1} f(0) + (-a)^{k-2} f(T) + \cdots + (-a)f(kT-2T) + f(kT-T)$$

现由(1) 有

$$x(kT+T) = (-a)x(kT) + f(kT)$$

把所归纳出的 $x(kT)$ 代入之,有

$$x(kT+T) = (-a)^k f(0) + (-a)^{k-1} f(T) + \cdots + (-a)f(kT-T) + f(kT)$$

这和上面所归纳出的 $x(kT)$ 形式相同,以 $k+1$ 代 k,归纳法即告完成.

在上面,我们用第 7 章 §4 性质(五) 得出乘积 $\frac{1}{z+a}F(z)$ 的反 z 变换.但对于具体的函数 $F(z)$ 亦可查表或用留数法或用负幂级数法直接求 $\frac{F(z)}{(z+a)}$ 的反 z 变换以得特解.

我们举几个例子.

例 1　$x(kT+T) + ax(kT) = b$,a 及 b 均为常数.

解　这里 $f(kT) = b$,代入(6) 得解

$$x(kT) = x(0)(-a)^k + b\{(-a)^{k-1} + (-a)^{k-2} + \cdots + (-a) + 1\}$$

若 $a \neq -1$,则此可化成

$$x(kT)=x(0)(-a)^k+b\frac{1-(-a)^k}{1+a}=$$

$$\left\{x(0)-\frac{b}{1+a}\right\}(-a)^k+\frac{b}{1+a}=$$

$$C(-a)^k+\frac{b}{1+a} \tag{8}$$

其中 $C=x(0)-\frac{b}{(1+a)}$,若 $a=-1$,则有

$$x(kT)=x(0)+bk \tag{9}$$

如果不用(6) 而直接按原方程取 z 变换,并注意 $Z[b]=\frac{bz}{(z-1)}$,则(3) 成为

$$X(z)=x(0)\frac{z}{z+a}+\frac{bz}{(z-1)(z+a)}$$

若 $a\neq-1$,则查续表 36° 及 38°,取反 z 变换,可得解

$$x(kT)=x(0)(-a)^k+\frac{b[1-(-a)^k]}{1+a}=$$

$$C(-a)^k+\frac{b}{1+a}$$

结果与(8) 相同.

若 $a=-1$,则 $X(z)=x(0)\frac{z}{z-1}+\frac{bz}{(z-1)^2}$.

查续表 36°,37°,得 $x(kT)=x(0)+bk$,结果与(9) 相同.

我们看到,后面的方法有一个优点,就是不需要把一个级数的 k 项之和化为封闭式.

例 2 $x(kT+T)+ax(kT)=kT$.

解法 1 这里 $f(kT)=kT$ 代入(6) 得解

$$x(kT)=x(0)(-a)^k+T\{(-a)^{k-2}+$$

$$2(-a)^{k-3}+\cdots+$$

$$(k-2)(-a)+(k-1)\}\qquad(10_1)$$

我们按 $a\neq-1$ 及 $a=-1$ 两种情形把(10_1)右端花括号中的式子变为封闭式.若 $a\neq-1$,则写

$$S=(k-1)+(k-2)(-a)+\cdots+2(-a)^{k-3}+(-a)^{k-2}$$

于是

$$(-a)S=(k-1)(-a)+\cdots+3(-a)^{k-3}+2(-a)^{k-2}+(-a)^{k-1}$$

两式按同幂项相减得

$$(1+a)S=k-1-(-a)-\cdots-(-a)^{k-3}-(-a)^{k-2}-(-a)^{k-1}=k-\frac{1-(-a)^k}{1+a}$$

$$S=\frac{k}{1+a}-\frac{1}{(1+a)^2}+\frac{(-a)^k}{(1+a)^2}$$

代入(10_1)得通解

$$x(kT)=C(-a)^k+\frac{Tk}{1+a}-\frac{T}{(1+a)^2}\qquad(10_2)$$

其中 $C=x(0)+\dfrac{T}{(1+a)^2}$.

若 $a=-1$,则(10_1)成为

$$x(kT)=x(0)+T\{1+2+\cdots+(k-2)+(k-1)=x(0)+\frac{Tk(k-1)}{2}\}$$

此为 $x(kT+T)-x(kT)=kT$ 的解.

解法 2　施用 z 变换于所给方程,注意

$$Z[kT]=\frac{Tz}{(z-1)^2}$$

则(3)此时成为

$$X(z)=x(0)\frac{z}{z+a}+T\frac{z}{(z-1)^{2}(z+a)} \quad (11)$$

若 $a\neq-1$. 则查续表 41° 可有

$$Z^{-1}\left[\frac{z}{(z-1)^{2}(z+a)}\right]=\frac{k}{1+a}-\frac{1-(-a)^{k}}{(1+a)^{2}} \quad (12)$$

按(11)取反 z 变换并利用(12)即得解如上之(10_2). 注意这里的(12)恰好是上面的和 S. 因此，这里不需要繁杂的求和工作.

若 $a=-1$，则(11)成为

$$X(z)=x(0)\frac{z}{z-1}+T\frac{z}{(z-1)^{3}} \quad (13)$$

查续表 40° 得 $x(kT+T)-x(kT)=kT$ 的解

$$x(kT)=x(0)+\frac{Tk(k-1)}{2}$$

例 3 $x(kT+T)+ax(kT)=(kT)^{2}$.

解法 1 这里 $f(kT)=(kT)^{2}$，代入(6)得解

$$x(kT)=x(0)(-a)^{k}+T^{2}\{(-a)^{k-2}+4(-a)^{k-3}+\cdots+(k-2)^{2}(-a)+(k-1)^{2}\} \quad (14)$$

我们把花括号中之式化成封闭形. 设

$$S=(k-1)^{2}+(k-2)^{2}x+(k-3)^{2}x^{2}+\cdots+1^{2}x^{k-2} \quad (x=-a)$$

则

$$xS=(k-1)^{2}x+(k-2)^{2}x^{2}+\cdots+2^{2}x^{k-2}+x^{k-1}$$

两式按同幂项相减，可有

$$(1-x)S=(k-1)^{2}-(2k-3)x-(2k-5)x^{2}-\cdots-3x^{k-2}-x^{k-1}$$

再乘以 x，可有

$$x(1-x)S=(k-1)^{2}x-(2k-3)x^{2}-\cdots-$$

$$5x^{k-2}-3x^{k-1}-x^k$$

两式按同幂项相减,可见在 $x\neq 1$ 时

$$\begin{aligned}(1-x)^2S=&(k-1)^2-k^2x+2x+2x^2+\cdots+\\&2x^{k-1}+x^k=\\&(k-1)^2-k^2x+\frac{2(x-x^k)}{1-x}+x^k=\\&k^2(1-x)-2k+\frac{1+x}{1-x}-\frac{1+x}{1-x}x^k\end{aligned}$$

从而

$$\begin{aligned}S=&\frac{k^2}{1-x}-\frac{2k}{(1-x)^2}+\frac{1+x}{(1-x)^3}-\\&\frac{1+x}{(1-x)^3}x^k\quad(x\neq 1)\end{aligned}$$

换 x 为 $-a$,可见在 $a\neq -1$ 时

$$S=\frac{k^2}{1+a}-\frac{2k}{(1+a)^2}+\frac{1-a}{(1+a)^3}-\frac{1-a}{(1+a)^3}(-a)^k$$

代入(14) 可有解

$$x(kT)=C(-a)^k+T^2\left\{\frac{k^2}{1+a}-\frac{2k}{(1+a)^2}+\frac{1-a}{(1+a)^3}\right\}\tag{15}$$

其中 $C=x(0)-\left[\frac{T^2(1-a)}{(1+a)^3}\right]$ 且 $a\neq -1$.

若 $a=-1$,则(14) 成为

$$\begin{aligned}x(kT)=&x(0)+T^2\{1^2+2^2+\cdots+\\&(k-2)^2+(k-1)^2\}=\\&x(0)+\frac{T^2k(k-1)(2k-1)}{6}\end{aligned}\tag{16}$$

此为 $x(kT+T)-x(kT)=(kT)^2$ 的解.

解法 2　运用 z 变换于所给方程

$$x(kT+T)+ax(kT)=(kT)^2$$

并用表 5°,可有

$$z[X(z)-x(0)]+aX(z)=\frac{T^2(z^2+z)}{(z-1)^3}$$

于是

$$X(z)=x(0)\frac{z}{z+a}+T^2\frac{z^2+z}{(z-1)^3(z+a)} \quad (17)$$

若 $a\neq -1$,查续表 45°,取反 z 变换得解

$$x(kT)=$$

$$x(0)(-a)^k+T^2\left\{\frac{(k+1)k+k(k-1)}{2(1+a)}-\right.$$

$$\left.\frac{(k+1)+k}{(1+a)^2}+\frac{[1-(-a)^{k+1}]+[1-(-a)^k]}{(1+a)^3}\right\}=$$

$$x(0)(-a)^k+T^2\left\{\frac{k^2}{1+a}-\frac{2k}{(1+a)^2}+\right.$$

$$\left.\frac{1-a}{(1+a)^3}+\frac{a-1}{(1+a)^3}(-a)^k\right\}$$

末端花括号中之式就是上解中之和 S.因此,这解法避免了化一个 $k-1$ 项和化成封闭形的繁杂工作,注意这结果与(15) 同.

若 $a=-1$,则(17) 成为

$$X(z)=x(0)\frac{z}{z-1}+T^2\frac{z^2+z}{(z-1)^4} \quad (18)$$

查续表 36°,44°,按(18) 取反 z 变换得方程

$$x(kT+T)-x(kT)=(kT)^2$$

的解

$$x(kT)=x(0)+$$

$$\frac{T^2\{(k+1)k(k-1)+k(k-1)(k-2)\}}{6}=$$

$$x(0)+\frac{T^2k(k-1)(2k-1)}{6}$$

例 4　$x(kT+T)+ax(kT)=\mu^k$.

解法 1　$f(kT)=\mu^k$,代入(6)得解

$$x(kT)=x(0)(-a)^k+\{(-a)^{k-1}+\mu(-a)^{k-2}+\cdots+\mu^{k-2}(-a)+\mu^{k-1}\} \tag{19}$$

若 $\mu\neq-a$,此解可化为

$$x(kT)=x(0)(-a)^k+\frac{\mu^k-(-a)^k}{\mu+a}=C(-a)^k+\frac{\mu^k}{\mu+a} \tag{20}$$

其中 $C=x(0)-[\frac{1}{(\mu+a)}]$.

若 $\mu=-a$,则(19)成为

$$x(kT)=x(0)(-a)^k+k(-a)^{k-1} \tag{21}$$

此为 $x(kT+T)+ax(kT)=(-a)^k$ 的解.

解法 2　按原方程取 z 变换可有

$$z[X(z)-x(0)]+aX(z)=\frac{z}{(z-\mu)}$$
$$X(z)=x(0)\frac{z}{z+a}+\frac{z}{(z-\mu)(z+a)} \tag{22}$$

若 $\mu\neq-a$,查续表 36°,38°,按(22)取反 z 变换可得解

$$x(kT)=x(0)(-a)^k+\frac{\mu^k-(-a)^k}{\mu+a}=\left\{x(0)-\frac{1}{\mu+a}\right\}(-a)^k+\frac{\mu^k}{\mu+a}$$

与(20)同.

若 $\mu=-a$,则(22)成为

$$X(z)=x(0)\frac{z}{z+a}+\frac{z}{(z+a)^2} \tag{23}$$

查续表 37°,就(23)取反 z 变换得解

$$x(kT)=x(0)(-a)^k+k(-a)^{k-1}$$

例 5 $x(kT+T)+ax(kT)=\cos(\omega kT)$ (24)

$y(kT+T)+ay(kT)=\sin(\omega kT)$ (25)

解法 1 令 $w=x+\mathrm{i}y$,则(24) + i(25) 给出

$$w(kT+T)+aw(kT)=\mathrm{e}^{\mathrm{i}\omega kT} \tag{26}$$

于(20) 取 $\mu=\mathrm{e}^{\mathrm{i}\omega T}$ 得(26) 的解

$$w(kT)=\left(w(0)-\frac{1}{a+\mathrm{e}^{\mathrm{i}\omega T}}\right)(-a)^k+\frac{\mathrm{e}^{\mathrm{i}\omega kT}}{a+\mathrm{e}^{\mathrm{i}\omega T}}$$

以 $a+\mathrm{e}^{-\mathrm{i}\omega T}$ 乘分母及分子,并注意

$$(a+\mathrm{e}^{\mathrm{i}\omega T})(a+\mathrm{e}^{-\mathrm{i}\omega T})=a^2+2a\cos\omega T+1$$

则上式化成

$$w(kT)=\left(w(0)-\frac{a+\mathrm{e}^{-\mathrm{i}\omega T}}{a^2+2a\cos\omega T+1}\right)(-a)^k+\frac{a\mathrm{e}^{\mathrm{i}\omega kT}+\mathrm{e}^{\mathrm{i}\omega(k-1)T}}{a^2+2a\cos\omega T+1}$$

分开实部及虚部即得(24) 及(25) 的解

$$x(kT)=\left(x(0)-\frac{a+\cos\omega T}{a^2+2a\cos\omega T+1}\right)(-a)^k+\frac{a\cos\omega kT+\cos\omega(k-1)T}{a^2+2a\cos\omega T+1}=$$

$$\left(x(0)-\frac{a+\cos\omega T}{a^2+2a\cos\omega T+1}\right)(-a)^k+\frac{(a+\cos\omega T)\cos\omega kT+\sin\omega T\sin\omega kT}{a^2+2a\cos\omega T+1}$$

$$y(kT)=\left(y(0)+\frac{\sin\omega T}{a^2+2a\cos\omega T+1}\right)(-a)^k+\frac{a\sin\omega kT+\sin\omega(k-1)T}{a^2+2a\cos\omega T+1}=$$

$$\left(y(0)+\frac{\sin\omega T}{a^2+2a\cos\omega T+1}\right)(-a)^k+\frac{(a+\cos\omega T)\sin\omega kT-\sin\omega T\cos\omega kT}{a^2+2a\cos\omega T+1}$$

解法 2　按(24)及(25)取 z 变换并利用表 12°，13°得

$$z[X(z)-x(0)]+aX(z)=\frac{z(z-\cos\omega T)}{z^2-2z\cos\omega T+1}$$

$$z[Y(z)-y(0)]+aY(z)=\frac{z\sin\omega T}{z^2-2z\cos\omega T+1}$$

于是

$$X(z)=x(0)\frac{z}{z+a}+\frac{z(z-\cos\omega T)}{(z^2-2z\cos\omega T+1)(z+a)} \tag{27}$$

$$Y(z)=y(0)\frac{z}{z+a}+\frac{z\sin\omega T}{(z^2-2z\cos\omega T+1)(z+a)} \tag{28}$$

查续表 43°，可有

$$Z^{-1}\left[\frac{z^2-z\cos\omega T}{(z^2-2z\cos\omega T+1)(z+a)}\right]=$$
$$\frac{\sin(\omega kT)-\cos\omega T\sin[\omega(k-1)T]}{\sin\omega T(a^2+2a\cos\omega T+1)}+$$
$$\frac{a\{\sin[\omega(k+1)T]-\cos\omega T\sin(\omega kT)\}}{\sin\omega T(a^2+2a\cos\omega T+1)}+$$
$$\frac{(-a)^k(-a-\cos\omega T)}{a^2+2a\cos\omega T+1}=$$
$$\frac{(a+\cos\omega T)\cos(\omega kT)+\sin\omega T\sin(\omega kT)}{a^2+2a\cos\omega T+1}-$$
$$\frac{(-a)^k(a+\cos\omega T)}{a^2+2a\cos\omega T+1} \tag{29}$$

$$Z^{-1}\left[\frac{z\sin\omega T}{(z^2-2z\cos\omega T+1)(z+a)}\right]=$$
$$\frac{\sin\omega T\sin[\omega(k-1)T]}{\sin\omega T(a^2+2a\cos\omega T+1)}+$$

$$\frac{a\sin\omega T\sin(\omega kT)}{\sin\omega T(a^2+2a\cos\omega T+1)}+$$

$$\frac{(-a)^k\sin\omega T}{a^2+2a\cos\omega T+1}=$$

$$\frac{(a+\cos\omega T)\sin(\omega kT)-\sin\omega T\cos(\omega kT)}{a^2+2a\cos\omega T+1}+$$

$$\frac{(-a)^k\sin\omega T}{a^2+2a\cos\omega T+1} \tag{30}$$

按(27)及(28)分别取反 z 变换,利用(29)(30)即可得(24)及(25)之解.

附记:因 $a^2+2a\cos\omega T+1=(a+\cos\omega T)^2+\sin^2\omega T$,故例外情形为 $\sin\omega T=0,\cos\omega T=\pm1$,$a=\mp1$,此时原给方程为

$$x(kT+T)\pm x(kT)=\mp1$$

$$y(kT+T)\pm y(kT)=0$$

它们的解易于求出,读者可自行证明之.

§3 带右端项的二阶常系数线性差分方程的解

我们来解差分方程

$$x(kT+2T)+ax(kT+T)+bx(kT)=f(kT) \tag{1}$$

取 Z 变换,可有

$$z^2[X(z)-x(0)-x(T)z^{-1}]+$$

$$az[X(z)-x(0)]+bX(z)=F(z)$$

其中

$$X(z)=Z[x(kT)],F(z)=Z[f(kT)]$$

由此可有

$$(z^2+az+b)X(z)=x(0)z^2+$$
$$[x(T)+ax(0)]z+F(z)$$

从而

$$X(z)=\frac{x(0)z^2+[x(T)+ax(0)]z}{z^2+az+b}+$$
$$\frac{F(z)}{z^2+az+b} \tag{2}$$

由 §1 的(3_2)可见，右端第一分式的反 z 变换给出相应不带右端项的方程的通解，即(1)的补函数，从而右端第二分式的反 z 变换给出(1)的一个特解.

设 $z^2+az+b=0$ 的两根为 α,β.

(ⅰ) 设 $\alpha\neq\beta$，则按(2)取反 z 变换，可有

$$x(kT)=C_1\alpha^k+C_2\beta^k+Z^{-1}\left[\frac{F(z)}{z^2+az+b}\right] \tag{3}$$

其中 C_1 及 C_2 为常数. 又

$$\begin{aligned}\frac{F(z)}{z^2+az+b}&=\frac{F(z)}{(z-\alpha)(z-\beta)}=\\ &\frac{1}{\alpha-\beta}\left\{\frac{1}{z-\alpha}F(z)-\frac{1}{z-\beta}F(z)\right\}\end{aligned} \tag{4}$$

如 §2 的(4)，写

$$\varphi_1(kT)=\begin{cases}\alpha^{k-1} & (k\geqslant 1)\\ 0 & (k=0)\end{cases}$$

$$\varphi_2(kT)=\begin{cases}\beta^{k-1} & (k\geqslant 1)\\ 0 & (k=0)\end{cases}$$

则(4)可写成

$$\frac{F(z)}{z^2+az+b}=\frac{1}{\alpha-\beta}\{Z[\varphi_1(kT)]Z[f(kT)]-$$
$$Z[\varphi_2(kT)]Z[f(kT)]\}=$$
$$\frac{1}{\alpha-\beta}\{Z[(\varphi_1*f)(kT)]-$$

$$Z[(\varphi_2 * f)(kT)]\}$$

于是

$$Z^{-1}\left[\frac{F(z)}{z^2+az+b}\right]=$$

$$\frac{1}{\alpha-\beta}\{(\varphi_1 * f)(kT)-$$

$$(\varphi_2 * f)(kT)\}=$$

$$\frac{1}{\alpha-\beta}\{f(0)\varphi_1(kT)+f(T)\varphi_1(kT-T)+\cdots+$$

$$f(kT-T)\varphi_1(T)+f(kT)\varphi_1(0)-$$

$$f(0)\varphi_2(kT)-f(T)\varphi_2(kT-T)-\cdots-$$

$$f(kT-T)\varphi_2(T)-f(kT)\varphi_2(0)\}=$$

$$\frac{1}{\alpha-\beta}\{f(0)(\alpha^{k-1}-\beta^{k-1})+f(T)(\alpha^{k-2}-\beta^{k-2})+\cdots+$$

$$f(kT-2T)(\alpha-\beta)\} \tag{5}$$

把(5) 代入(3),可得(1) 的通解

$$x(kT)=$$

$$C_1\alpha^k+C_2\beta^k+\frac{1}{\alpha-\beta}\{f(0)(\alpha^{k-1}-\beta^{k-1})+$$

$$f(T)(\alpha^{k-2}-\beta^{k-2})+\cdots+f(kT-2T)(\alpha-\beta)\} \tag{6}$$

我们也可用递推法得出特解(5).因为我们目的只求特解,为简单起见,由(2) 我们可取

$$x(0)=0, x(T)=0$$

在这两个条件下,于(1) 取 $k=0$,可有

$$x(2T)=f(0) \tag{a}$$

于(1) 中取 $k=1$ 得 $x(3T)+ax(2T)=f(T)$,注意 $-a=\alpha+\beta$,利用(a),可得

$$x(3T)=(\alpha+\beta)f(0)+f(T) \tag{b}$$

于(1) 中取 $k=2$,可有

$$x(4T)+ax(3T)+bx(2T)=f(2)T$$

注意 $a=-(\alpha+\beta)$,$b=\alpha\beta$,并利用(a) 及(b),可有

$$\begin{aligned}
&x(4T)=\\
&(\alpha+\beta)x(3T)-\alpha\beta x(2T)+f(2T)=\\
&(\alpha^2+\alpha\beta+\beta^2)f(0)+(\alpha+\beta)f(T)+f(2T)=\\
&\frac{1}{\alpha-\beta}\{(\alpha^3-\beta^3)f(0)+(\alpha^2-\beta^2)f(T)+\\
&(\alpha-\beta)f(2T)\}
\end{aligned}$$

由此我们归纳出

$$\begin{aligned}
&x(kT)=\\
&\frac{1}{\alpha-\beta}\{(\alpha^{k-1}-\beta^{k-1})f(0)+\\
&(\alpha^{k-2}-\beta^{k-2})f(T)+\cdots+(\alpha-\beta)f(kT-2T)\}
\end{aligned} \tag{c}$$

我们来完成归纳法:我们设(c) 将 k 换为 $k+1$ 也成立,即设

$$\begin{aligned}
&x(kT+T)=\\
&\frac{1}{\alpha-\beta}\{(\alpha^{k}-\beta^{k})f(0)+\\
&(\alpha^{k-1}-\beta^{k-1})f(T)+\cdots+(\alpha-\beta)f(kT-T)\}
\end{aligned} \tag{d}$$

如果由方程(1) 并根据(c) 和(d) 能得出 $x(kT+2T)$ 也具有类似的形式(即于(c) 将 k 换为 $k+2$ 所得的形式),那么归纳法即告完成. 现由(1) 可有

$$x(kT+2T)=(\alpha+\beta)x(kT+T)-\alpha\beta x(kT)+f(kT) \tag{e}$$

以(d) 及(c) 代入(e) 并注意

$$(\alpha+\beta)(\alpha^k-\beta^k)-\alpha\beta(\alpha^{k-1}-\beta^{k-1})\equiv\alpha^{k+1}-\beta^{k+1}$$

以及将 k 换为 $k-1,k-2,\cdots,2,1$ 的类似等式,可直接

得到

$$x(kT+2T)=$$
$$\frac{1}{\alpha-\beta}\{(\alpha^{k+1}-\beta^{k+1})f(0)+$$
$$(\alpha^{k}-\beta^{k})f(T)+\cdots+(\alpha^{3}-\beta^{3})f(kT-2T)+$$
$$(\alpha^{2}-\beta^{2})f(kT-T)\}+f(kT)$$

这和(c)及(d)有类似的形式,即可于(c)将 k 换为 $k+2$ 或于(d)将 k 换为 $k+1$ 得出.(5)由归纳法重新得证.

对于具体的例子,我们也可不用卷积公式

$$Z[\varphi(kT)]Z[f(kT)]=Z[(\varphi*f)(kT)]$$

而用查表法或留数法直接求

$$Z^{-1}\left[\frac{F(z)}{z^{2}+az+b}\right]$$

(ⅱ)设 α,β 为两共轭复根.用三角式

$$\alpha=\rho(\cos\varphi+\mathrm{i}\sin\varphi),\beta=\rho(\cos\varphi-\mathrm{i}\sin\varphi)$$

此时,$a=-(\alpha+\beta)=-2\rho\cos\varphi$,$b=\alpha\beta=\rho^{2}$,将 α 及 β 之式代入(6),通解变成

$$x(kT)=$$
$$\rho^{k}(A\cos k\varphi+B\sin k\varphi)+$$
$$\frac{1}{\sin\varphi}\{f(0)\rho^{k-2}\sin(k-1)\varphi+$$
$$f(T)\rho^{k-3}\sin(k-2)\varphi+\cdots+f(kT-2T)\sin\varphi\} \tag{7}$$

(ⅲ)设 $\beta=\alpha$,则补函数为 $\alpha^{k}(C_{1}+C_{2}k)$,特解为

$$Z^{-1}\left[\frac{F(z)}{(z-\alpha)^{2}}\right]$$

今

$$\frac{1}{(z-\alpha)^{2}}=\frac{1}{z^{2}}\left(1-\frac{\alpha}{z}\right)^{-2}=\frac{1}{z^{2}}\left(1+\frac{2\alpha}{z}+\frac{3\alpha^{2}}{z^{2}}+\cdots+\right.$$

$$\frac{(k-1)\alpha^{k-2}}{z^{k-2}}+\cdots\Big)=$$

$$\frac{1}{z^2}+\frac{2\alpha}{z^3}+\frac{3\alpha^2}{z^4}+\cdots+\frac{(k-1)\alpha^{k-2}}{z^k}+\cdots$$

故写

$$\psi(kT)=\begin{cases}(k-1)\alpha^{k-2} & (k\geqslant 1)\\ 0 & (k=0)\end{cases}$$

可有

$$\frac{1}{(z-\alpha)^2}=Z[\psi(kT)]$$

注意这结果亦可由(37°)

$$\frac{z}{(z-\alpha)^2}=Z[k\alpha^{k-1}]$$

应用第 7 章 §5 性质(三)的第一式得出(取该处 $n=1$).

注意 $F(z)=Z[f(kT)]$，于是

$$\frac{F(z)}{(z-\alpha)^2}=Z[\psi(kT)]Z[f(kT)]=Z[(\psi*f)(kT)]=$$
$$Z[\psi(0)f(kT)+\psi(T)f(kT-T)+$$
$$\psi(2T)f(kT-2T)+\psi(3T)f(kT-3T)+\cdots+$$
$$\psi(kT)f(0)]=$$
$$Z[f(kT-2T)+2\alpha f(kT-3T)+\cdots+$$
$$(k-1)\alpha^{k-2}f(0)]$$

故特解为

$$Z^{-1}\left[\frac{F(z)}{(z-\alpha)^2}\right]=f(0)(k-1)\alpha^{k-2}+$$
$$f(T)(k-2)\alpha^{k-3}+\cdots+f(kT-3T)2\alpha+ \qquad (8_1)$$
$$f(kT-2T)$$

注意这结果可于(5)中令 $\beta\to\alpha$ 取极限得出

$$\lim_{\beta\to\alpha}\frac{\alpha^{k-1}-\beta^{k-1}}{\alpha-\beta}=(k-1)\alpha^{k-2}\quad(\text{按洛必达法则})$$

等等.特解(8_1)亦可于(7)令 $\varphi\to 0,\rho\to\alpha$ 取极限得到

$$\left.\frac{\sin(k-1)\varphi}{\sin\varphi}\right|_{\varphi=0}=k-1,\cdots$$

加补函数 $\alpha^k(C_1+C_2k)$ 于(8_1)即得

$$x(kT+2T)-2\alpha x(kT+T)+\alpha^2x(kT)=f(kT)$$

的通解

$$x(kT)=\alpha^k(C_1+C_2k)+[f(0)(k-1)\alpha^{k-2}+f(T)(k-2)\alpha^{k-3}+\cdots+f(kT-3T)2\alpha+f(kT-2T)]\quad(8_2)$$

我们举几个例子.

例 1 $x(kT+2T)+ax(kT+T)+bx(kT)=\mu^k$.

解法 1 $f(kT)=\mu^k$,设 $r^2+ar+b=0$ 的两根为 α,β

(i)$\alpha\neq\beta$,由(6),通解为

$$x(kT)=C_1\alpha^k+C_2\beta^k+\frac{1}{\alpha-\beta}\{(\alpha^{k-1}-\beta^{k-1})+\mu(\alpha^{k-2}-\beta^{k-2})+\cdots+\mu^{k-2}(\alpha-\beta)\}=$$
$$C_1\alpha^k+C_2\beta^k+\frac{1}{\alpha-\beta}\{(\alpha^{k-1}+\mu\alpha^{k-2}+\cdots+\mu^{k-2}\alpha)-(\beta^{k-1}+\mu\beta^{k-2}+\cdots+\mu^{k-2}\beta)\}\quad(*)$$

若 μ 不为辅助方程 $r^2+ar+b=0$ 之根,即 $\mu^2+a\mu+b\neq 0(\mu\neq\alpha,\mu\neq\beta)$,则将花括号中之式化成封闭形得通解

$$x(kT)=$$

$$C_1\alpha^k+C_2\beta^k+$$

$$\frac{1}{\alpha-\beta}\left(\frac{\alpha^k-\alpha\mu^{k-1}}{\alpha-\mu}-\frac{\beta^k-\beta\mu^{k-1}}{\beta-\mu}\right)=$$

$$A\alpha^k+B\beta^k+\frac{\mu^{k-1}}{\alpha-\beta}\left(\frac{\beta}{\beta-\mu}-\frac{\alpha}{\alpha-\mu}\right)= \tag{9}$$

$$A\alpha^k+B\beta^k+\frac{\mu^k}{(\alpha-\mu)(\beta-\mu)}=$$

$$A\alpha^k+B\beta^k+\frac{\mu^k}{\mu^2+a\mu+b}$$

其中 A 及 B 为常数(与 k 无关). 一特解为$\frac{\mu^k}{\mu^2+a\mu+b}$,形式很简单,分母是以 μ 代辅助方程的未知数的结果.

若 $\mu=\alpha\neq\beta$,则所给方程右端为 α^k,并且由(*),可见通解为

$$x(kT)=$$

$$C_1\alpha^k+C_2\beta^k+\frac{1}{\alpha-\beta}\left\{(k-1)\alpha^{k-1}-\right. \tag{10}$$

$$\left.\frac{\beta^k-\beta\alpha^{k-1}}{\beta-\alpha}\right\}=A\alpha^k+B\beta^k+\frac{k\alpha^{k-1}}{\alpha-\beta}$$

其中 A 及 B 不依赖 k. 一个特解为$\frac{k\alpha^{k-1}}{(\alpha-\beta)}$.

(ⅱ)设 α 及 β 为共轭复根

$$\alpha=\rho(\cos\varphi+\mathrm{i}\sin\varphi),\beta=\rho(\cos\varphi-\mathrm{i}\sin\varphi)$$

原给方程可写成

$$x(kT+2T)-2\rho\cos\varphi x(kT+T)+\rho^2x(kT)=\mu^k \tag{11}$$

辅助方程为 $\nu^2-2\rho\cos\varphi\cdot\nu+\rho^2=0$,如果 μ 为实数,则 μ 不是辅助方程之根,故(9) 仍能用,从而(11) 的通解为

$$x(kT)=$$
$$\rho^k(c_1\cos k\varphi+c_2\sin k\varphi)+$$
$$\frac{\mu^k}{(\mu^2+a\mu+b)}= \tag{12}$$
$$\rho^k(c_1\cos k\varphi+c_1\sin k\varphi)+$$
$$\frac{\mu^k}{(\mu^2+\rho^2-2\mu\rho\cos\varphi)}$$

(ⅲ) $\beta=\alpha$，此时所给方程成为

$$x(kT+2T)-2\alpha x(kT+T)+\alpha^2x(kT)=\mu^k$$

辅助方程为 $r^2-2\alpha r+\alpha^2=0$，补函数为 $\alpha^k(C_1+C_2k)$，如果 $\mu\neq\alpha$，则由(9)可得解 $\frac{\mu^k}{(\mu^2+a\mu+b)}=\frac{\mu^k}{(\mu-\alpha)^2}$ 此结果亦可于(12)末项取 $\varphi=0,\rho=\alpha$ 得到. 此时通解为

$$x(kT)=\alpha^k(C_1+C_2k)+\frac{\mu^k}{(\mu-\alpha)^2} \tag{13}$$

如果 $\mu=\alpha$，则所给方程成为

$$x(kT+2T)-2\alpha x(kT+T)+\alpha^2x(kT)=\alpha^k \tag{14}$$

其一特解按(8_1)为

$$1\cdot(k-1)\alpha^{k-2}+\alpha(k-2)\alpha^{k-3}+\cdots+$$
$$\alpha^{k-3}\cdot 2\alpha+\alpha^{k-2}\cdot 1=$$
$$(k-1)\alpha^{k-2}+(k-2)\alpha^{k-2}+\cdots+2\alpha^{k-2}+\alpha^{k-2}=$$
$$\alpha^{k-2}[(k-1)+(k-2)+\cdots+$$
$$2+1]=\frac{k(k-1)\alpha^{k-2}}{2}$$

此特解亦可借助于(13)得出. 由(13)可见一特解为

$$\left.\frac{\mu^k-\mu k\alpha^{k-1}+(k-1)\alpha^k}{(\mu-\alpha)^2}\right|_{\mu=\alpha}$$

按洛必达法则,得

$$\left.\frac{k\mu^{k-1}-k\alpha^{k-1}}{2(\mu-\alpha)}\right|_{\mu=\alpha}=\frac{k(k-1)\alpha^{k-2}}{2}$$

故(14) 的通解为

$$x(kT)=\alpha^{k}(C_1+C_2k)+\frac{k(k-1)\alpha^{k-2}}{2}=$$

$$\alpha^{k}(A+Bk)+\frac{k^{2}\alpha^{k-2}}{2} \tag{15}$$

解法 2　我们用待定系数法求

$$x(kT+2T)+ax(kT+T)+bx(kT)=\mu^{k} \tag{16}$$

的特解.我们设此方程有

$$x(kT)=A\mu^{k} \tag{17}$$

形式的解,其中 A 为待定常数.以(17) 代入(16) 可有

$$A\mu^{k+2}+aA\mu^{k+1}+bA\mu^{k}=\mu^{k}$$

即

$$A(\mu^{2}+a\mu+b)=1$$

如果 $\mu^{2}+a\mu+b\neq 0$,可得 $A=\dfrac{1}{(\mu^{2}+a\mu+b)}$,从而得特解 $\dfrac{\mu^{k}}{(\mu^{2}+a\mu+b)}$,同(9) 中末项,加上补函数即得通解.如果 $\mu^{2}+a\mu+b=0$,则不能设(17) 形式的特解.

现在我们可设特解

$$x(kT)=Ak\mu^{k},A\ 为待定常数 \tag{18}$$

以(18) 代入(16) 可有

$$A(k+2)\mu^{k+2}+aA(k+1)\mu^{k+1}+bAk\mu^{k}=\mu^{k}$$

即

$$Ak(\mu^{2}+a\mu+\upsilon)+A(2\mu^{2}+a\mu)=1$$

即

$$A(2\mu+a)\mu=1$$

如果 $2\mu+a\neq 0$(当然 $\mu\neq 0$),可得 $A=\dfrac{1}{(2\mu^{2}+a\mu)}$.

特解为 $\dfrac{k\mu^{k}}{2\mu^{2}+a\mu}=\dfrac{k\mu^{k-1}}{2\mu+a}$ 由 $2\mu+a=2\alpha+a=2\alpha-$

$(\alpha+\beta)=(\alpha-\beta)$,此与(10)的末项相同.

如果 $2\mu+a=0$,则设特解(18)也不行,我们可设特解

$$x(kT)=Ak^2\mu^k \tag{19}$$

以此代入(16)得

$$A(k+2)^2\mu^{k+2}+aA(k+1)^2\mu^{k+1}+bAk^2\mu^k=\mu^k$$

即 $$A[(k+2)^2\mu^2+a(k+1)^2\mu+bk^2]=1$$

即

$$A[k^2(\mu^2+a\mu+b)+2k(2\mu^2+a\mu)+4\mu^2+a\mu]=1$$

计及 $\mu^2+a\mu+b=0,2\mu^2+a\mu=0$,此化成 $A\cdot 2\mu^2=1$,从而 $A=\frac{1}{(2\mu^2)}$ 代入(19)得特解

$$x(kT)=\frac{k^2\mu^{k-2}}{2}$$,同(15)末项

此时所给方程为

$$x(kT+2T)-2\mu x(kT+T)+\mu^2x(kT)=\mu^k$$

这种方法看起来很简单,但作三种假定(17)(18)(19)是不容易想出的.

解法3 直接运用 z 变换于所给方程(16),可有

$$z^2[X(z)-x(0)-x(T)z^{-1}]+az[X(z)-x(0)]+bX(z)=\frac{z}{z-\mu}$$

$$X(z)=\frac{x(0)z^2+[x(T)+ax(0)]z}{z^2+az+b}+\frac{z}{(z^2+az+b)(z-\mu)}$$

如(2),右端第一分式的反 z 变换给出补函数.我们只需求特解

$$\varphi(kT)=Z^{-1}\left\{\frac{z}{(z^2+az+b)(z-\mu)}\right\} \qquad (20)$$

解法1乃是利用第7章 §5 性质(五)卷积公式.现在我们查表求(20),以 α,β 表示辅助方程 $r^2+ar+b=0$ 的两根.

(ⅰ)设 $\alpha\neq\beta$(包括 α 及 β 为一对共轭复数),并设 $\mu\neq\alpha,\mu\neq\beta$,则查续表 42°,可有

$$\varphi(kT)=Z^{-1}\left[\frac{z}{(z-\alpha)(z-\beta)(z-\mu)}\right]=$$

$$\frac{\alpha^k}{(\alpha-\beta)(\alpha-\mu)}+$$

$$\frac{\beta^k}{(\beta-\alpha)(\beta-\mu)}+\frac{\mu^k}{(\mu-\alpha)(\mu-\beta)}$$

末端前两项已包含在补函数中,故可取特解

$$\frac{\mu^k}{(\mu-\alpha)(\mu-\beta)}=\frac{\mu^k}{\mu^2+a\mu+b}\text{ 同(9) 末项}$$

如果 $\mu=\alpha\neq\beta$,则查续表 41°,可有

$$\varphi(kT)=Z^{-1}\left[\frac{z}{(z-\alpha)^2(z-\beta)}\right]=\frac{k\alpha^{k-1}}{\alpha-\beta}-\frac{\alpha^k-\beta^k}{(\alpha-\beta)^2}$$

末端末项已包含在补函数中,故可取特解

$$\frac{k\alpha^{k-1}}{(\alpha-\beta)}\text{ 同(10) 末项}$$

(ⅱ)设 $\beta=\alpha$ 并设 $\mu\neq\alpha$,则查续表 41°

$$\varphi(kT)=Z^{-1}\left[\frac{z}{(z-\alpha)^2(z-\mu)}\right]=\frac{k\alpha^{k-1}}{\alpha-\mu}-\frac{\alpha^k-\mu^k}{(\alpha-\mu)^2}$$

舍去包含在补函数 $(C_1+C_2k)\alpha^k$ 中之项,可取特解

$$\frac{\mu^k}{(\mu-\alpha)^2}=\frac{\mu^k}{(\mu^2+a\mu+b)}\text{,同(9) 末项}$$

若 $\mu=\alpha=\beta$,则查续表 40°,可有

$$\varphi(kT)=Z^{-1}\left[\frac{z}{(z-\alpha)^3}\right]=\frac{1}{2}k(k-1)\alpha^{k-2}=$$

$$\frac{1}{2}k^2\alpha^{k-2}-\frac{1}{2\alpha^2}\cdot k\alpha^k \quad (在\ \alpha\neq 0)$$

并且末项包含在补函数中,故可取特解$\frac{k^2\alpha^{k-2}}{2}$,与(15)末项相同.如同 $\alpha=0$ 则原方程成为 $x(kT+2T)=\alpha^k$,而我们应理解:在 $\alpha=0$ 时,$\alpha^k|_{k\to 0}=1$ 并且 $\alpha^k|_{k\geqslant 1}=0$ 特解为$\frac{1}{2}k(k-1)\alpha^{k-2}|_{\alpha\to 0}$.

例 2 $x(kT+2T)+ax(kT+T)+bx(kT)=\cos(\omega kT)$

$$y(kT+2T)+ay(kT+T)+by(kT)=\sin(\omega kT)$$

解 写 $w=x+\mathrm{i}y$,则

$$w(kT+2T)+aw(kT+T)+bw(kT)=\mathrm{e}^{\mathrm{i}\omega kT}$$

取 $\mu=\mathrm{e}^{\mathrm{i}\omega T}$,这就是例 1 的方程.如果 $\mathrm{e}^{\mathrm{i}\omega T}$ 不是辅助方程的根,即如果 $\mathrm{e}^{2\mathrm{i}\omega T}+a\mathrm{e}^{\mathrm{i}\omega T}+b\neq 0$,则由(9)的末项,可得 w — 方程的特解

$$\frac{\mathrm{e}^{\mathrm{i}\omega kT}}{\mathrm{e}^{2\mathrm{i}\omega T}+a\mathrm{e}^{\mathrm{i}\omega T}+b}=$$

$$\frac{\mathrm{e}^{\mathrm{i}\omega kT}(\mathrm{e}^{-2\mathrm{i}\omega T}+a\mathrm{e}^{-\mathrm{i}\omega T}+b)}{(\mathrm{e}^{2\mathrm{i}\omega T}+a\mathrm{e}^{\mathrm{i}\omega T}+b)(\mathrm{e}^{-2\mathrm{i}\omega T}+a\mathrm{e}^{-\mathrm{i}\omega T}+b)}=$$

$$\frac{\mathrm{e}^{\mathrm{i}\omega(k-2)T}+a\mathrm{e}^{\mathrm{i}\omega(k-1)T}+b\mathrm{e}^{\mathrm{i}\omega kT}}{1+a^2+b^2+2a(1+b)\cos\omega T+2b\cos(2\omega T)}$$

分开实部及虚部即得 x — 方程及 y — 方程的特解

$$\frac{\cos[\omega(k-2)T]+a\cos[\omega(k-1)T]+b\cos(\omega kT)}{1+a^2+b^2+2a(1+b)\cos\omega T+2b\cos(2\omega T)}\text{①}$$

及

① 加上相同的补函数即得所给两个方程的通解.

$$\frac{\sin[\omega(k-2)T]+a\sin[\omega(k-1)T]+b\sin(\omega kT)}{1+a^2+b^2+2a(1+b)\cos\omega T+2b\cos(2\omega T)}$$

若 $e^{i\omega T}$ 为辅助方程 $r^2+ar+b=0$ 的根，则 $e^{-i\omega T}$ 亦为此方程的根. 于是 $w-$ 方程可表示为

$$w(kT+2T)-2\cos\omega T w(kT+T)+w(kT)=e^{i\omega kT}$$

按(10) 的末项，此 $w-$ 方程的特解为

$$\frac{ke^{i\omega(k-1)T}}{e^{i\omega T}-e^{-i\omega T}}=\frac{ke^{i\omega(k-1)T}}{2i\sin\omega T}$$

分开实部及虚部即得

$$x(kT+2T)-2\cos\omega T x(kT+T)+x(kT)=\cos(\omega kT)$$

及

$$y(kT+2T)-2\cos\omega T y(kT+T)+y(kT)=\sin(\omega kT)$$

的特解分别为

$$\frac{k\sin[\omega(k-1)T]}{2\sin\omega T} \text{ 及 } -\frac{k\cos[\omega(k-1)T]}{2\sin\omega T}$$

上述两个方程的补函数均为 $C_1\cos(\omega kT)+C_2\sin(\omega kT)$，所以两方程的通解分别为

$$x(kT)=C_1\cos(\omega kT)+C_2\sin(\omega kT)+\frac{k\sin[\omega(k-1)T]}{2\sin\omega T}$$

及

$$y(kT)=C_1\cos(\omega kT)+C_2\sin(\omega kT)-\frac{k\cos[\omega(k-1)T]}{2\sin\omega T}$$

例 3　$x(kT+2T)+ax(kT+T)+bx(kT)=kT$　(21)

解法 1　$f(kT)=kT$ 设辅助方程 $r^2+ar+b=0$ 的

两根为 α,β.

（ⅰ）$\alpha\neq\beta$. 按(5)，此方程的一个特解为

$$\frac{T}{\alpha-\beta}\{(\alpha^{k-2}-\beta^{k-2})+2(\alpha^{k-3}-\beta^{k-3})+\cdots+(k-2)(\alpha-\beta)\}=\frac{T}{\alpha-\beta}(P-Q)\tag{22}$$

其中我们令

$$P=\alpha^{k-2}+2\alpha^{k-3}+\cdots+(k-3)\alpha^2+(k-2)\alpha\tag{23_1}$$

$$Q=\beta^{k-2}+2\beta^{k-3}+\cdots+(k-3)\beta^2+(k-2)\beta\tag{24_1}$$

我们把 P 变为封闭形. 现

$$P=(k-2)\alpha+(k-3)\alpha^2+\cdots+2\alpha^{k-3}+\alpha^{k-2}$$

$$\alpha P=(k-2)\alpha^2+\cdots+3\alpha^{k-3}+2\alpha^{k-2}+\alpha^{k-1}$$

两式按同幂项相减，可有

$$(1-\alpha)P=(k-2)\alpha-\alpha^2-\cdots-\alpha^{k-3}-\alpha^{k-2}-\alpha^{k-1}$$

若 $\alpha\neq1$，则

$$(1-\alpha)P=(k-2)\alpha-\frac{\alpha^2-\alpha^k}{1-\alpha}=\frac{\alpha^k}{1-\alpha}+\frac{\alpha^2-2\alpha}{1-\alpha}+k\alpha$$

故

$$P=\frac{\alpha^k}{(1-\alpha)^2}+\frac{\alpha^2-2\alpha}{(1-\alpha)^2}+\frac{k\alpha}{1-\alpha}\quad(\alpha\neq1)\tag{23_2}$$

同样

$$Q=\frac{\beta^k}{(1-\beta)^2}+\frac{\beta^2-2\beta}{(1-\beta)^2}+\frac{k\beta}{1-\beta}\quad(\beta\neq1)\tag{24_2}$$

由于含α^k之项及含β^k之项已包含在补函数中，故以(23_2)及(24_2)代入(22)，可见在$\alpha\neq 1,\beta\neq 1,\alpha\neq\beta$时，我们能取特解

$$\frac{T}{\alpha-\beta}\left\{\frac{\alpha^2-2\alpha}{(1-\alpha)^2}-\frac{\beta^2-2\beta}{(1-\beta)^2}+k\left(\frac{\alpha}{1-\alpha}-\frac{\beta}{1-\beta}\right)\right\}=$$

$$T\left\{\frac{(\alpha^2-2\alpha)(\beta^2-2\beta+1)-(\beta^2-2\beta)(\alpha^2-2\alpha+1)}{(\alpha-\beta)(1-\alpha)^2(1-\beta)^2}+\right.$$

$$\left.\frac{k}{(1-\alpha)(1-\beta)}\right\}=$$

$$T\left\{\frac{(\alpha^2-2\alpha)-(\beta^2-2\beta)}{(\alpha-\beta)(1-\alpha)^2(1-\beta)^2}+\frac{k}{(1-\alpha)(1-\beta)}\right\}=$$

$$T\left\{\frac{\alpha+\beta-2}{[1-(\alpha+\beta)+\alpha\beta]^2}+\frac{k}{1-(\alpha+\beta)+\alpha\beta}\right\}=$$

$$T\left\{\frac{k}{1+a+b}-\frac{a+2}{(1+a+b)^2}\right\}\text{①}\tag{25}$$

这解在$1+a+b\neq 0$时能用.这条件意味着1不是辅助方程$r^2+ar+b=0$的根(即$\alpha\neq 1,\beta\neq 1$).加补函数$C_1\alpha^k+C_2\beta^k$于(25)即得通解.

若$a=1\neq\beta$，即辅助方程的两根为$1,\beta$，则$1+\beta=-a$，且$\beta=b$，补函数为$C_1+C_2b^k$.又由(23_1)有

$$P=1+2+\cdots+(k-3)+(k-2)=\frac{(k-1)(k-2)}{2}$$

由(24_2)，可有

$$Q=\frac{b^k}{(1-b)^2}+\frac{b^2-2b}{(1-b)^2}+\frac{kb}{1-b}$$

将P及Q代入(22)，不计包含在补函数中之项，可得特解

① 注意消去分子及分母中的$\alpha-\beta$，结果对$\alpha=\beta$也能用.

$$\frac{T}{1-b}\left\{\frac{1}{2}(k^2-3k)-\frac{bk}{1-b}\right\}=\frac{T}{2}\left\{\frac{k^2}{1-b}+\frac{k(b-3)}{(1-b)^2}\right\}$$

故 $x(kT+2T)-(1+b)x(kT+T)+bx(kT)=kT$ 在 $b\neq 1$ 时的通解为

$$x(kT)=C_1+C_2b^k+\frac{T}{2}\left\{\frac{k^2}{1-b}+\frac{k(b-3)}{(1-b)^2}\right\}\quad(26)$$

如果 $\beta=1\neq\alpha$，亦得相同的结果.

（ⅱ）若 $\beta=\alpha$，则所给方程成为

$$x(kT+2T)-2\alpha x(kT+T)+\alpha^2x(kT)=kT$$

补函数为 $\alpha^k(C_1+C_2k)$，按 (8_1) 可有特解

$$\begin{aligned}&T[1(k-2)\alpha^{k-3}+2(k-3)\alpha^{k-4}+\cdots+\\&(k-3)2\alpha+(k-2)1]=\\&T\frac{\mathrm{d}}{\mathrm{d}\alpha}[1\cdot\alpha^{k-2}+2\alpha^{k-3}+\cdots+\\&(k-3)\alpha^2+(k-2)\alpha]=\\&T\frac{\mathrm{d}P}{\mathrm{d}\alpha}(\text{由}(23_1))=\\&T\frac{\mathrm{d}}{\mathrm{d}\alpha}\left[\frac{\alpha^k}{(1-\alpha)^2}+\frac{\alpha^2-2\alpha}{(1-\alpha)^2}+\frac{k\alpha}{1-\alpha}\right]\\&(\text{由}(23_2)\text{，设 }\alpha\neq 1)=\\&T\left[\frac{k\alpha^{k-1}}{(1-\alpha)^2}+\frac{2\alpha^k}{(1-\alpha^3)}-\frac{2}{(1-\alpha)^3}+\frac{k}{(1-\alpha)^2}\right]\end{aligned}\quad(27)$$

舍去前两项（它们包含在补函数中），可见在 $\alpha\neq 1$ 时，我们能取特解如

$$T\left[\frac{k}{(1-\alpha)^2}-\frac{2}{(1-\alpha)^3}\right]$$

注意，在(25)中取 $a=-2\alpha,b=\alpha^2$，亦得此结果. 故在 $\alpha\neq 1$ 时，所求通解为

$$x(kT)=\alpha^k(C_1+C_2k)+T\left[\frac{k}{(1-\alpha)^2}-\frac{2}{(1-\alpha)^3}\right]$$

若 $\alpha=1$，则特解(27) 成为

$$T[1\cdot(k-2)+2(k-3)+\cdots+$$
$$(k-3)2+(k-2)1]=$$
$$T\{1[(k-1)-1]+2[(k-1)-2]+\cdots+$$
$$(k-3)[(k-1)-(k-3)]+$$
$$(k-2)[(k-1)-(k-2)]\}=$$
$$T\{(k-1)[1+2+\cdots+(k-2)]-$$
$$[1^2+2^2+\cdots+(k-2)^2]\}=$$
$$T\left[\frac{1}{2}(k-1)^2(k-2)-\frac{1}{6}(k-1)(k-2)(2k-3)\right]=$$
$$\frac{T}{6}k(k-1)(k-2)=\frac{T}{6}\{k^2(k-3)+2k\}$$

由于在此情况下补函数为 C_1+C_2k，故可取特解

$$\frac{Tk^2(k-3)}{6}$$

从而得 $x(kT+2T)-2x(kT+T)+x(kT)$ 的通解

$$x(kT)=C_1+C_2k+\frac{Tk^2(k-3)}{6}$$

解法 2　考察上面的结果，可见(21) 的特解一般是 T 乘 k 的一次式. 我们能用待定系数法求方程(21) 的特解. 设(21) 的特解如

$$T(Ak+B)$$

其中 A 及 B 为待定常数. 代入(21) 并消去 T，可有

$$A(k+2)+B+a[A(k+1)+B]+b(Ak+B)\equiv k$$

即

$$A(1+a+b)k+A(2+a)+B(1+a+b)\equiv k$$

故

$$A(1+a+b)=1, A(2+a)+B(1+a+b)=0$$

如果 $1+a+b\neq 0$,则可解出

$$A=\frac{1}{1+a+b}, B=-\frac{a+2}{(1+a+b)^2}$$

特解为

$$T\left\{\frac{k}{1+a+b}-\frac{a+2}{(1+a+b)^2}\right\} \qquad 同(25)$$

加上补函数即得通解.条件 $1+a+b\neq 0$ 表明1不是辅助方程 $r^2+ar+b=0$ 的根.

若 $1+a+b=0$,则所给方程(21)可写成

$$x(kT+2T)-(1+b)x(kT+T)+bx(kT)=kT \tag{28}$$

我们设特解

$$T(Ak+B)k=T(Ak^2+Bk)$$

代入(28)并消去 T,可有

$$A(k+2)^2+B(k+2)-(1+b)[A(k+1)^2+$$
$$B(k+1)]+b(Ak^2+Bk)\equiv k$$

即 $\quad 2A(1-b)k+[(1-b)B+(3-b)A]\equiv k$

故 $\quad 2A(1-b)=1, (1-b)B+(3-b)A=0$

若 $b\neq 1$,则可解得

$$A=\frac{1}{2(1-b)}, B=\frac{b-3}{2(1-b)^2}$$

于是(28)的一个特解为

$$T\left[\frac{k^2}{2(1-b)}+\frac{k(b-3)}{2(1-b)^2}\right]$$

如果 $b=1$,则由 $1+a+b=0$,可见 $a=-2$,差分方程成为

$$x(kT+2T)-2x(kT+T)+x(kT)=kT \tag{29}$$

此时补函数为 C_1+C_2k.如仍设特解 $T(Ak^2+Bk)$,则

第二项为补函数中之项. 因此，设(29) 的特解为 $T(Ak^2+Bk)k=T(Ak^3+Bk^2)$，代入(29)，并消去 T，可有

$$A(k+2)^3+B(k+2)^2-2A(k+1)^3-$$
$$2B(k+1)^2+Ak^3+Bk^2\equiv k$$

即
$$6Ak+(6A+2B)=0$$

从而
$$6A=1,6A+2B=0$$

于是
$$A=\frac{1}{6},B=-\frac{1}{2}$$

故特解为

$$\frac{T(k^3-3k^2)}{6}=\frac{Tk^2(k-3)}{6}$$

通解为
$$x(kT)=C_1+C_2k+\frac{Tk^2(k-3)}{6}$$

解法 3　施 z 变换于(21) 可有

$$z^2[X(z)-x(0)-x(T)z^{-1}]+az[X(z)-x(0)]+$$
$$bX(z)=Z[kT]$$

即

$$(z^2+az+b)X(z)=x(0)z^2+[x(T)+ax(0)]z+$$
$$\frac{Tz}{(z-1)^2}$$

$$X(z)=\frac{x(0)z^2+[x(T)+ax(0)]z}{z^2+az+b}+$$
$$\frac{Tz}{(z^2+az+b)(z-1)^2}$$

右端第一项的反 z 变换给出补函数，第二项的反 z 变换给出特解

$$TZ^{-1}\left[\frac{z}{(z^2+az+b)(z-1)^2}\right]\tag{30}$$

以 α,β 表示 $z^2+az+b=0$ 的两根，并设 $\alpha\neq\beta$，再设 1

不是这方程的根,即 $1+a+b\neq 0$,则查续表 47°,可见特解(30)等于

$$T\left[\frac{k}{(1-\alpha)(1-\beta)}-\frac{2-\alpha-\beta}{(1-\alpha)^2(1-\beta)^2}+\frac{\alpha^k}{(\alpha-1)^2(\alpha-\beta)}+\frac{\beta^k}{(\beta-1)^2(\beta-\alpha)}\right]$$

由于末两项已包含在补函数中,故可取特解

$$T\left[\frac{k}{(1-\alpha)(1-\beta)}-\frac{2-\alpha-\beta}{(1-\alpha)^2(1-\beta)^2}\right]=T\left[\frac{k}{1+a+b}-\frac{2+a}{(1+a+b)^2}\right]$$

若 $1+a+b=0$,即 $a=-(1+b)$,则(30)可写成

$$TZ^{-1}\left[\frac{z}{(z-b)(z-1)^3}\right] \tag{31}$$

若 $b\neq 1$,则查续表 45°,其结果等于

$$T\left[\frac{k(k-1)}{2(1-b)}-\frac{k}{(1-b)^2}+\frac{1-b^k}{(1-b)^3}\right]$$

由于末一项已包含在补函数中,故可取特解

$$T\left[\frac{k(k-1)}{2(1-b)}-\frac{k}{(1-b)^2}\right]=\frac{T}{2}\left[\frac{k^2}{1-b}+\frac{k(b-3)}{(1-b)^2}\right]$$

同(26)中的特解.

若 $b=1$,则(31)成为 $TZ^{-1}\left[\frac{z}{(z-1)^4}\right]$ 查续表 44°,其结果等于 $\frac{Tk(k-1)(k-2)}{6}$ 同上两解末.

例 4 $x(kT+2T)+ax(kT+T)+bx(kT)=(kT)^2$ (32)

解法 1 以 α 及 β 表辅助方程 $r^2+ar+b=0$ 的两根.

(i) $\alpha\neq\beta$,按(6),方程(32)的特解为

$$\frac{T^2}{\alpha-\beta}\{(\alpha^{k-2}-\beta^{k-2})+2^2(\alpha^{k-3}-\beta^{k-3})+\cdots+$$
$$(k-2)^2(\alpha-\beta)\}=\frac{T^2}{\alpha-\beta}(P-Q)\qquad(33)$$

其中我们令

$$P=(k-2)^2\alpha+(k-3)^2\alpha^2+\cdots+2^2\alpha^{k-3}+\alpha^{k-2}\qquad\text{(a)}$$

$$Q=(k-2)^2\beta+(k-3)^2\beta^2+\cdots+2^2\beta^{k-3}+\beta^{k-2}$$

我们来把 P 及 Q 化为封闭形. 以 α 乘(a),可有

$$\alpha P=(k-2)^2\alpha^2+\cdots+3^2\alpha^{k-3}+2^2\alpha^{k-2}+\alpha^{k-1}\qquad\text{(b)}$$

(a) 及(b) 按同幂项相减,可有

$$(1-\alpha)P=(k-2)^2\alpha-(2k-5)\alpha^2-\cdots-5\alpha^{k-3}-$$
$$3\alpha^{k-2}-\alpha^{k-1}=(k-2)^2\alpha-S\qquad\text{(c)}$$

其中我们令

$$S=(2k-5)\alpha^2+(2k-7)\alpha^3+\cdots+3\alpha^{k-2}+\alpha^{k-1}$$

令　$\alpha S=(2k-5)\alpha^3+\cdots+5\alpha^{k-2}+3\alpha^{k-1}+\alpha^k$

两式按同幂项相减,可有

$$(1-\alpha)S=(2k-5)\alpha^2-2\alpha^3-\cdots-$$
$$2\alpha^{k-2}-2\alpha^{k-1}-\alpha^k$$

故如果 $\alpha\neq1$,则

$$(1-\alpha)S=(2k-5)\alpha^2-2\,\frac{\alpha^3-\alpha^k}{1-\alpha}-\alpha^k=$$
$$(2k-5)\alpha^2-\frac{2\alpha^3-\alpha^k-\alpha^{k+1}}{1-\alpha}$$

于是

$$S=\frac{(2k-5)\alpha^2}{1-\alpha}-\frac{2\alpha^3-\alpha^k-\alpha^{k+1}}{(1-\alpha)^2}$$

代入(c) 可得

$$P=(k-2)^2\frac{\alpha}{1-\alpha}-\frac{(2k-5)\alpha^2}{(1-\alpha)^2}+\frac{2\alpha^3-\alpha^k-\alpha^{k+1}}{(1-\alpha)^3}$$

换 α 为 β 得

$$Q=(k-2)^2\frac{\beta}{1-\beta}-\frac{(2k-5)B^2}{(1-B)^2}+\frac{2\beta^3-\beta^k-\beta^{k+1}}{(1-\beta)^3}$$

其中 $\alpha\neq 1,\beta\neq 1$,(从而 $1+a+b\neq 0$).

由于含 $\alpha^k,\beta^k,\alpha^{k+1},\beta^{k+1}$ 之项已包括在补函数中，故按(33)我们可有(32)的一个特解

$$\frac{T^2}{\alpha-\beta}\left\{(k-2)^2\left(\frac{\alpha}{1-\alpha}-\frac{\beta}{1-\beta}\right)-\right.$$
$$(2k-5)\left[\frac{\alpha^2}{(1-\alpha)^2}-\frac{\beta^2}{(1-\beta)^2}\right]+$$
$$\left.2\left[\frac{\alpha^3}{(1-\alpha)^3}-\frac{\beta^3}{(1-\beta)^3}\right]\right\}=$$
$$T^2\left\{\frac{(k-2)^2}{(1-\alpha)(1-\beta)}-(2k-5)\frac{\alpha+\beta-2\alpha\beta}{(1-\alpha)^2(1-\beta)^3}+\right.$$
$$\left.2\frac{\alpha^2+\alpha\beta+\beta^2-3\alpha\beta(\alpha+\beta)+3\alpha^2\beta^2}{(1-\alpha)^3(1-\beta)^3}\right\}=$$
$$T^2\left\{\frac{(k-2)^2}{1+a+b}+\frac{(2k-5)(a+2b)}{(1+a+b)^2}+\right.$$
$$\left.2\frac{a^2-b+3ab+3b^2}{(1+a+b)^3}\right\}=$$
$$T^2\left\{\frac{k^2}{1+a+b}-\frac{4(1+a+b)-2(a+2b)}{(1+a+b)^2}k+\right.$$
$$\left.\frac{4(1+a+b)^2-5(a+2b)(1+a+b)+2(a^2-b+3ab+3b^2)}{(1+a+b)^3}\right\}=$$
$$T^2\left\{\frac{k^2}{1+a+b}-\frac{(2a+4)k}{(1+a+b)^2}+\frac{a^2-ab+3a-4b+4}{(1+a+b)^3}\right\}\tag{34}$$

当然，这特解只在 $1+a+b\neq 0$ 时能用.

(ⅱ) 如果 $1+a+b=0$，则 $a=-(1+b)$，辅助方

程两根为 $\alpha=1,\beta=b$ 我们设 $b\neq 1$ 则

$$P=1^2+2^2+\cdots+(k-2)^2=$$

$$\frac{(k-1)(k-2)(2k-3)}{6}=$$

$$\frac{(2k^3-9k^2+13k-6)}{6}$$

$$Q=(k-2)^2\ \frac{b}{1-b}-\frac{(2k-5)b^2}{(1-b)^2}+\frac{2b^3-b^k-b^{k+1}}{(1-b)^3}$$

由于含 b^k 之项，含 $b^{k+1}=b\cdot b^k$ 之项及常数项均已包括在补函数 $C_1+C_2b^k$ 中，故按(33)，我们可取特解

$$\frac{T^2}{1-b}\left\{\frac{1}{6}(2k^3-9k^2+13k)-\right.$$

$$\left.\frac{(k^2-4k)b}{1-b}+\frac{2kb^2}{(1-b)^2}\right\}=$$

$$\frac{T^2}{1-b}\left\{\frac{1}{3}k^3+\frac{(b-3)k^2}{2(1-b)}+\frac{b^2-2b+13}{6(1-b)^2}k\right\}=$$

$$T^2\left\{\frac{k^3}{3(1-b)}+\frac{(b-3)k^2}{2(1-b)^2}+\frac{(b^2-2b+13)k}{6(1-b)^3}\right\} \tag{35}$$

如果 $b=1$，则 $\alpha=1,\beta=1$，差分方程成为

$$x(kT+2T)-2x(kT+T)+x(kT)=(kT)^2$$

公式(6) 不能用，可用(8_1)，特解为

$$T^2[1^2(k-2)+2^2(k-3)+\cdots+$$

$$(k-3)^2 2+(k-2)^2 1]=$$

$$T^2\{1^2[(k-1)-1]+2^2[(k-1)-2]+\cdots+$$

$$(k-3)^2[(k-1)-(k-3)]+$$

$$(k-2)^2[(k-1)-(k-2)^2]\}=$$

$$T^2\{(k-1)[1^2+2^2+\cdots+(k-2)^2]-$$

$$[1^3+2^3+\cdots+(k-2)^3]\}=$$

$$T^2\left\{\frac{(k-1)^2(k-2)(2k+3)}{6}-\frac{(k-1)^2(k-2)^2}{4}\right\}=$$

$$\frac{1}{12}T^2(k-1)^2(k-2)[2(2k-3)-3(k-2)]=$$

$$\frac{1}{12}T^2k(k-1)^2(k-2)=$$

$$\frac{1}{12}T^2(k^4-4k^3+5k^2-2k)$$

由于末项已含在补函数 C_1+C_2k 中,故可取特解

$$\frac{1}{12}T^2(k^4-4k^3+5k^2)=\frac{1}{12}T^2k^2(k^2-4k+5) \tag{36}$$

解法 2 我们用待定系数法重新求(32)的特解.由于(23_1)的右端是 k 的二次式,我们设此方程有特解 $T^2(Ak^2+Bk+C)$,其中 A,B,C 为待定系数.以此代入

$$x(kT+2T)+ax(kT+T)+bx(kT)=(kT)^2$$

并消去 T^2,可有

$$\begin{aligned}&A(k+2)^2+B(k+2)+C+\\&aA(k+1)^2+aB(k+1)+aC+\\&bAk^2+bBk+bC\equiv k^2\end{aligned}$$

故

$$\begin{aligned}&A(1+a+b)=1\\&A(4+2a)+B(1+a+b)=0\\&A(4+a)+B(2+a)+C(1+a+b)=0\end{aligned}$$

设 $1+a+b\neq 0$,则由此可解得

$$A=\frac{1}{1+a+b}$$

$$B=-\frac{4+2a}{(1+a+b)^2}$$

$$C=\frac{-1}{1+a+b}\left\{\frac{4+a}{1+a+b}-\frac{(2+a)(4+2a)}{(1+a+b)^2}\right\}=$$

$$\frac{(a+2)(2a+4)-(a+4)(a+b+1)}{(1+a+b)^3}=$$

$$\frac{a^2-ab+3a-4b+4}{(1+a+b)^3}$$

故得特解

$$T^2\left\{\frac{k^2}{1+a+b}-\frac{(2a+4)k}{(1+a+b)^2}+\frac{a^2-ab+3a-4b+4}{(1+a+b)^3}\right\} \qquad \text{同}(34)$$

若 $1+a+b=0$，即 $a=-(1+b)$，则差分方程成为

$$x(kT+2T)-(1+b)x(kT+T)+bx(kT)=(kT)^2 \tag{37}$$

若 $b\neq 1$，则补函数为 $C_1+C_2b^k$. 如果仍设特解

$$T^2(Ak^2+Bk+C)$$

则第三项为补函数中之项，不能解决问题. 我们设特解

$$T^2(Ak^2+Bk+C)k=T^2(Ak^3+Bk^2+Ck)$$

代入(37)，消去 T^2，可有

$$A(k+2)^3+B(k+2)^2+C(k+2)-(1+b)[A(k+1)^3+B(k+1)^2+C(k+1)]+b(Ak^3+Bk^2+Ck)\equiv k^2$$

即

$$3A(1-b)k^2+[3A(3-b)+2B(1-b)]k+A(7-b)+B(3-b)+C(1-b)\equiv k^2$$

故

$$3A(1-b)=1,3A(3-b)+2B(1-b)=0$$

$$A(7-b)+B(3-b)+C(1-b)=0$$

由此得

$$A=\frac{1}{3(1-b)},B=\frac{b-3}{2(1-b)^2}$$

$$C=\frac{1}{1-b}\left\{\frac{b-7}{3(1-b)}+\frac{(b-3)^2}{2(1-b)^2}\right\}=\frac{b^2-2b+13}{6(1-b)^3}$$

故方程(37) 在 $b\neq 1$ 时的特解为

$$T^2\left\{\frac{k^3}{3(1-b)}+\frac{(b-3)k^2}{2(1-b)^2}+\frac{(b^2-2b+13)k}{6(1-b)^3}\right\}$$

同(35)

若 $b=1$，则 $a=-(1+b)=-2$，差分方程为

$$x(kT+2T)-2x(kT+T)+x(kT)=(kT)^2 \tag{38}$$

补函数为 C_1+C_2k. 我们设(38) 的特解为

$$T^2(Ak^2+Bk+C)k^2=T^2(Ak^4+Bk^3+Ck^2)$$

代入(38) 并消去 T^2，可有

$$A(k+2)^4+B(k+2)^3+C(k+2)^2-$$
$$2A(k+1)^4-2B(k+1)^3-2C(k+1)^2+$$
$$Ak^4+Bk^3+Ck^2\equiv k^2$$

即

$$12Ak^2+(24A+6B)k+(14A+6B+2C)\equiv k^2$$

从而

$$12A=1,24A+6B=0,14A+6B+2C=0$$

于是

$$A=\frac{1}{12}$$

$$B=-\frac{4}{12}$$

$$C=-7A-3B=\frac{5}{12}$$

故方程(38) 的一特解为

$$\frac{1}{12}T^2(k^4-4k^3+5k^2)=\frac{1}{12}T^2k^2(k^2-4k+5)$$

例 5

$$x(kT+2T)+ax(kT+T)+bx(kT)=\mu^k\cos(\omega kT)$$
$$y(kT+2T)+ay(kT+T)+by(kT)=\mu^k\sin(\omega kT)$$

解　写 $w=x+\mathrm{i}y$,则

$$w(kT+2T)+aw(kT+T)+bw(kT)=\mu^k\mathrm{e}^{\mathrm{i}\omega kT}=(\mu\mathrm{e}^{\mathrm{i}\omega T})^k$$

显然,把例 1 的 μ 换为 $\mu\mathrm{e}^{\mathrm{i}\omega T}$ 就给出这个 w — 方程. 因此,如果 $\mu\mathrm{e}^{\mathrm{i}\omega T}$ 不是辅助方程

$$r^2+ar+b=0$$

的根,那么按(9),w — 方程的一个特解为

$$\frac{\mu^k\mathrm{e}^{\mathrm{i}\omega kT}}{\mu^2\mathrm{e}^{2\mathrm{i}\omega T}+a\mu\mathrm{e}^{\mathrm{i}\omega T}+b}=$$
$$\frac{\mu^k\mathrm{e}^{\mathrm{i}\omega kT}(\mu^2\mathrm{e}^{-2\mathrm{i}\omega T}+a\mu\mathrm{e}^{-\mathrm{i}\omega T}+b)}{(\mu^2\mathrm{e}^{2\mathrm{i}\omega T}+a\mu\mathrm{e}^{\mathrm{i}\omega T}+b)(\mu^2\mathrm{e}^{-2\mathrm{i}\omega T}+a\mu\mathrm{e}^{-\mathrm{i}\omega T}+b)}=$$
$$\frac{\mu^k[\mathrm{e}^{\mathrm{i}(k-2)\omega T}+a\mu\mathrm{e}^{\mathrm{i}(k-1)\omega T}+b\mathrm{e}^{\mathrm{i}k\omega T}]}{\mu^4+a^2\mu^2+b^2+2a\mu(\mu^2+b)\cos\omega T+2b\mu^2\cos(2\omega T)}$$

分开实部及虚部得 x — 方程及 y — 方程的特解,依次为

$$\frac{\mu^k\{\mu^2\cos[(k-2)\omega T]+a\mu\cos[(k-1)\omega T]+b\cos(k\omega T)\}}{\mu^4+a^2\mu^2+b^2+2a\mu(\mu^2+b)\cos\omega T+2b\mu^2\cos(2\omega T)}$$

及

$$\frac{\mu^k\{\mu^2\sin[(k-2)\omega T]+a\mu\sin[(k-1)\omega T]+b\sin(k\omega T)\}}{\mu^4+a^2\mu^2+b^2+2a\mu(\mu^2+b)\cos\omega T+2b\mu^2\cos(2\omega T)}$$

若 $\mu\mathrm{e}^{\mathrm{i}\omega T}$ 为辅助方程 $r^2+ar+b=0$ 的根,则两根为 $\mu\mathrm{e}^{\pm\mathrm{i}\omega T}$. 此时差分方程为

$$w(kT+2T)-2\mu\cos\omega T\cdot w(kT+2T)+\mu^2w(kT)=(\mu\mathrm{e}^{\mathrm{i}\omega T})^k$$

求特解,(9) 不能用. 我们用(10),此 w — 方程的一个特解为

$$\frac{k(\mu e^{i\omega T})^{k-1}}{2i\mu\sin\omega T}=$$

$$\frac{k\mu^{k-2}\{\cos[(k-1)\omega T]+i\sin[(k-1)\omega T]\}}{2i\sin\omega T}$$

分开实部及虚部得

$$x(kT+2T)-2\mu\cos\omega Tx(kT+T)+$$
$$\mu^2x(kT)=\mu^k\cos(\omega kT)$$

及

$$y(kT+2T)-2\mu\cos\omega Ty(kT+T)+$$
$$\mu^2y(kT)=\mu^k\sin(\omega kT)$$

的特解依次为

$$\frac{k\mu^{k-2}\sin[(k-1)\omega T]}{2\sin\omega T}\text{ 及 }-\frac{k\mu^{k-2}\cos[(k-1)\omega T]}{2\sin\omega T}$$

加上同一补函数

$$\mu^k\{C_1\cos(\omega kT)+C_2\sin(\omega kT)\}$$

取得它们的通解.

例 6 $x(kT+2T)+ax(kT+T)+bx(kT)=Tk\mu^k$.

解法 1 $f(kT)=Tk\mu^k$ 以 α 及 β 表示 $r^2+ar+b=0$ 的两根. 按(6),特解为

$$\frac{T}{\alpha-\beta}\{\mu(\alpha^{k-2}-\beta^{k-2})+2\mu^2(\alpha^{k-3}-\beta^{k-3})+\cdots+$$
$$(k-2)\mu^{k-2}(\alpha-\beta)\}=$$
$$\frac{T}{\alpha+\beta}(P-Q)$$

其中我们乃令

$$P=\mu\alpha^{k-2}+2\mu^2\alpha^{k-3}+\cdots+(k-2)\mu^{k-2}\alpha$$
$$Q=\mu\beta^{k-2}+2\mu^2\beta^{k-3}+\cdots+(k-2)\mu^{k-2}\beta$$

我们把 P 及 Q 化为封闭式. 显然

$$P=\mu\frac{\partial}{\partial\mu}(\mu\alpha^{k-2}+\mu^2\alpha^{k-3}+\cdots+\mu^{k-2}\alpha)$$

故在 $\mu\neq\alpha$ 时

$$P=\mu\frac{\partial}{\alpha\mu}\frac{\alpha\mu^{k-1}-\mu\alpha^{k-1}}{\mu-\alpha}=$$

$$\mu\frac{(\mu-\alpha)[(k-1)\alpha\mu^{k-2}-\alpha^{k-1}]-\alpha\mu^{k-1}+\mu\alpha^{k-1}}{(\mu-\alpha)^2}=$$

$$\frac{(k-2)\alpha\mu^k-(k-1)\alpha^2\mu^{k-1}+\mu\alpha^k}{(\mu-\alpha)^2}$$

同样,在 $\mu\neq\beta$ 时

$$Q=\frac{(k-2)\beta\mu^k-(k-1)\beta^2\mu^{k-1}+\mu\beta^k}{(\mu-\beta)^2}$$

由于含 α^k 及 β^k 之项已包含在补函数 $C_1\alpha^k+C_2\beta^k$ 中,故可取特解(在 $\mu\neq\alpha,\mu\neq\beta$)

$$\frac{T}{\alpha-\beta}\left\{(k-2)\mu^k\left[\frac{\alpha}{(\mu-\alpha)^2}-\frac{\beta}{(\mu-\beta)^2}\right]-\right.$$

$$\left.(k-1)\mu^{k-1}\left[\frac{\alpha^2}{(\mu-\alpha)^2}-\frac{\beta^2}{(\mu-\beta)^2}\right]\right\}=$$

$$T\left\{(k-2)\mu^k\cdot\frac{\mu^2-\alpha\beta}{(\mu-\alpha)^2(\mu-\beta)^2}-\right.$$

$$\left.(k-1)\mu^{k-1}\cdot\frac{\mu^2(\alpha+\beta)-2\mu\alpha\beta}{(\mu-\alpha)^2(\mu-\beta)^2}\right\}= \qquad (39)$$

$$T\left\{(k-2)\mu^k\cdot\frac{\mu^2-b}{(\mu^2+a\mu+b)^2}+\right.$$

$$\left.(k-1)\mu^{k-1}\cdot\frac{a\mu^2+2b\mu}{(\mu^2+a\mu+b)^2}\right\}=$$

$$T\left\{\frac{k}{\mu^2+a\mu+b}-\frac{2\mu^2+a\mu}{(\mu^2+a\mu+b)^2}\right\}\mu^k$$

此结果只要求 $\mu^2+a\mu+b\neq0$,即 μ 不是辅助方程之根. 注意,$\alpha-\beta$ 最后消去,所以这结果对 $\alpha=\beta$ 的情况也适用. 又注意在 $\mu=1$ 时,此为(25);若 $\mu^2+a\mu+b=0$,

则可认为 $\mu=\alpha(\neq\beta)$ 此时

$$P=\alpha^{k-1}[1+2+3+\cdots+(k-2)]=\frac{\alpha^{k-1}(k-1)(k-2)}{2}$$

$$Q=\frac{(k-2)\beta\alpha^{k}-(k-1)\beta^{2}\alpha^{k-1}+\alpha\beta^{k}}{(\alpha-\beta)^{2}}$$

补函数仍为 $C_1\alpha^k+C_2\beta^k$，差分方程右端为 $Tk\alpha^k$，不计 $\frac{T}{\alpha-\beta}(P-Q)$ 中含在补函数中之项，可取特解

$$\frac{T}{\alpha-\beta}\left\{\frac{1}{2}\alpha^{k-1}(k^2-3k)-\frac{k\beta\alpha^{k}-k\beta^{2}\alpha^{k-1}}{(\alpha-\beta)^{2}}\right\}=$$

$$\frac{T}{\alpha-\beta}\left\{\frac{1}{2}\alpha^{k-1}(k^2-3k)-\frac{k\beta\alpha^{k-1}}{\alpha-\beta}\right\}=$$

$$T\left\{\frac{k^2}{2(\alpha-\beta)}-\frac{k(3\alpha-\beta)}{2(\alpha-\beta)^2}\right\}\alpha^{k-1} \tag{40}$$

注意，若 $\mu=\alpha=1$，则 $\beta=b$，此成为(26).

若 $\mu=\alpha=\beta$，则差分方程成为

$$x(kT+2T)-2\alpha x(kT+T)+\alpha^2x(kT)=Tk\alpha^k$$

补函数为 $(C_1+C_2k)\alpha^k$ 由 (8_1) 得特解

$$T[\alpha(k-2)\alpha^{k-3}+2\alpha^2(k-3)\alpha^{k-4}+\cdots+(k-3)\alpha^{k-3}\cdot 2\alpha+(k-2)\alpha^{k-2}]=$$

$$T\alpha^{k-2}[1\cdot(k-2)+2(k-3)+\cdots+(k-3)2+(k-2)\cdot 1]$$

在本节例 3 解之末，我们已得

$$1(k-2)+2(k-3)+\cdots+(k-3)2+(k-2)\cdot 1=\frac{k(k-1)(k-2)}{6}$$

故可有特解

$$\frac{T\alpha^{k-2}k(k-1)(k-2)}{6}$$

不计含在补函数中之项，可取特解

$$\frac{T\alpha^{k-2}k^2(k-3)}{6} \tag{41}$$

解法 2　我们用待定系数法求

$$x(kT+2T)+ax(kT+T)+bx(kT)=Tk\mu^k \tag{42}$$

的特解. 由于右端是 k 的一次式乘 μ^k，我们设特解如 $T(Ak+B)\mu^k$，其中 A 及 B 为待定常数. 以之代入(42)并消去 $T\mu^k$，可有

$$[A(k+2)+B]\mu^2+$$
$$a[A(k+1)+B]\mu+$$
$$b[Ak+B]\equiv k$$

即

$$A(\mu^2+a\mu+b)k+A(2\mu^2+a\mu)+$$
$$B(\mu^2+a\mu+b)\equiv k$$

故

$$A(\mu^2+a\mu+b)=1$$
$$A(2\mu^2+a\mu)+B(\mu^2+a\mu+b)\equiv 0$$

如果 $\mu^2+a\mu+b\neq 0$，则

$$A=1/(\mu^2+a\mu+b)$$
$$B=-(2\mu^2+a\mu)/(\mu^2+a\mu+b)^2$$

于是得特解

$$T\left[\frac{k}{\mu^2+a\mu+b}-\frac{2\mu^2+a\mu}{(\mu^2+a\mu+b)^2}\right]\mu^k$$

若 $\mu^2+a\mu+b=0$，则设特解如

$$T(Ak^2+Bk)\mu^k$$

代入(42)并消去 $T\mu^k$，可有

$$[A(k+2)^2+B(k+2)]\mu^2+$$
$$a[A(k+1)^2+B(k+1)]\mu+$$
$$b[Ak^2+Bk]\equiv k$$

即

$$A(4\mu^2+2a\mu)k+A(4\mu^2+a\mu)+B(2\mu^2+a\mu)\equiv k$$

故

$$A(4\mu^2+2a\mu)=1, A(4\mu^2+a\mu)+B(2\mu^2+a\mu)=0$$

于是

$$A=\frac{1}{2\mu(2\mu+a)}$$

$$B=\frac{-(4\mu+a)}{2\mu(2\mu+a)^2} \quad (\text{在 } 2\mu+a\neq 0)$$

特解为

$$T\left\{\frac{k^2}{2(2\mu+a)}-\frac{(4\mu+a)k}{2(2\mu+a)^2}\right\}\mu^{k-1}$$

显然此同(40).事实上,条件 $\mu^2+a\mu+b=0$ 说明我们可以认为 $\mu=\alpha$,而 $2\mu+a\neq 0$ 说明 $2\mu+a=2\alpha-(\alpha+\beta)=\alpha-\beta\neq 0$ 上之特解可直接写成

$$T\left\{\frac{k^2}{2(\alpha-\beta)}-\frac{(3\alpha-\beta)k}{2(\alpha-\beta)^2}\right\}\alpha^{k-1}$$

此即(40).

若 $\mu^2+a\mu+b=0$ 且 $2\mu+a=0$,则 $\mu=\alpha=\beta$ 差分方程为

$$x(kT+2T)-2\alpha x(kT+T)+\alpha^2x(kT)=Tk\alpha^k \tag{43}$$

补函数为 $(C_1+C_2k)\alpha^k$,我们设特解如

$$T(Ak^3+Bk^2)\alpha^k$$

以之代入(43) 并消去 $T\alpha^k$,可有

$$[A(k+2)^3+B(k+2)^2]\alpha^2-$$
$$2\alpha[A(k+1)^3+B(k+1)^2]\alpha+$$
$$\alpha^2[Ak^3+Bk^2]\equiv k$$

即 $$6A\alpha^2k+(6A+2B)\alpha^2\equiv k$$

于是　　$6A\alpha^2=1, 3A+B=0$

从而　　$A=\dfrac{1}{6\alpha^2}, B=-\dfrac{1}{2\alpha^2}$

特解为

$$T\left(\frac{1}{6}k^3-\frac{1}{2}k^2\right)\alpha^{k-2}=\frac{T}{6}k^2(k-3)\alpha^{k-2}$$

§4　带右端项的 n 阶常系数线性差分方程的解

考察 n 阶常系数线性差分方程(带右端项的)

$$a_0x(kT+nT)+a_1x(kT+nT-T)+$$
$$a_2x(kT+nT-2T)+\cdots+a_{n-1}x(kT+T)+$$
$$a_nx(kT)=f(kT) \tag{1}$$

这方程的通解等于补函数加特解. 补函数即此方程右端恒为 0 时的通解. 它已在 §1 给出,此处不再重复. 我们现在研究如何求方程(1) 的一个特解. 我们仍按(1) 的各项取 z 变换. 为简捷起见,也是由于只求特解,我们可取 $x(0)=x(T)=x(2T)=\cdots=x(nT-T)=0$. 并取 $a_0=1$(这并不失去其普遍性. 如果 $a_0\neq1$,除以 a_0). 于是按(1) 各项取 z 变换,并利用第 7 章 §5 性质(三) 的第二式,可有

$$z^nX(z)+a_1z^{n-1}X(z)+\cdots+a_{n-1}zX(z)+$$
$$a_nX(z)=F(z)$$

于是

$$X(z)=\frac{1}{z^n+a_1z^{n-1}+\cdots+a_n}F(z) \tag{2}$$

其中

$$X(z)=Z[x(kT)], F(z)=Z[f(kT)]$$

以 $z_i(i=1,2,\cdots)$ 表示(2) 分母的不同的零点,则由第 7 章 §6 的式(6),可见

$$Z^{-1}\left[\frac{1}{z^n+a_1z^{n-1}+\cdots+a_n}\right]=\psi(kT)$$

而

$$\psi(kT)=\begin{cases}\sum\limits_i \operatorname*{Res}\limits_{z_i}\dfrac{z^{k-1}}{z^n+a_1z^{n-1}+\cdots+a_n} & (k\geqslant 1)\\ 0 & (k=0)\end{cases} \tag{3}$$

于是(2) 可写成

$$X(z)=Z[\psi(kT)]Z[f(kT)]=Z[(\psi*f)(kT)]$$

从而

$$x(kT)=(\psi*f)(kT) \tag{4}$$

即为所求特解.

我们讨论两个特殊情形.

(i) 设 $z^n+a_1z^{n-1}+\cdots+a_0=0$ 的 n 个根 $\alpha_1,\alpha_2,\cdots,\alpha_n$ 彼此不等

$$\operatorname*{Res}\limits_{\alpha_1}\frac{z^{k-1}}{z^n+a_1z^{n-1}+\cdots+a_n}=$$

$$\left.\frac{z^{k-1}}{(z-\alpha_2)\cdots(z-\alpha_n)}\right|_{z=\alpha_1}=K_1\alpha_1^{k-1}$$

$$K_1=\frac{1}{(\alpha_1-\alpha_2)\cdots(\alpha_1-\alpha_n)}$$

$$\operatorname*{Res}\limits_{\alpha_2}\frac{z^{k-1}}{z^n+a_1z^{n-1}+\cdots+a_n}=K_2\alpha_2^{k-1}$$

$$K_2=\frac{1}{(\alpha_2-\alpha_1)(\alpha_2-\alpha_3)\cdots(\alpha_2-\alpha_n)}$$

$$\vdots$$

$$\operatorname*{Res}\limits_{\alpha_n}\frac{z^{k-1}}{z^n+a_1z^{n-1}+\cdots+a_n}=K_n\alpha_n^{k-1}$$

$$K_n = \frac{1}{(\alpha_n - \alpha_1)\cdots(\alpha_n - \alpha_{n-1})}$$

代入(3) 得

$$\psi(kT) = \begin{cases} K_1\alpha_1^{k-1} + K_2\alpha_2^{k-1} + \cdots + K_n\alpha_n^{k-1} & (k \geqslant 1) \\ 0 & (k = 0) \end{cases} \tag{5}$$

于是由(4),所求特解为

$$\begin{aligned} x(kT) = (\psi * f)(kT) = \psi(0)f(kT) + \\ & \psi(T)f(kT - T) + \cdots + \psi(kT)f(0) = \\ & (K_1 + K_2 + \cdots + K_n)f(kT - T) + \\ & (K_1\alpha_1 + K_2\alpha_2 + \cdots + K_n\alpha_n) \cdot \\ & f(kT - 2T) + \cdots + \\ & (K_1\alpha_1^{k-1} + K_2\alpha_2^{k-1} + \cdots + K_n\alpha_n^{k-1})f(0) = \\ & \sum_{i=1}^{n} K_i\{(kT - T) + \alpha_i f(kT - 2T) + \\ & \alpha_i^2 f(kT - 3T) + \cdots + \alpha_i^{k-1} f(0)\} \end{aligned} \tag{6}$$

注意,(5) 中的 $\psi(kT)$ 亦可借助于部分分式得出. 事实上

$$\begin{aligned} & \frac{1}{z^n + a_1 z^{n-1} + \cdots + a_n} = \\ & \frac{1}{(z - \alpha_1)(z - \alpha_2)\cdots(z - \alpha_n)} = \\ & \frac{K_1}{z - \alpha_1} + \frac{K_2}{z - \alpha_2} + \cdots + \frac{K_n}{z - \alpha_n} \end{aligned}$$

其中 $K_1, K_2, \cdots, K_n$ 的表达式如上. 由 §2 的(4) 可有

$$Z^{-1}\left[\frac{K_1}{z - \alpha_1}\right] = \begin{cases} K_1\alpha_1^{k-1} & (k \geqslant 1) \\ 0 & (k = 0) \end{cases}$$

对于其他各项亦有类似结果. 相加即得 $\psi(kT)$ 如(5).

(ⅱ) $z^n + \alpha_1 z^{n-1} + \cdots + \alpha_n = (z - \alpha)^n$

$$\operatorname*{Res}_{\alpha} \frac{z^{k-1}}{z^n + \alpha_1 z^{n-1} + \cdots + \alpha_n} =$$

$$\operatorname*{Res}_{\alpha} \frac{z^{k-1}}{(z-\alpha)^n} = \frac{1}{(n-1)!}\left[\frac{\mathrm{d}^{n-1}}{\mathrm{d}z^{n-1}}(z^{k-1})\right]_{z=\alpha} =$$

$$\begin{cases} 0 & (k=1,2,\cdots,n-1) \\ \dfrac{(k-1)(k-2)\cdots(k-n+1)}{(n-1)!}\alpha^{k-n} & (k \geqslant n) \end{cases} \tag{a}$$

由(3)得

$$\psi(kT) =$$

$$\begin{cases} 0 & (k=1,2,\cdots,n-1) \\ \dfrac{(k-1)(k-2)\cdots(k-n+1)}{(n-1)!}\alpha^{k-n} & (k \geqslant n) \end{cases}$$

此 $\psi(kT)$ 亦可借助于 z 的负幂级数得出

$$\frac{1}{z^n + a_1 z^{n-1} + \cdots + a_n} =$$

$$\frac{1}{(z-\alpha)^n} = \frac{1}{z^n}\left(1 - \frac{\alpha}{z}\right)^{-n} =$$

$$\frac{1}{z^n}\left(1 + n\frac{\alpha}{2} + \frac{n(n+1)}{2!}\frac{\alpha^2}{z^2} + \cdots + \right.$$

$$\left.\frac{n(n+1)\cdots(n+r-1)}{r!}\frac{\alpha^r}{z^r} + \cdots\right) =$$

$$\frac{1}{z^n} + n\frac{\alpha}{z^{n+1}} + \frac{n(n+1)}{2!}\frac{\alpha^2}{z^{n+2}} + \cdots +$$

$$\frac{n(n+1)\cdots(n+r-1)}{r!}\frac{\alpha^r}{z^{n+r}} + \cdots$$

显然，在 $k=0,1,\cdots,n-1$ 时，此展开式中 $\frac{1}{z^k}$ 之系数均为 0，在 $k=n$ 时，$\frac{1}{z^k}$ 之系数为 1，在 $k>n$ 时，含 $\frac{1}{z^k}$ 之项

出现于 $r=k-n$ 时故 $\frac{1}{z^k}$ 之系数为

$$\frac{n(n+1)\cdots(k-1)}{(k-n)!}\alpha^{k-n}=\frac{(k-1)(k-2)\cdots n}{(k-n)!}\alpha^{k-n}$$

故

$$\psi(kT)=\begin{cases}0 & (k=0,1,\cdots,n-1)\\ 1 & (k=n)\\ \dfrac{(k-1)(k-2)\cdots n}{(k-n)!} & (k\geqslant n+1)\end{cases}\tag{b}$$

容易证明(b)及(a)恒同，事实上，在 $k\geqslant n+1$ 时

$$\frac{(k-1)(k-2)\cdots n}{(k-n)!}=$$

$$\frac{(k-1)(k-2)\cdots(k-n+1)(k-n)\cdots(n+1)n}{1\cdot 2\cdots(n-1)n(n+1)\cdots(k-n)}=$$

$$\frac{(k-1)(k-2)\cdots(k-n+1)}{(n-1)!}\quad[\text{即(b)恒同于(a)}]\tag{c}$$

注意(b)亦可写成

$$\psi(kT)=\begin{cases}0 & (k=0,1,\cdots,n-1)\\ 1 & (k=n)\\ \dfrac{n(n+1)\cdots(k-1)}{(k-n)!}\alpha^{k-n} & (k\geqslant n+1)\end{cases}$$

利用 $\psi(kT)$ 的这个形式，最后得特解

$$x(kT)=(\psi*f)(kT)=\psi(0)f(kT)+$$
$$\psi(T)f(kT-T)+\cdots+\psi(kT)f(0)=$$
$$\begin{cases}0 & (k=0,1,\cdots,n-1)\\ f(kT-nT)+n\alpha f(kT-nT-T)\end{cases}+$$
$$\frac{n(n+1)}{2!}\alpha^2 f(kT-nT-2T)+\cdots+$$

$$\frac{n(n+1)\cdots(k-1)}{(k-n)!}\alpha^{k-n}f(0) \quad (k \geqslant n) \tag{7}$$

例 1 $x(kT+nT)+\alpha_1 x(kT+nT-T)+\cdots+\alpha_{n-1}x(kT+T)+\alpha_n x(kT)=\mu^k$ (8)

并且辅助方程的 n 个根 $\alpha_1,\alpha_2,\cdots,\alpha_n$ 彼此不等.

解法 1 $f(kT)=\mu^k$ 代入(6)可得特解

$$x(kT)=\sum_{i=1}^{n}K_i(\mu^{k-1}+\alpha_i\mu^{k-2}+\alpha_i^2\mu^{k-3}+\cdots+\alpha_i^{k-1})=\sum_{i=1}^{n}K_i\frac{\mu^k-\alpha_i^k}{\mu-\alpha_i} \quad (\mu\neq\alpha_i)$$

条件 $\mu\neq\alpha_i$ 意味着 μ 不是辅助方程之根,即

$$\mu^n+a_1\mu^{n-1}+\cdots+a_n\neq 0$$

由于含 α_i^k 之项已包含在补函数中,故在 $\mu\neq\alpha_i$ 时,可取特解

$$\sum_{i=1}^{n}K_i\frac{\mu^k}{\mu-\alpha_i}=\left(\sum_{i=1}^{n}\frac{K_i}{\mu-\alpha_i}\right)\mu^k=\frac{\mu^k}{\mu^n+a_1\mu^{n-1}+\cdots+a_n} \tag{9}$$

(左端的和式是右端的部分分式展开式).

解法 2 由(9)的启发,我们设差分方程(8)有一特解如 $A\mu^k$,其中 A 为待定常数.代入(8),可有

$$A(\mu^{k+n}+a_1\mu^{k+n-1}+\cdots+a_{n-1}\mu^{k+1}+a_n\mu^k)=\mu^k$$

即

$$A(\mu^n+a_1\mu^{n-1}+\cdots+a_{n-1}\mu+a_n)=1 \tag{10}$$

如果

$$P(\mu)\equiv\mu^n+a_1\mu^{n-1}+\cdots+a_{n-1}\mu+a_n\neq 0 \tag{11}$$

我们可自(10)解得 $A=\frac{1}{P(\mu)}$,从而得特解

$$\frac{\mu^k}{P(\mu)} \tag{12}$$

同(9). 条件(11) 表明 μ 不是辅助方程 $P(z)=0$ 之根. 注意,(12) 的得出不需要假定 $P(z)=0$ 的 n 个根全不相等,而(9) 则是在这种假定下得到的.

如果 μ 为 $P(z)$ 的单根(一重根),即 $P(\mu)=0$,但

$$P'(\mu)=n\mu^{n-1}+(n-1)a_1\mu^{n-2}+\cdots+a_{n-1}\neq 0$$

则(10) 不能成立. 我们可设(8) 的特解为 $Ak\mu^k$,其中 A 为待定常数. 以之代入(8),得

$$A[(k+n)\mu^{k+n}+a_1(k+n-1)\mu^{k+n-1}+\cdots+$$

$$a_{n-1}(k+1)\mu^{k+1}+a_nk\mu^k]=\mu^k$$

即
$$A[kP(\mu)+\mu P'(\mu)]=1$$

亦即
$$A\mu P'(\mu)=1$$

从而
$$A=\frac{1}{\mu P'(\mu)}$$

于是得特解

$$\frac{k\mu^{k-1}}{P'(\mu)} \tag{13}$$

如果 μ 为辅助方程 $P(z)=0$ 的二重根,即

$$P(\mu)=\mu^n+a_1\mu^{n-1}+\cdots+a_{n-2}\mu^2+a_{n-1}\mu+a_n=0$$

$$P^t(\mu)=n\mu^{n-1}+(n-1)a_1\mu^{n-2}+\cdots+$$

$$2a_{n-2}\mu+a_{n-1}=0$$

但

$$P^n(\mu)=n(n-1)\mu^{n-2}+(n-1)(n-2)a_1\mu^{n-3}+\cdots+$$

$$2a_{n-2}\neq 0$$

则(13) 没有意义. 我们设(8) 的特解为 $Ak^2\mu^k$,其中 A 为待定常数. 以此解代入(8),可有

$$A[(k+n)^2\mu^{k+n}+a_1(k+n-1)^2\mu^{k+n-1}+\cdots+$$

$$a_{n-2}(k+2)^2\mu^{k+2}+a_{n-1}(k+1)^2\mu^{k+1}+$$

$$a_nk^2\mu^k]=\mu^k$$

消去 μ^k,可有

$$A[k^2P(\mu)+2k\mu P'(\mu)+\{n^2\mu^n+a_1(n-1)^2\mu^{n-1}+\cdots+a_{n-2}2^2\mu^2+a_{n-1}1^2\mu\}]=1$$

即

$$A[k^2P(\mu)+2k\mu P'(\mu)+\{\mu P'(\mu)+\mu^2P''(\mu)\}]=1$$

亦即

$$A[k^2P(\mu)+(2k+1)\mu P'(\mu)+\mu^2P''(\mu)]=1$$

但题设 $P(\mu)=0,P'(\mu)=0,P''(\mu)\neq 0$,故

$$A=\frac{1}{\mu^2P''(\mu)}$$

特解为

$$\frac{k^2\mu^{k-2}}{P''(\mu)} \tag{14}$$

注意:取 $n=2$,这里的(12)(13)(14),即分别成为 §3 中的(9) 末项,(10) 末项,(15) 末项.

例 2 $x(kT+nT)+a_1x(kT+nT-T)+\cdots+a_{n-1}x(kT+T)+a_nx(kT)=\mu^k$

并且辅助方程的 n 个根全相等为 α.

解 辅助方程为

$$P(z)\equiv(z-a)^n=0$$

施用 z 变换于所给方程,并假定

$$x(0)=x(T)=\cdots=x(nT-T)=0$$

可有

$$(z-\alpha)^nX(z)=Z[\mu^k]=\frac{z}{(z-\mu)}$$

于是

$$X(z)=\frac{z}{(z-\alpha)^n(z-\mu)}$$

若 $\mu\neq\alpha$ 则

$$Z^{-1}[X(z)]=\operatorname*{Res}_{\mu}\left[\frac{z^k}{(z-\alpha)^n(z-\mu)}\right]+$$

$$\operatorname*{Res}_{\alpha}\left[\frac{z^k}{(z-\alpha)^n(z-\mu)}\right]=$$

$$\frac{z^k}{(z-\alpha)^n}\bigg|_{z=\mu}+$$

$$\frac{1}{(n-1)!}\left[\frac{\mathrm{d}^{n-1}}{\mathrm{d}z^{n-1}}\left(\frac{z^k}{z-\mu}\right)\right]_{z=\alpha}=$$

$$\frac{\mu^k}{(\mu-\alpha)^n}+\text{补函数中之项}$$

故可取特解

$$\frac{\mu^k}{(\mu-\alpha)^n}=\frac{\mu^k}{P(\mu)}\ \text{同例 1 的(12).}$$

若 $\mu=\alpha$，则

$$X(z)=\frac{z}{(z-\alpha)^{n+1}}$$

故得特解

$$x(kT)=Z^{-1}[X(z)]=Z^{-1}\left[\frac{z}{(z-\alpha)^{n+1}}\right]=$$

$$\operatorname*{Res}_{\alpha}\left[\frac{z^k}{(z-\alpha)^{n+1}}\right]=\frac{1}{n!}\left[\frac{\mathrm{d}^n}{\mathrm{d}z^n}(z^k)\right]_{z=\alpha}=$$

$$\begin{cases}0 & (k=0,1,2,\cdots,n-1)\\ \dfrac{k(k-1)\cdots(k-n+1)}{n!}\alpha^{k-n} & (k\geqslant n)\end{cases}\tag{15}$$

注意，此情形属于上述特殊情形(ⅱ)，$f(kT)=\alpha^k$ 特解也可由(7)给出为

$$x(kT)=\begin{cases}0 & (k=0,1,2,n-1)\\ \left[1+n+\dfrac{n(n+1)}{2!}+\cdots+\right. \\ \left.\dfrac{n(n+1)\cdots(k-1)}{(k-n)!}\right]\alpha^{k-n} & (k\geqslant n)\end{cases}$$

我们证明:此式可化成(15),即有

$$1+n+\frac{n(n+1)}{2!}+\cdots+\frac{n(n+1)\cdots(k-1)}{(k-n)!}=$$
$$\frac{k(k-1)\cdots(k-n+1)}{n!}\quad(k\geqslant n)$$
$$(*)$$

事实上,$k=n$,右端$=\dfrac{n(n-1)\cdots1}{n!}=1$,左端只有第一项 1. $k=n+1$,$1+n=\dfrac{(n+1)n\cdots2}{n!}$;

$$k=n+2,1+n+\frac{n(n+1)}{2!}=\frac{(n+2)(n+1)n\cdots3}{n!}=$$
$$\frac{(n+2)(n+1)}{2}$$

我们用归纳法完成证明.将式(*)两端各加

$$\frac{n(n+1)\cdots k}{(k-n+1)!}$$

可有

$$1+n+\frac{n(n+1)}{2!}+\cdots+\frac{n(n+1)\cdots(k-1)}{(k-n)!}+$$
$$\frac{n(n+1)\cdots k}{(k-n+1)!}=$$
$$\frac{k(k-1)\cdots(k-n+1)}{n!}+\frac{n(n+1)\cdots k}{(k-n+1)!}=$$
$$\frac{k(k-1)\cdots(k-n+1)}{n!}+\frac{n(n+1)\cdots k}{(k-n+1)!}=$$

$$\frac{k(k-1)\cdots(k-n+1)}{n!}+$$

$$\frac{k(k-1)\cdots(k-n+2)}{(n-1)!}\text{（由情形（ⅱ）的(c)）}=$$

$$\frac{(k+1)k(k-1)\cdots(k-n+2)}{n!}$$

将此等式左边的 k 换为 $k+1$，即得（$*$），故得证.

例 3　$x(kT+nT)+a_1x(kT+nT-T)+\cdots+$
$a_{n-1}x(kT+T)+a_nx(kT)=kT$

解法 1　$f(kT)=kT$. 假定辅助方程的 n 个根 α_i $(i=1,2,\cdots,n)$ 全不相等. 应用(6) 可有特解

$$T\sum_{i=1}^{n}K_i\{(k-1)+\alpha_i(k-2)+\alpha_i^2(k-3)+\cdots+\alpha_i^{k-2}1\}$$

我们把{　}中的式子化为封闭式. 写

$$S=(k-1)+\alpha(k-2)+\alpha^2(k-3)+\cdots+\alpha^{k-2}1$$

则 $\alpha S=\alpha(k-1)+\alpha^2(k-2)+\cdots+\alpha^{k-2}\cdot 2+\alpha^{k-1}$

故　$(1-\alpha)S=k-1-\alpha-\alpha^2-\cdots-\alpha^{k-2}-\alpha^{k-1}$

如果 $\alpha\neq 1$ 则

$$(1-\alpha)S=k-\frac{1-\alpha^k}{1-\alpha}$$

从而

$$S=\frac{k}{1-\alpha}-\frac{1-\alpha^k}{(1-\alpha)^2}$$

于是在 $\alpha_i\neq 1$ 时，可有特解

$$T\sum_{i=1}^{n}K_i\left\{\frac{k}{1-\alpha_i}-\frac{1-\alpha_i^k}{(1-\alpha_i)^2}\right\}$$

由于含 α_i^k 之项已包括在补函数中，故可取特解（在 $\alpha_1\neq 1$ 时）

$$T\sum_{i=1}^{n}K_i\left\{\frac{k}{1-\alpha_i}-\frac{1}{(1-\alpha_i)^2}\right\}=$$

$$T\left\{k\sum_{i=1}^{n}\frac{K_t}{1-\alpha_i}-\sum_{i=1}^{n}\frac{K_i}{(1-\alpha_i)^2}\right\} \tag{16}$$

条件 $\alpha_i=1$ 表明 1 不是辅助方程

$$P(z)\equiv z^n+a_1z^{n-1}+a_2z^{n-2}+\cdots+a_{n-1}z+a_n=0$$

的根，即

$$P(1)=1+a_1+a_2+\cdots+a_{n-1}+a_n\neq 0 \tag{17}$$

在此条件下，我们能将特解(16) 用系数 $a_1,a_2,\cdots,a_{n-1},a_n$ 表出. 注意 K_i 是

$$\frac{1}{P(z)}=\frac{1}{(z-\alpha_1)(z-\alpha_2)\cdots(z-\alpha_n)}$$

展开为部分分式和的系数(在所有 α_i 全不相等的情形)，即

$$\sum_{i=1}^{n}\frac{K_i}{z-\alpha_i}=\frac{1}{P(z)}$$

将此恒等式对 z 求导数，并变号，可有

$$\sum_{i=1}^{n}\frac{K_i}{(z-\alpha_i)^2}=\frac{P'(z)}{[P(z)]^2}$$

于此两恒等式中令 $z=1$，可有

$$\sum_{i=1}^{n}\frac{K_i}{1-\alpha_i}=\frac{1}{P(1)} \tag{a}$$

$$\sum_{i=1}^{n}\frac{K_t}{(1-\alpha_i)^2}=\frac{P'(1)}{[P(1)]^2} \tag{b}$$

其中 $P(1)$ 如(17)，而

$$\begin{aligned}P'(1)=&[nz^{n-1}+a_1(n-1)z^{n-2}+\\&a_2(n-2)z^{n-3}+\cdots+a_{n-1}]_{z=1}=\\&n+a_1(n-1)+a_2(n-2)+\cdots+a_{n-1}\end{aligned} \tag{18}$$

将(a)(b) 代入(16) 得特解

$$T\left\{\frac{k}{P(1)}-\frac{P'(1)}{[P(1)]^2}\right\} \tag{19}$$

解法2　用待定系数法.设特解为$\Gamma(Ak+B)$,其中A及B为待定常数.代入原方程,可有

$$[A(k+n)+B]+a_1[A(k+n-1)+B]+$$
$$a_2[A(k+n-2)+B]+\cdots+$$
$$a_{n-1}[A(k+1)+B]+a_n[Ak+B]\equiv k$$

即

$$AkP(1)+AP'(1)+BP(1)\equiv k$$

其中$P(1)$如(17),$P'(1)$如(18).于是

$$AP(1)=1,AP'(1)+BP(1)=0$$

如果$P(1)\neq 0$,可有

$$A=\frac{1}{P(1)},B=-\frac{P'(1)}{[P(1)]^2}$$

特解为

$$T(Ak+B)=T\left\{\frac{k}{P(1)}-\frac{P'(1)}{[P(1)]^2}\right\}$$

同(19).特别,$n=2$,此成为(25).

如果$P(1)=0$,则设特解$T(Ak^2+Bk)$,A及B为待定常数.代入所给方程可有

$$A(k+n)^2+B(k+n)+$$
$$a_1[A(k+n-1)^2+B(k+n-1)]+$$
$$a_2[A(k+n-2)^2+B(k+n-2)]+\cdots+$$
$$a_{n-1}[A(k+1)^2+B(k+1)]+$$
$$a_n[Ak^2+Bk]\equiv k$$

即

$$Ak^2P(1)+2AkP'(1)+A[n^2+a_1(n-1)^2+$$
$$a_2(n-2)^2+\cdots+a_{n-1}1^2]+$$
$$BkP(1)+BP'(1)\equiv k$$

计及条件 $P(1)=0$,可见必有

$$2AP'(1)=1$$

$$A[n^2+a_1(n-1)^2+a_2(n-2)^2+\cdots+a_{n-1}]+BP'(1)=0$$

如果 $P'(1)\neq 0$,则可解得

$$A=\frac{1}{2P'(1)}$$

$$B=-\frac{n^2+a_1(n-1)^2+a_2(n-2)^2+\cdots+a_{n-1}}{2[P'(1)]^2}$$

显然

$$n^2+a_1(n-1)^2+a_2(n-2)^2+\cdots+a_{n-1}=\left[\frac{\mathrm{d}}{\mathrm{d}z}\{zP'(z)\}\right]_{z=1}=[zP''(z)+P'(z)]_{z=1}=P''(1)+P'(1)$$

将此结果代入 B 中,可见特解 $T(Ak^2+Bk)$ 成为

$$T\left\{\frac{k^2}{2P'(1)}-\frac{P''(1)+P'(1)}{2[P'(1)]^2}k\right\}\tag{20}$$

其中 $P'(1)$ 如(18),而

$$P''(1)=n(n-1)+a_1(n-1)(n-2)+a_2(n-2)(n-3)+\cdots+a_{n-2}2\tag{21}$$

特别,$n=2$,特解(20)给出 §3 式(26).

如果 $P(1)=0$ 且 $P'(1)=0$,则可设特解

$$T(Ak^3+Bk^2)$$

其中 A 及 B 为待定常数.代入所给方程,并消去 T,可有

$$A(k+n)^3+B(k+n)^2+a_1[A(k+n-1)^3+B(k+n-1)^2]+a_2[A(k+n-2)^3+B(k+n-2)^2]+\cdots+$$

$$a_{n-1}[A(k+1)^3+B(k+1)^2]+$$
$$a_n[Ak^3+Bk^2]\equiv k$$

即

$$Ak^3P(1)+3Ak^2P'(1)$$
$$3Ak[n^2+a_1(n-1)^2+a_2(n-2)^2+\cdots+a_{n-1}]+$$
$$A[n^3+a_1(n-1)^3+a_2(n-2)^3+\cdots+$$
$$a_{n-1}1^3]+Bk^2P(1)+2BkP'(1)+$$
$$B[n^2+a_1(n-1)^2+a_2(n-2)^2+\cdots+a_{n-1}]\equiv k$$

已证

$$n^2+a_1(n-1)^2+a_2(n-2)^2+\cdots+a_{n-1}=$$
$$P''(1)+P'(1)$$

又

$$n^3+a_1(n-1)^3+a_2(n-2)^3+\cdots+a_{n-1}=$$
$$\left(\frac{\mathrm{d}}{\mathrm{d}z}\left\{z\frac{\mathrm{d}}{\mathrm{d}z}[zP'(z)]\right\}\right)\Big|_{z=1}=$$
$$\left(\frac{\mathrm{d}}{\mathrm{d}z}\{z^2P''(z)+zP'(z)\}\right)\Big|_{z=1}=$$
$$(z^2P'''(z)+3zP''(z)+P'(z))\big|_{z=1}=$$
$$P'''(1)+3P''(1)+P'(1)$$

故此等式化成

$$Ak^3P(1)+3Ak^2P'(1)+3Ak[P''(1)+P'(1)]+$$
$$A[P'''(1)+3P''(1)+P'(1)]+$$
$$Bk^2P(1)+2BkP'(1)+B[P''(1)+P'(1)]\equiv k$$

计及 $P(1)=0,P'(1)=0$,即为

$$3AkP''(1)+A[P'''(1)+3P''(1)]+BP''(1)\equiv k$$

故　$3AP''(1)=1,A[P'''(1)+3P''(1)]+BP''(1)=0$

如果 $P''(1)\neq 0$,则可有

$$A=\frac{1}{3P''(1)},B=-\frac{P'''(1)+3P''(1)}{3[P''(1)]^2}$$

所求特解为

$$T(Ak^3+Bk^2)=$$

$$T\left\{\frac{k^3}{3P''(1)}-\frac{P'''(1)+3P''(1)}{3[P''(1)]^2}k^2\right\} \tag{22}$$

其中 $P''(1)$ 如(21),而

$$P'''(1)=n(n-1)(n-2)+$$

$$a_1(n-1)(n-2)(n-3)+\cdots+$$

$$a_{n-3}n!$$

例 4 $x(kT+nT)+a_1x(kT+nT-T)+\cdots+$

$a_{n-1}x(kT+T)+a_nx(kT)=kT$

同例 3,但假定辅助方程的 n 个根全相等为 α.

解 辅助方程为 $P(z)\equiv(z-\alpha)^n=0$. 就所给方程取 z 变换并假定 $x(0)=x(T)=\cdots=x(nT-T)=0$,则有

$$P(z)X(z)=\frac{Tz}{(z-1)^2}$$

于是

$$X(z)=\frac{Tz}{(z-\alpha)^n(z-1)^2}$$

若 $\alpha\neq1$,则

$$Z^{-1}[X(z)]=\operatorname*{Res}_{\alpha}\left[\frac{Tz^k}{(z-\alpha)^n(z-1)^2}\right]+$$

$$\operatorname*{Res}_{1}\left[\frac{Tz^k}{(z-\alpha)^n(z-1)^2}\right]=$$

$$\frac{T}{(n-1)!}\left[\frac{\mathrm{d}^{n-1}}{\mathrm{d}z^{n-1}}\frac{z^k}{(z-1)^2}\right]_{z=\alpha}+$$

$$T\left[\frac{\mathrm{d}}{\mathrm{d}z}\frac{z^k}{(z-\alpha)^n}\right]_{z=1}$$

显然末端第一项的结果完全包括在补函数

$$\alpha^k(C_1+C_2k+\cdots+C_nk^{n-1})$$

中,末端第二项等于

$$T\left[\frac{k}{(1-\alpha)^{n}}-\frac{n}{(1-\alpha)^{n+1}}\right]=T\left\{\frac{k}{P(1)}-\frac{P'(1)}{[P(1)]^{2}}\right\}$$

即可取为特解,其形式同上例(19).

若 $\alpha=1$,则

$$X(z)=\frac{Tz}{(z-1)^{n+2}}$$

$$Z^{-1}[X(z)]=\operatorname*{Res}_{1}\frac{Tz^{k}}{(z-1)^{n+2}}=$$

$$\frac{T}{(n+1)!}\left[\frac{\mathrm{d}^{n+1}}{\mathrm{d}z^{n+1}}(z^{k})\right]_{z=1}=$$

$$\frac{T}{(n+1)!}k(k-1)(k-2)\cdots(k-n)$$

$$(k=0,1,2,\cdots,n,n+1,n+2,\cdots)$$

即为一特解. 由于补函数此时为 $C_1+C_2k+\cdots+Ck^{n-1}$,故舍去上式中含在补函数中之项,可取特解

$$\frac{T}{(n+1)!}\{k^{n+1}-(1+2+\cdots+n)k^{n}\}=$$

$$\frac{T}{(n+1)!}\left\{k^{n+1}-\frac{1}{2}n(n+1)k^{n}\right\}$$

特别,$n=2$,给出 $T(k^3-3k^2)/6$,同 §3 例 3 各解末.

例 5　$x(kT+nT)+a_1x(kT+nT-T)+\cdots+$
$a_nx(kT)=\cos(k\omega T)$

$y(kT+nT)+a_1y(kT+nT-T)+\cdots+$
$a_ny(kT)=\sin(k\omega T)$

解　写 $w=x+\mathrm{i}y$,则

$w(kT+nT)+a_1w(kT+nT-T)+\cdots+$
$a_nw(kT)=\mathrm{e}^{\mathrm{i}k\omega T}$

若 $\mathrm{e}^{\mathrm{i}\omega T}$ 不是辅助方程

$$P(z)\equiv z^n+a_1z^{n-1}+a_2z^{n-2}+\cdots+a_n=0$$

之根，则由(12)，可得 w — 方程的特解

$$\frac{e^{ik\omega T}}{P(e^{i\omega T})}=$$

$$\frac{e^{ik\omega T}(e^{-in\omega T}+a_1e^{-i(n-1)\omega T}+\cdots}{P(e^{i\omega T})P(e^{-i\omega T})}+$$

$$\frac{a_{n-1}e^{-i\omega T}+a_n)}{P(e^{i\omega T})P(e^{-i\omega T})}=$$

$$\frac{e^{i(k-n)\omega T}+a_1e^{i(k-n+1)\omega T}+\cdots}{|P(e^{i\omega T})|^2}+$$

$$\frac{a_{n-1}e^{i(k-1)\omega T}+a_ne^{ik\omega T}}{|P(e^{i\omega T})|^2}$$

分开实部及虚部即得 x — 方程及 y — 方程的特解

$$\frac{\cos[(k-n)\omega T]+a_1\cos[(k-n+1)\omega T]+\cdots+a_n\cos(k\omega T)}{|P(e^{i\omega T})|^2}$$

及

$$\frac{\sin[(k-n)\omega T]+a_1\sin[(k-n+1)\omega T]+\cdots+a_n\sin(k\omega T)}{|P(e^{i\omega T})|^2}$$

§5　向量型一阶差分方程的解

在第6章 §1中，我们曾将一个 n 阶常系数线性差分方程化为一组 n 个一阶线性差分方程，其型如第6章 §1 的(10)，它是向量型一阶差分方程，类似于 §2 的(1). 我们可用类似于解 §2 的(1) 的方法解这个向量型一阶差分方程. 其实我们能用类似于解 §2(1) 的方法解较第6章 §1(10) 更为广泛的向量型一阶线性差分方程

$$\boldsymbol{x}(kT+T)=\boldsymbol{Ax}(kT)+\boldsymbol{Bu}(kT)\qquad(1)$$

其中

$$\boldsymbol{x}(kT)=\begin{pmatrix}x_1(kT)\\x_2(kT)\\\vdots\\x_n(kT)\end{pmatrix}\text{是 } n\times 1 \text{ 状态向量} \tag{2}$$

$$\boldsymbol{u}(kT)=\begin{pmatrix}u_1(kT)\\u_2(kT)\\\vdots\\u_p(kT)\end{pmatrix}\text{是 } p\times 1 \text{ 输入向量} \tag{3}$$

$$\boldsymbol{A}=\begin{pmatrix}a_{11} & a_{12} & \cdots & a_{1n}\\a_{21} & a_{22} & \cdots & a_{2n}\\\vdots & \vdots & & \vdots\\a_{n1} & a_{n2} & \cdots & a_{nn}\end{pmatrix}\text{是 } n\times n \text{ 常数矩阵} \tag{4}$$

$$\boldsymbol{B}=\begin{pmatrix}b_{11} & b_{12} & \cdots & b_{1p}\\b_{21} & b_{22} & \cdots & b_{2p}\\\vdots & \vdots & & \vdots\\b_{n1} & b_{n2} & \cdots & b_{np}\end{pmatrix}\text{是 } n\times p \text{ 常数矩阵} \tag{5}$$

当然(1) 等价于一组 n 个一阶常系数线性差分方程. 我们用 z 变换来解(1).

按(1) 各项取 z 变换,并利用第 7 章 §5 性质(三)的第二条,可有

$$z[\boldsymbol{X}(z)-\boldsymbol{x}(0)]=\boldsymbol{AX}(z)+\boldsymbol{BU}(z) \tag{6}$$

其中

$$\boldsymbol{X}(z)=\begin{pmatrix}X_1(z)=Z[x_1(kT)]\\X_2(z)=Z[x_2(kT)]\\\vdots\\X_p(z)=Z[x_n(kT)]\end{pmatrix}\text{是 } n\times 1 \text{ 状态变换向量}$$

$$\boldsymbol{x}(0)=\begin{pmatrix}x_1(0)\\x_2(0)\\\vdots\\x_n(0)\end{pmatrix}\text{ 是 } n\times 1 \text{ 初始条件向量}$$

$$\boldsymbol{U}(z)=\begin{pmatrix}U_1(z)=Z[u_1(kT)]\\U_2(z)=Z[u_2(kT)]\\\vdots\\U_p(z)=Z[u_p(kT)]\end{pmatrix}\text{ 是 } p\times 1 \text{ 输入变换向量}$$

以 $\boldsymbol{I}$ 表单位矩阵，则(6) 可写成

$$(z\boldsymbol{I}-\boldsymbol{A})\boldsymbol{X}(z)=z\boldsymbol{x}(0)+\boldsymbol{BU}(z)$$

于是

$$\boldsymbol{X}(z)=(z\boldsymbol{I}-\boldsymbol{A})^{-1}z\boldsymbol{x}(0)+(z\boldsymbol{I}-\boldsymbol{A})^{-1}\boldsymbol{BU}(z) \quad (7)$$

逆矩阵 $(z\boldsymbol{I}-\boldsymbol{A})^{-1}z=z(z\boldsymbol{I}-\boldsymbol{A})^{-1}$ 是 $n\times n$ 方阵，其元素是 z 的有理分式，分子及分母的次数一般均为 n 次，各元素均有反 z 变换，因而矩阵 $(z\boldsymbol{I}-\boldsymbol{A})^{-1}z$ 必为某函数矩阵 $\boldsymbol{\varphi}(kT)$ 的 z 变换，即有 $n\times n$ 矩阵 $\boldsymbol{\varphi}(kT)$ 使

$$(z\boldsymbol{I}-\boldsymbol{A})^{-1}z=Z[\boldsymbol{\varphi}(kT)] \quad (8)$$

于是按第 7 章 §5 性质(三) 的第一式可有

$$z^{-1}(z\boldsymbol{I}-\boldsymbol{A})^{-1}z=Z[\boldsymbol{\varphi}(kT-T)] \quad (k\geqslant 1)$$

即 $$(z\boldsymbol{I}-\boldsymbol{A})^{-1}=Z[\boldsymbol{\varphi}(kT-T)] \quad (k\geqslant 1)$$

并且在 $k=0$ 时，我们应把右端 $\boldsymbol{\varphi}(-T)$ 换为 $\boldsymbol{0}$(方阵).

因此

$$\boldsymbol{\psi}(kT)=\begin{cases}\boldsymbol{\varphi}(kT-T) & (k\geqslant 1)\\ \boldsymbol{0}\text{(方阵)} & (k=0)\end{cases}$$

则 $$(z\boldsymbol{I}-\boldsymbol{A})^{-1}=Z[\psi(kT)]$$

又 $$\boldsymbol{BU}(z)=\boldsymbol{B}Z[\boldsymbol{u}(kT)]$$

故由卷积定理(第 7 章 §5 的(t))，可有

$$
\begin{aligned}
&(z\boldsymbol{I}-\boldsymbol{A})^{-1}\boldsymbol{B}\boldsymbol{U}(z)=\\
&Z[(\boldsymbol{\psi}*\boldsymbol{B}\boldsymbol{u}(kT))]=\\
&Z[\boldsymbol{\psi}(T)\boldsymbol{B}\boldsymbol{u}(kT-T)+\\
&\boldsymbol{\psi}(2T)\boldsymbol{B}\boldsymbol{u}(kT-2T)+\cdots+\\
&\boldsymbol{\psi}(kT)\boldsymbol{B}\boldsymbol{u}(0)]=\\
&Z[\boldsymbol{\varphi}(0)\boldsymbol{B}\boldsymbol{u}(kT-T)+\\
&\boldsymbol{\varphi}(T)\boldsymbol{B}\boldsymbol{u}(kT-2T)+\cdots+\\
&\boldsymbol{\varphi}(kT-T)\boldsymbol{B}\boldsymbol{u}(0)]=\\
&Z[\sum_{i=0}^{k-1}\boldsymbol{\varphi}(iT)\boldsymbol{B}\boldsymbol{u}(kT-iT-T)]
\end{aligned}
\tag{9}
$$

以(8)及(9)代入(7)并取反z变换，即得(1)的解

$$
\begin{aligned}
\boldsymbol{x}(kT)=&\boldsymbol{\varphi}(kT)\boldsymbol{x}(0)+\sum_{i=0}^{k-1}\boldsymbol{\varphi}(iT)\boldsymbol{B}\boldsymbol{u}(kT-iT-T)=\\
&\boldsymbol{\varphi}(kT)\boldsymbol{x}(0)+\sum_{i=0}^{k-1}\boldsymbol{\varphi}(kT-iT-T)\boldsymbol{B}\boldsymbol{u}(iT)
\end{aligned}
\tag{10}
$$

其中$k=0,1,2,3,\cdots$，(10)称状态过渡方程.

§6 算子法解常系数线性差分方程

类似于用求导算子D解常系数线性微分方程，我们可用平移算子E来解常系数线性差分方程. 平移算子E的定义由下式给出

$$Ex(kT)=x(kT+T) \tag{1}$$

据此，可有

$$E^2x(kT)=EEx(kT)=Ex(kT+T)=x(kT+2T)$$

$$E^3x(kT)=EE^2x(kT)=Ex(kT+2T)=x(kT+3T)$$

$$\vdots$$

$$E^n x(kT) = EE^{n-1}x(kT) = Ex(kT + nT - T) = x(kT - nT)$$

于是差分方程

$$a_0 x(kT + nT) + a_1 x(kT + nT - T) + \cdots + a_{n-1}x(kT + T) + a_n x(kT) = f(kT) \tag{2}$$

可写成

$$a_0 E^n x(kT) + a_1 E^{n-1} x(kT) + \cdots + a_{n-1} Ex(kT) + a_n x(kT) = f(kT)$$

更进一步写成

$$(a_0 E^n + a_1 E^{n-1} + \cdots + a_{n-1} E + a_n)x(kT) = f(kT) \tag{3}$$

方程(3)左端 $x(kT)$ 的“系数”是算子 E 的 n 次降幂多项式，记如 $P(E)$，即

$$P(E) \equiv a_0 E^n + a_1 E^{n-1} + \cdots + a_{n-1} E + a_n \tag{4}$$

$$P(E)x(kT) = (a_0 E^n + a_1 E^{n-1} + \cdots + a_{n-1} E + a_n)x(kT)$$

从而方程(3)(即(2))可写成

$$P(E)x(kT) = f(kT) \tag{5}$$

这样，采用算子 E 首先简化了差分方程的写法.

$P(E)$ 也是一个算子. 不同的 $n, a_0, a_1, \cdots, a_n$ 给出不同的 $P(E)$. 作为算子，对不同 $P(E)$ 可进行相加，相减，相乘，并满足寻常的运算律：互换律，结合律，分配律，并且 E^n 满足指数律. 例如

$$(E - 3)(E + 2)x(kT) = (E + 2)(E - 3)x(kT) = (E^2 - E - 6)x(kT)$$

我们讨论 E 的负幂. 首先，我们应有

$$E^{-1} f(kT) = f(kT - T) \tag{6}$$

据此　$E^{-1}Ef(kT)=E^{-1}f(kT+T)=f(kT)$

并且　$EE^{-1}f(kT)=Ef(kT-T)=f(kT)$

因此，E 及 E^{-1} 互为逆算子，并且根据后一式，我们定义

$$E^{-1}f(kT)=\frac{1}{E}f(kT)\text{，即 } E^{-1}=\frac{1}{E}$$

继之

$$\begin{cases}E^{-2}f(kT)=f(kT-2T)=\dfrac{1}{E^2}f(kT)\\ E^{-3}f(kT)=f(kT-3T)=\dfrac{1}{E^3}f(kT)\\ \qquad\vdots\\ E^{-n}f(kT)=f(kT-nT)=\dfrac{1}{E^n}f(kT)\end{cases}\tag{7}$$

这些结果对解差分方程，是很重要的.

现在定义$\dfrac{1}{P(E)}$. 作为定义，$\dfrac{1}{P(E)}$ 是一个算子，使

$$P(E)=\frac{1}{P(E)}f(kT)=f(kT)\tag{8}$$

据此，方程(5) 的解可写成

$$x(kT)=\frac{1}{P(E)}f(kT)\tag{9}$$

理由是：根据(8) 将(9) 两端均从左方施用 $P(E)$ 即回到(5). 因此两方程(5) 及(9) 是等价的，即由(5) 可写出(9)，反之. 由(9) 亦可直接得(5).

对于$\dfrac{1}{P(E)}$ 我们可进行部分分式展开. 例如

$$\frac{1}{E^2-(\alpha+\beta)E+\alpha\beta}f(kT)=$$

$$\frac{1}{(E-\alpha)(E-\beta)}f(kT)=$$

$$\frac{1}{\alpha-\beta}\left(\frac{1}{E-\alpha}-\frac{1}{E-\beta}\right)f(kT)$$

而欲证此，只需从左方施用算子 $(E-\alpha)(E-\beta)$ 于各端并根据运算律及(8)，可见结果均为 $f(kT)$.

我们可用长除法或其他方法将 $\frac{1}{P(E)}$ 展开为 $\frac{1}{E}$ 的升幂级数. 例如，用长除法并根据

$$\frac{\text{被除式}}{\text{除式}}=\text{商式}+\frac{\text{余式}}{\text{除式}}$$

我们可归纳出如下的等式

$$\frac{1}{E+a}=\left(\frac{1}{E}-\frac{a}{E^2}+\frac{a^2}{E^3}-\cdots+\frac{(-a)^{k-1}}{E^k}\right)+\frac{1}{E+a}\frac{(-a)^k}{E^k}$$

从而有

$$\frac{1}{E+a}f(kT)=\left\{\left(\frac{1}{E}-\frac{a}{E^2}+\frac{a^2}{E^3}-\cdots+\frac{(-a)^{k-1}}{E^k}\right)+\frac{1}{1+\frac{a}{E}}\frac{(-a)^k}{E^{k+1}}\right\}f(kT) \qquad (10)$$

欲证此，只需从左方运用算子 $E+a$ 于等式两端，根据(8)及运算律，如果均为 $f(kT)$. 再者，应用这结果解差分方程时，繁杂的末项并不重要，重要的是我们能归纳出级数的一般项 $\frac{(-a)^{k-1}}{E^k}$，而末项包含更高幂因子 $\frac{(-a)^k}{E^{k+1}}$.

同样由长除法，我们可归纳出

$$\frac{1}{(E+a)^2}=\left(\frac{1}{E^2}-\frac{2a}{E^3}+\frac{3a^2}{E^4}-\cdots+\frac{k(-a)^{k-1}}{E^{k+1}}\right)+$$

$$\frac{1}{(E+a)^2}\left(\frac{(k+1)(-a)^k}{E^k}-\frac{k(-a)^{k+1}}{E^{k+1}}\right)$$

从而有

$$\frac{1}{(E+a)^2}f(kT)=$$
$$\left\{\left(\frac{1}{E^2}-\frac{2a}{E^3}+\frac{3a^2}{E^4}-\cdots+\right.\right.$$
$$\left.\frac{k(-a)^{k-1}}{E^{k+1}}\right)+\frac{1}{\left(1+\frac{a}{E}\right)^2}\left(\frac{(k+1)(-a)^k}{E^{k+2}}-\right. \tag{11}$$
$$\left.\left.\frac{k(-a)^{k+1}}{E^{k+3}}\right)\right\}f(kT)$$

如果不计末项，由牛顿二项展开式，我们可有

$$\frac{1}{(E+a)^n}=$$
$$\frac{1}{E^n}\left(1+\frac{a}{E}\right)^{-n}=\frac{1}{E^n}\left(1-\frac{na}{E}+\right.$$
$$\frac{n(n+1)}{2!}\frac{a^2}{E^2}-\cdots+$$
$$\left.\frac{n(n+1)\cdots(n+r-1)}{r!}\frac{(-a)^r}{E^r}+\cdots\right)= \tag{13}$$
$$\frac{1}{E^n}-\frac{na}{E^{n+1}}+\frac{n(n+1)}{2!}\frac{a^2}{E^{n+2}}-\cdots+$$
$$\frac{n(n+1)\cdots(n+r-1)}{r!}\frac{(-a)^r}{E^{n+r}}+\cdots$$

有了算子 E 的这些性质，我们就能解差分方程. 从一阶差分方程开始.

例 1　$x(kT+T)+ax(kT)=f(kT)$　　(14)

求 $x(kT)$.

解　我们所要求的 $x(kT)$ 须满足

$$x(-T)=x(-2T)=x(-3T)=\cdots=0$$

因此,当 $k\leqslant -2$ 时,方程(14)的左端为 0,故当 $k\leqslant -2$ 时,$f(kT)=0$,即

$$f(-2T)=f(-3T)=f(-4T)=\cdots=0$$

当 $k=-1$ 时,(14)成为

$$x(0)+ax(-T)=f(-T)$$

即必有

$$f(-T)=x(0)$$

采用算子 E,(14)可写成

$$(E+a)x(kT)=f(kT)$$

其解为

$$x(kT)=\frac{1}{E+a}f(kT)$$

按(10),不计末项,可有

$$\begin{aligned}&x(kT)=\\&\left(\frac{1}{E}-\frac{a}{E^2}+\frac{a^2}{E^3}-\cdots+(-a)^{k-1}\frac{1}{E^k}+\right.\\&\left.(-a)^k\frac{1}{E^{k+1}}+(-a)^{k+1}\frac{1}{E^{k+2}}+\cdots\right)f(kT)\end{aligned}\tag{15}$$

其实,这展式亦可按二项展式得出

$$\begin{aligned}&x(kT)=\\&\frac{1}{E}\frac{1}{1+\frac{a}{E}}f(kT)=\frac{1}{E}\left(1+\frac{a}{E}\right)^{-1}f(kT)=\\&\frac{1}{E}\left(1-\frac{a}{E}+\frac{a^2}{E^2}-\cdots+(-a)^{k-1}\frac{1}{E^{k-1}}+\cdots\right)f(kT)\end{aligned}$$

按(7),则(15)可化成

$$\begin{aligned}&x(kT)=\\&f(kT-T)-af(kT-2T)+\\&a^2f(kT-3T)+\cdots+(-a)^{k-1}f(0)+\\&(-a)^kf(-T)+(-a)^{k+1}f(-2T)+\cdots\end{aligned}$$

但已得 $f(-T)=x(0),f(-2T)=f(-3T)=\cdots=0$，故得解

$$
\begin{aligned}
&x(kT)= \\
&f(kT-T)-af(kT-2T)+ \\
&a^2 f(kT-3T)-\cdots+ \\
&(-a)^{k-1}f(0)+(-a)^k x(0)
\end{aligned}
$$

这和 §2 的(6) 完全一样.这种演算较简捷，并且一次得出通解.补函数为 $x(0)(-a)^k$ 特解为

$$
\begin{aligned}
&f(kT-T)-af(kT-2T)+ \\
&a^2 f(kT-3T)-\cdots+(-a)^{k-1}f(0)
\end{aligned}
$$

例 2　$x(kT+2T)+ax(kT+T)+bx(kT)=f(kT)$　　(16)

求 $x(kT)$.

解　所要求的 $x(kT)$ 满足

$$x(-T)=x(-2T)=x(-3T)=\cdots=0$$

在(16) 中，如果 $k\leqslant-3$，则得 $f(kT)=0$，即必有

$$f(-3T)=f(-4T)=f(-5T)=\cdots=0$$

于(16) 中，如果 $k\leqslant-3$，则得 $f(kT)=0$，则必有

$$f(-3T)=f(-4T)=f(-5T)=\cdots=0$$

于(16) 中代入 $k=-2$，可有

$$x(0)=f(-2T)$$

于(16) 中代入 $k=-1$，可有

$$x(T)+ax(0)=f(-T)$$

用算子 E，则(16) 可写成

$$(E^2+aE+b)x(kT)=f(kT)$$

于是

$$x(kT)=\frac{1}{E^2+aE+b}f(kT) \tag{17}$$

以 α,β 表示右端分母的两零点.则

$$E^2+aE+b=(E-\alpha)(E-\beta)$$

(ⅰ)$\alpha\neq\beta$,则(17)可写成

$$x(kT)=$$

$$\frac{1}{(E-\alpha)(E-\beta)}f(kT)=$$

$$\frac{1}{\alpha-\beta}\left(\frac{1}{E-\alpha}-\frac{1}{E-\beta}\right)f(kT)=$$

$$\frac{1}{\alpha-\beta}\left\{\left(\frac{1}{E}+\frac{\alpha}{E^2}+\cdots+\right.\right.$$

$$\left.\frac{\alpha^{k-1}}{E^k}+\frac{\alpha^k}{E^{k+1}}+\frac{\alpha^{k+1}}{E^{k+2}}+\cdots\right)-$$

$$\left(\frac{1}{E}+\frac{\beta}{E^2}+\cdots+\frac{\beta^{k-1}}{E^k}+\frac{\beta^k}{E^{k+1}}+\right.$$

$$\left.\left.\frac{\beta^{k+1}}{E^{k+2}}+\cdots\right)\right\}f(kT)=$$

$$\frac{1}{\alpha-\beta}\left\{\frac{\alpha-\beta}{E^2}+\frac{\alpha^2-\beta^2}{E^3}+\cdots+\frac{\alpha^{k-1}-\beta^{k-1}}{E^k}+\right.$$

$$\left.\frac{\alpha^k-\beta^k}{E^{k+1}}+\frac{\alpha^{k+1}-\beta^{k+1}}{E^{k+2}}+\cdots\right\}f(kT)$$

应用(7)并考虑已得的

$$f(-3T)=f(-4T)=f(-5T)=\cdots=0$$

可有

$$x(kT)=$$

$$\frac{1}{\alpha-\beta}\{(\alpha-\beta)f(kT-2T)+$$

$$(\alpha^2-\beta^2)f(kT-3T)+\cdots+$$

$$(\alpha^{k-1}-\beta^{k-1})f(0)+(\alpha^k-\beta^k)f(-T)+$$

$$(\alpha^{k+1}-\beta^{k+1})f(-2T)\}$$

再将(17)中已得的结果 $f(-T)=x(T)+ax(0)$,

$f(-2T)=x(0)$,代入上式得

$$x(kT)=\frac{1}{\alpha-\beta}\{(\alpha-\beta)f(kT-2T)+(\alpha^2-\beta^2)f(kT-3T)+\cdots+(\alpha^{k-1}-\beta^{k-1})f(0)+(\alpha^k-\beta^k)\{x(T)+ax(0)\}+(\alpha^{k+1}-\beta^{k+1})x(0)\}$$

(ⅱ)$\alpha=\beta$,则(17)可写成

$$x(kT)=\frac{1}{(E-\alpha)^2}f(kT)=\left\{\frac{1}{E^2}+\frac{2\alpha}{E^3}+\frac{3\alpha^2}{E^4}+\cdots+\frac{(k-1)\alpha^{k-2}}{E^k}+\frac{k\alpha^{k-1}}{E^{k+1}}+\frac{(k+1)\alpha^k}{E^{k+2}}+\cdots\right\}f(kT)$$

(比较(11))

依(7)并注意已得的

$$f(-3T)=f(-4T)=f(-5T)=\cdots=0$$

可有

$$x(kT)=f(kT-2T)+2\alpha f(kT-3T)+3\alpha^2 f(kT-4T)+\cdots+(k-1)\alpha^{k-2}f(0)+k\alpha^{k-1}f(-T)+(k+1)\alpha^k f(-2T)$$

又已得 $f(-T)=x(T)+ax(0)$,$f(-2T)=x(0)$,代入之,最后得

$$x(kT)=f(kT-2T)+2\alpha f(kT-3T)+\cdots+(k-1)\alpha^{k-2}f(0)+k\alpha^{k-1}[x(T)+ax(0)]+(k+1)\alpha^k x(0)$$

即为所要求的解.特解为

$$f(kT-2T)+2\alpha f(kT-3T)+\cdots+(k-1)\alpha^{k-2}f(0)$$

补函数为

$$k\alpha^{k-1}[x(T)+ax(0)]+(k+1)\alpha^{k}x(0)$$

这里,一次得出特解及补函数两部分并且演算较简.

例3 $x(kT+nT)+a_1x(kT+nT-T)+\cdots+a_{n-1}x(kT+T)+a_nx(kT)=f(kT)$ (18)

并且辅助方程的 n 个根 $\alpha_1,\alpha_2,\cdots,\alpha_n$ 彼此不等.

解 由于

$$x(-T)=x(-2T)=x(-3T)=\cdots=0$$

故在 $k\leqslant-n-1$ 即 $k+n\leqslant-1$ 时必有 $f(kT)=0$ 即

$$f(-nT-T)=f(-nT-2T)=f(-nT-3T)=\cdots=0 \tag{19}$$

$$\begin{cases}\text{于(18)中令 } k=-n,\text{则 } x(0)=f(-nT)\\ \text{令 } k=-n+1,\text{则 } x(T)+a_1x(0)=f(-nT+T)\\ \text{令 } k=-n+2,\text{则 } x(2T)+a_1x(T)+a_2x(0)=\\ f(-nT+2T)\\ \qquad\vdots\\ \text{令 } k=-2,\text{则}\\ x(nT-2T)+a_1x(nT-3T)+\cdots+\\ a_{n-2}x(0)=f(-2T)\\ \text{令 } k=-1,\text{则}\\ x(nT-T)+a_1x(nT-2T)+\cdots+\\ a_{n-1}x(0)=f(-T)\end{cases} \tag{20}$$

采用算子 E,并写

$$P(E)=E^n+a_1E^{n-1}+a_2E^{n-2}+\cdots+a_{n-1}E+a_n=(E-\alpha_1)(E-\alpha_2)\cdots(E-\alpha_n)$$

其中 $\alpha_1,\alpha_2,\cdots,\alpha_n$ 彼此不等,则方程(18)可写成

$$P(E)x(kT)=f(kT)$$

其解为

$$x(kT)=\frac{1}{P(E)}f(kT)=$$

$$\frac{1}{(E-\alpha_1)(E-\alpha_2)\cdots(E-\alpha_n)}f(kT)$$

展开为部分分式之和,可有

$$x(kT)=\sum_{i=1}^{n}\frac{K_i}{E-\alpha_i}f(kT) \qquad (21)$$

其中

$$K_1=\frac{1}{(\alpha_1-\alpha_2)(\alpha_1-\alpha_3)\cdots(\alpha_1-\alpha_n)}$$

$$K_2=\frac{1}{(\alpha_2-\alpha_1)(\alpha_2-\alpha_3)\cdots(\alpha_2-\alpha_n)}$$

$$\vdots$$

$$K_n=\frac{1}{(\alpha_n-\alpha_1)(\alpha_n-\alpha_2)\cdots(\alpha_n-\alpha_{n-1})}$$

令

$$\frac{K_1}{E-\alpha_1}f(kT)=K_1\Big(\frac{1}{E}+\frac{\alpha_1}{E^2}+\cdots+\frac{\alpha_1^{k-1}}{E^k}+\frac{\alpha_1^k}{E^{k+1}}+$$

$$\frac{\alpha_1^{k+1}}{E^{k+2}}+\cdots+\frac{\alpha_1^{k+n-1}}{E^{k+n}}+$$

$$\frac{\alpha_1^{k+n}}{E^{k+n+1}}+\cdots\Big)f(kT)$$

按(7)并利用(19)则上式化成

$$\frac{K_1}{E-\alpha_1}f(kT)=$$

$$K_1\{f(kT-T)+\alpha_1 f(kT-2T)+\cdots+\alpha_1^{k-1}f(0)+$$

$$\alpha_1^k f(-T)+\alpha_1^{k+1}f(-2T)+\cdots+$$

$$\alpha_1^{k+n-1}f(-nT)\}$$

再以(20)代入,可有

$$\frac{K_1}{E-\alpha_1}f(kT)=$$
$$K_1\{f(kT-T)+\alpha_1 f(kT-2T)+\cdots+\alpha_1^{k-1}f(0)+$$
$$\alpha_1^k[x(nT-T)+a_1x(nT-2T)+\cdots+$$
$$a_{n-1}x(0)]+\alpha_1^{k+1}[x(nT-2T)+$$
$$a_1x(nT-3T)+\cdots+a_{n-2}x(0)]+\cdots+$$
$$\alpha_1^{k+n-1}x(0)\}$$

以及其他 $n-1$ 个类似的结果. 代入(21) 得

$$x(kT)=\sum_{i=1}^{n}K_i\{f(kT-T)+\alpha_i f(kT-2T)+\cdots+$$
$$\alpha_i^{k-1}f(0)\}+\sum_{i=1}^{n}K_i\{[x(nT-T)+$$
$$a_1x(nT-2T)+\cdots+$$
$$a_{n-1}x(0)]+\alpha_i[x(nT-2T)+$$
$$a_1x(nT-3T)+\cdots+a_{n-2}x(0)]+\cdots+$$
$$\alpha_i^{n-1}x(0)\}$$

即为所求之解. 右端前一和给出特解如(6),后一和给出补函数如 $\sum_{i=1}^{n}C_i\alpha_i^k$,其中 C_i 与 k 无关.

例 4 $x(kT+nT)+a_1x(kT+nT-T)+\cdots+$
$$a_{n-1}x(kT+T)+a_nx(kT)=f(kT) \quad (18)$$

并且辅助方程的 n 个根全相等为 α.

解 关系式(19) 及(20) 仍成立. 采用算子 E,所给方程能写成

$$(E^n+a_1E^{n-1}+a_2E^{n-2}+\cdots+$$
$$a_{n-1}E+a_n)x(kT)=(kT)$$

即
$$(E-\alpha)^n x(kT)=f(kT)$$

于是

$$x(kT)=\frac{1}{(E-\alpha)^n}f(kT)=\frac{1}{E^n}\left(1-\frac{\alpha}{E}\right)^{-n}f(kT)$$

从而

$$x(kT)=\frac{1}{E^n}\Big(1+n\frac{\alpha}{E}+\frac{n(n+1)}{2!}\frac{\alpha^2}{E^2}+$$
$$\frac{n(n+1)(n+2)}{3!}\frac{\alpha^3}{E^3}+\cdots+$$
$$\frac{n(n+1)\cdots(n+i-1)}{i!}\frac{\alpha^i}{E^i}+$$
$$\frac{n(n+1)\cdots(n+i)}{(i+1)!}\frac{\alpha^{i+1}}{E^{i+1}}+\cdots\Big)f(kT)=$$
$$\Big(\frac{1}{E^n}+n\frac{\alpha}{E^{n+1}}+\frac{n(n+1)}{2!}\frac{\alpha^2}{E^{n+2}}+\cdots+$$
$$\frac{n(n+1)+(n+i-1)}{i!}\frac{\alpha^i}{E^{n+i}}+$$
$$\frac{n(n+1)\cdots(n+i)}{(i+1)!}\frac{\alpha^{i+1}}{E^{n+i+1}}+\cdots\Big)f(kT)$$

按(7),此可化成

$$x(kT)=f(kT-nT)+n\alpha f(kT-nT-T)+$$
$$\frac{1}{2!}n(n+1)\alpha^2f(kT-nT-2T)+\cdots+$$
$$\frac{n(n+1)\cdots(n+i-1)}{i!}\alpha^if(kT-nT-iT)+$$
$$\frac{n(n+1)\cdots(n+i)}{(i+1)!}\alpha^{i+1}f(kT-nT-iT)+\cdots$$

再按(19)可得

$$x(kT)=\Big\{f(kT-nT)+n\alpha f(kT-nT-T)+$$
$$\frac{n(n+1)}{2!}\alpha^2f(kT-nT-2T)+\cdots+$$
$$\frac{n(n+1)\cdots(k-1)}{(k-n)!}\alpha^{k-n}f(0)\Big\}+$$

$$\left\{\frac{n(n+1)\cdots k}{(k-n+1)!}\alpha^{k-n+1}f(-T)+\frac{n(n+1)\cdots k(k+1)}{(k-n+2)!}\alpha^{k-n+2}f(-2T)+\cdots+\frac{n(n+1)\cdots(n+k-1)}{k!}\alpha^{k}f(-nT)\right\} \tag{22}$$

即为所求的解.(22) 右端共有 $k+1$ 项,分两部分,前后两副花括号,各表示为 $\psi(kT)$ 及 $A(kT)$,在后一副花括号 $A(kT)$ 中,$f(-T),f(-2T),\cdots,f(-nT)$ 由 (20) 给出.现在我们按不同的 k 来考察(22) 右端的 $k+1$ 项:

$k=0$,右端只有 1 项 $f(-nT)=x(0)$,此应为 $A(kT)|_{k=0}$,因此 $\psi(kT)|_{k=0}=0$

$k=1$,(22) 右端有 2 项

$$f(-nT+T)+n\alpha f(-nT)$$

这两项之和为 $A(kT)|_{k=1}$,因此,$\psi(kT)|_{k=1}=0$

$k=2$,(22) 右端有 3 项

$$f(-nT+2T)+n\alpha f(-nT+T)+\frac{n(n+1)}{2!}\alpha^{2}f(-nT)$$

这三项之和为 $A(kT)|_{k=2}$,因此 $\psi(kT)|_{k=2}=0$

$$\vdots$$

$k=n-1$,(22) 右端有 n 项

$$f(-T)+n\alpha f(-2T)+\frac{n(n+1)}{2!}\alpha^{2}f(-3T)+\cdots+\frac{n(n+1)\cdots(2n-2)}{(n-1)!}\alpha^{n-1}f(-nT)$$

这 n 项之和为 $A(kT)|_{k=n-1}$,因此 $\psi(kT)|_{k=n-1}=0$

$k=n$,(22) 右端有 $n+1$ 项

$$f(0)+\left\{n\alpha f(-T)+\frac{n(n+1)}{2!}\alpha^2 f(-2T)+\cdots+\right.$$

$$\left.\frac{n(n+1)\cdots(2n-1)}{n!}\alpha^n f(-nT)\right\}$$

其中等一项 $f(0)$ 为 $\psi(kT)\mid_{k=n}$，花括号中的 n 项为

$$A(kT)\mid_{k=n}$$

$k=n+1$，(22) 的右端有 $n+2$ 项

$$f(T)+n\alpha f(0)+\left\{\frac{n(n+1)}{2!}\alpha^2 f(-T)+\right.$$

$$\frac{n(n+1)(n+2)}{3!}\alpha^3 f(-2T)+\cdots+$$

$$\left.\frac{n(n+1)\cdots(2n)}{(n+1)!}\alpha^{n+1} f(-nT)\right\}$$

前两项 $f(T)+n\alpha f(0)$ 为 $\psi(kT)\mid_{k=n+1}$，花括号中的 n 项为

$$A(kT)\mid_{k=n+1}$$

归纳起来，可有

$$\psi(kT)=\begin{cases}0 & (\text{在 } k=0,1,2,\cdots,n-1)\\ f(kT-nT)+n\alpha f(kT-nT-T)+ & \\ \dfrac{n(n+1)}{2!}\alpha^2 f(kT-nT-2T)+\cdots+ & \\ \dfrac{n(n+1)\cdots(k-1)}{(k-n)!}\alpha^{k-n} f(0) & (\text{在 } k\geqslant n)\end{cases}$$

(共 $k-n+1$ 项)

$$A(kT)=\frac{n(n+1)\cdots(k-1)k}{(k-n+1)!}\alpha^{k-n+1} f(-T)+$$

$$\frac{n(n+1)\cdots k(k+1)}{(k-n+2)!}\alpha^{k-n+2} f(-2T)+\cdots+$$

$$\frac{n(n+1)\cdots(n+k-1)}{k!}\alpha^k f(-nT)$$

(共 n 项)

$\psi(kT)$ 为特解，同 §4 式(7).

$A(kT)$ 为补函数. 由 §4 式(7) 前的(c)，我们有

$$\frac{n(n+1)\cdots k}{(k-n+1)!}=\frac{k(k-1)\cdots(k-n+2)}{(n-1)!}$$

$$\frac{n(n+1)\cdots k(k+1)}{(k-n+2)!}=\frac{(k+1)k\cdots(k-n+3)}{(n-1)!}$$

$$\vdots$$

右端分子为 k 的 $n-1$ 次多项式，故 $A(kT)$ 可化为

$$\alpha^k(C_1+C_2k+\cdots+C_nk^{n-1})$$

其中 $C_1,C_2,\cdots,C_n$ 与 k 无关，结果同 §1.

参考文献

[1] 王泽汉. 数学分析基础[M]. 哈尔滨：黑龙江科学技术出版社，1985.

[2] 李友善. 自动控制原理，上册、下册[M]. 北京：国防工业出版社，1980，1981.

[3] BENJAMIN C K. Automotic control systems[M]. 4th ed. Benjamin C. Kuo，1982.

第三编

差分方程解的稳定性

差分方程解的稳定性概述

第 9 章

§1　用差分方程逼近微分方程

根据导数的定义，当 h 很小时，近似等式

$$\frac{\mathrm{d}f}{\mathrm{d}x} \approx \frac{f(x+h)-f(x)}{h} \tag{1}$$

成立.

公式(1)型的近似等式不是唯一的. 例如，还有公式

$$f'(x) \approx \frac{1}{2h}[f(x+h)-f(x-h)] \tag{2}$$

为了证明公式(2)，将 $f(x+h)$ 和 $f(x-h)$ 在点 x 的邻域内依泰勒公式展开，并假定 f''' 是连续的，于是得到

$$\frac{1}{2h}[f(x+h)-f(x-h)]=$$

$$\frac{1}{2h}\left[f(x)+hf'(x)+\frac{h^2}{2}f''(x)+\frac{h^3}{6}f'''(x+\theta_1 h)\right]-$$

$$\frac{1}{2h}\left[f(x)-hf'(x)+\frac{h^2}{2}f''(x)+\frac{h^3}{6}f'''(x-\theta_2 h)\right]=$$

$$f'(x)+\frac{h^2}{6}f'''(x+\theta h)$$

其中

$$0<\theta_1<1, 0<\theta_2<1 \text{ 和 } |\theta|<1$$

当函数 $f(x)$ 的光滑性较差时，余项是较低阶的无穷小量. 对于任何多个变数的函数的任何阶导数，有类似于公式(1) 和(2) 的公式存在. 例如

$$\frac{\partial^2 u(x,y)}{\partial x \partial y} \approx \frac{1}{4h^2}[u(x+h,y+h)-u(x-h,y+h)-u(x+h,y-h)+u(x-h,y-h)] \quad (3)$$

公式(3) 成立的证明和余项的估计，可以用泰勒公式如上得到.

不仅对于个别的导数可以写出(1)(2)(3) 型的近似公式，而且对于更一般的微分表示式，特别是任何微分方程的左端，都可写出. 为此，例如只要分别用相当于(1)(2)(3) 的公式代替每个导数，也还有其他的方法.

为了求微分方程的数值解，把导数用函数本身在个别点处的值的线性组合代替. 在这种代替之后所得到的关系式就叫作差分方程. 我们用例子来说明以上所述.

例 1 　我们考虑具有初始条件

$$1_0 u \equiv u(0,x)=\varphi_0(x), 1_1 u \equiv u'_t(0,x)=\varphi_1(x) \quad (4)$$

的方程

$$Lu \equiv \frac{\partial^2 u}{\partial t^2} - \frac{\partial^2 u}{\partial x^2} = f(t,x) \quad (t > 0) \tag{5}$$

用差分方程

$$R_h u_h \equiv \frac{u_h(t+\tau,x) - 2u_h(t,x) + u_h(t-\tau,x)}{\tau^2} - \frac{u_h(t,x+h) - 2u_h(t,x) + u_h(t,x-h)}{h^2} = f(t,x) \tag{6}$$

代替方程(5),用等式

$$r_{h_0} u_h \equiv u_h(0,x) = \varphi_0(x)$$

$$r_{h_1} u_h \equiv \frac{u_h(\tau,x) - u_h(0,x)}{\tau} = \varphi_1(x) \tag{7}$$

代替初始条件(4),方程(6)和初始条件(7)都只在坐标为

$$t = m\tau, x = nh \quad (m = 0,1,\cdots; n = 0, \pm 1, \pm 2, \cdots)$$

的点集上考虑,这个点集我们叫作格子网,每个确定在半平面 $t \geqslant 0$ 上的函数 $u(t,x)$,当然也在格子网上确定.因此在格子网的点上,对于这些函数说来 $R_h u$,$r_{h_0} u$ 和 $r_{h_1} u$ 是有意义的.利用泰勒公式可以验证,在函数 $u(t,x)$ 充分光滑的条件下,在格子网的点上,等式

$$R_h u = Lu + O(\tau^2 + h^2) \text{ 和 } r_{h_1} u = 1_1 u + O(\tau)$$

成立.由此推出,当 $\tau \to 0$ 和 $h \to 0$ 时,$R_h u \to Lu$,当 $\tau \to 0$ 时,$r_{h_1} u \to 1_1 u$;此外,$r_{h_0} u = 1_0 u$.于是方程(6)和初始条件(7)逼近方程(5)和初始条件(4).

由(7)知道了值 $u_h(0,x)$ 和 $u_h(\tau,x)$ 之后,利用(6),我们就可以顺序地计算当 $t = 2\tau, 3\tau, \cdots$ 时函数 u_h 的值.

不应设想,在一切情形下,当格子网趋于精细时,逼近微分方程的差分方程的解 u_h 趋于微分方程的相应的解 u. 例如,在前述的例子中,如果格子网的步长 τ 和 h 受条件 $\frac{\tau}{h}=r>1$ 的限制,其中 r 为不依赖于 h 的常数,则一般说来,当 $h\to 0$ 时 u_h 不趋于 u.

事实上,众所周知,问题(4)和(5)的解的值 $u(1,0)$ 只依赖于区间 $|x|\leqslant 1$ 上函数 $u(0,x)$ 和 $u_t(0,x)$ 的值,而不依赖于这些函数当 $|x|>1$ 时的值①.

我们用等式 $\tau=\frac{1}{m}$ 来确定 τ,其中 m 为某个自然数,则点(1,0)在格子网上. 差分方程在点(1,0)的解的值 $u_h(1,0)$,由于点(1,0)在格子网的 $t=1$ 行上,根据方程(6),就可用在格子网的前一行 $t=1-\tau$ 上的三个点 $(1-\tau,-h)$,$(1-\tau,0)$,$(1-\tau,h)$ 处的值 u_h 和在格子网的 $t=1-2\tau$ 行上的一个点处的值 $u_h(1-2\tau,0)$ 来表示. 这三个值

$$u_h(1-\tau,-h),u_h(1-\tau,0) \text{ 和 } u_h(1-\tau,h)$$

又可用在格子网的 $t=1-2\tau$ 行上的五个点处的值 u_h 和在格子网的 $t=1-3\tau$ 行上的三个点处的值 u_h 来表示等. 最后,值 $u_h(1,0)$ 可用格子网的 $t=\tau$ 行上的 $2m-1$ 个点处的值 u_h 和格子网的 $t=0$ 行上的 $2m-3$ 个点处的值 u_h 表示. 为了计算这些点处的值 u_h,根据初始条件(7),只要用到在区间

$$|x|\leqslant mh=\frac{1}{r}m\tau=\frac{1}{r}<1$$

① 区间 $|x|\leqslant 1$ 是由方程(5)的通过点 $t=1,x=0$ 的两条特征线与 Ox 轴交出来的.

上的值 $u(0,x)$ 和 $u'_t(0,x)$. 如果 $h \to 0$ 时 u_h 收敛于 u，则只要改变初始条件 $u(0,x)=\varphi_0(x)$ 和 $u'_t(0,x)=\varphi_1(x)$ 在区间 $\frac{1}{r}<|x|<1$ 上的值，并使得这样改变时也引起了值 $u(1,0)$ 改变，那么收敛性便被破坏了，因为初始条件的这个改变，并不影响到 $u_h(1,0)$ 的值.

假如当 $h \to 0$ 时 u_h 收敛于 u 不成立，则显然，差分方程对于数字解微分方程说来是不方便的. 于是，建立当格子网趋于精细时差分方程的解收敛于微分方程的解的充分判别法是很重要的，以后我们要指出这种判别法. 这种判别法要利用到具有独立意义的差分方程的稳定性概念.

§2　差分方程的稳定性概念

在给定差分方程的右端和边界条件时，不可避免的舍入误差影响着差分方程的解的值. 当格子网趋于精细时，这个影响不应当过分强烈，即差分方程应当是稳定的(对于边界条件和右端的摄动而言). 在相反的情形下，对于数字解微分方程说来，差分方程实际上是不方便的，因为对于粗糙的格子网，没有根据可以期望差分方程的解与相应的微分方程的解相差很小. 而对于精细的格子网，在边界条件和右端中许可的小的误差，又不能容忍地歪曲着差分方程的解.

对于边界条件和右端的摄动而言，差分方程的稳定性概念，类似于微分方程的解连续地依赖于边界条件和右端的概念.

为了说明以上所述，我们引进不稳定的和稳定的差分方程的例子.

例 1 不稳定的方程. 在 §1 的差分方程(6)中，令

$$\left(\frac{\tau}{h}\right)^2=\frac{4}{3}>1$$

给初始条件以摄动，令

$$u_h(0,nh)=\varphi_0(nh)+\tau(-1)^n\varepsilon$$

和

$$\frac{u_h(\tau,nh)-u_h(0,nh)}{\tau}=\varphi_1(nh)-4(-1)^n\varepsilon$$

在摄动影响下，加到 §1 的问题(6)(7)的解上去的函数 $\tilde{u}_h$，应当满足相应于 §1 的方程(6)的齐次方程和初始条件

$$\tilde{u}_h(0,nh)=\tau(-1)^n\varepsilon,\tilde{u}_h(\tau,nh)=-3\tau(-1)^n\varepsilon$$

直接可验证，它的形状为

$$\tilde{u}_h(m\tau,nh)=(-1)^{m+n}3^m\tau\varepsilon$$

给予初始条件的摄动，可以了解为在给定初始条件时所容许的舍入误差，而 $\tilde{u}_h$ 为在解值中的相应的误差. 对于固定的 $t=m\tau$，当 $\tau\to 0$ 时 $\tilde{u}_h(m\tau,nh)$ 的表示式中的因子 $3^m\tau$ 迅速地增加，即 §1 的方程(6)的解对于在给定初始条件时容许的舍入误差的敏感程度，迅速地增大.

这样，当 $t=1$ 和 $\tau=\frac{1}{4}$ 时，$3^m\tau\approx 20$；而当 $\tau=\frac{1}{20}$ 时，因子 $3^m\tau$ 就超过了 10^8. 自然认为当 $\left(\frac{\tau}{h}\right)^2=\frac{4}{3}$ 时 §1 的差分方程(6)是不稳定的.

不稳定差分方程的存在和这种方程对于实际目的

而言的不方便,推动了关于差分方程的稳定性的研究.

例2　稳定的方程　在§1的差分方程(6)中,令$\tau=h$.则它的形状成为

$$u_h(t+\tau,x)+u_h(t-\tau,x)-u_h(t,x+h)-u_h(t,x-h)=h^2 f(t,x)$$

我们这样来改变§1的初始条件(7)的右端和方程(6)的右端,即相应的加上函数$\tilde{\varphi}_{h_0}(x)$,$\tilde{\varphi}_{h_1}(x)$和$\tilde{f}_h(t,x)$.这时,要加到§1的问题(6)(7)的解上去的函数$\tilde{u}_h(t,x)$满足方程

$$\tilde{u}_h(t+\tau,x)+\tilde{u}_h(t-\tau,x)-\tilde{u}_h(t,x+h)-\tilde{u}_h(t,x-h)=h^2\tilde{f}_h(t,x) \tag{1}$$

和初始条件

$$\tilde{u}_h(0,x)=\tilde{\varphi}_{h_0}(x),\frac{\tilde{u}_h(\tau,x)-\tilde{u}_h(0,x)}{\tau}=\tilde{\varphi}_{h_1}(x) \tag{2}$$

我们来估计值$\tilde{u}_h(t_0,0)$,其中$t_0=m_0\tau$,而m_0为正整数;为确定起见,假定它是奇数.

作三角形,以ox轴和§1的方程(5)的通过点$(t_0,0)$的特征线$t=x+t_0$和$t=-x+t_0$为边界.对于严格属于上述三角形内部的、格子网上的每个点$(m\tau,nh)$,并且$m+n$为偶数,我们写出方程(1),然后把这些方程按项加起来.在$m+n$为偶数的格子网的那些点$(m\tau,nh)$处的值$\tilde{u}_h$,并不参与在所考虑的方程(1)中任何一个之内,因此也就不进入由它们求和后得到的方程中.假如$m+n$为奇数,且点$(m\tau,nh)$及其最靠近的格子网上的四个邻点$[(m+1)\tau,nh]$,$[m\tau,(n+1)h]$,$[(m-1)\tau,nh]$和$[m\tau,(n-1)h]$都严格属于三角形内,则$\tilde{u}_h(m\tau,nh)$的值进入四个方程(1)中,这四

个方程就是对于这些邻点而作的，其系数相应的为 1，-1，1 和 -1. 因此，在类似的项合并之后，$\tilde{u}_h(m\tau, nh)$ 也不出现于由方程(1) 求和后的方程中. 用类似的方法对于格子网的一切属于上述三角形的内部和边界上的点$(m\tau, nh)$ 计算 $\tilde{u}_h(m\tau, nh)$ 的系数，方程(1) 逐项相加的结果就可写成

$$\tilde{u}_h(t_0, 0) + \sum_{m=-\frac{m_0-1}{2}}^{\frac{m_0-3}{2}} \tilde{u}_h[0, (2m+1)h] -$$

$$\sum_{m=-\frac{m_0-1}{2}}^{\frac{m_0-1}{2}} \tilde{u}_h(\tau, 2mh) = h^2 \sum\sum \tilde{f}_h(m\tau, nh)$$

其中二重和是展布在格子网的那些根据它们方程(1) 进行求和的点上. 由此

$$\tilde{u}_h(t_0, 0) = h \sum_{m=-\frac{m_0+3}{2}}^{\frac{m_0-1}{2}} \frac{\tilde{u}_h(\tau, 2mh) - \tilde{u}_h[0, (2m-1)h]}{h} +$$

$$\tilde{u}_h[\tau, -(m_0-1)h] + h^2 \sum\sum \tilde{f}_h(m\tau, nh)$$

在最后这个等式中，将 $\tilde{u}_h(0, x)$ 和 $\tilde{u}_h(\tau, x)$ 用它们的表示式 $\tilde{u}_h(0, x) = \tilde{\varphi}_{h_0}(x)$ 和 $\tilde{u}_h(\tau, x) = \tilde{\varphi}_{h_0}(x) + h\tilde{\varphi}_{h_1}(x)$ 代替，这些表示式由初始条件(2) 和等式 $\tau = h$ 而得到，则我们就得到 $\tilde{u}_h(t_0, 0)$ 的估计

$$|\tilde{u}_h(t_0, 0)| \leqslant h \sum_{m=-\frac{m_0+3}{2}}^{\frac{m_0-1}{2}} \left(\left| \frac{\tilde{\varphi}_{h_0}(2mh) - \tilde{\varphi}_{h_0}[(2m-1)h]}{h} \right| + \right.$$

$$\left. |\tilde{\varphi}_{h_1}(2mh)| \right) + |\tilde{\varphi}_{h_0}[-(m_0-1)h]| + h\, |\tilde{\varphi}_{h_1}[-(m_0-$$

$$1)h]| + h^2 \sum\sum |\tilde{f}_h(m\tau, nh)| \leqslant \max_{|x| \leqslant t_0} |\tilde{\varphi}_{h_0}(x)| +$$

$$2t_0\left(\max_{|x|\leqslant t_0}\left|\frac{\tilde{\varphi}_{h_0}(x+h)-\tilde{\varphi}_{h_0}(x)}{h}\right|+\max_{|x|\leqslant t_0}|\tilde{\varphi}_{h_1}(x)|\right)+$$

$$t_0^2\max_{\Delta}|\tilde{f}_h(t,x)|$$

其中$\max\limits_{\Delta}$表示对格子网的那些根据它们进行方程(1)求和的点取极大值.因此

$$|\tilde{u}_h(t_0,0)|\leqslant C(\max_{|x|\leqslant t_0}|\tilde{\varphi}_{h_0}(x)|+$$

$$\max_{|x|\leqslant t_0}\left|\frac{\tilde{\varphi}_{h_0}(x+h)}{h}-\frac{\tilde{\varphi}_{h_0}(x)}{h}\right|+$$

$$\max_{|x|\leqslant t_0}|\tilde{\varphi}_{h_1}(x)|+\max_{\Delta}|\tilde{f}_h(t,x)|) \tag{3}$$

其中 C 只依赖于 t_0 而不依赖于 h.

(3) 型的不等式显然对于格子网的不在 t 轴上的点处的值 $\tilde{u}_h$ 成立.这个不等式意味着当 $h=\tau$ 时 §1 的差分方程(6) 的稳定性,就是说,函数 φ_1,f 和函数 φ_0 及其差商$\dfrac{\varphi_0(x+h)-\varphi_0(x)}{h}$的小的改变,只影响着解 u_h 的与 h 无关的小的改变.

可以证明,如果 $\tau<h$,(3) 型的不等式还是成立的,这就是说,在这种情形下,§1 的差分方程(6) 的稳定性也成立.

§3 收敛性作为稳定性的推论

我们来证明,当 $\tau=h$ 时 §1 的问题(6)(7) 的解 u_h 收敛于问题(4)(5) 的解 u.这里,我们只利用 §2 的不等式(3),即 §1 的方程(6) 的稳定性和对任何光滑函数都成立的关系式 $Lu-R_hu\equiv\varepsilon(t,x,h)$,$1_0u-r_{h_0}u=$

$0, l_1 u - r_{h_1} u \equiv \varepsilon_1(x,h)$，当 $h \to 0$ 时，$\varepsilon \to 0$，$\varepsilon_1 \to 0$，即§1 的差分方程(6) 和初始条件(7) 逼近微分方程(5) 和初始条件(4).

我们引进记号 $v_h \equiv u - u_h$，其中 u 为 §1 的问题(4)(5) 的解，而 u_h 为问题(6)(7) 的解. 函数 v_h 满足§2 的方程(1) 和初始条件(2)，其中 $\widetilde{f}_h$，$\widetilde{\varphi}_{h_0}$ 和 $\widetilde{\varphi}_{h_1}$ 应相应的换成 $\varepsilon(t,x,h)$，0 和 $\varepsilon_1(x,h)$.

由应用于 v_h 的 §2 的不等式(3) 推出，当 $h \to 0$ 时，$v_h \to 0$，即 $\lim\limits_{h\to 0} u_h = u$.

本节第 1 段的末尾已经指出，在 $\frac{\tau}{h} = r > 1$ 的情形下(r 为常数)，当 $h \to 0$ 时问题 §1 的(6)(7) 的解 u_h 收敛于问题(4)(5) 的解 u 不成立. 这就说明，对于任何 $r > 1$，差分方程(6) 的不稳定性. 在 $r = \sqrt{\frac{4}{3}}$ 时 §1 的差分方程(6) 的不稳定性是直接说明的(参考 §2 中例 1).

这样，不稳定的差分方程对于数字解微分方程说来之不方便，不仅是因为舍入误差的强烈影响，对此在本节第 2 段开始就有详细的叙述；而且还在于当格子网趋于精细时，差分方程的解 u_h 不收敛于微分方程的解 u.

在稳定性和收敛性之间所建立的联系的实质，容易由下述定理的证明看出来(这是 Л. В. 康托洛维奇定理的变形，可参考数学进展一卷四期 657 页).

定理 1 假设 U 和 F 是两个线性赋范函数空间，其模相应的为 $\| \ \|_U$ 和 $\| \ \|_F$；假设 A 和 $A_n (n=1,2,3,\cdots)$ 为线性算子，将 U 中函数变换成 F 中函数.

假定：

(1) 方程 $Au = f$ 对于给定的 F 中函数 f 都有解

$u \in U$；

(2) 方程 $A_n u_n = f(n=1,2,3,\cdots)$ 逼近方程 $Au = f$，即对于任何 U 中函数 u，有 $\| Au - A_n u \|_F \to 0$，当 $n \to \infty$ 时；

(3) 算子 $A_n(n=1,2,\cdots)$ 的逆算子存在且一致有界：对于任何 F 中的函数 f，不等式 $\| A_n^{-1} f \|_U \leqslant M \| f \|_F$ 成立，其中 M 不依赖于 n 和 f[①]，

则方程 $A_n u_n = f$ 的解 u_n 趋于方程 $Au = f$ 的解 u

$$\lim_{n \to \infty} \| u - u_n \|_U = 0$$

证明　考虑表示式

$$\| u - u_n \|_U = \| A_n^{-1} A_n (u - u_n) \|_U$$

由算子 A_n^{-1} 的有界性，这个表示式不超过 $M \cdot \| A_n(u - u_n) \|_F$. 因为 $Au = f$ 和 $A_n u_n = f$，所以

$$\begin{aligned} & M \| A_n(u - u_n) \|_F = \\ & M \| A_n u - Au + Au - A_n u_n \|_F = \\ & M \| A_n u - Au + f - f \|_F = \\ & M \| A_n u - Au \|_F \end{aligned}$$

因此

$$\| u - u_n \|_U \leqslant M \| A_n u - Au \|_F$$

当 $n \to \infty$ 时，最后不等式的右端趋于零，因为算子 A_n 逼近算子 A. 所以

$$\lim_{n \to \infty} \| u - u_n \|_U = 0$$

定理证完.

---

① 条件(3) 可以叫作方程 $A_n u = f$ 对右端的摄动稳定的条件.

§4 脉冲差分方程的两度量稳定性

中国地质大学长城学院信息工程系的王文丽，保定学院数学与计算机系的田淑环，长城汽车股份有限公司制造二部的赵宏三位教授利用 Lyapunov 函数和新的比较原理讨论了脉冲差分方程的两度量稳定性问题.

差分系统的定性与稳定性已有较为广泛的研究，得到许多重要结果[1-3]，而脉冲差分系统的结果相对较少[4]. 他们通过引入向量函数上拟单调增的概念，建立了两个高维脉冲离散系统与一个纯量脉冲系统解的比较原理，并利用标量和形式的 Lyapunov 函数，得到脉冲离散系统两度量稳定性的充分判据，丰富了脉冲差分方程的研究结果.

在本节，$R_+=[0,+\infty]$，R^n 表示 n 维欧氏空间. $\|\cdot\|_M$ 表示 R^n 中最大范数，对 $x=(x_1,x_2,\cdots,x_n)^T\in R^n$. $\|x\|_M=\max\limits_{1\leqslant i\leqslant n}|x_i|$，$x\geqslant y$ 表示分量 $x_i\geqslant y_i$，$i=1,2,\cdots,n$.

为了方便起见，引进下列函数类：

$\mathscr{K}=\{a\in C[R_+,R_+]:a(u)$ 是严格单调增的，$a(0)=0\}$；

$\mathscr{P}_{\mathscr{K}}=\{a:Z^+\times R_+\to R_+,a(n,u)\in\mathscr{K}$ 对每一个 $n\in Z^+\}$；

$\Gamma=\{h:Z^+\times R^n\to R_+,h(n,x)$ 关于 x 是连续的，$\inf\limits_{x\in R^n}h(n,x)=0\}$；

$\mathscr{K}_m=\{l(r):R_+\to R_+^m,l(r)$ 是连续的，$l_i(r)>$

$0(r>0), l_i(r)\to\infty, r\to\infty, i=1,\cdots,m\}$.

考虑具有固定脉冲时刻的脉冲差分方程

$$\begin{cases} x_{n+1}=f(n,x_n) & (n\neq n_k) \\ x_{n_{k+1}}=I_k(x_{n_k}) & (n=n_k) \\ x_{n_0}=x_0 & (n_0\geqslant 0, k\in N) \end{cases} \tag{1}$$

$$\begin{cases} y_{n+1}=g(n,y_n) & (n\neq n_k) \\ y_{n_{k+1}}=J_k(y_{n_k}) & (n=n_k) \\ y_{n_0}=y_0 & (n_0\geqslant 0, k\in N) \end{cases} \tag{2}$$

$$\begin{cases} r_{n+1}=u(n,r_n) & (n\neq n_k) \\ r_{n_{k+1}}=\Phi_k(r_{n_k}) & (n=n_k) \\ r_{n_0}=r_0 & (n_0\geqslant 0, k\in N) \end{cases} \tag{3}$$

其中 $f:Z^+\times R^n\to R^n, g:Z^+\times R_+^m\to R_+^m, n\geqslant m, u:Z^+\times R_+\to R_+$，并且 $I_k:R^n\to R^n, J_k:R_+^m\to R_+^m, \Phi_k:R_+\to R_+$. 对 $(n_0,x_0)\in Z^+\times R^n$，我们定义 $x_n=x(n,n_0,x_0)$ 是方程(1)满足 $x(n_0,n_0,x_0)=x_0$ 的解，类似的定义 y_n 和 r_n.

定义 1　设 $h_0,h\in\Gamma$，称系统(1)为：

(S_1) (h_0,h) 稳定的，如果对于任意的 $\varepsilon>0, n_0\in Z^+$，存在 $\delta=\delta(n_0,\varepsilon)>0$ 使得当 $h_0(n_0,x_0)<\delta$ 时，有 $h(n,x_n)<\varepsilon, n\geqslant n_0$；

(S_2) (h_0,h) 一致稳定的，如果(S_1)中的 δ 与 n_0 无关.

定义 2　称函数 $g(n,u):Z^+\times R_+^m\to R_+^m$ 为关于 u 上拟单调增的，如果对于 R_+^m 中任意二元 u,w，当 $u\leqslant\max\limits_{1\leqslant i\leqslant m} w_i v$ 时，有 $g(n,u)\leqslant\max\limits_{1\leqslant i\leqslant m} g_i(n,w)v$，其中 $v=(v_1,v_2,\cdots,v_m)^{\mathrm{T}}, v_i=1, i=1,2,\cdots,m$.

定义 3　设 $h_0,h\in\Gamma$. 我们称：

（ⅰ）h_0 细于 h，如果存在一个 $\rho>0$ 及函数 $\varphi\in\mathscr{P}_{\mathscr{K}}$ 使得 $h_0(n,x)<\rho$ 时，有 $h(n,x)\leqslant\varphi(n,h_0(n,x))$；

（ⅱ）h_0 一致细于 h，如果在（ⅰ）中的 φ 与 n 无关.

定义 4 设 $V\in C[Z^+\times R^n,R_+^m]$，$h\in\Gamma$，$V_0=V_0(n,x)=\max\limits_{1\leqslant i\leqslant m}V_i(n,x)$. 称 $V(n,x)$ 为：

（ⅰ）h 正定的，如果存在 $\rho>0$ 及函数 $b\in\mathscr{K}$ 使得 $h(n,x)<\rho$ 时，有 $b(h(n,x))\leqslant V_0$；

（ⅱ）h 减少的，如果存在 $\delta>0$ 及函数 $a\in\mathscr{P}_{\mathscr{K}}$ 使得 $h(n,x)<\delta$ 时，有 $V_0\leqslant a(n,h(n,x))$；

（ⅲ）h 一致渐少的，如果在（ⅱ）中的函数 a 与 n 无关.

定理 1 假设：

（ⅰ）函数 $g(n,y)$，$J_k(y)$ 是关于 y 上拟单调增的；

（ⅱ）存在函数 $V(n,x):Z^+\times R^n\rightarrow R_+^m$ 使得 V 沿 (1) 有

$$V(n+1,x_{n+1})\leqslant g(n,V(n,x_n))\quad(n\neq n_k)$$
$$V(n_{k+1},x_{n_{k+1}})\leqslant J_k(V(n_k,x_{n_k}))\quad(n=n_k,k\in N)$$

（ⅲ）存在函数 $l(r)\in K_m$，使得

$$g(n,l(r))\leqslant\max_{1\leqslant i\leqslant m}l_i(u(n,r))v\quad(n\neq n_k)$$
$$J_k(l(r_{n_k}))\leqslant\max_{1\leqslant i\leqslant m}l_i(\Phi_k(r_{n_k}))v\quad(n=n_k,k\in N)$$

则当 $V(n_0,x_0)\leqslant\max\limits_{1\leqslant i\leqslant m}y_{n_0,i}v\leqslant\max\limits_{1\leqslant i\leqslant m}l_i(r_0)v$ 成立时，有

$$V(n,x_n)\leqslant\max_{1\leqslant i\leqslant m}y_{n,i}v\leqslant\max_{1\leqslant i\leqslant m}l_i(r_n)v\quad(n\geqslant n_0)$$

证明 用归纳法证明，当 $n=n_0$ 时，显然有 $V(n_0,x_0)\leqslant\max\limits_{1\leqslant i\leqslant m}y_{n_0,i}v\leqslant\max\limits_{1\leqslant i\leqslant m}l_i(r_0)v$.

假设 $V(n,x_n)\leqslant\max\limits_{1\leqslant i\leqslant m}y_{n,i}v\leqslant\max\limits_{1\leqslant i\leqslant m}l_i(r_n)v$，$n>n_0$

时成立，当 $n+1$ 时，考虑两种情况：

Ⅰ：对所有的 k，当 $n \neq n_k$ 时，由条件（ⅰ）～（ⅲ）知

$$V(n+1,x_{n+1}) \leqslant g(n,V(n,x_n)) \leqslant \max_{1\leqslant i\leqslant m} g_i(n,y_n)v = \max_{1\leqslant i\leqslant m} y_{n+1,i}v$$

又因为 $y_n \leqslant \max\limits_{1\leqslant i\leqslant m} y_{n,i}v \leqslant \max\limits_{1\leqslant i\leqslant m} l_i(r_n)v, n \geqslant n_0$. 故由 $g(n,y)$ 的上拟单调性可得

$$y_{n+1} = g(n,y_n) \leqslant \max_{1\leqslant i\leqslant m} g_i(n,l(r_n))v \leqslant \max_{1\leqslant i\leqslant m} l_i(u(n,r_n))v = \max_{1\leqslant i\leqslant m} l_i(r_{n+1})v$$

则 $\max\limits_{1\leqslant i\leqslant m} y_{n+1,i}v \leqslant \max\limits_{1\leqslant i\leqslant m} l_i(r_{n+1})v$.

因此 $V(n,x_n) \leqslant \max\limits_{1\leqslant i\leqslant m} y_{n,i}v \leqslant \max\limits_{1\leqslant i\leqslant m} l_i(r_n)v, n \geqslant n_0$.

Ⅱ：对于某个 k，当 $n = n_k$ 时 $V(n_k,x_{n_k}) \leqslant \max\limits_{1\leqslant i\leqslant m} y_{n_k,i}v \leqslant \max\limits_{1\leqslant i\leqslant m} l_i(r_{n_k})v$. 由条件（ⅰ）～（ⅲ）可得

$$V(n_{k+1},x_{n_{k+1}}) \leqslant J_k(V(n_k,x_{n_k})) \leqslant \max_{1\leqslant i\leqslant m} J_{k,i}(y_{n_k})v = \max_{1\leqslant i\leqslant m} y_{n_{k+1},i}v$$

又因为 $y_{n_k} \leqslant \max\limits_{1\leqslant i\leqslant m} y_{n_k,i}v \leqslant \max\limits_{1\leqslant i\leqslant m} l_i(r_{n_k})v$.

故由 $J_k(y)$ 的上拟单调性可得

$$y_{n_{k+1}} = J_k(y_{n_k}) \leqslant \max_{1\leqslant i\leqslant m} J_{k,i}(l(r_{n_k}))v \leqslant \max_{1\leqslant i\leqslant m} l_i(\Phi_k(r_{n_k}))v = \max_{1\leqslant i\leqslant m} l_i(r_{n_{k+1}})v$$

则 $\max\limits_{1\leqslant i\leqslant m} y_{n_{k+1},i}v \leqslant \max\limits_{1\leqslant i\leqslant m} l_i(r_{n_{k+1}})v$.

因此 $V(n_k,x_{n_k}) \leqslant \max\limits_{1\leqslant i\leqslant m} y_{n_k,i}v \leqslant \max\limits_{1\leqslant i\leqslant m} l_i(r_{n_k})v, n = n_k$.

由归纳法可知结论成立，证毕.

定理 2 设定理 1 中的条件成立,进一步假设:

(ⅰ) 设 $h_0,h\in\Gamma$,h_0(一致) 细于 h;

(ⅱ) $V:Z_+\times R^n\to R_+^m$,V 是 h 正定的,h_0(一致) 减少的;

若系统(3) 的零解(一致) 稳定的,则系统(1) 的零解是(h_0,h)(一致) 稳定的.

证明 由于 V 是 h 正定的,故存在 $\rho>0,b\in\mathscr{K}$,使得当 $h(n,x)<\rho$ 时,有

$$b(h(n,x))\leqslant V_0(n,x)\tag{4}$$

因为 V 是 h_0(一致) 减少的,则存在 $\delta_0>0,a\in\mathscr{P}_{\mathscr{K}}(a\in\mathscr{K})$,使得当 $h_0(n,x)<\delta_0$ 时,有

$$V_0(n,x)\leqslant a(n,h_0(n,x))(a(h_0(n,x)))\tag{5}$$

另外由 h_0(一致) 细于 h,故存在 $\delta_1>0,\varphi\in\mathscr{P}_{\mathscr{K}}(\varphi\in\mathscr{K})$,使得当 $h_0(n,x)<\delta_1$ 时,有

$$h(n,x)\leqslant\varphi(n,h_0(n,x))(\varphi(h_0(n,x)))\tag{6}$$

因为 $l_i(0)=0,l_i(r)>0$ 连续,故对任意的 $\varepsilon>0$,存在 $\delta_2>0$ 使得当 $0\leqslant r<\delta_2$ 时,有

$$\| l(r)\|_M<b(\varepsilon)\tag{7}$$

因系统(3) 的解是(一致) 稳定的,故存在 $\delta_3(n_0,\delta_2)>0$,使得当 $0<r_0<\delta_3$ 时,有

$$r_n<\delta_2\tag{8}$$

令 $\gamma_i(\varepsilon)=\sup\limits_{0\leqslant r\leqslant\delta_3}l_i(r),\gamma(\varepsilon)=\dfrac{1}{2}\min\limits_{1\leqslant i\leqslant m}\gamma_i(\varepsilon)$,由 $l_i(r)$ 的连续性,存在某个 $r_0:0<r_0<\delta_3$,使

$$\gamma(\varepsilon)\leqslant l_i(r_0)\leqslant\gamma_i(\varepsilon)$$

进一步存在 $\delta_4>0$,使得 $\varphi(\delta_4)<\rho,a(\delta_4)<\min\{b(\varepsilon),\gamma(\varepsilon)\}$;取 $\delta=\min\{\delta_0,\delta_1,\delta_4\}$. 当 $h_0(n_0,x_0)<\delta$ 时,由(4) ~ (6) 推得

$$b(h(n_0,x_0)) \leqslant V_0(n_0,x_0) \leqslant a(h_0(n_0,x_0)) < b(\varepsilon)$$

故 $h(n_0,x_0) < \varepsilon, n \geqslant n_0$. 假设不然，考虑以下两种情况：

Ⅰ：系统(1) 存在解 $x(n)=x(n,n_0,x_0)$ 和 $n^* > n_0, n^* \neq n_k$ 使得 $h(n^*,x(n^*)) \geqslant \varepsilon$ 且

$$h(n,x(n)) < \varepsilon \quad (n_0 \leqslant n \leqslant n^*) \tag{9}$$

取 $u_0 = V(n_0,x_0)$，则有 $\max\limits_{1\leqslant i\leqslant m} u_{0,i} = \max\limits_{1\leqslant i\leqslant m} V_i(n_0,x_0) \leqslant a(h_0(n_0,x_0)) < \gamma(\varepsilon) \leqslant l_i(r_0)$.

由引理 1 得

$$V(n,x) \leqslant \max_{1\leqslant i\leqslant m} u_{n,i}v \leqslant \max_{1\leqslant i\leqslant m} l_i(r_n)v \quad (n_0 \leqslant n \leqslant n^*) \tag{10}$$

由此由(7) ~ (10) 得

$$b(\varepsilon) = b(h(n^*,x(n^*))) \leqslant V_0(n^*,x(n^*)) \leqslant \| l(r_{n^*}) \|_M < b(\varepsilon)$$

矛盾，因此这种情况不成立.

Ⅱ：系统(1) 存在解 $x_n = x(n,n_0,x_0)$ 和 $\delta > 0$，使得对于某个 n_k，有

$$h_0(n_0,x_0) < \delta, h(n,x(n)) < \varepsilon \quad (n_0 \leqslant n \leqslant n_k)$$

$$h(n,x_0) \geqslant \varepsilon \quad (n_k < n < n_k + \delta)$$

取 $u_0 = V(n_0,x_0)$，有

$$\max_{1\leqslant i\leqslant m} u_{0,i} = \max_{1\leqslant i\leqslant m} V_i(n_0,x_0) \leqslant a(h_0(n_0,x_0)) < a(\delta) \leqslant l_i(r_0)$$

由引理 1 得

$$V(n,x) \leqslant \max_{1\leqslant i\leqslant m} u_{n,i}v \leqslant \max_{1\leqslant i\leqslant m} l_i(r_n)v \quad (n \geqslant n_0)$$

由此由(7) 可得

$$b(\varepsilon) \leqslant b(h(n,x_n)) \leqslant V_0(n,x_n) \leqslant \max_{1\leqslant i\leqslant m} l_i(r(n,n_k,r_0)) < b(\varepsilon) \quad (n_k \leqslant n \leqslant n_k + \delta)$$

矛盾.

综上所述系统(1)的零解是(h_0,h)(一致)稳定的.

参考文献

[1] WANG P G,TIAN S H,ZHAO P. Stability in terms of two measures for difference equations[J]. Appl Math Comput,2006,182(2):1309-1315.

[2] WANG P G,WU H X. Criteria on boundedness in terms of two measures for discrete systems[J]. Appl Math Letts,2008,21:1221-1228.

[3] WANG P G,WU M. Practical stability in terms of two measures for discrete hybrid systems[J]. Nonlinear Analysis:Hybrid Systems,2008,2(1):58-64.

[4] BAINOV D D,LAKSHIMIKANTHAN V,SIMEONOV S. Theory of Impusulsive Differential Equations[M]. World Scientific Press,Singapore,1989.

§5 一类二阶中立型差分方程正解的渐近稳定性

山东工商学院数学与信息科学学院的孙喜东、刘

柏枫，承德民族高等师范专科学校化学系的刘晓辉三位教授研究了下列二阶中立型差分方程

$$\Delta^2[x(n)-px(n-\tau)]+ q(n)x(g(n))=0 \quad (n\geqslant n_0) \tag{1}$$

正解渐近走向于零的充分条件.

考虑二阶中立型差分方程(1)，其中假设：$\tau>0$ 为常数，p 为实数，$q(n)$，$g(n)$ 为实数列且都大于零，$\lim\limits_{n\to\infty} g(n)=\infty$，$\Delta$ 是前差分算子：$\Delta(x)=x(n+1)-x(n)$.

由于中立型微分方程解振动性和非振动性问题在理论和实际两个方面均有重要意义，因此近二十年来中立型微分方程的振动与非振动性理论受到很大的关注. 例如，可参看专著[1-3]以及文[4-6]，文[7]中讨论了中立型时滞差分方程(1)($g(n)<n$)的振动与渐近稳定性，他们研究了 $g(n)>n$ 以及 $g(n)<n$ 时 p 为任意正实数时二阶中立型差分方程(1)的正解趋向于零的充分条件.

本节中出现的不等式，若没有说明，均假设为最终成立，即对充分大的 n 成立.

为了研究方程(1)解的渐近稳定性，我们需要引入下面的引理，在方程(1)中我们令

$$y(n)=x(n)-px(n-\tau) \tag{2}$$

引理 1　设 $p\in(0,1)$，$x(n)$ 为方程(1)的最终正解.(Ⅰ)若 $\lim\limits_{n\to\infty} x(n)=0$，则 $y(n)$ 最终为负，且 $\lim\limits_{n\to\infty} y(n)=0$.(Ⅱ)若 $\lim\limits_{n\to\infty} x(n)\neq 0$，则 $y(n)$ 最终为正.

证明　(Ⅰ)由于 $x(n)$ 为方程(1)的最终正解，最终 $\Delta^2 y(n)<0$. 因此 $\Delta y(n)$ 是递减的，最终 $\Delta y(n)>0$

或 $\Delta y(n)<0$，最终也有 $y(n)>0$ 或 $y(n)<0$. 若 $\lim\limits_{n\to\infty}x(n)=0$ 可知 $\Delta y(n)>0$，事实上，由于 $\Delta y(n)$ 是递减的且 $\lim\limits_{n\to\infty}\Delta y(n)=0$. 假设 $\Delta y(n)<0$ 有 $\Delta y(n+1)=k\Delta y(n)$ 其中 $k>1$，可知 $\lim\limits_{n\to\infty}\Delta y(n)\neq 0$ 矛盾. 同理也可知最终 $y(n)<0$.

（Ⅱ）若 $\lim\limits_{n\to\infty}x(n)=0$ 不成立，有 $\limsup\limits_{n\to\infty}x(n)>0$，假设最终 $y(n)<0$. $x(n)$ 有两种情况：(a) 无界；(b) 有界.

若(a) 成立，存在 n 的子列 $\{n_k\}$ 使得 $\lim\limits_{k\to\infty}n_k=\infty$，$x(n_k)=\max\limits_{n_0\leqslant n\leqslant n_k}x(n)$ 且 $\lim\limits_{k\to\infty}x(n_k)=\infty$. 由(2) 有

$$y(n_k)=x(n_k)-px(n_k-\tau)\geqslant x(n_k)(1-p)$$

因此 $\lim\limits_{n\to\infty}y(n)=\infty$，矛盾.

若(b) 成立，存在 n 的子列 $\{n_k\}$ 使得 $\lim\limits_{k\to\infty}n_k=\infty$，$\lim\limits_{k\to\infty}x(n_k)=\limsup\limits_{n\to\infty}x(n)$，由于 $x(n_k-\tau)$ 有界，故存在收敛子列. 因此

$$0\geqslant\lim_{k\to\infty}y(n_k)=\lim_{k\to\infty}(x(n_k)-px(n_k-\tau))\geqslant \limsup_{n\to\infty}x(n)(1-p)>0$$

又发生矛盾. 因此证明最终 $y(n)>0$.

下面研究方程(1) 最终正解的渐近性态.

定理 1 假如 $p\in(0,1)$ 且有

$$\sum_{s=n_2}^{\infty}q(s)=\infty \tag{3}$$

则方程(1) 最终正解渐近趋向于零.

证明 设 $x(n)$ 是方程(1) 最终正解，则由方程(1) 我们有 $\Delta^2 y(n)<0$，$n\geqslant n_0$，若 $\Delta y(n)<0$，则有 $\lim\limits_{n\to\infty}y(n)=-\infty$，但是 $y(n)<0$ 导出

$$x(n) < px(n-\tau) < p^2 x(n-2\tau) < \cdots < p^k x(n-k\tau)$$

由上式产生

$$\lim_{n\to\infty} x(n) = 0$$

此与$\lim\limits_{n\to\infty} y(n) = -\infty$ 矛盾. 因而 $\Delta y(n) > 0$. 现 $y(n)$ 有两种可能:

(a) $y(n) > 0, n \geqslant n_1 \geqslant n_0$;

(b) $y(n) < 0, n \geqslant n_1$.

若(a) 成立,方程(1) 可写为

$$\Delta^2 y(n) + q(n)x(g(n)) = 0 \tag{4}$$

注意到 $0 < p < 1$,由(2) 知,$x(n) > y(n)$,则有

$$\Delta^2 y(n) + q(n)y(g(n)) \leqslant 0 \tag{5}$$

因 $\Delta y(n) > 0$,故存在常数 $c > 0$ 使得 $y(g(n)) > c$,则(5) 产生

$$\Delta^2 y(n) + cq(n) \leqslant 0 \tag{6}$$

从 $n_2 \geqslant n_1$ 到 $n-1$ 对式(6) 求和,我们有

$$\Delta y(n) - \Delta y(n_2) + c\sum_{s=n_2}^{n-1} q(s) \leqslant 0$$

即

$$c\sum_{s=n_2}^{n-1} q(s) \leqslant \Delta y(n_2) \tag{7}$$

上式(7) 与条件(3) 矛盾. 若(b) 成立,即 $y(n) < 0$,由引理 1 导出$\lim\limits_{n\to\infty} x(n) = 0$,定理 1 证毕.

下面的定理考虑条件(3) 不成立,亦即当 $\sum\limits_{s=n_2}^{\infty} q(s) < \infty$ 时的情况.

定理 2　设 $p \in (0,1), g(n) > n, \Delta g(n) > 0$ 且

$$\lim_{n\to\infty}\sup\left(\sum_{x=n}^{g(n)-1}\sum_{s=x}^{\infty}q(s)+\sum_{x=g^{-1}(n)}^{n}\sum_{s=x}^{\infty}q(s)\right)>1 \quad (8)$$

则方程(1)最终正解渐近趋向于零.

证明 设 $x(n)$ 是方程(1)最终正解,令 $y(n)=x(n)-px(n-\tau)$,则 $\Delta^2 y(n)<0$,类似于定理1的证明,我们可以导出 $\Delta y(n)>0$,因而 $y(n)$ 有两种可能:即 $y(n)>0$ 或 $y(n)<0$,对于后者同定理1的证明一样,可以导出欲证结论.现在假设 $y(n)>0$ 成立,与定理1中相应部分证明完全一样,我们有不等式(5),从 n 到 ∞ 对(5)求和,我们得到

$$\Delta y(n)\geqslant\sum_{s=n}^{\infty}q(s)y(g(s)) \quad (9)$$

从 n 到 $g(n)-1$ 对(9)求和,我们有

$$y(g(n))-y(n)\geqslant y(g(n))\sum_{x=n}^{g(n)-1}\sum_{s=x}^{\infty}q(s) \quad (n\geqslant n_1) \quad (10)$$

其中我们利用了 $y(n)$ 和 $g(n)$ 的单增性.再从 n_1 到 $n-1$ 对(9)求和,我们得到

$$y(n)\geqslant\sum_{x=n_1}^{n-1}\sum_{s=x}^{\infty}q(s)y(g(s))\geqslant$$

$$\sum_{x=g^{-1}(n)}^{n-1}\sum_{s=g(x)}^{\infty}q(s)y(g(s))\geqslant$$

$$y(g(n))\sum_{x=g^{-1}(n)}^{n-1}\sum_{s=g(x)}^{\infty}q(s) \quad (n\geqslant n_1) \quad (11)$$

联系(10)和(11)我们有

$$y(g(n))\geqslant y(g(n))\left(\sum_{x=n}^{g(n)-1}\sum_{s=x}^{\infty}q(s)+\sum_{x=g^{-1}(n)}^{n-1}\sum_{s=g(x)}^{\infty}q(s)\right)$$

即有

$$1 \geqslant \sum_{x=n}^{g(n)-1} \sum_{s=x}^{\infty} q(s) + \sum_{x=g^{-1}(n)}^{n-1} \sum_{s=g(x)}^{\infty} q(s) \qquad (12)$$

(12) 与条件(8) 矛盾，定理 2 证毕.

定理 1 和 2 讨论方程(1) 最终正解渐近趋向于零时要求 $p \in (0,1)$，下面研究 $p > 0$ 方程(1) 最终正解渐近条件.

定理 3　设 $p > 0$，$g(n+\tau) < n$ 且存在常数 $K > 1$ 当 n 充分大时有

$$\frac{1}{p}K^{-\tau} + \frac{1}{p}\sum_{s=n+\tau}^{\infty}(s-n-\tau+1)q(s)K^{n-g(s)} \leqslant 1 \qquad (13)$$

则 $n \to \infty$ 时方程(1) 最终正解渐近趋向于零.

证明　易知如果(13) 中最终等号成立，则方程(1) 存在正解 $x(n) = K^{-n}$. 否则，设 BC 为定义在(n_0, ∞) 上具有范数 $\| x \| = \sup\limits_{n \geqslant n_0} | x(n) |$ 的有界实序列的 Banach 空间. 令 BC 的子集为 $\Omega = \{z \in BC : \leqslant z(n) \leqslant 1, n \geqslant n_0\}$，在 Ω 定义映射 Γ

$$\Gamma(z(n)) = \begin{cases} \dfrac{1}{p}\sum\limits_{s=n+\tau}^{\infty}(s-n-\tau+1)q(s)K^{n-g(s)}z(g(s)) + \\ \dfrac{1}{p}K^{-\tau}z(n+\tau) \quad (n > N) \\ \Gamma(z(n)) \quad (n_0 < n < N) \end{cases}$$

构造序列 $z_k(n)$

$$z_k(n) = \begin{cases} 1 & (k = 0) \\ \Gamma(z_{k-1}(n)) & (k = 1, 2, \cdots) \end{cases}$$

可得

$$0 \leqslant z_1(n) = \frac{1}{p}K^{-\tau} + \frac{1}{p}\sum_{s=n+\tau}^{\infty}(s-n-\tau+1)q(s)K^{n-g(s)} \leqslant 1 = z_0(n)$$

归纳可知

$$0 \leqslant \cdots z_k(n) \leqslant z_{k-1}(n) \leqslant \cdots \leqslant z_1(n) \leqslant z_0(n) = 1 \tag{14}$$

对 $n \geqslant N$ 成立. 对 $n_0 \leqslant n \leqslant N$(14) 显然成立. 由勒贝格控制收敛定理有

$$z(n) = \begin{cases} \frac{1}{p}\sum_{s=n+\tau}^{\infty}(s-n-\tau+1)q(s)K^{n-g(s)}z(g(s)) + \\ \frac{1}{p}K^{-\tau}z(n+\tau) \quad (n > N) \\ \Gamma(z(n)) \quad (n_0 < n < N) \end{cases}$$

容易验证 $x(n) = y(n)K^{-n}$ 为方程(1) 的解. 定理证毕.

参 考 文 献

[1] BAINOV D D, MISHEV D P. Oscillation Theory for Neutral Differential Equations with Deley[M]. Bristol: Adam Hilger, 1991.

[2] ZHANG Z G, ZHANG J L. Oscillation criteria for second order advanced difference equations with summation small coefficient[J]. Computer Math Applic, 1999, 138: 25-31.

[3] ERBE L H, KONG Q K, ZHANG B G.

Oscillation Theory for Functional Differential Equations[M]. Dekker, New York, 1995.

[4] GRACE S R. Oscillation criteria for n-th order neutral functional differential equations[J]. J Math Anal Appl, 1994, 184: 44-55.

[5] 杨启贵, 朱思铭. 二阶非线性中立型微分方程的振动性[J]. 系统科学与数学, 2003, 23: 482-490.

[6] 孙喜东. 不稳定二阶中立型差分方程的振动性[J]. 数学的实践与认识, 2005, 35(9): 182-184.

[7] ZHEN G Z, BI P, WEN L D. Oscillatory of unstable type second order neutral difference equations[J]. Korean J Comput Appl Math, 2002, 9: 87-99.

§6　微分差分方程解的稳定性

中国科学院数学研究所的刘永清研究员在20世纪中叶就考虑了一阶线性常系数及变系数中立型微分差分方程解的稳定性.

进一步还考虑了一类微分方程与微分差分方程解在稳定性问题上的等价性.

在稳定性理论中微分方程与微分差分方程之等价性问题由秦元勋[1]提出的，他将微分方程

$$au'(t)+bu(t)=0 \tag{1}$$

中的第二项 $u(t)$ 分解[①]为二项 $u(t)$ 及 $u(t-\delta)$ 得到了微分差分方程

$$au'(t)+pu(t)+qu(t-\delta)=0 \tag{2}$$

研究了方程(1) 与(2) 解在稳定性问题上的等价性.

我们此处将(1) 的第一项分解为 $u'(t)$ 及 $u'(t-\delta)$,而第二项分解为 $u(t)$ 及 $u(t-\delta)$,而得到了一般的中立型微分差分方程

$$Au'(t)+Bu(t)+Cu'(t-\delta)+Du(t-\delta)=0 \tag{3}$$

此处考虑了(1) 与(3) 解在稳定问题上的等价性.

并考虑了二阶方程

$$u''(t)+pu'(t)+qu(t)+ru^{(n)}(t)=0 \tag{4}$$

与

$$u''(t)+pu'(t)+qu(t)+ru^{(n)}(t-\delta)=0 \tag{5}$$

此处 $n=0,1,2$ 即(4) 顺次按第三项,第二项及第一项按如上所述的分解后得到的微分差分方程解在稳定性问题上的等价性(+).

一、中立型微分差分方程解的稳定性

(一) 常系数的中立型微分差分方程

$$Au'(t+1)+Bu(t+1)+Cu'(t)+Du(t)=0 \tag{6}$$

初始函数为:$u(t)=\varphi(t)$,$u'(t)=\varphi'(t)$,$0\leqslant t\leqslant 1$,此处 $\varphi(t)$ 及其导数为间隔$[0,1]$上的连续函数,则(6) 之解当 $t\geqslant 0$ 时,是存在且是唯一的[2,3].

此处 τ_i 的定义为

① 此处所谓分解是指这种意义,在某些调节系统,应由(2) 来描述的,但一般当 δ 很小时,可以略去 δ 以(1) 代(2) 来描述这种系统. 但在某些更复杂的调节系统时,应由(3) 来描述它.

$$0 < \tau_i < \pi \quad (i=1,2,3)$$

$$\tau_1 = \tan^{-1}\frac{A+C}{A-C}$$

$$\tau_2 = \tan^{-1}\left(\frac{\sqrt{-(A^2-C^2)(B^2-D^2)}}{(A-C)(B-D)}\right)$$

$$\tau_3 = \tan^{-1}\left(-\frac{\sqrt{-(A^2-C^2)(B^2-D^2)}}{(A-C)(B-D)}\right)$$

而 K_i 为

$$K_i = \left[-\frac{\tau_i}{\pi} - \frac{1}{\pi}\cdot\frac{1}{2}\frac{(B-D)}{(A+C)}\tan\tau_i\right]^{①} + 1 \quad (i=2,3)$$

定理 1　假定满足下面条件之一：

(1) $A^2 > C^2, B^2 > D^2, (A+C)(B+D) > 0$.

(2) 或 a) $A^2 > C^2, B^2 < D^2, (A+C)(B+D) > 0, K_2 = K_3$.

或 b) $A^2 > C^2, B^2 < D^2, (A+C)(B+D) < 0, -K_2 + K_3 = -1$.

则方程式(6) 之平凡解渐近稳定.

证明　方程式(5)，在给定的初始函数下得到的解存在且是唯一的，由于初始函数的假定及存在唯一的解，它满足于 S. Verblunsky[4] 定理的条件，故(6) 之解可以级数形式表示. 因此，只要证明(6) 之特征方程之所有根具有负实部，则得到定理的结论.

方程(6) 之特征方程为

$$Aze^z + Be^z + Cz + D = 0 \tag{7}$$

此式左端可以化为

$$(\alpha_1 z + \alpha_0)\operatorname{ch} z + (\beta_1 z + \beta_0)\operatorname{sh} z \tag{8}$$

① [　] 表示取整数部分.

$$\begin{cases}\alpha_1=A+C,\beta_1=A-C,\alpha_0=\dfrac{B+D}{2},\beta_0=\dfrac{B-D}{2}\\ \overline{A}=\alpha_0\alpha_1=\dfrac{1}{2}(A+C)(B+D),\overline{D}=0\\ \overline{B}=\beta_0\beta_1=\dfrac{1}{2}(A-C)(B-D)\end{cases}\tag{9}$$

根据 H. Цеботарев 及 H. Мейман[5] 的结果要(8) 所有根具有负实部的充要条件是下列之一成立.

1) $\overline{D}^2-4\overline{A}\overline{B}<0,\alpha_1\beta_1>0,\alpha_0\alpha_1>0.$ (10)

2) $\overline{D}^2-4\overline{A}\overline{B}>0$，或 a) $\alpha_1\beta_1>0,\alpha_0\alpha_1>0$

$$\overline{K}_2=\overline{K}_3$$

或 b) $\alpha_1\beta_1>0,\alpha_0\alpha_1<0$

$$-\overline{K}_2+\overline{K}_3=-1$$

此处 $\overline{K}_i,i=2,3$ 为

$$\overline{K}_i=\left[-\frac{\bar{\tau}_i}{\pi}-\frac{1}{\pi}\frac{\beta_0\tan\bar{\tau}_i}{\alpha_1}\right]+1\tag{11}$$

且 $0<\bar{\tau}_i<\pi$

$$\bar{\tau}_1=\tan^{-1}\frac{\alpha_1}{\beta_1},$$

$$\bar{\tau}_2=\tan^{-1}\left(\frac{-\overline{D}+\sqrt{\overline{D}^2-4\overline{A}\overline{B}}}{2\overline{B}}\right)$$

$$\bar{\tau}_3=\tan^{-1}\left(\frac{-\overline{D}-\sqrt{\overline{D}^2-4\overline{A}\overline{B}}}{2\overline{B}}\right)\tag{12}$$

将(9) 分别代入(11)(12)(10) 中，由于定理 1 的假定条件知(10) 成立，故得到方程(7) 之所有根具有负实部，定理证毕.

定理 1a) 若方程式(6) 满足条件

$$B+\frac{|D|+|B||C|}{|A|-|C|}\leqslant 0$$

则(3) 之解有

$$|u(t)| \leqslant \frac{K}{|A|-|C|} \max_{0\leqslant t\leqslant 1} |\varphi(t)| e^{(B+\frac{|D|+|B||C|}{|A|-|C|})t} \quad (t \geqslant 0) \tag{13}$$

成立.(此处 K 为一正的常数).

定理 1a) 的证明是较简单的,利用线性积分公式及 R. Bellman 不等式即得到.

(二) 变系数的中立型微分差分方程

$$u'(t+1) = a_1(t)u(t+1) + a_2(t)u(t) + a_3(t)u'(t) \tag{14}$$

初始条件如(1) 中所给.

则得到(14) 之解为

$$|u(t)| \leqslant \frac{K}{1-|a_3(t+1)|g(t)} \max_{0\leqslant t\leqslant 1} \cdot |\varphi(t)| e^{\int_0^t \left\{a_1(t_1)+\frac{K_3[|a_2(t_1+1)|+|a'_3(t_1+1)|+|a_1(t_1-1)||a_3(t_1+1)|]g(t_1)}{1-|a_3(t_1+1)|g(t_1)}\right\} dt_1} \quad (t \geqslant 0) \tag{15}$$

其中 K, K_3 是正的常数. 目函数 $g(t)$ 为

$$g(t) = e^{\int_{t-1}^t a_1(t_1)dt_1}$$

由此得到下述定理:

定理 2　假定方程(14) 满足条件

1) $\int_0^t a_1(t_1)dt_1$

$$\int_0^t \frac{[|a_2(t_1+1)|+|a'_3(t_1+1)| \to \leftarrow +|a_1(t_1-1)||a_3(t_1+1)|]g(t_1)}{1 -|a_3(t_1)|g(t_1)} dt_1$$

对一切 $t \geqslant 0$ 时,积分有界.

2) $1-|a_3(t+1)|g(t)>0$,对 $t \geqslant 0$,则方程(14)之解有不等式(15)成立. 且若给定的初始函数在 $0 \leqslant t \leqslant 1$ 上充分小时,则(14)之平凡解稳定.

推论 若定理 2 的条件成立,且积分

$$F(t)=\int_0^t a_1(t_1)\mathrm{d}t_1, \text{当 } t \to +\infty \text{ 时 } F(t) \to -\infty$$

则(14)之平凡解渐近稳定.

以上的讨论若微分差分方程具有外力 $f(t)$ 时,只要对 $f(t)$ 给予一定的条件,可以得到类似的定理.

二、微分方程与微分差分方程解在稳定问题上的等价性

将中立型微分差分方程(3)记为

$$Au'(t+\delta)+Bu(t+\delta)+Cu'(t)+Du(t)=0 \tag{16}$$

初始函数为 $u(t)=\varphi(t), u'(t)=\varphi'(t), 0 \leqslant t \leqslant \delta$. 其中 $\delta>0$. 此处 $\varphi(t)$ 及其导数为在 $0 \leqslant t \leqslant \delta$ 上的连续函数. 以下考虑方程式(3)与(1)的等价性问题.

定理 3 假定 $(A+C)(B+D)>0$,而且 $A^2-C^2>0, B^2-D^2>0$,则对任意 $\delta>0$,方程式(3)之平凡解为渐近稳定.

证明 由定理 1 知只要验证满足(3)之特征方程的一切根具有负实部的条件.

方程式(3)之特征方程为

$$Az\mathrm{e}^{\delta z}+B\mathrm{e}^{\delta z}+Cz+D=0$$

令 $\delta z=z$,则化为

$$Az_1\mathrm{e}^{z_1}+B\delta\mathrm{e}^{z_1}+Cz_1+D\delta=0$$

由于定理 1 中(1) 的条件满足于对应的特征方程一切根具有负实部的结论,此处(3) 之特征方程之系数满足于定理 1 中(1) 的条件,故由定理 1 知(3) 之平凡解对任意 $\delta > 0$,渐近稳定.

定理 4　假定 $(A+C)(B+D) > 0$,而且 $A^2 - C^2 > 0$, $B^2 - D^2 < 0$,必存在 $\Delta(A,B,C,D) > 0$,使 $0 < \delta < \Delta(A,B,C,D)$ 时,方程(3) 之平凡解渐近稳定.

证明　方程(3) 之特征方程为

$$Az\mathrm{e}^z + B\delta\mathrm{e}^z + Cz + D\delta = 0$$

令 $A_1 = A, B_1 = B\delta, C_1 = C, D_1 = D\delta$,验证满足定理 1 中(2) 之几个不等式

$$(A_1 + C_1)(B_1 + D_1) = \delta(A+C)(B+D) > 0$$

$$A_1^2 - C_1^2 = A^2 - C^2 > 0$$

$$B_1^2 - D_1^2 = \delta^2(B^2 - D^2) < 0$$

$\Delta(A,B,C,D)$ 的选取由 $K_2 = K_3$,即

$$\left[-\frac{1}{\pi}\tan^{-1}\left(\frac{\sqrt{-(A^2-C^2)(B^2-D^2)}}{(A-C)(B-D)}\right) - \frac{1}{\pi}\cdot\frac{1}{2}\,\frac{\delta}{(A^2-C^2)}\sqrt{(A^2-C^2)(D^2-B^2)}\right] =$$

$$\left[-\frac{1}{\pi}\tan^{-1}\left(\frac{-\sqrt{(A^2-C^2)(D^2-B^2)}}{(A-C)(B-D)}\right) + \frac{1}{\pi}\cdot\frac{1}{2}\,\frac{\delta}{(A^2-C^2)}\sqrt{(A^2-C^2)(D^2-B^2)}\right]$$

由此式得到

$$\left|\frac{2}{\pi}\tan^{-1}\left(\frac{\sqrt{(A^2-C^2)(D^2-B^2)}}{(A-C)(B-D)}\right) + \frac{1}{\pi}\,\frac{\delta}{(A^2-C^2)}\sqrt{(A^2-C^2)(D^2-B^2)}\right| < 1$$

故当

$$\delta < \left(\pi - 2\left|\tan^{-1}\frac{\sqrt{(A^2-C^2)(D^2-B^2)}}{(A-C)(B-D)}\right|\right)\cdot$$

$$\sqrt{\frac{(A^2-C^2)}{D^2-B^2}} = \Delta(A,B,C,D)$$

时，$K_2 = K_3$ 满足，故由定理 1 中(2) 知(3) 之平凡解渐近稳定.

定理 5 假定 $A+C>0, B+D<0$(其中 $A>0$)(或者 $A+C<0, B+D>0$(其中 $A<0$)).

则(3) 之平凡解对任何 $\delta>0$，为不稳定.

证明 令

$$H(\delta,z) = Az\mathrm{e}^{\delta z} + B\mathrm{e}^{\delta z} + Cz + D$$

由于

$$H(\delta,0) = B+D<0$$

$$H(\delta,+\infty) = +\infty > 0$$

故在$(0,+\infty)$间至少存在一个正实根 $z_0(\delta)>0$，满足于

$$H(\delta,z_0) = 0$$

方程式(3) 有解为 $C_0\mathrm{e}^{z_0(\delta)t}$，故(3) 之平凡解对任意 $\delta>0$，不稳定.

以下考虑二阶微分方程

$$u''(t) + pu'(t) + qu(t) + ru^{(n)}(t) = 0 \quad (17)$$

与微分差分方程

$$u''(t) + pu'(t) + qu(t) + ru^{(n)}(t-\delta) = 0 \quad (18)$$

此处 $n=0,1,2$ 解在稳定问题上的等价性.

方程(18) 之特征方程为

$$(z^2+pz+q)e^{\delta z}+rz^n=0^{①} \tag{19}$$

定理 6　对方程式(18)

(1)$n=0$ 时,满足条件 $p>0,q+r>0$,其中 $q\geqslant 0$,必存在 $\Delta(p,q,|r|)>0$,使当 $0<\delta<\Delta(p,q,|r|)$ 时,方程(18) 之平凡解渐近稳定.

(2)$n=1$ 时,满足条件 $p+r>0$(其中 $p>0$),$q>0$,并且不等式 $1+\frac{r}{p}\cos a_{r_0}>0$,则对任意的 $\delta>0$,方程式(18) 之平凡解是渐近稳定.

(3)$n=2$ 时,满足条件$\frac{p}{1+r}>0,\frac{q}{1+r}>0$(其中 $r>0$) 则当 $p-2q<0$ 时,必在 $\Delta(p,q,r)>0$,使 $0<\delta<\Delta$ 时,(18) 之平凡解渐近稳定. 或者$\frac{p}{1+r}>0$,$\frac{q}{1+r}>0$,其中 $|r|<1$,则当 $p^2-2q\geqslant 0$ 时,对任何 $\delta>0$,(18) 之平凡解渐近稳定.

证明　方程式(18) 之特征方程为

$$(z^2+pz+q)e^{\delta z}+r=0 \quad (n=0)$$

令 $\delta z=z_1$,上式化为

$$(z_1^2+p\delta z_1+q\delta^2)e^{z_1}+r\delta^2=0 \tag{20}$$

要证(20) 之一切根具有负实部,这只要验检满足 R. Bellman 及 J. M. Danskin 之定理 5[6] 之条件,即下面之不等式成立即可以.

a)$r\geqslant 0,\frac{\delta r\sin a_{I_0}}{pa_{I_0}}<1$.

① 当 $n>2$ 时,已由 R. Bellman 及 J. M. Danskin[6] 指出,特征方程式(19) 没有主项,这由 Л. С. Понтрягин[7] 的定理,知(19) 有无穷多个具有充分大的正实部的根,故知(18) 之平凡解是不稳定的.

b) $-q<r<0,\frac{\delta r\sin a_{I_0}}{pa_{I_0}}<1.$

取 $\Delta(p,q,r)=\frac{p}{|r|}>0$，则条件 a) 显然成立. 因为

$$\frac{\delta r\sin a_{I_0}}{pa_{I_0}}\leqslant\frac{\delta|r||\sin a_{I_0}|}{pa_{I_0}}\leqslant\frac{\delta|r|}{p}<1$$

由定理的假定 $q+r>0$，与上面同样道理知条件 b) 成立. 此处条件 a) 和 b) 中的 a_i 是方程

$$\cot a=\frac{(a^2-q\delta^2)}{p\delta}$$

的根，它位于间隔$(i\pi,(i+1)\pi)$中. I_0 是以下这样确定：

(1) 如果 $r\geqslant0$，及 $p^2\geqslant2q$，则 $I_0=1$；

(2) 如果 $r\geqslant0$，及 $p^2<2q$，a_i 接近于$(q^2-p^2)\delta^2$，则 I_0 是奇数；

(3) 如果 $r<0$，及 $p^2\geqslant2q$，则 $I_0=2$；

(4) 如果 $r<0$，及 $p^2<2q$，a_i 接近于$(q^2-p)\delta^2$，则 I_0 是偶数.

由于证明了方程(20) 之特征方程一切根具有负的实部，再应用 H. I. Ansoff 及 J. A. Krumhansl[8] 的定理方程(20) 之解以级数形式表示，故知(20) 之平凡解渐近稳定.

对方程(18) 之其他 $n=1,2$ 之情形，也完全类似的可以来证明.

定理 7 假定方程(18) 之系数满足于下面条件之一：

(1)$n=0$ 时，$p+q<0$；

(2)$n=1$ 时，$q<0$；

(3)$n=2$ 时,$\frac{q}{1+r}<0$

则对任何 $\delta>0$,方程式(18)之平凡解不稳定.证明完全类似于定理 5.

参考资料

[1] 秦元勋.稳定性理论中微分方程与微分差分方程的等价性问题[J].数学学报,1958,8(4):457-472.

[2] Л. Э. Эльсгольц, Приближённые методы интегрирования дифференциально-разностных уравнений. УМН, том 8, вып. 4(1953), стр. 81-93.

[3] Л. Э. Эльсгольц, Устойчивость решений дифференциально-разностных уравнений. УМН, том 9, вып. 4(1954), стр, 95-112.

[4] S. Verblunsky, On a class of differential-difference equations, Proc. London Math. Soc. Ⅵ, No. 23(1956).

[5] Н. Г. Чеботарев и Н. Н. Мейман, Проблема Гаусса-Гурвица для полиномов и целых функций, Труэbl Матем. ин-та им. Стеклова 26(1949).

[6] R. Bellman and J. M. Danskin, The stability theory of differential-Difference equations. Presented at the symposion on nonlinear circuit analysis Polytechnic Institute of Brooklyn, April

23-24,1953.
[7] Л. С. Понтрягин,О нулях некоторых элементарных транецендентных функций,ИАН СССР(сер. мамем.)6,3(1942),115-134.
[8] H. I. Ansoff and J. A. Krumhansal,A general stability criterion for linear oscillation systems with constant time lag. Quart. Appl. Math. 6, 337-341(1948).

§7 微分差分方程解的有界性与稳定性

1. 北京航空学院的岳明进教授也几乎同时讨论了微分差分方程

$$\frac{\mathrm{d}x(t)}{\mathrm{d}t}=a(t)x(t)+b(t)x(t-1)+f(t) \quad (t_0\leqslant t<\infty) \tag{1}$$

解的稳定性.

方程(1) 中的 $a(t)$,$b(t)$ 和 $f(t)$ 是实变数 t 的实函数,我们求满足(1) 和初始条件 $x(t)=g_1(t)$,$t_0-1\leqslant t\leqslant t_0$ 的解,此处 $g_1(t)$ 是预给的函数.

其次是研究二阶差分方程

$$\frac{\mathrm{d}^2x(t)}{\mathrm{d}t^2}+a(t)x(t)+b(t)x(t-1)=0 \tag{2}$$

和

$$\frac{\mathrm{d}^2x(t)}{\mathrm{d}t^2}+a_1(t)\frac{\mathrm{d}x(t)}{\mathrm{d}t}+a_2(t)\frac{\mathrm{d}x(t-1)}{\mathrm{d}t}+a_3(t)x(t)+a_4(t)x(t-1)=0 \tag{3}$$

解的有界问题,并求一类方程的解的级数表示式.

方程(2)和(3)的初始条件为

$$\begin{aligned} &\text{Ⅰ.}\quad x(t)=g_2(t),t_0-1\leqslant t\leqslant t_0 \\ &\text{Ⅱ.}\quad x'(t_0)=g_3(t_0) \end{aligned} \tag{4}$$

此处 $g_2(t)$ 和 $g_3(t)$ 是预给的函数.

本节中所研究的问题是平行于微分方程中所研究的问题,我们的基本思想是以微分差分方程中不带时滞项的解的性质来控制着整个方程的解的性质,这里用到的方法都是常微分方程中的,这些方法都可以在 G. Sanson[7] 和 R. Bellman[1,2] 的著作中找到.

关于微分差分方程解的唯一性条件和解的稳定的定义我们不在此处重新叙述,可以去参考 Л. Э. Эльсгольц[3,4] 和 А. Д. Мышкис[5] 的著作.

2. 首先我们讨论微分差分方程

$$\frac{\mathrm{d}x(t)}{\mathrm{d}t}=a(t)x(t)+b(t)x(t-1) \tag{5}$$

解的稳定性,其初始条件为

$$x(t)=g_1(t),t_0-1\leqslant t\leqslant t_0 \tag{6}$$

定理 1　对于方程(5),假设积分 $\int_{t_0}^{t}a(t)\mathrm{d}t$ 和 $\int_{t_0}^{t}|b(t+1)|\mathrm{d}t$ 对一切 $t\geqslant t_0$ 都有界,则方程(6)的平凡解稳定.

证明　由齐次线性微分方程解的公式,我们得到

$$x(t)=\mathrm{e}^{\int_{t_0}^{t}a(t_1)\mathrm{d}t_1}\left[\int_{t_0}^{t}\mathrm{e}^{-\int_{t_0}^{t}a(t_1)\mathrm{d}t_1}b(t)x(t-1)\mathrm{d}t+c_1\right]$$

$$c_1=x(t_0)=g_1(t_0)$$

由此

$$x(t)\mathrm{e}^{-\int_{t_0}^{t}a(t_1)\mathrm{d}t_1}=\int_{t_0-1}^{t-1}\mathrm{e}^{\int_{t_0}^{t+1}a(t_1)\mathrm{d}t_1}b(t+1)x(t)\mathrm{d}t+c_1$$

或写为

$$x(t)\mathrm{e}^{-\int_{t_0}^{t}a(t_1)\mathrm{d}t_1}=$$
$$\int_{t_0-1}^{t_0}\mathrm{e}^{\int_{t_0}^{t+1}a(t_1)\mathrm{d}t_1}b(t+1)x(t)\mathrm{d}t+$$
$$\int_{t_0}^{t-1}\mathrm{e}^{-\int_{t}^{t+1}a(t_1)\mathrm{d}t_1}\mathrm{e}^{\int_{t_0}^{t}a(t_1)\mathrm{d}t_1}x(t)b(t+1)\mathrm{d}t+c_1= \tag{7}$$
$$I_1+I_2+c_1$$

积分 I_1 中的 $x(t)$ 应换为给定在 $t_0-1\leqslant t\leqslant t_0$ 上的初始函数 $g_1(t)$，设

$$\max_{t_0-1\leqslant t\leqslant t_0} I_1=M_1 \tag{8}$$

因为我们假设 $\int_{t_0}^{t}a(t_1)\mathrm{d}t_1$ 对一切 t 有界，由此推出 $\int_{t}^{t+1}a(t_1)\mathrm{d}t_1$ 有界，因此可设

$$\sup_{t_0\leqslant t<\infty}\mathrm{e}^{-\int_{t}^{t+1}a(t_1)\mathrm{d}t_1}=M_2<\infty \tag{9}$$

于方程(7) 的两方取绝对值，并用(8) 和(9)，即有

$$|x(t)\mathrm{e}^{-\int_{t_0}^{t}a(t_1)\mathrm{d}t_1}|\leqslant$$
$$c+|M_2|\int_{t_0}^{t}|x(t)\mathrm{e}^{-\int_{t_0}^{t}a(t_1)\mathrm{d}t_1}||b(t+1)|\mathrm{d}t \tag{10}$$

此处 $c=c_1+|M_1|$.

再于上式应用贝尔曼不等式，便得

$$|x(t)|\leqslant C_2\mathrm{e}^{\int_{t_0}^{t}a(t_1)\mathrm{d}t_1+|M_2|\int_{t_0}^{t}|b(t_1+1)|\mathrm{d}t_1} \tag{11}$$

根据假设，故可取 C_2 使(11) 的右方为任意小，定理证毕.

由定理 1 可以得到下面几个推论：

推论 1　对于方程(5)，假设 $a(t)$ 和 $b(t)$ 适合条件：(ⅰ) 积分 $\int_{t_0}^{t}|b(t+1)|\mathrm{d}t$ 有界，对一切 $t\geqslant t_0$；

(ⅱ) 函数 $|a(t)|$ 对一切 $t \geqslant t_0$ 有界,并当 $t \to +\infty$ 时积分 $\int_{t_0}^{t} a(t)\mathrm{d}t \to -\infty$,则方程(5) 的平凡解渐近稳定.

推论 2　对于方程(5),假设积分 $\int_{t_0}^{t} [a(t) + |M_2||b(t+1)|]\mathrm{d}t$ 对一切 $t \geqslant t_0$ 有界,则方程(5) 的解稳定. 如果积分 $\int_{t_0}^{t} [a(t) + |M_2||b(t+1)|]\mathrm{d}t \to -\infty$ 当 $t \to \infty$ 时,则方程(5) 的解渐近稳定.

推论 3　对于方程(5),设 $a(t)$ 是周期为 1 的 t 周期函数,且在周期 1 上的平均值等于零,和积分 $\int_{t_0}^{t} |b(t+1)|\mathrm{d}t$ 有界,则方程(5) 平凡解稳定.

3. 我们可以应用班狄克生[6] 研究微分方程

$$x^n \frac{\mathrm{d}y}{\mathrm{d}x} = ay + bx + p(x, y) \tag{12}$$

在异点 $x=0, y=0$ 附近的积分曲线的思想来研究方程(5) 解的稳定性,易知下面定理成立.

定理 2　设函数 $a(t) < 0$ 和 $a(t) + b(t) \leqslant 0$,则方程(7) 的平凡解稳定.

此处对于 $a(t)$ 和 $b(t)$ 分别是常数 a 和 b 的情形也成立.

4. 关于非齐次方程

$$\frac{\mathrm{d}x(t)}{\mathrm{d}t} = a(t)x(t) + b(t)x(t-1) + f(t) \tag{13}$$

我们可以得到如同 2 中所有的结果,只需函数 $f(t)$ 在 $[t_0, +\infty)$ 上满足绝对可积的条件.

5. L 空间的有界问题:

现在首先讨论方程(3),并为了以后计算上的方便

起见，我们设 $a_1(t)=0$[①]，即讨论微分差分方程

$$\frac{\mathrm{d}^2x(t)}{\mathrm{d}t^2}+a_2(t)\frac{\mathrm{d}x(t-1)}{\mathrm{d}t}+a_3(t)x(t)+a_4(t)x(t-1)=0 \tag{14}$$

解的有界问题.

定理 3 对于方程(14)假设适合条件：

(ⅰ)方程$\frac{\mathrm{d}^2x(t)}{\mathrm{d}t^2}+a_3(t)x(t)=0$的解和它的导数有界且属于 $L(t_0,+\infty)$.

(ⅱ)函数 $|a_2(t)|$，$|a'_2(t)|$ 和 $|a_4(t)|$ 对一切 $t\geqslant t_0$ 有界，不妨假设它们都小于同一常数 M.

则方程(14)的解和它的导数有界且属于 $L(t_0,+\infty)$.

为了证明定理，我们引进一个引理：

引理 设 $x_1(t)$ 和 $x_2(t)$ 是方程

$$x''(t)+a(t)x(t)=0$$

的两个线性独立的解，且使朗氏行列式

$$W=\begin{vmatrix} x_1(t) & x_2(t) \\ x'_1(t) & x'_2(t) \end{vmatrix}=1$$

对一切 t，则非齐次方程

$$x''(t)+a(t)x(t)=w(t)$$

的一般解，由公式

① 如不设 $a_1(t)=0$，我们只要将定理 3 的条件(ⅰ)中的方程换为$\frac{\mathrm{d}^2x(t)}{\mathrm{d}t^2}+a_1(t)\frac{\mathrm{d}x(t)}{\mathrm{d}t}+a_3(t)=0$，并设$-\infty\leqslant\int_0^\infty a_1(t)\mathrm{d}t<\infty$，和 $a_1(t)$ 对一切 t 有界；或将条件(ⅰ)中的方程不变，在 $a_1(t)$ 上附加同 $a_2(t)$ 的条件.

$$x(t)=c_1x_1(t)+c_2x_2(t)+\int_0^t[x_1(t_1)x_2(t)-x_1(t)x_2(t_1)]w(t_1)\mathrm{d}t_1$$

给出,此处 c_1 和 c_2 由预给的初始值来决定.

证明定理,首先证明解 $x(t)$ 是有界的,根据引理,我们可以将方程(14) 写成与它等价的积分方程

$$x(t)=c_1x_1(t)+c_2x_2(t)-\int_{t_0}^t[x_1(t_1)x_2(t)-x_1(t)x_2(t_1)]\cdot\left[a_2(t_1)\frac{\mathrm{d}x(t_1-1)}{\mathrm{d}t_1}+a_4(t_1)x(t_1-1)\right]\mathrm{d}t_1 \tag{15}$$

将积分方程(15) 中的第一个积分施行分部积分,化简后,便得

$$x(t)=c_3x_1(t)+c_4x_2(t)-\int_{t_0}^t[x_1(t_1)x_2(t)-x_1(t)x_2(t_1)]\cdot[a_4(t)-a'_2(t)]x(t_1-1)\mathrm{d}t_1+\int_{t_0}^t[x'_1(t_1)x_2(t)-x_1(t)x'_2(t_1)]a_2(t_1)x(t_1-1)\mathrm{d}t_1 \tag{16}$$

此处 $c_3=c_1-x_2(t_0)a_2(t_0)x(t_0-1)$ 和 $c_4=c_2+x_1(t_0)a_2(t_0)x(t_0-1)$.

由(16),按假设,有

$$|x(t)|\leqslant c_5+c_6\int_{t_0}^t[|x_1(t_1)|+|x_2(t_1)|]|x(t_1-1)|\mathrm{d}t_1+c_7\int_{t_0}^t[|x'_1(t_1)|+|x'_2(t_1)|]|x(t_1-1)|\mathrm{d}t_1 \tag{17}$$

此处 $c_6=2M\max\limits_{t\geqslant t_0}\{|x_1(t)|,|x_2(t)|\}$，$c_7=M\max\limits_{t\geqslant t_0}\{|x_1(t)|,|x_2(t)|\}$ 或将(17) 写为

$$\begin{aligned}|x(t)|\leqslant c_5+c_6\int_{t_0-1}^{t_0}[|x_1(t_1+1)|+\\ |x_2(t_1+1)|]|x(t_1)|\,dt_1+\\ c_6\int_{t_0}^{t}[|x_1(t_1+1)|+\\ |x_2(t_1+1)|]|x(t_1)|\,dt_1+\\ c_7\int_{t_0-1}^{t}[|x'_1(t_1+1)|+\\ |x'_2(t_1+1)|]|x(t_1)dt_1+\\ c_7\int_{t_0}^{t}[|x'_1(t_1+1)|+\\ |x'_2(t_1+1)|]|x(t_1)|\,dt_1\end{aligned}\tag{18}$$

于上式第一个积分和第三个积分分别使用初始条件(4) 的 Ⅰ 和 Ⅱ，并取其其最大值，便得

$$\begin{aligned}|x(t)|\leqslant c_8+c_6\int_{t_0}^{t}[|x_1(t_1+1)|+\\ |x_2(t_7+1)|]|x(t_1)|\,dt_1+\\ c_7\int_{t_0}^{t}[|x'_1(t_1+1)|+\\ |x'_2(t_1+1)|]|x(t_1)|\,dt_1\end{aligned}\tag{19}$$

由贝尔曼不等式得

$$\begin{aligned}|x(t)|\leqslant c_8\exp[c_6\int_{t_0}^{t}[|x_1(t_1+1)|+\\ |x_2(t_1+1)|]dt_1+\\ c_7\int_{t_0}^{t}[|x'_1(t_1+1)|+|x'_2(t_1+1)|]dt_1]\end{aligned}$$

按定理的假设推得 $|x(t)|$ 有界. 下面证明 $|x(t)|\in L'(t_0,+\infty)$.

我们可以将(16)写为

$$
\begin{aligned}
|x(t)| \leqslant & |c_3||x_1(t)|+|c_4||x_2(t)|+ \\
& c_6[|x_1(t)|+|x_2(t)|] \cdot \\
& \int_{t_0}^{t} |x(t_1-1)| \mathrm{d}t_1 + \\
& c_9[|x_1(t)|+|x_2(t)|] \cdot \\
& \int_{t_0}^{t} |x(t_1-1)| \mathrm{d}t_1 \qquad (20)
\end{aligned}
$$

此处 c_6 同前，$c_9 = M \max\limits_{t \geqslant t_0}\{|x'_1(t)|, |x'_2(t)|\}$.

将(20)写为

$$
\begin{aligned}
|x(t)| \leqslant & c_{10}[|x_1(t)|+|x_2(t)|]+ \\
& c_{11}[|x_1(t)|+|x_2(t)|]\int_{t_0}^{t} |x(t_1-1)| \mathrm{d}t_1
\end{aligned}
$$

此处

$$c_{10} = \max\{|c_3|, |c_4|\}, c_{11} = \max\{|c_6|, |c_9|\}$$

或

$$
\begin{aligned}
|x(t)| \leqslant & c_{12}[|x_1(t)|+|x_2(t)|]+ \\
& c_{11}[|x_1(t)+|x_2(t)|]\int_{t_0}^{t} |x(t_1)| \mathrm{d}t_1
\end{aligned} \qquad (21)
$$

此处 $c_{12} = \max\{c_{10}, c_{11}\int_{t_0-1}^{t_0} x(t_1)\mathrm{d}t_1\}$.

在(21)两边自 t_0 到 t 对 t 积分，得

$$
\begin{aligned}
\int_{t_0}^{t} |x(t)| \mathrm{d}t \leqslant & c_{13} + c_{11}\int_{t_0}^{t}[|x_1(t_2)|+ \\
& |x_2(t_2)|]\int_{0}^{t_2} |x(t_1)| \mathrm{d}t_1 \mathrm{d}t_2
\end{aligned}
$$

应用贝尔曼不等式，得

$$\int_{t_0}^{t} |x(t)| \mathrm{d}t \leqslant c_{13}\exp[c_{11}\int_{t_0}^{t}[|x_1(t_2)|+$$

$$|x_2(t_2)|]\mathrm{d}t_2]$$

由此推得 $x(t)$ 属于 $L(0,\infty)$. 至此，定理的上半部证毕，现证下半部.

将积分方程(15) 对 t 微分一次，得

$$x'(t)=c_1x'_1(t)+c_2x'_2(t)-\int_{t_0}^{t}[x_1(t_1)x'_2(t)-x'_1(t)x_2(t_1)]a_2(t_1)\frac{\mathrm{d}x(t_1-1)}{\mathrm{d}t}-\int_{t_0}^{t}[x_1(t_1)x'_2(t)-x'_1(t)x_2(t_1)]a_4(t_1)x(t_1-1)\mathrm{d}t_1$$

或

$$x'(t)=[c_1+\int_{t_0}^{t}x_2(t_1)a_4(t_1)x(t_1-1)\mathrm{d}t_1]x'_1(t)+[c_2-\int_{t_0}^{t}x_1(t_1)a_4(t_1)x(t_1-1)\mathrm{d}t_1]x'_2(t)-\int_{t_0}^{t}[x_1(t_1)x'_2(t)-x'_1(t)x_2(t)]a_2(t_1)\frac{\mathrm{d}x(t_1-1)}{\mathrm{d}t}$$

仿定理的上半部证明，即得 $x'(t)$ 有界和属于 $L(t_0,+\infty)$ 的结论.

推论 4 对于方程(14)，如果满足条件：

(ⅰ) 方程 $x'(t)+a_3(t)x(t)=0$ 的解和它的导数属于 $L^p(t_0,+\infty)$ 和 $L^{p'}(t_0,+\infty)$；此处 $p>1$ 和 $p'=p/(p-1)$.

(ⅱ) 函数 $|a_2(t)|$，$|a'(t)|$ 和 $|a_4(t)|$ 对一切 $t\geqslant t_0$ 有界.

则方程(14) 的解和它的导数有界且属于 $L^p[t_0,+\infty)$ 和 $L^{p'}[t_0,+\infty)$.

推论 5　对于方程(14),如果下列条件:

(ⅰ)方程 $x''(t)+a_3(t)x(t)=0$ 的解和它的导数有界.

(ⅱ)函数 $a_2(t)$,$a'_2(t)$ 和 $a_4(t)$ 在$[t_0,+\infty)$上绝对可积成立,则方程(14)的解和它的导数有界.

如果方程(3)不含时滞1,则它变为常微分方程

$$\frac{\mathrm{d}^2x(t)}{\mathrm{d}t}+(a_1(t)+a_2(t))\frac{\mathrm{d}x(t)}{\mathrm{d}t}+$$

$$(a_3(t)+a_4(t))x(t)=0$$

上面所述的定理和推论仍然成立.

对于方程(2),我们也有下面的结果:

结果(1).对于方程(2),若满足条件:

(ⅰ)方程 $x''(t)+a(t)x(t)=0$ 的解属于 $L^p(t_0,+\infty)$ 和 $L^{p'}(t_0,+\infty)$,此处 $p>1;p'=p/(1-p)$.

(ⅱ)$|b(t)|\leqslant M$,对一切 $t\geqslant t_0$.

则方程(2)的解属于 $L^p[t_0,+\infty)$ 和 $L^{p'}[t_0,+\infty)$.

如果(2).对于方程(2),若(ⅰ)方程 $x''(t)+a(t)x(t)=0$ 的解有界,并且属于 $L'[t_0,+\infty)$;(ⅱ)$|b(t)|\leqslant M$,对一切 $t\geqslant t_0$,则方程(2)的解有界和属于 $L'[t_0,+\infty)$.

结果(3).对于方程(2),假设方程 $x''(t)+a(t)x(t)=0$ 的解有界和积分$\int_{t_0}^{\infty}|b(t)|\mathrm{d}t<\infty$,则方程(2)的解有界.

注　如方程(2)不含时滞1,上述三个结果是贝尔曼的.

6.推广,我们可以把上述的结果平行的推广到 n 阶线性微分差分方程

$$\frac{\mathrm{d}^n x(t)}{\mathrm{d}t^n}+a_{n-1,1}(t)\frac{\mathrm{d}^{n-1}x(t)}{\mathrm{d}t^{n-1}}+$$

$$a_{n-1,2}(t)\frac{\mathrm{d}^{n-1}x(t-1)}{\mathrm{d}t^{n-1}}+\cdots+$$

$$a_{0,1}(t)x(t)+a_{0,2}(t)x(t-1)=0$$

我们也可以利用这里所研究的方法用来研究中立型微分差分方程

$$\frac{\mathrm{d}^2 x(t)}{\mathrm{d}t^2}+a_2(t)\frac{\mathrm{d}^2 x(t-1)}{\mathrm{d}t^2}+a_{1,0}(t)\frac{\mathrm{d}x(t)}{\mathrm{d}t}+$$

$$a_{1,1}(t)\frac{\mathrm{d}x(t-1)}{\mathrm{d}t}+a_{0,0}(t)x(t)+$$

$$a_{0,1}(t)x(t-1)=0$$

和 n 阶中立型微分差分方程,所得到的结果都类似 5 中的结果,我们都不在此一一重新叙述.

下面我们讨论方程(2) 的一根特例.

7. $a(t)=1$ 的情形,即讨论方程

$$\frac{\mathrm{d}^2 x(t)}{\mathrm{d}t^2}+x(t)+b(t)x(t-1)=0 \qquad (22)$$

解的有界性,其初始条件为(4).

定理 4 如果积分$\int_{t_0}^{t}|b(t)|\mathrm{d}t<\infty$,对一切 $t\geqslant t_0$,则方程(22) 的解有界.

定理的证明略,因为这是 5 中的结果 3 的一个例子.

定理 5 对于方程(22),如果适合条件:

(i) 积分 $\int_{t_0}^{t}b(t_1)\mathrm{d}t_1$, $\int_{t_0}^{t}b(t_1)\sin 2t_1\mathrm{d}t_1$ 和 $\int_{t_0}^{t}b(t_1)\cos 2t_1\mathrm{d}t$ 对一切 $t>t_0$ 有界.

(ii) 对一切 $t>t_0$,不等式

$$\int_{t_0}^{\infty} \left| b(t_1)\int_{t_1}^{\infty} b(t_2)\sin(t-t_2)\cdot \sin(t_2-t_1-1)\mathrm{d}t_2 \right| \mathrm{d}t_1 \leqslant K < 1$$

则方程(22)的解有界.

证明　将方程(22)写成与它等价的积分方程

$$x(t)=c_1\cos t+c_2\sin t-\int_{t_0}^{t} b(t_1)\sin(t-t_1)x(t_1-1)\mathrm{d}t_1 \qquad (23)$$

再将(23)积分号下的 $x(t_1-1)$ 以(23)代入,化简后,得

$$x(t)=c_1\cos t+c_2\sin t-\int_{t_0}^{t} b(t_1)\sin(t-t_1)\cdot [c_1\sin(t_1-1)+c_2\cos(t_1-1)]\mathrm{d}t_1+\int_{t_0}^{t-1} b(t_1)\left[\int_{t+1}^{t} b(t_2)\sin(t-t_2)\cdot \sin(t_2-t_1-1)\mathrm{d}t_2\right]x(t_1-1)\mathrm{d}t_1$$

由此易知定理的结论是正确的.

8.在 7 中,我们已经讨论过方程

$$x''(t)+x(t)+b(t)x(t-1)=0$$

解的有界性,现在更进一步求它的解的级数表示式.

设方程(22)中的 $b(t)$ 在区间 $[t_0,+\infty)$ 中连续和

$$\int_{t_0}^{\infty} |b(t)|\mathrm{d}t \leqslant M < 1 \qquad (24)$$

设

$$x(t)=y_1(t)\mathrm{e}^{\mathrm{i}t}+y_2(t)\mathrm{e}^{-\mathrm{i}t}$$
$$x'(t)=\mathrm{i}y_1(t)\mathrm{e}^{\mathrm{i}t}-\mathrm{i}y_2(t)\mathrm{e}^{-\mathrm{i}t} \qquad (25)$$

微分(25)的第一个式子得 $y'_1(t)\mathrm{e}^{\mathrm{i}t}+y'_2(t)\mathrm{e}^{-\mathrm{i}t}=0$,微分(25)第二个式子得

$$\mathrm{i}y'_1(t)\mathrm{e}^{\mathrm{i}t}-\mathrm{i}y'_2(t)\mathrm{e}^{-\mathrm{i}t}=-b(t)[y_1(t-1)\mathrm{e}^{\mathrm{i}(t-1)}+y(t-1)\mathrm{e}^{-\mathrm{i}(t-1)}]$$

因此求解方程(22) 的问题,化为去求方程组

$$i[y'_1(t)e^{it}+y'_2(t)e^{-it}]=0$$

$$\begin{aligned}&i[y'_1(t)e^{it}-y'_2(t)e^{-it}]=\\&-b(t)[y_1(t-1)e^{i(t-1)}+y_2(t-1)e^{-i(t-1)}]\end{aligned} \tag{26}$$

的解 $y_1(t)$ 和 $y_2(t)$.

方程(26) 可以写成下面的形式

$$y'_1(t)=-\frac{1}{2i}[y_1(t-1)e^{-i}+y_2(t-1)e^{-2it+i}]b(t)$$

$$y'_2(t)=\frac{1}{2i}[y_1(t-1)e^{2it-i}+y_2(t-1)e^{i}]b(t) \tag{27}$$

将(26) 化成与它等价的积分方程

$$\begin{aligned}y_1(t)=y_1(t_0)-\frac{1}{2i}\int_{t_0}^{t}[y_1(t_1-1)e^{-i}+\\y_2(t_1-1)e^{-2it_1+i}]b(t_1)dt_1\end{aligned} \tag{28}$$

$$\begin{aligned}y_2(t)=y_2(t_0)+\frac{1}{2i}\int_{t_0}^{t}[y_1(t_1-1)e^{2it_1-i}+\\y_2(t_1-1)e^{i}]b(t_1)dt_1\end{aligned}$$

此处 $y_1(t_0)$,$y_2(t_0)$ 分别是 $y_1(t)$,$y_2(t)$ 在 $t=t_0$ 的初始值,又设

$$\begin{aligned}y_1(t)=f_1(t)\quad(t-\delta\leqslant t<t_0)\\y_2(t)=f_2(t)\quad(t_0-\delta\leqslant t<t_0)\end{aligned} \tag{29}$$

$f_1(t)$ 和 $f_2(t)$ 是已给的连续函数,与初始条件(4) 有关.

于是

$$\begin{aligned}y_1(t)=c_1-\frac{1}{2i}\int_{t_0}^{t-1}[y_1(t_1)e^{-i}+\\y_2(t_1)e^{-2it_1-i}]A(t_1+1)dt_1\end{aligned}$$

$$y_2(t)=c_2+\frac{1}{2\mathrm{i}}\int_{t_0}^{t-1}[y_1(t_1)\mathrm{e}^{2\mathrm{i}t_1+\mathrm{i}}+y_2(t_1)\mathrm{e}^{\mathrm{i}}]A(t_1+1)\mathrm{d}t_1 \tag{30}$$

此处

$$c_1=y_1(t_0)-\frac{1}{2\mathrm{i}}\int_{t_0-1}^{t_0}[y_1(t_1)\mathrm{e}^{-\mathrm{i}}+y_2(t_1)\mathrm{e}^{-2\mathrm{i}t_1-\mathrm{i}}]A(t_1+1)\mathrm{d}t_1$$

$$c_2=y_2(t_0)+\frac{1}{2\mathrm{i}}\int_{t_0-1}^{t_0}[y_1(t_1)\mathrm{e}^{2\mathrm{i}t_1+\mathrm{i}}+y_2(t_1)\mathrm{e}^{\mathrm{i}}]A(t_1+1)\mathrm{d}t_1 \tag{31}$$

在(31)中以初始值(29)分别代以 $y_1(t)$ 和 $y_2(t)$，故 c_1,c_2 是已知值.

现在我们用逐次逼近法来解积分方程(30).

令

$$y_1^{(0)}(t)=c_1,y_2^{(0)}(t)=c_2$$

$$y_1^{(n)}(t)=-\frac{1}{2\mathrm{i}}\int_{t_0}^{t-1}[y_1^{(n-1)}(t_1)\mathrm{e}^{-\mathrm{i}}+y_2^{(n-1)}(t_1)\mathrm{e}^{-2\mathrm{i}t_1-\mathrm{i}}]A(t_1+1)\mathrm{d}t_1$$

$$y_2^{(n)}(t)=\frac{1}{2\mathrm{i}}\int_{t_0}^{t-1}[y_1^{(n-1)}(t_1)\mathrm{e}^{2\mathrm{i}t_1+\mathrm{i}}+y_2(t_1)\mathrm{e}^{\mathrm{i}}]A(t_1+1)\mathrm{d}t_1\quad(n=1,2,\cdots) \tag{32}$$

现在我们来证明级数

$$\sum_{n=0}^{\infty}y_1^{(n)}(t),\sum_{n=0}^{\infty}y_2^{(n)}(t) \tag{33}$$

在$[t_0,+\infty)$中绝对且一致收敛，并且函数 $y_1(t)$，$y_2(t)$ 表成级数

$$y_1(t)=\sum_{n=0}^{\infty}y_1^{(n)}(t),y_2(t)=\sum_{n=0}^{\infty}y_2^{(n)}(t) \tag{34}$$

设 $\alpha = \max\{c_1, c_2\}$，于是

$$| y_1^{(0)}(t_0) | \leqslant \alpha, | y_2^{(0)}(t) | \leqslant \alpha$$

$$| y_1^{(0)}(t)\mathrm{e}^{-\mathrm{i}} + y_2^{(0)}(t)\mathrm{e}^{-2\mathrm{i}t-\mathrm{i}} | \leqslant 2\alpha$$

$$| y_1^{(0)}(t)\mathrm{e}^{2\mathrm{i}t+\mathrm{i}} + y_2^{(0)}(t)\mathrm{e} | \leqslant 2\alpha$$

所以

$$\left.\begin{array}{l} | y_1^{(1)}(t) | \\ | y_2^{(1)}(t) | \end{array}\right\} \leqslant 2\alpha\int_{t_0}^{t-1} | A(t+1) | \mathrm{d}t \leqslant 2\alpha\int_{t_0}^{\infty} | A(t) | \mathrm{d}t \leqslant 2\alpha M$$

同样

$$\left.\begin{array}{l} | y_1^{(2)}(t) | \\ | y_2^{(2)}(t) | \end{array}\right\} \leqslant 2\alpha M\int_{t_0}^{t-1} | A(t+1) | \mathrm{d}t \leqslant 2\alpha M^2$$

由归纳法，得

$$\left.\begin{array}{l} | y_1^{(n)}(t) | \\ | y_2^{(n)}(t) | \end{array}\right\} \leqslant 2\alpha M^n$$

因此，级数

$$\left.\begin{array}{l} \sum\limits_{n=0}^{\infty} | y_1^{(n)}(t) | \\ \sum\limits_{n=0}^{\infty} | y_2^{(n)}(t) | \end{array}\right\} \leqslant 2\alpha\sum_{n=0}^{\infty} M^n, M^0 = 1$$

而 $M < 1$，故级数 $\sum\limits_{n=0}^{\infty} y_1^{(n)}(t)$，$\sum\limits_{n=0}^{\infty} y_2^{(n)}(t)$ 在 $[t_0, +\infty)$ 中绝对且一致收敛.

由此推得，当 $n \to \infty$ 时，我们可以将极限符号与等式

$$y_1^0(t) + y_1^{(1)}(t) + \cdots + y_1^{(n)}(t) =$$

$$c_1 - \frac{1}{2\mathrm{i}}\int_{t_0}^{t-1} \sum_{n=1}^{\infty} [y_1^{(n-1)}(\xi)\mathrm{e}^{-\mathrm{i}} +$$

$$y_2^{(n-1)}(\xi)\mathrm{e}^{-2\mathrm{i}\xi-\mathrm{i}}]b(\xi+1)\mathrm{d}\xi$$

$$y_2^{(0)}(t)+y_2^{(1)}(t)+\cdots+y_2^{(n)}(t)=$$
$$c_2+\frac{1}{2\mathrm{i}}\int_{t_0}^{t-1}\sum_{n=1}^{n}[y_1^{(n-1)}(\xi)\mathrm{e}^{2\mathrm{i}\xi+\mathrm{i}}+$$
$$y_2^{(n-1)}(\xi)\mathrm{e}^{\mathrm{i}}]b(\xi+1)\mathrm{d}\xi$$

的积分符号对调，因此等式(34)决定的函数 $y_1(t)$ 和 $y_2(t)$ 适合积分方程(30)，亦即积分方程(28)，故 $x(t)$ 在 $[t_0,+\infty)$ 中可以展开为

$$x(t)=c_1\mathrm{e}^{\mathrm{i}t}+c_2\mathrm{e}^{-\mathrm{i}t}+\mathrm{e}^{\mathrm{i}t}\sum_{n=1}^{\infty}y_1^{(n)}(t)+\mathrm{e}^{-\mathrm{i}t}\sum_{n=1}^{\infty}y_2^{(n)}(t) \tag{35}$$

因为

$$x'(t)=\mathrm{i}[\mathrm{e}^{\mathrm{i}t}y_1(t)+\mathrm{e}^{-\mathrm{i}t}y_2(t)]$$

故它可以写成

$$x'(t)=\mathrm{i}c_1\mathrm{e}^{\mathrm{i}t}-\mathrm{i}c_2\mathrm{e}^{\mathrm{i}t}+\mathrm{i}\mathrm{e}^{\mathrm{i}t}\sum_{n=1}^{\infty}y_1^{(n)}(t)-\mathrm{i}\mathrm{e}^{-\mathrm{i}t}\sum_{n=1}^{\infty}y_2^{(n)}(t) \tag{36}$$

总结起来，得到：

定理 6　对于方程(22)，如果适合条件(24)，和初始条件(5)则方程(22)的解和它的导数在区间 $[t_0,+\infty)$ 上分别以(35)和(36)来表示.

参考文献

[1] BELLMAN R. Stability theory of differential equations[M]. New York,1953.

[2] BELLMAN R. A stablity property of solutions of linear differential equations[J]. Duke Math.

Journal,1944,11.

[3] ЭЛЬСГОЛЬЦ Л Е. Качественные методы в математическом анализе[M]. ГИТЛ,Москва, 1956.

[4] ЭЛЬСГОЛЬЦ Л Е. Устойчивость решений дифференциально-разностных уравнений[J]. УМН. 1954,9(64):95-112.

[5] МЫШКИС А Д. Линейные дифференциальные уравненения с запаздывающим аргументом[M]. ГИТЛ,М.-Л,1951.

[6] BENDIXSON I. Sur les curbes définies par des équations differentielles[J]. Acta Math, 1901(24):1-81.

[7] САНСОНЕ Д. Обыкновенные дифференциальные уравнения[M]. Том II. Пер. с итал. Москва, 1954.

[8] LEVINSON N. The asymptotic behavior of a system of linear differential equations[J]. Amer. J. Math. 1946(68):1-6.

差分方程的解收敛于微分方程的解

第10章

在这一章中,我们引进差分方程适定性的概念,并证明在适定性的情形下,只要微分方程的解存在,差分方程的解就收敛于微分方程的解,同时,还对这些解之差进行了估计.一切叙述,在任何边界条件之下,无论对于常微分方程或任何类型的偏微分方程,都是成立的.

适定性概念和差分方程的稳定性概念是很相近的,它使得有可能对于更一般的方程族研究收敛性问题.

§1　基本定义

1. 差分方程和边界条件　假设在以 Γ 为边界的区域 D 内,给定了微分方程

$$Lu=f \tag{1}$$

其中 u 为未知函数,f 为给定的函数,L 为微分算子,并给定了边界条件

$$1_i(u)=\varphi_i \text{ 在 } \Gamma_i \text{ 上}(i=1,2,\cdots,s) \tag{2}$$

其中 φ_i 为给定的函数，1_i 为算子(例如，$1_i(u)=u$ 或 $1_i(u)=\frac{\partial u}{\partial t}$，或 $1_i(u)$ 为沿边界的法线方向的导数等)，Γ_i 为边界 Γ 的一部分，不同的 Γ_i 可以有公共的一段. 在闭区域 $D+\Gamma$ 上，对于任何 h(对于$0<h<h_0$ 或对于 $h=h_1,h_2,\cdots,\to 0$)，给定了某个点集，我们叫这个点集为格子网 D_h，所以，$D_h\subset D+\Gamma$. 假设 R_h 为差分算子(更准确地说，为格子网算子)，即把定义在格子网 D_h 上的任何函数 u_h，变换成定义在某个集合 $D_h^0\subset D+\Gamma$ 上的函数 R_hu_h 的算子. 我们假定，在区域 D 的任何点的任何邻域内，当 h 充分小时，都可找到属于 D_h 的点和属于 D_h^0 的点.

在格子网 D_h 上考虑差分方程

$$R_hu_h=f \tag{3}$$

其右端定义在 D_h^0 上，并等于方程(1) 的右端，并考虑边界条件

$$\mathrm{r}_{h_i}(u_h)=\varphi_{h_i}\quad(i=1,2,\cdots,s) \tag{4}$$

s 个边界条件(4) 中的每一个，都是由有限多个等式组成的，这些等式，联系着未知函数 u_h 在格子网 D_h 的某些占处的值. 出现在(4) 中第 i 个条件内格子网 D_h 的点的集合，记成 Γ_{h_i}. 等式(4) 中的右端用下述方式得到. 在用差分方程(3) 代替微分方程(1) 时，应当指明微分方程的边界条件(2) 换成差分方程的边界条件(4) 的方法. 这样，(2) 中的已知函数 φ_i 就变成定义在某个集合 $\Gamma_{h_i}^0$ 上的相应的函数 φ_{h_i}. 所以

$$\varphi_{h_i}=[\varphi_1,\cdots,\varphi_s]_{h_i}$$

其中$[\quad]_{h_i}$ 为已知算子，可以称它为将 Γ 上的边界条件换成格子网 D_h 的“边界”点集 $\Gamma_{h_i}^0$ 上的条件的变换

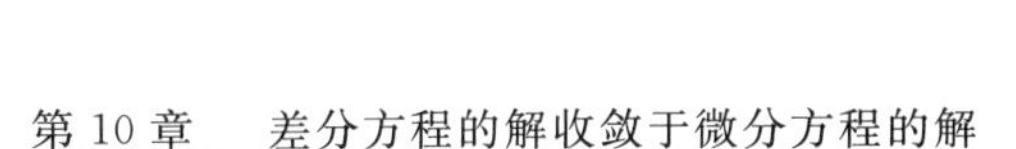

算子. 为简单计，将$[\varphi_1,\cdots,\varphi_s]_{h_i}$写成$[\varphi_i]_{h_i}$. 假如$\Gamma^0{}_{h_i}\subseteq\Gamma_i$，则通常令$[\varphi_i]_{h_i}=\varphi_i$.

例1　D表示矩形区域$0\leqslant t\leqslant T,0\leqslant x\leqslant X$，而$\Gamma_1,\Gamma_3,\Gamma_4$为$D$在直线$t=0,x=0,x=X$上的边界部分；$\Gamma_2$与$\Gamma_1$重合，格子网$D_h$为点$t=m\tau,x=nh(m=0,1,2,\cdots,M;n=0,1,\cdots,N;Nh=X,M\tau\leqslant T<(M+1)\tau)$组成之集合；$h$取序列$h_1,h_2,\cdots$之值且$h\to 0$(其中$Nh_N=X$)，$\tau=h\cdot$常数，假设方程(1)和(3)之形式为

$$Lu\equiv\frac{\partial^2 u}{\partial t^2}-\frac{\partial^2 u}{\partial x^2}=f(t,x)\tag{5}$$

$$R_hu_h\equiv\frac{u_{m+1,n}-2u_{m,n}+u_{m-1,n}}{\tau^2}-\frac{u_{m,n+1}-2u_{m,n}+u_{m,n-1}}{h^2}=f(m\tau,nh)\tag{6}$$

其中$u_{m,n}=u_h(m\tau,nh)$，假定边界条件(2)和(4)为

$$\begin{cases}u(0,x)=\varphi_1(x),\dfrac{\partial u(0,x)}{\partial t}=\varphi_2(x)\\ u(t,0)=\varphi_3(t),u(t,X)=\varphi_4(t)\end{cases}\tag{7}$$

$$u_h(0,nh)=\varphi_{h_1}(nh)$$

$$\begin{cases}\dfrac{1}{\tau}(u_h(\tau,nh)-u_h(0,nh))=\varphi_{h_2}(nh)\\ u_h(m\tau,0)=\varphi_{h_3}(m\tau),u_h(m\tau,X)=\varphi_{h_4}(m\tau)\end{cases}\tag{8}$$

其中，$f,\varphi_1,\varphi_2,\varphi_3,\varphi_4$为已知函数

$$\varphi_{h_i}=\varphi_i\quad(i=1,3,4)$$

$$\varphi_{h_2}(nh)=\varphi_2(nh)\quad(当\ n=1,2,\cdots,N-1\ 时)$$

$$\begin{cases}\varphi_{h_2}(0)=\dfrac{1}{\tau}(\varphi_3(\tau)-\varphi_3(0))\\ \varphi_{h_2}(Nh)=\dfrac{1}{\tau}(\varphi_4(\tau)-\varphi_4(0))\end{cases}\tag{9}$$

我们来说明，如何得到等式(9). 点(0,0)同时属于Γ_{h_1}，Γ_{h_2}和Γ_{h_3}，点$(\tau,0)$同时属于Γ_{h_2}和Γ_{h_3}，因此在这些点处函数u_h的值可以用各种方法来计算. 由第1个和第2个边界条件，我们得到

$$u_h(0,0)=\varphi_{h_1}(0), u_h(\tau,0)=\varphi_{h_1}(0)+\tau\varphi_{h_2}(0)$$

而由第3个条件得到

$$u_h(0,0)=\varphi_{h_3}(0), u_h(\tau,0)=\varphi_{h_3}(\tau)$$

所以，相容条件

$$\varphi_{h_1}(0)=\varphi_{h_3}(0), \varphi_{h_1}(0)+\tau\varphi_{h_2}(0)=\varphi_{h_3}(\tau) \quad (10)$$

应当满足. 由(10)及对于点$(0,Nh)$和(τ,Nh)的类似等式，我们就得到(9). 于是在这个例子中

$$1_1(u)=u, 1_2(u)=\frac{\partial u}{\partial t}, 1_3(u)=u, 1_4(u)=u$$

$$r_{h_1}(u_h)=u_h(0,nh), r_{h_2}(u_h)=\frac{1}{\tau}(u_h(\tau,nh)-u_h(0,uh))$$

$$r_{h_3}(u_h)=u_h(m\tau,0), r_{h_4}(u_h)=u_h(m\tau,X)$$

D_h^0由点$(m\tau,nh)$组成，其中$m=1,2,\cdots,M-1, n=1,2,\cdots,N-1$；$\Gamma_{h_1}$由点$(0,nh)$组成，$n=0,1,2,\cdots,N$；$\Gamma_{h_2}$由点$(0,nh)$和$(\tau,nh)$组成，其中$n=0,1,2,\cdots,N$；$\Gamma_{h_3}$由点$(m\tau,0)$组成，而$\Gamma_{h_4}$由点$(m\tau,X)$组成，其中$m=0,1,2,\cdots,M$；$\Gamma_{h_i}^0=\Gamma_{h_i}(i=1,3,4)$，$\Gamma_{h_2}^0=\Gamma_{h_1}^0$.

注　在这个例子中，函数φ_{h_i}应当满足等式(10)和点$x=Nh, t=0$附近的类似的等式. 对于其他的差分方程，边界条件之间也必须相容(类似微分方程的初始条件和边界条件的相容)：

我们称联系不同函数φ_{h_i}在个别点处的值的那些条件为相容条件，这些条件对于存在一个函数u_h满足边界条件(4)为必要的和充分的(这个函数u_h可能不满足条件(3)).

2. 函数的赋范　假设 U 为确定在区域 D 上这样的函数族，即对于 $u \in U$，表示式 Lu 和 $1_i(u)$ 有意义；此外，还可以加上一些方便的限制，例如，可以要求 U 族中的函数有到某阶为止的连续偏导数. 设 F 和 Φ_i 为相应的定义在 D 和 Γ_i 上的函数族，而且如果 $u \in U$，则 $Lu \in F, 1_i(u) \in \Phi_i (i=1,2,\cdots,s)$. 假设对于函数 $u \in U, f \in F, \varphi_i(u) \in \Phi_i$ 已确定了满足通常的模公设的模 $\| u \|_U, \| f \|_F, \| \varphi_i \|_{\Phi_i}$.

例如，模可以取成这样：

(1) $\| u \|_U = \max\limits_D | u |$；

(2) $\| u \|_U = \max\limits_D \dfrac{| u(x_1,\cdots,x_n) |}{M(x_1,\cdots,x_n)}$；

其中 $M(x_1,\cdots,x_n)$ 为定义在 D 上之连续正函数，它叫作权；

(3) $\| u \|_U = \left(\int_D \cdots \int | u |^p \mathrm{d}z_1 \cdots \mathrm{d}x_n\right)^{\frac{1}{p}}$，其中 $p \geqslant 1$ 为已知数；

(4) $\| u \|_U$ 为函数 u 及其到 k 阶为止所有偏导数的平方之和在区域 D 上之积分平方根.

(5) $\| u \|_U$ 为函数及其到 k 阶为止所有偏导数之绝对值的最大值之和，等等.

假设对于定义在格子网 D_h 上之函数 u_h，已定义了模 $\| u_h \|_{Uh}$[①]；对于定义在 D_h^0 上的 f 定义了模

① 如果 D_h 由无穷多个点组成，则对于某些 u_h，可能 $\| u_h \|_{Uh} = \infty$. 但是对于任何 $u \in U$ 应当是 $\| u_h \|_{Uh} < \infty$，其中 u_h 定义在 D_h 上并在那里等于函数 u. 对于模 $\| \; \|_{Fh}$ 和 $\| \; \|_{\Phi_{h_i}}$ 也提出类似的要求.

$\| f \|_{Fh}$；对于定义在 $\Gamma^0_{h_i}$ 上的 φ_{h_i} 定义了模 $\| \varphi_{h_i} \|_{\Phi_{h_i}}$ $(i=1,2,\cdots,s)$. 若函数 $u \in U, f \in F$ 定义在整个区域 D 上，则我们就可以考虑函数 u, f, Lu 只在格子网 D_h 的点上之值；这样，表示式 $R_h u, r_{h_i}(u), \| u \|_{Uh}$, $\| f \|_{Fh}, \| Lu - R_h u \|_{Fh}$，等等就有意义.

假设对于任何函数 $u \in U, f \in F, \varphi_i \in \Phi_i$，当 $h \to 0$ 时

$$\begin{cases} \| u \|_{Uh} \to \| u \|_U, \| f \|_{Fh} \to \| f \|_F \\ \| [\varphi_i]_{h_i} \|_{\Phi_{h_i}} \to \| \varphi_i \|_{\Phi_i} (i=1,2,\cdots,s) \end{cases} \tag{11}$$

3. 逼近的定义　方程(3)和边界条件(4)叫作在函数族 U 上逼近方程(1)和边界条件(2)，如果对于任何函数 $u \in U$，当 $h \to 0$ 时

$$\| L_u - R_h u \|_{F_h} \to 0 \tag{12}$$

$$\| [1_i(u)]_{h_i} - r_{h_i}(u) \|_{\Phi_{h_i}} \to 0 \quad (i=1,2,\cdots,s) \tag{13}$$

其中[　]$_{h_i}$ 为前述的把边界 Γ 上之边界条件换成格子网边界点上的变换算子. 我们说逼近的阶等于 k，如果对于任何 $u \in U$，当 $0 < h < h_0$ 时

$$\| Lu - R_h u \|_{Fh} \leqslant h^k M \tag{14}$$

$$\| [1_i(u)]_{h_i} - r_{h_i}(u) \|_{\Phi_{h_i}} \leqslant h^k M_i \quad (i=1,2,\cdots,s) \tag{15}$$

其中数 M 与 M_i 只依赖于 u，而不依赖于 h.

如果选取若干次可微且满足已知方程 $Lu=f$ 的 u 的函数族作为 U，上述不等式成立，那么我们就说在解函数族上逼近成立. 在某些情形下，解函数族上逼近的阶较在任意充分光滑的函数族上逼近的阶为高.

用例子说明以上所述.

例 2　(1) 对于例 1 中之方程,可取 U 为区域 D 上连同 $\frac{\partial^2 u}{\partial t^2}$ 和 $\frac{\partial^2 u}{\partial x^2}$ 都连续的函数所组成这函数族,F 和 Φ_i 取成相应的在 D 和在 Γ_i 上连续之函数所组成的函数族.

$$\| u \|_U = \max_D | u |,\ \| f \|_F = \max_D | f |,\ \| \varphi_i \|_{\Phi_i} = \max_{\Gamma_i} | \varphi_i | \tag{16}$$

$$\| u_h \|_{Uh} = \max_{D_h} | u_h |,\ \| f \|_{Fh} = \max_{D_h^0} | f |,\ \| \varphi_{h_i} \|_{\Phi_i} = \max_{\Gamma_{h_i}^0} | \varphi_{h_i} | \tag{17}$$

则条件(11) 满足,容易验证,条件(12) 和(13) 也满足.

(2) 如果我们想条件(14) 和(15) 也能被满足,就要要求 U 族中函数有更大的光滑程度. 设 U 为连同 $\frac{\partial^4 u}{\partial x^4}$ 和 $\frac{\partial^4 u}{\partial t^4}$ 都连续的函数组成之函数族,那么对于任何 $u \in U$ 和例 1 中之方程,当 $h \to 0, \tau = ch$ 时,依泰勒公式展开 $R_h u$ 和 $r_{h_i}(u)$ 中之诸 u 值,就得到

$$| Lu - R_h u | \leqslant \frac{h^2}{12}\left(c^2 \max_D \left| \frac{\partial^4 u}{\partial t^4} \right| + \max_D \left| \frac{\partial^4 u}{\partial x^4} \right| \right)$$

$$| [1_2(u)]_{h_2} - r_{h_2}(u) | \leqslant \frac{ch}{2} \max_D \left| \frac{\partial^2 u}{\partial t^2} \right| \tag{18}$$

而当 $i = 1, 3, 4$ 时,$[1_i(u)]_{h_i} - r_{h_i}(u) = 0$,因为

$$1_i(u) = r_{h_i}(u) = u$$

我们得到的是一阶逼近. 如果更精确地逼近边界条件 $\left.\frac{\partial u}{\partial t}\right|_{t=0} = \varphi_2(x)$(参考后面的 §3 中例 2),则可得到二阶逼近.

例 3　方程 $Lu \equiv \frac{\partial u}{\partial t} - \frac{\partial^2 u}{\partial x^2} = 0$ 在格子网 $t = m\tau$,

$x=nh$(m,n 为整数,$\tau=\sigma h^2$;当 $h\to 0$ 时 $\sigma=$常数)上用方程

$$R_h u_h \equiv \frac{u_{m+1,n}-u_{m,n}}{\tau}-\frac{u_{m,n+1}-2u_{m,n}+u_{m,n-1}}{h^2}=0$$

逼近,其中 $u_{m,n}=u_h(m\tau,nh)$. 利用泰勒公式,就得到

$$Lu-R_h u=h^2\left(\frac{1}{12}\frac{\partial^4 u}{\partial x^4}-\frac{\sigma}{2}\frac{\partial^2 u}{\partial t^2}\right)+$$

$$h^4\left(\frac{1}{360}\frac{\partial^6 u}{\partial x^6}-\frac{\sigma^2}{6}\frac{\partial^3 u}{\partial t^3}\right)+o(h^4)$$

如果$\sigma=\frac{1}{6}$,则在充分光滑的函数所组成的函数族上为二阶逼近,在解函数族上为四阶逼近. 这可如下推出:设 u 为方程$\frac{\partial u}{\partial t}-\frac{\partial^2 u}{\partial x^2}=0$之解,将方程之两端都求导数,就得$\frac{\partial^2 u}{\partial t^2}=\frac{\partial^3 u}{\partial t\partial x^2}=\frac{\partial^4 u}{\partial x^4}$. 因此当 $\sigma=\frac{1}{6}$ 时,就有

$$Lu-R_h u=h^4\left(\frac{1}{360}\frac{\partial^6 u}{\partial x^6}-\frac{\sigma^2}{6}\frac{\partial^3 u}{\partial t^3}\right)+o(h^4)$$

4. 适定性和稳定性的定义 如果对于给定的差分方程(3),由在给定的边界条件(4)之下求这个方程的解所组成的边界问题,对于充分小的 h 及任何 f,$\varphi_{h_1},\cdots,\varphi_{h_s}$①,其解都存在且连续依赖于方程之右端 f 和边界条件之右端,并且这个连续的依赖性对于 h 而言还是均匀的,就是说,如果对于任何 $\varepsilon>0$,存在这样的 $\delta>0$,当 $0<h<h_0$ 时它不依赖于 h,使得对于满足(3)和(4)的给定的 u_h,和对于如此的 $\tilde{u}_h$

$$R_h\tilde{u}_h=\tilde{f},r_{h_i}(\tilde{u}_h)=\tilde{\varphi}_{h_i}\quad(i=1,2,\cdots,s)\quad(19)$$

① 如同所有场合一样,要服从相容条件(参考例1后面的注).

$$\| \tilde{f} - f \|_{F_h} < \delta, \| \tilde{\varphi}_{h_i} - \varphi_{h_i} \|_{\Phi_{h_i}} < \delta \quad (i = 1,2,\cdots,s) \tag{20}$$

对于任何 h,$0 < h < h_0$,我们有

$$\| \tilde{u}_h - u_h \|_{U_h} < \varepsilon \tag{21}$$

我们就说这个边界问题是适定地提出的(简短些就是"边界条件为(4)的方程(3)是'适定的'").

对于某些非线性方程,可能并非对于(3)和(4)中任何 f 和 φ_{h_i} 都存在解.在这种情形,我们说在给定的解的邻域内是适定的,是指方程(3)(4)的解对于给定的 f 和 φ_{h_i} 存在,而且当 $\tilde{f}$ 和 $\tilde{\varphi}_{h_i}$ 与 f 和 φ_{h_i} 相差很小时(即满足不等式(20)),方程(19)的解存在及不等式(21)成立.

依赖于模 $\| u_h \|_{U_h}$,$\| f \|_{F_h}$,$\| \varphi_{h_i} \|_{\Phi_{h_i}}$ 的选择,适定性概念有各种不同的意义,同一个方程,可以在这些模的意义之下是适定的,而在另一些模的意义下是不适定的.因此,为了使差分方程可用作实际计算,在大多数情形下,只要在类似于 §1 中模(1)(2)(3)(4)(5)的任何一种模的选择之下是适定的就行了.例如,可以取模 $\| \ \|_{F_h}$ 和 $\| \ \|_{\Phi_{h_i}}$ 为函数之绝对值的极大值与其到某阶为止的差商之绝对值的极大值之和,而模 $\| u_h \|_{U_h}$ 可取在格子网 D_h 的点处值 $|u_h|$ 之算术平均值.

其边界条件为(4)的方程(3)叫作是依右端为稳定的,如果它的解存在,并且对于满足(19)的任何 $\tilde{u}_h$,当

$$\| \tilde{f} - f \|_{F_h} < \delta, \tilde{\varphi}_{h_i} = \varphi_{h_i} \quad (i = 1,2,\cdots,s) \tag{22}$$

时(21)成立;方程(3)叫作依边界条件

$$r_{h_i}(u_h)=\varphi_{h_i}\quad (i=1,2,\cdots,p,\text{其中 } p\leqslant s)\ (23)$$

为稳定的，如果当

$$\tilde{f}=f,\tilde{\varphi}_{h_i}=\varphi_{h_i}\quad (i=p+1,\cdots,s)$$
$$\|\tilde{\varphi}_{h_i}-\varphi_{h_i}\|_{\Phi_{h_i}}<\delta\quad (i=1,2,\cdots,p)$$

代替(22) 时，同样的事实成立. 当 $p<s$ 时，就是依某些边界条件稳定；当 $p=s$ 时，就是依全部边界条件稳定. 如果条件(23) 叫作初始条件，那么我们就说依初始条件是稳定的.

上述的依初始条件稳定的定义，与李雅宾涅基(B. C. Рябенъкий) 所给的定义是一致的. 对于格子网的每一点上解的值由于舍入而产生的误差而言，解的稳定性按实质说来乃是依右端的稳定性. 对于很广泛的一族方程，由依初始条件之稳定性可推出依右端之稳定性.

如果方程(3) 和边界条件(4) 是线性的，那么上述适定性的定义与下述等价：边界条件为(4) 之方程(3) 叫作是适定的，如果对于任何 f,φ_{h_i} 和 $0<h<h_0$，其解 u_h 存在，而且

$$\|u_h\|_{Uh}\leqslant N\|f\|_{Fh}+\sum_{i=1}^{s}N_i\|\varphi_{h_i}\|_{\Phi_{h_i}}\quad (24)$$

其中数 N 和 N_i 不依赖于 f,φ_{h_i} 和 h.

如果方程(3) 和边界条件(4) 为线性的，则为了研究这个方程的适定性，只要研究相应的线性齐次方程

$$R_h(u_h)=0,r_{h_i}=(u_h)=0$$

的适定性. 这可由方程的线性性推出. 如果这种边界条件为齐次的齐次方程是适定的，则非齐次方程(3)(4) 也是适定的，逆命题也成立.

§2　收 敛 定 理

1. 适定性和收敛性的联系　§1 中的适定性概念,意味着给定的差分算子 R_h 的逆算子 R_h^{-1} 对 h 而言均匀连续(在线性情形为均匀有界性). 因此,我们即将叙述的定理的基本意义,就和引言中证明的,关于均匀有界逆算子序列的收敛性定理的基本意义是一样的.

定理 1　假设:

(1) 在 §1 中,边界条件为(2) 的微分方程(1) 的解存在且属于 U;

(2) 在 §1 中,差分方程(3) 和边界条件(4) 在 U 族上逼近方程(1) 和边界条件(2);

(3) 在 §1 中,边界条件为(4) 的方程(3) 是适定的,则

1) 当 $h \to 0$ 时,差分方程的解 u_h 趋于微分方程的解 u,即

$$\| u - u_h \|_{Uh} \to 0$$

2) 如果 §1 中的方程(1)(3) 和边界条件(2)(4) 是线性的且逼近的阶为 k,则收敛速度①有下述估计

$$\| u - u_h \|_{Uh} \leqslant h^k \left(MN + \sum_{i=1}^{s} M_i N_i\right) \qquad (1)$$

(这里的记号与 §1 中的(14)(15) 和(24) 中相同). 此外,对于 $u \in U$

---

① 在非线性的情形,也可给出收敛速度的估计,不过形式比较复杂.

$$\| u \|_U \leqslant N \| f \|_F + \sum_{i=1}^{s} N_i \| \varphi_i \|_{\Phi_i} \qquad (2)$$

证明 1) 假设 $u \in U, Lu = f, 1_i(u) = \varphi_i, 0 < h < h_0$;用 $\tilde{f}$ 记 $R_h u$,用 $\tilde{\varphi}_{h_i}$ 记 $r_{h_i}(u)$. 在 h 充分小时,由 §1 中的(12) 和(13) 可推出

$$\| f - \tilde{f} \|_{Fh} < \delta, \| \varphi_{h_i} - \tilde{\varphi}_{h_i} \|_{\Phi_{h_i}} < \delta \qquad (3)$$

§1 的不等式(20) 成立,因此由适定性,有 $\| u_h - u \|_{Uh} < \varepsilon$;

2) 因为 $R_h u_h = f = Lu, r_{h_i}(u_h) = \varphi_{h_i} = [\varphi_i]_{h_i} = [1_i(u)]_{h_i}$ 及算子 R_h 和 r_{h_i} 是线性的,所以

$$Lu - R_h u = R_h u_h - R_h u = R_h(u_h - u) = R_h v_h$$

$$[1_i(u)]_{h_i} - r_{h_i}(u) = r_{h_i}(u_h) - r_{h_i}(u) = r_{h_i}(v_h)$$

其中 $v_h = u_h - u$. 由此,由于 §1 的(14) 和(15) 就得到

$$\| R_h v_h \|_{Fh} \leqslant h^k M, \| r_{h_i}(v_h) \|_{\Phi_{h_i}} \leqslant h^k M_i \qquad (4)$$

对于任何函数 u_h,由于适定性,就有不等式

$$\| u_h \|_{Uh} \leqslant N \| R_h u_h \|_{Fh} + \sum_{i=1}^{s} N_i \| r_{h_i}(u_h) \|_{\Phi_{h_i}}$$

(参考 §1 的公式(24)). 应用这个不等式函数 v_h,并利用估计(4),就得到不等式(1).

为了证明(2),我们注意

$$\| u \|_{Uh} \leqslant \| u - u_h \|_{Uh} + \| u_h \|_{Uh}$$

当 $h \to 0$ 时,这个不等式的左端趋于 $\| u \|_U$,而依据 1),右端第一项趋于 0,第二项满足 §1 的不等式(24). 从 §1 的(11) 取极限就得到不等式(2).

注 (1) 在某些情形下,为了保证差分方程的解收敛于微分方程的解,可以比定理 1 的要求少些. 如果 §1 的边界条件(2) 中的某些条件是准确地逼近的,即对于某些 $i, \Gamma_{h_i}^0 \subset \Gamma_i$,且对于所考虑的函数 u,在 $\Gamma_{h_i}^0$ 上

有$r_{h_i}(u)\equiv 1_i(u)$，$\varphi_{h_i}=[\varphi_i]_{h_i}=\varphi_i$，则在定理 1 中，对于相应的边界条件为稳定的要求可以不要，而且这时定理 1 中的命题 1) 还成立.

比如在例 1 中，当$i=1,3,4$时，边界条件是准确地逼近的. 因此，为了差分方程的解收敛于微分方程的解，就不必要求对于这三个边界条件($i=1,3,4$) 的稳定性，就是说，只需要依右端和依第二个边界条件($i=2$) 稳定就够了.

一般说来，如果考虑的问题具有任意初始条件(当$t=t_0$时) 及在边界上边界条件形如$u=\varphi$，而且这些边界条件完全精确地被变换为格子网上的边界条件，那么，在定理 1 中只要要求对于初始条件和右端稳定，就可代替适定性的要求了.

(2) 在k阶逼近的情形，为了证明定理 1 的收敛性，适定性的要求可以用更弱的条件来代替，只要对于任意的ε和h，可以找到

$$\delta=\delta(\varepsilon,h)=h^m\eta(\varepsilon)>0$$

其中当$\varepsilon\to 0$时$\eta(\varepsilon)\to 0$，而且数m比逼近的阶k为小就够了.

例 1　收敛定理的应用. 设在以Γ为边界的区域D中有方程

$$\begin{aligned}&a(x,y)u_{xx}+b(x,y)u_{yy}+c(x,y)u_x+d(x,y)u_y+\\&e(x,y)u=f(x,y)\quad (u|_\Gamma=\varphi)\end{aligned}\tag{5}$$

而且$a\geqslant 0,b\geqslant 0,a+b\geqslant q,|c|\leqslant Ma,|d|\leqslant Mb$，$e\leqslant 0$，其中$q$和$M$为正常数. 区域$D$在圆$x^2+y^2<r^2$之内，并且(5) 中所有的函数在$D+\Gamma$上是连续的. 设$D_h$由属于$D+\Gamma$的点$x=mh,y=nh$($m,n$为整数) 组成，$\Gamma_h$为格子网的边界点集合. 如果四个邻点($x\pm h$,

y) 和($x,y\pm h$) 中只要有一个在$D+\Gamma$之外，格子网区域 D_h 的点(x,y) 就叫作边界点. 设差分方程和边界条件为

$$\begin{aligned}R_h u_h \equiv & \frac{a}{h^2}(u_{m+1,n}-2u_{m,n}+u_{m-1,n})+\\ & \frac{b}{h^2}(u_{m,n+1}-2u_{m,n}+u_{m,n-1})+\\ & \frac{c}{2h}(u_{m+1,n}-u_{m-1,n})+\frac{d}{2h}(u_{m,n+1}-u_{m,n-1})+\\ & eu_{m,n}=f \quad (u_h\mid_{\Gamma_h}=\varphi_1\mid_{\Gamma_h})\end{aligned} \tag{6}$$

其中，$u_{m,n}=u_h(mh,nh)$，$h<\dfrac{2}{M}$，而函数 φ_1 由(5) 中的 φ 通过连续开拓到整个区域D 上而得到. 我们来证明，边界问题(6) 是适定的.

假设

$$v(x,y)=e^{A(r^2+1)}-e^{A(x^2+y^2)}$$

其中 $A=\dfrac{M^2+1}{4}$，则可证明，在 $D+\Gamma$ 上

$$R_h v<-\frac{2}{3}Aq,v>e^A-1$$

假如 u_h 为方程(6) 的解，其中

$$|f|<\frac{2}{3}Aq\delta,\ |\varphi|<(e^A-1)\delta$$

则 $u_h-v\delta\leqslant 0$，因为由 $h<\dfrac{2}{M}$，在 D_h 上$R_h(u_h-v\delta)>0$，在 Γ_h 上 $u_h-v\delta<0$，可得 $u_h-v\delta$ 无论在格子网D_h 的内点或 Γ_h 上都不可能取正的极大值. 类似的可得 $u_h+v\delta\geqslant 0$，此即 $|u_h|\leqslant v\delta$ 和

$$\|u_h\|_{Uh}=\max_{D_h}|u_h|\leqslant \delta e^{A(r^2+1)} \tag{7}$$

由此推出，齐次问题($R_h u_h=0$，在 Γ_h 上 $u_h=0$) 只有零

解，这就是说，如果把(6)看成线性方程组，其中自变数是 u_h 在格子网的点上的值，则方程组之行列式不等于0，并且对于任何 f 和 φ，方程组(6)有解.由于(7)，这个解连续地依赖于 f 和 φ，而且估计(7)不依赖于 h.

因此，如果取绝对值之极大值作为§1的(24)中之模 $\|\ \|_{Uh}$，$\|\ \|_{Fh}$，$\|\ \|_{\Phi_{h_i}}$，则适定性得证.从而，如果问题(5)有二次连续可微的解 u，则根据定理1，当 $h\to 0$ 时 u_h 均匀收敛于 u.

定理2　如果对于§1中给定的微分方程(1)，(2)存在一个满足定理1的条件的差分方程，则§1的方程(1)(2)的解在 U 族中是唯一的.

此外，用来得到§1的边界条件(4)的右端 φ_{h_i} 的算子$[\ \ ]_{h_i}$，如果是均匀连续的(对于 h 当 $0<h<h_0$)，则§1的微分方程(1)的解连续依赖于方程的右端和边界条件，即如果 u 和 $\tilde{u}$ 属于 U 并满足§1的方程(1)和(2)且

$$L\tilde{u}=\tilde{f},1_i(\tilde{u})=\tilde{\varphi}_i\quad(i=1,2,\cdots,s)\tag{8}$$

其中

$$\|f-\tilde{f}\|_F<\eta,\|\varphi_i-\tilde{\varphi}_i\|_{\Phi_i}<\eta\quad(i=1,2,\cdots,s)\tag{9}$$

则

$$\|u-\tilde{u}\|_U<\varepsilon(\eta)$$

这里当 $\eta\to 0$ 时 $\varepsilon(\eta)\to 0$.

这里我们所说算子$[\ \ ]_{h_i}$ 当 $0<h<h_0$ 时均匀连续，是指当 $0<h<h_0$ 时由(9)推出

$$\|\varphi_{h_i}-\tilde{\varphi}_{h_i}\|_{\Phi_{h_i}}<\zeta(\eta)\quad(i=1,2,\cdots,s)\tag{10}$$

其中 $\zeta(\eta)$ 与 h 无关且当 $\eta\to 0$ 时趋于0

$$\varphi_{h_i}=[\varphi_i]_{h_i},\tilde{\varphi}_{h_i}=[\tilde{\varphi}_i]_{h_i}$$

证明 由不等式(9) 根据 §1 的(11) 和本节的(10) 推出,对于小的 h

$$\| f-\tilde{f}\|_{Fh}<2\eta,\ \|\varphi_{h_i}-\tilde{\varphi}_{h_i}\|_{\Phi_{h_i}}<\zeta(\eta)$$

就是说对于充分小的 h 及 §1 的差分方程(3)(4) 和(19),§1 的条件(20) 满足. 由于适定性

$$\| u_h-\tilde{u}_h\|_{Uh}<\varepsilon_1(\eta)$$

另一方面,对于充分小的 h,由于定理 1 中之 1) 我们得到

$$\| u-u_h\|_{Uh}<\varepsilon_1(\eta),\ \|\tilde{u}_h-\tilde{u}\|_{Uh}<\varepsilon_1(\eta)$$

由后述三个不等式得到

$$\| u_h-\tilde{u}_h\|_{Uh}<3\varepsilon_1(\eta)$$

对于 $h\to 0$ 及使得 $4\varepsilon_1(\eta)<\varepsilon$ 的 η,由(11) 得到

$$\| u-\tilde{u}\|_{U}<\varepsilon$$

2. 差 u_h-u 的渐近表示 我们将证明,在许多情形下

$$u_h-u=h^k w+o(h^k)$$

其中函数 w 不依赖于 h,这就是说,当格子网趋于精密时,在全部点上,差 u_h-u 几乎减少相同的倍数,这倍数与数 h 的某次幂成比例. 这就使得用来估计 §1 的方程(1) 和(3) 之解的差 $u-u_h$ 及得到微分方程的更准确的近似解的熟知方法有了基础.

定理 3 假设:

(1) §1 的方程(3) 和边界条件(4) 是线性的;

(2) 定理 1 的条件满足;

(3) §1 的逼近(14),(15) 有如下性质:极限

$$\begin{cases}\lim\limits_{h\to 0}h^{-k}(Lu-Ru)=\psi\\ \lim\limits_{h\to 0}h^{-k}([1_i(u)]_{h_i}-r_{h_i}(u))=\psi_i\end{cases}\tag{11}$$

存在(其中u是§1中边界条件为(2)的方程(1)的解;数k通常等于逼近的阶),即存在这样的函数ψ与ψ_i $(i=1,2,\cdots,s)$,当$h\to 0$时

$$\begin{cases}\| h^{-k}(Lu-R_h u)-\psi \|_{Fh}\to 0\\ \| h^{-k}([1_i(u)]_{h_i}-r_{h_i}(u))-[\psi_i]_{h_i}\|_{\Phi_{h_i}}\to 0\end{cases}\tag{12}$$

§1的(4)方程

$$Lw=\psi, 1_i(w)=\psi_i\quad (i=1,2,\cdots,s)\tag{13}$$

有解且属于某个函数族W,在这族函数上,R_h和r_{h_i}在§1的(12)(13)的意义下逼近L和1_i.

于是当$h\to 0$时$h^{-k}(u_h-u)\to w$,其中w是方程(13)的解,即

$$\lim_{h\to 0}\| h^{-k}(u_h-u)-w\|_{U_h}\to 0\tag{14}$$

应注意,如果解u是充分光滑的,则§1的条件(3)和(4)通常是满足的.此时将$R_h u$和$r_{h_i}(u)$依泰勒公式展开,就可求得极限(11).

证明　假设u满足§1的方程(1)(2),u_h满足§1的方程(3)(4).再设$R_h u=\tilde{f}, r_{h_i}(u)=\tilde{\varphi}_{h_i}$.由于(12)

$$h^{-k}(f-\tilde{f})=\psi+\alpha_h, h^{-k}(\varphi_{h_i}-\tilde{\varphi}_{h_i})=[\varphi_i]_{h_i}+\alpha_{h_i}$$

其中当$h\to 0$时

$$\|\alpha_h\|_{Fh}\to 0, \|\alpha_{h_i}\|_{\Phi_{h_i}}\to 0\quad (i=1,2,\cdots,s)$$

即

$$\begin{cases}h^{-k}(R_h u_h-R_h u)=\psi+\alpha_h\\ h^{-k}(r_{h_i}(u_h)-r_{h_i}(u))=[\psi_i]_{h_i}+\alpha_{h_i}\end{cases}\tag{15}$$

另一方面,假设w是方程(13)的解.由于§1的(12)(13),$R_h w=\psi+\beta_h, r_{h_i}(w)=[\psi_i]_{h_i}+\beta_{h_i}$;当$h\to$

0 时，$\| \beta_h \|_{Fh} \to 0$，$\| \beta_{h_i} \|_{\Phi_{h_i}} \to 0$. 因为 R_h 和 r_{h_i} 是线性的，于是由(15) 推出

$$R_h(h^{-k}(u_h - u) - w) = \alpha_h - \beta_h$$

$$r_{h_i}(h^{-k}(u_h - u) - w) = \alpha_{h_i} - \beta_i$$

当 $h \to 0$ 时，右端趋于0；根据这些方程的适定性，(14)成立.

我们利用定理3估计用差分方程代替微分方程所得解的误差.

假如已经对于不同 h 计算了 §1 的边界条件为(4) 的方程(3) 的两个解 u_1 和 u_2：$h = h_1$ 和 $h = h_2$，其中 $h_1 = ch_2$，$c > 1$，格子网 D_{h_1} 为格子网 D_{h_2} 之一部分. 于是，就可利用下述近似公式确定解 u_2 的误差

$$u - u_2 \approx \frac{1}{c^k - 1}(u_2 - u_1) \tag{16}$$

其中 k 为逼近的阶.

我们将证明，如果定理3的条件满足，则(16) 中左端和右端之差与 h_2^k 之比为无穷小(当 $h_1 = ch_2$，$h_2 \to 0$，$c =$ 常数)

由(14) 推出

$$u_1 = u + h_1^k w + o(h_1^k), u_2 = u + h_2^k w + o(h_2^k)$$

由这些等式中消去 w，就得

$$u = u_2 + \frac{1}{c^k - 1}(u_2 - u_1) + o(h_2^k) \tag{17}$$

舍去 $o(h_2^k)$，这个公式有时用来得到解 u 的更准确(比 u_2) 的近似解. 在(11) 和(12) 中之 $\psi = 0$，$\psi_i = 0$ 的情形，直接利用公式(17) 是不行的，它可能给出准确程度比 u_2 还差的近似解. 在这种情形，就要把 k 放大到使得在(11) 和(12) 中的 ψ 和 ψ_i 有一个不为0. 例如，在

解族上逼近的阶(参考 §1) 大于光滑函数族上逼近的阶时,数 k 必须取成族上逼近的阶.

例 2　方程 $Lu\equiv\frac{\partial u}{\partial t}-\frac{\partial^2 u}{\partial x^2}=0$ 的边界条件为 $u(0,x)=\varphi_1(x),u(t,0),u(t,X)=0$,在格子网 $t=m\tau,x=nh(m=0,1,2,\cdots,M;n=0,1,2,\cdots,N;Nh=X,M\tau\leqslant T<(M+1)\tau;\tau=\sigma h^2$,当 $h\to 0$ 时 $\sigma=$常数$\leqslant\frac{1}{2})$ 上用方程

$$R_h u_h\equiv\frac{1}{\tau}(u_{m+1,n}-u_{m,n})-\frac{1}{h^2}(u_{m,n+1}-2u_{m,n}+u_{m,n-1})=0 \qquad (18)$$

逼近,其中 $u_{m,n}=u_h(m\tau,nh)$,边界条件为 $u_{0,n}=\varphi_1(nh),u_{m,0},u_{m,N}=0$. 这样的逼近是二阶的,因为

$$Lu-R_h u=h^2\left(\frac{1}{12}\frac{\partial^4 u}{\partial x^4}-\frac{\sigma}{2}\frac{\partial^2 u}{\partial t^2}\right)+o(h^2)$$

$$1_i(u)-r_{h_i}(u)=0$$

我们证明,当 $\sigma\leqslant\frac{1}{2}$ 时方程(18) 在给定的边界条件下是适定的. 假设 u_h 满足方程 $R_h u_h=f$,其中 R_h 与 (18) 中的相同,$|f|\leqslant\delta$,并满足边界条件 $u_{0,n}=\varphi_1$,$u_{m,0}=\varphi_2,u_{m,N}=\varphi_3$,其中 $|\varphi_i|\leqslant\delta(i=1,2,3)$. 这样

$$u_{m+1,n}=\sigma u_{m,n-1}+(1-2\sigma)u_{m,n}+\sigma u_{m,n+1}+\tau f(m\tau,nh)$$
$$(n=1,2,\cdots,N-1)$$
$$u_{m+1,0}=\varphi_2,u_{m+1,N}=\varphi_3$$

考虑到 $u_{0,n}=\varphi_1,|\varphi_i|\leqslant\delta,|f|\leqslant\delta,0<\sigma\leqslant\frac{1}{2}$,就得到

$$|u_{1,n}|\leqslant\delta+\tau\delta,|u_{2,n}|\leqslant\delta+2\tau\delta,\cdots$$

$$|u_{m,n}| \leqslant \delta + m\tau\delta$$

因此，当 $m \leqslant M$ 时，就有 $|u_{m,n}| \leqslant \delta + M\tau\delta \leqslant (1+T)\delta$. 因为所得估计式与 h 无关，从而适定性得证. 假如解 u 充分光滑，则当 $k=2$ 时就可应用定理 3. 例如，假设已经计算了方程(18) 当 $h=h_1$ 和 $h=h_2$ 时的两个解 u_1 和 u_2，其中 $h_1=2h_2$，则由(16)

$$u-u_2 \approx \frac{1}{3}(u_2-u_1)$$

假如$\sigma=\frac{1}{6}$，则在解函数族上的逼近为四阶的这就是说，假如 $\sigma=\frac{1}{6}$ 且解 $u(t,x)$ 充分光滑，则在(11) 和(16) 中应取 $k=4$.

§3　所得结果的推广

1. 差分方程组　对于逼近微分方程组的差分方程组，§2 的定理 1～3 仍成立. 在这种情形，我们认为§1 的(1) 和(3) 是这些方程组的向量形式的写法.

2. 直线法　以上所述对于用直线法解微分方程(即不是对所有的自变数都用差分代替导数) 也成立. 在这种情形，格子网 D_h 不是由个别的点组成，而是由直线组成.

3. 依赖于几个参数的格子网　格子网 D_h 只依赖于一个参数h的这个要求(参考 §1)，可以用较弱的要求来代替. 格子网 D_h 可以依赖于有限多个参数 h_1，h_2，…，h_h(通常格子网对 x，y，… 的步距就是参数)，它们由一些不等式相联系. 这些不等式应当和差分方程

$R_h u_h = f$ 一同给出.

例如,对于 §1 的方程(6) 就可取不等式 $\tau \leqslant ch$,其中 c 为给定的常数;对于本节的方程(18),可取 $\tau \leqslant ch^2$. 对于某些方程,不必要加上这些不等式形式的限制,例如许多逼近二阶椭圆型方程的差分方程就是这样. 在每个个别的情形,应当对 $h_1, h_2, \cdots, h_n$ 加上这种限制,它保证差分方程逼近给定的微分方程和差分方程的适定性(或稳定性).

我们说,在格子网参数 $h_1, h_2, \cdots, h_n$ 的给定限制下,差分方程 $R_h u_h = f$ 逼近微分方程 $Lu = f$,是指如果当 $h_1, \cdots, h_n$ 趋于 0,但不是完全任意地趋于 0,而是始终要满足这些不等式时,$\| Lu - R_h u \|_{Fh} \to 0$. 适定性定义的推广是同样的,这时,定理 1 和定理 2 仍成立.

例 1　考虑方程

$$Lu \equiv \frac{\partial u}{\partial t} - \frac{\partial u}{\partial x} = f(t, x)$$

初始条件为 $u(0, x) = \varphi(x)$;差分方程

$$R_h u_h \equiv \frac{1}{\tau}\left[u_{m+1,n} - \frac{1}{2}(u_{m,n+1} + u_{m,n-1})\right] - \frac{1}{2h}(u_{m,n+1} - u_{m,n-1}) = f(m\tau, nh)$$

初始条件为 $u_{0,n} = \varphi(nh)$;在点 $t = m\tau, x = nh$ 处函数 u_h 的值记成 $u_{m,n}$. 依泰勒公式展开 $R_h u$,就得到

$$Lu - R_h u = -\frac{\tau}{2}\frac{\partial u}{\partial t} + \frac{h^2}{2\tau}\frac{\partial^2 u}{\partial x^2} + \frac{h^2}{6}\frac{\partial^3 u}{\partial x^3} + \cdots$$

如果 h 和 τ 彼此独立地趋于 0,则 $\frac{h^2}{2\tau}$ 不趋于 0,从而逼近就不成立. 如果加上 $\tau \geqslant ch$ 的限制,其中 $c =$ 常数 > 0,则逼近成立,因为当 $h \to 0, \tau \to 0, \tau \geqslant ch$ 时,$Lu -$

$R_h u \to 0$.

另一方面,我们将证明,如果 $\tau \leqslant h$ 并且区域 D 在带形 $0 \leqslant t \leqslant T$ 之内,则在给定的初始条件下,差分方程是适定的. 假设 $|\varphi| < \delta$, $|f| < \delta$,则由差分方程当 $\tau \leqslant h$ 时得到

$$|u_{1,n}| < \delta + \tau\delta,\ |u_{2,n}| < \delta + 2\tau\delta, \cdots,$$
$$|u_{m,n}| < \delta + m\tau\delta$$

因为 $m\tau = t$,则当 $\delta = \frac{\varepsilon}{1+T}$ 及任意的 h 和 $\tau (\tau \leqslant h)$ 时,在整个区域 $0 \leqslant t \leqslant T$ 上我们有 $|u_h| < \varepsilon$. 所以当 $\tau \leqslant h$ 时,适定性成立.

当 $ch \leqslant \tau \leqslant h$ 时,逼近和适定性都成立. 由于定理 1,如果 h 和 τ 如此趋于 0,即 $ch \leqslant \tau \leqslant h$,其中 $c =$ 常数 >0,则差分方程的解收敛于微分方程的解.

注意,在实际计算时,对于格子网的步距所加的这种双边限制,常常引起困难,特别是对于变系数的方程更是如此.

4. 超出区域范围的格子网 我们指出,当差分方程中函数值 u_h 不仅有区域 $D+\Gamma$ 的点上的而且有这个区域之外的某些点上的时,§1 和 §2 的内容将有怎样的修改. 用 D_h 表示在差分方程中出现的所有点的集合,集合 D_h 现在不完全在 $D+\Gamma$ 之内. 假设 D^* 是如此的区域,使得当 $0 < h < h_0$ 时 $D_h \subset D^*$,并且 $D \subset D^*$. 假设 $D_h^0 \subset D+\Gamma$ 并且给出把每个函数 $u \in U$ 开拓到区域 D^* 中的方法,开拓后的函数用 u^* 表示. 在 §1 和 §2 的诸定义和定理中,用 $R_h u^*$, $r_{h_i}(u^*)$, $\| u^* \|_{Uh}$ 等等代替 $R_h u$, $r_{h_i}(u)$, $\| u \|_{Uh}$ 等等,则定理 1 ~ 3 仍然正确.

例 2 在 §1 例 1 中的逼近是一阶的,这时边界条

件$\frac{\partial u}{\partial t}=\varphi_2(x)$的逼近较方程和其他边界条件的逼近的准确度为低(参考公式(18)). 为了改善逼近,我们用对称差商

$$r_{h_2}(u_h)\equiv\frac{1}{2\tau}(u_h(\tau,nh)-u_h(-\tau,nh))$$

代替这个边界条件中的导数$\frac{\partial u}{\partial t}$. 在计算格子网的三条直线:$t=-\tau,i=0,t=\tau$上的点处的值$u_h$时,如下进行. 由边界条件$u_h(0,nh)=\varphi_{h_1}(nh)$已知$u_h$在$t=0$时的值,而$u_h(\tau,nh)$和$u_h(-\tau,nh)$由两个方程的方程组求出:边界条件

$$\frac{1}{2\tau}(u_h(\tau,nh)-u_h(-\tau,nh))=\varphi_{h_2}(nh)$$

和令其中的$m=0$的§1的差分方程(6). 知道了当$t=0$和$t=\tau$时的u_h,就可用通常的方法进行以后的计算.

为了应用上述定理于这个方程,我们应当对§1例1中的格子网加上点$(-\tau,nh)$,对D_h^0加上点$(0,nh)$,因为我们利用了当$m=0$时§1的方程(6). 假设U为在D上有连续的$\frac{\partial^4 u}{\partial x^4}$和$\frac{\partial^4 u}{\partial t^4}$的函数所组成之函数族,我们开拓每个函数$u\in U$到区域$D^*(-\tau\leqslant t\leqslant T,0\leqslant x\leqslant X)$上并保持这些导数的连续性. 我们得到2阶的逼近,因为§1的不等式(18)为

$$|[1_2(u)]_{h_2}-r_{h_2}(u)|\leqslant\frac{\tau^2}{6}\max_{D^*}\left|\frac{\partial^3 u}{\partial t^3}\right|,\tau=ch$$

所代替.

5. 逼近方程和边界条件的较复杂的方法　假设在组成§1的边界条件(4)时,φ_{h_i}可能不仅依赖于

$\varphi_1,\cdots,\varphi_s$，而且还依赖于 f，即 $\varphi_{h_i}=[f,\varphi_1,\cdots,\varphi_s]_{h_i}$；也可能在 §1 的方程(3)的右端用另外的函数 f_h 代替 f，而 f_h 依赖于 $f,\varphi_1,\cdots,\varphi_s$，即 $f_h=[f,\varphi_1,\cdots,\varphi_s]_h$. 若在前面的叙述中处处用 $[f,\varphi_1,\cdots,\varphi_s]_{h_i}$ 代替 $[\varphi_i]_{h_i}$，用 $[Lu,1_1(u),\cdots,1_s(u)]_{h_i}$ 代替 $[1_i(u)]_{h_i}$，用 $\|f_h\|_{Fh}$ 代替 $\|f\|_{Fh}$，用 $[Lu,1_1(u),\cdots,1_s(u)]_h-R_hu$ 代替 $Lu-R_hu$ 等等，则定理 1 和 2 还是成立的.

例 3 假设区域 D，格子网 D_h，方程和边界条件都与例 1 相同，而只将条件 $r_{h_2}(u_h)=\varphi_2$ 改成

$$\frac{1}{\tau}(u_h(\tau,nh)-u_h(0,nh))=\varphi_2(nh)+\frac{\tau}{2}\left(\frac{\partial^2\varphi_1(nh)}{\partial x^2}+f(0,nh)\right)\tag{19}$$

这个等式由泰勒公式

$$\frac{1}{\tau}(u(\tau,nh)-u(0,nh))=\frac{\partial u(0,x)}{\partial t}+\frac{\tau}{2}\frac{\partial^2u(0,x)}{\partial t^2}+o(\tau^2)$$

得到，如果注意到由于 §1 的(5)

$$\frac{\partial^2u}{\partial t^2}=\frac{\partial^2u}{\partial x^2}+f\text{ 和}\frac{\partial^2u(0,x)}{\partial x^2}=\frac{\partial^2\varphi_1}{\partial x^2}$$

则这个逼近是二阶的. 在(19)中，我们有

$$\varphi_{h_2}=[f,\varphi_1,\cdots,\varphi_s]_{h_2}=\varphi_2(nh)+\frac{\tau}{2}\left(\frac{\partial^2\varphi_1(nh)}{\partial x^2}+f(0,nh)\right)$$

也可用 $\frac{1}{h^2}(\varphi_1((n+1)h)-2\varphi_1(nh)+\varphi_i((n-1)h))$ 代替

$$\frac{\partial^2\varphi_1(nh)}{\partial x^2}$$

6. 关于非线性方程的适定性定义 §1 中叙述的适定性定义可以推广到下述情形：具有给定边界条件

的差分方程 $R_h u_h = f$ 有一个以上的解，即逆算子 R_h^{-1} 是多值的.

§1 的边界条件为(4) 的方程(3) 叫作在函数 u 的邻域内是适定的，如果对于任何接近 f 和 φ_{h_i} 的 $\widetilde{f}$ 和 $\widetilde{\varphi}_{h_i}$，在函数 u 的邻域内存在 §1 的问题(19) 的解，而且在这个邻域内问题(19) 的任何一个解当 $\widetilde{f} \to f, \widetilde{\varphi}_{h_i} \to \varphi_{h_i}$ 时，对 h 而言均匀地收敛于 §1 的问题(3)(4) 的解(并且对于这个邻域内所有的解 $\widetilde{u}_h$ 都是均匀的，如果这样的解有无穷多个).

更确切地说，§1 的边界条件为(4) 的方程(3) 叫作在 U 族的函数 u 的邻域内是适定的，如果存在这样的不依赖于 h 的 $\varepsilon_0 > 0$，使得下述条件满足. 令 ω_h 表示定义在 D_h 上的函数 $\widetilde{u}_h$ 的集合，并且 $\| u - \widetilde{u}_h \|_{Uh} < \varepsilon_0$；假设对于任何 $\varepsilon > 0$，可找到这样的 $\eta > 0$ 和 $\delta > 0$(δ 与 h 无关)，使得当 $h < \eta$ 时，对于任何[①]满足 §1 的不等式(20) 的 $\widetilde{f}$ 和 $\widetilde{\varphi}_{h_i}$，

(1) §1 的问题(19) 有属于 ω_h 的解 $\widetilde{u}_h$；

(2) 对于任何属于 ω_h 的解 $\widetilde{u}_h$

$$\| \widetilde{u}_h - u_h \|_{Uh} < \varepsilon$$

其中 u_h 为属于 ω_h 的 §1 的问题(3)(4) 的任何解.

假如在定理 1 和定理 2 中，适定性按现在的定义理解. 用满足不等式 $\| \widetilde{u} - u \|_U < \varepsilon_0$ 的函数 $\widetilde{u}$ 的集合代替族 U，其中 u 为 §1 的方程(1)(2) 之解，则关于解 u 的收敛性 $\| u_h - u \|_{Uh} \to 0$ 和唯一性命题依然正确.

① 相容条件永远要成立.

第四编

差分方程的应用

偏微分方程数值解法

第 11 章

许多活动可以被认为是非数学活动，计算就是这样的一种活动，另一个例子是摆弄代数公式. 当然计算方法和代数方法的发明是数学成就，并且甚至在今日，数学家们还在忙于发展简单的计算方法，也就是在一切数学领域中的所谓算法. 一旦我们有了一个算法，所有的其他事就都留给计算机了. 计算机所做的不再是数学了，但为了使用计算机，需要数学和数学家.

——Hans Freudenthal

本编汇集了差分方程在计算数学、工程技术、代数几何、复分析等方面的一些应用.

§1　函数在网格的结点上的值与拉普拉斯算子及双调和算子之间的关系

一、长方形网格

求拉普拉斯方程与泊松方程的数值解时，我们要用到拉普拉斯算子与函数在网格的结点上的值之间的一些关系式. 对于(x,y)平面上的长方网格,在拉普拉斯算子 $\Delta u=\frac{\partial^2 u}{\partial x^2}+\frac{\partial^2 u}{\partial y^2}$ 中用二阶中心差商代替二阶导数就可以很容易得到 Δu 的近似表达式.

设网格是由直线

$$x=x_0,x_1,x_2,\cdots$$

$$y=y_0,y_1,y_2,\cdots$$

组成. 这些平行的直线并不一定是等距离的,现在来求 Δu 在结点(i,k)上的近似表达式. 这里主要是利用插值点不等距离的牛顿公式

$$\begin{aligned}f(x)=&f(a_0)+a_0f(a_0,a_1)+\\&a_0a_1f(a_0,a_1,a_2)+\cdots+\\&a_0a_1\cdots a_{n-1}f(a_0,a_1,\cdots,a_n)+R_{n+1}(x)\end{aligned}\quad(1)$$

其中 $a_k=x-x_k,k=0,\cdots,n$,而

$$R_{n+1}(x)=\omega(x)\sum_{k=0}^{n}\frac{f(a_k)-f(x)}{(a_k-x)\omega'(a_k)}\quad(2)$$

$$\omega(x)=\prod_{k=0}^{n}(x-a_k)$$

以及由此得出的表达二阶导数 $f''(x)$ 的公式

$$\begin{aligned}f''(x)=&2\{f(a_0,a_1,a_2)+\\&(a_0+a_1+a_2)f(a_0,a_1,a_2,a_3)+\cdots\}+\\&R''_{n+1}(x)\end{aligned}\quad(3)$$

其中

$$R''_{n+1}(x)=\omega''(x)\sum_{k=0}^{n}\frac{f(a_k)-f(x)}{(a_k-x)\omega'(a_k)}+$$

$$2\omega'(x)\sum_{k=0}^{n}\frac{f(a_k)-f(x)-\frac{a_k-x}{1!}f'(x)}{(a_k-x)^2\omega'(a_k)}+$$

$$2\omega(x)\sum_{k=1}^{n}\frac{f(a_k)-f(x)-\frac{a_k-x}{1!}f'(x)-\frac{(a_k-x)^2}{2!}f''(x)}{(a_k-x)^3\omega'(a_k)} \tag{4}$$

记 $u(x_i,y_k)=u_{i,k}$.

在 $u(x,y)$ 中令 $y=y_k$，取 $a_0=x_{i-1}$，$a_1=x_i$，$a_2=x_{i+1}$. 把公式(3) 用在函数 $u(x,y_k)$ 上，即得 u_{x^2} 的近似表达式与相应的余式，其中所用到的结点的个数须视所需要的近似程度来决定. 用三个点 x_{i-1}，x_i，x_{i+1} 据公式(3) 得

$$\left.\frac{\partial^2 u}{\partial x^2}\right|_{i,k}=2\left\{\frac{\frac{u_{i+1,k}-u_{i,k}}{\Delta x_i}-\frac{u_{i,k}-u_{i-1,k}}{\Delta x_{i-1}}}{\Delta x_i+\Delta x_{i-1}}\right\}+\text{余式}$$

同理

$$\left.\frac{\partial^2 u}{\partial y^2}\right|_{i,k}=2\left\{\frac{\frac{u_{i,k+1}-u_{i,k}}{\Delta y_k}-\frac{u_{i,k}-u_{i,k-1}}{\Delta y_{k-1}}}{\Delta y_k+\Delta y_{k-1}}\right\}+\text{余式}$$

故

$$\Delta u\,\Big|_{i,k}=2\left\{\frac{\frac{u_{i+1,k}-u_{i,k}}{\Delta x_i}-\frac{u_{i,k}-u_{i-1,k}}{\Delta x_{i-1}}}{\Delta x_i+\Delta x_{i-1}}+\frac{\frac{u_{i,k+1}-u_{i,k}}{\Delta y_k}-\frac{u_{i,k}-u_{i,k-1}}{\Delta y_{k-1}}}{\Delta y_k+\Delta y_{k-1}}\right\}+R_3(i,k) \tag{5}$$

余式 $R_3(i,k)$ 可以利用式(4) 算出(图 1，图 2).

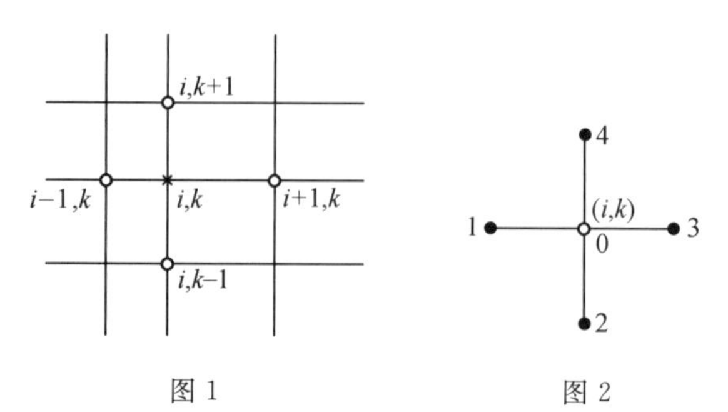

图 1　　　　　　图 2

这里的近似表达式(5) 中,只用到了直线 $x=x_i$,$y=y_k$ 上的终点.还可以利用其他结点上的函数值来表示 $\Delta u\mid_{i,k}$.

二、正方形网格

最简单的网格是正方形网格,以下我们就来讨论正方形网格的情形.在(x,y)平面上作正方网格

$$\begin{matrix} x=x_0+ih=x_i \\ y=y_0+kh=y_k \end{matrix}\quad (i,k=0,\pm 1,\pm 2,\cdots)$$

现在用结点 $O(i,k)$ 及离它最近的 4 个结点 $1(i-1,k)$,$2(i,k-1)$,$3(i+1,k)$,$4(i,k+1)$ 上的值来表示 $\Delta u\mid_{i,k}$.由泰勒公式,有

$$\begin{cases} u_{i+1,k}-u_{i,k}=hu_x+\dfrac{h^2}{2!}u_{x^2}+\dfrac{h^3}{3!}u_{x^3}+\dfrac{h^4}{4!}u_{x^4}+\cdots \\ u_{i-1,k}-u_{i,k}=-hu_x+\dfrac{h^2}{2!}u_{x^2}-\dfrac{h^3}{3!}u_{x^3}+\dfrac{h^4}{4!}u_{x^4}-\cdots \\ u_{i,k+1}-u_{i,k}=hu_y+\dfrac{h^2}{2!}u_{y^2}+\dfrac{h^3}{3!}u_{y^3}+\dfrac{h^4}{4!}u_{y^4}+\cdots \\ u_{i,k-1}-u_{i,k}=-hu_y+\dfrac{h^2}{2!}u_{y^2}-\dfrac{h^3}{3!}u_{y^3}+\dfrac{h^4}{4!}u_{y^4}-\cdots \end{cases} \tag{6}$$

这里各式右端各项的值都是在点 $O(i,k)$ 计算出来的.

令

$$\Diamond u_{i,k}=u_{i+1,k}+u_{i-1,k}+u_{i,k+1}+u_{i,k-1}-4u_{i,k} \quad (7)$$

故由(6)有

$$\Diamond u_{i,k}=2\left\{\frac{h^2}{2!}(u_{x^2}+u_{y^2})+\frac{h^4}{4!}(u_{x^4}+u_{y^4})+\frac{h^6}{6!}(u_{x^6}+u_{y^6})+\cdots\right\}$$

因而

$$\begin{cases}\dfrac{1}{h^2}\Diamond u_{i,k}=\Delta u\mid_{i,k}+R_{i,k}\\ R_{i,k}=\dfrac{2h^2}{4!}\{u_{x^4}+u_{y^4}\}+\dfrac{2h^4}{6!}\{u_{x^6}+u_{y^6}\}+\cdots\end{cases} \quad (8)$$

利用带余式的泰勒公式,即知

$$R_{i,k}=\frac{4h^2}{4!}\vartheta M_4=\frac{h^2}{6}\vartheta M_4 \quad (\mid\vartheta\mid\leqslant 1)$$
$$M_4=\max_{\Omega}\{\mid u_{x^4}\mid,\mid u_{y^4}\mid\} \quad (9)$$

其中 Ω 是我们所讨论的数值解的定义域.

如果 u 是调和函数或是泊松方程 $\Delta u=f(x,y)$ 的解,不计(8)中的余式,即得 u 所适合的近似于 $\Delta u=0$ 或 $\Delta u=f$ 的有限差分方程

$$\frac{1}{h^2}\Diamond u_{i,k}=0 \text{ 或 } \frac{1}{h^2}\Diamond u_{i,k}=f_{i,k},f_{i,k}=f(x_i,y_k)$$

(8)中余式 $R_{i,k}$ 就是在结点(i,k)上近似方程对于原设方程而言的误差. 在同一个边值条件下解出原设方程与近似方程的解 $u(x,y)$ 与 $u_{i,k}$. 这两个解在结点上的值并不相等. 一般说来,如果近似方程的误差 $R_{i,k}$ 越大,它的解对于原方程的解的近似程度就愈差. 所以要想使结果更精确就要设法减少 $R_{i,k}$.

为了得到 $\Delta u=0$ 或 $\Delta u=f$ 的更精确的近似方程，除了在 $\Diamond u_{i,k}$ 中所用到的四个与 (i,k) 相邻的点而外，我们再用四个点 $(i+1,k+1)$，$(i-1,k-1)$，$(i+1,k-1)$，$(i-1,k+1)$（图 3）. 由泰勒展开式

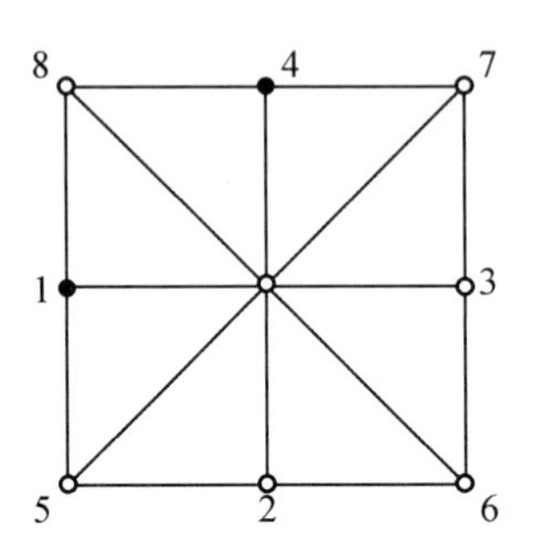

图 3

$$
\begin{cases}
u_{i+1,k+1}-u_{i,k}=h\left(\frac{\partial}{\partial x}+\frac{\partial}{\partial y}\right)u+ \\
\frac{h^2}{2!}\left(\frac{\partial}{\partial x}+\frac{\partial}{\partial y}\right)^2u+\frac{h^3}{3!}(\qquad)^3u+\cdots \\
u_{i-1,k+1}-u_{i,k}=h\left(-\frac{\partial}{\partial x}+\frac{\partial}{\partial y}\right)u+ \\
\frac{h^2}{2!}\left(-\frac{\partial}{\partial x}+\frac{\partial}{\partial y}\right)^2u+\frac{h^3}{3!}(\qquad)^3u+\cdots \\
u_{i-1,k-1}-u_{i,k}=h\left(-\frac{\partial}{\partial x}-\frac{\partial}{\partial y}\right)u+ \\
\frac{h^2}{2!}\left(-\frac{\partial}{\partial x}-\frac{\partial}{\partial y}\right)^2u+\frac{h^3}{3!}(\qquad)^3u+\cdots \\
u_{i+1,k-1}-u_{i,k}=h\left(\frac{\partial}{\partial x}-\frac{\partial}{\partial y}\right)u+ \\
\frac{h^2}{2!}\left(\frac{\partial}{\partial x}-\frac{\partial}{\partial y}\right)^2u+\frac{h^3}{3!}(\qquad)^3u+\cdots
\end{cases} \tag{10}
$$

令

$$\square u_{i,k}=u_{i+1,k+1}+u_{i+1,k-1}+u_{i-1,k-1}+u_{i-1,k+1}-4u_{i,k} \tag{11}$$

于是

$$\square u_{i,k}=4\left\{\frac{h^2}{2!}(u_{x^2}+u_{y^2})+\frac{h^4}{4!}(u_{x^4}+6u_{x^2y^2}+u_{y^4})+\frac{h^6}{6!}(u_{x^6}+15u_{x^4y^2}+15u_{x^2y^4}+u_{y^6})+\cdots\right\} \tag{12}$$

而

$$\frac{1}{2h^2}\square u_{i,k}=\Delta u\mid_{i,k}+R^*_{i,k} \tag{13}$$

$$R^*_{i,k}=\frac{2h^2}{4!}(u_{x^4}+6u_{x^2y^2}+u_{y^4})+\frac{2h^4}{6!}(u_{x^6}+15u_{x^4y^2}+15u_{x^2y^4}+u_{y^6})+\cdots$$

利用带余式的泰勒公式

$$\mid R^*_{i,k}\mid\leqslant\frac{16h^2}{4!}M_4$$

$$M_4=\max_{\Omega}\{\mid u_{x^4}\mid,\mid u_{x^2y^2}\mid,\mid u_{y^4}\mid\} \tag{14}$$

这个估计比(9)大 4 倍. 这也很自然,因为 □ 中 4 点比 ◇ 中 4 点都离(i,k)远一些.

作 $\diamondsuit u_{i,k}$ 与 $\square u_{i,k}$ 的线性组合

$$a\diamondsuit u_{i,k}+b\square u_{i,k}$$

一般说来,$a\diamondsuit u_{i,k}+b\square u_{i,k}=(a+2b)h^2\Delta u\mid_{i,k}+O(h^4)$,而且不管如何选择 a,b 都不能使余式所含 h 的级变得更高,因为 $\diamondsuit u_{i,k}$ 中不含 $u_{x^2y^2}$ 的项而 $\square u_{i,k}$ 中则含有这样的项.

但是现在我们是求拉普拉斯方程或泊松方程的解的近似值,故 $\Delta u,\Delta^2 u,\cdots$ 等式之值均为已知,这里

$$\Delta^2 u=\Delta\Delta u=u_{x^4}+2u_{x^2y^2}+u_{y^4}$$

现在选 a,b 使 $a\Diamond u_{i,k}+b\Box u_{i,k}$ 中 Δu 的系数是 1，而且含四阶导数的项恰恰组成 $\Delta^2 u$ 的倍数. 因

$$a\Diamond u_{i,k}+b\Box u_{i,k}=(a+2b)h^2\Delta u+\left\{\left(\frac{2}{4!}a+\frac{4}{4!}b\right)h^4(u_{x^4}+u_{y^4})+\frac{24}{4!}bh^4u_{x^2y^2}\right\}+\cdots \tag{15}$$

故令

$$(a+2b)h^2=1,2\left(\frac{2}{4!}a+\frac{4}{4!}b\right)h^4=\frac{24}{4!}bh^4$$

即取

$$a=\frac{2}{3}h^{-2},b=\frac{1}{6}h^{-2} \tag{16}$$

之后，(15) 中{ } 内的表达式就变成了 $\frac{2}{4!}h^2\Delta^2 u$. 这里我们还指出一点，就是当这样选定 a,b 后，在 $(a\Diamond+b\Box)u_{i,k}$ 中含六阶导数的项也可以只通过 Δu 来表示. 这些含六阶导数的项是

$$\frac{2h^6}{6!}(u_{x^6}+u_{y^6})\cdot\frac{2}{3h^2}+\frac{4h^6}{6!}(u_{x^6}+15u_{x^4y^2}+15u_{x^2y^4}+u_{y^6})\frac{1}{6h^2}=$$

$$\frac{2h^4}{6!\ 3}(3u_{x^6}+15u_{x^4y^2}+15u_{x^2y^4}+3u_{y^6})=$$

$$\frac{2h^4}{6!}\left(\Delta^3 u+2\frac{\partial^4}{\partial x^2\partial y^2}\Delta u\right)$$

但是 $(a\Diamond+b\Box)u_{i,k}$ 中的其余各项就不再能够由 Δu 表示了.

$$\begin{cases}\dfrac{1}{6h^2}\{4\Diamond u_{i,k}+\Box u_{i,k}\}=\Delta u+\dfrac{2h^2}{4!}\Delta^2 u+\\ \dfrac{2h^4}{6!}\left(\Delta^3 u+2\dfrac{\partial^4}{\partial x^2\partial y^2}\Delta u\right)+R_{i,k}\\ R_{i,k}=\dfrac{2}{3}\dfrac{h^6}{8!}\left\{3\Delta^4 u+16\dfrac{\partial^4}{\partial x^2\partial y^2}\Delta^2 u+20\dfrac{\partial^8 u}{\partial x^4\partial y^4}\right\}+\cdots\end{cases}\tag{17}$$

如果在计算(6)及(10)中各项差数时用展至七阶导数项的泰勒公式而使余式含八阶导数，就可以估计到

$$R_{i,k}=\frac{1}{6}\frac{h^6}{8!}(4\times 4+4\times 2^8)\vartheta M_8=\frac{520}{8!\times 3}h^6\vartheta M_8\tag{18}$$

其中 $|\vartheta|\leqslant 1$，M_8 是 u 的各个八阶导数的绝对值的共同上界.

(18)给出的余式 $R_{i,k}$ 的估计显然是太大了，因而在实用上使用价值很小.(17)的第二个等式是 $R_{i,k}$ 的关于 h 的幂级数展开式，当 h 很小时，展开式中起主要作用的是第一项，因而可以认为第一项近似地等于 $R_{i,k}$.

如果 u 是调和函数，则 $\Delta u=0$，$\Delta^2 u=0$，故近似方程

$$\frac{1}{6h^2}\{4\Diamond+\Box\}u_{i,k}=0\ \text{的误差为}$$

$$R_{i,k}=\frac{40}{3}\frac{h^6}{8!}\frac{\partial^3 u}{\partial x^4\partial y^4}+O(h^8)$$

因此我们在拉普拉斯方程的情形可以有近似的估计式 $|R_{i,k}|\leqslant\dfrac{40h^6}{8!\ 3}M_8$；它与估计(18)同级，但只有(18)的

$\frac{1}{13}$,然而由于它是近似的,仅具有试探性的价值.

如果 u 是 $\Delta u=f(x,y)$ 的解,用 $f(x,y)$ 代替(17)中的 Δu,并略去余式 $R_{i,k}$ 不计,则有 $\Delta u=f$ 的近似方程

$$\frac{1}{6h^2}\{4\Diamond u_{i,k}+\Box u_{i,k}\}=f_{i,k}+\frac{2}{4!}h^2\Delta f_{i,k}+$$

$$\frac{2}{6!}h^4\left\{\Delta^2 f_{i,k}+2\frac{\partial^4 f_{i,k}}{\partial x^2\partial y^2}\right\}$$

其误差为 $O(h^6)$,当 $f(x,y)$ 是由分析式子给出的时候,用这个公式并不引起任何困难.但当只有 $f(x,y)$ 在结点上的值是已知的时候,那么上式右边所含 f 的导数的准确值算不出来而只能算出其近似值.

假定只要求上式准至含 h^2 的项而忽略掉 h^4 项.用 $\frac{1}{h^2}\Diamond f_{i,k}$ 代替 $\Delta f_{i,k}$,则所引进的误差也是 $O(h^4)$.于是得到 $\Delta u=f$ 的近似方程

$$\frac{1}{h^2}\{4\Diamond+\Box\}u_{i,k}=f_{i,k}+\frac{2}{4!}\Diamond f_{i,k} \tag{19}$$

即

$$\frac{1}{h^2}(u_{i+1,k+1}+u_{i+1,k-1}+u_{i-1,k+1}+u_{i-1,k-1}+$$

$$4(u_{i+1,k}+u_{i-1,k}+u_{i,k+1}+u_{i,k-1})-20u_{i,k})=$$

$$\frac{1}{12}\{f_{i+1,k}+f_{i-1,k}+f_{i,k+1}+f_{i,k-1}+8f_{i,k}\}$$

其误差为 $O(h^4)$.

如果再利用离 (i,k) 更远一些的点,可以得到与(8)(12)(17)等式相类似的公式而其误差可以与 h 的更高幂同级.例如(图 4)

		−1		
		16		
−1	16	−60	16	−1
		16		
		−1		

图 4

$$\frac{1}{12h^2}\{16\Diamond u_{i,k}-\square^* u_{i,k}\}=$$

$$\Delta u_{i,k}+\frac{h^4}{90}(u_{x^6}+u_{y^6})+O(h^6)$$

其中

$$\Diamond^* u_{i,k}=u_{i+2,k}+u_{i-2,k}+u_{i,k+2}+$$
$$u_{i,k-2}-4u_{i,k}$$

此外可参阅 Ш. Е. Микеладзе. 论 $\Delta u=0$ 与 $\Delta u \parallel f$ 的数值解法[J]. Изв. АН СССР,1938(2):271-293.

三、三角形网格及正六边形网格

除正方形网格外还可使用三角形网格及六边形网格.

首先介绍等边三角形网格. 如果讨论的区域是一个顶角为 $60°$ 的菱形 $OABC$, $OA=AB=a$,那么用正三角形网格就很方便(图 5,图 6).

设三角形边长为 h,令

$$“0”=(x,y),“1”=(x+h,y),“4”=(x-h,y)$$

$$“2”=\left(x+\frac{1}{2}h,y+\frac{\sqrt{3}}{2}h\right),“6”=\left(x+\frac{1}{2}h,y-\frac{\sqrt{3}}{2}h\right)$$

$$“3”=\left(x-\frac{1}{2}h,y+\frac{\sqrt{3}}{2}h\right),“5”=\left(x-\frac{1}{2}h,y-\frac{\sqrt{3}}{2}h\right)$$

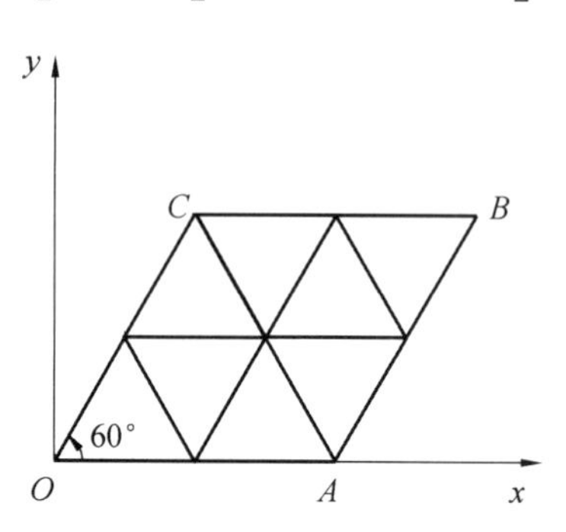

图 5

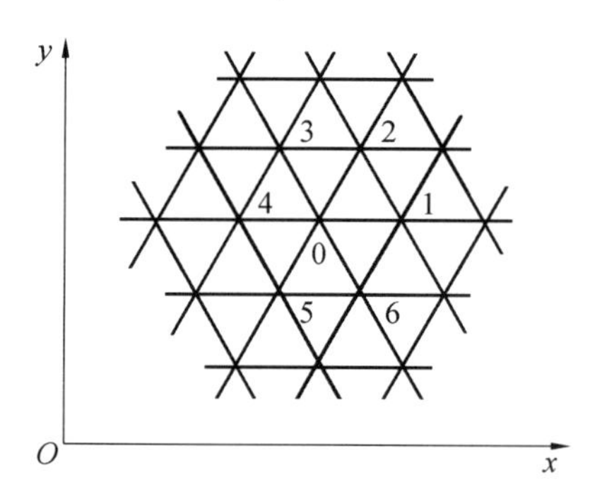

图 6

把 u 在顶点 1,2,…,6 上的值与 u 在顶点 O 的值之差用泰勒公式展开

$$u_1-u_0=hu_x+\frac{h^2}{2!}u_{x^2}+\frac{h^3}{3!}u_{x^3}+\frac{h^4}{4!}u_{x^4}+\cdots$$

$$u_4-u_0=-hu_x+\frac{h^2}{2!}u_{x^2}-\frac{h^3}{3!}u_{x^3}+\frac{h^4}{4!}u_{x^4}+\cdots$$

$$u_2-u_0=h\left(\frac{1}{2}\frac{\partial}{\partial x}+\frac{\sqrt{3}}{2}\frac{\partial}{\partial y}\right)u+\frac{h^2}{2!}(\qquad)^2u+$$

$$\frac{h^3}{3!}(\qquad)^3 u+\frac{h^4}{4!}(\qquad)^4 u+\cdots$$[1]

$$u_6-u_0=h\left(\frac{1}{2}\frac{\partial}{\partial x}-\frac{\sqrt{3}}{2}\frac{\partial}{\partial y}\right)u+\frac{h^2}{2!}(\qquad)^2 u+$$

$$\frac{h^3}{3!}(\qquad)^3 u+\frac{h^4}{4!}(\qquad)^4 u+\cdots$$

$$u_3-u_0=h\left(-\frac{1}{2}\frac{\partial}{\partial x}+\frac{\sqrt{3}}{2}\frac{\partial}{\partial y}\right)u+\frac{h^2}{2!}(\qquad)^2 u+$$

$$\frac{h^3}{3!}(\qquad)^3 u+\frac{h^4}{4!}(\qquad)^4 u+\cdots$$

$$u_5-u_0=h\left(-\frac{1}{2}\frac{\partial}{\partial x}-\frac{\sqrt{3}}{2}\frac{\partial}{\partial y}\right)u+\frac{h^2}{2!}(\qquad)^2 u+$$

$$\frac{h^3}{3!}(\qquad)^3 u+\frac{h^4}{4!}(\qquad)^4 u+\cdots$$

相加有

$$\sum_{i=1}^{6}u_i-6u_0=$$

$$\frac{3h^2}{2!}\Delta u+\frac{9}{4}\frac{h^4}{4!}\Delta^2 u+$$

$$\frac{h^6}{6!}\left(\frac{33}{16}u_{x^6}+15\cdot\frac{3}{16}u_{x^4y^6}+15\cdot\frac{9}{16}u_{x^2y^4}+\frac{27}{16}u_{y^6}\right)+\cdots$$

于是

$$\begin{cases}\dfrac{2}{3h^2}\left\{\sum\limits_{i=1}^{6}u_i-6u_0\right\}=\Delta u+\dfrac{h^2}{16}\Delta^2 u+R_0\\ R_0=\dfrac{h^4}{17\ 280}\{33u_{x^6}+45u_{x^4y^2}+135u_{x^2y^4}+27u_{y^6}\}+\cdots\end{cases}\tag{20}$$

---

① 展开式中(　　)内未写出的式子和展开式第一项中(　　)内的式子相同.

若用带余项的泰勒公式展开 $u_i - u_0$ 而使余式为 $O(h^6)$，则估计到

$$|R_0| \leqslant \frac{2}{3h^2}\cdot\frac{h^6}{6!}\left\{2+4\left(\frac{1+\sqrt{3}}{2}\right)^6\right\}M_6 < \frac{7h^4}{270}M_6 \tag{21}$$

故可取

$$\frac{2}{3h^2}\left\{\sum_{i=1}^{6}u_i - u_0\right\}=0$$

作为 $\Delta u=0$ 的近似方程，误差为公式(20)中的 R_0. 若 u 是泊松方程 $\Delta u=f$ 的解，则

$$\frac{2}{3h^2}\left\{\sum_{i=1}^{6}u_i - 6u_0\right\}=f_0+\frac{h^2}{16}\Delta f_0+R_0(u)$$

$R_0(u)$ 及其估计见于公式(20)及(21).

其次我们介绍一下六边形网格(图 7). 设六边形长为 h，令

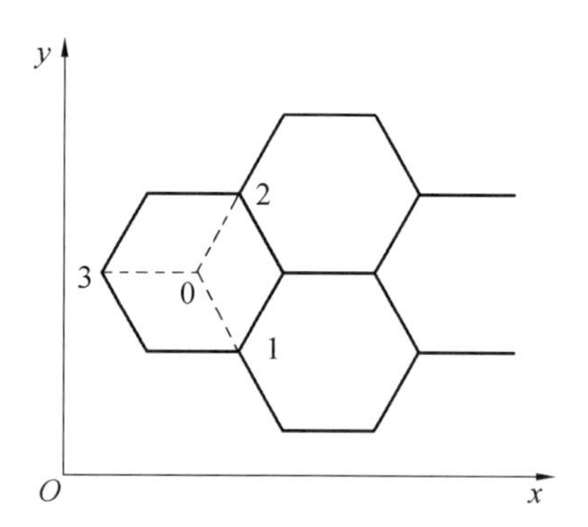

图 7

$$\text{“0”}=(x,y),\text{“1”}=\left(x+\frac{h}{2},y-\frac{\sqrt{3}}{2}h\right)$$

$$\text{“2”}=\left(x+\frac{h}{2},y+\frac{\sqrt{3}}{2}h\right),\text{“3”}=(x-h,y)$$

于是

$$u_3-u_0=-hu_x+\frac{h^2}{2!}u_{x^2}-\frac{h^3}{3!}u_{x^3}+\cdots$$

$$u_1-u_0=h\left(\frac{1}{2}\frac{\partial}{\partial x}-\frac{\sqrt{3}}{2}\frac{\partial}{\partial y}\right)u+\frac{h^2}{2!}(\qquad)^2u+\frac{h^3}{3!}(\qquad)^3u+\cdots$$

$$u_2-u_0=h\left(\frac{1}{2}\frac{\partial}{\partial x}+\frac{\sqrt{3}}{2}\frac{\partial}{\partial y}\right)u+\frac{h^2}{2!}(\qquad)^2u+\frac{h^3}{3!}(\qquad)^3u+\cdots$$

相加得

$$\sum_{i=1}^{3}u_i-3u_0=\frac{3}{2}\frac{h^2}{2!}\Delta u-\frac{h^3}{3!}\left(\frac{3}{4}u_{x^3}-\frac{9}{4}u_{xy^2}\right)+\cdots$$

故

$$\begin{cases}\frac{4}{3h^2}\{u_1+u_2+u_3-3u_0\}=\Delta u+R_0\\ R_0=-\frac{h}{6}(u_{x^3}-3u_{xy^2})+\cdots\end{cases}\tag{22}$$

并可像上面一样估计出

$$|R_0|\leqslant\frac{4}{3h^2}\frac{h^3}{3!}\left\{1+2\left(\frac{1+\sqrt{3}}{2}\right)^3\right\}M_3=\frac{2h}{9}\frac{7+3\sqrt{3}}{2}M_3<1.36hM_3\tag{23}$$

其中

$$M_3=\max\{|u_{x^3}|,|u_{x^2y}|,|u_{xy^2}|,|u_{y^3}|\}$$

故有

$$\frac{4}{3h^2}\{u_1+u_2+u_3-3u_0\}=0$$

及

$$\frac{4}{3h^2}\{u_1+u_2+u_3-3u_0\}=f_0$$

逼近方程 $\Delta u=0$ 及 $\Delta u=f$,其误差均为 $R_0=O(h)$.

四、双调和算子的近似公式,正方形网格的情形

最后来作双调和算子 $\Delta^2 u$ 的近似公式.令

$$\Diamond u_{0,0}=u_{1,0}+u_{-1,0}+u_{0,1}+u_{0,-1}-4u_{0,0}$$

$$\Box u_{0,0}=u_{1,1}+u_{-1,1}+u_{1,-1}+u_{-1,1}-4u_{0,0}$$

$$\Diamond^* u_{0,0}=u_{2,0}+u_{-2,0}+u_{0,2}+u_{0,-2}-4u_{0,0}$$

则

$$\Diamond u_{0,0}=2\left\{\frac{h^2}{2!}(u_{x^2}+u_{y^2})+\frac{h^4}{4!}(u_{x^4}+u_{y^4})+\cdots\right\}$$

$$\Box u_{0,0}=4\left\{\frac{h^2}{2!}(u_{x^2}+u_{y^2})+\frac{h^4}{4!}(u_{x^4}+6u_{x^2y^2}+u_{y^4})+\right.$$
$$\left.\frac{h^6}{6!}(u_{x^6}+15u_{x^4y^2}+15u_{x^2y^4}+u_{y^6})+\cdots\right\}$$

$$\Diamond^* u_{0,0}=2\left\{\frac{(2h)^2}{2!}(u_{x^2}+u_{y^2})+\frac{(2h)^4}{4!}(u_{x^4}+u_{y^4})+\cdots\right\}$$

作 $\{a\Diamond+b\Box+c\Diamond^*\}u_{0,0}$ 使其中不含 u_{x^2} 及 u_{y^2},并使含 h^4 各项为 $\Delta^2 u$,则 a,b,c 三常数要满足(图 8)

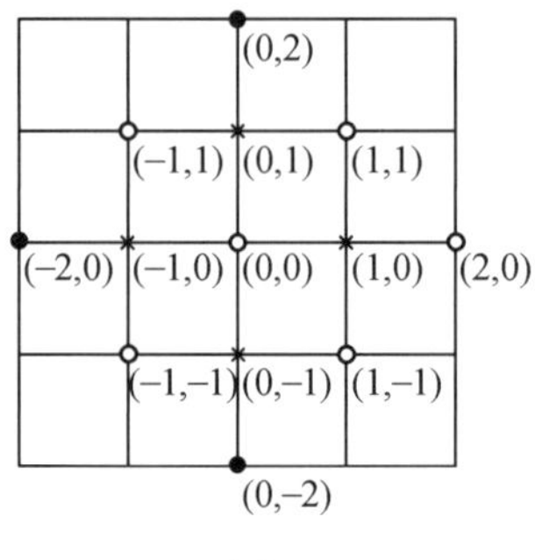

图 8

$$\begin{cases}(2a+4b+8c)\dfrac{h^2}{2!}=0\\ 2a\dfrac{h^4}{4!}+4b\dfrac{h^4}{4!}+2c\dfrac{(2h)^4}{4!}=1\\ \dfrac{4b\cdot 6h^4}{4!}=2\end{cases}$$

故
$$a=-\frac{8}{h^4},b=\frac{2}{h^4},c=\frac{1}{h^4}$$

因而

$$(a\Diamond+b\Box+c\Diamond^*)u_{0,0}=$$
$$h^{-4}(-8\Diamond+2\Box+\Diamond^*)u_{0,0}=$$
$$h^{-4}\{20u_{0,0}-8(u_{1,0}+u_{0,1}+u_{-1,0}+u_{0,-1})+$$
$$2(u_{1,1}+u_{-1,1}+u_{1,-1}+u_{-1,-1})+$$
$$(u_{2,0}+u_{0,2}+u_{-2,0}+u_{0,-2})\}=\Delta^2u+R_{0,0}\quad(24)$$

其中

$$R_{0,0}=\frac{h^2}{6}(u_{x^6}+u_{x^4y^2}+u_{x^2y^4}+u_{y^6})+\cdots\quad(25)$$

而

$$|R_{0,0}|\leqslant\left\{\frac{8}{h^4}\cdot 4\cdot\frac{h^6}{6!}+\frac{2}{h^4}\cdot 4\cdot 2^6\frac{h^6}{6!}+\right.$$
$$\left.\frac{1}{h^4}\cdot 4\cdot\frac{(2h)^6}{6!}\right\}M_6=\quad(26)$$
$$\frac{h^2}{6!}M_6\{32+512+256\}=\frac{10}{9}h^2M_6$$

于是可以用

$$h^{-4}\{-8\Diamond+2\Box+\Diamond^*\}u_{0,0}=f_{0,0}$$

作为 $\Delta^2u=f$ 的近似方程,误差为 $R_{0,0}$.

平面上最简单的网格是正方形网格,因为作为近似方程的差分方程最简单.但正方形网格并不是在任何情形都是最好的. 在解决边值问题时,我们除了用有限差分方程代替了微分方程而外,还要用逼近于区域边界 Γ 的网格的边所组成的折线 C 来代替边界 Γ,然后再把解在 Γ 上所必须满足的边值条件用在折线 C 上的近似的条件来代替. 折线 C 的顶点不会都在 Γ 上,所以近似的边值. 条件会有误差. 当 C 离 Γ 越远,误差就越大,并且这个误差的大小的级往往低于把微分方程变成差分方程的误差的级.

所以如何选择网格使折线 C 能最好地逼近 Γ 是一个重要的问题. 如果用正方形网格就已经可以作出折线 C,使 C 的顶点或者在 Γ 上或者很靠近 Γ,那么当然是正方形网格简单. 否则为了减小由于置换边界条件而引起的误差,有时用长方形网格可以作出比用正方形网格更能接近 Γ 的折线 C. 这就是我们还要用长方形网格的原因.

五、一般的二阶线性椭圆型方程

现在就一般的二阶椭圆型方程

$$Lu = A\frac{\partial^2 u}{\partial x^2} + C\frac{\partial^2 u}{\partial y^2} + D\frac{\partial u}{\partial x} + E\frac{\partial u}{\partial y} + qu = f(x,y) \quad (A>0, B>0) \tag{27}$$

来讨论使用长方形网格的问题,其中 A,C,D,E,q,f 都是区域 G 上的函数. 我们的问题是求 $Lu=f$ 的在 G 的边界 Γ 上满足一定边值条件的解.

作平行坐标轴的直线

$$\begin{cases} x=x_0, x=x_1, \cdots, x=x_n, x_0<x_1<\cdots<x_n \\ y=y_0, y=y_1, \cdots, y=y_m, y_0<y_1<\cdots<y_m \end{cases} \tag{28}$$

这些直线组成了长方形网格，其形状取决于 x_i，y_k 的值. 作最逼近于 Γ 的由网格的边与对角线组成的封闭折线 C. C 的顶点不一定要在 G 内或 Γ 上，在 G 的外部也可以.

在折线 C 的内部取点 (x_i, y_k) 和在直线 $x=x_i$，$y=y_k$ 上最靠近 (x_i, y_k) 的四个点 (x_i, y_{k+1})，(x_i, y_{k-1})，(x_{i+1}, y_k)，(x_{i-1}, y_k). 现在用 $u(x, y)$ 在这五个点上的值来表示 $\frac{\partial^2 u}{\partial x^2}$，$\frac{\partial^2 u}{\partial y^2}$ 在 (x_i, y_k) 上的值. 我们有

$$\frac{\partial^2 u}{\partial x^2}=2\,\frac{\frac{\Delta_x u_{i,k}}{\Delta x_i}-\frac{\Delta_x u_{i-1,k}}{\Delta x_{i-1}}}{\Delta x_i+\Delta x_{i-1}}+2R''_3(x_i)=$$
$$2\left\{\frac{u_{i+1,k}}{\Delta x_i(\Delta x_i+\Delta x_{i-1})}-\frac{u_{i,k}}{\Delta x_i\Delta x_{i-1}}+\frac{u_{i-1,k}}{\Delta x_{i-1}(\Delta x_i+\Delta x_{i-1})}\right\}+2R''_3(x_i) \tag{29}$$

其余式可如下计算. 用泰勒公式展开 $\Delta_x u_{i,k}=u_{i+1,k}-u_{i,k}$，得

$$\frac{\Delta_x u_{i,k}}{\Delta x_i}=\frac{\partial u}{\partial x}+\frac{\Delta x_i}{2!}\frac{\partial^2 u}{\partial x^2}+\frac{(\Delta x_i)^2}{3!}\frac{\partial^3 u}{\partial x^3}+\frac{(\Delta x_i)^3}{4!}\left(\frac{\partial^4 u}{\partial x^4}\right)_{i,i+1;k} \tag{30}$$

其中 $\left(\frac{\partial^4 u}{\partial x^4}\right)_{i,i+1;k}$ 的下标说明这是当 $y=y_k$，而 x 在 x_i 与 x_{i+1} 之间的某一点上的 $\frac{\partial^4 u}{\partial x^4}$ 的值. 同理

$$\frac{\Delta_x u_{i-1,k}}{\Delta x_{i-1}}=\frac{\partial u}{\partial x}-\frac{\Delta x_{i-1}}{2!}\frac{\partial^2 u}{\partial x^2}+\frac{(\Delta x_{i-1})^2}{3!}\frac{\partial^3 u}{\partial x^3}-\frac{(\Delta x_{i-1})^3}{4!}\left(\frac{\partial^4 u}{\partial x^4}\right)_{i-1,i;k} \tag{31}$$

故相减得到

$$-2R''_3(x_i)=\frac{\Delta x_i-\Delta x_{i-1}}{3}\frac{\partial^3 u}{\partial x^3}+$$

$$\frac{1}{12(\Delta x_i+\Delta x_{i-1})}\{\Delta x_i^3(u_{x^4})_{i,i+1;k}+\Delta x_{i-1}^3(u_{x^4})_{i-1,i;k}\}\tag{32}$$

同样可知

$$\frac{\partial^2 u}{\partial y^2}=2\frac{\frac{\Delta_y u_{i,k}}{\Delta y_k}-\frac{\Delta_y u_{i,k-1}}{\Delta y_{k-1}}}{\Delta y_k+\Delta y_{k-1}}+2R''_3(y_k)=$$

$$2\left\{\frac{u_{i,k+1}}{\Delta y_k(\Delta y_k+\Delta y_{k-1})}-\frac{u_{i,k}}{\Delta y_k\Delta y_{k-1}}+\frac{u_{i,k-1}}{\Delta y_{k-1}(\Delta y_k+\Delta y_{k+1})}\right\}+2R''_3(y_k)\tag{33}$$

而

$$-2R''_3(y_k)=$$

$$\frac{\Delta y_k-\Delta y_{k-1}}{3}\frac{\partial^3 u}{\partial y^3}+$$

$$\frac{1}{12(\Delta y_k+\Delta y_{k-1})}\{\Delta y_k^3(u_{y^4})_{i;k,k+1}+\Delta y_{k-1}^3(u_{y^4})_{i;k-1,k}\}\tag{34}$$

若令

$$\varepsilon=\max_{i,k}\{|\Delta x_i-\Delta x_{i-1}|,|\Delta y_k-\Delta y_{k-1}|\}$$

$$\eta=\max_{i,k}\left\{\frac{\Delta x_i^3}{\Delta x_i+\Delta x_{i-1}},\frac{\Delta x_{i-1}^3}{\Delta x_i+\Delta x_{i-1}},\frac{\Delta y_k^3}{\Delta y_k+\Delta y_{k-1}},\frac{\Delta y_{k-1}^3}{\Delta y_k+\Delta y_{k-1}}\right\}$$

则

$$|2R''_3(x_i)| \leqslant \frac{\varepsilon}{3}M_3 + \frac{\eta}{12} \cdot 2M_4 = \frac{1}{3}\left\{\varepsilon M_3 + \frac{\eta M_4}{2}\right\} \tag{35}$$

$$|2R''_3(y_k)| \leqslant \frac{1}{3}\left\{\varepsilon M_3 + \frac{\eta M_4}{2}\right\}$$

对于正方形网格，$\Delta x_i = \Delta y_k = h$，则 $|2R''_3(x_i)|$，$|2R''_3(y_k)|$ 均小于$\frac{h^2}{12}M_4$.

为了求$\frac{\partial u}{\partial x}$的近似表达式，在

$$\frac{\partial u}{\partial x} = u(a_0, a_1) + [(x - a_0) + (x - a_1)]u(a_0, a_1, a_2) + R'_3(x)$$

中令 $a_0 = x_i, a_1 = x_{i-1}, a_2 = x_{i+1}$，故

$$\begin{aligned}
\frac{\partial u}{\partial x} &= \\
&\frac{\Delta_x u_{i-1,k}}{\Delta x_{i-1}} + \frac{-\Delta x_{i-1}}{\Delta x_i + \Delta x_{i-1}}\left(\frac{\Delta_x u_{i-1,k}}{\Delta x_{i-1}} - \frac{\Delta_x u_{i,k}}{\Delta x_i}\right) + R'_3(x_i) = \\
&\frac{\Delta x_{i-1}\dfrac{\Delta_x u_{i,k}}{\Delta x_i} + \Delta x_i \dfrac{\Delta_x u_{i-1,k}}{\Delta x_{i-1}}}{\Delta x_i + \Delta x_{i-1}} + R'_3(x_i) = \\
&\frac{\Delta x_{i-1}}{\Delta x_i(\Delta x_i + \Delta x_{i-1})}u_{i+1,k} + \frac{\Delta x_i - \Delta x_{i-1}}{\Delta x_i \Delta x_{i-1}}u_{i,k} - \\
&\frac{\Delta x_i}{\Delta x_{i-1}(\Delta x_i + \Delta x_{i-1})}u_{i-1,k} + R'_3(x_i)
\end{aligned} \tag{36}$$

利用泰勒公式把其中$\frac{\Delta_x u_{i,k}}{\Delta x_i}$，$\frac{\Delta_x u_{i-1,k}}{\Delta x_{i-1}}$展开至含三次导数项为止，则

$$R'_3(x_i) = \frac{\Delta x_i \Delta x_{i-1}}{6(\Delta x_i + \Delta x_{i-1})}\{\Delta x_i (u_{x^3})_{i,i+1;k} + \Delta x_{i-1}(u_{x^3})_{i-1,i;k}\}$$

故

$$|R'_3(x_i)| \leqslant \frac{\eta}{3}M_3 \tag{37}$$

同理，可得

$$\frac{\partial u}{\partial y}=\frac{\Delta y_{k-1}\dfrac{\Delta_y u_{i,k}}{\Delta y_k}+\Delta y_k\dfrac{\Delta_x u_{i,k-1}}{\Delta y_{k-1}}}{\Delta y_k+\Delta y_{k-1}}+R'_3(y_k)=$$

$$\frac{\Delta y_{k-1}}{\Delta y_k(\Delta y_k+\Delta y_{k-1})}u_{i,k+1}+\frac{\Delta y_k-\Delta y_{k-1}}{\Delta y_k\Delta y_{k-1}}u_{i,k}-$$

$$\frac{\Delta y_k}{\Delta y_{k-1}(\Delta y_k+\Delta y_{k-1})}u_{i,k-1}+R'_3(y_k) \tag{38}$$

$$R'_3(y_k)=\frac{\Delta y_k\Delta y_{k-1}}{6(\Delta y_k+\Delta y_{k-1})}\{\Delta y_k(u_{y^3})_{i;k,k+1}+$$

$$\Delta y_{k-1}(u_{y^3})_{i;k-1,k}\}$$

$$|R'_3(y_k)| \leqslant \frac{\eta}{3}M_3$$

现令

$$l_{i,k}(u)=2A_{i,k}\frac{\dfrac{\Delta_x u_{i,k}}{\Delta x_i}-\dfrac{\Delta_x u_{i-1,k}}{\Delta x_{i-1}}}{\Delta x_i+\Delta x_{i-1}}+$$

$$2C_{i,k}\cdot\frac{\dfrac{\Delta_y u_{i,k}}{\Delta y_k}-\dfrac{\Delta_y u_{i,k-1}}{\Delta y_{k-1}}}{\Delta y_k+\Delta y_{k-1}}+$$

$$D_{i,k}\frac{\Delta x_{i-1}\dfrac{\Delta_x u_{i,k}}{\Delta x_i}+\Delta x_i\dfrac{\Delta_x u_{i-1,k}}{\Delta x_{i-1}}}{\Delta x_i+\Delta x_{i-1}}+$$

$$E_{i,k}\frac{\Delta y_{k-1}\dfrac{\Delta_y u_{i,k}}{\Delta y_k}+\Delta y_k\dfrac{\Delta_y u_{i,k-1}}{\Delta y_{k-1}}}{\Delta y_k+\Delta y_{k-1}}+q_{i,k}u_{i,k} \tag{39}$$

这里 $A_{i,k}$，$C_{i,k}$，…，表示系数 A，C，…，在点 (x_i, y_k) 上

的值,再令

$$\begin{cases} a_{i,k} = 2\left(\dfrac{A_{i,k}}{\Delta x_{i-1}\Delta x_i} + \dfrac{C_{i,k}}{\Delta y_{k-1}\Delta y_k}\right) - \\ \qquad \dfrac{\Delta x_i - \Delta x_{i-1}}{\Delta x_{i-1}\Delta x_i} D_{i,k} - \\ \qquad \dfrac{\Delta y_k - \Delta y_{k-1}}{\Delta y_k \Delta y_{k-1}} E_{i,k} - q_{i,k} \\ b_{i,k}^{(1)} = 2\dfrac{A_{i,k}}{\Delta x_i(\Delta x_i + \Delta x_{i-1})} + \dfrac{\Delta x_{i-1}}{\Delta x_i(\Delta x_i + \Delta x_{i-1})} D_{i,k} \\ b_{i,k}^{(2)} = 2\dfrac{C_{i,k}}{\Delta y_k(\Delta y_k + \Delta y_{k-1})} + \dfrac{\Delta y_{k-1}}{\Delta y_k(\Delta y_k + \Delta y_{k-1})} E_{i,k} \\ b_{i,k}^{(3)} = 2\dfrac{A_{i,k}}{\Delta x_{i-1}(\Delta x_i + \Delta x_{i-1})} - \dfrac{\Delta x_i}{\Delta x_{i-1}(\Delta x_i + \Delta x_{i-1})} D_{i,k} \\ b_{i,k}^{(4)} = 2\dfrac{C_{i,k}}{\Delta y_{k-1}(\Delta y_k + \Delta y_{k-1})} - \dfrac{\Delta y_k}{\Delta y_{k-1}(\Delta y_k + \Delta y_{k-1})} E_{i,k} \end{cases} \tag{40}$$

于是 $l_{i,k}(u)$ 可写成

$$l_{i,k}(u) = b_{i,k}^{(1)} u_{i+1,k} + b_{i,k}^{(2)} u_{i,k+1} + b_{i,k}^{(3)} u_{i-1,k} + b_{i,k}^{(4)} u_{i,k-1} - a_{i,k} u_{i,k} \tag{41}$$

把公式(29) ～ (40) 结合在一起,有

$$l_{i,k}(u) = L(u) + R_{i,k}(u) \tag{42}$$

其中

$$R_{i,k}(u) = -2A_{i,k}R''_3(x_i) - 2C_{i,k}R''_3(y_k) - D_{i,k}R'_3(x_i) - E_{i,k}R'_3(y_k) \tag{43}$$

如果 u 满足方程 $L(u) = f(x,y)$,则 u 满足方程

$$l_{i,k}(u) = f_{i,k} + R_{i,k}(u) \tag{44}$$

当 Δx_i 与 Δy_k 都很小时,一般说来,$R_{i,k}(u)$ 是很小的量. 忽略 $R_{i,k}(u)$ 不计,就得到方程 $L(u) = f$ 的近似有限差分方程

$$l_{i,k}(u)=f_{i,k} \tag{45}$$

其误差为

$$|R_{i,k}(u)|\leqslant\left\{\left(\frac{\varepsilon}{3}M_3+\frac{\eta}{6}M_4\right)(A_{i,k}+C_{i,k})+\frac{\eta}{3}M_3(|D_{i,k}|+|E_{i,k}|)\right\}_{\max} \tag{46}$$

如果网格是正方形的，方程(45)就可以变得非常简单了，令所有 $\Delta x_i=\Delta y_k=h$，故

$$\begin{aligned}h^2 l_{i,k}(u)=&\left(A_{i,k}+\frac{h}{2}D_{i,k}\right)u_{i+1,k}+\\&\left(C_{i,k}+\frac{h}{2}E_{i,k}\right)u_{i,k+1}+\\&\left(A_{i,k}-\frac{h}{2}D_{i,k}\right)u_{i-1,k}+\left(C_{i,k}-\frac{h}{2}E_{i,k}\right)u_{i,k-1}-\\&2\left(A_{i,k}+C_{i,k}-\frac{h^2}{2}q_{i,k}\right)u_{i,k}=h^2 f_{i,k}\end{aligned} \tag{47}$$

由于(47)特别简单，所以往往在实际计算中仍旧宁肯采用正方网格而不用长方网格，即使我们在为了使折线 C 能同长方网格一样地逼近边界 Γ 而须选择较小的网眼宽度 h 时亦常如此.

我们之所以特别提到长方形网格的理由是，如果适当选择长方形网格，则折线 C 总能比用正方形网格要更能逼近边界 Γ 一些.

六、使用正方形网格时的另一种处理边值的方法

如果使用下面的办法，那么我们可以完全不用长方形网格而只用正方形网格. 为简便计，我们用拉普拉

斯方程 $\Delta u=0$ 在区域 G 上的狄利克雷问题为例来说明（图 9）. 在平面上作正方形网格

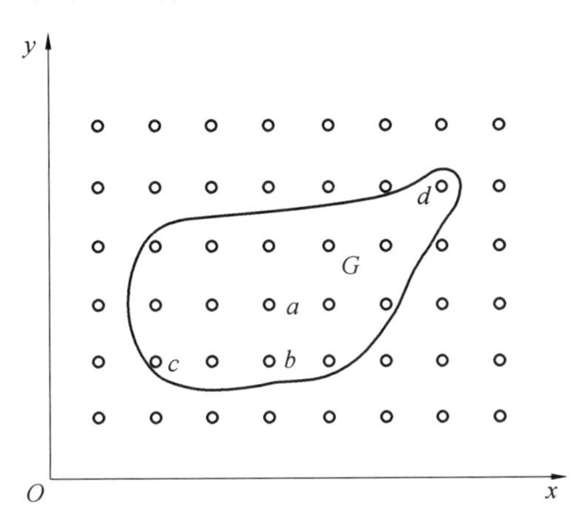

图 9

$$x=x_0+ih=x_i,\ y=y_0+kh=y_k$$

选出在 G 的内部或其边界 Γ 上的结点. u 在 Γ 上的结点上之值是已知的，u 在 G 的内部的结点上的值则正好是我们所要求的. 我们把属于 G 的结点分成两组. 一组是所有本身属于 G 内而其与之相邻的四个结点都属于 $\overline{G}$ 的结点组成的，记作 E_1. 一组是本身属于 G 的内部，但至少有一个与之相邻的结点不属于 $\overline{G}$，记作 E_2，如果 $(x_i,y_k)\in E_1$（例如图中点 a），则以

$$\Diamond u_{i,k}=0 \tag{48}$$

代替微分方程 $\Delta u=0$. 如果 $(x_i,y_k)\in E_2$，例如图中的结点 b,c,d 等，其 4 个相邻结点之中至少有一个不在 $\overline{G}$ 内. 以 O 记 (x_i,y_k)；以 1,2,3,4 记与之相邻的结点. 假定 1,2,3,4 都在 Γ 之外如图 10. 记 Γ 与线段 O_1,O_2,O_3,O_4 的交点为 $\alpha,\beta,\gamma,\delta$，令 $O\alpha,O\beta,O\gamma,O\delta$ 的长度为

t_1h, t_2h, t_3h, t_4h，这里 h 是网眼宽度. 在现在的情形中，t_1, t_2, t_3, t_4 都是正数且都小于 1(如果某一点 i 在 G 内或 Γ 上则 $t_i=1$). 令

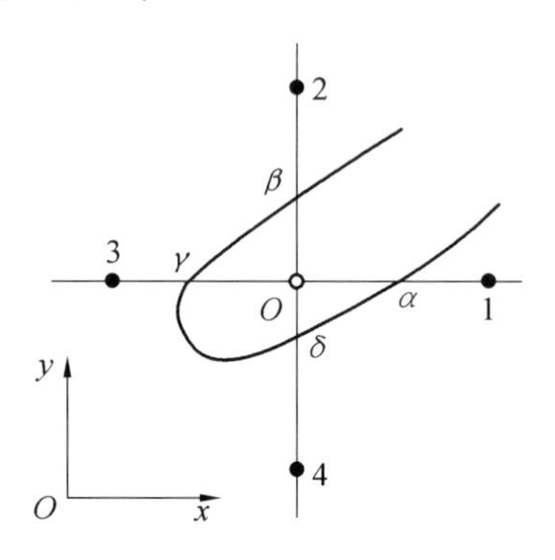

图 10

$$\Delta x_i = t_1 h, \Delta x_{i-1} = t_3 h, \Delta y_k = t_2 h, \Delta y_{k-1} = t_4 h$$

令 $u_{i,k}=u_0$，而 $u_\alpha, u_\beta, u_\gamma, u_\delta$ 是 u 在 $\alpha,\beta,\gamma,\delta$ 四点上的值，这些点在 Γ 上，故 $u_\alpha,\cdots,u_\delta$ 已知(如果某一点，例如 $1\in\overline{G}$，则 $\alpha\equiv 1$，而 $u_\alpha=u_1$). 在(40) 中令 $A=C=1$，$D=E=q=f=0$. 从(41) 就可得出 $\Delta u=0$ 的解 u 在 $O,\alpha,\beta,\gamma,\delta$ 的值所近似地满足的方程

$$\frac{1}{t_1+t_3}\left(\frac{u_\alpha}{t_1}+\frac{u_\gamma}{t_3}\right)+\frac{1}{t_2+t_4}\left(\frac{u_\beta}{t_2}+\frac{u_\delta}{t_4}\right)-\left(\frac{1}{t_1t_3}+\frac{1}{t_2t_4}\right)u_0=0 \tag{49}$$

对应于 G 的内部的每一个结点可以作出一个形如(48) 或一个形如(49) 的方程式. 这样就得出了一组线性代数方程组作为 $\Delta u=0$ 的近似方程了，这里未知数是 u 在区域 G 的内部的结点上的值，其数目与方程的数目一样多.

方程(49)自然比(48)复杂,但这样做的优点是不必把边界 Γ 换成折线 C.

§2　差分方程的边值条件

在上一节里只说明了如何把微分方程变成差分方程.现在说明把微分方程的边值条件近似地化成差分方程的边值条件.

最简单的是第一种边值条件

$$u|_{\Gamma}=\varphi(x,y) \tag{1}$$

这里只是如何引进 $u_{i,k}$ 在折线边界 C 的结点上的边界值的问题.最自然的办法是把 Γ 上离 C 上结点最近一个点的 φ 的值作为 C 上那一个结点的 $u_{i,k}$ 的边值.有时也用经过 C 上那个结点而平行坐标轴的直线与 Γ 的交点上的值作为 $u_{i,k}$ 在那个结点上的值.这样得出的 $u_{i,k}$ 在这个边界点的值,与微分方程的确切解 $u(x,y)$ 在这点上的值总是不完全相同的.

至于第二种及第三种边界条件就要复杂得多.这里已知的是

$$\left.\frac{\partial u}{\partial n}\right|_{\Gamma}=\varphi,\text{或}\left[\frac{\partial u}{\partial n}+\psi u\right]_{\Gamma}=\varphi \tag{2}$$

所以须要在 C 上引进 $\frac{\partial u}{\partial n}$ 的值或 u 与 $\frac{\partial u}{\partial n}$ 的值.

考察一个边界点,例如图 11 上的点 O,以及它的两个邻点 1,2,这 1,2 两点是不是边界点对我们并没有关系.我们只要求方向 $(l_1)=O_1$,$(l_2)=O_2$ 不平行.以 $\varphi_1,\varphi_2,\varphi$ 记 (l_1),(l_2) 与 n 和 x 轴所成交角.以 α_1,β_1;

$\alpha_2, \beta_2; \alpha, \beta$ 表示(l_1)，(l_2) 与 n 的方向余弦：$\alpha_1 = \cos\varphi_1$，$\beta_1 = \sin\varphi_1, \cdots$. 令 $l_1 = |O_1|, l_2 = |O_2|$. 由泰勒公式

$$\frac{\Delta_1 u}{l_1} = \frac{u_1 - u_0}{l_1} = \frac{u(x + l_1\alpha_1, y + l_1\beta_1) - u(x, y)}{l_1} = \alpha_1 u_x + \beta_1 u_y + R_1$$

$$\frac{\Delta_2 u}{l_2} = \frac{u_2 - u_0}{l_2} = \frac{u(x + l_2\alpha_2, y + l_2\beta_2) - u(x, y)}{l_2} = \alpha_2 u_x + \beta_2 u_y + R_2$$

其中

$$R_1 = O(l_1^s) \quad (s \geqslant 1)$$

$$R_2 = O(l_2^{s'}) \quad (s' \geqslant 1)$$

故

$$u_x = \frac{\frac{\Delta_1 u - R_1 l_1}{l_1}\beta_2 - \frac{\Delta_2 u - R_2 l_2}{l_2}\beta_1}{\alpha_1\beta_2 - \alpha_2\beta_1}$$

$$u_y = \frac{\frac{\Delta_2 u - R_2 l_2}{l_2}\alpha_1 - \frac{\Delta_1 u - R_1 l_1}{l_1}\alpha_2}{\alpha_1\beta_2 - \alpha_2\beta_1}$$

因之可求出$\frac{\partial u}{\partial n} = \alpha u_x + \beta u_y$.

注意

$$\alpha_1\beta_2 - \alpha_2\beta_1 = \sin\varphi_2\cos\varphi_1 - \cos\varphi_2\sin\varphi_1 = \sin(\varphi_2 - \varphi_1) = \sin(l_1, l_2)$$

$$\alpha\beta_2 - \alpha_2\beta = \sin\varphi_2\cos\varphi - \cos\varphi_2\sin\varphi = \sin(\varphi_2 - \varphi) = \sin(n, l_2)$$

$$\alpha\beta_1 - \alpha_1\beta = \sin\varphi_1\cos\varphi - \cos\varphi_1\sin\varphi = -\sin(\varphi - \varphi_1) = -\sin(l_1, n)$$

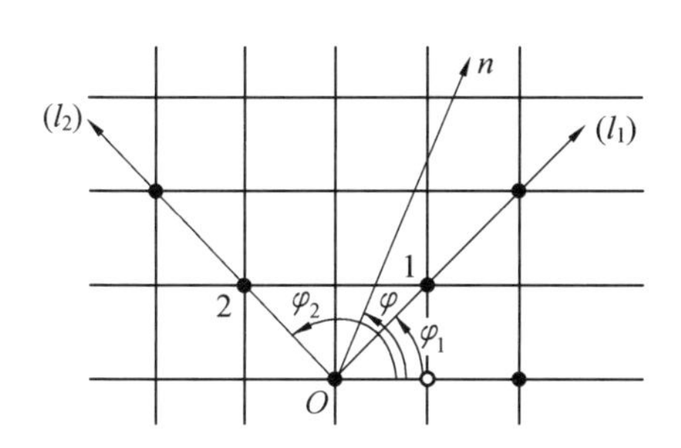

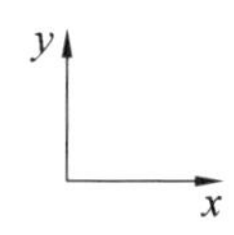

图 11

故有

$$\frac{\partial u}{\partial n}=\frac{1}{\sin(l_1,l_2)}\left\{\frac{\Delta_1 u-R_1 l_1}{l_1}\sin(n,l_2)+\frac{\Delta_2 u-R_2 l_2}{l_2}\sin(l_1,n)\right\}$$

如果忽略余式 R_1, R_2 不计,则

$$\frac{\partial u}{\partial n}=\frac{1}{\sin(l_1,l_2)}\left\{\frac{u_1-u_0}{l_1}\sin(n,l_2)+\frac{u_2-u_0}{l_2}\sin(l_1,n)\right\}$$

以下来看几个特殊情形.

(1)n 与(l_1),(l_2) 两方向之一,例如与(l_1) 重合,则$(n,l_1)=0$,$(n,l_2)=(l_1,l_2)$. 故

$$\frac{\partial u}{\partial n}=\frac{u_1-u_0}{l_1}$$

(2)n 平分角$\widehat{l_1,l_2}$,即$(l_1,n)=(n,l_2)=\frac{1}{2}(l_1,l_2)$.

故

$$\frac{\partial u}{\partial n}=\frac{1}{2\cos\frac{(l_1,l_2)}{2}}\left\{\frac{u_1-u_0}{l_1}+\frac{u_2-u_0}{l_2}\right\}$$

(3) $(l_1,l_2)=\frac{\pi}{2}$,则 $(n,l_2)=\frac{\pi}{2}-(l_1,n)$. 故

$$\frac{\partial u}{\partial n}=\frac{u_1-u_0}{l_1}\cos(l_1,n)+\frac{u_2-u_0}{l_2}\sin(l_1,n)$$

现在以边值问题

$$\begin{cases}\Delta^2 u=u_{x^4}+2u_{x^2y^2}+u_{y^4}=f\\ u\Big|_{\Gamma}=\varphi,\frac{\partial u}{\partial n}\Big|_{\Gamma}=\psi\end{cases}\tag{3}$$

为例,说明在以

$$h^{-4}\{-8\Diamond+2\square+\Diamond^*\}u_{i,k}=f_{i,k}\tag{4}$$

作为近似方程后,如何引进近似边值条件.

作逼近于 Γ 的折线 C,C 由网格的边与对角线组成. 由于(4) 中用到与每一点 (i,k) 距离为 $2h$ 的结点,我们把 C 上的结点以及 G 内与它们相距 $1h$ 的结点所成集合叫作边界带,记作 C_1. 对于 $G-C_1$ 内的结点(图 12 中记 × 的点) 来说,(4) 中用到的点都在 C 内或 C 上,故 u 在 $G-C_1$ 的结点上的值满足(4).

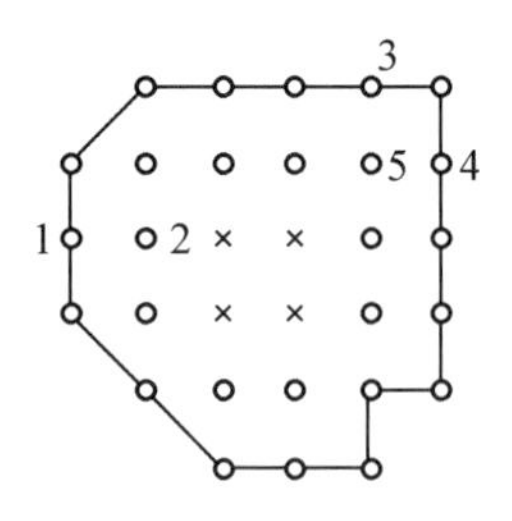

图 12

u 在 C 上的值是已知的. u 在 C_1-C 上的结点之值

则要满足一般和(4) 不同一些的方程.

在上述边值问题中已知的是 $u|_{\Gamma}=\varphi,\left.\frac{\partial u}{\partial n}\right|_{\Gamma}=\psi$.

首先我们把边值条件换成用起来比较方便的形式. 设 s 是 Γ 上从某个定点开始按一定方向计算的弧长. 据 u 在 Γ 上的已知值可算出 $\frac{\partial u}{\partial s}$, 由 $\frac{\partial u}{\partial s}$ 及 $\frac{\partial u}{\partial n}$ 又可确定出 $\frac{\partial u}{\partial x},\frac{\partial u}{\partial y}$. 即

$$\frac{\partial u}{\partial x}=\cos(x,s)\frac{\partial u}{\partial s}+\cos(x,n)\frac{\partial u}{\partial n}$$

$$\frac{\partial u}{\partial y}=\cos(y,s)\frac{\partial u}{\partial s}+\cos(y,n)\frac{\partial u}{\partial n}$$

于是边值条件 $u\Big|_{\Gamma}=\varphi,\left.\frac{\partial u}{\partial n}\right|_{\Gamma}=\psi$ 可换成

$$u\Big|_{\Gamma}=\varphi,\left.\frac{\partial u}{\partial x}\right|_{\Gamma}=\alpha,\left.\frac{\partial u}{\partial y}\right|_{\Gamma}=\beta$$

其中 φ,α,β 都是 Γ 上点的已知函数. 按这三个边值条件, 根据一定的方法把 $u,\frac{\partial u}{\partial x}$ 及 $\frac{\partial u}{\partial y}$ 在 C 的结点上的值加以确定.

现在取属于折线 C 的内部且属于 C_1 的结点并考虑与之相邻的(即相距为 h) 属于 C 的结点. 假定与这个 C_1 的结点相邻的 C 上的结点只有一个. 例如图 12 中 1,2 两点. 因 $u_1=\varphi_1$ 已知, $\left(\frac{\partial u}{\partial x}\right)_1=\alpha_1$ 可近似地换成

$$\frac{u_2-u_1}{h}=\alpha_1$$

因而求得 $u_2=u_1+\alpha_1 h$.

如果与这结点相距为 h 的结点不止一个, 这点上

的 u 值就可能有几个求的方法，各种求法求出的值会不一致. 通常总是取这些值的算术平均，例如，图 12 中的结点 5 就是这样的结点. 在 C 上它有两个邻点 3，4. 用点 3 算出

$$u_5 = u_3 - \beta_3 h$$

用点 4 算则有

$$u_5 = u_4 - \alpha_4 h$$

取它们的算术平均得

$$u_5 = \frac{1}{5}(u_3 + u_4 - \beta_3 h - \alpha_4 h)$$

如此进行就可以得到所有属于 C_1 的结点上的函数值 u.

苏联数学家在解偏微分方程的差分方法方面的工作

第12章

有限差分方程或者格子网方法，近来比其他解微分方程的近似方法来说吸引着研究人员们更大的兴趣. 实际应用数学物理多维问题的差分格式还不久，而且它有很大的局限性，因为遇到了几乎是不可克服的困难. 得到的线性代数方程组的阶常常是如此的大，使得要用手计算这个方程组的解，甚至于几年的时间还不够. 自从快速电子计算机出现，情况就改善了. 利用差分格式成为最有效的工具之一，并且常常应用这个方法来解线性的或者非线性的数学物理问题和流体力学问题①.

① 格子网方法也被广泛地用来作为证明数学物理问题存在定理和研究解的微分性质的工具，参考“四十年来的苏联数学”中关于这方面的文章：“偏微分方程”.

1. 格子网方法及其基本问题可归结如下. 假设在某个以 Γ 为边界的区域 G 上提出问题

$$L(u)=f, l_i(u)|_\Gamma=\varphi_i \quad (i=1,\cdots,N) \qquad (1)$$

其中 L 和 l_i 为某些微分算子. 令 G_h 表示某个点集,依赖于参数 h 并在 G 之内部. 假设 Γ_h 表示 G_H 中接近边界的某个点集,u_h 为只定义在格子网 G_h 的点上的函数. 代替问题(1) 我们考虑下述问题

$$L_h(u_h)=f_h; l_{ih}(u_h)=\varphi_{ih} \quad (i=1,\cdots,N) \qquad (2)$$

其中 L_h 和 l_{ih} 为作用在格子网函数上的算子,而 f_h 和 φ_{ih} 为问题(1) 的右端相应于 G_h 和 Γ_h 的点上的值. 假如 L_h 和 l_{ih} 在某种意义下逼近微分算子 L 和 l_i,则可以预期,问题(2) 的解和问题(1) 的解很接近. 于是自然提出下列问题:

(1) 当 $h\to 0$ 时,即当格子网趋于精细时,问题(2) 的解 u_h 是否收敛并且在什么意义下收敛于问题(1) 的解?

(2) 对于给定的 h,如何估计 u 和 u_h 相近的程度?

(3) 方法的稳定性问题:在计算时给定了有效数字的个数,由此得到的近似解与(2) 的准确解相差多大?

在这个提纲之下,首先应当举出拉迪任斯卡雅(О. А. Ладыженская) 的许多工作,这些工作主要是关于双曲型方程组混合问题的研究. O. A. 拉迪任斯卡雅证明了广义解存在,并且研究了(2) 类型的差分方程的解在各种度量下收敛于这个广义解,至于差分方程,则是由差商简单地代替导数得到的

$$\frac{\partial u(x,t)}{\partial t}\approx\frac{u(x,t+\Delta t)-u(x,t)}{\Delta t}$$

或

$$\frac{u(x,t+\Delta t)-u(x,t-\Delta t)}{2\Delta t}$$

$$\frac{\partial u(x,t)}{\partial x}\approx$$

$$\frac{u(x+\Delta x,t+\Delta t)+u(x+\Delta x,t)-u(x,t+\Delta t)-u(x,t)}{2\Delta x}$$

或

$$\frac{u(x+\Delta x,t)-u(x-\Delta x,t)}{2\Delta x}$$

为了证明 u_h 收敛于 u，她首先证明，算子 L_h 有有界的逆算子，然后利用嵌入定理的差分模拟，建立了在较弱的度量下 u_h 族是紧致的，根据这个事实和(1)的解的唯一性，推出当 $h\to 0$ 时 u_h 收敛于 u.

对于椭圆型方程，类似的问题在埃杜斯(Д. М. Эйдус)，萨乌列夫(В. К. Саульев)的工作中解决了. 对于某些一阶方程组，在夫维丁斯卡雅(Н. Д. Введенская)的工作中解决了. 卡梅宁(Л. И. Камынин)研究了热传导方程

$$\frac{\partial u}{\partial t}=\frac{\partial^2 u}{\partial x^2},u(x,0)=\varphi(x)\quad(-\infty<x<+\infty)$$

的差分模拟. 利用解 u_h 的显式，他证明了收敛于准确解. 这里，在较保证准确解 u 的唯一性为狭的函数族 $\varphi(x)$ 上保证解 u_h 的唯一性. 凡特切尔(Т. Д. Вентцель)的工作是关于拟线性方程

$$\frac{\partial^2 u}{\partial x^2}=A(x,t,u)\frac{\partial u}{\partial t}+$$

$$B(x,t,u)\frac{\partial u}{\partial x}+F(t,x,u)$$

的解的.

2. 在上面列举的工作中,都没有考虑 u_h 收敛于 u 的速度.然而,差分逼近这个特征,对于近似方法来说是非常重要的.因此即使建立的是非能行性估计,也有很大的兴趣.

沃尔柯夫(E. A. Волков)在许多工作中讨论了二维拉普拉斯方程和泊松方程数值解的误差.对于内节点应用拉普拉斯算子最简单的差分逼近,对于边界节点应用较复杂的非对称方程.他得到差 $|u_h - u|$ 在区域内部的一系列估计,这个估计包含格子网的参数 h 和表示解 u 的微分性质的常数.以前由福克斯(Фокс)提出的并用例子试验过的,把泊松方程 $\Delta u = \varphi(x, y)$ 的差分解逐次精确化的方法,进行了严格的论证.

逐次逼近由形状为

$$\Delta_h u_h^{(q+1)} = h^2 \varphi_h + D^{(n)} u_h^{(q)}$$

的方程联系起来,其中 $D^{(n)}$ 为某个 n 阶差分算子.这里 $|u - u_h^{(q)}|$ 的阶为 $O(h^{2q})$.

科罗柳克(B. C. Королюк)提出了另一个求泊松方程近似解的逐次修正方法,并具有同样的收敛速度.斯克沃尔错夫(B. C. Скворцов)利用常系数椭圆型方程组的格林矩阵的差分模拟,估计了区域内点 u_h 的误差的阶.在他所采用的差分逼近之下,得到了 $u - u_h = O(\sqrt{h})$.菲利波夫(A. Ф. Филиппов)研究了在与 OX 轴相交的有界区域上方程

$$y \frac{\partial^2 u}{\partial x^2} + \frac{\partial^2 u}{\partial y^2} = f(x, y)$$

的特里谷米问题的差分解.他得到了估计:$|u - u_h| \leqslant$

$\varepsilon + Ch^{\frac{4}{3}}$,其中 ε 为边界上的误差,而 C 依赖于解 u 的导数.

3. 格子网方法对于解特征值问题也很成功. 为此,问题

$$L(u) = \lambda u, l_i(u) |_\Gamma = 0 \tag{3}$$

用差分方程组

$$L_h(u_h) = \lambda_h u_h, l_{ih}(u_h) |_\Gamma = 0 \tag{4}$$

代替.

刘斯铁尔尼克(Л. А. Люстерник) 的工作讨论(3)和(4) 的解的关系. 对拉普拉斯算子很广泛的一族差分逼近,他提出了条件,在这些条件下,(4) 的特征值和特征向量收敛于(3) 的相应的特征元素. 在这里,对应于(3) 的 p 重特征值的特征函数为(4) 的特征向量的线性组合的均匀极限. Л. А. 刘斯铁尔尼克的证明建立在问题(4) 的特征向量 u_h 族的紧致性上.

在萨乌列夫(В. К. Саульев) 的工作中,在假定连续问题的特征函数在闭区域上有某些连续导数的情况下,对于对应于连续问题

$$\sum_{i,j=1}^{n} \frac{\partial}{\partial x_i}\left(a_{ij} \frac{\partial u}{\partial x_j}\right) + \lambda u = 0, u |_\Gamma = 0$$

的差分问题的特征元素的误差进行了估计. В. К. 萨乌列夫的估计的形式为

$$| u_p - u_{ph} | \leqslant Bh^2$$

表示式 B 以复杂的形式依赖于 λ_p,λ_{ph} 和一系列的常数,这些常数是确定方程的系数和特征函数 u_p 的微分性质的,并且假定,边界 Γ 穿过格子网区域的所有边界点.

4. 对于应用数学来说,差分格式稳定性问题是异

常重要的.例如,对于热传导方程

$$\frac{\partial u}{\partial t}=\frac{\partial^2 u}{\partial x^2}, u(x,0)=\varphi(x)$$

的最简单的格式的形状为

$$u_h(x,t+\Delta t)=u_h(x,t)+\frac{\Delta t}{(\Delta x)^2}[u_h(x-\Delta x,t)-2u_h(x,t)+u_h(x+\Delta x,t)]$$

即可以从初始直线 $t=0$ 上的值出发,顺次地逐层计算 $u_h(x,t)$.然而,由于舍入误差,逐次应用格式于t层,给出的不是 $u_h(x,t)$ 而是其近似值

$$u_h(x,t)=u_h(x,t)-q(x,t,\Delta x,\Delta t)$$

当$\frac{\Delta t}{\Delta x^2}>\frac{1}{2}$时误差 $q(x,t,\Delta x,\Delta t)$ 逐层积累,并且当t增加时依几何级数增长,而且可能超过准确的格子网函数 $u_h(x,t)$ 的误差好多倍.

利亚宾基(B. C. Рябенький)和菲利波夫(A. Ф. Филиппов)的许多工作都是研究差分方程稳定性的,其基本结果都叙述在他们合著的书中.根据它们的定义,问题(2)叫作适定的,如果它对于任何 f_h,φ_{jh} 都可解,并且其解同等连续地依赖于 f_h 和 φ_{ih}.更确切地说,对于任给的$\varepsilon>0$,应当有这样的$\delta>0$和$h_0>0$存在,使得由等式(2)和关系式

$$L_h(\bar{u}_h)=\bar{f}_h, l_{ih}(\bar{u}_h)=\bar{\varphi}_{ih}, \| f_h-\bar{f}_h \| <\delta$$

$$\| \varphi_{ih}-\bar{\varphi}_{ih} \| <\delta, 0<h<h_0$$

可推出不等式

$$\| u_h-\bar{u}_h \| <\varepsilon$$

假如只是连续地依赖于 f_h 或只是连续地依赖于 φ_{ih},问题就相应地叫作依右端稳定或依边界条件稳

定.由定义容易推出,如果问题(1)有解和方程(2)逼近方程(1):$\| Lu - L_h u_h \| \to 0$,$\| \varphi_i u - \varphi_{ih} u_h \| \to 0$ $(h \to 0)$,则对于适定的问题,当 $h \to 0$ 时 $\| u - u_h \| \to 0$,即格子网解收敛于准确解.在他们的书中,对各种方程族讨论了确定差分格式依右端或依边界条件稳定性的一系列判别法和方法.

稳定性和收敛性的联系问题,梅曼(Н. Н. Мейман)也进行了研究.计算冲击波的困难问题的稳定格式是戈杜诺夫(С. К. Годунов)提出的,对于解古尔萨问题的稳定格式是雅雷舍娃(И. М. Ярышева)提出的.稳定性的某些问题还阐明于刘斯铁尔尼克(Л. А. Люстерник),巴格利诺夫斯基(К. А. Багриновский)和戈杜诺夫(С. К. Годунов)的工作中.对于泊松方程刻画最简单的差分逼近之稳定性的有趣的能行性估计,是阿依津什塔特(Н. Д. Айзенштат)得到的,这就是

$$| u_h - \bar{u}_h | \leqslant gh^2 \left(\frac{N^2}{2} + N - \frac{1}{2} \right) + \lambda$$

其中 g 为区域内部不符合之最大值,λ 为边界上的不符合,N 为由区域的内点到边界沿某某坐标轴方向上节点的最大个数.

5.对矩形区域上的二维问题应用起来特别方便的切片方法是与差分方法相近的,对于椭圆型方程,这个方法是在斯罗包丁斯基(М. Г. Слободянский)的工作中提出的.这个方法的思想就在于,在欲求解的那个区域上划一系列平行直线.与所画直线垂直方向的导数用差分算子逼近,这就得到常微分方程组,其解就是欲求的二维的解在所选直线上的近似值.例如,对于热传

导方程就可作出方程组

$$\frac{\mathrm{d}u_n}{\mathrm{d}t}=\frac{1}{\Delta x^2}(u_{n+1}-2u_n+u_{n-1}),\text{其中 } u_n(t)=u(x_n,t)$$

法捷也娃(В. Н. Фаддеева)对于应用这个方法于梯形形状的平面区域上的拉普拉斯方程和泊松方程作出了方便的格式. 卡梅宁(Л. И. Камынин)建立了由切片方法得到的,对于一系列无界区域上的问题的方程组,在较原问题的初始条件族为狭的初始条件族上解唯一. 列别杰夫(В. И. Лебедев)对于某些二维方程族提出了造近似方程组的格式,并且在一系列具体的情形下研究了方法的收敛性. 尤努索夫(К. С. Юнусов)对于许多问题给出了近似方程组的解的显示式. 布达克(Б. М. Будак)用切片方法估计了某些偏微分方程及偏微分方程组的解的误差. 应用切片方法于具体问题的工作有:阿里哈什庚(Я. И. Алихашкин),乌斯齐诺娃(Н. Н. Устинова),朗盖巴赫(А. Л. ангенбах).

6. 我们来讲格子网方法的个别问题的工作. 刘斯铁尔尼克(Л. А. Люстерник)和舒拉－布拉(М. Р. Шура-Бура)研究了有限区域上拉普拉斯算子的格林函数的有限差分模拟性质. 斯罗包丁斯基(М. Г. Слободянский)作出了具有格林函数的问题的解的导数计算方法. 这个方法化成格林函数的导数的格子网模拟的计算,以及在区域上后者与方程右端的乘积的积分. 这里,工作的量和误差的阶与解 u_h 的格子网模拟的计算时相同. 巴赫瓦洛夫(Н. С. Бахвалов)提出了解泊松方程的差分模拟的有趣方法. 他将格子网区域分成大小不相等的正方形,并且在计算正方形内点

的解时,应用了格林函数的差分模拟.用这个方法,算术运算的数量和要利用的机器记忆装置的体积在某种意义下为最小.就是说,当 $h \to 0$ 时,它们的阶渐近地等于讯息的数量,而这些讯息是为记录边值条件所必需的.

佳千柯(В. Е. Дьяченко)和科瓦里(П. И. Ковапь),斯皮凌(Г. М. Спирин)研究用不均匀的格子网来解椭圆型方程.巴诺夫(Д. Ю. Панов)对于拟线性双曲型方程组的数值积分用特征线方法提出了一些格式.达维金柯(Д. Ф. Давиденко)作出了在三维轴对称区域上解拉普拉斯方程的方便方法.尤什柯夫(П. П. Юшков)对于热传导方程研究用极坐标式和三角形格子网、米喀拉德捷(Ш. Е. Микеладзе),瓦尔瓦克(П. М. Варвак),利特维诺夫(Н. В. Литвинов),阿加巴宾(Е. Х. Агабабян),阿米罗(И. Я. Амиро),古敏尤克(В. С. Гуменюк),斯皮凌(Г. М. Спирин)用格子网方法解弹性理论的差分问题.

应用差分方法解数学物理的和流体力学的非线性问题的许多重要工作是盖尔迪什(М. В. Келдыш),特罗德尼金(А. А. Дородницын),盖尔芳特(И. М. Гельфонд),巴宾柯(К. И. Бабенко),戈杜诺夫(С. К. Годунов),洛库齐也夫斯基(О. В. Локучиевский),谢敏佳也夫(К. А. Семендяев),朗道(Л. Д. Ландау),梅曼(Н. Н. Мейман)等人进行的.

在第二次全苏泛函分析会议上的报告里,К. И.

巴宾柯,И. М. 盖尔芳特,О. В. 洛库齐也夫斯基[1]讨论了格子网方法的收敛性和稳定性问题,差分子的谱的点的分布问题.特别是引进了椭圆型差分算子的定义,它具有其格林函数收敛于原来的微分算子的格林函数的性质.对于其最高阶导数有小的因子(特别是在切片方法中所遇到的那种类型)的线性常微分方程组,提出了"追赶"法,这就可以克服由于在一般解中存在增长得很快的部分的困难.

7.除了数值方法外,用模型解数学物理问题的方法有了发展,这些模型常常建立在解的格子网逼近上.

① 说明在马尔丘克(Г. И. Марчук)的书中,核反应计算的数值方法,莫斯科,原子出版社,1958.

研究某类差分方程收敛性的一个方法

第13章

我们知道研究差分方程的收敛性通常有一些典型的方法．例如由二阶线性常微分方程与二阶线性椭圆型方程的边值问题所得到的差分方程，它的收敛性与误差估计一般是利用极值原理或差分格林函数来处理的[1,2]．又如对线性偏微分方程初值问题的差分方程，它的收敛性一般是通过稳定性与收敛性之间的关系[4]，而把它化为对初值的稳定性问题来研究．这些方法虽然具有普遍意义，但具体运用起来有时并不很方便，特别是当边值条件不是第一类的情形，一般在文献中比较少考虑．例如对初值问题，当边值不是第一类时，那么差分方程的收敛性就必然还牵涉到依边值的稳定性．

本章就是企图统一地用一套特殊的方法来处理某种特殊类型的差分方程的各类边值问题的收敛性．我们所指的类型就是系数矩阵为三对角的差分方程组，这类差分方程不论是在哪一类边值条件下都可以统一地使用一套追赶公式[1]来直接解出. 由于这种类型的差分方程在许多问题中都会碰到,所以这个方法也可应用于处理各种不同的问题. 在本章中我们将讨论三个问题,(一) 对最简单的二阶线性常微分方程的各类边值问题的差分方程的收敛性与误差估计做了统一的处理,特别在第一边值的情形与通常的估计是一致的. (二) 我们考虑了具有间断系数的二阶线性常微分方程的各类边值问题. 关于这类方程的差分方法,A. H. Тихонов,A. A. Самарский 已进行了最系统的研究[2],他们在讨论收敛性与误差估计时使用了差分格林函数,这是比较复杂的,现在我们用追赶公式来研究这个问题,不仅对各类边值的情形可以统一地得到处理,而且在方法上也简明得多. (三) 我们讨论了热传导方程在各类边值条件下的隐式差分格式在第一种范数下的稳定性与收敛性的问题.

(一)

考虑二阶线性常微分方程的第三边值问题

$$\begin{cases} y'' - q(x)y = f(x) \quad (a < x < b, q(x) \geqslant 0) \\ y'(a) = \alpha_0 y(a) - \alpha_1 \\ y'(b) = -\beta_0 y(b) + \beta_1 \quad (\alpha_0 \geqslant 0, \beta_0 > 0) \end{cases} \tag{1}$$

取分点

$$x_i = a + \left(i + \frac{1}{2}\right)h \quad \left(i = 0, 1, \cdots, N+1; h = \frac{b-a}{N}\right)$$

然后列出差分方程组

$$\begin{cases} y_{i+1}-(2+q_ih^2)y_i+y_{i-1}=h^2f_i \quad (i=1,2,\cdots,N) \\ y_0=\dfrac{2-\alpha_0 h}{2+\alpha_0 h}y_1-\dfrac{2\alpha_1 h}{2+\alpha_0 h} \\ y_N=\dfrac{2+\beta_0 h}{2-\beta_0 h}y_{N+1}-\dfrac{2\beta_1 h}{2-\beta_0 h} \end{cases} \tag{2}$$

令 $\tilde{y}(x)$ 是微分方程(1)的精确解,$\varepsilon_i=y_i-\tilde{y}(x_i)$,则如果 $\tilde{y}(x)$ 具有直到四阶的连续导数,ε_i 就适合方程组

$$\begin{cases} \varepsilon_{i+1}-(2+q_ih^2)\varepsilon_i+\varepsilon_{i-1}=r_i \quad (i=1,2,\cdots,N) \\ \varepsilon_0=\dfrac{2-\alpha_0 h}{2+\alpha_0 h}\varepsilon_1+R \\ \varepsilon_N=\dfrac{2+\beta_0 h}{2-\beta_0 h}\varepsilon_{N+1}+\bar{R} \end{cases} \tag{3}$$

其中 $|r_i|\leqslant\dfrac{h^4}{12}M_4\left(M_4=\sup\left|\dfrac{\mathrm{d}^4\tilde{y}}{\mathrm{d}x^4}\right|\right)$,$R=O(h^3)$,$\bar{R}=O(h^3)$. 方程组(3)的追赶公式是

$$\begin{cases} u_{i+1}=\dfrac{1}{2+q_{i+1}h^2-u_i},u_0=\dfrac{2-\alpha_0 h}{2+\alpha_0 h} & (4) \\ v_{i+1}=u_{i+1}(v_i-r_{i+1}),v_0=R & (5) \\ \varepsilon_i=u_i\varepsilon_{i+1}+v_i \quad (i=0,1,\cdots,N) & (6) \end{cases}$$

利用这套公式分下面几步就可估计出 ε_i.

1) 由于 $\alpha_0\geqslant 0$,因此 $0<u_0\leqslant 1$(h 充分小). 由(4)及 $q\geqslant 0$ 不难看出 $0<u_i\leqslant 1$.

2) 估计 v_i. 由(5)推出

$$v_{i+1}=\left(\prod_{K=1}^{i+1}u_K\right)v_0-\sum_{K=1}^{i}\left(\prod_{j=K}^{i+1}u_j\right)r_K-u_{i+1}r_{i+1} \tag{7}$$

由于 $v_0=R=O(h^3)$,$0<u_i\leqslant 1$ 及 $r_K=O(h^4)$,即知

$$v_i=O(h^3)$$

3）在(6)中令 $i=N$ 并与方程组(3)中的右端边条件联立可解出

$$\varepsilon_{N+1}\left(\frac{2\beta_0 h}{2-\beta_0 h}+(1-u_N)\right)=v_N-\bar{R}=O(h^3)$$

由于 $\beta_0>1, 1-u_N\geqslant 0$，因此 $\varepsilon_{N+1}=O(h^3)$.

4）估计 ε_i. 由(6)推出

$$\varepsilon_i=\left(\prod_{K=i}^{N}u_K\right)\varepsilon_{N+1}+\sum_{K=i+1}^{N}\left(\prod_{j=i}^{K-1}u_j\right)v_K+v_i \qquad (8)$$

由于 $v_K=O(h^3), \varepsilon_{N+1}=O(h^2)$ 及 $0<u_i\leqslant 1$，即得

$$\varepsilon_i=O(h^2)$$

上面估计 ε_i 的方法显然对各种类型边值的给法（除了两端都是第二边值的情形）都是适用的. 特别对两端都是第一边值的情形还可以估计出 $O(h^2)$ 中之常数. 事实上对第一边值情形取分点

$$x_i=ih \quad \left(i=0,1,\cdots,N; h=\frac{b-a}{N}\right)$$

则 ε_i 适合的方程组成为

$$\begin{cases}\varepsilon_{i+1}-(2+q_ih^2)\varepsilon_i+\varepsilon_{i-1}=r_i \quad (i=1,2,\cdots,N-1)\\ \varepsilon_0=0, \varepsilon_N=0\end{cases}$$

其中 $|r_i|\leqslant \frac{h^4}{12}M_4$. 这方程组的追赶公式仍是(4)(5)(6)，所不同的仅在于现在 $u_0=0, v_0=0$. 利用 $u_0=0$ 及 $q\geqslant 0$，由(4)可以得到关于 u_i 更好的估计

$$0<u_i\leqslant\frac{i}{i+1}$$

把这估计代入(7)并注意 $v_0=0$，即得到

$$|v_{i+1}|\leqslant\sum_{K=1}^{i+1}\frac{K}{i+2}|r_K|\leqslant\frac{h^4}{12}M_2\frac{1}{i+2}\sum_{K=1}^{i+1}K=$$

$$\frac{h^4}{24}M_4(i+1)$$

然后再代入(8)(N换作$N-1$)并注意$\varepsilon_N=0$,即得

$$|\varepsilon_i|\leqslant$$

$$\sum_{K=i}^{N-1}\frac{i}{K}|v_K|\leqslant$$

$$\frac{h^4}{24}M_4 i(N-i)\leqslant$$

$$\frac{M_4}{96}(b-a)^2h^2$$

这与我们熟知的估计是一致的.

仿照了上述方法我们也可以利用矩阵追赶公式[1]来处理用差分法解长方形区域泊松方程的收敛性与误差估计的问题,我们这里不再详细写出了.

(二)

我们考虑具有间断系数的二阶线性常微分方程的边值问题.仍先看第三边值的情形.设给定方程

$$\begin{cases} L^{(k,q,f)}y\equiv\dfrac{\mathrm{d}}{\mathrm{d}x}\left[k(x)\dfrac{\mathrm{d}y}{\mathrm{d}x}\right]-q(x)y+ \\ \qquad\qquad f(x)=0\quad(a<x<b) \\ y'(a)=\alpha_0y(a)+\alpha_1 \\ y'(b)=-\beta_0y(b)+\beta_1 \end{cases}\tag{9}$$

其中系数$k(x)$,$q(x)$,$f(x)$可以是分段连续或分段光滑的函数,且$0<M\leqslant k(x)\leqslant M'$,$0\leqslant q(x)\leqslant M''$,$|f(x)|\leqslant\overline{M}$,$\alpha_0\geqslant0$,$\beta_0>0$.

对这样的方程 А. Н. Тихонов 与 А. А. Самарский 提出并详细研究了下述三点一致的差分格式[2]

$$\begin{cases} R_h^{(k,q,f)} y_i \equiv \dfrac{1}{h^2}[B_i(y_{i+1}-y_i)- \\ \qquad A_i(y_i-y_{i-1})]-Q_i y_i+F_i=0 \\ \qquad (i=1,2,\cdots,N; h=\dfrac{b-a}{N}) \\ \dfrac{y_1-y_0}{h}=\alpha_0 \dfrac{y_1+y_0}{2}+\alpha_1 \\ \dfrac{y_{N+1}-y_N}{h}=-\beta_0 \dfrac{y_{N+1}+y_N}{2}+\beta_1 \end{cases} \tag{10}$$

其中系数 A_i, B_i 是依赖于 $k(x)$ 的某个泛函数，Q_i, F_i 分别是依赖于 $q(x), f(x)$ 的泛函数，即

$$A_i=A[\bar{k}(s)], B_i=B[\bar{k}(s)]$$

$$\bar{k}(s)=k(x_i+sh) \quad (-1\leqslant s\leqslant 1)$$

$$Q_i=Q[\bar{q}(s)], \bar{q}(s)=q(x_i+sh)$$

$$F_i=F[\bar{f}(s)], \bar{f}(s)=f(x_i+sh)$$

我们以 C_p 表示在 $[a,b]$ 上具有 p 阶连续导数的函数类，而以 $C_{p,\alpha}$ ($p\geqslant 0$ 整数，$0<\alpha\leqslant 1$) 表示在 $[a,b]$ 上具有 p 阶连续且适合 α 阶李普希兹条件的函数类；又以 Q_p 及 $Q_{p,\alpha}$ 分别表示分段属于 C_p 及 $C_{p,\alpha}$ 的函数类.

定义 差分格式 $R_h^{(k,q,f)}$ 称为是逼近 $L^{(k,q,f)}$ 的，如果对于任何 $k(x)\in C_1, q(x)\in C_0, f(x)\in C_0$ 及 $y(x)\in C_2$ 都有

$$R_h^{(k,q,f)} y_i-(L^{(k,q,f)} y)_i=o(1) \quad (h\to 0)$$

进一步如果对于任何 $k(x)\in C_{p+1,\alpha}, q(x)\in C_{p,\alpha}, f(x)\in C_{p,\alpha}$ 及 $y(x)\in C_{p+2,\alpha}$ ($p\geqslant 0$ 整数，$0<\alpha\leqslant 1$) 有

$$R_h^{(k,q,f)} y_i-(L^{(k,q,f)} y)_i=O(h^{p+\alpha})$$

则称格式具有 $p+\alpha$ 阶逼近度.

利用泰勒展开容易知道：

ⅰ) $R_h^{(k,q,f)}$ 逼近 $L^{(k,q,f)}$ 的充分条件是

$$B_i - A_i = hk'_i + o(h), B_i + A_i = 2k_i + o(1)$$
$$Q_i = q_i + o(1), F_i = f_i + o(1)$$

ⅱ) $R_h^{(k,q,f)}$ 具有 α 阶 $(0 < \alpha \leqslant 1)$ 逼近度的充要条件是

$$B_i - A_i = hk'_i + O(h^{\alpha+1}), B_i + A_i = 2k_i + O(h^\alpha)$$
$$Q_i = q_i + O(h^\alpha), F_i = f_i + O(h^\alpha)$$

ⅲ) $R_h^{(k,q,f)}$ 具有 $1+\alpha$ 阶 $(0 < \alpha \leqslant 1)$ 逼近度的充要条件是

$$B_i - A_i = hk'_i + O(h^{\alpha+2}), B_i + A_i = 2k_i + O(h^{\alpha+1})$$
$$Q_i = q_i + O(h^{\alpha+1}), F_i = f_i + O(h^{\alpha+1})$$

由于所用格式只是三点的，显然一般不能得到二阶以上的逼近度，关于这些条件的进一步讨论可以参看[2]. 由这些条件特别地可以知道对一切 i 有

$$\begin{aligned} &A_i = k_i + o(1) \geqslant M_1 > 0 \\ &B_i = k_i + o(1) \geqslant M_2 > 0 \quad (h \text{ 充分小}) \\ &\frac{A_i}{B_i} = 1 - h\frac{k'_i}{k_i} + o(h) = 1 + O(h) \end{aligned} \tag{11}$$

另外关于 Q_i 今后我们总假设

$$Q_i \geqslant 0 \tag{12}$$

现在来讨论对于逼近或具有一定逼近度的差分格式的解的收敛性与精确度的问题. 今 $\tilde{y}(x)$ 是微分方程(9)的精确解并设

$$\varepsilon_i = y_i - \tilde{y}(x_i), \varphi_i = R_h^{(k,q,f)}\tilde{y}_i - (L^{(k,q,f)}\tilde{y})_i$$

则 ε_i 适合方程组

$$\begin{cases} B_i\varepsilon_{i+1}-(A_i+B_i+Q_ih^2)\varepsilon_i+ \\ A_i\varepsilon_{i-1}=-h^2\varphi_i \quad (i=1,2,\cdots,N) \\ \varepsilon_0=\dfrac{2-\alpha_0h}{2+\alpha_0h}\varepsilon_1+R \\ \varepsilon_N=\dfrac{2+\beta_0h}{2-\beta_0h}\varepsilon_{N+1}+\bar{R} \end{cases} \tag{13}$$

其中 $R=O(h^3)$，$\bar{R}=O(h^3)$. 方程组(13) 的追赶公式是

$$u_{i+1}=\frac{B_{i+1}}{(A_{i+1}+B_{i+1}+Q_{i+1}h^2)-A_{i+1}u_i},u_0=\frac{2-\alpha_0h}{2+\alpha_0h} \tag{14}$$

$$v_{i+1}=\frac{A_{i+1}}{B_{i+1}}u_{i+1}v_i+\frac{1}{B_{i+1}}u_{i+1}h^2\varphi_{i+1},v_0=R \tag{15}$$

$$\varepsilon_i=u_i\varepsilon_{i+1}+v_i \tag{16}$$

我们就企图利用这套公式由 φ_i 的性质来估计 ε_i.

首先考虑光滑系数的情形. 设 $k(x)$，$q(x)$，$f(x)$ 满足上述逼近定义中相应的光滑条件，而 $R_h^{(k,q,f)}$ 为具有相应逼近度的差分格式(当然 $p\leqslant 1$)，于是(11) 成立，另外总设(12) 也成立. 由于微分方程(9) 的精确解 $\tilde{y}(x)$ 显然比 $k(x)$ 有多一次的导数，因此如果令 $\varphi=\max\limits_i|\varphi_i|$，则 φ 的阶也就是差分格式的逼近阶，于是我们就可按(一) 中的方法分下述几步估计出 ε_i 的阶：

1) 由于 $0<u_0\leqslant 1$ 及 $A_i>0$，$B_i>0$，$Q_i\geqslant 0$，因此由(14) 容易知道 $0<u_i\leqslant 1$.

2) 由(15) 推出

$$v_{i+1}=\left(\prod_{K=1}^{i+1}\frac{A_K}{B_K}u_K\right)v_0+\sum_{K=1}^{i}\left(\prod_{j=K}^{i+1}\frac{A_j}{B_j}u_j\right)\frac{h^2\varphi_K}{A_K}+ \\ \frac{1}{B_{i+1}}u_{i+1}h^2\varphi_{i+1} \tag{17}$$

由于 $0<u_i\leqslant 1$ 及由条件(11) 可知

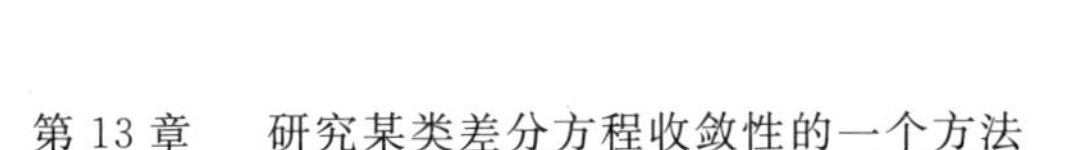

$$\prod_{K=i}^{j}\frac{A_K}{B_K}=O(1)\quad(1\leqslant i\leqslant j\leqslant N)$$

又 $v_0=O(h^3)$，因此由(17)即得

$$v_i=O(h^3)+O(h\varphi)$$

因为逼近的阶不能高于 $O(h^2)$，因此

$$v_i=O(h\varphi)\tag{18}$$

3）在(16)中令 $i=N$ 并与方程组(13)中的右端边条件联立，可解出

$$\varepsilon_{N+1}\left(\frac{2\beta_0 h}{2-\beta_0 h}+(1-u_N)\right)=v_N-\bar{R}=O(h\varphi)$$

又因 $\beta_0>0,0<u_N\leqslant 1$，因此 $\varepsilon_{N+1}=O(\varphi)$.

4）由(16)推出

$$\varepsilon_i=(\prod_{K=i}^{N}u_K)\varepsilon_{N+1}+\sum_{K=i+1}^{N}(\prod_{j=i}^{K-1}u_j)v_K+v_i\tag{19}$$

由于 $0<u_i\leqslant 1,\varepsilon_{N+1}=O(\varphi),v_K=O(h\varphi)$，因此

$$\varepsilon_i=O(\varphi)\tag{20}$$

于是得到结论：对于光滑系数的情形，逼近的差分格式就一定收敛，而具有一定逼近度的差分格式的解的精确度与逼近度是一致的.

今来考虑间断系数的情形. 设 $k(x),q(x),f(x)$ 是分段光滑的函数，为了简单起见，我们设它们在(a,b)内只有一个间断点 ξ 且 $x_n<\xi<x_{n+1}$，即 $\xi=x_n+\theta h(0<\theta<1)$. 这时微分方程(9)的精确解 $\tilde{y}(x)$ 应在点 ξ 适合共轭条件

$$\tilde{y}'_+=\tilde{y}'\ ,(k\tilde{y}')_+=(k\tilde{y}')_-=w$$

$(\tilde{y}_+=\tilde{y}(\xi+0);\tilde{y}_-=\tilde{y}(\xi-0))$. 仍设 $R_h^{(k,q,f)}$ 为逼近 $L^{(k,q,f)}$ 或具有一定逼近度的差分格式，与以前光滑情形不同之处在于：

1）在光滑情形条件(11)是对一切 i 都成立的，现在显然只当 $i \neq n, n+1$ 时才成立，但在今后的讨论中我们总假设对一切 i 都有

$$A_i \geqslant M_1 > 0, B_i \geqslant M_2 > 0, Q_i \geqslant 0 \qquad (21)$$

于是由于 $\frac{A_i}{B_i} = 1 + O(h)(i \neq n, n+1)$ 及(21)因此仍有

$$\prod_{K=i}^{j} \frac{A_K}{B_K} = O(1) \quad (1 \leqslant i \leqslant j \leqslant N) \qquad (22)$$

2）令 $\varphi_i = R_h^{(k,q,f)} \tilde{y}_i - (L^{(k,q,f)} \tilde{y})_i$，在以前光滑系数的情形对一切 i，φ_i 的阶就是差分格式逼近的阶，而现在由于 k, q, f 及 $\tilde{y}$ 的不光滑这点就不再是正确的了. 由于差分格式是三点的，间断点只有一点 ξ，因此显然当 $i \neq n, n+1$ 时 φ_i 的阶仍等于逼近的阶，而当 $i = n, n+1$ 时有[2]

$$\varphi_n = \frac{w}{h}\left[B_n\left(\frac{1-\theta}{k_+} + \frac{\theta}{k_-}\right) - A_n \frac{1}{k_-}\right] + O(1)$$

$$\varphi_{n+1} = \frac{w}{h}\left[B_{n+1} \frac{1}{k_+} - A_{n+1}\left(\frac{1-\theta}{k_+} + \frac{\theta}{k_-}\right)\right] + O(1)$$

于是一般 φ_n, φ_{n+1} 当 $h \to 0$ 时并不趋于 O 而有

$$\varphi_n = O\left(\frac{1}{h}\right), \varphi_{n+1} = O\left(\frac{1}{h}\right) \qquad (23)$$

令 $\varphi_i = \varphi_i^{(1)} + \varphi_i^{(2)}$，而 $\varphi_i^{(2)} = \delta_{i,n}\varphi_n + \delta_{i,n+1}\varphi_{n+1}$，$\delta_{i,n} = \begin{cases} 0 & (i \neq n) \\ 1 & (i = n) \end{cases}$，于是若令 $\bar{\varphi} = \max_i |\varphi_i^{(1)}|$，显然 $\bar{\varphi}$ 的阶与差分格式逼近的阶是相同的. 如果相应地令 $\varepsilon_i = \varepsilon_i^{(1)} + \varepsilon_i^{(2)}$，而 $\varepsilon_i^{(1)}$ 与 $\varepsilon_i^{(2)}$ 分别适合方程组

$$\begin{cases} B_i\varepsilon_{i+1}^{(1)} - (A_i + B_i + Q_i h^2)\varepsilon_i^{(1)} + \\ A_i\varepsilon_{i-1}^{(1)} = -h^2\varphi_i^{(1)} \quad (i=1,2,\cdots,N) \\ \varepsilon_0^{(1)} = \dfrac{2-\alpha_0 h}{2+\alpha_0 h}\varepsilon_1^{(1)} + R \\ \varepsilon_N^{(1)} = \dfrac{2+\beta_0 h}{2-\beta_0 h}\varepsilon_{N+1}^{(1)} + \bar{R} \end{cases} \tag{24}$$

与

$$\begin{cases} B_i\varepsilon_{i+1}^{(2)} - (A_i + B_i + Q_i h^2)\varepsilon_i^{(2)} + \\ A_i\varepsilon_{i-1}^{(2)} = -h^2\varphi_i^{(2)} \quad (i=1,2,\cdots,N) \\ \varepsilon_0^{(2)} = \dfrac{2-\alpha_0 h}{2+\alpha_0 h}\varepsilon_1^{(2)} \\ \varepsilon_N^{(2)} = \dfrac{2+\beta_0 h}{2-\beta_0 h}\varepsilon_{N+1}^{(2)} \end{cases} \tag{25}$$

由于 $\varphi_i^{(1)}$ 之阶就是逼近的阶，因此对 $\varepsilon_i^{(1)}$ 的估计我们只要注意到(21)(22) 就可与光滑系数情形完全一样地来进行，因而得到 $\varepsilon_i^{(1)} = O(\bar{\varphi})$. 于是要使 $\varepsilon_i = O(\bar{\varphi})$ 的充要条件是 $\varepsilon_i^{(2)} = O(\bar{\varphi})$.

为了估计 $\varepsilon_i^{(2)}$，我们具体写出方程组(25) 的追赶公式

$$u_{i+1} = \frac{B_{i+1}}{(A_{i+1} + B_{i+1} + Q_{i+1}h^2) - A_{i+1}u_i}, u_0 = \frac{2-\alpha_0 h}{2+\alpha_0 h} \tag{26}$$

$$v_{i+1} = \frac{A_{i+1}}{B_{i+1}}u_{i+1}v_i + \frac{1}{B_{i+1}}u_{i+1}h^2\varphi_{i+1}^{(2)}, v_0 = 0 \tag{27}$$

$$\varepsilon_i^{(2)} = u_i\varepsilon_{i+1}^{(2)} + v_i \tag{28}$$

今分下述几步来估计 $\varepsilon_i^{(2)}$：

1) 除了显然的 $0 < u_i \leqslant 1$ 我们还要证明

$$u_i = 1 + O(h) \tag{29}$$

事实上，由(26) 可知

$$0 < 1 - u_{i+1} = \frac{A_{i+1}}{B_{i+1}} u_{i+1}(1 - u_i) + O(h^2)$$

由于(22) 及 $0 < u_{i+1} \leqslant 1$ 又 $1 - u_0 = O(h)$ 即得(29).

由(29) 可以推出

$$0 < C_1 \leqslant \prod_{K=i}^{j} u_K \leqslant C_2 \quad (1 \leqslant i \leqslant j \leqslant N) \tag{30}$$

$$0 < C_3 \leqslant \prod_{K=i}^{j} \frac{A_K}{B_K} u_K \leqslant C_4 \tag{31}$$

其中 $C_i(i=1,2,3,4)$ 都是不依赖于 h 的常数.

2) 由于 $\varphi_i^{(2)} = 0(i \neq n, n+1)$ 及 $v_0 = 0$,故由(27)知

$$v_i = 0 \quad (i \leqslant n-1) \tag{32}$$

$$v_i = \left(\prod_{K=n+2}^{i} \frac{A_K}{B_K} u_K\right) v_{n+1} \quad (i \geqslant n+2) \tag{33}$$

3) 由(28) 及方程组(25) 右端之边条件可知

$$\varepsilon_i^{(2)} = \left(\prod_{K=i}^{N} u_K\right) \varepsilon_{N+1}^{(2)} + \sum_{K=i+1}^{N} \left(\prod_{j=i}^{K-1} u_j\right) v_K + v_i \tag{34}$$

$$\varepsilon_{N+1}^{(2)} = \left(\frac{2\beta_0 h}{2 - \beta_0 h} + (1 - u_N)\right)^{-1} v_N \tag{35}$$

而由于 $\beta_0 > 0, 0 < u_N \leqslant 1$ 及(29) 即知

$$\frac{C_5}{h} \leqslant \left(\frac{2\beta_0 h}{2 - \beta_0 h} + (1 - u_N)\right)^{-1} \leqslant \frac{C_6}{h} \tag{36}$$

其中 C_5, C_6 都是不依赖于 h 的常数,$C_5 > 5$.

4) 今来证要使 $\varepsilon_i^{(2)} = O(\bar{\varphi})$ 的充分条件是

$$v_n = O(\bar{\varphi}) \tag{37_1}$$

$$v_{n+1} = O(h\bar{\varphi}) \tag{38_1}$$

事实上,充分性可把(32)(33) 及(35) 代入(34) 中然后利用 (30)(31)(36) 右端的不等式,立即得到由 $(37_1)(38_1)$ 就可以保证对一切 i 有

$$\varepsilon_i^{(2)} = O(\bar{\varphi}) \tag{39}$$

至于必要性，如果(39)对一切 i 成立，则在(34)中令 $i=n+1$ 再把(33)(35)代入，然后利用(30)(31)(36)左端的不等式即得到

$$|\varepsilon_{n+1}^{(2)}| \geqslant \left[C_1C_3C_5\frac{1}{h}+(N-n-1)C_1C_3+1\right]|v_{n+1}| \geqslant C\frac{|v_{n+1}|}{h}$$

因而 $v_{n+1}=O(h\bar{\varphi})$. 再在(34)中令 $i=n$ 利用已证得的 $v_{n+1}=O(h\bar{\varphi})$ 及 $\varepsilon_n^{(2)}=O(\bar{\varphi})$ 即得(37).

因此在间断系数的情形要保证差分格式之解的精确度重合于逼近度之充要条件是$(37_1)(38_1)$成立.

再来看 v_n, v_{n+1} 之表达式. 由(27)及(29)可知

$$v_n=\frac{1}{B_n}u_nh^2\varphi_n$$

$$v_{n+1}=\frac{1}{B_nB_{n+1}}h^2[A_{n+1}\varphi_nu_n+B_n\varphi_{n+1}]u_{n+1}=\frac{1}{B_nB_{n+1}}h^2[A_{n+1}\varphi_n+B_n\varphi_{n+1}]u_{n+1}+O(h^3\varphi_n)$$

因此条件$(37_1)(38_1)$就等价于

$$h^2\varphi_n=O(\bar{\varphi}) \tag{37_2}$$

$$h^2[A_{n+1}\varphi_n+B_n\varphi_{n+1}]=O(h\bar{\varphi}) \tag{38_2}$$

由于(23)即知当逼近的阶不超过 $O(h)$ 时，条件(37_2)是自然满足的.

综合上述，在间断系数情形，我们得到下述结论：

ⅰ) 设 $k(x)\in Q_1, q(x)\in Q_0, f(x)\in Q_0$(只在一点 ξ 有间断且 $x_n<\xi<x_{n+1}$)，而 R_h 是逼近 L 的差分格式，则要保证差分格式收敛之充要条件是

$$h[A_{n+1}\varphi_n + B_n\varphi_{n+1}] = o(1)$$

ⅱ）设 $k(x)\in Q_{1,\alpha}, q(x)\in Q_{0,\alpha}, f(x)\in Q_{0,\alpha}(0<\alpha\leqslant 1)$ 而 R_h 具有 α 阶逼近度，则要使差分方程之解有 α 阶精确度之充要条件是

$$h[A_{n+1}\varphi_n + B_n\varphi_{n+1}] = O(h^{\alpha})$$

ⅲ）设 $k(x)\in Q_{2,\alpha}, q(x)\in Q_{1,\alpha}, f(x)\in Q_{1,\alpha}(0<\alpha\leqslant 1)$ 而 R_h 具有 $1+\alpha$ 阶逼近度，则要使差分方程之解有 $1+\alpha$ 阶精确度之充要条件是

$$h[A_{n+1}\varphi_n + B_n\varphi_{n+1}] = O(h^{1+\alpha})$$

$$h^2\varphi_n = O(h^{1+\alpha})$$

这些结论与 A. H. Тихонов，A. A. Самарский 对第一边值情形所得到的是完全一致的，关于这些条件的进一步具体应用可以参看[2].

最后说明一下，上面的方法对于其他各种类型边值的情形（除了两端都是第二边值的情形）也都是同样适用的. 在光滑系数情形这是显然的；对于间断系数的情形如果有一端是第二或第三边值，则只要从这一端出发追赶，显然上述一切仍都成立，在两端都是第一边值的情形稍有不同，这时追赶公式(26)成为

$$u_{i+1} = \frac{B_{i+1}}{(A_{i+1}+B_{i+1}+Q_{i+1}h^2) - A_{i+1}u_i}, u_0 = 0$$

因此(29)就并不是对一切 i 都成立的，但如果我们引进

$$u_{i+1}^* = \frac{1}{2-u_i^*}, u_0^* = 0$$

即 $u_i^* = \frac{i}{i+1}$，则利用 $\frac{A_i}{B_i} = 1 + O(h)(i\neq n, n+1)$ 不难证明当 $i\geqslant n$ 时，由于 $u_i - u_i^* = O(h)$ 及 $u_i^* = 1-$

$\frac{1}{i+1}=1+O(h)$，因此(29)当 $i\geqslant n$ 时还是成立，于是(30)(31)之左端不等式只要 $i\geqslant n$ 也还成立，我们注意在上面的证明中其实 $i<n$ 并没有用到，因此对第一边值的情形一切结论都可以同样地得到.

(三)

考虑热传导方程的第三边值问题

$$
\begin{cases}
\frac{\partial u}{\partial t}=\frac{\partial^2 u}{\partial x^2} \quad (a\leqslant x\leqslant b, 0\leqslant t\leqslant T) \\
u(x,0)=\varphi(x) \quad (a\leqslant x\leqslant b) \\
\frac{\partial u(a,t)}{\partial x}=\alpha(t)u(a,t)+\alpha_1(t) \\
\frac{\partial u(b,t)}{\partial x}=-\beta(t)u(b,t)+\beta_1(t)
\end{cases}
\quad (0\leqslant t\leqslant T) \tag{40}
$$

其中 $\alpha(t)\geqslant 0,\beta(t)\geqslant 0$. 作网格 (x_i,t_m)，$x_i=a+\left(i-\frac{1}{2}\right)h$，$h=\frac{b-a}{N}$，$t_m=m\tau(i=0,1,\cdots,N+1,m=0,1,\cdots,M,M\tau\leqslant T<(M+1)\tau)$，引入通常的隐式差分格式

$$
\begin{cases}
\frac{u_i^{m+1}-u_i^m}{\tau}=\frac{u_{i+1}^{m+1}-2u_i^{m+1}+u_{i-1}^{m+1}}{h^2} \\
(i=1,2,\cdots,N;m=0,1,\cdots,M-1) \\
\frac{u_1^{m+1}-u_0^{m+1}}{h}=\alpha_{m+1}\frac{u_1^{m+1}+u_0^{m+1}}{2}+\alpha_{1,m+1} \\
\frac{u_{N+1}^{m+1}-u_N^{m+1}}{h}=-\beta_{m+1}\frac{u_{N+1}^{m+1}+u_N^{m+1}}{2}+\beta_{1,m+1} \\
u_i^0=\varphi_i \quad (i=0,1,\cdots,N+1)
\end{cases} \tag{41}
$$

首先来研究这格式在第一种范数下关于初始条件的稳定性问题. 设 $\alpha_1(t)=\beta_1(t)\equiv 0$,于是(41) 可改写成

$$\begin{cases}\gamma u_{i+1}^{m+1}-(1+2\gamma)u_i^{m+1}+\gamma u_{i-1}^{m+1}=-u_i^m\\(i=1,2,\cdots,N),\gamma=\dfrac{\tau}{h^2}\\u_0^{m+1}=\dfrac{2-\alpha_{m+1}h}{2+\alpha_{m+1}h}u_1^{m+1}\\u_N^{m+1}=\dfrac{2+\beta_{m+1}h}{2-\beta_{m+1}h}u_{N+1}^{m+1}\end{cases}\tag{42}$$

而初始值 u_i^0 任意给定. 在方程组(42) 中,如果把 u_i^m 看作已知,则它就是关于未知量 $u_i^{m+1}(i=0,1,\cdots,N+1)$ 的线性方程组,且系数矩阵是三对角的,于是它的解就可以用下面一套追赶公式具体表示出来

$$w_{i+1}=\frac{1}{A-w_i},w_0=\frac{2-\alpha_{m+1}h}{2+\alpha_{m+1}h}\quad\left(A=2+\frac{1}{\gamma}>2\right)\tag{43}$$

$$v_{i+1}=w_{i+1}\left(\frac{u_i^m}{\gamma}+v_i\right),v_0=0\tag{44}$$

$$u_i^{m+1}=w_iu_{i+1}^{m+1}+v_i\tag{45}$$

为了估计 w_i 的大小,我们先来证下述引理

引理 1 设

$$w'_{i+1}=\frac{1}{A-w'_i},w'_0=1\quad(A>2)$$

则 w'_i 有具体表达式

$$w'_i=\frac{\lambda(\lambda^{2i-1}+1)}{\lambda^{2i+1}+1}$$

其中 $\lambda=\frac{1}{2}(A+\sqrt{A^2-4})>1$

证明 作辅助序列

$$\overline{w}_{i+1}=\frac{1}{A-\overline{w}_i},\overline{w}_0=0$$

则 $\overline{w}_i$ 可以看作连分式

$$0+\frac{1|}{|A}+\frac{-1|}{|A}+\frac{-1|}{|A}+\cdots$$

的渐近公式，因此若令 $\overline{w}_i=\frac{\overline{P}_i}{\overline{Q}_i}$，则由连分式的性质[3]知

$$\overline{P}_i=A\overline{P}_{i-1}-\overline{P}_{i-2},\overline{P}_1=1,\overline{P}_0=0$$

$$\overline{Q}_i=A\overline{Q}_{i-1}-\overline{Q}_{i-2},\overline{Q}_1=A,\overline{Q}_0=1$$

解上述二阶常系数的差分方程即得

$$\overline{P}_i=\frac{\lambda}{\lambda^2-1}\left[\lambda^i-\frac{1}{\lambda^i}\right],\overline{Q}_i=\frac{\lambda}{\lambda^2-1}\left[\lambda^{i+1}-\frac{1}{\lambda^{i+1}}\right] \tag{46}$$

其中 $\lambda=\frac{1}{2}(A+\sqrt{A^2-4})$. 由于

$$w'_i=0+\frac{1|}{|A}+\frac{-1|}{|A}+\cdots+\frac{-1|}{|A}+\frac{-1|}{|1}$$

故若令 $w'_i=\frac{P'_i}{Q'_i}$，则

$$P'_i=\overline{P}_i-\overline{P}_{i-1},Q'_i=\overline{Q}_i-\overline{Q}_{i-1}$$

将 $\overline{P}_i,\overline{Q}_i$ 的具体表达式(46)代入化简即得引理中关于 w'_i 的表达式.

由于 $\alpha_{m+1}\geqslant 0$，故当 h 充分小时总有 $0<w_0\leqslant 1$. 因此由(43)即知 $0<w_i\leqslant w'_i$，由引理就得到关于 w_i 的下述估计

$$0<w_i\leqslant\frac{\lambda(\lambda^{2i-1}+1)}{\lambda^{2i+1}+1} \tag{47}$$

其次来估计 v_i，则(44) 知

$$v_{i+1}=\frac{1}{\gamma}\sum_{K=1}^{i+1}\left(\prod_{j=K}^{i+1}w_j\right)u_K^m$$

今令 $u^{(m)}=\max_K|u_K^m|$，则由(47) 即得

$$|v_{i+1}|\leqslant \frac{u^{(m)}}{\gamma}\cdot\frac{\lambda^{i+2}}{\lambda^{2i+3}+1}\sum_{K=1}^{i+1}\frac{\lambda^{2K-1}+1}{\lambda^K}=\frac{\lambda(\lambda^{2i+2}-1)}{(\lambda-1)(\lambda^{2i+3}+1)}\cdot\frac{u^{(m)}}{\gamma}\tag{48}$$

最后来估计 u_i^{m+1}，先来估计 u_{N+1}^{m+1}，在(45) 中令 $i=N$，再与方程组(42) 右端之边条件联立，即可解出

$$u_{N+1}^{m+1}\left(\frac{2\beta_{m+1}h}{2-\beta_{m+1}h}+(1-w_N)\right)=v_N$$

由于 $\beta_{m+1}\geqslant 0, w_N<1$，因此

$$|u_{N+1}^{m+1}|\leqslant\frac{|v_N|}{1-w_N}$$

以估计式(47)(48) 代入上式即得

$$|u_{N+1}^{m+1}|\leqslant\frac{\lambda}{(\lambda-1)^2}\cdot\frac{u^{(m)}}{\gamma}\tag{49}$$

由(45) 推知

$$u_i^{m+1}=\left(\prod_{K=i}^{N}w_K\right)u_{N+1}^{m+1}+\sum_{K=i+1}^{N}\left(\prod_{j=i}^{K-1}w_j\right)v_K+v_i\tag{50}$$

以(47)(48)(49) 代入即得

$$|u_i^{m+1}|\leqslant\frac{\lambda u^{(m)}}{(\lambda-1)\gamma}\cdot\frac{\lambda^{2i-1}+1}{\lambda^i}\left[\frac{\lambda^{N+1}}{(\lambda-1)(\lambda^{2N+1}+1)}+\sum_{K=i}^{N}\frac{\lambda^K(\lambda^{2K}-1)}{(\lambda^{2K-1}+1)(\lambda^{2K+1}+1)}\right]\tag{51}$$

今来证：

引理 2 设

$$\mu_i = \frac{\lambda^{2i-1}+1}{\lambda^i}\left[\frac{\lambda^{N+1}}{(\lambda-1)(\lambda^{2N+1}+1)}+\sum_{K=i}^{N}\frac{\lambda^K(\lambda^{2K}-1)}{(\lambda^{2K-1}+1)(\lambda^{2K+1}+1)}\right]$$

则 $\mu_0=\mu_1=\cdots=\mu_N=\dfrac{1}{\lambda-1}$.

证明

$$\mu_{i+1}-\mu_i=\frac{1}{\lambda^{i+1}}\left\{(\lambda-1)(\lambda^{2i}-1)\left[\frac{\lambda^{N+1}}{(\lambda-1)(\lambda^{2N+1}+1)}+\sum_{K=i+1}^{N}\frac{\lambda^K(\lambda^{2K}-1)}{(\lambda^{2K-1}+1)(\lambda^{2K+1}+1)}\right]-\frac{\lambda^{i+1}(\lambda^{2i}-1)}{\lambda^{2i+1}+1}\right\}$$

令

$$\gamma_i=(\lambda-1)(\lambda^{2i}-1)\left[\frac{\lambda^{N+1}}{(\lambda-1)(\lambda^{2N+1}+1)}+\sum_{K=i+1}^{N}\frac{\lambda^K(\lambda^{2K}-1)}{(\lambda^{2K-1}+1)(\lambda^{2K+1}+1)}\right]-\frac{\lambda^{i+1}(\lambda^{2i}-1)}{\lambda^{2i+1}+1}$$

不难知道

$$\gamma_{i-1}=\frac{\lambda^{2i-2}-2}{\lambda^{2i}-1}\gamma_i$$

又因

$$\gamma_{N-1}=0$$

因此 $\gamma_i=0(i=0,1,\cdots,N-1)$，于是 $\mu_{i+1}-\mu_i=\dfrac{1}{\lambda^{i+1}}\gamma_i=0$,即 $\mu_i=\mu_{i+1}$. 由于

$$\mu_N=\frac{\lambda^{2N-1}+1}{\lambda^N}\left[\frac{\lambda^{N+1}}{(\lambda-1)(\lambda^{2N+1}+1)}+\frac{\lambda^N(\lambda^{2N}-1)}{(\lambda^{2N-1}+1)(\lambda^{2N+1}+1)}\right]=\frac{1}{\lambda-1}$$

引理 2 即得证.

把引理 2 的结果代入(51) 即得

$$|u_i^{m+1}| \leqslant \frac{\lambda}{(\lambda-1)^2\gamma} u^{(m)}$$

由于 $A=2+\frac{1}{\gamma}, \lambda=\frac{1}{2}(A+\sqrt{A^2-4})$，因此 $\frac{\lambda}{(\lambda-1)^2\gamma}=1$，于是令 $u^{(m+1)}=\max_i |u_i^{m+1}|$，即得

$$u^{(m+1)} \leqslant u^{(m)}$$

这也就证明了差分格式(41) 在第一种范数下依初始条件的稳定性.

显然上述方法对第一边值的情形也是适用的，事实上此时 $x_i=a+ih\left(i=0,1,\cdots,N+1;h=\frac{b-a}{N+1}\right)$，相应的齐次差分方程为

$$\begin{cases}\gamma u_{i+1}^{m+1}-(1+2\gamma)u_i^{m+1}+\gamma u_{i-1}^{m+1}=-u_i^m \\ (i=1,2,\cdots,N) \\ u_0^{m+1}=u_{N+1}^{m+1}=0\end{cases} \tag{52}$$

这方程组的追赶公式仍是(43) ～ (45)，所不同的仅在于此时 $w_0=0$. 于是由(43) 所确定的 w_i 就是引理 1 中的 $\overline{w}_i$，因此对 w_i 的估计代替(47) 有

$$0<w_i=\frac{\lambda(\lambda^{2i}-1)}{\lambda^{2i+2}-1}$$

于是同样由(44) 可得到对 v_i 的估计

$$|v_{i+1}| \leqslant \frac{\lambda(\lambda^{i+1}-1)}{(\lambda-1)(\lambda^{i+2}+1)} \cdot \frac{u^{(m)}}{\gamma}$$

最后由(45) 并注意到 $u_{N+1}^{m+1}=0$ 即得 u_i^{m+1} 的估计

$$|u_i^{m+1}| \leqslant \frac{u^{(m)}}{\gamma} \cdot \frac{\lambda}{\lambda-1} \cdot$$

$$\frac{\lambda^{2i}-1}{\lambda^{i}}\sum_{K=i}^{N}\frac{\lambda^{K}}{(\lambda^{K}+1)(\lambda^{K+1}+1)}\leqslant$$

$$\frac{u^{(m)}}{\gamma}\cdot\frac{\lambda}{\lambda-1}\cdot\lambda^{i}\sum_{K=i}^{N}\frac{1}{\lambda^{K+1}}\leqslant$$

$$\frac{\lambda}{\gamma(\lambda-1)^{2}}u^{(m)}=u^{(m)}$$

因此 $u^{(m+1)}\leqslant u^{(m)}$,即得到稳定性.

现在来看差分格式的收敛性.我们以 U 表示第三边值问题(40)的精确解,u 表示差分方程(41)的解,令 $\varepsilon_i^m=U_i^m-u_i^m$,则如果假设 U 在 $a\leqslant x\leqslant b,0\leqslant t\leqslant T$ 上对 t 有直到二阶对 x 有直到四阶的连续偏导数,ε_i^m 就适合方程

$$\begin{cases}\gamma\varepsilon_{i+1}^{m+1}-(1+2\gamma)\varepsilon_{i}^{m+1}+\gamma\varepsilon_{i-1}^{m+1}= \\ -\varepsilon_i^m+r_i\quad(i=1,2,\cdots,N)\\ \varepsilon_0^{m+1}=\dfrac{2-\alpha_{m+1}h}{2+\alpha_{m+1}h}\varepsilon_1^{m+1}+R \\ \varepsilon_N^{m+1}=\dfrac{2+\beta_{m+1}h}{2-\beta_{m+1}h}\varepsilon_{N+1}^{m+1}+\bar{R}\end{cases}\tag{53}$$

其中 $r=\max\limits_{i}|r_i|=O(h^4),R=O(h^3),\bar{R}=O(h^3)$.方程组(53)的追赶公式是

$$w_{i+1}=\frac{1}{A-w_i},w_0=\frac{2-\alpha_{m+1}h}{2+\alpha_{m+1}h}\tag{54}$$

$$v_{i+1}=w_{i+1}\left(v_i-\frac{-\varepsilon_i^m+r_i}{\gamma}\right),v_0=R\tag{55}$$

$$\varepsilon_i^{m+1}=w_i\varepsilon_{i+1}^{m+1}+v_i\tag{56}$$

由于(54)与(43)完全一致,因此估计式(47)仍成立,利用(47)及 $v_0=R$,即得

$$|v_{i+1}|\leqslant\frac{\lambda^{i+1}(\lambda+1)}{\lambda^{2i+3}+1}|R|+$$

$$\frac{\lambda(\lambda^{2i+2}-1)}{(\lambda-1)(\lambda^{2i+3}+1)}\frac{1}{\gamma}(\varepsilon^{(m)}+r)$$

$$(\varepsilon^{(m)}=\max_i|\varepsilon_i^m|,r=\max_i|r_i|)$$

由于 $|R|=O(h^3),r=O(h^4)$，于是即得

$$|v_{i+1}|\leqslant O(h^3)+\frac{\lambda(\lambda^{2i+2}-1)}{(\lambda-1)(\lambda^{2i+3}+1)}\frac{1}{\gamma}\varepsilon^{(m)} \quad (57)$$

又因

$$|\varepsilon_{N+1}^{m+1}|\leqslant\frac{|v_N|}{1-w_N}$$

把(57)代入，注意第二项与上面处理稳定性时所碰到的完全一样以及 $\frac{1}{1-w_N}=O(1)$，因此

$$|\varepsilon_{N+1}^{m+1}|\leqslant O(h^3)+\frac{\lambda}{(\lambda-1)^2}\frac{1}{\gamma}\varepsilon^{(m)} \quad (58)$$

最后由(56)推知

$$\varepsilon_i^{m+1}=(\prod_{K=i}^{N}w_K)\varepsilon_{N+1}^{m+1}+\sum_{K=i+1}^{N}(\prod_{j=i}^{K-1}w_j)v_K+v_i$$

以估计式(57)(58)代入，对(57)(58)的第二项利用稳定性推导中的结果，而对第一项只要注意到

$$\prod_{K=1}^{N}w_K=O(1)$$

$$\left|\sum_{K=i}^{N}(\prod_{j=i}^{N-1}w_j)\right|\leqslant\sum_{K=i}^{N}\frac{\lambda^{K-i}(\lambda^{2i-1}+1)}{\lambda^{2K-1}+1}=O(1)$$

即可得到

$$|\varepsilon_i^{m+1}|\leqslant\varepsilon^{(m)}+O(h^3)$$

也即

$$\varepsilon^{(m+1)}\leqslant\varepsilon^{(m)}+O(h^3)$$

由于 $\varepsilon^{(0)}=0$，因此得到

$$\varepsilon^{(m)} \leqslant O(mh^3)$$

因 $mh^2 = \frac{1}{\gamma} m\tau \leqslant \frac{1}{\gamma} T$，故

$$\varepsilon^{(m)} \leqslant O(h)$$

这样也就证明了差分方程的解一致收敛到微分方程的解且精确度为 $O(h)$.

对于第一边值问题的收敛性显然也可类似的得到，但由于此时边界条件代换成差分边条件时没有误差，因此在估计 v_i 时不出现 R 只有 r，而 $r = O(h^4)$，所以在第一边值的情形中最后得到的结果是

$$\varepsilon^{(m+1)} \leqslant \varepsilon^{(m)} + O(h^4)$$

亦即 $\varepsilon^{(m)} = O(h^2)$

参考文献

[1] БЕРЕЗИН И С，ЖИДКОВ Н П. Методы вычислений[M]. том Ⅱ.

[2] ТИХОНОВ А Н，Самарский А А. Об однородных разностных схемах[J]. Ж. вычисл. матем. и матем. физ，1961，1(1)：5-63.

[3] ХОВАНСКИЙ А Н. Приложение цепных дробей и их обобщений к вопросам прнближенного анализа.

[4] RICHTMYER R D. Difference methods for initial-value problems.

差分方程中的 Lagrange 定理

差分方程在衬砌边值问题的应用

第14章

§1　概述,衬砌边值问题的建立

衬砌结构系指建造在地层中的拱式结构,它广泛地用于铁路、公路隧道工程及地下厂房的建造中. 衬砌系一种地下结构,它与一般地面结构不同,由于与周围地层紧密接触,在受力过程中受形受到了地层的限制,一部分结构离开地层形成脱离区,而另一部分结构则紧压地层引起地层给它的弹性抗力,形成了抗力区(图 1). 抗力区的范围与抗力的大小和外力、结构变形及地层性质有关. 地层的抗力,按照温列克尔局部变形的简化假设,其方向沿拱轴的法向,与法向位移反向,其大小等于 Kv(此处 v 为轴线法向位移,K 为地层弹性压缩系数,与地层性质有关)(图 1). 点 A 与 A' 称为零点.

由于反力的大小与区间和位移本身有关. 故衬砌计算表现为非线性力学问题. 非线性因子 Kv 给计算带来了相当的困难. 为了避免这一困难,旧有方法都试图将问题线性化,对抗力曲线的形状做了种种假设. 例如现有的朱－布法、纳氏法均假定抗力图形呈抛物线,零点位于与衬砌中心线夹角 45° 处,且假定了最大抗力的大小与位置. 抗力曲线一经确定,问题就化为通常的超静定拱的求解,可用结构力学中经典的方法求解. 这一方法明显的缺陷在于对抗力曲线做了预先假定,这不仅与实际变形有一段距离,而且不适用于复杂情形的衬砌. 成批计算更是困难费时,易出差错. 为此,我们采用了一种新的方法,即将问题化为(非线性)常微分方程组的边值问题.

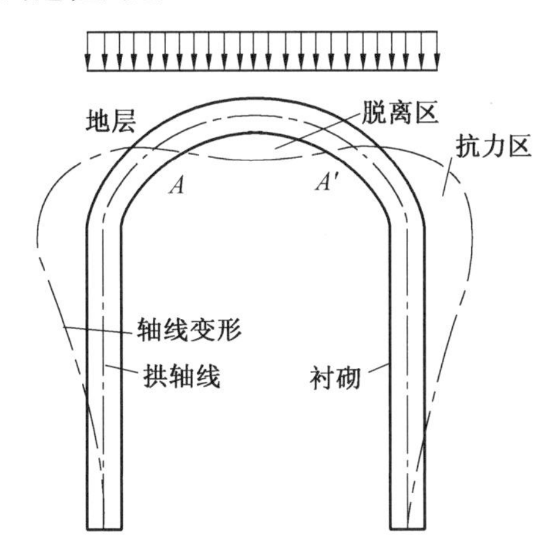

图 1

下面我们就着手建立衬砌的常微分方程组边值问题. 首先引进方程中将出现的记号:

$\boldsymbol{T}$—— 轴向力；

$\boldsymbol{Q}$—— 剪力；

$\boldsymbol{M}$—— 弯矩；

$\boldsymbol{u}$—— 切向位移；

$\boldsymbol{v}$—— 法向位移；

$\boldsymbol{\psi}$—— 转角；

$\boldsymbol{q}_\tau$—— 沿轴分布的切向荷载密度（单位为吨／米^2）；

$\boldsymbol{q}_n$—— 沿轴分布的法向荷载密度；

$\boldsymbol{q}_M$—— 沿轴分布的弯矩密度.

上述诸量的正向见图 2. 注意，这里的轴向力以切线方向为正，与 $\boldsymbol{u}$ 方向一致，因而拉应力为正，压应力为负. 一般衬砌书籍中，轴力记为 $\boldsymbol{N}$，压应力为正，因而 $\boldsymbol{N}=-\boldsymbol{T}$.

后面叙述多使用矩阵记号，以 $\boldsymbol{A},\boldsymbol{B},\boldsymbol{C},\boldsymbol{D},\boldsymbol{L}$ 等表示矩阵，$\boldsymbol{A}^{\mathrm{T}},\boldsymbol{B}^{\mathrm{T}}$ 等表示矩阵 $\boldsymbol{A},\boldsymbol{B}$ 的转置矩阵. 记：

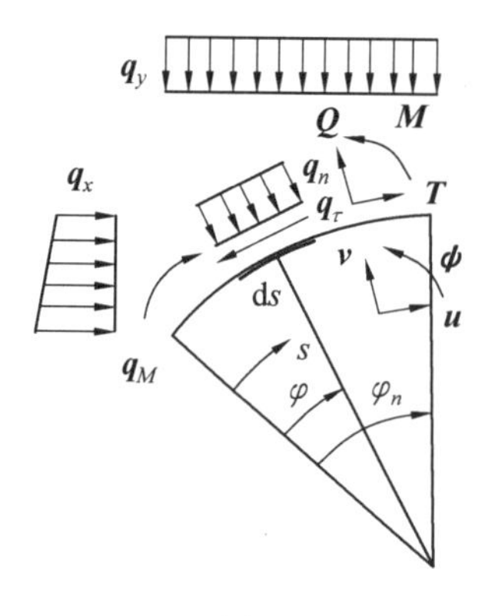

图 2

$$\boldsymbol{Y}=\begin{bmatrix}\boldsymbol{T}\\\boldsymbol{Q}\\\boldsymbol{M}\end{bmatrix}$$ —— 内力矢量；

$$\boldsymbol{Z}=\begin{bmatrix}\boldsymbol{u}\\\boldsymbol{v}\\\boldsymbol{\psi}\end{bmatrix}$$ —— 位移矢量；

$$\boldsymbol{X}=\begin{bmatrix}\boldsymbol{Y}\\\boldsymbol{Z}\end{bmatrix}$$ —— 求解时总的未知元矢量；

$$\boldsymbol{P}_1=\begin{bmatrix}\boldsymbol{q}_\tau\\\boldsymbol{q}_n\\\boldsymbol{q}_M\end{bmatrix}$$ —— 荷载密度矢量.

又按结构力学中习常的记法，记：

E—— 拉伸弹性模量；

G—— 剪切弹性模量；

F—— 截面积($F=db$，b 为宽度，取为 1)；

J—— 截面惯性矩($J=\frac{b}{12}d^3$)；

r—— 拱轴曲率半径；

k—— 拱轴曲率；

s—— 拱轴弧长变量；

φ—— 拱轴角度变量；

d—— 衬砌厚度(一般以 d_n 记拱脚厚度，d_0 记拱顶厚度)；

K—— 地层弹性压缩系数(单位为吨 / 米^3).

截取拱体的微段，考察它的平衡状态.

(ⅰ) 微段的切向平衡(图 3)

$$\boldsymbol{T}+\frac{\mathrm{d}\boldsymbol{T}}{\mathrm{d}s}\mathrm{d}s-\boldsymbol{T}+\left(\boldsymbol{Q}+\frac{\mathrm{d}\boldsymbol{Q}}{\mathrm{d}s}\mathrm{d}s\right)\frac{\mathrm{d}s}{r}-\boldsymbol{q}_\tau\mathrm{d}s=0$$

略去高阶量,得

$$\frac{\mathrm{d}\boldsymbol{T}}{\mathrm{d}s}+\frac{\boldsymbol{Q}}{r}-\boldsymbol{q}_{\tau}=0$$

(ⅱ)微段的法向平衡(图 3)

$$\boldsymbol{Q}+\left(\frac{\mathrm{d}\boldsymbol{Q}}{\mathrm{d}s}\right)\mathrm{d}s-\boldsymbol{Q}-\left(\boldsymbol{T}+\frac{\mathrm{d}\boldsymbol{T}}{\mathrm{d}s}\mathrm{d}s\right)\frac{\mathrm{d}s}{r}-\boldsymbol{q}_{n}\mathrm{d}s-K\boldsymbol{v}\mathrm{d}s=0$$

式中 K 为地层弹性压缩系数,$K\boldsymbol{v}\mathrm{d}s$ 为地层沿法向的弹性抗力,此抗力仅当 $\boldsymbol{v}$ 为正值时才引起. 因此,应将抗力项改写为 $Kh\boldsymbol{v}\mathrm{d}s$,其中 h 为阶梯函数

$$h(\boldsymbol{v})=\begin{cases}1 & (\text{当 } \boldsymbol{v}\geqslant 0 \text{ 时})\\ 0 & (\text{当 } \boldsymbol{v}<0 \text{ 时})\end{cases}$$

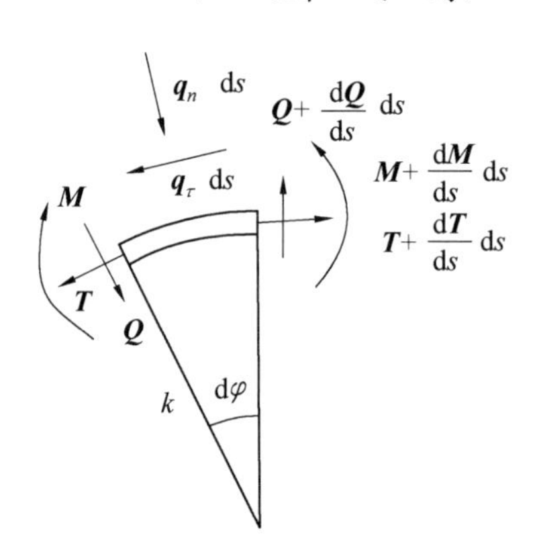

图 3

代入上式,并略去高阶项,即得

$$\frac{\mathrm{d}\boldsymbol{Q}}{\mathrm{d}s}-\frac{\boldsymbol{T}}{r}-Kh\boldsymbol{v}-\boldsymbol{q}_{n}=0$$

(ⅲ)微段的力矩平衡(图 3)

$$\boldsymbol{M}+\frac{\mathrm{d}\boldsymbol{M}}{\mathrm{d}s}\mathrm{d}s-\boldsymbol{M}+\left(\boldsymbol{Q}+\frac{\mathrm{d}\boldsymbol{Q}}{\mathrm{d}s}\mathrm{d}s\right)\frac{\mathrm{d}s}{2}+\boldsymbol{Q}\frac{\mathrm{d}s}{2}=0$$

略去高阶量,得

$$\frac{\mathrm{d}\boldsymbol{M}}{\mathrm{d}s}+\boldsymbol{Q}=0$$

综合三个平衡方程式，记

$$\boldsymbol{B}=\begin{bmatrix}\cdot & -k & \cdot \\ k & \cdot & \cdot \\ \cdot & -1 & \cdot\end{bmatrix}$$

$$\boldsymbol{L}_K=\begin{bmatrix}\cdot & \cdot & \cdot \\ \cdot & Kh & \cdot \\ \cdot & \cdot & \cdot\end{bmatrix} \tag{1}$$

即可写成矩阵形式

$$\frac{\mathrm{d}\boldsymbol{Y}}{\mathrm{d}s}-\boldsymbol{BY}-\boldsymbol{L}_K\boldsymbol{Z}-\boldsymbol{P}_1=0 \tag{2}$$

下面考察内力与位移之间的关系.

假设微段 $\mathrm{d}s$ 上与内力 $\boldsymbol{T},\boldsymbol{Q},\boldsymbol{M}$ 同方向的变形为 $\mathrm{d}\boldsymbol{U}=(\mathrm{d}u_1,\mathrm{d}u_2,\mathrm{d}u_3)^{\mathrm{T}}$，单位变形应为

$$\frac{\mathrm{d}\boldsymbol{U}}{\mathrm{d}s}=\left(\frac{\mathrm{d}u_1}{\mathrm{d}s},\frac{\mathrm{d}u_2}{\mathrm{d}s},\frac{\mathrm{d}u_3}{\mathrm{d}s}\right)^{\mathrm{T}}$$

则由应力与应变的线性关系有

$$\boldsymbol{Y}=\begin{bmatrix}\boldsymbol{T}\\ \boldsymbol{Q}\\ \boldsymbol{M}\end{bmatrix}=\begin{bmatrix}EF & 0 & 0\\ 0 & \dfrac{GF}{\alpha} & 0\\ 0 & 0 & EJ\end{bmatrix}\begin{bmatrix}\dfrac{\mathrm{d}u_1}{\mathrm{d}s}\\ \dfrac{\mathrm{d}u_2}{\mathrm{d}s}\\ \dfrac{\mathrm{d}u_3}{\mathrm{d}s}\end{bmatrix}$$

其中 α 为与拱截面形状有关的常数，一般衬砌截面为矩形时 $\alpha=\frac{6}{5}$. 上式也可以写成

$$\frac{\mathrm{d}\boldsymbol{U}}{\mathrm{d}s}=\boldsymbol{LY} \tag{3}$$

其中

$$\boldsymbol{L}=\begin{bmatrix}\frac{1}{EF} & 0 & 0\\ 0 & \frac{\alpha}{GF} & 0\\ 0 & 0 & \frac{1}{EJ}\end{bmatrix} \tag{4}$$

变形 $\mathrm{d}\boldsymbol{U}$ 由两部分组成，一部分为该方向上的位移 $\mathrm{d}\boldsymbol{Z}$，一部分为别种位移在该方向上的分量，这部分一般可写成 $\boldsymbol{B}_2\boldsymbol{Z}\mathrm{d}s$，其中 $\boldsymbol{B}_2$ 为待定的三阶方阵. 于是

$$\mathrm{d}\boldsymbol{U}=\mathrm{d}\boldsymbol{Z}+\boldsymbol{B}_2\boldsymbol{Z}\mathrm{d}s \tag{5}$$

我们将从虚位移原理出发，来定出 $\boldsymbol{B}_2$. 为此给结构以一虚位移 $\delta\boldsymbol{Z}$，但使它在边界上取零值. 由此虚位移引起虚变形为 $\delta\boldsymbol{U}$，外力(包括荷载和抗力)因与位移正向相反，故在虚位移上做功为

$$-\int\widetilde{\boldsymbol{P}}_1^{\mathrm{T}}(\delta\boldsymbol{Z})\mathrm{d}s$$

其中 $\widetilde{\boldsymbol{P}}_1=\boldsymbol{P}_1+\boldsymbol{L}_K\boldsymbol{Z}$，$\boldsymbol{L}_K\boldsymbol{Z}$ 表示抗力，积分在整个拱上进行. 另一方面，内力在应变上做的功为

$$\int\boldsymbol{Y}^{\mathrm{T}}\mathrm{d}(\delta\boldsymbol{U})$$

由虚位移原理，应有

$$-\int\widetilde{\boldsymbol{P}}_1^{\mathrm{T}}(\delta\boldsymbol{Z})\mathrm{d}s=\int\boldsymbol{Y}^{\mathrm{T}}\mathrm{d}(\delta\boldsymbol{U})$$

将式(2) 及(5) 代入

$$\int-\left(\frac{\mathrm{d}\boldsymbol{Y}}{\mathrm{d}s}-\boldsymbol{B}\boldsymbol{Y}\right)^{\mathrm{T}}(\delta\boldsymbol{Z})\mathrm{d}s=\int\boldsymbol{Y}^{\mathrm{T}}\left(\frac{\mathrm{d}}{\mathrm{d}s}(\delta\boldsymbol{Z})+\boldsymbol{B}_2\delta\boldsymbol{Z}\right)\mathrm{d}s$$

因

$$\int\boldsymbol{Y}^{\mathrm{T}}\left(\frac{\mathrm{d}}{\mathrm{d}s}\delta\boldsymbol{Z}\right)\mathrm{d}s=-\int\frac{\mathrm{d}\boldsymbol{Y}^{\mathrm{T}}}{\mathrm{d}s}(\delta\boldsymbol{Z})\mathrm{d}s$$

所以

$$\int \boldsymbol{Y}^{\mathrm{T}}(\boldsymbol{B}^{\mathrm{T}}-\boldsymbol{B}_2)\delta\boldsymbol{Z}\,\mathrm{d}s=0$$

由虚位移 $\delta\boldsymbol{Z}$ 的任意性，即知

$$\boldsymbol{B}^{\mathrm{T}}=\boldsymbol{B}_2$$

代入式(5)，参照式(3)，即得

$$\frac{\mathrm{d}\boldsymbol{Z}}{\mathrm{d}s}=-\boldsymbol{B}^{\mathrm{T}}\boldsymbol{Z}+\frac{\mathrm{d}\boldsymbol{U}}{\mathrm{d}s}=-\boldsymbol{B}^{\mathrm{T}}\boldsymbol{Z}+\boldsymbol{L}\boldsymbol{Y}$$

于是最后导出微分方程组

$$\begin{cases}\dfrac{\mathrm{d}\boldsymbol{Y}}{\mathrm{d}s}=\boldsymbol{B}\boldsymbol{Y}+\boldsymbol{L}_K\boldsymbol{Z}+\boldsymbol{P}_1\\[2ex]\dfrac{\mathrm{d}\boldsymbol{Z}}{\mathrm{d}s}=-\boldsymbol{B}^{\mathrm{T}}\boldsymbol{Z}+\boldsymbol{L}\boldsymbol{Y}\end{cases}\tag{6}$$

或写成合并的形式

$$\begin{cases}\dfrac{\mathrm{d}\boldsymbol{X}}{\mathrm{d}s}=\boldsymbol{A}\boldsymbol{X}+\boldsymbol{P}\\[2ex]\boldsymbol{A}=\begin{bmatrix}0&-k&0&0&0&0\\k&0&0&0&hK&0\\0&-1&0&0&0&0\\\dfrac{1}{EF}&0&0&0&-k&0\\0&\dfrac{\alpha}{GF}&0&k&0&1\\0&0&\dfrac{1}{EJ}&0&0&0\end{bmatrix}\\[2ex]\boldsymbol{P}=\begin{bmatrix}\boldsymbol{P}_1\\\boldsymbol{0}\end{bmatrix}\end{cases}\tag{7}$$

若以 φ 为变量，$\mathrm{d}s=r\mathrm{d}\varphi$，则分别为

$$\begin{cases}\dfrac{\mathrm{d}\boldsymbol{Y}}{\mathrm{d}\varphi}=\bar{\boldsymbol{B}}\boldsymbol{Y}+\boldsymbol{L}_K r\boldsymbol{Z}+r\boldsymbol{P}_1\\[2ex]\dfrac{\mathrm{d}\boldsymbol{Z}}{\mathrm{d}\varphi}=-\bar{\boldsymbol{B}}^{\mathrm{T}}\boldsymbol{Z}+\boldsymbol{L}r\boldsymbol{Y}\end{cases}\tag{8}$$

式中 $\bar{\boldsymbol{B}}=r\boldsymbol{B}$. 合并形式为

$$\begin{cases}\dfrac{\mathrm{d}\boldsymbol{X}}{\mathrm{d}\varphi}=\bar{\boldsymbol{A}}\boldsymbol{X}+r\boldsymbol{P}\\[2ex]\bar{\boldsymbol{A}}=\begin{bmatrix}0&-1&0&0&0&0\\1&0&0&0&hrK&0\\0&-r&0&0&0&0\\\dfrac{r}{EF}&0&0&0&-1&0\\0&\dfrac{\alpha r}{GF}&0&1&0&r\\0&0&\dfrac{r}{EJ}&0&0&0\end{bmatrix}\end{cases}\tag{9}$$

通常在衬砌或地面拱的计算中,都略去剪力项的影响,亦即使用马克斯韦尔 — 摩尔变位公式时,略去一般公式

$$u=\int\frac{\boldsymbol{T}_p\bar{\boldsymbol{T}}}{EF}\mathrm{d}s+\int\frac{\boldsymbol{M}_p\bar{\boldsymbol{M}}}{EJ}\mathrm{d}s+\int\frac{\alpha\boldsymbol{Q}_p\bar{\boldsymbol{Q}}}{GF}\mathrm{d}s$$

等中包含 $\boldsymbol{Q}$ 的一项而成

$$u=\int\frac{\boldsymbol{T}_p\bar{\boldsymbol{T}}}{EF}\mathrm{d}s+\int\frac{\boldsymbol{M}_p\bar{\boldsymbol{M}}}{EJ}\mathrm{d}s$$

等. 此处 $\boldsymbol{T}_p$ 等表示结构内力,而 $\bar{\boldsymbol{T}}$ 表示外加虚拟单位力引起的内力.

在后面 §4 中我们将说明,将方程组

$$\frac{\mathrm{d}v}{\mathrm{d}s}=\psi+ku+\frac{\alpha}{GF}\boldsymbol{Q}$$

中 $\boldsymbol{Q}$ 项略去,使之成为

$$\frac{\mathrm{d}v}{\mathrm{d}s}=\psi+ku \tag{10}$$

这一种近似与上述在变位公式中略去 $\boldsymbol{Q}$ 项，两者是等价的. 这时方程组(6) 中 $\boldsymbol{L}$ 简化为

$$\boldsymbol{L}=\begin{bmatrix}\frac{1}{EF} & 0 & 0\\ 0 & 0 & 0\\ 0 & 0 & \frac{1}{EJ}\end{bmatrix} \tag{11}$$

而在方程组(7) 中，$\boldsymbol{A}$ 简化成

$$\begin{cases}\boldsymbol{A}=\begin{bmatrix}0 & -k & 0 & 0 & 0 & 0\\ k & 0 & 0 & 0 & hK & 0\\ 0 & -1 & 0 & 0 & 0 & 0\\ \frac{1}{EF} & 0 & 0 & 0 & -k & 0\\ 0 & 0 & 0 & k & 0 & 1\\ 0 & 0 & \frac{1}{EJ} & 0 & 0 & 0\end{bmatrix}\\ \frac{\mathrm{d}\boldsymbol{X}}{\mathrm{d}s}=\boldsymbol{AX}+\boldsymbol{P}\end{cases} \tag{12}$$

下面在做理论上的一般推导叙述时，均主要讨论一般的情形(7)，但附带提到简化情形的相应结果. 我们在具体计算中，采用的是(12) 简化情形.

衬砌微分方程式原由建筑科学研究院张维嶽先生提出，系简化情形(12). 他在推导后三个方程 $\frac{\mathrm{d}\boldsymbol{X}}{\mathrm{d}s}=-\boldsymbol{B}^{\mathrm{T}}\boldsymbol{Z}+\boldsymbol{LY}$ 时，用的是直接考察应变的几何关系，与我们上面应用一般性力学原理导出的方法不同.

在后面的讨论中，若无特别说明，均假设厚度

d(从而 F,J),q_n,q_τ,k 为连续可微.

在常微分方程组中,矩阵 $\boldsymbol{A}$ 含有 $Kh(v)$ 一项,故一般为非线性方程,仅在地面拱情形,无地层抗力,$K=0$,化为线性问题.

方程组的边界条件一般可以写成

$$\boldsymbol{CX}\mid_{s=0}=0,\boldsymbol{DX}\mid_{s=l}=0 \tag{13}$$

$\boldsymbol{C}$ 与 $\boldsymbol{D}$ 一般为 3×6 矩阵. 例如:

(1) 固定边端点,边界阵为

$$\begin{pmatrix} 0 & 0 & 0 & 1 & 0 & 0 \\ 0 & 0 & 0 & 0 & 1 & 0 \\ 0 & 0 & 0 & 0 & 0 & 1 \end{pmatrix}$$

亦即 $u=v=0,\psi=0$.

(2) 铰支边端点,边界阵为

$$\begin{pmatrix} 0 & 0 & 1 & 0 & 0 & 0 \\ 0 & 0 & 0 & 1 & 0 & 0 \\ 0 & 0 & 0 & 0 & 1 & 0 \end{pmatrix}$$

亦即 $M=0,u=v=0$.

(3) 对称点. 当荷载于拱的左右两半对称分布时,变形与外力也将左右对称(拱本身一般左右对称). 计算时只需取拱的一半进行,此时在拱顶出现对称点,其上应有 $u=0,\psi=0,\boldsymbol{Q}=0$,故边界阵为

$$\begin{pmatrix} 0 & 1 & 0 & 0 & 0 & 0 \\ 0 & 0 & 0 & 1 & 0 & 0 \\ 0 & 0 & 0 & 0 & 0 & 1 \end{pmatrix}$$

(4) 还有更复杂的边界,例如弹性支承,其具体表式将在第 15 章中给出,它也可以写成形式(13).

我们最终建立了衬砌边值问题(A)

$$\begin{cases}\dfrac{\mathrm{d}\boldsymbol{X}}{\mathrm{d}s}=\boldsymbol{AX}+\boldsymbol{P}\\ \boldsymbol{CX}\mid_{s=0}=0,\boldsymbol{DX}\mid_{s=l}=0\end{cases}\tag{A}$$

对边值问题(A)的讨论构成本书的全部内容. 由于一般边界形式讨论的复杂性,在以后理论性探讨中,将只限于两种最简单的边界,即上述的固定边与铰支边,且限于 $s=l$ 端为对称的情形. 我们在计算中遇到的绝大部分是对称情形. 另外,为了叙述简化起见,我们不考虑曲率等于零的直墙部分. 直墙部分方程分外简单,要在一般性讨论中把直墙部分考虑在内并不引出本质上的难处,仅仅是出于叙述简化才不将它一并考虑进去. 但考虑到具体计算时的需要,在讨论数值解时,是就一般类型的衬砌及边界条件而叙述的.

由上述,我们将需要引进下述两类集合:在变分问题中引进

$$\begin{cases}\overline{\mathscr{M}}_1=\{Z\mid Z\text{ 一次连续可微},\\ Z\mid_{s=0}=0;u\mid_{s=l}=0,\psi\mid_{s=l}=0\}\\ \overline{\mathscr{M}}_2=\{Z\mid Z\text{ 一次连续可微},\\ u\mid_{s=0}=v\mid_{s=0}=0;u\mid_{s=l}=0,\psi\mid_{s=l}=0\}\end{cases}\tag{14}$$

在边值问题(A)中,引进

$$\mathscr{M}_1=\{X\mid Z\in\overline{\mathscr{M}}_1,Q\mid_{s=l}=0\}$$

$$\mathscr{M}_2=\{X\mid Z\in\overline{\mathscr{M}}_2,M\mid_{s=0}=0,Q\mid_{s=l}=0\}$$

它们各与固定边及铰支边相应.

§2　边值问题与变分问题解的一致性

力学的最小位能原理指出,在所有可能的(即满足

几何约束）位移中，物体处于（稳定）平衡的位移使该物体的位能

$$W=(\text{应变能})-(\text{外力所做的功})$$

为极小. 由这一原理，微分方程边值问题与变分问题常可相互转化.

在衬砌情形，应变能，即内力所做的功为

$$\int\left(\frac{\boldsymbol{T}^2}{2EF}+\frac{\alpha\boldsymbol{Q}^2}{2GF}+\frac{\boldsymbol{M}^2}{2EJ}\right)\mathrm{d}s$$

此处及下面，若无特别说明，积分一般沿着整个所考察的拱体进行. 在外力所做的功中，因抗力与位移 $\boldsymbol{v}$ 反向，故相应的功为

$$-\frac{1}{2}\int_{v>2}K\boldsymbol{v}^2\,\mathrm{d}s=-\frac{1}{2}\int Kh(\boldsymbol{v})\boldsymbol{v}^2\,\mathrm{d}s$$

另有荷载所做的功，在我们所约定的正向情形（图 2），$\boldsymbol{q}_n$，$\boldsymbol{q}_\tau$ 与 $\boldsymbol{q}_M$ 分别与 $\boldsymbol{v}$，$\boldsymbol{u}$ 和 $\boldsymbol{\psi}$ 反向，故此部分为

$$-\int(\boldsymbol{q}_n\boldsymbol{v}+\boldsymbol{q}_\tau\boldsymbol{u}+\boldsymbol{q}_M\boldsymbol{\psi})\mathrm{d}s$$

最后，应计入拱边界处反力所做的功，但在前面所引述的三种简单边界中，或因反力为零，或因相应位移为零，从而反力所做的功都等于零，只是在如弹性支承那样的复杂边界中，才出现边界能量项.

这样，在边界为(1) ~ (3) 的情形，能量积分为

$$W=\int\left[\left(\frac{\boldsymbol{T}^2}{2EF}+\frac{\alpha\boldsymbol{Q}^2}{2GF}+\frac{\boldsymbol{M}^2}{2EJ}\right)+\frac{1}{2}Kh\boldsymbol{v}^2+\boldsymbol{q}_n\boldsymbol{v}+\boldsymbol{q}_\tau\boldsymbol{u}+\boldsymbol{q}_M\boldsymbol{\psi}\right]\mathrm{d}s=\int\left(\frac{1}{2}\boldsymbol{Y}^{\mathrm{T}}\boldsymbol{L}\boldsymbol{Y}+\frac{1}{2}\boldsymbol{Z}^{\mathrm{T}}\boldsymbol{L}_K\boldsymbol{Z}+\boldsymbol{P}_1^{\mathrm{T}}\boldsymbol{Z}\right)\mathrm{d}s \tag{1}$$

于是，与边值问题(A) 相应，可以提出次之变分问题

(B)

$$W(\boldsymbol{Z}^*)=\min_{Z\in\overline{\mathscr{M}}_i}W(\boldsymbol{Z})\quad(i=1,2)\tag{B}$$

力学最小位能原理指出了问题(A)与(B)解的一致性,下面从数学上证明这一断言在上述边值问题中是正确的.

首先,建立一次变分公式.

引理 1　若 $\boldsymbol{Z}\in\overline{\mathscr{M}}_i$,则

$$\begin{aligned}\delta W=&\int\left(-\frac{\mathrm{d}\boldsymbol{T}}{\mathrm{d}s}-k\boldsymbol{Q}+\boldsymbol{q}_\tau\right)(\delta\boldsymbol{u})\mathrm{d}s+\\&\int\left(k\boldsymbol{T}-\frac{\mathrm{d}\boldsymbol{Q}}{\mathrm{d}s}+Kh\boldsymbol{v}+\boldsymbol{q}_n\right)(\delta\boldsymbol{v})\mathrm{d}s\\&\int\left(-\frac{\mathrm{d}\boldsymbol{M}}{\mathrm{d}s}-\boldsymbol{Q}+\boldsymbol{q}_M\right)(\delta\boldsymbol{\psi})\mathrm{d}s\end{aligned}\tag{2}$$

证明

$$\begin{aligned}\delta W=&\int\Big(\frac{\boldsymbol{T}\delta\boldsymbol{T}}{EF}+\frac{\alpha\boldsymbol{Q}\delta\boldsymbol{Q}}{GF}+\frac{\boldsymbol{M}\delta\boldsymbol{M}}{EJ}+\\&\boldsymbol{q}_n\delta\boldsymbol{v}+\boldsymbol{q}_\tau\delta\boldsymbol{u}+\boldsymbol{q}_M\delta\boldsymbol{\psi}\Big)\mathrm{d}s+\\&\delta\int\frac{1}{2}Kh(\boldsymbol{v})\boldsymbol{v}^2\mathrm{d}s\end{aligned}$$

因为

$$\frac{1}{EF}\delta\boldsymbol{T}=\frac{\mathrm{d}}{\mathrm{d}s}(\delta\boldsymbol{u})+k(\delta\boldsymbol{v})$$

$$\frac{1}{EJ}\delta\boldsymbol{M}=\frac{\mathrm{d}}{\mathrm{d}s}(\delta\boldsymbol{\psi})$$

$$\frac{\alpha}{GF}\delta\boldsymbol{Q}=\frac{\mathrm{d}}{\mathrm{d}s}(\delta\boldsymbol{v})-\delta\boldsymbol{\psi}-k\delta\boldsymbol{u}$$

所以

$$\int \frac{\boldsymbol{T}\delta\boldsymbol{T}}{EF}\mathrm{d}s = \int \boldsymbol{T}\frac{\mathrm{d}}{\mathrm{d}s}(\delta\boldsymbol{u})\mathrm{d}s + \int \boldsymbol{T}k(\delta\boldsymbol{v})\mathrm{d}s =$$

$$\boldsymbol{T}\delta u\Big|_{\Gamma} - \int \frac{\mathrm{d}\boldsymbol{T}}{\mathrm{d}s}(\delta\boldsymbol{u})\mathrm{d}s + \int \boldsymbol{T}k(\delta\boldsymbol{v})\mathrm{d}s$$

此处 $\boldsymbol{T}\delta\boldsymbol{u}\,|_{\Gamma} = \boldsymbol{T}\delta\boldsymbol{u}\,|_{s=l} - \boldsymbol{T}\delta\boldsymbol{u}\,|_{s=0}$ 表示边界值. 同样

$$\int \frac{\boldsymbol{M}\delta\boldsymbol{M}}{EJ}\mathrm{d}s = \boldsymbol{M}\delta\boldsymbol{\psi}\Big|_{\Gamma} - \int\left(\frac{\mathrm{d}\boldsymbol{M}}{\mathrm{d}s}\right)(\delta\boldsymbol{\psi})\mathrm{d}s$$

$$\int \frac{\alpha\boldsymbol{Q}\delta\boldsymbol{Q}}{GF}\mathrm{d}s = \boldsymbol{Q}\delta\boldsymbol{v}\Big|_{\Gamma} - \int \frac{\mathrm{d}\boldsymbol{Q}}{\mathrm{d}s}(\delta\boldsymbol{v})\mathrm{d}s -$$

$$\int \boldsymbol{Q}\delta\boldsymbol{\psi}\,\mathrm{d}s - \int \boldsymbol{Q}k\delta\boldsymbol{u}\,\mathrm{d}s$$

于是

$$\int\left(\frac{\boldsymbol{T}\delta\boldsymbol{T}}{EF} + \frac{\boldsymbol{M}\delta\boldsymbol{M}}{EJ} + \frac{\alpha\boldsymbol{Q}\delta\boldsymbol{Q}}{GF}\right)\mathrm{d}s =$$

$$\int\left(-\frac{\mathrm{d}\boldsymbol{T}}{\mathrm{d}s} - k\boldsymbol{Q}\right)(\delta\boldsymbol{u})\mathrm{d}s + \int\left(k\boldsymbol{T} - \frac{\mathrm{d}\boldsymbol{Q}}{\mathrm{d}s}\right)(\delta\boldsymbol{v})\mathrm{d}s +$$

$$\int\left(-\frac{\mathrm{d}\boldsymbol{M}}{\mathrm{d}s} - \boldsymbol{Q}\right)\delta\boldsymbol{\psi}\,\mathrm{d}s + (\boldsymbol{Q}\delta\boldsymbol{v} + \boldsymbol{T}\delta\boldsymbol{u} + \boldsymbol{M}\delta\boldsymbol{\psi})\,|_{\Gamma}$$

对于“非线性”因子项,我们证明

$$\delta\int_{\boldsymbol{v}>0} \boldsymbol{v}^2\,\mathrm{d}s = \int_{\boldsymbol{v}>0} 2\boldsymbol{v}\delta v\,\mathrm{d}s$$

亦即

$$\delta\int \frac{1}{2}Kh\boldsymbol{v}^2\,\mathrm{d}s = \int Kh\boldsymbol{v}\delta\boldsymbol{v}\,\mathrm{d}s \tag{3}$$

此等同于证明

$$\lim_{t\to 0}\frac{1}{t}\left[\int_{\boldsymbol{v}+t\eta>0}(\boldsymbol{v}+t\eta)^2\,\mathrm{d}s - \int_{\boldsymbol{v}>0}\boldsymbol{v}^2\,\mathrm{d}s\right] = \int_{\boldsymbol{v}>0} 2\boldsymbol{v}\eta\,\mathrm{d}s$$

η 为任意函数. 记

$$\Delta_t \equiv \int_{(\boldsymbol{v}+t\eta)>0}(\boldsymbol{v}+t\eta)^2\,\mathrm{d}s - \int_{\boldsymbol{v}>0}\boldsymbol{v}^2\,\mathrm{d}s$$

$$\Delta_t = \int_{v+t\eta>0} (v+t\eta)^2 \mathrm{d}s - \int_{v>0} (v+t\eta)^2 \mathrm{d}s + \int_{v>0} (v+t\eta)^2 \mathrm{d}s - \int_{v>0} v^2 \mathrm{d}s$$

因

$$\frac{1}{t}\left[\int_{v>0} ((v+t\eta)^2 - v^2)\mathrm{d}s\right] = \int_{v>0} 2v\eta\,\mathrm{d}s + t\int_{v>0} \eta^2 \mathrm{d}s \xrightarrow[t\to 0]{} \int_{v>0} 2v\eta\,\mathrm{d}s$$

故只需证明

$$\lim_{t\to 0}\frac{1}{t}\left[\left(\int_{v+t\eta>0} - \int_{v>0}\right)(v+t\eta)^2 \mathrm{d}s\right] = 0 \tag{4}$$

记集合

$$\mathcal{N}_1 = \{s \mid v(s) > 0\}$$

$$\mathcal{N}_2 = \{s \mid (v+t\eta) > 0\}$$

$$\mathcal{N}_1^{(1)} = \{s \mid v > \|\eta\| \mid t \mid\},\ \|\eta\| = \max_s \mid \eta \mid$$

则有

$$\mathcal{N}_1 = \mathcal{N}_1^{(1)} \oplus (\mathcal{N}_1 \backslash \mathcal{N}_1^{(1)})$$

此处"$\oplus$"表示两不相交集合的并,"\"表示两集合之差. 对 $s \in \mathcal{N}_1^{(1)}$, $v > \|\eta\| \mid t \mid$,因此

$$v + t\eta > \|\eta\| \mid t \mid - \mid \eta t \mid \geqslant 0$$

故有 $\mathcal{N}_1^{(1)} \subset \mathcal{N}_2$,于是 $\mathcal{N}_2$ 可以分解成

$$\mathcal{N}_2 = \mathcal{N}_1^{(1)} \oplus (\mathcal{N}_2 \backslash \mathcal{N}_1^{(1)})$$

由作法,对于 $s \in \mathcal{N}_1 \backslash \mathcal{N}_1^{(1)}$ 有 $\|\eta\| \mid t \mid \geqslant v > 0$;对于 $s \in \mathcal{N}_2 \backslash \mathcal{N}_1^{(1)}$,有 $\|\eta\| \mid t \mid \geqslant v > -t\eta$,因此

$$\left(\int_{v+t\eta>0}-\int_{v>0}\right)(v+t\eta)^2\mathrm{d}s=\left(\int_{\mathcal{N}_1}-\int_{\mathcal{N}_2}\right)(v+t\eta)^2\mathrm{d}s=$$

$$\left(\int_{\mathcal{N}_1^{(1)}}+\int_{\mathcal{N}_1\setminus\mathcal{N}_1^{(1)}}-\int_{\mathcal{N}_1^{(1)}}-\int_{\mathcal{N}_2\setminus\mathcal{N}_1^{(1)}}\right)(v+t\eta)^2\mathrm{d}s=$$

$$\left(\int_{\mathcal{N}_1\setminus\mathcal{N}_1^{(1)}}-\int_{\mathcal{N}_2\setminus\mathcal{N}_1^{(1)}}(v+t\eta)^2\mathrm{d}s\right)$$

所以

$$\left(\int_{(v+t\eta)>0}-\int_{v>0}\right)(v+t\eta)^2\mathrm{d}s\leqslant$$

$$2l(\|\eta\|\ |t|+\|\eta\|\ |t|)^2=$$

$$8l\|\eta\|^2\ |t|^2$$

式(4) 即知为真. 式(3) 证毕.

综合所得诸式,一次变分式 δW 表式(2) 得证.

引理 2 若 $\overline{X}$ 为边值问题的解,则

$$\delta W(\overline{\boldsymbol{Z}})=0$$

证明 由 $\overline{X}$ 满足微分方程,知有

$$\begin{cases}\dfrac{\mathrm{d}\boldsymbol{T}}{\mathrm{d}s}=-k\boldsymbol{Q}+\boldsymbol{q}_\tau\\ \dfrac{\mathrm{d}\boldsymbol{Q}}{\mathrm{d}s}=k\boldsymbol{T}+Kh\boldsymbol{v}+\boldsymbol{q}_n\\ \dfrac{\mathrm{d}\boldsymbol{M}}{\mathrm{d}s}=-\boldsymbol{Q}+\boldsymbol{q}_M\end{cases}$$

故由引理 1δW 表式知

$$\delta W=(\boldsymbol{T}\delta\boldsymbol{u}+\boldsymbol{Q}\delta\boldsymbol{v}+\boldsymbol{M}\delta\boldsymbol{\psi})\mid_{\boldsymbol{T}}$$

在边界(1) ~ (3) 中,或因 $\delta\boldsymbol{u},\delta\boldsymbol{v},\delta\boldsymbol{\psi}$ 中为零,或因 $\boldsymbol{Q}$,$\boldsymbol{M}$ 中为零,均使一次变分 δW 中边界项取零值,即 $\delta W=0$.

引理 3 若 $\overline{\boldsymbol{Z}}\in\overline{\mathscr{M}}_i$ 使得 $\delta W(\overline{\boldsymbol{Z}})=0$,则

$$W(\bar{\boldsymbol{Z}})=\min_{Z\in\overline{\mathscr{M}}_i}W(\boldsymbol{Z})$$

证明　只需证明对任意的 $\boldsymbol{Z}\in\overline{\mathscr{M}}_i$,$\delta\bar{\boldsymbol{Z}}=\boldsymbol{Z}-\bar{\boldsymbol{Z}}$,$\boldsymbol{Z}=\bar{\boldsymbol{Z}}+\delta\bar{\boldsymbol{Z}}$ 有

$$\Delta\equiv W(\bar{\boldsymbol{Z}}+\delta\bar{\boldsymbol{Z}})-W(\bar{\boldsymbol{Z}})\geqslant 0$$

实际上,由 $\delta W=0$,易知

$$\Delta=\frac{1}{2}\int\left(\frac{(\delta\bar{\boldsymbol{T}})^2}{EF}+\frac{(\delta\bar{\boldsymbol{M}})^2}{EJ}+\frac{\alpha(\delta\bar{\boldsymbol{Q}})^2}{GF}\right)\mathrm{d}s+\frac{1}{2}\int_{\bar{v}>0}K(\delta\bar{\boldsymbol{v}})^2\mathrm{d}s+\frac{1}{2}\int_{(\bar{v}+\delta\bar{v})>0}K(\bar{\boldsymbol{v}}+\delta\bar{\boldsymbol{v}})^2\mathrm{d}s-\frac{1}{2}\int_{\bar{v}>0}K(\bar{\boldsymbol{v}}+\delta\bar{\boldsymbol{v}})^2\mathrm{d}s$$

此处记

$$\delta\bar{\boldsymbol{T}}=EF\left(\frac{\mathrm{d}\delta\bar{\boldsymbol{u}}}{\mathrm{d}s}+k\delta\bar{\boldsymbol{v}}\right)$$

等.由 Δ 表式可知,为证 Δ 的非负性,只需证

$$\Delta_1\equiv\int_{\bar{v}>0}(\delta\bar{\boldsymbol{v}})^2\mathrm{d}s+\left(\int_{\bar{v}+\delta\bar{v}>0}-\int_{\bar{v}>0}\right)(\bar{\boldsymbol{v}}+\delta\bar{\boldsymbol{v}})^2\mathrm{d}s\geqslant 0$$

分解积分区域

$$\begin{aligned}\mathscr{L}_1\equiv&\{s\mid(\bar{\boldsymbol{v}}+\delta\bar{\boldsymbol{v}})>0\}=\\&\{s\mid \boldsymbol{v}>|\delta\bar{\boldsymbol{v}}|\}\oplus\\&\{s\mid-\delta\bar{\boldsymbol{v}}<\bar{\boldsymbol{v}}\leqslant|\delta\bar{\boldsymbol{v}}|,\delta\bar{\boldsymbol{v}}>0\}=\\&\{s\mid \boldsymbol{v}>|\delta\bar{\boldsymbol{v}}|\}\oplus\\&\{s\mid-\delta\bar{\boldsymbol{v}}<\bar{\boldsymbol{v}}\leqslant 0,\delta\bar{\boldsymbol{v}}>0\}\oplus\\&\{s\mid 0<\bar{\boldsymbol{v}}\leqslant|\delta\bar{\boldsymbol{v}}|,\delta\bar{\boldsymbol{v}}>0\}\end{aligned}$$

$$\begin{aligned}\mathscr{L}_2\equiv&\{s\mid\bar{\boldsymbol{v}}>0\}=\{s\mid \boldsymbol{v}>|\delta\bar{\boldsymbol{v}}|\}\oplus\\&\{s\mid 0<\bar{\boldsymbol{v}}\leqslant|\delta\bar{\boldsymbol{v}}|,\delta\bar{\boldsymbol{v}}>0\}\oplus\\&\{s\mid 0<\bar{\boldsymbol{v}}\leqslant|\delta\bar{\boldsymbol{v}}|,\delta\bar{\boldsymbol{v}}\leqslant 0\}\end{aligned}$$

故 $\mathscr{L}_1$ 与 $\mathscr{L}_2$ 的公共部分为

$$\mathscr{L}_1 \cap \mathscr{L}_2 = \{s \mid 0 < v \leqslant |\delta\bar{v}|, \delta\bar{v} > 0\} \oplus \{s \mid v > |\delta\bar{v}|\}$$

所以

$$\left(\int_{(\bar{v}+\delta\bar{v})>0} - \int_{\bar{v}>0}\right)(\bar{v}+\delta\bar{v})^2 \mathrm{d}s = \left(\int_{\{s|-\delta\bar{v}<\bar{v}\leqslant|\delta\bar{v}|,\delta\bar{v}>0\}} - \int_{\{s|0<\bar{v}\leqslant|\delta\bar{v}|,\delta\bar{v}\leqslant0\}}\right)\cdot (\bar{v}+\delta\bar{v})^2 \mathrm{d}s \geqslant - \int_{\{s|0<\bar{v}\leqslant|\delta\bar{v}|,\delta\bar{v}\leqslant0\}} (\bar{v}+\delta\bar{v})^2 \mathrm{d}s$$

于是

$$\Delta_1 \geqslant \int_{\bar{v}>0} (\delta\bar{v})^2 \mathrm{d}s - \int_{\{s|0<\bar{v}\leqslant|\delta\bar{v}|,\delta\bar{v}\leqslant0\}} (\bar{v}+\delta\bar{v})^2 \mathrm{d}s \geqslant \int_{\{s|0<\bar{v}\leqslant|\delta\bar{v}|,\delta\bar{v}\leqslant0\}} [(\delta\bar{v})^2 - (\bar{v}+\delta\bar{v})^2]\mathrm{d}s$$

但当 $\delta\bar{v} \leqslant 0, 0 < \bar{v} \leqslant |\delta\bar{v}|$ 时

$$-|\delta\bar{v}| = \delta\bar{v} < \bar{v} + \delta\bar{v} \leqslant \bar{v} \leqslant |\delta\bar{v}|$$

由此即明 $\Delta_1 \geqslant 0$. Δ 的非负性即可推出，且由证明中知

$$\Delta \geqslant \frac{1}{2}\int \left[\frac{(\delta\bar{\boldsymbol{T}})^2}{EF} + \frac{(\delta\bar{\boldsymbol{M}})^2}{EJ} + \frac{\alpha(\delta\bar{\boldsymbol{Q}})^2}{GF}\right]\mathrm{d}s \qquad (5)$$

此式下面将用到.

引理 4 变分问题(B)

$$W(\bar{\boldsymbol{Z}}) = \min_{Z \in \bar{\mathscr{M}}_i} W(\boldsymbol{Z})$$

的解 $\bar{Z}$ 若存在，必为边值问题(A)

$$\begin{cases} \dfrac{\mathrm{d}\boldsymbol{X}}{\mathrm{d}s} = \boldsymbol{AX} + \boldsymbol{P} \\ \boldsymbol{X} \in \mathscr{M}_i \end{cases}$$

的解.

证明　变分问题(B) 的解 $\bar{Z}$,必使 $\delta W(\bar{\boldsymbol{Z}})=0$,由式(2) 可见 $\bar{\boldsymbol{Z}}$ 满足 $\frac{\mathrm{d}\boldsymbol{X}}{\mathrm{d}s}=\boldsymbol{AX}+\boldsymbol{P}$ 及 $(\boldsymbol{T}\delta\bar{\boldsymbol{u}}+\boldsymbol{Q}\delta\bar{\boldsymbol{v}}+\boldsymbol{M}\delta\boldsymbol{\psi})\mid\Gamma=0$. 在约束条件为(1) 的边界,边界条件与 $\mathscr{M}_1$ 中一致;在约束条件为(2) 的边界,$\delta\bar{\boldsymbol{u}}=\delta\bar{\boldsymbol{v}}=0$,故

$$\bar{\mathscr{M}}\delta\bar{\boldsymbol{\psi}}=0$$

由 $\delta\psi$ 的任意性,可见 $\bar{M}$ 在边界上取零值,取 $\bar{Z}$ 满足铰支边条件. 在约束条件为(3) 的边界,同样导致 $\bar{\boldsymbol{Q}}=0$,即满足对称点的边界条件. 由上述可见,$\bar{X}$ 为相应边值问题的解.

在变分学中,$\bar{\mathscr{M}}=0$,$\bar{\boldsymbol{Q}}=0$ 等类型的边界条件称为自然边界条件.

由引理 2,引理 3,引理 4 可见成立次之定理.

定理　在 $\bar{\mathscr{M}}_i$ 上变分问题(B) 的解与边界条件 $\mathscr{M}_i$ 下边值问题(A) 的解一致.

§3　边值问题解的唯一性

定理 1　变分问题(B) 的解是唯一的.

定理 2　边值问题(A) 的解是唯一的.

证明　由 §2 定理,我们只需证明定理 1 即可.

由 §2 式(5) 可见,若 Z_1 与 Z_2 同为变分问题(B) 的解,则必有

$$\int\left[\frac{(\delta\boldsymbol{T})^2}{EF}+\frac{(\delta\boldsymbol{M})^2}{EJ}+\frac{\alpha(\delta\boldsymbol{Q})^2}{GF}\right]\mathrm{d}s=0$$

因设 Z_j 一次连续可微,从而 $\delta\boldsymbol{T}$,$\delta\boldsymbol{M}$,$\delta\boldsymbol{Q}$ 均为连续函数,故由上式可知

$$\delta \boldsymbol{T}=0,\delta \boldsymbol{M}=0,\delta \boldsymbol{Q}=0$$

因为 $Z_j \in \overline{\mathscr{M}}_i, u_j(0)=v_j(0)=0, \psi_j(l)=0$,故

$$\delta \boldsymbol{\psi}=\int_l^s \frac{1}{EJ}(\delta \boldsymbol{M})\mathrm{d}s=0$$

又从

$$\begin{cases}\dfrac{\mathrm{d}}{\mathrm{d}s}\begin{bmatrix}\boldsymbol{u}\\ \boldsymbol{v}\end{bmatrix}=K\begin{bmatrix}0 & -1\\ 1 & 0\end{bmatrix}\begin{bmatrix}\boldsymbol{u}\\ \boldsymbol{v}\end{bmatrix}+\begin{bmatrix}\dfrac{\boldsymbol{T}}{EF}\\ \dfrac{\alpha \boldsymbol{Q}}{GF}+\boldsymbol{\psi}\end{bmatrix} \\ \begin{bmatrix}\boldsymbol{u}\\ \boldsymbol{v}\end{bmatrix}_{s=0}=0\end{cases} \tag{1}$$

知

$$\begin{bmatrix}\boldsymbol{u}\\ \boldsymbol{v}\end{bmatrix}=\int_0^s \mathrm{e}^{\hat{\boldsymbol{B}}k(s-t)}\begin{bmatrix}\dfrac{\boldsymbol{T}}{EF}\\ \dfrac{\alpha \boldsymbol{Q}}{GF}+\boldsymbol{\psi}\end{bmatrix}(t)\mathrm{d}t \tag{2}$$

因 $\hat{\boldsymbol{B}}=\begin{bmatrix}0 & -1\\ 1 & 0\end{bmatrix}$ 的最小多项式等于特征多项式 λ^2+1,有两个单重特征根 $\pm \mathrm{i}$,故 $\hat{\boldsymbol{B}}$ 的矩阵函数

$$f(\hat{\boldsymbol{B}})=\frac{1}{2}(f(\mathrm{i})+f(-\mathrm{i}))+\hat{\boldsymbol{B}}\,\frac{1}{2\mathrm{i}}(f(\mathrm{i})-f(-\mathrm{i})) \tag{3}$$

所以

$$e^{\hat{\boldsymbol{B}}ks}=(\cos ks)+\hat{\boldsymbol{B}}\sin ks=\begin{bmatrix}\cos ks & -\sin ks\\ \sin ks & \cos ks\end{bmatrix}\equiv \hat{\boldsymbol{B}}_e(s)$$

从而

$$\begin{bmatrix}\delta \boldsymbol{u}\\ \delta \boldsymbol{v}\end{bmatrix}=\int_0^s \hat{\boldsymbol{B}}_e(s-t)\begin{bmatrix}\dfrac{\delta \boldsymbol{T}}{EF}\\ \delta \boldsymbol{\psi}+\dfrac{\alpha \delta \boldsymbol{Q}}{GF}\end{bmatrix}\mathrm{d}t=0$$

即 $\delta X=0, X_1=X_2$. 证毕.

边值问题解的唯一性至此得证. 我们还须证明边值问题解的存在性,可经两种途径证明之. 一种是由离散形式的差分方程组解的存在性,证明此解收敛于某一连续可微函数,并证明它为边值问题的解;另一种证明方法是基于边值问题与变分问题的等价性,先证明能量积分 W 有下界,从而有极小化序列 Z_n,使 $W(Z_n)\to\inf W(Z)$. 次证从 Z_n 中可抽出收敛子列 $Z_{\sigma(n)}\to\bar{Z}$,并往证 $W(Z_{\sigma(n)})\to W(\bar{Z})$,从而 $\bar{Z}$ 构成变分问题(B) 的解,亦即边值问题(A) 的解. 但是由于需要引用某种列紧性定理,证明中需要一些迂回. 因为连续可微函数集中的极小化列,其极限未必总为连续可微,从而未必成为变分取值范围中的函数. 由此,需要在一个扩大了的 $\widetilde{\mathscr{M}}_i\supset\overline{\mathscr{M}}_i$ 中求解变分问题,使得极小化列不仅有极限函数而且同为 $\widetilde{\mathscr{M}}_i$ 中函数. 最后为证明此极限函数构成边值问题的解,还须证明它的可微性. 对此可以仿照古典 Dubois-Reymond 定理进行.

后一种证法太繁,在此不做介绍了. 我们在第 15 章中将给出边值问题解的存在性的第一种证法.

§4　共轭边值问题的格林函数关系式与变位公式

在 §1 中我们提到了,略去 §1 方程组(6)

$$\frac{\mathrm{d}\boldsymbol{v}}{\mathrm{d}s}=\boldsymbol{\psi}+k\boldsymbol{u}+\frac{\alpha}{GF}\boldsymbol{Q}$$

中的 $\frac{\alpha}{GF}\boldsymbol{Q}$ 项相当于在结构力学方法中从摩尔变位公

式略去剪力$\boldsymbol{Q}$项，本节将对此予以说明. 我们将考察摩尔变位公式的数学表现形式. 讨论表明，摩尔变位公式相当于一类共轭边值问题格林函数的对称性. 这一事实在一定程度上说明了边值问题方法与结构力学方法的一致性. 我们曾导出了地面拱情形微分方程组的通解，然后就一简单的边界情形得出其解的分析表示式，所得结果与另用力法求解所得完全一致.

为了叙述简单起见，假定我们所考察的结构是静定的(指地面拱). 此时，相应的边值问题可以分离成两个相关的边值问题

$$\begin{cases}\dfrac{\mathrm{d}\boldsymbol{Y}}{\mathrm{d}s}=\boldsymbol{BY}+\boldsymbol{P}_1\\ \widetilde{\boldsymbol{C}}_1\boldsymbol{Y}\mid_{s=0}=\widetilde{\boldsymbol{C}}_2\boldsymbol{Y}\mid_{s=l}=0\end{cases}\tag{1}$$

$$\begin{cases}\dfrac{\mathrm{d}\boldsymbol{Z}}{\mathrm{d}s}=-\boldsymbol{B}^{\mathrm{T}}\boldsymbol{Z}+\boldsymbol{LY}\\ \widetilde{\boldsymbol{D}}_1\boldsymbol{Z}\mid_{s=0}=\widetilde{\boldsymbol{D}}_2\boldsymbol{Z}\mid_{s=l}=0\end{cases}\tag{2}$$

今设$\overline{\boldsymbol{G}}(t,s)$与$\overline{\boldsymbol{H}}(t,s)$分别为边值问题(1)与(2)的格林函数，亦即它们各自满足

$$\begin{cases}\dfrac{\mathrm{d}\overline{\boldsymbol{G}}(t,s)}{\mathrm{d}t}=\boldsymbol{B}\overline{\boldsymbol{G}}(t,s)-\delta(t-s)\boldsymbol{I}\\ \widetilde{\boldsymbol{C}}_1\overline{\boldsymbol{G}}(0,s)=\widetilde{\boldsymbol{C}}_2\overline{\boldsymbol{G}}(l,s)=0\end{cases}\tag{3}$$

$$\begin{cases}\dfrac{\mathrm{d}\overline{\boldsymbol{H}}(t,s)}{\mathrm{d}t}=-\boldsymbol{B}^{\mathrm{T}}\overline{\boldsymbol{H}}(t,s)+\delta(t-s)\boldsymbol{I}\\ \widetilde{\boldsymbol{D}}_1\overline{\boldsymbol{H}}(0,s)=\widetilde{\boldsymbol{D}}_2\overline{\boldsymbol{H}}(l,s)=0\end{cases}\tag{4}$$

此处$\boldsymbol{I}$为三阶单位矩阵，δ为狄拉克函数.

我们要表明的事实是，摩尔变位公式与格林函数的关系式

$$\overline{\boldsymbol{G}}(t,s)=\overline{\boldsymbol{H}}(s,t)^{\mathrm{T}}\tag{5}$$

等价.

事实上,若(5)成立,则由格林函数的性质,解 Z 可经 $\overline{H}$ 表出

$$Z(s)=\int\overline{\boldsymbol{H}}(s,t)\boldsymbol{L}(t)\boldsymbol{Y}(t)\mathrm{d}t \tag{6}$$

这是因为由 $\overline{\boldsymbol{H}}$ 定义(4)有

$$\begin{aligned}\frac{\mathrm{d}}{\mathrm{d}s}Z(s)=&\int\frac{\mathrm{d}}{\mathrm{d}s}\overline{\boldsymbol{H}}(s,t)\boldsymbol{L}(t)\boldsymbol{Y}(t)\mathrm{d}t=\\&\int-\boldsymbol{B}^{\mathrm{T}}\overline{\boldsymbol{H}}(s,t)\boldsymbol{LF}\mathrm{d}t+\\&\int\delta(s-t)\boldsymbol{L}(t)\boldsymbol{Y}(t)\mathrm{d}t=\\&-\boldsymbol{B}^{\mathrm{T}}\boldsymbol{Z}(s)+L(s)Y(s)\end{aligned}$$

且由 $\overline{\boldsymbol{H}}$ 满足边界条件,积分表出的 Z 也满足,故(6)确为边值问题(2)的解. 但由条件(5),可见 Z 也可由 $\overline{G}$ 表出

$$\begin{aligned}Z(s)=&\int\overline{\boldsymbol{H}}(s,t)\boldsymbol{L}(t)\boldsymbol{Y}(t)\mathrm{d}t=\\&\int\overline{\boldsymbol{G}}(t,s)^{\mathrm{T}}\boldsymbol{L}(t)\boldsymbol{Y}(t)\mathrm{d}t\end{aligned} \tag{7}$$

记

$$\overline{\boldsymbol{G}}(t,s)=\begin{bmatrix}\overline{\boldsymbol{T}}_T & \overline{\boldsymbol{T}}_Q & \overline{\boldsymbol{T}}_M\\ \overline{\boldsymbol{Q}}_T & \overline{\boldsymbol{Q}}_Q & \overline{\boldsymbol{Q}}_M\\ \overline{\boldsymbol{M}}_T & \overline{\boldsymbol{M}}_Q & \overline{\boldsymbol{M}}_M\end{bmatrix}$$

由 $\overline{\boldsymbol{G}}$ 满足式(3),可见有

$$\frac{\mathrm{d}}{\mathrm{d}t}\begin{bmatrix}\overline{\boldsymbol{T}}_T\\ \overline{\boldsymbol{Q}}_T\\ \overline{\boldsymbol{M}}_T\end{bmatrix}=\boldsymbol{B}\begin{bmatrix}\overline{\boldsymbol{T}}_T\\ \overline{\boldsymbol{Q}}_T\\ \overline{\boldsymbol{M}}_T\end{bmatrix}+\begin{bmatrix}-\delta(t-s)\\ 0\\ 0\end{bmatrix}$$

换言之,$\overline{\boldsymbol{Y}}_T\equiv(\overline{\boldsymbol{T}}_T,\overline{\boldsymbol{Q}}_T,\overline{\boldsymbol{M}}_T)^{\mathrm{T}}$ 是当 $t=s$ 处施有(虚拟)单位集中轴力(方向与位移的正向相同)时,所引起的

内力分布. 同样

$$\bar{\boldsymbol{Y}}_Q \equiv (\bar{\boldsymbol{T}}_Q, \bar{\boldsymbol{Q}}_Q, \bar{\boldsymbol{M}}_Q)^{\mathrm{T}}, \bar{\boldsymbol{Y}}_M \equiv (\bar{\boldsymbol{T}}_M, \bar{\boldsymbol{Q}}_M, \bar{\boldsymbol{M}}_M)^{\mathrm{T}}$$

各为 $t=s$ 处加以虚拟单位切力或力矩所引起的内力分布,其方向均与相应的位移正向相同.

有了这样的解释,再回过头来展开式(7),并将结构的真正内力写成 $\boldsymbol{Y}=(\boldsymbol{T},\boldsymbol{Q},\boldsymbol{M})^{\mathrm{T}}$. 按习惯记法可以写成 $\boldsymbol{Y}=\boldsymbol{Y}_p \equiv (\boldsymbol{T}_p, \boldsymbol{Q}_p, \boldsymbol{M}_p)^{\mathrm{T}}$,于是有

$$\begin{bmatrix} \boldsymbol{u}(s) \\ \boldsymbol{v}(s) \\ \boldsymbol{\psi}(s) \end{bmatrix} = Z(s) = \int \bar{\boldsymbol{G}}(t,s)^{\mathrm{T}} \boldsymbol{L}(t) \boldsymbol{Y}_p(t)\,\mathrm{d}t =$$

$$\int \begin{bmatrix} \bar{\boldsymbol{T}}_T & \bar{\boldsymbol{Q}}_T & \bar{\boldsymbol{M}}_T \\ \bar{\boldsymbol{T}}_Q & \bar{\boldsymbol{Q}}_Q & \bar{\boldsymbol{M}}_Q \\ \bar{\boldsymbol{T}}_M & \bar{\boldsymbol{Q}}_M & \bar{\boldsymbol{M}}_M \end{bmatrix} \begin{bmatrix} \frac{1}{EF} & 0 & 0 \\ 0 & \frac{\alpha}{GF} & 0 \\ 0 & 0 & \frac{1}{EJ} \end{bmatrix} \begin{bmatrix} \boldsymbol{T}_p \\ \boldsymbol{Q}_p \\ \boldsymbol{M}_p \end{bmatrix} \mathrm{d}s = \tag{8}$$

$$\begin{bmatrix} \int \left(\frac{\bar{\boldsymbol{T}}_T \boldsymbol{T}_p}{EF} + \frac{\bar{\boldsymbol{M}}_T \boldsymbol{M}_p}{EJ} + \frac{\alpha \bar{\boldsymbol{Q}}_T \boldsymbol{Q}_p}{GF} \right) \mathrm{d}s \\ \int \left(\frac{\bar{\boldsymbol{T}}_Q \boldsymbol{T}_p}{EF} + \frac{\bar{\boldsymbol{M}}_Q \boldsymbol{M}_p}{EJ} + \frac{\alpha \bar{\boldsymbol{Q}}_Q \boldsymbol{Q}_p}{GF} \right) \mathrm{d}s \\ \int \left(\frac{\bar{\boldsymbol{T}}_M \boldsymbol{T}_p}{EF} + \frac{\bar{\boldsymbol{M}}_M \boldsymbol{M}_p}{EJ} + \frac{\alpha \bar{\boldsymbol{Q}}_M \boldsymbol{Q}_p}{GF} \right) \mathrm{d}s \end{bmatrix}$$

这正是摩尔变位公式. 将上述推演过程倒过来,由摩尔变位公式也可以导出格林函数的关系式(5).

上面的推演还表明,在 L 中省去 $\frac{\alpha}{GF}$ 项,相当于摩尔变位公式中 $\frac{\alpha}{GF}\bar{\boldsymbol{Q}}\boldsymbol{Q}_p$ 项不出现,亦即与不考虑剪力项相当.

关系式(5) 还可以描述得更清楚一些. 为此引入

微分算子

$$\boldsymbol{L}_D=\frac{\mathrm{d}}{\mathrm{d}s}-\boldsymbol{B} \tag{9}$$

内积

$$(\boldsymbol{Y}_1,\boldsymbol{Y}_2)=\int\boldsymbol{Y}_1^{\mathrm{T}}\boldsymbol{Y}_2\,\mathrm{d}s \tag{10}$$

此时

$$\begin{aligned}(\boldsymbol{L}_D\boldsymbol{Y},\boldsymbol{Z})=&\int\left(\frac{\mathrm{d}}{\mathrm{d}s}\boldsymbol{Y}-\boldsymbol{B}\boldsymbol{Y}\right)^{\mathrm{T}}\boldsymbol{Z}\mathrm{d}s=\\&\int\frac{\mathrm{d}(\boldsymbol{Y}^{\mathrm{T}})}{\mathrm{d}s}\boldsymbol{Z}\mathrm{d}s-\int\boldsymbol{Y}^{\mathrm{T}}\boldsymbol{B}^{\mathrm{T}}\boldsymbol{Z}\mathrm{d}s=\\&\boldsymbol{Y}^{\mathrm{T}}\boldsymbol{Z}\mid_{\Gamma}-\int\boldsymbol{Y}^{\mathrm{T}}\left(\frac{\mathrm{d}\boldsymbol{Z}}{\mathrm{d}s}\right)\mathrm{d}s-\int\boldsymbol{Y}^{\mathrm{T}}\boldsymbol{B}^{\mathrm{T}}\boldsymbol{Z}\mathrm{d}s=\\&\boldsymbol{Y}^{\mathrm{T}}\boldsymbol{Z}\mid_{\Gamma}-\int\boldsymbol{Y}^{\mathrm{T}}\left(\frac{\mathrm{d}\boldsymbol{Z}}{\mathrm{d}s}+\boldsymbol{B}^{\mathrm{T}}\boldsymbol{Z}\right)\mathrm{d}s\end{aligned}$$

记

$$\boldsymbol{L}_D^*=-\frac{\mathrm{d}}{\mathrm{d}s}-\boldsymbol{B}^{\mathrm{T}}$$

即有

$$(\boldsymbol{L}_D\boldsymbol{Y},\boldsymbol{Z})=(\boldsymbol{Y},\boldsymbol{L}_D^*\boldsymbol{Z})+\boldsymbol{Y}^{\mathrm{T}}\boldsymbol{Z}\mid \boldsymbol{T} \tag{11}$$

在我们所考虑的边界条件，即铰支，固定，对称情形，均易验得有

$$\boldsymbol{Y}^{\mathrm{T}}\boldsymbol{Z}\mid_{\boldsymbol{T}}=0 \tag{12}$$

故在此类边界条件下有

$$(\boldsymbol{L}_D\boldsymbol{Y},\boldsymbol{Z})=(\boldsymbol{Y},\boldsymbol{L}_D^*\boldsymbol{Z}) \tag{13}$$

此即 $\boldsymbol{L}_D^*$ 与 $\boldsymbol{L}_D$ 互为共轭微分算子. 原边值问题(1) 与 (2) 可以写成次之形式

$$\boldsymbol{L}_D\boldsymbol{Y}=\boldsymbol{P}_1 \tag{14}$$

$$\boldsymbol{L}_D^*\boldsymbol{Z}=-\boldsymbol{L}\boldsymbol{Y}$$

及相应的边界条件.由 $\overline{\boldsymbol{G}},\overline{\boldsymbol{H}}$ 定义,可见

$$\boldsymbol{L}_D(-\overline{\boldsymbol{G}})=\delta(t-s)\boldsymbol{I}$$

$$\boldsymbol{L}_D^*(-\overline{\boldsymbol{H}})=\delta(t-s)\boldsymbol{I}$$

亦即 $\overline{\boldsymbol{G}}$ 为与算子 $\boldsymbol{L}_D$ 相应的边值问题的格林函数,而 $\overline{\boldsymbol{H}}$ 是与共轭算子 $\boldsymbol{L}_D^*$ 相应的边值问题的格林函数,关系式(5)表示与共轭微分算子相应的边值问题的格林函数间的关系式,它与摩尔变位公式相等价.

有了这一关系式(5),一些力学中的原理和定理都可以直接推出.这些原理和定理包括功的互等定理,变位互等定理,卡斯奇梁诺定理,内能与外功的关系式等.举例来说,我们证明从关系式(5)导出功的互等定理.

设 $\boldsymbol{Z}_m$ 为力 $\boldsymbol{P}_m$ 引起的位移,$\boldsymbol{Z}_k$ 为力 $\boldsymbol{P}_k$ 引起的位移,亦即

$$\frac{\mathrm{d}\boldsymbol{X}_m}{\mathrm{d}s}=\boldsymbol{A}\boldsymbol{X}_m+\boldsymbol{P}_m,\boldsymbol{X}_m=(\boldsymbol{Y}_m,\boldsymbol{Z}_m)^{\mathrm{T}}$$

$$\frac{\mathrm{d}\boldsymbol{X}_k}{\mathrm{d}s}=\boldsymbol{A}\boldsymbol{X}_k+\boldsymbol{P}_k,\boldsymbol{X}_k=(\boldsymbol{Y}_k,\boldsymbol{Z}_k)^{\mathrm{T}}$$

则功的互等定理表述为

$$\int\boldsymbol{P}_k^{\mathrm{T}}\boldsymbol{Z}_m\mathrm{d}s=\int\boldsymbol{P}_m^{\mathrm{T}}\boldsymbol{Z}_k\mathrm{d}s \tag{15}$$

今从式(5)推出式(15).因

$$\boldsymbol{Z}_m(t)=\int\overline{\boldsymbol{G}}(t,s)^{\mathrm{T}}\boldsymbol{L}(s)\boldsymbol{Y}_m(s)\mathrm{d}s$$

故

$$\int\boldsymbol{P}_k^{\mathrm{T}}\boldsymbol{Z}_m\mathrm{d}t=\iint\boldsymbol{P}_k^{\mathrm{T}}(t)\overline{\boldsymbol{G}}(t,s)^{\mathrm{T}}\boldsymbol{L}(s)\boldsymbol{Y}_m(s)\mathrm{d}s\mathrm{d}t=$$

$$\int\left[\int\boldsymbol{P}_k^{\mathrm{T}}(t)\overline{\boldsymbol{G}}(s,t)^{\mathrm{T}}\mathrm{d}t\right]\boldsymbol{L}(s)\boldsymbol{Y}_m(s)\mathrm{d}s$$

但 $\bar{\boldsymbol{G}}(s,t)$ 为(1) 的格林函数,故

$$\boldsymbol{Y}_k(s)=\int\bar{\boldsymbol{G}}(s,t)\boldsymbol{P}_k(t)\,\mathrm{d}t$$

于是

$$\boldsymbol{Y}_k^{\mathrm{T}}(s)=\int\boldsymbol{P}_k^{\mathrm{T}}(t)\bar{\boldsymbol{G}}(s,t)^{\mathrm{T}}\,\mathrm{d}t$$

代入前式可见

$$\int\boldsymbol{P}_k^{\mathrm{T}}\boldsymbol{Z}_m\,\mathrm{d}t=\int\boldsymbol{Y}_k^{\mathrm{T}}(s)\boldsymbol{L}(s)\boldsymbol{Y}_m(s)\,\mathrm{d}s$$

类似的

$$\int\boldsymbol{P}_m^{\mathrm{T}}\boldsymbol{Z}_k\,\mathrm{d}t=\int\boldsymbol{Y}_m^{\mathrm{T}}(s)\boldsymbol{L}(s)\boldsymbol{Y}_k(s)\,\mathrm{d}s$$

但因 $\boldsymbol{Y}_m^{\mathrm{T}}\boldsymbol{L}\boldsymbol{Y}_k$ 为一标量,因而有

$$(\boldsymbol{Y}_m^{\mathrm{T}}\boldsymbol{L}\boldsymbol{Y}_k)^{\mathrm{T}}=(\boldsymbol{Y}_m^{\mathrm{T}}\boldsymbol{L}\boldsymbol{Y}_k)$$

亦即

$$\boldsymbol{Y}_m^{\mathrm{T}}\boldsymbol{L}\boldsymbol{Y}_k=\boldsymbol{Y}_k^{\mathrm{T}}\boldsymbol{L}\boldsymbol{Y}_m$$

由此推出

$$\int\boldsymbol{P}_k^{\mathrm{T}}\boldsymbol{Z}_m\,\mathrm{d}t=\int\boldsymbol{P}_m^{\mathrm{T}}\boldsymbol{Z}_k\,\mathrm{d}t=\int\boldsymbol{Y}_m^{\mathrm{T}}\boldsymbol{L}\boldsymbol{Y}_k\,\mathrm{d}s$$

衬砌边值问题的数值解法

第 15 章

§1 差分方程式的导出

导出衬砌边值问题的差分方程有两条途径，一条是直接引用各种精度的数值微积分公式，以差商或有限和分别代替下面二式中的微商和积分

$$\frac{\mathrm{d}X}{\mathrm{d}s}=AX+P$$

$$X-X_0=\int_{s_0}^{s}(AX+P)\mathrm{d}t$$

后面将举例说明，可以直接套用求解常微分方程初值问题的各种差分格式来求解衬砌边值问题. 这一途径便利之处在于可直接引用各种现有格式，边界条件的处理十分简单. 但至今我们尚未能证明这类非线性差分方程解的存在唯一性及收敛性. 第二种途径是基于边值问题与变分问题的等价性，于是可先作出与能量积分

相应的离散和 $\overline{W}^{(m)}$，$\overline{W}^{(m)}=\overline{W}(Z_1,\cdots,Z_m)$，$Z_i$ 与 $Z(s_i)$ 相应，然后从 $\overline{W}^{(m)}$ 达极小的条件引出变分差分方程组

$$\frac{\partial\overline{W}^{(m)}}{\partial u_i}=0,\frac{\partial\overline{W}^{(m)}}{\partial v_i}=0,\frac{\partial\overline{W}^{(m)}}{\partial\psi_i}=0\quad(i=0,1,\cdots,m)$$

至于 $\overline{W}^{(m)}$ 的得出也有两种方法，一种是直接利用数值微分积分公式，一种则利用插值公式，即用 t 的多项式代替各分区间上的 Z 值，然后对 t 积分得出 $\overline{W}^{(m)}$. 此法也称插补函数法. 我们下面采用的是前一种方法. 后面我们还将引进对矢量变量的微分记号及公式，以此为工具可以相当方便地导出变分差分格式. 一般来说，变分差分方法较之一般用差商直接替代的格式具有更多的优点，例如对于一些需要迭代求解的方程，变分差分格式的系数阵常因具有正定性而显出其优点. 在衬砌边值问题数值解中，我们采用变分差分格式的原因在于这一格式与 $\overline{W}^{(m)}$ 的极小性相联系，从而方程解的存在唯一性及向边值问题解的收敛性易于得到证明. 下面的推导表明变分差分格式与直接用差商代替所得格式在区间内点的形式是一致的，仅在边界上有区别.

本节将推导变分差分格式，而在 §4 的一般类型的衬砌计算的说明中，给出直接套用现有数值解格式得来的方程. 鉴于这一种途径有直接简单的优点，诚望同志们能得出它的解的存在唯一及收敛性方面的证明.

由第 14 章 §2 式(1)，能量积分为

$$W=\frac{1}{2}\int(\boldsymbol{Y}^{\mathrm{T}}\boldsymbol{L}\boldsymbol{Y}+\boldsymbol{Z}^{\mathrm{T}}\boldsymbol{L}_K\boldsymbol{Z}+2\boldsymbol{P}_1^{\mathrm{T}}\boldsymbol{Z})\mathrm{d}s$$

为得出 W 的近似离散和，我们将区间 m 等分

$$0=s_0<s_1<s_2<\cdots<s_{m-1}<s_m=l\qquad(1)$$

记

$$\delta = \frac{l}{m} = s_{i+1} - s_i \tag{2}$$

我们采用最简单的数值微分积分公式

$$\int_0^l f(s)\,\mathrm{d}s = \left(\sum_{i=0}^{m-1} f(s_i)\delta\right) + O(\delta)$$

$$\left.\frac{\mathrm{d}f}{\mathrm{d}s}\right|_{s=s_i} = \frac{\Delta f_i}{\delta} + O(\delta) \tag{3}$$

于是,由 $\boldsymbol{Y},\boldsymbol{Z}$ 连续可微,可见

$$\int\left[\frac{1}{2}\boldsymbol{Y}^{\mathrm{T}}\boldsymbol{L}\boldsymbol{Y} + \boldsymbol{P}_1^{\mathrm{T}}\boldsymbol{Z}\right]\mathrm{d}s = \frac{1}{2}\sum_{i=0}^{m-1}(\boldsymbol{Y}^{\mathrm{T}}\boldsymbol{L}\boldsymbol{Y})_i\delta + \sum_{i=0}^{m-1}\boldsymbol{P}_{1i}^{\mathrm{T}}\boldsymbol{Z}_i\delta + O(\delta) \tag{4}$$

因
$$\boldsymbol{Y} = \boldsymbol{L}^{-1}\left(\frac{\mathrm{d}\boldsymbol{Z}}{\mathrm{d}s} + \boldsymbol{B}^{\mathrm{T}}\boldsymbol{Z}\right)$$

故
$$(\boldsymbol{Y})_{s=s_i} = \boldsymbol{L}_i^{-1}\left(\frac{\Delta\boldsymbol{Z}_i}{\delta} + \boldsymbol{B}_i^{\mathrm{T}}\boldsymbol{Z}_i\right) + O(\delta)$$

记

$$\boldsymbol{Y}_i = \boldsymbol{L}_i^{-1}\left(\frac{\Delta\boldsymbol{Z}_i}{\delta} + \boldsymbol{B}_i^{\mathrm{T}}\boldsymbol{Z}_i\right) \tag{5}$$

可知

$$\int\left(\frac{1}{2}\boldsymbol{Y}^{\mathrm{T}}\boldsymbol{L}\boldsymbol{Y} + \boldsymbol{P}_1^{\mathrm{T}}\boldsymbol{Z}\right)\mathrm{d}s = \frac{1}{2}\sum_{i=0}^{m-1}\boldsymbol{Y}_i^{\mathrm{T}}\boldsymbol{L}_i\boldsymbol{Y}_i\delta + \sum_{i=0}^{m-1}\boldsymbol{P}_{1i}^{\mathrm{T}}\boldsymbol{Z}_i\delta + O(\delta)$$

下面我们证明

$$\int_0^l Kh(v)v^2\,\mathrm{d}s = \sum_{i=0}^{m-1} Kh_i v_i^2\delta + O(\delta) \tag{6}$$

由于 $h(v)v^2$ 不是二次连续可微函数,为证(6),我们直接证明在每一小区间上

$$\int_{s_i}^{s_{i+1}} Khv^2 \mathrm{d}s = Kh_i v_i^2 \delta + O(\delta^2) \tag{7}$$

为此首先注意 $h(v)v^2 \in C^1$(表示一次连续可微),实际上可以证明

$$\frac{\mathrm{d}h(v)v^2}{\mathrm{d}v} = 2h(v)v \tag{8}$$

这是由于函数 $f(t) = t\mid t \mid$ 在 $t = 0$ 处有

$$\lim_{t \to 0} \frac{f(t) - f(0)}{t} = \lim_{t \to 0} \mid t \mid = 0$$

此表明 $f(t)$ 在 $t = 0$ 处可微,从而 $f \in C^1$ 且 $\frac{\mathrm{d}f}{\mathrm{d}t} = 2 \mid t \mid$,因此

$$\frac{\mathrm{d}}{\mathrm{d}t}\left[\frac{(t + \mid t \mid)}{2} t\right] = \frac{1}{2}(2t + 2 \mid t \mid) = t + \mid t \mid$$

但

$$\frac{t + \mid t \mid}{2} = \begin{cases} t & (t \geqslant 0) \\ 0 & (t < 0) \end{cases}$$

故

$$\frac{t + \mid t \mid}{2} = h(t)t$$

至此式(8) 得证. 此式在后面还将用到.

既然 $hv^2 \in C^1$,式(7) 得证. 我们还可以进而证明

$$\int_{s_i}^{s_{i+1}} h(v)v^2 \mathrm{d}s = \frac{1}{2}(h_i v_i^2 + h_{i+1} v_{i+1}^2)\delta + O(\delta^3) \tag{9}$$

实际上,若 v 在$[s_i, s_{i+1}]$上不变号,则 $hv^2 \in C^2$(表二次连续可微),于是可直接应用梯形公式

$$\int_{s_i}^{s_{i+1}} f \mathrm{d}s = \frac{1}{2}(f_i + f_{i+1})\delta + O(\delta^3)$$

若 v 在$[s_i, s_{i+1}]$ 上变号,由 $v \in C^1$,可见必存在 $\bar{s} \in [s_i,$

$s_{i+1}]$，$v(\bar{s})=0$，由有限增量定理，在 $[s_i,s_{i+1}]$ 上

$$v(s)=v(\bar{s})+O(\delta)=O(\delta)$$

于是

$$\int_{s_i}^{s_{i+1}} hv^2\,\mathrm{d}s=\int_{s_i}^{s_{i+1}} hO(\delta^2)\,\mathrm{d}s=O(\delta^3)$$

另一方面，$h_i v_i^2\delta=O(\delta^3)$，可知式(9)为真. 在后面讨论高一级精度数值格式时将用到此式.

由式(6)

$$\int \frac{1}{2}\boldsymbol{Z}^{\mathrm{T}}\boldsymbol{L}_K\boldsymbol{Z}\,\mathrm{d}s=\frac{1}{2}\sum_{i=0}^{m-1}\boldsymbol{Z}_i^{\mathrm{T}}\boldsymbol{L}_{Ki}\boldsymbol{Z}_i\delta+O(\delta)$$

再结合等式(4)可知

$$W=\frac{1}{2}\sum_{i=0}^{m-1}(\boldsymbol{Y}_i^{\mathrm{T}}\boldsymbol{L}_i\boldsymbol{Y}_i\delta+\boldsymbol{Z}_i^{\mathrm{T}}\boldsymbol{L}_{Ki}\boldsymbol{Z}_i\delta)+\sum_{i=0}^{m-1}\boldsymbol{P}_{1i}^{\mathrm{T}}\boldsymbol{Z}_i\delta+O(\delta)$$

亦即 W 的近似离散和为

$$\overline{W}^{(m)}=\frac{1}{2}\sum_{i=0}^{m-1}(\boldsymbol{Y}_i^{\mathrm{T}}\boldsymbol{L}_i\boldsymbol{Y}_i\delta+\boldsymbol{Z}_i^{\mathrm{T}}\boldsymbol{L}_{Ki}\boldsymbol{Z}_i\delta)+\sum_{i=0}^{m-1}\boldsymbol{P}_{1i}^{\mathrm{T}}\boldsymbol{Z}_i\delta \tag{10}$$

在转向引出变分差分格式 $\frac{\partial\overline{W}}{\partial u_i}=0$ 之前，我们先引进对矢量变量的微分记号与公式.

一般，对矢量函数 $\boldsymbol{f}=(f_1,\cdots,f_m)^{\mathrm{T}}$，通常都记

$$\frac{\partial\boldsymbol{f}}{\partial x_k}=\left(\frac{\partial f_1}{\partial x_k},\cdots,\frac{\partial f_m}{\partial x_k}\right)^{\mathrm{T}}$$

此即矢量函数对标量变量的微商，我们要引入的是标量或矢量函数对矢量变量的微商. 设

$$\boldsymbol{X}=\begin{pmatrix}x_1\\ \vdots\\ x_n\end{pmatrix}$$

为 n 维矢量，引进微分算子

$$\frac{\mathrm{d}}{\mathrm{d}\boldsymbol{X}} \equiv \begin{pmatrix} \frac{\partial}{\partial x_1} \\ \vdots \\ \frac{\partial}{\partial x_n} \end{pmatrix}$$

于是对 n 元标量函数 $\varphi(X)=\varphi(x_1,\cdots,x_n)$. 作出矢量

$$\frac{\mathrm{d}}{\mathrm{d}\boldsymbol{X}}\varphi = \begin{pmatrix} \frac{\partial \varphi}{\partial x_1} \\ \vdots \\ \frac{\partial \varphi}{\partial x_n} \end{pmatrix} \tag{11}$$

当 φ 不仅依赖 $\boldsymbol{X}$ 还依赖 m 维向量 $\boldsymbol{Y}$ 时，$\frac{\mathrm{d}}{\mathrm{d}\boldsymbol{X}}$ 也可记为 $\frac{\partial}{\partial \boldsymbol{X}}$.

我们再继续引进矢量函数的微商记号. 设

$$f(\boldsymbol{X}) = \begin{pmatrix} f_1(\boldsymbol{X}) \\ \vdots \\ f_m(\boldsymbol{X}) \end{pmatrix}, f_i(\boldsymbol{X}) = f_i(x_1,\cdots,x_n) \tag{12}$$

记

$$\frac{\mathrm{d}f(\boldsymbol{X})}{\mathrm{d}\boldsymbol{X}} = \begin{pmatrix} \left(\frac{\partial \boldsymbol{f}}{\partial x_1}\right)^{\mathrm{T}} \\ \vdots \\ \left(\frac{\partial \boldsymbol{f}}{\partial x_n}\right)^{\mathrm{T}} \end{pmatrix} = \left(\frac{\mathrm{d}f_1}{\mathrm{d}\boldsymbol{X}},\cdots,\frac{\mathrm{d}f_m}{\mathrm{d}\boldsymbol{X}}\right) = \begin{pmatrix} \frac{\partial f_1}{\partial x_1} & \cdots & \frac{\partial f_m}{\partial x_1} \\ \vdots & & \vdots \\ \frac{\partial f_1}{\partial x_n} & \cdots & \frac{\partial f_m}{\partial x_m} \end{pmatrix} = \left[\frac{\partial f_i}{\partial x_j}\right]_{n\times m} \tag{13}$$

对上述记号，我们证明下列诸式

(ⅰ) $\frac{\mathrm{d}}{\mathrm{d}\boldsymbol{X}}(\boldsymbol{a}^{\mathrm{T}}\boldsymbol{X}+\boldsymbol{b})=\boldsymbol{a}, \frac{\mathrm{d}}{\mathrm{d}\boldsymbol{X}}(\boldsymbol{X}^{\mathrm{T}}\boldsymbol{a}+\boldsymbol{b})=\boldsymbol{a}$

此处

$$\boldsymbol{a}=\begin{pmatrix}a_1\\ \vdots\\ a_n\end{pmatrix}, \boldsymbol{b}=\begin{pmatrix}b_1\\ \vdots\\ b_n\end{pmatrix}$$

a_i 与 b_i 均与 x_j 无关.

(ⅱ) 设 $\boldsymbol{L}$ 为对称 n 阶方阵,与 $\boldsymbol{X}$ 无关,则

$$\frac{\mathrm{d}}{\mathrm{d}\boldsymbol{X}}(\boldsymbol{X}^{\mathrm{T}}\boldsymbol{L}\boldsymbol{X})=2\boldsymbol{L}\boldsymbol{X}$$

(ⅲ) 设 $f(\boldsymbol{X})$ 为矢量函数,如(12) 所示,$\boldsymbol{L}$ 同上,则

$$\frac{\mathrm{d}}{\mathrm{d}\boldsymbol{X}}(f(\boldsymbol{X})^{\mathrm{T}}\boldsymbol{L}f(\boldsymbol{X}))=2\left(\frac{\mathrm{d}f}{\mathrm{d}x}\right)\boldsymbol{L}f(\boldsymbol{X})$$

(ⅳ) $\frac{\mathrm{d}}{\mathrm{d}\boldsymbol{X}}(\boldsymbol{C}\boldsymbol{X}+\boldsymbol{d})=\boldsymbol{C}^{\mathrm{T}}$.

此处 $\boldsymbol{C}$ 为 $m\times n$ 阶矩阵,$\boldsymbol{d}$ 为 m 维矢量.

(ⅴ) 设 $\varphi(\boldsymbol{X})$ 为 $\boldsymbol{X}$ 的标量函数,则其泰勒展开式为

$$\varphi(\boldsymbol{X})=\sum_{k=0}^{\infty}\frac{1}{k!}\left[(\boldsymbol{X}-\boldsymbol{a})^{\mathrm{T}}\frac{\mathrm{d}}{\mathrm{d}\boldsymbol{Y}}\right]_{\boldsymbol{Y}=\boldsymbol{a}}^{k}\varphi(\boldsymbol{X})$$

其中 $\boldsymbol{a}$ 为 n 维矢量.

(ⅵ) 若 a 为 $\varphi(\boldsymbol{X})$ 的极值点,则

$$\left.\frac{\mathrm{d}\varphi(\boldsymbol{X})}{\mathrm{d}\boldsymbol{X}}\right|_{X=a}=0$$

(ⅶ) $$\mathrm{d}\varphi=\left(\frac{\mathrm{d}\varphi}{\mathrm{d}\boldsymbol{X}}\right)^{\mathrm{T}}\mathrm{d}\boldsymbol{X}=(\mathrm{d}\boldsymbol{X})^{\mathrm{T}}\frac{\mathrm{d}\varphi}{\mathrm{d}\boldsymbol{X}}$$

$$\frac{\mathrm{d}\varphi}{\mathrm{d}s}=\left(\frac{\mathrm{d}\varphi}{\mathrm{d}\boldsymbol{X}}\right)^{\mathrm{T}}\frac{\mathrm{d}\boldsymbol{X}}{\mathrm{d}s}=\left(\frac{\mathrm{d}\boldsymbol{X}}{\mathrm{d}s}\right)^{\mathrm{T}}\frac{\mathrm{d}\varphi}{\mathrm{d}\boldsymbol{X}}$$

$$\frac{\mathrm{d}\varphi}{\mathrm{d}\boldsymbol{Y}}=\frac{\mathrm{d}\boldsymbol{X}}{\mathrm{d}\boldsymbol{Y}}\frac{\mathrm{d}\varphi}{\mathrm{d}\boldsymbol{X}}$$

此处 φ 为标量函数，s 为标量变量，$\boldsymbol{Y}$ 为 p 维矢量变量.

（viii）
$$\mathrm{d}\boldsymbol{f}=\left(\frac{\mathrm{d}\boldsymbol{f}}{\mathrm{d}\boldsymbol{X}}\right)^{\mathrm{T}}\mathrm{d}\boldsymbol{X}$$

$$\frac{\mathrm{d}\boldsymbol{f}}{\mathrm{d}s}=\left(\frac{\mathrm{d}\boldsymbol{f}}{\mathrm{d}\boldsymbol{X}}\right)^{\mathrm{T}}\left(\frac{\mathrm{d}\boldsymbol{X}}{\mathrm{d}s}\right)$$

$$\frac{\mathrm{d}\boldsymbol{f}}{\mathrm{d}\boldsymbol{Y}}=\left(\frac{\mathrm{d}\boldsymbol{X}}{\mathrm{d}\boldsymbol{Y}}\right)\frac{\mathrm{d}\boldsymbol{f}}{\mathrm{d}\boldsymbol{X}}$$

此处 f 为 X 的矢量函数.

（ix）若 $\boldsymbol{f}=f(\boldsymbol{X},\boldsymbol{Y})$，则

$$\mathrm{d}\boldsymbol{f}=\left(\frac{\partial\boldsymbol{f}}{\partial\boldsymbol{X}}\right)^{\mathrm{T}}\mathrm{d}\boldsymbol{X}+\left(\frac{\partial\boldsymbol{f}}{\partial\boldsymbol{Y}}\right)^{\mathrm{T}}\mathrm{d}\boldsymbol{Y}$$

上面诸式与标量函数对标量变量的微商公式相仿，只需注意先后次序及矩阵或矢量的转置.

证明　式（i）直接由定义得出.

对式（iii），可记

$$w=\frac{1}{2}\boldsymbol{f}^{\mathrm{T}}L\boldsymbol{f}=\frac{1}{2}\Big(\sum_{i}l_{ii}f_i^2+\sum_{\substack{i,j\\i\neq j}}l_{ij}f_if_j\Big)$$

w 为标量函数，由定义

$$\frac{\mathrm{d}w}{\mathrm{d}\boldsymbol{X}}=\begin{pmatrix}\dfrac{\partial w}{\partial x_1}\\ \vdots\\ \dfrac{\partial w}{\partial x_n}\end{pmatrix}$$

但

$$\frac{\partial w}{\partial x_k}=\sum_j\frac{\partial w}{\partial f_j}\frac{\partial f_j}{\partial x_k}=\left(\frac{\partial f_1}{\partial x_k},\cdots,\frac{\partial f_m}{\partial x_k}\right)\begin{pmatrix}\dfrac{\partial w}{\partial f_1}\\ \vdots\\ \dfrac{\partial w}{\partial f_m}\end{pmatrix}=$$

$$\left(\frac{\partial \boldsymbol{f}}{\partial x_k}\right)^{\mathrm{T}} \frac{\mathrm{d}w}{\mathrm{d}\boldsymbol{f}}$$

因此

$$\frac{\mathrm{d}w}{\mathrm{d}\boldsymbol{X}}=\begin{bmatrix}\left(\frac{\partial \boldsymbol{f}}{\partial x_1}\right)^{\mathrm{T}}\\ \vdots \\ \left(\frac{\partial \boldsymbol{f}}{\partial x_n}\right)^{\mathrm{T}}\end{bmatrix}\frac{\mathrm{d}w}{\mathrm{d}\boldsymbol{f}}=\frac{\mathrm{d}\boldsymbol{f}}{\mathrm{d}\boldsymbol{X}}\frac{\mathrm{d}w}{\mathrm{d}\boldsymbol{f}}$$

由

$$\frac{\partial w}{\partial f_j}=\frac{\partial}{\partial f_j}\left[\frac{1}{2}\left(\sum_i l_{ii}f_i^2+\sum_{\substack{i,p\\(i\neq p)}} l_{ip}f_if_p\right)\right]=$$

$$\frac{1}{2}\left[2l_{jj}f_j+\sum_{i\neq j}l_{ij}f_i+\sum_{i\neq j}l_{ji}f_i\right]=\sum_i l_{ji}f_i$$

故

$$\frac{\partial w}{\partial \boldsymbol{f}}=\begin{bmatrix}\frac{\partial w}{\partial f_1}\\ \vdots \\ \frac{\partial w}{\partial f_m}\end{bmatrix}=\begin{bmatrix}\sum_j l_{1j}f_j\\ \vdots \\ \sum_j l_{mj}f_j\end{bmatrix}=L\boldsymbol{f}$$

因此

$$\frac{\mathrm{d}w}{\mathrm{d}\boldsymbol{X}}=\frac{\mathrm{d}\boldsymbol{f}}{\mathrm{d}\boldsymbol{X}}\frac{\mathrm{d}w}{\mathrm{d}\boldsymbol{f}}=\left(\frac{\mathrm{d}\boldsymbol{f}}{\mathrm{d}\boldsymbol{X}}\right)L\boldsymbol{f}$$

在式(ⅳ)中,设

$$\boldsymbol{C}=\begin{pmatrix}C_1\\ \vdots \\ C_m\end{pmatrix},\boldsymbol{C}_k=(C_{k_1},\cdots,C_{k,n}),\boldsymbol{d}=\begin{pmatrix}d_1\\ \vdots \\ d_m\end{pmatrix}$$

则

$$\boldsymbol{f} \equiv \boldsymbol{CX} + \boldsymbol{d} = \begin{pmatrix} f_1 \\ \vdots \\ f_m \end{pmatrix}, \boldsymbol{f}_k = \boldsymbol{C}_k \boldsymbol{X} + \boldsymbol{d}_k$$

由式(ⅰ)

$$\frac{\mathrm{d}\boldsymbol{f}_k}{\mathrm{d}\boldsymbol{X}} = \boldsymbol{C}_k^{\mathrm{T}}$$

故由定义

$$\frac{\mathrm{d}\boldsymbol{f}}{\mathrm{d}\boldsymbol{X}} = \begin{pmatrix} \left(\frac{\partial \boldsymbol{f}}{\partial x_1}\right)^{\mathrm{T}} \\ \vdots \\ \left(\frac{\partial \boldsymbol{f}}{\partial x_n}\right)^{\mathrm{T}} \end{pmatrix} = \left[\frac{\mathrm{d}f_1}{\mathrm{d}\boldsymbol{X}}, \cdots, \frac{\mathrm{d}f_m}{\mathrm{d}\boldsymbol{X}}\right] = (\boldsymbol{C}_1^{\mathrm{T}}, \cdots, \boldsymbol{C}_m^{\mathrm{T}}) = \boldsymbol{C}^{\mathrm{T}}$$

由式(ⅳ)特别推出

$$\frac{\mathrm{d}\boldsymbol{X}}{\mathrm{d}\boldsymbol{X}} = \boldsymbol{I} = \begin{pmatrix} 1 & & & \\ & 1 & & \\ & & \ddots & \\ & & & 1 \end{pmatrix} (n \text{ 阶单位阵})$$

故在(ⅲ)中置 $f(\boldsymbol{X}) = \boldsymbol{X}$,即得

$$\frac{\mathrm{d}}{\mathrm{d}\boldsymbol{X}}(\boldsymbol{X}^{\mathrm{T}}\boldsymbol{LX}) = 2\left(\frac{\mathrm{d}\boldsymbol{X}}{\mathrm{d}\boldsymbol{X}}\right)\boldsymbol{LX} = 2\boldsymbol{ILX} = 2\boldsymbol{LX}$$

此即式(ⅱ).

(ⅴ)(ⅵ)两式可直接从多元函数的泰勒级数展开式及多元函数极值理论导来.

对式(ⅶ),由全微分公式

$$\mathrm{d}\varphi = \sum_i \frac{\partial \varphi}{\partial x_i}\mathrm{d}x_i = \left(\frac{\mathrm{d}\varphi}{\mathrm{d}\boldsymbol{X}}\right)^{\mathrm{T}} \mathrm{d}\boldsymbol{X} = (\mathrm{d}\boldsymbol{X})^{\mathrm{T}}\left(\frac{\mathrm{d}\varphi}{\mathrm{d}\boldsymbol{X}}\right)$$

$$\frac{\mathrm{d}\varphi}{\mathrm{d}y_k} = \left(\frac{\mathrm{d}\boldsymbol{X}}{\mathrm{d}y_k}\right)^{\mathrm{T}}\left(\frac{\mathrm{d}\varphi}{\mathrm{d}\boldsymbol{X}}\right)$$

从而有

$$\frac{\mathrm{d}\varphi(\boldsymbol{X})}{\mathrm{d}\boldsymbol{Y}}=\begin{pmatrix}\frac{\partial\varphi}{\partial y_1}\\ \vdots\\ \frac{\partial\varphi}{\partial y_p}\end{pmatrix}=\begin{pmatrix}\left(\frac{\partial X}{\partial y_1}\right)^{\mathrm{T}}\\ \vdots\\ \left(\frac{\partial X}{\partial y_p}\right)^{\mathrm{T}}\end{pmatrix}\frac{\mathrm{d}\varphi}{\mathrm{d}\boldsymbol{X}}=\frac{\mathrm{d}\boldsymbol{X}}{\mathrm{d}\boldsymbol{Y}}\frac{\mathrm{d}\varphi}{\mathrm{d}\boldsymbol{X}}$$

对式(viii),从

$$\mathrm{d}\boldsymbol{f}=\begin{pmatrix}\mathrm{d}f_1\\ \vdots\\ \mathrm{d}f_m\end{pmatrix}=\begin{pmatrix}\left(\frac{\mathrm{d}f_1}{\mathrm{d}\boldsymbol{X}}\right)^{\mathrm{T}}\\ \vdots\\ \left(\frac{\mathrm{d}f_m}{\mathrm{d}\boldsymbol{X}}\right)^{\mathrm{T}}\end{pmatrix}\mathrm{d}\boldsymbol{X}=$$

$$\left(\frac{\mathrm{d}f_1}{\mathrm{d}\boldsymbol{X}},\cdots,\frac{\mathrm{d}f_m}{\mathrm{d}\boldsymbol{X}}\right)^{\mathrm{T}}\mathrm{d}\boldsymbol{X}=\left(\frac{\mathrm{d}\boldsymbol{f}}{\mathrm{d}\boldsymbol{X}}\right)^{\mathrm{T}}\mathrm{d}\boldsymbol{X}$$

有

$$\frac{\mathrm{d}\boldsymbol{f}}{\mathrm{d}\boldsymbol{Y}}=\left(\frac{\mathrm{d}f_1}{\mathrm{d}\boldsymbol{Y}},\cdots,\frac{\mathrm{d}f_m}{\mathrm{d}\boldsymbol{Y}}\right)=$$

$$\left(\frac{\mathrm{d}\boldsymbol{X}}{\mathrm{d}\boldsymbol{Y}}\frac{\mathrm{d}f_1}{\mathrm{d}\boldsymbol{X}},\cdots,\frac{\mathrm{d}\boldsymbol{X}}{\mathrm{d}\boldsymbol{Y}}\frac{\mathrm{d}f_m}{\mathrm{d}\boldsymbol{X}}\right)=$$

$$\frac{\mathrm{d}\boldsymbol{X}}{\mathrm{d}\boldsymbol{Y}}\left(\frac{\mathrm{d}f_1}{\mathrm{d}\boldsymbol{X}},\cdots,\frac{\mathrm{d}f_m}{\mathrm{d}\boldsymbol{X}}\right)=$$

$$\frac{\mathrm{d}\boldsymbol{X}}{\mathrm{d}\boldsymbol{Y}}=\frac{\mathrm{d}\boldsymbol{f}}{\mathrm{d}\boldsymbol{X}}$$

式(ix)由前面诸式即可推出.

现在我们推导固定边界的差分方程.

在固定边界 $Z_0=Z_m=0$,故独立变量为 $Z_1,\cdots,Z_{m-1}$.又

$$\overline{W}^{(m)}=\frac{1}{2}\sum_{i=0}^{m-1}(\boldsymbol{Y}_i^{\mathrm{T}}\boldsymbol{L}_i\boldsymbol{Y}_i\delta)+\sum_{i=1}^{m-1}\frac{1}{2}(\boldsymbol{Z}_i^{\mathrm{T}}\boldsymbol{L}_{Ki}\boldsymbol{Z}\delta)+$$

$$\sum_{i=1}^{m-1}\boldsymbol{P}_i^{\mathrm{T}}\boldsymbol{Z}_i\delta$$

$$\boldsymbol{Y}_i=\boldsymbol{L}_i^{-1}\left(\frac{\boldsymbol{Z}_{i+1}-\boldsymbol{Z}_i}{\delta}+\boldsymbol{B}_i^{-1}\boldsymbol{Z}_i\right)\quad(i=0,1,\cdots,m-1)$$

由式(8),可见

$$\frac{\partial}{\partial \boldsymbol{Z}_j}\left(\sum_i \boldsymbol{Z}_i^{\mathrm{T}}\boldsymbol{L}_{Ki}\boldsymbol{Z}_i\right)=\frac{\partial}{\partial \boldsymbol{Z}_j}\boldsymbol{Z}_j^{\mathrm{T}}\boldsymbol{L}_{Kj}\boldsymbol{Z}_j=2\boldsymbol{L}_{Kj}\boldsymbol{Z}_j$$

再由对矢量变量的微商公式,可见

$$\frac{\partial}{\partial \boldsymbol{Z}_j}\left(\sum_i \boldsymbol{P}_{1i}^{\mathrm{T}}\boldsymbol{Z}_i\right)=\boldsymbol{P}_{1j}$$

$$\frac{\partial}{\partial \boldsymbol{Z}_j}\boldsymbol{Y}_j=\frac{\partial}{\partial \boldsymbol{Z}_j}\left[\boldsymbol{L}_j^{-1}\left(\frac{\boldsymbol{Z}_{j+1}-\boldsymbol{Z}_j}{\delta}+\boldsymbol{B}_j^{\mathrm{T}}\boldsymbol{Z}_j\right)\right]=$$

$$\left(-\boldsymbol{L}_j^{-1}\frac{1}{\delta}\right)^{\mathrm{T}}+(\boldsymbol{L}_j^{-1}\boldsymbol{B}_j^{\mathrm{T}})^{\mathrm{T}}=$$

$$-\boldsymbol{L}_j^{-1}\frac{1}{\delta}+\boldsymbol{B}_j\boldsymbol{L}_j^{-1}$$

$$\frac{\partial}{\partial \boldsymbol{Z}_j}\boldsymbol{Y}_{j-1}=\boldsymbol{L}_{j-1}^{-1}\frac{1}{\delta}$$

因

$$\frac{\partial}{\partial \boldsymbol{Z}_j}\left[\frac{1}{2}\sum_{i=0}^{m-1}(\boldsymbol{Y}_i^{\mathrm{T}}\boldsymbol{L}_i\boldsymbol{Y}_i)\delta\right]=\frac{\partial \boldsymbol{Y}_j}{\partial \boldsymbol{Z}_j}\boldsymbol{L}_j\boldsymbol{Y}_j\delta+$$

$$\frac{\partial \boldsymbol{Y}_{j-1}}{\partial \boldsymbol{Z}_j}\boldsymbol{L}_{j-1}\boldsymbol{Y}_{j-1}\delta=$$

$$-\frac{1}{\delta}\boldsymbol{Y}_j\delta+\frac{1}{\delta}\boldsymbol{Y}_{j-1}\delta+\boldsymbol{B}_j\boldsymbol{Y}_j\delta=$$

$$\left(-\frac{1}{\delta}\nabla \boldsymbol{Y}_j+\boldsymbol{B}_j\boldsymbol{Y}_j\right)\delta$$

从而最终有

$$\frac{\partial \overline{\boldsymbol{W}}^{(m)}}{\partial \boldsymbol{Z}_j}=\left(-\frac{1}{\delta}\nabla \boldsymbol{Y}_j+\boldsymbol{B}_j\boldsymbol{Y}_j+\boldsymbol{L}_{Kj}\boldsymbol{Z}_j+\boldsymbol{P}_{1j}\right)\delta$$

由极值条件$\frac{\partial \overline{\boldsymbol{W}}^{(m)}}{\partial \boldsymbol{Z}_j}=0$,导出差分方程

$$\frac{\nabla \boldsymbol{Y}_j}{\delta} = \boldsymbol{B}_j \boldsymbol{Y}_j + \boldsymbol{L}_{Kj} \boldsymbol{Z}_j + \boldsymbol{P}_{1j}$$

连同原关系式

$$\frac{\Delta \boldsymbol{Z}_j}{\delta} = -\boldsymbol{B}_j^{\mathrm{T}} \boldsymbol{Z}_j + \boldsymbol{L}_j \boldsymbol{Y}_j$$

及边界条件 $Z_0 = Z_m = 0$，构成一组完整的差分方程组

$$\begin{cases} \dfrac{\nabla \boldsymbol{Y}_j}{\delta} = \boldsymbol{B}_j \boldsymbol{Y}_j + \boldsymbol{L}_{Kj} \boldsymbol{Z}_j + \boldsymbol{P}_{1j} \quad (j = 1, \cdots, m) \\ \dfrac{\Delta \boldsymbol{Z}_i}{\delta} = -\boldsymbol{B}_i^{\mathrm{T}} \boldsymbol{Z}_i + \boldsymbol{L}_i \boldsymbol{Y}_i \quad (i = 0, 1, \cdots, m-1) \\ Z_0 = Z_m = 0 \end{cases} \tag{14}$$

与连续形式

$$\begin{cases} \dfrac{\mathrm{d}\boldsymbol{Y}}{\mathrm{d}s} = \boldsymbol{BY} + \boldsymbol{L}_{K}\boldsymbol{Z} + \boldsymbol{P}_1 \\ \dfrac{\mathrm{d}\boldsymbol{Z}}{\mathrm{d}s} = -\boldsymbol{B}^{\mathrm{T}}\boldsymbol{Z} + \boldsymbol{LY} \\ Z_0 = Z_l = 0 \end{cases}$$

相比，差分方程组(14) 相当于用差商代替微商

$$\left.\frac{\mathrm{d}\boldsymbol{Y}}{\mathrm{d}s}\right|_{s_i} \approx \frac{\nabla \boldsymbol{Y}_i}{\delta}, \left.\frac{\mathrm{d}\boldsymbol{Z}}{\mathrm{d}s}\right|_{s_i} \approx \frac{\Delta \boldsymbol{Z}_i}{\delta}$$

在这一情形，因无自然边界条件，从而边界条件处理直捷.

下面我们用拉格朗日乘子法推导一般约束条件下的变分差分方程. 由于能量积分 W 中未引进边界项，故实际上此约束条件并非很一般，下面的推演表明一般约束条件下变分差分方程的推导方法.

在一般约束下，位移变量为 $Z_0, \cdots, Z_m$，故离散形式的能量积分为

$$\overline{\boldsymbol{W}}^{(m)}=\frac{1}{2}\sum_{i=0}^{m-1}[(\boldsymbol{Y}_i^{\mathrm{T}}\boldsymbol{L}_i\boldsymbol{Y}_i+\boldsymbol{Z}_i^{\mathrm{T}}\boldsymbol{L}_{Ki}\boldsymbol{Z}_i)\delta+2\boldsymbol{Z}_i^{\mathrm{T}}\boldsymbol{P}_{1i}\delta] \tag{15}$$

引入

$$\boldsymbol{f}_j\equiv\begin{pmatrix}f_{1j}\\f_{2j}\\f_{3j}\end{pmatrix}\equiv\frac{1}{\delta}\Delta Z_j+\boldsymbol{B}_j^{\mathrm{T}}\boldsymbol{Z}_j-\boldsymbol{L}_j\boldsymbol{Y}_j \tag{16}$$

现在需要在条件 $f_j=0$ 及位移边界条件下求 $\overline{W}^{(m)}$ 的极值. 为此,引入乘子

$$\boldsymbol{\lambda}_j=\begin{pmatrix}\lambda_{1j}\\\lambda_{2j}\\\lambda_{3j}\end{pmatrix}\quad(j=0,1,\cdots,m-1)$$

$$\boldsymbol{\mu}=\begin{pmatrix}\mu_1\\\mu_2\\\mu_3\end{pmatrix},\boldsymbol{v}=\begin{pmatrix}v_1\\v_2\\v_3\end{pmatrix} \tag{17}$$

并作

$$\widetilde{W}=\overline{W}^{(m)}+\sum_{j=0}^{m-1}\boldsymbol{\lambda}_j^{\mathrm{T}}\boldsymbol{f}_j+\boldsymbol{\mu}^{\mathrm{T}}\boldsymbol{D}_1Z_0+\boldsymbol{v}^{\mathrm{T}}\boldsymbol{D}_2Z_m=$$

$$\frac{1}{2}\sum_{j=0}^{m-1}[\boldsymbol{Y}_j^{\mathrm{T}}\boldsymbol{L}_j\boldsymbol{Y}_j+\boldsymbol{Z}_j^{\mathrm{T}}\boldsymbol{L}_{Kj}\boldsymbol{Z}_j^{\mathrm{T}}+2\boldsymbol{Z}_j\boldsymbol{P}_{1j}]\delta+$$

$$\sum_{j=0}^{m-1}\boldsymbol{\lambda}_j^{\mathrm{T}}\left(\frac{1}{\delta}\Delta\boldsymbol{Z}_j+\boldsymbol{B}_j^{\mathrm{T}}\boldsymbol{Z}_j-\boldsymbol{L}_j\boldsymbol{Y}_j\right)+$$

$$\mu^{\mathrm{T}}\boldsymbol{D}_1Z_0+v^{\mathrm{T}}\boldsymbol{D}_2Z_m$$

此处 $\boldsymbol{D}_1$ 与 $\boldsymbol{D}_2$ 为出现在边界条件中的三阶方阵.

下面需将 $\boldsymbol{Z}_j,\boldsymbol{Y}_j$ 视为自由变量求其极值. 为此对诸变量求导使之为零

$$\frac{\partial \widetilde{W}}{\partial \boldsymbol{Y}_i}=\boldsymbol{L}_i\boldsymbol{Y}_i\delta-(\boldsymbol{\lambda}_i^{\mathrm{T}}\boldsymbol{L}_i)^{\mathrm{T}}=0 \quad (i=0,1,\cdots,m-1) \tag{18}$$

$$\begin{aligned}\frac{\partial \widetilde{W}}{\partial Z_i}=&\boldsymbol{L}_{Ki}\boldsymbol{Z}_i\delta+\boldsymbol{P}_{1i}\delta+\\&\left[\boldsymbol{\lambda}_i^{\mathrm{T}}\left(\boldsymbol{B}_i^{\mathrm{T}}-\frac{1}{\delta}\boldsymbol{I}\right)\right]^{\mathrm{T}}+\left[\boldsymbol{\lambda}_{i-1}^{\mathrm{T}}\frac{1}{\delta}\right]^{\mathrm{T}}=\\&\boldsymbol{L}_{Ki}\boldsymbol{Z}_i\delta+\boldsymbol{P}_{1i}\delta+\boldsymbol{B}_i\boldsymbol{\lambda}_i-\frac{1}{\delta}\nabla\boldsymbol{\lambda}_i=0\\&(i=1,\cdots,m-1)\end{aligned} \tag{19}$$

$$\begin{aligned}\frac{\partial \widetilde{W}}{\partial Z_0}=&\boldsymbol{L}_{K0}Z_0\delta+\boldsymbol{P}_{10}\delta+\boldsymbol{B}_0\lambda_0-\\&\frac{1}{\delta}\lambda_0+(\mu^{\mathrm{T}}\boldsymbol{D}_1)^{\mathrm{T}}=0\end{aligned} \tag{20}$$

$$\frac{\partial \widetilde{W}}{\partial \boldsymbol{Z}_m}=\frac{1}{\delta}\lambda_{m-1}+(v^{\mathrm{T}}\boldsymbol{D}_2)^{\mathrm{T}}=0 \tag{21}$$

至于

$$\frac{\partial \widetilde{W}}{\partial \lambda_j}=0,\frac{\partial \widetilde{W}}{\partial \mu}=0,\frac{\partial \widetilde{W}}{\partial v}=0$$

则分别给出条件

$$\begin{aligned}&\frac{1}{\delta}\nabla\boldsymbol{Z}_j+\boldsymbol{B}_j^{\mathrm{T}}\boldsymbol{Z}_j-\boldsymbol{L}_j\boldsymbol{Y}_j=0\\&\boldsymbol{D}_1Z_0=\boldsymbol{D}_2Z_m=0\end{aligned} \tag{22}$$

由式(18)

$$\lambda_i=\boldsymbol{Y}_i\delta \quad (i=0,1,\cdots,m-1)$$

代入(19)得

$$\boldsymbol{L}_{Ki}\boldsymbol{Z}_i\delta+\boldsymbol{P}_{1i}\delta+\boldsymbol{B}_i\boldsymbol{Y}_i\delta-\frac{1}{\delta}\nabla(\boldsymbol{Y}_i\delta)=0$$

即

$$\frac{\nabla \boldsymbol{Y}_i}{\delta} = \boldsymbol{B}_i \boldsymbol{Y}_i + \boldsymbol{L}_{Ki} \boldsymbol{Z}_i + \boldsymbol{P}_{1i} \quad (i = 1, \cdots, m-1) \tag{23}$$

以及

$$\frac{1}{\delta} \boldsymbol{Y}_0 - (\boldsymbol{B}\boldsymbol{Y}_0 + \boldsymbol{L}_{K0} \boldsymbol{Z}_0 + \boldsymbol{P}_{10}) = \frac{1}{\delta} (\mu^{\mathrm{T}} \boldsymbol{D}_1)^{\mathrm{T}} \tag{24}$$

$$\frac{1}{\delta} (\delta \boldsymbol{Y}_{m-1}) + (v^{\mathrm{T}} \boldsymbol{D}_2)^{\mathrm{T}} = 0 \tag{25}$$

综合(22)(23)(24) 和(25),得到方程组

$$\begin{cases} \dfrac{\nabla \boldsymbol{Y}_i}{\delta} = \boldsymbol{B}_i \boldsymbol{Y}_i + \boldsymbol{L}_{Ki} \boldsymbol{Z}_i + \boldsymbol{P}_{1i} \quad (i = 1, \cdots, m) \\ \dfrac{\Delta \boldsymbol{Z}_i}{\delta} = -\boldsymbol{B}_i^{\mathrm{T}} \boldsymbol{Z}_i + \boldsymbol{L}_i \boldsymbol{Y}_i \quad (i = 0, 1, \cdots, m-1) \\ \boldsymbol{D}_1 \boldsymbol{Z}_0 = \boldsymbol{D}_2 \boldsymbol{Z}_m = 0 \\ \boldsymbol{D}_1^{\mathrm{T}} \mu = \boldsymbol{Y}_0 - \delta (\boldsymbol{B}\boldsymbol{Y}_0 + \boldsymbol{L}_{K0} \boldsymbol{Z}_0 + \boldsymbol{P}_{10}) \\ \boldsymbol{D}_2^{\mathrm{T}} v = -\boldsymbol{Y}_{m-1} \end{cases} \tag{26}$$

这里引进了 Y_m,使(23) 对 $i = m$ 成立.

在 $\boldsymbol{D}_1$ 与 $\boldsymbol{D}_2$ 为满秩情形(如固定边界),(26) 的最后两式仅提供解出 μ 与 v 的方程,可以略去. 而在 $\boldsymbol{D}_1$ 与 $\boldsymbol{D}_2$ 为降秩情形,则引出其他边界条件(与自然边界条件相应). 例如,对铰支边 $u_0 = v_0 = 0$,有

$$\boldsymbol{D}_1 = \begin{pmatrix} 1 & 0 & 0 \\ 0 & 1 & 0 \\ 0 & 0 & 0 \end{pmatrix} = \boldsymbol{D}_1^{\mathrm{T}}$$

从而引出

$$M_0 - \delta(-Q_0) = 0$$

若引进 M_{-1},使方程$(M_i - M_{i-1}) \dfrac{1}{\delta} = -Q_i$ 在 $i = 0$ 处成立,则上式相当于 $M_{-1} = 0$. 又如当点 s_m 为对称点时,

有

$$\boldsymbol{D}_2=\begin{pmatrix}1&0&0\\0&0&0\\0&0&1\end{pmatrix}=\boldsymbol{D}_2^{\mathrm{T}}$$

由此引出 $Q_{m-1}=0$.

在上面的推导中,我们使用的是精度为 $O(\delta)$ 的差分公式.同样可以利用 $O(\delta^2)$ 精度的差分公式,例如用

$$\left.\frac{\mathrm{d}f}{\mathrm{d}s}\right|_{s_i}=\frac{1}{2\delta}(f_{i+1}-f_{i-1})+O(\delta^2)$$

$$\int_0^l f\mathrm{d}s=(f_1+\cdots+f_{m-1})\delta+$$

$$\frac{1}{2}(f_0+f_m)\delta+O(\delta^2)$$

亦即分别采用中心差分数值微分公式及复化梯形数值积分公式.但在边界点,仍采用向前或向后差分公式代替微商,避免引入外插点,两端点的这一处理方式不致影响整个有限和式替代的 $O(\delta^2)$ 精度.又对“非线性项”,由式(19)可知

$$\int_0^l Khv^2\mathrm{d}s=(Kh_1v_1^2+\cdots+Kh_{m-1}v_{m-1}^2)\delta+$$

$$\frac{1}{2}(Kh_0v_0^2+Kh_mv_m^2)\delta+O(\delta^2)$$

亦即尽管 $Khv^2\notin C^2$,但复化梯形的余项估计 $O(\delta^2)$ 保持成立.

最终结果表明,在固定边情形,相当于直接用差商代替微商,而在一般约束边界情形,则为

$$
\begin{cases}
\dfrac{\boldsymbol{Y}_{i+1}-\boldsymbol{Y}_{i-1}}{2\delta}=\boldsymbol{B}_i\boldsymbol{Y}_i+\boldsymbol{P}_{Ki}\boldsymbol{Z}_i+\boldsymbol{P}_{1i}\quad(i=1,\cdots,m-1)\\
\dfrac{\boldsymbol{Z}_{i+1}-\boldsymbol{Z}_{i-1}}{2\delta}=-\boldsymbol{B}_i^{\mathrm{T}}\boldsymbol{Z}_i+\boldsymbol{L}_i\boldsymbol{Y}_i\\
\dfrac{\boldsymbol{Z}_1-\boldsymbol{Z}_0}{\delta}+\boldsymbol{B}_0^{\mathrm{T}}\boldsymbol{Z}_0-\boldsymbol{L}_0\boldsymbol{Y}_0=0\\
\dfrac{\boldsymbol{Z}_m-\boldsymbol{Z}_{m-1}}{\delta}+\boldsymbol{B}_m^{\mathrm{T}}\boldsymbol{Z}_m-\boldsymbol{L}_m\boldsymbol{Y}_m=0\\
\boldsymbol{D}_1Z_0=\boldsymbol{D}_2\boldsymbol{Z}_m=0\\
\boldsymbol{D}_1^{\mathrm{T}}\mu=-\dfrac{\delta}{2}\left[\boldsymbol{L}_{K0}\boldsymbol{Z}_0+\boldsymbol{P}_{10}+\boldsymbol{B}_0\boldsymbol{Y}_0-\dfrac{1}{\delta}(\boldsymbol{Y}_0+\boldsymbol{Y}_1)\right]\\
\boldsymbol{D}_2^{\mathrm{T}}v=-\dfrac{\delta}{2}\left[\boldsymbol{L}_{Km}\boldsymbol{Z}_m+\boldsymbol{P}_{1m}+\boldsymbol{B}_m\boldsymbol{Y}_m+\dfrac{1}{\delta}(\boldsymbol{Y}_{m-1}+\boldsymbol{Y}_m)\right]
\end{cases}
\tag{27}
$$

如引进 $\boldsymbol{Y}_{m+1}$ 与 $\boldsymbol{Y}_{-1}$，使(27) 的第一式对 $i=0,m$ 也成立，则(27) 的最后两式分别化为

$$
\boldsymbol{D}_1^{\mathrm{T}}\mu=\frac{1}{2}\left[\boldsymbol{Y}_0+\frac{1}{2}(\boldsymbol{Y}_1+\boldsymbol{Y}_{-1})\right]
$$

$$
\boldsymbol{D}_2^{\mathrm{T}}v=-\frac{1}{2}\left[\boldsymbol{Y}_m+\frac{1}{2}(\boldsymbol{Y}_{m+1}+\boldsymbol{Y}_{m-1})\right]
$$

于是在铰支边($s=0$ 处) 引出自然边界条件

$$
M_0+\frac{1}{2}(M_1+M_{-1})=0
$$

而在对称点处引出

$$
Q_m+\frac{1}{2}(Q_{m-1}+Q_{m+1})=0
$$

此两式分别表示“平均弯矩”与“平均剪力”等于零. 这和直接置 $M_0=0$ 及 $Q_m=0$ 不同，但类似.

用推导(26) 的方法即可导出(27)，不再详细叙述了.

§2　差分方程解的存在唯一性

我们就§1固定边情形的差分方程式(14)证明解的唯一性.

定理 1　§1差分方程组(14)的解若存在,必唯一,且给出此约束条件下 $\overline{W}^{(m)}$ 的最小值.

证明　设§1差分方程组(14)的解存在,记为

$$[X_i^*]=\begin{bmatrix}Y_i^*\\Z_i^*\end{bmatrix}$$

则对任意一组满足约束条件的$[\overline{X}_i]=[\overline{Y}_i,\overline{Z}_i]^{\mathrm{T}}$,可以证明

$$\Delta\equiv\overline{W}^{(m)}(\overline{Z})-\overline{W}^{(m)}(Z^*)\geqslant \frac{1}{2}\sum_{i=0}^{m-1}(\mathrm{d}Y_i^*)^{\mathrm{T}}L_i(\mathrm{d}Y_i^*)\tag{1}$$

此处记 $\mathrm{d}Z_i^*=\overline{Z}_i-Z_i^*$ 为自变量的微分. 由于 Y_i 为 Z_j 的线性函数,故改变量 $\overline{Y}_i-Y_i^*$ 等于微分 $\mathrm{d}Y_i^*$. 式(1)得出了 $\overline{W}^{(m)}(Z^*)$ 的极小性,且知只有在 $\mathrm{d}Y_i^*=0(i=0,1,\cdots,m-1)$ 时,等号才成立.

为证 Δ 的非负性,即式(1),主要是证明"非线性"部分的不等式

$$\Delta_{Ki}\equiv h(v_i+\mathrm{d}v_i)(v_i+\mathrm{d}v_i)^2-h(v_i)v_i^2\geqslant 2h(v_i)v_i\mathrm{d}v_i\tag{2}$$

实际上,因

$$\Delta_{Ki}=[h(v_i+\mathrm{d}v_i)-h(v_i)](v_i+\mathrm{d}v_i)^2+2h(v_i)v_i\mathrm{d}v_i+h(v_i)(\mathrm{d}v_i)^2$$

故只需证

$$\Delta'_{Ki} \equiv h(v_i)(\mathrm{d}v_i)^2 + [h(v_i + \mathrm{d}v_i) - h(v_i)](v_i + \mathrm{d}v_i)^2 \geqslant 0$$

为此，考察 $v_i, v_i + \mathrm{d}v_i, \mathrm{d}v_i$ 的不同的符号组合

$$\begin{cases} v_i \leqslant 0 & \text{(a)} \\ v_i > 0 \begin{cases} v_i + \mathrm{d}v_i > 0 & \text{(b)} \\ v_i + \mathrm{d}v_i \leqslant 0, \mathrm{d}v_i \leqslant 0 & \text{(c)} \end{cases} \end{cases}$$

在情形(a)，$h(v_i) = 0$，故

$$\Delta'_{Ki} = h(v_i + \mathrm{d}v_i)(v_i + \mathrm{d}v_i)^2 \geqslant 0$$

在情形(b)，$h(v_i) = h(v_i + \mathrm{d}v_i) = 1$，故

$$\Delta'_{Ki} = h(v_i)(\mathrm{d}v_i)^2 \geqslant 0$$

在情形(c)，有估式

$$\mathrm{d}v_i < v_i + \mathrm{d}v_i \leqslant v_i \leqslant -\mathrm{d}v_i$$

因
$$|v_i + \mathrm{d}v_i| \leqslant |\mathrm{d}v_i|$$

故
$$\Delta'_{Ki} = \mathrm{d}v_i^2 - (v_i + \mathrm{d}v_i)^2 \geqslant 0$$

由此证得式(2). 此式等同于

$$\frac{1}{2}(Z_i^* + \mathrm{d}Z_i^*)^{\mathrm{T}} L_{Ki} (Z_i^* + \mathrm{d}Z_i^*) - \frac{1}{2} Z_i^{*\mathrm{T}} L_{Ki} Z_i^* \geqslant Z_i^{*\mathrm{T}} L_{Ki} \mathrm{d}Z_i^* \tag{3}$$

于是

$$\overline{W}^{(m)}(Z^* + \mathrm{d}Z^*) - \overline{W}^{(m)}(Z^*) \geqslant \sum_{i=0}^{m-1} (\mathrm{d}Y_i^*)^{\mathrm{T}} L_i Y_i^* \delta + \sum_{i=1}^{m-1} [(\mathrm{d}Z_i^*)^{\mathrm{T}} L_{Ki} Z_i^* \delta + (\mathrm{d}Z_i^*)^{\mathrm{T}} P_{1i} \delta] + \frac{1}{2} \sum_{i=0}^{m-1} (\mathrm{d}Y_i^*)^{\mathrm{T}} L_i (\mathrm{d}Y_i^*) \delta$$

但

$$(\mathrm{d}Y_i^*)^{\mathrm{T}}=\sum_{j=1}^{m-1}(\mathrm{d}Z_j^*)^{\mathrm{T}}\left(\frac{\partial Y_i^*}{\partial Z_j^*}\right)$$

所以

$$\sum_{i=0}^{m-1}(\mathrm{d}Y_i^*)^{\mathrm{T}}L_iY_i^*\delta=\sum_{i,j=0}^{m-1}(\mathrm{d}Z_j^*)^{\mathrm{T}}\left(\frac{\partial Y_i^*}{\partial Z_j^*}\right)L_iY_i^*\delta=$$

$$\sum_{\substack{i=0\\j=1}}^{m-1}(\mathrm{d}Z_j^*)^{\mathrm{T}}\frac{\partial}{\partial Z_j}\left(\frac{1}{2}Y_i^{*\mathrm{T}}L_iY_i^*\delta\right)=$$

$$\sum_{j=1}^{m-1}(\mathrm{d}Z_j^*)^{\mathrm{T}}\frac{\partial}{\partial Z_j}\left(\sum_{i=0}^{m-1}\frac{1}{2}Y_i^{*\mathrm{T}}L_iY_i^*\delta\right)$$

故

$$\sum_{i=0}^{m-1}(\mathrm{d}Y_i^*)^{\mathrm{T}}L_iY_i^*\delta+$$

$$\sum_{i=1}^{m-1}[(\mathrm{d}Z_i^*)^{\mathrm{T}}L_{Ki}Z_i\delta+(\mathrm{d}Z_i^*)^{\mathrm{T}}P_{1i}\delta]=$$

$$\sum_{i=1}^{m-1}(\mathrm{d}Z_j^*)^{\mathrm{T}}\frac{\partial}{\partial Z_j^*}\overline{W}^{(m)}=0$$

于是

$$\overline{W}^{(m)}(Z^*+\mathrm{d}Z^*)-\overline{W}^{(m)}(Z^*)\geqslant$$

$$\frac{1}{2}\sum_{i=0}^{m-1}(\mathrm{d}Y_i^*)^{\mathrm{T}}L_i(\mathrm{d}Y_i^*)$$

式(1)得证.由此推出

$$\overline{W}^{(m)}(Z^*+\mathrm{d}Z^*)\geqslant\overline{W}^{(m)}(Z^*)$$

亦即证得 Z^* 使 $\overline{W}^{(m)}$ 取极小值.上述不等式仅在 $\mathrm{d}Y_i^*=0$,即 $\overline{Y}_i=Y_i^*$ 时等号成立.但从 $\overline{Y}_i=Y_i^*$ $(i=0,1,\cdots,m-1)$,易推出 $\overline{Z}_i=Z_i^*$.这是由于 $\mathrm{d}Y_i^*=0$ 时,有

$$\begin{cases}\dfrac{\Delta(\mathrm{d}Z_i^*)}{\delta}=-\boldsymbol{B}_i^{\mathrm{T}}(\mathrm{d}Z_i^*)\\ \mathrm{d}Z_0^*=0\end{cases}$$

由此即可依次得出 $\mathrm{d}Z_1^* = \mathrm{d}Z_2^* = \cdots = \mathrm{d}Z_{m-1}^* = 0$.

上面讨论表明,使得 $\overline{W}^{(m)}$ 取极小值的解是唯一的,从而相应的差分方程的解也唯一. 定理 1 证毕.

下面我们证明解的一致估计式.

定理 2　若系 $\{Z_i^{(n)}\}_{i=0}^{m}(n=1,2,3,\cdots)$ 使得

$$\overline{W}^{(m)}(Z^{(n)}) \leqslant b$$

其中 b 为与 m,n 无关的常数,则存在与 m,n 无关的常数 N,使得

$$| Z_i^{(n)} | \leqslant N$$

今后 $|(a_i)| \leqslant N$ 表示矢量(a_i)的每一分量 a_i,有 $|a_i| \leqslant N$.

证明　下面为书写简单起见,上标 n 均略去.

首先证明

$$\sum_{i=0}^{m-1} |u_i|, |v_i|, |\psi_i| \leqslant N\left[\sum_{j=0}^{m-1}(|T_j|+|Q_j|+|M_j|)\right] \tag{4}$$

今后以 N,N_1,N_2 等泛指与 m,i,n 无关的常数.

因

$$\begin{pmatrix} u_{i+1} \\ v_{i+1} \end{pmatrix} = \begin{bmatrix} 1 & -k_i\delta \\ k_i\delta & 1 \end{bmatrix} \begin{bmatrix} u_i \\ v_i \end{bmatrix} + \begin{bmatrix} \dfrac{T_i}{EF_i}\delta \\ \psi_i\delta + \dfrac{\alpha Q_i}{GF_i}\delta \end{bmatrix}$$

k_i 与曲率 $k(s)$ 在 $s=s_i$ 的值相应. 记

$$\overline{Z}_i = \begin{bmatrix} u_i \\ v_i \end{bmatrix}, \hat{\boldsymbol{B}} = \begin{bmatrix} 0 & -1 \\ 1 & 0 \end{bmatrix}, g_i = \begin{bmatrix} \dfrac{T_i}{EF_i} \\ \psi_i + \dfrac{\alpha Q_i}{GF_i} \end{bmatrix}$$

则有

$$\overline{Z}_{i+1}=(\boldsymbol{I}+k_i\hat{\boldsymbol{B}}\delta)\overline{Z}_i+g_i\delta$$

又记

$$\|k\|=\max_i|k_i|,|\hat{\boldsymbol{B}}|=\begin{pmatrix}0&1\\1&0\end{pmatrix}$$

于是

$$|\overline{Z}_{i+1}|\leqslant(\boldsymbol{I}+\|k\|\ |\hat{\boldsymbol{B}}|\delta)|\overline{Z}_i|+|g_i\delta|$$

因为 $\overline{Z}_0=0$,所以

$$|\overline{Z}_{j+1}|\leqslant\sum_{i=0}^{j}(\boldsymbol{I}+\|k\|\ |\hat{\boldsymbol{B}}|\delta)^{j-i}|g_i\delta|$$

矩阵 $|\hat{\boldsymbol{B}}|$ 的最小多项式有两个特征根 ±1,故它的矩阵函数为

$$f(|\hat{\boldsymbol{B}}|)=\frac{1}{2}[f(1)-f(-1)]|\hat{\boldsymbol{B}}|+\frac{1}{2}[f(1)+f(-1)]$$

尤其对 $f(\lambda)=(1+\|k\|\delta\lambda)^i$,有

$$(\boldsymbol{I}+\|k\|\delta|\hat{\boldsymbol{B}}|)^i=\begin{bmatrix}\frac{1}{2}[(1+\|k\|\delta)^i+(1-\|k\|\delta)^i] & \frac{1}{2}[(1+\|k\|\delta)^i-(1-\|k\|\delta)^i]\\ \frac{1}{2}[(1+\|k\|\delta)^i-(1-\|k\|\delta)^i] & \frac{1}{2}[(1+\|k\|\delta)^i+(1-\|k\|\delta)^i]\end{bmatrix}$$

所以

$$|(\boldsymbol{I}+\|k\|\,|\hat{\boldsymbol{B}}|\,\delta)^i|\leqslant(1+\|k\|\delta)^i\begin{pmatrix}1&1\\1&1\end{pmatrix}=$$

$$\left(1+\|k\|\frac{l}{m}\right)^i\begin{pmatrix}1&1\\1&1\end{pmatrix}\leqslant\left(1+\|k\|\frac{l}{m}\right)^m\begin{pmatrix}1&1\\1&1\end{pmatrix}$$

因当 $a\geqslant 0,x>0$ 时

$$\left(1+\frac{a}{x}\right)^x\leqslant \mathrm{e}^a$$

所以

$$\left(1+\|k\|\frac{l}{m}\right)^m\leqslant \mathrm{e}^{\|k\|l}$$

由此推知

$$|\overline{Z}_{i+1}|\leqslant\sum_{i=0}^{j}\mathrm{e}^{\|k\|l}\begin{pmatrix}1&1\\1&1\end{pmatrix}|g_i\delta|\leqslant N\sum_{i=0}^{j}|g_i\delta|$$

此即

$$|u_i|,|v_i|\leqslant N\delta\sum_{j=0}^{m-1}[|T_j|+|Q_j|+|\psi_j|]$$

因端点 $i=m$，设为对称点，故 $\psi_m=0$，于是

$$|\psi_i|=\left|-\sum_{j=i}^{m-1}\Delta\psi_j\right|=\left|-\sum_{j=i}^{m-1}\frac{M_j\delta}{EJ_j}\right|\leqslant N\delta\sum_{j=0}^{m-1}|M_j|$$

结合前式，得

$$|u_i|,|v_i|,|\psi_i|\leqslant N\delta\sum_{j=0}^{m-1}[|T_j|+|Q_j|+|M_j|] \tag{5}$$

再从 $\sum\limits_i\delta=l$ 可见式(4)为真.

由式(4)知

$$b\geqslant\overline{W}^{(m)}(Z)\geqslant N\delta\sum_{j=0}^{m-1}[(|M_j|^2-c|M_j|)+(|T_j|^2-c|T_j|)+(|Q_j|^2-c|Q_j|)] \tag{6}$$

其中 c 为与 $|P_{1i}|$ 的界有关而与 m,n,i 无关的常数. 因

$$x^2-ax\geqslant\frac{1}{2}(x^2-a^2)$$

故

$$b\geqslant N\frac{\delta}{2}\left[\sum_{j=0}^{m-1}(|M_j|^2+|T_j|^2+|Q_j|^2)-c^2m\right]$$

注意到 $m\delta=l$,可见

$$\delta\sum_{j=0}^{m-1}(|M_j|^2+|T_j|^2+|Q_j|^2)<N$$

引用熟知的 Hölder 不等式,得

$$\delta\sum_{j=0}^{m-1}|Mj|\leqslant\sqrt{\sum_i\delta^2\sum_j|M_j|^2}=$$

$$\sqrt{l\delta\sum_j|M_j|^2}<N$$

与此类似,有

$$\delta\sum_j|T_j|,\delta\sum_j|Q_j|<N$$

结合式(5),知

$$|u_i|,|v_i|,|\psi_i|<N$$

证毕.

定理 3 §1 差分方程组(26)的解存在.

证明 由式(6)知,对任意满足约束条件的 Z_i 有

$$\begin{aligned}\overline{W}^{(m)}(Z)\geqslant N\delta\sum_{j=0}^{m-1}[&(|M_j|^2-c|M_j|)+\\&(|T_j|^2-c|T_j|)+\\&(|Q_j|^2-c|Q_j|)]\end{aligned}$$

由于 $x^2-ax\geqslant-\frac{1}{4}a^2$,有

$$\overline{W}^{(m)}(Z)\geqslant-N_1$$

此乃说明 $\overline{W}^{(m)}$ 在满足位移约束条件的 $\{Z_i\}$ 集中有下界，从而有下确界

$$\inf_{Z}\overline{W}^{(m)}(Z)$$

设 $\{Z_i^{(n)}\}$ 为极小化序列

$$\lim_{n}\overline{W}^{(m)}(Z^{(n)})=\inf\overline{W}^{(m)}$$

因 $\overline{W}^{(m)}(0)=0$，故 $\inf\overline{W}^{(m)}\leqslant 0$. 去掉极小化列前几项后，可认为它们满足

$$\overline{W}^{(m)}(Z^{(n)})<1$$

于是由一致有界定理 2，存在与 m,n,i 无关的常数 N，使得

$$|Z_i^{(n)}|<N$$

引用欧氏空间的列紧性定理，知存在 $\{Z_i^{(n)}\}$ 的子列 $\{Z_i^{\sigma(p)}\}$，$\sigma(p)=n_p$，收敛于某系 $\{Z_i^*\}$

$$\lim_{p\to\infty}Z_i^{\sigma(p)}=Z_i^*$$

在 $\overline{W}^{(m)}(Z^{\sigma(p)})$ 中取极限，可见

$$\overline{W}^{(m)}(Z^*)=\overline{W}^{(m)}(\lim Z^{\sigma(p)})=\lim\overline{W}^{(m)}(Z^{\sigma(p)})=$$
$$\lim\overline{W}^{(m)}(Z^{(n)})=\inf\overline{W}^{(m)}$$

这就说明 $\{Z_i^*\}=Z^*$ 为 $\overline{W}^{(m)}$ 极小问题的解，从而必有

$$\frac{\partial\overline{W}^{(m)}}{\partial Z_i^*}=0$$

于是 Z^* 为差分方程组(26)的解.

§3　边值问题解的存在性，差分方程解向边值问题解的收敛性

在本节中，我们着手证明边值问题解的存在性与

差分方程解向边值问题解的收敛性.

首先,我们建立次之简单引理.

引理 1 设 $f_n(x)$ 为区间$[0,l]$上的连续函数,且在该区间中有

$$\lim_n f_n(x)=f(x)$$

$$\lim_n\left[f_n\left(x+\frac{l}{n}\right)-f_n(x)\right]\frac{n}{l}=g(x)$$

并设后一式为一致收敛,则极限函数 $f(x)$ 连续可微,且

$$\frac{\mathrm{d}f(x)}{\mathrm{d}x}=g(x)$$

证明 记

$$g_n(x)=\left[f_n\left(x+\frac{l}{n}\right)-f_n(x)\right]\frac{n}{l}$$

将区间分为 $0=x_0<x_1<\cdots<x_n=l,x_i=x_0+i\delta_n$,$\delta_n=\frac{l}{n}$,于是

$$f_n(x_m)-f_n(0)=\sum_{i=0}^{m-1}[f_n(x_i+\delta_n)-f_n(x_i)]=$$

$$\sum_{i=0}^{m-1}g_n(x_i)\delta_n$$

由 $g_n^{(x)}$ 的一致收敛性,可知 $g(x)$ 为连续函数,故存在积分

$$\int_0^{x_m}g(x)\mathrm{d}x$$

考察差

$$\Delta_n=\left|f_n(x_m)-f_n(x_0)-\int_{x_0}^{x_m}g(x)\mathrm{d}x\right|=$$

$$\left|\sum_{i=0}^{m-1}g_n(x_i)\delta_n-\int_{x_0}^{x_m}g(x)\mathrm{d}x\right|\leqslant$$

$$\left|\sum_{i=0}^{m-1} g(x_i)\delta_n - \int_{x_0}^{x_m} g(x)\mathrm{d}x\right| +$$

$$\sum_{i=0}^{m-1} | g(x_i) - g_n(x_i) | \delta_n$$

固定 x_m，将分点逐次加密，可得

$$\lim_{n\to\infty}\sum_{i=0}^{m-1} g(x_i)\delta_n = \int_{x_0}^{x_m} g(x)\mathrm{d}x$$

又由 $g_n(x)$ 一致收敛于 $g(x)$，可见对任意正数 $\varepsilon > 0$，存在 n_0，使当 $n \geqslant n_0$ 时，有 $\Delta_n < \varepsilon$，亦即

$$\lim_{n}[f_n(x_m) - f_n(x_0)] = \int_{x_0}^{x_m} g(x)\mathrm{d}x$$

但$\lim\limits_{n} f_n(x_i) = f(x_i)$，故

$$f(x_m) - f(x_0) = \int_{x_0}^{x_m} g(x)\mathrm{d}x$$

由此式即明 $f(x)$ 的连续可微性，且$\dfrac{\mathrm{d}f(x)}{\mathrm{d}x} = g(x)$.

定理 1　设 $X^{(m)} = \{X_i^{(m)}\}$ 是与 §1 中 m 等分步长相应的差分方程(26) 的解，则存在与 m, i 无关的常数 N，使得

$$| X_i^{(m)} |, \left|\frac{\Delta X_i^{(m)}}{\delta_m}\right|, \left|\frac{\Delta^2 X_i^{(m)}}{\delta_m^2}\right| < N \qquad (1)$$

此处 $\delta_m = \dfrac{l}{m}$.

证明　由 §1 方程(26) 解的极小性，易知对解 $X_i^{(m)}$，满足 $\overline{W}^{(m)} < N$，故引用 §2 一致有界定理 2，知 $| Z_i^{(m)} | < N$，并由 §2 定理 2 的证明知

$$\delta \sum | Y_i^{(m)} | < N$$

再由差分方程

$$\frac{\nabla Y_i^{(m)}}{\delta_m} = B_j Y_j^{(m)} + L_{Kj} Z_j^{(m)} + P_{1j}$$

便可推出

$$\sum |\nabla Y_i^{(m)}| < N$$

(这里 N 泛指与 m,i 无关的常数). 由此易知 $|Y_i^{(m)}| < N$. 实际上,设

$$|T_{i_0}^{(m)}| = \min_i |T_i^{(m)}|$$

则

$$|T_{i_0}| = \frac{\delta}{l}(m|T_{i_0}|) \leqslant \frac{\delta}{l}\sum |T_i| < N$$

对任一 i,不妨设 $i \geqslant i_0$,于是

$$T_i = \sum_{j=i_0}^{i} \nabla T_j + T_{i_0}$$

$$|T_i| \leqslant (\sum |\nabla T_j|) + |T_{i_0}| < N$$

同样可证对任一 i,有

$$|Q_i|, |M_i| < N$$

从而结合 $Z_i^{(m)}$ 估式,知有

$$|X_i^{(m)}| < N$$

再结合 §1 差分方程(26)所建立的 $X_i^{(m)}$ 与 $\frac{\Delta x_i^{(m)}}{\delta_m}$ 的关系式,即可推出要证明的解及其差商的一致有界估计式.

下面我们证明边值问题解的存在性与差分方程解的收敛性.

定理 2 设分点集 $\mathscr{L}_1 \subset \mathscr{L}_2 \subset \cdots \subset \mathscr{L}_n \subset \mathscr{L}_{n+1} \subset \cdots$

$$\mathscr{L}_n = \{s_i^{(n)} \mid 0 = s_0^{(n)} < s_1^{(n)} < s_2^{(n)} < \cdots < s_{m_n-1}^{(n)} < s_{m_n}^{(n)} = l\}$$

$$s_{i+1}^{(n)} - s_i^{(n)} = \delta_n = \frac{l}{m_n}$$

记$\{X_i^{(n)}\}$为与分点集$\mathscr{L}_n$相应的差分方程的解,$X^{(n)}(s)$为以 $X_i^{(n)}$ 为顶点的折线，则当 m_n 趋于无穷时，$\{X^{(n)}(s)\}$构成一致收敛的连续函数列,它的极限函数为边值问题的解.

证明　由作法及有界定理 1 可知

$$\| X^{(n)} \| \equiv \max_s | X^{(n)}(s) | = \max_i | X_i^{(n)} | < N \tag{2}$$

又从

$$| X_{i+j}^{(n)} - X_i^{(n)} | = \left| \sum_{p=i}^{i+j-1} \Delta X_p^{(n)} \right| \leqslant \sum_{p=i}^{i+j-1} | \Delta X_p^{(n)} | < (j\delta_n) N$$

因 $X^{(n)}(s)$ 是以 $X_i^{(n)}$ 为顶点的折线,故由上式易知,对任一正数 ε,存在一 $\delta(\varepsilon)$,使当 $| s' - s | < \delta(\varepsilon)$ 时,有

$$| X^{(n)}(s') - X^{(n)}(s) | \leqslant \varepsilon \tag{3}$$

由(3) 及(2) 可见系 $X^{(n)}(s)$ 一致有界且等度连续,故引用连续函数的列紧性定理知，存在一子系$\{X^{\sigma(p)}(s)\}$,$\sigma(p) = n_p$,它在$[0,l]$上一致收敛于某连续函数 $X(s)$

$$\lim_{p\to\infty} \| X^{\sigma(p)} - X \| = 0$$

记

$$\overline{X}^{(n)}(s) = [X^{(n)}(s + \delta_n) - X^{(n)}(s)] \frac{1}{\delta_n}$$

$\overline{X}^{(n)}(s)$ 是以$\dfrac{\Delta X_i^{(n)}}{\delta_n}$ 为节点的折线. 由有界定理 1,可以将上面的推理同样应用于系 $\overline{X}^{\sigma(p)}(s)$，即知存在$\{\overline{X}^{\sigma(p)}(s)\}$ 的一个子列(为不使记号繁杂,此子列仍记为 $\overline{X}^{\sigma(p)}(s)$)，它在$[0,l]$ 上一致收敛于某连续函数

$\overline{X}(s)$，且由引理 1 有 $\overline{X}(s)=\frac{\mathrm{d}X(s)}{\mathrm{d}s}$. 由此，连同 $X^{\sigma(p)}(s)$ 所满足的差分方程组，不难看出，其极限函数 $X(s)$ 在一个稠密的可数子集 $\bigcup_{n}\mathscr{L}_n$ 上满足微分方程. 由于设 A,P 均为连续函数，而 $X(s)$ 及 $\frac{\mathrm{d}X(s)}{\mathrm{d}s}$ 作为连续函数列的一致收敛的极限，它本身也连续，从而 $X(s)$ 在 $[0,l]$ 上处处满足微分方程（第 14 章 §1 式(6)）. 再由 $X(s)$ 满足边界条件，即知 $X(s)$ 为边值问题的解.

我们继续证明差分方程的解 $X^{(n)}(s)$ 一致收敛于 $X(s)$

$$\lim_{n\to\infty}\|X^{(n)}-X\|=0$$

若不然，则存在一正数 ε 及子列 $\sigma(p)=n_p$，有

$$\|X^{\sigma(p)}-X\|\geqslant\varepsilon\quad(p=1,2,3,\cdots)$$

将前述推理用于系 $\{X^{\sigma(p)}\}$，同样可得存在 $\{X^{\sigma(p)}\}$ 的一子列 $\{X^{\sigma_1(p)}\}$，在 $[0,l]$ 上一致收敛于边值问题的解 $\widetilde{X}(s)$

$$\lim_{p\to\infty}\|X^{\sigma_1(p)}-\widetilde{X}\|=0$$

我们在第 14 章已经证明边值问题的解唯一，从而必有 $\widetilde{X}=X$，于是

$$\lim\|X^{\sigma_1(p)}-X\|=0$$

此与上式 $\|X^{\sigma_1(p)}-X\|\geqslant\varepsilon$ 矛盾，定理证毕.

§4　一般衬砌计算的补充说明

在实践中，衬砌的种类很多. 既使同一结构也会有不同边界，等等. 另外，方程中用到的是 k(曲率）与

s(弧长),q_n 与 q_τ(法向与切向荷载),而一般给出的是矢高和跨度,垂直与侧向荷载,故在计算前需作变换.又当荷载等因素不对称,需在整个拱上进行计算时,应注意的是同一类边界条件在拱脚的两端可能具稍有不同的数学形式.本节就所述注意之点作若干补充说明.

(1) 荷载的变换.

(ⅰ) 在割圆拱(即整个曲拱轴线由同一半径的圆弧组成)情形,记 ϕ_n 为拱脚与中心线的夹角,ϕ 为所考察点与初始半径的夹角.需将荷载 $q_x\mid dy\mid$ 与 $q_y\mid dx\mid$ 转换成 $q_n\mid ds\mid$ 与 $q_\tau\mid ds\mid$.

记 $\tau'=-\tau$,此乃与图 1 所示 q_τ 正向相反的方向.由图 2,引用复平面的几何考察方法推导之.考察矢量 $\boldsymbol{a}$ 在两个坐标系上的表式,得

$$a_y+\mathrm{i}a_x=\rho\mathrm{e}^{\mathrm{i}\varphi_1},a_n+\mathrm{i}a_{\tau'}=\rho\mathrm{e}^{\mathrm{i}\varphi}$$

因

$$(a_n+\mathrm{i}a_{\tau'})=\rho\mathrm{e}^{\mathrm{i}\varphi}=\rho\mathrm{e}^{\mathrm{i}\varphi_1}$$

$$\mathrm{e}^{\mathrm{i}(\varphi-\varphi_1)}=(a_y+\mathrm{i}a_x)\mathrm{e}^{\mathrm{i}(\varphi-\varphi_1)}=$$

$$(a_y+\mathrm{i}a_x)(\cos\theta-\mathrm{i}\sin\theta)$$

即

$$\begin{pmatrix}a_n\\a_{\tau'}\end{pmatrix}=\begin{pmatrix}\cos\theta & \sin\theta\\-\sin\theta & \cos\theta\end{pmatrix}\begin{pmatrix}a_y\\a_x\end{pmatrix}$$

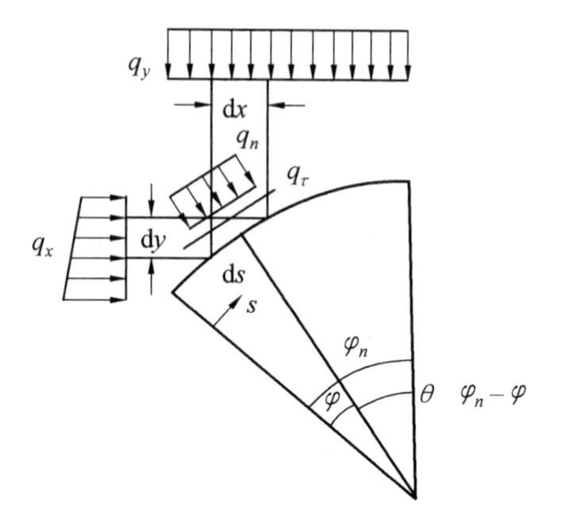

图 1

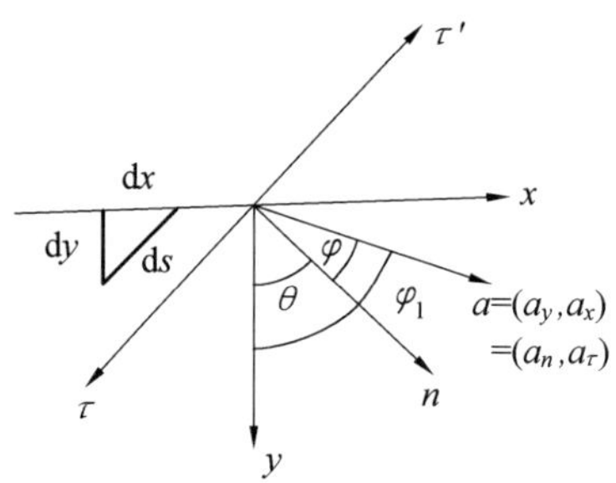

图 2

故

$$\begin{pmatrix} a_n \\ a_\tau \end{pmatrix} = \begin{pmatrix} a_n \\ -a_{\tau'} \end{pmatrix} = \begin{pmatrix} \cos\theta & \sin\theta \\ \sin\theta & -\cos\theta \end{pmatrix} \begin{pmatrix} a_y \\ a_x \end{pmatrix}$$

取 $a_n = q_n \mid \mathrm{d}s \mid, a_\tau = q_\tau \mid \mathrm{d}s \mid, a_x = q_x \mid \mathrm{d}y \mid$, $a_y = q_y \mid \mathrm{d}x \mid$,即得

$$\begin{pmatrix} q_n \\ q_\tau \end{pmatrix} = \begin{pmatrix} \cos\theta & \sin\theta \\ \sin\theta & -\cos\theta \end{pmatrix} \begin{pmatrix} q_y \left|\dfrac{dx}{ds}\right| \\ q_x \left|\dfrac{dy}{ds}\right| \end{pmatrix}$$

但由图 2，$\left|\dfrac{dx}{ds}\right| = \cos\theta$，$\left|\dfrac{dy}{dx}\right| = \sin\theta$，故

$$\begin{pmatrix} q_n \\ q_\tau \end{pmatrix} = \begin{pmatrix} \cos\theta & \sin\theta \\ \sin\theta & -\cos\theta \end{pmatrix} \begin{pmatrix} \cos\theta & 0 \\ 0 & \sin\theta \end{pmatrix} =$$

$$\begin{pmatrix} \cos^2\theta & \sin^2\theta \\ \cos\theta\sin\theta & -\cos\theta\sin\theta \end{pmatrix} \begin{pmatrix} q_y \\ q_x \end{pmatrix}$$

展开得

$$\begin{cases} q_n = q_y \cos^2(\varphi_n - \varphi) + q_x \sin^2(\varphi_n - \varphi) \\ q_\tau = (q_y - q_x)\cos(\varphi_n - \varphi)\sin(\varphi_n - \varphi) \end{cases} \tag{1}$$

（ⅱ）梯形荷载时，圆拱 q_x，q_y 的表式.

通常垂直与侧向荷载呈梯形分布（图 3），此时 q_x，q_y 分别用 e_0，e_n 及 f_0，f_n 表出. 因

$$\overline{BC} = r\sin(\varphi_n - \varphi)$$

$$\overline{AC} = r\sin\varphi_n$$

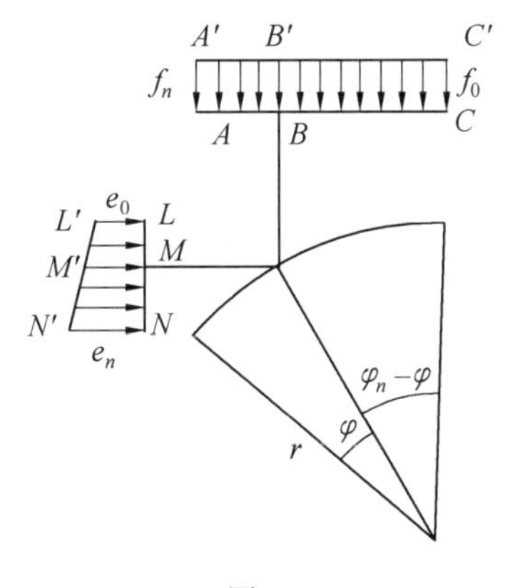

图 3

记

$$\frac{\overline{BC}}{\overline{AC}}=\frac{\sin(\varphi_n-\varphi)}{\sin\varphi_n}\equiv v$$

于是

$$(\overline{BB'}=v\overline{AA'}+(1-v)\overline{CC'}=\overline{CC'}+v(\overline{AA'}-\overline{CC'})$$

从而

$$q_y=f_n+\frac{\sin(\varphi_n-\varphi)}{\sin\varphi_n}(f_0-f_n)$$

与此类似,记

$$\frac{\overline{LM}}{\overline{LN}}=\frac{1-\cos(\varphi_n-\varphi)}{1-\cos\varphi_n}\equiv\mu(\varphi)$$

$$\overline{MM'}=e_0+\mu(e_n-e_0)$$

$$q_x=e_0+\frac{1-\cos(\varphi_n-\varphi)}{1-\cos\varphi_n}(e_n-e_0)$$

则有

$$\begin{cases}q_y=f_0+\dfrac{\sin(\varphi_n-\varphi)}{\sin\varphi_n}(f_n-f_0)\\q_x=e_0+\dfrac{1-\cos(\varphi_n-\varphi)}{1-\cos\varphi_n}(e_n-e_0)\end{cases}\tag{2}$$

(2) 圆拱的厚度公式.

拱的厚度 d,一般沿轴线连续变化,且经常是拱顶处 d_0 最小,拱脚处 d_n 最大(图 4). 因此,可以给出二次曲线的近似式

$$d=d_0+\frac{(\varphi_n-\varphi)^2}{\varphi_n^2}(d_n-d_0)\tag{3}$$

也可以给出 d 的精确一些的表示式,见图 4. 设拱轴线是半径为 R 的圆弧,内轮廓线是半径为 r 的圆弧(这里

沿用习惯记法，以大写 R 记轴线半径)，外轮廓线一般加厚一倍. 此时，外轮廓线已不是圆弧，厚度 d 可按下述公式计算

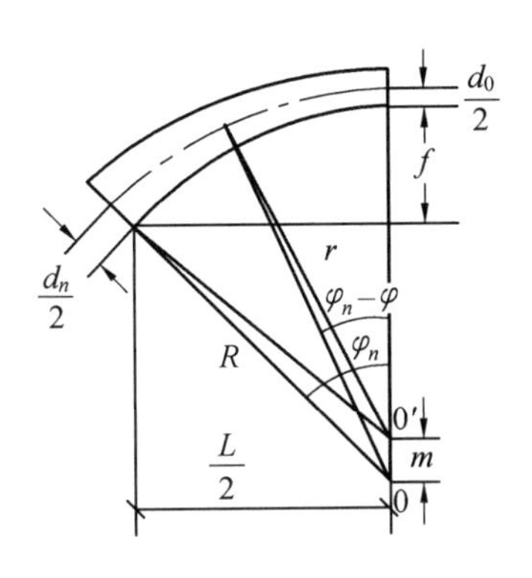

图 4

$$d=2[R-m\cos(\varphi_n-\varphi)-\sqrt{r^2-m^2\sin(\varphi_n-\varphi)}]\tag{4}$$

在实践中，一般矢高 f 和跨度 L 尺寸既定，要求由此二数据出发，加上两处厚度值 d_0 与 d_n，来定出 R，φ_n，r，d 的尺寸. 对此可采用公式

$$\begin{cases} r=\dfrac{L^2}{8f}+\dfrac{f}{2} \\ m=\dfrac{0.5\Delta d(r-0.25\Delta d)}{f-0.5\Delta d} \quad (\Delta d=d_n-d_0) \\ R=r+m+0.5d_0 \\ \sin\varphi_n=\dfrac{0.5L}{R-0.5d_n} \quad \left(\varphi_n=\sin^{-1}\left(\dfrac{0.5L}{R-0.5d_n}\right)\right) \end{cases}\tag{5}$$

上面公式的推导见[1]，此处不再叙述. 式(1) 及式(3) 系由张维嶽同志提出.

我们使用两种厚度公式(3) 与(4) 来计算,结果相近.因而可选用其中任一个.

(3) 关于全衬砌的计算.

所谓全衬砌,系指包括曲拱和边墙两部分构成的衬砌(图 5).此时应分曲拱与直墙两种不同情形.设直墙高 l_1,曲拱长 $l_2=r\varphi_n$,直墙分成 m_1 等分,曲拱分成 m_2 等分,于是步长

$$\delta=\begin{cases}\dfrac{l_1}{m_1} & \text{(直墙部分)}\\[2ex] \dfrac{r\varphi_n}{m_2} & \text{(曲拱部分)}\end{cases}$$

图 5

一般在直墙部分,厚度 $d=d_m$ 为常数,而且 q_τ 一般为零(或计入自重),$q_n=q_x$.此时轴线曲率 k 等于零,故矩阵 $\boldsymbol{A}$ 的形式比较简单.

另外,由于拱轴线在直墙与曲拱的交接处有一折转,故在该点应引入连接条件.参考图 6,我们有

$$T+\mathrm{i}Q=\rho\mathrm{e}^{\mathrm{i}\varphi_1},T'+\mathrm{i}Q'=\rho\mathrm{e}^{\mathrm{i}\varphi}$$

$$T+\mathrm{i}Q=\rho\mathrm{e}^{\mathrm{i}\varphi_1}=\rho\mathrm{e}^{\mathrm{i}\varphi}\mathrm{e}^{\mathrm{i}(\varphi_1-\varphi)}=\mathrm{e}^{\mathrm{i}\theta}(T'+\mathrm{i}Q')=$$
$$(\cos\theta+\mathrm{i}\sin\theta)(T'+\mathrm{i}Q')$$

因 $$\theta=\frac{1}{2}\pi-\varphi_n$$

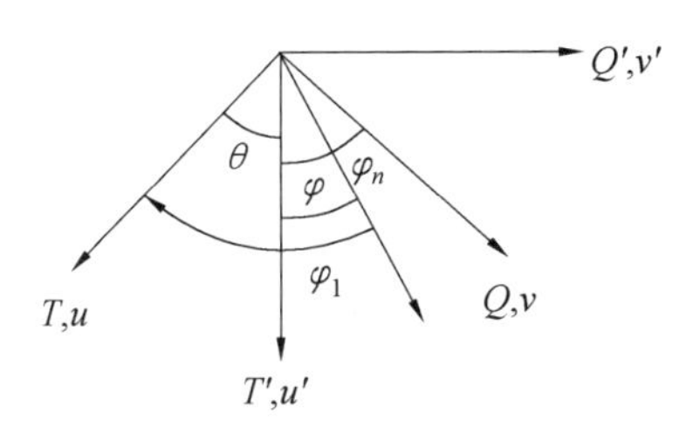

图 6

故

$$\begin{pmatrix} T \\ Q \end{pmatrix} = \begin{pmatrix} \cos\theta & -\sin\theta \\ \sin\theta & \cos\theta \end{pmatrix} \begin{pmatrix} T' \\ Q' \end{pmatrix} = \begin{bmatrix} \sin\varphi_n & -\cos\varphi_n \\ \cos\varphi_n & \sin\varphi_n \end{bmatrix} \begin{pmatrix} T' \\ Q' \end{pmatrix}$$

同样

$$\begin{pmatrix} u \\ v \end{pmatrix} = \begin{bmatrix} \sin\varphi_n & -\cos\varphi_n \\ \cos\varphi_n & \sin\varphi_n \end{bmatrix} \begin{pmatrix} u' \\ v' \end{pmatrix}$$

弯矩与转角不变，写成合并形式，即

$$X_a = C_1 X_{a'} \tag{6}$$

a 表示曲拱上的点，a' 表示视为直墙上的点，而

$$\boldsymbol{C}_1 = \begin{bmatrix} \sin\varphi_n & -\cos\varphi_n & 0 & 0 & 0 & 0 \\ \cos\varphi_n & \sin\varphi_n & 0 & 0 & 0 & 0 \\ 0 & 0 & 1 & 0 & 0 & 0 \\ 0 & 0 & 0 & \sin\varphi_n & -\cos\varphi_n & 0 \\ 0 & 0 & 0 & \cos\varphi_n & \sin\varphi_n & 0 \\ 0 & 0 & 0 & 0 & 0 & 1 \end{bmatrix}$$

(6)*

这样，在应用初参数法计算时，除开应区分两部分的矩阵$\boldsymbol{A}$，$\boldsymbol{P}$不同外，在递推求$\overline{D}$，$\overline{F}$及x_i时都应插入点

a' 到点 a 的转换式(6),亦即(图 7)

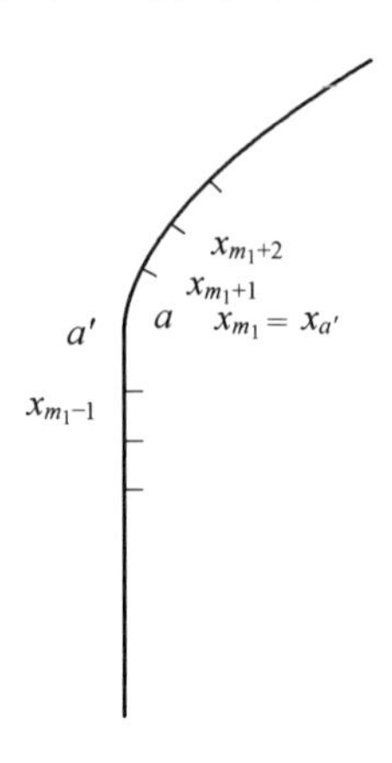

图 7

$$X_{i+1} = G_i X_i + H_i \delta \quad (i = 0, 1, \cdots, m_1 - 1)$$

$$X_a = C_1 X_{a'} = C_1 X_{m_1}$$

$$X_{m_1+1} = G_{m_1} X_a + H_{m_1} \delta = G_{m_1} C_1 X_{m_1} + H_{m_1} \delta$$

然后继续用

$$X_{i+1} = G_i X_i + H_i \delta \quad (i = m_1 + 1, \cdots, m_1 + m_2 - 1)$$

在递推求 $\overline{D}$ 时也一样,于是

$$D^{(i+1)} = G_i D^{(i)} \quad (i = 0, 1, \cdots, m_1 - 1)$$

$$D^{(m_1+1)} = G_{m_1} C_1 D^{(m_1)}$$

$$D^{(i+1)} = G_i D^{(i)} \quad (i = m_1 + 1, \cdots, m_1 + m_2 - 1)$$

求 $\overline{F}$ 的递推式不变.

在三心圆拱时,因两个圆弧在衔接处是光滑连接的(即具有同一切线方向),拱轴线没有折转,从而无须变动 X_i;在递推计算时,无须另外插入变化,只需注意在不同半径的圆弧上,矩阵的参数量不同即可.

这里附带提到的是,现有方法,在直墙部分恒取

$h(v)=1$，亦即不论变形 v 方向如何，都计入抗力. 这相当于把直墙看成是弹性地基上的直梁. 由于在直墙部分，位移比较小，这种近似是可以采用的. 若按此处理方式编制程序，则抗力分布只需沿曲拱给出. 检验两次抗力分布是否一致，也只需就拱体上检查即可.

(4) 矩阵 $\boldsymbol{A}$ 中诸元量级的均匀化.

矩阵 $\boldsymbol{A}$

$$\boldsymbol{A}=\begin{pmatrix} 0 & -k & 0 & 0 & 0 & 0 \\ k & 0 & 0 & 0 & hK & 0 \\ 0 & -1 & 0 & 0 & 0 & 0 \\ \dfrac{1}{EF} & 0 & 0 & 0 & -k & 0 \\ 0 & 0 & 0 & k & 0 & 1 \\ 0 & 0 & \dfrac{1}{EJ} & 0 & 0 & 0 \end{pmatrix}$$

包含 hK 及 $\dfrac{1}{EF}$ 两项，量级相差较大 $\left(\dfrac{\alpha}{GF}\text{ 项略去}\right)$. 例如 $d=1\ \mathrm{m}$，$K=0.25\times10^{5}$，$E=0.15\times10^{7}$，则 $\dfrac{1}{EF}$ 的量级为 10^{-6}，而 hK 的量级为 $10^{4}-10^{5}$. 两者相差相当大，于计算不利. 因此，在数值计算时，建议用 $\dfrac{\mathrm{d}\overline{\boldsymbol{X}}}{\mathrm{d}s}=\overline{\boldsymbol{A}}\overline{\boldsymbol{X}}+P$ 代替原来的 $\dfrac{\mathrm{d}\boldsymbol{X}}{\mathrm{d}s}=AX+P$. 其中

$$\boldsymbol{X}=\begin{pmatrix} Y \\ EZ \end{pmatrix}=\begin{pmatrix} T \\ Q \\ M \\ Eu \\ Ev \\ E\psi \end{pmatrix}$$

$$\bar{\boldsymbol{A}}=\begin{pmatrix}0 & -k & 0 & 0 & 0 & 0\\ k & 0 & 0 & 0 & \dfrac{hK}{E} & 0\\ 0 & -1 & 0 & 0 & 0 & 0\\ \dfrac{1}{F} & 0 & 0 & 0 & -k & 0\\ 0 & 0 & 0 & k & 0 & 1\\ 0 & 0 & \dfrac{1}{J} & 0 & 0 & 0\end{pmatrix}=$$

$$\begin{pmatrix}\boldsymbol{I} & 0\\ 0 & E\boldsymbol{I}\end{pmatrix}A\begin{pmatrix}\boldsymbol{I} & 0\\ 0 & \dfrac{1}{E}\boldsymbol{I}\end{pmatrix}$$

($\boldsymbol{I}$ 表示三阶单位方阵). 此时矩阵 $\bar{\boldsymbol{A}}$ 中诸元量级比较均匀,而且解出的 $\bar{Z}\equiv EZ$ 也大致与 Y 量级相近. 须注意的是,在输出结果时,应恢复原来的 Y,Z,即将解出 $\bar{Z}$ 除以 E 后再输出打印.

(5) 弹性支承边界条件在两端点处不同的表示形式.

当拱上荷载不对称时,需就整个衬砌求解,此时须注意在衬砌两端,同类边界条件的数字形式有时不同. 一般来说,只需将反对称量 u,ψ 及 Q 变号(在荷载 q_τ 情形,若自变量 φ 连续增加 δ,而到拱的右半侧,则它自动变号,不需另置以负号).

在计算中,除了前面介绍的几种简单边界条件外,还会遇到弹性支承边界. 它的各种表示式系由张维嶽、韦承基等同志提出.

(ⅰ) 只考虑切向及弯矩的弹性支承,即在拱的左端边界为

$$T=K_2 d_n u, M=K_2 J_n \psi, v=0$$

此处 K_2 为边界处弹性压缩系数，一般与 K_1 不同；d_n 仍表拱脚处厚度，$J_n=\frac{1}{12}d_n^3$.

(ⅱ) 两个方向的弹性支承边界（不计直墙情形，此时边界在曲拱的两端点），其形式为

$$\begin{cases}T\sin\varphi_n+Q\cos\varphi_n=(u\sin\varphi_n+v\cos\varphi_n)K_2d_n\sin\varphi_n\\ T\cos\varphi_n-Q\sin\varphi_n=(u\cos\varphi_n-v\sin\varphi_n)K_2d_n\cos\varphi_n\\ M=K_2J_n\psi\end{cases}$$

记 $K'_2=\frac{K_2}{E}$，则可将上面两种弹性边界写成如下矩阵形式

$$C_1\bar{\boldsymbol{X}}_{左}=0,C_2\bar{\boldsymbol{X}}_{右}=0$$

此处 $\bar{\boldsymbol{X}}=(Y,EZ)^{\mathrm{T}}$，与前述相同.

在边界(ⅰ)情形

$$\boldsymbol{C}_i=\begin{pmatrix}1&0&0&\mp K'_2d_n&0&0\\0&0&1&0&0&\mp K'_2J_n\\0&0&0&0&1&0\end{pmatrix}$$

其中 K'_2d_n 前面的符号"－"与"＋"分别表示左端($i=1$)和右端($i=2$). 余同.

在边界(ⅱ)情形

$$\boldsymbol{C}_i=\begin{pmatrix}\sin\varphi_n&\pm\cos\varphi_n&0&\mp K'_2d_n\sin^2\varphi_n&-\frac{1}{2}K'_2d_n\sin2\varphi_n&0\\ \cos\varphi_n&\mp\sin\varphi_n&0&\mp K'_2d_n\cos^2\varphi_n&\frac{1}{2}K'_2d_n\sin2\varphi_n&0\\ 0&0&1&0&0&\mp K'_2J_n\end{pmatrix}$$

我们就边界(ⅱ)情形，加以说明(图 8). 记 $d_x=d_n\sin\varphi_n$，$d_y=d_n\cos\varphi_n$ 各为截面 d_n 在 x，y 方向的投影

面积,又记 x_0 为位移 u,v 在 x 方向的投影,y_0 为位移在 y 方向的投影.

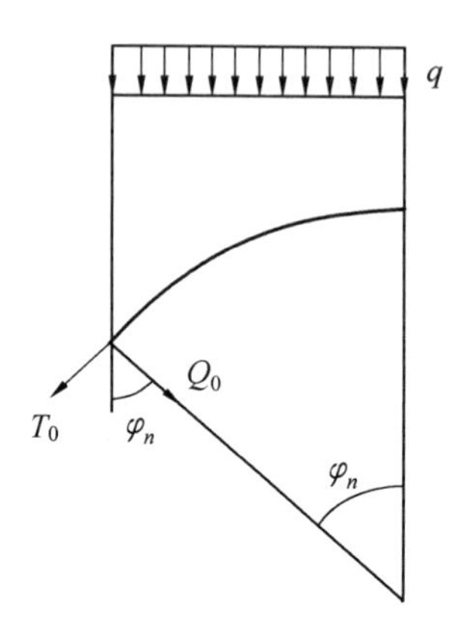

图 8

由 x 方向的力平衡得

$$T\cos\varphi_n - Q\sin\varphi_n = x_0(d_y K_2)$$

由 y 方向的力平衡得

$$T\sin\varphi_n + Q\cos\varphi_n = y_0(d_x K_2)$$

而

$$x_0 = u_0\cos\varphi_n - v_0\sin\varphi_n, y_0 = u_0\sin\varphi_n + v_0\cos\varphi_n$$

将此两式代入前两式,即得左端的双向弹性边界条件的表式.

(6) 程序正确性的几点校核.

为了校核程度是否正确,可以通过几个途径.主要是考察解出的诸曲线是否符合规律,还可以取一组不加抗力、尺寸简单的结构,手算与机器算相比较.另外还可以用调试程序试算等.除去这些一般性的检查方法外,也可以用下面几种方法予以校核.

(ⅰ) 对称性考察.

当荷载对称，两端边界条件同类型时，计算结果应该对称. 具体来说，右半部的 T 与左半部（关于中心线为轴对称）的 T 相等

$$T_{左} = T_{右} \quad (即\ T_i = T_{m-i})$$

另有

$$M_{左} = M_{右}, v_{左} = v_{右}$$

对于反对称变量，则分别变号

$$Q_{左} = -Q_{右}, u_{左} = -u_{右}, v_{左} = -v_{右}$$

特别在拱顶处，反对称量均取零值

$$Q = 0, u = 0, v = 0$$

在程序无误时，上述对称等式两边的数值可相同到最后一位小数，而在程序有误时，或者对称的数位符合较少，或者甚至完全相异.

（ⅱ）初参数中，求解 X_K 实际上沿轴线走了二遍，第一遍求出 $D^{(i)}$，$F^{(i)}$，第二遍再从 X_0 求出 X_m. 此递推算出的 x_m 应很好地满足右端的边界条件.

（ⅲ）校核公式（图 9）.

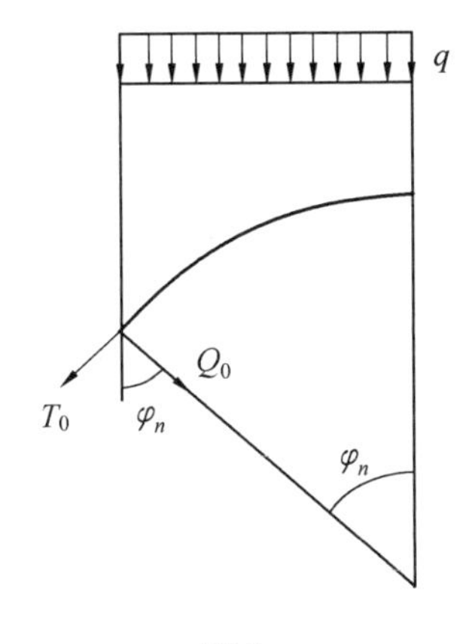

图 9

取 $q_x=0, q_y=q$，在不加抗力且结构是对称的情形，考虑左半拱的垂直方向的力平衡，即得

$$T_0\sin\varphi_n+Q_0\cos\varphi_n+qr\sin\varphi_n=0$$

若以 L 记拱的跨度，上式化为

$$T_0\sin\varphi_n+Q_0\cos\varphi_n=-\frac{1}{2}Lq$$

此式可以用来校核初始量 X_0 的正确程度.

(ⅳ) 解曲线之一 —— 轴力的考察.

我们在大批计算中观察到，衬砌轴力有两个特点，一是只出现推力($T<0$)，且绝对值 $|T|$ 从拱顶向拱脚渐增；二是当边界条件变化时，T 的变化相对于 Q，M 等很小. 这两特点可以用来考察程序的正确性.

我们还曾就一类简单边界的地面拱情形，得到轴力估计式

$$rq\varphi_n\cot\varphi_n<|T(\varphi_n)|<rq \tag{7}$$

在相当广泛的条件下成立，此处 r 为轴线半径，$q=q_x(q_y=0)$. 由此式引出轴力的近似估计式

$$|T(\varphi_n)|\approx\frac{1}{2}rq(1+\varphi_n\cot\varphi_n) \tag{8}$$

由于上述特点之二，此式也可作为其他边界条件下 T 的经验估计式. 作为例子，取 $\varphi_n=0.995\ 589$，$d(\varphi_n)=3$，$d(0)=3.5$，$R=26.421\ 5$(米)，$q=140$(吨). 由上面估计式得到 $|T(\varphi_n)|=0.302\ 571\times10^4$，而简支边界下求得的数值解为 $|T(\varphi_n)|=0.286\ 449\times10^4$，两值相当接近.

上述估式(7) 的推导涉及地面拱的讨论，此处不再叙述了.

参 考 文 献

[1] 铁路专业设计院标准设计管理处. 整体式隧道衬砌[M]. 北京:人民铁道出版社,1965.

三阶线性变系数方程初边值问题的差分方程

第16章

§1 引言

土体固结问题是土力学中的一个重要问题,对于河川和海港水工建筑物以及水电站,工业与运输结构物的建造具有重要意义. 1957 年 B. A. Флорин 采用 H. X. Арутюнян 的蠕变公式,在某些简化假设的基础上导出了考虑到土骨架蠕变的一维固结问题,并利用分离变量法解决了线性常系数方程具有特殊边值初值条件的一维固结问题[1]. 在文[2]中,我们曾经指出,对于多维固结方程的初边值问题,当所考察的区域 G 的边界不规则或方程的系数 a,b 不是常数,以及非线性方程的固结问题,已经不能用分离变量法来求解,而必须利用差分方法或有限元方法来求解. 本章讨论一般的线性变系数方程的一维固结问题的差分解法.

注　本章是大连理工大学唐焕文教授 1983 年发表在《大连工学院学报》上的一篇论文.

§2　一维固结问题的差分格式

考虑到土骨架蠕变的一维固结问题,在某些简化假设下,可以归结为求解如下的一个三阶线性变系数偏微分方程的初边值问题[1,3,4]

(Ⅰ)

$$\begin{cases} \dfrac{\partial u}{\partial t}=a(x,t)\dfrac{\partial^2 u}{\partial x^2}+ \\ \qquad b(x,t)\dfrac{\partial^3 u}{\partial t\partial x^2}\quad(t>0,0<x<h) & (1) \\ \left(\alpha\dfrac{\partial^2 u}{\partial x^2}-\beta u\right)\Big|_{t=0}=\varphi(x)\quad(0\leqslant x\leqslant h) & (2) \end{cases}$$

$$\begin{cases} \left(\sigma_1 u+\delta_1\dfrac{\partial u}{\partial x}\right)\Big|_{x=0}=\mu_1(t)\quad(t\geqslant 0) & (3) \\ \left(\sigma_2 u+\delta_2\dfrac{\partial u}{\partial x}\right)\Big|_{x=h}=\mu_2(t)\quad(t\geqslant 0) & (4) \end{cases}$$

我们称它为固结问题(Ⅰ). 其中 $\alpha,\beta,\sigma_i,\delta_i,i=1,2$ 均为常数,且 $\alpha^2+\beta^2\neq 0,\sigma_i^2+\delta_i^2\neq 0,i=1,2$. $a=a(x,t)>0,b=b(x,t)\geqslant 0,\varphi(x),\mu_1(t),\mu_2(t)$ 为适当光滑的函数,并且 $\varphi(x),\mu_1(x),\mu_2(t)$ 满足边界连接条件.

下面来研究一维固结问题(Ⅰ)的差分解法. 因为边界条件的具体形式与分析问题无关[5],为了讨论的方便,不妨设初边值条件为

$$u\,|_{t=0}=\varphi(x)\quad(0\leqslant x\leqslant h)\tag{5}$$

$$u\,|_{x=0}=u\,|_{x=h}=0\quad(t\geqslant 0)\tag{6}$$

用 G 表示矩形区域$\{0<x<h,0<t\leqslant T\}$,用$\overline{G}$表示 G 的闭包,$\overline{G}=\{(x,t)\mid 0\leqslant t\leqslant T,0\leqslant x\leqslant h\}$,设给定的步长为 $\Delta t=\frac{T}{L}$,$\Delta x=\frac{h}{N}$,其中 L,N 为正整数. 用 $\overline{G}_h$ 表示由 $\overline{G}$ 导出的网域

$$\overline{G}_h=\{(i\Delta x,n\Delta t)\mid i=0,1,\cdots,N;n=0,1,\cdots,L\}$$

设 $u(i\Delta x,n\Delta t)=u_i^n$ 为定义在$\overline{G}_h$ 上的网格函数. 引入记号

$$(\delta^2 u)_j^n=u_{j+1}^n-2u_j^n+u_{j-1}^n$$

为了求解固结问题(Ⅰ),我们给出如下的较一般的差分格式

$$\frac{u_j^{n+1}-u_j^n}{\Delta t}=$$

$$a_j^n\frac{\vartheta_1(\delta^2 u)_j^{n+1}+(1-\vartheta_1)(\delta^2 u)_j^n}{(\Delta x)^2}+$$

$$b_j^n\frac{\vartheta_2[(\delta^2 u)_j^{n+1}-(\delta^2 u)_j^n]+(1-\vartheta_2)[(\delta^2 u)_j^n-(\delta^2 u)_j^{n=1}]}{\Delta t(\Delta x)^2} \tag{7}$$

其中

$$a_j^n=a(j\Delta x,n\Delta t)>0$$

$$b_j^n=b(j\Delta x,n\Delta t)\geqslant 0$$

$$0\leqslant\vartheta_i\leqslant 1,i=1,2$$

$$u_j^0=\varphi(j\Delta x)=\varphi_j,j=0,1,\cdots,N \tag{8}$$

$$u_0^n=0,u_N^n=0,n=0,1,\cdots,L \tag{9}$$

1. 当 $\vartheta_1=0,\vartheta_2=1$ 时,我们得到如下的双层六点隐式差分格式

$$\frac{u_j^{n+1}-u_j^n}{\Delta t}=a_j^n\frac{(\delta^2 u)_j^n}{(\Delta x)^2}+b_j^n\frac{(\delta^2 u)_j^{n+1}-(\delta^2 u)_j^n}{\Delta t(\Delta x)^2}$$

其形象图见图 1.

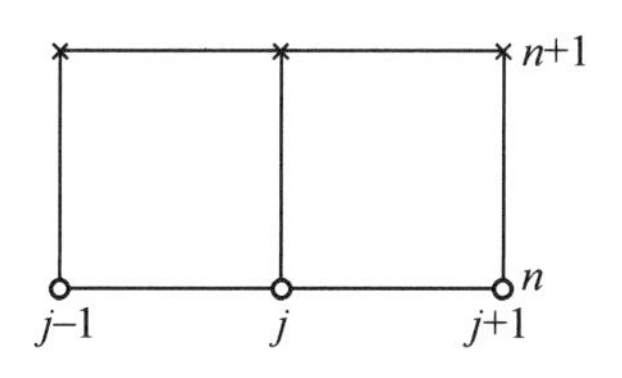

图 1

2. 当 $\vartheta_1=1,\vartheta_2=1$ 时,得到如下的双层六点隐式差分格式

$$\frac{u_j^{n+1}-u_j^n}{\Delta t}=a_j^n\,\frac{(\delta^2 u)_j^{n+1}}{(\Delta x)^2}+b_j^n\,\frac{(\delta^2 u)_j^{n+1}-(\delta^2 u)_j^n}{\Delta t(\Delta x)^2}$$

其形象图见图 2.

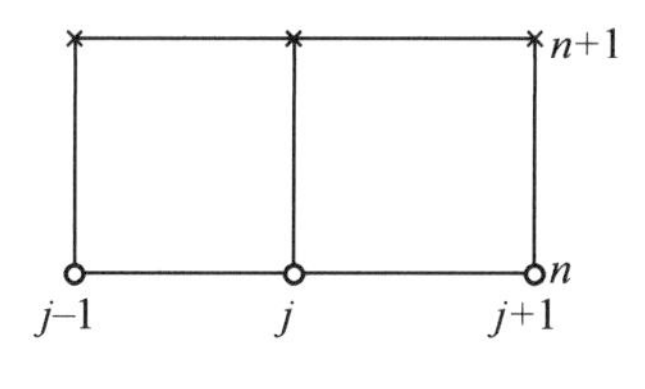

图 2

3. 当 $\vartheta_1=\frac{1}{2},\vartheta_2=1$ 时,得到如下的双层六点隐式差分格式

$$\frac{u_j^{n+1}-u_j^n}{\Delta t}=a_j^n\,\frac{(\delta^2 u)_j^{n+1}+(\delta^2 u)_j^n}{2(\Delta x)^2}+ b_j^n\,\frac{(\delta^2 u)_j^{n+1}-(\delta^2 u)_j^n}{\Delta t(\Delta x)^2}$$

4. 当 $\vartheta_1=\vartheta_2=0$ 时,得到如下的三层七点显式差分格式

$$\frac{u_j^{n+1}-u_j^n}{\Delta t}=a_j^n\,\frac{(\delta^2 u)_j^n}{(\Delta x)^2}+b_j^n\,\frac{(\delta^2 u)_j^n-(\delta^2 u)_j^{n-1}}{\Delta t(\Delta x)^2}$$

其形象图见图 3.

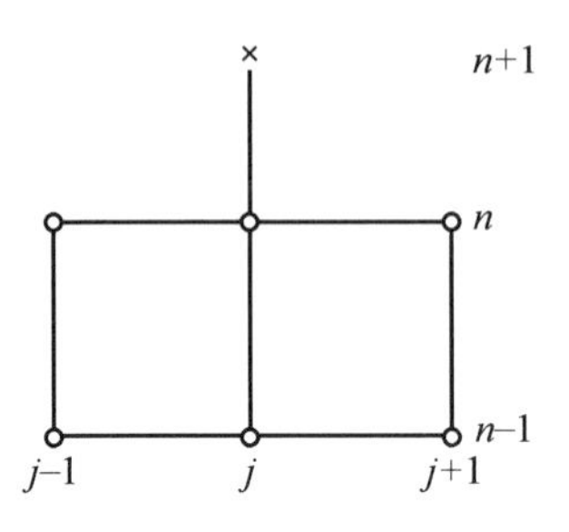

图 3

5. 当 $\vartheta_1=1,\vartheta_2=0$ 时得到如下的三层九点隐式差分格式

$$\frac{u_j^{n+1}-u_j^n}{\Delta t}=a_j^n\frac{(\delta^2u)_j^{n+1}}{(\Delta x)^2}+b_j^n\frac{(\delta^2u)_j^n-(\delta^2u)_j^{n-1}}{\Delta t(\Delta x)^2}$$

其形象图见图 4.

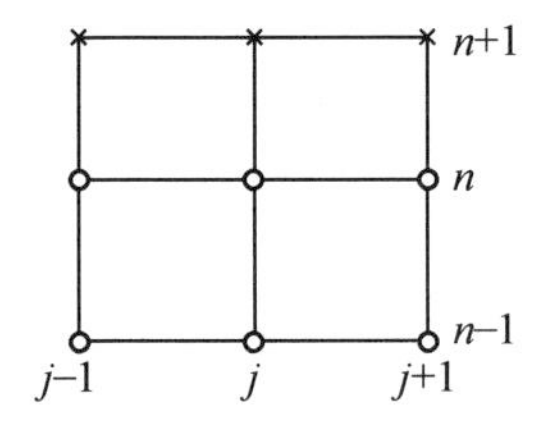

图 4

6. 当 $\vartheta_2=1$，而 $\vartheta_1\in[0,1]$ 时，就得到一般的双层六点隐式差分格式

$$\frac{u_j^{n+1}-u_j^n}{\Delta t}=a_j^n\frac{\vartheta_1(\delta^2u)_j^{n+1}+(1-\vartheta_1)(\delta^2u)_j^n}{(\Delta x)^2}+b_j^n\frac{(\delta^2u)_j^{n+1}-(\delta^2u)_j^n}{\Delta t(\Delta x)^2}\tag{10}$$

显然，差分格式 1，2，3 均为 6 的特殊情况.

由于三层差分格式在计算时需要保留两个时间层（$n-1$ 层和 n 层）的数据，而且需要另外的方式启步，即首先需由 $n=0$ 层推算出 $n=1$ 层的数据，然后才能使用三层的差分格式继续进行计算. 因此，在实际应用时，一般多采用双层差分格式. 所以下面着重讨论双层差分格式(10).

§3　差分格式的稳定性

下面来讨论 §2 一般的双层六点隐式差分格式(10) 的稳定性条件，令

$$u_j^n=\sum_k V^n(k)\mathrm{e}^{\mathrm{i}kj\Delta x} \tag{1}$$

代入 §2(10) 可得

$$V^{n+1}(k)-V^n(k)=$$

$$\frac{2a_j^n\Delta t}{(\Delta x)^2}(\cos k\Delta x-1)[\vartheta_1V^{n+1}(k)+(1-\vartheta_1)V^n(k)]+$$

$$\frac{2b_j^n}{(\Delta x)^2}(\cos k\Delta x-1)[V^{n+1}(k)-V^n(k)]$$

令

$$\frac{2a_j^n\Delta t}{(\Delta x)^2}=\alpha,\frac{2b_j^n}{(\Delta x)^2}=\beta,M=1-\cos k\Delta x$$

显然有

$$\alpha>0,\beta\geqslant 0,M\geqslant 0$$

且上式成为

$$V^{n+1}(k)-V^n(k)=$$

$$-\alpha M[\vartheta_1V^{n+1}(k)+(1-\vartheta_1)V^n(k)]+$$

$$\beta M[V^n(k)-V^{n+1}(k)]$$

解出 $V^{n+1}(k)$ 得

$$V^{n+1}(k)=\frac{1-\alpha M(1-\vartheta_1)+\beta M}{1+\alpha M\vartheta_1+\beta M}V^n(k) \tag{2}$$

所以增长因子为

$$G(k,\Delta t)=\frac{1-\alpha M(1-\vartheta_1)+\beta M}{1+\alpha M\vartheta_1+\beta M}= 1-\frac{\alpha M}{1+\alpha M\vartheta_1+\beta M} \tag{3}$$

显然有 $G(k,\Delta t)\leqslant 1$,而要 $-1\leqslant G(k,\Delta t)$,相当于

$$\frac{\alpha M}{1+\alpha M\vartheta_1+\beta M}\leqslant 2$$

即
$$\alpha M(1-2\vartheta_1)\leqslant 2(1+\beta M) \tag{4}$$

1. 当 $\frac{1}{2}\leqslant\vartheta_1\leqslant 1$ 时,(4) 显然成立,因此由[6,7]知:此时 §2 差分格式(10) 是无条件稳定的.

2. 当 $\vartheta_1=0$ 时,(4) 成为 $\alpha M\leqslant 2(1+\beta M)$ 或 $\alpha M\left(1-\frac{2\beta}{\alpha}\right)\leqslant 2$.

(1) 若 $1-\frac{2\beta}{\alpha}\leqslant 0$,则 §2 差分格式(10) 是稳定的.

(2) 若 $1-\frac{2\beta}{\alpha}>0$,注意到 $\frac{\beta}{\alpha}=\frac{b_j^n}{a_j^n\Delta t}$,则上式又可改写为 $\alpha M\leqslant\frac{2}{1-\frac{2b_j^n}{a_j^n\Delta t}}$,因此只要 $\alpha\leqslant\frac{1}{1-\frac{2b_j^n}{a_j^n\Delta t}}$,就可保证(4) 成立.

因此,当

$$\frac{a_0\Delta t}{(\Delta x)^2}\leqslant\frac{1}{2\left(1-\frac{2b_0}{a_0\Delta t}\right)} \tag{5}$$

时,§2 差分格式(10) 是稳定的.

其中

$$a_0 = \max a(x,t),(x,t) \in \bar{G}$$

$$b_0 = \min b(x,t),(x,t) \in \bar{G}$$

3. 当 $0 < \vartheta_1 < \frac{1}{2}$ 时，(4) 可改写为

$$\alpha M\left(1-2\left(\vartheta_1+\frac{\beta}{\alpha}\right)\right) \leqslant 2.$$

(1) 若 $1-2\left(\vartheta_1+\frac{\beta}{\alpha}\right) \leqslant 0$，则上式显然成立，因此 §2 差分格式(10) 是稳定的.

(2) 若 $1-2\left(\vartheta_1+\frac{\beta}{\alpha}\right) > 0$，注意到 $\frac{\beta}{\alpha} = \frac{b_j^n}{a_j^n \Delta t}$，因此，当

$$\frac{a_0 \Delta t}{(\Delta x)^2} \leqslant \frac{1}{2\left[1-2\left(\vartheta_1+\frac{b_0}{a_0 \Delta t}\right)\right]} \tag{7}$$

时，§2 差分格式(10) 是稳定的.

由上述可见：系数 $b(x,t)$(它反映了考虑土骨架蠕变的影响) 的大小及是否为零，对差分格式的稳定性有重要影响. 当 $b(x,t)=0$ 时，固结问题(Ⅰ) 退化为热传导方程的初边值问题，上述关于稳定性条件的结论与文献[6,7] 中关于热传导方程初边值问题的差分格式的稳定性条件是相符的.

§4　截断误差与相容性

下面我们来讨论用 §2 差分方程(10) 代替 §2 偏微分方程(1) 的截断误差 $e[u]$.

因为

$$e[u]=\frac{u_j^{n+1}-u_j^n}{\Delta t}-\frac{a_j^n}{(\Delta x)^2}[\vartheta_1(\delta^2u)_j^{n+1}+(1-\vartheta_1)(\delta^2u)_j^n]-\frac{b_j^n}{\Delta t(\Delta x)^2}[(\delta^2u)_j^{n+1}-(\delta^2u)_j^n]-\left[\frac{\partial u}{\partial t}-a\frac{\partial^2u}{\partial x^2}-b\frac{\partial^3u}{\partial t\partial x^2}\right]_j^n \tag{1}$$

利用 Taylor 公式可得

$$\frac{u_{j+1}^n-u_j^n}{\Delta t}=\left(\frac{\partial u}{\partial t}\right)_j^n+\frac{\Delta t}{2}\left(\frac{\partial^2u}{\partial t^2}\right)_j^{n+\xi_1} \tag{2}$$

$$(\delta^2u)_j^{n+1}=(\Delta x)^2\left(\frac{\partial^2u}{\partial x^2}\right)_j^{n+1}+\frac{1}{12}(\Delta x)^4\left(\frac{\partial^4u}{\partial x^4}\right)_j^{n+1}+\frac{(\Delta x)^5}{120}\left[\left(\frac{\partial^5u}{\partial x^5}\right)_{j+\xi_2}^{n+1}-\left(\frac{\partial^5u}{\partial x^5}\right)_{j+\xi_3}^{n+1}\right] \tag{3}$$

$$(\delta^2u)_j^n=(\Delta x)^2\left(\frac{\partial^2u}{\partial x^2}\right)_j^n+\frac{(\Delta x)^4}{12}\left(\frac{\partial^4u}{\partial x^4}\right)_j^n+\frac{(\Delta x)^5}{120}\left[\left(\frac{\partial^5u}{\partial x^5}\right)_{j+\xi_4}^n-\left(\frac{\partial^5u}{\partial x^5}\right)_{j+\xi_5}^n\right] \tag{4}$$

$$\left(\frac{\partial^2u}{\partial x^2}\right)_j^{n+1}=\left(\frac{\partial^2u}{\partial x^2}\right)_j^n+\Delta t\left(\frac{\partial^3u}{\partial t\partial x^2}\right)_j^n+\frac{(\Delta t)^2}{2}\left(\frac{\partial^4u}{\partial t^2\partial x^2}\right)_j^{n+\xi_6} \tag{5}$$

$$\left(\frac{\partial^4u}{\partial x^4}\right)_j^{n+1}=\left(\frac{\partial^4u}{\partial x^4}\right)_j^n+\Delta t\left(\frac{\partial^5u}{\partial t\partial x^4}\right)_j^{n+\xi_7} \tag{6}$$

其中 $\xi_i\in[0,1],i=1,2,\cdots,7$.

将(2)～(6)代入(1)可得

$$e[u]=o(\Delta t)+o[(\Delta x)^2] \tag{7}$$

由上述可知：只要 $u \in C^5$，则当 $\Delta t, \Delta x \to 0$ 时，就有 $e[u] \to 0$，所以相容性条件成立.

§ 5　隐式差分方程的解法

下面来讨论 § 2 给出的一般的双层六点隐式差分格式(8) ～ (10) 的解法.

§ 2 差分格式(10) 可以改写为

$$-a_j u_{j+1}^{n+1} + b_j u_j^{n+1} - a_j u_{j-1}^{n+1} = d_j, j = 1, 2, \cdots, N-1 \tag{1}$$

其中

$$a_j = \vartheta_1 \frac{a_j^n \Delta t}{(\Delta x)^2} + \frac{b_j^n}{(\Delta x)^2}, b_j = 2a_j + 1 \tag{2}$$

$$d_j = u_j^n + (1-\vartheta_1) \frac{a_j^n \Delta t}{(\Delta x)^2} (\delta^2 u)_j^n - \frac{b_j^n}{(\Delta x)^2} (\delta^2 u)_j^n \tag{3}$$

由 § 2 式(8) 可算出 $n=0$ 层的网格函数值

$$u_j^0 = \varphi_j, j = 0, 1, \cdots, N$$

因此，在迭代计算过程中，式(1) 中的 a_j, b_j 和 d_j 相对于第 $n+1$ 层来说可认为是已知量. 考虑到 § 2 式(9)，于是有

$$u_0^{n+1} = 0, u_N^{n+1} = 0 \tag{4}$$

这样求解 § 2 隐式差分格式(8) ～ (10) 就等价于求解线性方程组(1)(4). 而 a_j, b_j, d_j 为已知量，它们由(2) 和(3) 确定. 容易看出：线性方程组(1)(4) 是一个系数阵为三对角的带状对称矩阵，可以用追赶法来求解[8].

写出式(1) 中的第一个方程，并注意到 $u_0^{n+1} = 0$，就

有

$$-a_1u_2^{n+1}+b_1u_1^{n+1}=d_1 \tag{5}$$

解出 u_1^{n+1},得

$$u_1^{n+1}=\beta_1u_2^{n+1}+v_1 \tag{6}$$

其中

$$\beta_1=\frac{a_1}{b_1},v_1=\frac{d_1}{b_1} \tag{7}$$

将(6)代入(1)的第二个方程 $-a_2u_3^{n+1}+b_2u_2^{n+1}-a_2u_1^{n+1}=d_2$ 中,消去 u_1^{n+1},可得

$$u_2^{n+1}=\frac{a_2u_3^{n+1}}{b_2-a_2\beta_1}+\frac{d_2+a_2v_1}{b_2-a_2\beta}$$

令

$$\beta_2=\frac{a_2}{b_2-a_2\beta_1},v_2=\frac{d_2+a_2v_1}{b_2-a_2\beta} \tag{8}$$

则得

$$u_2^{n+1}=\beta_2u_3^{n+1}+v_2 \tag{9}$$

然后将(9)代入(1)的第三方程,消去 u_2^{n+1},如此继续下去,利用数学归纳法易证下述的一般结果

$$\beta_k=\frac{a_k}{b_k-a_k\beta_{k-1}},\beta_0=0,k=1,2,\cdots,N-1 \tag{10}$$

$$v_k=\frac{d_k+a_kv_{k-1}}{b_k-a_k\beta_{k-1}},v_0=0,k=1,2,\cdots,N-1 \tag{11}$$

$$u_j^{n+1}=\beta_ju_{j+1}^{n+1}+v_j,u_N^{n+1}=0,j=N-1,N-2,\cdots,1$$

这就是用追赶法求解线性方程组(1)(4)的迭代计算的公式,这是一组递推公式,计算方便,计算量也比较小,因而是比较实用的.

参考文献

[1] ФЛОРИН В А. 考虑到蠕动的饱和土的单向压实

问题[C] // 崔托维奇 H A. 致第四届国际土力学及基础工程会议论文集. 北京:地质出版社,1959.
[2] 唐焕文. 关于考虑到土骨架蠕变的三维轴对称固结问题的一个解答[J]. 水利学报,1980(5):59-63.
[3] 徐志英. 考虑到土骨架蠕变的三向固结理论[J]. 水利学报,1964(4):39-46.
[4] ФЛОРИН B A. 土力学原理:第二卷[M]. 北京:中国建筑工业出版社,1973.
[5] 清华大学、北京大学《计算方法》编写组. 计算方法:下[M]. 北京:科学出版社,1980.
[6] RICHTMYER R D,MORTON K W. Difference Methods for Initial Value Problems[M]. 2nd ed. America:John Wiley&Sons,Inc. ,1967.
[7] 冯康,等. 数值计算方法[M]. 北京:国防工业出版社,1978.
[8] 李荣华,冯果枕. 偏微分方程数值解法[M]. 北京:人民教育出版社,1980.

差分方程在其他领域的应用

第17章

§1　代数几何的领域的应用

例1　设 X 是一个紧致解析流形①. 若 L 是 X 上的一个(解析)直线丛,则以 $[L]$ 表示 L 的等价类. 直线丛的等价类有"加法"运算:两个直线丛 L, L' 的纤维积的等价类 $[L\times XL']$ 记作 $[L]+[L']$. 这种加法满足交换律、结合律;平庸直线丛 $[O_X]$ 起着加法中"0"的作用. 任何直线丛 L 都有"对偶直线丛"$\hat{L}$,使得 $[L]+[\hat{L}]=[O_X]$. 一言以蔽之:"直线丛的等价类组成一个阿贝尔群."

设 X 是一个阿贝尔群(即紧致连通代数群),n_X 为"乘以 n"同态. 对 X 上的任一直线丛 L,记 $L_n=n_X^*L$. 由"立方公式",有

① 不了解纤维丛的读者可以略过这此定义而直接看后面的内容.

$$\begin{cases}[L_{n+2}]-[2L_{n+1}]+[L_n]=[L_1]+[L_{-1}]\\ [L_0]=[O_X]\end{cases} \tag{1}$$

尽管直线丛的等价类不是数，我们仍然可以把式(1)当作一个差分方程来处理，用下面的方法来解式(1).

先设

$$[M_n]=[L_{n+1}]-[L_n] \tag{2}$$

则

$$\begin{aligned}&[M_{n+1}]-[M_n]=\\&([L_{n+2}]-[L_{n+1}])-([L_{n+1}]-[L_n])=\\&[L_{n+2}]-2[L_{n+1}]+[L_n]=\\&[L_1]+[L_{-1}]\end{aligned}$$

也就是

$$[M_{n+1}]=[M_n]+[L_1]+[L_{-1}] \tag{3}$$

而$[M_0]=[L_1]-[L_0]=[L_1]-[O_X]=[L_1]$. 由式(3)进行归纳，可得

$$\begin{aligned}[M_n]=&n([L_1]+[L_{-1}])+[M_0]=\\&(n+1)[L_1]+n[L_{-1}]\end{aligned}$$

代入式(2)，得

$$\begin{aligned}[L_{n+1}]=&[M_n]+[L_n]=\\&(n+1)[L_1]+[nL_{-1}]+[L_n]\end{aligned}$$

再次使用归纳法，得

$$\begin{aligned}[L_n]=&(1+2+\cdots+n)[L_1]+\\&[1+2+\cdots+(n-1)][L_{-1}]=\\&\frac{n(n+1)}{2}[L_1]+\frac{n(n-1)}{2}[L_{-1}]\end{aligned} \tag{4}$$

由逆向归纳法不难验证，当 $n<0$ 时，式(4) 也成立.

§2 涉及差分算子的亚纯函数的唯一性①

一、相关定义与主要结果

定义 1[1] 设 f 是非常数亚纯函数,定义差分算子

$$\Delta_\eta f(z)=f(z+\eta)-f(z)$$
$$\Delta_\eta^n f(z)=\Delta_\eta^{n-1}(\Delta_\eta f(z))$$

其中 η 是非零复数,$n\geqslant 2$ 是正整数. 当 $\eta=1$ 时,记 $\Delta_\eta f(z)=\Delta f(z)$.

注 1 由定义 1 可得

$$\Delta_\eta^n f(z)=\sum_{j=0}^{n}\binom{n}{j}(-1)^{n-j}f(z+j\eta)$$

定义 2[2] 设 f 是复平面上的超越亚纯函数,其级 $\rho(f)=\rho\geqslant\infty$,如果

$$\limsup_{r\to\infty}\frac{\log^+ n(r,\frac{1}{f-a})}{\log r}=$$

$$\limsup_{r\to\infty}\frac{\log^+ N(r,\frac{1}{f-a})}{\log r}<\rho$$

则称复数 a 为 Borel 例外值.

1996 年 Brück 证明了:

定理 1[4] 如果非常数整函数 f 满足 $\rho_2(f)<\infty$,

---

① 卢婷婷,黄斌(长沙理工大学数学与计算科学学院,长沙,410114)

其中 $\rho_2(f)$ 不是整函数，若 f 与 f' CM 分担有限值 a，则当 $a=0$ 时，$f-a=c(f'-a)$，其中 $c\neq 0$. 当 $a\neq 0$ 且 $N(r,\frac{1}{f'})=s(r,f)$ 时，结论仍然成立.

2009 年刘凯和杨连中证明了以下定理：

定理 2[6]　设 f 是超越整函数，其级 $\rho(f)<1$. n 是正整数，η 是非零复数. 如果 f 与 f' CM 分担有限值 a，则 $\Delta_\eta^n f-a=c(f-a)$，其中 c 是非零常数.

2012 年李效敏等人有以下结果：

定理 3[3]　设 f 是非常数整函数，其级 $\rho(f)<2$. η 是非零复数，a 是不恒等于 0 的整函数，满足 $\rho(a)<\rho(f)$ 和 $\lambda(f-a)<\rho(f)$. 则 $f-a$ 与 $\Delta_\eta^n f-a$ CM 分担 0 当且仅当 $f(z)=a(z)+B[\Delta_\eta^n a(z)-a(z)]e^{A\eta}$ 且 $\Delta_\eta^{2n}a(z)=\Delta_\eta^n a(z)$，其中 A,B 是非零复数且 $e^{A\eta}=1$.

在上面定理的描述中，涉及形如 $\Delta^n a(z)=a(z)$ 的差分方程. 对此方程，我们得到：

定理 4　设 a 是非常数有穷级亚纯函数，满足 $a(z+\eta)=\alpha a(z)$，其中 α 是一个非零常数，且 $|\alpha|\neq 1$. 则 $\rho(a)=1$，且 $a(z)=e^{pz+q}$，其中 p,q 为常数，且 $e^p=2$.

定理 5　设有穷级整函数 $a(z)$ 满足差分方程

$$\Delta_\eta^n a(z)=a(z)\quad (n=1 \text{ 或 } 2)$$

则 $\rho(a)=1$，且 $a(z)=e^{pz+q}$.

进一步，我们改变定理 3 的条件 $\rho(f)<2$ 为 $\rho(f)\geqslant 2$，得到：

定理 6　设 f 是一个级不小于 2 的有限级整函数，η 是非零复数，$a(z)$ 是不恒等于 0 的整函数，满足 $\rho(a)<\rho(f)$ 和 $\lambda(f-a)<\rho(f)$，若 $f-a$ 与 $\Delta_\eta^n f-a$

($n=1$ 或 2)CM 分担 0,则 $f(z)$ 是整数级的,且 $\rho(a)=1$ 或 $\rho(a)\geqslant\rho(f)-1$,$f(z)=a(z)+[\Delta_{\eta}^{n}a(z)-a(z)]e^{A(z)}$,其中 $A(z)$ 是一个次数和 $\rho(f)$ 相等的多项式.

二、相关引理

引理 1[7](Hardmard 定理)　设 f 为有穷 $\rho(f)$ 级整函数,$z=0$ 为其 k 级零点,$z_1,z_2,\cdots$,为 $f(z)$ 的非 0 零点.则 $f(z)=z^{k}p(z)e^{Q(z)}$,其中 $p(z)$ 为 $f(z)$ 的非 0 零点的典型乘积,$Q(z)$ 为一次数不高于 $\rho(f)$ 的多项式.

引理 2[2]　设 f 是复平面上的超越亚纯函数,其级 $\rho(f)>0$. 如果 f 在复平面上有两个不同的 Borel 例外值,则 $\mu(f)=\rho(f)$ 且 $\rho(f)$ 是正整数或 ∞.

引理 3[9]　设 f 是超越亚纯函数,其级 $\rho(f)<\infty$,η 是非零复数,则当 $r\to\infty$ 时,$T(r,f(z+\eta))=T(r,f(z)+O(r^{\rho(f)-1+\varepsilon}))$,其中 ε 是任意正数.

引理 4[7]　设 $f_j(z)(j=1,2,\cdots,n,n\geqslant 2)$ 及 $g_j(z)(j=1,2,\cdots,n,n\geqslant 2)$ 为两组整函数,且满足下列条件:

1) $\sum\limits_{j=1}^{n}f_j(z)e^{g_j(z)}\equiv 0$;

2) 当 $1\leqslant j\leqslant n,1\leqslant h<k\leqslant n$ 时,$f_j(z)$ 的级小于 $e^{g_h(z)-g_k(z)}$ 的级.

则 $f_j(z)\equiv 0(j=1,2,\cdots,n)$.

三、主要定理的证明

定理 4 的证明

不妨设 $|\alpha|>1$ 且可以设 $\eta=1$,否则考虑 $F(z)=$

$a(\eta z)$ 即可,那么由 $a(z)=\frac{1}{\alpha}a(z+1)$ 可得

$$a(z-1)=\frac{1}{\alpha}a(z) \qquad (1)$$

$$a(z-n)=\frac{1}{\alpha^n}a(z) \quad (n=1,2,\cdots) \qquad (2)$$

下面证明 $a(z)$ 没有零点.

假设 z_0 是 $a(z)$ 的一个零点,那么可以找到以 a,b,c,d 为顶点的矩形域 K_0,使得 $z_0\in K_0$,a 在 K_0 上除去 z_0 外没有零点,且 $d=a+\mu$,$c=b+\mu$,$\mu\in R$,$|\mu|\geqslant 1$,$a=b+\beta$,$\mathrm{Re}\,\beta=0$,$\beta\neq 0$.(图 1)

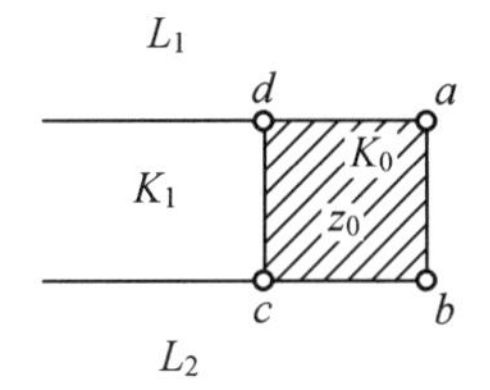

图 1

将矩形 K_0 的边长 ad,bc 延长至 ∞,那么由 $a(z+1)=\alpha a(z)$ 或(2)可知,在 K_1 的边界上 $a(z)$ 没有零点,且对于任意的 $z\in K_1$,存在 $\xi\in K_0$ 和 $n\in N$,使得 $z=\xi_z-n_z$ 设 $M=\max\limits_{z_0\in K_0}|a(z)|$,那么

$$|a(z)|=|a(\xi_z-n_z)|=\frac{|a(\xi_z)|}{|\alpha|^{n_z}}\leqslant\frac{M}{|\alpha|^{n_z}}$$

由此可以得到当 z 沿 L_1 或 L_2 趋于 ∞ 时,$a(z)$ 趋于 0.所以 K_1 在 $a(z)$ 下的象 $a(K_1)$ 是有界域且 0 在 $a(K_1)$ 的边界上,但 $a(z_0)=0$,而 z_0 是 K_1 的内点,这与非常数的解析函数把内点映为内点的常识相矛盾,所以 $a(z)$ 没有零点.由 Hardmard 分解定理,可知

$a(z)=e^{p(z)}$，$p(z)$ 为一个多项式，其次数 $\deg(p)=\rho(a)$. 若 $\deg(p)\geqslant 2$，则由 $a(z+1)=\alpha a(z)$，得到

$$e^{p(z+1)}=\alpha e^{p(z)}$$

即

$$e^{p(z+1)-p(z)}=\alpha$$

但 $\deg(p(z+1)-p(z))\geqslant 1$，从而产生矛盾. 因此 $\deg(p)=1$，$p(z)=pz+q$ 且 $e^{p}=2$.

定理 4 得证.

定理 5 的证明

若 $n=1$，则

$$a(z+1)-a(z)=a(z)$$

即

$$a(z+1)=2a(z)$$

由定理 4 可得

$$a(z)=e^{pz+q}\text{，且 }e^{p}=2$$

若 $n=2$，则

$$a(z+2)-2a(z+1)+a(z)=a(z)$$

即

$$a(z+2)=2a(z+1)$$

令 $\eta=z+1$ 则 $a(\eta+1)=2a(\eta)$. 由定理 4 可得

$$a(\eta)=e^{p\eta+q}\text{，且 }e^{p}=2$$

定理 5 证毕.

定理 6 的证明

假设 $\rho(f)=k$，$2\leqslant k<\infty$，由 f 是有限级整函数，可得 $\Delta_{\eta}^{n}f$ 也是整函数. 而 $f-a$ 与 $\Delta_{\eta}^{n}f-a$ CM 分担 0，由引理 1 可得

$$\Delta_{\eta}^{n}f-a=(f-a)e^{Q} \tag{3}$$

其中 Q 是整函数. 由式(3)可得 $\rho(e^Q)\leqslant\rho(f)<\infty$,因此 Q 是多项式.

由引理 2 和条件 $\lambda(f-a)<\rho(f),\rho(f-a)=\rho(f)$,可得 $\rho(f)=k$ 是正整数.

下面分情况讨论:

情况 1,假设 Q 不是常数,设

$$Q(z)=q_m z^m+q_{m-1}z^{m-1}+\cdots+q_1 z^1+q_0$$

其中 $q_m,q_{m-1},\cdots,q_1,q_0$ 是复数,$q_m=\alpha_m \mathrm{e}^{\mathrm{i}\theta_m}\neq 0,\alpha_m>0,\theta_m\in[0,2\pi)$,且 $m\geqslant 1$ 是正整数.

由 $\rho(e^Q)\leqslant\rho(f)$ 可得 $m\leqslant k$,所以 $m=1,2,\cdots,k(k\geqslant 2)$.

这里只讨论 $m=k$ 的情形,其他情形证明方法类似.

设 $z_1,z_2,\cdots,z_n,\cdots$ 是 $f-a$ 的非零零点,重零点按重数计. 令 $\lambda(f-a)=\lambda$ 是 $f-a$ 的零点收敛指数,则

$$f(z)-a(z)=e^{p(z)}z^{m_0}\prod_{n=1}^{\infty}E_n\left(\frac{z}{z^n}\right)=h(z)e^{P(z)} \quad (4)$$

其中 $h(z)=z^{m_0}\prod_{n=1}^{\infty}E_n\left(\frac{z}{z^n}\right),m_0\geqslant 0$ 是正整数. $\prod_{n=1}^{\infty}E_n\left(\frac{z}{z^n}\right)$ 是 $f(z)$ 的典型积,$P(z)$ 是整函数.

由式(4)得 $\lambda(h)=\rho(h)=\lambda(f-a)<\rho(f)<\infty$,可得 $P(z)$ 是非常数多项式,设 $P(z)=p_l z^l+p_{l-1}z^{l-1}+\cdots+p_1 z+p_0$,其中 $p_l,p_{l-1},\cdots,p_0$ 是复数,且 $p_l\neq 0$.

由 $\rho(h)=\lambda(f-a)<\rho(f)=k$ 可得,$\rho(e^{p(z)})=l=k$. 设

$$Q(z)=q_kz^k+q_{k-1}z^{k-1}+\cdots+q_1z^1+q_0$$
$$P(z)=p_kz^k+p_{k-1}z^{k-1}+\cdots+p_1z+p_0 \qquad (5)$$

由式(3)(4)(5) 可得

$$\Delta_\eta^n f(z)=\Delta_\eta^n(f(z)-a(z))+\Delta_\eta^n a(z)=$$
$$\Delta_\eta^n(h(z)e^{P(z)})+\Delta_\eta^n a(z)=$$
$$e^{p(z)}\left[\sum_{j=0}^{n}\binom{n}{j}(-1)^{n-j}h(z+j\eta)e^{S(z)}\right]+$$
$$\Delta_\eta^n a(z)$$

其中

$$S(z)=\sum_{i=1}^{k-1}\left(z^i\sum_{m=2}^{k}p_mc_m^j(j\eta)^{m-i}\right)+\sum_{t=1}^{k}p_t(j\eta)^tc_t^1 \qquad (6)$$

令

$$h_1(z)=\sum_{j=0}^{n}\binom{n}{j}(-1)^{n-j}h(z+j\eta)e^{S(z)} \qquad (7)$$

则

$$\Delta_\eta^n f(z)=e^{P(z)}h_1(z)+\Delta_\eta^n a(z) \qquad (8)$$

把(3) 代入(8) 中可得

$$a(z)-\Delta_\eta^n a(z)=e^{P(z)}h_1(z)-h(z)e^{P(z)+Q(z)} \qquad (9)$$

由式(9) 可得

$$h_1(z)=h(z)e^{Q(z)}+[a(z)-\Delta_\eta^n a(z)]e^{-P(z)} \qquad (10)$$

由 $\rho(h)=\lambda(f-a)<\rho(f)=k$ 和式(7) 可得：$\rho(h_1)<k$.

而 $\rho(e^{Q(z)})=\rho(e^{P(z)})=k$,式(10) 等号两边矛盾，因此可得到

$$h_1(z)=0 \qquad (11)$$

把式(11)代入式(8)中,可得

$$\Delta_\eta^n f(z)=\Delta_\eta^n a(z) \tag{12}$$

把式(12)代入式(3)中,可得

$$\Delta_\eta^n a(z)-a(z)=[f(z)-a(z)]e^{Q(z)}$$

即

$$\begin{aligned} f(z)=a(z)+[\Delta_\eta^n a(z)-a(z)]e^{-Q(z)}= \\ a(z)+[\Delta_\eta^n a(z)-a(z)]e^{A(z)} \end{aligned} \tag{13}$$

其中 $A(z)=-Q(z)$,且 $\rho(A(z))=\rho(Q(z))=k$.

接下来证明 $\rho(a)\geqslant\rho(f)-1$.

把式(13)代入式(12)可得

$$\Delta_\eta^n[a(z)+[\Delta_\eta^n a(z)-a(z)]e^{A(z)}]=\Delta_\eta^n a(z)$$

即

$$\Delta_\eta^n[(a(z)-\Delta_\eta^n a(z))e^{A(z)}]=0$$

可以得到

$$\sum_{j=0}^{n}\binom{n}{j}(-1)^{n-j}B(z+j\eta)e^{A(z+j\eta)}=0$$

其中

$$B(z)=\Delta_\eta^n a(z)-a(z)$$

当 $j\neq v$ 时,$A(z+j\eta)-A(z+v\eta)$ 为一次数为 $k-1$ 的多项式.事实上,假设

$$A(z+j\eta)-A(z+v\eta)=c(z) \tag{14}$$

若

$$\deg(c(z))=k-2$$

对式(14)两边同时求 $k-1$ 阶差分,可得

$$\begin{aligned} k!\ p_k(z+j\eta)-(k-1)!\ p_{k-1}- \\ k!\ p_k(z+v\eta)+(k-1)!\ p_{k-1}=0 \end{aligned}$$

可得

$$\eta=0$$

这与 $\eta \neq 0$ 矛盾.

若 $\rho(a) < \rho(f) - 1$,则

$$\rho(B(z+j\eta)) < \rho(a) < k-1$$

由引理 4 可得

$$B(z) = 0$$

则

$$\Delta_\eta^n a(z) = a(z) \tag{15}$$

把(15) 代入(13) 中,得到

$$f(z) = a(z)$$

这与条件中的 $\rho(a) < \rho(f)$ 矛盾,所以 $\rho(a) \geqslant k-1$.

情况 2,假设 Q 是常数,用情况 1 相同的方法可得式(9),即

$$a(z) - \Delta_\eta^n a(z) = e^{P(z)} h_1(z) - h(z) e^{P(z)+Q(z)}$$

如果 $h_1(z) - h(z)e^{Q(z)}$ 不恒为 0,那么可得

$$e^{P(z)} = \frac{a(z) - \Delta_\eta^n a(z)}{h_1(z) - h(z)e^{Q(z)}}$$

而

$$\rho(e^{P(z)}) = k$$

$$\rho\left(\frac{a(z) - \Delta_\eta^n a(z)}{h_1(z) - h(z)e^{Q(z)}}\right) \leqslant \max((a(z) - \Delta_\eta^n a(z))$$

$$h_1(z) - h(z)e^{Q(z)}) < k$$

这是不可能的.

如果 $h_1(z) - h(z)e^{Q(z)} \equiv 0$,即

$$a(z) - \Delta_\eta^n a(z) = 0$$

而如果 $a(z) - \Delta_\eta^n a(z) = 0$ 且 $n = 1,2$ 时,由定理 4 得到 $\rho(a) = 1$.

定理 6 证毕.

参考文献

[1] WHITTAKER,J M. Interpolatory function theory[M]. Cambridge Tract in Mathematics and Mathematical Physics, Vol. 33. Cambridge: Cambridge University Press,1935:152-178.

[2] YANG C C,YI H X. Uniqueness theorey of Meromorphic Functions[M]. London: Kluwer Academic Phblishers,2003:64-96.

[3] LI X M,YI H X,KANG C Y. Notes on entire functions sharing an entire function of a smaller order with their difference operators[J]. Arch. Math.,2012,99:261-270.

[4] BRÜCK R. On entire functions which share one value CM with wheir first derivative[J]. Results in Math,1996,30:21-24.

[5] 杨乐. 值分布论及其新研究[M]. 北京:科学出版社,1982:1-46.

[6] LIU K,YANG L Z,Value distribution of the difference operator[J]. Arch. Math.,2009,92:270-278.

[7] 仪洪勋,杨重骏. 亚纯函数唯一性理论[M]. 北京:科学出版社,1995:75-83,101-109.

[8] 方企勤. 复变函数教程[M]. 北京:北京大学出版社,1986:141-144.

[9] CHIANG Y M. ,FENG S J. On the Nevanlinna characteristic of $f(z+\eta)$ and difference equations in the complex plane[J]. The Ramanujan Journal,2008,16:105-129.

差分方程解的性质研究

第18章

§1　一阶时滞差分方程的振动性[①]

在本节中，将简要介绍差分方程最基本的一些概念，这些基本概念是讨论问题的出发点．由于篇幅关系，这里只提及与讨论问题有关的内容，较详细的叙述可在一般差分方程的著作中找到．

§1.1　基本概念

一个差分方程其实就是一个递推数列

$$x_{n+k}=F(n,x_{n+k-1},\cdots,x_n) \tag{1}$$

其中 k 是一个正整数，$n=0,1,2,\cdots$，$F\in(\mathbf{N}\times\mathbf{R}^k,\mathbf{R})$ 且对于固定的 n 来说是一个连续函数．

方程(1)被称作是一个 k 阶差分方程，这是因为(1)中的最大足码 $n+k$ 与最小足

① 引自张广，高英编著《差分方程的振动理论》高等教育出版社，2001．

码 n 的差为 k.(1) 的一个解是指一个数列 $\{x_n\}_{n=0}^{\infty}$ 且当 $n \geqslant k$ 时满足方程(1).由于方程(1) 是一个递推数列,显然,如果给定初始条件 $\{\varphi_n\}_{n=0}^{k-1}$,我们可依次计算出 $x_k, x_{k+1}, \cdots$.

如果存在某一常数 $\bar{x}$ 使得

$$\bar{x} = F(n, \bar{x}, \cdots, \bar{x})$$

对所有的 $n \in \mathbf{N}$ 上式成立,则称 $\bar{x}$ 是(1) 的一个平衡点.如果方程的一个解 $\{x_n\}$ 满足 $|x_n - \bar{x}|$ 既不是最终正的,也不是最终负的,我们称其解 $\{x_n\}$ 关于平衡点 $\bar{x}$ 是振动的,对于数列 $\{x_n\}$ 如果有 N 使得 $n \geqslant N$ 时 $x_n > 0$,则称 $\{x_n\}$ 是最终正的;最终负的可类似定义.现在对于方程(1) 做变换 $y_n = x_n - \bar{x}$,它可以变为

$$y_{n+k} = G(n, y_{n+k-1}, \cdots, y_n) \tag{2}$$

这时,如果(1) 有平衡点 $\bar{x}$,则(2) 就有平衡点零.(1) 关于平衡点 $\bar{x}$ 的振动也变为(2) 关于平衡点零的振动.因此,本章中如无特别声明均指关于零点振动.另一方面,我们也假定零是方程(2) 的唯一平衡点.

这样一来,对于方程(2) 的一个解 $\{y_n\}$,如果有 N 存在,使得 $n \geqslant N$ 时 $y_n > 0$,则称 $\{y_n\}$ 是方程(2) 的一个最终正解;同样,最终负解是指存在 N,当 $n \geqslant N$ 时 $y_n < 0$.如果解 $\{y_n\}$ 既不是最终正解也不是最终负解,则称其为振动解.如果方程(2) 的所有解振动,则称方程(2) 是振动的.类似的,如果(2) 的所有解是非振动的,则称方程(2) 非振动.

Δ 是一个差分算子,它在差分表达式中随时可见,其含义为

$$\Delta x_n = x_{n+1} - x_n, \Delta^k = \Delta(\Delta^{k-1})$$

由于我们要讨论的是振动问题，因此本章所指的解均为正则解. 所谓正则解是指方程的一个解$\{y_n\}$对任意大的N_y，有$\sup\limits_{n\geqslant N_y}|y_n|>0$. 方程

$$\Delta x_n+p_nx_{n-k}=0 \tag{3}$$

中$k\in\mathbf{N}$. 它显然是一个$k+1$阶差分方程，这由上面的定义显知. 但实际上往往称方程(3)为一阶时滞差分方程，这一说法主要来源于泛函微分方程，人们总是把方程(3)看成是一阶时滞微分方程

$$x'(t)+p(t)x(t-\tau)=0$$

的离散形式，类似地，方程

$$\Delta^m x_n+p_nx_{n-k}=0$$

叫作m阶时滞差分方程，方程

$$\Delta(x_n-p_nx_{n-k})+q_nx_{n-l}=0 \tag{4}$$

叫作一阶中立型时滞差分方程或一阶中立型差分方程.

方程(4)之所以叫作中立型差分方程，主要是因为在(4)中的算子Δ下含有时滞k. 事实上，泛函微分方程

$$[x(t)-p(t)x(t-\tau)]'+q(t)x(t-\sigma)=0$$

也叫作一阶中立型时滞微分方程，类似地，方程

$$\Delta^m(x_n-p_nx_{n-k})+q_nx_{n-l}=0 \tag{5}$$

也叫作m阶中立型时滞差分方程，有时也直接叫作m阶中立型差分方程. 注意到方程(5)总可以写成形式(2)，因此，其解的存在性与唯一性是显然的.

另一方面，如前面所述，我们将方程(1)的解一般记为$\{x_n\}_{n=0}^{\infty}$. 但是，为了叙述上的方便，我们常常会记为$\{x_n\}$，或者直接称x_n是方程(1)的解. 有时也将解记

为 x,y,w 等. 方程(3)(4)(5) 等可类似称之.

§1.2 差分算子

由差分算子 Δ 的定义不难看出,对任意常数 α,β 有

$$\Delta(\alpha x_n+\beta y_n)=\alpha\Delta x_n+\beta\Delta y_n$$

即差分算子是线性的. 另外,如下公式是显然的

$$\Delta^2 x_n=x_{n+2}-2x_{n+1}+x_n$$

$$\Delta(x_n y_n)=y_{n+1}\Delta x_n+x_n\Delta y_n$$

$$\sum_{k=a}^{b}\Delta x_k=x_{b+1}-x_a$$

$$\sum_{k=a}^{b}y_{k+1}\Delta x_k=x_{b+1}y_{b+1}-x_a y_a-\sum_{k=a}^{b}x_k\Delta y_k$$

由 Δ 的定义,我们也不难计算出

$$\Delta c=0\quad(c\text{ 是常数})$$

$$\Delta(-1)^k=2(-1)^{k+1}\quad(k\text{ 是整数})$$

$$\Delta b^k=b^k(b-1)\quad(k\in\mathbf{Z},b\neq 0)$$

$$\Delta b^k=b^k(b-1)\quad(k>1)$$

x 是实数,n 是正整数,记

$$x^{(n)}=x(x-1)\cdots(x-n+1)$$

容易证明,$\Delta x^{(n)}=nx^{(n-1)}$.

E 称为移位算子,它满足 $Ex_n=x_{n+1}$. 如果 I 为恒等算子,则 E 和 Δ 有关系 $\Delta=E-I$. 于是由二项式公式,有

$$\Delta^k=(E-I)^k=\sum_{i=0}^{k}(-1)^{k-i}\binom{k}{i}E^i \tag{1}$$

$$E^k=(\Delta+I)^k=\sum_{i=0}^{k}\binom{k}{i}\Delta^i \tag{2}$$

其中 $\Delta^0=E^0=I$. 于是对任一正整数 n,有

$$u_n=E^n u_0=\sum_{i=0}^{n}\binom{n}{i}\Delta^i u_0 \tag{3}$$

定理 1　设 k 和 n 是正整数,$k\leqslant n$,则

$$u_n=\sum_{i=0}^{k-1}\binom{n}{i}\Delta^i u_0+\sum_{s=0}^{n-k}\binom{n-s-1}{k-1}\Delta^k u_s \tag{4}$$

证明　由(3)可知

$$\begin{aligned}u_n=&\sum_{i=0}^{k-1}\binom{n}{i}\Delta^i u_0+\sum_{j=0}^{n-k}\binom{n}{k+j}\Delta^{k+j}u_0=\\&\sum_{i=0}^{k-1}\binom{n}{i}\Delta^i u_0+\\&\sum_{j=0}^{n-k}\binom{n}{k+j}\Delta^k\sum_{s=0}^{j}(-1)^{j-s}\binom{j}{s}E^s u_0=\\&\sum_{i=0}^{k-1}\binom{n}{i}\Delta^i u_0+\\&\sum_{s=0}^{n-k}\left[\sum_{j=s}^{n-k}(-1)^{j-s}\binom{n}{k+j}\binom{j}{s}\right]\Delta^k E^s u_0=\\&\sum_{i=0}^{k-1}\binom{n}{i}\Delta^i u_0+\sum_{s=0}^{n-k}\binom{n-s-1}{k-1}\Delta^k u_s\end{aligned}$$

证毕.

定理 2　设 j,k,n 是正整数,$j\leqslant k-1,k\leqslant n$,则

$$\Delta^j u_n=\sum_{i=j}^{k-1}\binom{n}{i-j}\Delta^i u_0+\sum_{s=0}^{n-k+j}\binom{n-s-1}{k-j-1}\Delta^k u_s$$

证明　$j=0$ 时,由定理 1 知命题成立. 现假设对某个 j 成立,则

$$\Delta^{j+1}u_n=\sum_{i=j+1}^{k-1}\binom{n}{i-j-1}\Delta^i u_0+\sum_{s=0}^{n-k+j}\binom{n-s-1}{k-j-2}\Delta^k u_s+$$

$$\binom{k-j-1}{k-j-1}\Delta^k u_{n+1-k+j}=$$

$$\sum_{i=j+1}^{k-1}\binom{n}{i-j-1}\Delta^i u_0+\sum_{s=0}^{n-k+j}\binom{n-s-1}{k-j-2}\Delta^k u_s+$$

$$\binom{k-j-2}{k-j-2}\Delta^k u_{n+1-k+j}=$$

$$\sum_{i=j+1}^{k-1}\binom{n}{i-j-1}\Delta^i u_0+\sum_{s=0}^{n-k+j+1}\binom{n-s-1}{k-j-2}\Delta^k u_s$$

即命题对 $j+1$ 也成立. 证毕.

§1.3 常系数差分方程

本节将考虑常系数差分方程

$$x_{n+1}-x_n+\sum_{i=1}^{m}p_i x_{n-k_i}=0\quad(n=0,1,\cdots)\qquad(1)$$

其中, $p_i(i=1,2,\cdots,m)$ 是实数, $k_i(i=1,2,\cdots,m)$ 是非负整数.

首先我们有如下结果.

定理 1 方程(1) 振动的充要条件是对应的特征方程

$$\lambda-1+\sum_{i=1}^{m}p_i\lambda^{-k_i}=0\qquad(2)$$

无正根.

显然, 如果 $k_i=0(i=1,2,\cdots,m)$, 方程(2) 无正根的充要条件是

$$\sum_{i=1}^{m}p_i\geqslant 1$$

因此, 不妨设 $k_i(i=1,2,\cdots,m)$ 至少有一个不为零.

考虑比方程(1) 更一般的方程

$$x_{n+k}+p_1x_{n+k-1}+\cdots+p_kx_n=0\quad(n=0,1,\cdots)\tag{3}$$

其中 k 是正整数，$p_i(i=1,2,\cdots,m)$ 是实数，对应于 §1.2 定理 1 有如下结果.

定理 2　方程(3) 振动的充要条件是代数方程

$$\lambda^k+p_1\lambda^{k-1}+\cdots+p_k=0\tag{4}$$

无正根.

证明　"⇒". 设(3) 振动而(4) 有正根 λ_0，令 $x_n=\lambda_0^n$. 它显然是(3) 的一个解.

"⇐". 设 $\{x_n\}$ 是(3) 的最终正解. 不失一般性，设当 $n\geqslant 0$ 时 $x_n>0$，设 $b=\max\{a_0,a_1,\cdots,a_k\}$ 并选择 $c\in[1,\infty)$ 使得

$$|p_1|c^{-1}+\cdots+|p_k|c^{-k}\leqslant 1\tag{5}$$

这时，显然有

$$|x_n|\leqslant b\leqslant bc^{-n}\quad(n=0,1,\cdots,k)$$

设有 $n_0\geqslant k+1$ 使得

$$|x_n|\leqslant bc^n\quad(n=0,1,\cdots,n_0)\tag{6}$$

而

$$|x_{n_0+1}|>bc^{n_0+1}\tag{7}$$

对于 $n=(n_0-k)+1$，由(3) 可知

$$x_{n_0+1}=-(p_1x_{n_0}+\cdots+p_kx_{n_0+1-k})$$

因此由式(5) 和式(6) 知

$$|x_{n_0+1}|\leqslant|p_1|bc^{n_0}+\cdots+|p_k|bc^{n_0+1-k}=$$

$$bc^{n_0+1}\left(\sum_{i=1}^{k}|p_i|c^{-i}\right)\leqslant bc^{n_0+1}$$

这与式(7) 矛盾. 因此有

$$x_n\leqslant bc^n\quad(n=0,1,2,\cdots)\tag{8}$$

对$\{x_n\}$作 $Z-$变换,则有

$$Z(z)=Z(x_n)=\sum_{n=0}^{\infty}x_n z^{-n}$$

已知

$$f(z)Z(z)=\varphi(z),\ |z|>c \tag{9}$$

其中

$$f(z)=\sum_{i=0}^{k}p_i z^{k-i}$$

$$\varphi(z)=\sum_{i=0}^{k}p_i\sum_{j=0}^{k-i-1}z^{k-i-j}x_j$$

由假设可知,当 $z>0$ 时 $f(z)\neq 0$,而$\lim\limits_{z\to\infty}f(z)=\infty$. 于是 $f(z)>0,z>0$. 令 $W(z)=Z\left(\frac{1}{z}\right)$,于是有 $f\left(\frac{1}{z}\right)W(z)=\varphi\left(\frac{1}{z}\right)$. 设正系数级数 $W(z)$ 的收敛半径为 ρ,于是有

$$f\left(\frac{1}{z}\right)W(z)=\varphi\left(\frac{1}{z}\right),0<|z|<\rho$$

由文献[166]中定理1.4.1知,正项幂级数的收敛半径如果是 $\rho<\infty$,则它在 $z=\rho$ 上有一个奇点. 注意到 $f\left(\frac{1}{z}\right)\neq 0$,因此$\dfrac{\varphi\left(\frac{1}{z}\right)}{f\left(\frac{1}{z}\right)}$点点解析. 这是一个矛盾. 于是 $\rho=\infty$. 则式(9)对 $|z|>0$ 点点成立. 那么对充分大的 n 也有 $x_n=0$. 否则 $z=0$ 是(9)的奇点. 这又是一个矛盾. 证毕.

定理 3 设 $p_i>0(i=1,2,\cdots,m)$,那么方程(1)振动的充要条件是

$$\lambda_0-1+\sum_{i=1}^{m}p_i\lambda_0^{-k_i}>0 \tag{10}$$

其中 λ_0 是方程

$$\sum_{i=1}^{m}p_ik_i\lambda^{-k_i-1}=1 \tag{11}$$

的唯一正根.

证明　令

$$F(\lambda)=\lambda-1+\sum_{i=1}^{m}p_i\lambda^{-k_i}\quad(\lambda>0)$$

注意到 $\lambda>0$ 时 $F''(\lambda)>0$. 因此 $F'(\lambda)=0$ 的唯一正根 λ_0 是 $F(\lambda)$ 的极小值点. 从而由(10) 可知 $\lambda>0$ 时 $F(\lambda)>0$ 成立. 充分性得以证明.

相反,设方程(1) 振动,且

$$\lambda_0-1+\sum_{i=1}^{m}p_i\lambda_0^{-k_i}\leqslant 0$$

对(11) 的正根 λ_0 成立. 而 $\lim\limits_{\lambda\to\infty}F(\lambda)=\infty$. 因此,存在正数 $\bar{\lambda}$ 使得 $F(\bar{\lambda})=0$. 令 $x_n=\bar{\lambda}^n$,则 x_n 是方程(1) 的一个非振动解. 因此矛盾. 证毕.

定理 4　设 $p_i>0(i=1,2,\cdots,m)$,则方程(1) 振动的充要条件是存在数 A_i,$0\leqslant A_i\leqslant 1$,$i=1,2,\cdots,m$,使得

$$\sum_{i=1}^{m}A_i=1 \tag{12}$$

成立,且有

$$\sum_{i=1}^{m}\left[A_i^{k_i}p_i\frac{(k_i+1)^{k_i+1}}{k_i^{k_i}}\right]^{\frac{1}{(k_i+1)}}>1 \tag{13}$$

证明　如果存在非负实数 $A_i(i=1,2,\cdots,m)$ 使得(12) 和(13) 成立,由定理 3 可知方程(2) 无正根. 确

实,令

$$f_i(\lambda)A_i\lambda + p_i\lambda^{-k_i} \quad (\lambda > 0, i = 1, 2, \cdots, m)$$

可知 $A_i \neq 0$,$f_i(\lambda)$ 的极小值点为 $\lambda_i = \left(\frac{p_i k_i}{A_i}\right)^{\frac{1}{(k_i+1)}}$. 而 $A_i = 0$ 时 $k_i \neq 0$,可知 $f_i(\lambda) > 0$. 当 $A_i = 0, k_i = 0$ 时可知 $f_i(\lambda) \equiv p_i > 0$. 于是有

$$F(\lambda) = -1 + \sum_{i=1}^{m} f_i(\lambda) \geqslant$$

$$-1 + \sum_{i=1}^{m} \left(A_i^{k_i} p_i \frac{(k_i + 1)^{k_i+1}}{k_i^{k_i}}\right)^{\frac{1}{(k_i+1)}} > 0$$

如果方程(1) 振动,则由定理 3 可知方程(11) 有唯一正根且使得(10) 成立. 令

$$A_i = p_i k_i \lambda_0^{-k_i-1} \quad (i = 1, \cdots, m)$$

由(11) 知(12) 显然成立,且有

$$\sum_{i=1}^{m} \left[A_i^{k_i} p_i \frac{(1 + k_i)^{k_i+1}}{k_i^{k_i}}\right]^{\frac{1}{(1+k_i)}} =$$

$$\sum_{i=1}^{m} p_i (1 + k_i) \lambda_0^{-k_i} =$$

$$\lambda_0 \sum_{i=1}^{m} p_i k_i \lambda_0^{-1-k_i} + \sum_{i=1}^{m} p_i \lambda_0^{-k_i} =$$

$$\lambda_0 + \sum_{i=1}^{m} p_i \lambda_0^{-k_i} > \lambda_0 + (1 - \lambda_0) = 1$$

证毕.

由定理 4 显然可以得到:

推理 $p > 0$ 时,方程

$$x_{n+1} - x_n + p x_{n-k} = 0 \tag{14}$$

振动的充要条件是

$$p\frac{(k+1)^{k+1}}{k^k}>1 \tag{15}$$

接下来,我们考虑方程

$$x_{n+1}-x_n+px_{n-k}+qx_{n-l}=0 \tag{16}$$

定理 5　假设 $k>l\geqslant 1$,则方程(16)振动的充要条件是 $p>0$,且 $(k+1)\xi^{-k}p+(l+1)\xi^{-1}q>1$. 其中 ξ 是方程

$$p=\frac{\lambda^k}{k-l}(k+1)\left(\lambda-\frac{k}{k+1}\right) \tag{17}$$

在区间 $\left(\frac{l}{(l+1)},\infty\right)$ 上的唯一正根.

证明　$k>l\geqslant 1$ 时,特征方程(2)变为

$$f(p,q,\lambda)=\lambda^{k+1}-\lambda^k+p+q\lambda^{k-l}=0 \tag{18}$$

注意到 $f(p,q,0)=p,\lim\limits_{\lambda\to\infty}f(p,q,\lambda)=\infty$. 因此,$p<0$ 时(18)有正根,所以我们只需考虑 $p>0$ 的情况. 这时候 $f(p,q,\lambda)$ 是关于 λ 的曲线族. 而对于特殊的 λ,方程(11)显然关于 p,q 构成直线方程. 这样,由包络理论[23]知,(18)的包络由

$$f(x,y,\lambda)=0$$

和

$$f_\lambda(x,y,\lambda)=(k+1)\lambda^k-k\lambda^{k-1}+y(k-l)\lambda^{k-l-1}=0$$

确定. 对应的参数方程为

$$x(\lambda)=\frac{l+1}{k-l}\lambda^k\left(\lambda-\frac{l}{l+1}\right)$$

$$y(\lambda)=-\frac{k+1}{k-l}\lambda^k\left(\lambda-\frac{k}{k+1}\right)\quad(\lambda>0)$$

显然,$\lambda^*=\frac{kl}{(l+1)(k+1)}$ 是 $x(\lambda)$ 的唯一极大点和

$y(\lambda)$ 的唯一极小点. 求$\frac{\mathrm{d}y}{\mathrm{d}x}$和$\frac{\mathrm{d}^2y}{\mathrm{d}x^2}$可知$\lambda\in(0,\lambda^*)$时, y 作为 x 的函数是严格减少的凸函数;而$\lambda\in(\lambda^*,\infty)$时, y 作为 x 的函数是严格增加的凹函数. 同时, $x(\lambda)>0$ 当且仅当$\lambda>\frac{l}{(l+1)}$成立. 这样一来,由参数λ确定了两支曲线C_1和C_2. 设Ω是由 x 轴右半部分及曲线 C_2 上方构成的开域,那么对于右半平面上的任一点(p,q),过该点有一条直线与包络相切当且仅当$(p,q)\notin\Omega$. 因此,(18) 当 $p>0$ 时无正根的充要条件是$(p,q)\in\Omega$. 即

$$q>y(\lambda)=-\frac{k+1}{k-l}\lambda^l\left(\lambda-\frac{k}{k+1}\right)$$

λ 是$x(\lambda)=p$的根. 注意到$\lambda\in\left(0,\frac{l}{l+1}\right)$, $x(\lambda)\leqslant 0$, 而$\lambda>\frac{l}{(l+1)}$时, $x'(\lambda)>0$,于是$x(\lambda)=p$有唯一正根$\xi\in\left(\frac{l}{(l+1)},\infty\right)$,同时

$$\frac{\xi^{-k}}{l+1}p+\frac{\xi^{-l}}{k+1}q>\frac{1}{k-l}\left(\xi-\frac{l}{l+1}\right)-\frac{1}{k-l}\left(\xi-\frac{k}{k+1}\right)=\frac{1}{(l+1)(k+1)}$$

证毕.

定理 6 若 $k>l=0$,则方程(17) 振动的充要条件是 $p>0$ 且 $q\geqslant 1$,或 $q<1$ 且有

$$p>(1-q)^{k+1}\frac{k^k}{(k+1)^{k+1}}\tag{19}$$

证明　这时,特征方程变为

$$f(p,q,\lambda)=\lambda^{k+1}+(q-1)\lambda^k+p=0 \quad (20)$$

而 $f(p,q,0)=p$ 且 $f(p,q,\lambda)=\infty$. 因此 $p<0$ 时(20)有正根. 所以只考虑 $p>0$ 的情况.

当 $p>0, q\geqslant 1$ 时显然有 $f(p,q,\lambda)>0$, (20) 无正根, 当 $p>0, q<1$ 时, 由 f_λ 和 $f_{\lambda\lambda}$ 可求得 $f(p,q,\lambda)$ 的唯一极小值点 $\lambda^*=\dfrac{k(1-q)}{k+1}>0$, 且

$$f(p,q,\lambda^*)=p-\frac{k^k}{(k+1)^{k+1}}(1-q)^{k+1}$$

证毕.

§1.4　变系数差分方程(Ⅰ)

本节中将考虑差分方程

$$x_{n+1}-x_n+p_n x_{n-k}=0 \quad (n=0,1,2,\cdots) \quad (1)$$

其中 $k\geqslant 0$ 是整数, $\{p_n\}_{n=0}^{\infty}$ 是实数列. 为得到我们的主要结果, 首先考虑 $k=0$ 的情况. 这时, 方程(1) 变为

$$x_{n+1}=x_n(1-p_n) \quad (2)$$

其通解可以写成

$$x_n=x_0\prod_{i=0}^{n-1}(1-p_i) \quad (n=1,2,\cdots)$$

显然, 当 $p_n<1$ 时方程(2) 的所有解非振动, 而当有子列 $\{p_{n(i)}\}$ 使得 $p_{n(i)}\geqslant 1$ 时, 方程(2) 的所有解振动.

当 $k>0$ 时, 如果 $\{x_n\}$ 是方程(1) 的一个解, 且对某一 l 有 $p_l x_{l-k}\geqslant 0$, 则由(2) 可知 $x_l\geqslant x_{l+1}$. 类似地, 如果存在 l 及某一 $j\in\{0,1,\cdots,k\}$ 使得

$$p_{l-k},p_{l-k+1},\cdots,p_{l+j}\geqslant 0$$

$$x_{l-2k},x_{l-2k+1},\cdots,x_{l-k-1}\geqslant 0$$

则有

$$x_{l+j+1} \leqslant (1 - p_l - \cdots - p_{l+j}) x_l$$

于是有如下定理成立.

定理 1 设 $j \in \{0,1,\cdots,k\}$，如果 $\{p_n\}$ 有子列 $\{p_{n(i)}\}_{i=1}^{\infty}$ 使得

$$p_{n(i)-k}, p_{n(i)-k+1}, \cdots, p_{n(i)+j} \geqslant 0 \tag{3}$$

$$p_{n(i)} + p_{n(i)+1} + \cdots + p_{n(i)+j} \geqslant 1 \tag{4}$$

则方程(1) 振动.

事实上，如果 $\{x_n\}$ 是(1) 的一个最终正解，则有正整数 I 使得 $n \geqslant n(I) - 2k$ 时 $x_n > 0$ 成立. 由上面证明可知

$$0 < x_{n(I)+j+1} \leqslant (1 - p_{n(I)} - \cdots - p_{n(I)+j}) x_{n(I)} \leqslant 0$$

这是一个矛盾. 证毕.

由定理 1 显然有如下结果.

推论 1 如果 $\{p_n\}$ 有子列 $\{p_{n(i)}\}$ 使得 $n(i) - 2k \leqslant n \leqslant n(i)$ 时，$p_n \geqslant 0$ 且

$$\sum_{j=n(i)-k}^{n(i)} p_j \geqslant 1 \tag{5}$$

则(1) 振动.

当然，我们也会有：

推论 2 设有正整数子列 $\{r_m\}$ 和 $\{s_m\}$ 使得

$$s_m - r_m \geqslant 2k \quad (m \geqslant 1)$$

$$p_n \geqslant 0 \quad (n \in \bigcup_{m=1}^{\infty} \{r_m, r_{m+1}, \cdots, s_m\})$$

且

$$\limsup_{m \to \infty} \sum_{i=s_m-k}^{s_m} p_i > 1$$

则(1) 振动.

定理 2 设 $\{p_n\}$ 有子列 $\{p_{n(i)}\}_{i=1}^{\infty}$ 满足

$$p_{n(i)-2k}, p_{n(i)-2k+1}, \cdots, p_{n(i)-k-1} \geqslant 0 \tag{6}$$

$$0 \leqslant p_{n(i)-k}, p_{n(i)-k+1}, \cdots, p_{n(i)-1} < 1 \tag{7}$$

且

$$p_{n(i)} \geqslant \prod_{i=1}^{k}\prod_{j=1}^{l}(1-p_{n(i)-j})^{\frac{1}{k}} \tag{8}$$

则(1)振动.

证明　设$\{x_n\}$是(1)的最终正解.则有I使得$l \geqslant n(I)-2k$时$x_l > 0$.由定理1前面的议论,则有

$$x_{n(I)} \leqslant (1-p_{n(I)-1})x_{n(I)-1}, \cdots, x_{n(I)-k+1} \leqslant (1-p_{n(I)-k})x_{n(I)-k}$$

因此

$$x_{n(I)} \leqslant \prod_{j=1}^{k}(1-p_{n(I)-j})x_{n(I)-k}$$

$$x_{n(I)} \leqslant x_{n(I)-1} \leqslant \prod_{j=1}^{k-1}(1-p_{n(I)-j})x_{n(I)-k}$$

$$\vdots$$

$$x_{n(I)} \leqslant x_{n(I)-k+1} \leqslant (1-p_{n(I)-k})x_{n(I)-k}$$

于是

$$x_{n(I)}^{k} \leqslant x_{n(I)}x_{n(I)-1}\cdots x_{n(I)-k} \leqslant \prod_{l=1}^{k}\prod_{j=1}^{l}(1-p_{n(I)-j})x_{n(I)-k}^{k}$$

从而

$$x_{n(I)} \geqslant \prod_{l=1}^{k}\prod_{j=1}^{l}(1-p_{n(i)-j})^{\frac{1}{k}}x_{n(I)-k}$$

由(1)知

$$0 < x_{n(I)+1} = x_{n(I)} - p_{n(I)}x_{n(I)-k} \leqslant \left[\prod_{l=1}^{k}\prod_{j=1}^{l}(1-p_{n(I)-j})^{\frac{1}{k}} - p_{n(I)}\right]x_{n(I)-k} \leqslant 0$$

这是一个矛盾. 证毕.

如果 p_n 有子列 $\{p_{n(i)}\}_{i=1}^{\infty}$ 使得

$$p_{n(i)-3k},\cdots,p_{n(i)-1}\geqslant 0 \tag{9}$$

$\{x_n\}$ 是(1)的一个最终正解,则有 I 使得 $l\geqslant n(I)-4k$ 时 $x_l>0$. 另设

$$\sum_{j=1}^{k}p_{n(i)-j-1},\sum_{j=1}^{k}p_{n(i)-j-2},\cdots,\sum_{j=1}^{k}p_{n(i)-j-k}<1 \tag{10}$$

$$\frac{p_{n(i)-1}}{1-\sum_{j=1}^{k}p_{n(i)-j-1}},\cdots,\frac{p_{n(i)-k}}{1-\sum_{j=1}^{k}p_{n(i)-j-k}}<1 \tag{11}$$

且

$$p_{n(i)}\geqslant\prod_{l=1}^{k}\left(1-\frac{p_{n(i)-l}}{1-\sum_{j=1}^{k}p_{n(i)-j-l}}\right) \tag{12}$$

这时自然有

$$x_{n(I)}\leqslant x_{n(I)-1}\left(1-\frac{p_{n(I)-1}}{1-\sum_{j=1}^{k}p_{n(I)-j-1}}\right)$$

$$\vdots$$

$$x_{n(I)-k+1}\leqslant x_{n(I)-k}\left(1-\frac{p_{n(I)-1}}{1-\sum_{j=1}^{k}p_{n(I)-j-k}}\right)$$

因此

$$x_{n(I)}\leqslant x_{n(I)-k}\prod_{l=1}^{k}\left(1-\frac{p_{n(I)-l}}{1-\sum_{j=1}^{k}p_{n(I)-j-l}}\right)$$

由(1)知

$$0<x_{n(I)+1}=x_{n(I)}-p_{n(I)}x_{n(I)-k}\leqslant$$

$$x_{n(I)-k}\left\{\prod_{l=1}^{k}\left[1-\frac{p_{n(I)-l}}{1-\sum_{j=1}^{k}p_{n(I)-j-l}}\right]-p_{n(I)}\right\}\leqslant 0$$

这也是一个矛盾. 因此,我们有如下定理:

定理 3　如果$\{p_n\}$有子列$\{p_n(i)\}_{i=1}^{\infty}$使得(9)(10)(11)和(12)成立,则(1)振动.

定理 4　如果有正整数子列$\{r_m\}$和$\{s_m\}$使得

$$s_m - r_m \geqslant 2k, \lim_{m\to\infty}(s_m - r_m) = \infty \tag{13}$$

$$p_n \geqslant 0, n \in \bigcup_{m=1}^{\infty}\{r_m, r_{m+1}, \cdots, s_m\} \tag{14}$$

且有

$$\liminf_{n\to\infty}\sum_{i=n-k}^{n-1} p_i > \left(\frac{k}{k+1}\right)^{k+1}, n \in \bigcup_{m=1}^{\infty}\{r_m, r_{m+1}, \cdots, s_m\} \tag{15}$$

则(1)振动.

证明　设(1)有最终正解$\{x_n\}$,则有n_0使得$n \geqslant n_0$时$x_n > 0$. 由(1)和(14)知有M_1使得

$$x_n > 0, x_{n-k} > 0, x_{n+1} \leqslant x_n, n \in \bigcup_{m=M_1}^{\infty}\{r_m, r_{m+1}, \cdots, s_m\} \tag{16}$$

令

$$A = \frac{k^k}{(k+1)^{k+1}} \tag{17}$$

通过(15),我们可选择$B > 0$和$M_2 \geqslant M_1$使得

$$\frac{1}{k}\sum_{i=n-k}^{n-1} p_i \geqslant B > A, n = \bigcup_{m=M_2}^{\infty}\{r_m + k, \cdots, s_m\} \tag{18}$$

由(13)和(18)知,有正整数N和$m_N \geqslant M_2$使得

$$\left(\frac{B}{A}\right)^N > \left(\frac{2}{kB}\right)^2 \tag{19}$$

且

$$s_{m_N} - r_{m_N} \geqslant (N+2)k \tag{20}$$

由(1)知

$$\frac{1}{k}\sum_{i=n-k}^{n-1}p_i=\frac{1}{k}\sum_{i=n-k}^{n-1}\left(1-\frac{x_{i+1}}{x_i}\right)$$

由(18) 有

$$B\leqslant\frac{1}{k}\sum_{i=n-k}^{n-1}\left(1-\frac{x_{i+1}}{x_i}\right),n\in\{r_{m_N}+2k,\cdots,s_{m_N}\}\tag{21}$$

即有

$$B\leqslant 1-\frac{1}{k}\sum_{i=n-k}^{n-1}\frac{x_{i+1}}{x_i}\leqslant 1-\left(\prod_{i=n-k}^{n-1}\frac{x_{i+1}}{x_i}\right)^{\frac{1}{k}}=$$

$$1-\left(\frac{x_n}{x_{n-k}}\right)^{\frac{1}{k}}$$

从而有

$$\left(\frac{x_n}{x_{n-k}}\right)^{\frac{1}{k}}\leqslant 1-B,n\in\{r_{m_N}+2k,\cdots,s_{m_N}\}\tag{22}$$

注意到 $0<B<1$,以及

$$\max_{0\leqslant\lambda\leqslant 1}[(1-\lambda)\lambda^{\frac{1}{k}}]=\frac{k}{(1+k)^{1+\frac{1}{k}}}\cdot A^{\frac{1}{k}}$$

我们有

$$1-B\leqslant A^{\frac{1}{k}}B^{-\frac{1}{k}}$$

因此有

$$\frac{Bx_n}{A}\leqslant x_{n-k},n\in\{r_{m_n}+2k,\cdots,s_{m_n}\}\tag{23}$$

把上式代入(1) 中,我们有

$$\left(\frac{B}{A}\right)^2x_n\leqslant x_{n-k},n\in\{r_{n_N}+3k,\cdots,s_{m_N}\}$$

归纳可知

$$\left(\frac{B}{A}\right)^N x_n\leqslant x_{n-k},n\in\{r_{n_N}+(N+1)k,\cdots,s_{m_N}\}\tag{24}$$

另一方面,由(18)可知有 $n^* \in [s_{m_N}-k, s_{m_N}]$ 使得

$$\sum_{i=s_{m_N}-k}^{n^*} P_i \leqslant \frac{Bk}{2}, \sum_{i=n^*}^{s_{m_N}} p_i \geqslant \frac{Bk}{2}$$

对(1)求和有

$$x_{n^*+1} - x_{s_{m_N}-k} = -\sum_{i=s_{m_N}-k}^{n^*} p_i x_{i-k} \leqslant$$

$$-\sum_{i=s_{m_N}-k}^{n^*} p_i x_{n^*-k} \leqslant \frac{Bk}{2} x_{n^*-k}$$

即有

$$\frac{Bk}{2} x_{n^*-k} \leqslant x_{s_{m_N}-k} \tag{25}$$

类似地,由

$$x_{s_{m_N}+1} - x_{n^*} = -\sum_{i=n^*}^{s_{m_N}} p_i x_{i-k} \leqslant -\frac{Bk}{2} x_{s_{m_N}-k}$$

即有

$$\frac{Bk}{2} x_{s_{m_N}-k} \leqslant x_{n^*} \tag{26}$$

比较(25)和(26)有

$$\left(\frac{Bk}{2}\right)^2 x_{n^*-k} \leqslant x_{n^*} \tag{27}$$

从而,再由(24)可知

$$\left(\frac{B}{A}\right)^N \leqslant \frac{x_{n^*-k}}{x_{n^*}} \leqslant \left(\frac{2}{Bk}\right)^2$$

这与(19)矛盾.证毕.

§1.5　变系数差分方程(Ⅱ)

这一节,我们仍然考虑 §1.4 方程(1),但这里要

求 p_n 非负，为了叙述的方便，我们再次将 §1.4 方程(1) 列出

$$\Delta x_n + p_n x_{n-k} = 0 \quad (n=0,1,2,\cdots) \tag{1}$$

显然，§1.4 中的各个定理及推论也适合方程(1). 特别地，由 §1.4 定理 4 有：

定理 1 如果

$$\liminf_{n\to\infty} \sum_{i=n-k}^{n-1} p_i > \left(\frac{k}{k+1}\right)^{k+1} \tag{2}$$

则方程(1) 振动.

当条件(2) 不成立时，我们可建立另外的结果. 为此，先来看一个引理.

引理 设$\{x_n\}$是方程(1) 的最终正解，且

$$\liminf_{n\to\infty} \sum_{i=n-k}^{n-1} p_i > M > 0 \tag{3}$$

则有

$$\frac{x_n}{x_{n-k}} > \left(\frac{M}{2}\right)^2 \tag{4}$$

证明 由(3) 可知

$$\sum_{i=n-k}^{n-1} p_i \geqslant M$$

最终成立. 于是对任意大的 n 有 n^*：$n \leqslant n^* \leqslant n+k$ 使得

$$\sum_{i=n}^{n^*-1} p_i < \frac{M}{2}, \sum_{i=n}^{n^*} p_i \geqslant \frac{M}{2}$$

因此有

$$\sum_{i=n^*-k}^{n} p_i = \sum_{i=n^*-k}^{n^*-1} p_i - \sum_{i=n+1}^{n^*-1} p_i \geqslant \frac{M}{2}$$

对方程(1) 求和，则有

$$x_n - x_{n^*+1} = \sum_{i=n}^{n^*} p_i x_{i-k} \geqslant x_{n^*-k} \cdot \frac{M}{2}$$

$$x_{n^*-k} - x_{n+1} = \sum_{i=n^*-k}^{n} p_i x_{i-k} \geqslant x_{n-k} \cdot \frac{M}{2}.$$

比较上面两个不等式，则有

$$x_n > x_{n^*-k} \cdot \frac{M}{2} \geqslant x_{n-k} \cdot \frac{M^2}{4}$$

证毕.

定理 2　如果(3)成立，且

$$\limsup_{n\to\infty} \sum_{i=n-k}^{n-1} p_i > 1 - \left(\frac{M}{2}\right)^2 \tag{5}$$

则方程(1)振动.

证明　设$\{x_n\}$是方程(1)的一个最终正解，则$\{x_n\}$是最终正的非增数列.从$n-k$到$n-1$对方程(1)求和，并利用$\{x_n\}$的单调性有

$$x_n - x_{n-k} + \left(\sum_{i=n-k}^{n-1} p_i\right) x_{n-k} \leqslant 0$$

或者

$$x_{n-k}\left(\sum_{i=n-k}^{n-1} p_i + \frac{x_n}{x_{n-k}} - 1\right) \leqslant 0$$

注意到引理及(5)，可以推知上式是一个矛盾.证毕.

由定理 2 显然可以得到如下结果：

推论　如果(3)成立，且

$$\limsup_{n\to\infty} p_n > 1 - \left(\frac{M}{2}\right)^2$$

则方程(1)振动.

§1.6　频率测度与振动

为了叙述上的方便，我们先给出一些常用记号.设

Ω 是一个整数集，记 Ω 中的小于或等于 n 的整数的集合为 $\Omega^{(n)}$，即

$$\Omega^{(n)}=\Omega\cap(\cdots,n-1,n)$$

m 是一个整数，令

$$E^m\Omega=\{x+m\mid x\in\Omega\}$$

α,β 是两个整数且 $\alpha\leqslant\beta$，令

$$\sigma_\alpha^\beta(\Omega)=\bigcup_{i=\alpha}^{\beta}E^i\Omega$$

注意到 $j\in E^m\Omega\Leftrightarrow j-m\in\Omega$. 因此有

$$\begin{aligned}&j\in\mathbf{Z}\backslash(\sigma_\alpha^\beta(\Omega))\Leftrightarrow j\in\bigcap_{i=\alpha}^{\beta}\mathbf{Z}\backslash(E^i\Omega)\Leftrightarrow\\&j-k\in\Omega\quad(\alpha\leqslant k\leqslant\beta)\end{aligned}\tag{1}$$

其中 $\mathbf{Z}$ 是所有整数组成的集合.

定义 1 Ω 是一个整数集，如果

$$\limsup_{n\to\infty}\frac{|\Omega^{(n)}|}{\Omega}$$

存在，记它为 $\mu^*(\Omega)$，称为 Ω 的上测度. 类似地，如果

$$\liminf_{n\to\infty}\frac{|\Omega^{(n)}|}{n}$$

存在，记它为 $\mu_*(\Omega)$，称为 Ω 的下测度. 如果 Ω 的上、下测度均存在，且 $\mu_*(\Omega)=\mu^*(\Omega)$，则称 Ω 是一致可测的，并记其测度为 $\mu(\Omega)$.（其中 $|\Omega^{(n)}|$ 表示 $\Omega^{(n)}$ 的基数）.

为了解释如下定义，我们看几个例子.

例如，$\mu(\mathbf{N})=1$，$\mu(\varnothing)=0$，对任意 $\Omega\subset\mathbf{N}$ 有 $0\leqslant\mu_*(\Omega)\leqslant\mu^*(\Omega)\leqslant1$，对任意有限集 Ω 有 $\mu^*(\Omega)=0$.

例 1 考虑振动数列

$$\{x_n\}_{n=1}^{\infty}=\{(-1)^{n+1}\}$$

设$\Omega=\left\{n\in\mathbf{N}\mid x_n>\frac{1}{2}\right\}$，$\Gamma\left\{n\in\mathbf{N}\mid x_n\leqslant-\frac{1}{2}\right\}$，那么$\mu(\Omega)=\mu(\Gamma)=\frac{1}{2}$.

例 2　考虑振动数列

$$\{x_n\}_{n=1}^{\infty}=\{1,1,1,1,-1,1,1,1,1,-1,\cdots\}$$

设$\Omega=\left\{n\in\mathbf{N}\mid x_n\geqslant\frac{1}{2}\right\}$，$\Gamma=\left\{n\in\mathbf{N}\mid x_n\leqslant-\frac{1}{2}\right\}$.

那么，$\mu(\Omega)=\frac{4}{5}$，$\mu(\Gamma)=\frac{1}{5}$.

设 $f:A\to\mathbf{R}$ 表示由集合 A 到 $\mathbf{R}$ 的实函数，集合 $\{t\in A\mid f(t)\leqslant c\}$ 被记为$(f\leqslant c)$. 记法$(f\geqslant c)$，$(f<c)$ 等与之类似.

定义 2　$x=\{x_n\}_{n=1}^{\infty}$ 是实数列，如果$\mu^*(x\leqslant 0)=0$，则称 x 是几乎最终正的；如果 $\mu^*(x\geqslant 0)=0$，则称 x 是几乎最终负的. 如果 x 既不是几乎最终正的，也不是几乎最终负的，则 x 称为一致振动.

显然，如果是最终正的，那么它也是几乎最终正的；如果 x 是最终负的，那么它也是几乎最终负的. 因此，一致振动也是振动的.

定义 3　$x=\{x_n\}_{n=1}^{\infty}$ 是实数列. 如果 $\mu^*(x\leqslant 0)\leqslant\omega$，那么 x 称为有上度 ω 几乎最终正的；如果 $\mu^*(x\geqslant 0)\leqslant\omega$，那么 x 称为有上度 ω 几乎最终负的. 数列 x 称为有上度 ω 一致振动的，如果它有相同的上度 ω，且既不是几乎最终正的，也不是几乎最终负的. 关于有下度几乎最终正的概念可以通过 μ_* 类似定义.

如果 x 是有下度 ω 一致振动，那么它也是有上度 ω 一致振动，有任意上度的一致振动是一致振动的.

例 3　考虑数列

$$\{x_n\}_{n=1}^{\infty}=\{1,1,1,-1,1,1,1,-1,\cdots\}$$

因为$\mu_*(x\leqslant 0)=\frac{1}{4}$,$\mu_*(x\geqslant 0)=\frac{3}{4}$,因此 x 是有下度$\frac{1}{4}$几乎最终正的,有下度$\frac{3}{4}$几乎最终负的,且它是有下度$\frac{1}{5}$一致振动的.

接下来,我们讨论关于测度的性质.

性质 1 $\Omega,\Gamma\subseteq\mathbf{N}$ 且 $\Omega\subseteq\Gamma$,那么

$$\mu^*(\Omega)\leqslant\mu^*(\Gamma),\mu_*(\Omega)\leqslant\mu_*(\Gamma)$$

证明 因为 $\Omega\subseteq\Gamma$,所以 $\Omega^{(n)}\subseteq\Gamma^{(n)}$,因此有

$$\mu^*(\Omega)=\lim_{n\to\infty}\sup\frac{|\Omega^{(n)}|}{n}\leqslant\lim_{n\to\infty}\sup\frac{|\Gamma^{(n)}|}{n}=\mu^*(\Gamma)$$

$$\mu_*(\Omega)=\lim_{n\to\infty}\inf\frac{|\Omega^{(n)}|}{n}\leqslant\lim_{n\to\infty}\inf\frac{|\Gamma^{(n)}|}{n}=\mu_*(\Gamma)$$

性质 2 如果 $\Omega,\Gamma\subseteq\mathbf{N}$,那么

$$\mu^*(\Omega+\Gamma)\leqslant\mu^*(\Omega)+\mu^*(\Gamma)$$

同时,如果 $\Omega\cap\Gamma=\varnothing$,那么

$$\mu_*(\Omega)+\mu_*(\Gamma)\leqslant\mu_*(\Omega+\Gamma)\leqslant\mu_*(\Omega)+\mu^*(\Gamma)\leqslant\mu^*(\Omega+\Gamma)\leqslant\mu^*(\Omega)+\mu^*(\Gamma)$$

证明 第一个不等式显然成立.如果 $\Omega\cap\Gamma=\varnothing$,那么 $(\Omega+\Gamma)^{(n)}=\Omega^{(n)}+\Gamma^{(n)}$.于是

$$\mu^*(\Omega+\Gamma)=\lim_{n\to\infty}\sup\frac{|\Omega^{(n)}+\Gamma^{(n)}|}{n}\geqslant\lim_{n\to\infty}\sup\frac{|\Gamma^{(n)}|}{n}+\lim_{n\to\infty}\inf\frac{|\Omega^{(n)}|}{n}=\mu_*(\Omega)+\mu^*(\Gamma)$$

其他情况类似可证.

显然,如果 $\Omega\subseteq\mathbf{N}$,则有

$$1=\mu_*(\mathbf{N})\leqslant\mu_*(\mathbf{N})+\mu^*(\mathbf{N}\backslash\Omega)\leqslant\mu^*(\mathbf{N})=1$$

另外,由性质2还可以得到下面两个推论:

推论1　如果 $\Omega,\Gamma\subseteq\mathbf{N}$,且 $\Omega\subseteq\Gamma$ 则

$$\mu^*(\Gamma)-\mu^*(\Omega)\leqslant\mu^*\left(\frac{\Gamma}{\Omega}\right)\leqslant\mu^*(\Gamma)-\mu_*(\Omega)$$

$$\mu_*(\Gamma)-\mu^*(\Omega)\leqslant\mu_*\left(\frac{\Gamma}{\Omega}\right)\leqslant\mu_*(\Gamma)-\mu_*(\Omega)$$

推论2　如果 $\Omega,\Gamma\subseteq\mathbf{N}$,则

$$\mu_*(\Omega)+\mu^*(\Gamma)-\mu^*(\Omega\cap\Gamma)\leqslant\mu^*(\Omega+\Gamma)\leqslant$$
$$\mu^*(\Omega)+\mu^*(\Gamma)-\mu_*(\Omega\cap\Gamma)$$
$$\mu_*(\Omega)+\mu_*(\Gamma)-\mu^*(\Omega\cap\Gamma)\leqslant\mu_*(\Omega+\Gamma)\leqslant$$
$$\mu_*(\Omega)+\mu^*(\Gamma)-\mu_*(\Omega\cap\Gamma)$$

性质3　如果 $\Omega,\Gamma\subseteq\mathbf{N}$,使得 $\mu^*(\Omega)+\mu_*(\Gamma)>1$,那么 $\Omega\cap\Gamma$ 不是有限集.

事实上,如果 $\Omega\cap\Gamma$ 有限,有 $\mu^*(\Omega\cap\Gamma)=0$ 且 $\Omega\subseteq(\mathbf{N}\backslash\Gamma)\cup(\Omega\cap\Gamma)$,则有

$$\mu^*\leqslant\mu^*(\mathbf{N}\backslash\Gamma)+\mu^*(\Omega\cap\Gamma)=\mu^*(\mathbf{N}\backslash\Gamma)$$

由性质2可知

$$1<\mu^*(\Omega)+\mu^*(\Gamma)\leqslant\mu^*(\mathbf{N}\backslash\Gamma)+\mu_*(\Gamma)=1$$

这是一个矛盾.

性质4　如果 $\Omega\subseteq\mathbf{N}$,则有

$$\mu^*(\sigma_\alpha^\beta(\Omega))\leqslant(\beta-\alpha+1)\mu^*(\Omega)$$
$$\mu_*(\sigma_\alpha^\beta(\Omega))\leqslant(\beta-\alpha+1)\mu_*(\Omega)$$

证明　由性质2可知

$$|(\sigma_\alpha^\beta(\Omega))^{(n)}|\leqslant(\beta-\alpha+1)|(\Omega)^{(n)}|+\beta-\alpha$$

因此有

$$\mu_*(\sigma_\alpha^\beta(\Omega))\leqslant\liminf_{n\to\infty}\frac{(\beta-\alpha+1)|(\Omega)^{(n)}|+\beta-\alpha}{n}=$$
$$(\beta-\alpha+1)\mu_*(\Omega)$$

另一不等式类似可证.

最后,我们将考虑差分方程

$$\Delta x_n + p_n x_{n-\tau} = 0 \quad (n=1,2,\cdots) \tag{2}$$

的振动性,其中 $\tau > 0$.

定理 1 设有正数 c 及非负数 ω 使得

$$\mu^*(p < c) = a \geqslant 0$$

$$\mu_*(p > 1-c) > (2\tau+3)(a+\omega)$$

那么方程(2)的每一个解是上度 ω 一致振动的,它也是下度 ω 一致振动的.

证明 设 $x=\{x_n\}$ 是方程(2)的上度 ω 几乎最终正解,因此 $\mu^*(x \leqslant 0) \leqslant \omega$. 由性质 2 和 4 可知

$$\begin{aligned}1 \leqslant &\ \mu^*(\mathbf{N}\backslash\sigma_{-2}^{2\tau}(p < c \text{ 或 } x \leqslant 0)) + \\ &\ \mu_*(\sigma_{-2}^{2\tau}(p < c \text{ 或 } x \leqslant 0)) \leqslant \\ &\ \mu^*(\mathbf{N}\backslash\sigma_{-2}^{2\tau}(p < c \text{ 或 } x \leqslant 0)) + \\ &\ (2\tau+3)(3+\omega) < \\ &\ \mu^*(\mathbf{N}\backslash\sigma_{-2}^{2\tau}(p < c \text{ 或 } x \leqslant 0)) + \\ &\ \mu_*(p > 1-c)\end{aligned}$$

由性质 3 可知

$$(\mathbf{N}\backslash\sigma_{-2}^{2\tau}(p < c \text{ 或 } x \leqslant 0)) \cap (p > 1-c)$$

是 $\mathbf{N}$ 中的无限集. 由(1)知存在自然数 n 使得 $n-2\tau \geqslant 1, p_n > 1-c$ 且

$$p_i \geqslant c, x_i > 0, n-2\tau \leqslant i \leqslant n+2$$

由方程(2)有 $n-\tau \leqslant i \leqslant n+2+\tau$ 时 $\Delta x_i \leqslant 0$. 因此

$$x_{n-\tau} \geqslant x_{n-1-\tau} \geqslant x_n$$

从而

$$\begin{aligned}0 = &\ x_{n+1} - x_n + p_n x_{n-\tau} \geqslant \\ &\ x_{n+1} - x_n + p_n x_n = \\ &\ x_{n+1} + (p_n - 1)x_n\end{aligned}$$

$$x_{n+1} = x_{n+2} + p_{n+1}x_{n+1-\tau} \geqslant cx_{n+1-\tau} \geqslant cx_n$$

因此，$0 \geqslant (c+p_n-1)x_n$. 这是一个矛盾.

如果 $x=\{x_n\}$ 是方程(2)的下度 ω 几乎最终负解，则有 $\mu_*(x \leqslant 0) \leqslant \omega$. 那么

$$\mu_*(\sigma_{-2}^{2\tau}(p < c \text{ 或 } x \leqslant 0)) =$$
$$\mu_*(\sigma_{-2}^{2\tau}(p < c) + \sigma_{-2}^{2\tau}(x \leqslant 0)) \leqslant$$
$$\mu^*(\sigma_{-2}^{2\tau}(p < c)) + \mu_*(\sigma_{-2}^{2\tau}(x \leqslant 0)) \leqslant$$
$$(2\tau+3)\mu^*(p < c) + (2\tau+3)\mu_*(x \leqslant 0) \leqslant$$
$$(2\tau+3)(a+\omega)$$

因此

$$\mu^*(\mathbf{N}\backslash\sigma_{-2}^{2\tau}(p < c \text{ 或 } x \leqslant 0)) =$$
$$1-\mu_*(\sigma_{-2}^{2\tau}(p < c \text{ 或 } x \leqslant 0)) \geqslant$$
$$1-(2\tau+3)(a+\omega) > 1-\mu_*(p > 1-c)$$

从而可知

$$(\mathbf{N}(\sigma_{-2}^{2\tau}(p < c \text{ 或 } x \leqslant 0))) \cap (p > 1-c)$$

是无限集. 以下的证明类似前半部分. 省略.

类似定理 1，我们还可以得到如下两个结果：

定理 2　设有正数 c 及非负数 ω 使得

$$\mu_*(p < c) = a \geqslant 0$$
$$\mu_*(p > 1-c) > (2\tau+3)(a+\omega)$$

则方程(2)的每一个解是上度 ω 一致振动的.

定理 3　设有正数 c 及非负数 ω 使得

$$\mu^*(p < c) = a \geqslant c$$
$$\mu^*(p > 1-c) > (2\tau+3)(a+\omega)$$

则方程(2)的每一个解是上度 ω 一致振动的.

例 4　在方程(2)中取

$$\tau=1, p_n=\begin{cases}\dfrac{1}{8} & (n=2^k, k\in\mathbf{N})\\ \dfrac{3}{4} & (n\neq 2^k, k\in\mathbf{N})\end{cases}$$

令 $c=\dfrac{1}{3}, 0\leqslant\omega<\dfrac{1}{5}$,那么

$$\mu^*\left(p<\frac{1}{3}\right)=0, \mu_*\left(p>\frac{2}{3}\right)=1>5\omega$$

因此,方程(2)是上度一致振动的,它也是振动的.

定理 4 设有正数 c 使得

$$\mu_*(p<c)=a\geqslant 0$$

$$\mu_*(p\leqslant 1-c)=b\geqslant 0$$

$$\mu_*(p<c \text{ 或 } p\leqslant 1-c)>a+b-\frac{1}{2\tau+3}$$

则方程(2)振动.

证明 设$\{x_n\}$是方程(2)的一个最终正解,并设 $n\geqslant M-2\tau$ 时 $x_n>0$. 由推论 2 可知

$$\begin{aligned}&\mu^*(\mathbf{N}\backslash\sigma_{-2}^{2\tau}(p<c \text{ 或 } p\leqslant 1-c))=\\&1-\mu_*(\sigma_{-2}^{2\tau}(p<c \text{ 或 } p\leqslant 1-c))\geqslant\\&1-(2\tau+3)\mu_*(p<c \text{ 或 } p\leqslant 1-c)\geqslant\\&1-(2\tau+3)(\mu^*(p<c)+\mu_*(p\leqslant 1-c)-\\&\mu_*(p<c, p\leqslant 1-c))>\\&1-(2\tau+3)\left(a+b-(a+b-\frac{1}{2\tau+3})\right)=0\end{aligned}$$

因此 $\mathbf{N}\backslash\sigma_{-2}^{2\tau}(p<c \text{ 或 } p\leqslant 1-c)$ 是无限集. 由(1)知有 $n\geqslant M$ 使得 $n-2\tau\leqslant i\leqslant n+2$ 时 $p_i\geqslant c, p_i<1-c$.

由(2)可知 $n-\tau\leqslant i\leqslant n+2$ 时 $\Delta x_i\leqslant 0$. 因此有

$$x_{n-\tau}\geqslant x_{n-\tau+1}\geqslant\cdots\geqslant x_n\geqslant x_{n+1}$$

从而有

$$0=x_{n+1}-x_n+p_nx_{n-\tau}\geqslant x_{n+1}-x_n+p_nx_n$$

$$x_{n+1}=x_{n+2}+p_{n+1}x_{n+1-\tau}\geqslant p_{n+1}x_{n+1-\tau}\geqslant cx_n$$

因此，$0\geqslant(c-1+p_n)x_n$.这是一个矛盾.

类似地，我们也有下面结论.

定理 5　设有正数 c 使得

$$\mu_*(p<c)=a\geqslant 0$$

$$\mu^*(p\leqslant 1-c)=b\geqslant 0$$

$$\mu_*(p<c,p\leqslant 1-c)>a+b-\frac{1}{2\tau+3}$$

则方程(2)振动.

例 5　在方程(2)中取

$$\tau=1,p_n=\begin{cases}-\dfrac{1}{3} & (n=6k)\\ \dfrac{2}{3} & (n\neq 6k,k\in\mathbf{N})\end{cases}$$

令 $c=\dfrac{1}{2}$，那么

$$\mu_*\left(p<\frac{1}{2}\right)=\frac{1}{6}$$

$$\mu^*\left(p\leqslant\frac{1}{2}\right)=\frac{1}{6}$$

$$\mu_*\left(p<\frac{1}{2}\text{ 或 }p\leqslant\frac{1}{2}\right)=\frac{1}{6}$$

满足定理 4 的所有条件，因此，这时的方程(2)是振动的.

§1.7　线性化振动

考虑非线性差分方程

$$\Delta x_n+\sum_{i=1}^{m}p_if_i(x_{n-k_i})=0\quad(n=0,1,\cdots)\qquad(1)$$

与其线性化方程

$$\Delta x_n+\sum_{i=1}^{m}p_i x_{n-k_i}=0\quad(n=0,1,\cdots)\tag{2}$$

其中 $i=1,2,\cdots,m$,k_i 是非负整数,且

$$\max\{k_1,\cdots,k_m\}>0$$

$$p_i\in(0,\infty)\tag{3}$$

$$\begin{aligned}&f_i\in C(\mathbf{R},\mathbf{R}),\exists\alpha>0,uf_i(u)>0\\&u\neq0,u\in(-\alpha,\alpha)\end{aligned}\tag{4}$$

$$\lim_{u\to0}\frac{f_i(u)}{u}=1\tag{5}$$

定理 1 在条件(3)(4) 和(5) 成立的情况下,方程(1) 与其线性化方程(5) 在振动性上等价.

为了证明定理 1,先看几个引理.

引理 1 设有 $N^*\geqslant0,\delta>0$ 使得

$n\geqslant N^*,u_1,u_2,\cdots,u_m\in[0,\delta],(u_1,u_2,\cdots,u_m)\neq0$

时有 $f(n,u_1,u_2,\cdots,u_m)>0,i=1,2,\cdots,m,u'_i\leqslant u''_i$ 时 $f(n,u'_1,u'_2,\cdots,u'_m)\leqslant f(n,u''_1,u''_2,\cdots,u''_m)$ 成立,方程

$$\Delta x_n+f(n,x_{n-k_1},\cdots,x_{n-k_m})\leqslant0\tag{6}$$

有正解 $\{x_n^*\}$,使得 $x_n^*\leqslant\delta$ 成立.那么方程

$$\Delta x_n+f(n,x_{n-k_1},\cdots,x_{n-k_m})=0\tag{7}$$

有正解 $\{x_n\}$,使得 $x_n\leqslant x_n^*$ 对所有大 n 成立.

证明 令 $N=N^*+k$,那么当 $n\geqslant N-k$ 时 $\{x_n^*\}$ 严格减少,且

$$\lim_{n\to\infty}x_n^*=l\in[0,\infty)$$

对方程(6) 求和可知

$$l+\sum_{j=1}^{\infty}f(j,x_{j-k}^*,\cdots,x_{j-k_m}^*)\leqslant x_n^*\quad(n\geqslant N)$$

令

$$\Omega=\{\{y_n\}:0\leqslant y_n\leqslant x_n^*,n\geqslant N\}$$

且对任意的$\{y_n\}\in\Omega$,定义$\{Y_n\}_{n=N-k}^{\infty}$如下

$$Y_n=\begin{cases}y_n & (n\geqslant N)\\ y_N+x_n^*-x_N^* & (N-k\leqslant n<N)\end{cases}$$

显然,当$n\geqslant N-k$时,有$0\leqslant Y_n\leqslant x_n^*$,且当$N-k\leqslant n<N$时,有$Y_n>0$.

按照如下方式在Ω上定义算子T

$$T_{y_n}=l+\sum_{j=n}^{\infty}f(j,Y_{j-k_1},\cdots,Y_{j-k_m})\quad(n\geqslant N)$$

由f的单调性自然当$\{y'_n\},\{y''_n\}\in\Omega$满足$y'_n\leqslant y''_n$时,有$Ty'_n\leqslant Ty''_n$. 同时当$\{y_n\}\in\Omega$时,有$Ty_n\leqslant Tx_n^*\leqslant x_n^*$. 考虑序列

$$\{x_n^{(0)}\}=\{x_n^*\},\{x_n^{(i)}\}=\{Tx_n^{(i-1)}\}\quad(i=1,2,\cdots)$$

由归纳法可知,当$n\geqslant N$时

$$0\leqslant x_n^{(i+1)}\leqslant x_n^{(i)}\leqslant x_n^*\quad(i=1,2,\cdots)$$

因此有

$$x_n=\lim_{i\to\infty}x_n^{(i)}\quad(n\geqslant N)$$

存在且$\{x_n\}\in\Omega$,同时满足

$$x_n=l+\sum_{j=n}^{\infty}f(j,x_{j-k_1},\cdots,x_{j-k_m})\quad(n\geqslant N)$$

即$\{x_n\}$是方程(7)的非负解. 下证当$n\geqslant N$时$x_n>0$.

如果$l>0$,结论显然成立. 如果$l=0$且有N^*存在,使得当$N-k\leqslant n<N^*$时,$x_n>0$,$x_{N^*}=0$,那么

$$0=x_{N^*}=\sum_{j=N^*}^{\infty}f(j,x_{j-k_1},\cdots,x_{j-k_m})>0$$

这是一个矛盾. 证毕.

由引理 1,我们自然可以得到结论:

方程(2) 振动的充要条件是

$$\Delta x_n + \sum_{i=1}^{m} p_i x_{n-k_i} \leqslant 0 \tag{8}$$

无最终正解.

另外,由 §1.3 定理 1 也可得到结论:

方程(2) 振动的充要条件是

$$\lambda - 1 + \sum_{i=1}^{m} p_i \lambda^{-k_i} = 0 \tag{9}$$

无正根.

引理 2 定理 1 的条件均成立,若方程

$$\Delta x_n + (1-\varepsilon)\sum_{i=1}^{m} p_i x_{n-k_i} = 0 \tag{10}$$

振动,则方程(1) 振动;若方程

$$\Delta x_n + (1+\varepsilon)\sum_{i=1}^{m} p_i x_{n-k_i} = 0 \tag{11}$$

有非振动解,则方程(1) 有非振动解.

证明 由(5) 知,存在 $\delta > 0$ 使得 $u \in (0,\delta)$ 时

$$(1-\varepsilon)u \leqslant f_i(u) \leqslant (1+\varepsilon) \quad (i=1,2,\cdots)$$

类似引理 1 的证明可知结论成立.

引理 3 若方程(9) 无正根,则有 $0 < \varepsilon_0 < 1$ 使得当 $|\varepsilon| < \varepsilon_0$ 时,方程

$$\lambda - 1 + (1-\varepsilon)\sum_{i=1}^{m} p_i \lambda^{-k_i} = 0 \tag{12}$$

也无正根.

证明 令 $F(\lambda) = \lambda - 1 + \sum_{i=1}^{m} p_i \lambda^{-k}$. 由于方程(9) 无正根,故易知当 $\lambda > 0$ 时,$F(\lambda) > 0$ 且 $h = \min_{\lambda > 0} F(\lambda)$

存在并且为正. 设 $F(\lambda_0)=h$,于是有

$$\lambda-1+\sum_{i=1}^{m}p_i\lambda^{-k_i}\geqslant F(\lambda_0)=h\quad(\lambda>0)$$

作关于 ε,λ 的二元函数

$$G(\varepsilon,\lambda)=$$

$$\lambda-1+(1-\varepsilon)\sum_{i=1}^{m}p_i\lambda^{-k_i}\quad(\varepsilon\in(-1,1),\lambda>0)$$

显然 $G'_\lambda(0,\lambda_0)=0$. 由隐函数存在定理,在 $\varepsilon=0$ 的某邻域内存在的连续函数 $\lambda=\lambda(\varepsilon)$,使得 $\lim\limits_{\varepsilon\to0}\lambda(\varepsilon)=\lambda_0$. 从而有

$$\lim_{\varepsilon\to0}\left[\lambda(\varepsilon)-1+(1-\varepsilon)\sum_{i=1}^{m}p_i\lambda^{(\varepsilon)-k_i}\right]=$$

$$\lambda_0-1+\sum_{i=1}^{m}p_i\lambda^{-k_i}=h$$

因此有 $0<\varepsilon_0<1$,使得当 $|\varepsilon|<\varepsilon_0$ 时

$$\lambda(\varepsilon)-1+(1-\varepsilon)\sum_{i=1}^{m}p_i\lambda(\varepsilon)^{-k_i}\geqslant\frac{h}{2}$$

即当 $|\varepsilon|<\varepsilon_0$ 时方程(12) 无正根.

定理 1 的证明:若方程(2) 振动,则方程(9) 无正根,由引理 3 可知,方程(12) 无正根. 这样一来,再由引理 2 可知方程(1) 振动.

如果方程(2) 有一个最终正解,则方程(9) 有一正根. 这时候必有 $0<\varepsilon_0<1$ 使得当 $|\varepsilon|<\varepsilon_0$ 时

$$\lambda-1+(1+\varepsilon)\sum_{i=1}^{m}p_i\lambda^{-k_i}=0$$

有正根. 即方程(11) 有最终正解. 由引理 2 可知方程(1) 有最终正解. 证毕.

定理 2　如果对 $a,b>0$

$$c_n = \min_{u_1,\cdots,u_m \in [a,b]} |f(n,u_1,\cdots,u_m)|$$

$$\sum_{n=0}^{m} c_n = \infty \tag{13}$$

且有正数 δ 和非负数列 $\{p_1(n)\},\cdots,\{p_m(n)\}$，使得

$$\begin{cases} f(n,u_1,\cdots,u_m) \geqslant \sum_{i=1}^{m} p_i(n)u_i > 0 \\ 0 < u_1,\cdots,u_m \leqslant \delta \\ f(n,u_1,\cdots,u_m) \leqslant \sum_{i=1}^{m} p_i(n)u_i > 0 \\ 0 > u_1,\cdots,u_m \geqslant -\delta \end{cases} \tag{14}$$

若方程

$$\Delta x_n + \sum_{i=1}^{m} p_i(n) x_{n-k_i} = 0 \tag{15}$$

振动，则方程(7) 振动.

证明　设方程(7) 有一个最终正解，则存在 $N \geqslant 0$，使得当 $n \geqslant N$ 时，$x_{n-k} > 0$. 于是由方程(7) 可知当 $n \geqslant N$ 时 $\{x_n\}$ 是单调减少的. 从而有 $\lim\limits_{n\to\infty} x_n = l \in [0,\infty)$. 对(7) 求和有

$$l - x_N + \sum_{j=N}^{\infty} f(j, x_{j-k_1},\cdots,x_{j-k_m}) = 0$$

这与式(13) 矛盾. 因此，$l=0$. 于是由(14) 及方程(7) 有

$$\Delta x_n + \sum_{i=1}^{m} p_i(n) x_{n-k_i} \leqslant 0 \tag{16}$$

再利用引理 1 可知，方程(7) 有一个最终正解. 矛盾，证毕.

由定理 2 的证明过程显然可得下面结论：

定理 3　如果对任意的正数 $\delta > 0$ 有(14) 成立，且

方程(15)振动,则方程(7)振动.

事实上,类似定理2的证明必有$\lim\limits_{n\to\infty} x_n = l \in [0,\infty)$.这样一来,由方程(7)可知式(16)成立.由引理1可知方程(15)有一个最终正解.

定理4　设有正数δ及非负数列$\{p_1(n)\},\cdots,\{p_m(n)\}$,使得

$$0 < f(n,u_1,\cdots,u_m) \leqslant \sum_{i=1}^{m} p_i(n)u_i$$

$$0 < u_1,\cdots,u_m \leqslant \delta \tag{17}$$

且f关于$u_1,\cdots,u_m$为非减函数.如果方程(15)有一个最终正解,则方程(7)有一个最终正解.

证明　设$\{y'_n\}$是方程(15)的一个最终正解,则存在N使得当$n \geqslant N$时$y'_{n-k} > 0$,于是由方程(7)可知,当$n \geqslant N$时$\{y'_n\}$是非增数列.从而有$\{y'_n\}$有界.令M足够大使得

$$y_n = \frac{y'_n}{M} \leqslant \delta \quad (n \geqslant N)$$

显然,$\{y_n\}$也是方程(15)的一个解,这样,由(17)可知

$$\Delta y_n + f(n,y_{n-k_1},\cdots,y_{n-k_m}) \leqslant 0 \quad (n \geqslant N)$$

由引理1可知结论成立,证毕.

由定理2和定理4显然有如下结果:

定理5　对于差分方程

$$\Delta x_n + \sum_{i=1}^{m} p_i(n) f(x_{n-k_i}) = 0 \quad (n=0,1,\cdots) \tag{18}$$

其中$i=1,2,\cdots,m$,$\{p_i(n)\}$是非负数列,$f_i \in C(\mathbf{R},\mathbf{R})$,当$u \neq 0$时有$uf_i(u) > 0$,且式(5)成立,设

$$\sum_{i=1}^{\infty}\sum_{n=0}^{\infty} p_i(n) = \infty, \sum_{i=1}^{m} p_i(n)k_i > 0 \tag{19}$$

有正数 δ 使得或者有

$$0 < u < \delta, f_i(u) \leqslant u, f_i \text{ 单调增加}$$

或者有

$$0 > u > -\delta, f_i(u) \geqslant u, f_i \text{ 单调增加}$$

那么方程(18)振动的充要条件是方程(15)振动.

注意,定理 5 当 $p_i(n)$ 变成常数时也不同于定理 1. 定理 1 并不要求 f_i 的单调性.

最后,作为应用我们考虑离散 Logistic 方程

$$x_{n+1} = x_n\left[A(n) - \sum_{i=0}^{m} B_i(n) x_{n-i}\right] \tag{20}$$

其中 $\{A(n)\}$, $\{B_1(n)\}$, $\cdots$, $\{B_m(n)\}$ 是正数列, $\{x_n^*\}$ 是方程(20)固定的正解,如果方程(20)的任一正解 $\{x_n\}$ 使得 $\{x_n - x_n^*\}$ 振动,称方程(20)关于 $\{x_n^*\}$ 振动.

定理 6 设 $\{x_n^*\}$ 是方程(20)的一个正解,且有

$$\sum_{i=0}^{m} \sum_{n=0}^{\infty} \frac{x_n^*}{x_{n+1}^*} B_i(n) x_{n-i}^* = \infty \tag{21}$$

那么方程(20)的每一个正解关于 $\{x_n^*\}$ 振动的充要条件是方程

$$\Delta y_n + \frac{x_n^*}{x_{n+1}^*} \sum_{i=0}^{m} B_i(n) x_{n-i}^* y_{n-i} = 0 \tag{22}$$

振动.

证明 令 $x_n = x_n^* \mathrm{e}^{z_n}$,那么方程(20)变为

$$\Delta z_n - \ln \frac{x_n^*}{x_{n+1}^*}\left[A(n) - \sum_{i=0}^{m} B_i(n) x_{n-i}^* \mathrm{e}^{z_{n-i}}\right] = 0 \tag{23}$$

显然,方程(20)关于 $\{x_n^*\}$ 振动当且仅当方程(23)振动. 令

$$f(n,u_0,\cdots,u_m)=$$

$$-\ln\frac{x_n^*}{x_{n+1}^*}\left[A(n)-\sum_{i=0}^{m}B_i(n)x_{n-i}^*\mathrm{e}^{u_i}\right]$$

$$g(n,u_0,\cdots,u_m)=f(n,u_0,\cdots,u_m)=$$

$$-\frac{x_n^*}{x_{n+1}^*}\sum_{i=0}^{m}B_i(n)x_{n-i}^*u_i$$

因为$\{x_n^*\}$满足方程(20),因此有

$$\frac{\partial g}{\partial u_j}=\frac{B_j(n)x_{n-j}^*\mathrm{e}^{u_j}}{A(n)-\sum\limits_{i=0}^{m}B_i(n)x_{n-i}^*\mathrm{e}^{u_i}}-$$

$$\frac{x_n^*}{x_{n+1}^*}B_j(n)x_{n-j}^*=$$

$$\frac{B_j(n)x_{n-j}^*\mathrm{e}^{u_j}}{A(n)-\sum\limits_{i=0}^{m}B_i(n)x_{n-i}^*\mathrm{e}^{u_i}}-$$

$$\frac{B_j(n)x_{n-j}^*}{A(n)-\sum\limits_{i=0}^{m}B_i(n)x_{n-j}^*}$$

显然

$$\frac{\partial g}{\partial u_j}<0,u_0,u_1,\cdots,u_m<0$$

且

$$g(n,0,\cdots,0)\equiv 0$$

$$0>f(n,u_0,\cdots,u_m)\geqslant$$

$$\frac{x_n^*}{x_{n+1}^*}\sum_{i=0}^{m}B_i(n)x_{n-i}^*u_i,u_0,\cdots,u_m<0$$

$$\frac{\partial f(n,u_0,\cdots,u_m)}{\partial u_j}=$$

$$\frac{B_j(n)x_{n-j}^*\mathrm{e}^{u_j}}{A(n)-\sum_{i=0}^{m}B_i(n)x_{n-i}^*\mathrm{e}^{u_i}}>0,u_0,\cdots,u_m<0$$

$$\frac{\partial f(n,0,\cdots,0)}{\partial u_j}=\frac{B_j(n)x_{n-j}^*}{A(n)-\sum_{i=0}^{m}B_i(n)x_{n-i}^*}=$$

$$\frac{x_n^*}{x_{n+1}^*}B_j(n)x_{n-j}^*,u_0,\cdots,u_m<0$$

且

$$\lim_{(u_0,\cdots,u_m)\to 0}\frac{f(n,u_0,\cdots,u_m)}{\frac{x_n^*}{x_{n+1}^*}\sum_{i=0}^{m}B_i(n)x_{n-i}^*u_i}\equiv 1$$

这样一来,由定理 2 和定理 4 可知结论成立.证毕.

考虑方程

$$x_{n+1}=Ax_n\left(1-\sum_{i=0}^{m}B_ix_{n-i}\right)\tag{24}$$

其中 $A\in(1,\infty)$,$B_i\in(0,\infty)$,m 是非负整数,$i=0,1,\cdots,m$,这时,$x^*=\frac{A-1}{A\sum_{i=0}^{m}B_i}$ 是方程(24) 的解,因此由定理 6 可知:

推论 方程(24)关于 x^* 振动的充要条件是方程

$$\Delta y_n+Ax^*\sum_{i=0}^{m}B_iy_{n-i}=0$$

振动.

§1.8 非线性差分方程的振动性

这节中将考虑非线性差分不等式

$$\Delta x_n + a(n)x_n + \sum_{i=1}^{k} p_i(n) \cdot$$

$$\prod_{j=1}^{m_i} | x_{n-\tau_{ij}(n)} |^{\alpha_{ij}} \operatorname{sgn} x_{n-\tau_{ij}(n)} \leqslant 0 \quad (n=0,1,\cdots,) \tag{1}$$

其中将引用条件：

(H_1)：$\{a(n)\}_{n=0}^{\infty}$ 是实数列；

(H_2)：$\{p_1(n)\}_{n=0}^{\infty},\cdots,\{p_k(n)\}_{n=0}^{\infty}$ 是非负数列；

(H_3)：$\alpha_{11},\cdots,\alpha_{km_k}$ 是正数且有

$$\sum_{j=1}^{m_i} \alpha_{ij} = 1 \quad (i=1,\cdots,k)$$

(H_4)：$\tau_{11}(n),\cdots,\tau_{km_k}(n)$ 是定义在 $n \geqslant 0$ 上的非负整数函数，并满足

$$\tau_{ij}(n) \geqslant, \lim_{n\to\infty}(n-\tau_{ij}(n)) = \infty$$

$$(1 \leqslant i \leqslant k, 1 \leqslant j \leqslant m_k)$$

(H_5)：$\tau^* = \sup\{\tau_{ij}(n) \mid 1 \leqslant i \leqslant k, 1 \leqslant j \leqslant m_k, n \geqslant 0\}$. 是一非负整数.

方程(1)的一个解是实数列 $\{x_n\}_{n=-\tau^*}^{\infty}$，且当 $n \geqslant 0$ 时满足式(1)，如此的一个解当 $x_n \leqslant 1$ 最终成立时，称其是最终 Subnormal；而当 $x_n < 1$ 最终成立时，称其是最终严格 Subnormal.

设 $\{x_n\}$ 是方程(1)的一个最终正解，那么存在 $N \geqslant \tau^*$ 使得当 $n \geqslant N-\tau^*$ 时，$x_n > 0$. 令

$$\omega_n = -\frac{\Delta x_n}{x_n} \quad (n \geqslant N-\tau^*)$$

那么

$$0 < \frac{x_{n+1}}{x_n} = 1 - \omega_n \quad (n \geqslant N-\tau^*)$$

即$\{\omega_n\}$是最终严格 Subnormal 且

$$\frac{x_n}{x_{n-\tau_{ij}(n)}}=(1-\omega_{n-1})\cdots(1-\omega_{n-\tau_{ij}(n)})\quad(n\geqslant N)$$

代入方程(1)中,则有

$$\omega_n\geqslant a(n)+\sum_{i=1}^{k}p_i(n)\prod_{j=1}^{m_i}\prod_{s=n-\tau_{ij}(n)}^{n-1}\frac{1}{(1-\omega_s)^{\alpha_{ij}}}\quad(n\geqslant N)\tag{2}$$

定理 1　若方程(1)有一个最终正解,则方程(2)有一个最终不小于$\{a(n)\}$的严格 Subnormal 解.逆命题也成立.

证明　如果(ω_n)是方程(2)的一个最终不小于$\{a(n)\}$的严格 Subnormal 解,则存在 N.使得当 $n\geqslant N-\tau^*$ 时,$a(n)\leqslant\omega_n<1$.令 $x_N=1$

$$x_{n+1}=\prod_{i=N}^{n}(1-\omega_i)\quad(n\geqslant N)$$

它是方程(1)的一个最终正解.

N 是不小于 τ^* 的整数,定义

$$\omega_n^{(0)}=a(n)\quad(n\geqslant 0)$$

$$\omega_n^{(t+1)}=a(n)+\sum_{i=1}^{k}p_i(n)\prod_{j=1}^{m_i}\prod_{s=n-\tau_{ij}(n)}^{n-1}\frac{1}{(1-\omega_s^{(t)})^{\alpha_{ij}}}\quad(n\geqslant N)\tag{3}$$

$$\omega_n^{(t+1)}=\omega_n^{(t)}\quad(n<N)$$

为方便起见,我们称方程(3)是方程(1)的伴随关系.

定理 2　方程(2)有一个解$\{\omega_n\}$使得 $a(n)\leqslant\omega_n<1,n\geqslant N-\tau^*>0$,当且仅当方程(1)的伴随关系的每一项$\{\omega^{(t)}\}$满足:$a(n)\leqslant\omega^{(t)}<1,n\geqslant N$,且收敛一个最终严格 Subnormal 数列.

证明　设$\{\omega_n\}$是方程(2)的一个解且满足

$a(n) \leqslant \omega_n < 1, n \geqslant N - \tau^* \geqslant 0$,方程(1) 的伴随关系满足

$$a(n) = \omega_n^{(0)} \leqslant \omega_n < 1 \quad (n \geqslant N - \tau^*)$$

同时

$$\frac{1}{(1-\omega_s^{(0)})^{\alpha_{ij}}} \leqslant \frac{1}{(1-\omega_s)^{\alpha_{ij}}} \quad (s \geqslant N - \tau^*)$$

于是

$$\omega_n^{(0)} = a(n) \leqslant a(n) + \sum_{i=1}^{k} p_i(n) \prod_{j=1}^{m_i} \prod_{s=n-\tau_{ij}(n)}^{n-1} \frac{1}{(1-\omega_s^{(0)})^{\alpha_{ij}}} = \omega_n^{(1)} \leqslant$$

$$a(n) + \sum_{i=1}^{k} p_i(n) \prod_{j=1}^{m_i} \prod_{s=n-\tau_{ij}(n)}^{n-1} \frac{1}{(1-\omega_s)^{\alpha_{ij}}} \leqslant \omega_n \quad (n \geqslant N)$$

类似地,有

$$\omega_n^{(1)} = a(n) + \sum_{i=1}^{k} p_i(n) \prod_{j=1}^{m_i} \prod_{s=n-\tau_{ij}(n)}^{n-1} \frac{1}{(1-\omega_s^{(0)})^{\alpha_{ij}}} \leqslant$$

$$a(n) + \sum_{i=1}^{k} p_i(n) \prod_{j=1}^{m_i} \prod_{s=n-\tau_{ij}(n)}^{n-1} \frac{1}{(1-\omega_s^{(1)})^{\alpha_{ij}}} = \omega_n^{(2)} \leqslant \omega_n$$

由归纳法可知

$$\omega_n^{(0)} \leqslant \omega_n^{(1)} \leqslant \cdots \leqslant \omega_n < 1 \quad (n \geqslant N)$$

相反,如果每一个 $\omega_n^{(t)}$ 是严格 Subnormal 且 $\{\omega_n^{(t)}\}$ 逐点收敛于$\{u_n\}$,$n \geqslant N$. 由前面的证明可知

$$\omega_n^{(0)} \leqslant \omega_n^{(1)} \leqslant \cdots \leqslant u_n < 1 \quad (n \geqslant N)$$

由 Lebesque 定理对式(3) 两边取极限,则有

$$u_n = a(n) + \sum_{i=1}^{k} p_i(n) \prod_{j=1}^{m_i} \prod_{s=n-\tau_{ij}(n)}^{n-1} \frac{1}{(1-u_s)^{\alpha_{ij}}} \quad (n \geqslant N) \tag{4}$$

证毕.

由定理 1 和定理 2 我们有:

定理 3 方程(1) 有一个最终正解,当且仅当方程

$$\Delta x_n + a(n) x_n + \sum_{i=1}^{k} p_i(n) \prod_{j=1}^{m_i} | x_{n-\tau_{ij}(n)} |^{\alpha_{ij}} \operatorname{sgn} x_{n-\tau_{ij}(n)} = 0 \tag{5}$$

有一个最终正解.

在方程(1) 中,如果 $a(n) \equiv a, p_i(n) \equiv p_i > 0$, $\tau_{ij}(n) \equiv \tau_{ij}$,那么方程(1) 变为

$$\Delta x_n + a x_n + \sum_{i=1}^{k} p_i(n) \prod_{j=1}^{m_i} | x_{n-\tau_{ij}(n)} |^{\alpha_{ij}} \operatorname{sgn} x_{n-\tau_{ij}(n)} \leqslant 0 \quad (n \geqslant 0) \tag{6}$$

且对于足够大的 N,$\{\omega_n^{(0)}\}_{n=N}^{\infty}$ 变为$\{a\}$;$\{\omega_n^{(0)}\}_{n=N}^{\infty}$ 变为常数列$\{\omega^{(1)}\}$,且 $\omega^{(1)} = a + \lambda_1$,这里

$$\lambda_1 = \sum_{i=1}^{k} p(1-a)^{-\sum_{j=1}^{m_i} \alpha_{ij} \tau_{ij}}$$

由归纳法可定义

$$\lambda_0 = 0$$

$$\lambda_{1+t} = \sum_{i=1}^{k} p_i (1 - a - \lambda_t)^{-\sum_{j=1}^{m_i} \alpha_{ij} \tau_{ij}} \quad (t = 0, 1, \cdots) \tag{7}$$

这时$\{\omega_n^{(t)}\}_{n=N}^{\infty}$ 变成了常数列$\{a + \lambda_t\}$,$t \geqslant 1$. 于是有如下结果.

定理 4 方程(6) 有一个最终正解的充要条件是

$a<1$,且由式(7)定义的序列$\{\lambda_t\}$,$\lambda_0=0$满足

$$a+\lambda_1\leqslant a+\lambda_2\leqslant\cdots<1$$

且收敛于$(0,1-a)$.

因此,如果方程(6)有一个最终正解,对式(7)两边取极限可知,方程

$$\lambda=\sum_{i=1}^{k}p_i(1-a-\lambda)^{-\sum\limits_{j=1}^{m_i}\alpha_{ij}\tau_{ij}}\tag{8}$$

在$(0,1-a)$内有正根λ^*.相反如果方程(8)在$(0,1-a)$内有根λ^*,那么$a<1$,$\lambda_1>0$.同时有

$$0<\lambda_1=\sum_{i=1}^{k}p_i(1-a)^{-\sum\limits_{j=1}^{m_i}\alpha_{ij}\tau_{ij}}\leqslant$$

$$\sum_{i=1}^{k}p_i(1-a-\lambda^*)^{-\sum\limits_{j=1}^{m_i}\alpha_{ij}\tau_{ij}}=\lambda^*$$

归纳可知$\lambda_t<\lambda^*$,$t\geqslant 2$.由$\{\omega^{(t)}\}$的单调性可推知$\{\lambda_t\}$也是单调的.于是$\{\lambda_t\}$在$(0,\lambda^*)$上收敛.因此,方程(6)有一个最终正解的充要条件是方程(8)在$(0,1-a)$内有根.

另一方面,由定理1可直接得到如下结果:

推论 1　如果有常数$\omega<1$和N存在,使得

$$\omega\geqslant a(n)+\sum_{i=1}^{k}p_i(n)(1-\omega)^{-\sum\limits_{j=1}^{m_i}\alpha_{ij}\tau_{ij}(n)}\quad(n\geqslant N)\tag{9}$$

则方程(1)有一个最终正解.

因此,如果

$$a(n)=0,\sum_{j=1}^{m_i}\alpha_{ij}\tau_{ij}(n)\equiv\tau>0\quad(1\leqslant i\leqslant k)$$

$$\sum_{i=1}^{k}p_i(n)\leqslant\frac{\tau^{\tau}}{(1+\tau)^{\tau+1}}\quad(n\geqslant N)$$

方程(1) 有一个最终正解.

确实,这时式(9) 满足

$$\sum_{i=1}^{k} p_i(n) \leqslant \max_{0<\omega<1} \omega(1-\omega)^{\tau} = \frac{\tau^{\tau}}{(1+\tau)^{\tau+1}}$$

$\left\{\dfrac{1}{1+\tau}\right\}$ 是方程(9) 的一个严格 Subnormal 解.

再由定理 1 和定理 2 可得如下结果:

推论 2 如果对任意的 N,都有 $n \geqslant N$ 使得方程(1) 的伴随关系对某一 $t \geqslant 0$ 有 $\omega_n^{(t)} \geqslant 1$,那么方程(1) 无最终正解.

因此,如果对任意的 $N \geqslant \tau^*$,有 $n \geqslant N$ 使得 $\omega_n^{(0)} = a(n) \geqslant 1$ 或者

$$\omega_n^{(0)} = a(n) + \sum_{i=1}^{k} p_i(n) \prod_{j=1}^{m_i} \prod_{s=n-\tau_{ij}(n)}^{n-1} \frac{1}{(1-a(s))^{\alpha_{ij}}} \geqslant 1$$

则方程(1) 无最终正解.

定理 5 设有 $N \geqslant \tau^*$ 及常数 τ 和 a_* 存在,使得

$$\inf_{n \geqslant N-\tau^*} a(n) \geqslant a_* > -\infty$$

$$0 \leqslant \sum_{j=1}^{m_i} \alpha_{ij}\tau_{ij}(n) \leqslant \tau, n \geqslant N-\tau^* > 0, 1 \leqslant i \leqslant k,$$

$$\inf_{n \geqslant N-\tau^*, 0<\mu<1-a_*} \cdot \left\{\frac{1}{\mu} \sum_{i=1}^{k} p_i(n)(1-a_*-\mu)^{-\sum_{j=1}^{m_i} \alpha_{ij}\tau_{ij}(n)}\right\} > 1 \tag{10}$$

那么方程(1) 无最终正解.

证明 设$\{\omega_n^{(t)}\}$是方程(1) 的伴随序列. 由定理 2 可知$\{\omega_n^{(t)}\}$是单调的. 不失一般性,我们说对每个$\{\omega_n^{(t)}\}$它是不小于 $a(n)$ 的严格 Subnormal,注意到如

果 $a_* \geqslant 1$,那么 $\omega_n^{(0)} \geqslant a(n) \geqslant a_* \geqslant 1$. 由推论 2 的结果可知结论成立. 如果 $\omega_n^{(0)} = a(n) \geqslant a_*, n \geqslant N-\tau^*$,那么

$$\omega_n^{(1)} = a(n) + \sum_{i=1}^{k} p_i(n) \prod_{j=1}^{m_i} \prod_{s=n-\tau_{ij}(n)}^{n-1} \frac{1}{(1-\omega_s^{(0)})^{\alpha_{ij}}} \geqslant$$

$$a(n) + \sum_{i=1}^{k} p_i(n) \prod_{j=1}^{m_i} \prod_{s=n-\tau_{ij}(n)}^{n-1} \frac{1}{(1-a_*)^{\alpha_{ij}}} =$$

$$a(n) + \sum_{i=1}^{k} p_i(n)(1-a_*)^{-\sum_{j=1}^{m_i} \alpha_{ij}\tau_{ij}(n)} \geqslant$$

$$a(n) + \mu_1 \quad (n \geqslant N)$$

$$\mu_1 = \inf_{n \geqslant N-\tau^*} \sum_{i=1}^{k} p_i(n)(1-a_*)^{-\sum_{j=1}^{m_i} \alpha_{ij}\tau_{ij}(n)}$$

因此有 $\omega_n^{(1)} \geqslant a_* + \mu_1$. 如果 $a_* + \mu_1 \geqslant 1$,结论仍然成立. 归纳定义

$$\mu_{t+1} = \inf_{n \geqslant N-\tau^*} \sum_{i=1}^{k} p_i(n)(1-a_*-\mu_t)^{-\sum_{j=1}^{m_i} \alpha_{ij}\tau_{ij}(n)} \quad (t=1,2,\cdots) \tag{11}$$

那么有

$$\omega_n^{(t)} \geqslant a(n) + \mu_t \quad (n \geqslant N, t \geqslant 1) \tag{12}$$

且

$$\omega_n^{(t)} \geqslant a_* + \mu_t \quad (n \geqslant N-\tau^*, t \geqslant 1)$$

类似地,如果对某一 $t \geqslant 1$ 有 $a_* + \mu_t \geqslant 1$,结论成立.

设 $a_* < 1$ 且 $a_* + \mu_t < 1, t \geqslant 1$ 我们能证明 $0 < \mu_1 \leqslant \mu_2 \leqslant \cdots \leqslant 1-a_*$. 确实,$\mu_1 \geqslant 0$. 如果 $\mu_1 = 0$,则有 $\{n_s\}$ 存在使得

$$\lim_{s \to \infty} \sum_{i=1}^{k} p_i(n_s)(1-a_*)^{-\sum_{j=1}^{m_i} \alpha_{ij}\tau_{ij}(n)} = 0$$

取 $\mu'=(1-a_*)/2$，那么 $0<\mu'<1-a_*$，且

$$\lim_{s\to\infty}\frac{1}{\mu'}\sum_{i=1}^{k}p_i(n_s)(1-a_*-\mu')^{-\sum_{j=1}^{m_i}\alpha_{ij}\tau_{ij}(n_s)}\leqslant$$

$$\lim_{s\to\infty}\frac{2^{\tau}}{\mu'}\sum_{i=1}^{k}p_i(n_s)(1-a_*)^{-\sum_{j=1}^{m_i}\alpha_{ij}\tau_{ij}(n_s)}=0$$

这与式(10)相矛盾.因为 $\mu_1>0$，因此

$$\mu_2=\inf_{n\geqslant N-\tau^*}\sum_{i=1}^{k}p_i(n)(1-a_*-\mu_1)^{-\sum_{j=1}^{m_i}\alpha_{ij}\tau_{ij}(n)}\geqslant$$

$$\inf_{n\geqslant N-\tau^*}\sum_{i=1}^{k}p_i(n)(1-a_*)^{-\sum_{j=1}^{m_i}\alpha_{ij}\tau_{ij}(n)}=\mu_1$$

归纳可知 $0<\mu_1\leqslant\mu_2\leqslant\cdots\leqslant 1-a_*$. 令 $\mu^*=\lim\limits_{t\to\infty}\mu_t$，如果 $\mu^*<1-a_*$，由式(11)必有

$$\mu^*=\inf_{n\geqslant N-\tau^*}\sum_{i=1}^{k}p_i(n)(1-a_*-\mu^*)^{-\sum_{j=1}^{m_i}\alpha_{ij}\tau_{ij}(n)}$$

这又与式(10)相矛盾，因此 $\mu^*=1-a_*$. 但这时由式(12)可知 $\omega_n^{(\infty)}\geqslant a(n)+1-a_*\geqslant 1$. 由定理 2 知方程(1)无最终正解. 证毕.

对于固定的 $n\geqslant N-\tau^*$，有

$$\inf_{0<\mu<1-a_*}\left\{\frac{1}{\mu}p_i(n)(1-a_*-\mu)^{-\sum_{j=1}^{m_i}\alpha_{ij}\tau_{ij}(n)}\right\}$$

在点 $\mu_i=(1-a_*)(1+\sum\limits_{j=1}^{m_i}\alpha_{ij}\tau_{ij}(n))^{-1}$ 达到且等于

$$\frac{p_i(n)(1+\tau_i(n))^{1+\tau_i(n)}}{(1-a_*)^{1+\tau_i(n)}(\tau_i(n))^{\tau_i(n)}}$$

其中，$\tau_i(n)=\sum\limits_{j=1}^{m_i}\alpha_{ij}\tau_{ij}(n)<\infty, 1\leqslant i\leqslant k, n\geqslant 0$

因此，如果

$$\liminf_{n\to\infty}\sum_{i=1}^{k}\frac{p_i(n)(1+\tau_i(n))^{1+\tau_i(n)}}{(1-a_*)^{1+\tau_i(n)}(\tau_i(n))^{\tau_i(n)}}>1 \quad (13)$$

则(1) 无最终正解. 特别当 $a(n)\equiv 0,\tau_i(n)\equiv\tau$ 时(13)变为

$$\liminf_{n\to\infty}\sum_{i=1}^{k}p_i(n)>\frac{\tau^{\tau}}{(1+\tau)^{\tau+1}}$$

另外,我们采用几何平均值和算术平均值的关系有

$$\frac{1}{\mu}\sum_{i=1}^{k}p_i(n)(1-a_*-\mu)^{-\tau_i(n)}\geqslant$$

$$\frac{k}{\mu}\left\{\sum_{i=1}^{k}p_i(n)\right\}^{\frac{1}{k}}\cdot$$

$$\left\{\sum_{i=1}^{k}(1-a_*-\mu)^{-\tau_i(n)}\right\}^{\frac{1}{k}}=$$

$$k\left\{\sum_{i=1}^{k}p_i(n)\right\}^{\frac{1}{k}}\cdot$$

$$\left\{\sum_{i=1}^{k}\frac{1}{\mu(1-a_*-\mu)^{-\tau_i(n)}}\right\}^{\frac{1}{k}}$$

$$\inf_{0<\mu<1-a^*}\frac{1}{\mu(1-a_*-\mu)^{-\tau_i(n)}}=$$

$$\frac{1}{(1-a_*)^2}\cdot\frac{(\tau_i(n)+1)^{\tau_i(n)+1}}{\tau_i(n)^{\tau_i(n)}}$$

因此

$$\liminf_{n\to\infty}k\left\{\sum_{i=1}^{k}p_i(n)\right\}^{\frac{1}{k}}\cdot$$

$$\left\{\sum_{i=1}^{k}\frac{1}{(1-a_*)^2}\cdot\frac{(\tau_i(n)+1)^{\tau_i(n)+1}}{\tau_i(n)^{\tau_i(n)}}\right\}^{\frac{1}{k}}>1$$

(1) 无最终正解.

定理 6 $\sup\limits_{n\geqslant N-\tau^*} a(n)=a^* < 1$

$$\sup_{n\geqslant N-\tau^*}\sum_{i=1}^{k}p_i(n)(1-a^*)^{-\sum\limits_{j=1}^{m_i}\alpha_{ij}\tau_{ij}(n)}>0$$

且有常数 $\varphi\in(0,1-a^*)$ 使得

$$\sup_{n\geqslant N-\tau^*}\left\{\frac{1}{\varphi}\sum_{i=1}^{k}p_i(n)(1-a^*-\varphi)^{-\sum\limits_{j=1}^{m_i}\alpha_{ij}\tau_{ij}(n)}\right\}\leqslant 1 \tag{14}$$

则(1) 有一最终正解.

证明 设$\{\omega_n^{(t)}\}$是(1) 的伴随序列,注意到

$$w_n^{(1)}=a(n)+\sum_{i=1}^{k}p_i(n)\prod_{j=1}^{m_i}\prod_{s=n-\tau_{ij}(n)}^{n-1}\frac{1}{(1-w_s^{(0)})^{\alpha_{ij}}}\leqslant a(n)+\varphi_1\quad(n\geqslant N)$$

且

$$w_n^{(1)}\leqslant a^*+\varphi_1\quad(n\geqslant N-\tau^*)$$

其中

$$\varphi_1=\sup_{n\geqslant N-\tau^*}\sum_{i=1}^{k}p_i(n)(1-a^*)^{-\sum\limits_{j=1}^{m_i}\alpha_{ij}\tau_{ij}(n)}$$

由假设知

$$0<\varphi_1\leqslant\sup_{n\geqslant N-\tau^*}\sum_{i=1}^{k}p_i(n)(1-a^*-\varphi)^{-\sum\limits_{j=1}^{m_i}\alpha_{ij}\tau_{ij}(n)}\leqslant\varphi$$

归纳可知,定义

$$\varphi_{t+1}=\sup_{n\geqslant N-\tau^*}\sum_{i=1}^{k}p_i(n)(1-a^*-\varphi_t)^{-\sum\limits_{j=1}^{m_i}\alpha_{ij}\tau_{ij}(n)}\quad(t=1,2,\cdots) \tag{15}$$

有

$$
\begin{aligned}
&w_n^{(t)} \leqslant a(n)+\varphi_t \quad (n \geqslant N, t \geqslant 1) \\
&w_n^{(t)} \leqslant a^* + \varphi_t \quad (n \geqslant N-\tau^*, t \geqslant 1)
\end{aligned} \tag{16}
$$

由(14) 知 $0<\varphi_1 \leqslant \varphi_2 \leqslant \cdots \leqslant \varphi$. 这样，由(16) 知 $w_n^{(t)} \leqslant a^* + \varphi_t \leqslant a^* + \varphi$. 由定理 2 知命题成立，证毕.

作为这节的最后，我们建立一个比较定理，为此考虑比较不等式

$$
\Delta y_n + A(n) y_n + \sum_{i=1}^{k} p_i(n) \prod_{j=1}^{m_i} | y_n - \sigma_{ij}(n) |^{\alpha_{ij}} \operatorname{sgn} y_{n-\sigma_{ij}} \leqslant 0, n \geqslant 0 \tag{17}
$$

其中$\{A(n)\}$是实数列，$\{P_1(n)\},\cdots,\{P_k(n)\}$是非负数列，$\sigma_{11}(n),\cdots,\sigma_{km_k}(n)$与$\tau_{ij}(n)$满足类似条件. 类似(1)，我们也可建立(17) 的伴随序列$\{W^{(t)}\}$

$$
W_n^{(0)} = A(n) \quad (n \geqslant 0, t=0,1,2,\cdots)
$$

$$
W_n^{(t+1)} = A(n) + \sum_{i=1}^{k} P_i(n) \prod_{j=1}^{m_i} \prod_{s=n-\sigma_{ij}(n)}^{n-1} \frac{1}{(1-W_s^{(t)})\sigma_{ij}} \quad (n \geqslant N)
$$

且 $W_n^{(t+1)} = W_n^{(t)}, n < N$.

定理 7　如果

$$
a(n) \leqslant A(n), \tau_{ij}(n) = \sigma_{ij}(n), p_i(n) \leqslant P_i(n)
$$

这里 $1 \leqslant i \leqslant k, 1 \leqslant j \leqslant m_k, n \geqslant 0$. 如果(17) 有一个最终正解，则(1) 也有一个最终正解.

确实，如果(17) 有一个最终正解，则有

$$
W_n \geqslant A(n) + \sum_{i=1}^{k} P_i(n) \prod_{j=1}^{m_i} \prod_{s=n-\sigma_{ij}(n)}^{n-1} \frac{1}{(1-W_s)^{\alpha_{ij}}}
$$

有一个严格 Subnormal 解$\{W_n\}$. 而

$$W_n \geqslant A(n) + \sum_{i=1}^{k} P_i(n) \prod_{j=1}^{m_i} \prod_{s=n-\sigma_{ij}(n)}^{n-1} \frac{1}{(1-W_s)^{\alpha_{ij}}} \geqslant$$

$$a(n) + \sum_{i=1}^{k} p_i(n) \prod_{j=1}^{m_i} \prod_{s=n-\sigma_{ij}(n)}^{n-1} \frac{1}{(1-w_s)^{\alpha_{ij}}}$$

由定理 2 知结论成立,证毕.

如果将定理 7 中的条件 $\tau_{ij}(n)=\sigma_{ij}(n)$ 改为 $\tau_{ij}(n)\leqslant\sigma_{ij}(n)$. 那么(17) 有一个非增最终正解,则(1) 有一最终正解. 显然当 $A(n)=a(n)\equiv 0$ 时不受任何限制.

§1.9 振动解的渐近性

考虑带有强迫项的差分方程

$$x_{n+1}-x_n+p(n)f(x_{\sigma(n)})= g(n) \quad (n=0,1,2,\cdots) \tag{1}$$

其中 $\{p(n)\}_{n=0}^{\infty}$ 和 $\{g(n)\}_{n=0}^{\infty}$ 是实数列, $\{\sigma(n)\}$ 是 $n\geqslant 0$ 的整数值函数且满足 $\lim\limits_{n\to\infty}\sigma(n)=\infty$, f 是一实值非减函数当 $x\neq 0$ 时有 $xf(x)>0$.

本节中将考察方程(1) 所有振动解的有界性和趋零性. 这方面的工作是有价值的. 因为如果再加(1) 的非振动解类似性质,我们可以得其所有解的有界性或趋零性.

方程(1) 当 $n\geqslant 0$ 时 $\sigma(n)\leqslant n$, 是一递推关系,因此其解的存在性和唯一性是显然的. 当 $\sigma_*=\inf\limits_{n\geqslant 0}\sigma(0)>-\infty$ 而 $n\geqslant\sigma_*$ 时,我们假设(1) 满足唯一存在定理的条件.

为方便起见, 我们记 $a^+=\max\{a,0\}$, $a^-=-\max\{a,0\}$. 数列 $\{x_n\}_{n=a}^{b}$ 的一个正弧是指有 α, β 使得 $\alpha\leqslant i\leqslant\beta$ 时, $x_i>0$ 而 $x_{\alpha-1}\leqslant 0$, $x_{\beta+1}\leqslant 0$, 记为 $x(\alpha,$

$\beta)=\{x_\alpha,x_{\alpha+1},\cdots,x_\beta\}$；负弧可类似定义. 给定两个正弧 $x(\alpha,\beta)$ 和 $x(s,t)$，如果$\{x_\beta,x_{\beta+1},\cdots,x_s\}$ 中无任何正弧，称 $x(\alpha,\beta)$ 是 $x(s,t)$ 的正前趋. 不难看出，如果$\{x_n\}_{n=a}^{\infty}$ 是振动的且有正的子列，则 x 有正弧列. 确实，令 $\Omega=\{n\mid x_n>0,n\geqslant a\}$，显然可知 $\Omega\neq\{a,a+1,\cdots\}$，于是有 α 使得 $x_{\alpha-1}\leqslant 0$，而 $x_\alpha>0$. 如果 $x_{\alpha+1}\leqslant 0$，则有 $\beta=\alpha+1$. 否则，有 m 使得 $x_{\alpha+1}>0,\cdots,x_m>0$，$x_{m+1}\leqslant 0$. 这时有 $\beta=m$. 归纳可知，有 x 的唯一正弧列$\{x(\alpha_i,\beta_i)\}_{i=1}^{\infty}$，使得每一个正弧 $x(\alpha_i,\beta_i)$ 是 $x(\alpha_{i+1},\beta_{i+1})$ 的正前趋. 如果假设

$$\limsup_{n\to\infty} x_n=\sigma>0$$

则有正弧子列$\{x(s_i,t_i)\}_{i=1}^{\infty}$，使得 $\max\limits_{s_i\leqslant j\leqslant t_i} x_j>\dfrac{\sigma}{2}$；如果 $\limsup\limits_{n\to\infty} x_n=\infty$，类似地有正弧子列$\{x(u_i,v_i)\}_{i=1}^{\infty}$，使得 $\max\limits_{a_i\leqslant j\leqslant v_i} x_j=\max\limits_{a_i\leqslant j\leqslant t_i} x_j$ 且单调发散到 ∞. 如果 x 振动且有负的子列，我们会得到类似的结果. 于是当$\{x_n\}_{n=a}^{\infty}$ 振动且 $\limsup\limits_{n\to\infty}|x_n|=\sigma>0$. 则有正弧列$\{x(s_i,t_i)\}_{n=1}^{\infty}$，使得 $\max\limits_{s_i\leqslant j\leqslant t_I}|x_j|>\dfrac{\sigma}{2}$（或有负弧列$\{x(u_i,v_i)\}_{n=1}^{\infty}$ 使得 $\max\limits_{u_i\leqslant j\leqslant v_i}|x_j|>\dfrac{\sigma}{2}$）；如果$\{x_n\}_{n=a}^{\infty}$ 振动且 $\limsup\limits_{n\to\infty}|x_n|=\infty$. 则有正弧列$\{x(s_i,t_i)\}_{n=1}^{\infty}$ 使得 $\max\limits_{a_i\leqslant j\leqslant t_i}|x_j|=\max\limits_{s_i\leqslant j\leqslant t_i}|x_j|$ 且单调发散到 ∞（或有负弧列$\{x(u_i,v_i)\}_{n=1}^{\infty}$ 使得 $\max\limits_{a_i\leqslant j\leqslant t_i}|x_j|=\max\limits_{s_i\leqslant j\leqslant t_i}|x_j|$ 且单调发散到 ∞）. 当一个振动数列的相邻弧列转行$\{x(\alpha_i,\beta_i)\}_{n=1}^{\infty}$ 对所有的 i 有正常数 c 使得 $\beta_i-\alpha_i\leqslant c$，这时称 x 振动距离有界 c. 周期振动数列就是一个振动有界数

列.

设$\{x_n\}$是(1)的有界振动群,且设

$$\sup_{n\leqslant\sigma_*}|x_n|=M$$

$$\lim_{n\to\infty}\sup|x_n|>2\sigma>0 \tag{2}$$

由前面的讨论可知,有x的相邻弧列$\{x(\alpha_i,\beta_i)\}_{n=1}^{\infty}$使得

$$M_i=\max_{\alpha_i\leqslant j\leqslant\beta_i}|x_j|=|x_{\gamma_i}|>\sigma\quad(i=1,2,\cdots)$$

对(1)从α_i-1到γ_i-1求和,则有

$$x_{\gamma_i}-x_{\alpha_i-1}=-\sum_{j=\alpha_j-1}^{\gamma_i-1}p(j)f(x_{\sigma(j)})+\sum_{j=\alpha_i-1}^{\gamma_i-1}g(j)$$

因此$|x_{\gamma_i}|\leqslant|x_{\gamma_i}-x_{\alpha_i-1}|$,于是有

$$M_i=|x_{\gamma_i}|\leqslant\sum_{j=\alpha_i-1}^{\gamma_i-1}|p(j)f(x_{\sigma(j)})|+\sum_{j=\alpha_i-1}^{\gamma_i-1}|g(j)| \tag{3}$$

如果设f满足$|f(x)|\leqslant f(|x|)$,则有

$$|f(x_{\sigma(j)})|\leqslant f(|x_{\sigma(j)}|)\leqslant f(M)$$

于是

$$\sigma<M_i\leqslant f(M)\sum_{j=\alpha_i-1}^{\infty}|p(j)|+\sum_{j=\alpha_i-1}^{\infty}|g(j)|$$

于是有如下结果:

定理1 假设

$$|f(x)|\leqslant f(|x|)$$

$$\sum_{j=0}^{\infty}|p(j)|<\infty,\sum_{j=0}^{\infty}|g(j)|<\infty \tag{4}$$

则(1)任一有界振动解$\{x_n\}$满足$\lim\limits_{n\to\infty}x_n=0$.

定理2 定理1的条件成立,$\sigma(n)\leqslant n+1$且

$$\lim_{|x|\to\infty}\sup\frac{f(x)}{x}=\Gamma<\infty \tag{5}$$

则(1) 振动解是有界的,因此定理 1 的结论成立.

证明　设$\{x_n\}$是(1) 的无界振动解,$\{x(\alpha_i,\beta_i)\}_{i=1}^{\infty}$是其相邻弧列,令

$$M_i=\max_{\alpha_i\leqslant j\leqslant\beta_i}|x_j|\quad(i\geqslant 1)$$

由$\{x_n\}$的无界性,如果必要我们可选择一个子列使得$\{M_i\}$非减并发散列∞. 因此

$$M_i=\max_{\alpha_i\leqslant j\leqslant\beta_i}|x_j|=\max_{\sigma_*\leqslant j\leqslant\beta_i}|x_j|$$

其中$M_i=|x_{\gamma_i}|$. 这时,显然也有(3) 成立. 而$\sigma(n)\leqslant n+1$,于是

$$\max_{\alpha_i\leqslant j\leqslant\gamma_i-1}|f(x_{\sigma(j)})|\leqslant$$

$$\max_{\alpha_i\leqslant j\leqslant\gamma_i-1}f(|x_{\sigma(j)}|)\leqslant f(M_i)$$

从而有

$$1\leqslant\frac{f(M_i)}{M_i}\sum_{j=\alpha_i-1}^{\infty}|p(j)|+\frac{1}{M_i}\sum_{j=\alpha_i-1}^{\infty}|g(j)| \tag{6}$$

当$i\to\infty$,则有

$$1\leqslant\Gamma\lim_{i\to\infty}\sum_{j=\alpha_i-1}^{\infty}|p(j)|+\frac{1}{M_1}\lim_{i\to\infty}\sum_{j=\alpha_i-1}^{\infty}|g(j)|=0$$

这是一个矛盾. 证毕.

例 1　考虑差分方程

$$x_{n+1}-x_n+\frac{1}{n!}x_{n+1}=(-1)^{n+1}\frac{n!\ (n+2)+1}{n!\ (n+1)!}$$

它显然满足定理 2 的条件. 因此它的每一振动解趋于零. 事实上,$\left\{(-1)^n\frac{1}{n!}\right\}$就是它的解.

我们注意到,当$\sigma(n)=n+1$时,对f用不着任何

多余的限制,(3) 可被下式代替

$$M_i \leqslant f(M)\sum_{j=\alpha_i-1}^{\gamma_i-1} p^-(j) + \sum_{j=\alpha_i-1}^{\gamma_i-1} |g(j)| \leqslant$$

$$f(M)\sum_{j=\alpha_i-1}^{\infty} p^-(j) + \sum_{j=\alpha_i-1}^{\infty} |g(j)|$$

而(6) 变为

$$1 \leqslant \frac{f(M_i)}{M_i}\sum_{j=\alpha_i-1}^{\infty} p^-(j) + \frac{1}{M_i}\sum_{j=\alpha_i-1}^{\infty} |g(j)|$$

定理 3 假设 $\sigma(n)=n+1$ 且

$$\sum_{j=0}^{\infty} p^-(j) < \infty, \sum_{j=0}^{\infty} |g(j)| < \infty \qquad (7)$$

则(1) 的有界振动解 $\{x_n\}$ 满足 $\lim\limits_{n\to\infty} x_n = 0$.

定理 4 定理 3 的条件及(5) 成立,则定理 2 的结论成立.

如果 $\{x_n\}$ 是(1) 振动距离有界 c 解,则(3) 变为

$$\sigma < M_i \leqslant f(M)\sum_{j=\alpha_i-1}^{\alpha_i+c} p(j) + \sum_{j=\alpha_i-1}^{\alpha_i+c} p(j)$$

(6) 变为

$$1 \leqslant \frac{f(M_i)}{M_i}\sum_{j=\alpha_i-1}^{\alpha_i+c} |p(j)| + \frac{1}{M_i}\sum_{\alpha_i-1}^{\alpha_i+c} |p(j)|$$

定理 5 假设 $|f(x)| \leqslant f(|x|)$,且

$$\lim_{n\to\infty}\sum_{j=n}^{n+c+1} |p(j)| = \lim_{n\to\infty}\sum_{j=n}^{n+c+1} |p(j)| = 0 \qquad (8)$$

则(1) 有界的振动距离界 c 的解 $\{x_n\}$ 满足 $\lim\limits_{n\to\infty} x_n = 0$. 如果另加条件 $\sigma(n) \leqslant n+1$ 且(5) 成立,则(1) 有振动距离界 c 的解 $\{x_n\}$ 是有界的.

类似的,我们也会有定理 3 和 4 的类似结果.

在(1) 中,如果强迫项恒为零 ,这时(6) 变为

$$1 \leqslant \frac{f(M_i)}{M_i} \sum_{j=\alpha_i-1}^{\alpha_i+1} | p(j) |$$

于是,当

$$\limsup_{n\to\infty} \sum_{j=n}^{n+c+1} | p(j) | < \frac{1}{\Gamma} \tag{9}$$

时,我们得出矛盾.

定理 6　设(5) 和(9) 成立,$f(| x |) \geqslant f | (x) |$,$\sigma(n) \leqslant n+1$. 则(1) 有振动距离界的解是有界的.

$n \geqslant 0$,$p(n) \geqslant 0$ 时,有 $G(n)$ 使得 $\Delta G(n) = g(n)$,设$\{x_n\}$ 是(1) 的最终正解,这时有

$$\Delta(x_n - G(n)) = -p(n) f(x_{\sigma(n)}) \leqslant 0$$

最终成立. 如果$\{G(n)\}$ 有一个非正子列$\{G(n_k)\}$,则$\{x_n - G(n)\}$ 最终不是非正的. 否则

$$0 < x_{n_k} \leqslant G(n_k) \leqslant 0$$

得出矛盾,于是 $x_n - G(n) > 0$ 最终成立. 从而有

$$x_n > G^+(n)$$

所以

$$\Delta(x_n - G(n)) = -p(n) f(x_{\sigma(n)}) \leqslant -p(n) f(G^+(\sigma(n)))$$

从充分大的 N 到 k 对上式求和,则有

$$0 > -(x_{k+1} - G(k+1)) \geqslant -x_N + G(N) + \sum_{n=N}^{k} p(n) f(G^+(\sigma(n)))$$

于是可知,当

$$\sum_{n=0}^{\infty} p(n) f(G^{+}(\sigma(n))) = \sum_{n=0}^{\infty} p(n) f(G^{-}(\sigma(n))) = \infty \tag{10}$$

则(1) 的所有解振动.

特别地,当 $p(n) \geqslant n$,方程

$$\Delta x_n + p(n) x_{n+1} = (-1)^{n+1}\left[\frac{1}{(n+1)^2} + \frac{1}{n^2}\right] \tag{11}$$

中 $G(n) = (-1)^n / n^2$,满足条件(5)(7) 和(10). 因此,(11) 的所有解振动且趋于零.

§1.10 注 记

§1.3 定理 1 由 Ladas 在[15] 中获得,有关这方面的工作可参看[16 — 19]. §1.3 定理 2 和 3 由 Jaros 和 Stavroulakis 在[20] 中求得,推论则首先由 Ladas 在[15] 中建立. 定理 4 和 5 取材于 Lin 和 Cheng[22]. §1.4 方程(1) 首先由 Erbe 和 Zhang 在[14] 中考虑,参看[24 — 32]. 定理 1 和 2 由 Zhang 和 Cheng 在[24] 中建立,定理 3 则是新的. 推论 1 首先被 Yu,Zhang 和 Qian 在[26] 中给出,推论 2 是新的,定理 4 可在 Chuanxi,Ladas 和 Yan 的[25] 中发现. §1.5 定理 1 首先由 Ladas 等在[30] 给出. 引理先见于[26] 和[27],但他们的证明过程有错误,反例见 Cheng 和 Zhang 的[29],本节的证明采用了 Domshlak[28] 的方法. 定理 2 则来源于 Stavroulak 的[31]. §1.6 取自 Tian,Xie 和 Cheng[32]. §1.7 定理 1 以及引理 1 至 3 请看文献[33],定理 2 和 4,5,6 及推论见[35]. 定理 3 则是新的. §1.8 取材于 Cheng 和 Zhang 的[38]. §1.9 是由

Cheng,Zhang 和 Liu 在[39] 中得到的,有关这方面的结果也可看[40].

关于方程

$$\Delta x_n + p_n x_{n-\tau} = 0 \quad (n = 0, 1, \cdots) \qquad (1)$$

本章并没有讨论其非振动性,是不是在任何情况下(1)都存在振动解? 到目前为止,并未见到如此结果. 因此,获得方程(1) 振动解的存在性定理和非振动性是有价值的.

参考文献

[1] SWANSON C A. Comparison and Oscillation Theory of Linear Differential Equations[M]. New York and London: Acad. Press, 1968.

[2] KOPLATADZE R G, CANTURIJA T A. On Oscillatory Properties of Differential Equations with Deviating Arguments[M]. Tbilisi Univ. Press, Tbilisi, 1977. (Russian)

[3] LADDE G S, LAKSBMIKANTHAM V, ZHANG B G. Oscillation Theory Differential Equations with Deviating Arguments[M]. Marcel Dekker, Inc. New York, 1987.

[4] GYORI I, LADAS G. Oscillation Theory of Delay Differential Equations with Applications[M]. Oxford: Clarendon Press, 1991.

[5] BAINOV D D, MISHEV D P. Oscillation Theory

for Neutral Differential Equations with Delay[M]. Adam Hilger Bristol,Philadelphia and New York,1991.

[6] HALE J K,LUNEL S M V. Introduction to Functional Diffevential Equations[M]. New York,1993.

[7] ERBE L H,KONG Q K,ZHANG B G. Oscillation Theory for Functional Differential Equations[M]. Marcel Dekker,Inc. New York, 1995.

[8] LAKSHMIKANTHAM V,TRIGIANTE D. Theory of Difference Equations[M]. Numerical Methods and Applications,Academic Press, INC,1988.

[9] KELLEY W G,PETERSON A C. Difference Equations[M]. An Introductions with Applications,Academic Press,INC,1991.

[10] KOCIC V L,LADAS G. Global Behavior of Nonlinear Difference Equations of Higher Order[M]. Kluwer Academic Publishers,1993.

[11] 王联,王慕秋. 常差分方程[M]. 乌鲁木齐:新疆大学出版社.

[12] AGARWAL R P. Difference Equations and Inequalities[M]. Theory,Methods and Applications,Marcel Dekker Inc. ,New York, 1992.

[13] JERRI A J. Difference Equations with Discrete

Transforms Method and Applications[M]. Kluwer Academic Publishers,1995.

[14] ERBE L H,ZHANG B G. Oscillation of discrete analogues of delay equations[J]. Differential Integral Equations,1989,2:300-309.

[15] LADAS G. Explicit conditions for the oscillation of difference equations[J]. J. Math Anal. Appl. ,1990,153:276-287.

[16] LADAS G. Recent developments in the oscillation of delay difference equations[C]. International Conference on Differential Equations:Theory and Applications in Stability and Control. Colorado Springs,Colorado,June 7-10,1989.

[17] LADAS G,PHILOS CH G,SFICAS Y G. Necessary and Sufficient conditions for the oscillation of difference equations[J]. Libertas Math. ,1989,9:121-125.

[18] GYORI I,LADAS G,PAKULA L. Conditions for oscillation of difference equations with applications to equations with piecewise constant arguments[J]. SIAM J. Math. Anal. , 1991,22:769-733.

[19] PHILOS CH G. Oscillations in certain difference equations[J]. Utilitas Math. ,1991, 39:215-218.

[20] JAROS J,STAVROULAKIS I P. Necessary

and Sufficient conditions for oscillation of difference equations with several delay[J]. Utilitas Math. ,1994,45:187-195.

[21] PARTHENIADIS E G. Stability and oscillation of neutral delay differential equations with piecewise constant arguments[J]. Differential and Integral Equations,1989,1:459-472.

[22] LIN Y Z,CHENG S S. Complete characterizations of a class of oscillatory difference equations[J]. J. Difference Equations and Appl. ,1996,2:301-313.

[23] BOLTYANSKII V G. Envelopes[J]. Popular Lectures in Mathematics,vol. 12,Macmilan, New York,1964.

[24] ZHANG G,CHENG S S. Elementary oscillation criteria for a three term recurrence relation with oscillatory coefficient sequence[J]. Tamkang J. Math. ,1998,29(3): 227-232.

[25] CHUANXI G,LADAS G,YAN J. Oscillation of difference equations with oscillations coefficients[J]. Radovi Math. ,1992,8:55-65.

[26] YU J S,ZHANG B G,QIAN X Z. Oscillations of delay difference equations with oscillating coefficients[J]. J. Math. Anal. Appl. 1993,177: 432-444.

[27] LALLI B S,ZHANG B G. Oscillation of

difference equations[J]. Colloquium Math., 1993,65(1):25-32.

[28] DOMSHLAK Y. What should be a discrete version of the Chanturia-Koplatadze lemma? [J]. to appear.

[29] CHENG S S,ZHANG G. "Virus" in several discrete oscillation theorems[J]. Appl. Math. Lett.,2000,13:9-13.

[30] LADAS G,PHLIOS GH G,SFICAS Y G. Sharp conditions for the oscillation of delay difference equations[J]. J. Applied Math. Simulation,1989,2:101-119.

[31] STAVROULAKIS I P. Oscillations of delay difference equations[J]. Computers Math. Applic,1995,29(7):83-88.

[32] TIAN C J,XIE S L,CHENG S S. Measures for oscillatory sequences[J]. Computers Math. Appl.,1998,36(10－12):149-161.

[33] 唐三一,肖燕妮,陈菊芳. 非线性时滞差分方程的线性化振动[J]. 数学学报,1999,42(4):655-658.

[34] YAN J,QIAN C. Oscillation and comparison results for delay difference equations[J]. J. Math,Anal. Appl.,1992,165:346-360.

[35] LADAS G,QIAN C. Linearized oscillations for nonautonomous delay difference equations[J]. Contemporary Math.,1992,129:115-125.

[36] GYORI I,LADAS G. Linearized oscillations for

equations with piecewise constant arguments[J]. Differential Integral Equations, 1989,2:123-131.

[37] LI Y, Linearized oscillation of first order nonlinear delay difference equations[J]. Chinese Science Bulletin, 1994, 39(1): 1159-1163.

[38] CHENG S S, ZHANG G. Existence criteria for positive solutions of a nonlinear difference equality[J]. Ann. Poland Math., to appear.

[39] CHENG S S, ZHANG G, LIU S T. Stability of oscillatory solutions of difference equations with delays [J]. Taiwanese J. Math., 1999, 3(4):503-515.

[40] LADAS G, QIAN C, ALAHOS P N, et al. Stability of solutions of linear nonautonomous difference equations[J]. Appl. Anal., 1991, 41: 183-191.

[41] CHENG S S, LIN Y Z. Complete characterizations of an oscillatory neutral difference equation[J]. J. Math. Anal. Appl., 1998, 221:73-91.

[42] GEORGIOU D A, GROVE E A, LADAS G. Oscillations of neutral difference equations[J]. Applicable Analysis, 1989, 33:243-253.

[43] ZHANG G, CHENG S S. Note on a discrete Emden-Fowder equation[J]. PanAmerican

Math. J. ,1999,9(3):57-64.

[44] ZHANG G,CHENG S S. Oscillation criteria for a neutral difference equation with delay[J]. Appl. Math. Lett. ,1995,8(3):13-17.

[45] ZHANG G,CHENG S S. Elementary nonexistence criteria for a recurrence relation[J]. Chinese J. Math. ,1996,24(3):229-235.

[46] CHENG S S,ZHANG G. Nonexistence criteria for positive solutions of a nonlinear recurrence relation[J]. Mathl. Comput. Modelling,1995,29(2):59-66.

[47] ZHANG G,CHENG S S. Positive solutions of a nonlinear neutral difference equations[J]. Nonlinear Anal. TMA,1997,28(4):729-738.

[48] ZHANG G,CHENG S S. A necessary and sufficient oscillation condition for the discrete Euler equation[J]. PanAmerican Math. J. ,to appear.

[49] CHEN M P,ZHANG B G. The existence of the bounded positive solutions of delay difference equations,PanAmerian Math. J. ,1993,3(1):79-94.

[50] GRACE S R,LALLI B S. Oscillation theorems for second order delay and neutral difference equations[J]. Utilitas Math. 1994,45:199-211.

[51] CHEN M P,LALLI B S,YU J S. Oscillation in

neutral delay difference equations with variable coefficients[J]. Computer,Math. Applic. , 1995,29:5-11.

[52] YU J S,ZHANG B G,WANG Z C. Oscillation of delay difference equations[J]. Appl. Anal. , 1994,153:117-124.

[53] LI J W,WANG Z C,ZHANG H Q. Oscillation of neutral delay difference equations[J]. Differential Equations and Dynamical Systems,1996,4(1):113-121.

[54] LALLI B S,ZHANG B G,LI J Z. On the oscillation of solutions and existence of positive solutions of neutral difference equations[J]. J. Math. Anal. Appl. ,1991,158:213-233.

[55] LALLI B S ,ZHANG B G. Oscillation and comparison theorems for certain difference equations[J]. J. Austral. Math. Soc. Ser,1992, B34:245-256.

[56] LALLI B S,ZHANG B G. On existence of positive solutions and bounded oscillations for neutral difference equations[J]. J. Math. Anal. Appl. ,1992,166:272-287.

[57] CHEN M P,ZHANG B G. Oscillation and comparison theorems of difference equations with positive and negative coefficients[J]. Bull. Institute Math. Academia Sinica,1994,22(4): 295-306.

[58] ZHANG B G, YAN P X. Oscillation and comparison theorems for neutral difference equations[J]. Tamkang J. Math., 1994, 25(4): 301-307.

[59] WANG Z C, YU J S. Oscillation and asymptotic behavior of difference equations with positive and negative coefficients[J]. Ann. Diff. Eqns., 1992, 8: 88-97.

[60] THANDAPANI E. Asymptotic and oscillatory behavior of solutions of nonlinear neutral difference equations[J]. Utilitas Math., 1994, 45: 237-244.

[61] THANDAPANI E, SUNDRAM P. Oscillation properties of first order nonlinear functional difference equations of neutral type[J]. Indian J. Math., 1994, 36(1): 59-71.

[62] ZHANG B G, WANG H. The existence of oscillatory and nonoscillatory solutions of neutral difference equations[J]. Chinese J. Math., 1996, 24(2): 212-218.

[63] 张广，陈慧琴. 含最大值中立型差分方程非振动解的渐近性[J]. to appear.

[64] ZHANG B G, ZHANG G. Oscillation of nonlinear difference equations of neutral type[J]. Dynamic Systems and Applications, 1998, 7: 85-92.

[65] Hillc E. Nonoscillation theorems[J]. Trans.

Amer. Math. Soc. ,1948,64:234-252.

[66] ATKINSON F V. Discrete and Continuous Boundary Problems[M]. Academic Press, New York, 1964.

[67] FORT T. Finite Differences and Difference Equations in the Real Domain[M]. Oxford University Press, London, 1948.

[68] HARTMAN P, WINTNER A. On linear difference equations of the second order[J]. Amer. J. Math. ,1950,72:124-128.

[69] WOUK A. Difference equations and j-Matrices[J]. Duke Math. J. ,1953,50:141-159.

[70] HINTON D B, LEWIS R T. Spectral analysis of second order difference equations[J]. J. Math. Anal. Appl. ,1978,63:421-448.

[71] PATULA W T. Growth and oscillation properties of second order lincar difference equations[J]. SIAM J. Math. Anal. ,1979,10:55-61.

[72] HOOKER J W, PATULA W T. Riccati type transformations for second order linear difference equations[J]. J. Math. Anal. Appl. ,1981,82:451-462.

[73] HOOKER J W, PATULA W T. A second order nonlincar difference equation: Oscillation and asymptotic behavior[J]. J. Math. Anal. Appl. ,

1983,91:9-29.

[74] KWONG M K,HOOKER J W,PATULA W T. Riccati type transformations for second order linear difference equations[J]. J. Math. Anal. Appl. ,1985,107:128-196.

[75] CHENG S S. Stumian comparison theorems for three-term recurrence equations[J]. J. Math. Anal. Appl. ,1985,111:465-474.

[76] CHENG S S,Discrete quadratic Wirtinger's inequalities[J]. Linear Algebra and its Appl. , 1987,85:57-73.

[77] HOOKER J W,KWONG M K,PATULA W T. Oscillation second order linear difference equations and Riccati equations[J]. SIAM J. Math. Anal. Appl. ,1987,18:54-63.

[78] ERBE L H,ZHANG B G. Oscillation of second order linear difference equations[J]. Chinese J. Math. ,1988,16(4):239-251.

[79] CHENG S S,YAN T C,LI H J. Oscillation criteria for second order difference equation[J]. Funkcialaj Ekvacioj,1991,34(2):223-239.

[80] ZHANG B G. Oscillation and asymptotic behavior of second order difference equations[J]. J. Math. Anal. Appl. ,1993,173: 58-68.

[81] THANDAPANI E,GYORI I,LALLI B S. An application of discrete inequality to second order

nonlinear oscillation[J]. J. Math. Anal. Appl., 1994,186:200-208.

[82] SZMANDA B. Oscillation theorems for nonlinear second order differerce equations[J]. J. Math. Anal. Appl.,1981,79:90-95.

[83] SZMANDA B. Oscillation criteria for nonlinear second order difference equations[J]. Ann. Polon. Math.,1983,43:225-235.

[84] ZHANG B G,CHEN G D. Oscillation of certain second order nonlinear difference equations[J]. J. Math. Anal. Appl.,1996,199:827-841.

[85] THANDAPANI E. Asymptotic and oscillatory behavior of solutions of nonlinear second order difference equations[J]. Indian J. Pure Appl. Math.,1993,24(6):365-372.

[86] THANDAPANI E,LALLI B S. Oscillation criteria for a second order damped difference equation[J]. Appl. Math. Lett.,1995,8(1):1-6.

[87] LI H J,CHENG S S. An oscillation theorem for a second order nonlinear difference equation[J]. Utilitas Math.,1993,44:177-181.

[88] LI H J,CHENG S S. Asymptotically monotone solutions of a nonlinear difference equation[J]. Tamkang J. Math.,1993,24(3):269-282.

[89] ZHANG G,CHENG S S,GAO Y. Classification schemes for positive solutions of a second order

nonlinear difference equation[J]. J. Comput. Appl. Math. ,1999,101:39-51.

[90] LIU B,CHENG S S. Positive solutions of second order nonlinear difference equations[J]. J. Math. Anal. Appl. ,1996,204:482-493.

[91] CHENG S S,ZHANG B G. Nonexistence of positive nondereasing solutions of a nonlinear difference equation[C]. Proceeding of the First International Conference on Difference Equations,Gondon and Breach,1995.

[92] CHENG S S,LU R F. A generalization of the discrete Hardy's inequality[J]. Tamkang J. Math. ,1993,24:469-475.

[93] LI H J,YEH C C. Existence of positive nondereasing solutions of nonlinear differene equations[J]. Nonlinear Anal. ,1994,22(10):1271-1284.

[94] LI H J,YEH C C. Nonoscillation in nonlinear difference equations[J]. Computers Math. Applic. ,1994,28(1-3):203-208.

[95] CHENG S S,PATULA W T. An existence theorem for a nonlinear difference equation[J]. Nonlinear Anal. ,1993,20(3):193-203.

[96] CHENG S S,ZHANG B G. Monotone solutions of a class of nonlinear difference equation[J]. Computers Math. Applic. ,1994,28(1-3):

71-79.

[97] WONG P J Y,AGARWAL R P. Oscillation theorems for certain second order nonlinear difference equations[J]. J. Math. Anal. Appl. , 1996,204:813-829.

[98] WONG P J Y,AGARWAL R P. Oscillation and monotone solutions of second order quasilinear difference equations[J]. Funkcialaj Ekvacioj, 1996,39(3):491-517.

[99] THANDAPANI E,MANUEL M M S, AGARWAL R P. Oscillation and nonoscillation theorems for second order quasilinear difference equations[J]. FACTA Universitatis Ser. Math. Inform. ,1996,11:49-65.

[100] LI W T,CHENG S S. Oscillation criteria for a nonlinear difference equation[J]. Computers Math. Applic. ,1998,36(8):87-94.

[101] XIE S L,ZHANG G,CHENG S S. Positive solutions of second order difference inequalities[J]. Differential Equations and Dynamical Systems,1997,5(1):1-11.

[102] GRACE S R,LALLI B S. Oscillation theorems for second order delay and neutral difference equations[J]. Utilitas Math. ,1994,45: 197-211.

[103] THANDAPANI E,SUNDARAM P,GRACE J R,et al. Asymptotic properties of solutions of

nonlinear second order neutral delay difference equations[J]. Dynamic Systems and Appl. ,1995,4:125-136.

[104] 高英,高丽云. 二阶中立型差分方程解的振动性(Ⅰ)[J]. 雁北师院学报,1997,13(5):7-10.

[105] 高英. 二阶中立型差分方程解的振动性(Ⅱ)[J]. 雁北师院学报,1998,14(2):1-4.

[106] ZHANG B G,CHENG S S. Oscillation criteria and comparison theorems for delay difference equations[J]. Fasciculi Math. ,1995,25:13-32.

[107] LALLI B S,ZHANG B G. On existence of positive solutions and bounded oscillations for neutral difference equations[J]. J. Math. Anal. Appl. ,1992,166(1):272-287.

[108] LI W T,CHENG S S. Classifications and existence of positive solutions of second order nonlinear neutral difference equations[J]. Funkcialaj Ekvaioj,1997,40(3):371-393.

[109] 高英,张广. 二阶中立型差分方程非振动解的渐近性[C]. 全国第二届青年常微分方程理论与应用学术会议,1998,21-25.

[110] ZHANG G,CHENG S S. Asymptotic dichotomy for nonoscillatory solutions of a nonlinear difference equation[J]. Applications Mathematicae,1999,25(4):393-399.

[111] CHENG S S. On a class of fourth order linear recurrence equations[J]. Internat. J. Math.

&Math. Sci. ,1984,7(1):131-149.

[112] HOOKER J W,PATULA W T. Growth and oscillation properties of solutions of a fourth order linear difference equation[J]. J. Austral. Math. Soc. Ser. ,1985,26B:310-328.

[113] TAYLOR W E. Oscillation properties of fourth order difference equations[J]. Portugaliae Math. ,1988,45:105-114.

[114] SMITH B,TAYLOR W E. Oscillatory and asymptotic behavior of certain fourth order difference equations[J]. Rocky Mountain J. Math. ,1986,16(2):403-406.

[115] SMITH B,TAYLOR W E. Oscillation and nonoscillation theorems for some mixed difference equations[J]. Internat. J. Math. &Math. Sci. ,1992,15(3):537-542.

[116] ZHANG B G,CHENG S S. On a class of nonlinear difference equations[J]. J. Difference Equations and Appl. ,1995,1:391-411.

[117] CHENG S S. Oscillation theorems for linear fourth order differential and difference equations,Proceedings of the International Conference on Functional Differential Equations[C]. Publishing House of Electronic Industry. Guangzhou,China,1993,37-46.

[118] WONG P J Y,AGARWAL R P. Comparison

theorems for the oscillation of higher order difference equations with deviating arguments[J]. Mathl. Comput. Modelling, 1996,24(12):39-48.

[119] THANDAPANI E,LALLI B S. Asymptotic behavior and oscillation of difference equations of volterra type[J]. Appl. Math. Lett. ,1994,7(1):89-93.

[120] ZHOU X L,CHENG S S. Monotone solutions of a higher order nonlinear difference equation[J]. Far East J. Math. ,1996,4:275-295.

[121] LIU B,CHENG S S. Monotone solutions of a higher order nonlinear difference equation with advancement[J]. Communications in Applied Analysis,1999,3(2):373-381.

[122] ZHOU X L,YAN J R. Oscillatory properties of higher order nonlinear difference equations[J]. Comput. Math. Appl. ,1996,31:61-68.

[123] ZAFER A,DAHIYA R. Oscillation of a neutral difference equation[J]. Appl. Math. Lett. ,1993,6:71-74.

[124] CHENG S S,ZHANG G,LI W T. On a higher order neutral difference equation[J]. Recent Trends in Math. Anal. Appl. ,to appear.

[125] 张文,高英. 高阶非线性差分方程的正解[J]. 系

统科学与数学,1999,19(2):157-161.

[126] 张炳根,杨博.非线性高阶差分方程的振动性[J].数学年刊,1999,21A(1):71-80.

[127] LI W T,CHENG S S,ZHANG G. A classification scheme for nonoscillatory solutions of a higher order nonlinear difference equation[J]. J. Austral. Math. Soc. 1999,67A:122-142.

[128] CHENG S S. Partial Difference Equations[J]. to appear

[129] CHENG S S. Maximum principles for solutions of second order partial difference inequalities[J]. Symposium on Functional Analysis and Applications. 395-401.

[130] CHENG S S. Discrete quadratic Wirtinger's inequalities[J]. Linear Algebra and its Appl., 1987,85:57-73.

[131] CHENG S S. An oscillation criterion for a discrete elliptic equation[J]. Annals Diff. Eq., 1995,11:10-13.

[132] CHENG S S. Sturmian theorems for hyperbolic type partial difference equations[J]. J. Difference Eq. Appl.,1996,2:375-387.

[133] CHENG S S,HSIEH L Y,CHAO Z T. Discrete Lyapunov inequality conditions for partial difference equations[J]. Hokkaidoath

J.,1990,19:229-239.

[134] CHENG S S,LU R F. Discrete Wirtinger's inequalities and conditions for partial difference equations[J]. Fasciculi Math., 1991,23:9-24.

[135] CHENG S S,ZHANG B G. Qualitative theory of partial difference equations(Ⅰ): Oscillation of nonlinear partial difference equations[J]. Tamkang J. Math.,1994,25:279-288.

[136] CHENG S S,XIE S L,ZHANG B G. Qualitative theory of partial difference equations(Ⅱ): Oscillation criteria for direct control systems in several variables[J]. Tamkang J. Math.,1995,26:65-79.

[137] CHENG S S,XIE S L,ZHANG B G. Qualitative theory of partial difference equations(Ⅲ): Forced oscillations of parabolic type partial difference equations[J]. Tamkang J. Math.,1995,26:177-192.

[138] CHENG S S,ZHANG B G,XIE S L. Qualitative theory of partial difference equations(Ⅳ): Forced oscillations of hyperbolic type nonlinear partial difference equations[J]. Tamkang J. Math.,1995,26: 337-360.

[139] CHENG S S,ZHANG B G,XIE S L. Qualitative theory of partial difference

equations(Ⅴ):Sturmian theorems for a class of partial difference equations[J]. Tamkang J. Math. ,1996,27:89-97.

[140] CHENG L,ZHANG. Traveling waves of a discrete conservation law[J]. Appl. Math. Letl. to appear.

[141] CHENG,MEDINA R. Bounded and positive solutions of discrete steady equations[J]. Tamkang J. Math.

[142] CHENG S S,ZHANG B G. Nonexistence criteria for positive solutions of a discrete elliptic equation[J]. Fasiculi Math. ,1998,228:19-30.

[143] CHENG S S,LIU S T,ZHANG G. A multivariate oscillation theorem[J]. Fasiculi Math. ,1999,30:15-22.

[144] DOMSHLAK Y,CHENG S S. Sturmian theorems for a partial difference equations[J]. Functional Differential Eq. ,1996,3:83-97.

[145] LIN Y Z,CHENG S S. Necessary and sufficient conditions for oscillations of linear partial difference equations with constant coeficients[J]. PanAmerican Math. J. ,1996,6:61-67.

[146] LIU B,ZHAO A M,YAN J R. Necessary and sufficient conditions for oscillations of delay partial difference equations[J]. Collect.

Math. ,1997,48(3):339-346.

[147] LIU S T,CHENG S S. Existence of positive solutions of a partial difference equation[J]. Tamkang J. Math. ,1997,27:51-58.

[148] LIU S T,CHENG S S. Nonexistence of positive solutions of a nonlinear partial difference equation[J]. Far East J. Math. Sci. , 1997,5:387-403.

[149] LIU S T,WANG H. Necessary and sufficient conditions for oscillations of a class of delay partial difference equations[J]. Dynamic Sys. Appl. ,1998,7:495-500.

[150] CHENG S S,LIU S T,ZHANG B G. Positive flows of an infinite network[J]. Comm. Appl. Anal. ,1997,1:83-90.

[151] TIAN C J,ZHANG B G. Frequent oscillation of a class of partial difference equations[J]. J. Anal. Appl. ,1999,18(1):111-130.

[152] ZHANG B G,LIU S T. Oscillation of partial difference equations[J]. PanAmerican Math. J. ,1995,5:61-70.

[153] ZHANG B G,LIU S T,Necessary and sufficient conditions for oscillations of delay partial difference equations[J]. Discussions Mathematicae-Differential Inclusions,1995, 15:213-219.

[154] ZHANG B G,CHENG S S,LIU S T.

Oscillation of a class of delay partial difference equations[J]. J. Difference Eq. Appl., 1995, 1: 215-226.

[155] MELVIN W R. Stability properties of functional difference equations[J]. J. Math. Anal. Appl., 1974, 48: 749-763.

[156] CARVALHO L A V. An analysis of the characteristic equation of the scalar linear difference equation with two delay[J]. Lect. Notes in Math., 1979, 799: 68-81.

[157] LADAS G, PAKULA L, WANG Z. Necessary and sufficient conditions for oscillation of difference equations[J]. PanAmerican Math. J., 1992, 2(1): 17-26.

[158] 周效良. 差分方程非振动的充要条件[J]. 山西大学学报, 1992, 15(2): 131-134.

[159] 张玉珠, 王光. 关于非线性差分方程的渐近性与振动性[J]. 山西大学学报, 1993, 1(2): 141-144.

[160] 张玉珠, 燕居让. 具连续变量的差分方程的判据[J]. 数学学报, 1995, 38(3): 406-411.

[161] 周勇. 具连续变量的变系数差分方程的振动性[J]. 经济数学, 1996, 13(1): 86-89.

[162] 申建华. 具连续变量的差分方程振动性的比较定理及应用[J]. 科学通报, 1996, 41(16): 1441-1444.

[163] 董雨滋, 张玉珠, 燕居让. 具连续变量的差分方程振动性的比较定理及强迫振动[J]. 系统科学

与数学,1999,19(4):426-433.

[164] ZHANG G. Nonexistence of positive solutions of a partial difference equation with continuous arguments[J]. Far East J. Math. Sci. ,1998,6(1):89-92.

[165] ZHANG G,LI W T,CHENG S S. Necessary and sufficient conditions for oscillations of delay partial difference equations with continuous arguments[J]. Far East J. Math. Sci. ,1999,1(4):501-506.

§2　二阶非线性差分方程的振动定理

2004 年延边大学师范学院数学系的何延生教授和中国科学院应用数学研究所俞元洪研究员建立了二阶非线性差分方程新的振动准则.

一、引言

考虑二阶非线性差分方程

$$\Delta^2 x_{n-1} + p_n f(x_n) = 0 \quad (n = 1, 2, \cdots) \tag{1}$$

其中 $\{p_n\}$ 为实数序列,$\Delta x_{n-1} = x_n - x_{n-1}$,$\Delta^2 x_{n-1} = \Delta(\Delta x_{n-1})$. f 是实轴上的连续函数,且当 $x \neq 0$ 时有 $xf(x) > 0$,并且对一切 $u,v \neq 0$ 时满足等式 $f(u) - f(v) = \varphi(u,v)(u-v)$,其中 φ 是非负函数,且满足不等式

$$\varphi(u,v) \geqslant b > 0 \quad (\forall u,v \neq 0) \tag{2}$$

其中 b 为常数,由函数 φ 的非负性知,f 是区间$(0,\infty)$

和$(-\infty,0)$上的非减函数.

我们称满足方程(1)的实数序列$\{x_n\}$, $n=0,1,\cdots$为方程(1)的一个解,方程(1)的一个非平凡解$\{x_n\}$称为非振动的,如果存在自然数$N\geqslant 0$使对一切$n\geqslant N$,恒有$x_{n+1}x_n>0$;否则称它为振动的,方程(1)称为振动的,如果其一切解振动.

下面列出本节中的曾用到的一些条件,其中N为正整数

$$\sum_{j=N}^{\infty}p_j<\infty \tag{3}$$

$$\lim_{n\to\infty}\inf \alpha_n>-\frac{1}{b} \tag{4}$$

其中b同式(2), $\alpha_n=\sum\limits_{j=n}^{\infty}p_j$. 又

$$\sum_{j=N}^{\infty}\frac{(\alpha_j^+)^2}{1+b\alpha_j^+}=\infty \tag{5}$$

其中b同式(2), $\alpha_j^+=\max\{\alpha_j,0\}$和

$$\lim_{n\to\infty}\sum_{K=N}^{n}\sum_{j=k+1}^{\infty}p_j=\infty$$

在不假设$\{p_n\}$非负的条件下,文[2]和[3]证明了如下结果:

定理 1[2]　设条件(2)～(5)成立,则方程(1)是振动的.

定理 2[3]　设f为超线性函数,且条件(3)和(6)成立.则方程(1)振动的.

我们注意到在证明方程(1)的振动定理时,大多数作者均假设条件(3)成立,本节目的是在既不假设$\{p_n\}$为非负又不假设(3)成立的条件下来建立方程

(1) 的振动准则.

二、主要结果

定理 3　设(2) 成立且存在序列$\{\beta_n\}$满足

$$\liminf_{n\to\infty}\sum_{j=N}^{n}p_j\geqslant\beta_N\quad(N\text{ 充分大})\tag{7}$$

和

$$\sum_{j=N}^{\infty}\frac{(\beta_j^+)^2}{1+b\beta_j^+}=\infty\tag{8}$$

其中 $\beta_n^+=\max\{\beta_n,0\}$,$b$ 由(2) 给出,则方程(1) 振动.

证明　设方程(1) 存在非振动解$\{x_n\}$,不失一般性,不妨设$\{x_n\}$最终为正.则存在整数 $N\geqslant 0$ 使当 $n\geqslant N$ 时有 $x_0>0$.现定义 V_n 如下

$$V_n=\frac{\Delta x_{n-1}}{f(x_{n-1})}\quad(n\geqslant N+1)$$

利用方程(1),得

$$\Delta V_n=-p_n-\frac{\Delta x_{n-1}\Delta f(x_{n-1})}{f(x_{n-1})f(x_n)}\quad(n\geqslant N+1)\tag{9}$$

由(9) 我们有

$$V_{n+1}-V_{N+1}=-\sum_{j=N+1}^{n}p_j-\sum_{j=N+1}^{n}\frac{(\Delta x_{j-1})^2\varphi(x_{j-1},x_j)}{f(x_{j-1})f(x_j)}\tag{10}$$

由于$\frac{(\Delta x_{n-1})^2\varphi(x_{n-1},x_n)}{f(x_{n-1})f(x_n)}\geqslant 0$,$n\geqslant N+1$,推知

$$\sum_{j=N+1}^{n}\frac{(\Delta x_{j-1})^2\varphi(x_{j-1},x_j)}{f(x_{j-1})f(x_j)}=\infty\tag{11}$$

或者

$$\sum_{j=N+1}^{n}\frac{(\Delta x_{j-1})^2\varphi(x_{j-1},x_j)}{f(x_{j-1})f(x_j)}<\infty\tag{12}$$

假设(11)成立,则由(10)知

$$\lim_{n\to\infty} V_n = -\infty \tag{13}$$

另一方面,因 $f(u)-f(v)=\varphi(u,v)(u-v)$, u, $v\neq 0$,故有 $f(x_n)-f(x_{n-1})=\varphi(x_n,x_{n-1})\Delta x_{n-1}$, $n\geqslant N+1$. 则由条件(2),我们有

$$V_n=\frac{\Delta x_{n-1}}{f(x_{n-1})}=\frac{f(x_n)}{f(x_{n-1})\varphi(x_n,x_{n-1})}-\frac{1}{\varphi(x_n,x_{n-1})}>$$

$$\frac{f(x_n)}{f(x_n)\varphi(x_n,x_{n-1})}-\frac{1}{b}>-\frac{1}{b}\quad (n\geqslant N+1) \tag{14}$$

显然,(14)与(13)矛盾. 故(11)不可能成立.

现考虑(12)成立,则有

$$\lim_{n\to\infty}\frac{(\Delta x_{n-1})^2\varphi(x_{n-1},x_n)}{f(x_{n-1})f(x_n)}=0$$

或

$$\lim_{n\to\infty} V_n^2\frac{\varphi(x_{n-1},x_n)f(x_{n-1})}{f(x_n)}=0 \tag{15}$$

现 V_n^2 有两种可能: $\lim\limits_{n\to\infty}\sup V_n^2=M>0$ 或 $\lim\limits_{n\to\infty}\cdot V_n^2=0$, 若前一情况成立. 则存在子序列 $\{n_k\}$ 使当 $k\to\infty$ 时有 $n_k\to\infty$ 且 $\lim\limits_{k\to\infty} V_{n_k}^2=M$. 联合(15)和(2)产生

$$\lim_{k\to\infty}\frac{f(x_{n_k-1})}{f(x_{n_k})}=0$$

则存在整数 K,使当 $k\geqslant K$ 时有

$$f(x_{n_k}-1)<f(x_{n_k}) \tag{16}$$

注意到 f 在区间 $(0,\infty)$ 上非减,故由(16)可知, $x_{n_k}>x_{n_k-1}$, $k\geqslant K$;此即 $\Delta x_{n_k-1}>0$, $k\geqslant K$. 因此, $V_{n_k}>0$, $k\geqslant K$. 令 $K_1\geqslant K$ 为整数,使得当 $k\geqslant K_1$ 时有 $n_k>N+1$. 则在(10)中用 n_k 代替 n,我们有

$$V_{n_k}-V_{N+1}=-\sum_{j=N+1}^{n_k-1}p_j-\sum_{j=N+1}^{n_k-1}\frac{(\Delta x_{j-1})^2\varphi(x_{j-1},x_j)}{f(x_{j-1})f(x_j)}\quad(k\geqslant K_1)$$

因此有

$$V_{N+1}\geqslant\sum_{j=N+1}^{n_k-1}p_j+\sum_{j=N+1}^{n_k-1}\frac{(\Delta x_{j-1})^2\varphi(x_{j-1},x_j)}{f(x_{j-1})f(x_j)}\quad(k\geqslant K_1)$$

在上式中令 $k\to\infty$ 取下极限得到

$$V_n\geqslant\beta_n+\sum_{j=n}^{\infty}\frac{(\Delta x_{j-1})^2\varphi(x_{j-1},x_j)}{f(x_{j-1})f(x_j)}>\beta_n\quad(n\geqslant N+1)\tag{17}$$

另一方面,如果 $\lim\limits_{n\to\infty}V_n^2=0$ 则 $V_n\to 0$,当 $n\to\infty$. 对式(10) 令 $n\to\infty$ 两边取上极限,利用(7) 我们仍然有(17) 成立.

现定义子序列如下:$\{j_k\}_{k=1}^{\infty}=\{j\geqslant N+1;\beta_j\geqslant 0\}$ 且 $j_k\to\infty$ 当 $k\to\infty$. 则由(17) 得

$$V_{j_k}\geqslant\beta_{j_k}\quad(j_k\geqslant N+1)\tag{18}$$

注意到不等式(14),我们有

$$\frac{f(x_{j_k-1})\varphi(x_{j_k-1},x_{j_k})}{f(x_{j_k})}\geqslant\frac{b}{bV_{j_k}+1}\quad(j_k\geqslant N+1)\tag{19}$$

因函数 $F(x)=\dfrac{x^2}{bx+1}$ 在区间$[0,\infty)$ 上单增,故由(18) 和(19) 产生

$$\sum_{j=n}^{\infty}\frac{(\Delta x_{j-1})^2\varphi(x_{j-1},x_j)}{f(x_{j-1})f(x_j)}\geqslant$$
$$\sum_{k=1}^{\infty}\frac{(\Delta x_{j_k-1})^2\varphi(x_{j_k-1},x_{j_k})}{f(x_{j_k-1})f(x_{j_k})}\geqslant$$
$$b\sum_{k=1}^{\infty}\frac{V_{j_k}^2}{bV_{j_k}+1}=b\sum_{k=1}^{\infty}F(V_{j_k})\geqslant \tag{20}$$
$$b\sum_{k=1}^{\infty}F(\beta_{j_k})=b\sum_{j=n}^{\infty}\frac{(\beta_j^+)^2}{b\beta_j^++1}$$

由(12) 和(20),我们得到

$$b\sum_{j=n}^{\infty}\frac{(\beta_j^+)^2}{b\beta_j^++1}<\infty\quad(n\geqslant N+1)$$

上式与条件(8) 矛盾,故在定理条件下方程(1) 不可能有非振动解.

推论 1　设(2) 和(7) 成立,且

$$\sum^{\infty}(\beta_j^+)^2=\infty \tag{21}$$

则方程(1) 振动.

证明　略.

推论 2　设(2) 成立,且

$$\lim\sup\sum^{n}p_j=\infty \tag{22}$$

则方程(1) 振动.

证明　在定理 3 的证明中我们得到(10) 和(14). 但是,由(10) 和(22) 推知$\lim\limits_{n\to\infty}\inf V_n=-\infty$,此与式(14) 矛盾.

例 1　设在(1) 中 $p_n=(-1)^n\dfrac{2n^2+8n+7}{(n+1)(n+2)}-\Delta\dfrac{1}{(n+1)^{\frac{1}{2}}}$,则有

$$\sum_{j=N}^{n} p_j = (-1)^n + \frac{(-1)^n}{n+2} - \frac{1}{(n+2)^{\frac{1}{2}}} + (-1)^N + \frac{(-1)^N}{N+1} + \frac{1}{(N+1)^{\frac{1}{2}}}$$

因此

$$\liminf_{n\to\infty} \sum_{j=N}^{n} p_j = -1 + (-1)^N + \frac{(-1)^N}{N+1} + \frac{1}{(N+1)^{\frac{1}{2}}} \quad (N \geqslant 1)$$

定义序列 $\{\beta_n\}$ 如下

$$\beta_n = -1 + (-1)^n + \frac{(-1)^n}{n+1} + \frac{1}{(n+1)^{\frac{1}{2}}} \quad (n \geqslant 1)$$

故条件(7) 成立. 且有

$$\beta_n^+ = \begin{cases} \dfrac{1}{n+1} + \dfrac{1}{(n+1)^{\frac{1}{2}}} & (n \text{ 偶数}) \\ 0 & (n \text{ 奇数}) \end{cases}$$

故有

$$\sum_{j=1}^{\infty} (\beta_j^+)^2 \geqslant \sum_{j=1}^{\infty} \frac{1}{j+1} = \infty$$

由推论 1 知，当取例 1 中的 $\{p_n\}$ 时，方程(1) 振动.

注 1　我们注意到文[1]—[3]中的定理均不能判断例 1 中方程的振动性.

例 2　考虑差分方程

$$\Delta^2 x_{n-1} + \left(1 + n\sin\frac{(n-1)\pi}{2}\right) \cdot (x_n + x_n^3) = 0 \quad (n = 1, 2, \cdots)$$

对此方程，条件(2) 成立只需取 $b = 1$ 即可，此时

$$\sum_{j=N}^{n}p_j = (n+1)(1-\frac{1}{\sqrt{2}})\cos\frac{(2n-1)\pi}{4}+\frac{1}{2}\sin\frac{n\pi}{2}-\frac{1}{2}\sin\frac{(N-1)\pi}{2}+N(-1+\frac{1}{\sqrt{2}}\cos\frac{(2N-3)\pi}{4})$$

因此$\limsup\limits_{n\to\infty}\sum_{j=N}^{n}p_j=\infty$. 故条件(22) 成立，因此，由推论 2 知例 2 的方程是振动的.

注 2 推论 2 推广和改进了文[3]和[4]的有关结果.

参考文献

[1] HOOKER J W, PATULA W T. A Second-order nonlinear difference equation: oscillation and asymptotic behaviour[J]. J. Math. Anal. Appl., 1983, 91: 9-29.

[2] THANDAPANI E, GYORI I, LALLI B S. An application of discrete inequality to second order nonlinear oscillation[J]. J. Math. Anal. Appl., 1994, 186: 200-208.

[3] ZHANG B G, CHEN G D. Oscillation of certain second order nonlinear difference equations[J]. J. Math. Anal. Appl., 1996, 199: 827-841.

[4] GRACE S R, ABADEER A A, EL-MORSHEDY H A. On the oscillation of certain second order difference equations[J]. Comm. Appl. Anal., 1998, 2: 447-456.

§3　一阶中立型差分方程非振动解的分类

2010 年青岛农业大学理学与信息学院的于静之和山东医学高等专科学校的闫信州两位教授讨论了中立型差分方程的非振动解. 他们首先由非振动解的渐近性质把非振动解分成两类. 其次分别给出存在这两类非振动解的充分条件. 最后给出例子说明定理的应用.

一、引言

时滞差分方程是从时滞微分方程的差分近似中提出,也从各种应用问题中提出. 中立型差分方程与中立型微分方程密切相关. 论文[1]是第一次提出时滞微分方程的离散形式,开创了时滞差分方程解的振动性与非振动性的研究. 受此文影响,1988 年后一大批数学家转向时滞差分方程的研究,Agarwal 的专著[2]及张广、高英的合著[3]二书介绍了近年来国内外学者在差分方程振动理论方面的新的研究成果. 这说明差分方程已被广泛研究. 本文就是在这样的背景下研究了一类中立型差分方程的非振动解的分类问题,并获得了存在这两类非振动解的充分条件.

二、非振动解的分类

本文研究中立型差分方程

$$\Delta(x_n-\lambda x_{n-k})+p_n f(x_{g(n)})=0 \tag{1}$$

其中 $\Delta x_n=x_{n+1}-x_n$.

对方程(1) 作如下假设：

a)$\lambda > 1$,k 是正整数；

b)$f \in C(R,R)$ 且 $xf(x) > 0, x \neq 0$；

c) 记 $N_i = \{i, i+1, \cdots\}$,对 $n \geqslant N_0$,有 $p_n \geqslant 0$；

d)$g(n) \in Z$,Z 是整数集合,$\lim\limits_{n \to \infty} g(n) = \infty$.

方程(1) 的定义在 $n \geqslant N$ 上的解是指序列,$n \geqslant \overline{N}$,$\overline{N} = \min\{N-k, \inf\limits_{n \geqslant N} g(n)\}$,当 $n \geqslant N$ 时满足(1). 称一个解$\{x_n\}$ 为振动的,若它的项 x_n 既非最终为正,也非最终为负. 否则,就称该解为非振动的.

引理　设 x_n 当 $n \geqslant n_0 - k$ 时同号且当 $n \geqslant n_0$ 时满足 $x_n \Delta(x_n - \lambda x_{n-k}) \leqslant 0$,定义$\{\omega_m(n)\}$,$m = 0,1,2,\cdots$ 如下

$$\omega_m(n) = \lambda^{-\frac{(n+mk)}{k}} x_{n+mk} \quad (n \geqslant n_0 - k) \tag{2}$$

则对 $n \geqslant n_0 - k$,序列$\{\omega_m(n)\}$ 一致收敛到一个函数 $\omega(n)$,其中 $\omega(n)$ 是 k- 周期的,即 $\omega(n+k) = \omega(n)$,$n \geqslant n_0 - k$.

证明　不失一般性. 假定当 $n \geqslant n_0 - k$ 时 $x_n > 0$. 令 $y_n = x_n - \lambda x_{n-k}$,则 $\Delta y_n \leqslant 0$,$n \geqslant n_0$. 显然

$$\begin{aligned}&\omega_m(n) - \omega_{m-1}(n) = \\ &\lambda^{-\frac{(n+mk)}{k}} x_{n+mk} - \lambda^{-\frac{(n+(m-1)k)}{k}} x_{n+(m-1)k} = \\ &\lambda^{-\frac{(n+mk)}{k}} y_{n+mk} \quad (m = 1,2,\cdots)\end{aligned} \tag{3}$$

因为 y_n 是非增的,从而存在下列两种可能性：

ⅰ) $\lim\limits_{n \to \infty} y_n > -\infty$；ⅱ) $\lim\limits_{n \to \infty} y_n = -\infty$.

考虑情形 ⅰ)：根据(3),$\forall \varepsilon > 0$,存在一个正整数 l,使得 $m_2 > m_1 > l$,可以有

$$\begin{aligned}&|\omega_{m_2}(n)-\omega_{m_1}(n)|\leqslant\\&\sum_{j=m_1+1}^{m_2}|\omega_j(n)-\omega_{j-1}(n)|=\\&\sum_{j=m_1+1}^{m_2}\lambda^{-\frac{(n+jk)}{k}}|y_{n+jk}|\leqslant\\&\frac{\lambda^{-\frac{n_0}{k}-l}}{\lambda-1}\sup_{i\geqslant n_0}|y_i|<\varepsilon\end{aligned}$$

由此可推出$\{\omega_m(n)\}$在$n\geqslant n_0-k$上是一致收敛的.

令$\omega(n)=\lim\limits_{m\to\infty}\omega_m(n)$,则得到

$$\begin{aligned}\omega(n+k)&=\lim_{m\to\infty}\omega_m(n+k)=\\&\lim_{m\to\infty}\omega_{m+1}(n)=\omega(n)\quad(n\geqslant n_0-k)\end{aligned}$$

下面,考虑情形 ⅱ):假定$\lim\limits_{n\to\infty}y_n=-\infty$,则存在一个充分大的$n_1$,使得$y_{n_1}<0$.对任何的正整数$m$,有

$$\sum_{j=1}^{m}\lambda^{-\frac{(n_1+jk)}{k}}|y_{n_1+jk}|=\omega_0(n_1)-\omega_m(n_1)\leqslant\omega_0(n_1)$$

因此级数$\sum\limits_{j=1}^{\infty}\lambda^{-\frac{(n_1+jk)}{k}}|y_{n_1+jk}|$收敛,从而$\forall\varepsilon>0$,存在一个整数$n_2$使得对$m_2>m_1>n_2$,有下式成立

$$\sum_{j=m_1+1}^{m_2}\lambda^{-\frac{(n_1+jk)}{k}}|y_{n_1+jk}|<\frac{\varepsilon}{\lambda}\tag{4}$$

设$n\geqslant n_1$,令$l_n=\left[\frac{n-n_1}{k}\right]+1$和$s=n-l_nk$,其中[·]表示最大取整函数.则$m_1+l_n>n_2$并且$n_1-k\leqslant s<n_1$.

由于当$n>n_1$时$|y_n|$是非降的,所以由式(4)可以得到

$$|\omega_{m_2}(n)-\omega_{m_1}(n)|=$$

$$\sum_{j=m_1+1}^{m_2}\lambda^{-\frac{(n+jk)}{k}}|y_{n+jk}|=$$

$$\sum_{j=m_1+l_n+1}^{m_2+l_n}\lambda^{-\frac{(n-l_nk+jk)}{k}}|y_{n-l_nk+jk}|=$$

$$\sum_{j=m_1+l_n+1}^{m_2+l_n}\lambda^{-\frac{(s+jk)}{k}}|y_{s+jk}|\leqslant$$

$$\lambda\sum_{j=m_1+l_n+1}^{m_2+l_n}\lambda^{-\frac{(n_1+jk)}{k}}|y_{n_1+jk}|<\varepsilon$$

这说明$\{\omega_m(n)\}$一致收敛于一个 k — 周期的函数 $\omega(n)$.

定理 1 设$\{x_n\}$是方程(1)的一个非振动解,则存在一个 k — 周期函数 $\omega(n)$,$n\in Z=\{\cdots,-2,-1,0,1,2,\cdots\}$满足对一切充分大的 n 当 $x_n\omega(n)\geqslant 0$ 时,必有下列情形之一成立:

Ⅰ)当$\lim\limits_{n\to\infty}(x_n-\lambda x_{n-k})=c$时,必有$\lim\limits_{0\leqslant n\leqslant k}|\omega(n)|+|c|>0$,且

$$\lim_{n\to\infty}x_n=\lambda^{\frac{n}{k}}\omega(n)-\frac{c}{\lambda-1}\tag{5}$$

Ⅱ)当$\lim\limits_{n\to\infty}(x_n-\lambda x_{n-k})=-\infty$时,必有$\lim\limits_{n\to\infty}x_n=\infty$,且

$$x_n=\lambda^{\frac{n}{k}}\omega(n)+o(\lambda^{\frac{n}{k}})\quad(n\to\infty)\tag{6}$$

证明 不失一般性,假定 $x_n>0$,$n\geqslant n_0-k$ 是方程(1)的一个解,且$\inf\limits_{n\geqslant n_0}g(n)\geqslant n_0-k$,则 $\Delta(x_n-\lambda x_{n-k})\leqslant 0$,由这样的 x_n,对应的函数 $\omega(n)=\lim\limits_{m\to\infty}\omega_m(n)$,$n\geqslant n_0-k$,其中 $\omega_m(n)$ 是由(2)所定义.把

$\omega(n)$ 作为一个 k－周期函数延展到 Z 上，正如在引理中所证明的那样，存在两种可能情形：$\lim\limits_{n\to\infty} y_n = c \in R$ 或 $\lim\limits_{n\to\infty} y_n = -\infty$.

考虑情形 $\lim\limits_{n\to\infty} y_n = c$. 如果 $c=0$，则由式(3)可得到 $\omega_m(n)-\omega_{m-1}(n)\geqslant 0, n\geqslant n_0$. 从而

$$\omega(n)=\lim_{m\to\infty}\omega_m(n)\geqslant\omega_0(n)=\lambda^{-\frac{n}{k}}x_n>0\quad(n\geqslant n_0)$$

由此可推出 $\min\limits_{0\leqslant n\leqslant k}|\omega(n)|+|c|>0$. 当 $c\neq 0$ 时此不等式显然成立.

从(3)得到

$$\begin{aligned}&\omega(n)-\lambda^{-\frac{n}{k}}x_n=\\&\omega(n)-\omega_0(n)=\\&\lim_{m\to\infty}\{\omega_m(n)-\omega_0(n)\}=\\&\sum_{j=1}^{\infty}\lambda^{-\frac{(n+jk)}{k}}y_{n+jk}=\lambda^{-\frac{n}{k}}\sum_{j=1}^{\infty}\lambda^{-j}y_{n+jk}\end{aligned}\tag{7}$$

由于

$$\frac{1}{\lambda-1}\inf_{i\geqslant n}y_i\leqslant\lambda^{\frac{n}{k}}\omega(n)-x_n\leqslant\frac{1}{\lambda-1}\sup_{i\geqslant n}y_i\quad(n\geqslant n_0)$$

所以

$$\lim_{n\to\infty}(\lambda^{\frac{n}{k}}w(n)-x_n)=\frac{1}{\lambda-1}\lim_{n\to\infty}y_n=\frac{c}{\lambda-1}$$

即

$$x_n=\lambda^{\frac{n}{k}}\omega(n)-\frac{c}{\lambda-1}+o(1)\quad(n\to\infty)$$

以上是情形 Ⅰ）的证明.

假定$\lim_{n\to\infty} y_n=-\infty$，则存在 n_2 使得 $y(n_2)<0$，由于 $|y_n|$ 是非降的，由式(7)

$$x_n=\lambda^{\frac{n}{k}}\omega(n)+\sum_{j=1}^{\infty}\lambda^{-j}|y_{n+jk}|\geqslant\sum_{j=1}^{\infty}\lambda^{-j}|y_{n+k}|=\frac{1}{\lambda-1}|y_{n+k}|\quad(n\geqslant n_2-k)\tag{8}$$

从而$\lim_{n\to\infty} x_n=\infty$.

又从(7) 得

$$|\lambda^{-\frac{n}{k}}x_n-\omega(n)|=\sum_{j=1}^{\infty}\lambda^{-\frac{(n+jk)}{k}}|y_{n+jk}|=\sum_{j=l_n+1}^{\infty}\lambda^{-\frac{(n-l_nk+jk)}{k}}|y_{n-l_nk+jk}|=\sum_{j=l_n+1}^{\infty}\lambda^{-\frac{(s+jk)}{k}}|y_{s+jk}|$$

其中 $s=n-l_nk$，$n_2-k\leqslant s\leqslant n_2$，当 $n\geqslant n_2$ 时. 从而

$$|\lambda^{-\frac{n}{k}}x_n-\omega(n)|\leqslant\sum_{j=l_n+1}^{\infty}\lambda^{-\frac{(n_2-k+jk)}{k}}|y_{n_2+jk}|=\lambda\sum_{j=l_n+1}^{\infty}\lambda^{-\frac{(n_2+jk)}{k}}|y_{n_2+jk}|\to 0\quad(n\to\infty)\tag{9}$$

三、非振动解的存在性

方程(1) 的一个非振动解$\{x_n\}$ 满足定理 1 中的(Ⅰ)或(Ⅱ)，则称此解为类型(Ⅰ)或类型(Ⅱ)的解.

由此得到的第一个结果是关于类型(Ⅰ)的无界

非振动解的存在结论.

定理 2　对某一 $M \geqslant 0$,假定 f 在 $(-\infty, -M] \cup [M, +\infty)$ 上是非降的,并且还假定

$$\sum_{s=1}^{\infty} p_s \mid f(c\lambda^{\frac{g(s)}{k}}) \mid < \infty \quad (\text{其中 } c \neq 0) \tag{10}$$

则对满足

$$c_0 \operatorname{sign} c > 0$$

和

$$0 \leqslant \omega(n) \operatorname{sign} c < \mid c \mid \quad (0 \leqslant n \leqslant k) \tag{11}$$

或

$$c_0 \operatorname{sign} c \leqslant 0$$

和

$$0 < \omega(n) \operatorname{sign} c \leqslant \mid c \mid \quad (0 \leqslant n \leqslant k) \tag{12}$$

任意一个 $k-$ 周期函数 $\omega(n)$ 和任意一个 $c_0 \in R$,方程(1) 有类型(Ⅰ) 的一个无解非振动解 $\{x_n\}$ 满足

$$x_n = \lambda^{\frac{n}{k}} \omega(n) + c_0 + o(1) \quad (n \to \infty) \tag{13}$$

证明不失一般性,假定在(10) 中 $c > 0$,由于 f 是非降的,(10) 等价于条件

$$\sum_{s=1}^{\infty} p_s F(c\lambda^{\frac{g(s)}{k}}) < \infty, F(x) = \max_{0 \leqslant l \leqslant x} \tag{14}$$

选取 N 足够大使得

$$\lambda^{\frac{n}{k}} \omega(n) + c_0 - \frac{1}{\lambda - 1} \sum_{s=N}^{\infty} p_s F(c\lambda^{\frac{g(s)}{k}}) \geqslant 0 \tag{15}$$

和

$$\lambda^{\frac{n}{k}} \omega(n) + c_0 \leqslant c\lambda^{\frac{n}{k}} \quad (n \geqslant N_*) \tag{16}$$

其中 $N_* = \min\{N - k, \inf_{n \geqslant N} g(n)\}$.

令 F 表示所有序列 $\{x_n\}, n \geqslant N_*$ 形成的 Frechet 空间,其中 $\{x_n\}$ 的半模定义为 $\| x \|_m = \sup\{\mid x_n \mid \mid$

$N_* \leqslant n \leqslant N_* + m, m = 1, 2, \cdots\}$.

定义一个集合

$$X = \{\{x_n\} \in F \mid 0 \leqslant x_n \leqslant c\lambda^{\frac{n}{k}}, n \geqslant N_*\}$$

并且在 X 上定义一个算子 T 如下

$$(Tx)(n) = \begin{cases} \lambda^{\frac{n}{k}}\omega(n) + c_0 - \\ \sum\limits_{s=n+k}^{\infty} \dfrac{1 - \lambda^{-\left[\frac{s-n}{k}\right]}}{\lambda - 1} p_s f(x_{g(s)}) & (n \geqslant N - k) \\ \lambda^{\frac{n}{k}}\omega(n) + c_0 - \\ \sum\limits_{s=N}^{\infty} \dfrac{1 - \lambda^{-\left[\frac{s-N+k}{k}\right]}}{1 - \lambda} p_s f(x_{g(s)}) & (N_* \leqslant n \leqslant N - k) \end{cases} \tag{17}$$

根据(15)和(16)可知 $TX \subset X$,并且 T 是连续的.

根据对角法则,能够证明 $\overline{TX}$ 是紧集.

所以,根据 Schauder-Tychnoff 不动点定理,T 有一个不动点 $\{x_n\} \in X$ 满足(17).

从而

$$x_n - \lambda x_{n-k} = (1 - \lambda)c_0 + \sum_{s=n}^{\infty} p_s f(x_{g(s)})$$

所以 $\{x_n\}$ 是方程(1)的一个解.

由式(17),有

$$|x_n - \lambda^{\frac{n}{k}}\omega(n) - c_0| \leqslant \frac{1}{\lambda - 1}\sum_{s=n+k}^{\infty} p_s f(x_{g(s)}) \to 0 \quad (n \to \infty)$$

即式(13)成立.

下面给出类型(Ⅰ)的有界的非振动解的存在结论.

定理 3　假定

$$\sum_{i=1}^{\infty} p_i < \infty \tag{18}$$

则对任意 $c_0 \neq 0$,方程(1)有类型(Ⅰ)的一个有界非振动解$\{x_n\}$满足

$$\lim_{n\to\infty} x_n = c_0 \tag{19}$$

证明　不失一般性,不妨假定 $c_0 > 0$,选取 N 充分大使得

$$\max_{0\leqslant x\leqslant c_0} f(x)\sum_{s=N}^{\infty} p_s \leqslant c_0$$

定义 $X=\{\{x_n\}\in F \mid 0\leqslant x_n\leqslant c_0, n\geqslant N_*\}$,并且

$$(Tx)(n)=\begin{cases} c_0-\sum\limits_{s=n+k}^{\infty}\dfrac{1-\lambda^{-\left[\frac{s-n}{k}\right]}}{\lambda-1}p_s f(x_{g(s)}) \\ (n\geqslant N-k) \\ c_0-\sum\limits_{s=N}^{\infty}\dfrac{1-\lambda^{-\left[\frac{s-N+k}{k}\right]}}{\lambda-1}p_s f(x_{g(s)}) \\ (N_*\leqslant n\leqslant N-k) \end{cases}$$

类似于定理 2 的证明,T 满足 Schauder-Tychnoff 定理,则 T 有一个不动点$\{x_n\}\in X$,它是方程(1)的一个解,并且满足(19).

下面给出类型(Ⅱ)的无界解存在定理.

定理 4　对某一 $M\geqslant 0$,假定 f 在$(-\infty,-M]\cup[M,\infty)$上是非降的,并且还假定

$$\sum_{s=1}^{\infty}\lambda^{-\frac{s}{k}} p_s \mid f(c\lambda^{\frac{g(s)}{k}}) \mid < \infty \quad (\text{其中 } c\neq 0) \tag{20}$$

则对满足

$$0 < \omega(n)\operatorname{sign} c < \mid c \mid \quad (0\leqslant n\leqslant k)$$

任意一个 k — 周期函数 $\omega(n)$，方程(1) 有类型(Ⅱ)的一个无界非振动解并且

$$x_n = \lambda^{\frac{n}{k}}\omega(n) + o(\lambda^{\frac{n}{k}}) \quad (n \to \infty) \tag{21}$$

证明 不失一般性，不妨假定 $c > 0$. 由(20) 可以推出(14) 成立. 所以存在 N 使得

$$\frac{\lambda}{\lambda - 1}\sum_{s=N}^{\infty}\lambda^{-\frac{s}{k}} p_s F(c\lambda^{\frac{g(s)}{k}}) \leqslant c - \max_{0\leqslant s\leqslant k}\omega(s)$$

定义集合

$$X = \{\{x_n\} \in F \mid 0 \leqslant x_n \leqslant c\lambda^{\frac{n}{k}}, n \geqslant N_*\}$$

和算子 T

$$(Tx)(n) = \begin{cases} \lambda^{\frac{n}{k}}\omega(n) + \dfrac{1}{\lambda - 1}\displaystyle\sum_{s=N+1}^{n+k} p_s f(x_{g(s)}) + \\ \displaystyle\sum_{s=n+k+1}^{\infty}\frac{\lambda^{-\left[\frac{s-n}{k}\right]}}{\lambda - 1} p_s f(x_{g(s)}) \quad (n \geqslant N - k) \\ \lambda^{\frac{n}{k}}\omega(n) + \\ \displaystyle\sum_{s=N+1}^{\infty}\frac{\lambda^{-\left[\frac{s-N+k}{k}\right]}}{\lambda - 1} p_s f(x_{g(s)}) \quad (N_* \leqslant n \leqslant N - k) \end{cases} \tag{22}$$

类似于定理 2 中的证明，能够证明 T 有一个不动点 $\{x_n\} \in X$，它是方程(1) 的一个解并且有(21) 成立.

例 研究差分方程

$$\Delta(x_n - \lambda x_{n-k_1}) + \mathrm{e}^{-\alpha n} x_{n-k_2} = 0 \tag{23}$$

其中 $\lambda > 1$，k_1 是一个正整数，k_2 是一个整数，$\alpha \in \mathbf{R}$.

解 由条件(10) 可得

$$\sum_{s=1}^{\infty}\mathrm{e}^{-\alpha s} \mid c \mid \lambda^{\frac{s-k_2}{k_1}} < \infty$$

或

$$\sum_{s=1}^{\infty} e^{-(\alpha-\frac{1}{k_1}\ln\lambda)s} < \infty$$

显然,如果 $\alpha > \frac{1}{k_1}\ln\lambda$,此式成立.

由条件(18) 可得

$$\sum_{s=1}^{\infty} e^{-\alpha s} < \infty \tag{24}$$

显然,如果 $\alpha > 0$,此式成立.

对于(23),由于条件(20) 也可化为(24). 因此有下面的结论:

1) 如果 $\alpha > 0$,则对任何 $c \neq 0$,(23) 有一个解 $\{x_n\}$ 满足 $\lim\limits_{n\to\infty} x_n = c$. 并且对任何具有常号的周期函数 $\omega(n)$,(23) 有类型(Ⅱ) 的一个无界非振动解 $\{x_n\}$ 满足 $x_n = \lambda^{\frac{n}{k}}\omega(n) + o(\lambda^{\frac{n}{k}})$, $n \to \infty$.

2) 如果 $\alpha > \frac{\ln\lambda}{k_1}$,则对任何常号的 k - 周期函数 $\omega(n)$ 和任意一个 $c_0 \in R$ 满足 $\min\limits_{0\leqslant s\leqslant k} |\omega(s)| + |c_0| > 0$,(23) 有类型(Ⅰ) 的一个无界非振动解满足 $x_n = \lambda^{\frac{n}{k}}\omega(n) + c_0 + o(1)$, $n \to \infty$.

参考文献

[1] ERBE L H,ZHANG B G. Oscillation of discrete analogues of delay equations[J]. Differential and Integral equations,1989(2):300-309.

[2] RAVI P,AGARWAL. Difference Equations and Inequalities[M]. New York:Marcel Dekker,

2000.
[3] 张广,高英.差分方程的振动理论[M].北京:高等教育出版社,2001.
[4] ZHANG B G,YAN X Z. Oscillation criteria of certain delay dynamic dynamic equations on time scales[J]. Journal of Difference Equations and Applications,2005,10(11).
[5] 张全信,燕居让.一类二阶非线性差分方程解的渐近性质[J].数学的实践与认识,2008,38(12).

§4 二阶超线性差分方程周期解与次调和解的存在性

湖南大学应用数学系的郭志明和太原师范学院数学系的庾建设两位教授应用临界点理论,为研究差分方程周期解与次调和解的存在性和多重性提供了一种新方法,对二阶差分方程

$$\Delta^2 x_{n-1} + f(n, x_n) = 0$$

当 $f(t,z)$ 在 0 点及无穷远点为超线性增长时,上述问题得到某些新结果.

一、引言及主要结果

非线性差分方程已广泛应用于研究计算机科学、经济学、神经网络、生态学及控制论等学科中出现的离散模型.在过去的几十年里,关于差分方程定性性质的研究成果已出现于大量的文献中.这些研究涵盖了差分方程的许多分支,如稳定性、吸引性、振动性与边值

问题等,这些问题的详细讨论可参阅文献[1 ~ 8]及其中的参考文献.然而,关于差分方程周期解的研究成果相对较少(如文献[9]),其主要原因是缺少必要的技巧与方法处理离散系统周期解的存在性问题.

另一方面,已有许多学者对微分方程周期解的存在性与多重性应用不同的方法进行了深入广泛的研究,这些方法主要有 Kaplan-Yorke 耦合系统法、临界点理论(包括极小极大理论、几何指标理论与 Morse 理论)、重合度理论等,例如可参阅文献[10 ~ 18].在这些方法中,临界点理论已成为处理这类问题的强有力的工具,可参阅文献[10,11,13 ~ 16]等.本节的主要目的就是应用临界点理论发展一种新的方法,用于研究差分方程周期解的存在性与多重性.

为方便起见,分别记 $\mathbf{N},\mathbf{Z},\mathbf{R}$ 为自然数集、整数集与实数集.对于任意的整数 a 和 b,记 $\mathbf{Z}(a) \triangleq \{a,a+1,\cdots\}$;当 $a\leqslant b$ 时,$\mathbf{Z}(a,b) \triangleq \{a,a+1,\cdots,b\}$.

考虑二阶非线性差分方程

$$\Delta^2 x_{n-1}+f(n,x_n)=0 \quad (n\in\mathbf{Z}) \tag{1}$$

其中 $f\in\mathbf{C}(\mathbf{R}\times\mathbf{R},\mathbf{R})$,并且存在正整数 m,使得对于任意的 $(t,z)\in\mathbf{R}\times\mathbf{R}$,$f(t+m,z)=f(t,z)$,$\Delta x_n=x_{n+1}-x_n$,$\Delta^2 x_n=\Delta(\Delta x_n)$.

给定正整数 p,研究方程(1) 的 pm — 周期解的存在性,通常这种周期解称为次调和解.

方程(1) 可看作如下二阶微分方程的离散化

$$x''+f(t,x)=0 \quad (t\in\mathbf{R}) \tag{2}$$

其中 $f\in\mathbf{C}(\mathbf{R}\times\mathbf{R},\mathbf{R})$,并且对任意的 $(t,z)\in\mathbf{R}\times\mathbf{R}$,$f(t+T,z)=f(t,z)$.尽管在方程(2) 的周期解与次调

和解存在性与多重性方面已有许多出色的工作(如文献[13 ~ 16]),但是关于方程(1) 的类似结果尚未见到.本节结果表明临界点理论是研究差分方程周期解存在性的有效工具,关于差分方程的一般背景与基本理论,请参阅文献[1,3,4,19,20].

我们的主要结论是:

定理 1 假设 $f(t,z)$ 满足如下条件:

(f_1) $f(t,z)\in \mathbf{C}(\mathbf{R}\times\mathbf{R},\mathbf{R})$ 并且存在正整数 m,使得对于任意的 $(t,z)\in\mathbf{R}\times\mathbf{R}$, $f(t+m,z)=f(t,z)$;

(f_2) 对任意的 $z\in\mathbf{R}$, $\int_0^z f(t,s)\mathrm{d}s\geqslant 0$,并且当 $z\to 0$ 时, $f(t,z)=o(z)$;

(f_3) 存在常数 $R>0$, $\beta>2$,使得对于任意的 $|z|\geqslant R$,有

$$zf(t,z)\geqslant\beta\int_0^z f(t,s)\mathrm{d}s>0$$

则对于任意给定的正整数 $p>0$,方程(1) 至少存在 3 个以 pm 为周期的周期解.

推论 假设 $f(t,z)$ 满足条件 $(f_1)\sim(f_3)$,则对于任意给定的正整数 $p>0$,方程(1) 至少存在两个以 pm 为周期的非平凡周期解.

注 1 由 (f_2) 易见

$$\lim_{z\to 0}\frac{f(t,z)}{z}=0$$

上式意味着 $f(t,z)$ 在零点处是超线性增长的.由积分不等式

$$zf(t,z)\geqslant\beta\int_0^z f(t,s)\mathrm{d}s>0$$

可知,存在常数 $a_1>0$ 和 $a_2>0$,使得对于任意的 $z\in$

$\mathbf{R}$,有

$$\int_0^z f(t,s)\mathrm{d}s \geqslant a_1 \mid z \mid^{\beta} - a_2$$

因此,有$(\mathrm{f}_3)'$存在常数$a_1>0$和$a_2>0$,使得

$$\int_0^z f(t,s)\mathrm{d}s \geqslant a_1 \mid z \mid^{\beta} - a_2 \quad (\forall z \in \mathbf{R})$$

由(f_3)与$(\mathrm{f}_3)'$,得

$$zf(t,z) \geqslant \beta\int_0^z f(t,s)\mathrm{d}s \geqslant$$
$$\beta a_1 \mid z \mid^{\beta} - \beta a_2 \quad (\forall \mid z \mid \geqslant R)$$

因而

$$\lim_{|z|\to+\infty} \frac{f(t,z)}{z} = +\infty$$

即(f_3)蕴含了$f(t,z)$在无穷远处是超线性增长的.所以,定理1的条件对应$f(t,z)$在零点与无穷远点都是超线性增长的情形.

当$f(t,z)$不依赖于t时,考虑二阶自治差分方程

$$\Delta^2 x_{n-1} + f(x_n) = 0 \tag{3}$$

其中$f \in \mathbf{C}(\mathbf{R},\mathbf{R})$.

此时,如果存在常数$R_1>0$和$\beta>2$,满足对于任意的$\mid z \mid \geqslant R_1$,有

$$zf(z) \geqslant \beta\int_0^z f(s)\mathrm{d}s > 0$$

则$f(R_1)>0$并且$f(-R_1)<0$.显然,存在某个$x_0 \in (-R_1,R_1)$,使得$f(x_0)=0$.对一切的$n=1,2,\cdots$,令$x_n=x_0$,则对于任意的正整数m,$\{x_n\}$是方程(3)的m-周期解.鉴于此,我们将研究方程(3)的非平凡周期解的存在性.

定理 2　假设$f(z)$满足:

(F_1) $f \in \mathbf{C}(\mathbf{R},\mathbf{R})$；

(F_2) $\forall z \in \mathbf{R}, \int_0^z f(s)\mathrm{d}s \geqslant 0$，并且 $f(z)=o(z)$（当 $z \to 0$ 时）；

(F_3) 存在常数 $R_1 > 0$ 和 $\beta > 2$，使得

$$zf(z) \geqslant \beta \int_0^z f(s)\mathrm{d}s > 0 \quad (\forall \ |z| \geqslant R_1)$$

则对于任意的正整数 m，方程(3) 至少存在两个非平凡的 m－周期解.

二、变分结构

为了应用临界点理论，将引进适当的变分框架. 首先介绍一些概念和记号.

设 S 表示一切实数序列 $x=\{x_n\}_{n\in\mathbf{Z}}$ 所组成的向量空间，即

$$S=\{\{x_n\} \mid x_n \in \mathbf{R}, n \in \mathbf{Z}\}$$

可以将 x 改写为 $x=(\cdots,x_{-n},x_{-n+1},\cdots,x_{-1},x_0,x_1,x_2,\cdots,x_n,\cdots)$.

对于任意给定的正整数 p 和 m，E_{pm} 定义为

$$E_{pm}=\{x=\{x_n\} \in S \mid x_{n+pm}=x_n, n \in \mathbf{Z}\}$$

则 E_{pm} 为 S 的线性子空间，并且与 $\mathbf{R}^{pm}$ 同构. 定义 E_{pm} 上的内积为

$$\langle x,y\rangle_{E_{pm}}=\sum_{j=1}^{pm} x_j y_j \quad (\forall x,y \in E_{pm})$$

由此内积可以诱导出空间 E_{pm} 上的范数

$$\| x \|_{E_{pm}}=\left(\sum_{j=1}^{pm} x_j^2\right)^{\frac{1}{2}} \quad (\forall x \in E_{pm}) \qquad (4)$$

易知$(E_{pm},\langle\cdot,\cdot\rangle)$是有限维 Hilbert 空间，并且与

$\mathbf{R}^{pm}$ 线性同胚.

考虑定义在 E_{pm} 上的泛函

$$I(x)=\sum_{n=1}^{pm}\left[\frac{1}{2}(\Delta x_n)^2-F(n,x_n)\right]\quad(\forall x\in E_{pm})\tag{5}$$

其中 $F(t,z)=\int_0^z f(t,s)\mathrm{d}s$.

考虑到 $\forall x\in E_{pm}$ 和 $n\in\mathbf{Z}$ 及 $x_{n+pm}=x_n$，方程(5)可以改写为

$$I(x)=\sum_{n=1}^{pm}[(x_n^2-x_nx_{n+1})-F(n,x_n)]\tag{6}$$

由 $f(t,z)$ 的连续性，$I\in\mathbf{C}^1(E_{pm},\mathbf{R})$ 并且 $I'(x)=0$ 当且仅当

$$\frac{\partial I(x)}{\partial x_n}=0\quad(n\in\mathbf{Z}(1,pm))$$

令 $x_0=x_{pm}$，则

$$\frac{\partial I(x)}{\partial x_n}=2x_n-x_{n+1}-x_{n-1}-f(n,x_n)$$

$$(n\in\mathbf{Z}(1,pm))$$

或改写为

$$\frac{\partial I(x)}{\partial x_n}=-(\Delta^2x_{n-1}+f(n,x_n))\quad(n\in\mathbf{Z}(1,pm))$$

因此 $x\in E_{pm}$ 是泛函 I 的临界点，即 $I'(x)=0$ 当且仅当

$$\Delta^2x_{n-1}+f(n,x_n)=0\quad(n\in\mathbf{Z}(1,pm))$$

由于$\{x_n\}$关于 n 是 pm — 周期的，并且 $f(t,z)$ 关于 t 是 m — 周期的，$x\in E_{pm}$ 是 I 的临界点当且仅当对于任意的 $n\in\mathbf{Z}$，$\Delta^2x_{n-1}+f(n,x_n)=0$，即 $x=\{x_n\}$ 是方程(1) 的 pm — 周期解. 这样，寻求方程(1) 的 pm —

周期解的问题就转化为寻求 E_{pm} 上泛函 I(方程(6))的临界点问题.

为方便起见,将 $x \in E_{pm}$ 与 $x = (x_1, x_2, \cdots, x_{pm})^{\mathrm{T}}$ 看作是一致的.

当 $pm > 2$ 时,$I(x)$ 可以改写为

$$I(x) = \frac{1}{2}\boldsymbol{x}^{\mathrm{T}}\boldsymbol{A}\boldsymbol{x} - \sum_{n=1}^{pm} F(n, x_n)$$

其中

$$\boldsymbol{x} = (x_1, x_2, \cdots, x_{pm})^{\mathrm{T}}$$

$$\boldsymbol{A} = \begin{pmatrix} 2 & -1 & 0 & \cdots & 0 & -1 \\ -1 & 2 & -1 & \cdots & 0 & 0 \\ 0 & -1 & 2 & \cdots & 0 & 0 \\ \vdots & \vdots & \vdots & \ddots & \vdots & \vdots \\ 0 & 0 & 0 & \cdots & 2 & -1 \\ -1 & 0 & 0 & \cdots & -1 & 2 \end{pmatrix}_{pm \times pm}$$

注 2 $pm = 1$ 的情形是平凡的;当 $pm = 2$ 时,$\boldsymbol{A}$ 具有不同的形式,即

$$\boldsymbol{A} = \begin{pmatrix} 1 & -1 \\ -1 & 1 \end{pmatrix}$$

尽管如此,在这种特殊情形下,论证的过程无需作任何改变,因此详细的讨论将留给读者.

明显地,0 是 $\boldsymbol{A}$ 的一个特征值,而 $(1, 1, \cdots, 1)$ 是相应于特征值 0 的特征向量.

记 $\boldsymbol{Z} = \{(v, v, \cdots, v)^{\mathrm{T}} \in E_{pm} \mid v \in \mathbf{R}\}$,则 $\boldsymbol{Z}$ 是 E_{pm} 的不变子空间. 记

$$\boldsymbol{A}_{pm-1}=\begin{pmatrix}2 & -1 & 0 & \cdots & 0 & 0\\ -1 & 2 & -1 & \cdots & 0 & 0\\ 0 & -1 & 2 & \cdots & 0 & 0\\ \vdots & \vdots & \vdots & \ddots & \vdots & \vdots\\ 0 & 0 & 0 & \cdots & 2 & -1\\ 0 & 0 & 0 & \cdots & -1 & 2\end{pmatrix}_{(pm-1)\times(pm-1)}$$

直接验证可知,$\boldsymbol{A}_{pm-1}$ 是正定矩阵,并且 $\mathrm{rank}(\boldsymbol{A})=pm-1$. 进而,$\boldsymbol{A}$ 是半正定矩阵,并且除 0 外,$\boldsymbol{A}$ 的其他特征值都大于 0. 记 $\boldsymbol{A}$ 的特征值为 $\lambda_1,\lambda_2,\cdots,\lambda_{pm}$,其中 $\lambda_j>0(j=1,2,\cdots,pm-1)$ 而 $\lambda_{pm}=0$. 对应于特征值 $\lambda_1,\lambda_2,\cdots,\lambda_{pm}$,存在特征向量 $\eta_1,\eta_2,\cdots,\eta_{pm}\in E_{pm}$,使得 $A\eta_j=\lambda_j\eta_j(j=1,2,\cdots,pm)$,并且

$$\langle\eta_i,\eta_j\rangle E_{pm}=\begin{cases}0 & (i\neq j)\\ 1 & (i=j)\end{cases}\quad i,j=1,2,\cdots,pm$$

记 $E_{pm}=Y\oplus Z$,其中

$$Y=\left\{\sum_{j=1}^{pm-1}b_j\eta_j\mid b_j\in\mathbf{R}^1,j=1,2,\cdots,pm-1\right\}$$

则对于任意的 $x\in E_{pm}$,存在唯一的 $b_j(j=1,2,\cdots,pm)$,使得 $x=\sum_{j=1}^{pm}b_j\eta_j$ 并且 $\|x\|_{E_{pm}}=\left(\sum_{j=1}^{pm}b_j^2\right)^{\frac{1}{2}}$.

记 $\lambda_{\max}=\max\{\lambda_j\mid 1\leqslant j\leqslant pm-1\}$,$\lambda_{\min}=\min\{\lambda_j\mid 1\leqslant j\leqslant pm-1\}$,则 $\lambda_{\max}>0$,$\lambda_{\min}>0$.

为证明我们的主要结论,需要下面的两个引理:

引理 1　对于任意给定的 $u_j,v_j\geqslant 0(j=1,2,\cdots,k)$,$q>1$,$r>1$ 并且 $\frac{1}{q}+\frac{1}{r}=1$,下面的不等式成立

$$\sum_{j=1}^{k} u_j v_j \leqslant \left(\sum_{j=1}^{k} u_j^r\right)^{\frac{1}{r}} \left(\sum_{j=1}^{k} v_j^q\right)^{\frac{1}{q}}$$

对任意的 $r>1$，由引理 1，可以赋予 E_{pm} 另一种范数如下

$$\| x \|_r = \left(\sum_{j=1}^{pm} | x_j |^r\right)^{\frac{1}{r}} \quad (\forall x \in E_{pm})$$

显然，$\| x \|_2 = \| x \|_{E_{pm}}$.

由于 E_{pm} 可以等同于有限维空间 $\mathbf{R}^{pm}$，$(E_{pm}, \| \cdot \|_2)$ 等价于 $(E_{pm}, \| \cdot \|_r)$，因此存在两个常数 $C_2 \geqslant C_1 > 0$，满足

$$C_1 \| x \|_r \leqslant \| x \|_2 \leqslant C_2 \| x \|_r \quad (\forall x \in E_{pm}) \tag{7}$$

下面给出 Palais-Smale 条件的定义：

设 X 是实的 Banach 空间，$I \in \mathbf{C}^1(X, \mathbf{R})$，即 I 是定义在 X 上的 Fréchet 连续可微的泛函. I 称为满足 Palais-Smale 条件（简称 P. S. 条件），如果序列 $\{u_n\} \subset X$ 满足：$\{I(u_n)\}$ 是有界的并且当 $n \to \infty$ 时，$I'(u_n) \to 0$，则 $\{u_n\}$ 存在在 X 中收敛的子序列.

记 B_r 为 X 中以 0 为中心，以 r 为半径的开球，∂B_r 为其边界.

引理 2（环绕定理）[16]　设 X 是实的 Banach 空间，$X = X_1 \oplus X_2$，其中 X_1 是 X 的有限维子空间，$I \in \mathbf{C}^1(X, \mathbf{R})$ 满足 P. S. 条件，并且：

(I_1) 存在常数 $\sigma > 0$ 和 $\rho > 0$，使得 $I|_{\partial B_\rho \cap X_2} \geqslant \sigma$；

(I_2) 存在 $e \in \partial B_1 \cap X_2$ 及常数 $R_2 > \rho$，使得 $I|_{\partial Q} \leqslant 0$，并且

$$Q \triangleq (\bar{B}_{R_2} \cap X_1) \oplus \{re \mid 0 < r < R_2\}$$

则 I 存在临界值 $c \geqslant \sigma$，其中

$$c=\inf_{h\in\Gamma}\max_{u\in Q}I(h(u))$$

并且 $\Gamma=\{h\in \mathbf{C}(\bar{Q},X)\mid h|_{\partial Q}=id\}$.

注 2　事实上,Palais 和 Smale[21] 引入 P. S. 条件的目的是为了研究无穷维 Hilbert 空间上泛函临界点的存在性,对于有限维空间上的泛函,自然也可以假设其满足 P. S. 条件,而相应的引理 1 与 2 也可以用于研究有限维空间 $\mathbf{R}_{pm}$ 上泛函 I 的临界点的存在性.

三、主要结论的证明

为证明定理 1,需要如下引理:

引理 3　假设 $f(t,z)$ 满足条件(f_3),则泛函

$$I(x)=\frac{1}{2}\boldsymbol{x}^{\mathrm{T}}\mathbf{A}\boldsymbol{x}-\sum_{n=1}^{pm}F(n,x_n)$$

在 E_{pm} 上是有上界的.

证明　由(f_3)与注 1,$f(t,z)$ 满足(f_3)$'$,因此对于任意的 $x\in E_{pm}$,有

$$I(x)=\frac{1}{2}\boldsymbol{x}^{\mathrm{T}}\mathbf{A}\boldsymbol{x}-\sum_{n=1}^{pm}F(n,x_n)\leqslant$$

$$\frac{1}{2}\lambda_{\max}\|x\|_2^2-a_1\sum_{n=1}^{pm}|x_n|^{\beta}+a_2pm$$

考虑到式(7),存在常数 $\frac{1}{C_2}$,使得 $\|x\|_{\beta}\geqslant\frac{1}{C_2}\|x\|_2$,因此

$$I(x)\leqslant\frac{1}{2}\lambda_{\max}\|x\|_2^2-a_1\left(\frac{1}{C_2}\right)^{\beta}\|x\|_2^{\beta}+a_2pm$$

因为 $\beta>2$,对上面不等式右边关于 $\|x\|_2$ 取最大值,则存在常数 $M>0$,使得

$$I(x) \leqslant M \quad (\forall x \in E_{pm})$$

证毕.

引理 4 假设条件(f_1)与(f_3)成立,则泛函 I 满足 P. S. 条件.

证明 设$\{I(x^{(k)})\}$是有下界的序列,即存在正常数 M_1,满足

$$-M_1 \leqslant I(x^{(k)}) \quad (\forall k \in \mathbf{N})$$

由引理 3,有

$$-M_1 \leqslant I(x^{(k)}) \leqslant \frac{1}{2}\lambda_{\max} \| x^{(k)} \|_2^2 - a_1\left(\frac{1}{C_2}\right)^{\beta} \| x^{(k)} \|_2^{\beta} + a_2 pm \quad (\forall k \in \mathbf{N})$$

则

$$a_1\left(\frac{1}{C_2}\right)^{\beta} \| x^{(k)} \|_2^{\beta} - \frac{1}{2}\lambda_{\max} \| x^{(k)} \|_2^2 \leqslant M_1 + a_2 pm \quad (\forall k \in \mathbf{N})$$

由于 $\beta > 2$,不难找到常数 $M_2 > 0$,使得对于任意的 $k \in \mathbf{N}$,$\| x^{(k)} \|_2 \leqslant M_2$. 即$\{x^{(k)}\}$是有限维空间 E_{pm} 中的有界序列. 显然,它有收敛的子序列,因此 I 满足 P. S. 条件.

定理 1 的证明 由条件(f_2)及 $f(t,z)$ 的连续性,对于任意的 $t \in \mathbf{R}$,有 $f(t,0)=0$,则$\{x_n\}=0$,即 $x_n = 0(n \in \mathbf{Z})$ 是方程(1)的平凡的 pm — 周期解.

由引理 3,I 在 E_{pm} 上有上界. 记 $c_0 = \sup\limits_{x \in E_{pm}} I(x)$. 又因存在常数 $C_2 > 0$,使得对于任意的 $x \in E_{pm}$,有

$$I(x) \leqslant \frac{1}{2}\lambda_{\max} \| x \|_2^2 - a_1\left(\frac{1}{C_2}\right)^{\beta} \| x \|_2^{\beta} + a_2 pm$$

因此,当 $\| x \|_2 \to +\infty$ 时,$I(x) \to -\infty$,即 $-I(x)$ 是

强制的. 任取常数 $c_1 > |c_0|$, 则存在某个 $G > 0$, 使得对于任意的 $\|x\|_2 > G$, $|I(x)| > c_1 > |c_0|$. 由 I 的连续性, 一定存在一点 $\bar{x} \in E_{pm}$, $\|\bar{x}\|_2 \leqslant G$ 并且 $I(\bar{x}) = c_0$. 显然, $\bar{x} \in E_{pm}$ 是 I 的临界点.

我们断言: $c_0 > 0$. 事实上, 由假设 (f_2), $\lim\limits_{x \to 0} \dfrac{F(t,z)}{z^2} = 0$. 取 $\varepsilon = \dfrac{1}{4}\lambda_{\min}$, 存在 $\delta > 0$, 满足

$$|F(t,z)| \leqslant \frac{1}{4}\lambda_{\min} |z|^2 \quad (\forall\ |z| \leqslant \delta)$$

对任意的 $x = (x_1, x_2, \cdots, x_{pm})^{\mathrm{T}} \in Y$, $\|x\|_2 \leqslant \delta$, 将 x 改写为 $x = \sum\limits_{j=1}^{pm-1} b_j \eta_j$, 则有 $\|x\|_2 = \left(\sum\limits_{j=1}^{pm-1} b_j^2\right)^{\frac{1}{2}}$ 及 $Ax = \sum\limits_{j=1}^{pm-1} b_j \lambda_j \eta_j$. 另外, 对任意的 $n \in \mathbf{Z}(1, pm)$, $|x_n| \leqslant \delta$. 所以

$$I(x) = \frac{1}{2} x^{\mathrm{T}} A x - \sum_{n=1}^{pm} F(n, x_n) =$$

$$\frac{1}{2} \sum_{j=1}^{pm-1} \lambda_j b_j^2 - \sum_{n=1}^{pm} F(n, x_n) \geqslant$$

$$\frac{1}{2}\lambda_{\min} \|x\|_2^2 - \frac{1}{4}\lambda_{\min} \|x\|_2^2 = \frac{1}{4}\lambda_{\min} \|x\|_2^2$$

记 $\sigma = \dfrac{1}{4}\lambda_{\min}\delta^2$, 则

$$I(x) \geqslant \sigma, \forall x \in Y \cap \partial B_\delta$$

我们已经证明存在 $x \in E_{pm}$, 使得 $I(x) \geqslant \sigma$, 因此 $c_0 = \sup\limits_{x \in E_{pm}} I(x) \geqslant \sigma > 0$. 同时证明了存在常数 $\sigma > 0$ 及 $\delta > 0$, 使得 $I|_{\partial B_\delta \cap Y} \geqslant \sigma$. 这就是说, I 满足环绕定理的条件 (I_1).

因为对于任意的 $x \in \mathbf{Z}$, $Ax = 0$, 故

$$I(x)=\frac{1}{2}x^{\mathrm{T}}Ax-\sum_{n=1}^{pm}F(n,x_n)=-\sum_{n=1}^{pm}F(n,x_n)\leqslant 0$$

从而，I 的对应于临界值 c_0 的临界点是方程(1) 的非平凡的 pm — 周期解.

为得到方程(1) 的不同于 $\bar{x}$ 的非平凡 pm — 周期解，需要应用引理 2. 下面将验证引理 2 的条件.

由引理 4，I 在 E_{pm} 上满足 P.S. 条件，因此只需验证(I_2).

取 $e\in\partial B_1\cap Y$. 对任意的 $z\in\mathbf{Z}$ 以及 $r\in\mathbf{R}$，令 $x=re+z$，则

$$\begin{aligned}I(x)=&\frac{1}{2}\langle A(re+z),re+z\rangle-\sum_{n=1}^{pm}F(n,x_n)=\\&\frac{1}{2}\langle Are,re\rangle-\sum_{n=1}^{pm}F(n,re_n+z_n)\leqslant\\&\frac{1}{2}\lambda_{\max}r^2-a_1\sum_{n=1}^{pm}|re_n+z_n|^{\beta}+a_2pm\leqslant\\&\frac{1}{2}\lambda_{\max}r^2-a_1\left(\frac{1}{C_2}\right)^{\beta}\left(\sum_{n=1}^{pm}|re_n+z_n|^2\right)^{\frac{\beta}{2}}+\\&a_2pm=\\&\frac{1}{2}\lambda_{max}r^2-a_1\left(\frac{1}{C_2}\right)^{\beta}\left(\sum_{n=1}^{pm}(r^2e_n^2+z_n^2)\right)^{\frac{\beta}{2}}+\\&a_2pm=\\&\frac{1}{2}\lambda_{max}r^2-a_1\left(\frac{1}{C_2}\right)^{\beta}(r^2+\|z\|_2^2)^{\frac{\beta}{2}}+a_2pm\leqslant\\&\frac{1}{2}\lambda_{\max}r^2-a_1\left(\frac{1}{C_2}\right)^{\beta}r^{\beta}-\\&a_1\left(\frac{1}{C_2}\right)^{\beta}\|z\|_2^{\beta}+a_2pm\end{aligned}$$

令

$$g_1(r)=\frac{1}{2}\lambda_{\max}r^2-a_1\left(\frac{1}{C_2}\right)^{\beta}r^{\beta}$$

$$g_2(\tau)=-a_1\left(\frac{1}{C_2}\right)^{\beta}\tau^{\beta}+a_2pm$$

则 $\lim\limits_{r\to+\infty}g_1(r)=-\infty$，$\lim\limits_{\tau\to+\infty}g_2(\tau)=-\infty$，而且 $g_1(r)$ 与 $g_2(\tau)$ 是有上界的，因而存在某个 $R_2>\delta$，使得对于任意的 $x\in\partial Q$，$I(x)\leqslant 0$，其中

$$Q\triangleq(\bar{B}_{R_2}\cap\mathbf{Z})\oplus\{re\mid 0<r<R_2\}$$

由环绕定理，I 存在临界值 $c\geqslant\sigma>0$，其中

$$c=\inf_{h\in\Gamma}\max_{u\in Q}I(h(u))$$

$\Gamma=\{h\in C(\bar{Q},E_{pm})\mid h\mid_{\partial Q}=id\}$.

假设 $\bar{x}\in E_{pm}$ 是对应于临界值 c 的 I 的临界点，即 $I(\tilde{x})=c$. 如果 $\tilde{x}\neq\bar{x}$，则定理 1 的结论已经成立. 假若不然 $\tilde{x}=\bar{x}$，则 $c_0=I(\bar{x})=I(\tilde{x})=c$，即

$$\sup_{x\in E_{pm}}I(x)=\inf_{h\in\Gamma}\sup_{u\in Q}I(h(u))$$

选取 $h=id$，有 $\sup\limits_{x\in Q}I(x)=c_0$. 由于 $Q=(\bar{B}_{R_2}\cap Z)\oplus\{re\mid 0<r<R_2\}$ 中 $e\in\partial B_1\cap Y$ 的选取是任意的，可以取 $-e\in\partial B_1\cap Y$. 通过类似的论证，存在常数 $R_3>\delta$，使得对任意的 $x\in\partial Q_1$，$I(x)\leqslant 0$，其中

$$Q_1\triangleq(\bar{B}_{R_3}\cap Z)\oplus\{-re\mid 0<r<R_3\}$$

再一次应用环绕定理，I 又存在临界值 $c'\geqslant\sigma>0$，并且

$$c'\inf_{h\in\Gamma_1}\max_{u\in Q_1}I(h(u))$$

其中 $\Gamma_1=\{h\in C(\bar{Q}_1,E_{pm})\mid h\mid_{\partial\bar{Q}_1}=id\}$.

如果 $c'\neq c_0$，则定理 1 的证明已经完成. 反之 $c'=c_0$，则 $\sup\limits_{x\in Q_1}I(x)=c_0$. 由 $I\mid_{\partial Q}\leqslant 0$ 及 $I\mid_{\partial Q_1}\leqslant 0$ 可知，I 在集合 Q 与 Q_1 的内部达到最大值. 另一方面，$Q\cap Q_1\subset Z$ 和 $\forall x\in Z$，$I(x)\leqslant 0$. 这意味着必定存在一点 $\hat{x}\in$

E_{pm}，$\hat{x} \neq \tilde{x}$ 并且 $I(\hat{x}) = c' = c_0$.

以上讨论表明，如果 $c < c_0$，方程(1) 至少存在两个非平凡的 pm — 周期解；否则，若 $c = c_0$，方程(1) 将存在无穷多个非平凡的 pm — 周期解. 证毕.

由定理 1，推论的结论是显然的.

下面讨论二阶自治差分方程(3). 由于 f 与 t 无关，寻求方程(3) 的以 m 为周期的周期解，其中 m 是任意给定的正整数.

类似于前面的论证，令

$$E_m = \{x = \{x_n\} \in S \mid x_{n+m} = x_n, n \in \mathbf{Z}\}$$

并且在空间 E_m 上定义如下的内积 $\langle \cdot, \cdot \rangle_{E_m}$ 和范数 $\| \cdot \|_{E_m}$

$$\langle x, y \rangle_{E_m} = \sum_{n=1}^{m} x_n y_n \quad (\forall\, x, y \in E_m)$$

$$\| x \|_{E_m} = \left(\sum_{n=1}^{m} x_n^2\right)^{\frac{1}{2}} \quad (\forall\, x \in E_m)$$

此时，$(E_m, \langle \cdot, \cdot \rangle_{E_m})$ 是与 $\mathbf{R}^m$ 同胚的 Hilbert 空间.

考虑定义在 E_m 上的泛函

$$J(x) = \frac{1}{2} x^{\mathrm{T}} A x - \sum_{n=1}^{m} F(x_n)$$

其中 $F(z) = \int_0^z f(s) \mathrm{d}s$.

易知，泛函 $J(x)$ 的临界点与方程(3) 的 m — 周期解之间存在一一对应关系，因此寻求方程(3) 的 m — 周期解就转化为寻求泛函 $J(x)$ 的临界点.

定理 2 的证明方法与定理 1 的完全类似，故不再重复.

注 3　由定理 1 的证明可知，如果用条件$(\mathrm{f}_3)'$ 代

替(f_3),定理1与2的结论仍然成立.

注4　作为定理1与2的应用,给出如下的例子:

假设

$$f(t,z)=(az\mid z\mid^{\mu}+bz\mid z\mid^{\nu})(\varphi(t)+M)$$

其中 $a\geqslant 0,b\geqslant 0$,并且 a 和 b 不同时为零,$\mu>0,\nu>0,M>0$,而 $\varphi(t)$ 是连续的 m-周期函数,并且 $\mid\varphi(t)\mid<M$.

在上述假设下,$f(t,z)$ 满足定理1的所有条件;如果 $\varphi(t)\equiv 0$,则 $f(z)$ 满足定理2的所有条件,因此定理1(及定理2)的结论成立.

参考文献

[1] AGARWAL R P. Difference Equations and Inequalities: Theory, Methods and Applications[M]. New York: Marcel Dekker, 1992.

[2] ERBE L H, XIA H, YU J S. Global stability of a linear nonautonomous delay difference equations[J]. J Diff Equations Appl, 1995(1): 151-161.

[3] GYÖRI I, LADAS G. Oscillation Theory of Delay Differential Equations with Applications[M]. Oxford: Oxford University Press, 1991.

[4] KOCIC V L, LADAS G. Global Behavior of Nonlinear Difference Equations of Higher Order

with Applications[M]. Boston:Kluwer Academic Publishers,1993.

[5] HATSUNAGE H,HARA T,SAKATA S. Global attractivity for a nonlinear difference equation with variable delay[J]. Computer Math Applic,2001,41:543-551.

[6] TANG X H,YU J S. Oscillation of nonlinear delay difference equations[J]. J Math Anal Appl,2000,249:476-490.

[7] Yu J S. Asymptotic stability for a linear difference equation with variable delay[J]. Computers Math Applic,1998,36(10-12):203-210.

[8] ZHOU Z,ZHANG Q. Uniform stability of nonlinear difference systems[J]. J Math Anal Appl,1998,225:486-500.

[9] Elaydi S N,ZHANG S. Stability and periodicity of difference equations with finite delay[J]. Funkcialaj Ekvac,1994,37:401-413.

[10] 张恭庆. 临界点理论及其应用[M]. 上海:上海科学技术出版社,1986.

[11] CHANG K C. Infinite Dimensional Morse Theory and Multiple Solution Problems[M]. Boston:Birkhäuser,1993.

[12] KAPLAN J L,Yorke J A. Ordinary differential equations which yield periodic solution of delay differential equations[J]. J Math Anal Appl,

1974,48:317-324.

[13] LIU J Q,WANG Z Q. Remarks on subharmonics with minimal periods of Hamiltonian systems[J]. Nonlinear Anal T M A,1993,7:803-821.

[14] MAWHIN J,WILLEM M. Critical Point Theory and Hamiltonian Systems[M]. New York:Spinger-Verlag,1989.

[15] MICHALEK R,TARANTELLO G. Subharmonic solutions with prescribed minimal period for nonautonomous Hamiltonian systems[J]. J Differential Equations,1988,72:28-55.

[16] RABINOWITZ P H. Minimax Methods in Critical Point Theory with Applications to Differential Equations[J]. CBMS AMS,1986,65:7-18.

[17] CAPIETTO A,MAWHIN J,ZANOLIN F. A continuation approach to superlinear periodic boundary value problems[J]. J Differential Equations,1990,88:347-395.

[18] HALE J K,MAWHIN J. Coincidence degree and periodic solutions of neutral equations[J]. J Differential Equations,1974,15:295-307.

[19] ELAYDI S N. An Introduction to Difference Equations[M]. New York:Springer-Verlag,1999.

[20] PIELOU E C. An Introduction to Mathematical Ecology[M]. New York: Willey Interscience, 1969.

[21] PALAIS R S, SMALE S. A generalized Morse theory[J]. Bull Amer Math Soc, 1964(70): 165-171.

§5 正则线性差分方程

一、引言

浙江大学的李兆华教授指出：

H. Poincaré[1] 与 O. Perron[2-4] 研究了 Poincaré 型(以下简称 P 型)差分方程解的渐近特性，给出下面的：

定理 1(Poincaré) 假若 n 阶线性齐次差分方程

$$y(x+n)+\alpha_1(x)y(x+n-1)+\cdots+\alpha_n(x)y(x)=0\quad(x=0,1,2,\cdots)\qquad(*)$$

是 P 型的，即其系数 $\alpha_\nu(x)$ 具有有限极限

$$\lim_{x\to\infty}\alpha_\nu(x)=\alpha_\nu\quad(\nu=1,2,\cdots,n)$$

且若特征方程

$$\theta(\lambda)=\lambda^n+\alpha_1\lambda^{n-1}+\cdots+\alpha_n=\prod_{\nu=1}^{n}(\lambda-\lambda_\nu)=0$$

的根 λ_ν 的模互不相同，则方程($*$)的任一(非平凡)解 $y_0(x)$，有

$$\lim_{x\to\infty}\frac{y_0(x+1)}{y_0(x)}=\lambda_{\nu_0}\quad(1\leqslant\nu_0\leqslant n)$$

定理 2(Perron)　在上述定理的条件下，若 $\alpha_n(x)\neq 0$，则存在方程(*)的 n 个解 $y_1,y_2,\cdots,y_n$，使得

$$\lim_{x\to\infty}\frac{y_\nu(x+1)}{y_\nu(x)}=\lambda_\nu\quad(\nu=1,2,\cdots,n)$$

引入下述定义：

定义 1　对于函数 $y(x)$，假若 $\lim\frac{y(x+1)}{y(x)}=\lambda$(以下极限过程均指 $x\to\infty$ 而言)，则称 $y(x)$ 正则. 并说 $y(x)$ 属于数 λ，记为 $\lambda\{y(x)\}=\lambda$.

Perron 举例指出了以下事实：特征方程具有重根的 P 型方程可具有非正则解；特征方程的根各不相同，但其中有模数相同的 P 型方程，它的一切解可以是非正则的. 而 Горнштейн[6] 则构造了后一类型的一切解均正则的方程的例子，并以实例肯定了非 P 型的一切解均正则的方程的存在. 同时，给出了下述的解的分类法则：

定理 3(Горнштейн)　假若(P 型或非 P 型)方程(*)的一切解正则，则它们可以分为 n 类. 第 k 类的解属于同一数 p_k. 如果 $D_r(x)$ 与 $D_s(x)$ 分别表示第 r,s 类的解. 则当 $r<s$ 时

$$\lim\frac{D_s(x)}{D_r(x)}=0\qquad(\Delta)$$

并由此有 $|P_1|\geqslant|P_2|\geqslant\cdots\geqslant|P_n|$. 其第 k 类 $(1\leqslant k\leqslant n)$ 解 $f(x)$ 的初始值满足下述关系式

$$\alpha_0^{(s)}D_0+\alpha_1^{(s)}D_1+\cdots+\alpha_{n-s-2}^{(s)}D_{n-s-2}+D_{n-s-1}=0\quad(s=0,1,\cdots,k-2)$$

$$\alpha_0^{(k-1)}D_0+\alpha_1^{(k-1)}D_1+\cdots+\alpha_{n-k-1}^{(k-1)}D_{n-k-1}+D_{n-k}\neq 0\quad(\alpha_i^{(0)}\cong\alpha_i)$$

其中

$$\alpha_i^{(s)}=\lim\frac{f_i^{(s)}(x)}{f_{n-s-1}^{(s)}(x)}\quad(i=0,1,2,\cdots,n-s-2)$$

$$f_i^{(s)}(x)=f_i^{(s-1)}(x)-\alpha_i^{(s-1)}f_{n-s}^{(s-1)}(x)$$

$$(i=0,1,\cdots,n-s-1)$$

$(f_i^{(0)}(x)\triangleq f_i(x))$，而 $f_0(x),f_1(x),\cdots,f_{n-1}(x)$ 为满足下述初始条件的(标准)基础解系

$$f_i(x)=\begin{cases}1, & i=x\\ 0, & i\neq x\end{cases}\quad(i,x=0,1,\cdots,n-1)$$

$$f(x)=D_0f_0(x)+D_1f_1(x)+\cdots+D_{n-1}f_{n-1}(x)$$

按该分类法则，我们只要适当地确定初始值，就可以从方程的全部解中选取所需要的解，它属于预先指定的某特性数 $p_{k_0}(1\leqslant k_0\leqslant n)$ 而特别当 p_{k_0} 在 $p_k(k=1,2,\cdots,n)$ 中为多重的情况下，由于式(Δ)，还可以对解的渐近阶提出一定的要求，然而，下述 Ⅱ 中的实例及定理 4 表明，对于这种情况，Горнштейн 定理一般是不成立的.

二、Горнштейн 定理的反例

设

$$y_1(x)=\mu^x$$

$$y_2(x)=(1+x^\alpha)\mu^x\exp\left(\mathrm{i}\sum_{\nu=1}^{x}\frac{1}{\nu}\right)\quad(x=1,2,3,\cdots)$$

这里 $\mu\neq0,1;-1<\alpha<0,\mathrm{i}=\sqrt{-1}$.

易知 y_1,y_2 均正则且 $\lambda\{y_1\}=\lambda\{y_2\}=\mu$.

由于它们的 Wronski 行列式

$$W_2(x)=\begin{vmatrix}\mu^x(1+x^\alpha)\mu^x\exp\{\mathrm{i}\sum_{\nu=1}^{x}\frac{1}{\nu}\} \\ \mu^{x+1}[1+(x+1)^\alpha]\mu^{x+1}\exp\{\mathrm{i}\sum_{\nu=1}^{x+1}\frac{1}{\nu}\}\end{vmatrix}=$$

$$\mu^{2x+1}\{[1+(x+1)^\alpha]\mathrm{e}^{\frac{1}{x+1}\mathrm{i}}-(1+x^\alpha)\}\exp\left\{\mathrm{i}\sum_{\nu=1}^{x}\frac{1}{\nu}\right\}\neq 0$$

故 y_1,y_2 线性无关. 以它们为基础解系的二阶线性方程为

$$y(x+2)+\alpha_1(x)y(x+1)+\alpha_2(x)y(x)=0\quad(x=1,2,3,\cdots)\tag{1}$$

其中

$$\alpha_1(x)=-\frac{\mu P(x)}{R(x)},\alpha_2(x)=\frac{\mu^2 Q(x)}{R(x)}$$

而

$$P(x)=[1+(x+2)^\alpha][\mathrm{e}^{\mathrm{i}\left(\frac{1}{x+1}+\frac{1}{x+2}\right)}-1]+(x+2)^\alpha-x^\alpha$$

$$Q(x)=\{[1+(x+2)^\alpha][\mathrm{e}^{\frac{\mathrm{i}}{x+2}}-1]+(x+2)^\alpha-(x+1)^\alpha\}\mathrm{e}^{\frac{\mathrm{i}}{x+1}}$$

$$R(x)=[1+(x+1)^\alpha][\mathrm{e}^{\frac{\mathrm{i}}{x+1}}-1]+(x+1)^\alpha-x^\alpha=\frac{W_2(x)}{\mu^{2x+1}}\exp\left\{\mathrm{i}\sum_{\nu=1}^{x}\frac{1}{\nu}\right\}\neq 0$$

由于当 $x\to\infty$ 时

$$\begin{cases}(\mathrm{e}^{\frac{\mathrm{i}}{x+1}}-1)\sim(\mathrm{e}^{\frac{\mathrm{i}}{x+2}}-1)\sim\dfrac{\mathrm{i}}{x} \\ (\mathrm{e}^{\mathrm{i}\left(\frac{1}{x+1}+\frac{1}{x+2}\right)}-1)\sim\dfrac{2\mathrm{i}}{x}\end{cases}\tag{2}$$

又

$$\begin{cases}((x+1)^{\alpha}-x^{\alpha})\sim((x+2)^{\alpha}-(x+1)^{\alpha})\sim\alpha x^{\alpha-1}\\((x+2)^{\alpha}-x^{\alpha})\sim 2\alpha x^{\alpha-1}\end{cases}\tag{3}$$

故

$$\lim\alpha_1(x)=-2\mu,\lim\alpha_2(x)=\mu^2$$

即方程(1) 是 P 型的,且以 μ 为它的特征方程 $\theta(\lambda)=\lambda^2-2\mu\lambda+\mu^2=0$ 的二重根.

现证(1) 的任一解 $y_0=c_1y_1+c_2y_2$ 均正则且属于数 μ.

当 c_1,c_2 有一为零时,结论明显成立.若 c_1,c_2 均不为零.记 $\frac{c_2}{c_1}=r_0e^{i\theta_0}$ ($r_0>0,\theta_0$ 为实数) 则

$$y_0=c_1\mu^x\{1+r_0(1+x^{\alpha})\exp[i\theta(x)]\}\tag{4}$$

其中

$$\theta(x)=\theta_0+\sum_{\nu=1}^{x}\frac{1}{\nu}$$

对于函数

$$\eta(x)=1+r_0(1+x^{\alpha})\exp\{i\theta(x)\}\tag{5}$$

成立

$$\lim\frac{\eta(x+1)}{\eta(x)}=1\tag{6}$$

事实上

$$|\eta(x)|^2\geqslant\begin{cases}[1-r_0(1+x^{\alpha})]^2\geqslant c_0>0 & (r_0\neq 1)\\ x^{2\alpha} & (r_0=1)\end{cases}\tag{7}$$

此处 c_0 为常数同时

$$
\begin{aligned}
&|\eta(x+1)-\eta(x)|^2= \\
&r_0^2\left|[1+(x+1)^\alpha]e^{\frac{i}{x+1}}-(1+x^\alpha)\right|^2= \\
&r_0^2\Big\{[(x+1)^\alpha-x^\alpha]^2+2(1+x^\alpha)[1+(x+1)^\alpha]\cdot \\
&\left(1-\cos\frac{1}{x+1}\right)\Big\}
\end{aligned}
\tag{8}
$$

由式(3),并注意到 $-1<\alpha<0$,知($x\to\infty$ 时)

$$
\begin{cases}
\left(1-\cos\dfrac{1}{x+1}\right)\sim\dfrac{1}{2x^2}=o(x^{2\alpha}) \\
[(x+1)^\alpha-x^\alpha]^2\sim\alpha^2x^{2(\alpha-1)}=o(x^{2\alpha})
\end{cases}
\tag{9}
$$

因此

$$
|\eta(x+1)-\eta(x)|^2=o(x^{2\alpha})
\tag{10}
$$

由(7)(10) 即得

$$
\lim\left|\frac{\eta(x+1)}{\eta(x)}-1\right|=0
$$

故(6) 成立.

根据(4)(5)(6) 得

$$
\lim\frac{y_0(x+1)}{y_0(x)}=\mu\lim\frac{\eta(x+1)}{\eta(x)}=\mu
$$

另一方面,注意到

$$
\begin{aligned}
&\frac{y_2(x)}{y_1(x)}= \\
&(1+x^\alpha)\exp\left\{i\sum_{\nu=1}^{x}\frac{1}{\nu}\right\}\quad(-1<\alpha<0)
\end{aligned}
$$

当 $x\to\infty$ 时,(将沿着以单位圆周 $r=e^{i\theta}$ 为极限环线的螺旋形线作无限转动) 它的极限不存在亦不为 ∞.

下面,我们指出方程(1) 构成了 Горнштейн 分类定理的反例. 因若该定理成立,方程(1) 的一切解可分为两类，故必存在与 y_1 属于不同类的解 y^*，它们之间满足关系式(Δ)，即 $\lim \frac{y^*}{y_1}=0$ 或 ∞. 而另一方面，由于它们满足上式，故知它们线性无关. 方程(1) 的一切与 y_1 线性无关的解可表为 $\bar{y}=c_1 y_1+c_2 y_2$，其中 c_2 应不为 0. 前已知道 $\frac{y_2}{y_1}$ 的极限不存在亦不为 ∞. 故 $\frac{\bar{y}}{y_1}$，因而 $\frac{y^*}{y_1}$ 的极限不存在亦不为 ∞. 矛盾说明，在方程(1) 的全部解中不存在与 y_1 属于不同类的解. 换言之，一切解均正则的二阶线段 P 型方程(1)，它的解并不能够按定理所述的法则分为两类.

值得注意的是，对于常系数 n 阶线性方程

$$\begin{aligned} &y(x+n)+\alpha_1 y(x+n-1)+\cdots+ \\ &\alpha_n y(x)=0 \quad (x=0,1,2,\cdots) \end{aligned} \tag{$*'$}$$

而言，由它的通解表达式不难知道，假若它的一切解均正则，则它们总是可以按上述法则予以分类的. 但上例却表明，对于一切解均正则的变系数的 P 型方程，即使它所对应的常系数方程($*'$) 的解可按上述法则予以分类，它自身的解却未必可以分类. 这表现出，它们之间在通解的结构上仍存在着本质的差异，即方程($*'$) 的任意两个解 f,g，当 $x\to\infty$ 时 $\frac{f}{g}$ 的极限存在为有限数或 ∞，但 P 型方程($*$) 自身的解却未必蕴含着同一性质. 而 Горнштейн 分类定理的错误就在于它的证明过程中却用到了这一性质所导致的. 在微分方程中存在着类似的事实. 我们将在别处讨论.

三、关于正则线性齐次差分方程

这里引进类似于微分方程[12] 的下述定义：

定义 2　假若函数 $y_\nu(x)(\nu=1,2,\cdots,p)$ 线性无关，并且它们的任一线性组合均正则，则称它们构成了一个 p 维正则线性空间 F_p 的基底.

定义 3　假若线性差分方程的一切（非平凡）解均正则，且其任意两个解 f,g（当 $x\to\infty$ 时）$\frac{g}{f}$ 的极限存在为有限数或 ∞. 则称它为正则线性差分方程.

类似于微分方程[12]，这里可建立（证明从略）如下的：

定理 4　假若 $\lambda\{y_\nu(x)\}=\lambda_\nu(\nu=1,2,\cdots,n),\lambda_i\neq\lambda_j(i\neq j)$. 则它们构成了一个 P 型差分方程的基本解组，且以 λ_ν 为其特征方程的根. 此外，它们成为一个正则空间 F_n 的基底的充要条件是

$$\lim\frac{y_i(x)}{y_j(x)}=0\ 或\ \infty\quad(i\neq j)$$

推论 1　正则空间 F_n 中，不可能有多于 n 个正则函数，它们属于不同的数.

推论 2　假若 n 阶线性差分方程（$*$）具有属于不同数的 n 个正则解，$\lambda\{y_\nu\}=\lambda_\nu(\nu=1,2,\cdots,n)$，则方程（$*$）是 P 型的，且以 λ_ν 为其特征方程的根. 此外，方程（$*$）正则的充要条件是

$$\lim\frac{y_i}{y_j}=0\ 或\ \infty\quad(i\neq j)$$

推论 3　n 阶线段差分方程（$*$）不可能有多于 n 个的正则解，它们属于不同的数.

同样地，还可证明下述的：

定理 5　假若（P 型或非 P 型）线性齐次差分方程（$*$）正则，则 Горнштейн（分类）定理的结论成立.

上述定理 4 包含了 Perron 定理的逆命题，其推论 2 的前半部，且当

$$|\lambda_i| \neq |\lambda_j| \quad (i \neq j)$$

的情形即为[7] 中所给出的定理.

作为定理 5 的一个注记，我们指出，由于 Горнштейн 定理并不一般地对一切解均正则的线性方程(*)成立，因此，也就产生了原先建立在该定理基础上的一些结论是否仍然有效的问题. 这里仅指出(而不作详细探讨)其中之一，即[6] 中所述“根据该定理，可由 Poincaré 定理简捷地得到 Perron 定理的结论是不正确的. 这是因为，由 Poincaré 定理，我们所知道的只是满足 Poincaré 条件的 P 型方程的一切解是正则的，只有证明了它是正则的，然后才能(引用这里的定理 5)得到 Perron 定理. 而为证明此事实，还得需要经过类似于 Perron 定理的原证明过程才行.

四、关于正则线性非齐次差分方程

Евграфов[9] 为提供 Perron 定理的一个简单证明中，建立了一个关于一阶常系数线性非齐次方程解的正则性的引理(Гельфонд 与 Кубенская[10] 曾借助于该引理，在已知系数 $\alpha_\nu(x)$ 渐近于常数 α_ν 的阶的情况下，作出了 Perron 定理中 $\frac{y_\nu(x+1)}{y_\nu(x)}$ 渐近于特性数 λ_ν 的阶的估计). 现将该引理加强为下面的引理，而后研究一般的 n 阶线性非齐次差分方程解的正则性.

引理 假若一阶线性非齐次差分方程

$$\omega(x+1)=\alpha(x)\omega(x)+\beta(x) \tag{11}$$

满足下列条件：

1) $\lim \alpha(x)=\alpha, \alpha(x)\neq 0$;

2) $\lim \dfrac{\beta(x+1)}{\beta(x)}=\beta$;

3) $|\alpha|\neq|\beta|$

则方程(11)正则,它的任一解属于数 α 或 β. 且当 $|\alpha|<|\beta|$ 时,它的任一解均属于 β;当 $|\alpha|>|\beta|$ 时,方程(11)属于数 β 的解是唯一的,它即

$$\omega_0(x)=-\sum_{k=0}^{\infty}\left[\frac{\beta(x+k)}{\prod\limits_{\nu=0}^{k}\alpha(x+\nu)}\right] \tag{12}$$

证明　我们考虑 $|\alpha|>|\beta|$ 的情形. 此时(12)右端的级数收敛. 且 $\omega_0(x)$ 显然是方程(11)的一个特解.

记 $H(x)=\dfrac{\beta(x)}{\prod\limits_{\nu=0}^{x}\alpha(\nu)}$. 则

$$\omega_0(x)=-\left(\frac{\beta(x)}{\alpha(x)}\right)\sum_{k=0}^{\infty}\frac{H(x+k)}{H(x)} \tag{13}$$

现证

$$\lim\sum_{k=0}^{\infty}\frac{H(x+k)}{H(x)}=\frac{\alpha}{(\alpha-\beta)} \tag{14}$$

由于对任给的自然数 k,有

$$\lim\frac{H(x+k)}{H(x)}=\lim\frac{\left(\frac{\beta(x+k)}{\beta(x)}\right)}{\prod\limits_{\nu=1}^{k}\alpha(x+\nu)}=$$

$$\lim\prod_{\nu=1}^{k}\left[\frac{\left(\frac{\beta(x+\nu)}{\beta(x+\nu-1)}\right)}{\alpha(x+\nu)}\right]=$$

$$\left(\frac{\beta}{\alpha}\right)^{k} \tag{15}$$

因 $\left|\frac{\beta}{\alpha}\right|<1$，取 μ_0 满足 $\left|\frac{\beta}{\alpha}\right|<\mu_0<1$. 对任给的 $\varepsilon>0$，取 k_0，x_0，使得

$$\sum_{k=k_0+1}^{\infty}\mu_0^k<\frac{\varepsilon}{4},\left|\frac{H(x+1)}{H(x)}\right|<\mu_0\quad(x\geqslant x_0)$$

$$\left|\frac{H(x+k)}{H(x)}-(\frac{\beta}{\alpha})^k\right|<\frac{\varepsilon}{2k_0}\quad(x\geqslant x_0,k\leqslant k_0)$$

于是

$$\left|\sum_{k=0}^{\infty}\frac{H(x+k)}{H(x)}-\frac{\alpha}{(\alpha-\beta)}\right|=$$

$$\left|\sum_{k=1}^{\infty}[\frac{H(x+k)}{H(x)}-\left(\frac{\beta}{\alpha}\right)^k]\right|\leqslant$$

$$\sum_{k=1}^{\infty}\left|\frac{H(x+k)}{H(x)}-\left(\frac{\beta}{\alpha}\right)^k\right|=$$

$$\sum_{1}^{k_0}+\sum_{k_0+1}^{\infty}<k_0\cdot\frac{\varepsilon}{2k_0}+$$

$$\sum_{k_0+1}^{\infty}\left[\prod_{\nu=1}^{k}\left|\frac{H(x+\nu)}{H(x+\nu-1)}\right|+\left|\frac{\beta}{\alpha}\right|^k\right]<$$

$$\frac{\varepsilon}{2}+2\sum_{k_0+1}^{\infty}\mu_0^k<\varepsilon\quad(x\geqslant x_0)$$

故(14) 成立.

由(13)(14) 易知

$$\lim\frac{\omega_0(x+1)}{\omega_0(x)}=\lim\frac{\beta(x+1)}{\beta(x)}=\beta\qquad(16)$$

而方程(11) 的其他的一切解为

$$\omega(x)=\omega_0(x)+c\prod_{\nu=0}^{x-1}\alpha(\nu)\quad(c\neq 0)\qquad(17)$$

由于 $|\alpha|>|\beta|$，故

$$\lim \frac{\omega_0(x)}{\prod\limits_{\nu=0}^{x-1}\alpha(\nu)}=0 \tag{18}$$

由(16)(17)(18) 得

$$\lim \frac{\omega(x+1)}{\omega(x)}=\lim \frac{\left(\omega_0(x+1)+c\prod\limits_{\nu=0}^{x}\alpha(\nu)\right)}{\left(\omega_0(x)+c\prod\limits_{\nu=0}^{x-1}\alpha(\nu)\right)}=$$

$$\lim \alpha(x)=\alpha \tag{19}$$

当 $|\alpha|<|\beta|$ 时，可取特解

$$\omega_0(x)=\beta(x-1)+\sum_{k=1}^{x-1}\beta(x-k-1)\prod_{\nu=1}^{k}\alpha(x-\nu) \tag{20}$$

类似地可证方程(11) 的任一解 $\omega(x)$ 均属于数 β.

定理 6　假若线性非齐次差分方程

$$y(x+n)+\alpha_1(x)y(x+n-1)+\cdots+ \alpha_n(x)y(x)=\beta(x) \tag{* *}$$

满足下列条件：

1) 其对应的齐次方程(*)是 P 型的，特征方程 $\theta(\lambda)=0$ 的根 λ_ν 互不相同，且对每一 λ_ν 存在有属于它的正则解 $y_\nu(\nu=1,2,\cdots,n)$；

2) $\lim \frac{\beta(x+1)}{\beta(x)}=\beta$；

3) $|\beta|\neq|\lambda_\nu|$ $(\nu=1,2,\cdots,n)$ 则方程(* *)至少存在一个解 $y_0(x)$，使得 $\lambda\{y_0(x)\}=\beta$. 假若它还满足下列条件之一，则方程(* *)正则；

4) i) $|\beta|>|\lambda_\nu|$ $(\nu=1,2,\cdots,n)$. 此时，方程

(* *) 的任一解均属于数 β;

ii) 仅存在一个 λ_ν,设它为 λ_1,使得 $|\lambda_1|>|\beta|$. 此时,方程(* *) 的任一解或属于数 β 或属于数 λ_1;

iii) 使得 $|\lambda_\nu|>|\beta|$ 的 ν 的个数 $p\geqslant 2$,设它们是 $\lambda_1,\lambda_2,\cdots,\lambda_p$. 如果它们所对应的解 $y_1,y_2,\cdots,y_p$ 构成一正则空间 F_p 的基底. 此时,方程(* *) 的任一解或属于数 β 或属于数 $\lambda_\nu(1\leqslant\nu\leqslant p)$. 特别当 $p=n$ 时,方程(* *) 属于数 β 的解 $y_0(x)$ 是唯一的.

证明 现按参数变易法求特解 $y_0(x)$. 设

$$y_0=\sum_{\nu=1}^{n}u_\nu y_\nu \tag{21}$$

设 u_ν 满足下面的方程组

$$\begin{gathered}\sum_{\nu=1}^{n}y_\nu(x+1)\Delta u_\nu=0\\ \sum_{\nu=1}^{n}y_\nu(x+2)\Delta u_\nu=0\\ \vdots\\ \sum_{\nu=1}^{n}y_\nu(x+n)\Delta u_\nu=\beta(x)\end{gathered} \tag{22}$$

这里 $\Delta u_\nu=u_\nu(x+1)-u_\nu(x)$.

由此得

$$y_\nu(x+1)\cdot\Delta u_\nu=E_\nu(x)\beta(x)$$

或即

$$\begin{aligned}&u_\nu(x+1)y_\nu(x+1)-\left(\frac{y_\nu(x+1)}{y_\nu(x)}\right)\cdot\\&u_\nu(x)y_\nu(x)=E_\nu(x)\beta(x)\quad(\nu=1,2,\cdots,n)\end{aligned} \tag{23}$$

这里

$$E_\nu(x)=\frac{e_\nu(x)}{e(x)}$$

$$e(x)=\left|\frac{y_\nu(x+k)}{y_\nu(x+1)}\right|_{(k,\nu=1,2,\cdots,n)}$$

$e_\nu(x)$ 为行列式 $e(x)$ 中元素 $\frac{y_\nu(x+n)}{y_\nu(x+1)}$ 的代数余子式.

若记 $e(\lambda)$ 为 $e(x)$ 的极限值,则

$$e(\lambda)=|\lambda_\nu^k|\binom{k=0,1,\cdots,n-1}{\nu=1,2,\cdots,n}$$

因当 $i\neq j$ 时,$\lambda_i\neq\lambda_j$,故 $e(\lambda)\neq 0$.若以 $e_\nu(\lambda)$ 表 $e_\nu(x)$ 相应的极限值,则它等于 $e(\lambda)$ 中元素 λ_ν^{n-1} 的代数余子式.于是

$$\lim E_\nu(x)=\lim\frac{e_\nu(x)}{e(x)}=\frac{e_\nu(\lambda)}{e(\lambda)}=\left[\prod_{\substack{k=1\\k\neq\nu}}^{n}(\lambda_\nu-\lambda_k)\right]^{-1}=\frac{1}{\theta'(\lambda_\nu)}\tag{24}$$

这里 $\theta(\lambda)=\prod_{k=1}^{n}(\lambda-\lambda_k)$.

由于

$$\begin{cases}\lim\frac{y_\nu(x+1)}{y_\nu(x)}=\lambda_\nu\\ \lim\frac{E_\nu(x+1)\beta(x+1)}{E_\nu(x)\beta(x)}=\lim\frac{\beta(x+1)}{\beta(x)}=\beta\end{cases}\tag{25}$$

以及假设条件3) $|\beta|\neq|\lambda_\nu|$ $(\nu=1,2,\cdots,n)$ 及(25),知方程(23)满足引理的所有条件,故可确定(23)的解 $u_\nu y_\nu$,使得

$$\lim\frac{u_\nu(x+1)y_\nu(x+1)}{u_\nu(x)y_\nu(x)}=\beta\tag{26}$$

因此,对于这 $u_\nu y_\nu$ 将满足下式

$$\lim\frac{E_\nu(x)\beta(x)}{u_\nu(x)y_\nu(x)}=\beta-\lambda_\nu\tag{27}$$

再由(24)(27)得

$$\lim \frac{u_j y_j}{u_i y_i} = \lim\left(\frac{E_j}{E_i}\right)\cdot\left(\frac{E_i\beta}{u_i y_i}\right)\cdot\left(\frac{u_j y_j}{E_j\beta}\right) = \left[\frac{(\beta-\lambda_i)}{(\beta-\lambda_j)}\right]\cdot\left[\frac{\theta'(\lambda_i)}{\theta'(\lambda_j)}\right] \tag{28}$$

于是

$$d_\nu = \lim \frac{y_0}{u_\nu y_\nu} = \lim \sum_{k=1}^{n} \frac{u_k y_k}{u_\nu y_\nu} = (\beta-\lambda_\nu)\cdot\theta'(\lambda_\nu)\sum_{k=1}^{n}[(\beta-\lambda_k)\cdot\theta^r(\lambda_k)]^{-1} \tag{29}$$

考虑积分

$$I = \frac{1}{2\pi i}\int_c \frac{dz}{(z-\beta)\theta(z)}, \theta(z) = \prod_{\nu=1}^{n}(z-\lambda_\nu)$$

其中 c 为圆周 $|z|=R$,其内部包含点 $z=\lambda_1,\lambda_2,\cdots,\lambda_n$,$\beta$. 计算被积函数在这些点的留数,并令 $R\to\infty$,则 $I\to 0$. 便有

$$\sum_{k=1}^{n}[(\beta-\lambda_k)\cdot\theta'(\lambda_k)]^{-1} = \frac{1}{\theta(\beta)} \neq 0 \tag{30}$$

将该式代入(29),并注意到 $|\beta|\neq|\lambda_\nu|$;$|\lambda_i|\neq|\lambda_j|$ $(i\neq j)$ 知

$$d_\nu = \frac{(\beta-\lambda_\nu)\cdot\theta'(\lambda\nu)}{\theta(\beta)} \neq 0 \tag{31}$$

由(21)(26)(31) 得

$$\lim \frac{y_0(x+1)}{y_0(x)} = \lim \frac{u_\nu(x+1)y_\nu(x+1)}{u_\nu(x)y_\nu(x)}\cdot \frac{y_0(x+1)}{u_\nu(x+1)y_\nu(x+1)}\cdot \frac{u_\nu(x)y_\nu(x)}{y_0(x)} =$$

$$\lim \frac{u_\nu(x+1)y_\nu(x+1)}{u_\nu(x)y_\nu(x)}=\beta$$

方程(* *)的通解为

$$y(x)=y_0(x)+\sum_{\nu=1}^{n}c_\nu y_\nu(x)$$

注意到对 $|\beta|>|\lambda_\nu|$ 有 $\lim\frac{y_\nu}{y_0}=0$,而对 $|\beta|<|\lambda_\nu|$ 有 $\lim\frac{y_0}{y_\nu}=0$. 故定理后半部结论 4. ⅰ)、ⅱ)明显成立,结论 4. ⅲ)的证明,只需引用三中定理 4 即得.

下面的简单例子说明,定理 6 的条件 1),2),3) 之一不满足时,方程(* *)的一切解可以是非正则的(因而也不存在属于数 β 的解);而当定理 6 的条件 4)不满足时,方程(* *)可以存在非正则的解.

例 1　设

$$\begin{aligned}&y(x+2)+\alpha_1(x)y(x+1)+\\&\alpha_2(x)y(x)=\beta(x)\quad(x=0,1,2,\cdots)\end{aligned}\tag{32}$$

这里

$$\alpha_1(2x)=-\frac{5x+11}{4(x+2)}$$

$$\alpha_1(2x+1)=-\frac{5x+14}{6(x+3)}$$

$$\alpha_2(2x)=\frac{3(x+1)(x+3)}{8(x+2)^2}$$

$$\alpha_2(2x+1)=\frac{(x+1)(x+4)}{6(x+2)(x+3)}$$

$$\beta(2x)=\frac{54x^2+163x+23}{108(x+2)^2}$$

$$\beta(2x+1)=\frac{81x^2+463x+496}{162(x+2)(x+3)}$$

它所对应的齐次方程正则，但一切解属于同一数$\frac{1}{2}$，而$\lambda_1=\lambda_2=\frac{1}{2}$. 又$\beta=\lim\frac{\beta(x+1)}{\beta(x)}=1$，$|\beta|\neq|\lambda_\nu|$.($\nu=1,2$).

方程(32)的通解为

$$y(2x)=c_1(x+2)^2(x+3)4^{-x}+$$
$$c_2(x+1)^{-2}4^{-x}+\frac{58}{27}$$

$$y(2x+1)=\frac{c_1}{2}(x+2)(x+3)^2 4^{-x}+$$
$$\frac{c_2}{2}(x+1)^{-1}(x+2)^{-1}4^{-x}+\frac{53}{27}$$

由于对任意的 c_1 与 c_2，有

$$\overline{\lim}\frac{y(x+1)}{y(x)}=\lim\frac{y(2x+2)}{y(2x+1)}=\frac{58}{53}$$
$$\underline{\lim}\frac{y(x+1)}{y(x)}=\lim\frac{y(2x+1)}{y(2x)}=\frac{53}{58}$$

故(32)的任一解均非正则.

例 2 设

$$\omega(x+1)=\omega(x)-2\sin\frac{\pi}{2}x\quad(x=0,1,2,\cdots)\tag{33}$$

它所对应的齐次方程正则，且一切解属于数 $\lambda=1$. 但 $\beta(x)=-2\sin\frac{\pi}{2}x$ 不正则.

方程(33)的一切解

$$\omega(x)=c+\sin\frac{\pi}{2}x+\cos\frac{\pi}{2}x$$

均非正则.

例 3　设

$$\omega(x+1)=\frac{x+1}{x+2}\omega(x)+\beta(x)\quad(x=0,1,2,\cdots)\tag{34}$$

这里

$$\beta(2x)=-\frac{2x+1}{x+1},\beta(2x+1)=2$$

它所对应的齐次方程正则,且一切解属于数 $\lambda=1$. $\beta(x)$ 正则且属于数 $\beta=-1$ 但 $|\beta|=|\lambda|=1$.

方程(34) 的一切解

$$\omega(2x)=\frac{c}{2x+1}+2,\omega(2x+1)=\frac{c}{2x+2}$$

均非正则.

例 4　设

$$\omega(x+2)+4\omega(x)=5\quad(x=0,1,2,\cdots)\tag{35}$$

它所对应的齐次方程具有线性无关的正则解 $y_1=(2\mathrm{i})^x$, $y_2=(-2\mathrm{i})^x$. 它们分别属于数 $\lambda_1=2\mathrm{i}$, $\lambda_2=-2\mathrm{i}$. $\beta(x)=5$ 正则且属于数 $\beta=1$. $|\lambda_1|=|\lambda_2|>|\beta|$ 故方程(35) 满足定理条件 1),2),3). 但它不满足条件 4) 的 iii),即 y_1,y_2 的线性组合 $c_1y_1+c_2y_2$ 当 $c_1\neq0$, $c_2\neq0$ 时均不正则.

方程(35) 的通解为

$$\omega(x)=a_1\cdot2^x\sin\frac{\pi}{2}x+a_2\cdot2^x\cos\frac{\pi}{2}x+1$$

当 $a_1^2+a_2^2=0$ 时解 $\omega(x)$ 正则,且

$$\lambda\{\omega(x)\}=\begin{cases}1 & (\text{当 } a_1=a_2=0\text{ 时})\\ 2\mathrm{i} & (\text{当 } a_1=a_2\mathrm{i}\neq0\text{ 时})\\ -2\mathrm{i} & (\text{当 } a_1=-a_2\mathrm{i}\neq0\text{ 时})\end{cases}$$

但对于 $a_1 \neq 0, a_2 \neq 0$ 且 $a_1^2 + a_2^2 \neq 0$ 的解 $\omega(x)$ 均不正则. 这是由于

$$\lim \frac{\omega(2x+1)}{\omega(2x)} = \lim \frac{a_1 \cdot 2^{2x+1} \cdot (-1)^x + 1}{a_2 \cdot 2^{2x} \cdot (-1)^x + 1} = \frac{2a_1}{a_2}$$

$$\lim \frac{\omega(2x+2)}{\omega(2x+1)} = \lim \frac{a_2 \cdot 2^{2x+2} \cdot (-1)^{x+1} + 1}{a_1 \cdot 2^{2x+1} \cdot (-1)^x + 1} = -\frac{2a_2}{a_1}$$

当 $a_1 \neq 0, a_2 \neq 0$ 且 $a_1^2 + a_2^2 \neq 0$ 时两者不等.

定理 6 在微分方程中的相应结果见[12].

参考文献

[1] POINCARÉ H. Oeuvres de Henri Poincaré[M]. Tome. I. Paris, 1951.

[2] PERRON O. Journ. für die reine und ang[J]. Math. 1909, 136:17-37.

[3] PERRON O. ibid., 1910, 137:6-64.

[4] PERRON O. Heidelbeg Akad(Math-Phys, KI), B. Ⅷ.

[5] ГОРНШТЕЙН М С. Матем. сб., 1939, 47: 267-288.

[6] ГОРНШТЕЙН М С. ДАН СССР, 1941, 30: 586-590.

[7] ГОРНШТЕЙН М С. Матем. сб., 1944, 56: 269-302.

[8] SPÄTH H. Acta Math., 1927, 51:133-199.

[9] ЕВГРАФОВ М А. Изв. Ак. Наук СССР, Серпя Матем. 1953, 17:77-82.

[10] ГЕЛЬФОНД А О,КУБЕНСКАЯ И М. ibid, 1953,17:83-86.

[11] NÖRLUND N E. Vorlesungen über Differentenrechung[C]. Berlin,1924.

[12] 李兆华.正则线性微分方程[J].数学学报,1966, 16:537-544.

§6　二阶差分方程非振动解的渐近性态

韦忠礼教授把二阶线性差分方程(1)$\Delta(r_n\Delta x_n)+(p_n+a_n)x_{n+1}=0,n\geqslant 0$看成非振动方程(2)$\Delta(r_n\Delta y_n)+p_n y_{n+1}=0,n\geqslant 0$的扰动,其中$\Delta x_n=x_{n+1}-x_n$是向前差分算子,$r_n>0,p_n,a_n$是实数序列.假设(2)非振动,则(2)有一个主解$y_n$及副解$y_n^*$.本节给出充分条件或必要条件使(1)也有一个主解$x_n$和一个副解$x_n^*$满足

$$x_n=y_n(1+o(1)),x_n^*\sim y_n^*\quad(n\to\infty)$$

且这种渐近表示式以三种不同形式给出.

一、引言

考虑二阶线性差分方程

$$\Delta(r_n\Delta x_n)+(p_n+a_n)x_{n+1}=0\quad(n\geqslant 0)\qquad(1)$$

作为方程

$$\Delta(r_n\Delta y_n)+p_n y_{n+1}=0\quad(n\geqslant 0)\qquad(2)$$

的扰动,其中$\Delta x_n=x_{n+1}-x_n$是向前差分算子,$r_n>0$,$p_n,a_n,n=0,1,2,\cdots$是实数序列.关于方程(2)的振动性,非振动性和渐近性已作了大量的研究(见[1-9]).

假设 $y=\{y_n\}_{n=0}^{\infty}$ 是(2) 的主解且 $y_n>0, n=0,1,2,\cdots$. 令

$$g_0=0, g_1=(r_0y_0y_1)^{-1}, g_n=\sum_{k=0}^{n-1}(r_ky_ky_{k+1})^{-1} \quad (3)$$

则

$$y_n^*=y_n(g_n-g_N) \quad (\text{对某一 } n\geqslant N) \quad (4)$$

$$\Delta g_n=(r_ny_ny_{n+1})^{-1}, g_n\to+\infty \quad (n\to+\infty) \quad (5)$$

且 y_n^* 是(2) 的副解(见[1,5]).

在特殊的情形下 $r_n=1, p_n=0, n=0,1,2,\cdots$,文[3] 通过利用 Riccati 变换研究了(1) 解的渐近性态. 显然,文[3] 中的第一和第二 Riccati 方程对于一般的情形 $0<r_n<+\infty, n=0,1,2,\cdots$ 不再适用. 因此,本节通过建立一般情形 $0<r_n<+\infty, n=0,1,2,\cdots$ 下第一和第二 Riccati 方程,给出关于 r 和 a 的充分条件或必要条件,使得(1) 有主解 x 满足 $x_n=y_n(1+o(1))$ 且副解 x^* 满足下列三种渐近性态

$$x_n^*=y_n^*(1+o(1)) \quad (6)$$

$$\frac{\Delta x_n^*}{x_n^*}-\frac{\Delta y_n^*}{y_n^*}=o((r_ny_ny_n^*)^{-1}) \quad (7)$$

$$x_n^*-y_n^*=y_n(c+o(1)) \quad (8)$$

其中 c 是常数,x^* 和 y^* 是(1) 和(2) 的副解.

本节的主要结果是文[10] 中相应主要结果的离散化.

二、非振动性

假设(2) 非振动,$y=\{y_n\}_{n=0}^{\infty}$ 是(2) 的主解. 不失一般性,设 $y_n>0, n\geqslant 0$ 且设 $x_n=y_n\xi_n$. 则可导出关于 ξ 的方程

$$\Delta(r_n y_n y_{n+1}\Delta\xi_n)+y_{n+1}^2 a_n\xi_{n+1}=0\quad(n\geqslant 0)\tag{9}$$
显然，方程(9)和方程(1)的振动性问题是等价的. 设 x 是(1)的非振动解且满足 $x_n x_{n+1}>0$ 对于 $n\geqslant N\geqslant 0$. 令

$$\xi_n=\frac{x_n}{y_n},u_n=c_n\frac{\Delta\xi_n}{\xi_n},c_n=r_n y_n y_{n+1}\tag{10}$$

则 Riccati 变换 $u_n=c_n\left(\frac{\xi_{n+1}}{\xi_n}-1\right)$ 导出第一 Riccati 差分方程

$$\Delta u_n=\frac{u_n^2}{c_n+u_n}+y_{n+1}^2 a_n=0\quad(n\geqslant N)\tag{11}$$

记

$$C=\left\{f=\{f_n\}_{n=0}^{\infty}:\sum^{\infty}f_n\text{ 至少条件收敛}\right\}$$
$$F=\{b=\{b_n\}_{n=0}^{\infty}:b_n\geqslant 0,n\geqslant 0,$$
$$\sum^{\infty}b_n=\infty,B_n=\sum_{k=0}^{n-1}b_k>0,n>1\}$$

设 $y^2a\in C$，(1)非振动且存在序列 $b\in F$ 和一个正常数 M_0 满足

$$b_n c_n\leqslant M_0\quad(n\geqslant 0)\tag{12}$$
则存在序列 u，$u_n>-c_n(n\geqslant N)$ 对某一 $N\geqslant 0$ 满足

$$u_n=A_n+\sum_{k=n}^{n}\frac{u_k^2}{c_k+u_k}\quad(n\geqslant N)\tag{13}$$

其中 $A_n=\sum_{k=n}^{n}y_{k+1}^2 a_k$，且方程(13)称为(1)的第一 Riccati 方程(见[2，定理 2.5]).

假设(12)对某一 $b\in F$ 成立，$y^2a\in C$ 且(1)非振动. 令

$$v_n = \sum_{k=n}^{\infty} \frac{u_k^2}{c_k + u_k} \quad (n \geqslant N) \tag{14}$$

则直接计算得第二 Riccati 差分方程

$$\Delta v_n + \frac{A_n}{c_n}(v_n + v_{n+1}) + \frac{v_n v_{n+1}}{c_n} + \frac{A_n^2}{c_n} = 0 \tag{15}$$

设 $y^2 a \in C, \frac{A}{c} \in C$ 且 $N \geqslant 0$ 足够大使得 $\left|\frac{A_n}{c_n}\right| < 1, n \geqslant N$，其中 $A_n = \sum_{k=n}^{n} y_{k+1}^2 a_k$. 定义序列 $q, \overline{A}$ 和 Green 函数 G 如下

$$q_N = 1 \text{ 和 } q_n = \prod_{k=N}^{n-1} \frac{c_k - A_k}{c_k + A_k} \quad (n \geqslant N+1) \tag{16}$$

$G(k,n) = q_n q_k^{-1} c_k (c_k - A_k)^{-1}, k \geqslant n \geqslant N$，且

$$\overline{A}_n = \sum_{k=n}^{\infty} G(k,n) \frac{A_k^2}{c_k} \tag{17}$$

只要该级数收敛.

定理 1 假设(12)对于某一 $b \in F$ 成立，且 $y^2 a \in C, \frac{A}{c} \in C$. 则(1)非振动充要条件是 $\frac{A^2}{(qc)} \in C$ 且存在一序列 $v, v_n > 0 (n \geqslant N)$ 对某一 $N \geqslant 0$ 满足

$$v_n = \overline{A}_n + \sum_{k=n}^{\infty} G(k,n) \frac{v_k v_{k+1}}{c_k} \quad (n \geqslant N) \tag{18}$$

证明 必要性 假设(1)非振动. 由(12)，$y^2 a \in C$ 和文[2，定理 2.5]可知，存在 $u_n \to -c_n$ 满足(13)和 $v_n = u_n - A_n$ 满足(15). 令 $v_n = q_n w_n, n \geqslant N$. 则

$$\Delta w_n = -\frac{(q_n w_n w_{n+1})}{(c_n + A_n)} - \frac{(A_n^2)}{(q_n (c_n - A_n))}$$

对于 $m > n \geqslant N$ 有

$$w_n = w_{m+1} + \sum_{j=n}^{m} \frac{v_j v_{j+1}}{(c_j - A_j)q_j} + \sum_{j=n}^{\infty} \frac{A_j^2}{q_j(c_j - A_j)} \tag{19}$$

因(19) 左端与 m 无关且等式两端非负，在(19) 中令 $m \to \infty$ 得 $\frac{A^2}{(q(c+A))} \in C$. 由 $\frac{A}{c} \in C$ 得，$0 < 1 + \frac{A_n}{c_n} \leqslant 2$ 且

$$\frac{A_n^2}{(q_{n+1}(c_n + A_n))} \geqslant \frac{A_n^2}{(2q_{n+1}c_n)} \quad (n \geqslant N)$$

对某一 N，因此 $\frac{A^2}{(qc)} \in C$ 且

$$w_n = b + \sum_{j=n}^{\infty} \frac{v_j v_{j+1}}{(c_j - A_j)q_j} + \sum_{j=n}^{\infty} \frac{A_j^2}{q_j(c_j - A_j)} \tag{20}$$

其中 $b = \lim\limits_{m \to \infty} w_m \geqslant 0$. 我们将证 $b = 0$. 若不然，$b > 0$ 则 $w_j \geqslant b$ 对于 $j \geqslant n$. 但从(20) 知

$$w_n \geqslant b + \sum_{j=n}^{\infty} \frac{q_j w_j w_{j+1}}{(c_j + A_j)} \geqslant b^2 \sum_{j=n}^{\infty} \frac{q_j}{(c_j + A_j)} \geqslant b^2 \sum_{j=n}^{\infty} \frac{q_j}{2c_j} \tag{21}$$

因此，从(21) 得 $\frac{q}{c} \in C$.

下面证这是不可能的. 因 $v_n \geqslant 0$，从(15) 知

$$\Delta v_n + \frac{A_n}{c_n}(v_n + v_{n+1}) = -\frac{v_n v_{n+1}}{c_n} - \frac{A_n^2}{c_n} \leqslant 0 \quad (n \geqslant N) \tag{22}$$

比较(22) 和 $\Delta q_n + \frac{A_n(q_n + q_{n+1})}{c_n} = 0, n \geqslant N, (q_N = 1)$

得 $v_n \leqslant v_N q_n, n \geqslant N$. 从而, 由 $\frac{q}{c} \in C$ 知 $\frac{v}{c} \in C$, 即 $\sum_{n=N}^{\infty} \frac{v_n}{c_n} < \infty$. 从 $u_n = v_n + A_n$ 知 $\left|\frac{u_n}{c_n}\right| \leqslant 1 + K_0, n \geqslant N$, 且

$$\frac{u_j^2}{(c_j + u_j)} \geqslant \frac{u_j^2}{(c_j(2+K_0))}$$

其中 K_0 是正常数. 从而, 由(14) 和 $\frac{v}{c} \in C$, 并利用等式

$$\sum_{k=N}^{n} a_k \Delta b_k = a_{n+1} b_{n+1} - a_N b_N - \sum_{k=N}^{n} b_{k+1} \Delta a_k \quad (n \geqslant N) \tag{23}$$

可得 $\sum_{n=N}^{\infty} g_{n+1} \frac{u_n^2}{c_n} < \infty$. 利用 Schwarz 不等式和

$$\frac{\Delta g_j}{g_{j+1}} \leqslant \int_{g_j}^{g_{j+1}} \frac{\mathrm{d}x}{x}$$

得

$$\left(\sum_{j=N}^{n} \frac{u_j}{c_j}\right)^2 \leqslant \left(\sum_{j=N}^{n} \frac{1}{c_j g_{j+1}}\right)\left(\sum_{j=N}^{n} g_{j+1} \frac{u_j^2}{c_j}\right) \leqslant K \log g_{n+1}$$

其中 K 是与 n 无关的正常数, 从而

$$\left|\sum_{j=N}^{n} \frac{u_j}{c_j}\right| \leqslant K^{\frac{1}{2}} (\log g_{n+1})^{\frac{1}{2}} \tag{24}$$

另一方面, 从 $u_n = c_n \Delta \xi_n / \xi_n$ 知

$$\xi_n = \xi_N \prod_{j=N}^{n-1} \left(1 + \frac{u_j}{c_j}\right) \quad (n \geqslant N+1)$$

由(24) 得

$$|\xi_n| \leqslant |\xi_N| \exp\left(\sum_{j=N}^{n-1} \frac{u_j}{c_j}\right) \leqslant K_1 g_n^{1/2}$$

由此可得

$$\sum_{n=N}^{\infty}(r_n x_n x_{n+1})^{-1}=$$

$$\sum_{n=N}^{\infty}(r_n y_n y_{n+1}\xi_n\xi_{n+1})^{-1}\geqslant$$

$$\sum_{n=N}^{\infty}(K_1^2 c_n g_n^{\frac{1}{2}} g_{n+1}^{\frac{1}{2}})^{-1}\geqslant$$

$$\frac{1}{K_1^2}\sum_{n=N}^{\infty}(c_n g_{n+1})^{-1}=$$

$$\frac{1}{K_1^2}\sum_{n=N}^{\infty}(1+c_n g_n)^{-1}\geqslant$$

$$\frac{1}{K_1^2}\sum_{n=N}^{\infty}\frac{1}{2\max\{1,c_n g_n\}}=+\infty$$

这与(1)的主解的存在性矛盾. 从而,$b=0$. 由(20)可得(18). 必要性证毕.

充分性　假设$\frac{A^2}{(qc)}\in C$,其中$\overline{A}$由(17)给出,且存在某一序列v_n满足(18). 设

$$w_n=\sum_{k=n}^{\infty}\frac{G(k,n)v_k v_{k+1}}{c_k},R_n=\sum_{k=n}^{\infty}\frac{A_k^2}{((c_k-A_k)q_k)}$$

使得$\overline{A}_n=q_n R_n$. 定义$u_n=A_n+\overline{A}_n+w_n,n\geqslant N$. 则$v_n=u_n-A_n\geqslant 0,n\geqslant N$且

$$\Delta\overline{A}_n=-\frac{A_n^2}{c_n+A_n}-\frac{2A_n}{c_n+A_n}q_n R_n$$

$$\Delta w_n=-\frac{v_n v_{n+1}}{c_n+A_n}-\frac{2A_n}{c_n+A_n}w_n$$

通过计算可得

$$\Delta u_n=-\frac{y_{n+1}^2 a_n u_n+u_n u_{n+1}}{c_n}-y_{n+1}^2 a_n$$

由文[2]中的引理1.2可得(1)的非振动性.

注 1 定理 1 是文[1] 中定理 3.1 和 3.2 当 $c_n \equiv 1$ 时的推广. 方程(18) 称为第二 Riccati 方程.

定理 2 假设(12) 对某一 $b \in F$ 成立，且 $y^2 a \in C, \frac{A}{c} \in C, \frac{A^2}{(qc)} \in C$，且由(17) 定义的序列 $\overline{A}$ 满足

$$\sum_{k=n}^{\infty} G(k,n) \frac{\overline{A}_k \overline{A}_{k+1}}{c_k} \leqslant \frac{1}{4} \overline{A}_n \quad (n \geqslant N \text{ 对某一 } N \geqslant 0) \tag{25}$$

则(1) 非振动且方程(18) 有解 v 满足

$$\overline{A}_n \leqslant v_n \leqslant 2\overline{A}_n \quad (n \geqslant N \text{ 对某一 } N \geqslant 0) \tag{26}$$

证明类似于文[3] 中的定理 2.5 从而省略.

若 $y^2 a \in c, \frac{A^2}{c} \in C$，则记 $H_n = \sum_{k=n}^{\infty} \frac{A_k^2}{c_k}$. 对任何的 $n \geqslant N > 0$，利用(23) 可得

$$\sum_{k=N}^{n} g_{k+1} \frac{A_k^2}{c_k} \leqslant g_N H_N + \sum_{k=N}^{n} \frac{H_k}{c_k} \leqslant \sum_{k=N}^{\infty} g_{k+1} \frac{A_k^2}{c_k} \tag{27}$$

由(27) 可得下列结果.

引理 1 若 $y^2 a \in C, \frac{A^2}{c} \in C$，则 $\frac{H}{c} \in C$ 充要条件是

$$\sum_{k=n}^{\infty} g_{k+1} \frac{A_k^2}{c_k} < \infty \tag{A$_1$}$$

定理 3 假设(A_1) 和(12) 对某一 $b \in F$ 成立，$y^2 a \in C, \frac{A}{c} \in C$，则(1) 非振动且(18) 有解 v 满足(26).

证明 由(A_1) 可推出 $\frac{A^2}{c^2} \in C$. 由 $\frac{A}{c} \in C$ 可知

$$\prod_{k=N}^{\infty}\left(1+\frac{A_k}{c_k}\right) 和 \prod_{k=N}^{\infty}\left(1-\frac{A_k}{c_k}\right)$$

收敛于常数且 $\left|\frac{A_n}{c_n}\right|<1, n\geqslant N$ 对某一 N. 从而，存在两个正常数 m 和 M，使得

$$m\leqslant G(k,n)\leqslant M \quad (N\leqslant n\leqslant k<\infty) \tag{28}$$

由(A_1)和引理 1 可知，$\frac{H}{c}\in C$，且由

$$\sum_{k=n}^{\infty}\frac{G(k,n)\overline{A}_k\overline{A}_{k+1}}{c_k}\leqslant M^3\sum_{k=n}^{\infty}\frac{H_kH_{k+1}}{c_k}\leqslant$$

$$M^3H_{n+1}\sum_{k=n}^{\infty}\frac{H_k}{c_k}\leqslant$$

$$\frac{M^3}{m}\overline{A}_n\sum_{k=n}^{\infty}g_{k+1}\frac{A_k^2}{c_k}$$

可推出(25)对充分大的 n 成立. 从而，由定理 2 可推得定理 3.

三、主要结果

本节所用的 Landau 记号“O”和“o”均指 $n\to\infty$ 时的阶而言，且记

$$Q_n=\sum_{k=n}^{\infty}\frac{A_k}{c_k}, \phi_n=\sum_{k=n}^{\infty}g_{k+1}\frac{A_k^2}{c_k}$$

$$\overline{Q}_n=(g_n-g_N)^{-1}\sum_{k=N}^{n-1}(\Delta g_k)Q_k=(g_n-g_N)^{-1}\sum_{k=N}^{n-1}\frac{Q_k}{c_k}$$

$$\overline{Q_n^2}=(g_n-g_N)^{-1}\sum_{k=N}^{n-1}\frac{Q_k^2}{c_k}, \overline{\phi_n}=(g_n-g_N)^{-1}\sum_{k=N}^{n-1}\frac{\phi_k}{c_k}$$

定理 4　假设(12)对某一 $b\in F$ 成立，$y^2a\in C$，$\frac{A}{c}\in C$.

(ⅰ) 若(A_1) 成立,则(1) 有主解 x 满足

$$x_n = y_n\left(1 - Q_n + \frac{1}{2}Q_n^2(1 + o(1)) + O(\phi(n))\right) \tag{29}$$

$$\Delta\left(\frac{x_n}{y_n}\right) = \frac{A_n}{c_n}\left(1 - Q_n + \frac{1}{2}Q_n^2(1 + o(1))\right) + O(\phi_n) \tag{30}$$

和副解 x^* 满足

$$x_n^* = y_n^*(1 - Q_n + O(\bar{\phi}_n + \bar{Q}_n + \overline{Q_n^2})) \tag{31}$$

对(2) 的某一副解 y^*.

(ⅱ) 反之,若(1) 有解 x,(2) 有解 y 满足$\frac{x_n}{y_n} \to 1$, $n \to \infty$,且 $0 < \alpha \leqslant c_n \leqslant \beta$,其中 α 和 β 是常数,则(A_1) 成立.

证明　定义 ξ

$$\xi_n = \prod_{k=n}^{\infty}\left(\frac{c_k}{c_k + A_k + v_k}\right) \quad (n \geqslant N) \tag{32}$$

且设 $x_n = y_n\xi_n$,$n \geqslant N$ 对某一N. 易证 x 是(1) 主解. 对于 $n \geqslant N$ 有

$$\log \xi_n = -Q_n - \sum_{k=n}^{\infty}\left(\frac{v_k}{c_k} + \omega_k\right) \tag{33}$$

$$\omega_k = \log\left(1 + \frac{A_k + v_k}{c_k}\right) - \frac{A_k + v_k}{c_k} = O\left(\frac{A_k^2 + v_k^2}{c_k^2}\right) \tag{34}$$

因

$$\frac{v_k}{c_k} \geqslant \frac{\bar{A}_k}{c_k} \geqslant \frac{m}{c_k}\sum_{j=k}^{\infty}\frac{A_j^2}{c_j} \geqslant m\frac{A_k^2}{c_k^2} \tag{35}$$

由(34) 和(35) 知

$$\omega_k = O\left(\frac{v_k}{c_k}\right) \tag{36}$$

另一方面

$$\sum_{k=n}^{\infty}\frac{v_k}{c_k}\leqslant 2\sum_{k=n}^{\infty}\frac{\overline{A}_k}{c_k}\leqslant 2M\sum_{k=n}^{\infty}\frac{H_k}{c_k}\leqslant$$

$$2M\sum_{k=n}^{\infty}g_{k+1}\frac{A_k^2}{c_k}=2M\phi_n$$

其中常数 m 和 M 由(28)给出.从而

$$\sum_{k=n}^{\infty}\frac{v_k}{c_k}=O(\phi_n) \tag{37}$$

由(33)(36)和(37)可得

$$\xi_n=\exp(-Q_n+O(\phi_n)),\xi_n^{-1}=\exp(Q_n+O(\phi_n)) \tag{38}$$

因此,由(38)可得(29)和(30)且

$$x_n=y_n\xi_n,\Delta\xi_n=\xi_n\left(\frac{A_n}{c_n}+\frac{v_n}{c_n}\right)\quad(n\geqslant N)$$

令

$$\xi^*=\left\{\xi_n^*=\xi_n\sum_{k=N}^{n-1}(c_k\xi_k\xi_{k+1})^{-1}\right\}_{n=N+1}^{\infty}$$
$$x^*=\{x_n^*=y_n\xi_n^*\}_{n=N+1}^{\infty} \tag{39}$$

则 ξ^* 和 x^* 是(9)和(1)副解.由(38)知

$$(c_k\xi_k\xi_{k+1})^{-1}=c_k^{-1}\exp(Q_k+Q_{k+1}+O(\phi_k+\phi_{k+1}))=$$
$$c_k^{-1}\left(1+\left(2Q_k-\frac{A_k}{c_k}\right)+\right.$$
$$\left.\frac{1}{2}\left(2Q_k-\frac{A_k}{c_k}\right)^2(1+o(1))+O(\phi_k)\right) \tag{40}$$

且

$$(g_n-g_N)^{-1}\sum_{k=N}^{n-1}(c_k\xi_k\xi_{k+1})^{-1}=1+O(\overline{\phi}_n+\overline{Q}_n+\overline{Q_n^2}) \tag{41}$$

利用 $\phi_n \leqslant \bar{\phi}_n, Q_n^2 \leqslant \overline{Q_n^2}$ 得

$$\xi_n^* = \xi_n \sum_{k=N}^{n-1} (c_k \xi_k \xi_{k+1})^{-1} = (g_n - g_N)(1 - Q_n + O(\bar{\phi}_n + \bar{Q}_n + \overline{Q_n^2})) \tag{42}$$

把(42) 代入(39) 得(31).

定理 4(ⅱ) 的证明类似于文[3] 中的定理(ⅱ) 从而省略.

定理 5 假设(12) 对某一 $b \in F$ 成立, $y^2 a \in C$, $\frac{A}{c} \in C$.

(ⅰ) 若(A_1) 和(A_2)$(g_n - g_N)A_n \to 0, n \to \infty$ 成立. 则(1) 有副解 x^* 满足

$$\frac{\Delta x_n^*}{x_n^*} - \frac{\Delta y_n^*}{y_n^*} = (r_n y_n y_n^*)^{-1} \left(\frac{y_n^*}{y_n} A_n + O(\bar{\phi}_n + \bar{Q}_n + \overline{Q_n^2}) \right) \tag{43}$$

对(2) 的某一副解 y^*.

(ⅱ) 反之, 若 $0 < \alpha \leqslant c_n \leqslant \beta, n \geqslant N$, 对某一 N(α 和 β 是常数), (1) 有解 x, 使得 $\frac{x_n}{y_n} \to 1, n \to \infty$ 和 $x_n^* = x_n \sum_{k=N}^{n-1} (r_k x_k x_{k+1})^{-1}$ 满足

$$\frac{\Delta x_n^*}{x_n^*} - \frac{\Delta y_n^*}{y_n^*} = o((r_n y_n y_n^*)^{-1}) \tag{44}$$

其中 y^* 是(2) 副解, 则(A_1) 和(A_2) 成立.

证明 (ⅰ) 由定理 4 知, (1) 有解 x 满足(29) 和(30) 且有副解

$$x_n^* = x_n \sum_{k=N}^{n-1} (r_k x_k x_{k+1})^{-1}$$

满足(31) 对于

$$y_n^* = y_n(g_n - g_N) = y_n \sum_{k=N}^{n-1} (r_k y_k y_{k+1})^{-1}$$

通过计算可得

$$\frac{\Delta x_n^*}{x_n^*} = (r_n x_n x_n^*)^{-1} + \frac{\Delta x_n}{x_n}$$

$$\frac{\Delta y_n^*}{y_n^*} = (r_n y_n y_n^*)^{-1} + \frac{\Delta y_n}{y_n}$$

$$\frac{\Delta x_n^*}{x_n^*} - \frac{\Delta y_n^*}{y_n^*} = (r_n y_n y_n^*)^{-1}\left(\frac{y_n}{x_n}\frac{y_n^*}{x_n^*} - 1\right) + \frac{y_{n+1}}{x_n}\Delta\left(\frac{x_n}{y_n}\right) \tag{45}$$

$$\frac{y_{n+1}}{x_n}\Delta\left(\frac{x_n}{y_n}\right) = \frac{y_{n+1}}{x_n}\xi_n \frac{u_n}{c_n} = \frac{g_n - g_N}{r_n y_n y_n^*}(v_n + A_n) \tag{46}$$

$$(g_n - g_N)v_n \leqslant 2g_n\overline{A}_n \leqslant 2M\sum_{k=n}^{\infty} g_{k+1}\frac{A_k^2}{c_k} = 2M\varphi_n \tag{47}$$

即

$$(g_n - g_N)v_n = O(\varphi_n) \tag{48}$$

由(29) 或(38)(31) 和(A_2),把(46) 和(48) 代入(45) 得

$$\frac{\Delta x_n^*}{x_n^*} - \frac{\Delta y_n^*}{y_n^*} = (r_n y_n y_n^*)^{-1}((g_n - g_N)A_n + O(\overline{\phi}_n + \overline{Q}_n + \overline{Q_n^2})) \tag{49}$$

即(43) 成立.

(ⅱ) 由定理 4(ⅱ) 知,(A_1) 成立且 x^* 满足(31). 由(A_1) 知,(47) 和(48) 成立且$(g_n - g_N)v_n \to 0, n \to \infty$. 因此,(49) 成立. 最后,由(44) ~ (49) 可推出$(g_n -$

$g_N)A_n \to 0, n \to \infty$,即,$(A_2)$ 成立.

为了最后的结果,需要下列条件.

$(A_3)\left\{g_{n+1}\dfrac{A_n}{c_n}\right\}_{n=0}^{\infty} \in C$;

$(A_4)\sum_{n=0}^{\infty} g_{n+1}^2 \dfrac{A_n^2}{c_n} < +\infty$.

显然,(A_4) 可推出 (A_1). 且在条件 (A_3) 和 (A_4) 下,可定义两个序列 F_n 和 ψ_n 如下

$$F_n = \sum_{k=n}^{\infty} g_{k+1}\frac{A_k}{c_k}, \psi_n = \sum_{k=n}^{\infty} g_{k+1}^2 \frac{A_k^2}{c_k} \tag{50}$$

引理 2 假设(12)对某一 $b \in F$ 成立,$y^2 a \in C$,$\dfrac{A}{c} \in C$,则 (A_3) 成立的充要条件是 $\dfrac{Q}{c} \in C$ 且 $\lim\limits_{n\to\infty} g_{n+1}Q_n = K =$ 常数.

证明类似于文[3]中的引理 3.5 从而省略.

利用(23),易证

$$\sum_{k=N}^{n} g_{k+1}^2 \frac{A_k^2}{c_k} \leqslant g_N^2 H_N + \sum_{k=N}^{n} H_k \Delta(g_k^2) \leqslant \sum_{k=N}^{\infty} g_{k+1}^2 \frac{A_k^2}{c_k} \tag{51}$$

因此,利用(28)和(51)可得下列引理.

引理 3 若 $y^2 a \in C, \dfrac{A}{c} \in C, \dfrac{A^2}{c} \in C$,则 (A_4) 成立的充要条件是

$$\sum_{k=n}^{\infty} g_{k+1}\frac{\overline{A}_k}{c_k} < \infty \tag{52}$$

定理 6 假设(12)对某一 $b \in F$ 成立,$y^2 a \in C$,$\dfrac{A}{c} \in C, \dfrac{A}{c^2} \in C$. 且若 (A_3) 和 (A_4) 成立,则(1)有主解 x 满足(29)和(30)和副解 x^* 满足

$$x_n^* - y_n^* =$$

$$y_n\left(c - 2R_n - g_n Q_n + Q_n^* + o\left(\left(\frac{\psi_n}{g_n}\right)^{\frac{1}{2}}\right) + O(\psi_n)\right)$$

(53)

对(2)的某一副解 y^* 和某一常数 c,其中

$$R_n = \sum_{k=n}^{\infty} \frac{Q_k}{c_k}, Q_n^* = \sum_{k=n}^{\infty} \frac{A_k}{c_k^2} \tag{54}$$

证明　因$(A_4) \Rightarrow (A_1)$和$(A_3) \Rightarrow \frac{Q}{c} \in C$(引理2).由定理4知,(1)有解 x 满足(29)(30),且有解

$$x_n^* = x_n \sum_{k=N}^{n-1} (r_k x_k x_{k+1})^{-1}$$

满足(31)对于 $y_n^* = y_n(g_n - g_N), n \geqslant N$.由 $x_n = y_n \xi_n$,(38)和(40)可得

$$\frac{(x_n^* - y_n^*)}{y_n} = \xi_n \sum_{k=N}^{n-1} (c_k^{-1} + \rho_k) - \sum_{k=N}^{n-1} c_k^{-1} \tag{55}$$

其中

$$\rho_k =$$

$$(c_k \xi_k \xi_{k+1})^{-1} - c_k^{-1} =$$

$$2\frac{Q_k}{c_k} - \frac{A_k}{c_k^2} + \frac{1}{2c_k}\left(2Q_k - \frac{A_k}{c_k}\right)^2 (1 + o(1)) + O\left(\frac{\phi_k}{c_k}\right)$$

(56)

下证 $\rho \in C$.由引理2,$(A_3) \Rightarrow \frac{Q}{c} \in C$ 和 $g_n Q_n \to 0, n \to \infty$.且$(A_4) \Rightarrow \left|\frac{A}{c}\right| \in C$.因此

$$\sum_{k=n}^{\infty} \frac{Q_k^2}{c_k} = -g_n Q_n^2 + \sum_{k=n}^{\infty} g_{k+1}(Q_k + Q_{k+1}) \frac{A_k}{c_k} < \infty$$

(57)

即，$\dfrac{Q^2}{c} \in C$. 同理

$$\frac{\varphi}{c} \in C \text{ 和} \sum_{k=n}^{\infty} \frac{\varphi_k}{c_k} = O(\psi_n) \tag{58}$$

从而，$\rho \in C$. 由$\dfrac{A}{c^2} \in C$ 和$\dfrac{Q}{c} \in C$ 可得

$$\sum_{k=n}^{\infty} \frac{A_k^2}{c_k^3} = o\left(\sum_{k=n}^{\infty} \left|\frac{A_k}{c_k}\right|\right), \sum_{k=n}^{\infty} \frac{Q_k}{c_k} \frac{A_k}{c_k} = o\left(\sum_{k=n}^{\infty} \left|\frac{A_k}{c_k}\right|\right) \tag{59}$$

通过对(56) 求和，且利用(57) ～ (59) 可得

$$\begin{aligned}\sum_{k=n}^{\infty} \rho_k = {} & 2R_n - Q_n^* + (2 + o(1)) \cdot \\ & \left(-g_n Q_n^2 + \sum_{k=n}^{\infty} g_{k+1} (Q_k + Q_{k+1}) \frac{A_k}{c_k}\right) + \\ & o\left(\sum_{k=n}^{\infty} \left|\frac{A_k}{c_k}\right|\right) + O(\psi_n)\end{aligned} \tag{60}$$

由 Schwarz 不等式得

$$\begin{aligned}\sum_{k=n}^{\infty} \left|\frac{A_k}{c_k}\right| \leqslant {} & \left(\sum_{k=n}^{\infty} (g_{k+1}^2 c_k)^{-1} \sum_{k=n}^{\infty} g_{k+1}^2 \frac{A_k^2}{c_k}\right)^{\frac{1}{2}} = \\ & O\left(\left(\frac{\psi_n}{g_n}\right)^{\frac{1}{2}}\right)\end{aligned} \tag{61}$$

设 $c = \sum_{k=n}^{\infty} \rho_k$. 则由(60) 和(61) 知

$$\begin{aligned}& \sum_{k=N}^{n-1} (c_k^{-1} + \rho_k) = \\ & \sum_{k=N}^{n-1} c_k^{-1} + c - \sum_{k=n}^{\infty} \rho_k = \\ & \sum_{k=N}^{n-1} c_k^{-1} + c - 2R_n + Q_n^* + o\left(\left(\frac{\psi_n}{g_n}\right)^{\frac{1}{2}}\right) + O(\psi_n)\end{aligned} \tag{62}$$

把(62)和(38)代入(55)得(53).

参考文献

[1] CHEN S Z, ERBE L H. Riccati techniques and discrete oscillations[J]. J. Math. Anal. Appl., 1989, 142: 468-487.

[2] CHEN S Z, ERBE L H. Oscillation results for second scalar and matrix difference equations[J]. Computers Math. Applic., 1994, 28: 55-69.

[3] 陈绍著. 二阶线性差分方程解的渐近性态[J]. 数学学报, 1992, 35: 396-406.

[4] CHEN S Z, ERBE L H. Oscillation and nonoscillation for systems of self-adjoint second order difference equations[J]. SIAM J. Math. Anal., 1989, 20(4): 939-949.

[5] PATULA W T. Growth and oscillation properties of second order linear difference equations[J]. SIAM J. Math. Anal., 1979, 10: 55-61.

[6] PATULA W T. Growth, oscillation and comparison theorems for second order linear difference equations[J]. SIAM J. Math. Anal., 1979, 10: 1272-1279.

[7] HOOKER J W, PATULA W T. Riccati type transformations for second order linear

difference equations[J]. J. Math. Anal. Appl., 1981,82:451-462.

[8] KWONG M K,HOOKER J W,PATULA W T. Riccati type transformations for second order linear difference equations[J]. J. Math. Anal. Appl.,1985,107:182-196.

[9] HOOKER J W,KWONG M K,PATULA W T. Oscillatory of second order linear difference equations and Riccati equations[J]. SIAM J. Math. Anal.,1987,18:54-63.

[10] CHEN S Z. Asymptotic integrations of nonoscillatory second order differential equations[J]. Transactions of the American Mathematical Society,1991,327(2):853-865.

§7 非线性高阶差分方程的振动性

青岛海洋大学应用数学系的张炳根，杨博两位教授证明了下列两个差分方程

$$\Delta^m(x_n - x_{n-\tau}) + q_n f(x_{n-\sigma}) = 0$$

$$\Delta^{m+1} y_{n-1} + \frac{q_n}{\tau} f(y_n) = 0$$

在振动性上是等价的，其中 $q_n \geqslant 0$，$\tau > 0$ 和 σ 都是整数，m 是奇数，f 是非减的且满足当 $x \neq 0$ 时 $xf(x) > 0$. 其次，也得到了这些方程的新的振动准则.

一、引言

考虑非线性高阶差分方程

$$\Delta^m(x_n - x_{n-\tau}) + q_n f(x_{n-\sigma}) = 0 \tag{1}$$

其中 m 是奇数，$\tau > 0$ 和 σ 都是整数，$\{q_n\}$ 是实数序列，对一切充分大的 n 有 $q_n \geqslant 0$. 向前差分 Δ 定义为 $\Delta x_k = x_{k+1} - x_k$ 且 $\Delta^m = \Delta(\Delta^{m-1})$，$f \in C(R,R)$ 是非减的并满足当 $x \neq 0$ 时 $xf(x) > 0$，且 $f(-x) = -f(x)$.

(1) 的特殊情况已在泛函微分方程的数值分析中出现[2]. 最近，已有不少工作研究当 $m=1$ 时，(1) 的振动性[3,4,7-13]. 对 $m > 1$ 的情况，还只有零星工作[5,11].

(1) 的解 $\{x_n\}$ 叫作最终为正，若对一切充分大的 n，有 $x_n > 0$；叫作最终为负，若对一切充分大的 n，有 $x_n < 0$. 一个解叫作是振动的，若它既不是最终为正，又不是最终为负. 若一个方程的每个解都是振动的，称这个方程是振动的.

本节证明(1) 的每个解都振动的充要条件是方程

$$\Delta^{m+1} y_{n-1} + \frac{q_n}{\tau} f(y_n) = 0 \tag{2}$$

的每个解都振动. 我们也得到方程(1) 和(2) 的一些比较定理和新的振动准则.

下面，若没有特别申明，一个差分不等式是指对一切充分大的整数成立.

二、(1) 和(2) 振动性的等价性

引理 1　方程(1) 的每个解振动的充要条件是差分不等式

$$\Delta^m(x_n - x_{n-\tau}) - q_n f(x_{n-\sigma}) \leqslant 0 \tag{3}$$

没有最终正解.

当 $m=1$ 时,引理 1 已被张广等人[13] 证明. 当 m 是奇数时也已被证明[11]. 文[11,13] 考虑了 $\sigma \geqslant 0$ 的情况. 对于 $\sigma < 0$ 的情况,引理 1 也是成立的.

引理 2 假设 n 是偶数. 则方程

$$\Delta^n y_{i-1} + q_i f(y_i) = 0 \tag{4}$$

振动的充要条件是不等式

$$\Delta^n y_{i-1} + q_i f(y_i) \leqslant 0 \tag{5}$$

没有最终正解.

证明 若(5) 没有最终正解,则不等式 $\Delta^n y_{i-1} + q_i f(y_i) \geqslant 0$ 没有最终负解. 因此方程(4) 的每个解都是振动的.

现假设(4) 是振动的,我们将证明(5) 没有最终正解. 否则,设$\{y_i\}$ 是(5) 的最终正解,则 $\Delta^n y_{i-1} \leqslant 0$. 由[1,定理 1.7.11],存在一个奇数 m^* 使 $\Delta^i y_j > 0, 1 \leqslant i \leqslant m^* - 1$ 和$(-1)^{m^*+i}\Delta^i y_j > 0, m^* \leqslant i \leqslant n-1$,而且,或者

(a) $\lim\limits_{j\to\infty} \Delta^i y_j = 0, 1 \leqslant i \leqslant n-1$,或者

(b) 存在一个奇整数 $l, 1 \leqslant l \leqslant n-1$, 使有 $\lim\limits_{j\to\infty} \Delta^{n-i} y_j = 0, 1 \leqslant i \leqslant l-1$, $\lim\limits_{j\to\infty} \Delta^{n-l} y_j \geqslant 0$, $\lim\limits_{j\to\infty} \Delta^{n-l-1} y_j > 0, \lim\limits_{j\to\infty} \Delta^i y_j = \infty, 0 \leqslant i \leqslant n-l-2$.

对情况(a),对方程(5) 逐次求和,得

$$\Delta y_{i-1} \geqslant \sum_{j=i}^{\infty} \frac{(j-i+n-2)^{(n-2)}}{(n-2)!} q_j f(y_j)$$

其中$(t)^{(m)}$ 定义为$(t)^{(m)} = \prod\limits_{i=0}^{m-1}(t-i)$. 因此

$$y_i \geqslant y_{N-1} + \sum_{l=N}^{i} \sum_{j=l}^{\infty} \frac{(j-l+n-2)^{(n-2)}}{(n-2)} q_j f(y_j)$$

令 Ω 表示所有实数序列 $w=\{w_i\}_{N-1}^{\infty}$ 的集合. 在 Ω 上定义一个算子 $T:\Omega\to\Omega$ 为

$$(Tw)_{N-1}=1$$

$$(Tw)_i=\frac{1}{y_i}\left[y_{N-1}w_{N-1}+\sum_{l=N}^{i}\sum_{j=l}^{\infty}\frac{(j-l+n-2)^{(n-2)}}{(n-2)!}q_jf(y_jw_j)\right]\quad(i\geqslant N)$$

设 $w^{(0)}=1,w^{(j+1)}=Tw^{(j)},j=1,2,\cdots$. 由归纳法,容易证明 $0\leqslant w_i^{(j+1)}\leqslant w_i^{(j)}\leqslant 1,i\geqslant N,j=0,1,\cdots$. 因此,当 $i\geqslant N-1$ 时,存在极限 $\lim\limits_{j\to\infty}w_i^{(j)}=w_i^*$. 明显地, $w_{N-1}^*=1$ 和

$$w_i^*y_i=y_{N-1}w_{N-1}^*+\sum_{l=N}^{i}\sum_{j=l}^{\infty}\frac{(j-l+n-2)^{(n-2)}}{(n-2)!}q_jf(y_jw_j^*)\quad(i\geqslant N)$$

令 $z_i=w_i^*y_i,i=N-1,\cdots$. 则

$$z_i=z_{N-1}+\sum_{l=N}^{i}\sum_{j=l}^{\infty}\frac{(j-l+n-2)^{(n-2)}}{(n-2)!}q_jf(z_j)$$

因为 $z_{N-1}=y_{N-1}>0$,所以对一切 $i>N-1$ 有 $z_i>0$. 容易看到 $\{z_i\}_{N-1}^{\infty}$ 是(4) 的一个正解,这是一个矛盾.

对于情况(b) 可以用类似于对情况(a) 的处理方法来证明,这里从略.

定理 1　(1) 振动的充要条件是(2) 振动.

证明　不失一般性,我们仅对 $m=3$ 给出证明.

充分性　设不然,设 $\{x_n\}$ 是方程

$$\Delta^3(x_n-x_{n-\tau})+q_nf(x_{n-\sigma})=0\qquad(6)$$

的最终正解. 设 $y_n=x_n-x_{n-\tau}$,则 $\Delta^3y_n\leqslant 0$. 容易证明,

最终地有 $y_n>0$. 因此,$y_n\Delta^3 y_n\leqslant 0$. 由[1,定理 1.7.11],有两种可能情况:

(ⅰ)$y_n>0,\Delta y_n<0,\Delta^2 y_n>n$;

(ⅱ)$y_n>0,\Delta y_n>0,\Delta^2 y_n>0$.

首先考虑$\{x_n\}\in$(ⅰ). 在这种情况,$\lim\limits_{n\to\infty} y_n=k\geqslant 0$. 设 N 是充分大的整数,使当 $n\geqslant N-\tau$ 时,有 $x_n>0,y_n>0,\Delta y_n>0,\Delta^2 y_n<0$. 设 $\underline{m}=\min\{x_n:n\in[N-\tau,\cdots,N]\}$,则 $\underline{m}>0$. 对 $n\in[N,\cdots,N+\tau-1]$,有

$$x_n=y_n+x_{n-\tau}\geqslant\frac{1}{\tau}\sum_{i=n}^{n+\tau-1}y_i+\underline{m}$$

由归纳法,当 $n\in[N+l\tau,\cdots,N+(l+1)\tau-1]$ 时,$x_n\geqslant\frac{1}{\tau}\sum\limits_{i=n-l\tau}^{n+\tau-1}y_i+\underline{m}$. 因此 $x_n\geqslant\frac{1}{\tau}\sum\limits_{i=N+\tau}^{n}y_i+\underline{m},n\geqslant N+\tau$. 容易证明,对任意 σ,存在 $N^*\geqslant N+\tau$,使 $x_{n-\sigma}\geqslant\frac{1}{\tau}\sum\limits_{i=N^*}^{n}y_i+\underline{m},n\geqslant N^*$. 设 $z_n=\frac{1}{\tau}\sum\limits_{i=N^*}^{n}y_i$,则 $\tau\Delta^4 z_n=\Delta^3 y_{n+1}$ 且 $x_{n-\sigma}\geqslant z_n$. 因此

$$\Delta^4 z_{n-1}+\frac{q_n}{\tau}f(z_n)\leqslant\frac{1}{\tau}\Delta^3(x_n-x_{n-\tau})+\frac{q_n}{\tau}f(x_{n-\sigma})=0$$

由引理 2,方程

$$\Delta^4 z_{n-1}+\frac{q_n}{\tau}f(z_n)=0 \tag{7}$$

有一最终正解,这是一个矛盾.

其次,考虑情况$\{x_n\}\in$(ⅱ). 选择 N 充分大,当 $n\geqslant N-\tau$ 时,$x_n>0,y_n>0,\Delta y_n>0,\Delta^2 y_n>0$. $\underline{m}$ 的定义如前,则当 $n\in[N,\cdots,N+\tau-1]$ 时,有

$$x_n=y_n+x_{n-\tau}\geqslant\frac{1}{\tau}\sum_{i=n-\tau+1}^{n}y_i+\underline{m}$$

由归纳法,对 $n\in[N+l\tau,\cdots,N+(l+1)\tau-1]$ 时,有 $x_n\geqslant\frac{1}{\tau}\sum_{i=n-(l+1)\tau+1}^{n}y_i+\underline{m}$. 因此,可以得到

$$x_n\geqslant\frac{1}{\tau}\sum_{i=N}^{n}y_i+\underline{m}\quad(n\geqslant N+\tau)\tag{8}$$

现分四种情况讨论:

(1)$\sigma\leqslant0$. 由(8),有 $x_{n-\sigma}\geqslant\frac{1}{\tau}\sum_{i=N}^{n}y_i+\underline{m}, n\geqslant N+\tau$. 令 $z_n=\frac{1}{\tau}\sum_{i=N}^{n}y_i$,则 $x_{n-\sigma}\geqslant z_n$ 且 $\tau\Delta z_n=y_{n+1}$. 因此

$$\tau\Delta^4z_{n-1}+q_nf(z_n)\leqslant\Delta^3(x_n-x_{n-\tau})+q_nf(x_{n-\sigma})=0\tag{9}$$

这意味着(7) 有一最终正解. 这是一个矛盾.

(2)$\sigma>0$ 且 $\lim\limits_{n\to\infty}\Delta^2y_n=k>0$. 则 $\Delta y_n=kn+o(n)$, $y_n=\frac{kn^2}{2}+o(n^2)$, $\sum_{i=N}^{n}y_i=\frac{k}{6}n^3+o(n^3)$. 因此,对一切充分大的 n,有 $\sum_{i=n-\tau+1}^{n}y_i<\sigma kn^2$. 从(8) 和上面的不等式,有

$$x_{n-\sigma}\geqslant\frac{1}{\tau}\sum_{i=N}^{n-\sigma}y_i+\underline{m}\geqslant\frac{1}{\tau}\left[\sum_{i=N}^{n}y_i-\sigma kn^2\right]+\underline{m}$$

令 $z_n=\frac{1}{\tau}\left(\sum_{i=N}^{n}y_i-\sigma kn^2\right)$, 则 $z_n>0, x_{n-\sigma}\geqslant z_n$ 和 $\tau\Delta^4z_n=\Delta^3y_{n+1}$. 因此(9) 也成立,导致矛盾.

(3)$\sigma>0$, $\lim\limits_{n\to\infty}\Delta^2y_n=0$ 和 $\lim\limits_{n\to\infty}\Delta y_n=\infty$. 则 $\Delta y_n=o(n)$, $y_n=o(n^2)$, $n=o(y_n)$, $\sum_{i=N}^{n}y_i=o(n^3)$ 和 $n^2=o\left(\sum_{i=N}^{n}y_i\right)$. 因此 $\sum_{i=n-\sigma+1}^{n}y_i<n^2$. 令 $z_n=\frac{1}{\tau}\left(\sum_{i=N}^{n}y_i-n^2\right)$,

则 $z_n > 0$ 和 $x_{n-\sigma} \geqslant z_n$. 类似于情况 1,可以导出矛盾.

(4)$\sigma > 0$, $\lim\limits_{n\to\infty} \Delta^2 y_n = 0$ 和 $\lim\limits_{n\to\infty} \Delta y_n = k > 0$. 则 $y_n = kn + o(n)$, $\sum\limits_{i=N}^{n} y_i = \frac{kn^2}{2} + o(n^2)$. 因此对一切充分大的 n,有 $\sum\limits_{i=n-\sigma+1}^{n} y_i < 2\sigma kn$. 令 $z_n = \frac{1}{\tau}\left(\sum\limits_{i=N}^{n} y_i - 2\sigma kn\right)$. 则 $z_n > 0$ 和 $x_{n-\sigma} \geqslant z_n$. 如前,这导致矛盾.

必要性　设不然,设 $\{y_n\}$ 是(7) 的最终正解,则 $\Delta^4 y_n \leqslant 0$. 由[1,定理 1.7.11],有两种可能的情况:

(ⅰ) 最终有 $\Delta y_n > 0, \Delta^2 y_n < 0, \Delta^3 y_n > 0$;

(ⅱ) 最终有 $\Delta y_n > 0, \Delta^2 y_n > 0, \Delta^3 y_n > 0$.

对情况 $\{y_n\} \in$ (ⅰ),有 $\lim\limits_{n\to\infty} \Delta y_n = k \geqslant 0$ 和 $\lim\limits_{n\to\infty} y_n = l$. 若 l 是有限的,k 必须为零. 所以存在正整数 N 和 M,当 $n \geqslant N - 2 - |\sigma|$ 时,有 $y_n > M > 0$ 和 $\Delta y_n < M(2(2+|\sigma|))^{-1}$. 令

$$H_n = \begin{cases} \tau \Delta y_{n-1} & (n \geqslant N) \\ 0 & (n \leqslant N-1) \end{cases}$$

则对任意整数 n,有 $H_n \geqslant 0$. 定义 $z_n = \sum\limits_{i=0}^{\infty} H_{n-i\tau} \geqslant 0$. 明显地,$z_n - z_{n-\tau} = H_n$. 对于 $n \geqslant N$,有 $z_n - z_{n-\tau} = \tau \Delta y_{n-1}$. 对于 $n \in [N, \cdots, N+\tau-1]$,有 $z_n = \tau \Delta y_{n-1} + z_{n-\tau} \leqslant \sum\limits_{i=n-\tau}^{n-1} \Delta y_i$. 由归纳法,对 $n \in [N + l\tau, \cdots, N + (l+1)\tau - 1]$,有

$$z_n = \tau \Delta y_{n-1} + z_{n-\tau} \leqslant \sum_{i=n-l\tau}^{n-1} \Delta y_i$$

因此 $z_n \leqslant \sum\limits_{i=N}^{n-1} \Delta y_i$, $n \geqslant N$,可以证明,对任何 σ,有

$$z_{n-\sigma} \leqslant$$
$$\sum_{i=N}^{n-1} \Delta y_i +$$
$$(|\sigma|+2)\max\{|\Delta y_i| \mid i \in [n,\cdots,n-\sigma-l]\} \leqslant$$
$$y_n - y_N + (|\sigma|+2)\frac{M}{2(|\sigma|+2)} \leqslant$$
$$y_n - M + \frac{M}{2} \leqslant y_n \quad (n \geqslant N)$$

由于 $z_n - z_{n-\tau} = \tau\Delta y_{n-1}$ 和上述不等式，得到

$$\Delta^3(z_n - z_{n-\tau}) + q_n f(z_{n-\sigma}) \leqslant \tau\Delta^4 y_{n-1} + q_n f(y_n) = 0 \tag{10}$$

从引理 1，(10) 意味着(1) 有最终正解，矛盾.

若 $y_n \in$ (ⅱ). 则 $\lim\limits_{n\to\infty}\Delta^3 y_n = k \geqslant 0$. 如前定义 H_n 和 z_n，则当 $n \geqslant N$ 时，$z_n > 0$ 且 $z_n - z_{n-\tau} = \tau\Delta y_{n-1}$. 令 $M = \max\{y_n \mid n \in [N-\tau,\cdots,N-1]\}$. 对于 $n \in [N,\cdots,N+\tau-1]$，有

$$z_n = \tau\Delta y_{n-1} + z_{n-\tau} \leqslant \sum_{i=n}^{n+\tau-1}\Delta y_n \leqslant y_{n+\tau}$$

$$z_n \geqslant \sum_{i=n-\tau}^{n-1}\Delta y_i + z_{n-\tau} \geqslant y_n - y_{n-\tau} \geqslant y_n - M$$

由归纳法，能证明

$$y_n - M \leqslant z_n \leqslant y_{n+\tau} \quad (n \geqslant N) \tag{11}$$

因此

$$\begin{aligned} z_{n-\sigma} \leqslant y_{n+\tau-\sigma} = y_n - y_n + y_{n+\tau-\sigma} = \\ y_n + |\tau-\sigma| \max\{|\Delta y_i| \mid i \in \\ [n,\cdots,n+\tau-\sigma]\} \end{aligned} \tag{12}$$

我们讨论三种可能情况：

(1) 若 $k > 0$，则 $\Delta^2 y_n = kn + o(n)$，$\Delta y_n = \frac{kn^2}{2} +$

$o(n^2)$, $y_n=\frac{kn^3}{6}+o(n^3)$, $z_n=\frac{kn^3}{6}+o(n^3)$. 从(12),得到,当 $n\geqslant N$ 时,有 $z_{n-\sigma}\leqslant y_n+k\mid\tau-\sigma\mid n^2$. 令 $\bar{z}_n=z_n-k\mid\tau-\sigma\mid(n+\sigma)^2>0$, $n\geqslant N$. 则得到 $\bar{z}_{n-\sigma}\leqslant y_n$ 和 $\Delta^3(\bar{z}_n-\bar{z}_{n-\tau})=\Delta^3(z_n-z_{n-\tau})=\tau\Delta^4 y_{n-1}$. 因此

$$\Delta^3(\bar{z}_n-\bar{z}_{n-\tau})+q_nf(\bar{z}_{n-\sigma})\leqslant\tau\Delta^4 y_{n-1}+q_nf(y_n)=0$$

这是一个矛盾.

(2) 若 $k=0$ 且 $\lim\limits_{n\to\infty}\Delta^2 y_n=l$. 则 $\Delta y_n=ln+o(n)$, $y_n=\frac{ln^2}{2}+o(n^2)$ 和 $z_n=\frac{ln^2}{2}+o(n^2)$. 因此,由(12),得到当 $n\geqslant N$ 时, $z_{n-\sigma}\leqslant y_n+2\mid\tau-\sigma\mid ln$. 当 $n\geqslant N$ 时,令 $\bar{z}_n=z_n-2\mid\tau-\sigma\mid l(n+\sigma)>0$. 则有 $y_n\geqslant\bar{z}_{n-\sigma}$, $n\geqslant N$. 类似于情况(1),可导出矛盾.

(3) 若 $k=0$ 和 $\lim\limits_{n\to\infty}\Delta^2 y_n=\infty$. 则 $\Delta^2 y_n=o(n)$, $\Delta y_n=o(n^2)$, $n=o(\Delta y_n)$, $y_n=o(n^3)$, $n^2=o(y_n)$, $z_n=o(n^3)$, $n^2=o(z_n)$. 从(12),得到 $z_{n-\sigma}\leqslant y_n+\mid\tau-\sigma\mid n^2$. 定义 $\bar{z}_n=z_n-\mid\tau-\sigma\mid(n+\sigma)^2$,则 $\bar{z}_n>0$ 和 $y_n\geqslant\bar{z}_{n-\sigma}$. 类似于前面所做的,可导出矛盾. 证毕.

推论 1 方程

$$\Delta(x_n-x_{n-\tau})+q_nf(x_{n-\sigma})=0 \tag{13}$$

振动的充要条件是方程

$$\Delta^2 y_{n-1}+\frac{q_n}{\tau}f(y_n)=0 \tag{14}$$

振动.

由已知结果[10],若

$$\frac{n}{\tau}\sum_{i=n+1}^{\infty}q_i>\frac{1}{4}\max\left\{\limsup_{y\to-\infty}\frac{y}{f(y)},\limsup_{y\to+\infty}\frac{y}{f(y)}\right\} \tag{15}$$

则(14) 是振动的. 由推论 1,(15) 也是(13) 振动的充分条件.

例　考虑方程

$$\Delta(y_n - y_{n-3}) + (n+1)^{-\alpha} y_{n-4} = 0 \tag{16}$$

由条件(15) 推得,若 $\alpha \in (1,2)$,则(16) 的每个解都振动. 这个例子也表明,条件(15) 比已知中的条件[3,7,9,12] 要好.

注 1　由定理 1 知道,σ 对(1) 的振动性无影响. 这个结论是新的.

由引理 2,类似于定理 1,可以证明下列结果.

定理 2　设 n 是偶数,对一切充分大的 i,q_i 是非负的,则方程

$$\Delta^n y_{i-1} + q_i f(y_{i-\sigma}) = 0 \quad (i = 0,1,\cdots) \tag{17}$$

$$\Delta^n y_{i-1} + q_i f(y_i) = 0 \quad (i = 0,1,\cdots) \tag{18}$$

的振动性是等价的,其中 σ 是任何整数.

也就是说,σ 对(17) 的振动性没有影响.

现在研究(17) 连同方程

$$\Delta^n z_{i-1} + \overline{q}_i g(z_{i-\bar{\sigma}}) = 0 \tag{19}$$

其中 g 满足与 f 相同的条件,且 $\bar{q}_i \geqslant 0$. 由定理 2,(19) 的振动性等价于方程

$$\Delta^n z_{i-1} + \bar{q}_i g(z_i) = 0 \tag{20}$$

的振动性.

定理 3　若对一切充分大的 i,有 $q_i \geqslant \bar{q}_i \geqslant 0$ 且当 $|x| > 0$ 时,$|g(x)| \leqslant |f(x)|$,则(19) 振动就意味着(17) 振动.

证明　若不然,假设(17) 有最终正确,由定理 2,(18) 也有最终正解 $\{y_i\}$. 因此

$$\Delta^n y_{i-1}+\bar{q}_i g(y_i)\leqslant\Delta^n y_{i-1}+q_i f(y_i)=0$$

这意味着(20)有最终正解,因此(19)也有最终正确,矛盾.

注 2 这个比较结果不依赖于σ和$\bar{\sigma}$. 当n是奇数,且$\sigma\geqslant\bar{\sigma}>0$时,一个类似的比较定理已被得到[6,定理1].

三、振动准则

首先给出(18)的振动准则.

定理 4 若n是偶数,q_i对一切充分大的i是非负的,f满足定理1中的条件,且

$$\int_l^{\infty}\frac{\mathrm{d}y}{f(y)}<\infty,\int_{-l}^{-\infty}\frac{\mathrm{d}y}{f(y)}<\infty \tag{21}$$

并有

$$\sum_{j=N}^{\infty}j^{(n-1)}q_j=\infty \tag{22}$$

则(18)的每个解都振动.

证明 设不然,设$\{y_i\}$是(18)的最终正解,则$\Delta^n y_i\leqslant 0$. 由[1,定理1.7.11],存在奇数m^*满足$m^*\leqslant n-1$且$\Delta^j y_i>0,1\leqslant j\leqslant m^*-1$和$(-1)^{m^*+j}\Delta^j y_i>0,m^*\leqslant j\leqslant n-1$. 如引理2的证明,有两种可能的情况:(a)和(b).

对情况(a),如引理2的证明,可以得到

$$\Delta y_{i-1}\geqslant\sum_{j=i}^{\infty}\frac{(j-i+n-2)^{(n-2)}}{(n-2)!}q_j f(y_j) \tag{23}$$

再由y_i的单调增加性质,得

$$\frac{\Delta y_{i-1}}{f(y_i)}\geqslant\sum_{j=i}^{\infty}\frac{(j-i+n-2)^{n-2}}{(n-2)!}q_j \tag{24}$$

我们欲证明

$$\sum_{l=n}^{\infty}\frac{\Delta y_l}{f(y_{l+1})}<\infty \tag{25}$$

定义 $r(t)=y_l+(t-l)\Delta y_l, l\leqslant t\leqslant l+1$. 则对 $l<t<l+1$ 有 $y_l=r(l), y_{l+1}=r(l+1), r'(t)=\Delta y_l>0$, r 是连续的,单调增加的,所以有

$$\frac{\Delta y_l}{f(y_{l+1})}=\int_1^{l+1}\frac{\Delta y_l}{f(y_{l+1})}\mathrm{d}t=\int_l^{l+1}\frac{r'(t)\mathrm{d}t}{f(y_{l+1})}\leqslant\int_{y_l}^{y_{l+1}}\frac{\mathrm{d}r}{f(r)}$$

再由条件(21),得到 $\sum\limits_{l=N}^{\infty}\frac{\Delta y_l}{f(y_{l+1})}\leqslant\int_{y_N}^{\infty}\frac{\mathrm{d}r}{f(r)}<\infty$. 由(24) 和(25) 进一步得到

$$\sum_{j=i}^{\infty}(j-i+n-2)^{(n-1)}q_j<\infty \tag{26}$$

这与(22) 矛盾.

对情况(b),对(18) 求和 m^* 次,得到

$$\Delta^{n-m^*}y_{i-1}\geqslant\sum_{j=i}^{\infty}\frac{(j-i+m^*-1)^{(m^*-1)}}{(m^*-1)!}q_jf(y_j) \tag{27}$$

对(27) 从 N 到 $i-1$ 求和 $n-m^*-1$ 次,得到 $\Delta y_i\geqslant\frac{(i-N)^{(n-2)}}{(n-2)!}\sum\limits_{j=i}^{\infty}q_jf(y_j)$. 因此

$$\frac{\Delta y_i}{f(y_i)}\geqslant\frac{(i-N)^{(n-2)}}{(n-2)!}\sum_{j=i}^{\infty}q_j$$

由(25),得到

$$\sum_{i=N+n}^{\infty}\frac{(i-N)^{(n-2)}}{(n-2)!}\sum_{j=i}^{\infty}q_j<\infty \tag{28}$$

再由

$$\sum_{i=n+N}^{k-1}\frac{(i-N)^{(n-2)}}{(n-2)!}\sum_{j=i}^{\infty}q_j=\sum_{i=n+N}^{k-1}\frac{\Delta(i-N)^{(n-1)}}{(n-1)!}\sum_{j=i}^{\infty}q_j\geqslant$$
$$\sum_{i=n+N}^{k-1}q_i\frac{(i+1-N)^{(n-1)}}{(n-1)!}$$

结合(28) 和上面的不等式,就得

$$\sum_{i=n+N}^{\infty} q_i \frac{(i+1-N)^{(n-1)}}{(n-1)!} < \infty \tag{29}$$

它与(22) 矛盾.

(21) 是一类超线性条件. 其次研究 Emden-Fowler 型的差分方程

$$\Delta^n y_{i-1} + q_i \mid y_i \mid^{\lambda} \operatorname{sign}(y_i) = 0 \quad (\lambda \in (0,1)) \tag{30}$$

定理 5 若

$$\sum_{i=N}^{\infty} q_{i+1} (i^{(n-1)})^{\lambda} = \infty \tag{31}$$

则(30) 是振动的.

证明 设不然,设 $\{y_i\}$ 是(30) 的最终正解,则 $\Delta^n y_i \leqslant 0$. 由[1,定理 1.7.11],存在奇整数 m, $0 \leqslant m \leqslant n$, 且有,当 $m \leqslant n-1$ 时, $(-1)^{m+i} \Delta^i y_k > 0$, $m \leqslant i \leqslant n-1$, 当 $m \geqslant 1$ 时, $\Delta^i y_k > 0$, $1 \leqslant i < m-1$. 因此,最终有 $\Delta^{n-1} y_i > 0$. 利用逐次求和,不难证明存在正整数 k_0 和正数 A 使对一切 $k \geqslant k_0$ 有 $y_{k+1} \geqslant Ak^{(n-1)} \Delta^{n-1} y_k$. 因此 $y_{k+1}^{\lambda} \geqslant A_1 (k^{(n-1)})^{\lambda} (\Delta^{n-1} y_k)^{\lambda}$. 用 $(\Delta^{n-1} y_{k-1})^{\lambda}$ 除(30),得

$$\frac{\Delta^n y_{k-1}}{(\Delta^{n-1} y_{k-1})^{\lambda}} = -q_k \frac{y_k^{\lambda}}{(\Delta^{n-1} y_{k-1})^{\lambda}} \leqslant -A_1 q_k ((k-1)^{(n-1)})^{\lambda} \tag{32}$$

由(31) 和(32),得

$$\sum_{k=N}^{\infty} \frac{\Delta^n y_{k-1}}{(\Delta^{n-1} y_{k-1})^{\lambda}} = -\infty \tag{33}$$

另一方面,当 $l < t < l+1$ 时,令 $r(t) = \Delta^{n-1} y_l + (t-l) \Delta^{n-1} y_l$,则当 $l < t < l+1$ 时,有

$$r'(t)=\Delta^{n-1}y_l>0, r(l)=\Delta^{n-2}y_l$$
$$r(l+1)=\Delta^{n-2}y_{l+1}$$

定义 $s(t)=r(t+1)-r(t)>0$. 则 $s'(t)=\Delta^{n-1}y_{l+1}-\Delta^{n-1}y_l=\Delta^n y_l\leqslant 0$. 因此,当 $l<t<l+1$ 时,$s(t)\leqslant s(l)=r(l+1)-r(l)=\Delta^{n-1}y_l$.

于是

$$\frac{\Delta^n y_l}{(\Delta^{n-1}y_l)^\lambda}=\int_{l-1}^{l}\frac{\Delta^n y_l}{(\Delta^{n-1}y_l)^\lambda}\mathrm{d}t\geqslant\int_{l-1}^{l}\frac{\mathrm{d}s(t)}{s^\lambda(t)}$$

因此

$$\sum_{l=N}^{k}\frac{\Delta^n y_l}{(\Delta^{n-1}y_l)^\lambda}\geqslant\int_N^k\frac{\mathrm{d}s}{s^\lambda}=\frac{1}{1-\lambda}(s^{1-\lambda})\Big|_N^k \tag{34}$$

因为 $k^{1-\lambda}>0$,(34) 与(33) 矛盾.

注 3　对于 $n=2$ 的情况,定理 5 已被 Hooker 和 Patula[5] 得到.

最后,研究线性方程

$$\Delta^n y_{i-1}+q_i y_i=0 \tag{35}$$

当 $n=2$ 时,(35) 的振动性质已有不少工作,见[4].

定理 6　假使 $n\geqslant 4$ 是偶数,且二阶线性差分方程

$$\Delta^2 w_{i-1}+\frac{1}{(n-3)!}\sum_{j=i}^{\infty}(i-j+n-3)^{(n-3)}q_j w_i=0 \tag{36}$$

是振动的,则(35) 是振动的.

证明　设不然,设 $\{y_i\}$ 是(35) 的最终正解,则 $\Delta^n y_i\leqslant 0$. 如引理 2 的证明,存在偶数 k,使有 $\Delta^j y_i\geqslant 0$, $0\leqslant j\leqslant k+1$, $\lim\limits_{i\to\infty}\Delta^{k+1}y_i\geqslant 0$, $\lim\limits_{i\to\infty}\Delta^j y_i=0$, $k+2\leqslant j\leqslant n-1$. 从 i 到 ∞ 对(35) 求和 $n-k-2$ 次,得

$$-\Delta^{k+2}y_{i-1}=\frac{1}{(n-k-3)!}\sum_{j=i}^{\infty}(j-i+n-k-3)^{(n-k-3)}p_jy_j \tag{37}$$

另一方面,由离散泰勒公式[1,定理1.7.5],得

$$y_i\geqslant\frac{1}{(k-1)!}\sum_{j=N}^{i-k}(i-j-1)^{(k-1)}\Delta^ky_j \tag{38}$$

把(38) 代入(37),注意到 Δ^ky_j 是非减的,得到

$$-\Delta^{k+2}y_{i-1}\geqslant\frac{\Delta^ky_i}{(n-3)!}\sum_{j=i}^{\infty}(j-i+n-3)^{(n-3)}q_j\quad(i\geqslant i_0) \tag{39}$$

其中 i_0 是一个充分大的整数.令 $z_i=\Delta^ky_i$.则最终 $z_i>0$.(39) 化为

$$\Delta^2z_{i-1}+\frac{1}{(n-3)!}\sum_{j=i}^{\infty}(j-i+n-3)^{(n-3)}q_jz_i\leqslant 0 \tag{40}$$

由引理 2,(40) 意味着(36) 有最终正解,这是一个矛盾.

由一已知结果[4],假如对一切充分大的 l,有

$$\sum_{i=l}^{\infty}p_i\geqslant\frac{k_0}{l} \tag{41}$$

其中 $k_0>\frac{1}{4}$ 且

$$p_i=\frac{1}{(n-3)!}\sum_{j=i}^{\infty}(j-i+n-3)^{(n-3)}q_j \tag{42}$$

则(36) 是振动的.因此可得下面的结论.

推论 假设 $n\geqslant 4$ 是偶数,且(41) 成立,其中 p_i 由(42) 定义,则(35) 是振动的.

结合定理1,4,5和6,我们得到(1)的振动准则如下:

定理7　假设 f 满足超线性条件(21)且 $\sum\limits_{j=N}^{\infty} j^{(m)} q_j = \infty$. 则(1)的每个解都振动.

定理8　假设 $f(x)=|x|^{\lambda}\operatorname{sign}(x)$, $\lambda \in (0,1)$ 且 $\sum\limits_{i=N}^{\infty} q_{i+1}(i^{(m)})^{\lambda} = \infty$. 则(1)的每个解都振动.

定理9　假设 $f(x) \equiv x$,且对一切充分大的 l 成立,$\sum\limits_{i=l}^{\infty} p_i \geqslant \frac{k_0 \tau}{l}$,其中 $k_0 > \frac{1}{4}$ 和

$$p_i = \begin{cases} q_i & (m=1) \\ \dfrac{1}{(m-2)!} \sum\limits_{j=i}^{\infty} (j-i+m-2)^{(m-2)} q_j & (m \geqslant 3) \end{cases}$$

则(1)的每个解都振动.

参考文献

[1] AGARWAL R P. Difference equations and inequalities[M]. New York: Marcel Dekker, 1992.

[2] BRAYTON R K, WILLOUGHBY R A. On the numerical integration of a symmetric system of difference differential equations of neutral type[J]. J. Math. Anal. Appl., 1967, 18: 182-189.

[3] CHEN M P, LALLI B S, YU J S. Oscillation in neutral delay difference equations with variable

coefficients[J]. Computers Math. Applic. ,1995,29(3):5-11.

[4] ERBE L H,ZHANG B G. Oscillations of second order linear difference equations[J]. Chinese J. Math. ,1988,16(4):239-252.

[5] HOOKER JOHN W,PATULA WILLIAM T. A second order nonlinear difference equation: Oscillation and asymptotic behavior[J]. J. Math. Anal. Appl. ,1983,91:9-29.

[6] LADAS G,QIAN C. Comparison results and linearized oscillations for higher order difference equations[J]. Intenat,J. Math. & Math. Sci. ,1992,15(1):129-142.

[7] LALLI B S. Oscillation theorems for neutral difference equations[J]. Computers Math. Applic. ,1994,28(1-3):191-202.

[8] LALLI B S,ZHANG B G,ZHAO L J. On the oscillation and existence of positive solutions of neutral difference equations[J]. J. Math. Anal. Appl. ,1991,158:213-233.

[9] YU J S,WANG Z C. Asymptotic behavior and oscillation in neutral delay difference equation[J]. Funkcial Ekvac,1994,37:241-248.

[10] ZHANG B G,CHENG S S. Oscillation criteria and comparison theorems for delay difference equations[J]. Fasciculi Mathematici,Nr. ,1995,25:13-32.

[11] 张广，高英. 高阶非线性差分方程振动的正解[J]. 系统科学与数学，1999，19(2)：157-161.

[12] ZHANG G，CHENG S S. Oscillation criteria for a neutral difference equation with delay[J]. Appl. Math. Lett.，1995，8(3)：13-17.

[13] ZHANG G，CHENG S S. Positive solution of a nonlinear neutral difference equation[J]. Nonlinear Analysis，1996，28(4)：729-738.

§8　差分系统的渐近稳定性定理及渐近稳定性区域

上海交大的吴述金、张书年两位教授2000年给出了一个利用构造Lyapunov函数来判别差分系统渐近稳定性的定理，此定理改进了已有结论[1]且在应用上更为方便. 然后，给出了对于自治差分系统，求其渐近稳定区域或吸引区域的几个定理.

一、渐近稳定性定理

考虑差分系统

$$x(n+1)=f(n,x(n)) \tag{1}$$

其中 $f:\mathbf{N}^*\times B_a\to R^m$，$f(n,0)=0$ 且 $f(n,x)$ 关于 x 为连续，而 $\mathbf{N}^*$ 表示非负整数集合，$B_a=\{x\in R^m: |x|<a\}$，m 为某正整数，$a\leqslant+\infty$.

定义1　设 $\varphi:R^+\to R^+$ 是连续、单调递增的函数满足 $\varphi(0)=0$，则称之为 **K** 类函数，记为 $\varphi\in\mathbf{K}$.

在文[1,pp. 268-269]中有一个结论如下：

定理 A 若存在函数 V 以及 $\varphi,\psi,\chi\in\mathbf{K}$,使得：

(ⅰ)$\varphi(|x|)\leqslant V(n,x)\leqslant\psi(|x|)$；

(ⅱ)$\Delta V(n,x(n))\leqslant-\chi(|x(n)|)$；

(ⅲ)存在常数 $0<L<1$,使得

$$|w(u_1)-w(u_2)|\leqslant L|u_1-u_2|$$

其中 $w\equiv\chi\psi^{-1}$,则系统(1)的零解为一致渐近稳定.

由于对 $w\equiv\chi\psi^{-1}$ 要求李普希兹常数小于 1 的这一附加条件,故真正应用起来,显得并不方便.为此,将给出一个新的条件来代替定理 A 中的条件(ⅲ).

引理 1[1] 设 $x(n+1)\leqslant g(x(n)),u(n+1)=g(u(n)),g(u)$ 非减,若 $x(n_0)\leqslant u(n_0)$,则 $x(n)\leqslant u(n),\forall n\geqslant n_0$.

定理 1 若存在函数 V 以及 $\varphi,\psi,\chi\in\mathbf{K}$,使得：

(ⅰ)$\varphi(|x|)\leqslant V(n,x)\leqslant\psi(|x|)$；

(ⅱ)$\Delta V(n,x(n))\leqslant-\chi(|x(n)|)$；

(ⅲ)存在 $\delta_0>0$,使得对任意的 $u_1,u_2\in[0,\delta_0)$,有

$$|w(u_1)-w(u_2)|\leqslant|u_1-u_2|$$

其中 $w\equiv\chi\psi^{-1}$,则系统(1)的零解为一致渐近稳定.

证明 由条件(ⅰ)显然可推出 $|x(n)|\geqslant\psi^{-1}(V(n,x(n)))$,以此代入(ⅱ)即得

$$\Delta V(n,x(n))\leqslant-\chi(\psi^{-1}(V(n,x(n))))$$

记 $w\equiv\chi\psi^{-1}$,即得

$$\Delta V(n,x(n))\leqslant-w(V(n,x(n)))\qquad(2)$$

考虑比较方程

$$u(n+1)=u(n)-w(u(n))\qquad(3)$$

由条件(ⅲ)得,存在 $\delta_0>0$,使得对任意的 $u_1,u_2\in[0,\delta_0)$,有 $|\omega(u_1)-w(u_2)|\leqslant|u_1-u_2|$. 取 $u_1=u$,$u_2=0$,则 $\forall u\in[0,\delta_0)$,有

$$w(u)\leqslant u \tag{4}$$

因此,对于比较方程(3),由(4)利用数学归纳法不难证出,若 $0\leqslant u(n_0)<\delta_0$,则 $u(n)$ 单调下降趋于0,即若 $u(n_0)\geqslant 0$,有

$$u(n)\downarrow 0 \tag{5}$$

因为 $\psi,\chi\in\mathbf{K}$,所以 $w\equiv\chi\psi^{-1}\in\mathbf{K}$. 由(2),(ⅲ)及(3)得,若 $V(n_0,x(n_0))\leqslant u(n_0)$,有

$$V(n,x(n))\leqslant u(n)\quad(\forall n\geqslant n_0) \tag{6}$$

事实上,令 $g(u)=u-w(u)$,设 $u_1>u_2$,则

$$\begin{aligned}g(u_1)-g(u_2)=u_1-w(u_1)-[u_2-w(u_2)]=\\(u_1-u_2)-[w(u_1)-w(u_2)]\geqslant\\u_1-u_2-|u_1-u_2|=0\end{aligned}$$

所以,$g(u)$ 非减,由引理 1,即得.

对于任意的 $\varepsilon>0$,存在 $M_0>0$,使得 $\frac{1}{M_0}\delta_0<\varphi(\varepsilon)$,取 $M=\max\{M_0,1\}>0$,则 $\frac{1}{M}\delta_0<\varphi(\varepsilon)$,取 $\delta=\psi^{-1}\left(\frac{1}{M}\delta_0\right)$,当 $|x_0|<\delta$ 时,有

$$0\leqslant V(n_0,x(n_0))\leqslant\psi(|x_0|)<\psi(\delta)=\frac{1}{M}\delta_0\leqslant\delta_0$$

取 $u(n_0)=V(n_0,x(n_0))$,则 $0\leqslant u(n_0)<\frac{1}{M}\delta_0\leqslant\delta_0$. 由(ⅰ)(5)及(6)得

$$\begin{aligned}\varphi(|x(n)|)\leqslant V(n,x(n))\leqslant\\u(n)\leqslant u(n_0)<\end{aligned}$$

$$\frac{1}{M}\delta_0 < \varphi(\varepsilon)$$

由于 $\varphi \in \mathbf{K}$，所以 $|x(n)| < \varepsilon$，即(1)的零解为一致稳定的.

现对任给 $\varepsilon > 0$ 及 $n_0 \in \mathbf{N}^*$，令 $N(\varepsilon) = \left[\frac{\delta_0}{w(\varphi(\varepsilon))}\right] + 1$，可以指出：必有某个整数 $n_1, n_0 \leqslant n_1 \leqslant n_0 + N(\varepsilon)$，使 $0 \leqslant u(n_1) < \varphi(\varepsilon)$，从而

$$0 \leqslant u(n) \leqslant u(n_1) < \varphi(\varepsilon) \quad (\forall n \geqslant n_0 + N(\varepsilon)) \tag{7}$$

事实上，不妨设对任何整数 $n, n_0 \leqslant n \leqslant n_0 + N(\varepsilon)$，成立 $u(n) \geqslant \varphi(\varepsilon)$. 则由(3)可推得

$$\begin{aligned} 0 < u(n_0 + N(\varepsilon)) = \\ u(n_0) - \sum_{i=n_0}^{n_0+N(\varepsilon)-1} w(u(i)) \leqslant \\ u(n_0) - N(\varepsilon) w(\varphi(\varepsilon)) < \\ \delta_0 - \delta_0 = 0 \end{aligned}$$

便得矛盾.

由(6)(7)及定理中条件(ⅰ)得

$$\begin{aligned} \varphi(|x(n)|) \leqslant V(n, x(n)) \leqslant u(n) < \\ \varphi(\varepsilon) \quad (\forall n \geqslant n_0 + N(\varepsilon)) \end{aligned}$$

因为 $\varphi \in \mathbf{K}$，所以 $|x(n)| < \varepsilon$，$\forall n \geqslant n_0 + N(\varepsilon)$，而(1)的零解为一致渐近稳定.

定理 2 若存在函数 V 以及 $\varphi, \psi, \chi \in \mathbf{K}$($\psi, \chi$ 为可微)，使得：

(ⅰ) $\varphi(|x|) \leqslant V(n, x) \leqslant \psi(|x|)$；

(ⅱ) $\Delta V(n, x(n)) \leqslant -\chi(|x(n)|)$；

(ⅲ) 若存在 $\delta_0 > 0$，使得对任意的 $u \in [0, \delta_0)$，有

$\chi'(u) \leqslant \psi'(u)$，这里当 $u=0$ 时，取右导数. 则系统(1)的零解为一致渐近稳定.

证明　因为

$$\frac{\mathrm{d}(\psi^{-1}(t))}{\mathrm{d}t}=\frac{1}{\psi'(\psi^{-1}(t))}, w=\chi\psi^{-1}$$

而

$$\frac{\mathrm{d}w(t)}{\mathrm{d}t}=\frac{\mathrm{d}}{\mathrm{d}t}[\chi(\psi^{-1}(t))]=\chi'(\psi^{-1}(t))\cdot\frac{\mathrm{d}}{\mathrm{d}t}\psi^{-1}(t)=$$

$$\chi'(\psi^{-1}(t))\cdot\frac{1}{\psi'(\psi^{-1}(t))}=\frac{\chi'(\psi^{-1}(t))}{\psi'(\psi^{-1}(t))}$$

由于 $\psi\in\mathbf{K}$ 且 $\psi(0)=0$，所以 $\psi^{-1}\in\mathbf{K}$ 且 $\psi^{-1}(0)=0$，再由 ψ^{-1} 的连续性推得：存在 $\delta>0$，使得对任意的 $\xi\in[0,\delta)$，有 $0\leqslant\psi^{-1}(\xi)<\delta_0$. 又因为 $\chi,\psi\in\mathbf{K}$，所以 $w\equiv\chi\psi^{-1}\in\mathbf{K}$，且 $\chi'(u),\psi'(u)\geqslant 0$. 若存在 $\delta_0>0$，使得对任意的 $u\in[0,\delta_0)$，有 $\chi'(u)\leqslant\psi'(u)$，则 $\forall\xi\in[0,\delta)$ 有 $0\leqslant\frac{\mathrm{d}w(t)}{\mathrm{d}t}\Big|_{t=\xi}=\frac{\chi'(t)}{\psi'(t)}\Big|_{t=\psi^{-1}(\xi)}\leqslant 1$(这是因为 $0\leqslant\psi^{-1}(\xi)<\delta_0$). 又 $\forall u_1,u_2\in[0,\delta)$，有 $w(u_1)-w(u_2)=w'(\xi)(u_1-u_2)$，其中 $\xi\in(u_1,u_2)\subset[0,\delta)$，因此

$$\begin{aligned}|w(u_1)-w(u_2)|=&|w'(\xi)|\cdot|u_1-u_2|=\\&\left|\frac{\chi'(t)}{\psi'(t)}\Big|_{t=\psi^{-1}(\xi)}\right|\cdot|u_1-u_2|\leqslant\\&|u_1-u_2|\quad(\forall u_1,u_2\in[0,\delta))\end{aligned}$$

由定理 1 知，方程(1)的零解是渐近稳定的.

注 1　一般地，仅由 $\psi,\chi\in\mathbf{K}$ 并不能保证 χ 和 ψ 均可导. 此时，若有 χ 的上导数小于 ψ 的下导数，则定理中的结论也成立.

引理 2[2]　设 $f(x)$ 是连续函数，若 $-1<$

$\underline{D}f(x^*) \leqslant \overline{D}f(x^*) < 1$，则存在 $\delta > 0$，使得

$$|f(x) - f(x^*)| \leqslant$$
$$|x - x^*| \quad (\forall x \in (x^* - \delta, x^* + \delta))$$

事实上，若有 χ 的上导数小于 ψ 的下导数，则

$$\frac{w(x) - w(x^*)}{x - x^*} =$$

$$\frac{\chi(\psi^{-1}(x)) - \chi(\psi^{-1}(x^*))}{x - x^*} =$$

$$\frac{\chi(\psi^{-1}(x)) - \chi(\psi^{-1}(x^*))}{\psi^{-1}(x) - \psi^{-1}(x^*)} \cdot \frac{\psi^{-1}(x) - \psi^{-1}(x^*)}{x - x^*} =$$

$$\frac{\chi(\psi^{-1}(x)) - \chi(\psi^{-1}(x^*))}{\psi^{-1}(x) - \psi^{-1}(x^*)} \cdot$$

$$\frac{1}{\dfrac{\psi(\psi^{-1}(x)) - \psi(\psi^{-1}(x^*))}{\psi^{-1}(x) - \psi^{-1}(x^*)}}$$

由于当 $x \to x^*$ 时，$\psi^{-1}(x) \to \psi^{-1}(x^*)$，所以

$$-1 < 0 \leqslant \underline{D}w(x^*) \leqslant \overline{D}w(x^*) \leqslant$$
$$\frac{\overline{D}\chi(\psi^{-1}(x^*))}{\underline{D}\psi(\psi^{-1}(x^*))} < 1$$

根据引理 2 得，定理 1 中的条件(ⅲ)满足.

二、渐近稳定区域

在实际应用中，我们不仅需要知道差分系统的解具有某种类型的稳定性，而且还要知道从哪里出发的解进行迭代才能保证迭代序列的收敛性. 这就引出了寻求差分系统渐近稳定区域和吸引区域的问题.

定义 2　设 $D \subset R^m$，若 $\forall x_0 \in D$，$\forall n_0 \in \mathbf{N}^*$，差分方程(1)的解 $x(n; n_0, x_0) \to 0$ 当 $n \to \infty$ 时，则称 D 为(1)的一个吸引区域.

定义 3　若 D 为差分方程(1) 的一个吸引区域且(1) 的零解是渐近稳定的，则称 D 为(1) 的一个渐近稳定区域；若 D 是(1) 的一个渐近稳定区域并且对于(1) 的任意一个渐近稳定区域 E，均有 $E\subset D$，则称 D 为(1) 的最大渐近稳定区域.

求系统(1) 的渐近稳定区域是一个颇为困难的问题. 本节将对于自治差分系统

$$x(n+1)=f(x(n))\tag{8}$$

其中 $f:R^m\to R^m$ 为连续函数且 $f(0)=0$，给出一些结果.

定理 3　对于自治差分系统(8)，假若存在两个函数 V 与 φ 满足下述条件：

(ⅰ)$V,\varphi:R^m\to R^+$ 均为正定的连续函数且 $\varphi(x)\not\to 0(|x|\to\infty)$；

(ⅱ)存在 $a>0$，使得

$$V(x(n+1))\leqslant[1+\varphi(x(n))]V(x(n))-a\varphi(x(n))$$

则 $D=\{x\in R^m\mid V(x)<a\}$ 为(8) 的一个渐近稳定区域.

证明　因为

$$V(x(n+1))\leqslant[1+\varphi(x(n))]V(x(n))-a\varphi(x(n))$$

所以

$$a-V(x(n+1))\geqslant[1+\varphi(x(n))][a-V(x(n))]\tag{9}$$

若 $x_0\in D$，则 $V(x_0)<a$，由数学归纳法可证

$$V(x(n))<a\quad(\forall n\geqslant n_0)$$

由条件(ⅱ)可得

$$\Delta V(x(n))=V(x(n+1))-V(x(n))\leqslant$$
$$-\varphi(x(n))[a-V(x(n))]\leqslant 0 \tag{10}$$

由条件(ⅰ)知,$V(x)$ 正定,故有下界.因此,当 $n\to+\infty$ 时,$V(x(n))$ 的极限存在,不妨设为 V^*.又因为 $\Delta V(x(n))\leqslant 0$,所以有

$$V(x(n))\leqslant V(x(n_0))=V(x_0)<a \tag{11}$$

故 $\lim\limits_{n\to+\infty}V(x(n))=V^*\leqslant V(x_0)<a$.因此,$\forall\varepsilon>0$ $(\varepsilon<a-V^*)$,$\exists N\in\mathbf{N}$,当 $n\geqslant N$ 时,$V^*-\varepsilon<V(x(n))<V^*+\varepsilon$.由(9)及条件(ⅰ)得

$$1\leqslant 1+\varphi(x(n))<\frac{a-V^*+\varepsilon}{a-V^*-\varepsilon}=1+\frac{2\varepsilon}{a-V^*-\varepsilon}$$

即 $0\leqslant\varphi(x(n))<\dfrac{2\varepsilon}{a-V^*-\varepsilon}$.注意到 ε 可以任意小并且当 ε 任意小时,$\dfrac{2\varepsilon}{a-V^*-\varepsilon}$ 也任意小.所以当 $n\to+\infty$ 时,$\varphi(x(n))$ 的极限存在并且有 $\lim\limits_{n\to+\infty}\varphi(x(n))=0$.再由条件(ⅰ)得 $\lim\limits_{n\to+\infty}x(n)=0$,也就是说,$x(n)$ 是吸引的.

由(10)(11)知 $\Delta V(x)=-\varphi(x)\{a-V(x)\}$ 之右端函数是定负的,由条件(ⅰ)得,$V(x)$ 是正定的,因此,系统(8)的零解是渐近稳定的.

定理 4 对于自治差分系统(8),假若存在两个函数 V 与 φ 满足下述条件:

(ⅰ)$V,\varphi:R^m\to R^+$ 均为正定的连续函数且 $\varphi(x)\not\to 0(|x|\to\infty)$;

(ⅱ)存在 $a>0$,使得

$$V(x(n+1))=[1+\varphi(x(n))]V(x(n))-a\varphi(x(n))$$

则 $D=\{x\in R^m\mid V(x)<a\}$ 为(8)的最大渐近稳定区

域.

证明　首先,由定理 3 知 $D=\{x \in R^m \mid V(x)<a\}$ 为(8) 的一个渐近稳定区域. 下面要证明,假设 x_0 位于渐近稳定区域,则 $x_0 \in D$.

事实上,由条件(ⅱ)得

$$a-V(x(n+1))=[1+\varphi(x(n))] \cdot [a-V(x(n))]$$

从而

$$a-V(x(n))=\prod_{i=n_0}^{n-1}[1+\varphi(x(i))] \cdot [a-V(x_0)] \tag{12}$$

因为 x_0 位于渐近稳定区域,所以 $\lim\limits_{n \to +\infty} x(n;n_0,x_0)=0$. 又 V 连续,$V(0)=0$,故当 $n \to +\infty$ 时,(12) 的左端趋于 a,因而,(12) 的右端也是收敛的且将趋于 $c[a-V(x_0)]$,其中 $c=\prod\limits_{i=n_0}^{+\infty}[1+\varphi(x(i))]>0$. 因此,有 $a=c[a-V(x_0)]$,由此推得 $V(x_0)=a-\dfrac{a}{c}<a$,这表明 $x_0 \in D$.

引理 3[3]　假设 $V:R^m \to R$ 为连续函数,使得当 $x(n) \neq 0$ 时,$\Delta_{(8)}^2 V(x(n))>0$,则对于任何 $x_0 \in R^m$,或者 $x(n;n_0,x_0)$ 是无界的,或者当 $n \to +\infty$ 时趋于 O(原点). 若当 $x(n) \neq 0$ 时,$\Delta_{(8)}^2 V(x(n))<0$,也有同样的结论,其中

$$\Delta_{(8)}^2 V(x(n))=\Delta_{(8)} V(x(n+1))-\Delta_{(8)} V(x(n))$$

定理 5　对于系统(8),假设存在连续的 Lyapunov 函数 $V:R^m \to R$ 和实数 c 满足:

(ⅰ)存在集合 $H=\{x \mid \Delta_{(8)} V(x) \geqslant c\}$ 为非空、有

界；

（ⅱ）当 $x(n) \in H$ 且 $x(n) \neq 0$ 时，有

$$\Delta_{(8)}^{2} V(x(n)) > 0$$

则 H 为(8) 的一个吸引区域.

证明 设 $x_0 \in H$，由于在 H 中 $\Delta_{(8)}^{2} V(x(n)) > 0$，因此，在 H 中，$\Delta V(x(n))$ 严格单调. 注意到当 $x_0 \in H$ 时，$\Delta_{(8)} V(x_0) \geqslant c$，所以对于任意的 $n \geqslant n_0$，均有 $\Delta_{(8)} V(x(n)) \geqslant c$，故 $x(n;n_0,x_0) \in H$，$\forall n \geqslant n_0$，即从 H 出发的解不会越出 H，又因为假设 H 为有界，根据引理 3 得，当 $n \to +\infty$ 时，$x(n) \to 0$，也就是说，H 为(8) 的一个吸引区域.

定理 6 对于系统(8)，假设存在连续的 Lyapunov 函数 $V:R^m \to R$ 和实数 c 满足：

（ⅰ）存在集合 $H = \{x \mid \Delta_{(8)} V(x(n)) \leqslant c\}$ 为非空、有界；

（ⅱ）当 $x(n) \in H$ 且 $x(n) \neq 0$ 时，有

$$\Delta_{(8)}^{2} V(x(n)) < 0$$

则 H 为(8) 的一个吸引区域.

证明与定理 5 类似，略.

三、例子

为了说明定理的应用，给出几个例子.

例 1 考虑下述差分系统

$$x(n+1) = \frac{cx(n)}{1+x^2(n)} + bx^2(n) \tag{13}$$

其中 $b,c \in R$ 且 $b \neq 0$，$|c| < 1$.

取 $V(x) = |x|$，则

$V(x(n+1)) =$

$$|x(n+1)|\leqslant$$
$$\left[\frac{|c|}{1+x^2(n)}+|b||x(n)|\right]|x(n)|=$$
$$[1+|b||x(n)|]|x(n)|-$$
$$\left[1-\frac{|c|}{1+x^2(n)}\right]|x(n)|\leqslant$$
$$[1+\varphi(x(n))]V(x(n))-a\varphi(x(n))$$

这里 $\varphi(x)=|b|\cdot|x|$，$a=\frac{1-|c|}{|b|}>0$，由定理3知 $\{x\,||x|<\frac{1-|c|}{|b|}\}$ 是系统(13)的一个渐近稳定区域.

例2　考虑下述差分系统

$$x(n+1)=cx(n)\sqrt{b+x^2(n)} \tag{14}$$

其中 $b,c\in R$ 且 $b<\frac{1}{c^2}$. 取 $V(x)=x^2$，则

$$V(x(n+1))=$$
$$x^2(n+1)=c^2x^2(n)[b+x^2(n)]=$$
$$[1+c^2x^2(n)]x^2(n)-\left[\frac{1}{c^2}-b\right]c^2x^2(n)=$$
$$[1+\varphi(x(n))]V(x(n))-a\varphi(x(n))$$

这里 $\varphi(x)=c^2x^2$，$a=\frac{1}{c^2}-b>0$. 由定理4知，系统(14)的最大渐近稳定区域为 $\{x\,||x|<\sqrt{\frac{1}{c^2}-b}\}$.

注2　作为系统(14)的特例，系统 $x(n+1)=cx^2(n)$ 其最大渐近稳定区域为 $\{x\,||x|<\frac{1}{|c|}\}$.

参考文献

[1] 王联,王慕秋. 常差分方程[M]. 新疆:新疆大学出版社,1991,265-269.

[2] 张书年,吴述金. 一阶自治差分方程的稳定性[J]. 上海交通大学学报,2000,34(8):1119-1121.

[3] LAKSHMIKANTHAM V,TRIGRIANTE D. Theory of difference equations:numerical method and application[M]. New York: Academic Press,1988.

§9 常差分方程奇异摄动问题的渐近方法

南京大学的吴启光、苏煜城、孙志忠三位教授 1987 年讨论了如下差分方程问题(P_ε)

$$(L_\varepsilon y)_k \equiv \varepsilon y(k+1) + a(k,\varepsilon)y(k) + b(k,\varepsilon)y(k-1) = f(k,\varepsilon) \quad (1 \leqslant k \leqslant N-1)$$

$$B_1 y \equiv - y(0) + c_1 y(1) = \alpha$$

$$B_2 y \equiv - c_2 y(N-1) + y(N) = \beta$$

这里 ε 是一个小参数,c_1,c_2,α,β 为常数,$a(k,\varepsilon),b(k,\varepsilon),f(k,\varepsilon)(1 \leqslant k \leqslant N)$ 是 k 和 ε 的函数. 首先,他们讨论了常系数的情形;接着引进伸长变换对变系数的情形进行了讨论,给出了解的一致渐近展开式.

一、引言

在数字模拟、样本数据控制系统、计算机的自适应控制系统以及经济学、生物学等领域中许多问题常用带小参数的差分方程来描述[1-6].因而研究差分方程奇异摄动问题解的渐近性质是一个重要的研究课题.

带小参数的差分方程和带小参数的微分方程有许多类似的性质.我们考虑如下差分方程问题

$$\varepsilon y(k+1)+ay(k)+by(k-1)=0 \quad (1\leqslant k\leqslant N-1) \tag{1}$$

$$y(0)=\alpha, y(N)=\beta \tag{2}$$

其中 ε 为小参数,a,b,α,β 为常数.我们可求得式(1)(2)的解为

$$y(k)=\frac{(\alpha\lambda_2^N-\beta)\lambda_1^k}{(\lambda_2^N-\lambda_1^N)}+\frac{(\beta-\alpha\lambda_1^N)\lambda_2^k}{(\lambda_2^N-\lambda_1^N)}$$

其中

$$\lambda_1=-a\{1-(1-4b\varepsilon/a^2)^{1/2}\}/(2\varepsilon)$$

$$\lambda_2=-a\{1+(1-4b\varepsilon/a^2)^{1/2}\}/(2\varepsilon)$$

当 ε 充分小时,我们有

$$y(k)=\alpha\left(-\frac{b}{a}\right)^k+\left\{\beta-\alpha\left(-\frac{b}{a}\right)^N\right\}\left(-\frac{1}{a}\right)^{N-k}\varepsilon^{N-k}+O(\varepsilon) \tag{3}$$

对 $0\leqslant k\leqslant N$ 一致成立.在(1)中令 $\varepsilon=0$,我们得到

$$ay^{(0)}(k)+by^{(0)}(k-1)=0 \quad (1\leqslant k\leqslant N) \tag{4}$$

这个方程为一阶的,称为退化方程.取

$$y^{(0)}(0)=y(0) \tag{5}$$

我们得到式(4)(5)的解为

$$y^{(0)}(k)=\alpha\left(-\frac{b}{a}\right)^{k} \quad (0\leqslant k\leqslant N)$$

它为(3)右端的第一项．一般地，$y^{(0)}(N)\neq y(N)$．我们看出当 $\varepsilon\rightarrow 0$ 时，$y(k)\rightarrow y^{(0)}(k)(k\neq N)$，即这个收敛性在 $k=N$ 处是非一致的．我们称 $k=N$ 这个点为边界层点．$y^{(0)}(k)$ 在边界层之外可以作为式(1)(2)的近似解，称之为外解；(3)中含 ε^{N-k} 的项和外解结合在一起满足失去的边界条件，称之为边界层校正解；当 $y^{(0)}N\neq y(N)$ 时，称式(1)(2)为奇异摄动问题，式(4)(5)为它的退化问题，(3)的右端为解的(零阶)渐近展开式．

C. Comstock 和 G. C. Hsiao(1976)[7] 研究了齐次差分方程问题

$$\begin{cases}\varepsilon y(k+1)+a(k)y(k)+\\ b(k)y(k-1)=0 \quad (1\leqslant k\leqslant N-1)\\ y(0)=\alpha, y(N)=\beta\end{cases} \tag{6}$$

证明了当 ε 充分小时，有

$$y(k)=y^{(0)}(k)+\varepsilon^{N-k}w^{(0)}(k)+O(\varepsilon)$$

对 $0\leqslant k\leqslant N$ 一致成立．其中 $y^{(0)}(k)$ 为(6)的退化问题

$$a(k)y^{(0)}(k)+b(k)y^{(0)}(k-1)=0 \quad (1\leqslant k\leqslant N)$$
$$y^{(0)}(0)=\alpha$$

的解；$w^{(0)}(k)$ 为

$$w^{(0)}(k+1)+\alpha(k)w^{(0)}(k)=0 \quad (0\leqslant k\leqslant N-1)$$
$$w^{(0)}(N)=\beta-y^{(0)}(N)$$

的解．

N. S. Naidu 和 A. K. Rao(1985)[3] 在他们的专著中对差分方程问题

$$\begin{aligned}&\varepsilon y(k+1)+ay(k)+\\&by(k-1)=f(k)\quad(1\leqslant k\leqslant N-1)\end{aligned}\tag{7}$$

$$y^{(0)}=\alpha,y(N)=\beta\tag{8}$$

进行了讨论，给出了任意阶的形式解

$$y(k)=\sum_{r=0}^{P}\varepsilon^{r}y^{(r)}(k)+\varepsilon^{N-k}\sum_{r=0}^{P}\varepsilon^{r}w^{(r)}(k)\quad(P=0,1,\cdots)$$

它满足(8)，且在不计 $O(\varepsilon^{P+1})$ 的意义下满足(7). 此外他们应用边界层校正方法对带有小参数的高阶常差分方程、几种状态空间模型、开环最优控制和闭环最优控制等问题进行了讨论.

在本节中，我们考虑带小参数的差分方程问题(P_ε)

$$\begin{aligned}&(L_\varepsilon y)_k\equiv\varepsilon y(k+1)+a(k,\varepsilon)y(k)+\\&b(k,\varepsilon)y(k-1)=f(k,\varepsilon)\quad(1\leqslant k\leqslant N-1)\end{aligned}\tag{9}$$

$$\begin{aligned}&B_1y\equiv-y(0)+c_1y(1)=\alpha,\\&B_2y\equiv-c_2y(N-1)+y(N)=\beta\end{aligned}\tag{10}$$

这里 ε 是小参数，c_1,c_2,α,β 为常数，$a(k,\varepsilon),b(k,\varepsilon),f(k,\varepsilon)(1\leqslant k\leqslant N)$ 为 k 和 ε 的函数. 当 ε 趋于零时，(9) 退化为

$$\begin{aligned}&(L_0y^{(0)})_k\equiv a(k,0)y^{(0)}(k)+b(k,0)y^{(0)}(k-1)=\\&f(k,0)\quad(1\leqslant k\leqslant N)\end{aligned}\tag{11}$$

它为一阶差分方程，只需一个定解条件，其解就可确定. 由下面的分析可知，对于(11) 应取定解条件

$$B_1y^{(0)}\equiv-y^{(0)}(0)+c_1y^{(0)}(1)=\alpha\tag{12}$$

我们将(11)(12) 称为(9)(10) 的退化问题，记为(P_0). 一般

地说,(P_0) 的解不能满足失去的一个定解条件.在这种情况下,我们称(P_ε) 为奇异摄动问题.我们主要研究它的解的渐近性态并构造解的一致渐近展开式.

问题(9)(10) 包含了用差分逼近带小参数的二阶常微分方程第三边值问题所得到的差分方程问题.

为了能对(P_ε) 解的性态有一个直观的认识,我们在常系数的情形考虑(P_ε) 中的系数为常数的情形.在这种情形下,问题(P_ε) 的解能够用显式表示出来,因而我们可获得解的渐近展开式.根据这个简单而带有启发性的例子,我们在变系数的情形给出了处理问题(P_ε) 的一般方法.

二、常系数的情形

我们考虑如下问题

$$\begin{aligned}(L_\varepsilon y)_k \equiv \varepsilon y(k+1) + ay(k) + \\ by(k-1)f \quad (1 \leqslant k \leqslant N-1)\end{aligned} \tag{13}$$

$$\begin{aligned}B_1 y \equiv - y(0) + c_1 y(1) = \alpha \\ B_2 y \equiv - c_2 y(N-1) + y(N) = \beta\end{aligned} \tag{14}$$

这里 ε 是小参数,$a,b,f,c_1,c_2,\alpha,\beta$ 为常数,且 $a \neq 0$, $a + bc_1 \neq 0, a + b \neq 0$.我们可求得(13)(14) 的解如下

$$y(k) = \lambda_1 m_1^k + \lambda_2 m_2^k + f/(a+b+\varepsilon) \quad (0 \leqslant k \leqslant N)$$

其中

$$m_1 = \frac{-a\{1-(1-\frac{4b\varepsilon}{a^2})^{\frac{1}{2}}\}}{2\varepsilon}$$

$$m_2 = \frac{-a\{1+(1-\frac{4b\varepsilon}{a^2})^{\frac{1}{2}}\}}{2\varepsilon}$$

$$\lambda_1 = \frac{\left[\dfrac{\alpha + (1-c_1)f}{(a+b+\varepsilon)}\right] m_2^{N-1}(m_2 - c_2)}{(c_1 m_1 - 1) m_2^{N-1}(m_2 - c_2)} \rightarrow$$

$$\leftarrow \frac{-\left[\frac{\beta+(c_2-1)f}{(a+b+\varepsilon)}\right](c_1m_2-1)}{-m_1^{k-1}(m_1-c_2)(c_1m_2-1)}$$

$$\lambda_2=\frac{\left[\frac{\beta+(c_2-1)f}{(a+b+\varepsilon)}\right](c_1m_1-1)}{(c_1m_1-1)m_2^{N-1}(m_2-c_2)}\rightarrow$$

$$\leftarrow \frac{-\left[\frac{\alpha+(1-c_1)f}{(a+b+\varepsilon)}\right]m_1^{N-1}(m_1-c_1)}{-m_1^{N-1}(m_1-c_2)(c_1m_2-1)}$$

为了得到 $y(k)$ 的渐近展开式，当 ε 充分小时，将 m_1，m_2 用泰勒展开得到

$$m_1=-\{b/a+b^2\varepsilon/a^3+O(\varepsilon^2)\}$$

$$m_2=-\{a-b\varepsilon/a-b^2\varepsilon^2/a^3+O(\varepsilon^3)\}/\varepsilon$$

显然 $m_2^{-1}=O(\varepsilon)$，$m_2^{-1}m_1=O(\varepsilon)$. 由此，我们易得

$$\lambda_1=\frac{\alpha+(1-c_1)f/(a+b)}{c_1(-b/a)-1}+O(\varepsilon)$$

$$\lambda_2=\left\{\beta+\frac{(c_2-1)f}{a+b}-\left[\alpha+\frac{(1-c_1)f}{a+b}\right]\cdot\right.$$

$$\left.\frac{\left[\left(-\frac{b}{a}\right)^N-c_2\left(-\frac{b}{a}\right)^{N-1}\right]}{\left[c_1\left(-\frac{b}{a}\right)-1\right]+O(\varepsilon)}\right\}\left(-\frac{\varepsilon}{a}\right)^N$$

因而对充分小的 ε 我们有

$$y(k)=$$

$$\frac{\alpha+(1-c_1)f/(a+b)}{c_1(-b/a)-1}\left(-\frac{b}{a}\right)^k+\frac{f}{a+b}+$$

$$\left\{\beta-\left[-c_2\left(\frac{\alpha+(1-c_1)f/(a+b)}{c_1(-b/a)-1}\left(-\frac{b}{a}\right)^{N-1}+\right.\right.\right.$$

$$\left.\frac{f}{a+b}\right)+\left(\frac{\alpha+(1-c_1)f/(a+b)}{c_1(-b/a)-1}\right)\left(-\frac{b}{a}\right)^N+$$

$$\left(\frac{f}{a+b}\right)\Big]\Big\}\cdot\left(\frac{1}{a}\right)^{N-k}\varepsilon^{N-k}+O(\varepsilon)\quad(0\leqslant k\leqslant n)\tag{15}$$

我们可以看出当 $\varepsilon\to 0$ 时，有

$$y(k)\to\frac{\alpha+(1-c_1)f/(a+b)}{c_1(-b/a)-1}\left(-\frac{b}{a}\right)^k+\frac{f}{a+b}\quad(k\neq N)\tag{16}$$

即这个收敛性在 $k=N$ 是非一致的. 我们把点 $k=N$ 称为(13)(14) 的边界层点. 由上式可知，在边界层点以外，(16) 的右端(即(15) 中不含 ε^{N-k} 的项) 可作为(13)(14) 的近似解，且满足(14) 的前一个定解条件，我们称之为外解. (15) 中含 ε^{N-k} 的项和外解结合在一起，满足失去的定解条件，我们称之为边界层校正解.

(13) 的退化方程为

$$ay^{(0)}(k)+by^{(0)}(k-1)=f\quad(1\leqslant k\leqslant N)\tag{17}$$

在定解条件

$$-y^{(0)}(0)+c_1y^{(0)}(1)=\alpha\tag{18}$$

下，可求得解为

$$y^{(0)}(k)=\frac{\alpha+(1-c_1)f/(a+b)}{c_1(-b/a)-1}\left(-\frac{b}{a}\right)^k+\frac{f}{a+b}\quad(0\leqslant k\leqslant N)\tag{19}$$

它恰为外解.

校正解中出现的因子 ε^{N-k} 提示我们作如下伸长变换

$$w(k)=y(k)/\varepsilon^{N-k}$$

它将原来的算子 L_ε 变换为

$$(L_\varepsilon y)_k=\varepsilon^{N-k}[w(k+1)+aw(k)+bw(k-1)]$$

由其主要部分可得如下方程

$$w^{(0)}(k+1)+aw^{(0)}(k)=0\tag{20}$$

若我们要求

$$w^{(0)}(N)=\beta-[-c_2y^{(0)}(N-1)+y^{(0)}(N)] \tag{21}$$

则我们可得到(20)(21)的解为

$$w^{(0)}(k)=[\beta-(-c_2y^{(0)}(N-1)+y^{(0)}(N))]\left(-\frac{1}{a}\right)^{N-k}$$

由此,我们看出(参看(15)(19)$\varepsilon^{N-k}w^{(0)}(k)$)恰为边界层校正解.于是我们得到如下定理:

定理 1　设 $a\neq 0,a+b\neq 0,a+bc_1\neq 0$,则(13)(14)的解有如下渐近展开式

$$y(k)=y^{(0)}(k)+\varepsilon^{N-k}w^{(0)}(k)+O(\varepsilon)$$

它对 $0\leqslant k\leqslant N$ 一致成立.其中 $y^{(0)}(k)$ 和 $w^{(0)}(k)$ 分别为(17)(18)和(20)(21)的解.

三、变系数的情形

上小节中,我们对常系数的情形进行了讨论,得到了解的零阶一致渐近展开式.现在我们来讨论(P_ε)(参见(9)(10))的系数为变数的情形.本小节中我们假设这些系数为 ε 的充分光滑的函数.根据前一小节的讨论,我们设(P_ε)的解可写成两项的和

$$y(k)=y_i(k)+\varepsilon^{N-k}w(k) \tag{22}$$

这里

$$y_i(k)=\sum_{r=0}^{\infty}\varepsilon^r y^{(r)}(k) \tag{23}$$

及

$$w(k)=\sum_{r=0}^{\infty}\varepsilon^r w^{(r)}(k) \tag{24}$$

分别称为外级数解和边界层校正级数解.

将(22)代入(9),分离外级数解和校正级数解,我们得到两个独立的方程

$$\begin{aligned}&\varepsilon y_i(k+1)+a(k,\varepsilon)y_i(k)+\\&b(k,\varepsilon)y_i(k-1)=f(k,\varepsilon)\end{aligned}\tag{25}$$

$$w(k+1)+a(k,\varepsilon)w(k)+\varepsilon b(k,\varepsilon)w(k-1)=0\tag{26}$$

以上两方程,前一个是外级数解所满足的方程,后一个是校正级数解所满足的方程,同时我们也看到第一个方程和(9)是相同的.为了定出(23)(24)中的系数 $y^{(r)}$ 和 $w^{(r)}$,我们分别将(23)和(24)代入(25)和(26),且将 $a(k,\varepsilon)$,$b(k,\varepsilon)$,$f(k,\varepsilon)$ 关于 ε 展开成泰勒级数,比较两端 ε^r 的系数,我们得到外级数解和校正级数解的各系数所应满足的方程如下:

1) 外级数

$$\begin{cases}a(k,0)y^{(0)}(k)+b(k,0)y^{(0)}(k-1)=f(k,0)\\(1\leqslant k\leqslant N)\\a(k,0)y^{(r)}(k)+b(k,0)y^{(r)}(k-1)=\\\dfrac{f^{(r)}(k,0)}{r!}-\displaystyle\sum_{l=0}^{r-1}\dfrac{a^{(r-l)}(k,0)}{(r-l)!}y^{(l)}(k)-\\\displaystyle\sum_{l=0}^{r-1}\dfrac{b^{(r-l-1)}(k,0)}{(r-l-1)!}y^{(l)}(k-1)-y^{(r-1)}(k+1)\\y^{(r-1)}(N+1)\equiv 0\quad(1\leqslant k\leqslant N)\quad(r=1,2,\cdots)\end{cases}\tag{27}$$

这里

$$a^{(r)}(k,0)=\frac{\mathrm{d}^r}{\mathrm{d}\varepsilon^r}a(k,\varepsilon)\mid_{\varepsilon=0}$$

$$b^{(r)}(k,0)=\frac{\mathrm{d}^r}{\mathrm{d}\varepsilon^r}b(k,\varepsilon)\,|_{\varepsilon=0}$$

及
$$f^{(r)}(k,0)=\frac{\mathrm{d}^{(r)}}{\mathrm{d}\varepsilon^r}f(k,\varepsilon)\,|_{\varepsilon=0}$$

(27) 的第一个方程为退化方程,阶数为 1,其他方程跟它的差别只是右端项. 由递推过程知,这些右端项均为已知函数.

2) 校正级数

$$\begin{cases}w^{(0)}(k+1)+a(k,0)w^{(0)}(k)=0,w^{(0)}\equiv 0\\(1\leqslant k\leqslant N-1)\\w^{(r)}(k+1)+a(k,0)w^{(r)}(k)=\\-\sum\limits_{l=0}^{r-1}\dfrac{(a^{r-l})(k,0)}{(r-l)!}w^{(l)}(k)-\\\sum\limits_{l=0}^{r-1}\dfrac{b^{(r-l)}(k,0)}{(r-l)!}w^{(l)}(k-1)\\w^{(r)}(0)\equiv 0\quad(1\leqslant k\leqslant N-1,r=1,2,\cdots)\end{cases}\tag{28}$$

上面的第一个方程为一阶齐次方程,其他方程跟它所不同的也只是右端项. 由递推过程知,这些右端项也均为已知函数.

将(22) 代入(10),我们得到外级数解和边界层校正级数解所满足的定解条件分别为:

1) 外级数

$$\begin{cases}-y^{(0)}(0)+c_1y^{(0)}(1)=\alpha\\-y^{(r)}(0)+c_1y^{(r)}(1)=0\quad(r=1,2,\cdots)\end{cases}\tag{29}$$

2) 校正级数

$$\begin{cases} w^{(0)}(N)=\beta-[-c_2y^{(0)}(N-1)+y^{(0)}(N)] \\ w^{(r)}(N)=c_2w^{(r-1)}(N-1)- \\ [-c_2y^{(r)}(N-1)+y^{(r)}(N)] \quad (r=1,2,\cdots) \end{cases} \tag{30}$$

由(27)～(30),我们可依次求得 $y^{(0)},w^{(0)};y^{(1)},w^{(1)};y^{(2)},w^{(2)};\cdots$. 于是我们得到了($P_\varepsilon$)的形式级数解如下

$$y(k)=\sum_{r=0}^{\infty}\varepsilon^r y^{(r)}(k)+\varepsilon^{N-k}\sum_{r=0}^{\infty}\varepsilon^r w^{(r)}(k)$$

一般地,我们只取有限项的和

$$y^{(P)}(k)=\sum_{r=0}^{P}\varepsilon^r y^{(r)}(k)+\varepsilon^{N-k}\sum_{r=0}^{P}\varepsilon^r w^{(r)}(k)$$

作为(P_ε)的近似解. 为此,我们来估计余项

$$R(k)\equiv y(k)-y^{(P)}(k)$$

以下我们假设 $P<N-1$. 由下文我们可以看出 P 取为一位整数就足够了.

简单的计算表明 $R(k)$ 满足如下问题

$$(L_\varepsilon R)_k\equiv\varepsilon R(k+1)+a(k,\varepsilon)R(k)+ b(k,\varepsilon)R(k-1)= g(k,\varepsilon) \quad (1\leqslant k\leqslant N-1)$$

$$B_1R=-c_1\varepsilon^{N-1}\sum_{r=0}^{P}\varepsilon^r w^{(r)}(1)$$

$$B_2R=c_2\varepsilon^{P+1}w^{(P)}(N-1)$$

其中 $g(k,\varepsilon)$ 满足:对于适当小的 ε_0,当 $0\leqslant\varepsilon\leqslant\varepsilon_0$ 时,存在一个不依赖于 ε 的常数 c_0 使得

$$|g(k,\varepsilon)|\leqslant c_0\cdot\varepsilon^{P+1}$$

关于 $1\leqslant k\leqslant N-1$ 一致成立. 为了根据 $g(k,\varepsilon)$,B_1R,B_2R 得到关于 R 的估计,我们需要如下引理.

引理　给定问题(P_ε). 假设系数 $a(k,\varepsilon)$, $b(k,\varepsilon)$ 为关于 ε 在区间 $[0,\varepsilon_0]$ 上的 Lipschitz 函数，且满足

$$a(1,0)+b(1,0)c_1 \neq 0, a(2,0) \neq 0, \cdots, a(N,0) \neq 0 \tag{31}$$

则当 ε 充分小时，(P_ε) 有唯一解，且存在一个不依赖于 ε 的常数 c 使得

$$\| Y \|_X \leqslant c \cdot \max\{|\alpha|, |\beta|, \| f \|_Y\}$$

这里

$$\| Y \|_X = \max_{0\leqslant k\leqslant N} | y(k) |$$

$$\| f \|_Y = \max_{1\leqslant k\leqslant N-1, 0\leqslant \varepsilon\leqslant \varepsilon_0} | f(k,\varepsilon) |$$

证明　我们将(P_ε)写成矩阵的形式

$$A(\varepsilon)Y = F(\varepsilon)$$

这里

$$A(\varepsilon) = \begin{bmatrix} -1 & c_0 & 0 & \cdots & 0 & 0 \\ b(1,\varepsilon) & a(1,\varepsilon) & \varepsilon & \cdots & 0 & 0 \\ 0 & b(2,\varepsilon) & a(2,\varepsilon) & \cdots & 0 & 0 \\ \vdots & \vdots & \vdots & \ddots & \vdots & \vdots \\ 0 & 0 & 0 & \cdots & a(N-1,\varepsilon) & 0 \\ 0 & 0 & 0 & \cdots & -c_2 & 1 \end{bmatrix}$$

$$Y = \begin{bmatrix} y(0) \\ y(1) \\ y(2) \\ \vdots \\ y(N-1) \\ y(N) \end{bmatrix}, F(\varepsilon) = \begin{bmatrix} \alpha \\ f(1,\varepsilon) \\ f(2,\varepsilon) \\ \vdots \\ f(N-1,\varepsilon) \\ \beta \end{bmatrix}$$

由条件可知 $A(0)$ 可逆且存在一个不依赖于 ε 的

常数 c_3 使得

$$\| A(\varepsilon)-A(0) \|_{\infty} \leqslant c_3 \cdot \varepsilon \quad (0 \leqslant \varepsilon \leqslant \varepsilon_0)$$

改写 $A(\varepsilon)$ 为

$$A(\varepsilon)=A(0)[E+A^{-1}(0)(A(\varepsilon)-A(0))]$$

由 Banach 引理知，当 $\varepsilon \leqslant \min\{(2c_3 \| A^{-1}(0) \|_{\infty})^{-1}, \varepsilon_0\}$ 时，$A(\varepsilon)$ 可逆，且

$$\| A^{-1}(\varepsilon) \|_{\infty} \leqslant \frac{\| A^{-1}(0) \|_{\infty}}{(1-\| A^{-1}(0) \|_{\infty} \| A(\varepsilon)-A(0) \|_{\infty})} \leqslant 2 \| A^{-1}(0) \|_{\infty}$$

从而

$$\| Y \|_X \leqslant \| A^{-1}(\varepsilon) \|_{\infty} \| F(\varepsilon) \|_{\infty} \leqslant 2 \| A^{-1}(0) \|_{\infty} \max\{|\alpha|, |\beta|, \| f \|_Y\}$$

于是引理得证.

由引理我们很易得到：

定理 2 设(P_ε)中的系数$a(k,\varepsilon)$，$b(k,\varepsilon)$，$f(k,\varepsilon)$为关于 ε 的充分光滑的函数，且满足(31). 则当 ε 充分小时，(P_ε) 有唯一解

$$y(k)=\sum_{r=0}^{P}\varepsilon^r y^{(r)}(k)+\varepsilon^{N-k}\sum_{r=0}^{P}\varepsilon^r w^{(r)}(k)+R(k,\varepsilon) \tag{32}$$

且存在一个不依赖于 ε 的常数 c 使得

$$|R(k,\varepsilon)| \leqslant c \cdot \varepsilon^{P+1}$$

对 $0 \leqslant k \leqslant N$ 一致成立. 这里 $y^{(r)}$ 和 $w^{(r)}$ 由(27) ~ (30) 定义. 特别 $y^{(0)}$ 为(P_ε)的退化问题的解.

注 1 由(32) 我们看出当 $\varepsilon \to 0$ 时，有

$$y(k) \to y^{(0)}(k) \quad (k \neq N)$$

注 2 我们可以把(32) 右端第二项中关于 ε 的高

于 P 次幂的项放到余项 $R(k,\varepsilon)$ 中去，即可改写(32)为

$$y(k)=\sum_{r=0}^{P}\varepsilon^{r}y^{(r)}(k)+\varepsilon^{N-k}\sum_{r=0}^{P-(N-k)}\varepsilon^{r}w^{(r)}(k)+\bar{R}(k,\varepsilon) \tag{33}$$

易知对于充分小的 ε 存在一个不依赖于 ε 的常数 c_4 使得

$$|\bar{R}(k,\varepsilon)|\leqslant c_4\cdot\varepsilon^{P+1} \tag{34}$$

对 $0\leqslant k\leqslant N$ 一致成立.

观察(33)(34)，我们知道 $y^{(0)}(k)=y^{(0)}(k)(0\leqslant k\leqslant N-1)$；$y^{(0)}(N)=y^{(0)}(N)+w^{(0)}(N)$，为 $y(k)(0\leqslant k\leqslant N)$ 的零阶一致近似. 若已求得 $y(k)$ 的 $P-1$ 阶近似，则要求 $y(k)$ 的 P 阶近似，我们只要通过(27) ~ (30) 求出 $y^{(P)}(k)(0\leqslant k\leqslant N)$ 和 $w^{(P-k)}(N-k)(0\leqslant k\leqslant P)$ 于是由下列各式定义的 $y^{(P)}(k)$ 为 $y(k)$ 的 P 阶一致近似

$$y^{(P)}(k)=y^{(P-1)}(k)+\varepsilon^{P}y^{(P)}(k)\quad(0\leqslant k\leqslant N-P-1)$$

$$y^{(P)}(N-P+k)=y^{(P-1)}(N-P+k)+\varepsilon^{P}(y^{(P)}(N-P+k)+w^{(k)}(N-P+k))\quad(0\leqslant k\leqslant P)$$

参考文献

[1] HILDEBRAND F B. Finite Difference Equations and Simulations[M]. Prentice Hall:Englewood

Cliffs,1968.

[2] GADZOW J A,MARTONS H R. Discrete-Time and Computer Control Systems[M]. Prentice Hall:Englewood Cliffs,1970.

[3] KUO B C. Digital control systems[M]. SRL Publ:Com. ,Champaign,1977.

[4] CADZOW J A. Discrete-Time System:An Introduction with Interdisciplinary Applications[M]. Prentice Hall:Englewood Cliffs,1973.

[5] BISHOP A B. Introduction to Discrete Linear Controls:Theory and Application[M]. Academic Press:New York,1975.

[6] DORATO P,LEVIS A H. Optimal linear regulators:the discrete-time case[J]. IEEE Trans. On Aut. Control,1971,16(AC):613-620.

[7] COMSTOCK C,HSIAO G C. Singular perturbations for difference equation[J]. Rocky Mountain J. Mathematics,1976,6:561-567.

[8] NAIDU D S,RAO A K. Singular perturbation analysis of discrete control systerms[J]. Lecture Notes in Math. ,1154.

§10 差分方程奇异摄动问题的渐近解

南京大学的吴启光教授 1988 年对含小参数的差分方程奇异摄动问题构造了一种新的渐近方法.

一、引言

在数字模拟、样本控制系统、计算机的自适应控制系统以及经济学、生物学、社会学等方面的许多问题均可用含小参数的差分方程来描述. 所以研究差分方程奇异摄动问题解的渐近性态是一个重要的课题.

吴启光教授构造了一种新的渐近方法，它包括以下的步骤：

（ⅰ）当 $\varepsilon=0$ 时原方程退化为低阶的差分方程，然后求退化问题的解.

（ⅱ）将退化问题的解代入原差分方程的低阶项，然后要求这个方程的解满足已失去的边界条件.

当 $\varepsilon\to 0$ 时，这个方程的解逼近于退化问题的解，最后我们取这个方程的解作为原差分问题的渐近解.

二、齐次方程的情形

考虑以下问题

$$\begin{cases}\varepsilon Y_{k+1}+aY_k+bY_{k-1}=0 \\ (k=1,2,\cdots,N-1) & (1)\\ Y_0=\alpha, Y_N=\beta & (2)\end{cases}$$

其中，a,b 是非零常数.

当 $\varepsilon=0$ 时方程(1) 退化为下列方程

$$aZ_k+bZ_{k-1}=0 \tag{3}$$

相应的初始条件为

$$Z_0=\alpha \tag{4}$$

这是二阶差分方程退化为一阶差分方程的情形.

问题(3)(4) 的解为

$$Z_k = \alpha\left(-\frac{b}{a}\right)^k \tag{5}$$

通常,它不满足右端的边界条件,因而在右端失去了一个边界条件.

现在我们将退化问题(3)(4) 的解 Z_k 代入原差分方程(1) 的低阶项,于是得到下列方程

$$\varepsilon Y_{k+1} + aY_k = \alpha a\left(-\frac{b}{a}\right)^k \tag{6}$$

这是一阶线性非齐次的差分方程.

容易验证方程(6) 的特解有以下形式

$$\frac{\alpha a^2}{a^2 - b\varepsilon}\left(-\frac{b}{a}\right)^k \tag{7}$$

如果假定方程(6) 的通解为

$$Y_k = C\left(-\frac{a}{\varepsilon}\right)^k + \frac{\alpha a^2}{a^2 - b\varepsilon}\left(-\frac{b}{a}\right)^k \tag{8}$$

其中 C 是一个待定常数.

要求 Y_k 满足下列条件

$$Y_N = \beta \tag{9}$$

从而可得

$$C = \left(-\frac{a}{\varepsilon}\right)^{-N}\left\{\beta - \frac{\alpha a^2}{a^2 - b\varepsilon}\left(-\frac{b}{a}\right)^N\right\} \tag{10}$$

所以

$$Y_k = \left\{\beta - \frac{\alpha a^2}{a^2 - b\varepsilon}\left(-\frac{b}{a}\right)^N\right\}\left(-\frac{a}{\varepsilon}\right)^{-(N-k)} + \frac{\alpha a^2}{a^2 - b\varepsilon}\left(-\frac{b}{a}\right)^k \tag{11}$$

显然,当 $k \neq N$,且 $\varepsilon \to 0$ 时我们有

$$Y_k \to Z_k \tag{12}$$

所以我们可选取 Y_k 作为原方程的渐近解,它严格地满

足边界条件(9).

三、非齐次方程的情形

我们考虑下列问题

$$\begin{cases}\varepsilon Y_{k+1}+aY_k+bY_{k-1}=f \\ (k=1,2,\cdots,N-1) \end{cases} \tag{13}$$

$$Y_0=\alpha, Y_N=\beta \tag{14}$$

其中 a,b,f 是非零常数,且 $a+b\neq 0$.

当 $\varepsilon=0$ 时方程(13) 退化为下列方程

$$aZ_k+bZ_{k-1}=f \tag{15}$$

如果我们假定方程(15) 的通解为

$$Z_k=E\left(-\frac{b}{a}\right)^k+\frac{f}{a+b} \tag{16}$$

其中 E 为待定常数.

由原问题的条件可得

$$E=\alpha-\frac{f}{a+b} \tag{17}$$

所以退化问题

$$\begin{cases}aZ_k+bZ_{k-1}=f & (18)\\ Z_0=\alpha & (19)\end{cases}$$

的解为表示为

$$Z_k=\left(\alpha-\frac{f}{a+b}\right)\left(-\frac{b}{a}\right)^k+\frac{f}{a+b} \tag{20}$$

通常,它不满足下列条件

$$Z_N=\beta$$

类似地,我们有

$$\varepsilon\overline{Y}_{k+1}+a\overline{Y}_k=\frac{af}{a+b}+a\left(\alpha-\frac{f}{a+b}\right)\left(-\frac{b}{a}\right)^k \tag{21}$$

假定方程(21) 的特解为

$$\frac{af}{(a+b)(a+\varepsilon)}+g\left(-\frac{b}{a}\right)^{k} \tag{22}$$

其中 g 是一个待定常数.

容易验证

$$g=\frac{a^{2}}{a^{2}-b\varepsilon}\left(\alpha-\frac{f}{a+b}\right) \tag{23}$$

如果假定方程(21) 的通解为

$$\begin{aligned}\overline{Y}_{k}=&h\left(-\frac{a}{\varepsilon}\right)^{k}+\frac{af}{(a+b)(a+\varepsilon)}+\\&\frac{a^{2}}{a^{2}-b\varepsilon}\left(\alpha-\frac{f}{a+b}\right)\left(-\frac{b}{a}\right)^{k}\end{aligned} \tag{24}$$

其中 h 是一个待定常数.

类似地,我们有

$$\begin{aligned}h=&\left(-\frac{a}{\varepsilon}\right)^{-N}\left\{\beta-\frac{af}{(a+b)(a+\varepsilon)}-\right.\\&\left.\frac{a^{2}}{a^{2}-b\varepsilon}\left(\alpha-\frac{f}{a+b}\right)\left(-\frac{b}{a}\right)^{N}\right\}\end{aligned} \tag{25}$$

所以

$$\begin{aligned}&\overline{Y}_{k}=\\&\left\{\beta-\frac{af}{(a+b)(a+\varepsilon)}-\frac{a^{2}}{a^{2}-b\varepsilon}\left(\alpha-\frac{f}{a+b}\right)\left(-\frac{b}{a}\right)^{N}\right\}\cdot\\&\left(-\frac{a}{\varepsilon}\right)^{-(N-k)}+\frac{af}{(a+b)(a+\varepsilon)}+\\&\frac{a^{2}}{a^{2}-b\varepsilon}\left(\alpha-\frac{f}{a+b}\right)\left(-\frac{b}{a}\right)^{k}\end{aligned} \tag{26}$$

显然,当 $k\neq N$,且 $\varepsilon\to 0$ 时,我们有

$$\overline{Y}_{k}\to Z_{k} \tag{27}$$

所以我们可选择 $\bar{Y}_k$ 作为原问题的渐近解.

四、渐近解的误差分析

引理　令 L_h 是正型差分算子,则有

$$\max_{0\leqslant k\leqslant N}|Y_k|\leqslant \max\{|Y_0|,|Y_N|\}+M\cdot\max_{1\leqslant k\leqslant N-1}|L_hY_k| \tag{28}$$

证明　见参考文献[5].

定理1　令 Y_k 是边值问题(1)(2)的解,$\bar{Y}_k$ 是差分方程的渐近解,若 $b>0,\varepsilon>0,a+b+\varepsilon\leqslant 0$ 则当 $\varepsilon\to 0$ 时有

$$|Y_k-\bar{Y}_k|\leqslant M\varepsilon \tag{29}$$

关于 $k=0,1,2,\cdots,N$ 一致成立,其中 $\bar{Y}_k$ 是问题(6)(9)的解.

证明　令 $R_k=Y_k-\bar{Y}_k$ 则有

$$\begin{aligned}&\varepsilon R_{k+1}+aR_k+bR_{k-1}=\\&\varepsilon(Y_{k+1}-\bar{Y}_{k+1})+a(Y_k-\bar{Y}_k)+b(Y_{k-1}-\bar{Y}_{k-1})=\\&\varepsilon Y_{k+1}+aY_k+bY_{k-1}-(\varepsilon\bar{Y}_{k+1}+a\bar{Y}_k)-b\bar{Y}_{k-1}=\\&-\alpha a\left(-\frac{b}{a}\right)^k-b\left\{\left(\beta-\frac{\alpha a^2}{a^2-b\varepsilon}\left(-\frac{b}{a}\right)^N\right)\cdot\right.\\&\left.\left(-\frac{a}{\varepsilon}\right)^{-(N-k+1)}+\frac{\alpha a^2}{a^2-b\varepsilon}\left(-\frac{b}{a}\right)^{k-1}\right\}=\\&-\alpha a\left(-\frac{b}{a}\right)^k-b\frac{\alpha a^2}{a^2-b\varepsilon}\left(-\frac{b}{a}\right)^{k-1}+O(\varepsilon)=\\&\alpha a\left(-\frac{b}{a}\right)^k\left\{\frac{a^2}{a^2-b\varepsilon}-1\right\}+O(\varepsilon)=O(\varepsilon)\end{aligned}$$

另一方面,我们有

$$\begin{aligned}&R_0=\\&Y_0-\bar{Y}_0=\end{aligned}$$

$$\alpha-\left\{\left[\beta-\frac{\alpha a^{2}}{a^{2}-b\varepsilon}\left(-\frac{b}{a}\right)^{N}\right]\left(-\frac{a}{\varepsilon}\right)^{-N}+\frac{\alpha a^{2}}{a^{2}-b\varepsilon}\right\}=$$
$$O(\varepsilon)$$
$$R_N=Y_N-\overline{Y}_N=\beta-\beta=0$$
于是根据引理可知
$$R_k=O(\varepsilon)$$
关于 $k=0,1,2,\cdots,N$ 一致成立,所以定理得证.

定理2 令 Y_k 是边值问题(13)(14)的解,$\overline{Y}_k$ 是差分方程的渐近解,若 $b>0,\varepsilon>0,a+b+\varepsilon\leqslant 0$ 则当 $\varepsilon\to 0$ 时有
$$|Y_k-\overline{Y}_k|\leqslant M\varepsilon$$
关于 $k=0,1,2,\cdots,N$ 一致成立.

证明 令
$$R_k=Y_k-\overline{Y}_k$$
代入(13),根据(18)和(21)我们有
$$\varepsilon R_{k+1}+aR_k+bR_{k-1}=$$
$$\varepsilon Y_{k+1}+aY_k+bY_{k-1}-$$
$$(\varepsilon\overline{Y}_{k+1}+a\overline{Y}_k)-b\overline{Y}_{k-1}=$$
$$f-aZ_k-b\overline{Y}_{k-1}=$$
$$\frac{bf}{a+b}\left\{1-\frac{a}{a+\varepsilon}\right\}+$$
$$a\left(\alpha-\frac{f}{a+b}\right)\left(-\frac{b}{a}\right)^{k}\left\{\frac{a^{2}}{a^{2}-b\varepsilon}-1\right\}+O(\varepsilon)$$
另一方面,我们有
$$R_0=Y_0-\overline{Y}_0=$$
$$\alpha\left\{1-\frac{a^{2}}{a^{2}-b\varepsilon}\right\}+\left(\frac{a^{2}}{a^{2}-b\varepsilon}-\frac{a}{a+\varepsilon}\right)\frac{f}{a+b}+$$
$$O(\varepsilon^{N})=O(\varepsilon)$$
$$R_N=Y_N-\overline{Y}_N=\beta-\beta=0$$

于是根据引理可知

$$R_k = O(\varepsilon)$$

关于 $k=0,1,2,\cdots,N$ 一致成立,这就完成了收敛性的证明.

五、其他问题

(ⅰ)

$$\begin{cases}\varepsilon Y_{k+1} + aY_k + bY_{k-1} = f \quad (1 \leqslant k \leqslant N-1) & (30)\\ -Y_0 + c_1 Y_1 = \alpha, -c_2 Y_{N-1} + Y_N = \beta & (31)\end{cases}$$

其中,a,b 是非零常数且 $a+b \neq 0$,c_1,c_2 是正的常数.

类似地,若 $a+b\neq 0$,$a+c_1 b\neq 0$,可以证明退化问题

$$\begin{cases}aZ_k + bZ_{k-1} = f \quad (1 \leqslant k \leqslant N-1) & (32)\\ -Z_0 + c_1 Z_1 = \alpha & (33)\end{cases}$$

的解为

$$Z_k = \frac{a}{a+c_1 b}\left\{\frac{f}{a+b}(c_1-1)-\alpha\right\}\left(-\frac{b}{a}\right)^k + \frac{f}{a+b} \tag{34}$$

若 $a+c_1 b\neq 0$,$a+c_2\varepsilon \neq 0$,$a^2-b\varepsilon\neq 0$,则根据非齐次差分方程

$$\varepsilon\overline{Y}_{k+1} + a\overline{Y}_k = \frac{af}{a+b} + \frac{a^2}{a+c_1 b}\left\{\frac{f}{a+b}(c_1-1)-\alpha\right\}\left(-\frac{b}{a}\right)^k \quad (k=1,2,\cdots,N-1) \tag{35}$$

和下列条件

$$-c_2\overline{Y}_{N-1} + \overline{Y}_N = \beta \tag{36}$$

可得

$$\overline{Y}_k = \frac{a}{(a+c_2\varepsilon)}\left\{\beta + (c_2-1)\frac{af}{(a+b)(a+\varepsilon)} - P\frac{b+c_2a}{b}\left(-\frac{b}{a}\right)^N\right\}\left(-\frac{a}{\varepsilon}\right)^{-(N-k)} + \frac{af}{(a+b)(a+\varepsilon)} + P\left(-\frac{b}{a}\right)^k \tag{37}$$

其中

$$P = \frac{a^3}{(a^2-b\varepsilon)(a+c_1b)}\left\{\frac{f}{a+b}(c_1-1)-\alpha\right\}\left(-\frac{b}{a}\right)^k \tag{38}$$

（ⅱ）

$$\begin{cases}\varepsilon Y_{k+1} + a(\varepsilon)Y_k + b(\varepsilon)Y_{k-1} = 0 \\ (1 \leqslant k \leqslant N-1) \end{cases} \tag{39}$$

$$Y_0 = \alpha, Y_N = \beta \tag{40}$$

此时我们可以证明退化问题

$$a(0)Z_k + b(0)Z_{k-1} = 0, Z_0 = \alpha \tag{41}$$

的解为

$$Z_k = \alpha\left(-\frac{b(0)}{a(0)}\right)^k \tag{42}$$

以及

$$\overline{Y}_k = \left\{\beta - \frac{a^2(0)b(\varepsilon)\alpha}{b(0)[a(0)a(\varepsilon)-b(0)\varepsilon]}\left(-\frac{b(0)}{a(0)}\right)^N\right\}\cdot\left(-\frac{a(\varepsilon)}{\varepsilon}\right)^{-(N-k)} + \frac{a^2(0)b(\varepsilon)\alpha}{b(0)[a(0)a(\varepsilon)-b(0)\varepsilon]}\left(-\frac{b(0)}{a(0)}\right)^k \tag{43}$$

这是差分方程问题

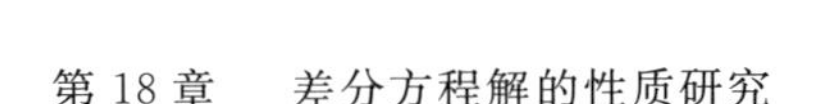

$$\begin{cases}\varepsilon\overline{Y}_{k+1}+a\overline{Y}_k=\dfrac{a(0)b(\varepsilon)\alpha}{b(0)}\left(-\dfrac{b(0)}{a(0)}\right)^k & (44)\\ \overline{Y}_N=\beta & (45)\end{cases}$$

的解，容易证明，当 $k\neq N$，且 $\varepsilon\rightarrow 0$ 时有

$$\overline{Y}_k\rightarrow Z_k \tag{46}$$

因而 $\overline{Y}_k$ 是原问题的渐近解.

参 考 文 献

[1] COMSTOCK C, HSIAO G C. Singular perturbation for difference equation[J]. Rocky Mountain J. Math., 1976, 6.

[2] NAIDU D S, RAO A K. Singular perturbation analysis of discrete control systems[J]. Lecture Notes in Math., 1985, 1154.

[3] REINHARDT H J. Singular perturbation of difference methods for linear ordinary differential equations[J]. Applicable Analysis, 1980, 10.

[4] NAIDU D S, RAO A K. Singular perturbation method for initial value problems with imputs in discrete control systems[J]. Inter. J. of Control, 1981, 5(33).

[5] DORR F W. The asymptotic behavior and numerical solution of singular perturbation problems with turning points[D]. Doctor of Philosophy University of Wisconsin, 1969.

§11　高阶非线性差分方程的振动性

山西大学数学系的周效良、燕居让两位教授研究了差分方程

$$\Delta^d x(n)+p(n)\Delta^{d-1}x(n)+H(n,x(n))=0$$

$$\Delta^d x(n)+p(n)\Delta^{d-1}x(n)+H(n,x(n))=Q(n)$$

在一定的条件下,证明了上述方程在振动性方面的等价问题.对于上述方程,在 n 是偶数时的每一个有界解是振动的,在 n 是奇数时,每一个有界解是振动的或当 $n\to\infty$ 时单调趋于零的充要性定理也建立了.

一、引言

近年来,由于差分方程理论作为应用工具向许多不同的研究领域如数值分析、控制论、计算机科学等迅速发展以及差分方程表达的离散系统常常与相应的连续系统具有完全不同的特性,因而使许多研究者对它产生了更多的关注[1,2].作为微分方程振动性及渐近性离散化的差分方程的同类型问题也成为近年来的研究课题,已有一些工作研究了高阶差分方程的振动性,例如[3,4].

本节讨论下面类型的差分方程的振动性问题

$$\Delta^d x(n)+p(n)\Delta^{d-1}x(n)+H(n,x(n))=0\quad(n\in N)\tag{1}$$

$$\Delta^d x(n)+p(n)\Delta^{d-1}x(n)+H(n,x(n))=Q(n)\quad(n\in N)\tag{2}$$

其中 $N=\{0,1,2,\cdots\}$,d 为正整数,$\Delta:N\to R$ 是差分算

子，$\Delta u(n)=u(n+1)-u(n)$，$\Delta^k u(n)=\Delta(\Delta^{k-1}u(n))$. $R=(-\infty,+\infty)$.

方程(1)与(2)可以看作相应的高阶微分方程

$$x^{(d)}+p(t)x^{(d-1)}+H(t,x)=0 \tag{3}$$

$$x^{(d)}+p(t)x^{(d-1)}+H(t,x)=Q(t) \tag{4}$$

的离散化.

本节中的一些结果是方程(3)(4)相应结果的离散化类比，另一些结果则是差分方程特有的.

方程(1)(或(2))的解指的是满足初始条件：$\Delta^i x(0)=a_i, i=0,1,\cdots,d-1$，并且在 N 上满足方程(1)(或(2))的序列 $\{x(n)\}_{n=0}^{+\infty}$. 有关差分方程初值问题解的存在与唯一性理论及其他问题见[1,2].

在下文中，我们仅考虑非平凡解，即在 N 上最终不恒等于零的解. 一个解称为非振动的. 如果它是最终正解或者最终负解. 否则称为振动的.

另外，如无特别声明，以后总假设：

(c_1) $H(n,x):N\times R\to R$，关于第二个变量 x 连续、递增且 $xH(n,x)>0(x\neq 0)$.

(c_2) $p(n):N\to R_-=(-\infty,0]$.

(c_3) $Q(n):N\to R$，存在 $s(n):N\to R$，$s(n)$ 振动，$\lim\limits_{n\to\infty}s(n)=0$ 且

$$\Delta^d s(n)+p(n)\Delta^{d-1}s(n)=Q(n)$$

下面的引理是需要的，它是微分情形在差分方程中的类比，其证明是直接的，我们将省略它.

引理A　若 $y(n)(n\in N)$ 是常号的且

$$y(n)\Delta^d y(n)\geqslant 0$$

则存在充分大的 $n_0\in N$，使当 $n\geqslant n_0$ 时，有：

（ⅰ）$y(n)\Delta^j y(n) \geqslant 0 \quad (j=0,1,\cdots,d)$

或者

（ⅱ）存在 k 使 $0 \leqslant k \leqslant d-2$，且 $d+k$ 为偶数

$$y(n)\Delta^j y(n) \geqslant 0 \quad (j=0,1,\cdots,k)$$

$$(-1)^{d+j} y(n)\Delta^j y(n) \geqslant 0 \quad (j=k+1,\cdots,d)$$

（ⅲ）若 $y(n)$ 有界，则情形（ⅱ）成立，并且，当 d 为偶数时，$k=0$；当 d 为奇数时，$k=1$；$\lim\limits_{n\to\infty}\Delta^j y(n)=0, 1\leqslant j\leqslant d-1$.

二、比较定理

本部分的讨论是在 d 为偶数的情形下进行的.

引理 1 条件(c_1)(c_2)成立，若 $x(n)$ 是方程(1)的非振动解，则对充分大的 n，$x(n)\Delta^{d-1}x(n) > 0$.

证明 $x(n)$ 是(1)的非振动解，不妨设 $x(n) > 0$. 对 $x(n) < 0$ 情形类似地可证.

由条件(c_1)可知 $H(n, x(n)) > 0, n \in N$. 则对充分大的 n，$\Delta^{d-1}x(n) > 0$. 若不然，存在任意大的 $n_0 \in N$，使 $\Delta^{d-1}x(n_0) \leqslant 0$. 当 $\Delta^{d-1}x(n_0)=0$ 时，由方程(1)有 $\Delta^d x(n_0) < 0$；当 $\Delta^{d-1}x(n_0) < 0$ 时，由方程(1)也有 $\Delta^d x(n_0) < 0$. 所以 $\Delta^{d-1}x(n_0+1) < \Delta^{d-1}x(n_0) \leqslant 0$. 由此，当 $n > n_0$ 时，$\Delta^{d-1}x(n)$ 关于 n 递减且 $\Delta^{d-1}x(n) < 0$. 由方程(1)，当 $n > n_0$ 时，有

$$\Delta^{d-1}x(n) =$$

$$\left[\prod_{l=n_0+1}^{n-1}(1-p(l))\right]$$

$$\left[\Delta^{d-1}x(n_0+1) - \right.$$

$$\sum_{l=n_0+1}^{n-1} H(l,x(l)) \prod_{r=n_0+1}^{l} (1-p(r))^{-1}\Big] <$$

$$\Delta^{d-1} x(n_0+1)\Big[\prod_{l=n_0+1}^{n-1}(1-p(l))\Big]$$

进而有

$$\Delta^{d-2} x(n) <$$
$$\Delta^{d-2} x(n_0+1) +$$
$$\sum_{l=n_0+1}^{n-1}\Big[\Delta^{d-1} x(n_0+1)\prod_{r=n_0+1}^{l-1}(1-p(r))\Big] \to$$
$$-\infty \quad (n\to\infty)$$

因此容易证明 $\Delta x(n)\to-\infty(n\to\infty)$. 这与假设相矛盾,故引理得证.

注 1　若用 $\Delta^d x(n)+p(n)\Delta^{d-1}x(n)+H(n, x(n)+s(n))=0$ 代替方程(1), 且 $x(n)(x(n)+s(n))>0(x(n)\neq 0)$. 那么类似于引理1的结论同样是成立的.

定理 1　条件(c_1)成立. $r(n): N\to R_+\setminus\{0\}$,且递减. 若

$$\Delta(r(n)\Delta^{d-1}x(n))+H(n,x(n))\leqslant 0 \tag{5}$$

有最终正解,则

$$\Delta(r(n)\Delta^{d-1}x(n))+H(n,x(n))=0 \tag{6}$$

也有一最终正解.

证明　设 $x(n)$ 是(5)的最终正解. 由于式(5)可化成如下形式

$$r(n+1)\Delta^d x(n)+\Delta r(n)\Delta^{d-1}x(n)+$$
$$H(n,x(n))\leqslant 0$$

因此,根据引理1可知,当 n 充分大时, $\Delta^{d-1}x(n)>0$.

再由引理 A 知，当 n 充分大时，有下面两种情形之一成立：

（ⅰ）$\Delta^j x(n) \geqslant 0, j=0,1,\cdots,d-1$；

（ⅱ）存在奇数 k：$1 \leqslant k \leqslant d-3$，使

$$(-1)^j \Delta^j x(n) < 0 \quad (j=k+1,k+2,\cdots,d-1)$$

$$\Delta^j x(n) > 0 \quad (j=1,2,\cdots,k)$$

记 $u(n)=r(n)\Delta^{d-1}x(n)$，则 $\Delta^{d-1}x(n)=\frac{u(n)}{r(n)}$. 对充分大的 $n_0, n \in N$，当 $n_0 \geqslant n$ 时，有

$$\Delta^{d-2}x(n_0)-\Delta^{d-2}x(n)=\sum_{s=n}^{n_0-1}\frac{u(s)}{r(s)} \tag{7}$$

若（ⅱ）成立，有 $\Delta^{d-1}x(n)>0, \Delta^{d-2}x(n)<0$，那么 $\Delta^{d-2}x(n)$ 是递增且有上界，则当 $n \to \infty$ 时，$\Delta^{d-2}x(n)$ 极限存在，不妨设极限为 L，即

$$\lim_{n\to\infty}\Delta^{d-2}x(n)=L \leqslant 0$$

由式(7) 得

$$L-\Delta^{d-2}x(n)=\sum_{s=n}^{\infty}\frac{u(s)}{r(s)}$$

因此

$$\Delta^{d-2}x(n) \leqslant -\sum_{s=n}^{\infty}\frac{u(s)}{r(s)}$$

重复上述过程可得

$$\Delta^k x(n) \geqslant \sum_{s_{j-k-2}=n}^{\infty}\ \sum_{s_{j-k-3}=s_{d-k-2}}^{\infty}\cdots\sum_{s=s_1}^{\infty}\frac{u(s)}{r(s)}$$

记上式右端为 $\phi(n,u,r)$，那么

$$\Delta^k x(n) \geqslant \phi(n,u,r) \tag{8}$$

对式(8) 从 n_1（充分大）到 n 作 k 次和

$$x(n) \geqslant x(n_1) + \sum_{l_{k-1}=n_1}^{n} \cdots \sum_{l_1=n_1}^{l_2} \sum_{s=n_1}^{l_1} \phi(s,u,r) \quad (9)$$

若(ⅰ)成立,同样也可有与(9)相类似的式子.

记式(9)右端为$\psi(n,u,r)$.显然$\psi(n,u,r)>0$.由式(5)有

$$\Delta u(n) + H(n,\psi(n,u,r)) \leqslant 0 \quad (10)$$

那么$\Delta u(n) \leqslant 0$.又因$u(n)>0$(n充分大),则$u(n)$极限存在,不妨设极限为α,显然$\alpha \geqslant 0$

$$\alpha \leqslant u(n) - \sum_{s=n}^{\infty} H(s,\psi(s,u,r))$$

$$u(n) \geqslant \sum_{s=n}^{\infty} H(s,\psi(s,u,r))$$

现在构造一序列$\{x_m\}$如下

$$x_0(n) = u(n)$$

$$x_{m+1}(n) = \sum_{s=n}^{\infty} H(s,\psi(s,x_m,r)) \quad (m=0,1,\cdots)$$

可以证明,对$m=0,1,\cdots$,有

$$0 < x_m(n) \leqslant u(n)$$

$$x_{m+1}(n) \leqslant x_m(n)$$

所以,序列$\{x_m\}$极限存在,设极限为$\bar{x}$,即有

$$\lim_{m\to\infty} x_m(n) = \bar{x}(n) > 0$$

则

$$\bar{x}(n) = \sum_{s=n}^{\infty} H(s,\psi(s,\bar{x},r))$$

差分上式得

$$\Delta\bar{x}(n) = -H(n,\psi(n,\bar{x},r))$$

记$z(n)=\psi(n,\bar{x},r)$,则$z(n)>0$且

$$\Delta^{d-1}z(n)=\frac{\bar{x}(n)}{r(n)}$$

$$\Delta[r(n)\Delta^{d-1}z(n)]+H(n,z(n))=0$$

这样就证明了定理结论成立.

注 2 若定理 2 的式(5) 换成

$$\Delta(r(n)\Delta^{d-1}x(n))+H(n,x(n))\geqslant 0 \qquad (11)$$

那么,关于负解的情形有与定理 1 相类似的结果存在.

定理 2 考虑方程

$$\Delta[r_1(n)\Delta^{d-1}x(n)]+H_1(n,x(n))=0 \qquad (12)$$

$$\Delta[r_2(n)\Delta^{d-1}x(n)]+H_2(n,x(n))=0 \qquad (13)$$

$H_i(n,x)(i=1,2)$ 满足条件(c_1),且 $(H_1(n,u)-H_2(n,u))u\leqslant 0$;$r_i(n)(i=1,2):N\to R_+\setminus\{0\}$、递减且 $r_1(n)\geqslant r_2(n)$. 若方程(13) 存在一最终正解,则方程(12) 也存在一最终正解.

证明 设 $x(n)$ 是(13) 的最终正解. 类似于定理 1 证明过程可得与式(10) 相对应的式子

$$\Delta u_2(n)+H_2(n,\psi_2(n,u_2,r_2))\leqslant 0 \qquad (14)$$

(这里 u_2,ψ_2 及下面的 ψ_1 在表达形式上与定理 1 中 u,ψ 相类似) 那么,由 $H_i(n,x)(i=1,2)$,$\psi_2(n,u_2,r_2)$ 的性质及式(14) 可有

$$\Delta u_2(n)+H_1(n,\psi_1(n,u_2,r_1))\leqslant 0$$

类似于定理 1 的后部分证明,可以证得:有一最终正序列 $\{\bar{x}(n)\}_{n=0}^{+\infty}$ 满足

$$\Delta\bar{x}(n)=-H_1(n,\psi_1(n,\bar{x},r))$$

因此,不难知道方程(12) 有一最终正解. 故定理得证.

推论 1 考虑方程

$$\Delta^d x(n)+p_1(n)\Delta^{d-1}x(n)+H_1(n,x(n))=0 \qquad (15)$$

$$\Delta^d x(n)+p_2(n)\Delta^{d-1}x(n)+ H_2(n,x(n))=0 \tag{16}$$

$H_i(i=1,2)$ 满足 (c_1)，$p_i(i=1,2)$ 满足 (c_2)，且 $p_1(n)\geqslant p_2(n)$. 令

$$r_i=\prod_{s=n_0}^{n-1}(1-p_i(n))^{-1}\quad (i=1,2,n_0\in N)$$

设

$$[r_1(n+1)H_1(n,u)-r_2(n+1)H_2(n,u)]u\leqslant 0$$

若方程(16) 存在一最终正解，则方程(15) 也存在一最终正解.

证明　方程(15)(16) 可分别变为如下形式

$$\Delta(r_1(n)\Delta^{d-1}x(n))+ r_1(n+1)H_1(n,x(n))=0 \tag{17}$$

$$\Delta(r_2(n)\Delta^{d-1}x(n))+ r_2(n+1)H_2(n,x(n))=0 \tag{18}$$

对式(17)(18) 运用定理 2 可以直接得到结论成立.

注 3　对于负解的情形，类似于定理 2、推论 1 的结论也是成立的.

定理 3　若推论 1 的条件成立，则方程(15) 振动时，方程(16) 也振动.

由推论 1、注 3 可证得定理 3，证明省略.

定理 4　设条件$(c_1)(c_2)$ 成立. 若

$$\Delta^d x(n)+p(n)\Delta^{d-1}x(n)+ H(n,x(n)+s(n))\leqslant 0(\geqslant 0)$$

有最终正(负) 解且 $x(n)+s(n)>0(<0)$. 那么

$$\Delta^d x(n)+p(n)\Delta^{d-1}x(n)+ H(n,x(n)+s(n))=0$$

也有最终正(负)解.

证明 证明过程完全类似于定理 1,省略.

定理 5 设条件(c_1)(c_2)和(c_3)成立.若方程(1)振动,则方程(2)也振动.

证明 假设结论不真,那么方程(2)有非振动解,不妨设存在最终正解 $x(n)$.

令 $x(n)=u(n)+s(n)$,方程(2)可以写成

$$\Delta^d u(n)+p(n)\Delta^{d-1}u(n)+H(n,u(n)+s(n))=0 \tag{19}$$

因 $u(n)+s(n)=x(n)>0$(n 充分大)及注 1 可知,$\Delta^{d-1}u(n)>0$(n 充分大),所以 $u(n)$ 最终常号.又因 $s(n)$ 是振动的,则 $u(n)=x(n)-s(n)>0$(n 充分大).考虑到 d 为偶数,由引理 A 知 $u(n)>0$(n 充分大),那么,对充分大的 $n_1\in N$ 及充分小的正数 ε,当 $n\geqslant n_1$ 时,$u(n)\geqslant u(n_1)>\varepsilon$ 且 $|s(n)|<\varepsilon$,则有 $u(n)+s(n)\geqslant u(n)-\varepsilon>0$.由(19)可有

$$\Delta^d u(n)+p(n)\Delta^{d-1}u(n)+H(n,u(n)-\varepsilon)\leqslant 0 \tag{20}$$

令 $v(n)=u(n)-\varepsilon$,式(20)可变为

$$\Delta^d v(n)+p(n)\Delta^{d-1}v(n)+H(n,v(n))\leqslant 0$$

根据定理 4 可知,方程

$$\Delta^d v(n)+p(n)\Delta^{d-1}v(n)+H(n,v(n))=0$$

有最终正解.这与题设矛盾,故定理得证.

下面的结果给出定理 5 的逆定理.

定理 6 假设定理 5 的条件成立.若(2)振动,则

(1) 也振动.

证明　假设结论不真,即方程(1)存在非振动解,不妨设有最终正解 $x(n)$. 关于存在最终负解的情形可类似证明,其证明过程省略.

令 $u(n)=x(n)+s(n)$,由方程(1)有

$$\begin{aligned}&\Delta^d u(n)+p(n)\Delta^{d-1}u(n)+\\&H(n,u(n)-s(n))=Q(n)\end{aligned}\tag{21}$$

由假设,存在充分大的 $n_1\in N$,当 $n\geqslant n_1$ 时,$u(n)-s(n)=x(n)>0$. 同时由引理1知,$n\geqslant n_1$ 时,$\Delta^{d-1}x(n)>0$. 根据引理A,$\Delta x(n)>0$. 因此,对 $n_2\in N$,当 $n\geqslant n_2\geqslant n_1$ 时,$x(n)\geqslant x(n_2)>0$. 对任意 ε: $0<\varepsilon<\frac{1}{3}x(n_2)$,当 $n\geqslant n_2$ 时,$|s(n)|<\varepsilon$. 从而有

$$\begin{aligned}u(n)=x(n)+s(n)>x(n)-\varepsilon\geqslant\\x(n_2)-\varepsilon>2\varepsilon\quad(n\geqslant n_2)\end{aligned}$$

$$u(n)-s(n)>u(n)-\varepsilon>\varepsilon\quad(n\geqslant n_2)$$

由式(21)可得

$$\begin{aligned}&\Delta^d u(n)+p(n)\Delta^{d-1}u(n)+\\&H(n,u(n)-\varepsilon)\leqslant Q(n)\quad(n\geqslant n_2)\end{aligned}$$

令 $v(n)=u(n)-s(n)-\varepsilon$,显然,$v(n)>\varepsilon(n\geqslant n_2)$,且

$$\begin{aligned}&\Delta^d v(n)+p(n)\Delta^{d-1}v(n)+\\&H(n,v(n)+s(n))\leqslant 0\quad(n\geqslant n_2)\end{aligned}$$

由定理4知,方程

$$\begin{aligned}&\Delta^d v(n)+p(n)\Delta^{d-1}v(n)+\\&H(n,v+s(n))=0\end{aligned}$$

存在最终正解且递增,不妨设为 $\bar{v}(n)$. 令 $z(n)=\bar{v}(n)+s(n)$,则容易证明 $z(n)$ 最终正,并满足方程

$$\Delta^{d} z(n) + p(n)\Delta^{d-1} z(n) + H(n, z(n)) = Q(n)$$

这与已知方程(2) 振动相矛盾,故定理得证.

三、振动的充要条件

本部分将在 d 为正整数的情况下给出一些有关振动性的充要定理.

定理 7 若条件(c_1) 成立,$r(n): N \to R_+ \setminus \{0\}$ 且递减,对某一 $n_0 \in N$ 及任何正常数 c

$$\sum_{n=n_0}^{\infty} (n^{d-2}/r(n)) \sum_{s=n}^{\infty} H(s, c) = +\infty \qquad (22)$$

那么:

(ⅰ) 当 d 为偶数时,方程(6) 的有界解振动的充分必要条件是条件(22);

(ⅱ) 当 d 为奇数时,方程(6) 的有界解振动或者单调趋于 0 的充要条件是条件(22).

证明 下面只对情形(ⅰ) 进行论证.

充分性 假设方程(6) 有有界非振动解. 不失一般性,设方程(6) 有最终正解 $x(n)$,即对充分大 $n_0 \in N$,当 $n \geqslant n_0$ 时,$x(n) > 0$. 关于方程(6) 有最终负解的情形可类似地证明.

由方程(6) 及引理 1 可知 $\Delta^{d-1} x(n) > 0 (n \geqslant n_0)$. 再根据引理 A 可知:当 $n \geqslant n_0$ 时,对 $j = 1, 2, \cdots, d-2$, $(-1)^{j} \Delta^{j} x(n) \leqslant 0$ 且 $\lim\limits_{n\to\infty} \Delta^{j} x(n) = 0$. 所以 $x(n)$ 是 N 上单增且当 $n \to \infty$ 时极限存在,不妨设极限为 α,即 $\lim\limits_{n\to\infty} x(n) = \alpha$.

当 $n_1 \geqslant n \geqslant n_0$ 时,对方程(6) 作和有

$$r(n)\Delta^{d-1}x(n)-r(n_1)\Delta^{d-1}x(n_1)=$$

$$\sum_{s=n}^{n_1-1}H(s,x(s))$$

因 $r(n_1)\Delta^{d-1}x(n_1)>0$,则

$$r(n)\Delta^{d-1}x(n)\geqslant$$

$$\sum_{s=n}^{\infty}H(s,x(s))$$

$$\Delta^{d-1}x(n)\geqslant\frac{1}{r(n)}\sum_{s=n}^{\infty}H(s,x(s))\triangleq$$

$$G(n,x(n))$$

对上式再作和

$$\Delta^{d-2}x(n_1)-\Delta^{d-2}x(n)\geqslant$$

$$\sum_{s=n}^{n_1-1}G(s,x(s))$$

因 $\Delta^{d-2}x(n_1)<0$,则

$$\Delta^{d-2}x(n)\leqslant-\sum_{s=n}^{\infty}G(s,x(s))$$

同理,逐次往下作和可以得到

$$\Delta x(n)\geqslant\sum_{s_{d-3}=n}^{\infty}\cdots\sum_{s_1=s_2}^{\infty}\sum_{s=s_1}^{\infty}G(s,x(s))$$

那么

$$x(n_1)-x(n)\geqslant$$

$$\sum_{s_{d-2}=n}^{n_1-1}\sum_{s_{d-3}=s_{d-2}}^{\infty}\cdots\sum_{s=s_1}^{\infty}G(s,x(s))$$

$$x(n)\leqslant$$

$$\alpha-\sum_{s_{d-2}=n}^{\infty}\cdots\sum_{s=s_1}^{\infty}G(s,x(s))\leqslant$$

$$\alpha-\sum_{s=n}^{\infty}\frac{(s-n+1)\cdots(s-n+d-2)}{(d-2)!}G(s,x(s))<$$

$$\alpha-\frac{1}{2^{d-2}(d-2)!}\sum_{s=2n}^{\infty}s^{d-2}/r(s)\sum_{l=s}^{\infty}H(l,x(n_0))<0$$

这与假设 $x(n)$ 是最终正矛盾. 故充分性得证.

必要性　假设条件(22) 不成立,即对某正数 c_0,使

$$\sum_{s=n}^{\infty}(s^{d-2}/r(s))\sum_{l=s}^{\infty}H(l,c_0)<+\infty$$

那么,对任 $\varepsilon\in\left(0,\frac{1}{2}c_0\right)$,当 n 充分大时,有

$$\sum_{s=n}^{\infty}(s^{d-2}/r(s))\sum_{l=s}^{\infty}H(l,c_0)<\varepsilon \tag{23}$$

我们若能证明 $y(n)$ 是

$$y(n)=c_0-\sum_{s=n}^{\infty}\frac{(s-n+1)\cdots(s-n+d-2)}{(d-2)!\ r(s)}\sum_{l=s}^{\infty}H(l,y(l)) \tag{24}$$

的解,那么容易知道 $y(n)$ 是方程(6) 的解. 下面我们将用不动点定理证明式(24) 有最终正解.

首先,选取 $n_0\in N$,使当 $n\geqslant n_0$ 时,式(23) 成立. 考虑所有有界实序列 $z=\{z(n)\}(n\geqslant n_0)$ 构成的 Banach 空间 $l_{n_0}^{\infty}$,范数定义为 $\|z\|=\sup|z(n)|,n\geqslant n_0$. 定义 $l_{n_0}^{\infty}$ 的一个闭的有界子集 S

$$S=\left\{z\in l_{n_0}^{\infty}:\frac{1}{2}c_0\leqslant z(n)\leqslant c_0,n\geqslant n_0\right\}$$

定义一算子

$$(\phi z)(n)=$$

$$c_0 - \sum_{s=n}^{\infty} \frac{(s-n+1)\cdots(s-n+d-2)}{(d-2)!\ r(s)}$$

$$\sum_{l=s}^{\infty} H(l, z(l)) \quad (n \geqslant n_0)$$

那么：

（ⅰ）$\phi: S \to S$，且连续；

（ⅱ）S 是紧的.

事实上，对任 $z(n) \in S, c_0 \geqslant \phi z(n) > c_0 - \varepsilon \geqslant \frac{1}{2}c_0$，即 $\phi z(n) \in S$. 故 $\phi: S \to S$.

由式（23）可知，对 $z \in S$，级数 $\sum_{s=n}^{\infty} \frac{(s-n+1)\cdots(s-n+d-2)}{(d-2)!\ r(s)} \cdot \sum_{l=s}^{\infty} H(l, z(l))$ 关于 z 一致收敛，因此 ϕz 关于 z 连续.

因 $l_{n_0}^{\infty}$ 是 Banach 空间，S 是 $l_{n_0}^{\infty}$ 中子集，则 S 是 $l_{n_0}^{\infty}$ 的相对紧子集. 又 S 是闭的，根据闭的相对紧是紧的原理可知，S 是紧的. 因此，由 Schauder 不动点定理可知：ϕ 在 S 上有一不动点，那么方程（6）有一有界正解. 这与已知条件矛盾. 故必要性得证.

关于方程（1）（2）有下面结论.

定理 8　若条件$(c_1)(c_2)$成立. 对某 $n_0 \in N$ 及任何正常数 c

$$\sum_{n=n_0}^{\infty} (n^{d-2}/R(n)) \sum_{s=n}^{\infty} R(s+1)H(s,c) = +\infty \quad (25)$$

其中 $R(l) = \prod_{s=n_0}^{l-1} (1-p(s))^{-1} (l > n_0)$. 则：

（ⅰ）当 d 为偶数时，方程（1）有界解振动的充要条件是条件（25）；

（ⅱ）当 d 为奇数时，方程（1）有界解振动或者单调趋于 0 的充要条件是条件(25).

证明　方程(1) 可变成如下形式

$$\begin{aligned}&\Delta(R(n)\Delta^{d-1}x(n))+\\&R(n+1)H(n,x(n))=0\end{aligned}\tag{26}$$

对式(26) 应用定理 7 可证得结论成立.

定理 9　若条件(c_1)(c_2) 和(c_3) 成立,则:

(ⅰ) 当 d 为偶数时,方程(2) 有界解振动的充要条件是条件(25) 成立.

(ⅱ) 当 d 为奇数时,方程(2) 有界解振动或者单调趋于 0 的充要条件是条件(25) 成立.

证明　当 d 为奇数时,证明过程类似于定理 8. 当 d 为偶数时,由条件知,定理 5 和定理 6 的条件成立,则方程(2) 和方程(1) 有相同的振动性. 由定理 8 可知需证的结论成立.

注 4　若对于特殊情况 $p(n)=0, n\in N$,方程(1)(2) 分别变成

$$\Delta^d x(n)+H(n,x(n))=0$$

$$\Delta^d x(n)+H(n,x(n))=Q(n)$$

条件(25) 相应变为

$$\sum_{n=n_0}^{\infty} n^{d-1}H(n,c)=+\infty$$

参 考 文 献

[1] LAKSHMIKANTHAM V, TRIGIANTE D. Theory of difference equations[M]. Numerical methods and applications: Academic Press, Inc,

1988.
[2] 王联,王慕秋.常差分方程[M].乌鲁木齐:新疆大学出版社,1991.
[3] PHILOS C G,SFICAS Y G. Positive solution of difference equations[J]. Proc. Amer. Math. Soc.,1990,108:107-115.
[4] LADAS G,QIAN C. Comparison results and linearized oscillations for higher-order difference equation[J]. Internat. J. Math. Math. Sci.,1992,15:129-142.
[5] KOSMALA W A.,Oscillation and asymptotic behaviour of nonlinear equations with middle terms of order N − 1 and forcings,Nonlinear Analysis,Theory,Methods and Applications,1982,6:1115-1133.

§12　一类非线性差分方程的振动性

湖南大学的刘开宇,长江铁道学院科研所的罗交晚两位教授1999年研究了二阶中立型时滞差分方程 $\Delta[a_n\Delta(x_n+p_nx_{g(n)})]+q_nf(x_{e_{(n)}})=0$ 的振动性,所得结果推广并改进了中立型时滞差分方程的一些已知结论.

一、引言

考虑二阶中立型时滞差分方程

$$\Delta[a_n\Delta(x_n+p_nx_{g(n)})]+ \\ q_nf(x_{e_{(n)}})=0 \quad (n\in Z=\{0,1,2,\cdots\}) \tag{1}$$

其中 Δ 为向前差分算子，定义为 $\Delta x_n=x_{n+1}-x_n$，$g(n)\leqslant n, e(n)\leqslant n$，$\{a_n\}$，$\{p_n\}$，$\{g(n)\}$，$\{q_n\}$ 及 $\{e(n)\}$ 为实数序列，且 $e(n)$ 递增，为方便起见，对本节我们总作如下假设：

(a)$0\leqslant p_n\leqslant 1$，对一切 $n\in Z, a_n>0, q_n\geqslant 0$，且对充分大的 n, q_n 不恒为零；

(b)$\sum^{\infty}(1/a_n)=\infty$；

(c)$f:R\rightarrow R$ 连续，当 $x\neq 0$ 有$[f(x)/x]\geqslant V>0$.

设 N_0 为一固定非负整数，$m=\max\{n-g(n), n-e(n)\}$，方程(1) 的一个解是指一个实数序列$\{x_n\}$定义在 $n\geqslant N_0-m$ 上，且当 $n\geqslant N_0$ 时满足方程(1). 方程(1) 的解$\{x_n\}$称作是非振动的，若它最终正或最终负，否则方程(1) 的解称作是振动的.

近年来，关于非线性差分方程振动性的研究愈来愈引起人们的关注，尤其是对二阶的非线性差分方程. 如 Z. Szafránski 等在文[1] 中对形如

$$\Delta(a_n\Delta x_n)+q_nf(x_{n-k})=0 \tag{2}$$

的振动性进行了讨论，R. P. Agarwa 等在文[3] 中对方程

$$\Delta(a_n\Delta(x_n+p_nx_{n-k}))+q_{n+1}f(x_{n+1-l})=0 \tag{3}$$

的振动性及非振动性也进行了探讨.

显然，方程(2) 与(3) 是方程(1) 的特殊情形. 本节我们利用 Riccati 变换建立了方程(1) 的振动性准则. 所得结果包含并推广了文[1] 及[4] 的相关结论.

二、主要结果

定理 1　若条件(a) ~ (c) 成立，假定存在一个序列$\{h_n\}$使得当 $n \geqslant n_0$ 时 $h_n > 0$ 及

$$\limsup_{n\to\infty}\sum_{i=n_0}^{n} h_i\left[V_{q_i}(1-p_{e(i)})-\frac{a_{e(i)}}{4}\left(\frac{\Delta h_i^2}{h_i}\right)\right]=\infty \tag{4}$$

则方程(1) 的每一个解振动.

证明　设 x_n 是方程(1) 的一个非振动解. 不失一般性，我们可假定对某个 $n \geqslant n_0 \in Z$，有 $x_n > 0$，$x_{g(n)} > 0, x_{e(n)} > 0$.

定义

$$Z_n = x_n + p_n x_{g(n)} \quad (\text{对一切 } n \geqslant n_0) \tag{5}$$

由条件(a) 知当 $n \geqslant n_0$ 时，$Z_n \geqslant x_n > 0$ 且

$$\Delta(a_n \Delta Z_n) \leqslant 0 \quad (n \geqslant n_0) \tag{6}$$

因此，$a_n\Delta Z_n$ 为一递减序列. 可证

$$\Delta Z_n \geqslant 0 \quad (n \geqslant n_0) \tag{7}$$

否则，存在 $n_1 \geqslant n_0$ 使得 $\Delta Z_{n_1} < 0$，由(6) 得

$$Z_n \leqslant Z_{n_1} + a_{n_1}(\Delta Z_{n_1})\sum_{i=n_1}^{n}(1/a_i)$$

从而由条件(b) 有$\lim\limits_{n\to\infty} Z_n = -\infty$，此与 $n \geqslant n_0$ 时 $Z_n > 0$ 这一事实矛盾. 方程(1) 可写为

$$\Delta(a_n \Delta Z_n) + q_n f(x_{e(n)}) = 0 \tag{8}$$

利用条件(c) 及(5)(8)，可得

$$\Delta(a_n \Delta Z_n) + V q_n [Z_{e(n)} - p_{e(n)} x_{g(e(n))}] \leqslant 0$$

又由于 $Z_n \geqslant x_n, g(n) \leqslant n, Z_n$ 递增，可知

$$\Delta(a_n \Delta Z_n) + V q_n [1 - p_{e(n)}] Z_{e(n)} \leqslant 0 \tag{9}$$

令

$$W_n = h_n (a_n \Delta Z_n)/Z_{e(n)} \quad (n \geqslant n_0) \tag{10}$$

则

$$\Delta W_n = \frac{h_n[\Delta(a_n \Delta Z_n)]}{Z_{e(n)}} + \frac{a_{n+1}\Delta Z_{n+1}\Delta h_n}{Z_{e(n+1)}} - \frac{h_n(a_{n+1}\Delta Z_{n+1})\Delta Z_{e(n)}}{Z_{e(n)}Z_{e(n+1)}} \tag{11}$$

由于 $a_n \Delta Z_n$ 递减且 $Z_n, e(n)$ 递增，得

$$a_{n+1}\Delta Z_{n+1} \leqslant a_{e(n)}\Delta Z_{e(n)}, Z_{e(n)} \leqslant Z_{e(n+1)} \quad (n \geqslant n_1 > n_0) \tag{12}$$

从而，由(11) 及(12)，从(5) 可看出

$$\Delta W_n \leqslant -Vq_n(1-p_{e(n)})h_n + \frac{\Delta h_n}{h_{n+1}}W_{n+1} - \frac{h_n}{h_{n+1}^2 a_{e(n)}}W_{n+1}^2 = -\frac{h_n}{a_{e(n)}h_{n+1}^2}[W_{n+1} - \frac{(\Delta h_n)a_{e(n)}h_{n+1}}{2h_n}]^2 + \frac{a_{e(n)}(\Delta h_n)^2}{4h_n} - Vq_n[1-p_{e(n)}]h_n$$

因此

$$\Delta W_n \leqslant -h_n[Vq_n(1-p_{e(n)}) - \frac{a_{e(n)}}{4}(\frac{\Delta h_n}{h_n})^2] \quad (n \geqslant n_1)$$

上式两端从 n_1 到 $n \geqslant n_1$ 求和，得

$$W_{n+1} - W_{n_1} \leqslant -\sum_{i=n_1}^{n} h_i[Vq_i(1-p_{e(i)} - \frac{a_{e(i)}}{4}(\frac{\Delta h_i}{h_i})^2]$$

进一步有

$$\sum_{i=n_1}^{n} h_i[Vq_i(1-p_{e(i)} - \frac{a_{e(i)}}{4}(\frac{\Delta h_i}{h_i})^2] \leqslant W_{n_1} \quad (n \geqslant n_1)$$

此与(4) 矛盾. 于是，定理 1 证毕.

三、应用

（ⅰ）当 $a_n \equiv 1, V=1, g(n)=n-l, e(n)=n-k$，其中 k 与 l 是正整数，方程(1) 变为

$$\Delta^2[x_n + p_n x_{n-l}] + q_n x_{n-k} = 0 \tag{13}$$

由定理 1，立即得：

推论 1　若 $0 \leqslant p_n \leqslant 1, q_n \geqslant 0$，且存在一个正实数序列 $\{h_n\}$ 使得

$$\limsup_{n\to\infty} \sum_{i=n_0}^{n} h_i[q_i(1-p_{n-k}) - (1/4)(\Delta h_i/h_i)^2] = \infty \tag{14}$$

则方程(13) 的每一个解振动.

注 1　推论 1 是文[4] 中时滞微分方程

$$(\mathrm{d}^2/\mathrm{d}t^2)[x(t) + p(t)x(t-f)] + q(t)x(t-e) = 0 \tag{15}$$

结果的离散模拟.

（ⅱ）当 $p_n \equiv 0, e(n)=n-K$，方程(1) 成为时滞差分方程(2).

由定理 1，可得：

推论 2　若 $a_n > 0, q_n \geqslant 0, k > 0, f(x)/x > V(x \neq 0)$，假定存在一个正实数序列 $\{h_n\}$ 使得

$$\limsup_{n\to\infty} h_i\{q_i - [a_{i-k}/(4V)(\Delta h_i/h_i)^2]\} = \infty$$

则方程(2) 的每一个解都振动.

注 2　推论 2 等价于文[1] 中定理 2，所以本节中定理 1 是文[1] 中方程(1) 某些结果的推广.

注 3　本节的方法可用于讨论方程

$$\Delta[a(t)\Delta^{n-1}(x(t) + P(t)x(f(t)))] + F(t, x(e(t))) = 0$$

其中 $t \in N=\{0,1,2,\cdots\}$.

参考文献

[1] SZAFRÁNSKI Z,SZMANDA B. Oscillation Theorems for Some Nonlinear Difference Equations[J]. Appl. Math Comput. 1997,83:43-52.

[2] WONG J Y,AGARWAL R P. Summation Averages and Oscillation of Second-order Nonlinear Difference Equation[J]. Math. Computer. Modelling. 1996,24(9):21-35.

[3] AGARWAL R P,MANUEL M M S, THANDAPANC E. Oscillatory and Nonoscillatory Behavior of Second Order Neutral Delay Difference Equations[J]. Math. Comput. Modelling. 1996,24(1):5-11.

[4] RUAN S. Oscillation of Second Order Neutral Differential Equations[J]. Canad. Math. Bull. 1993,36:485-496.

§13 一类高阶非线性中立型差分方程组非振动解的存在性

仲恺农业技术学院计算科学系的贺铁山教授 2006 年研究了一类高阶非线性中立型差分方程组非

振动解的存在性. 利用 Banach 空间的压缩映象原理,获得了该方程组存在非振动解的充分条件.

一、引言

有大量的文章[1-4] 研究了纯量中立型差分方程解的振动性质,相比之下,对中立型差分方程组的振动性质的研究,目前所见文献极少. 文[5] 只研究了一阶差分方程组

$$\begin{cases}\Delta x_k + p(k)f(x_k, y_k) = 0 \\ \Delta y_k + q(k)g(x_k, y_k) = 0\end{cases} \quad (k \leqslant\in \mathbf{N})$$

多正解的存在性. 本节利用 Banach 空间压缩映象原理讨论了高阶非线性中立型差分方程组

$$\begin{aligned}&\Delta^n\left[x_i(k) - \sum_{j=1}^{m} c_{ij}x_j(k-W)\right] + \\ &p_i(k)f_i(x_1(k-f_{i1}), \cdots, x_m(k-f_{im})) = 0 \\ &(k \in \mathbf{N}, i = 1, 2, \cdots, m)\end{aligned} \tag{1}$$

存在非振动解的充分条件,其中 $n, W, f_{ij}(1 \leqslant i, j \leqslant m)$ 是正整数;$c_{ij}(1 \leqslant i, j \leqslant m)$ 是常数;$\mathbf{N} = \{0, 1, 2, \cdots\}$;$p_i(k) \geqslant 0$ 且对充分大的 k 不恒为零($k \in \mathbf{N}, i = 1, 2, \cdots, m$);$f_i \in C(\mathbf{R}^m, \mathbf{R})$ 且当 $u_1, u_2, \cdots, u_m \geqslant 0$ 时,$f_i(u_1, u_2, \cdots, u_m) \geqslant 0(i = 1, 2, \cdots, m)$;$\Delta$ 是前差分算子,定义为 $\Delta x_k = x_{k+1} - x_k, \Delta^n x_k = \Delta(\Delta^{n-1}x_k)$,记 $r = \max\limits_{1 \leqslant i, j \leqslant m}\{W, f_{ij}\}$.

定义 1　定义在 $\mathbf{N} = \{0, 1, 2, \cdots\}$ 上的实序列 $x(k)$ 称为振动的. 如果 $x(k)$ 既不是最终正的也不是最终负的. 否则,称 $x(k)$ 是非振动的.

定义 2　定义在 $\mathbf{N} = \{0, 1, 2, \cdots\}$ 上的向量值实序

列 $x(k)=(x_1(k),x_2(k),\cdots,x_m(k))$ 称为振动的，如果存在 $x(k)$ 的某一分量 $x_i(k)(1\leqslant i\leqslant m)$ 在定义 1 的意义下振动. 否则，称 $x(k)$ 是非振动的.

本节将应用如下引理：

引理 1[6] 设 X 是一个 Banach 空间，K 是 X 的一个非空有界闭凸子集. 算子 $T:K\to X$ 满足：

(1) 对任意 $x\in K$，有 $Tx\in K$；

(2) T 是严格压缩算子，即存在常数 $\lambda(0\leqslant\lambda<1)$，使对任意 $x,y\in K$，有

$$\|Tx-Ty\|\leqslant\lambda\|x-y\|$$

则算子 T 在 K 中存在不动点.

记 $k^{(n)}=k(k-1)\cdots(k-n+1)$，且 $k^{(0)}=1$；约定：当 $k>m$ 时，$\sum\limits_{l=k}^{m}a_l=0$. l^∞ 表示所有有界实序列 $x=\{x(k)\}_{k=0}^{\infty}$ 构成的 Banach 空间，范数为 $\|x\|=\sup\limits_{k\geqslant 0}|x(k)|$.

二、主要结论

定理 1 假设下列条件成立：

(H1) $f_i(u_1,u_2,\cdots,u_m)(i=1,2,\cdots,m)$ 满足 Lipschitz 条件，即存在常数 $L_i>0$，使得

$$|f_i(u_1,u_2,\cdots,u_m)-f_i(\bar{u}_1,\bar{u}_2,\cdots,\bar{u}_m)|\leqslant L_i\max_{1\leqslant f\leqslant m}|u_j-\bar{u}_j|$$

(H2) 对 $i,j\in\{1,2,\cdots,m\}$，有

$$|c_{ii}|>1+\sum_{j\neq i}|c_{ij}|$$

(H3) 对任意 $k\in\mathbf{N}$，$i\in\{1,2,\cdots,m\}$，有

$$\sum_{l=k}^{\infty}\frac{(l-k+n-1)^{(n-1)}}{(n-1)!}\cdot p_i(l)<\infty$$

则方程组(1) 存在非振动解.

证明　设

$$M=\max_{1\leqslant i\leqslant m}\{\sup_{1\leqslant u_1,\cdots,u_m\leqslant 2}f_i(u_1,u_2,\cdots,u_m)\}$$

$$L=\max_{1\leqslant i\leqslant m}L_i,A=\max\{M,L\}$$

由条件(H3) 和(H2),取正整数 $n_1(n_1\geqslant r)$ 充分大,使得对 $i\in\{1,2,\cdots,m\}$,有

$$A\cdot\sum_{l=n_1}^{\infty}\frac{(l-n_1+n-1)^{(n-1)}}{(n-1)!}\cdot p_i(l)\leqslant \frac{|c_{ii}|}{2}\cdot\left[1-\frac{1}{|c_{ii}|}\cdot(1+\sum_{j\neq i}|c_{ii}|)\right] \tag{2}$$

$$\lambda\triangleq\frac{1}{|c_{ii}|}+\sum_{j\neq i}\frac{|c_{ij}|}{|c_{ii}|}+\frac{1}{|c_{ii}|}A\cdot \sum_{l=n_1}^{\infty}\frac{(l-n_1+n-1)^{(n-1)}}{(n-1)!}\cdot p_i(l)<1 \tag{3}$$

作 Banach 空间 $X=\{x(k)=(x_1(k),\cdots,x_m(k))\mid x_i(k)\in l^{\infty},k\in\mathbf{N},i=1,2,\cdots,m\}$,其中 X 的范数为 $\|x\|=\max\limits_{1\leqslant i\leqslant m}\|x_i\|$. 设 $K=\{x\in X:1\leqslant x_i(k)\leqslant 2,k\in\mathbf{N},i=1,2,\cdots,m\}$,则 K 是 X 的一个非空有界闭凸子集. 以下对 n 是奇数和偶数的情形分别加以讨论.

(ⅰ)n 是奇数的情形.

定义算子 $T:K\to X$ 如下:

$$(Tx)(k)=((T_1x)(k),(T_2x)(k),\cdots,(T_mx)(k))$$

其中

$(T_ix)(k)=$

$$\begin{cases}\dfrac{3}{2}\left[1-\dfrac{1}{c_{ii}}+\sum\limits_{j\neq i}\dfrac{c_{ij}}{c_{ii}}\right]+\dfrac{1}{c_{ii}}x_i(k+W)-\\ \sum\limits_{j\neq i}\dfrac{c_{ij}}{c_{ii}}x_j(k)-\\ \dfrac{1}{c_{ii}}\sum\limits_{l=k+W}^{\infty}\dfrac{(l-k-W+n-1)^{(n-1)}}{(n-1)!}\cdot\\ p_i(l)f_i(x_1(l-f_{i1}),\cdots,x_m(l-f_{im}))\ (k\geqslant n_1)\\ (T_ix)(n_1)\ (0\leqslant k<n_1)\end{cases}\tag{4}$$

首先证明:对任意 $x\in K$,有 $Tx\in K$.事实上,不妨设 $c_{ii}>0$,当 $k\geqslant n_1$ 时,并注意到由条件(H2),得

$$\begin{aligned}(T_ix)(k)\leqslant&\frac{3}{2}\left[1-\frac{1}{c_{ii}}+\sum_{j\neq i}\frac{c_{ij}}{c_{ii}}\right]+\frac{2}{c_{ii}}-\\&\sum_{j=j',j\neq i}\frac{c_{ij}}{c_{ii}}x_j(k)-\sum_{j=j'',j\neq i}\frac{c_{ij}}{c_{ii}}x_j(k)\leqslant\\&\frac{3}{2}\left[1-\frac{1}{c_{ii}}+\sum_{j\neq i}\frac{c_{ij}}{c_{ii}}\right]+\frac{2}{c_{ii}}-\\&\sum_{j=j',j\neq i}\frac{c_{ij}}{c_{ii}}-\sum_{j=j'',j\neq i}\frac{2c_{ij}}{c_{ii}}=\\&\frac{3}{2}+\frac{1}{2c_{ii}}+\sum_{j=j',j\neq i}\frac{c_{ij}}{2c_{ii}}-\sum_{j=j'',j\neq i}\frac{c_{ij}}{2c_{ii}}=\\&\frac{3}{2}+\frac{1}{2c_{ii}}+\sum_{j=j',j\neq i}\frac{|c_{ij}|}{2c_{ii}}+\\&\sum_{j=j'',j\neq i}\frac{|c_{ij}|}{2c_{ii}}=\\&\frac{3}{2}+\frac{1}{2c_{ii}}\left[1+\sum_{j\neq i}|c_{ij}|\right]<2\end{aligned}$$

这里 $j=j'$ 时,$c_{ij}\geqslant 0$;而 $j=j''$ 时,$c_{ij}<0$;再由式(2),得

$$(T_ix)(k)\geqslant\frac{3}{2}\left[1-\frac{1}{c_{ii}}+\sum_{j\neq i}\frac{c_{ij}}{c_{ii}}\right]+\frac{1}{c_{ii}}x_i(k+W)-$$

$$\sum_{j\neq i}\frac{c_{ij}}{c_{ii}}x_j(k)-$$

$$\frac{1}{c_{ii}}A\cdot\sum_{l=n_1}^{\infty}\frac{(l-n_1+n-1)^{(n-1)}}{(n-1)!}\cdot$$

$$p_i(l)\geqslant$$

$$\frac{3}{2}\left[1-\frac{1}{c_{ii}}+\sum_{j\neq i}\frac{c_{ij}}{c_{ii}}\right]+\frac{1}{c_{ii}}-$$

$$\sum_{j=j',j\neq i}\frac{2c_{ij}}{c_{ii}}-\sum_{j=j'',j\neq i}\frac{c_{ij}}{c_{ii}}-$$

$$\frac{1}{2}\cdot\left[1-\frac{1}{c_{ii}}\cdot(1+\sum_{j\neq i}|c_{ij}|)\right]=$$

$$\frac{3}{2}-\frac{1}{2c_{ii}}-\sum_{j=j',j\neq i}\frac{c_{ij}}{2c_{ii}}+\sum_{j=j'',j\neq i}\frac{2c_{ij}}{2c_{ii}}-$$

$$\frac{1}{2}\left[1-\frac{1}{c_{ii}}\cdot(1+\sum_{j\neq i}|c_{ij}|)\right]=1$$

当 $0\leqslant k<n_1$ 时,因 $(T_ix)(k)=(T_ix)(n_1)$,则有 $1\leqslant(T_ix)(k)<2$. 于是,当 $c_{ii}>0$ 时,$1\leqslant(T_ix)(k)<2$,$k\in\mathbf{N},i=1,2,\cdots,m$. 当 $c_{ii}<0$ 时,类似可得 $1<(T_ix)(k)\leqslant 2,k\in\mathbf{N},i=1,2,\cdots,m$. 因此,$Tx\in K$.

然后证明 T 是严格压缩算子. 对任意 $x,y\in K$,当 $k\geqslant n_1$ 时,由条件(H1)并注意到式(3),得

$$|(T_ix)(k)-(T_iy)(k)|\leqslant$$

$$\frac{1}{|c_{ii}|}\cdot|x_i(k+W)-y_i(k+W)|+$$

$$\sum_{j\neq i}\frac{|c_{ij}|}{|c_{ii}|}\cdot|x_j(k)-y_j(k)|+$$

$$\frac{1}{|c_{ii}|}A\sum_{l=k+W}^{\infty}\frac{(l-k-W+n-1)^{(n-1)}}{(n-1)!}\cdot p_i(l)\cdot$$

$$\max_{1\leqslant j\leqslant m}|x_j(1-f_{ij})-y_j(l-f_{ij})|\leqslant$$

$$\frac{1}{|c_{ii}|}\cdot\|x_i-y_i\|+\sum_{j\neq i}\frac{|c_{ij}|}{|c_{ii}|}\cdot\|x_j-y_j\|+$$

$$\frac{1}{|c_{ii}|}A\sum_{l=k+W}^{\infty}\frac{(l-k-W+n-1)^{(n-1)}}{(n-1)!}\cdot$$

$$p_i(l)\cdot\max_{1\leqslant j\leqslant m}\|x_j-y_j\|\leqslant$$

$$\left[\frac{1}{|c_{ii}|}+\sum_{j\neq i}\frac{|c_{ij}|}{|c_{ii}|}+\frac{1}{|c_{ii}|}A\cdot\right.$$

$$\left.\sum_{l=k+W}^{\infty}\frac{(l-k-W+n-1)^{(n-1)}}{(n-1)!}\cdot p_i(l)\right]\cdot$$

$$\|x-y\|\leqslant\lambda\|x-y\|$$

当 $0\leqslant k<n_1$ 时，$|(T_i(x)(k)-(T_iy)(k)|=|(T_ix)(n_1)-(T_iy)(n_1)|\leqslant\lambda\|x-y\|$，于是

$$\|T_ix-T_iy\|=\sup_{k\in\mathbf{N}}|(T_i(x)(k)-(T_iy)(k)|\leqslant\lambda\|x-y\|$$

则

$$\|Tx-Ty\|=\max_{1\leqslant i\leqslant m}\|T_ix-T_iy\|\leqslant\lambda\|x-y\|$$

因此，T 是严格压缩算子.

由引理 1 知，存在一个 $x\in K$，使 $Tx=x$. 由式(4)知，当 $k\geqslant n_1$ 时，此不动点 $x(k)=(x_1(k),\cdots,x_m(k))$ 满足

$$x_i(k+W)-\sum_{j=1}^{m}c_{ij}x_j(k)=$$

$$-\frac{3c_{ii}}{2}\left[1-\frac{1}{c_{ii}}+\sum_{j\neq i}\frac{c_{ij}}{c_{ii}}\right]+$$

$$\sum_{l=k+W}^{\infty}\frac{(l-k-W+n-1)^{(n-1)}}{(n-1)!}\cdot$$

$$p_i(l)f_i(x_1(l-f_{i1}),\cdots,x_m(l-f_{im}))$$

即当 $k\geqslant n_1+W$ 时

$$x_i(k)-\sum_{j=1}^{m}c_{ij}x_j(k-W)=$$

$$-\frac{3c_{ii}}{2}\left[1-\frac{1}{c_{ii}}+\sum_{j\neq i}\frac{c_{ij}}{c_{ii}}\right]+$$

$$\sum_{l=k}^{\infty}\frac{(l-k+n-1)^{(n-1)}}{(n-1)!}\cdot$$

$$p_i(l)f_i(x_1(l-f_{i1}),\cdots,x_m(l-f_{im}))$$

差分上式 n 次,得

$$\Delta^n\left[x_i(k)-\sum_{j=1}^{m}c_{ij}x_j(k-W)\right]=$$

$$(-1)^n p_i(k)f_i(x_1(k-f_{i1}),\cdots,x_m(k-f_{im}))$$

$$(i=1,2,\cdots,m)$$

由于 n 是奇数,故 $x(k)=(x_1(k),\cdots,x_m(k))\in K$ 是方程组(1)当 $k\geqslant n_1+W$ 时的非振动解.

(ⅱ)n 是偶数的情形.

定义算子 $P:k\rightarrow X$ 如下

$$(Px)(k)=((P_1x)(k),(P_2x)(k),\cdots,(P_mx)(k))$$

其中

$$(P_ix)(k)=$$

$$\begin{cases}\dfrac{3}{2}\left[1-\dfrac{1}{c_{ii}}+\sum_{j\neq i}\dfrac{c_{ij}}{c_{ii}}\right]+\dfrac{1}{c_{ii}}x_i(k+W)-\\ \sum_{j\neq i}\dfrac{c_{ij}}{c_{ii}}x_j(k)-\\ \dfrac{1}{c_{ii}}\sum_{t=n_1}^{k+W-1}\sum_{l=t}^{\infty}\dfrac{(l-t+n-2)^{(n-2)}}{(n-2)!}\cdot\\ p_i(l)f_i(x_1(l-f_{i1}),\cdots,x_m(l-f_{im})),k\geqslant n_1\\ (P_ix)(n_1),0\leqslant k<n_1\end{cases}\quad(5)$$

对任意 $x\in K$,当 $k\geqslant n_1$ 时,不妨设 $c_{ii}<0$,并注

意到式(2),得

$$(P_i x)(k) \leqslant \frac{3}{2}\left[1-\frac{1}{c_{ii}}+\sum_{j\neq i}\frac{c_{ij}}{c_{ii}}\right]+\frac{1}{c_{ii}}-\sum_{j=j',j\neq i}\frac{c_{ij}}{c_{ii}}x_j(k)-\sum_{j=j'',j\neq i}\frac{c_{ij}}{c_{ii}}x_j(k)-\frac{1}{c_{ii}}\sum_{t=n_1}^{\infty}\sum_{l=t}^{\infty}\frac{(l-t+n-2)^{(n-2)}}{(n-2)!}\cdot p_i(l)f_i(x_1(l-f_{i1}),\cdots,x_m(l-f_{im}))\leqslant \frac{3}{2}\left[1-\frac{1}{c_{ii}}+\sum_{j\neq i}\frac{c_{ij}}{c_{ii}}\right]+\frac{1}{c_{ii}}-\sum_{j=j',j\neq i}\frac{2c_{ij}}{c_{ii}}-\sum_{j=j'',j\neq i}\frac{c_{ij}}{c_{ii}}+\frac{1}{c_{ii}}\sum_{l=n_1}^{\infty}\frac{(l-n_1+n-1)^{(n-1)}}{(n-1)!}\cdot p_i(l)f_i(x_1(l-f_{i1}),\cdots,x_m(l-f_{im}))\leqslant \frac{3}{2}-\frac{1}{2c_{ii}}-\sum_{j\neq i}\frac{|c_{ij}|}{2c_{ii}}+\frac{1}{2}\cdot\left[1-\frac{1}{|c_{ii}|}\cdot(1+\sum_{j\neq i}|c_{ij}|)\right]=2$$

再由条件(H2),得

$$(P_i x)(k) \geqslant \frac{3}{2}\left[1-\frac{1}{c_{ii}}+\sum_{j\neq i}\frac{c_{ij}}{c_{ii}}\right]+\frac{2}{c_{ii}}-\sum_{j=j',j\neq i}\frac{c_{ij}}{c_{ii}}-\sum_{j=j'',j\neq i}\frac{2c_{ij}}{c_{ii}}=\frac{3}{2}+\frac{1}{2c_{ii}}+\sum_{j\neq i}\frac{|c_{ij}|}{2c_{ii}}>1$$

于是,易知 $Px\in K$. 如同情形(ⅰ)可以证明 P 是严格压缩算子. 由引理1知,存在一个 $x\in K$,使 $Px=x$. 由式(5)知,当 $k\geqslant n_1+W$ 时,此不动点 $x(k)=(x_1(k),\cdots,x_m(k))$ 满足

$$x_i(k)-\sum_{j=1}^{m}c_{ij}x_j(k-W)=$$

$$-\frac{3c_{ii}}{2}\left[1-\frac{1}{c_{ii}}+\sum_{j\neq i}\frac{c_{ij}}{c_{ii}}\right]+$$

$$\sum_{t=n_1}^{k-1}\sum_{l=t}^{\infty}\frac{(l-t+n-2)^{(n-2)}}{(n-2)!}\cdot$$

$$p_i(l)f_i(x_1(l-f_{i1}),\cdots,x_m(l-f_{im}))$$

差分上式 n 次,得

$$\Delta^n\left[x_i(k)-\sum_{j=1}^{m}c_{ij}x_j(k-W)\right]=$$

$$(-1)^{n+1}p_i(k)f_i(x_1(k-f_{i_1}),\cdots,x_m(k-f_{im}))\quad(i=1,2,\cdots,m)$$

由于 n 是偶数,故 $x(k)=(x_1(k),\cdots,x_m(k))\in K$ 是方程组(1) 当 $k\geqslant n_1+W$ 时的非振动解.

定理 2　设方程组(1) 满足定理 1 中的条件(H1),(H3) 和下列条件:

(H′2) 对 $i\in\{1,2,\cdots,m\}$,有

$$\sum_{j=1}^{m}|c_{ij}|<1$$

则方程组(1) 存在非振动解.

证明　将定理 1 中的式(2)(3) 分别换为

$$A\cdot\sum_{l=n_1}^{\infty}\frac{(l-n_1+n-1)^{(n-1)}}{(n-1)!}\cdot p_i(l)\leqslant$$

$$\frac{1}{2}\cdot\left[1-\sum_{j=1}^{m}|c_{ij}|\right]$$

$$\lambda\triangleq\sum_{j=1}^{m}|c_{ij}|+A\cdot\sum_{l=n_1}^{\infty}\frac{(l-n_1+n-1)^{(n-1)}}{(n-1)!}\cdot$$

$$p_i(l)<1$$

及定义 T_i, P_i 如下

$$(T_i x)(k)=$$

$$\begin{cases}\frac{3}{2}\left[1-\sum_{j=1}^{m}c_{ij}\right]+\sum_{j=1}^{m}c_{ij}x_j(k-W)+\\ \sum_{l=k}^{\infty}\frac{(l-k+n-1)^{(n-1)}}{(n-1)!}\cdot\\ p_i(l)f_i(x_1(l-f_{i_1}),\cdots,x_m(l-f_{im})),k\geqslant n_1\\ (T_i x)(n_1),0\leqslant k<n_1\end{cases}$$

$$(P_i x)(k)=$$

$$\begin{cases}\frac{3}{2}\left[1-\sum_{j=1}^{m}c_{ij}\right]+\sum_{j=1}^{m}c_{ij}x_j(k-W)+\\ \sum_{t=n_1}^{k-1}\sum_{l=t}^{\infty}\frac{(l-t+n-2)^{(n-2)}}{(n-2)!}\cdot\\ p_i(l)f_i(x_1(l-f_{i1}),\cdots,x_m(l-f_{im})),k\geqslant n_1\\ (P_i x)(n_1),0\leqslant k<n_1\end{cases}$$

类似于定理 1 的证明,易知定理 2 的结论也成立.

参 考 文 献

[1] 张玉珠,燕居让.具有连续变量的差分方程振动性的判据[J].数学学报,1995,38(3):406-411.

[2] CHEN M P,LALLI B S,YU J S. Oscillation in neutral delay difference equations with variable coefficients[J]. Math. Applic.,1995,29(3):5-11.

[3] 唐先华,庾建设.高阶中立型非线性时滞差分方程

振动及非振动性[J]. 数学年刊:A 辑,1999,20(3):269-276.

[4] 孙书荣,韩振来. 一类高阶非线性中立型时滞差分方程的振动性[J]. 山东大学学报:理学版,2004,39(4):51-56.

[5] 彭向阳,蔡海涛. 非线性差分方程组多正解的存在性[J]. 数学学报,2003,46(6):1097-1102.

[6] NASHED M, WANG J S. Some variations of a fixed point theorem of Krasnoselskii and applications to nonlinear equations [J]. J. Math. Mech.,1969,18:667-677.

§14　具连续变量的偶数阶中立型差分方程的振动性

湖南省第一师范学校数理系的黄梅,湖南师范大学数学与计算机科学学院的申建华两位教授2006年研究了具有连续变量的偶数阶中立型时滞差分方程的解的振动性,给出了有界解振动的几个充分条件.

一、引言

近年来,对具有连续变量的差分方程振动性的研究已有了一些结果,见文[1-3],但对具有连续变量的中立型差分方程解的振动性研究却不多,如文[4-6].

本节研究具有连续变量的偶数阶中立型差分方程

$$\Delta_t^u[x(t)-cx(t-f)]=p(t)x(t-e)\quad (u\text{ 是偶数},t\geqslant t_0>0)\tag{1}$$

的解的振动性. 其中假设(H):c 为实数,f,t_0 是给定的非负实数,$e=kf$,k 为某个正整数,$p(t)$ 不恒为零,$p(t)\in C([t_0,+\infty),\mathbf{R}^+)$,$\Delta_f x(t)=x(t+f)-x(t)$. 给出了当 $0\leqslant c<1$ 和 $c<0$ 时方程(1) 的有界解振动的几个充分条件.

如通常定义,方程(1) 的解 $x(t)$ 称为振动的,如果它既不最终为正,也不最终为负,否则就称为非振动的. 根据此定义,式(1) 的一个解 $x(t)$ 若是非振动的,则它最终为正或最终为负.

为方便起见,规定 $x^{(n)}=x(x-1)(x-2)\cdots(x-(n-1))=\prod\limits_{i=0}^{n-1}(x-i)\hat{S}\hat{Z}x^{(0)}=1$.

二、主要结果

引理 设 $c<1$,且 $p(t)>0$,$\sum\limits_{i=0}^{\infty}p(t+if)=\infty$. 若 $x(t)$ 是式(1) 的最终有界正解,令 $y(t)=x(t)-cx(t-f)$,则最终成立 $(-1)^i\Delta_f^i y(t)>0$ 且对 $t\geqslant t_0$,n 是自然数,有

$$\lim_{n\to\infty}\Delta_f^i y(t+nf)=0,i=0,1,2,\cdots,u-1$$

证明与文[7] 的定理,1,7,11 类似,此外从略.

定理 1 设(H) 成立,若 $0\leqslant c<1$,$k\geqslant 1$,且对 $t\geqslant t_0$ 有

$$\limsup_{n\to\infty}\sum_{i=0}^{k-1}\sum_{j=n}^{n+k-i}\frac{q_i(j)}{1-c+q_{k+1}(j)}\cdot\left[\prod_{s=j-k+i+1}^{j+1}\frac{1-c+q_{k+1}(s-1)}{1-c-q_k(s-1)}\right]>1 \tag{2}$$

这里 $q_i(n)=\dfrac{(i+u-2)^{(u-2)}}{(u-2)!}p(t+(n+i)f)$，则式(1)的每个有界解振动.

推论1　设 $0\leqslant c<1,k\geqslant 1$，对 $t\geqslant t_0$，有

$$\limsup_{n\to\infty}\sum_{i=0}^{k-1}\sum_{j=n}^{n+k-i}\frac{p(t+(j+1)f)}{1-c+p(t+(j+k+1)f)}\cdot\left[\prod_{s=j-k+i+1}^{j+1}\frac{1-c+p(t+(s+k)f)}{1-c-p(t+(s+k-1)f)}\right]>1$$

则 $\Delta_f^2[x(t)-cx(t-f)]=p(t)x(t-e),t\geqslant t_0>0$ 的每个有界解振动.

当 $c=0$ 时，方程(1)退化为如下高阶差分方程

$$\Delta_f^u x(t)=p(t)x(t-e)\quad(t\geqslant t_0>0)\tag{3}$$

对于式(3)的有界振动性可得如下推论：

推论2　设 $k\geqslant 1$，若对 $t\geqslant t_0$，有

$$\limsup_{n\to\infty}\sum_{i=0}^{k-1}\sum_{j=n}^{n+k-i}\frac{q_i(j)}{1+q_{k+1}(j)}\cdot\left[\prod_{s=j-k+i+1}^{j+1}\frac{1+q_{k+1}(s-1)}{1-q_k(s-1)}\right]>1$$

其中 $q_i(n)=\dfrac{(i+u-2)^{(u-2)}}{(u-2)!}p(t+(n+i)f)$，则方程(3)的每个有界解振动.

定理2　设(H)成立，$c<0,k>1$，如果

$$\limsup_{n\to\infty}\frac{p(t)}{p(t-f)}=T\in(0,\infty)\tag{4}$$

且对 $t\geqslant t_0$，有

$$\limsup_{n\to\infty}\sum_{i=0}^{k-2}\sum_{j=n}^{n+k-1-i}\frac{q_i(j)}{1-cT+q_k(j)}\cdot\left[\prod_{s=j-(k-1)+i+1}^{j+1}\frac{1-cT+q_k(s-1)}{1-cT-q_{k-1}(s-1)}\right]>1\tag{5}$$

那么方程(1)的每一个有界解振动. 这里 $q_i(n)=\frac{(i+u-2)^{(u-2)}}{(u-2)!}p(t+(n+i)f)$.

参考文献

[1] 张玉珠,燕居让.具有连续变量的差分方程振动性的判据[J].数学学报,1995,38(3):406-411.

[2] 周勇.具有连续变量的变系数差分方程的振动性[J].经济数学,1996,13(1):86-89.

[3] 申建华.具有连续变量差分方程振动性的比较定理及应用[J].科学通报,1996,41(16):1441-1444.

[4] 熊万民,王志成.具连续变量的中立型差分方程的振动性[J].湖南大学学报,2001,28(1):8-12.

[5] 刘召爽,吴淑慧.连续变量一阶中立型差分方程的振动性[J].河北师范大学学报,2002,26(2):113-117.

[6] 廖新元,朱惠延.具有连续变量的中立型差分方程的振动性[J].数学理论与应用,2002,22(2):27-30.

[7] LADAS G,PAKULA L,WANG Z. Necessary and sufficient conditions for the oscillation of difference equations[J]. Panamer Math. J.,1992,2(1):17-26.

§15　平方 Logistic 方程的全局吸收性

岳阳师范学院的刘玉记，岳阳广播电视大学的封屹两位教授 1999 年研究平方 Logistic 差分方程

$$x_{n+1}=x_n\exp(r_n(1-bx_{n-k}-cx_{n-k}^2))\quad(n=0,1,\cdots)$$

其中，$\{r_n\}$ 为非负实数列，$b\geqslant 0,c>0$. k 为非负整数，给出保证其每一正解 $\{x_n\}$ 满足 $\lim\limits_{n\to\infty}x_n=\bar{x}$ 的一族充分条件（其中 $\bar{x}$ 是正平衡点），并推广和改进了已有的结果.

一、引言

近年来，差分方程解的性质的研究引起了许多数学工作者的兴趣. 但大部分工作局限于线性差分方程[1,2]，对非线性差分方程的研究不多，关于非线性差分方程的全局吸收性的研究，通常对非线性项的要求较强（Li Yorke 条件）[3-5]，从而限制了结果的适用范围. 对某些差分方程，研究其解的渐近性，仍是有意义的工作.

本节研究平方 Logistic 时滞差分方程

$$x_{n+1}=x_n\exp(r_n(1-bx_{n-k}-cx_{n-k}^2))\ (n=0,1,\cdots)\tag{1}$$

其中，$\{r_n\}$ 为非负实数列，$b\geqslant 0,c>0,k$ 为确定非负整数. 方程(1) 的初值条件为

$$x_j=\varphi_j\quad(j=-k,-k+1,\cdots,-1,0,\varphi_j\geqslant 0,\varphi_0>0)$$

易知方程(1) 有唯一的正解 $\{x_n\}$.

方程(1) 来源于描述人口增长规律的平方 Logistic 方程[6,7]

$$N'(t)=r(t)N(t)(1-bN(t-\tau)-cN^2(t-\tau))\ (t\geqslant 0) \tag{2}$$

其中，$r(t)\in C([0,+\infty),(0,+\infty))$，$b\geqslant 0$，$c>0$，$\tau>0$ 为时滞. 若将(2) 改进为分片常变量[8]

$$N'(t)=r(t)N(t)(1-bN([t-k])-cN^2([t-k]))\ (t\geqslant 0) \tag{3}$$

其中，k 为确定非负整数，$[x]$ 表示不大于 x 的最大整数，对任意自然数 n，当 $n\leqslant t<n+1$ 时，从 n 到 t 积分式(3) 得

$$\ln\frac{N(t)}{N(n)}=$$

$$\int_n^t r(s)(1-bN([s-k])-cN^2([s-k]))\mathrm{d}s=$$

$$\int_n^t r(s)\mathrm{d}s(1-bN(n-k)-cN^2(n-k))$$

令 $r_n=\int_n^{n+1}r(s)\mathrm{d}s$，$N(n)=x_n$，在上式中令 $t\to n+1$ 立得方程(1).

关于方程(2) 的解的渐近性已有一些研究[6,7]. 本节的目的是给出保证方程(1) 的每一解趋于其正平衡点的一族充分条件，推广和改进已有的结果(见注 2 ~ 4). 方程(1)(2) 的生态学意义见文[5,6]. 本节中未加定义的概念见文[5,9]. 主要结果如下.

定理 1 设

$$\sum_{n=0}^{\infty}r_n=+\infty \tag{4}$$

$$\sum_{i=n-k}^{n} r_i \leqslant \frac{1}{1+c\bar{x}^2} \tag{5}$$

则方程(1)的每一正解$\{x_n\}$满足$\lim\limits_{n \to \infty} x_n = \bar{x}$，其中$\bar{x}$是(1)的正平衡点，满足$1 - b\bar{x} - c\bar{x}^2 = 0$.

二、定理的证明

由于$\{x_n\}$是(1)的正解，作变换

$$\ln \frac{x_n}{\bar{x}} = y_n \tag{6}$$

则方程(1)化为

$$y_{n+1} - y_n = r_n(1 - b\bar{x}\,\mathrm{e}^{y_{n-k}} - c\bar{x}^2\,\mathrm{e}^{2y_{n-k}}) \quad (n = 0, 1, \cdots) \tag{7}$$

引理1　若$\{y_n\}$是(7)的最终正解或最终负解且式(4)成立，则有$\lim\limits_{n \to \infty} y_n = 0$.

证明　若y_n是最终正解，则存在N，$n > N$时$y_{n-k} > 0$，于是$y_{n+1} - y_n < 0$，从而y_n单调减小. 可设$\lim\limits_{n \to \infty} y_n = \alpha$，则$\alpha \geqslant 0$，若$\alpha \neq 0$，则$\alpha > 0$. 于是$y_n \geqslant \alpha$. 由$1 - b\bar{x}\,\mathrm{e}^x - c\bar{x}^2\,\mathrm{e}^{2x}$是单调减函数，故

$$y_{n+1} - y_n \leqslant r_n(1 - b\bar{x}\,\mathrm{e}^{\alpha} - c\bar{x}^2\,\mathrm{e}^{2\alpha}) \quad (n \geqslant N)$$

从N到n求和得

$$y_{n+1} - y_n \leqslant (1 - b\bar{x}\,\mathrm{e}^{\alpha} - c\bar{x}^2\,\mathrm{e}^{2\alpha}) \sum_{s=N}^{n} r_s$$

令$n \to \infty$，由于$1 - b\bar{x}\,\mathrm{e}^{\alpha} - c\bar{x}^2\,\mathrm{e}^{2\alpha} < 0$，结合条件(4)，得出$\alpha - y_N \leqslant -\infty$，这不可能. 故$\alpha = 0$，即$\lim\limits_{n \to \infty} y_n = 0$. 若$y_n$最终负时，同样可证$\lim\limits_{n \to \infty} y_n = 0$.

引理2　若$\{y_n\}$是(7)的振动解，存在正数M，使得

$$\sum_{i=n-k}^{n} r_i \leqslant M \quad (n=k+1,\cdots) \tag{8}$$

则 y_n 有界.

证明 先证 y_n 有上界. 由式(7)

$$y_{n+1}-y_n \leqslant r_n \tag{9}$$

再反设 y_n 无上界,则存在子列$\{y_{n_i}\}$使得 $y_{n_i}>0$, $\lim\limits_{i\to\infty} y_{n_i}=\infty$, $y_{n_i}=\max\limits_{-k\leqslant n\leqslant n_i}\{y_n\}$,从而 $y_{n_i}-y_{n_i-1}\geqslant 0$,又由式(6)知

$$y_{n_i}-y_{n_i-1}=r_{n_i-1}(1-b\bar{x}\,\mathrm{e}^{y_{n_i-k-1}}-c\bar{x}^2\,\mathrm{e}^{2y_{n_i-k-1}}$$

于是 $y_{n_i-k-1}\leqslant 0$,对式(9)从 n_i-k-1 到 n_i-1 求和

$$y_{n_i}\leqslant y_{n_i-k-1}+\sum_{i=n_i-k-1}^{n_i-1} r_i \leqslant M$$

于是$\limsup\limits_{i\to\infty} y_{n_i}\leqslant M$,与假设矛盾,故 y_n 有上界. 设 $y_n\leqslant M$,又由式(7)有

$$y_{n+1}-y_n \geqslant r_n(1-b\bar{x}\,\mathrm{e}^{M}-c\bar{x}^2\,\mathrm{e}^{2M}) \tag{10}$$

反设 y_n 无下界,则存在下列$\{y_{n_i}\}$使得 $y_{n_i}<0$, $\lim\limits_{i\to\infty} y_{n_i}=-\infty$, $y_{n_i}=\min\limits_{-k\leqslant n\leqslant n_i}\{y_n\}$,则 $y_{n_i}-y_{n_i-1}\leqslant 0$,从而推出 $y_{n_i-k-1}\geqslant 0$. 于是对式(10)从 n_i-k-1 到 n_i-1 求和得

$$y_{n_i}\geqslant y_{n_i-k-1}+(1-b\bar{x}\,\mathrm{e}^{M}-c\bar{x}^2\,\mathrm{e}^{2M})\sum_{i=n_i-k-1}^{n_i-1} r_i \geqslant$$
$$(1-b\bar{x}\,\mathrm{e}^{M}-c\bar{x}^2\,\mathrm{e}^{2M})M$$

从而$\liminf\limits_{n\to\infty} y_n\geqslant(1-b\bar{x}\,\mathrm{e}^{M}-c\bar{x}^2\,\mathrm{e}^{2M})M$,与假设矛盾. 故 y_n 有下界.

引理 3 设$\{y_n\}$是(7)的振动解,且式(5)成立,则有$\lim\limits_{n\to\infty} y_n=0$.

证明　由引理2知 y_n 有界,可设

$$\liminf_{n\to\infty} y_n=\alpha,\limsup_{n\to\infty} y_n=\beta$$

则 $-\infty<\alpha\leqslant 0\leqslant\beta<+\infty$. 任给 $\varepsilon>0$,存在 N,当 $n>N$ 时

$$\alpha_1<\alpha-\varepsilon\leqslant y_n\leqslant\beta+\varepsilon=\beta_1$$

于是由式(7)得

$$y_{n+1}-y_n\leqslant r_n(1-b\bar{x}\,\mathrm{e}^{\alpha_1}-c\bar{x}^2\mathrm{e}^{2\alpha_1}) \tag{11}$$

$$y_{n+1}-y_n\geqslant r_n(1-b\bar{x}\,\mathrm{e}^{\beta_1}-c\bar{x}^2\mathrm{e}^{2\beta_1}) \tag{12}$$

设子列 $\{y_{n_i}\}$ 满足 $y_{n_i}>0,\lim\limits_{i\to\infty} y_{n_i}=\beta$,且 y_{n_i} 是数列 $\{y_n\}$ 的左极大项,即 $y_{n_i}-y_{n_i-1}\geqslant 0$. 对式(7)立知 $y_{n_i-k-1}\leqslant 0$,又对式(11)从 n_i-k-1 到 n_i-1 求和得

$$y_{n_i}\leqslant(1-b\bar{x}\,\mathrm{e}^{\alpha_1}-c\bar{x}^2\mathrm{e}^{2\alpha_1})\sum_{s=n_i-k-1}^{n_i-1}r_s+y_{n_i-k-1}\leqslant$$

$$(1-b\bar{x}\,\mathrm{e}^{\alpha_1}-c\bar{x}^2\mathrm{e}^{2\alpha_1})\frac{1}{1+c\bar{x}^2}$$

令 $i\to\infty,\varepsilon\to 0$ 可得

$$\beta\leqslant\frac{1}{1+c\bar{x}^2}(1-b\bar{x}\,\mathrm{e}^{\alpha}-c\bar{x}^2\mathrm{e}^{2\alpha}) \tag{13}$$

同理对式(12)进行同样处理得

$$\alpha\geqslant\frac{1}{1+c\bar{x}^2}(1-b\bar{x}\,\mathrm{e}^{\beta}-c\bar{x}^2\mathrm{e}^{2\beta}) \tag{14}$$

现在证明 $2\beta+\alpha\leqslant 0$. 设 $\{y_{n_i}\}$ 满足上述要求,由于 $y_{n_i}>0,y_{n_i-k-1}\leqslant 0$,故存在整数 $0\leqslant l\leqslant k$,使得 $y_{n_i-l-1}\leqslant 0$ 而 $y_{n_i-l}>0$ 且 $y_n>0(n_i-l<n\leqslant n_i)$,于是连接两点 (n_i-l-1,y_{n_i-l-1}) 与 (n_i-l,y_{n-l}) 的线段与横轴有交点,即存在 $\xi\in[n_i-l-1,n_i-l)$ 使

$$y_{n_i-l-1}+(y_{n_i-l}-y_{n_i-l-1})(\xi-n_i+l+1)=0 \tag{15}$$

对式(11)从 n 到 n_i-l-2 求和

$$y_{n_i-l-1}-y_n\leqslant(1-b\overline{x}\,\mathrm{e}^{\alpha_1}-c\overline{x}^2\mathrm{e}^{2\alpha_1})\sum_{s=n}^{n_i-l-2}r_s-y_n\leqslant$$

$$(1-b\overline{x}\,\mathrm{e}^{\alpha_1}-c\overline{x}^2\mathrm{e}^{2\alpha_1})\sum_{s=n}^{n_i-l-2}r_s+$$

$$(y_{n_i-l}-y_{n_i-l-1})(\xi-n_i+l+1)\leqslant$$

$$(1-b\overline{x}\,\mathrm{e}^{\alpha_1}-c\overline{x}^2\mathrm{e}^{2\alpha_1})\sum_{s=n}^{n_i-l-2}r_s+$$

$$r_{n_i-l-1}(1-b\overline{x}\,\mathrm{e}^{\alpha_1}-c\overline{x}^2\mathrm{e}^{2\alpha_1})(\xi-$$

$$n_i+l+1)=$$

$$(1-b\overline{x}\,\mathrm{e}^{\alpha_1}-c\overline{x}^2\mathrm{e}^{2\alpha_1})\sum_{s=n}^{n_i-l-1}r_s-$$

$$r_{n_i-l-1}(1-b\overline{x}\,\mathrm{e}^{\alpha_1}-c\overline{x}^2\mathrm{e}^{2\alpha_1})(n_i-\xi-l)$$

显然上式对 $n\leqslant n_i-l-1$ 均成立. 而当 $n\leqslant n_i-1$ 时，$n-k\leqslant n_i-k-1\leqslant n_i-l-1$，故

$$-y_{n-k}\leqslant(1-b\overline{x}\,\mathrm{e}^{\alpha_1}-c\overline{x}^2\mathrm{e}^{2\alpha_1})\sum_{s=n-k}^{n_i-l-1}r_s-$$

$$r_{n_i-l-1}(1-b\overline{x}\,\mathrm{e}^{\alpha_1}-c\overline{x}^2\mathrm{e}^{2\alpha_1})(n_i-\xi-l)$$

又由式(7) 从 $\mathrm{e}^x\geqslant1+x$ 得(令 $1-b\overline{x}\,\mathrm{e}^{\alpha_1}-c\overline{x}^2\mathrm{e}^{2\alpha_1}=C$)

$$y_{n+1}-y_n\leqslant r_n(1-b\overline{x}(1+y_{n-k})-c\overline{x}^2(1+2y_{n-k}))=$$

$$r_n(1-b\overline{x}-c\overline{x}^2-(b\overline{x}+2c\overline{x}^2)y_{n-k})=$$

$$-r_n(b\overline{x}+2c\overline{x}^2)y_{n-k}=$$

$$-(1+c\overline{x}^2)r_ny_{n-k}\leqslant$$

$$(1+c\overline{x}^2)Cr_n\Big[\sum_{s=n-k}^{n_i-l-1}r_s-$$

$$r_{n_i-l-1}(n_i-\xi-l)\Big]$$

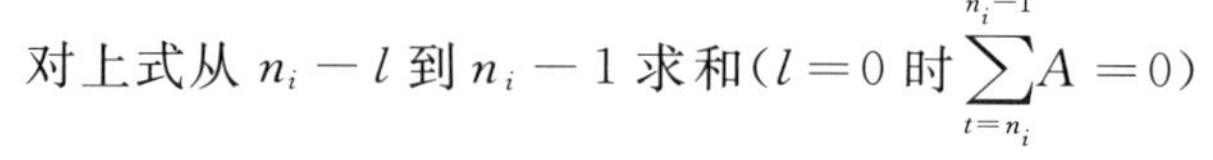

对上式从 n_i-l 到 n_i-1 求和($l=0$ 时 $\sum_{t=n_i}^{n_i-1}A=0$)

$$y_{n_i}=y_{n_i-l}+\sum_{t=n_i-l}^{n_i-1}(y_{t+1}-y_t)\leqslant$$

$$(y_{n_i-l}-y_{n_i-l-1})(n_i-\xi-1)+$$

$$\sum_{t=n_i-l}^{n_i-1}C(1+c\bar{x}^2)r_t[\sum_{s=t-k}^{n_i-l-1}r_s-r_{n_i-l-1}(n_i-\xi-l)]\leqslant$$

$$C(1+c\bar{x}^2)\{r_{n_i-l-1}[\sum_{s=n_i-l-1-k}^{n_i-l-1}r_s-$$

$$r_{n_i-l-1}(n_i-\xi-l)](n_i-\xi-l)+$$

$$\sum_{t=n_i-l}^{n_i-1}r_t[\sum_{s=t-k}^{n_i-l-1}r_s-r_{n_i-l-1}(n_i-\xi-l)]\}=$$

$$C(1+c\bar{x}^2)\{r_{n_i-l-1}[\sum_{s=n_i-l-k-1}^{n_i-l-1}r_s-$$

$$r_{n_i-l-1}(n_i-\xi-l)](n_i-l-\xi)+$$

$$\sum_{t=n_i-l}^{n_i-1}r_t[\sum_{s=t-k}^{t}r_s-\sum_{s=n_i-l}^{t}r_s-r_{n_i-l-1}(n_i-\xi-l)]\}\leqslant$$

$$C(1+c\bar{x}^2)\{r_{n_i-l-1}[\frac{1}{1+c\bar{x}^2}-$$

$$r_{n_i-l-1}(n_i-l-\xi)](n_i-l-\xi)+$$

$$\sum_{t=n_i-l}^{n_i-1}r_t[\frac{1}{1+c\bar{x}^2}-\sum_{s=n_i-l}^{t}r_s-r_{n_i-l-1}(n_i-\xi-l)]\}=$$

$$C(\sum_{t=n_i-l}^{n_i-1}r_t+r_{n_i-l-1}(n_i-l-\xi))+$$

$$C(1+c\bar{x}^2)\{-r_{n_i-l-1}^2(n_i-l-\xi)^2-$$

$$\sum_{t=n_i-l}^{n_i-1}r_t\sum_{s=n_i-l}^{t}r_s-r_{n_i-l-1}(n_i-l-\xi)\sum_{t=n_i-l}^{n_i-1}r_t\}$$

由于

$$\sum_{t=n_i-l}^{n_i-1} r_t \sum_{s=n_i-l}^{t} r_s = \frac{1}{2}(\sum_{s=n_i-l}^{n_i-1} r_s)^2 + \frac{1}{2}\sum_{s=n_i-l}^{n_i-1} r_s^2$$

对上式配方得

$$y_{n_i} \leqslant C(\sum_{t=n_i-1}^{n_i-1} r_s + r_{n_i-l-1}(n_i - \xi - l)) -$$

$$C(1+c\bar{x}^2)\{\frac{1}{2}(\sum_{s=n_i-l}^{n_i-1} r_s + r_{n_i-l-1}(n_i - l - \xi))^2 +$$

$$\frac{1}{2} r_{n_i-l-1}^2 (n_i - l - \xi)^2 + \frac{1}{2}\sum_{s=n_i-l}^{n_i-1} r_s^2\}$$

又由于$\sum_{s=1}^{m} x_s^2 \geqslant \frac{1}{m}(\sum_{s=1}^{m} x_s)^2$，故上式化为

$$y_{n_i} \leqslant C(\sum_{s=n_i-l}^{n_i-1} r_s + rn_{i-l-1}(n_i - l - \xi)) - CN + c\bar{x}^2) \cdot$$

$$\{\frac{1}{2}(\sum_{s=n_i-l}^{n_i-1} r_s + r_{n_i-l-1}(n_i - \xi - l))^2 +$$

$$\frac{1}{2}\,\frac{1}{l+1}(\sum_{s=n_i-l}^{n_i-1} r_s + r_{n_i-l-1}(n_i - l - \xi))^2\} =$$

$$C(\sum_{s=n_i-l}^{n_i-1} r_s + r_{n_i-l-1}(n_i - l - \xi)) -$$

$$C(1+c\bar{x}^2)\,\frac{1}{2}\,\frac{l+2}{l+1} \cdot$$

$$(\sum_{s=n_i-l}^{n_i-1} r_s + r_{n_i-l-1}(n_i - l - \xi))^2$$

由于

$$\sum_{s=n_i-l}^{n_i-1} r_s + r_{n_i-l-1}(n_i - l - \xi) =$$

$$\sum_{s=n_i-l-1}^{n_i-1} r_s + r_{n_i-l-1}(n_i-l-\xi-1) \leqslant$$

$$\sum_{s=n_i-l-1}^{n_i-1} r_s \leqslant \frac{1}{1+c\bar{x}^2} \leqslant 1$$

而函数 $Cx-\frac{1}{2}(1+c\bar{x}^2)x^2$ 在 $x\in(0,\frac{1}{1+c\bar{x}^2})$ 内单调增加,故

$$y_{n_i} \leqslant C(\sum_{s=n_i-l}^{n_i-1} r_s + r_{n_i-l-1}(n_i-l-\xi)) -$$

$$\frac{1}{2}C(1+c\bar{x}^2)(\sum_{s=n_i-l}^{n_i-1} r_s + r_{n_i-l-1}(n_i-l-\xi))^2 \leqslant$$

$$C\frac{1}{1+c\bar{x}^2} - \frac{1}{2}C(1+c\bar{x}^2)(\frac{1}{1+c\bar{x}^2})^2 =$$

$$\frac{1}{2}C\frac{1}{1+c\bar{x}^2} = \frac{1}{2}\frac{1}{1+c\bar{x}^2}(1-b\bar{x}\mathrm{e}^{\alpha_1}-c\bar{x}^2\mathrm{e}^{2\alpha_1})$$

令 $i\to\infty,\varepsilon\to 0$ 可得

$$\beta \leqslant \frac{1}{2}\frac{1}{1+c\bar{x}^2}(1-b\bar{x}\mathrm{e}^{\alpha}-c\bar{x}^2\mathrm{e}^{2\alpha})$$

又用 $\mathrm{e}^x \geqslant 1+x$. 故

$$\beta \leqslant \frac{1}{2}\frac{1}{1+c\bar{x}^2}(1-b\bar{x}(1+\alpha)-c\bar{x}^2(1+2\alpha)) =$$

$$\frac{1}{2}\frac{1}{1+c\bar{x}^2}(1-b\bar{x}-c\bar{x}^2-(b\bar{x}+2c\bar{x}^2)\alpha) =$$

$$\frac{1}{2}\frac{1}{1+c\bar{x}^2}(-b\bar{x}-2c\bar{x}^2)\alpha =$$

$$-\frac{1}{2}\alpha$$

则 $2\beta+\alpha\leqslant 0$. 下面导出 $\alpha=\beta=0$. 从而 $\lim\limits_{n\to\infty} y_n=0$,结束证明. 定义曲线

$$\Gamma_1:\beta=\frac{1}{1+c\bar{x}^2}(1-b\bar{x}\mathrm{e}^{\alpha}-c\bar{x}^2\mathrm{e}^{2\alpha})$$

$$\Gamma_2:\alpha=\frac{1}{1+c\bar{x}^2}(1-b\bar{x}\mathrm{e}^{\beta}-c\bar{x}^2\mathrm{e}^{2\beta})$$

在 $\alpha-\beta$ 坐标系中，Γ_1,Γ_2 均通过点(0,0). 计算 Γ_1,Γ_2 在点(0,0) 的各阶导数.

Γ_1：

$$\beta'|_{(0,0)}=-1,\beta''|_{(0,0)}=-\frac{1+3c\bar{x}^2}{1+c\bar{x}^2}$$

$$\beta'''|_{(0,0)}=-\frac{1+7c\bar{x}^2}{1+c\bar{x}^2}$$

Γ_2：

$$\beta'|_{(0,0)}=-1,\beta''|_{(0,0)}=-\frac{1+3c\bar{x}^2}{1+c\bar{x}^2}$$

$$\beta'''|_{(0,0)}=\frac{1+7c\bar{x}^2}{1+c\bar{x}^2}-\frac{3(1+3c\bar{x}^2)^2}{(1+c\bar{x}^2)^2}$$

由于 Γ_1 在点(0,0) 的三阶导数大于等于 Γ_2 在点(0,0) 的三阶导数，从而由傅立叶级数展开式可知在第二象限内 Γ_1 的图像在点(0,0) 附近位于 Γ_2 的图像的下方. 若(13)(14) 还有异于(0,0) 的解，易知 Γ_1 与 Γ_2 在第二象限内必相交. 设 (α_0,β_0) 是 Γ_1 与 Γ_2 在第二象限内的使 β 最小的交点，即

$$\beta_0=\frac{1}{1+c\bar{x}^2}(1-b\bar{x}\mathrm{e}^{\alpha_0}-c\bar{x}^2\mathrm{e}^{2\alpha_0})$$

$$\alpha_0=\frac{1}{1+c\bar{x}^2}(1-b\bar{x}\mathrm{e}^{\beta_0}-c\bar{x}^2\mathrm{e}^{2\beta_0})$$

$$(2\beta_0+\alpha_0\leqslant 0,-\infty<\alpha_0<0<\beta_0<+\infty)$$

于是在点 (α_0,β_0)，Γ_1 的斜率小于等于 Γ_2 的斜率，即

$$\frac{1}{1+c\bar{x}^2}(-b\bar{x}\mathrm{e}^{\alpha_0}-2c\bar{x}^2\mathrm{e}^{2\alpha_0})\leqslant\frac{1+c\bar{x}^2}{-b\bar{x}\mathrm{e}^{\beta_0}-2c\bar{x}^2\mathrm{e}^{2\beta_0}}$$

注意 $2\beta_0+\alpha_0\leqslant 0,\beta_0+\alpha_0<0,\beta_0+2\alpha_0<0$. 所以

$$
\begin{aligned}
(1+c\bar{x}^2)^2 \leqslant (b\bar{x}\mathrm{e}^{\alpha_0}+2c\bar{x}^2\mathrm{e}^{2\alpha_0})(b\bar{x}\mathrm{e}^{\beta_0}+2c\bar{x}^2\mathrm{e}^{2\beta_0}) = \\
(b\bar{x})^2\mathrm{e}^{\alpha_0+\beta_0}+b\bar{x}2c\bar{x}^2(\mathrm{e}^{\alpha_0+2\beta_0}+\mathrm{e}^{2\alpha_0+\beta_0})+ \\
(2c\bar{x}^2)^2\mathrm{e}^{2\alpha_0+2\beta_0}< \\
(b\bar{x})^2+2b\bar{x}(2c\bar{x}^2)+(2c\bar{x}^2)^2= \\
(b\bar{x}+2c\bar{x}^2)^2=(1+c\bar{x}^2)^2
\end{aligned}
$$

这不可能. 故式(13)(14)无异于(0,0)的解,即 $\alpha=\beta=0$,从而 $\lim\limits_{n\to\infty}y_n=0$.

由引理 1,2,3 可得定理 1.

注 1　基于文[10]的工作,有理由提出如下猜想:若 $b\geqslant 0,c>0$ 且

$$\sum_{n=0}^{\infty}r_n=\infty \tag{16}$$

$$\sum_{i=n-k}^{n}r_i\leqslant\frac{3}{2}(1+c\bar{x}^2) \tag{17}$$

则(1)的每一正解 $\{x_n\}$ 满足 $\lim\limits_{n\to\infty}x_n=\bar{x}$.

注 2　文[2]研究了差分方程

$$x_{n+1}=x_n\exp(r_n(a-bx_{n-k}-x_{n-k}^2))\ (n=0,1,\cdots) \tag{18}$$

给出了保证(18)的任一正解趋于正平衡点的充分条件. 显然,本节定理大大改进和推广了文[2]中的主要结果(去掉了文[2]中的一部分条件).

注 3　文[11]研究了差分方程

$$x_{n+1}=x_n\exp(r(1-x_{n-k}))\ (n=0,1,\cdots) \tag{19}$$

式(19)可视为式(1)的退化情形. 显然本节结果在 $b=1,c=0$ 时化为文[11]中结果,本节定理推广了文[11]中的结果.

注 4 文[12] 研究了方程(1) 的全局吸收性，显然，本节结果与文[12] 中的结果互不包含.

参考文献

[1] ERBE L H, XIA H, YU J S. Global stability of linear nonautonomous delay difference equation[J]. J Diff Eq Appl, 1995, 1: 151-161.

[2] 王晓燕. 离散型 Logistic 方程的全局吸收性[J]. 湖南大学学报, 1999, 2: 10-15.

[3] 周展，庚建设. 非自治时滞差分方程线性化渐近稳定性[J]. 数学年刊, 1998, 19A(3): 301-308.

[4] 时宝，王志成，庚建设. 时滞差分方程零解全局稳定的充分必要条件及应用[J]. 数学学报, 1997, 40(4): 615-624.

[5] KELLEY W G, PESTERSON A C. Difference Equation: an Introduction with Applications[M]. New York: Academic Press, 1991.

[6] GOPALSAMY K, LADAS C. On the oscillation and asympotic behavior of $N'(t)=N(t)(a+bN(t-\tau)-CN^2(t-\tau))$[J]. Quart Appl Math, 1990, 48(3): 433-440.

[7] 罗交晚，侯振挺. 平方非线线 Lokta-Volterra 型时滞人口模型平衡点的全局吸收性[J]. 数学的实践与认识, 1998, 28(3): 214-219.

[8] JOSEPH W H, YU J S. Global stability in a

logistic equation with piecewise constant arguments[J]. Hokkaido Math J,1995,24:269-286.

[9] 王慕秋,王联.常差分方程[M].乌鲁木齐:新疆大学出版社,1991.

[10] YU J S. Global attractivity of zero solution of a class of functional differential equation and its applications [J]. Science in China (Series A),1996,39(3):225-237.

[11] KOCIC V L,LADAS G. Global attrativity in nonlinear delay difference equations[J]. Proc Amer Math Soc,1992,15:1083-1088.

[12] 刘玉记.广义 Logistic 方程的全局吸收性[J].怀化师专学报,1998,17(2):6-10.

§16 Michaelis-Menton 型差分方程正解的渐近性

岳阳师院数学系刘玉记,岳阳大学计算机系涂建斌,岳阳市第一中学谈小球三位老师 2000 年研究了 Michaelis-Menton 型差分方程

$$x_{n+1}=x_n^{\alpha}\exp\left[r_n\sum_{i=1}^{m}\frac{a_i(1-x_{n-k})}{(1+c_i)(1+c_ix_{n-k_i})}\right]$$

其中 $a_i\in(0,+\infty)$,$c_i\in(0,1)$,k_i 非负整数($i=1,2,\cdots,m$),m 为自然数,$\alpha\in(0,1]$,$\{r_n\}$ 非负实数列,给出保证方程任一正解 $\{x_n\}$ 满足 $\lim\limits_{n\to\infty}x_n=1$ 的一族充分

条件,改进和推广了已有的结果.

一、引言

本节研究 Michaelis-Menton 型差分方程

$$x_{n+1}=x_n^{\alpha}\exp\left[r_n\sum_{i=1}^{m}\frac{a_i(1-x_{n-k_i})}{(1+c_i)(1+c_ix_{n-k_i})}\right] \quad (1)$$

$(n=0,1,2,\cdots)$

其中 $a_i\in(0,+\infty)$,$c_i\in(0,1)$,k_i 非负整数($i=1,2,\cdots,m$),m 为自然数,$\alpha\in(0,1]$,$\{r_n\}$ 非负实数列.

方程(1) 含有如下特殊形式

$$x_{n+1}=x_n^{\alpha}\exp\left[r_n\frac{1-x_{n-k}}{1+cx_{n-k}}\right]\ (n=0,1,2,\cdots) \quad (2)$$

$$x_{n+1}=x_n\exp\left[r\frac{1-x_{n-k}}{1+cx_{n-k}}\right]\ (n=0,1,2,\cdots) \quad (3)$$

$$x_{n+1}=x_n^{\alpha}\exp[r_n(1-x_{n-k})]\ (n=0,1,2,\cdots) \quad (4)$$

$$x_{n+1}=x_n\exp[r(1-x_{n-k})]\ (n=0,1,2,\cdots) \quad (5)$$

方程(1) 的连续形式为

$$N'(t)=r(t)N(t)\sum_{i=1}^{m}\frac{a_i(1-N(t-\tau_i))}{(1+c_i)(1+c_iN(t-\tau_i))}\quad(t\geqslant 0) \quad (6)$$

$$N'(t)=r(t)N(t)\frac{1-N(t-\tau)}{1+cN(t-\tau)}\quad(t\geqslant 0) \quad (7)$$

方程(6) 称为 Michaelis-Menton 单种群模型[1]. 方程(7) 就是所谓的食物有限模型[1]. 关于方程(6)(7) 的正解的渐近性问题已有许多研究[1-4].

对方程(5),文献[5] 证明了当 $0<r<\frac{1}{r+1}$ 时,

(5) 的每一正解 x_n 满足$\lim\limits_{n\to\infty} x_n=1$.

文献[6]研究了方程(4)的一致渐近稳定性,证明了若 $\sum\limits_{i=n-k}^{n}\alpha^{n-i}r_i\leqslant\beta<1+\dfrac{k+2}{2(k+1)}\alpha^{k+1}$,则(4)的解 $x_n\equiv 1$ 是一致渐近稳定的. 对差分方程(1)(2)(3)的正解的渐近性问题研究至今未见有关结果发表.

本节的目的是给出保证(1)(2)(3)的任一正解 $\{x_n\}$ 满足$\lim\limits_{n\to\infty} x_n=1$ 的充分条件. 与连续情形的方程(6)(7)相比,本节结果不同于文献[1]的相应结果. 本节主要结论在文末用定理列出.

与通常一样,令 $k=\max\{k_1,k_2,\cdots,k_m\}$,方程(1)的初始条件为

$$x_j=\varphi_j\in(0,+\infty)\ (j=-k,-k+1,\cdots,-1,0) \tag{8}$$

本节中未加定义的概念见文献[7]. 我们总设 $c_1\leqslant\cdots\leqslant c_m$.

二、引理

引理 1　设$\{x_n\}$是(1)(8)的任意解,若 x_n 最终大于 1 或最终小于 1,则:

(ⅰ)$\alpha\in(0,1)$ 时,必有$\lim\limits_{n\to\infty} x_n=1$.

(ⅱ)$\alpha=1$ 时,若$\sum\limits_{n=0}^{\infty}r_n=+\infty$,必有$\lim\limits_{n\to\infty} x_n=1$.

证明　若 x_n 最终大于 1,令 $\ln x_n=y_n$,则(1)化为

$y_{n+1}-\alpha y_n=$

$$r_n\sum_{i=1}^{m}\frac{a_i(1-\mathrm{e}^{y_{n-k_i}})}{(1+c_i)(1+c_i\mathrm{e}^{y_{n-k_i}})}\quad(i=0,1,2,\cdots)\tag{10}$$

由 x_n 最终大于1,故存在 N,当 $n\geqslant N$ 时,$y_{n-k_i}>0$,于是 $y_{n+1}-\alpha y_n<0$,从而 $y_{n+1}-y_n\leqslant y_{n+1}-\alpha y_n<0$,故 y_n 单调减小,设 $\lim\limits_{n\to\infty}y_n=\beta$,则 $\beta\geqslant 0$,只需证 $\beta=0$. 对式(10) 取 $n\to\infty$,得

$$(1-\alpha)\beta=\lim_{n\to\infty}r_n\sum_{i=1}^{m}\frac{a_i(1-e^{y_{n-k_i}})}{(1+c_i)(1+c_ie^{y_{n-k_i}})}$$

由于 $y_{n-k_i}>0,r_n\geqslant 0,c_i>0$,故 $(1-\alpha)\beta\leqslant 0$,因而 $\alpha\in(0,1)$ 时,导出 $\beta=0$,即 $\lim\limits_{n\to\infty}y_n=0$,从而有 $\lim\limits_{n\to\infty}x_n=1$.

当 $\alpha=1$ 时,同样,存在 $N,n\geqslant N$ 时,$y_{n-k_i}>0$,从而由式(10),y_n 单调减小,设 $\lim\limits_{n\to\infty}y_n=\beta$,则 $\beta\geqslant 0$,若 $\beta\neq 0$,则 $\beta>0$,且 $y_n\geqslant\beta$,由于 $\frac{1-\mathrm{e}^x}{1+c\mathrm{e}^x}$ 关于 x 单调递减,故式(12) 给出

$$y_{n+1}-y_n\leqslant r_n\sum_{i=1}^{m}\frac{a_i(1-\mathrm{e}^{\beta})}{(1+c_i)(1+c_i\mathrm{e}^{\beta})}\quad(n\geqslant N)\tag{11}$$

对式(11) 从 N 到 n 求和 $y_{n+1}-y_N\leqslant\sum\limits_{i=1}^{m}\frac{a_i(1-\mathrm{e}^{\beta})}{(1+c_i)(1+c_i\mathrm{e}^{\beta})}\sum\limits_{i=N}^{n}r_i$. 令 $n\to\infty$,由上式导出 $\sum\limits_{n=N}^{\infty}r_n<+\infty$,与条件式(9) 矛盾. 故 $\lim\limits_{n\to\infty}y_n=\beta=0$,从而 $\lim\limits_{n\to\infty}x_n=1$. 同理可证,当 x_n 最终小于1时,有 $\lim\limits_{n\to\infty}x_n=1$.

引理2 设 $\alpha=1$,$\{x_n\}$ 是(1) 的关于1的振动正解

且存在正数 M,使

$$\sum_{i=n-k}^{n-1} r_i \leqslant M \tag{12}$$

则 x_n 有大于 0 的下界,也有上界.

证明　令 $\ln x_n = y_n$,此时(1) 化为

$$y_{n+1} - y_n = r_n \sum_{i=1}^{m} \frac{a_i(1-\mathrm{e}^{y_{n-k_i}})}{(1+c_i)(1+c_i\mathrm{e}^{y_{n-k_i}})} \quad (n=0,1,2,\cdots) \tag{13}$$

由于 x_n 关于 1 振动,故 y_n 关于 0 振动. 需证 y_n 有下界,且有上界. 由于 $\frac{1-\mathrm{e}^x}{1+c\mathrm{e}^x} \leqslant 1$,故式(13) 给出

$$y_{n+1} - y_n \leqslant \sum_{i=1}^{m} \frac{a_i}{1+c_i} r_n \tag{14}$$

设 y_{n_0} 是 $\{y_n\}$ 的任一左极大项,即 $y_{n_0} \geqslant y_{n_0-1}$. 故由 $y_{n_0} - y_{n_0-1} = r_{n_0-1} \sum_{i=1}^{m} \frac{a_i(1-\mathrm{e}^{y_{n-k_i}})}{(1+c_i)(1+c_i\mathrm{e}^{y_{n-k_i}})}$,导出存在 $0 \leqslant l \leqslant k$,使 $y_{n_0-l} \leqslant 0$,对式(14) 从 $n_0 - l$ 到 $n_0 - 1$ 求和得 $y_{n_0} \leqslant y_{n_0-l} + \sum_{i=1}^{m} \frac{a_i}{1+c_i} \sum_{i=n_0-l}^{n_0-1} r_i \leqslant M \sum_{i=1}^{m} \frac{a_i}{1+c_i}$. 故 y_n 有上界. 现设 $y_n \leqslant \overline{M} = M \sum_{i=1}^{m} \frac{a_i}{1+c_i}$,由于 $\frac{1-\mathrm{e}^x}{1+c\mathrm{e}^x}$ 是单减函数,从而式(13) 化为

$$y_{n+1} - y_n \geqslant r_n \sum_{i=1}^{m} \frac{a_i(1-\mathrm{e}^{\overline{M}})}{(1+c_i)(1+c_i\mathrm{e}^{\overline{M}})} \tag{15}$$

设 y_{n_0} 为 $\{y_n\}$ 的任一左极小点,即 $y_{n_0} \leqslant y_{n_0-1}$,用上述相同方法可导出,$y_n$ 有下界.

引理 3　设 $\alpha \in (0,1)$,$\{x_n\}$ 是(1) 的关于 1 的振

动正解,存在常数 M,使得

$$\sum_{i=n-k}^{n-1}\alpha^{n-i}r_i\leqslant M \tag{16}$$

则 x_n 有大于 0 的下界,且有上界.

证明方法与引理 2 相同,略.

引理 4 不等式组

$$\beta\leqslant\frac{1}{\sum\limits_{i=1}^{m}\frac{a_i}{(1+c_i)^2}}\sum_{i=1}^{m}\frac{a_i(1-\mathrm{e}^{\alpha})}{(1+c_i)(1+c_i\mathrm{e}^{\alpha})} \tag{17}$$

$$\alpha\leqslant\frac{1}{\sum\limits_{i=1}^{m}\frac{a_i}{(1+c_i)^2}}\sum_{i=1}^{m}\frac{a_i(1-\mathrm{e}^{\beta})}{(1+c_i)(1+c_i\mathrm{e}^{\beta})} \tag{18}$$

$$(-\infty<\alpha\leqslant 0\leqslant\beta<+\infty) \tag{19}$$

仅有解 $\alpha=\beta=0$.

证明 定义两曲线

$$l_1:\beta=\frac{1}{\sum\limits_{i=1}^{m}\frac{a_i}{(1+c_i)^2}}\sum_{i=1}^{m}\frac{a_i(1-\mathrm{e}^{\alpha})}{(1+c_i)(1+c_i\mathrm{e}^{\alpha})}$$

$$l_2:\alpha=\frac{1}{\sum\limits_{i=1}^{m}\frac{a_i}{(1+c_i)^2}}\sum_{i=1}^{m}\frac{a_i(1-\mathrm{e}^{\beta})}{(1+c_i)(1+c_i\mathrm{e}^{\beta})}$$

易知(17)(18)(19)有唯一解 $\alpha=\beta=0$ 的充分条件为曲线 l_1 与 l_2 在 $\{(\alpha,\beta)\mid\alpha\leqslant 0,\beta\geqslant 0\}$ 内仅有交点(0,0).反设 l_1 与 l_2 在第二象限 $\{(\alpha,\beta)\mid\alpha\leqslant 0,\beta\geqslant 0\}$ 内除(0,0)外尚有交点,设 (α_1,β_1) 为 l_1 与 l_2 在第二象限异于(0,0)且 α_1 最大,β_1 最小的交点.对 l_1,计算在点(0,0)的斜率及各导数

$$\left.\frac{\mathrm{d}\beta}{\mathrm{d}\alpha}\right|_{(0,0)}=-1$$

$$\left.\frac{\mathrm{d}^2\beta}{\mathrm{d}\alpha^2}\right|_{(0,0)}=-\frac{1}{\sum_{i=1}^{m}\frac{a_i}{(1+c_i)^2}}\sum_{i=1}^{m}\frac{a_i(1-c_i)}{(1+c_i)^3}$$

$$\left.\frac{\mathrm{d}^3\beta}{\mathrm{d}\alpha^3}\right|_{(0,0)}=-\frac{1}{\sum_{i=1}^{m}\frac{a_i}{(1+c_i)^2}}\sum_{i=1}^{m}\frac{a_i(1-c_i)(1-2c_i)}{(1+c_i)^4}$$

对 l_2，计算在点(0,0)的各阶导数

$$\left.\frac{\mathrm{d}\beta}{\mathrm{d}\alpha}\right|_{(0,0)}=-1$$

$$\left.\frac{\mathrm{d}^2\beta}{\mathrm{d}\alpha^2}\right|_{(0,0)}=-\frac{1}{\sum_{i=1}^{m}\frac{a_i}{(1+c_i)^2}}\sum_{i=1}^{m}\frac{a_i(1-c_i)}{(1+c_i)^3}$$

$$\left.\frac{\mathrm{d}^3\beta}{\mathrm{d}\alpha^3}\right|_{(0,0)}=\frac{1}{\sum_{i=1}^{m}\frac{a_i}{(1+c_i)^2}}\left[\sum_{i=1}^{m}\frac{a_i(1-c_i)(1-2c_i)}{(1+c_i)^4}\right]-3\frac{1}{\left[\sum_{i=1}^{m}\frac{a_i}{(1+c_i)^2}\right]^2}\cdot\left[\sum_{i=1}^{m}\frac{a_i}{(1+c_i)^2}-2\sum_{i=1}^{m}\frac{a_ic_i}{(1+c_i)^3}\right]^2$$

通过比较，并用三阶泰勒公式，易知在第二象限原点附近 l_2 位于与 l_1 上方，故在(α_1,β_1)点 l_1 的斜率小于等于与 l_2 的斜率，即

$$-\frac{1}{\sum_{i=1}^{m}\frac{a_i}{(1+c_i)^2}}\sum_{i=1}^{m}\frac{a_i\mathrm{e}^{\alpha_1}}{(1+c_i\mathrm{e}^{\alpha_1})^2}\leqslant-\frac{\sum_{i=1}^{m}\frac{a_i}{(1+c_i)^2}}{\sum_{i=1}^{m}\frac{a_i\mathrm{e}^{\beta_1}}{(1+c_i\mathrm{e}^{\beta_1})^2}}$$

化为

$$\left[\sum_{i=1}^{m}\frac{a_i}{(1+c_i)^2}\right]^2\leqslant$$

$$e^{\alpha_1+\beta_1}\sum_{i=1}^{m}\frac{a_i}{(1+c_ie^{\alpha_1})^2}\sum_{i=1}^{m}\frac{a_i}{(1+c_ie^{\beta_1})^2}$$

注意 $e^{\alpha_1}+e^{\beta_1}\geqslant e^{\frac{\alpha_1+\beta_1}{2}}$，$c_i\leqslant c_j$ 时

$$c_ie^{\alpha_1}+c_je^{\beta_1}\geqslant(c_i+c_j)e^{\frac{\alpha_1+\beta_1}{2}}$$

$$\sum_{i=1}^{m}\frac{a_i}{1+c_ie^{\alpha_1}}\sum_{j=1}^{m}\frac{a_j}{(1+c_je^{\beta_1})^2}=$$

$$\sum_{i=1}^{m}\frac{a_i^2}{(1+c_i(e^{\alpha_1}+e^{\beta_1})+c_i^2e^{\alpha_1+\beta_1})^2}+$$

$$2\sum_{1\leqslant i<j\leqslant m}\frac{a_ia_j}{(1+c_ie^{\alpha_1}+c_je^{\beta_1}+c_ic_je^{\alpha_1+\beta_1})^2}\leqslant$$

$$\sum_{i=1}^{m}\frac{a_i^2}{(1+c_ie^{\frac{\alpha_1+\beta_1}{2}})^4}+$$

$$2\sum_{1\leqslant i<j\leqslant m}\frac{a_ia_j}{(1+c_ie^{\frac{\alpha_1+\beta_1}{2}})^2(1+c_je^{\frac{\alpha_1+\beta_1}{2}})^2}$$

从而结合前一式有(配方并开方)

$$\sum_{i=1}^{m}\frac{a_i}{(1+c_i)^2}\leqslant e^{\frac{\alpha_1+\beta_1}{2}}\sum_{i=1}^{m}\frac{a_i}{(1+c_ie^{\frac{\alpha_1+\beta_1}{2}})^2}\qquad(20)$$

定义函数 $f(x)=x\sum_{i=1}^{m}\frac{a_i}{(1+c_ix)^2}$，又由于 $x<0$ 时，$\frac{1-e^x}{1+ce^x}\leqslant-\frac{1}{1+c}x$，故$(\alpha_1,\beta_1)$满足

$$\beta_1=\frac{1}{\sum_{i=1}^{m}\frac{a_i}{(1+c_i)^2}}\sum_{i=1}^{m}\frac{a_i(1-e^{\alpha_1})}{(1+c_i)(1+ce^{\alpha_1})}\leqslant$$

$$\frac{1}{\sum_{i=1}^{m}\frac{a_i}{(1+c_i)^2}}\sum_{i=1}^{m}\frac{a_i}{1-c_i}\left(-\frac{1}{1+c_i}\alpha_1\right)=$$

$-\alpha_1$

故 $\alpha_1+\beta_1\leqslant 0$，从 $f(x)$ 的定义 $f'(x)=\sum_{i=1}^{m}\frac{a_i}{(1+c_ix)^3}(1-c_ix)\geqslant 0$，其中 $c_i\in[0,1]$，$0<x<1$. 于是

$$f(x)<f(1)=\sum_{i=1}^{m}\frac{a_i}{(1+c_ix)^2}$$

则

$$e^{\frac{\alpha_1+\beta_1}{2}}\sum_{i=1}^{m}\frac{a_i}{(1+c_ie^{\frac{\alpha_1+\beta_1}{2}})^2}<\sum_{i=1}^{m}\frac{a_i}{(1+c_i)^2}$$

结合式(20)产生矛盾. 故 $\alpha=\beta=0$.

引理 5　设 $\alpha=1$ 且对充分大的 n 有 $\sum_{i=n-k}^{n-1}r_i\leqslant\frac{1}{\sum_{i=1}^{m}\frac{a_i}{(1+c_i)^2}}$，$\{x_n\}$ 是(1)关于 1 的振动解，则 $\lim_{n\to\infty}x_n=1$.

证明　由引理 2 中方法，(1) 化为 $y_{n+1}-y_n=r_n\sum_{i=1}^{m}\frac{a_i(1-e^{y_{n-k_i}})}{(1+c_i)(1+c_ie^{y_{n-k_i}})}$，且 y_n 有界，令 $\liminf_{n\to\infty} y_n=\alpha$，$\limsup_{n\to\infty} y_n=\beta$，则有 $-\infty<\alpha\leqslant 0\leqslant\beta<+\infty$，又任给 $\varepsilon>0$，存在 N，当 $n\geqslant N$ 时，$\alpha_1=\alpha-\varepsilon<y_{n-k}<\beta+\varepsilon=\beta_1$. 由于 $\frac{1-e^x}{1+ce^x}$ 单减，故 $n\geqslant N$ 时

$$y_{n+1}-y_n\leqslant r_n\sum_{i=1}^{m}\frac{a_i(1-e^{\alpha_1})}{(1+c_i)(1+c_ie^{\alpha_1})}\tag{21}$$

$$y_{n+1}-y_n\leqslant r_n\sum_{i=1}^{m}\frac{a_i(1-e^{\beta_1})}{(1+c_i)(1+c_ie^{\beta_1})}\tag{22}$$

取 $\{y_n\}$ 的子列 $\{y_{n_s}\}$ 使 $\lim_{s\to\infty}y_{n_s}=\beta$ 且 y_{n_s} 是 y_n 的左极大

项，易知存在 $0 \leqslant l \leqslant k$，使 $y_{n_s-l} \leqslant 0$ 从 n_s-l 到 n_s-1 时对式(21)求和

$$y_{n_s} \leqslant \sum_{i=1}^{m} \frac{a_i(1-e^{\alpha_1})}{(1+c_i)(1+c_i e^{\alpha_1})} \sum_{i=n_s-l}^{n_s-1} r_i \leqslant \frac{1}{\sum_{i=1}^{m} \frac{a_i}{(1+c_i)^2}} \sum_{i=1}^{m} \frac{a_i(1-e^{\alpha_1})}{(1+c_i)(1+c_i e^{\alpha_1})}$$

令 $s \to \infty$，又令 $\varepsilon \to 0$，得 $\beta \leqslant \frac{1}{\sum_{i=1}^{m} \frac{a_i}{(1+c_i)^2}} \cdot \sum_{i=1}^{m} \frac{a_i(1-e^{\alpha})}{(1+c_i)(1+c_i e^{\alpha})}$.

同理可得

$$\alpha \geqslant \frac{1}{\sum_{i=1}^{m} \frac{a_i}{(1+c_i)^2}} \sum_{i=1}^{m} \frac{a_i(1-e^{\beta})}{(1+c_i)(1+c_i e^{\beta})}$$

由引理 4 导出 $\alpha=\beta=0$. 故 $\lim\limits_{n\to\infty} y_n=0$，从而 $\lim\limits_{n\to\infty} x_n=1$.

引理 6 设 $\alpha \in (0,1)$ 且 $\sum_{i=n-k}^{n-1} \alpha^{n-i} r_i \leqslant \frac{1}{\sum_{i=1}^{m} \frac{a_i}{(1+c_i)^2}}$，则(1)的任一关于 1 的振动解 x_n 满足 $\lim\limits_{n\to\infty} x_n=1$.

证法与引理 5 同，略. 由引理 1 ~ 6 可得：

定理 1 设 $\alpha=1$，且 $\sum_{n=0}^{\infty} r_n=+\infty$，$\sum_{i=n-k}^{n-1} r_i \leqslant \frac{1}{\sum_{i=1}^{m} \frac{a_i}{(1+c_i)^2}}$，则(1)的任意正解满足 $\lim\limits_{n\to\infty} x_n=1$.

定理 2　设 $\alpha \in (0,1)$，且 $\sum_{i=n-k}^{n-1} \alpha^{n-i} r_i \leqslant \frac{1}{\sum_{i=1}^{m} \frac{a_i}{(1+c_i)^2}}$，则(1)的任一正解满足 $\lim_{n \to \infty} x_n = 1$.

注　定理 1 显然推广改进了文献[5]的定理. 定理 2 在最新文献中未曾见过[1]. 在 $m=1$ 时，定理 1,2 给出了食物有限模型正解渐近性条件.

参考文献

[1] YU J S. Global attractivity of the zero solution of a class of functional differential equations and its applications[J]. Science In China. 1996, 39(3):225-233.

[2] KUANG Y. Delay differential equations with applications in population Dynamics[M]. Boston: Academic Press, 1993.

[3] KUANG Y. Global stability for a class of nonlinear nonautonomous delay equations[J]. Nonlinear Analysis, 1991, 17:627.

[4] GOPALSAMY K, KULENOVIC M R S, LADAS G. Time lags in a "fool-limited" population model [J]. Applicable Analysis, 1988, 31(2):225.

[5] KOCIC V L, LADAS G. Global attractivity in nonlinear delay difference equations[J]. Proc

Amer Math Soc,1992,15:1083-1088.
[6] ZHOU Z,ZHANG Q Q. Uniform stability of nonlinear difference systems [M]. JMAA, 1988. 486-500.
[7] KELLEY R P,PETERSON A C. Difference equations: Anintroduction with applications[M]. New York: Academic Press, 1991.

§17 一类非自治时滞差分方程的全局吸引性及其应用

岳阳师院数学系的刘玉记、涂建斌、周利麟三位教授 2000 年研究了一类广泛的非自治时滞差分方程,修改了对非线性项的通常限制,运用一种新的方法导出了方程的零解为全局吸引的一族充分条件,所得结果改进了已有文献中的相应的定理,并给出了结果的应用,所得推论也改进了许多已有定理.

一、引言

近年来,关于时滞差分方程的振动性和渐近性研究十分活跃,从线性到非线性形式,从其有生态学意义的方程到一般形式差分方程,从时滞型到中立型时滞差分方程,差分方程的解的渐近稳定性研究取得了丰富结果,参见[1-6,9-10,12,13] 及专著[7,8,11]. 如下形式的差分方程

$$\Delta x_n + a_n x_n = r_n f(x_{n-k_1}, \cdots, x_{n-k_m}) \quad (n=0,1,\cdots) \tag{1}$$

是许多数学家研究的重要课题，其中$\{a_n\}$，$\{r_n\}$为非负实数列，$0 \leqslant a_n < 1(n=0,1,\cdots)$. k_i是非负整数$(i=1,2,\cdots,m)$，$k=\max\{k_1,\cdots,k_m\}$. 方程(1)包含特殊形式

$$\Delta x_n + \lambda x_n = r_n f(x_{n-k}) \text{[1,12,13]} \tag{2}$$

$$\Delta x_n = -p_n x_{n-k} \text{[2]} \tag{3}$$

许多具有生态学意义的差分方程可化为(1)的形式，如

$$x_{n+1} = x_n e^{r_n(1-bx_{n-k}-cx_{n-l}^2)} \text{[7,8]} \tag{4}$$

$$x_{n+1} = x_n e^{r_n \frac{1-x_{n-k}}{1+\lambda x_{n-k}}} \text{[7,8]} \tag{5}$$

$$\Delta x_n = p_n x_n^{\frac{1-x_{n-k}}{1+\lambda x_{n-k}}} \text{[8,9]} \tag{6}$$

$$\Delta x_n = r_n(-x_n + pe^{-ax_{n-k}}) \text{[7]} \tag{7}$$

$$x_{n+1} = x_n f(x_{n-k}) \text{[6]} \tag{8}$$

$$\Delta x_n = p_n x_n(1 - bx_{n-k} - cx_{n-l}^2) \text{[7,8]} \tag{9}$$

对方程(1)的解的渐近性的研究通常对非线性项假设了$f(x_1,\cdots,x_m)$关于x_i单调减且满足如下条件之下，即

$$-pM(-\varphi) \leqslant f(\varphi_{n-k},\cdots,\varphi_{n-km}) \leqslant p_n M(\varphi) \text{[1,4]} \tag{10}$$

其中$M(\varphi)=\max\{0, \max\limits_{-k\leqslant j\leqslant 0} \varphi_{n+j}\}$.

$$\left|\frac{f(n,x)}{x}\right| \leqslant p_n \text{[3,5]} \tag{11}$$

$$\alpha_n x^2 \leqslant xf(n,x) \leqslant \beta_n x^2 \text{[10]} \tag{12}$$

其中$\alpha_n > 0$，$\beta_n > 0$. 显然，条件(10)(11)(12)对非线性项要求较强，限制了定理的应用. 作恰当变换将(4)～(9)化为(1)的形式所得方程的非线性项均不满足(10) ~ (12). 本节减弱对非线性项的要求,假设存在正数 $b_1, b_2, \cdots, b_m$,使

$$\begin{cases} f(y_1,\cdots,y_m) \text{ 关于每个 } y_i \text{ 单减}, f \text{ 有上界} \\ \text{当 } y_i \geqslant 0 (\text{或} \leqslant 0) \text{ 时}, f(y_1,\cdots,y_m) \leqslant 0 \\ (\text{或} \geqslant 0), i=1,\cdots,m \\ f(u,\cdots,u)=0 \text{ 当且仅当 } u=0 \\ f(y_1,\cdots,y_m) \leqslant -(b_1 y_1 + \cdots + b_m y_m), \forall y_i \in R \end{cases} \tag{13}$$

显然条件(13) 较(10) ~ (12) 弱. 方程(1) 有唯一平衡点 $\bar{x}=0$,当 $m<n$ 时,约定 $\sum_{i=n}^{m} x_i = 0, \prod_{i=1}^{m} x_i = 1$,作数列

$$q_0 = 1, q_{n+1} = \frac{1}{1-a_n} q_n \quad (n=0,1,\cdots)$$

则方程(1) 化为

$$\Delta(q_n x_n) = q_{n+1} r_n f(x_{n-k_1}, \cdots, x_{n-k_m}) \tag{14}$$

由于 $a_n \in [0,1)$,故 $q_n \geqslant 1$ 且 $\{q_n\}$ 单增. 主要结果如下:

定理 1 假设如下条件成立

$$\sum_{n=0}^{\infty} q_{n+1} r_n = +\infty \tag{15}$$

$$\frac{q_{n+k}}{q_n} \text{ 关于 } n \text{ 单增且} \left\{\frac{q_{n+k}}{q_n}\right\} \text{ 有界} \tag{16}$$

$$\sum_{s=n-k}^{n} \frac{q_{s+1} r_s}{q_n} - \frac{1}{2b} \frac{q_{n-k}}{q_n} \frac{k+2}{k+1} \leqslant \frac{1}{b} \tag{17}$$

则方程(1) 的每一解有界.

定理 2 设条件(15)(16) 成立,又设

$$\sum_{s=n-k}^{n} \frac{q_{s+1} r_s}{q_n} \leqslant \frac{p}{b} \tag{18}$$

且方程组

$$\begin{cases} v \leqslant \left(p - \frac{1}{2}\frac{k+2}{k+1}\right)\frac{1}{b}f(u,\cdots,u) \\ u \geqslant p\,\frac{1}{b}f(v,\cdots,v) \\ -\infty < u \leqslant 0 \leqslant v < +\infty \end{cases} \tag{19}$$

有唯一解 $u=v=0$，则(1)的每一解$\{x_n\}$满足

$$\lim_{n\to\infty} x_n = 0 \tag{20}$$

二、定理证明

引理1　设条件(13)(14)成立，$\{x_n\}$是(1)的最终正解或最终负解，则(20)成立. 证明简单，略.

定理1的证明. 设$\{x_n\}$为(1)的任一解，若$\{x_n\}$最终正或最终负，由引理1知$\{x_n\}$有界. 若$\{x_n\}$振动，先证$\{x_n\}$有上界，否则存在子列$\{x_{n_i}\}$. 使$x_{n_i}>0$，$x_{n_i}\geqslant x_{n_i-1}$，$\lim\limits_{i\to\infty} x_{n_i}=+\infty$，于是由(1)及(13)可导出$x_{n_i-k_j-1}(j=1,2,\cdots,m)$中至少有一个小于等于0，从而存在$0\leqslant l\leqslant k$，使$x_{n_i-l-1}\leqslant 0$，$x_n>0(n_i-l\leqslant n\leqslant n_i)$，于是存在$\xi\in(n_i-l-1,n_i-l)$，使

$$q_{n_i-l-1}x_{n_i-l-1}+ (q_{n_i-l}x_{n_i-l}-q_{n_i-l-1}x_{n_i-l-1})(\xi-n_i+l+1)=0 \tag{21}$$

又由(13)，设$f(y,\cdots,y_m)\leqslant A$，则(14)给出

$$\Delta(q_n x_n)\leqslant Aq_{n+1}r_n \tag{22}$$

于是$n\leqslant n_i-l-1$时，由式(22)及(21)导出

$$-x_n=\frac{1}{q_n}\left(-q_{n_i-l-1}x_{n_i-l-1}+\sum_{s=n}^{n_i-l-2}(q_{s+1}x_{s+1}-q_s x_s)\right)=$$

$$\frac{1}{q_n}((q_{n_i-l}x_{n_i-l}-q_{n_i-l-1}x_{n_i-l-1})(\xi-n_i+l+1)+$$
$$\sum_{s=n}^{n_i-l-2}(q_{s+1}x_{s+1}-q_sx_s))\leqslant$$
$$\frac{A}{q_n}(\sum_{s=n}^{n_i-l-1}q_{s+1}r_s-q_{n_i-l}r_{n_i-l-1}(n_s-\xi-l)) \quad (23)$$

由(14)及(13)立得

$$\Delta(q_nx_n)\leqslant-q_{n+1}r_n(b_1x_{n-k_1}+\cdots+b_mx_{n-k_m}) \quad (24)$$

从而当 $n_i-l\leqslant n\leqslant n_i$ 时，注意到(23)也成立，故由(23)导出

$$\max\{-x_{n-k_1},\cdots,-x_{n-k_m}\}\leqslant$$
$$\frac{A}{q_{n-k}}(\sum_{s=n-k}^{n_i-l-1}q_{s+1}r_s-q_{n_i-l}r_{n_i-l-1}(n_i-\xi-l))$$

于是

$$\Delta(q_nx_n)\leqslant$$
$$Ab\frac{q_{n+1}r_n}{q_{n-k}}(\sum_{s=n-k}^{n_i-l-1}q_{s+1}r_s-q_{n_i-l}r_{n_i-l-1}(n_i-\xi-l)) \quad (25)$$

应用文[4]中方法分两种情况：(1) $d=\sum\limits_{s=n_i-l}^{n_i-1}\frac{q_{n+1}r_n}{q_{n_i-k}}+(n_i-\xi-l)\frac{q_{n_i-1}}{q_{n_i-k}}\leqslant\frac{1}{b}$；(2) $d>\frac{1}{b}$，讨论均推出

$$x_{n_i}\leqslant\left(p-\frac{1}{2}\frac{k+2}{k+1}\right)A \quad (26)$$

从而 $\lim\limits_{i\to\infty}x_{n_i}\leqslant\left(p-\frac{1}{2}\frac{k+2}{k+1}\right)A$，矛盾，故 $\{x_n\}$ 有上界.

设 $x_n \leqslant M$，于是由(13)(14)得

$$\Delta(q_n x_n) \geqslant q_{n+1} r_n f(M,\cdots,M) \tag{27}$$

反设 $\{x_n\}$ 无下界，则存在子列 $\{x_{n_i}\}$，使 $x_{n_i} < 0, x_{n_i} \leqslant x_{n_i-1}, \lim\limits_{i\to\infty} x_{n_i} = -\infty$. 同理可由(14)导出 $x_{n_i-k_j-1}$ 中必有 $\geqslant 0$ 者，存在 $0 \leqslant l \leqslant k$，使 $x_{n_i-l-1} \geqslant 0, x_n < 0(n_i - l \leqslant n \leqslant n_i)$，对(27)从 $n_i - l - 1$ 到 $n_i - 1$ 求和，运用式(17)

$$q_{n_i} x_{n_i} - q_{n_i-l-1} x_{n_i-l-1} \geqslant$$

$$f(M,\cdots,M) \sum_{s=n_i-l-1}^{n_i-1} q_{s+1} r_s \geqslant$$

$$\frac{1}{b}\left(1 + \frac{k+2}{2(k+1)} \frac{q_{n-k}}{q_n}\right) f(M,\cdots,M)$$

$$x_{n_i} \geqslant \frac{1}{b}\left(1 + \frac{k+2}{2(k+1)}\right) f(M,\cdots,M)$$

从而 $\lim\limits_{i\to\infty} x_{n_i} \geqslant \frac{1}{b}\left(1 + \frac{k+2}{2(k+1)}\right) f(M,\cdots,M)$，矛盾，证完.

定理2的证明. 设 $\{x_n\}$ 是(1)的任一解，由引理1立知，只需证当 $\{x_n\}$ 振动时，(20)成立. 由定理1知 $\{x_n\}$ 有界，从而设

$$\liminf_{n\to\infty} x_n = u, \limsup_{n\to\infty} x_n = v \tag{28}$$

任给 $\varepsilon > 0$，存在 N，当 $n > N$ 时

$$u_1 = u - \varepsilon < x_{n-k_i} < v + \varepsilon = v_1 \quad (n \geqslant N) \tag{29}$$

于是由(4)知

$$\Delta(q_n x_n) \leqslant q_{n+1} r_n f(u_1,\cdots,u_1) \tag{30}$$

$$\Delta(q_n x_n) \geqslant q_{n+1} r_n f(v_1,\cdots,v_1) \tag{31}$$

又结合(13)中第4式，运用文[4]的方法可导出

$$v \leqslant \left(q - \frac{k+2}{2(k+1)}\right) f(u,\cdots,u) \tag{32}$$

用(31)及定理 1 中证明法可导出

$$u \geqslant \frac{1}{b} p f(v,\cdots,v) \tag{33}$$

又由于

$$-\infty < u \leqslant 0 \leqslant v < +\infty \tag{34}$$

由定理条件立知 $u=v=0$,从而(20)成立.

三、定理应用

对方程(4),令 $\ln \frac{x_n}{\bar{x}} = y_n$,则化为

$$\Delta y_n = r_n(1 - b\bar{x}\mathrm{e}^{y_{n-l}} - c\bar{x}^2 \mathrm{e}^{2y_{n-k}}) \tag{35}$$

由基本不等式,当 $b>0, c>0, \bar{x}$ 为 $1-bx-cx^2=0$ 的唯一的正根,(35)导出

$$\Delta y_n \leqslant -r_n(b\bar{x}y_{n-l} + 2c\bar{x}^2 y_{n-k}) \tag{36}$$

于是有:

定理 3 设 $b>0, c\geqslant 0, \{r_n\}$ 为非负实数列

$$\sum_{n=0}^{\infty} r_n = +\infty \tag{37}$$

$$\sum_{s=n-k}^{n} r_s \leqslant \frac{1}{b\bar{x} + c\bar{x}^2} \tag{38}$$

则方程(1)的任一正解 $\{x_n\}$ 满足 $\lim\limits_{n\to\infty} x_n = \bar{x}$.

注 1 这是文[14]的主要结果.

对(5),作变换 $\ln x_n = y_n$,化为

$$\Delta y_n = r_n \frac{1-\mathrm{e}^{y_{n-k}}}{1+\lambda \mathrm{e}^{y_{n-k}}} \leqslant \frac{r_n}{1+\lambda} y_{n-k} \tag{39}$$

$\{r_n\}$ 为非负实数列,$\lambda \in [0,1)$,于是,有:

定理 4 设(37)成立,且

$$\sum_{s=n-k}^{n} r_s \leqslant p(1+\lambda) \tag{40}$$

$$p\left(p-\frac{k+2}{2(k+1)}\right) \leqslant 1 \tag{41}$$

则(5) 的每一正解满足$\lim\limits_{n\to\infty} x_n = 1$.

对(6),作变换,$\ln x_n = y_n$,化为

$$\Delta y_n = \ln\left(1+p_n\frac{1-\mathrm{e}^{y_{n-k}}}{1+\lambda\mathrm{e}^{y_{n-k}}}\right) \tag{42}$$

于是有 $\Delta y_n \leqslant -\frac{p_n}{1+\lambda} y_{n-k}$,从而有:

定理 5　设$\{p_n\}$ 非负数,$\lambda \in [0,1)$,且

$$\sum_{n=0}^{\infty} p_n = \infty \tag{43}$$

$$\sum_{s=n-k}^{n} p_s \leqslant p(1+\lambda) \tag{44}$$

$$1-p\left(p-\frac{k+2}{2(k+1)}\right)\mathrm{e}^{p-\frac{k+2}{2(k+1)}} \geqslant 0 \tag{45}$$

则(6) 的每一正解满足$\lim\limits_{n\to\infty} x_n = 1$.

对(7) 作变换 $x_n = \bar{x} - \frac{1}{a} y_n$,$\bar{x}$ 满足$x + p\mathrm{e}^{-ax} = 0$,

则(7) 化为

$$\Delta y_n + r_n y_n = a\bar{x} r_n (1-\mathrm{e}^{y_{n-k}}) \tag{46}$$

$$\Delta y_n + r_n y_n \leqslant -a\bar{x} r_n y_{n-k} \tag{47}$$

于是有定理:

定理 6　设 $0 \leqslant r_n < 1$,若

$$\sum_{n=0}^{\infty} r_n = +\infty \tag{48}$$

$$\sum_{s=n-k}^{n} \frac{q_{s+1} r_s}{q_n} \leqslant \frac{1}{a\bar{x}}\left(1+\frac{k+2}{2(k+1)}\right) \tag{49}$$

则(7) 的每一正解满足$\lim\limits_{n\to\infty} x_n=\bar{x}$.

对(8),设 $f(x)=1$ 的唯一正解 $\bar{x}$,作变换 $\ln\frac{x_n}{\bar{x}}=y_n$,(8) 化为

$$\Delta y_n=f(e^{y_{n-k}}) \tag{50}$$

定理 7 设 $f(x)$ 单减有界,$f(e^{y_{n-k}})\leqslant -\alpha y_{n-k}$,且方程组

$$u=f(e^v),v=f(e^u)$$

仅有解 $u=v=1$,则(8) 的每一正解满足$\lim\limits_{n\to\infty} x_n=\bar{x}$.

对式(9) 作变换 $\ln\frac{x_n}{\bar{x}}=y_n$,$\bar{x}$ 为 $1-b-cx^2=0$ 的唯一正根.$b>0$,$c\geqslant 0$ 则有

$$\Delta y_n=\ln(1+p_n(1-b\bar{x}e^{y_{n-k}}-c\bar{x}^2e^{2y_{n-k}}) \tag{51}$$

$$\Delta y_n\leqslant -p_n(b\bar{x}y_{n-k}+2c\bar{x}^2y_{n-l}) \tag{52}$$

于是有:

定理 8 设(43) 成立且

$$\sum_{s=n-k}^{n}p_s\leqslant\frac{1}{b\bar{x}+2c\bar{x}^2} \tag{53}$$

则(9) 的每一正解满足$\lim\limits_{n\to\infty} x_n=\bar{x}$.

注 2 (35)(39)(42)(46)(50)(51) 中的非线性项均不满足(10)(11)(12),但却满足(13).

参 考 文 献

[1] ZHOU Z,ZHONG Q Q. Uniform stability of nonlinear difference systems[J]. Math Anal Appl,1998,225(2):486-500.

[2] ERBE L H,XIA H,YU J S. Global stability of a linear nonautonomous delay difference equation[J]. Difference Equ Appl,1995,1(1):151-161.

[3] 周展,庾建设.非自治时滞差分方程的线性化渐近稳定性[J].数学年刊,A辑,1998,19(3):301-308.

[4] 刘玉记,谈小球.非自治时滞差分方程的渐近稳定性[J].云梦学刊,1999,20(4):1-7.

[5] 罗交晚,庾建设.具分布偏差变元非自治数学生态系统方程的全局渐近稳定性[J].数学学报,1998,41(6):1274-1282.

[6] KOCIC V L,LADAS G. Global attractivity in nonlinear delay difference equations [J]. Proc Amer Math Soc,1992,115:1083-1088.

[7] KOCIC V L,LADAS G. Global behavior of nonlinear diffenrence equations of higher order with applications[M]. Dordrecht: Kluwer Academic Publishers,1993.

[8] AGARWAL R P. Difference equations adn inequalities,theory,methods and applications[M]. New york: Marcel Dekker,1992.

[9] CHE M P,YU J S. Oscilation and attractivity in a delay logistic difference equations[J]. Differ Equ Appl,1995,1:227-237.

[10] 周展,庾建设.非自治中立型时滞差分方程的稳定性[J].数学学报,1999,42(6):1093-1102.

[11] 王联，王慕秋. 常差分方程[M]. 乌鲁木齐：新疆大学出版社，1991.

[12] CYORI I，LADAS G. VLABOS P N. Global attractivity in a delay difference equation[J]. Nonl Anal TMA，1991，17(5)：473-479.

[13] 时宝，王志成，庾建设. 时滞差分方程零解全局渐近稳定的充分必要条件及其应用[J]. 数学学报，1997，40(4)：615-624.

[14] 刘玉记，封屹. 平方 Logistic 方程的全局吸引性[J]. 四川师大学报(自)，1999，22(6)：651-657.

§18 一类时滞差分方程的全局吸引性及其应用

岳阳师院数学系的刘玉记教授 2001 年研究了一类广泛的时滞差分方程的全局吸引性，在较弱的前提下给出其零解全局吸引的充分条件. 将定理应用于红血球增长差分模型及广义 Logistic 差分模型，所得定理推广和改进了已有的结果.

考虑如下差分方程

$$\Delta x_n + a_n x_n = r_n f(x_{n-k}) \quad (n=0,1,\cdots) \tag{1}$$

其中$\{a_n\}$，$\{r_n\}$为非负实数列，$r_n>0$，$a_n\in[0,1)$，k为自然数. 本节的目的是在$f(x)$的较弱条件下给出方程(1) 全局吸引的充分条件，所得定理改进和推广了已有的相应结果. 文中约定当$m<n$时，$\sum\limits_{i=n}^{m}x_i=0$，

$\prod_{i=n}^{m} x_i = 1$. 对非线性项 $f(x)$，总假定

$$\begin{cases} f(x) \text{ 单调减小}, f(x) \text{ 有上界}, f(x)=0 \\ \text{当且仅当 } x=0 \\ \text{存在 } B>0, \text{使 } f(x) \leqslant -Bx, \forall x \leqslant 0 \end{cases} \tag{2}$$

作数列 $\{q_n\}$，$q_0=1$，$q_{n+1}=q_n/(1-a_n)$，$(n=0,1,2,\cdots)$，易知 $q_n \geqslant 1$，$\{q_n\}$ 单增，方程(1) 化为

$$\Delta(q_n x_n) = q_{n+1} r_n f(x_{n-k}) \tag{3}$$

引理1　设 $\{x_n\}$ 是方程(1) 的最终正解(或最终负解)，且 $\sum_{n=0}^{\infty} q_{n+1} r_n = +\infty$，则 $\lim_{n\to\infty} x_n = 0$.

引理2　设 $\{x_n\}$ 是方程(1) 的振动解，存在正数 M 使得 $\sum_{s=n-k}^{n} \frac{q_{n+1} r_s}{q_{n+1}} \leqslant M$，则 $\{x_n\}$ 有界.

证明与文[8] 中引理相似.

引理3　设 $\{x_n\}$ 是(1) 的振动解，存在 $\underline{\ \ } > 0$，使

$$\sum_{s=n-k}^{n} \frac{q_{s+1} r_s}{q_n} \leqslant \frac{1}{B}\left(\underline{\ \ } + \frac{k+2}{2(k+1)} \frac{q_{n-k}}{q_n}\right) \tag{4}$$

$$\begin{gathered} -\infty < u \leqslant 0 \leqslant v < +\infty, v \leqslant \underline{\ \ }\, f(u)/B \\ u \geqslant (\underline{\ \ } + (k+2)/2(k+1)) f(v)/B \end{gathered} \tag{5}$$

有唯一解 $u=v=0$，则 $\lim_{n\to\infty} x_n = 0$.

证明　由引理 2 及式(4) 知 $\{x_n\}$ 有界，设 $\liminf_{n\to\infty} x_n = u$，$\limsup_{n\to\infty} x_n = v$，则 $-\infty < u \leqslant 0 \leqslant v < +\infty$，任给 $X > 0$，$\exists N$. 当 $n \geqslant N$ 时，$u_1 < u - X < x_{n-k} < v + X = v_1$，由式(2) 及(3) 得

$$\begin{aligned} &\Delta(q_n x_n) \leqslant f(u_1) q_{n+1} r_n \quad (n \geqslant N) \\ &\Delta(q_n x_n) \geqslant f(v_1) q_{n+1} r_n \quad (n \geqslant N) \end{aligned} \tag{6}$$

取子列 $\{x_{n_i}\}$ 及 $\{x_{m_j}\}$，使 $n_i, m_j \geqslant N$，且 $x_{n_i} > 0$，$x_{n_i} \geqslant$

x_{n_i-1}，$\lim\limits_{i\to\infty} x_{n_i}=v$，$x_{m_j}<0$，$x_{m_j}\leqslant x_{m_j-1}$，$\lim\limits_{f\to\infty} x_{m_j}=u$，先证

$$u\geqslant(\_\_/B+(k+2)/(2B(k+1)))f(v) \quad (7)$$

由条件(4)及$\{q_n\}$的单调性知$\sum\limits_{s=n-k}^{n}\frac{q_{s+1}r_s}{q_{n+1}}\leqslant\overline{B}+\frac{k+2}{2B(k+1)}$. 由$x_{m_j}\leqslant x_{m_j-1}$，若$x_{m_j-1}\leqslant 0$，由式(1)推出$x_{m_j-k-1}\geqslant 0$. 若$x_{m_j-1}>0$，由$\{q_n\}$单增，及式(3)知$x_{m_j-k-1}\geqslant 0$，对(6)中第二式从$m_j-k-1$到$m_j-1$求和

$$x_{m_j}\geqslant f(v_1)\sum_{s=m_j-k-1}^{m_j-1}\frac{q_{s+1}r_s}{q_{m_j}}\geqslant\left(\overline{B}+\frac{k+2}{2B(k+1)}\right)f(v_1)$$

令$j\to\infty$，$X\to 0$立得式(7). 再证$v\leqslant__f(u)/B$，由$x_{n_i}\geqslant x_{n_i-1}$，同上可知$x_{n_i-k-1}\leqslant 0$，从而存在$0\leqslant l\leqslant k$，使得$x_{n_i-l-1}\leqslant 0$，$x_n>0(n_i-l\leqslant n\leqslant n)$，从而存在$a\in(n_i-l-1,n_i-l)$，使

$$q_{n_i-l}x_{n_i-l}+(q_{n_i-l}x_{n_i-l}-q_{n_i-l-1}x_{n_i-l-1})(a-n_i+l)=0 \quad (8)$$

当$n\leqslant n_i-l-1$时，由式(3)

$$-q_nx_n\leqslant -q_{n_i-l-1}x_{n_i-l-1}+f(u_1)\sum_{s=n}^{n_i-l-2}q_{s+1}r_s=(q_{n_i-l}x_{n_i-l}-q_{n_i-l-1}x_{n_i-l-1})(a-n_i+l+1)+f(u_1)\sum_{s=n}^{n_i-l-2}q_{s+1}r_s$$

于是由式(6)

$$-x_n\leqslant f(u_1)\frac{1}{q_n}\left(\sum_{s=n}^{n_i-l-1}q_{s+1}r_s-q_{n_i-l}r_{n_i-l-1}(n_i-a-l)\right) \quad (9)$$

代入式(6)，当 $n_i-l\leqslant n\leqslant n_i-1$ 时，若 $x_{n-k}\leqslant 0$. 由条件(2)(3)得

$$\Delta(q_n x_n)\leqslant$$

$$Bf(u_1)\frac{q_{n+1}r_n}{q_{n-k}}\Big(\sum_{s=n-k}^{n_i-l-1}q_{s+1}r_s-q_{n_i-l}r_{n_i-l-1}(n_i-a-l)\Big) \tag{10}$$

以下分两种情形讨论. 若 $x_{n-k}>0$，由(3)，$\Delta(q_n x_n)<0$，由式(10)也成立.

情形1　$d=\sum\limits_{s=n_i-l}^{n_i-1}\frac{q_{s+1}r_s}{q_{n_i-k}}+(n_i-a-l)\frac{q_{n_i-l}}{q_{n_i-k}}r_{n_i-l-1}\leqslant 1/B$

$$q_{n_i}x_{n_i}=q_{n_i-l}x_{n_i-l}+\sum_{n=n_i-1}^{n_i-1}(q_{s+1}x_{s+1}-q_s x_s)=$$

$$(q_{n_i-l}x_{n_i-l}-q_{n_i-l-1}x_{n_i-l-1})(n_i-a-l)+$$

$$\sum_{n=n_i-l}^{n_i-1}(q_{s+1}x_{s+1}-q_s x_s)\leqslant$$

$$Bf(u_1)\Big[(n_i-l-a)\Big(\frac{q_{n_i-l}r_{n_i-l-1}}{q_{n_i-l-1-k}}\Big)\cdot$$

$$\Big(\sum_{s=n_i-l-1-k}^{n_i-l-1}q_{s+1}r_s-q_{n_i-l}r_{n_i-l-1}(n_i-a-l)\Big)+$$

$$\sum_{n=n_i-l}^{n_i-1}\frac{q_{n+1}r_n}{q_{n-k}}\Big(\sum_{s=n-k}^{n_i-l-1}q_{s+1}r_s-q_{n_i-l}r_{n_i-l-1}(n_i-l-a)\Big)\Big]$$

于是化为(注意 $\{q_n\}$ 单增)

$$x_{n_i}\leqslant Bf(u_1)\Big[\frac{q_{n_i-l}r_{n_i-l-1}}{q_{n_i}q_{n_i-l-1-k}}(n_i-l-a)\cdot$$

$$\Big(\sum_{s=n_i-l-1-k}^{n_i-l-1}q_{s+1}r_s-q_{n_i-l}r_{n_i-l-1}(n_i-l-a)\Big)+$$

$$\sum_{n=n_i-l}^{n_i-1} \frac{q_{n_i-l} r_n}{q_{n_i} q_{n-k}} \Big(\sum_{s=n-k}^{n_i-l-1} q_{s+1} r_s - q_{n_i-l} r_{n_i-l-1} (n_i - l - a) \Big) \Big] \leqslant$$

$$Bf(u_1) \Big[(n_i - a - l) \frac{q_{n_i-l}}{q_{n_i}} r_{n_i-l-1} \cdot$$

$$\Big(\overline{B} + \frac{k+2}{2B(k+1)} \frac{q_{n_i-l-1-k}}{q_{n_i-l-1}} \Big) \frac{q_{n_i-l-1}}{q_{n_i-l-1-k}} +$$

$$\frac{q_{n_i-k}}{q_{n_i}} \sum_{n=n_i-l}^{n_i-l} \frac{q_{n+1} r_n q_n}{q_{n_i-k} q_{n-k}} \Big(\overline{B} + \frac{k+2}{2B(k+1)} \frac{q_{n-k}}{q_n} \Big) -$$

$$(n_i - l - a)^2 \frac{q_{n_i-l}^2}{q_{n_i} q_{n_i-l-1-k}} r_{n_i-l-1}^2 -$$

$$\sum_{n=n_i-l}^{n_i-1} \frac{q_{n+1} r_n}{q_{n-k}} \frac{q_{n_i-l}}{q_{n_i}} r_{n_i-l-1} (n_i - l - a) -$$

$$\sum_{n=n_i-l}^{n_i-1} \frac{q_{n+1} r_n}{q_{n-k}} \sum_{n=n_i-l}^{n} \frac{q_{n+1} r_n}{q_{n_i}} \Big]$$

注意到 $\{q_n / q_{n-k}\}$ 单增 $q_{n-k} \leqslant q_{n_i-k}$ 且

$$\sum_{n=1}^{m} y_n \sum_{j=1}^{n} y_j = \frac{1}{2} \Big(\sum_{n=1}^{m} y_n \Big)^2 + \frac{1}{2} \sum_{n=1}^{m} y_n^2$$

$$x_{n_i} \leqslant Bf(u_1) \Big[\frac{q_{n_i-k}}{q_{n_i}} \Big(\overline{B} \frac{q_{n_i}}{q_{n_i-k}} + \frac{k+2}{2B(k+1)} \Big) \cdot$$

$$\Big(\sum_{n=n_i-k}^{n_i-l} \frac{q_{n+1} r_n}{q_{n_i-k}} + (n_i - l - a) \frac{q_{n_i-l}}{q_{n_i-k}} r_{n_i-l-1} \Big) -$$

$$\frac{q_{n_i-k}}{q_{n_i}} (n_i - l - a)^2 \Big(\frac{q_{n_i-l}}{q_{n_i-k}} \Big)^2 r_{n_i-l-1}^2 -$$

$$\frac{q_{n_i-k}}{q_{n_i}} (n_i - l - a) \frac{q_{n_i-l}}{q_{n_i-k}} \sum_{n=n_i-l}^{n_i-l} \frac{q_{n+1} r_n}{q_{n_i-k}} -$$

$$\frac{q_{n_i-k}}{2q_{n_i}} \sum_{n=n_i-l}^{n_i-1} \Big(\frac{q_{n+1} r_n}{q_{n_i-k}} \Big)^2 - \frac{q_{n_i-k}}{2q_{n_i}} \Big(\sum_{n=n_i-l}^{n_i-1} \frac{q_{n+1} r_n}{q_{n_i-k}} \Big)^2 \Big] \leqslant$$

$$Bf(u_1)\left[\frac{q_{n_i-k}}{q_i}\left(\frac{\underline{\ \ }q_{n_i}}{Bq_{n_i-k}}+\frac{k+2}{2B(k+1)}\right)d-\frac{q_{n_i-k}}{2q_{n_i}}d^2-\right.$$

$$\left.\frac{q_{n_i-k}}{2q_{n_i}}\sum_{n=n_i-l}^{n_i-1}\left(\frac{q_{n+1}r_n}{q_{n_i-k}}\right)^2-\frac{q_{n_i-k}}{2q_{n_i}}(n_i-l-a)^2\left(\frac{q_{n_i-l}}{q_{n_i-k}}\right)^2r_{n_i-l-1}^2\right]$$

又由 $\sum_{n=1}^{m}y_n^2\geqslant\frac{1}{m}\left(\sum_{n=1}^{m}y_n\right)^2$，从而

$$x_{n_i}\leqslant Bf(u_1)\frac{q_{n_i-k}}{q_{n_i}}\cdot$$

$$\left[\left(\frac{\underline{\ \ }q_{n_i}}{Bq_{n_i-k}}+\frac{k+2}{2B(k+1)}\right)d-\frac{d^2}{2}-\frac{d^2}{2(l+1)}\right]\leqslant$$

$$Bf(u_1)\frac{q_{n_i-k}}{q_{n_i}}\cdot$$

$$\left(\left(\frac{\underline{\ \ }q_{n_i}}{Bq_{n_i-k}}+\frac{k+2}{2B(k+1)}\right)d-\frac{k+2}{2(k+1)}d^2\right)$$

由于 $\left(\frac{\underline{\ \ }q_{n_i}}{Bq_{n_i-k}}+\frac{k+2}{2B(k+1)}\right)x-\frac{k+2}{2(k+1)}x^2$ 在 $x\leqslant\frac{\underline{\ \ }q_{n_i}}{Bq_{n_i-k}}+\frac{k+2}{2B(k+1)}$ 时单增，故 $x_{n_i}\leqslant Bf(u_1)\cdot\frac{q_{n_i}}{q_{n_i-k}}\left(\frac{\underline{\ \ }q_{n_i-k}}{Bq_{n_i}}+\frac{k+2}{2B(k+1)}-\frac{k+2}{2B(k+1)}\right)=\overline{B}f(u_1)$，令 $i\to\infty,X\to 0$ 得 $v\leqslant\underline{\ \ }f(u)/B$.

情形 2　$d>1/B$. 此时存在 $\bar{n}_i\in[n_i-l,n_i]$ 使得 $\sum_{n=\bar{n}_i}^{n_i-1}\frac{q_{n+1}r_n}{q_{n_i-k}}\leqslant\frac{1}{B}$ 而 $\sum_{n=\bar{n}_i-1}^{n_i-1}\frac{q_{n+1}r_n}{q_{n_i-k}}>1/B$. 从而存在 $Z\in(\bar{n}_i-1,\bar{n}_i)$，使

$$\sum_{n=\bar{n}_i}^{n_i-1}\frac{q_{n+1}r_n}{q_{n_i-k}}+(\bar{n}_i-Z)\frac{q_{\bar{n}_i}Y_{\bar{n}_{i-1}}}{q_{n_i-k}}=1/B \tag{11}$$

由于式(10)及式(11)(6)推出

$$x_{n_i}=\frac{1}{q_{n_i}}(q_{n_i-l}x_{n_i-l}-q_{n_i-l-1}x_{n_i-l-1})(n_i-l-a)+$$

$$\sum_{n=n_i-l}^{\bar{n}_i-2}(q_{n+1}x_{n+1}-q_nx_n)+$$

$$(Z-\bar{n}_i+1)(q_{\bar{n}_i}x_{\bar{n}_i}-q_{\bar{n}_i-l}x_{\bar{n}_i-l}+$$

$$(\bar{n}_i-Z)(q_{\bar{n}_i}x_{\bar{n}_i}-q_{\bar{n}_i-1}x_{\bar{n}_i-1})+$$

$$\sum_{n=\bar{n}_i}^{n_i-1}(q_{n+1}x_{n+1}-q_nx_n)\leqslant$$

$$\frac{f(u_1)}{q_{n_i}}\Bigg[(q_{n_i-l}r_{n_i-l-1}(n_i-l-a)+$$

$$\sum_{n=n_i-l}^{\bar{n}_i-2}q_{n+1}r_n+(Z-\bar{n}_i+1)q_{\bar{n}_i}r_{\bar{n}_i-1}\Big)+$$

$$B\Bigg((\bar{n}_i-Z)\frac{q_{\bar{n}_i}r_{\bar{n}_i-1}}{q_{n_i-l-k}}\cdot$$

$$\Big(\sum_{s=\bar{n}_i-1-k}^{n_i-l-1}q_{s+1}r_s-q_{n_i-l}r_{n_i-l-1}(n_i-l-a)\Big)+$$

$$\sum_{n=\bar{n}_i}^{n_i-1}\frac{q_{n+1}r_n}{q_{n-k}}\Big(\sum_{s=n-k}^{n_i-l-1}q_{s+1}r_s-q_{n_i-l}r_{n_i-l-1}(n_i-l-a)\Big)\Bigg)\Bigg]=$$

$$\frac{Bf(u_1)}{q_{n_i}}\{(q_{n_i-l}r_{n_i-l-1}(n_i-l-a)+$$

$$\sum_{n=n_i-l}^{\bar{n}_i-2}q_{n+1}r_n+(Z-\bar{n}_i+1)q_{\bar{n}_i}r_{\bar{n}_i-1}\Big)\cdot$$

$$\Big(\sum_{n=\bar{n}_i}^{n_i-1}\frac{q_{n+1}r_n}{q_{n_i-k}}+(\bar{n}_i-Z)\frac{q_{\bar{n}_i}r_{\bar{n}_i-1}}{q_{n_i-k}}\Big)+$$

$$(\bar{n}_i-Z)\frac{q_{\bar{n}_i}r_{\bar{n}_i-1}}{q_{\bar{n}_i-K-1}}\cdot$$

$$\Big(\sum_{s=\bar{n}_i-k-1}^{n_i-l-1}q_{s+1}r_s-q_{n_i-l}r_{n_i-l-1}(n_i-l-a)\Big)+$$

$$\sum_{n=\bar{n}_i}^{n_i-1}\frac{q_{n+1}r_n}{q_{n-k}}\Big(\sum_{s=n-k}^{n_i-l-1}q_{s+1}r_s-q_{n_i-l}r_{n_i-l-1}(n_i-l-a)\Big)\Big\}$$

通过去括号，注意到$\{q_n\}$单增，$q_n\geqslant 1$，化简上式得

$$x_{n_i}\leqslant\frac{Bf(u_1)}{q_{n_i}}\Big\{\sum_{n=\bar{n}_i}^{n_i-1}\frac{q_{n+1}r_n}{q_{n-k}}\sum_{s=n-k}^{n_i-l-1}q_{s+1}r_s+(\bar{n}_i-Z)\frac{q_{\bar{n}_i}r_{\bar{n}_i-1}}{q_{\bar{n}_i-k-1}}\cdot$$

$$\sum_{s=\bar{n}_i-k-1}^{n_i-l-1}q_{s+1}r_s+\sum_{n=n_i-l}^{\bar{n}_i-1}q_{n+1}r_n\sum_{n=\bar{n}_i}^{n_i-1}\frac{q_{n+1}r_n}{q_{n_i-k}}+$$

$$\sum_{n=n_i-l}^{\bar{n}_i-1}q_{n+1}r_n(\bar{n}_i-Z)\frac{q_{\bar{n}_i}r_{\bar{n}_i-1}}{q_{n_i-k}}+(Z-\bar{n}_i)q_{\bar{n}_i}r_{\bar{n}_i-1}\cdot$$

$$\sum_{n=\bar{n}_i}^{n_i-1}\frac{q_{n+1}r_n}{q_{n_i-k}}+(Z-\bar{n}_i)q_{\bar{n}_i}r_{\bar{n}_i-1}(\bar{n}_i-Z)\frac{q_{\bar{n}_i}r_{\bar{n}_i-1}}{q_{n_i-k}}\Big\}\leqslant$$

$$Bf(u_1)\frac{q_{n_i-k}}{q_{n_i}}\Big\{\sum_{n=\bar{n}_i}^{n_i-1}\frac{q_{n+1}r_n}{q_{n_i-k}q_{n-k}}\sum_{s=n-k}^{n_i-1}q_{s+1}r_s-$$

$$(\bar{n}_i-Z)\frac{q_{\bar{n}_i}r_{\bar{n}_i-1}}{q_{n_i-k}}\sum_{n=\bar{n}_i}^{n_i-1}q_{n+1}r_n\Big\}+Bf(u_1)(\bar{n}_i-Z)\cdot$$

$$\frac{q_{\bar{n}_i}r_{\bar{n}_i-1}}{q_{n_i}}\Big(\sum_{s=\bar{n}_i-k-1}^{\bar{n}_i-1}\frac{q_{s+1}r_s}{q_{\bar{n}_i-k-1}}-(\bar{n}_i-Z)\frac{q_{\bar{n}_i}r_{\bar{n}_i-1}}{q_{n_i-k}}\Big)\leqslant$$

$$Bf(u_1)\frac{q_{n_i-k}}{q_{n_i}}\Big\{\sum_{n=\bar{n}_i}^{n_i-1}\frac{q_{n+1}r_n}{q_{n_i-k}}\Big[\Big(\bar{B}+\frac{(k+2)}{2B(k+1)}\frac{q_{n-k}}{q_n}\Big)\frac{q_n}{q_{n-k}}-$$

$$\sum_{s=\bar{n}_i}^{n}\frac{q_{s+1}r_s}{q_{n-k}}\Big]-Bf(u_1)\sum_{n=\bar{n}_i}^{n_i-1}q_{n+1}r_n(\bar{n}_i-Z)\frac{q_{\bar{n}_i}r_{\bar{n}_i-1}}{q_{n_i-k}}+$$

$$Bf(u_1)(\bar{n}_i-Z)\frac{q_{\bar{n}_i}r_{\bar{n}_i-1}}{q_{n_i}}\cdot$$

$$\Big[\Big(\bar{B}+\frac{k+2}{2B(k+1)}\frac{q_{\bar{n}_i-k-1}}{q_{\bar{n}_i-1}}\Big)\frac{q_{\bar{n}_i-1}}{q_{\bar{n}_i-k-1}}-$$

$$(\bar{n}_i-Z)\frac{q_{\bar{n}_i}r_{\bar{n}_i-1}}{q_{n_i-k}}\Big]\leqslant$$

$$Bf(u_1)\frac{q_{n_i-k}}{q_{n_i}}\left(\overline{B}\frac{q_{n_i}}{q_{n_i-k}}+\frac{k+2}{2(k+1)B}\right)\cdot$$

$$\left(\sum_{n=\bar{n}_i}^{n_i-1}\frac{q_{n+1}r_n}{q_{n_i-k}}+(\bar{n}_i-Z)\frac{q_{\bar{n}_i}r_{\bar{n}_i-1}}{q_{n_i-k}}\right)-$$

$$Bf(u_1)(\bar{n}_i-Z)^2\frac{q_{\bar{n}_i}^2r_{\bar{n}_i-1}^2}{q_{n_i}q_{\bar{n}_i-k}}-$$

$$Bf(u_1)\frac{q_{\bar{n}_i}r_{\bar{n}_i-1}}{q_{n_i-k}}(\bar{n}_i-Z)\sum_{n=\bar{n}_i}^{n_i-1}q_{n+1}r_n-$$

$$Bf(u_1)\frac{q_{n_i-k}}{q_{n_i}}\sum_{n=\bar{n}_i}^{n_i-1}\frac{q_{n+1}r_n}{q_{n_i-k}}\sum_{s=\bar{n}_i}^{n}\frac{q_{s+1}r_s}{q_{n-k}}\Bigg\}$$

由于 $\sum_{n=1}^{m}y_n\sum_{s=1}^{n}y_s=\frac{1}{2}\sum_{n=1}^{m}y_n^2+\frac{1}{2}\sum_{n=1}^{m}y_n^2\sum_{n=1}^{m}y_n^2\geqslant\frac{1}{m}\left(\sum_{n=1}^{m}y_n\right)^2$ 得

$$x_{n_i}\leqslant f(u_1)\frac{q_{n_i-k}}{q_{n_i}}\left(\frac{\overline{\quad}q_{n_i}}{Bq_{n_i-k}}+\frac{k+2}{2B(k+1)}\right)-$$

$$Bf(u_1)\frac{q_{n_i-k}}{q_{n_i}}\left[\sum_{n=\bar{n}_i}^{n_i-1}\frac{q_{n+1}r_n}{q_{n_i-k}}\sum_{s=\bar{n}_i}^{n}\frac{q_{s+1}r_s}{q_{n_i-k}}-\right.$$

$$\left.(\bar{n}_i-Z)^2\frac{q_{\bar{n}_i}^2r_{\bar{n}_i-1}^2}{q_{n_i-k}^2}-\frac{q_{\bar{n}_i}r_{\bar{n}_i-1}}{q_{n_i-k}}(\bar{n}_i-Z)\sum_{n=\bar{n}_i}^{n_i-1}\frac{q_{n+1}r_n}{q_{n_i-k}}\right],$$

$$(\text{由 } q_{n_i}\geqslant 1)\leqslant f(u_1)\frac{q_{n_i-k}}{q_{n_i}}\left[\left(\overline{B}\frac{q_{n_i}}{q_{n_i-k}}+\frac{k+2}{2B(k+1)}\right)-\right.$$

$$B\left(\frac{1}{2}\sum_{n=\bar{n}_i}^{n_i-1}\left(\frac{q_{n+1}r_n}{q_{n_i-k}}\right)^2+\frac{1}{2}\left(\sum_{n=\bar{n}_i}^{n_i-1}\frac{q_{n+1}r_n}{q_{n_i-k}}\right)^2\right)-$$

$$\left.(\bar{n}_i-Z)^2\frac{q_{\bar{n}_i}^2r_{\bar{n}_i-1}^2}{q_{n_i-k}^2}-\frac{q_{\bar{n}_i}r_{\bar{n}_i-1}}{q_{n_i-k}}(\bar{n}_i-Z)\sum_{n=\bar{n}_i}^{n_i-1}\frac{q_{n+1}r_n}{q_{n_i-k}}\right]\leqslant$$

$$f(u_1)\frac{q_{n_i-k}}{q_{n_i}}\left(\left(\frac{\overline{\quad}q_{n_i}}{Bq_{n_i-k}}+\frac{k+2}{2B(k+1)}\right)-\right.$$

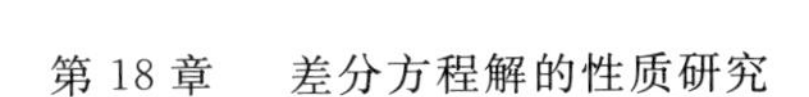

$$\frac{1}{2}B\left(\sum_{n=\bar{n}_i}^{n_i-1}\frac{q_{n+1}r_n}{q_{n_i-k}}+(\bar{n}_i-Z)\frac{q_{\bar{n}_i}r_{\bar{n}_i-1}}{q_{n_i-k}}\right)^2-$$

$$\frac{B}{2}\sum_{n=\bar{n}_i}^{n_i-1}\left(\frac{q_{n+1}r_n}{q_{n_i-k}}\right)^2-\frac{B}{2}(\bar{n}_i-Z)\frac{q^2_{\bar{n}_i}r^2_{\bar{n}_i-1}}{q^2_{n_i-k}}\Big)\leqslant$$

$$f(u_1)\frac{q_{n_i-k}}{q_{n_i}}\left(\frac{\_q_{n_i}}{Bq_{n_i-k}}+\frac{k+2}{2B(k+1)}-\frac{1}{2B}-\frac{1}{2(n_i-\bar{n}_i)B}\right)\leqslant$$

$$\bar{B}f(u_1)$$

取 $i\to\infty$，$X\to 0$ 得 $v\leqslant \_\,f(u)/B$. 从引理条件(5)，得 $u=v=0$. 证毕.

定理 1 设(2)(4)(5)成立，$\sum\limits_{n=0}^{\infty}q_{n+1}r_n=+\infty$，则方程(1)的每一解$\{x_n\}$满足$\lim\limits_{n\to\infty}x_n=0$.

对广义 Logistic 差分方程取 $q_n=1-T_n$，$(n=0,1,\cdots)$，取 $q_0=1$，$q_{n+1}=q_n/(1-a_n)$，$n=0,1,2,\cdots$. 由于 $\Delta x_n+a_nx_n=r_n(1-e^{x_{n-k}})/(1+\lambda e^{x_{n+k}})$. $f(x)=(1-e^x)/(1+\lambda e^x)\leqslant-(1+\lambda)^{-1}x$，$x\leqslant 0$ 则 $\Delta(q_nx_n)\leqslant-(1+\lambda)^{-1}r_nq_{n+1}x_{n-k}$，$x_{n-k}\leqslant 0$，从而立得：

定理 2 $\{T_n\}$，$\{r_n\}$ 正实数列 $T_n\in[0,1)$，若

$$\sum_{n=0}^{\infty}q_{n+1}r_n=+\infty$$

$$\sum_{s=n-k}^{n}\frac{q_{s+1}r_s}{q_n}\leqslant(1+\lambda)\left(\_+\frac{k+2}{2(k+1)}\frac{q_{n-k}}{q_n}\right)\qquad(12)$$

$$1-\_(\_+(k+2)/2(k+1))>0\qquad(13)$$

则方程的每一解$\{x_n\}$满足$\lim\limits_{n\to\infty}x_n=0$.

推论 1 对差分方程 $\Delta x_n=r_n(1-e^{x_{n-k}})/(1+\lambda e^{x_{n-k}})$，若$\sum\limits_{n=0}^{\infty}r_n=\infty$，$\sum\limits_{s=n-k}^{n}r_s\leqslant 5(1+\lambda)/4$，则上式的每

一解满足$\lim\limits_{n\to\infty} x_n=0$.

对红血球差分方程 $\Delta x_n=r_n(-x_n+de^{-ax_{n-k}})$，作变换

$$x_n=\bar{x}-y_n/a \quad (n=0,1,\cdots) \tag{14}$$

则化为 $\Delta y_n=-r_n y_n+a\bar{x}r_n(1-e^{y_{n-k}})$，应用定理1有：

定理 3　设 $0\leqslant r_n<1, a>0, \bar{x}$ 满足 $\bar{x}=pe^{-a\bar{x}}$，若 $\sum\limits_{n=0}^{\infty}r_n=+\infty$，$\sum\limits_{s=n-k}^{n}\frac{q_{s+1}r_s}{q_n}\leqslant\left(\underline{\quad}+\frac{k+2}{2(k+1)}\frac{q_{n-k}}{q_n}\right)\frac{1}{a\bar{x}}$，其中，$q_0=1, q_{n+1}=q_n/(1-r_n), n=0,1,2,\cdots$，$\underline{\quad}\left(\underline{\quad}+\frac{k+2}{2(k+1)}\right)<1$，则(14)的每一解$\{x_n\}$满足$\lim\limits_{n\to\infty} x_n=\bar{x}$. 对方程 $\Delta y_n=r_n(1-y_{n-k})$，由于令

$$\ln y_n=x_n$$

$$\Delta x_n=\ln(1+r_n(1-e^{x_{n-k}}))\leqslant r_n(1-e^{x_{n-k}})\leqslant -r_n x_{n-k}$$

定理 4　设 $r_n>0$，$\sum\limits_{n=0}^{\infty}r_n=+\infty$，$\sum\limits_{s=n-k}^{n}r_s\leqslant\underline{\quad}+\frac{k+2}{2(k+1)}$，$1-\underline{\quad}\left(\underline{\quad}+\frac{k+2}{2(k+1)}\right)e^{-}>0$，则方程的每一解$\{x_n\}$满足$\lim\limits_{n\to\infty} y_n=1$.

参 考 文 献

[1] ZHOU Z, ZHANG Q Q. Uniform stability of nonlinear difference systems[J]. J. of Math.

Anal. Appl. ,1998,225(2):486-500.

[2] 周展,庾建设.非自治时滞差分方程的线性化渐近稳定性[J].数学年刊,A 辑,1998,19(3):301-308.

[3] 刘玉记,谈小球,非自治时滞差分方程的渐近稳定性[J].云梦学刊,1999,20(4):1-7.

[4] 罗交晚,庾建设.具分布偏差变元非自治数学生态学方程的全局渐近稳定性[J].数学学报,1998,41(6):1274-1282.

[5] CHEN M P,YU J S. Oscillations and attractivity in a delay logistic difference equations[J]. J. Differ. Equ. Appl. ,1995,1:227-237.

[6] 周展,庾建设.非自治中立型时滞差分方程的稳定性[J].数学学报,1999,42(6):1093-1102.

[7] 时宝,王志成,庾建设.时滞差分方程零解全局渐近稳定的充分必要条件及其应用[J].数学学报,1997,40(4):615-624.

[8] 刘玉记,封屹.平方 Logistic 方程的全局吸引性[J].四川师大学报(自).1999,22(6):651-657.

§19　非线性时滞差分方程的全局渐近稳定性

湖南娄底师范专科学校数学系的李小平,国防科技大学系统工程与应用数学系的李建平,湖南娄底师范专科学校数学系的高平三位教授 2001 年考虑了非线性时滞差分方程

$$x_{n+1}-x_n+p_nx_{n-k}=f(n,x_{n-l})\quad(n=1,2,\cdots)$$

其中 $p_n>0,k,l\in N=\{0,1,2,\cdots\},f(n,x):N\times R\to$

R 关于 x 连续,本节获得了上述方程零解全局渐近稳定的充分条件.

一、引言

文[1] 研究了如下时滞差分方程 $x_{n+1}-x_n+p_n x_{n-k}=f(x_{n-l})(n=1,2,\cdots)$ 在条件 $0<p<\frac{k^k}{(k+1)^{k+1}}$ 下,证明了上述差分方程零解全局渐近稳定的充要条件为

$$|f(u)|<p|u| \quad (u\neq 0)$$

本节考虑变系数非自治差分方程

$$x_{n+1}-x_n+p_n x_{n-k}=f(n,x_{n-l}) \tag{1}$$

和与其对应的线性差分方程

$$x_{n+1}-x_n+p_n x_{n-k}=0 \tag{2}$$

并且假设(H)$p_n>0,k,l\in N=\{0,1,2,\cdots\},f(n,x):N\times R\to R$ 且关于 x 连续,$f(n,0)\equiv 0,uf(n,u)>0$ $(n\in N,u\neq 0)$ 我们获得了差分方程(1) 零解全局渐近稳定的充分条件,推广了文[1] 结果的充分条件部分.

全文假设条件(H) 成立,并记 $N=\{0,1,2,\cdots\}$, $m=\max\{k,l\}$.

方程(1) 的解是指序列$\{x_n\}$,它定义于 $n=-m$, $-m+1,\cdots$,且当 $n=0,1,\cdots$ 满足方程.

方程(1) 的零解称为全局渐近稳定是指(1) 的解 $\{x_n\}$ 有$\lim\limits_{n\to\infty}x_n=0$.

关于差分方程(2),我们将用到下面一些基本概念.

给定初值点 $s\in N$,差分方程(2) 经过初值点 s 的

解是指序列$\{x_n\}$在$n\geqslant s-k$上有定义,且当$n\geqslant s$时满足(2),进一步,如当$n\geqslant s-k$时$x_n>0$则称$\{x_n\}$是方程(2)经过初值点s的正解.

方程(2)的解$\{x_n\}$,如果$\{x_n\}$不是最终为正或最终为负,则称$\{x_n\}$是方程(2)的振动解,否则称$\{x_n\}$是方程(2)的非振动解.

任给初值点$s\in N$,记$\{u(n,s)\}$是方程(2)经过初值点s且满足初值条件(3)的解

$$u(j,s)=0\quad(j=s-k,s-k+1,\cdots,s-1)$$

$$u(s,s)=1\tag{3}$$

则称$\{u,(n,s)\}$是方程(2)的基础解,易验证,如$p_n=p$(常数),有

$$u(n,s)=u(n-s,0)\tag{4}$$

二、基本引理

引理1　设差分方程(2)存在经过初值点零的正解,则对任意$s\in N$,(2)经过初值点s且满足初值条件$x(j,s)=1(j=s-k,\cdots,s)$的解$\{x(n,s)\}$有

$$x(n,s)>0\quad(n\geqslant s-k)$$

证明　根据文[2]定理1的证明过程即得结论成立.

引理2　设$\{x_n\}$是差分方程(2)的经过初值点零的最终正解,且存在p使$0<p\leqslant p_n$,则有

$$\sum_{j=0}^{\infty}x_j<\infty,\lim_{n\to\infty}x_n=0\tag{5}$$

引理3　设(2)存在经过初值点零的正解$\{z_n\}$,则对(2)的任意解$\{x_n\}$,一定存在一个相应的(2)的最终正解$\{y_n\}$,及正整数n_0,当$n\geqslant n_0$时有$|x_n|\leqslant y_n$.

证明 如$\{x_n\}$是(2)的非振动解,不妨设$\{x_n\}$是最终为正,取$y_n=x_n$,则存在正整数n_0,当$n\geqslant n_0$时有$x_n>0$,则有$|x_n|=y_n$.

如$\{x_n\}$是振动的,令$v_n=\dfrac{x_n}{z_n}$,因$\{z_n\}$是(2)的正解,故v_n也是振动的,根据$\{z_n\}$,$\{x_n\}$都是(2)的解,有

$$
\begin{aligned}
v_{n+1}-v_n&=\frac{x_n}{z_{n+1}}-\frac{x_n}{z_n}+\frac{x_{n+1}}{z_{n+1}}-\frac{x_n}{z_{n+1}}=\\
&\frac{(z_n-z_{n+1})x_n}{z_{n+1}z_n}+\frac{x_{n+1}-x_n}{z_{n+1}}=\\
&\frac{p_n z_{n-k}x_n}{z_{n+1}z_n}-\frac{p_n x_{n-k}}{z_{n+1}}=\\
&p_n\frac{z_{n-k}}{z_{n+1}}(v_n-v_{n-k})
\end{aligned}\tag{6}
$$

下证$\{v_n\}$有界,否则v_n为无界振动.

如果$\limsup\limits_{n\to\infty} v_n=\infty$,根据$v_n$的振动性,一定存在充分大的正整数$n_1$满足:

(i) $v_{n_1}>0$, $v_{n_1}=\max\limits_{j\leqslant n_1}\{v_j\}$, $v_{n_1}>v_{n_1+1}$.

如果$\liminf\limits_{n\to\infty} v_n=-\infty$,同样存在充分大的正整数$n_1$满足:

(ii) $v_{n_1}<0$, $v_{n_1}=\min\limits_{j\leqslant n_1}\{v_j\}$, $v_{n_1}<v_{n_1+1}$.

对(i)(ii)两种情况,式(6)中的n用n_1代,并根据$P_{n_1}>0$, $z_{n_1-k}/z_{n_1+1}>0$推出矛盾,故v_n有界,即存在$a>0$使$|v_n|\leqslant a$,从而$|x_n|\leqslant az_n$,取$y_n=az_n$,即得结论成立.

引理 4 考虑下面差分方程

$$
x_{n+1}-x_n+q_n x_{n-k}=0\tag{7}
$$

设$s\in N$,$\{y(n,s)\}$是(7)经过初值点s且满足初值条

件(8)的解

$$y(j,s)=b_j\geqslant 0\quad (j=s-k,\cdots,s) \tag{8}$$

又设$\{x(n,s)\}$是(2)经过初值点s且满足初值条件(9)的正解

$$x(j,s)=a_j>0\quad (j=s-k,\cdots,s) \tag{9}$$

且$0<q_n\leqslant p_n,b_s\geqslant a_s>0,\frac{a_j}{a_s}\geqslant\frac{b_j}{b_s},(j=s-k,\cdots,s)$，则有

$$y(n,s)\geqslant x(n,s)\quad (n\geqslant s) \tag{10}$$

$$x(j,s)/x(n,s)\geqslant y(j,s)/y(n,s)\quad (n\geqslant s,j=s-k,\cdots,n) \tag{11}$$

证明　用归纳法，当$n=s$时，由已知得

$$y(s,s)=b_s\geqslant a_s=x(s,s)$$

$$\frac{x(j,s)}{x(s,s)}=\frac{a_j}{a_s}\geqslant\frac{b_j}{b_s}=\frac{y(j,s)}{y(s,s)}\quad (j=s-k,\cdots,s)$$

假设$n=m$时(10)(11)成立，即

$$y(m,s)\geqslant x(m,s) \tag{12}$$

$$\frac{x(j,s)}{x(m,s)}\geqslant\frac{y(j,s)}{y(m,s)}\quad (j=s-k,\cdots,m) \tag{13}$$

则当$n=m+1$时，因

$$x(m+1,s)=x(m,s)-p_m x(m-k,s)=x(m,s)(1-p_m\frac{x(m-k,s)}{x(m,s)} \tag{14}$$

$$y(m+1,s)=y(m,s)[1-q_m y(m-k,s)/y(m,s)] \tag{15}$$

注意到$\{x(n,s)\}$为正解，由(12)～(15)及$0<q_m<p_m$则有

$$y(m+1,s)\geqslant x(m+1,s) \tag{16}$$

$$x(m,s)/x(m+1,s)\geqslant y(m+1,s)/y(m+1,s) \tag{17}$$

(13) 与(17) 两式左右两边分别相乘则有

$$x(j,s)/x(m+1,s)\geqslant y(j,s)/y(m+1,s)\quad (j=s-k,\cdots,m+1) \tag{18}$$

由(16)(18) 知 $n=m+1$ 时结论成立.

因此当 $n\geqslant s$ 时(10)(11) 成立.

引理 5 考虑差分方程

$$x_{n+1}-x_n+px_{n-k}=0 \tag{19}$$

设$\{(v(n,s)\}$ 是差分方程(19) 的基础解,又设$\{(u(n,s)\}$ 是差分方程(2) 的基础解,如果 $0<p\leqslant p_n$,且差分方程(2) 存在经过初值点零的正解,则有

$$v(n,s)\geqslant u(n,s)>0,(n\geqslant s)\text{ 且}\sum_{n=0}^{\infty}v(n,0)=\frac{1}{p}$$

现在我们给出方程(1) 的常数变易公式.

引理 6 设$\{x_n\}$ 是差分方程

$$\begin{cases}x_{n+1}-x_n+p_nx_{n-k}=f(n,x_{n-l}) & (n=0,1,\cdots)\\ x_j=c_j & (j=-m,-m+1,\cdots,0)\end{cases} \tag{20}$$

的唯一解,$\{u(n,s)\}$ 是差分方程(2) 的基础解,$\{y_n\}$ 是差分方程(2) 经过初值点零且满足初值条件(21) 的唯一解

$$y_j=c_j\quad (j=-k,-k+1,\cdots,0) \tag{21}$$

则有

$$x_n=y_n+\sum_{s=0}^{n-1}u(n,s+1)f(s,x_{s-l}) \tag{22}$$

证明 直接代方程(2) 验证即可,详证略.

三、主要结果

定理　设差分方程(2)存在经过初值点零的正解，且存在正常数 p 使

$$p \leqslant p_n \text{ 及} \sup_{n \geqslant 0} |f(n,u)| < p|u| \quad (u \neq 0)$$

成立，则差分方程(1)的零解是全局渐近稳定.

证明　设 $\{x_n\}$ 是(1)的任意解，$\{u(n,s)\}$ 是差分方程(2)的基础解，$\{v(n,s)\}$ 是差分方程(19)的基础解，根据(4)及引理 5 知

$$v(n-s,0) = v(n,s) \geqslant u(n,s) > 0, \sum_{n=0}^{\infty} v(n,0) = \frac{1}{p} \tag{23}$$

由引理 6 知

$$x_n = y_n + \sum_{x=0}^{n-1} u(n,s+1) f(s,x_{s-l}) \tag{24}$$

其中 $\{y_n\}$ 是差分方程(2)的解，由引理 3 知，存在(2)的最终正解 $\{z_n\}$ 及正整数 n_0，当 $n \geqslant n_0$ 时有

$$|y_n| \leqslant z_n, \text{记 } a = \max_{-m \leqslant i \leqslant n_0 - 1} |x_i| \tag{25}$$

所以当 $n \geqslant n_0$ 时有

$$|x_n| \leqslant z_n + \sum_{s=0}^{n-1} v(n-s-1,0)|f(s,x_{s-l})| \tag{26}$$

又 $|f(n,u)| \leqslant p|u|$ 故

$$|x_n| \leqslant z_n + \sum_{s=0}^{n-1} pv(n-s-1,0)|x_{s-l}| \tag{27}$$

下面先证 $|x_n|$ 有界，$\sum_{n=0}^{\infty} v(n,0) = \frac{1}{p}$，所以对任意自然数 n 有

$$\sum_{s=0}^{n-1} v(n-s-1,0) < \frac{1}{p}$$

由(27)知

$$|x_{n_0}| \leqslant z_{n_0} + \max_{0\leqslant s\leqslant n_0} |x_{s-l}| \sum_{s=0}^{n_0-1} pv(n_0-s-1,0) < z_{n_0} + a$$

则

$$|x_{n_0+1}| \leqslant z_{n_0+1} + \max_{0\leqslant s\leqslant n_0} |x_{s-l}| \sum_{s=0}^{n_0} pv(n_0-s,0) < z_{n_0+1} + z_{n_0} + a$$

由归纳法可证,对 $r \in N$,有

$$|x_{n_0+r}| < a + \sum_{s=0}^{r} z_{n_0+s}$$

由引理 2 知 $\sum_{s=0}^{\infty} z_s < \infty$,所以 $|x_n|$ 有界.

令 $L = \lim\lim_{n\to\infty} |x_n|$,下证 $L=0$,用反证法,如果 $L>0$,令 $h = \limsup_{n\to\infty} |f(n,x_{n-l})|$,$\forall X>0$,存在 $N=N(X)\geqslant n_0$,当 $n\geqslant N$ 时,$|f(n,x_{n-l})| \leqslant h+X$,由(23)知,当 $n\geqslant N$ 时有

$$|x_n| \leqslant z_n + \sum_{s=0}^{N-1} v(n-s-1,0)\,|f(s,x_{s-l})| + (h+X)\sum_{s=N}^{n-1} v(n-s-1,0) \leqslant z_n + \sum_{s=0}^{N-1} v(n-s-1,0)\,|f(s,x_{s-l})| + \frac{h+X}{p}$$

因 $\{z_n\}$,$\{v(n,0)\}$ 分别是差分方程(2)(19)的最终正解,由引理 2、引理 5 知 $z_n \to 0, v(n,0) \to 0$,又

$|f(s,x_{s-l})| \leqslant p|x_{s-l}|$ 有界,令 $n \to \infty$,并注意到 X 的任意性,所以有

$$L \leqslant h/p \tag{28}$$

令

$$c_n = |f(n,x_{n-l})|$$

$$g(u) = \sup_{n \geqslant 0} |f(n,u)|$$

$$g(u) < p|u| \quad (u \neq 0)$$

存在子列 $\{n_k\} \subset \{n\}$,使

$$h = \lim_{k\to\infty} c_{n_k} = \lim_{k\to\infty} |f(n_k, x_{n_k-l})|$$

因 $\{x_{n_k-l}\}$ 有界,故存在子列 $\{n_{k_i}\} \subset \{n_k\}$,使 $\lim\limits_{i\to\infty} x_{n_{k_i}-l} = L_1$,显然 $L_1 \leqslant L$,从而有

$$h = \lim_{i\to\infty} c_{n_{k_i}} = \lim_{i\to\infty} |f(n_{k_1}, x_{n_{k_i}-l})| \leqslant \lim_{i\to\infty} g(x_{n_{k_i}-l}) = g(L_1)$$

如 $L_1 = 0$,由 $h \leqslant g(L_1)$ 知 $h = 0$,根据(28) 知 $L = 0$ 与假设矛盾;如 $L_1 \neq 0$,则 $h \leqslant g(L_1) < p|L_1| \leqslant pL$,所以

$$L > h/p \tag{29}$$

显然(28) 与(29) 矛盾,因此 $L = 0$. 即 $\lim\limits_{n\to\infty} x_n = 0$.

推论 1　如果存在 p 使 $0 < p \leqslant p_n < k^k/(k+1)^{k+1}$,且 $\sup\limits_{n\geqslant 0} |f(n,u)| < p|u|$,$(u \neq 0)$,则差分方程(1) 的零解全局渐近稳定.

证明　由文[3] 定理及由上述定理知结论成立.

例　考虑差分方程

$$x_{n+1} - x_n + (k^k/(k+1)^{k+1} - a/(n+k)^{k+1}) x_{n-k} = pe^{-1/n} \cos n \sin x_{n-1} \tag{30}$$

其中 $k^k > a$,$k \geqslant 2$,$p = (k^k - a)/(k+1)^{k+1}$,显然 $p \leqslant$

$p_n < k^k/(k+1)^{k+1}$, $|f(n,u)| = pe^{-1/n}|\cos n\sin u|$, 有$\sup\limits_{n\geq 0}|f(n,u)| < p|u|$. 所以差分方程(30)零解全局渐近稳定. 而根据以往文献结果是无法进行判定.

参考文献

[1] GYORI L, LADAS G, VLAHOS P N. Global attractivity in a delay difference equation[J]. 1991, 17(5): 473-479.

[2] YAN J R, QIAN C X. Oscillation and Comparison results for delay difference equation[J]. J. Math. Anal. Appl. 1992, 165: 473-479.

[3] GYORI I, PRRUK M. Asymptotic formuale for the solution of a linear delay difference equation[J]. J. Math. Anal. Appl. 1995, 195: 376-392.

[4] ERBE I, ZHANG B G. Oscillation of discrete analogues of delay equation[J]. Diff. Int. Eqns. 1989, 2: 300-309.

[5] KOCIC V L, LADAS G. Global behavior of nonlinear equations of higher order with application[J]. Kiuwer publisher: Dordrecht, 1993.

[6] YU J S, ZHANG B G, WANG Z C. Oscillation of delay difference equation[J]. Applicable

Analysis. 1994,53:117-124.

[7] YU J S,CHENG S S. Astability Criterion for a neutral difference equation with delay[J]. Appl. Math. Lett. 1994,7:75-80.

[8] 时宝,王志成,庾建设.时滞差分方程零解全局渐近稳定的充分必要条件及其应用[J].数学学报. 1997,40(2):615-624.

§20　一类非线性时滞差分方程的全局吸引性

岳阳师范学院数学系的刘玉记教授 2002 年研究了非线性时滞差分方程 $\Delta x_n + a_n x_n + f(n, \sum_{s=-k}^{0} \bar{q}_{s,n} x_{s+n}) = 0$,给出保证方程每一解 $\{x_n\}$ 趋于 0 的一族充分条件,推广并改进了已有的结果.

一、引言

研究非线性时滞差分方程

$$\Delta x_n + a_n x_n + f(n, \sum_{s=-k}^{0} \bar{q}_{s,n} x_{s+n}) = 0 \quad (n=0,1,2,\cdots) \tag{1}$$

(1) 的初始条件

$$x_s = \varphi_s \quad (s=-k,-k+1,\cdots,-1,0) \tag{2}$$

其中基本假设:

D_1) $\{a_n\}$ 为非负实数列($0 \leqslant a_n < 1$,k 为自然数);

D_2）$xf(n,x)>0(x\neq 0)$，$f(n,x)$ 关于 x 是 Lipschitz 连续的；

D_3）对任意 n，$f(n,x)$ 关于 x 单调增加；

D_4）$\bar{q}_{s,n}\geqslant 0$ 且 $\sum_{s=-k}^{0}\bar{q}_{s,n}=1$；

D_5）存在非负数列 $\{p_n\}$，对任意的 $x\neq 0$ 有

$$\left|\frac{f(n,x)}{x}\right|\leqslant p_n$$

按通常规定 $\Delta x_n=x_{n+1}-x_n$。方程(1)包含许多具有生态学意义的时滞差分方程为特殊情况（见参见[1]），本节试图将文[1]的结果推广到差分方程(1)中，事实上，这种将微分方程有关结论推广或离散到差分方程的工作是十分有意义的（见[2,3]）。本节结果也可视为文[4]结果的离散化，同时又是文[2,3]中结果的推广。

规定 $a<b$ 时 $\sum_{b}^{a}x_i=0,\prod_{b}^{a}x_i=1$.

二、引理和主要结果

设条件(D_1) ~ (D_4)成立，定义数列 $\{q_n\}$

$$q_1=1,q_{n+1}=\frac{1}{1-a_n}q_n=\prod_{s=1}^{n}\frac{1}{1-a_s}\ (n=1,2,\cdots) \tag{3}$$

由于 $a_n\in[0,1)$，故 $q_n>0$.

引理1 若存在非负数列 $\{l_n\}$ 使得

$$\left|\frac{f(n,x)}{x}\right|\geqslant l_n$$

且

$$\liminf_{n\to\infty}\sum_{s=N_1}^{n}\frac{q_{s+1}}{q_{N_1}}l_s=\lambda>1\quad(\forall N_1\in N)\qquad(4)$$

则方程(1)的任意最终正解(或最终负解)$\{x_n\}$均满足 $\lim\limits_{n\to\infty}x_n=0$.

证明　不妨设 x_n 是(1)的最终正解，当 x_n 为最终负解时类似证明. 于是存在 N_0，当 $n\geqslant N_0$ 时

$$x_n>0$$

由(1)立知 $\Delta x_n<0$，x_n 最终单调减小，$\lim x_n=a\geqslant 0$ 存在，反设 $a>0$. 于是 $n\geqslant N_0$ 时 $x_n\geqslant a$.

另一方面，由(1)

$$q_{n+1}\Delta x_n+q_{n+1}a_nx_n=-q_{n+1}f(n,\sum_{s=-k}^{0}\bar{q}_{s,n}x_{n+s})$$

即

$$\begin{aligned}\Delta(q_nx_n)=&-q_{n+1}f(n,\sum_{s=-k}^{0}\bar{q}_{s,n}x_{n+s})\leqslant\\&-q_{n+1}f(n,\sum_{s=-k}^{0}\bar{q}_{s,n}a)\leqslant\\&-q_{n+1}f(n,a)\leqslant-aq_{n+1}l_n\end{aligned}$$

取 $1<\lambda_1<\lambda$，$0<\delta<a(\lambda_1-1)$，由于 $\{x_n\}$ 单减趋于 a，故存在 N_1，使 $x_{N_1}<a+\delta$，又由于 $\liminf\sum\limits_{s=N_1}^{n}\frac{q_{s+1}}{q_{N_1}}l_s=\lambda>\lambda_1>1$，故当 n 充分大时 $\sum\limits_{s=N_1}^{n}\frac{q_{s+1}}{q_{N_1}}l_s>\lambda_1$，对上式从 N_1 到 n(充分大)求和并化简

$$\begin{aligned}x_{n+1}\leqslant&\frac{q_{N_1}}{q_{n+1}}(x_{N_1}-a\sum_{s=N_1}^{n}\frac{q_{s+1}}{q_{N_1}}l_s)\leqslant\\&\frac{q_{N_1}}{q_{n+1}}(a+\delta-a\lambda_1)<0\end{aligned}$$

导出 $x_{n+1}<0$ 与 x_n 最终正矛盾. 故 $a\neq 0$ 错误，即 $\lim x_n=a=0$，证完.

引理 2 设条件 $D_1)\sim D_5)$ 成立且

$$\limsup_{n\to\infty}\sum_{t=n-k}^{n}\frac{q_{t+1}}{q_{n-k}}pt=\mu<\frac{3}{2}+\frac{1}{2(k+1)}$$

则方程(1)的任意振动解 $\{x_n\}$ 满足 $\lim\limits_{n\to\infty}x_n=0$.

证明 设 $\{x_n\}$ 为(1)的振动解，我们将证 $\lim\limits_{n\to\infty}x_n=0$. 先证 x_n 有界. 反设 x_n 无界，取 $\delta>0$，N_1 使

$$\frac{1}{1+k}+1<\mu+\delta<\frac{3}{2}+\frac{1}{2(k+1)}\ (\text{注意 } k\geqslant 1) \tag{5}$$

$$\sum_{t=n-k}^{n}\frac{q_{t+1}}{q_{n-k}}p_t\leqslant\mu+\delta\quad(n\geqslant N_1) \tag{6}$$

因 x_n 无界，存在 $n^*(>N_1+2k)$ 使得

$$|x_n|<|x_n^*|\quad(N_1<n<n^*)$$

不失一般性，设 $x_n^*>0$，则 $x_n^*-x_{n-1}^*\geqslant 0$，由

$$0\leqslant\Delta x_{n-1}^*=-a_{n-1}^*x_{n-1}^*-f(n^*-1,\sum_{s=-k}^{0}\bar{q}_{sn}x_{n-1+s}^*)$$

知存在 $0\leqslant l\leqslant k$，使得

$$x_{n-l}^*\geqslant 0,x_{n-l-1}^*<0,x_n\geqslant 0\quad(n\in(n^*-l+1,n^*)$$

于是存在 $\xi\in(n^*-l-1,n^*-l]$，使得

$$q_{n^*-l-1}x_{n^*-l-1}+$$
$$(q_{n^*-l}x_{n^*-l}-q_{n^*-l-1}x_{n^*-l-1})(\xi-n^*+l+1)=0$$

当 $n\leqslant n^*$ 时

$$\Delta(q_nx_n)=-q_{n+1}f(n,\sum_{s=-k}^{0}\bar{q}_{sn}x_{n+s})\leqslant$$

$$q_{n+1}p_n\left|\sum_{s=-k}^{0}\bar{q}_{s,n}x_{n+s}\right|\leqslant$$

$$q_{n+1}p_n\sum_{s=-k}^{0}\bar{q}_{s,n}\mid x_{n+s}\mid\leqslant$$

$$q_{n+1}p_n\sum_{s=-k}^{0}\bar{q}_{s,n}x_{n^*}=$$

$$q_{n+1}p_n\sum_{s=-k}^{0}\bar{q}_{s,n}x_{n^*}$$

即

$$\Delta(q_nx_n)\leqslant q_{n+1}p_nx_{n^*}\tag{7}$$

当 $N_1\leqslant n\leqslant n^*-l-1$ 时，对上式从 n 到 n^*-l-2 求和得

$$-q_nx_n\leqslant -q_{n^*-l-1}x_{n^*-l-1}+x_{n^*}\sum_{s=n}^{n^*-l-2}q_{s+1}p_s=$$

$$(q_{n^*-l}x_{n^*-l}-q_{n^*-l-1}x_{n^*-l-1})(\xi-n^*+l+1)+$$

$$x_{n^*}\sum_{s=n}^{n^*-l-2}q_{s+1}p_s\leqslant$$

$$x_{n^*}\left\{q_{n^*-l}p_{n^*-l-1}(\xi-n^*+l+1)+\sum_{s=n}^{n^*-l-2}q_{s+1}p_s\right\}=$$

$$x_{n^*}\left(\sum_{s=n}^{n^*-l-1}q_{s+1}p_s-q_{n^*-l}p_{n^*-l-1}(n^*-\xi-l)\right)-x_n\leqslant$$

$$x_{n^*}\frac{1}{q_n}\left(\sum_{s=n}^{n^*-l-1}q_{s+1}p_s-q_{n^*-l}p_{n^*-l-1}(n^*-\xi-l)\right)$$

而当 $n^*-l\leqslant n\leqslant n^*-1$ 时上式显然成立. 从而当 $n^*-l\leqslant n\leqslant n^*$ 时，注意到 q_n 数列单调增且 $q_n\geqslant 1$

$$\Delta(q_nx_n)\leqslant$$

$$-q_{n+1}f\Bigg(n,-\sum_{s=-k}^{0}\bar{q}_s\Bigg(x_{n^*}\frac{1}{q_{n+s}}\cdot$$

$$\left(\sum_{t=n+s}^{n^*-l-1}q_{t+1}p_t-q_{n^*-l}p_{n^*-l-1}(n^*-l-\xi)\right)\Bigg)\Bigg)\leqslant$$

$$-q_{n+1}f\left(n,-\sum_{s=-k}^{0}\bar{q}_s x_{n^*}\cdot\right.$$

$$\left.\left(\frac{1}{q_{n-k}}\left(\sum_{t=n-k}^{n^*-l-1}q_{t+1}p_t-q_{n^*-l}p_{n^*-l-1}(n^*-l-\xi)\right)\right)\right)\leqslant$$

$$q_{n+1}p_n\cdot$$

$$\frac{1}{q_{n-k}}x_{n^*}\left(\sum_{t=n-k}^{n^*-l-1}q_{t+1}p_t-q_{n^*-l}p_{n^*-l-1}(n^*-l-\xi)\right)$$

即

$$\Delta(q_n x_n)\leqslant$$

$$x_{n^*}\frac{q_{n+1}}{q_{n-k}}p_n\left(\sum_{t=n-k}^{n^*-l-1}q_{t+1}p_t-q_{n^*-l}p_{n^*-l-1}(n^*-l-\xi)\right)\tag{8}$$

下面分两种情形讨论：

情形 1

$$d=\sum_{n=n^*-l}^{n^*-1}\frac{q_{n+1}}{q_{n^*}}p_n+(n^*-l-\xi)\frac{q_{n^*-l}}{q_{n^*}}p_{n^*-l-1}\leqslant 1$$

$$q_{n^*}x_{n^*}=q_{n^*-l}x_{n^*-l}+\sum_{n=n^*-l}^{n^*-1}(q_{n+1}x_{n+1}-q_n x_n)=$$

$$(q_{n^*-l}x_{n^*-l}-q_{n^*-l-1}x_{n^*-l-1})(n^*-\xi-l)+$$

$$\sum_{n=n^*-l}^{n^*-1}(q_{n+1}x_{n+1}-q_n x_n)\leqslant$$

$$x_{n^*}(n^*-l-\xi)\frac{q_{n^*-l}}{q_{n^*-l-1-k}}p_{n^*-l-1}\cdot$$

$$\left(\sum_{t=n^*-l-1-k}^{n^*-l-1}q_{t+1}p_t-q_{n^*-l}p_{n^*-l-1}(n^*-l-\xi)\right)+$$

$$\sum_{n=n^*-l}^{n^*-1}x_{n^*}\cdot$$

$$\frac{q_{n+1}}{q_{n-k}}p_n\left(\sum_{t=n-k}^{n^*-l-1}q_{t+1}p_t-q_{n^*-l}p_{n^*-l-1}(n^*-l-\xi)\right)$$

$$x_{n^*}\leqslant x_{n^*}(n^*-l-\xi)\frac{q_{n^*-l}}{q_{n^*-l-1-k}}p_{n^*-l-1}\cdot$$

$$\left(\sum_{t=n^*-l-1-k}^{n^*-l-1}\frac{q_{t+1}}{q_{n^*}}p_t-\frac{q_{n^*-l}}{q_{n^*}}\cdot\right.$$

$$\left.p_{n^*-l-1}(n^*-l-\xi)\right)+\sum_{n=n^*-l}^{n^*-1}x_{n^*}\cdot$$

$$\frac{q_{n+1}}{q_{n-k}}p_n\left(\sum_{t=n-k}^{n^*-l-1}\frac{q_{t+1}}{q_{n^*}}p_t-\frac{q_{n^*-l}}{q_{n^*}}p_{n^*-l-1}(n^*-l-\xi)\right)=$$

$$x_{n^*}\left\{(n^*-l-\xi)\frac{q_{n^*-l}}{q_{n^*}}p_{n^*-l-1}\left(\sum_{t=n^*-l-1-k}^{n^*-l-1}\frac{q_{t+1}}{q_{n^*-l-1-k}}p_t-\right.\right.$$

$$\left.\frac{q_{n^*-l}}{q_{n^*-l-1}}p_{n^*-l-1}(n^*-l-\xi)\right)+$$

$$\sum_{n=n^*-l}^{n^*-1}\frac{q_{n+1}}{q_{n^*}}p_n\left(\sum_{t=n-k}^{n}\frac{q_{t+1}}{q_{n-k}}p_t-\sum_{t=n^*-l}^{n}\frac{q_{t+1}}{q_{n-k}}p_t-\right.$$

$$\left.\left.\frac{q_{n^*-l}}{q_{n-k}}p_{n^*-l-1}(n^*-l-\xi)\right)\right\}\leqslant$$

$$x_{n^*}\left\{(\mu+\delta)d-(n^*-l-\xi)^2p_{n^*-l-1}^2\frac{q_{n^*-l}^2}{q_{n^*}q_{n^*-l-1}}-\right.$$

$$\sum_{n=n^*-l}^{n^*-1}\frac{q_{n+1}}{q_{n^*}}p_n\sum_{t=n^*-l}^{n}\frac{q_{t+1}}{q_{n-k}}p_t-$$

$$\left.\sum_{n=n^*-l}^{n^*-1}\frac{q_{n+1}}{q_{n^*}}p_n\frac{q_{n^*-l}}{q_{n-k}}p_{n^*-l-1}(n^*-l-\xi)\right\}=$$

$$x_{n^*}\left\{(\mu+\delta)d-(n^*-l-\xi)^2p_{n^*-l-1}^2\frac{q_{n^*-l}^2}{q_{n^*}q_{n^*-l-1}}-\right.$$

$$\sum_{n=n^*-l}^{n^*-1}\frac{q_{n+1}}{q_{n^*}}p_n\sum_{t=n^*-l}^{n}\frac{q_{t+1}}{q_{n-k}}p_t-$$

$$\frac{q_{n^*-l}}{q_{n^*}}p_{n^*-l-1}(n^*-l-\xi)\sum_{n=n^*-l}^{n^*-1}\frac{q_{n+1}}{q_{n-k}}p_n\Bigg\}$$

注意到

$$\sum_{n=1}^{m}y_n\sum_{i=1}^{n}y_i=\frac{1}{2}\Big(\sum_{n=1}^{m}y_n\Big)^2+\frac{1}{2}\sum_{n=1}^{m}y_n^2,q_{n-k}\leqslant q_{n^*}$$

$$x_{n^*}\leqslant$$

$$x_{n^*}\Bigg\{(\mu+\delta)d-(n^*-l-\xi)^2p_{n^*-l-1}^2\frac{q_{n^*-l}^2}{q_{n^*}q_{n^*-l-1}}-$$

$$\sum_{n=n^*-l}^{n^*-1}\frac{q_{n+1}}{q_{n^*}}p_n\sum_{t=n^*-l}^{n}\frac{q_{t+1}}{q_{n^*}}p_t-$$

$$\frac{q_{n^*-l}}{q_{n^*}}p_{n^*-l-1}(n^*-l-\xi)\sum_{n=n^*-l}^{n^*-1}\frac{q_{n+1}}{q_{n^*}}p_n\Bigg\}\leqslant$$

$$x_{n^*}\Bigg\{(\mu+\delta)d-(n^*-l-\xi)^2p_{n^*-l-1}^2\frac{q_{n^*-l}^2}{q_{n^*}^2}-$$

$$\frac{1}{2}\Bigg(\sum_{n=n^*-l}^{n^*-1}\frac{q_{n+1}}{q_{n^*}}p_n\Bigg)^2-\frac{1}{2}\sum_{n=n^*-l}^{n^*-1}\Bigg(\frac{q_{t+1}}{q_{n^*}}p_n\Bigg)^2-$$

$$\frac{q_{n^*-l}}{q_{n^*}}p_{n^*-l-1}(n^*-l-\xi)\sum_{n=n^*-l}^{n^*-1}\frac{q_{n+1}}{q_{n^*}}p_n\Bigg\}=$$

$$x_{n^*}\{(\mu+\delta)d-$$

$$\frac{1}{2}\Bigg(\sum_{n=n^*-l}^{n^*-1}\frac{q_{n+l}}{q_{n^*}}p_n+(n^*-l-\xi)\frac{q_{n^*-l}}{q_{n^*}}p_{n^*-l-1}\Bigg)^2-$$

$$\frac{1}{2}(n^*-l-\xi)^2p_{n^*-l-1}^2\frac{q_{n^*-l}^2}{q_{n^*}^2}-\frac{1}{2}\sum_{n=n^*-l}^{n^*-1}\Bigg(\frac{q_{n+1}}{q_{n^*}}p_n\Bigg)^2\Bigg\}$$

又注意到

$$\Big(\sum_{n=1}^{m}y_n\Big)^2\leqslant m\sum_{n=1}^{m}y_n^2 \text{ 得}$$

$$x_{n^*}\leqslant x_{n^*}=$$

$$\left[(\mu+\delta)d-\frac{1}{2}d^2-\frac{1}{2}\frac{1}{l+1}\left(\sum_{n=n^*-l}^{n^*-1}\frac{q_{n+1}}{q_{n^*}}p_n+\right.\right.$$

$$\left.\left.(n^*-l-\xi)\frac{q_{n^*-l}}{q_{n^*}}p_{n^*-l-1}\right)^2\right]=$$

$$x_{n^*}\left((\mu+\delta)d-\left(\frac{1}{2}+\frac{1}{2(l+1)}\right)d^2\right)\leqslant$$

$$x_{n^*}\left((\mu+\delta)d-\frac{k+2}{2(k+1)}d^2\right)$$

由于$(\mu+\delta)d-\frac{k+2}{2(k+1)}d^2$，在 $d=\frac{k+1}{k+2}(\mu+\delta)$ 取最大值而(5) 知$\frac{k+1}{k+2}(\mu+\delta)>1$，故(5) 又导出

$$x_{n^*}\leqslant x_{n^*}\left(\mu+\delta-\frac{k+2}{2(k+1)}\right)<x_{n^*}\text{ 这不可能.}$$

情形 2

$$d=\sum_{n=n^*-l}^{n^*-1}\frac{q_{n+1}}{q_{n^*}}p_n+(n^*-l-\xi)\frac{q_{n^*-l}}{q_{n^*}}p_{n^*-l-1}>1$$

这时存在 $n_1\in[n^*-l,n^*]$ 使得

$$\sum_{n=n_1}^{n^*-1}\frac{q_{n+1}}{q_{n^*}}p_n\leqslant 1,\sum_{n=n_1-1}^{n^*-1}\frac{q_{n+1}}{q_{n^*}}p_n>1$$

从而存在 $\eta\in(n_1-1,n_1)$ 使得

$$\sum_{n=n_1}^{n^*-1}\frac{q_{n+1}}{q_{n^*}}p_n+(n_1-\eta)\frac{q_{n_1}}{q_{n^*}}p_{n_1-1}=1 \tag{9}$$

于是由(7)(8) 得

$$q_{n^*}x_{n^*}=q_{n_1}x_{n_1}+\sum_{n=n_1}^{n^*-1}(q_{n+1}x_{n+1}-q_nx_n)=$$

$$q_{n_1-1}x_{n_1-1}+(\eta-n_1+1)(q_{n_1}x_{n_1}-q_{n_1-1}x_{n_1-1})+$$

$$(n_1-\eta)(q_{n_1}x_{n_1}-q_{n_1-1}x_{n_1-1})+$$

$$\sum_{n=n_1}^{n^*-1}(q_{n+1}x_{n+1}-q_nx_n)=$$

$$q_{n^*-l}x_{n^*-l}+\sum_{n=n^*-l}^{n_1-2}(q_{n+1}x_{n+1}-q_nx_n)+$$

$$(\eta-n_1+1)(q_{n_1}x_{n_1}-q_{n_1-1}x_{n_1-1})+$$

$$(n_1-\eta)(q_{n_1}x_{n_1}-q_{n_1-1}x_{n_1-1})+$$

$$\sum_{n=n_1}^{n^*-1}(q_{n+1}x_{n+1}-q_nx_n)=$$

$$(q_{n^*-l}x_{n^*-l}-q_{n^*-l-1}x_{n^*-l-1})(n^*-\xi-l)+$$

$$\sum_{n=n^*-l}^{n_1-2}(q_{n+1}x_{n+1}-q_nx_n)+$$

$$(\eta-n_1+1)(q_{n_1}x_{n_1}-q_{n_1-1}x_{n_1-1})+$$

$$(n_1-\eta)(q_{n_1}x_{n_1}-q_{n_1-1}x_{n_1-1})+$$

$$\sum_{n=n_1}^{n^*-1}(q_{n+1}x_{n+1}-q_nx_n)\leqslant$$

$$x_{n^*}\Big[(n^*-\xi-l)q_{n^*-l}p_{n^*-l-1}+$$

$$\sum_{n=n^*-l}^{n_1-2}q_{n+1}p_n+(\eta-n_1+1)q_{n_1}p_{n_1-1}\Big]+$$

$$x_{n^*}\Big[(n_1-\eta)\frac{q_{n_1}}{q_{n_1-k-1}}p_{n_1-1}(\sum_{t=n_1-1-k}^{n^*-l-1}q_{t+1}p_t-$$

$$q_{n^*-l}p_{n^*-l-1}(n^*-l-\xi))+\sum_{n=n_1}^{n^*-1}\frac{q_{n+1}}{q_{n-k}}p_n\cdot$$

$$(\sum_{t=n-k}^{n^*-l-1}q_{t+1}p_t-q_{n^*-l}p_{n^*-l-1}(n^*-l-\xi))\Big]=$$

$$x_{n^*}\{\Big[(n^*-\xi-l)q_{n^*-l}p_{n^*-l-1}+$$

$$\sum_{n=n^*-l}^{n_1-2}q_{n+1}p_n+(\eta+1-n_1)q_{n_1}p_{n_1-1}\Big]\cdot$$

$$\left[\sum_{n=n_1}^{n^*-1}\frac{q_{n+1}}{q_{n^*}}p_n+(n_1-\eta)\frac{q_{n_1}}{q_{n^*}}p_{n_1-1}\right]+$$

$$\left[(n_1-\eta)\frac{q_{n_1}}{q_{n_1-k-1}}p_{n_1-1}\left(\sum_{t=n_1-1-k}^{n^*-l-1}q_{t+1}p_t-\right.\right.$$

$$\left.q_{n^*-l}p_{n^*-l-1}(n^*-l-\xi)\right)+\sum_{n=n_1}^{n^*-1}\frac{q_{n+1}}{q_{n-k}}p_n\cdot$$

$$\left.\left.\left(\left(\sum_{t=n-k}^{n^*-l-1}q_{t+1}p_t-q_{n^*-l}p_{n^*-l-1}(n^*-l-\xi)\right)\right]\right\}=$$

$$x_{n^*}\left\{(n^*-\xi-l)q_{n^*-l}p_{n^*-l-1}\sum_{n=n_1}^{n^*-1}\frac{q_{n+1}}{q_{n^*}}p_n+\right.$$

$$(n^*-\xi-l)q_{n^*-l}p_{n^*-l-1}(n_1-\eta)\frac{q_{n_1}}{q_{n^*}}p_{n_1-1}+$$

$$\sum_{n=n^*-l}^{n_1-2}q_{n+1}p_n\sum_{n=n_1}^{n^*-1}\frac{q_{n+1}}{q_{n^*}}p_n+$$

$$\sum_{n=n^*-l}^{n_1-2}p_nq_{n+1}(n_1-\eta)\frac{q_{n_1}}{q_{n^*}}p_{n_1-1}+$$

$$(\eta+1-n_1)q_{n_1}p_{n_1-1}\sum_{n=n_1}^{n^*-1}\frac{q_{n+1}}{q_{n^*}}p_n+$$

$$(\eta+1-n_1)q_{n_1}p_{n_1-1}(n_1-\eta)\frac{q_{n_1}}{q_{n^*}}p_{n_1-1}+$$

$$(n_1-\eta)\frac{q_{n_1}}{q_{n_1-k-1}}p_{n_1-1}\sum_{t=n_1-1-k}^{n^*-l-1}q_{t+1}p_t-$$

$$q_{n^*-l}p_{n^*-l-1}(n^*-l-\xi)(n_1-\eta)\frac{q_{n_1}}{q_{n_1-k-1}}p_{n_1-1}+$$

$$\sum_{n=n_1}^{n^*-1}\frac{q_{n+1}}{q_{n-k}}p_n\sum_{t=n-k}^{n^*-l-1}q_{t+1}p_t-$$

$$q_{n^*-l}p_{n^*-l-1}(n^*-\xi-l)\sum_{n=n_1}^{n^*-1}\frac{q_{n+1}}{q_{n-k}}p_n\Big\}$$

注意$\{q_n\}$为单调增数列,$q_n\geqslant 1$,从而通过抵消得

$$q_{n^*}x_{n^*}\leqslant x_{n^*}\Big\{(n^*-l-\xi)q_{n^*-l}p_{n^*-l-1}\sum_{n=n_1}^{n^*-1}\frac{q_{n+1}}{q_{n^*}}p_n+$$

$$(n^*-\xi-l)q_{n^*-l}p_{n^*-l-1}(n_1-\eta)\frac{q_{n_1}}{q_{n^*}}p_{n_1-1}+$$

$$\sum_{n=n^*-l}^{n_1-2}q_{n+1}p_n\sum_{n=n_1}^{n^*-1}\frac{q_{n+1}}{q_{n^*}}p_n+$$

$$\sum_{n=n^*-l}^{n_1-2}p_nq_{n+1}(n_1-\eta)\frac{q_{n_1}}{q_{n^*}}p_{n_1-1}+$$

$$(\eta+1-n_1)q_{n_1}p_{n_1-1}\sum_{n=n_1}^{n^*-1}\frac{q_{n+1}}{q_{n^*}}p_n+$$

$$(\eta+1-n_1)q_{n_1}p_{n_1-1}(n_1-\eta)\frac{q_{n_1}}{q_{n^*}}p_{n_1-1}+$$

$$(n_1-\eta)\frac{q_{n_1}}{q_{n_1-k-l}}p_{n_1-1}\sum_{t=n_1-1-k}^{n^*-l-1}q_{t+1}p_t-$$

$$q_{n^*-l}p_{n^*-l-1}(n^*-\xi-l)(n_1-\eta)\frac{q_{n_1}}{q_{n^*}}p_{n_1-1}+$$

$$\sum_{n=n_1}^{n^*-1}\frac{q_{n+1}}{q_{n-k}}p_n\sum_{t=n-k}^{n^*-l-1}q_{t+1}p_t-$$

$$q_{n^*-l}p_{n^*-l-1}(n^*-\xi-l)\sum_{n=n_1}^{n^*-1}\frac{q_{n+1}}{q_{n^*}}p_n\Big\}\leqslant$$

$$x_{n^*}\Big\{\sum_{n=n^*-l}^{n_1-1}q_{n+1}p_n\sum_{n=n_1}^{n^*-1}\frac{q_{n+1}}{q_{n^*}}p_n+$$

$$\sum_{n=n^*-l}^{n_1-1}p_nq_{n+1}(n_1-\eta)\frac{q_{n_1}}{q_{n^*}}p_{n_1-1}+$$

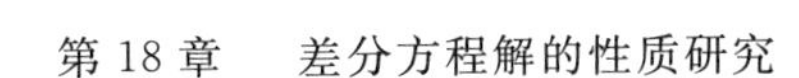

$$(\eta - n_1) q_{n_1} p_{n_1 - 1} \sum_{n=n_1}^{n^*-1} \frac{q_{n+1}}{q_{n^*}} p_n +$$

$$(\eta - n_1) q_{n_1} p_{n_1 - 1} (n_1 - \eta) \frac{q_{n_1}}{q_{n^*}} p_{n_1 - 1} +$$

$$(n_1 - \eta) \frac{q_{n_1}}{q_{n_1 - k - 1}} p_{n_1 - 1} \sum_{t=n_1-1-k}^{n^*-l-1} q_{t+1} p_t +$$

$$\left. \sum_{n=n_1}^{n^*-1} \frac{q_{n+1}}{q_{n-k}} p_n \sum_{t=n-k}^{n^*-l-1} q_{t+1} p_t \right\}$$

从而

$$x_{n^*} \leqslant x_{n^*} \left\{ \sum_{n=n_1}^{n^*-1} \frac{q_{n+1}}{q_{n^*}} p_n \left(\sum_{n=n^*-l}^{n_1-1} \frac{q_{n+1}}{q_{n^*}} p_n + \sum_{t=n-k}^{n^*-l-1} \frac{q_{t+1}}{q_{n-k}} p_t \right) + \right.$$

$$(\eta - n_1) \sum_{n=n_1}^{n^*-1} \frac{q_{n+1}}{q_{n^*}} p_n \frac{q_{n_1}}{q_{n^*}} p_{n_1 - 1} +$$

$$(n_1 - \eta) \left[\frac{q_{n_1}}{q_{n^*} q_{n_1 - k - 1}} p_{n_1 - 1} \cdot \right.$$

$$\left. \sum_{t=n_1-1-k}^{n^*-l-1} q_{t+1} p_t + \sum_{n=n^*-l}^{n_1-1} q_{n+1} p_n \frac{q_{n_1}}{q_{n^*}^2} p_{n_1 - 1} \right] +$$

$$\left. (\eta - n_1) \frac{q_{n_1}}{q_{n^*}} p_{n_1 - 1} (n_1 - \eta) \frac{q_{n_1}}{q_{n^*}} p_{n_1 - 1} \right\} \leqslant$$

$$x_{n^*} \left\{ \sum_{n=n_1}^{n^*-1} \frac{q_{n+1}}{q_{n^*}} p_n \left(\sum_{t=n-k}^{n_1-1} \frac{q_{t+1}}{q_{n-k}} p_t - (n_1 - \eta) \frac{q_{n_1}}{q_{n^*}} p_{n_1 - 1} \right) + \right.$$

$$(n_1 - \eta) \frac{q_{n_1}}{q_{n^*}} p_{n_1 - 1} \left(\sum_{t=n_1-1-k}^{n_1-1} \frac{q_{t+1}}{q_{n_1 - k - 1}} p_t - \right.$$

$$\left. \left. (n_1 - \eta) \frac{q_{n_1}}{q_{n^*}} p_{n_1 - 1} \right) \right\} \leqslant$$

$$x_{n^*} \left\{ \sum_{n=n_1}^{n^*-1} \frac{q_{n+1}}{q_{n^*}} p_n \left(\mu + \delta - \sum_{t=n_1}^{n} \frac{q_{t+1}}{q_{n-k}} p_t - \right. \right.$$

$$(n_1-\eta)\frac{q_{n_1}}{q_{n^*}}p_{n_1-1}\Big)+$$

$$(n_1-\eta)\frac{q_{n_1}}{q_{n^*}}p_{n_1-1}\left(\mu+\delta-(n_1-\eta)\frac{q_n}{q_{n^*}}p_{n_1-1}\right)\Big\}=$$

$$x_{n^*}\Big\{\mu+\delta-\sum_{n=n_1}^{n^*-1}\frac{q_{n+1}}{q_{n^*}}p_n\sum_{t=n_1}^{n}\frac{q_{t+1}}{q_{n-k}}p_t-$$

$$(n_1-\eta)\frac{q_{n_1}}{q_{n^*}}p_{n_1-1}\sum_{n=n_1}^{n^*-1}\frac{q_{n+1}}{q_{n^*}}p_n-(n_1-\eta)^2\left(\frac{q_{n_1}}{q_{n^*}}p_{n_1-1}\right)^2\Big\}$$

注意到

$$2\sum_{n=1}^{m}y_n\sum_{i=1}^{m}y_i=\left(\sum_{n=1}^{m}y_n\right)^2+\sum_{n=1}^{m}y_n^2$$

$$\left(\sum_{n=1}^{m}y_n\right)^2\leqslant m\sum_{n=1}^{m}y_n^2\text{ 及 }q_{n-k}\leqslant q_{n^*}$$

我们可得

$$x_{n^*}\leqslant x_{n^*}\Big\{\mu+\delta-\frac{1}{2}\left(\sum_{n=n_1}^{n^*-1}\frac{q_{n+1}}{q_{n^*}}p_n\right)^2-$$

$$\frac{1}{2}\sum_{n=n_1}^{n^*-1}\left(\frac{q_{n+1}}{q_{n^*}}p_n\right)^2-(n_1-\eta)\frac{q_{n_1}}{q_{n^*}}p_{n_1-1}\sum_{n=n_1}^{n^*-1}\frac{q_{n+1}}{q_{n^*}}p_n-$$

$$(n_1-\eta)^2\left(\frac{q_{n_1}}{q_{n^*}}p_{n_1-1}\right)^2\Big\}=$$

$$x_{n^*}\Big\{\mu+\delta-\frac{1}{2}\left(\sum_{n=n_1}^{n^*-1}\frac{q_{n+1}}{q_{n^*}}p_n+(n_1-\eta)\frac{q_{n_1}}{q_{n^*}}p_{n_1-1}\right)^2-$$

$$\frac{1}{2}\sum_{n=n_1}^{n^*-1}\left(\frac{q_{n+1}}{q_{n^*}}p_n\right)^2-\frac{1}{2}(n_1-\eta)^2\left(\frac{q_{n_1}}{q_{n^*}}p_{n_1-1}\right)^2\Big\}=$$

$$x_{n^*}\Big\{\mu+\delta-\frac{1}{2}-\frac{1}{2}\left(\sum_{n=n_1}^{n^*-1}\left(\frac{q_{n+1}}{q_{n^*}}p_n\right)^2+\right.$$

$$\left.(n_1-\eta)^2\left(\frac{q_{n_1}}{q_{n^*}}p_{n_1-1}\right)^2\right)\Big\}\leqslant$$

$$x_{n^*}\left\{\mu+\delta-\frac{1}{2}-\frac{1}{2}\frac{1}{n^*-n_1+1}\cdot\right.$$

$$\left.\left(\sum_{n=n_1}^{n^*-1}\frac{q_{n+1}}{q_{n^*}}p_n+(n_1-\eta)\frac{q_{n_1}}{q_{n^*}}p_{n_1-1}\right)^2\right\}=$$

$$x_{n^*}\left\{\mu+\delta-\frac{1}{2}-\frac{1}{2}\frac{1}{n^*-n_1+1}\right\}\leqslant$$

$$x_{n^*}\left(\mu+\delta-\frac{1}{2}-\frac{1}{2(k+1)}\right)<x_{n^*}$$

这也不可能，故 x_n 有界证完. 下证 $\lim x_n=0$，设 x_n 的上下极限如下

$$\alpha=\limsup_{n\to\infty}x_n,\beta=\liminf_{n\to\infty}x_n$$

则 $-\infty<\beta\leqslant 0\leqslant\alpha<+\infty$，只证 $\alpha=\beta=0$ 即可. 任给 $\eta>0$，必存在 $N_2>N_1+k$ 使得

$$-\beta_1=\beta-\eta<x_n<\alpha+\eta=\alpha_1\quad(n\geqslant N_2+k)$$

于是由于

$$\begin{aligned}\Delta(q_nx_n)=&-q_{n+1}f\left(n,\sum_{s=-k}^{0}\bar{q}_{s,n}x_{n+s}\right)\leqslant\\&-q_{n+1}f\left(n,-\sum_{s=-k}^{0}\bar{q}_{s,n}\beta_1\right)=\\&-q_{n+1}f(n,-\beta_1)\leqslant\beta_1q_{n+1}p_n\end{aligned}$$

即

$$\Delta(q_nx_n)\leqslant\beta_1q_{n+1}p_n\quad(n\geqslant N_2+k)\tag{10}$$

同理

$$\Delta(q_nx_n)\geqslant-\alpha_1q_{n+1}p_n\quad(n\geqslant N_2+k)\tag{11}$$

由于 x_n 是振动解. 于是存在子列 x_{n_i}，使得 $x_{n_i}\geqslant x_{n_i-1}$，$x_{n_i}>0$，$\lim\limits_{i\to\infty}x_{n_i}=\alpha$. 由方程(1)，用 β_1 代替式(7)中的 x_{n^*}，运用证 x_n 有界的方法可得

$$x_{n_i}\leqslant\beta_1\left(\mu+\delta-\frac{1}{2}-\frac{1}{2(k+1)}\right)$$

令 $i\to+\infty,\eta\to 0$ 立得

$$\alpha\leqslant\beta\left(\mu+\delta-\frac{1}{2}-\frac{1}{2(k+1)}\right)\tag{12}$$

又可取子列 x_{n_j}，使得 $x_{n_j}\leqslant x_{n_j-1},x_{n_j}<0$，$\lim\limits_{j\to\infty}x_{n_j}=\beta$，于是 $-x_{n_j}\geqslant -x_{n_j-1},-x_{n_j}>0$，式(11)化为

$$\Delta(q_n(-x_n))\leqslant\alpha_1 q_{n+1}p_n\tag{13}$$

用 α_1 代替式(7)中的 x_{n^*}，用证明 x_n 有界的相同方法可得

$$-x_{n_j}\leqslant\alpha_1\left(\mu+\delta-\frac{1}{2}-\frac{1}{2(k+1)}\right)$$

令 $j\to+\infty,\eta\to 0$ 立得

$$-\beta\leqslant\alpha\left(\mu+\delta-\frac{1}{2}-\frac{1}{2(k+1)}\right)\tag{14}$$

由于 $0<\mu+\delta-\frac{1}{2}-\frac{1}{2(k+1)}<1$. 故(12)(14)导出 $\alpha=\beta=0$. 证毕.

由引理 1,2 立得：

定理 1　设 $D_1)\sim D_5)$ 成立，且引理 1 与 2 的条件满足，则方程(1)的任一解 $\{x_n\}$ 满足

$$\lim_{n\to\infty}x_n=0$$

注 1　考查方程

$$\Delta x_n+a_n x_n+p_n x_{n-k}=0$$

其中 $a_n\in[0,1),p_n>0,k$ 为自然数.

定理 2　设

$$\liminf_{n\to\infty}\sum_{s=N_1}^{n}\frac{q_{s+1}}{q_{N_1}}p_s=\lambda>1\quad(\forall N_1\in N)\tag{16}$$

$$\limsup_{n\to\infty}\sum_{t=n-k}^{n}\prod_{s=n-k}^{t}(1-a_s)^{-1}p_t = \mu < \frac{3}{2}+\frac{1}{2(k+1)} \tag{17}$$

则(15)的每一解满足 $\lim x_n=0$.

定理 2 推广了文献[5]的结果.(当 $a_n\equiv 0$ 时,定理 2 即为文[5]的主要结果).

注 2　当 $a_n\equiv\lambda\in(0,1)$ 时,定理 2 为文[3]的主要结果,因此定理 2 推广了文[5]的部分定理.

注 3　考虑多时滞线性时滞差分方程

$$\Delta x_n + a_n x_n + \sum_{s=1}^{m} p_{s,n} x_{n-k_s} = 0 \tag{18}$$

其中 $a_n\in[0,1)$, $p_{s,n}>0(s=1,2,\cdots,m,n=1,2,\cdots)$, k_s 为自然数, $\max\{k_1,k_2,\cdots,k_m\}=k$. 则令

$$q_s=\frac{p_{s,n}}{\sum_{s=1}^{m}p_{s,n}},\ p_n=\sum_{s=1}^{n}p_{s,n}$$

从而(18)化为方程(3)的形式,有如下定理:

定理 3　设如下条件成立

$$\liminf_{n\to\infty}\sum_{s=N_1}^{n}\prod_{t=N_1}^{s}(1-a_t)^{-1}p_s=\lambda>1\quad(\forall N_1\in N) \tag{19}$$

$$\limsup_{n\to\infty}\sum_{t=n-k}^{n}\prod_{s=n-k}^{t}(1-a_s)^{-1}p_t=\mu<\frac{3}{2}+\frac{1}{2(k+1)} \tag{20}$$

则方程(18)的每一解 $\{x_n\}$ 满足 $\lim x_n=0$.

方程(18)的全局吸引性至今未见有较好的结果发表[6]. 定理 3 也是新的. 当 $a_n\equiv\lambda\in[0,1)$ 时,条件

(20)化为

$$\limsup_{n\to\infty}\sum_{t=n-k}^{n}(1-\lambda)^{-t+n+k}p_t=\mu<\frac{3}{2}+\frac{1}{2(k+1)}$$

参考文献

[1] 罗交晚,庾建设.具分布时滞偏差变元非自治数学生态系统的全局渐近稳定性[J].数学学报,1998,41(6):1273-1282.

[2] 周展,庾建设.非自治时滞差分方程的线性化渐近稳定性,数学年刊[J].1998,19A(3):301-308.

[3] ZHOU Z,ZHANG Q Q.Uniform stability of nonlinear difference systems[J].J Math Anal Appl,1998,486-500.

[4] 申建华,庾建设,王志成.一维非线性泛函微分方程的全局吸引性[J].高校应用数学学报(A辑),1996,11(1):1-6.

[5] ERBE L H.XIA H.YU J S.Global stability of a linear nonautonomous delay difference equation[J]. J Difference Equ Appl,1995,1:151-161.

[6] 时宝,王志成.时滞差分方程的正解与全局渐近稳定性[J].高校应用数学学报A辑,1997,12(4):379-384.

[7] GOPALSAMY K. Stability and Oscillation in Delay Differential Equations of Population Dynamics [M]. Boston: Kluwer Academic

Publishers,1992.

[8] 罗交晚,刘再明.非自治时滞微分方程的扰动全局吸引性[J].应用数学和力学,1998,19(12):1107-1111.

[9] 庚建设.非自治时滞微分方程的渐近稳定性[J].科学通报,1997,42(12):1248-1252.

§21　某类差分方程零解的全局吸引性及其应用

岳阳师范学院数学系的刘玉记教授2003年研究了差分方程$\Delta x_n=r_nf(x_{n-k})$的全局吸引性,用二次迭代法导出方程的零解全局吸引的一族新的充分条件,将结果应用于Logistic差分方程及Michelis-Menten,所得推论改进了已有结果.

一、引言

考虑时滞差分方程

$$\Delta x_n=r_nf(x_{n-k})\quad (n=0,1,2,\cdots)\tag{1}$$

其中$\{r_n\}$为正实数列,k为自然数.方程(1)的零解的全局吸引性在某些特殊情况下已有一些研究,如

$$\Delta x_n=r_nx_n(1-x_{n-k})^{[1,2,5]}\tag{2}$$

$$\Delta x_n=r_nx_n(1-x_{n-k})/(1+\lambda x_{n-k})^{[1]}\tag{3}$$

$$\Delta x_n=r_n(1-e^{x_{n-k}})^{[1,4]}\tag{4}$$

$$\Delta x_n=r_n(1-e^{x_{n-k}})/(1+\lambda e^{x_{n-k}})^{[4,7]}\tag{5}$$

对于一般情形的方程(1)也有过一些研究，如[6]，但对非线性项要求为

$$-M(-Q)\leqslant f(Q_{n-k})\leqslant M(Q) \tag{6}$$

其中 $M(Q)=\max\{0,\max\limits_{-k\leqslant j\leqslant 0}Q_{n+j}\}$. 由于(6)要求 $f(x)$ 具有一定的对称性，从而限制了已有定理的适用范围. 因此，在比较弱的条件下给出的方程(1)的零解的全局吸引的条件仍是有意义的工作. 本节运用二次迭代法给出保证方程(1)的每一解满足 $\lim x_n=0$ 的一族充分条件，将定理应用于方程(2)～(5)，所得结果改进了文[1-5]的相应定理.

文中约定当 $m<n$ 时，$\sum\limits_{i=n}^{m}x_i=0$，$\prod\limits_{i=n}^{m}x_i=1$. 差分方程的一般理论见[1]，连续情形下方程的全局吸引性理论见[8].

二、主要结果

对非线性项 $f(x)$，总假定存在 $b>0$，使 $f(x)\leqslant b$，$x\in R$，$f(x)$ 单调减小，$f(x)=0$ 当且仅当 $x=0$. 且存在 $A>0$，$B>0$ 使

$$f(x)\geqslant -Ax,x\geqslant 0;\ f(x)\leqslant -Bx\quad(x\leqslant 0) \tag{7}$$

引理 1 设 $\{x_n\}$ 是方程(1)的最终正解或最终负解，且

$$\sum_{n=0}^{n}r_n=+\infty \tag{8}$$

则有 $\{x_n\}$ 趋于 0.

引理 2 设 $\{x_n\}$ 是(1)的振动解，式(7)成立且存

在正数 M,使对充分大的 n 有 $\sum_{s=n-k}^{n} r_s \leqslant M$,则 $\{x_n\}$ 有界.

以上两个引理证明简单,略.

引理 3　设 $\{x_n\}$ 是(1) 的振动解,(7) 成立且存在 $p > \frac{k+2}{k+1}$,使

$$\sum_{s=n-k}^{n} r_s \leqslant \frac{p}{B} \quad (n\text{ 充分大}) \tag{9}$$

不等式组

$$\begin{aligned} & -\infty < u \leqslant 0 \leqslant v < +\infty \\ & v \leqslant \left(p - \frac{k+2}{2(k+1)}\right) \frac{1}{B} f(u) \\ & u \geqslant \left(p\frac{A}{B} - \frac{k+2}{2(k+1)}\right) f(v) \end{aligned} \tag{10}$$

仅有解 $u = v = 0$,则必有 $\{x_n\}$ 趋于 0.

证明　由条件(8) 及引理 2 立知 $\{x_n\}$ 有界,设 $\liminf x_n = u$,$\limsup x_n = v$,则有 $-\infty < u \leqslant 0 \leqslant v < +\infty$,任给 $\varepsilon > 0$,存在 N,使 $n \geqslant N$ 时,成立 $u_1 = u - \varepsilon < x_{n-k} < v + \varepsilon = v_1$,且 $\sum_{s=n-k}^{n} r_s \leqslant \frac{p}{B}$. 于是由式(1) 立知

$$\Delta x_n \leqslant r_n f(u_1) \quad (n \geqslant N) \tag{11}$$

$$\Delta x_n \geqslant r_n f(v_1) \quad (n \geqslant N) \tag{12}$$

取子列 $\{x_{n_i}\}$ 及 $\{x_{m_i}\}$ 使得

$$x_{n_i} > 0, x_{n_i} \geqslant x_{n_i - 1}, N < n_1 < n_2 < \cdots$$

$$\lim_{i\to\infty} x_{n_i} = v$$

$$x_{m_i} < 0, x_{n_i} \leqslant x_{m_i - 1}, N < m_1 < m_2 < \cdots$$

$$\lim_{i\to\infty} x_{m_i} = u$$

先证

$$v \leqslant \left(p - \frac{k+2}{2(k+1)}\right) \frac{1}{B} f(u) \tag{13}$$

由于 $x_{n_i} \geqslant x_{n_i-1}$，由式(1)知 $x_{n_i-k-1} \leqslant 0$，于是存在 $0 \leqslant l \leqslant k$，使 $x_{n_i-l-1} \leqslant 0, x_{n_i-l} > 0, x_n > 0, (n_i - l \leqslant n \leqslant n_i)$. 从而存在 $\xi \in [n_i - l - 1, n_i - l]$，使得

$$x_{n_i-l} + (x_{n_i-l} - x_{n_i-l-1})(\xi - n_i + l) = 0 \tag{14}$$

当 $n \leqslant n_i - l - 2$ 时，对式(11)从 n 到 $n_i - l - 2$ 求和得(应用式(14))

$$-x_n \leqslant f(u_1)\left(\sum_{s=n}^{n_i-l-1} r_s - r_{n_i-l-1}(n_i - l - \xi)\right) \tag{15}$$

显然式(15)对 $n \leqslant n_i - l - 1$ 均成立. 于是当 $n_i - l \leqslant n \leqslant n_i$ 时，若 $x_{n-k} \leqslant 0$ 时，由条件(7)及式(15)得

$$\Delta x_n \leqslant Bf(u_1) r_n \left(\sum_{s=n-k}^{n_i-l-1} r_s + r_{n_i-l-1}(n_i - l - \xi)\right) \tag{16}$$

而当 $x_{n-k} > 0$ 时，由式(1)及(7)有 $\Delta x_n < 0$，于是式(16)左边为负，(16)显然成立. 以下分两种情形讨论.

情形 1　$d = \sum_{s=n_i-l}^{n_i-1} r_s + r_{n_i-l-1}(n_i - l - \xi) \leqslant \frac{1}{B}$. 事实上，对式(16)应用条件式(8)

$$x_{n_i} = x_{n_i-l} + \sum_{s=n_i-l}^{n_i-1} (x_{s+1} - x_s) =$$

$$(x_{n_i-l} - x_{n_i-l-1})(n_i - l - \xi) + \sum_{s=n_i-l}^{n_i-1} (x_{s+1} - x_s) \leqslant$$

$$Bf(u_1)\Big[r_{n_i-l-1}(n_i - l - \xi)\Big(\sum_{s=n_i-l-1}^{m_i-1} r_s -$$

$$r_{n_i-l-1}(n_i-l-\xi))+$$

$$\sum_{n=n_i-l}^{n_i-l-1} r_n(\sum_{s=n_i-l}^{n_i-l-1} r_s - r_{n_i-l-1}(n_i-l-\xi)] \leqslant$$

$$Bf(u_1)[\frac{p}{B}d - r_{n_i-l-1}^2(n_i-l-\xi)^2 -$$

$$\sum_{n=n_i-l}^{n_i-1} r_n \sum_{s=n_i-l}^{n_i-1} r_s - r_{n_i-l-1}(n_i-l-\xi)\sum_{n=n_i-l}^{n_i-1} r_n]$$

由于 $\sum_{n=1}^{m} x_n \sum_{s=1}^{n} x_s = \frac{1}{2}\sum_{n=1}^{m} x_n^2 + \frac{1}{2}(\sum_{n=1}^{m} x_n)^2$，应用 $\sum_{n=1}^{m} x_n^2 \geqslant \frac{1}{m}(\sum_{n=1}^{m} x_n)^2$ 得

$$x_{n_i} \leqslant Bf(u_1)[\frac{p}{B}d - r_{n_i-l-1}^2(n_i-l-\xi)^2 -$$

$$\frac{1}{2}(\sum_{s=n_i-l}^{n_i-1} r_n)^2 -$$

$$\frac{1}{2}\sum_{s=n_i-l}^{n_i-1} r_n^2 - r_{n_i-l-1}(n_i-l-\xi)\sum_{s=n_i-l}^{n_i-1} r_n] =$$

$$Bf(u_1)[\frac{p}{B}d - \frac{1}{2}d^2 -$$

$$\frac{1}{2}r_{n_i-l-1}^2(n_i-l-\xi)^2 - \frac{1}{2}\sum_{s=n_i-l}^{n_i-1} r_n^2] \leqslant$$

$$Bf(u_1)[\frac{p}{B}d - \frac{1}{2}d^2 - \frac{1}{2}\frac{1}{l+1}d^2 \leqslant$$

$$Bf(u_1)(\frac{p}{B}d - \frac{k+2}{2(k+1)}d^2) \leqslant$$

$$(p - \frac{k+2}{2(k+1)})\frac{1}{B}f(u_1)$$

情形 2　$d > \frac{1}{B}$，注意 $d \leqslant \frac{p}{B}$，此时必存在 $\bar{n}_i \in$

$(n_i - l, n_i)$，使得$\sum_{s=\bar{n}_i}^{n_i-1} r_s \leqslant \frac{1}{B}$，$\sum_{s=\bar{n}_i-1}^{n_i-1} r_s > \frac{1}{B}$. 从而存在 $\eta \in (\bar{n}_i - 1, \bar{n}_i)$，使得

$$\sum_{s=\bar{n}_i-l}^{n_i-1} r_s + r_{\bar{n}_i-1}(\bar{n}_i - \eta) = \frac{1}{B} \tag{17}$$

$$x_{n_i} = x_{\bar{n}_i} + \sum_{n=\bar{n}_i}^{n_i-1}(x_{n+1} - x_n) =$$

$$x_{n_i-l} + \sum_{n=n_i-l}^{\bar{n}_i-2}(x_{n+1} - x_n) +$$

$$(\eta - \bar{n}_i + 1)(x_{\bar{n}_i} - x_{\bar{n}_i-l}) +$$

$$(\bar{n}_i - \eta)(x_{\bar{n}_i} - x_{\bar{n}_i-1}) + \sum_{n=\bar{n}_i}^{n_i-1}(x_{n+1} - x_n)$$

由式(11)(14)(16) 可推出

$$x_{n_i} \leqslant$$

$$f(u_1)[r_{n_i-l-1}(n_i - l - \xi) + \sum_{n=n_i-l}^{\bar{n}_i-2} r_n +$$

$$(\eta - \bar{n}_i + 1)r_{\bar{n}_i-1}] +$$

$$Bf(u_1)[(n_i - \eta)r_{n_i-1}(\sum_{n=\bar{n}_i-l-1}^{n_i-l-1} r_n - r_{n_i-l-1}(n_i - l - \xi)) +$$

$$\sum_{n=\bar{n}_i}^{n_i-l} r_n(\sum_{s=n-k}^{n_i-l-1} r_s - r_{n_i-l-1}(n_i - l - \xi))] =$$

$$Bf(u_1)\{[r_{n_i-l-1}(n_i - l - \xi) + \sum_{n=n_i-l}^{\bar{n}_i-2} r_n +$$

$$(\eta - \bar{n}_i + 1)r_{\bar{n}_i-1}][\sum_{s=\bar{n}_i}^{n_i-1} r_s + r_{\bar{n}_i-1}(\bar{n}_i - \eta)] +$$

$$(\bar{n}_i - \eta)r_{\bar{n}_i-1}\sum_{n=\bar{n}_i-l-1}^{n_i-l-1} r_n - r_{n_i-l-1}(n_i - l - \xi)) +$$

$$\sum_{n=\bar{n}_i}^{n_i-1} r_n \left(\sum_{s=n-k}^{n_i-l-1} r_s - r_{n_i-l-1}(n_i - l - \xi) \right) \}$$

通过对去括号,合并处理得

$$x_{n_i} \leqslant \frac{p}{B} f(u_1) - B f(u_1) \{ \sum_{n=\bar{n}_i}^{n_i-1} r_n \sum_{s=\bar{n}_i}^{n} r_s -$$

$$(\bar{n}_i - \eta) r_{\bar{v}_i-1} \sum_{n=\bar{n}_i}^{n_i-1} r_n - (\bar{n}_i - \eta)^2 r_{n_i-1}^2 \}$$

又由情形 1 中相同方法可得

$$x_{n_i} \leqslant \frac{p}{B} f(u_1) - B f(u_1) [\frac{1}{2} (\sum_{n=\bar{n}_i}^{n_i-1} r_n + (\bar{n}_i - \eta) r_{\bar{v}_i-1})^2 +$$

$$\frac{1}{2} (\bar{n}_i - \eta)^2 r_{n_i-1}^2 + \frac{1}{2} \sum_{n=\bar{n}_i}^{n_i-1} r_n^2] \leqslant$$

$$\frac{p}{B} f(u_1) - \frac{1}{2} \frac{1}{B} f(u_1) - \frac{1}{2(k+1)} \frac{1}{B} f(u_1) =$$

$$(p - \frac{k+2}{2(k+1)}) \frac{1}{B} f(u_1)$$

令 $i \to \infty, \varepsilon \to 0$ 立得式(13). 同理,由式(12) 及条件(7) 可得

$$u \geqslant (p \frac{A}{B} - \frac{k+2}{2(k+1)}) \frac{1}{A} f(v) \qquad (18)$$

从而由条件(9) 导出 $u = v = 0$,于是 $\lim x_n = 0$. 证毕. 由引理 1,2,3 立得:

定理 1　设(7)(8)(9)(10) 成立,则方程(1) 的每一解趋于 0.

三、定理应用

设 $\{r_n\}$ 为正实数列,$\lambda \in (0,1]$,考虑方程(2)(3) 的正解 $\{x_n\}$,令 $\ln x_n = y_n$,则(2)(3) 化为

$$\Delta y_n = \ln(1 + r_n(1 - e^{y_{n-k}}))$$

或

$$\Delta y_n = \ln(1 + r_n \frac{1 - e^{y_{n-k}}}{1 + \lambda e^{y_{n-k}}}) \tag{19}$$

定理 2　设(8)成立,存在 $p > 0$ 使得

$$\sum_{s=n-k}^{n} r_s \leqslant p, n \text{ 充分大} \tag{20}$$

$$p(e^{p-\frac{k+2}{2(k+1)}} - 1) \leqslant 1 \tag{21}$$

则方程(2)的每一正解$\{x_n\}$趋于1.

证明　只证(19)的第一解$\{y_n\}$趋于0,运用引理1的方法可证(19)的最终正(负)解趋于0.对(19)的任一振动解$\{y_n\}$,由(19)有

$$\Delta y_n \leqslant r_n(1 - e^{y_{n-k}}) \leqslant -r_n y_{n-k} \tag{22}$$

应用引理2中方法可证$\{y_n\}$有界,设$\lim\sup y_n = v$,$\lim\inf y_n = u$,运用引理3中方法可证得

$$v \leqslant (p - \frac{k+2}{2(k+1)})(1 - e^u) \tag{23}$$

又(18)可以证出

$$u \geqslant \ln(1 + p(1 - e^v)) \tag{24}$$

结合$-\infty < u \leqslant 0 \leqslant v < +\infty$,从(23)(24)导出

$$v \leqslant (p - \frac{k+2}{2(k+1)})p(e^v - 1) \tag{25}$$

若$v \neq 0$,则$v > 0$,矛盾.故$v = 0$从而$u = 0$定理证毕.

注 1　文[1,2,5,10]研究方程(2)的正解的渐近性,本定理中条件(20)(21)改进了其中相应的条件.

定理 3　设(8)成立且

$$\sum_{s=n-k}^{n} p_s \leqslant 1 + \lambda \quad (n \text{ 充分大}) \tag{26}$$

则(3) 的每一正解$\{x_n\}$趋于 1.

证明　与定理 2 的证明相同,略.

定理 4　设(8) 成立,存在 $p>0$ 使

$$\sum_{s=n-k}^{n} p_s \leqslant p \quad (n\text{ 充分大}) \tag{27}$$

$$p\left(p-\frac{k+2}{2(k+1)}\right) \leqslant 1 \tag{28}$$

则(4) 的每一个解$\{x_n\}$趋于 0.

证明容易,略.

定理 5　设(8) 成立,$\lambda \in (0,1]$. 存在 $p>0$ 使

$$\sum_{s=n-k}^{n} p_s \leqslant p(1+\lambda) \quad (n\text{ 充分大}) \tag{29}$$

$$\left(p-\frac{1+\lambda}{4\lambda}\frac{k+2}{k+1}\right)\left(p-\frac{k+2}{2(k+1)}\right) \leqslant 1 \tag{30}$$

则(5) 的每一解$\{x_n\}$趋于 0.

证明方法定理 1 与定理 4 相同,只需注意

$$\frac{1-\mathrm{e}^x}{1+\lambda \mathrm{e}^x} \leqslant -\frac{1}{1+\lambda}x \quad (x \leqslant 0)$$

$$\frac{1-\mathrm{e}^x}{1+\lambda \mathrm{e}^x} \geqslant -\frac{1+\lambda}{4\lambda}x \quad (x \geqslant 0)$$

注 2　定理 5 改进了文[8] 中定理 3,也改进了文[4] 中主要结果. 定理 4 的条件与文[5,6] 中结果互不包含.

参考文献

[1] KOCIC V L,LADAS G. Global behavior of nonlinear difference equations of higher order

with applications[M],dordrecht: Kluwer Academic Publiahers,1993.

[2] CHEN M P,YU J S. Oscillntion and attractivity in a delay difference equations[J]. J. Differ. Equ. Appl,1995,1:227-237.

[3] KOCIC V L,LADAS G. Global attractivity in nonlinear delay difference equations [J]. Proc. Amer. Math. Soc,1992,115:1083-1088.

[4] 刘玉记,封屹,Michealis-Menten 型差方程的分局吸引性[J]. 曲阜师范大学学报(自然科学报),2000,2:81-87.

[5] 周展,晏小兵. 具无界时滞非自治 Logistic 模型的全局吸引性[J]. 经济数学,1999,16(2):73-76.

[6] ZHOU Z,ZHANG Q Q. Uniform Stability of difference systems[J]. J. Math. Anal,Appl.,1998,225(2):486-500.

[7] LIU Y J. Global stability for Michealis-Menten aingle-species glowth equations[J]. Anals of Differential Equations,2000,16(4):348-355.

[8] YU J S. Global sttractivity of zero solution of a class of functional differential equstion and its appilcations[J]. Science In China(Serics A),1996,39(3):225-237.

附　录

递推数列若干初等问题

基本的数列之性质

附录1

数列是高中普通数学和数学竞赛的重要内容，最常见的数列如等差数列、等比数列等甚至进入了初中乃至小学的数学竞赛．数列问题的内容非常之丰富，对代数运算要求较高，有的还涉及数论知识，难度跨度也很大．数列中的主要问题有：(1) 求数列表达式；(2) 研究数列的性质，包括整除性、周期性、不等关系等．从某种意义上说，数列问题就是递推数列问题．尽管人们积累了几百年，但真正能够通过递推式来求得数列简洁的显式表达式(著名组合数学家斯坦利认为这是最好的结果) 的例子并不多，不过，即便求不出显式表达式，也可以研究这数列的性质．

等差数列和等比数列是两个最基本的数列，关于它们的基本性质大家都很熟悉，但还是有不少与之相关的问题以各种形式出现．除此之外，最简单的就是二阶常系数齐次线性递推数列．

例1　数列$\{a_n\}$中，$a_1=1$，$a_{n+1}=a_n+\sqrt{a_n}+\frac{1}{4}$，则$a_n=($　　$)$．

A. $2\ 550\frac{1}{4}$　　B. $2\ 550$

C. $2\ 450\frac{1}{4}$　　D. $2\ 401$

解　根据题意,有

$$a_{n+1}=\left(\sqrt{a_n}+\frac{1}{2}\right)^2$$

$$a_{100}=\left(\sqrt{a_{99}}+\frac{1}{2}\right)^2=$$

$$\left(\sqrt{\left(\sqrt{a_{98}}+\frac{1}{2}\right)^2}+\frac{1}{2}\right)^2=$$

$$\left(\sqrt{a_{98}}+\frac{1}{2}+\frac{1}{2}\right)^2=\cdots=$$

$$\left(\sqrt{a_1}+\frac{1}{2}\times 99\right)^2=\left(1+\frac{99}{2}\right)^2=$$

$$\frac{101^2}{4}=2\ 550\frac{1}{4}$$

评注　这是十分基本的数列问题,出题者尽量把数列的形式搞得稍微复杂一些(复杂程度可以调节),解题者则是去还原这一过程.

例 2　数列 $a_1,a_2,a_3,\cdots$,满足 $a_1=\frac{1}{2}$,且 $a_1+a_2+\cdots+a_n=n^2a_n(n\geqslant 1)$,确定 a_n 的值.

解　令 $S_n=a_1+a_2+\cdots+a_n$,则

$$a_n=S_n-S_{n-1}=n^2a_n-(n-1)^2a_{n-1}$$

$$\Rightarrow a_n=\frac{n-1}{n+1}a_{n-1}\quad(n\geqslant 2)$$

于是

$$a_n=\frac{n-1}{n+1}a_{n-1}=\frac{(n-1)(n-2)}{(n+1)n}a_{n-2}=\cdots=$$

$$\frac{(n-1)!}{(n+1)n\cdot\cdots\cdot 3}a_1=$$

$$\frac{1}{n(n+1)}$$

评注　本题是基本数列问题，对代数变形要求不高，注意数列部分和与数列本身的关系.

例3　设正数列 $a_0,a_1,a_2,\cdots$ 满足 $a_0=a_1=1$ 且 $\sqrt{a_n a_{n-2}}-\sqrt{a_{n-1}a_{n-2}}=2a_{n-1}$，$n=2,3,\cdots$，求该数列通项公式.

解　同除以 $\sqrt{a_{n-1}a_{n-2}}$ 可得

$$\sqrt{\frac{a_n}{a_{n-1}}}=1+2\sqrt{\frac{a_{n-1}}{a_{n-2}}}\quad(n>2)$$

令

$$b_n=\sqrt{\frac{a_n}{a_{n-1}}},b_1=1\Rightarrow b_n=1+2b_{n-1}\Rightarrow b_n=2^n-1$$

$$\sqrt{a_n}=(2^n-1)\sqrt{a_{n-1}}\Rightarrow$$

$$a_n=\prod_{k=1}^{n}(2^k-1)^2\quad(n=1,2,3,\cdots)$$

评注　本题也是简单的代数变换之后加以解决的数列问题.

例4　数列 $\{a_n\}$ 中，对一切 $n\in\mathbf{N}^*$，都有 $a_k>0$，且对一切 $n\geqslant 2$，$n\in\mathbf{N}^*$，都有

$$\frac{1}{a_n}-a_n=2(a_1+a_2+\cdots+a_{n-1})$$

求通项公式.

解　$n\geqslant 2$ 时

$$\frac{1}{a_n}-a_n=2(a_1+a_2+\cdots+a_{n-1})\Rightarrow$$

$$\frac{1}{a_n}+a_n=2(a_1+a_2+\cdots+a_n)=2S_n$$

注意到 $a_n = S_n - S_{n-1}$，上式又是

$$\frac{1}{S_n - S_{n-1}} + S_n - S_{n-1} = 2S_n$$

所以 $$S_n^2 - S_{n-1}^2 = 1$$

$\{S_n^2\}$ 是 AB 数列，公差为 1，首项为 $S_1^2 = a_1^2$，其通项公式为

$$S_n^2 = a_1^2 + n - 1 \Rightarrow S_n = \sqrt{a_1^2 + n - 1}$$

由此可见，$n \geqslant 2$ 时

$$a_n = S_n - S_{n-1} = \sqrt{a_1^2 + n - 1} - \sqrt{a_1^2 + n - 2}$$

评注 作为一个十分重要的概念，部分和也是求数列通项的基本手段.

下面例子是形如 $a_{n+1} = f(n)a_n$ 的递推式，利用迭代法将

$$a_n = f(n-1)a_{n-1}, a_{n-1} = f(n-2)a_{n-2}, \cdots$$

$a_2 = f(1)a_1$ 各式相乘得

$$a_n = a_1 f(1)f(2)f(3)\cdots f(n-1)$$

$$a_n = a_1 \prod_{i=1}^{n-1} f(i)$$

例 5 数列 $\{a_n\}$ 满足 $na_{n+1} = 2(a_1 + a_2 + \cdots + a_n)n = 1, 2, 3, \cdots$，且 $a_1 = 1$.

(1) 求数列 $\{a_n\}$ 的通项.

(2) 令 $b_n = \dfrac{4a_{n+1}}{a_n^2 a_{n+2}^2}$，求数列 $\{b_n\}$ 的前 n 项和.

解 (1) 因为

$$\begin{aligned} na_{n+1} = &2(a_1 + a_2 + \cdots + a_n) = \\ &2(a_1 + a_2 + \cdots + a_{n-1}) + 2a_n = \\ &(n-1)a_n + 2a_n = (n+1)a_n \end{aligned}$$

即 $a_{n+1} = \dfrac{n+1}{n} a_n$，从而

$$a_n = a_1 \cdot \frac{2}{1} \cdot \frac{3}{2} \cdot \frac{4}{3} \cdot \cdots \cdot \frac{n}{n-1} = a_1 n = n$$

(2) 有

$$b_n = \frac{4a_{n+1}}{a_n^2 \cdot a_{n+2}^2} = \frac{4(n+1)}{n^2(n+2)^2} = \frac{1}{n^2} - \frac{1}{(n+2)^2}$$

$$S_n = b_1 + b_2 + \cdots + b_n = \left(\frac{1}{1^2} - \frac{1}{3^2}\right) + \left(\frac{1}{2^2} - \frac{1}{4^2}\right) + \cdots + \left[\frac{1}{n^2} - \frac{1}{(n+2)^2}\right] = 1 + \frac{1}{2^2} - \frac{1}{(n+1)^2} - \frac{1}{(n+2)^2} = \frac{5}{4} - \frac{2n^2+6n+5}{(n+1)^2(n+2)^2}$$

评注　本题是数列基本训练题,代数要求不高.

例 6　设 $x_1 = 1, x_{n+1} = \dfrac{x_n^2}{\sqrt{3x_n^4 + 6x_n^2 + 2}} (n \geqslant 1)$,求 x_n.

解　$\{x_n\}$ 的递推关系可以写成

$$\frac{1}{x_{n+1}^2} = \frac{3x_n^4 + 6x_n^2 + 2}{x_n^4} = 2\left(\frac{1}{x_n^2}\right)^2 + 6\left(\frac{1}{x_n^2}\right) + 3$$

令 $y_n = \dfrac{2}{x_n^2}$,则

$$y_{n+1} = 2y_n^2 + 6y_n + 3 = 2(y_n + \frac{3}{2})^2 - \frac{3}{2}$$

所以

$$y_{n+1} + \frac{3}{2} = 2(y_n + \frac{3}{2})^2$$

令 $Z_n = y_n + \dfrac{3}{2}$,则

$$Z_{n+1} = 2Z_n^2$$

由 $x_1=1\Rightarrow y_1=1\Rightarrow z_1=\frac{5}{2}$，所以

$$Z_{n+1}=2Z_n^2=2^{1+2}Z_{n-1}^{2^2}=2^{1+2+2^2}\cdot Z_{n-2}^{2^n}=\cdots=$$
$$2^{1+2+\cdots+2^{n-1}}Z_1^{2^{n-1}}=2^{2^{n-1}-1}\cdot\left(\frac{5}{2}\right)^{2^{n-1}}=$$
$$\frac{1}{2}\cdot 5^{2^{n-1}}$$

易见 $x_n\geqslant 0$，所以

$$y_n=\frac{1}{2}\cdot 5^{2^{n-1}}-\frac{3}{2}$$

$$x_n=\frac{1}{\sqrt{y_n}}=\frac{\sqrt{2}}{\sqrt{5^{2^{n-1}}-3}}$$

评注　本题十分典型，在代数运算上是人为设置的，对于解题者是一个还原的过程.

例 7　已知数列 $\{a_n\}$ 满足 $a_1=2$，并且

$$a_{n+1}^4-a_{n+1}^2-2a_{n+1}^2a_n-5a_{n+1}^2a_n^2+4a_n^2+8a_n^3+4a_n^4=0$$

求 a_n.

解　令

$$a_{n+1}=x,a_n=y$$
$$x^4-x^2-2x^2y-5x^2y^2+4y^2+8y^3+4y^4=0$$

即

$$x^4-(1+2y+5y^2)x^2+4y^2(1+2y+y^2)=0$$
$$(x^4-4y^2)[x^2-(y^2+2y+1)]=0\Rightarrow$$
$$(x-2y)(x+2y)(x-y-1)(x+y+1)=0$$

即

$$(a_{n+1}-2a_n)(a_{n+1}+2a_n)\cdot$$
$$(a_{n+1}-a_n-1)(a_{n+1}+a_n+1)=0$$

由 $a_{n+1}-2a_n=0\Rightarrow a_{n+1}=2a_n$，$\{a_n\}$ 是公比为 2 的等比数列，而 $a_1=2$，故

$$a_n=2\cdot 2^{n-1}=2^n$$

由 $a_{n+1}+2a_n=0\Rightarrow a_{n+1}=-2a_n\Rightarrow\{a_n\}$ 是公比为 -2 的 $G\cdot p$,而 $a_1=2$,故

$$a_n=2\cdot(-2)^{n-1}=(-1)^{n-1}2^n$$

由 $a_{n+1}-a_n-1=0\Rightarrow a_{n+1}-a_n=1\Rightarrow\{a_n\}$ 是公差为 1 的 $A\cdot p$,而 $a_1=2$,故

$$a_n=2+(n-1)\cdot 1=n+1$$

由 $a_{n+1}+a_n+1=0\Rightarrow=a_{n+1}+\frac{1}{2}=\left(a_n+\frac{1}{2}\right)\cdot(-1)$,$\{a_n+\frac{1}{2}\}$ 是公比为 -1 的 $G\cdot p$,且

$$a_1+\frac{1}{2}=\frac{5}{2}\Rightarrow a_n+\frac{1}{2}=\frac{5}{2}\cdot(-1)^{n-1}\Rightarrow$$

$$a_n=(-1)^{n-1}\frac{5}{2}-\frac{1}{2}$$

评注　本题一看便知是需要因式分解,对代数运算有一定要求.

例 8　已知 $a_1=1,a_n=\frac{2}{3}a_{n-1}+n^2-15(n\geqslant 2)$,求 a_n.

解　一般的,若 $a_n=A\cdot a_{n-2}+f(n)$(其中 A 为常数,$A\neq 1$,$f(n)$ 为 m 次多项式),则可用待定系数法确定 m 次多项式. $g(n)$ 使

$$a_n+g(n)=A(a_{n-1}+g(n-1))$$

于是

$$a_n+g(n)=(a_1+g(1))\cdot A^{n-1}$$

引入待定参数 a,b,c 使

$$a_n+(an^2+bn+c)=$$

$$\frac{2}{3}\{a_{n-1}+[a(n-1)^2+b(n-1)+c]\}$$

整理后,有

$$a_n=\frac{2}{3}a_{n-1}+\left(-\frac{1}{3}a\right)n^2+$$

$$\left(-\frac{4}{3}a-\frac{1}{3}b\right)n+\frac{2}{3}a-\frac{2}{3}b-\frac{1}{3}c$$

与原递归式比较系数,得

$$\begin{cases}-\frac{1}{3}a=1\\ \frac{4}{3}a+\frac{1}{3}b=0\\ \frac{2}{3}a-\frac{2}{3}b-\frac{1}{3}c=-15\end{cases}\Rightarrow\begin{cases}a=-3\\ b=12\\ c=15\end{cases}$$

故有

$$a_n-3n^2+12n+15=$$

$$\frac{2}{3}[a_{n-1}-3(n-1)^2+12(n-1)+15]$$

所以

$$a_n-3n^2+12n+15=$$

$$(a_1-3\times 1^2+12+15)\left(\frac{2}{3}\right)^{n-1}=25\left(\frac{2}{3}\right)^{n-1}$$

所以

$$a_n=25\left(\frac{2}{3}\right)^{n-1}+3n^2-12n-15$$

评注 本题是一阶非齐次递推方程,直接计算便可得出结果.

例 9 求斐波那契(Fibonacci)数列$\{f_n\}$:$f_1=f_2=1$,$f_{n+2}=f_{n+1}+f_n(n\geqslant 1)$的通项公式.

解 因其特征方程$x^2=x+1$有两个不等的特征根$x_{1,2}=\frac{1\pm\sqrt{5}}{2}$,则其选项为

$$f_n=A\cdot\left(\frac{1+\sqrt{5}}{2}\right)^n+B\cdot\left(\frac{1-\sqrt{5}}{2}\right)^n\quad(n\geqslant 1)$$

其中 A,B 作为待定系数,将初始值分别代入得

$$\begin{cases}1=A\cdot\dfrac{1+\sqrt{5}}{2}+B\cdot\dfrac{1-\sqrt{5}}{2}\\1=A\cdot\left(\dfrac{1+\sqrt{5}}{2}\right)^2+B\cdot\left(\dfrac{1-\sqrt{5}}{2}\right)^2\end{cases}$$

联立,解得

$$A=\frac{1}{\sqrt{5}},B=-\frac{1}{\sqrt{5}}$$

故

$$f_n=\frac{1}{\sqrt{5}}\left[\left(\frac{1+\sqrt{5}}{2}\right)^n-\left(\frac{1-\sqrt{5}}{2}\right)^n\right]$$

评注　斐波那契数列是一个著名的数列,是最简单的二阶常系数齐次线性递推数列,然而这个从递推式上仅仅比等差数列和等比数列复杂一点点的数列,却有着异常丰富的性质.

例 10　求出一个序列 $a_0,a_1,\cdots$ 它的项均为正数. $a_0\doteq 1$ 并且 $a_n-a_{n+1}=a_{n+2}(n=0,1,2,\cdots)$,证明:这样的序列仅有一个.

证明　与 $a_{n+2}=a_n-a_{n+1}$ 对应的特征方程为

$$x^2+x-1=0$$

它的根为$\dfrac{-1\pm\sqrt{5}}{2}$所以这项公式为

$$a_n=\alpha\left(\frac{-1+\sqrt{5}}{2}\right)^n+\beta\left(\frac{-1-\sqrt{5}}{2}\right)^n$$

由于 $0<\dfrac{-1+\sqrt{5}}{2}<1$,而 $1<\dfrac{1+\sqrt{5}}{2}$,所以 $\beta=0$,否则:

ⅰ）若 $\beta>0$ 则当 n 为充分大的奇数时 $a_n<0$ 都与 $a_n>0$ 矛盾.

ⅱ）若 $\beta<0$ 则当 n 为充分大的偶数时 $a_n<0$ 与 $a_n>0$ 矛盾.

于是

$$a_n=\alpha\left(\frac{-1+\sqrt{5}}{2}\right)$$

由 $\alpha_0=1$，得 $\alpha=1$，因此

$$a_n=\left(\frac{-1+\sqrt{5}}{2}\right)^n$$

评注　本题的递推式与斐波那契数列十分接近，解法上也有类似之处.

例 11　已知 a_1,a_2 及 $a_{n+2}=Aa_{n+1}+Ba_n$（A,B 为常数），求 a_n.

证明　引入待定参数 α,β，使

$$a_{n+2}-\alpha a_{n+1}=\beta(a_{n+1}-\alpha a_n)$$

则

$$a_{n+2}=(\alpha+\beta)a_{n+1}-\alpha\beta a_n$$

与已知递推式比较系数知 α,β 是方程 $x^2=Ax+B$ 的两个根，从而可求出 α,β. 故数列 $\{a_{n+1}-\alpha a_n\}$ 是首项为 $a_2-\alpha a_1$ 公比为 β 的 $G\cdot p$，从而可得

$$a_{n+1}-\alpha a_n=(a_2-\alpha a_1)\beta^{n-1}$$

当 $\alpha\neq 0$ 时，有

$$\frac{a_{n+1}}{\alpha^{n+1}}-\frac{a_n}{\alpha^n}=\frac{a_2-\alpha a_1}{\alpha^2}\left(\frac{\beta}{\alpha}\right)^{n-1}$$

再由裂项求和法可求得

$$a_n=p\cdot\alpha^n+q\cdot\beta^n\quad(\alpha\neq\beta)$$

或

$$a_n=(p+q\cdot n)\alpha^n\quad(\alpha=\beta)$$

显然，上式对 $\alpha=0$ 时也成立，其中 p,q 为常量，由 a_1,a_2 确定.

评注　本题是十分基本的定理，是仅比等差数列、等比数列复杂一点的二阶齐次常系数线性递推数列，关于这种数列人们获得了较为完整的结果.

例 12　设数列 $\{a_n\}$ 满足 $a_1=a,a_2=b,2a_{n+2}=a_{n+1}+a_n$.

(1) 设 $b_n=a_{n+1}-a_n$，证明：若 $a\neq b$，则 $\{b_n\}$ 是等比数列；

(2) 若 $\lim\limits_{n\to\infty}(a_1+a_2+\cdots+a_n)=4$，求 a,b 的值.

解　(1) 由 $2a_{n+2}=a_{n+1}+a_n$，得

$$2(a_{n+2}-a_{n+1})=-(a_{n+1}-a_n)$$

所以

$$b_{n+1}=-\frac{1}{2}b_n$$

从而 $\{b_n\}$ 是以 $b-a$ 为首项，$-\frac{1}{2}$ 为公比的等比数列.

(2) $2a_{n+2}=a_{n+1}+a_n$ 的特征方程为

$$2t^2-t-1=0$$

特征根为 $\alpha=1,\beta=-\frac{1}{2}$.

设 $a_n=A\cdot 1^n+B\cdot(-\frac{1}{2})^n$，由 $a_1=a,a_2=b$ 解得

$$A=\frac{1}{3}a+\frac{2}{3}b,B=\frac{4}{3}(b-a)$$

所以

$$a_n=\frac{1}{3}a+\frac{2}{3}b+\frac{4}{3}(b-a)(-\frac{1}{2})^n$$

从而

$$a_1+a_2+\cdots+a_n=\left(\frac{1}{3}a+\frac{2}{3}b\right)n-$$

$$\frac{4}{9}(b-a)+\frac{4}{9}(b-a)(-\frac{1}{2})^n$$

由$\lim\limits_{n\to\infty}(a_1+a_2+\cdots+a_n)=4$得

$$\frac{1}{3}a+\frac{2}{3}b=0,-\frac{4}{9}(b-a)=4$$

解得 $a=6,b=-3$.

评注 本题也是直接计算的典型,需要一定的基本功.

例 13 设$\{a_n\}$为$A\cdot p$,$\{b_n\}$为$G\cdot p$,且$b_1=a_1^2$,$b_2=a_2^2$,$b_3=a_3^2(a_1<a_2)$,又

$$\lim_{n\to\infty}(b_1+b_2+\cdots+b_n)=\sqrt{2}+1$$

试求$\{a_n\}$的首项与公差.

解 设所求公差为d,由$a_1<a_2$,得$d>0$.由此得

$$a_1^2(a_1+2d)^2=(a_1+d)^4$$

化简得

$$2a_1^2+4a_1d+d^2=0$$

解得$d=(-2\pm\sqrt{2})a_1$,而$-2\pm\sqrt{2}<0$,故$a_1<0$.

一种情况为$a_1(a_1+2d)=(a_1+d)^2\Rightarrow d=0$,矛盾.

$-a_1(a_1+2d)=(a_1+d)^2$.

若$d=(-2-\sqrt{2})a_1$,则$q=\frac{a_2^2}{a_1^2}=(\sqrt{2}+1)^2$;

若$d=(-2+\sqrt{2})a_1$,则$q=\frac{a_2^2}{a_1^2}=(\sqrt{2}-1)^2$.

但$\lim\limits_{n\to+\infty}(b_1+b_2+\cdots+b_n)=\sqrt{2}+1$存在,所以

$|q|<1$,于是 $q=(\sqrt{2}+1)^2$ 不可能.

从而$\frac{a_1^2}{1-(\sqrt{2}-1)^2}=\sqrt{2}+1$,得

$$a_1^2=(2\sqrt{2}-2)(\sqrt{2}+1)=2 \qquad (*)$$

所以

$$a_1=-\sqrt{2}$$

$$d=(-2+\sqrt{2})a_1=$$
$$(-2+\sqrt{2})(-\sqrt{2})=2\sqrt{2}-2$$

式(*)运用无穷递缩等比数列求和公式 $S=\frac{a_1}{1-q}$.

评注　本题考察的是基本数列的综合运用.

例 14　已知数列$\{a_n\}$满足 $a_1=a_2=1,a_3=2$ 且

$$a_{n+1}=\frac{3+a_na_{n-1}}{a_{n-2}} \quad (n\geqslant 3)$$

求 a_n.

解　递推关系可以改写为

$$a_{n+1}a_{n-2}=3+a_na_{n-1}$$

$$a_{n+2}a_{n-1}=3+a_{n+1}a_n\Rightarrow$$

$$a_{n+1}(a_{n-2}+a_n)=a_{n-1}(a_n+a_{n+2})\Rightarrow$$

$$\frac{a_n+a_{n+2}}{a_{n+1}}=\frac{a_{n-2}+a_n}{a_{n-1}}\Rightarrow$$

$$\frac{a_n+a_{n+2}}{a_{n+1}}=\frac{a_1+a_3}{a_2}=3$$

$$a_{n+2}-3a_{n+1}+a_n=0$$

$$a_n=\frac{5-2\sqrt{5}}{5}\left(\frac{3+\sqrt{5}}{2}\right)^n+\frac{5+2\sqrt{5}}{5}\left(\frac{3-\sqrt{5}}{2}\right)^n$$

评注　本题是比较典型的数列问题,需要一定的

观察力和基本功.

下面例子是形如 $a_{n+1}=pa_n+f(n)$ 的递推式,将上式同除以 p^{n+1} 得

$$\frac{a_{n+1}}{p^{n+1}}=\frac{a_n}{p^n}+\frac{f(n)}{p^{n+1}}$$

令 $b_n=\frac{a_n}{p^n}$,则

$$b_{n+1}=b_n+\frac{f(n)}{p^{n+1}}$$

由此可求出 b_n,从而求出 a_n.

例 15 数列$\{a_n\}$的前 n 项和为 S_n,且满足 $a_1=1$, $a_{n+1}=25n+n^2-n+1(n\geqslant 1)$,求数列$\{a_n\}$的通项公式.

解
$$a_{n+1}=2S_n+n^2-n+1 \tag{1}$$
有
$$a_n=2S_{n-1}+(n-1)^2-(n-1)+1 \tag{2}$$
(1)-(2) 得
$$a_{n+1}-a_n=2a_n+2n-2$$
即
$$a_{n+1}=3a_n+2n-2$$
两边同除以 3^{n+1},得
$$\frac{a_{n+1}}{3^{n+1}}=\frac{a_n}{3^n}+\frac{2n-2}{3^{n+1}}$$
令 $b_n=\frac{a_n}{2^n}$,则
$$b_{n+1}=b_n+\frac{2(n-1)}{3^{n+1}},b_2=\frac{a_1}{3}=\frac{1}{3}$$
从而

$$b_n=b_1+\sum_{k=1}^{n-1}\frac{2(k-1)}{3^{k+1}}=\frac{1}{3}+2\sum_{k=1}^{n-1}\frac{k-1}{3^{k+1}}=$$

$$\frac{1}{3}+2\times\frac{1}{4}\left[\frac{1}{3}-\frac{2n-1}{3^n}\right]=$$

$$\frac{1}{2}-\frac{2n-1}{2\times 3}$$

故 $a_n=\frac{3^n}{2}-n+\frac{1}{2}$.

评注　这也是一类数列基本问题，读者还可以做下列日本筑波大学的试题$\begin{cases}a_1=2\\ a_{n+1}=S_n+n^2-n+2\end{cases}$求通项公式.

例 16　数列$\{x_n\}$定义如下：$x_1=2,x_2=3$

$$\begin{cases}x_{2m+1}=x_{2m}+x_{2m-1} & (m\geqslant 1)\\ x_{2m}=x_{2m-1}+2x_{2m-2} & (m\geqslant 2)\end{cases}$$

试求$\{x_n\}$的通项公式.

解　由第一个递推式解得

$$x_{2m}=x_{2m+1}-x_{2m-1}$$

代入第二个递推式，得

$$x_{2m+1}=4x_{2m-1}-2x_{2m-3}$$

记

$$y_m=x_{2m-1}\Rightarrow y_{m+1}=4y_m-2y_{m-1},y_1=2,y_2=5$$

其特征方程为

$$y^2=4y-2\Rightarrow y_1=2+\sqrt{2},y_2=2-\sqrt{2}$$

故

$$y_m=A(2+\sqrt{2})^m+B(2-\sqrt{2})^m$$

代入 $y_1=2,y_2=5$，得

$$\begin{cases}A\cdot(2+\sqrt{2})+B\cdot(2-\sqrt{2})=2\\A\cdot(2+\sqrt{2})^2+B\cdot(2-\sqrt{2})^2=5\end{cases}\Rightarrow$$

$$A=\frac{1}{4}(3-\sqrt{2}),B=\frac{1}{4}(3+\sqrt{2})$$

故

$$x_{2m-1}=y_m=\frac{1}{4}(3-\sqrt{2})(2+\sqrt{2})^m+\frac{1}{4}(3+\sqrt{2})(2-\sqrt{2})^m\quad(m\geqslant 1)$$

所以

$$x_{2m}=x_{2m+1}-x_{2m-1}=\frac{1}{4}(1+2\sqrt{2})(2+\sqrt{2})^m+\frac{1}{4}(1-2\sqrt{2})(2-\sqrt{2})^m$$

所以

$$x_m=\begin{cases}\frac{1}{4}(3-\sqrt{2})(2+\sqrt{2})^m+\frac{1}{4}(3+\sqrt{2})(2-\sqrt{2})^m\\(n=2m+1)\\\frac{1}{4}(1+2\sqrt{2})(2+\sqrt{2})^m+\frac{1}{4}(1-2\sqrt{2})(2-\sqrt{2})^m\\(n=2m)\end{cases}$$

评注 有时递推式不止一个,这类问题的计算会更加复杂一些.

例 17 $a,b,c,d\in\mathbf{R}$,如果 $\frac{ac-b^2}{a-2b+c}=\frac{bd-c^2}{b-2c+d}$,则这两个分式都等于$\frac{ad-bc}{a-b-c+d}$.

解 设$\frac{ac-b^2}{a-2b+c}=k,\frac{bd-c^2}{b-2c+d}=k$,只需证

$$\frac{ad-bc}{a-b-c+d}=k$$

由

$$\frac{ac-b^2}{a-2b+c}=k\Rightarrow ac-k(a+c)=b^2-2bk$$

$$(a-k)(c-k)=(b-k)^2$$

即$(a-k),(b-k),(c-k)$成等比数列.

由$\dfrac{bd-c^2}{b-2c+d}=k\Rightarrow(b-k),(c-k),(d-k)$成等比数列.

故$(a-k),(b-k),(c-k),(d-k)$成等比数列，故

$$(a-k)(d-k)=(b-k)(c-k)$$

展开消去k^2,可得

$$(b+c-a-d)k=bc-ad$$

所以

$$k=\frac{ad-bc}{a-b-c+d}$$

评注　此题看似与数列无关,实际上在代数恒等变形中隐含着等比数列.

周期性数列

附录2

除了最平凡情形，等差数列和等比数列一般总是不断地增大或减小，除此之外，人们还研究了另一种数列，那就是周期数列. 这种数列显然也是十分重要的. 不过，从数列的递推式中，我们判断等差数列和等比数列一般不是特别困难，但是周期数列的形式有时就比较复杂，一下子不容易看出来.

例 1 已知给定数列$\{x_n\}$，且

$$x_{n+1}=\frac{x_n+(2-\sqrt{3})}{1-(2-\sqrt{3})x_n}$$

求 $x_{1\,001}-x_{402}$ 的值.

解 考虑到

$$x_{n+1}=\frac{x_n+(2-\sqrt{3})}{1-(2-\sqrt{3})x_n}$$

与

$$\tan(\alpha+\beta)=\frac{\tan\alpha+\tan\beta}{1-\tan\alpha\tan\beta}$$

的相似结构，作三角变换 $x_n=\tan\alpha_n$，又 $\tan 15^\circ=2-\sqrt{3}$，因为

$$x_{n+1}=\frac{\tan\alpha_n+\tan 15^\circ}{1-\tan\alpha_n\tan 15^\circ}=\tan(\alpha_n+15^\circ)$$

因为

$$x_{n+12}=\tan(\alpha_n+12\times 15^\circ)=\tan\alpha_n$$

因为 $x_{n+12}=x_n$，$\{x_n\}$ 是以 12 为周期的周期数列.

所以 $x_{1\,001}-x_{401}=0$.

评注　三角函数具有周期性，因此运用三角函数来研究周期数列，也是一个比较自然的相法，本题就是典型.当然，很多周期数列问题无须使用三角函数.

例 2　数列 $\{a_n\}$ 的定义为：$a_0=a$，$0\leqslant a\leqslant 1$，$a_{n+1}=2a_n(1-a_n)$，$n\geqslant 0$. 试问 $\{a_n\}$ 是否是以 2 为周期的数列？

解　当 $a=0,\frac{1}{2},1$ 时，分别有 $a_n=0$，$a_n=\frac{1}{2}$，$a_n=0$ 均为常数数列.

当 $0<a<1$，$a\neq\frac{1}{2}$ 时，设数列 $\{a_n\}$ 是从第 N 项起的周期为 2 的周期数列，则 $a_{N+2}=a_N$ 而

$$a_{N+2}=2a_{N+1}(1-a_{N+1})=$$
$$2(2a_N-2a_N^2)-2(a_N-2a_N^2)^2$$

即 $2(2a_N-2a_N^2)-2(a_N-2a_N^2)^2=a_N$，展开整理，得

$$a_N(2a_N-1)(4a_N^2-6a_N+3)=0$$

由于 $a_N\neq 0$，$a_N\neq\frac{1}{2}$，有

$$4a_N^2-6a_N+3=(a_N-2a_N^2)^2+\frac{3}{4}>0$$

恒成立.

从而上式是不成立的.

因此，数列 $\{a_N\}$ 不是以 2 为周期的数列.

评注 此题形式上较为新颖，但主要任务是初中的代数变形，特别是因式分解，所以说基本功还是十分重要的.

例 3 求证：任一满足线性递推关系

$$a_{n+k}=c_1a_{n+k-1}+c_2a_{n+k-2}+\cdots+c_ka_n \quad (n=1,\cdots) \tag{1}$$

的 k 阶线性递推数列各项除以任一自然数 m，所得的余数形成周期数列.

证明 考虑 k 元有序数组

$$(a'_n,a'_{n+1},\cdots,a'_{n+k-1}) \quad (n=1,2,\cdots) \tag{2}$$

其中 $a'_i\equiv a_i(\mathrm{mod}\ m)$，并且 $a'_i\in\{0,1,2,\cdots,m-1\}$，$i=1,2,\cdots$.

这样的 k 元数组至多有 m^k 种，所以在(2)中(实际在任意 m^k+1 个中)必有两个数组相同，设

$$(a'_{n_0},a'_{n_0+1},a'_{n_0+k-1})=$$
$$(a'_{n_0+l},a'_{n_0+l+1},\cdots,a'_{n_0+l+k-1})$$

则由递推关系(1)

$$a'_{n_0+k}=a'_{n_0+l+k}$$
$$a'_{n_0+k+l}=a'_{n_0+l+k+1}$$
$$\vdots$$

即 $\{a'_n\}$ 是以 l 为周期的周期数列.

评注 这是一条比较基本的定理.所研究的递推数列是齐次常系数线性递推数列，这种数列同余任何一个整数都是周期的，是一种“模周期数列”.

例 4 设实数列 $\{a_n\}$ 满足：$a_{n+1}=|a_n|-a_{n-1}$，$n=1,2,\cdots$，求证：对每个充分大的 $m\in\mathbf{N}$，都有 $a_{m+9}=a_m$.

证明 显然 $\{a_n\}$ 不可能全正，也不可能全负，取

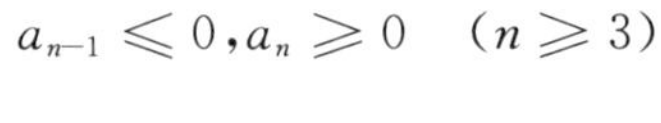

$$a_{n-1}\leqslant 0,a_n\geqslant 0 \quad (n\geqslant 3)$$

若 $a_{n-2} \leqslant 0$，则

$$a_{n+1} = a_n - a_{n-1} \geqslant 0$$
$$a_{n+2} = -a_{n-1} \geqslant 0$$
$$a_{n+3} = -a_n \geqslant 0$$
$$a_{n+4} = a_n + a_{n-1} = |a_{n-1}| + a_{n-2} - a_{n-2} \geqslant 0$$
$$a_{n+5} = 2a_n + a_{n-1} \geqslant 0$$
$$a_{n+6} = a_n \geqslant 0$$
$$a_{n+7} = -(a_n + a_{n-1}) \leqslant 0$$
$$a_{n+8} = a_{n-1} \leqslant 0$$
$$a_{n+9} = a_n \leqslant 0$$

若 $a_{n-2} \geqslant 0$，同前面一样我们可以得到

$$a_{n+3} = -a_n \geqslant 0$$
$$a_{n+4} = a_n + a_{n-1} = -a_{n-2} \leqslant 0$$
$$a_{n+5} = -a_{n-1} \geqslant 0$$
$$a_{n+6} = -a_n - 2a_{n-1} \geqslant 0$$
$$a_{n+7} = -a_n - a_{n-1} \geqslant 0$$
$$a_{n+8} = a_{n-1} \leqslant 0$$
$$a_{n+9} = a_n \geqslant 0$$

由上知 $\{a_n\}$ 是以 $T=9$ 为周期的周期数列，故必存在 $m_0 \in \mathbf{N}$，使 $a_{m+9} = a_m$，对一切 $m \geqslant m_0$，$m \in \mathbf{N}$ 成立.

评注　这是一道运用不等式研究数列周期性的好题，涉及知识非常之少，表达式也不复杂，但却对代数运算有着较高的要求.

例 5　实数列 $a_0, a_1, a_2, \cdots, a_n, \cdots$ 满足下述等式 $a_0 = a$，这里 $a \in \mathbf{R}$，$a_n = \dfrac{a_{n-1}\sqrt{3} + 1}{\sqrt{3} - a_{n-1}}$，$n \in \mathbf{N}$，求 $a_{1\,994}$.

解　经计算，可得

$$a_1=\frac{a\sqrt{3}+1}{\sqrt{3}-a}$$

$$a_2=\frac{a_1\sqrt{3}+1}{\sqrt{3}-a_1}=\frac{(a\sqrt{3}+1)\sqrt{3}+(\sqrt{3}-a)}{\sqrt{3}(\sqrt{3}-a)-(a\sqrt{3}+1)}=\frac{a+\sqrt{3}}{1-a\sqrt{3}}$$

$$a_3=\frac{a_2\sqrt{3}+1}{\sqrt{3}-a_2}=\frac{(a+\sqrt{3})\sqrt{3}+(1-a\sqrt{3})}{\sqrt{3}(1-a\sqrt{3})-(a+\sqrt{3})}=-\frac{1}{a}$$

由此即得 $a_6=\frac{1}{-\frac{1}{2}}=a$.

可见,数列 $a_0,a_1,a_2,\cdots$ 是一个周期数列,周期为 6.

因为 $1\ 994=6\times 332+2$. 所以

$$a_{1\ 994}=a_2=\frac{a+\sqrt{3}}{1-a\sqrt{3}}$$

评注 此题的递推形式与三角公式十分相似,即使不用三角代换,也可以算出它的周期来.

例 6 设整数有界数列 $a_1,a_2,a_3,\cdots$,满足

$$a_n=\frac{a_{n-1}+a_{n-2}+a_{n-3}a_{n-4}}{a_{n-1}a_{n-2}+a_{n-3}+a_{n-4}}\quad (n\geqslant 5)$$

求证:$\exists\, l\in \mathbf{N}$,使得 $a_l,a_{l+1},a_{l+2},\cdots$ 为周期数列.

证明 由假设可知存在 $M\in \mathbf{N}^*$,使得

$$|a_n|\leqslant M\quad (n=1,2,3\cdots)$$

令

$$A=\{(a_n,a_{n+1},a_{n+2},a_{n+3})\mid n=1,2,3\cdots\}$$

由于

$$a_n\in\{-M,-(M-1),\cdots,0,\cdots,M-1,M\}$$

从而 A 中不同的数组个数至多为 $(2M+1)^4$,从而存在 $1\leqslant l<k$,使得

$$a_{l+i}=a_{k+i}\quad(i=0,1,2,3)$$

由递推公式可得

$$a_{l+4}=a_{k+4}$$

依此类推,用归纳法可知,$\forall m\in\mathbf{N}$,有

$$a_{l+m}=a_{k+m}$$

记 $T=k-l$,由(1)可知 $a_l,a_{l+1},a_{l+2},\cdots$ 是以 T 为周期的周期数列.

评注　这是一道十分有特色的好题,数列的递推形式并不重要,竟然是一个存在性命题,要求解题者一定的洞察力和熟练度.

例7　已知数列$\{a_n\}$:$a_1=2,a_{n+1}=\dfrac{5a_n-13}{3a_n-7}(n\geqslant 1)$判断数列的周期性.

解　$a_1=2$,于是

$$a_2=\frac{5a_1-13}{3a_1-7}=3,a_3=\frac{5a_2-13}{3a_2-7}=1$$

即 a_1,a_2,a_3 两两不同,且由题设

$$a_{n+1}=\frac{5a_n-13}{3a_n-7}$$

$$a_{n+2}=\frac{5a_{n+1}-13}{3a_{n+1}-7}=\frac{5\cdot\dfrac{5a_n-13}{3a_n-7}-13}{3\cdot\dfrac{5a_n-13}{3a_n-7}-7}=$$

$$\frac{25a_n-65-39a_n+91}{15a_n-39-21a_n+49}=\frac{7a_n-13}{3a_n-5}$$

$$a_{n+3}=\frac{5a_{n+2}-13}{3a_{n+2}-7}\cdot$$

$$\frac{5\cdot\dfrac{5a_n-13}{3a_n-5}-13}{3\cdot\dfrac{5a_n-13}{3a_n-5}-7}=$$

$$\frac{35a_n-65-39a_n+65}{21a_n-39-21a_n+35}=a_n$$

即

$$a_{n+3}=a_n \quad (n=1,2,\cdots)$$

所以,数列$\{a_n\}$是纯周期数列,最小正周期为 3.

评注 本题是一类需要多做几次运算就可以得出结果的问题,一般来说最小正周期不会太大,否则计算量太大,就不是好的考题了.

例 8 已知$\{x_n\}$是一个有界的整数数列,满足递推关系

$$x_{n+5}=\frac{5x_{n+4}^3+x_{n+3}-3x_{n+2}+x_n}{2x_{n+2}+x_{n+1}^2+x_{n+1}x_n}$$

求证:$\{x_n\}$从某一项起是一个周期数列.

证明 因$\{x_n\}$有界,所以存在正整数 M,使得

$$|x_n|\leqslant M \quad (n=1,2,\cdots)$$

记 $a=2M+1$,则不同的 5 元数组

$$(x_i,x_{i+1},x_{i+2},x_{i+3},x_{i+4})$$

至多有 a^5 个,于是在 $a^5+1=k$ 个 5 元数组

$$(x_1,x_2,x_3,x_4,x_5),(x_2,x_3,x_4,x_5,x_6),\cdots,$$
$$(x_k,\cdots,x_{k+4})$$

中,必有两个相同,设为

$$(x_i,x_{i+1},\cdots,x_{i+4})=(x_j,x_{j+1},\cdots,x_{j+4})$$

由递推关系便知 $x_{j+5}=x_{i+5}$,$x_{j+6}=x_{i+6}$,故$\{x_n\}$从第 i 项起($i<j$)是以 $j-i$ 为周期的周期数列.

评注 本题做硬算是显然不合适的,运用抽屉原理是一个好的选择,这时有界性就成了一个重要的条件.

例 9 (1)若 k 阶常系数线性递归数列$\{a_n\}$有 k 个

互不相同的特征根 $x_1,x_2,\cdots,x_k$，且存在 $T_j\in\mathbf{N}(j=1,2,\cdots,k)$，使 $x_j^{T_j}=1$，证明：$\{a_n\}$ 是纯周期数列.

(2) 设 m 是给定的自然数，数列 $\{y_n\}$ 满足

$$y_n+y_{n+2m}=2y_{n+m}\cos\frac{2\pi}{7}\quad(n\in\mathbf{N})$$

求证：$7m$ 是数列 $\{y_n\}$ 的周期.

证明 (1) 设 $\{a_n\}$ 的通项公式为

$$a_n=\sum_{i=1}^{k}c_ix_i^n$$

取 $T=[T_1,T_2,\cdots,T_k]$，易知，对一切 $n\in\mathbf{N}$，有

$$a_{n+T}=a_n$$

(2) $\{y_n\}$ 的特征方程为

$$t^{2m}-2t^m\cos\frac{2\pi}{7}+1=0$$

即

$$\left(t^m-\cos\frac{2\pi}{7}\right)^2=-\sin^2\frac{2\pi}{7}$$

将1写为

$$\sin^2\frac{2\pi}{7}+\cos^2\frac{2\pi}{7}$$

$$t^m=\cos\frac{2\pi}{7}\pm\sin^2\frac{2\pi}{7}$$

解得

$$t_k=\cos\frac{\frac{2\pi}{7}+2k\pi}{m}\pm\mathrm{i}\sin\frac{\frac{2\pi}{7}+2k\pi}{m}\quad(k=0,\cdots,m-1)$$

由于这 $2m$ 个特征根互不相同，且 $t_k^{7m}=1$，故由通项公式可知

$$y_{n+7m}=y_n\quad(n\in\mathbf{N})$$

命题获证.

棣美佛定理

$$(\cos\alpha+\mathrm{i}\sin\alpha)^n=\cos n\alpha+\mathrm{i}\sin n\alpha$$

评注　本题算是一个比较重要的结论，它刻画了周期数列的重要性质.

数列中的不等关系

附录 3

例 1　设数列 $a_1, a_2, a_3, \cdots$ 满足

$$a_1 = 1, a_n = a_{n-1} + \frac{1}{a_{n-1}} \quad (n = 2, 3, \cdots)$$

求证：$a_{100} > 14$.

证明　显然 $a_1, a_2, a_3, \cdots \in \mathbf{R}^*$，且

$$a_n^2 = a_{n-1}^2 + 2 + \frac{1}{a_{n-1}^2} > a_{n-1}^2 + 2 \quad (n = 2, 3, \cdots)$$

由此递推可得

$$a_{100}^2 > a_1^2 + 2 \times 99 = 199$$

所以 $a_{100} > \sqrt{199} > 14$.

评注　这是一道历史悠久的问题，多年来一直是数列的“必做题”，它对代数恒等变形及不等式的把握，具有十分典型的意义，故而在很多课堂上的“出镜率”很高，值得细细体会.

例 2　数列 $\{a_n\}$ 由下列递推式确定：

$$a_0 = \frac{1}{3} a_n = \sqrt{\frac{1}{2}(1 + a_{n-1})} \, (n = 1, 2, \cdots),$$

证明：$\{a_n\}$ 是单调数列.

证法一 当 $n\geqslant 1$ 时,有

$$a_1=\sqrt{\frac{1}{2}(1+\frac{1}{3})}=\frac{\sqrt{6}}{3}$$

$$a_{n+1}-a_n=\sqrt{\frac{1}{2}(1+a_n)}-\sqrt{\frac{1}{2}(1+a_{n-1})}=$$

$$\frac{1}{2}(a_n-a_{n-1})\Big/\left[\sqrt{\frac{1}{2}(1+a_n)}+\sqrt{\frac{1}{2}(1+a_{n-1})}\right]$$

由此可见,$a_{n+1}-a_n$ 与 a_n-a_{n-1} 同号,易知 $a_1-a_0>0$,因此 $a_2-a_1,a_3-a_2,\cdots,a_n-a_{n-1}$ 都是正的,即 $\{a_n\}$ 单调递增.

证法二(余弦半角公式) 令 $\alpha=\arccos\frac{1}{3}$,则

$$a_0=\cos\alpha\quad(\alpha\in(0,\frac{\pi}{2}))$$

$$a_1=\sqrt{\frac{1}{2}(1+a_0)}=\sqrt{\frac{1}{2}(1+\cos\alpha)}=\cos(\frac{\alpha}{2})$$

$$a_2=\sqrt{\frac{1}{2}(1+a_1)}=\sqrt{\frac{1}{2}(1+\cos\frac{\alpha}{2})}=\cos(\frac{\alpha}{2^2})$$

$$\vdots$$

$$a_n=\cos(\frac{\alpha}{2^n})$$

由余弦函数及 $\frac{\alpha}{2^n}$ 的单调性可知,$\{a_n\}$ 是单调递增数列.

评注 此题并不困难,注意第二种做法耐人寻味.

例 3 公差为 4 的有限项的等着数列,它的首项的平方与其余所有项之和不超过 100,请你回答,这个等差数列最多可以有多少项?

解 设等差数列为 $a_1,a_2,\cdots,a_n$,公差 $d=4$,则

$$a_1^2+a_2+\cdots+a_n\leqslant 100\Rightarrow$$

$$a_1^2+\frac{2a_1+4n}{2}(n-1)\leqslant 100\Rightarrow$$

$$a_1^2+(n-1)a_1+(2n^2-2n-100)\leqslant 0$$

它至少对一个 a_1 的值成立,因此判别式非负,即

$$(n-1)^2-4(2n^2-2n-100)\geqslant 0\Rightarrow$$

$$7n^2-6n-401\leqslant 0\Rightarrow$$

$$\frac{3-\sqrt{2\ 816}}{7}\leqslant n\leqslant\frac{3+\sqrt{2\ 816}}{7}$$

但 $n\in\mathbf{N}$,易知,$n\leqslant 8$,事实上,公差为4的等差数列

$$-4,0,4,8,12,16,20,24$$

共8项,且

$$(-4)^2+0+4+8+12+16+20+24=100$$

所以,n 的最大值是8,即这样的等差数列最多有8项.

评注　不等关系是数列的重要内容,本题对不等关系的考察是一种基本功.

例4　对 $b>a>0$. 取第一象限的点 $A_k(x_k,y_k)(k=1,2,\cdots,n)$,使 $a,x_1,x_2,\cdots,x_n,b$ 成等差数列,而 $a,y_1,y_2,\cdots,y_n,b$ 成等比数列,则各点 $A_1,A_2,\cdots,A_n$ 与射线 $l:y=x(x>0)$ 的关系为(　　).

A. 各点均在射线 l 的上方.

B. 各点均在射线 l 上.

C. 各点均在射线 l 的下方.

D. 不能确定.

解　C.

由等差、等比数列的通项公式,有

$$x_k=a+\frac{b-a}{n+1}\cdot k,y_k=a(\frac{b}{a})^{\frac{k}{n+1}}$$

得

$$x_k=\frac{kb+(n+1-k)a}{n+1}=a\,\frac{k\left(\frac{b}{a}\right)+(n+1-k)}{n+1}>$$

$$a\sqrt[n+1]{\left(\frac{b}{a}\right)^k\cdot 1^{n+1-k}}\text{(取不到等号)}=$$

$$a\left(\frac{b}{a}\right)^{\frac{k}{n+1}}=y_k\quad(k=1,2,\cdots,n)$$

这表明,A_k 在射线 $y=x(x>0)$ 下方.

等比数列点都在 $y=a^x$ 上,故在 $y=x$ 之下.

评注　本题是数列基本题,对不等式有一定要求.

例 5　设 q 是任意正实数,而 $a_n(n=1,2,\cdots)$ 为实数,$a_0=1,a_1=1+q$,且对所有 $k\in\mathbf{N}$,满足以下等式:

(1) $\frac{a_{2k-1}}{a_{2k-2}}=\frac{a_{2k}}{a_{2k-1}}$;

(2) $a_{2k}-a_{2k-1}=a_{2k+1}-a_{2k}$.

求证:对每个给定的正实数 q,总能找到正整数 $\mathbf{N}$,使得对正整数 $n>\mathbf{N}$,都有 $a_n>1\ 994$.

证明　由题意,有

$$a_2=\frac{a_1^2}{a_0}=(1+q)^2$$

$$a_3=2a_2-a_1=(1+q)(2q+1)$$

$$a_4=\frac{a_3^2}{a_2}=(2q+1)^2$$

$$a_5=2a_4-a_3=(2q+1)(3q+1)$$

$$\vdots$$

一般的,用数学归纳法,易证

$$a_{2k}=(kq+1)^2,a_{2k+1}=(kq+1)[(k+1)q+1]$$

若 $a_{2k}>1\ 994$,则对一切 $n>2k$,有 $a_n>1\ 994$.

由 $(kq+1)^2>1\ 994$,解得 $k>\dfrac{\sqrt{1\ 994}-1}{q}$.

取 $\mathbf{N}=2\left(\left[\dfrac{\sqrt{1\ 994}-1}{q}\right]+1\right)$,则当 $n>\mathbf{N}\geqslant 2k$ 时,有 $a_n>1\ 994$.

评注　先猜出规律,再运用数学归纳法,是解决数列问题的一种常见而重要的方法.

例 6　设 $a_0=1,a_n=\dfrac{\sqrt{1+a_{n-1}^2}-1}{a_{n-1}}(n=1,2,\cdots)$,证明:$a_n>\dfrac{\pi}{2^{n+2}}$.

证明　$a_0=\tan\dfrac{\pi}{4}$,由 $a_{n-1}=\tan\dfrac{\pi}{2^{n+1}}$ 代入递推公式导出

$$a_n=\tan\frac{\pi}{2^{n+2}}$$

而

$$\tan\frac{\pi}{2^{n+2}}>\frac{\pi}{2^{n+2}}\Rightarrow a_{n-1}=\frac{2a_n}{1-a_n^2}$$

$$a_na_{n-1}=\sqrt{1+a_{n-1}^2}-1\Rightarrow$$

$$a_na_{n-1}+1=\sqrt{1+a_{n-1}^2}(a_n^2a_{n-1}^2+2a_na_{n-1}+1)=1+a_{n-1}^2$$

评注　一般来说,不等式问题比等式问题更为灵活,本题从结论看就必须使用三角代换.

例 7　设 $S_n=\sum\limits_{i=1}^{n}a_i,a_i\in\mathbf{R}^*$,且 $k=\dfrac{2a_1-d}{d}(0<d<a_1)$,$d$ 为 $A\cdot p$ 数列 $\{a_n\}$ 的公差,求证

$$f(n)=\frac{S_n}{(n+k)S_{n+1}}\leqslant\left(\frac{\sqrt{d}}{\sqrt{2a_1}+\sqrt{d}}\right)^2$$

证明 由已知易得

$$S_n=\frac{n}{2}[2a_1+(n-1)d]=\frac{nd}{2}\left(n+\frac{2a_1-d}{d}\right)$$

因为

$$n+k=n+\frac{2a_1-d}{d}$$

$$S_{n+1}=\frac{n+1}{2}(2a_1+nd)$$

所以

$$f(n)=$$

$$\frac{S_n}{(n+k)S_{n+1}}=\frac{nd}{2}\left(n+\frac{2a_1-d}{d}\right)\cdot$$

$$\frac{1}{n+\frac{2a_1-d}{d}}\cdot\frac{2}{(n+1)(2a_1+nd)}=$$

$$\frac{nd}{(n+1)(2a_1+nd)}=$$

$$\frac{nd}{dn^2+n(2a_1+d)+2a_1}=$$

$$\frac{d}{dn+\frac{2a_1}{n}+2a_1+d}\leqslant$$

$$\frac{d}{2\sqrt{2a_1d}+2a_1+d}=$$

$$\frac{d}{(\sqrt{2a_1}+\sqrt{d})^2}=\left(\frac{\sqrt{d}}{\sqrt{2a_1}+\sqrt{d}}\right)^2$$

当取 $a_1=1,d=1$ 时,类似有

$$f(n)=\frac{S_n}{(n+32)S_{n+1}}\leqslant\frac{1}{50}$$

评注　本题对不等式运算有一定要求.

例8　用下述方法给定数列 $a_0,a_1,\cdots,a_n$,即

$a_0=\frac{1}{2},a_k=a_{k-1}+\frac{1}{n}a_{k-2}^2\quad(k=1,\cdots,n)$

求证:$1-\frac{1}{n}<a_n<1$.

证明　关系式

$$a_k=a_{k-1}+\frac{a_{k-1}^2}{n}$$

等价于

$$\frac{1}{a_{k-1}}-\frac{1}{a_k}=\frac{1}{n+a_{k-1}}$$

因为

$$\frac{1}{2}=a_0<a_1<\cdots<a_n$$

所以

$$\frac{1}{a_{k-1}}-\frac{1}{a_k}<\frac{1}{n}\quad(k=1,\cdots,n)$$

将他们相加便得到

$$\frac{1}{a_0}-\frac{1}{a_n}<1$$

因此,$\frac{1}{a_n}>2-1=1$ 即 $a_n<1$,从而有

$$\frac{1}{a_{k-1}}-\frac{1}{a_k}>\frac{1}{n+1}\quad(k=1,\cdots,n)$$

把它们相加又得到

$$\frac{1}{a_0}-\frac{1}{a_n}>\frac{n}{n+1}$$

因此

$$\frac{1}{a_n}<2-\frac{n}{n+1}=\frac{n+2}{n+1}$$

从而

$$a_n > \frac{n+1}{n+2} > \frac{n-1}{n}$$

证毕.

评注 本题也是一道非常经典的不等式问题,不等式问题对代数运算的要求一般比等式要高一点.

递推数列的性质

附录 4

例 1　已知 $a_1=1, a_2=-1, a_n+a_{n-1}+2a_{n-2}=0$，求证：$2^{n+2}-7a_n^2$ 为完全平方数.

证明　由已知有

$$-1=\frac{a_{n+1}+2a_{n-1}}{a_n}=\frac{a_{n+2}+2a_n}{a_{n+1}}$$

即

$$a_{n+1}^2-a_{n+2}a_n=2(a_n^2-a_{n+1}a_{n-1})=$$
$$2^2(a_{n-1}^2-a_na_{n-2})=\cdots=$$
$$2^{n-1}(a_2^2-a_3a_1)=2^n$$

从而

$$2^{n+2}=4a_{n+1}^2-4a_{n+2}a_n=$$
$$4a_{n+1}^2-4(-a_{n+1}-2a_n)a_n=$$
$$4a_{n+1}^2+4a_{n+1}a_n+8a_n^2$$

即

$$2^{n+2}-7a_n^2=(2a_{n+1}+a_n)^2$$

由已知条件可推出 $a_n\in\mathbf{Z}$，从而 $(2a_{n+1}+a_n)^2$ 为完全平方数.

评注　递推数列与数论的关系甚为密切，数论问题的难度在于，代数变形本身是个机械过程，但数论却要求这个过程变得极其灵活，使你不容易找到代数运算的方向.

例 2 求证：由条件 $a_1, a_2 \in \mathbf{Z}, \frac{a_1^2 + a_2^2 + a}{a_1 a_2} \in \mathbf{Z}$, $a_{n+2} = \frac{a_{n+1}^2 + a}{a_n}$，所确定的非零数列 $a_1, a_2, \cdots$，全由整数组成，其中 a 是某个数.

证明 注意，对题中所说的数列

$$a_{n+1} a_{n+3} + a_{n+1}^2 =$$
$$a_{n+2}^2 + a + a_{n+1}^2 =$$
$$a_{n+2}^2 + a_n a_{n+2} \quad (n \in \mathbf{N})$$

由此得到

$$\frac{a_{n+3} + a_{n+1}}{a_{n+2}} = \frac{a_{n+2} + a_n}{a_{n+1}}$$

因此，如果记 $b_n = \frac{a_{n+2} + a_n}{a_{n+1}}$，则

$$b_1 = b_2 = b_3 = \cdots = b_n$$

由此得到

$$\frac{a_{n+2} + a_n}{a_{n+1}} = b_n = b_1 = \frac{a_3 + a_1}{a_2} =$$
$$\left(\frac{a_2^2 + a}{a_1} + a_1\right) \frac{1}{a_2} =$$
$$\frac{a_1^2 + a_2^2 + a}{a_1 a_2} \in \mathbf{Z}$$

即

$$a_{n+2} = b a_{n+1} - a_n$$

其中 $b \in \mathbf{Z}, n \in \mathbf{N}$，因为 $a_1, a_2 \in \mathbf{N}$，所以 $a_3 = b a_2 - a_1$，$a_4 = b a_3 - a_2, \cdots$，都是整数.

评注 此题也是数论在操纵代数变形的典型问题.

例 3 设 $a_1 = 1, a_2 = 2$，且当 $n \in \mathbf{N}$ 时

$$a_{n+2}=\begin{cases}5a_{n+1}-3a_n & (\text{当 } a_n,a_{n+1} \text{ 为偶数时})\\ a_{n+1}-a_n & (\text{当 } a_n,a_{n+1} \text{ 为奇数时})\end{cases}$$

证明:对每个 $n\in\mathbf{N}$,都有 $a_n\neq 0$.

证明　设 $A_i=\{4k+i \mid k\in\mathbf{Z}\}, i=1,2,3$.下面对 $m\in\mathbf{Z}^*$ 用数学归纳法证明

$$a_{3m+i}\in A_i \quad (i=1,2,3)$$

当 $m=0$ 时,因为 $a_1=1,a_2=2,a_3=7$,所以,$a_1\in A_1,a_2\in A_2,a_3\in A_3$,设对 $m\in\mathbf{N}$,有

$$a_{3m+1}\in A_1,a_{3m+2}\in A_2,a_{3m+3}\in A_3$$

则

$$a_{3m+4}=5a_{3m+3}-3a_{3m+2}=4(5r-3q+2)+1\in A_1$$

$$a_{3m+5}=a_{3m+4}-a_{3m+3}=4(4r-3q+1)+2\in A_2$$

$$a_{3m+6}=5a_{3m+5}-3a_{3m+4}=4(5r-6q)+3\in A_3$$

其中,$r,q\in\mathbf{Z}$,这就证明了 $a_n\in A_1\cup A_2\cup A_3$,$n\in\mathbf{N}$.

但是 $0\notin A_1\cup A_2\cup A_3$,所以对每个 $n\in\mathbf{N}$,$a_n\neq 0$.

注

$$\alpha=1+2\sqrt{2}\mathrm{i},\beta=1-2\sqrt{2}\mathrm{i}$$

$$a_{3k}=-\frac{1}{2}(\alpha^{k+1}+\beta^{k+1})$$

$$a_{3k-1}=\frac{1}{2}[(2-5\sqrt{2}\mathrm{i})\alpha^{k-1}+(2+5\sqrt{2}\mathrm{i})\beta^{k-1}],k\in\mathbf{N}$$

$$a_{3k-2}=\frac{1}{2}[(1-7\sqrt{2}\mathrm{i})\alpha^{k-1}+(1+7\sqrt{2}\mathrm{i})\beta^{k-1}],k\in\mathbf{N}$$

递推方程为

$$a_{3n}=2a_{3n-3}-9a_{3n-6}$$

$$a_{3n-1}=2a_{3n-4}-9a_{3n-7}$$

$$a_{3n-2}=2a_{3n-5}-9a_{3n-8}$$

评注 从本质上讲，这是道数论好题. 它的结论具有某种隐蔽性，我们证明的是强得多的结论，但在数学中奇怪的是，强得多的结论往往反而是比较容易做出，因为它道出了问题的本质，这与解题者的心理学有关.

例 4 数列$\{u_n\}(n\geqslant 1)$的定义为

$$u_1=1, u_{n+1}=\frac{1}{16}(1+4u_n+\sqrt{1+24u_n})\quad (n\geqslant 1)$$

证明：$\{u_n\}(n\geqslant 1)$中只有u_1为整数.

证明 作替换$a_n=\sqrt{1+24u_n}\,(n\geqslant 1)$代入给定的递推公式，得出

$$16\times\frac{a_{n+1}^2-1}{24}=1+4\times\frac{a_n^2-1}{24}+a_n$$

化简为

$$4a_{n+1}^2=a_n^2+6a_n+9$$

即

$$4a_{n+1}^2=(a_n+3)^2\Rightarrow 2a_{n+1}=a_n+3$$

$$a_n\text{ 均为正数}\Rightarrow 2(a_{n+1}-3)=a_n-3\quad (n\geqslant 1)$$

由于$a_1-3=5-3=2\neq 0$，故数列$\{a_n-3\}(n\geqslant 1)$是公比为$\frac{1}{2}$的等比数列，于是

$$a_n=3+\frac{1}{2^{n-2}}\quad (n\geqslant 1)$$

再结合$a_n=\sqrt{1+24u_n}$不难得到

$$u_n=\frac{1}{3}+\frac{3\times 2^{n-1}+1}{6\times 4^{n-1}}=\frac{2\times 4^{n-1}+3\times 2^{n-1}+1}{6\times 4^{n-1}}$$

当$n>1$时，上式中的分子为奇数，而分母是偶数，故u_n不可能为整数，所以只有$u_1=1$是数列$\{u_n\}$中的整数.

注 ⅰ）$u_k \geqslant 1$ 时

$$u_{k+1} \geqslant \frac{1}{16}(1+4+\sqrt{1+24})=\frac{5}{8}$$

ⅱ）$u_k \geqslant \frac{5}{8}$ 时

$$u_{k+1} \geqslant \frac{1}{16}\left(1+4\times\frac{5}{8}+\sqrt{1+24\times\frac{5}{8}}\right)=$$

$$\frac{1}{16}\left(1+\frac{5}{2}+4\right)=\frac{15}{16}$$

评注 这是一道十分经典的好题，它需要一定的代数洞察力.

例 5 $a_0=0, a_{n+1}=k(a_n+1)+(k+1)a_n+2\sqrt{k(k+1)a_n(a_n+1)}(n=0,1,2,\cdots)$，证明：$\forall k \in \mathbf{N}^*, a_n(n \geqslant 1) \in \mathbf{N}^*$.

证明 由题意，有

$$(a_{n+1}-2ka_n-k-a_n)^2=4k(k+1)a_n(a_n+1)$$

化简得

$$a_{n+1}^2+a_n^2+k^2-2(2k+1)a_na_{n+1}-2ka_{n+1}-2ka_n=0$$

它关于 a_{n+1}, a_n 对称，因此，将 a_{n+1}, a_n 换成 a_n, a_{n-1} 上式仍然成立.

从而 a_{n+1}, a_{n-1} 是方程 $u^2-[2(2k+1)a_n+2k]u+a_n^2+k^2-2ka_n=0$ 的两个根.

由韦达定理（易知 $\{a_n\}$ 递增）$a_{n+1}+a_{n-1}=2k+2(2k+1)a_n$ 从而结论成立.

评注 此题对韦达定理有相当的要求，本质上就是数论中的无穷递减（或递增）法.

例 6 证明：数列 $b_n=\left(\frac{3+\sqrt{5}}{2}\right)^n+\left(\frac{3-\sqrt{5}}{2}\right)^n-2$ 的每一项都是自然数，其中 $n \in \mathbf{N}$，并且当 n 为偶数

或奇数时分别有形式 $5m^2$ 或 m^2，其中 $m \in \mathbf{N}$.

证明 记 $a_n=\left(\frac{\sqrt{5}+1}{2}\right)^n-\left(\frac{\sqrt{5}-1}{2}\right)^n$，则当 $n \in \mathbf{N}$ 时，$a_n>0$，并且

$$a_{n+2}=\left(\frac{\sqrt{5}+1}{2}\right)^{n+2}-\left(\frac{\sqrt{5}-1}{2}\right)^{n+2}=\sqrt{5}\,a_{n+1}-a_n$$

对 $n \in \mathbf{N}$ 用归纳法证明，a_{2k-1} 是整数，且 a_{2k} 具有形式 $m\sqrt{5}$，其中 $m \in \mathbf{Z}$. 事实上，当 $k=1$ 时，$a_1=1$，$a_2=\sqrt{5}$，设结论对某个 $k \in \mathbf{N}$ 成立，则

$$a_{2k+1}=\sqrt{5}\,a_{2k}-a_{2k-1}=5m-a_{2k-1}$$

$$a_{2k+2}=\sqrt{5}\,a_{2k+1}-a_{2k}=\sqrt{5}(a_{2k+1}-m)$$

即结论对 $k+1$ 也成立，因此

$$b_n=-2+\left(\frac{3+\sqrt{5}}{2}\right)^n+\left(\frac{3-\sqrt{5}}{2}\right)^n=$$

$$\left(\frac{\sqrt{5}+1}{2}\right)^{2n}-\left(\frac{\sqrt{5}-1}{2}\right)^{2n}-$$

$$2\left(\frac{\sqrt{5}+1}{2}\cdot\frac{\sqrt{5}-1}{2}\right)^n=$$

$$\left[\left(\frac{\sqrt{5}+1}{2}\right)^n-\left(\frac{\sqrt{5}-1}{2}\right)^n\right]^2=a_n^2$$

所以，当 n 是奇数时，b_n 是 $a_n \in \mathbf{N}$ 的平方，而当 n 是偶数时，b_n 有如下的形式

$$(m\sqrt{5})^2=5m^2 \quad (m \in \mathbf{N})$$

注 关键在于 2 可以写成 $2\left(\frac{3+\sqrt{5}}{2}\cdot\frac{3-\sqrt{5}}{2}\right)$

$$b_n=\left(\frac{1+\sqrt{5}}{2}\right)^{2n}+\left(\frac{-1+\sqrt{5}}{2}\right)^{2n}-$$

$$2\left(\frac{1+\sqrt{5}}{2}\right)\left(\frac{-1+\sqrt{5}}{2}\right)=$$

$$\left[\left(\frac{1+\sqrt{5}}{2}\right)^{n}-\left(\frac{\sqrt{5}-1}{2}\right)^{n}\right]^{2}$$

令 $\alpha=\frac{1+\sqrt{5}}{2},\beta=\frac{\sqrt{5}-1}{2},\alpha+\beta=\sqrt{5},\alpha\cdot\beta=1$,特征方程为 $r^{2}-\sqrt{5}r+1=0$.

评注　有时候通项表达式并不好用,通过这个表达式我们反过来求出其递推式,而这递推式可以帮助我们获得问题的解决,这一反向思维过程值得我们重视.

例 7　数列$\{a_n\}$满足

$a_0=0,a_{n+1}=ka_n+\sqrt{(k^2-1)a_n^2+1}\quad(n=0,1,2,\cdots)$

其中 k 为给定的正整数,证明:数列$\{a_n\}$的每一项都是整数,且 $2k\mid a_{2n},n=0,1,2,\cdots$.

证明　由题设可得

$$a_{n+1}^{2}-2ka_{n}a_{n+1}+a_{n}^{2}-1=0$$

所以

$$a_{n+2}^{2}-2ka_{n+1}a_{n+2}+a_{n+1}^{2}-1=0$$

将上面两式相减,得

$$a_{n+2}^{2}-a_{n}^{2}-2ka_{n+1}a_{n+2}-2ka_{n}a_{n+1}=0$$

即

$$(a_{n+2}-a_{n})(a_{n+2}+a_{n}-2ka_{n+1})=0$$

由题设条件易知,数列$\{a_n\}$是严格递增的,所以

$$a_{n+2}=2ka_{n+1}-a_{n}\tag{1}$$

结合 $a_0=0,a_1=1$ 知,数列$\{a_n\}$的每一项都是整数.

因为数列$\{a_n\}$的每一项都是整数,由式(1)可知

$$2k \mid a_{n+2} - a_n \tag{2}$$

于是，由 $2k \mid a_0$，及式(2)可得

$$2k \mid a_{2n} \quad (n=0,1,2,\cdots)$$

评注 本题也是出题者有意将简单的数列递推式复杂化，这对解题者有一定的要求.

例 8 求证：$a_n = 72n + 63 - 2^{n+6} + (-7)^n (n \in \mathbf{N})$ 恒为 576 的倍数.

证明 逆用特征方程法，由

$$(x-1)^2(x-2)(x+7) = x^4 + 3x^3 - 23x^2 + 33x - 14$$

易验证：a_n 满足以下递推式

$$a_{n+4} + 3a_{n+2} - 23a_{n+2} + 33a_{n+1} - 14a_n = 0$$

又

$$a_0 = 0, a_1 = 0, a_2 = 0, a_3 = -576$$

均为 576 的倍数，故由递推式知

$$a_4 = -3a_3 + 23a_2 - 33a_1 + 14a_0$$

亦为 576 的倍数.

同理，$a_5, a_6, \cdots$ 均为 576 的倍数.

评注 本题是通过递推式加上数学归纳法求数列性质的典型问题.

例 9 已知 $a_1 = a_2 = 1, a_n = \dfrac{a_{n-1}^2 + 2}{a_{n-2}} (n \geqslant 3)$，证明：对一切 $n \in \mathbf{N}, a_n \in \mathbf{Z}$.

分析 因 $a_1 = a_2 = 1 \in \mathbf{Z}$，要证 $a_n (n \in \mathbf{N}) \in \mathbf{Z}$，只需证 $\exists p, q \in \mathbf{Z}$，使

$$a_n = pa_{n-1} + qa_{n-2} \quad (n \geqslant 3)$$

证明 设 $a_n = pa_{n-1} + qa_{n-2}$，其中 p, q 为待定系数，则

$$a_1 = a_2 = 1, a_3 = \frac{a_2^2 + 2}{a_1} = 3, a_4 = \frac{a_3^2 + 2}{a_2} = 11$$

得

$$\begin{cases}p+q=3\\3p+q=11\end{cases}\Rightarrow\begin{cases}p=4\\q=-1\end{cases}$$

即 $$a_n=4a_{n-1}-a_{n-2}\quad(n\geqslant 3)$$

下面用归纳法证明这一结论，因

$$a_1=a_2=1,a_3=3\Rightarrow a_3=4a_2-a_1$$

假设 $a_k=4a_{k-1}-a_{k-2}(k\geqslant 3)$，那么

$$a_{n+1}=\frac{a_k^2+2}{a_{k-1}}=\frac{a_k(4a_{k-1}-a_{k-2})+2}{a_{k-1}}=$$

$$4a_k-\frac{a_ka_{k-2}-2}{a_{k-1}}=$$

$$4a_k-\frac{1}{a_k}\left[\left(\frac{a_{k-1}^2+2}{a_{k-2}}\right)a_{k-2}-2\right]=4a_k-a_{k-1}$$

这就证明了对一切 $n\geqslant 3$，有

$$a_n=4a_{n-1}-a_{n-2}$$

又 $a_1=a_2=1\in\mathbf{N}$，故由归纳法，对一切 $n\in\mathbf{N}$，$a_n\in\mathbf{Z}$.

评注　本题又是出题者有意将表达式复杂化的典型.

例 10　已知 $a_1=1,a_2=3,a_n=4a_{n-1}-a_{n-2}(n\geqslant 3),b_1=1,b_2=3,b_n=\dfrac{b_{n-1}^2+2}{b_{n-2}}(n\geqslant 3),c_1=1,c_{n+1}=2c_n+\sqrt{3c_n^2-2}$，求证：对一切 $n\in\mathbf{N}$，有 $a_n=b_n=c_n$.

证明　(1) 因为

$$b_n=\frac{b_{n-1}^2+2}{b_{n-2}}$$

$$b_n\cdot b_{n-2}=b_{n-1}^2+2$$

所以

$$b_{n-1}\cdot b_{n-3}=b_{n-2}^2+2\quad(n\geqslant 3)$$

两式相减得

$$b_n \cdot b_{n-2} - b_{n-1} \cdot b_{n-3} = b_{n-1}^2 - b_{n-2}^2$$

即
$$b_{n-2}(b_n + b_{n-2}) = b_{n-1}(b_{n-1} + b_{n-3})$$

所以

$$\frac{b_n + b_{n-2}}{b_{n-1}} = \frac{b_{n-1} + b_{n-3}}{b_{n-2}} = \frac{b_{n-2} + b_{n-4}}{b_{n-3}} = \cdots = \frac{b_3 + b_1}{b_2}$$

因为 $b_1 = 1, b_2 = 3$，所以

$$b_3 = \frac{b_2^2 + 2}{b_1} = 11$$

所以

$$\frac{b_n + b_{n-2}}{b_{n-1}} = \frac{11 + 1}{3} = 4$$

因为

$$b_n = 4b_{n-1} - b_{n-2} \quad (n \geqslant 3)$$

且
$$b_1 = a_1 = 1, b_2 = a_2 = 3$$

所以 $a_n = b_n$.

(2)$c_{n+1} = 2c_n + \sqrt{3c_n^2 - 2}$，所以

$$(c_{n+1} - 2c_n)^2 = 3c_n^2 - 2 \Rightarrow$$

$$c_{n+1}^2 - 4c_{n+1}c_n + c_n^2 = -2$$

所以

$$c_n^2 - 4c_n c_{n-1} + c_{n-1}^2 = -2$$

相减得

$$c_{n+1}^2 - 4c_{n+1}c_n + 4c_n c_{n-1} - c_{n-1}^2 = 0$$

所以

$$(c_{n+1} - c_{n-1})(c_{n+1} + c_{n-1}) - 4c_n(c_{n+1} - c_{n-1}) = 0$$

$$(c_{n+1} - c_{n-1})(c_{n+1} + c_{n-1} - 4c_n) = 0$$

因为 $c_{n+1} \geqslant 2c_n > c_n$，所以

$$c_{n+1} - c_{n-1} \neq 0$$

所以 $c_{n+1} + c_{n-1} = 4c_n$. 即

$$c_n=4c_{n-1}-c_{n-2}$$

又因为 $c_1=a_1=1, c_2=2c_1+\sqrt{3c_1^2-2}=3=a_2$，所以 $c_n=a_n$.

评注　本题也是综合度较高的数列问题，需要细细体会.

例 11　已知四个实数列 $\{a_n\}$，$\{b_n\}$，$\{c_n\}$，$\{d_n\}$ $\forall n\in\mathbf{N}^*$ 下列关系成立

$$a_{n+1}=a_n+b_n, b_{n+1}=b_n+c_n,$$

$$c_{n+1}=c_n+d_n, d_{n+1}=d_n+a_n$$

求证：如果对某个 $k\geqslant 1, m\geqslant 1$ 适合关系式

$$a_{k+m}=a_m, b_{k+m}=b_m, c_{k+m}=c_m, d_{k+m}=d_m$$

那么 $a_2=b_2=c_2=d_2=0$.

证明　由已知条件，从某项起，数列 $\{a_n\}$，$\{b_n\}$，$\{c_n\}$，$\{d_n\}$ 是周期数列，因此数列 $\{A_n=a_n+b_n+c_n+d_n\}$，$\{B_n=a_n^2+b_n^2+c_n^2+d_n^2\}$ 也是周期数列.

另外

$$\begin{aligned}A_{n+1}=&a_{n+1}+b_{n+1}+c_{n+1}+d_{n+1}=\\&(a_n+b_n)+(b_n+c_n)+\\&(c_n+d_n)+(d_n+a_n)=\\&2(a_n+b_n+c_n+d_n)=2A_n\end{aligned}$$

因而 $\forall n\in\mathbf{N}$，有 $A_n=2^n\cdot A$.

由于 $\{2^n\}$ 递增，而 $\{A_n\}$ 为周期的，所以 $A_1=0$.

因而 $\forall n\in\mathbf{N}, A_n=0$，所以

$$a_{n+1}+c_{n+1}=(a_n+b_n)+(c_n+d_n)=A_n=0$$

所以

$$\begin{aligned}B_{n+2}=&a_{n+2}^2+b_{n+2}^2+c_{n+2}^2+d_{n+2}^2=\\&(a_{n+1}+b_{n+1})^2+(b_{n+1}+c_{n+1})^2+\\&(c_{n+1}+d_{n+1})^2+(d_{n+1}+a_{n+1})^2=\end{aligned}$$

$$2(a_{n+2}^2+b_{n+2}^2+c_{n+2}^2+d_{n+2}^2)+$$
$$2(a_{n+1}+c_{n+1})(b_{n+1}+d_{n+1})=$$
$$2(a_{n+2}^2+b_{n+2}^2+c_{n+2}^2+d_{n+2}^2)=2B_{n+1}$$

所以 $\forall n\in\mathbf{N},B_{n+2}=2^nB_2$ 与 $\{A_2\}$ 类似 $B_2=0$.

故 $a_2=b_2=c_2=d_2=0$.

评注 本题涉及多个数列问题，注意新的周期数列的构造.

例 12 一个数列的前 5 项是 1,2,3,4,5 从第 6 项开始，每项比前面所有项的乘积少 1.

求证：此数列的前 70 项乘积恰是它们的平方和.

证明 设第 n 项为 a_n，$a_6=119$，$n\geqslant 6$ 时

$$a_{n+1}=a_1a_2\cdots a_n-1=a_1a_2\cdots a_{n-1}a_n-1=$$
$$a_n(a_n+1)-1$$

所以 $a_{n+1}-a_n+1=a_n^2$，而

$$\sum_{n=1}^{70}a_n^2=\sum_{n=6}^{70}a_n^2+55=\sum_{n=6}^{70}(a_{n+1}-a_n+1)+55=$$
$$a_1a_2\cdots a_{70}$$

评注 本题是数列的综合题，对代数运算有一点要求.

例 13 数列 $\{a_n\}$ 定义为 $a_1=a_2=1$，$a_{n+2}=a_{n+1}+a_n$，求证：当 $n\geqslant 2$ 时，a_{2n-1} 必是数列中某两项的平方和. a_{2n} 必是数列中某两项的平方差.

证明 数列前 4 项为 1,1,2,3

$$a_3=a_1^2+a_2^2,a_4=a_3^2-a_1^2$$

设

$$a_{2n-1}=a_{n-1}^2+a_n^2,a_{2n}=a_{n+1}^2-a_{n-1}^2\quad(n\geqslant 2)$$

两式相加，即得

$$a_{2n+1}=a_n^2+a_{n+1}^2$$

$$a_{2n+2}=a_{2n}+a_{2n+1}=2a_{n+1}^2+a_n^2-a_{n-1}^2=$$
$$2a_{n+1}^2+2a_n^2-a_n^2-a_{n-1}^2=$$
$$(a_{n+1}+a_n)^2+(a_{n+1}-a_n)^2-a_n^2-a_{n-1}^2=$$
$$a_{n+2}^2+a_{n-1}^2-a_n^2-a_{n-1}^2=$$
$$a_{n+2}^2-a_n^2$$

因此有数学归纳法，$\forall n\in\mathbf{N},n\geqslant 2$，有

$$a_{2n-1}=a_{n-1}^2+a_n^2$$
$$a_{2n}=a_{n+1}^2-a_{n-1}^2$$

评注　本题涉及斐波那契数列的基本性质，注意数学归纳法的运用.

例 14　求这种序列的个数：长为 n，每一项为 0，1 或 2，并且 0 不为 2 的前一项，也不为 2 的后一项.

解　设所在序列中，有 a_n 个以 0 为最后一项，b_n 个以 1 为最后一项，c_n 个以 2 为最后一项，则 $a_1=b_1=c_1=1$，并有递推关系

$$\begin{cases}a_{n+1}=a_n+b_n\\ b_{n+1}=a_n+b_n+c_n\\ c_{n+1}=b_n+c_n\end{cases}$$

则这种序列的总数为 $f(n)=a_n+b_n+c_n$，有递推关系

$$f(n+2)-2f(n+1)-f(n)=0$$

且 $f(1)=3,f(2)=7$.

特征方程为

$$r^2-2r-1=0\Rightarrow r_1=1+\sqrt{2},r_2=1-\sqrt{2}$$

故

$$f(n)=\alpha_1(1+\sqrt{2})^n+\alpha_2(1-\sqrt{2})^n$$

将 $n=1,n=2$ 代入并注意到 $f(1)=3,f(2)=7$ 得方程组

$$\begin{cases}(\alpha_1+\alpha_2)+(\alpha_1-\alpha_2)\sqrt{2}=3\\3(\alpha_1+\alpha_2)+2(\alpha_1-\alpha_2)\sqrt{2}=7\end{cases}\Rightarrow$$

$$\begin{cases}\alpha_1+\alpha_2=1\\\alpha_1-\alpha_2=\sqrt{2}\end{cases}\Rightarrow\begin{cases}\alpha_1=\frac{1}{2}(1+\sqrt{2})\\\alpha_2=\frac{1}{2}(1-\sqrt{2})\end{cases}$$

故

$$f(n)=\frac{1}{2}[(1+\sqrt{2})^{n+1}+(1-\sqrt{2})^{n+1}]$$

注 1　此处 α_1,α_2 不一定均 $\in \mathbf{Q}$，所以不可断定 $\begin{cases}\alpha_1+\alpha_2=3\\\alpha_1-\alpha_2=0\end{cases}$.

注 2　数码问题如何转化为递推方程：考虑最后一项.

注 3　$f(2)=a_2+b_2+c_2=2+3+2=7$，$a_2=2$，因为以 0 结尾前面可跟 0 或 1，$b_2=3$ 以 1 结尾前面可跟 0，1，2，$c_2=2$ 以 2 结尾前面可跟 1，2.

评注　通过建立合适的递推式，可以帮助我们完成一些复杂的计数问题，其中建立正确的递推关系式是第一步也是关键的一步.

例 15　$a_1=0$，$a_{n+1}=5a_n+\sqrt{24a_n^2+1}$，证明：$a_n\in\mathbf{Z}$.

证明　已知的递推关系可改写成

$$a_{n+1}^2-10a_na_{n+1}+a_n^2=1\tag{1}$$

将 n 换为 $n-1$ 得

$$a_n^2-10a_na_{n-1}+a_{n-1}^2=1\tag{2}$$

由(1)(2)可以看出 a_{n-1}，a_{n+1} 都是方程

$$x^2-10a_nx+a_n^2-1=0\tag{3}$$

的根,而由已知的递推关系易知 $a_n \geqslant 0$,并且严格递增,所以 $a_{n-1} \neq a_{n+1}$.

从而由韦达定理

$$a_{n-1} + a_{n+1} = 10a_n$$

即

$$a_{n+1} = 10a_n - a_{n-1}$$

这是一个二阶线性递推数列,由于(3) 中系数全为整数,所以一切 $a_n \in \mathbf{Z}$.

评注　韦达定理与数列的关系十分密切,值得注意.

例 16　正整数列 $\{a_n\}$ 有 $a_1 = a_2 = 1, a_3 = 997$, $a_{n+3} = \dfrac{1\ 993 + a_{n+2}a_{n+1}}{a_n}$,证明:所有 $a_n \in \mathbf{Z}$.

证明　补充 $a_0 = 2$,已知

$$a_{n+3}a_n = 1\ 993 + a_{n+2}a_{n+1}$$

用 $n+1$ 换 n 并与上式相减

$$a_{n+4}a_{n+1} = 1\ 993 + a_{n+3}a_{n+2}$$

$$a_{n+3}a_n + a_{n+3}a_{n+2} = a_{n+4}a_{n+1} + a_{n+2}a_{n+1}$$

$$a_{n+3}(a_n + a_{n+2}) = a_{n+1}(a_{n+4} + a_{n+2})$$

$$\frac{a_{n+4} + a_{n+2}}{a_{n+2} + a_n} = \frac{a_{n+3}}{a_{n+1}}$$

对此式,令 $n = 0, 2, \cdots, 2m-2$ 相乘得

$$\frac{a_{2m+2} + a_{2m}}{a_2 + a_0} = \frac{a_{2m+1}}{a_1}$$

即

$$a_{2m+2} + a_{2m} = 3a_{2m+1}$$

再令 $n = 1, 3, \cdots, 2m-1$ 相乘得

$$\frac{a_{2m+3} + a_{2m+1}}{a_3 + a_1} = \frac{a_{2m+2}}{a_2}$$

即

$$a_{2m+3}+a_{2m+1}=998a_{2m}\quad (m\geqslant 0)$$

对 m 用数学归纳法:不难证得 $a_{2m}, a_{2m+1}\in \mathbf{Z}$.

评注　本题涉及的代数运算十分典型,就是通过复杂的递推式来还原简单的递推式.

例 17　已知数列 $\{a_n\}$ 适合 $a_0=4, a_1=22$ 且 $a_n-6a_{n-1}+a_{n-2}=0(n\geqslant 2)$ 证明:存在两个正整数数列 $\{x_n\}$ 和 $\{y_n\}$ 满足 $a_n=\dfrac{y_n^2+7}{x_n-y_n}(n\geqslant 0)$.

证明　由特征方程 $x^2-6x+1=0$,求其特征根为 $3\pm 2\sqrt{2}$,用待定系数法,求其通项公式

$$a_n=\frac{8+5\sqrt{2}}{4}(3+2\sqrt{2})^n+\frac{8-5\sqrt{2}}{4}(3-2\sqrt{2})^n\quad (n\geqslant 0)$$

取

$$y_0=1, y_1=9, y_n=6y_{n-1}-y_{n-2}\quad (n\geqslant 2)$$

用求 a_n 同样的方法可求得

$$y_n=\frac{2+3\sqrt{2}}{4}(3+2\sqrt{2})^n+\frac{2-3\sqrt{2}}{4}(3-2\sqrt{2})^n$$

令 $a_{-1}=2$,则 $y_0^2+7=8=a_{-1}a_0$ 且可证

$$y_n^2+7=a_{n-1}a_n\quad (n\geqslant 1)$$

我们再取

$$x_n=y_n+a_{n-1}\quad (n\geqslant 0)$$

易证:$\{x_n\}$,$\{y_n\}$ 为正整数数列且

$$\frac{y_n^2+7}{x_n-y_n}=\frac{a_{n-1}a_n}{a_{n-1}}=a_n$$

故结论得证.

评注　这种问题是典型的综合构造题.读者还可

做如下练习.

练习　设自然数 x_n, y_n 满足

$$x_n+\sqrt{2}y_n=\sqrt{2}(3+2\sqrt{2})^{2^n}\quad(n\in\mathbf{N})$$

求证：y_{n-1} 为完全平方数.

提示　$\forall n\in\mathbf{N}, x_n$ 为偶数，且

$$x_{n+1}=2x_ny_n, y_{n+1}=\frac{1}{2}x_n^2+y_n^2$$

例 18　已知数列 $\{a_n\}$ 满足：$a_0=0, a_{n+1}=ka_n+\sqrt{(k^2-1)a_n^2+1}, n=0,1,2,\cdots$，其中 k 为给定的正整数. 证明：数列 $\{a_n\}$ 的每一项都是整数，且 $2k\mid a_{2n}, n=0,1,2,\cdots$.

证明　由题设可得

$$a_{n+1}^2-2ka_na_{n+1}+a_n^2-1=0$$

所以

$$a_{n+2}^2-2ka_{n+1}a_{n+2}+a_{n+1}^2-1=0$$

将上面两式相减，得

$$a_{n+2}^2-a_n^2-2ka_{n+1}a_{n+2}+2ka_na_{n+1}=0$$

即

$$(a_{n+2}-a_n)(a_{n+2}+a_n-2ka_{n+1})=0$$

由题设条件知，数列 $\{a_n\}$ 是严格递增的，所以

$$a_{n+2}=2ka_{n+1}-a_n \tag{1}$$

结合 $a_0=0, a_1=1$ 知，数列 $\{a_n\}$ 的每一项都是整数.

因为数列 $\{a_n\}$ 的每一项都是整数，由式(1)可知

$$2k\mid(a_{n+2}-a_n) \tag{2}$$

于是由 $2k\mid a_0$，及式(2)可得 $2k\mid a_{2n}, n=0,1,2,\cdots$

评注　本题也是数论与代数运算的综合，具有一定的典型性.

递推数列

附录 5

1. 转化法

例 1 （2010 年东南大学）已知数列$\{a_n\}$满足：$a_{n+1}=\dfrac{a_n}{2a_n+3}$，$a_1=1$，求$\{a_n\}$的通项公式.

解 两边取倒数，得

$$\frac{1}{a_{n+1}}=\frac{2a_n+3}{a_n}=\frac{3}{a_n}+2$$

转化为

$$\frac{1}{a_{n+1}}+1=3\left(\frac{1}{a_n}+1\right)$$

所以$\left\{\dfrac{1}{a_n}+1\right\}$是以 2 为首项，3 为公比的等比数列.

故$\dfrac{1}{a_n}+1=2\times 3^{n-1}$，从而$a_n=\dfrac{1}{2\times 3^{n-1}-1}$.

例 2 （2011 年卓越联盟）设数列满足：$a_1=a$，$a_2=b$，$2a_{n+2}=a_{n+1}+a_n$.

(1) 设$b_n=a_{n+1}-a_n$，证明：若$a\neq b$，$\{b_n\}$是等比数列；

(2) 若$\lim\limits_{n\to\infty}(a_1+a_2+\cdots+a_n)=4$,求 a,b 的值.

解　(1) 由 $2a_{n+2}=a_{n+1}+a_n$,得

$$2(a_{n+2}-a_{n+1})=-(a_{n+1}-a_n)$$

由于 $b_n=a_{n+1}-a_n$,从而 $b_{n+1}=-\frac{1}{2}b_n$.

所以$\{b_n\}$是首项为 $b-a$,公比为 $-\frac{1}{2}$ 的等比数列.

(2) **解法一**　由(1)知,$b_n=\left(\frac{1}{2}\right)^{n-1}\cdot b_1$,即

$$a_{n-1}-a_n=\left(-\frac{1}{2}\right)^{n-1}(b-a)$$

从而

$$a_2-a_1=\left(\frac{1}{2}\right)^{1-1}(b-a)$$

$$a_3-a_2=\left(\frac{1}{2}\right)^{2-1}(b-a)$$

$$\vdots$$

$$a_{n+1}-a_n=\left(-\frac{1}{2}\right)^{n-1}(b-a)$$

以上各式相加,得

$$a_{n+1}-a_1=(b-a)\frac{1-\left(-\frac{1}{2}\right)}{1-\left(-\frac{1}{2}\right)}=$$

$$a+\frac{2}{3}(b-a)\left[1-\left(\frac{1}{2}\right)^n\right]$$

即

$$a_n=a+\frac{2}{3}(b-a)\left[1-\left(-\frac{1}{2}\right)^{n-1}\right]$$

所以

$$a_1+a_2+\cdots+a_n=$$

$$na+\frac{2}{3}(b-a)\left[n-\frac{1-\left(-\frac{1}{2}\right)^n}{1-\left(-\frac{1}{2}\right)}\right]=$$

$$na+\frac{2}{3}(b-a)n-\frac{4}{9}(b-a)+\frac{4}{9}$$

因为$\lim\limits_{n\to\infty}(a_1+a_2+\cdots+a_n)=4$,所以

$$\begin{cases}a+\frac{2}{3}(b-a)=0\\-\frac{4}{9}(b-a)=4\end{cases}$$

解得$\begin{cases}a=6\\b=-3\end{cases}$.

解法二 由已知 $a_{n+2}=a_{n+1}+a_n$,可得

$$a_{n+2}-a_{n+1}-\frac{1}{2}(a_{n+1}-a_n)$$

或

$$a_{n+2}+\frac{1}{2}a_{n+1}=(a_{n+1}+\frac{1}{2}a_n)$$

且 $a_1=a,a_2=b$.

得

$$a_{n+1}-a_n=(a_2-a_1)\left(-\frac{1}{2}\right)^{n-1}=(b-a)\left(-\frac{1}{2}\right)^n \tag{1}$$

或

$$a_{n+1}+\frac{1}{2}a_n=\left(a_2+\frac{a_1}{2}\right)=\left(b+\frac{a}{2}\right) \tag{2}$$

由(2)－(1) 得

$$\frac{3}{2}a_n=\left(b+\frac{a}{2}\right)+(a-b)\left(-\frac{1}{2}\right)^{n-1}$$

从而

$$a_n=\frac{2}{3}\left(b+\frac{a}{2}\right)+\frac{2}{3}(a-b)\left(-\frac{1}{2}\right)^{n-1}$$

（以下同解法一）

解法三　按解法二，通项 a_n 公式结构特征，可设

$$a_n=C_1\left(-\frac{1}{2}\right)^{n-1}+C_2\cdot 1^{n-1}$$

取 $n=1,2$，得

$$\begin{cases}a_1=C_1+C_2=a\\ a_2=-\frac{1}{2}C_1+C_2=b\end{cases}$$

解得

$$\begin{cases}C_1=\frac{2}{3}(b-a)\\ C_2=b+\frac{1}{3}(a-b)=\frac{2}{3}\left(b+\frac{a}{2}\right)\end{cases}$$

所以 $a_n=\frac{2}{3}\left(b+\frac{a}{2}\right)+\frac{2}{3}(a-b)\left(-\frac{1}{2}\right)^{n-1}$.

（以下同解法一）

2. 待定系数法

例3　（2000年复旦大学保送生）数列$\{a_n\}$中，$a_1=1,a_{n+1}=3a_n+4(n\in\mathbf{N}^*)$，求$\{a_n\}$的通项公式.

解　因为 $a_{n+1}=3a_n+4(n\in\mathbf{N}^*)$，故 $a_{n+1}+2=3(a_n+2)$，所以$\{a_n+2\}$是以 $a_1+2=3$ 为首项，3 为公比的等比数列. 故 $a_n+2=3^n$，即 $a_n=3^n-2(n\in\mathbf{N}^*)$.

例4　（2013年华东师范大学）已知数列$\{a_n\}$满足：$a_1=1,a_{n+1}=-a_n+n^2$，求数列$\{a_n\}$的通项公式 a_n，

并求 $a_{2\,000}$ 的值.

解 因为 $a_{n+1}=-a_n+n^2$,所以

$$a_{n+1}-\frac{1}{2}(n+1)^2+\frac{1}{2}(n+1)=-\left(a_n-\frac{1}{2}n^2+\frac{1}{2}n\right)$$

从而

$$\frac{a_{n+1}-\frac{1}{2}(n+1)^2+\frac{1}{2}(n+1)}{a_n-\frac{1}{2}n+\frac{1}{2}}=-1$$

所以数列 $\left\{a_n-\frac{1}{2}n^2+\frac{1}{2}n\right\}$ 是以 $a_1-\frac{1}{2}+\frac{1}{2}=1$ 为首项,$q=-1$ 为公比的等比数列,从而

$$a_n-\frac{1}{2}n^2+\frac{1}{2}n=(-1)^{n-1}$$

所以

$$a_n=(-1)^{n-1}+\frac{1}{2}n^2-\frac{1}{2}n$$

令 $n=2\,000$,得 $a_{2\,000}=3\,998\,999$.

3. **特征根法**

例 5 (2013 年北约联考)已知数列 $\{a_n\}$ 的前 n 项和为 S_n,满足 $a_1=1$,且 $S_{n+1}=4a_n+2$,则 $a_{2\,013}=$ ( ).

A. $6\,037\times 2^{2\,010}$ B. $6\,038\times 2^{2\,011}$

C. $6\,039\times 2^{2\,012}$ D. $6\,040\times 2^{2\,013}$

解 由 $S_{n+1}=4a_n+2$ 得 $S_n=4a_{n-1}+2$,两式作差,得

$$a_{n+1}=4a_n-4a_{n-1}$$

其特征根方程为 $x^2=4x-4$,即

$$x^2-4x+4=0$$

解得 $x=2$.

设 $a_n=(An+B)\times 2^{n-1}$，由

$$\begin{cases}a_1=A+B=1\\a_2=(2A+B)\times 2=5\end{cases}$$

解得 $A=\frac{3}{2}$，$B=-\frac{1}{2}$，从而

$$a_n=(3n-1)2^{n-2}$$

从而 $a_{2\,013}=6\,038\times 2^{2\,011}$. 故选 B.

例6　(2009年中国科技大学) 正数列 $\{x_n\}$，$\{y_n\}$ 满足：$x_{n+2}=2x_{n+1}+x_n$，$y_{n+2}=y_{n+1}+2y_n$ $(n\in\mathbf{N}^*)$. 证明：存在正整数 n_0，对任意正整数 $n>n_0$，有 $x_n>y_n$ 恒成立.

证明　$x_{n+2}=2x_{n+1}+x_n$ 对应的特征方程为 $x^2-2x-1=0$，其特征根为 $1+\sqrt{2}$，$1-\sqrt{2}$. 从而

$$x_n=\lambda_1(1+\sqrt{2})^n+\lambda_2(1-\sqrt{2})^n$$

同理，$y_{n+2}=y_{n+1}+2y_n$ 对应的特征方程为 $x^2-x-2=0$，其特征根为 2，-1，从而

$$y_n=u_1\cdot 2^n+u_2(-1)^n$$

所以 $x_n-y_n=[\lambda_1(1+\sqrt{2})^n-u_1\cdot 2^n]+[\lambda_2(1-\sqrt{2})^n-u_2(-1)^n]$.

注意到 $\begin{cases}x_1=\lambda_1(1+\sqrt{2})+\lambda_2(1-\sqrt{2})\\x_2=\lambda_1(3+2\sqrt{2})+\lambda_2(3-2\sqrt{2})\end{cases}\Rightarrow\lambda_1=\frac{1}{2}\left(\frac{3\sqrt{2}-4}{2}x_1+\frac{2-\sqrt{2}}{2}x_2\right)>0$.

$$\begin{cases}y_1=2u_1-u_2\\y_2=4u_1+u_2\end{cases}\Rightarrow u_1=\frac{1}{6}(y_1+y_2)>0.$$

又 $\lambda_2(1-\sqrt{2})^n-u_2(-1)^n\in(-|\lambda_2|-|u_2|,|\lambda_2|+|u_2|)$，$1+\sqrt{2}>2>1$，因此，当 n 充分大时，

$\lambda_1(1+\sqrt{2})^n-u_1\cdot 2^n$ 也充分大(因为 $\lambda_1,u_1>0$),即存在正整数 n_0,对任意的正整数 $n>n_0$,有 $x_n>y_n$ 恒成立.

4. **不动点法**

例 7 (2010 年武汉大学)设 $\{A_n(a_n,b_n)\}$ 为平面上的点列,其中数列 $\{a_n\}$,$\{b_n\}$ 满足 $a_{n+1}=2+\dfrac{3a_n}{a_n^2+b_n^2}$,$b_{n+1}=-\dfrac{3b_n}{a_n^2+b_n^2}$.其中 A_1 的坐标为(1,2).

(1) 确定点 A_1,A_2,A_3 所在的圆 C 的方程;

(2) 证明:点列 $\{A_n\}$ 在圆 C 上;

(3) 求数列 $\{a_n\}$ 的通项公式.

解 (1) 根据题设,前面 3 个点为 $A_1(1,2)$,$A_2\left(\dfrac{13}{5},-\dfrac{6}{5}\right)$,$A_3\left(\dfrac{121}{41},\dfrac{18}{41}\right)$.

易知,线段 A_1A_2 和 A_1A_3 的垂直平分线方程分别为 $x-2y=10$,$5x-4y-5=0$.

其交点 O 即为圆 C 的圆心为(1,0),而 A_1O 的长即圆 C 的半径为 2.

因此,圆 C 的方程为 $(x-1)^2+y^2=4$.

(2) 下面用数学归纳法证明所有的点 A_n 都在圆 C 上.由(1) 知点 A_1 在圆 C 上.假设点 A_k 在圆 C 上,即 $(a_k-1)^2+b_k^2=4$,亦即 $a_k^2+b_k^2=2a_k+3$.则

$$(a_{k+1}-1)^2+b_{k+1}^2=\left(1+\frac{3a_k}{a_k^2+b_k^2}\right)^2+\left(\frac{-3b_k}{a_k^2+b_k^2}\right)^2=$$

$$\frac{25a_k^2+30a_k+9b_k^2+9}{(2a_k+3)^2}=$$

$$\frac{4(4a_k^2+12a_k+9)}{(2a_k+3)^2}=4$$

即点 A_{k+1} 在圆 C 上. 根据归纳法原理,点列 $\{A_n\}$ 在定圆 $(x-1)^2+y^2=4$ 上.

(3) 由(2) 知 $a_n^2+b_n^2=2a_n+3$,所以

$$a_{n+1}=-2+\frac{3a_n}{2a_n+3}=\frac{7a_n+6}{2a_n+3}$$

考虑数列的不动点,设为 λ,则 $\lambda=\frac{7\lambda+6}{2\lambda+3}$,即 $\lambda^2-2\lambda-3=0$,解得 $\lambda=-1$ 或 $\lambda=3$.

从而 $a_{n+1}+1=\frac{9(a_n+1)}{2a_n+3}$,$a_{n+1}-3=\frac{a_n-3}{2a_n+3}$,从而

$$\frac{a_{n+1}-3}{a_{n+1}+1}=\frac{1}{9}\cdot\frac{a_n-3}{a_n+1}$$

由此递推,得 $\frac{a_n-3}{a_n+1}=\frac{1}{9^{n-1}}\cdot\frac{a_1-3}{a_1+1}=-\frac{1}{9^{n-1}}$. 此时,有 $a_n=\frac{3\times 9^{n-1}-1}{9^{n-1}+1}$.

例 8　(2010 年华约联考) 设函数 $f(x)=\frac{x+m}{x+1}$,且存在函数 $s=\varphi(t)=at+b\left(t>\frac{1}{2},a\neq 0\right)$,满足 $f\left(\frac{2t-1}{t}\right)=\frac{2s+1}{s}$.

(1) 证明:存在函数 $t=\psi(s)=cs+d(s>0)$,满足 $f\left(\frac{2s+1}{s}\right)=\frac{2t-1}{t}$;

(2) 设 $x_1=3$,$x_{n+1}=f(x_n)$,$n=1,2,\cdots$,证明:$|x_n-2|\leqslant\frac{1}{3^{n+1}}$.

证明　(1) 令 $f\left(\frac{2t-1}{t}\right)=\frac{2s+1}{s}$,代入 $s=at+b$ 化简得

$$a(m-4)t^2+[b(m-4)+a-3]t+(b-1)=0$$

由于等式对所有 $t>\frac{1}{2}$ 成立,可知

$$\begin{cases}b+1=0\\b(m-4)+a-3=0\text{,解得 }b=-1,m=4,\\a=3\text{,所以 }f(x)=\dfrac{x+4}{x+1}\\a(m-4)=0\end{cases}$$

取 $t=3s+1$,则 $s=\frac{t-1}{3}$. 所以

$$f\left(\frac{2s+1}{s}\right)=f\left(\frac{2t+1}{t+1}\right)=\frac{t-1}{\dfrac{2t+1}{t-1}+1}=\frac{2t-1}{t}$$

(2) 由题意得,$x_{n+1}=\frac{x_n+4}{x_{n+1}}$,设不动点为 λ,则得 $\lambda=\frac{\lambda+4}{\lambda+1}$,解得 $\lambda=\pm 2$.

由 $x_{n+1}-\lambda=\frac{x_n+4}{x_n+1}-\lambda$,可得

$$x_{n+1}+2=\frac{3(x_n+2)}{x_n+1} \tag{1}$$

$$x_{n+1}-2=\frac{-(x_n-2)}{x_n+1} \tag{2}$$

式(1)除以式(2),可得 $\frac{x_{n+1}+2}{x_{n+1}-2}=-3\cdot\frac{x_n+2}{x_n-2}$.

因为 $x_1=2$,所以数列 $\left\{\frac{x_n+2}{x_n-2}\right\}$ 是首项为 5,公比为 -3 的等比数列,所以 $\frac{x_n+2}{x_n-2}=5\times(-3)^{n-1}$,整理可得 $|x_n-2|=\left|\frac{4}{5\times(-3)^{n-1}-1}\right|$.

要证 $|x_n-2|\leqslant\frac{1}{3^n}$，只需证明 $4\times3^{n-1}\leqslant|5\times(-3)^{n-1}-1|$. 至此，需要讨论 n 的奇偶性.

若 $n=2k(k\in\mathbf{N}^*)$，则 $|5\times(-3)^{n-1}-1|=5\times3^{2k-1}+1\geqslant4\times3^{2k-1}$；

若 $n=2k-1(k\in\mathbf{N}^*)$，则只需证明 $4\times3^{2k-2}\leqslant5\times3^{2k-2}-1$，即 $3^{2k-2}\geqslant1$，该式显然成立.

$|x_n-2|\leqslant\frac{1}{3^{n+1}}$ 得证.

例 9　(2009 年南京大学)n 个圆至多将平面分成多少个部分？n 个球至多将空间分成多少个部分？

解　设 n 个两两相交的圆 $C_1,C_2,\cdots,C_n$ 把整个平面分成了 $f_1(n)$ 个部分，则第 $n+1$ 个圆 C_{n+1} 与圆 $C_1,C_2,\cdots,C_n$ 两两相交，共有 n 对交点，这 n 对交点把圆 C_{n+1} 分成 $2n$ 个部分，所以圆 C_{n+1} 又被原来 n 个圆所分的 $f_1(n)$ 个部分截成 $2n$ 个部分，即 $f_1(n+1)=f_1(n)+2n$，又 $f_1(1)=2$，从而可得 $f_1(n)=n^2-n+2$.

再设 n 个两两相交的球把空间分成了 $f_2(n)$ 个部分，则第 $n+1$ 个球面被原来的 n 个球分成的部分等价于 n 个圆(两两相交) 所分平面数，即 n^2-n+2，故 $f_2(n+1)=f_2(n)+n^2-n+2$，且 $f_2(1)=2$，解得 $f_2(n)=\frac{n(n^2-3n+8)}{3}$.

例 10　(第 18 届国际奥林匹克数学竞赛试题，1976 年) 设有一如下数列

$$u(0)=2$$

$$u(1)=\frac{5}{2}$$

$$\vdots$$

$$u(n+1)=u(n)(u^2(n-1)-2)-u(1)$$

求证

$$[u(n)]=2^{\frac{2^n-(-1)^n}{3}}\quad (n=1,2,3,\cdots)$$

其中$[x]$表示不大于 x 的最大整数.

证明 虽说可用数学归纳法来证,但我们这里是采取直接求出 $u(n)$ 的表达式的方法. 作变换

$$u(n)=x(n)+\frac{1}{x(n)}$$

代入原方程得

$$x(n+1)+\frac{1}{x(n+1)}=$$

$$\left(x(n)+\frac{1}{x(n)}\right)\left(x^2(n-1)+\frac{1}{x^2(n-1)}\right)-\frac{5}{2}$$

即

$$x(n+1)+\frac{1}{x(n+1)}=$$

$$x(n)x^2(n-1)+\frac{1}{x(n)x^2(n-1)}+$$

$$\frac{x^2(n-1)}{x(n)}+\frac{x(n)}{x^2(n-1)}-\frac{5}{2}$$

上式当 $x(n+1)=x(n)x^2(n-1)$ 时,恒成立,因为

$$x(n+1)=x(n)x^2(n-1)\Rightarrow\frac{x(n+1)}{x^2(n)}=\frac{x^2(n-1)}{x(n)}\Rightarrow$$

$$\frac{x(n+1)}{x^2(n)}=\left(\frac{x(n)}{x^2(n-1)}\right)^{-1}\Rightarrow$$

$$\frac{x(n+1)}{x^2(n)}+\frac{x^2(n)}{x(n+1)}=\frac{x(n)}{x^2(n-1)}+$$

$$\frac{x^2(n-1)}{x(n)}=\cdots=\frac{x(1)}{x^2(0)}+\frac{x^2(0)}{x(1)}$$

所以

$$\frac{x^2(n-1)}{x(n)}+\frac{x(n)}{x^2(n-1)}=$$

$$\frac{x^2(0)}{x(1)}+\frac{x(1)}{x^2(0)}=\frac{1}{2}+2=\frac{5}{2}$$

即

$$\frac{x^2(n-1)}{x(n)}+\frac{x(n)}{x^2(n-1)}-\frac{5}{2}=0$$

而 $x(n+1)=x(n)x^2(n-1)$ 只有乘法运算与乘方运算,取绝对值后取对数得

$$\ln|x(n+1)|=\ln|x(n)|+2\ln|x(n-1)|$$

所以特征方程为

$$x^2=x+2$$

特征根为

$$x_1=-1,x_2=2$$

所以通解为

$$\ln|x(n)|=c_1(-1)^{n-1}+c_2 2^{n-1}$$

即 $x(n)=a_1^{(-1)^{n-1}}\cdot a_2^{2^{n-1}}$,其中 $a_1=\pm e^{C_1},a_2=e^{C_2}$.

代入初始条件:$x(0)=1,x(1)=2$ 得

$$a_1=2^{\frac{1}{3}},a_2=2^{\frac{2}{3}}$$

所以

$$x(n)=2^{\frac{2^n-(-1)^n}{3}}$$

因为 $x(n)$ 为整数,且当 $n\geqslant 1$ 时,$x(n)>1$,而 $\frac{1}{x(n)}<1$,所以

$$[u(n)]=x(n)$$

即

$$[u(n)]=2^{\frac{2^n-(-1)^n}{3}}$$

证毕.

评注 形如

$u(n+1)=u(n)(u^2(n-1)-2)-a$，$a$ 为常数的方程，都可以令：$u(n)=x(n)+\dfrac{1}{x(n)}$ 来求解，但须正好有：$a=\dfrac{x^2(0)}{x(1)}+\dfrac{x(1)}{x^2(0)}$，才能解出来. 例 10 中从 $\dfrac{x(n+1)}{x^2(n)}=\dfrac{x^2(n-1)}{x(n)}$ 推出 $\dfrac{x(n+1)}{x^2(n)}+\dfrac{x^2(n)}{x(n+1)}=C$，$C$ 为常数. 这种从一个两边都是变量的等式推出一个一边是变量一边是常数的等式的方法是常用技巧之一. 有时还可反过来运用此方法或正反都用.

例 11 对整数 $m\geqslant 4$，定义 T_m 为满足下列条件的数列 $a_1,a_2,\cdots,a_m$ 的个数：

(1) 对每个 $i=1,2,\cdots,m,a_i\in\{1,2,3,4\}$；

(2) $a_1=a_m=1,a_2\neq 1$；

(3) 对每个 $i=3,4,\cdots,m,a_i\neq a_{i-1},a_i\neq a_{i-2}$.

求证：存在各项均为正数的等比数列 $\{g_n\}$，使得对任意整数 $n\geqslant 4$，都有

$$g_n-2\sqrt{g_n}<T_n<g_n+2\sqrt{g_n}$$

证法一 通过枚举法可知 $T_4=T_5=T_6=6$. 对于 $n\geqslant 7$，我们分两种情况计算满足题目条件的正整数数列 $\{a_1,a_2,\cdots,a_n\}$ 的个数.

情形 1 $a_2,a_3,\cdots,a_{n-1}$ 都不等于 1，那么顺次考虑，a_2 有 3 种选择，a_3 有 2 种选择，而对 $a_4,a_5,\cdots,a_{n-1}$ 来说，它们都只能选择 2,3,4 中与其前面两个数不同的数，故仅有 1 种选择，最后 $a_n=1$ 符合条件，故此时有 6 个数列.

情形 2 $a_2,a_3,\cdots,a_{n-1}$ 中至少有一项等于 1，设使 $a_i=1,i\in\{2,3,\cdots,n-1\}$ 成立的最小脚标 i 的值为 k，

即 $a_2,a_3,\cdots,a_{k-1}$ 都不等于1，而 $a_k=1$. 由条件(3)知 $4\leqslant k\leqslant n-3$. 与情形1类似，$a_2,a_3,\cdots,a_{k-1}$ 仅有6种不同的选择. 另一方面，考虑数列 $b_1=a_k,b_2=a_{k+1},\cdots,b_{n-k+1}=a_n$，此数列除了需满足上面三个条件外，还需满足 $b_2\neq a_{k-1}$. 注意到 $b_2=2,b_2=3,b_2=4$ 这三种情况是等价的，故数列 $b_1,b_2,\cdots,b_{n-k+1}$ 有 $\frac{2}{3}T_{n-k+1}$ 种不同的选择，故此时有

$$\sum_{k=4}^{n-3}6\cdot\frac{2}{3}T_{n-k+1}=4\sum_{k=4}^{n-3}T_{n-k+1}=4\sum_{l=4}^{n-3}T_l$$

个数列.

综合上面两种情况，当 $n\geqslant 7$ 时，我们得到

$$T_n=6+4\sum_{l=4}^{n-3}T_l$$

用 $n+1$ 代替 n 得

$$T_{n+1}=6+4\sum_{l=4}^{(n+1)-3}T_l=T_n+4T_{n-2}$$

注意到

$$T_7=6+4T_4=30=T_6+4T_4$$

所以

$$T_n=T_{n-1}+4T_{n-3}$$

对所有整数 $n\geqslant 7$ 成立，即 $\{T_n\}_{n\geqslant 4}$ 是线性递推数列，其特征方程为 $x^3=x^2+4$，三个特征根为 $x_1=2,x_2=\frac{-1+\sqrt{7}\mathrm{i}}{2},x_3=\frac{-1-\sqrt{7}\mathrm{i}}{2}$. 故可设 $T_n=A\cdot x_1^n+B\cdot x_2^n+C\cdot x_3^n$(其中 A,B,C 为待定系数)，将 $T_4=T_5=T_6=6$ 代入解得

$$A=\frac{3}{16},B=\frac{6\sqrt{7}\mathrm{i}}{7}\cdot\left(\frac{-1+\sqrt{7}\mathrm{i}}{2}\right)^{-5}$$

$$C=-\frac{6\sqrt{7}\mathrm{i}}{7}\cdot\left(\frac{-1-\sqrt{7}\mathrm{i}}{2}\right)^{-5}$$

因此

$$T_n=3\times 2^{n-4}+\frac{6\sqrt{7}\mathrm{i}}{7}\left(\left(\frac{-1+\sqrt{7}\mathrm{i}}{2}\right)^{n-5}-\left(\frac{-1-\sqrt{7}\mathrm{i}}{2}\right)^{n-5}\right)$$

令 $g_n=3\times 2^{n-4}$，则 $\{g_n\}$ 是一个等比数列，且对任意 $n\geqslant 3$ 均有

$$|T_n-g_n|=\left|\frac{6\sqrt{7}\mathrm{i}}{7}\left(\left(\frac{-1+\sqrt{7}\mathrm{i}}{2}\right)^{n-5}-\left(\frac{-1-\sqrt{7}\mathrm{i}}{2}\right)^{n-5}\right)\right|\leqslant$$

$$\frac{6\sqrt{7}}{7}\left(\left|\left(\frac{-1+\sqrt{7}\mathrm{i}}{2}\right)^{n-5}\right|+\left|\left(\frac{-1-\sqrt{7}\mathrm{i}}{2}\right)^{n-5}\right|\right)=$$

$$\frac{6\sqrt{7}}{7}\times 2\times(\sqrt{2})^{n-5}=\sqrt{\frac{36}{7}\times 2^{n-3}}=$$

$$\sqrt{\frac{24}{7}g_n}<2\sqrt{g_n}$$

因此

$$g_n-2\sqrt{g_n}<T_n<g_n+2\sqrt{g_n}$$

证法二　通过枚举法可知 $T_4=T_5=6$. 对于 $n\geqslant 6$，考虑所有满足下面条件的数列 $a_1,a_2,\cdots,a_{n-1}$ 的个数：

(1) 对每个 $i=1,2,\cdots,n-1$，$a_i\in\{1,2,3,4\}$；

(2) $a_1=1,a_2\neq 1$；

(3) 对每个 $i=3,4,\cdots,n-1$，$a_i\neq a_{i-1},a_i\neq a_{i-2}$.

一方面，顺次构造 $a_2,a_3,\cdots,a_{n-1}$，a_2 有 3 种选择，

$a_3,a_4,\cdots,a_{n-1}$ 各有2种选择，于是这样的数列共有 $3\times 2^{n-3}$ 个. 另一方面，这样的数列可以分成三类，第一类是满足 $a_{n-2}=1$ 的数列，第二类是满足 $a_{n-1}=1$ 的数列，第三类是满足 $a_{n-2}\neq 1,a_{n-1}\neq 1$ 的数列. 第一类数列可以从题目中的 T_{n-2} 个数列 $a_1,a_2,\cdots,a_{n-2}$ 后添加一项与 a_{n-3},a_{n-2} 均不相同的项 a_{n-1} 来得到，这一类数列共有 $2T_{n-2}$ 个；第二类数列即为题目中的 T_{n-1} 个数列 $a_1,a_2,\cdots,a_{n-1}$；第三类数列则可以在其后添加一项 $a_n=1$，从而与 T_n 个数列 $a_1,a_2,\cdots,a_n$ 形成一一对应. 因此我们有

$$T_n+T_{n-1}+2T_{n-2}=3\times 2^{n-3}$$

令

$$U_n=T_n-3\times 2^{n-4}$$

则代入可得

$$U_n+U_{n-1}+2U_{n-2}=0$$

且 $U_4=3,U_5=0$. 递推数列 $\{U_n\}_{n\geqslant 4}$ 的特征方程为 $x^2+x+2=0$，两个特征根为 $\frac{-1\pm\sqrt{7}\mathrm{i}}{2}$. 将 $U_4=3,U_5=0$ 代入得

$$U_n=\frac{6\sqrt{7}\mathrm{i}}{7}\left(\left(\frac{-1+\sqrt{7}\mathrm{i}}{2}\right)^{n-5}-\left(\frac{-1-\sqrt{7}\mathrm{i}}{2}\right)^{n-5}\right)$$

以下同证法一.

例12　设数列 $\{a_n\}(n>0)$ 满足条件

$$a_n=\frac{a_{n-1}+a_{n-2}+\cdots+a_{n-k}}{k}\quad(n>k)\qquad(1)$$

其中，k 是一个固定的正整数. 换言之，自第 $k+1$ 项起，各项都等于它前 k 项的算术平均. 求证：$\lim\limits_{n\to\infty}a_n$ 存在，并求出这个极限值.

解 式(1)实际上是一个常系数线性差分方程，其特征多项式为

$$f(x)=x^k-\frac{1}{k}(x^{k-1}+x^{k-2}+\cdots+1) \qquad (2)$$

将 $f(x)$ 分解因式，得

$$\begin{aligned} f(x)=&\frac{1}{k}[(x^k-x^{k-1})+(x^k-x^{k-2})+\cdots+\\ &(x^k-1)]=\\ &\frac{x-1}{k}[x^{k-1}+x^{k-2}(x+1)+\cdots+\\ &(x^{k-1}+x^{k-2}+\cdots+1)]=\\ &\frac{x-1}{k}[kx^{k-1}+(k-1)x^{k-2}+\cdots+\\ &2x+1] \end{aligned} \qquad (3)$$

可见 $x=1$ 是 $f(x)$ 的单根.

下面我们来证明 $f(x)$ 的其他根的绝对值都小于 1.

设 $f(x)$ 有一个根 z，满足 $|z|\geqslant 1$，则

$$k|z^k|\geqslant|z^{k-1}|+|z^{k-2}|+\cdots+|z|+1$$

其中，等号仅当 $|z|=1$ 时成立. 而

$$\begin{aligned} &\left|z^k-\frac{1}{k}(z^{k-1}+\cdots+1)\right|\geqslant\\ &|z^k|-\frac{1}{k}|z^{k-1}+\cdots+1|\geqslant\\ &\frac{1}{k}(k|z|^k-|z^{k-1}|-\cdots-|z|-1)\geqslant 0 \end{aligned} \qquad (4)$$

但由 $f(z)=0$，又有 $\left|z^k-\frac{1}{k}(z^{k-1}+z^{k-2}+\cdots+1)\right|=0$，可见式(4)只有都取等号时才成立，因此必有 $|z|=1$. 另一方面，$|z^{k-1}+z^{k-2}+\cdots+z+1|=|z^{k-1}|+|z^{k-2}|+\cdots+|z|+1$ 只有当 $z^{k-1},z^{k-2},\cdots,z,1$ 辐角主

值全相同时才能成立. 这样便有 $z=1$,即只有1是绝对值不小于1的特征值.

设 $f(x)$ 异于1的特征根为 $\lambda_1,\lambda_2,\cdots,\lambda_s$,它们的重数分别是 $d_1,d_2,\cdots,d_s$,那么方程(1)对于给定的初始值 $a_1,a_2,\cdots,a_k$ 的解形如

$$a_n=a+g_1(n)\lambda_1^n+g_2(n)\lambda_2^n+\cdots+g_s(n)\lambda_s^n$$

其中,a 为常数,g_i 为 d_i-1 次多项式($1\leqslant i\leqslant s$). 由于 $|\lambda_i|<1$,故 $\lim\limits_{n\to\infty}g_i(n)\lambda_i^n=0(1\leqslant i\leqslant s)$. 因而有

$$\lim_{n\to\infty}a_n=a$$

这证明了 $\lim\limits_{n\to\infty}a_n$ 的存在性. 现在再来计算 a.

令

$$b_n=a_n-a=g_1(n)\lambda_1^n+g_2(n)\lambda_2^n+\cdots+g_s(n)\lambda_s^n$$

则 b_n 满足一个常系数线性齐次差分方程,其特征根仅比多项式(2)的根少1. 因此它的特征多项式应该是

$$\frac{f(x)}{x-1}=x^{k-1}+\frac{1}{k}[(k-1)x^{k-2}+\cdots+2x+1]$$

所以 $\{b_n\}$ 满足的差分方程为

$$b_n+\frac{1}{k}[(k-1)b_{n-1}+\cdots+2b_{n-k+2}+b_{n-k+1}] \quad (5)$$

将 $b_n=a_n-a$ 代入式(5),得

$$k(a_n-a)+(k-1)(a_{n-1}-a)+\cdots+$$
$$2(a_{n-k+2}-a)+(a_{n-k+1}-a)=0$$

再令 $n=k$,我们就得到

$$a=\frac{a_1+2a_2+ka_k}{\frac{k(k+1)}{2}} \quad (6)$$

这正是我们所要求的极限值. 它是1个 a_1,2个 a_2,$\cdots$,k 个 a_k 这 $\frac{k(k+1)}{2}$ 个数的算术平均值.